**Analyse der Metalle**

**Erster Band**

# Analyse der Metalle

Herausgegeben vom

Chemikerausschuß
der Gesellschaft Deutscher Metallhütten- und Bergleute e. V.

Erster Band

## Schiedsanalysen

Dritte neubearbeitete Auflage

Mit 23 Abbildungen

Springer-Verlag Berlin Heidelberg GmbH

ISBN 978-3-642-85582-5 ISBN 978-3-642-85581-8 (eBook)
DOI 10.1007/978-3-642-85581-8



Library of Congress Catalog Card Number 45–31282



Titel-Nr. 0009

## Vorwort zur dritten Auflage

Der Chemikerausschuß der Gesellschaft Deutscher Metallhütten- und Bergleute legt hiermit die 3. Auflage des Bandes I „Schiedsverfahren" aus dem dreibändigen Werk „Analyse der Metalle" vor. Die lebhafte Entwicklung der analytischen Chemie, welche durch ständig steigende Anforderungen an die Qualität der Rohstoffe und Erzeugnisse beeinflußt wurde, erforderte eine Neubearbeitung des gesamten Gebietes. In Angleichung an Band II „Betriebsanalysen" erhielt Band I die neue Bezeichnung „Schiedsanalysen".

Als der Chemikerausschuß kurz nach seiner Gründung im Jahre 1920 damit begann, in der Praxis angewendete Analysenverfahren zu sammeln und sie nach gemeinsamer vergleichender Überprüfung gegebenenfalls als „Schiedsverfahren" zu empfehlen, wurde festgelegt, daß hierfür nur solche Verfahren in Frage kommen sollten, welche ohne Rücksicht auf den Zeitbedarf besonders zuverlässige Ergebnisse gewährleisten. Die Auswahl der in der vorliegenden 3. Auflage niedergelegten Arbeitsverfahren erfolgte nach demselben, auch heute noch gültigen Grundsatz. Dementsprechend wurden auch eine Reihe physikalisch-chemischer Analysenverfahren aufgenommen, sofern ihre Zuverlässigkeit die der vergleichbaren chemischen Verfahren übertrifft. Wir sind uns dabei bewußt, daß die bestehenden internationalen Handelsgepflogenheiten sowie die mit umfassenden Gemeinschaftsarbeiten verbundenen Probleme in der Regel nur eine schrittweise Annäherung an die schnell aufeinanderfolgenden, jeweils neuesten Methoden erlauben. So mußte von der Aufnahme durchaus bewährter Methoden der Spektralanalyse (außer Flammenspektrometrie) leider abgesehen werden, da die als Grundlage dieser Arbeitstechnik erforderlichen Leitproben in einer allgemein anerkannten Form noch fehlen.

Die Anordnung der Metalle nach dem Alphabet wurde beibehalten. Von einer gesonderten Beschreibung mehrerer Bestimmungsmöglichkeiten für die Titel-Elemente der Kapitel wurde zur Straffung des dargebotenen Stoffes abgesehen und lediglich das jeweils am besten geeignet erscheinende Verfahren beschrieben. Nur in Ausnahmefällen wurden zwei vergleichbar zuverlässige Verfahren angegeben.

Der Redaktionsausschuß hat sich bemüht, das Buch trotz vielfältiger, personell und sachlich wohlbegründeter Einflüsse, möglichst einheitlich zu gestalten. Er hat jedoch die trotzdem erkennbaren Eigenarten verschiedener Darstellungen besonders in den Fällen beibehalten, in denen ganz spezielle praktische Erfahrungen der Mitarbeiter zum Ausdruck kamen.

Zum Schluß sei allen Förderern dieses Buches, vor allem dem Stifterverband Nichteisenmetalle, Düsseldorf, und allen beteiligten Werken der NE-Metallindustrie für die großzügig gewährte Unterstützung gedankt.

Unser besonderer Dank gilt allen Mitarbeitern, die in aufopferungsvoller persönlicher Arbeit an diesem Gemeinschaftswerk tätig waren.

Januar 1966

**Chemikerausschuß**
**der Gesellschaft Deutscher Metallhütten-**
**und Bergleute e. V.**

ZETTLER ENSSLIN

# Verzeichnis der Mitarbeiter

**Ahrens, R.,** Dipl.-Ing., Laboratoriumsleiter i. R., 41 Duisburg, Duisburger Kupferhütte

**Bednara, M.,** † Laborleiter i. R., 45 Osnabrück, Osnabrücker Kupfer- und Drahtwerk
**Bensch, H.,** Dr., 53 Bonn, Vereinigte Aluminium-Werke
**Böltz, G.,** † Dipl.-Chem., 7481 Laucherthal, Fürstlich Hohenzollernsche Hüttenverwaltung
**Borkenstein, W.,** Dr., Laboratoriumsleiter i. R., 2 Hamburg, Norddeutsche Affinerie

**Darius, G.,** † Dr.-Ing., Laborleiter i. R., 519 Stolberg, Stolberger Zink AG, Zinkhütte Münsterbusch
**Dommermuth, K.,** Dr., 519 Stolberg, Stolberger Zink AG, Zinkhütte Münsterbusch
**Dreyer, H.,** Laborleiter, 3382 Oker, Unterharzer Berg- und Hüttenwerke GmbH, Bleihütte Oker

**Eberius, E.,** Dr., 41 Duisburg-Hamborn, AG für Zinkindustrie
**Eisen, J.,** Dipl.-Chem., 45 Osnabrück, Osnabrücker Kupfer- und Drahtwerk
**Engelhardt, A.,** Dr.-Ing., 584 Schwerte, Vereinigte Deutsche Nickelwerke,
**Engels, J.,** Laborleiter, 5182 Weisweiler, Gesellschaft für Elektrometallurgie mbH
**Ensslin, F.,** Dr., Chefchemiker, 338 Goslar, Unterharzer Berg- und Hüttenwerke GmbH
**Ernst, O.,** Ober-Ing., 852 Erlangen, Siemens-Schuckert-Werke AG

**Faller, Fr. E.,** Prof. Dr., 53 Bonn, Vereinigte Aluminium-Werke
**Fischer-Bartelk, Christa,** Dr., Freiberg/Sachsen, Institut für Metallhüttenkunde der Bergakademie

**Gill, H.,** Laborleiter, 4628 Lünen, Hüttenwerk Kayser Lünen GmbH
**Groebl, H.,** Chem.-Ing., 8564 Güntersthal, Eckart-Werke
**Grube, H.-L.,** Dr., 645 Hanau, W.C. Heraeus GmbH — Platinschmelze

**Hesse, E.,** Dr., 5302 Beuel, Dr. L. C. Marquart AG
**Hoffmann, W.,** Laborleiter, 516 Düren, Busch-Jäger-Dürener Metallwerke AG

**Ipawitz, H.,** Dr., 645 Hanau, Vacuumschmelze AG

**Johannsen, W.,** Laborleiter, 2101 Hamburg-Wilhelmsburg 1, Metallhütte Mark AG

**Kilian, W.,** Dipl.-Ing., 4102 Homberg, Sachtleben AG
**Kraft, G.,** Dr., 6 Frankfurt, Metallgesellschaft AG
**Kreißel, W.,** Laborleiter, 41 Duisburg, Vereinigte Deutsche Metallwerke AG

**Lassner, E.,** Dr., Metallwerk Plansee AG, Reutte/Tirol (Österreich)
**Lechner, K.,** Dr.-Ing., 415 Krefeld, Deutsche Edelstahlwerke AG

**Maassen, G.,** Dr., 2 Hamburg 36, Norddeutsche Affinerie
**Masuch, B.,** Chem.-Ing., 1 Berlin NW 21, Telefunken GmbH
**Müller, J.,** Dr., 3394 Langelsheim, Metallgesellschaft AG, TA Hans-Heinrich-Hütte
**Müller, O.,** 338 Goslar, Gebr. Borchers AG

**Pohl, H.,** Oberregierungsrat, Dr., 1 Berlin 45, Bundesanstalt für Materialprüfung

**Regensburg, H.,** Laborleiter, 509 Altena, Vereinigte Deutsche Metallwerke AG
**Richter, H.,** 41 Duisburg-Wanheim, „Berzelius" Metallhütten-GmbH
**Rolf, E.,** Dr., 6 Frankfurt a. M,. DEGUSSA
**Rothmann, H.,** Dr., 85 Nürnberg, Gesellschaft für Elektrometallurgie mbH
**Ruf, E.,** Dr., Laborleiter, 43 Essen, Th. Goldschmidt AG

**Siegert, H.-F.,** Dr., Laborleiter, 289 Nordenham, Preußag, Friedrich-August-Hütte
**Spitzer, H.,** Dr., 41 Duisburg, Duisburger Kupferhütte

**Steuer, E.,** Dr., 53 Bonn, Vereinigte Aluminium-Werke
**Szczesny, E.,** 472 Beckum, Fa. Mersmann

**Thomich, W.,** Dipl.-Ing., 4 Düsseldorf-Oberkassel, Gebr. Böhler & Co. AG

**Urech, P.,** Dr., Neuhausen (Schweiz), Schweizerische Aluminium AG

**von Vogel, H.-U.,** Oberregierungsrat, Dr.-Ing., 1 Berlin 45, Bundesanstalt für Materialprüfung
**Vogt, C.,**† Altena, Vereinigte Deutsche Metallwerke AG

**Wahl, K.,** Dr., 509 Leverkusen, Titangesellschaft
**Wernet, J.,** Dr., 5033 Knapsack, Knapsack-Griesheim AG
**Wild, E.,** 7107 Neckarsulm, Karl Schmidt GmbH
**Willmer, Th.-K.,** Chefchemiker, 463 Bochum, Bochumer Verein für Gußstahlfabrikation AG
**Wirtz, H.,** Obering., 5182 Weisweiler, Gesellschaft für Elektrometallurgie mbH
**Wunderlich, E.,** Dr., 338 Goslar, Unterharzer Berg- und Hüttenwerke GmbH

**Zettler, H.,** Dr., 2 Hamburg 36, Norddeutsche Affinerie

# Inhaltsverzeichnis

# Vorbemerkungen

Zu den in diesem Buche zusammengestellten analytischen Arbeitsmethoden sind einige erklärende Hinweise erforderlich.

Der Gesamtstoff ist in Kapitel unterteilt, die nach den hier behandelten Metallen in alphabetischer Reihenfolge benannt sind. Jedes Kapitel bringt Schiedsanalysen zur Bestimmung der wichtigsten Elemente in Rohstoffen, Vor- und Zwischenprodukten, in metallischen und nichtmetallischen Erzeugnissen und Verbindungen. Bei dieser Zusammenstellung wurden jedoch nur die Elemente berücksichtigt, deren Bestimmung für die Bewertung des Materials unerläßlich ist.

In den Überschriften zu den einzelnen Verfahren wird stets das zu bestimmende Element und nicht, wie es bei Erzen sinngerechter wäre, die Verbindung genannt. Bestimmungsverfahren, deren Grundlage oder Ablauf oft mit einem Eigennamen festgelegt werden, wie z. B. Eisen-Bestimmung nach REINHARDT-ZIMMERMANN, wurden nicht mit Namen gekennzeichnet. Ebenso wurde bei den einzelnen Verfahrensbeschreibungen auf Literaturhinweise verzichtet.

Jede Arbeitsvorschrift wurde unterteilt in:

| | |
|---|---|
| Grundlage | Ausführung |
| Anwendungsbereich | Ausrechnung |
| Zuverlässigkeit | Bemerkungen |
| Reagenzien | |

***Grundlage.*** Mit der Grundlage des Verfahrens soll in kurzer Form gesagt werden, welcher Art das gewählte Verfahren ist, z. B. ob es sich um ein maßanalytisches oder polarographisches Verfahren handelt. Ohne die Ausführung lesen zu müssen, soll der Analytiker entscheiden können, ob er diese Arbeitsweise anwenden will oder nicht.

***Anwendungsbereich.*** Unter dem Anwendungsbereich eines Verfahrens ist der Gehaltsbereich zu verstehen, für welchen das Verfahren Gültigkeit hat und mit dem auch bei der Bestimmung zu rechnen ist. Dies bedeutet nun nicht, daß das beschriebene Verfahren für eine höhere oder niedere Konzentration des angeführten Elements nicht mehr brauchbar ist. So lautet im Kapitel Mangan unter Bestimmung des Eisens der Anwendungsbereich 0,1 bis 15%, d. h. die Methode wurde für ein typisches Manganerz überprüft. Selbstverständlich kann bei sinngemäßer Anwendung des Verfahrens die Eisenbestimmung in einem Erz mit 20, 50 oder 60% Eisen ebenso durchgeführt werden.

***Zuverlässigkeit.*** Als Maß für die Genauigkeit der Analysenverfahren, über deren Definition bekanntlich keine einheitliche Auffassung besteht, wird unter Berücksichtigung der Eigenarten der im vorliegenden Buch empfohlenen Verfahren der Begriff „Zuverlässigkeit der Methode" gewählt und wie folgt begründet:

Bei der Analyse einer homogenen Probe durch mehrere Laboratorien nach der gleichen Analysenmethode ergab sich ein „durchschnittlicher Gehalt". Die durch die Arbeitstechnik und Übung der beteiligten Laboratorien beeinflußte „Streuung" (oder „Standardabweichung") „*s*" war einer einheitlich statistischen Betrachtung nicht zugänglich, da die hierfür erforderlichen Voraussetzungen, wie z. B. erheblicher Analysenaufwand, im Rahmen dieser Gemeinschaftsarbeit noch nicht erfüllt werden konnten. Anstelle der Streuung mußte deshalb ein auf sachgemäßer analytischer Schätzung und Erfahrung beruhender Näherungswert gewählt werden, der mit $Y$ bezeichnet wurde.

Auf diesen Grundlagen wird die „Zuverlässigkeit“ eines Analysenverfahrens wie folgt definiert:

$$\text{Zuverlässigkeit (in \%)} = \pm \frac{Y}{\bar{x}} \cdot 100$$

$$\bar{x} = \text{arithmetisches Mittel der Einzelwerte}$$

Dieser Ausdruck ist in seiner Bedeutung wegen unterschiedlicher Voraussetzungen den statistisch fundierten Ausdrücken nicht voll vergleichbar. Mit fortschreitender Erkenntnis kann jedoch der „Näherungswert $Y$“ in die Streuung „$s$“ überführt werden. Die hier gewählte Definition erlaubt es also, die statistisch fundierte „relative Streuung“ später als umfassendere und exaktere Kennzeichnung der Analysengenauigkeit zur Verfügung zu stellen, ohne daß dabei formelle Änderungen erforderlich werden.

***Reagenzien.*** Es sind Reagenzien „zur Analyse“ oder „reinst“ zu verwenden. Wenn das Lösungs- bzw. Verdünnungsmittel nicht angegeben ist, handelt es sich stets um Wasser. „Wasser“ ist entweder destilliertes oder ein gleichwertiges vollentsalztes Wasser. Unter bidestilliertem Wasser, das als Reagenz aufgeführt wird, ist ein destilliertes oder vollentsalztes Wasser zu verstehen, das in einer Quarzapparatur vor Gebrauch nochmals destilliert wurde. Die Konzentrationen von Säuren und Ammoniak werden durch die in Klammern gesetzte Dichte gekennzeichnet. Werden verdünnte Säuren, Laugen oder Salzlösungen gefordert, so wird das Lösungs- bzw. Mischungsverhältnis in Volumteilen unmittelbar hinter das Reagenz gesetzt, wobei die zweite Zahlenangabe der in Klammern gesetzten Zahlen sich immer auf das Lösungsmittel bezieht. Eine Ausnahme in den Konzentrationsangaben bilden Wasserstoffperoxidlösungen, deren Konzentrationen in Prozenten angegeben werden; Salze oder Verbindungen werden nur dann mit einer Formel gekennzeichnet, wenn mehrere Modifikationen vom Handel angeboten werden, die einen Zweifel in der Wahl aufkommen lassen können. Allgemein gebräuchliche Normallösungen werden nicht unter Reagenzien angeführt, soweit ihre Titerstellung mit üblichen Substanzen erfolgt. Die Titerstellung von Maßlösungen wurde nur dort beschrieben, wo sie von der Einstellung nach bekannten Verfahren abweicht. Alle Lösungen mit genauem Gehalt (wie Maß-, Stamm- oder Standardlösungen) sind in geeichten Meßkolben entsprechender Größe unter Berücksichtigung der Eichtemperatur aufzufüllen.

*Filterpapier:* Die in Deutschland gebräuchlichen und von verschiedenen Herstellern für die quantitative Analyse angebotenen Filterpapiersorten wurden nach ihrer Durchlässigkeit und Filtergeschwindigkeit in 5 Gruppen (z. B. Gr. 1) des zu verwendenden Filters angegeben. Die Einteilung der Papiersorten in die Gruppen ist der nachfolgenden Tabelle zu entnehmen:

| Gruppe | Macherey & Nagel, Düren | Schleicher & Schüll, Dassel | Binzer, Hatzfeld |
|---|---|---|---|
| Gr. 1 | Graupackung, weich | Schwarzband, weich | Nr. 1, porig |
| Gr. 2 | Weißpackung, mittel | Weißband, mittelweich | Nr. 2, mittelweich, porig |
| Gr. 3 | Gelbpackung, mitteldicht | Rotband, mittelhart | Nr. 3, mittel, engporig |
| Gr. 4 | Grünpackung, dicht | Blauband, hart | Nr. 4, engporig |
| Gr. 5 | Blaupackung, dünn, dicht | Grünband, dünn, hart | — |

***Ausführung.*** Es darf erwartet werden, daß die zur Schiedsanalyse vorgelegten Proben sachgemäß, z. B. unter Berücksichtigung der Vorschriften des Handbuches ,,Analyse der Metalle“, Band 3, ,,Probenahme“, vorbereitet sind. Die im vorliegenden Buche angegebenen Feinheitsgrade, entsprechend den Vorschriften DIN 4188, stellen Empfehlungen dar. Sollten offensichtlich unsachgemäß vorbereitete oder verpackte Proben vorliegen, so muß der Analytiker darauf aufmerksam machen und gegebenenfalls die Probe zurückweisen. Eine eigenmächtige zusätzliche Bearbeitung der Probe darf nicht vorgenommen werden. Wenn nicht anders vermerkt, sind die Proben bei 105° bis zur Gewichtskonstanz zu trocknen. Die einzuwiegende Probenmenge wird nur mit einfachen Zahlen angegeben, z. B. 1 g $\triangleq$ 1,0000 g, 0,25 g $\triangleq$ 0,2500 g.

***Ausrechnung.*** Bei vielen Bestimmungsmethoden wurde auf eine formelmäßige Anleitung zu der meist einfachen Ausrechnung des Analysenergebnisses verzichtet.

***Allgemeine Bemerkungen.*** Bei der Bezeichnung chemischer Verbindungen wurden die Richtsätze für die Nomenklatur der anorganischen Chemie (Verlag Chemie, Weinheim/Bergstraße) zugrunde gelegt und auch die darin vorgeschlagene und weitverbreitete Schreibweise ,,Ox*i*d“ angewendet.

**Der Redaktionsausschuß**

Ahrens Borkenstein Rothmann

Kapitel 1

# Aluminium

## Inhalt

# 1 Rohstoffe

## Bauxit

### 1.1 Bestimmung des Aluminiums — Differenzmethode

***Grundlage.*** Der Aluminiumoxidgehalt der bei 100° getrockneten Probe wird als Differenz der Summe des Glühverlustes und der Oxide von Silicium, Eisen, Titan, Calcium, Mangan, Chrom, Vanadium, Phosphor und Zink gegen 100% errechnet.

***Anwendungsbereich.*** Die Methode ist für alle gebräuchlichen Bauxite anwendbar.

***Zuverlässigkeit.*** Bei Gehalten von 50 bis 60% Aluminiumoxid etwa ±0,3%.

### 1.1.1 Zubereitung der Probe

Die dem Laboratorium angelieferte Probe von etwa 500 g soll die Siebfeinheit 0,25 DIN 4188 haben, um für das daraus herzustellende Analysenmuster von 0,09 DIN 4188 einen guten Durchschnitt zu garantieren. Die Probe wird bei 105° getrocknet. Man mischt sie durch fünfmaliges „Über-den-Kegel-Häufeln" sorgfältig durch, breitet sie aus und entnimmt ihr mit einem kleinen Löffel in diagonaler und kreuzförmiger Folge einen Anteil von etwa 50 g. Dieser wird in einer Achatschale restlos auf Siebfeinheit 0,09 DIN 4188 gerieben und durch sechs- bis achtmaliges „Über-den-Kegel-Häufeln" gemischt. Man trocknet die Probe in einem Wägegläschen nochmals 3 bis 4 Std. bei 105° und läßt im Exsiccator erkalten. Die Probe muß stets sorgfältig mit Schliffdeckel verschlossen gehalten und gegebenenfalls nach Entnahme mehrerer Einwaagen oder nach längerem Stehenlassen an der Luft wieder nachgetrocknet werden, da der Bauxit sehr leicht Feuchtigkeit aufnimmt. Für die Zinkbestimmung darf das Material nicht durch ein Bronze- oder Messingsieb abgesiebt werden. Man reibt ein Durchschnittsmuster von etwa 50 g in der Achatschale möglichst fein, siebt davon einen kleinen Anteil durch das Sieb 0,09 DIN 4188, um die Kornfeinheit zu prüfen, und verwirft ihn.

### 1.1.2 Bestimmung des Glühverlustes

1 g Probe wird in einen gewogenen Platintiegel eingewogen. Man glüht die Probe im elektrischen Ofen (unter langsamem Anheizen) 1 Std. bei 1200°, läßt sie 20 min im Exsiccator erkalten und wägt. Zur Feststellung der Gewichtskonstanz wird nochmals 30 min bei 1200° geglüht und erneut gewogen. Der Gewichtsverlust entspricht dem Glühverlust.

### 1.1.3 Aufschlüsse

#### 1.1.3.1 Säureaufschluß

1 g Probe wird in einem 400 ml-Becherglas mit 30 ml Salpetersäure-Salzsäuregemisch (1 + 3) und 15 ml Schwefelsäure (1 + 1) versetzt und auf dem Sandbad bis zur Trockne abgeraucht. Nach dem Erkalten werden 10 ml Salzsäure (1,19) zugesetzt. Man läßt die Säure 15 min bei Zimmertemperatur einwirken, gibt dann 200 ml siedendheißes Wasser hinzu und erwärmt auf dem Sandbad bis zum vollständigen Lösen der Sulfate.

#### 1.1.3.2 Alkalischer Schmelzaufschluß

In einem Nickeltiegel von 100 ml Inhalt werden 10 g Natriumhydroxid in Plätzchenform mit kleiner Flamme zum Schmelzen gebracht. Nach dem Erstarren gibt man 2 g Probe darauf, bedeckt den Tiegel und erwärmt vorsichtig mit kleiner Flamme. Sobald sich die Probe mit dem geschmolzenen Natriumhydroxid vermischt hat, erhitzt man allmählich stärker, bis die Schmelze durchscheinend wird. Nach etwa 30 min ist der Aufschluß beendet. Man läßt die flüssige Schmelze unter Umschwenken in dünner Schicht erkalten, stellt den Tiegel zur Sicherheit in eine kleine Porzellanschale und fügt etwas warmes Wasser zu. Nach kurzer Zeit kann die zersetzte Schmelze in ein 600 ml-Becherglas übergespült werden. Dann fügt man langsam 65 ml Schwefelsäure (3 + 2) zu, von denen man einen Teil zum Lösen der letzten Reste im Nickeltiegel benutzt. Man erhält — gegebenenfalls durch Zusatz von etwas Salzsäure (1,19) — eine klare Lösung der Schmelze. Diese Lösung dampft man auf dem Sandbad bis zum Rauchen der Schwefelsäure ein und läßt noch 15 min rauchen, um das Silicium(IV)-oxidhydrat unlöslich zu machen. Nach dem Erkalten wird der Sulfatbrei mit 300 ml heißem Wasser versetzt und unter öfterem Umrühren bis zur vollkommenen Lösung der Sulfate erwärmt.

#### 1.1.3.3 Alkalischer Sinteraufschluß

Die nach 1.1.2 bei 1200° geglühte Probe der Glühverlustbestimmung — entsprechend 1 g Einwaage — wird im Platintiegel mit der dreifachen Menge Natriumcarbonat gemischt und bei 1000° 15 min gesintert. In ein 400 ml-Becherglas werden zu dem Sinterkuchen 100 ml Wasser und 10 ml Natriumhydroxidlösung (25 g in 100 ml) gegeben. Man kocht etwa 15 min, bis der Sinterkuchen zerfallen ist.

### 1.1.4 Bestimmung des Siliciums

***Grundlage.*** Das Silicium wird nach Aufschluß der Probe als Silicium(IV)-oxidhydrat abgeschieden und als -(IV)-oxid gewichtsanalytisch bestimmt.

***Ausführung.*** Das im Anschluß an den Säureaufschluß oder alkalischen Schmelzaufschluß abgeschiedene Silicium(IV)-oxidhydrat wird auf ein Filter Gr. 2 abfiltriert und mit heißem Wasser säurefrei gewaschen. Man trocknet das Filter mit dem Niederschlag vorsichtig im Platintiegel und verascht es vollkommen auf dem Brenner. Danach wird bei 1100° geglüht und nach dem Erkalten gewogen. Anschließend befeuchtet man den Tiegelinhalt mit 2 bis 3 Tropfen Schwefelsäure (1 + 1), gibt etwa 5 ml Fluorwasserstoffsäure (40%) zu und verflüchtigt das Silicium(IV)-oxid durch vorsichtiges Abrauchen bis zur Trockne. Es wird wiederum bei 1100° geglüht und nach dem Erkalten gewogen. Der Gewichtsunterschied der beiden Wägungen ergibt das Gewicht des Silicium(IV)-oxids.

Der im Platintiegel verbliebene Rückstand wird mit wenig Kaliumhydrogensulfat aufgeschlossen und die Schmelze mit Wasser und 2 Tropfen Schwefelsäure (1 + 1) gelöst. Man spült in ein 100 ml-Becherglas über und fällt mit Schwefelwasserstoff das beim Aufschluß gelöste Platin. Nach Absetzenlassen wird über ein kleines Filter Gr. 2 filtriert und mit schwefelwasserstoffhaltigem Wasser gewaschen. Man verkocht im Filtrat den Schwefelwasserstoff und gibt die Lösung zum Filtrat des Silicium(IV)-oxidhydrats, das nun in einem 500 ml-Meßkolben aufgefüllt wird.

### 1.1.5 Bestimmung des Eisens

***Grundlage.*** Das Eisen wird nach Abtrennen des Siliciums reduziert und mit Kaliumpermanganat maßanalytisch bestimmt.

***Reagenzien.***

1. Zinn(II)-chloridlösung: 12,5 g $SnCl_2 \cdot 2\,H_2O$ werden mit 10 ml Salzsäure (1,19) gelöst und mit Wasser zu 100 ml aufgefüllt.
2. Quecksilber(II)-chloridlösung: Gesättigte Lösung, etwa 50 g $HgCl_2$ im Liter.
3. Mangan(II)-sulfatlösung: 135 g $MnSO_4 \cdot H_2O$ werden mit etwa 1 l Wasser gelöst. Nach Zugabe von 275 ml Phosphorsäure (1,7) und 260 ml Schwefelsäure (1,84) wird zu 2 l aufgefüllt.
4. Kaliumpermanganatlösung: Etwa 0,1 n, mit Natriumoxalat nach Sörensen eingestellt. 1 ml 0,1 n-Kaliumpermanganatlösung $\triangleq$ 6,7002 mg Natriumoxalat bzw. 5,585 mg Eisen.

***Ausführung.*** Bei säurelöslichem Bauxit wird ein gesonderter Aufschluß von 1,5 g der Probe, wie unter 1.1.3.1 angegeben, angesetzt und nach Abscheiden des Silicium(IV)-oxidhydrats (siehe 1.1.4) das gesamte Filtrat zur Eisenbestimmung verwendet. Von alkalisch aufgeschlossenem Bauxit (siehe 1.1.3.2) wird die Bestimmung in einem 0,8 oder 1,6 g Einwaage enthaltenden Teil des Filtrates der Silicium(IV)-oxidbestimmung (siehe 1.1.4) vorgenommen. Die Lösung, die 20 ml Salzsäure (1,19) enthalten soll, wird in einem 1 l-Erlenmeyerkolben zum Sieden erhitzt. Unter Umschwenken reduziert man durch tropfenweisen Zusatz von Zinn(II)-chloridlösung (1), bis die Lösung eben entfärbt ist, und setzt 1 bis 2 Tropfen im Überschuß zu. Nach dem Abkühlen wird die Lösung unter Umschwenken mit 20 ml Quecksilber(II)-chloridlösung (2) versetzt. Man spült in eine große Porzellanschale über, in der sich eine Mischung von 500 ml Wasser und 40 ml Mangan(II)-sulfatlösung (3) befindet, die mit Kaliumpermanganatlösung (4) bis zur bleibenden Rosafärbung versetzt wurde. Der Kolben wird mit Wasser, das ebenfalls mit Kaliumpermanganatlösung (4) versetzt wurde, nachgespült und die Flüssigkeitsmenge in der Schale auf 2 l verdünnt. Nun titriert man das Eisen mit Kaliumpermanganatlösung (4) bis zur schwachen bleibenden Rosafärbung. Der Gehalt an Eisen wird auf Eisen(III)-oxid berechnet.

**Titerstellung der Kaliumpermanganatlösung (4):** Von dem bei 105° getrockneten Natriumoxalat nach SÖRENSEN wägt man so viel in einen 500 ml-Erlenmeyerkolben ein, daß der Verbrauch an Kaliumpermanganatlösung etwa dem bei der Eisentitration entspricht, und löst mit 200 ml Wasser unter Zusatz von 20 ml schwefeldioxidfreier Schwefelsäure (1 + 1). Nach Erwärmen der Lösung auf 70° wird mit Kaliumpermanganatlösung (4) bis zur schwachen Rosafärbung titriert.

### 1.1.6 Bestimmung des Titans

***Grundlage.*** Das Titan wird nach Abtrennen des Siliciums in schwefelsaurer Lösung in Gegenwart von Phosphorsäure als Peroxokomplex photometrisch bestimmt.

***Reagenzien.***

1. Titanstandardlösung: 0,1 g bei 1100° geglühtes Titan(IV)-oxid wird in einem bedeckten Platintiegel mit Kaliumhydrogensulfat bei anfangs kleiner Flamme bis zum klaren Fluß aufgeschlossen. Man löst die Schmelze mit 500 ml Schwefelsäure (1 + 16) und füllt die Lösung in einem Meßkolben zum Liter auf. 1 ml $\triangleq$ 100 $\mu$g Titan(IV)-oxid.

2. Grundlösung: 2,6 g Reinstaluminium werden mit 30 ml Salzsäure (1,19) gelöst. Nach Zugabe und Lösen von 7 g Eisen(II)-sulfat ($FeSO_4 \cdot 7\,H_2O$) wird die Lösung zum Liter aufgefüllt.

***Ausführung.*** Einen 0,1 g Einwaage entsprechenden Teil vom Filtrat des Silicium(IV)-oxidhydrats (siehe 1.1.4) verdünnt man in einem 200 ml-Meßkolben auf etwa 100 ml. Nun werden 20 ml Schwefelsäure (1 + 1), 20 ml Phosphorsäure (1,7) und 10 ml Wasserstoffperoxidlösung (3%) zugesetzt, wobei nach jeder Zugabe umzuschütteln ist. Nach dem Abkühlen und Auffüllen wird in einer 4 cm-Küvette bei 405 nm gegen den Blindwert der Reagenzien gemessen.

***Eichkurve.*** In 200 ml-Meßkolben werden zu je 10 ml Grundlösung (2) 0,1 bis 3 mg Titan(IV)-oxid enthaltende Teile der Titanstandardlösung (1) gegeben und wie die Analysenlösung behandelt.

### 1.1.7 Bestimmung des Calciums

#### 1.1.7.1 Säureaufschluß

***Grundlage.*** Das Calcium wird durch Auskochen des Bauxits mit Salzsäure gelöst und nach Abtrennen der Störelemente mittels einer doppelten Ammoniakfällung als Oxalat gefällt und als Calciumoxid gewichtsanalytisch bestimmt.

***Reagenzien.***

1. Methylrotlösung: 0,2 g mit Äthanol zu 100 ml gelöst.

2. Ammoniak (1+1), carbonatfrei, siehe Kapitel Lithium unter 2.4.2, S. 274.

3. Waschwasser: 10 ml Ammoniumoxalatlösung (4) und 10 Tropfen Ammoniak (0,91) zum Liter aufgefüllt.

4. Ammoniumoxalatlösung: Gesättigte Lösung.

***Ausführung.*** 2 g Probe werden in einem 250 ml-Becherglas mit 25 ml Salzsäure (1,19) und etwa 30 ml Wasser 30 min gekocht. Man verdünnt auf 100 ml, gibt einige Tropfen Indicatorlösung (1) zu und fällt Silicium, Aluminium, Eisen und Titan als Oxidhydrate in der Siedehitze durch Zugabe von Ammoniak (2) bis zum Umschlag des Indicators nach Gelb. Es wird über eine Nutsche (9 cm ⌀) mit einem Filter Gr. 2

filtriert und der Niederschlag mit heißem Wasser ausgewaschen. Man spritzt den Oxidhydratniederschlag in das Becherglas zurück, löst ihn durch Kochen mit Salzsäure (1 + 1) und wiederholt die Fällung mit Ammoniak (2). Nach Einengen der vereinigten Filtrate auf etwa 80 ml werden nochmals einige Tropfen Ammoniak (2) zugegeben. Es wird aufgekocht, über ein Filter Gr. 2 filtriert und mit heißem Wasser ausgewaschen. Man dampft das Filtrat auf etwa 100 ml ein, gibt in der Siedehitze 20 ml Ammoniumoxalatlösung (4) zu. Mit Ammoniak (2) wird bis zum Umschlag des Indicators nach Gelb versetzt und noch ein Überschuß von 10 Tropfen zugegeben. Nach sechsstündigem Stehen bei 60° oder über Nacht bei Zimmertemperatur wird über ein Filter Gr. 2 filtriert und mit heißem Waschwasser (3) gut ausgewaschen. Man verascht das Filter mit dem Niederschlag in einem Platintiegel und glüht bei 1100° bis zur Gewichtskonstanz des Calciumoxids. Der Gehalt wird als Prozent Calciumoxid angegeben.

#### 1.1.7.2 Schmelzaufschluß

***Grundlage.*** Nach einem natronalkalischen Aufschluß wird das Aluminium als Aluminat abgetrennt. Die Hydroxide werden mit Salzsäure gelöst und das Calcium nach einer doppelten Ammoniakfällung als Oxalat gefällt und als Oxid gewichtsanalytisch bestimmt.

***Ausführung.*** 2 g Probe werden, wie unter 1.1.3.2 angegeben, mit Natriumhydroxid aufgeschlossen. Die erkaltete Schmelze wird mit heißem Wasser aus dem Tiegel restlos in ein 1 l-Becherglas übergeführt und auf 800 ml verdünnt. Man erwärmt — gegebenenfalls über Nacht auf dem Wasserbad — bis der Schmelzkuchen zerfallen ist, und filtriert über ein Filter Gr. 3 vom Ungelösten ab. Der Rückstand wird mit verdünnter Natriumhydroxidlösung (2 g in 100 ml) ausgewaschen und vom Filter in ein 400 ml-Becherglas gespült. Das Filter wird durch Auftropfen von 20 ml heißer verdünnter Salzsäure (1 + 3) von Niederschlagsresten befreit und mit heißem Wasser ausgewaschen. Man löst den Niederschlag unter Erwärmen und verdünnt die Lösung auf 200 ml. Dann wird, wie unter 1.1.7.1 angegeben, die doppelte Ammoniakfällung und im Filtrat die Calciumbestimmung durchgeführt.

### 1.1.8 Bestimmung des Mangans, Chroms, Vanadiums und Phosphors

Für diese Bestimmungen werden Lösung und Rückstand des Sinteraufschlusses (siehe 1.1.3.3) verwendet. Der mit Wasser und Natriumhydroxidlösung behandelte Sinterkuchen wird nach Zusatz von 1 g Natriumperoxid aufgekocht. Man läßt über Nacht stehen und filtriert über ein mit warmer Natriumhydroxidlösung (10 g in 100 ml) gewaschenes Filter Gr. 3 in einen 200 ml-Meßkolben, wäscht mit heißem Wasser aus und füllt nach dem Abkühlen auf. Der Rückstand wird zur Bestimmung von Mangan, das Filtrat zur Bestimmung von Chrom, Vanadium und Phosphor verwendet.

#### 1.1.8.1 Bestimmung des Mangans

***Grundlage.*** Das Mangan wird in salpetersaurer Lösung in Gegenwart von Silbernitrat mit Ammoniumperoxodisulfat zu Permanganat oxydiert und photometrisch bestimmt.

***Reagenzien.***

1. Ammoniak (1 + 1), carbonatfrei, siehe Kapitel Lithium unter 2.4.2, S. 274.
2. Silbernitratlösung: 17 mg zu 100 ml gelöst. Die Lösung ist in einer braunen Flasche aufzubewahren.
3. Grundlösung für Blindwert und Eichlösungen: 20 g *manganfreies* Eisen(III)-nitrat [$Fe(NO_3)_3 \cdot 9\,H_2O$] werden mit Wasser gelöst und 0,5 g Titan(IV)-oxid mit etwa 5 g Kaliumhydrogensulfat aufgeschlossen. Die Schmelze wird mit 100 ml Salpetersäure (1 + 1) gelöst. Beide Lösungen werden vereint und in einem Meßkolben zum

Liter aufgefüllt. 50 ml dieser Lösung entsprechen etwa dem Eisen- und Titangehalt von 1 g Bauxit.

4. Manganstandardlösung: 100,1 mg Kaliumpermanganat werden mit etwa 100 ml Wasser und 5 ml Schwefelsäure (1 + 1) gelöst. Man gibt festes Natriumhydrogensulfit in kleinen Anteilen zu, bis das Permanganat vollständig reduziert ist, verkocht das überschüssige Schwefeldioxid, kühlt ab und füllt in einem Meßkolben zum Liter auf. 1 ml $\triangleq$ 50 $\mu$g Mangan(III)-oxid.

***Ausführung.*** Das Filter mit dem Rückstand des alkalischen Sinteraufschlusses (siehe 1.1.8) wird in das Becherglas zurückgegeben. Mit 15 ml Salpetersäure (1,4) und wenig Wasser werden die Oxidhydrate durch Erhitzen gelöst. Das Filter mit Ungelöstem und Filterbrei wird in einem Platintiegel verascht und der Rückstand mit 3 Tropfen Schwefelsäure (1 + 1) und etwa 2 ml Fluorwasserstoffsäure (40%) abgeraucht. Man schließt den Abrauchrückstand mit einigen Körnchen Kaliumhydrogensulfat auf, löst die Schmelze mit wenig Wasser und gibt die Lösung zum Filtrat. In der Siedehitze wird mit Ammoniak (1) gefällt. Man filtriert über ein Filter Gr. 2 und wäscht mit heißem Wasser aus.

Die Oxidhydrate werden mit 30 ml 3 n-Salpetersäure gelöst, und die Lösung wird in einem 200 ml-Meßkolben aufgefüllt. Zu einem Teil der Lösung — je nach Mangangehalt des Bauxits — bzw. der gesamten Lösung bei Gehalten unter 0,05% Mangan(III)-oxid gibt man 2,5 ml Phosphorsäure (1 + 3) und 1 ml Silbernitratlösung (2) und erhitzt zum Sieden. Man versetzt mit etwa 1 g festem Ammoniumperoxodisulfat, erhitzt weiter bei aufgelegtem Uhrglas, bis die Farbentwicklung einsetzt, und läßt dann noch 1 bis $1^1/_2$ min bei kleiner Flamme vorsichtig sieden. Zur vollständigen Farbentwicklung wird die Lösung noch 5 bis 10 min auf dem siedenden Wasserbad stehengelassen. Nach Abkühlen auf Zimmertemperatur überführt man die Lösung in einen 200 ml-Meßkolben und füllt auf. Die Messung erfolgt in einer 4 cm-Küvette bei 530 nm gegen den Blindwert. Der Blindwert wird mit einem der Probe entsprechenden Teil der Grundlösung (3) nach dem gleichen Analysengang angesetzt.

***Eichkurve.*** 25 bzw. 50 ml Grundlösung (3) werden mit 50 bis 1000 $\mu$g Mangan(III)-oxid enthaltenden Teilen der Manganstandardlösung (4) versetzt. Das Mangan wird, wie oben angegeben, zu Permanganat oxydiert und photometrisch bestimmt.

### 1.1.8.2 Bestimmung des Chroms

***Grundlage.*** Das Chrom wird in alkalischer Lösung als Chromat photometrisch bestimmt.

***Reagenzien.***

1. Grundlösung: 60 g Natriumhydroxid werden mit 400 ml Wasser gelöst und darin 5 g Reinstaluminium durch portionsweise Zugabe gelöst. Zur Lösung gibt man etwa 1 g Natriumperoxid, kocht auf und verdünnt auf etwa 450 ml. Es wird über ein mit warmer Natriumhydroxidlösung (10 g in 100 ml) gewaschenes Filter Gr. 3 in einen 1 l-Meßkolben filtriert und aufgefüllt. 50 ml dieser Lösung entsprechen dem Aluminiumoxidgehalt von 1 g Bauxit. Die Lösung wird in einer Kunststoffflasche aufbewahrt.

2. Chromstandardlösung: 0,255 g bei 130° getrocknetes Kaliumchromat und 3 bis 4 g Natriumcarbonat werden gelöst und in einem 1 l-Meßkolben aufgefüllt. 1 ml $\triangleq$ 100 $\mu$g Chrom(III)-oxid.

***Ausführung.*** Das in der alkalischen Lösung des Sinteraufschlusses (siehe 1.1.8) als Chromat vorliegende Chrom wird in der 4 cm-Küvette bei 405 nm gegen den Blindwert der Reagenzien gemessen.

Für den Blindwert der Reagenzien werden 50 ml der Grundlösung auf 200 ml verdünnt.

***Eichkurve.*** In 200 ml-Meßkolben werden zu je 50 ml Grundlösung (1) 100 bis 2000 $\mu$g Chrom(III)-oxid enthaltende Teile Chromstandardlösung (2) gegeben. Die Lösung wird aufgefüllt und, wie unter Ausführung angegeben, gemessen.

### 1.1.8.3 Bestimmung des Vanadiums

***Grundlage.*** Das Vanadium wird in salpetersaurer Lösung als gelbgefärbte Phosphorvanadatowolframsäure photometrisch bestimmt.

***Reagenzien.***

1. Natriumwolframatlösung: 16,5 g $Na_2WO_4 \cdot 2\,H_2O$ zu 100 ml gelöst.
2. Vanadiumstandardlösung: 100 mg Vanadium(V)-oxid werden mit 5 ml Natriumhydroxidlösung (5 g in 100 ml) und 20 ml Wasser gelöst. Nach Zugabe von 10 ml Salpetersäure (1,4) füllt man in einem Meßkolben zum Liter auf. 1 ml $\triangleq$ 100 $\mu$g Vanadium(V)-oxid.
3. Grundlösung: Wie unter 1.1.8.2 angegeben.

***Ausführung.*** 100 ml des nach 1.1.8 erhaltenen alkalischen Filtrats (= 0,5 g Einwaage) werden in einem Becherglas mit 15 ml Salpetersäure (1,4) angesäuert und auf dem Sandbad zur Trockne eingedampft. Nach Lösen der Nitrate mit 15 ml Salpetersäure (1 + 1) und heißem Wasser wird etwa ausgeschiedenes Silicium(IV)-oxidhydrat über ein Filter Gr. 2 abfiltriert und mit heißem Wasser ausgewaschen. Das Filtrat engt man auf etwa 40 ml ein, gibt zu der klaren und farblosen Lösung 1,5 ml Natriumwolframatlösung (1) sowie 1 ml Phosphorsäure (1,7) und kocht, bis die Lösung klar ist. Nach dem Abkühlen wird in einem 100 ml-Meßkolben aufgefüllt und nach 30 min in der 4 cm-Küvette bei 436 nm gegen den Blindwert gemessen. Für den Blindwert werden 25 ml Grundlösung (3) wie die Analysenlösung behandelt.

***Eichkurve.*** Zu je 25 ml Grundlösung (3) werden 0 bis 1,5 mg Vanadium(V)-oxid enthaltende Teile Vanadiumstandardlösung (2) gegeben. Die Lösung wird mit 15 ml Salpetersäure (1,4) angesäuert und klargekocht. Zu den klaren Lösungen gibt man je 1,5 ml Natriumwolframatlösung (1) und 1 ml Phosphorsäure (1,7) und kocht auf. Die Lösungen werden in 100 ml-Meßkolben aufgefüllt und, wie oben angegeben, gemessen.

### 1.1.8.4 Bestimmung des Phosphors

***Grundlage.*** Der Phosphor wird im Filtrat des Sinteraufschlusses nach Abscheiden des Siliciums als Phosphormolybdänblaukomplex photometrisch bestimmt.

***Reagenzien.***

1. Reagenzlösung: 25 ml Ammoniummolybdatlösung [2,5 g $(NH_4)_6 \cdot Mo_7O_{24} \cdot 4\,H_2O$ in 100 ml 10 n-Schwefelsäure] werden mit 10 ml Hydrazinsulfatlösung (0,15 g in 100 ml) gemischt und zu 100 ml aufgefüllt. Die Hydrazinsulfatlösung und die Mischung müssen vor dem Gebrauch frisch angesetzt werden.
2. Phosphorstammlösung: 191,7 mg über Schwefelsäure (1,84) im Exsiccator getrocknetes Kaliumdihydrogenphosphat werden in einem 1 l-Meßkolben mit Wasser gelöst. Nach Zugabe von 25 ml Schwefelsäure (1 + 1) wird die Lösung aufgefüllt.
3. Phosphorstandardlösung: Ein Teil Phosphorstammlösung (2) wird in einem Meßkolben 1 + 4 verdünnt. 1 ml $\triangleq$ 20 $\mu$g Phosphor(V)-oxid.
4. Grundlösung: Wie unter 1.1.8.2 angegeben.

***Ausführung.*** 20 ml (= 0,1 g Einwaage) des alkalischen Filtrats vom Sinteraufschluß (siehe 1.1.8) werden in einem Becherglas mit 15 ml 10 n-Schwefelsäure auf dem Sandbad abgeraucht, bis der Rückstand eben trocken wird. Nach dem Abkühlen feuchtet man den Rückstand mit 4 bis 5 Tropfen Schwefelsäure (1,84) an, gibt 40 ml heißes Wasser zu und kocht bis zur klaren Lösung der Sulfate. Das abgeschiedene Silicium(IV)-oxidhydrat wird über ein kleines Filter Gr. 2 abfiltriert und mit heißem Wasser ausgewaschen. Man dampft das Filtrat auf 15 ml ein, stellt mit Natriumhydroxidlösung (20 g in 100 ml) pH 5,0 ein, fügt 40 ml Reagenzlösung (1) zu und füllt die Lösung in einem 100 ml-Meßkolben auf. Der Kolben wird 10 min in ein Wasserbad von 90 bis 95° gestellt, abgekühlt und gegebenenfalls das Volumen ergänzt. Man mißt nach 30 min in der 2- bzw. 4 cm-Küvette bei 690 nm gegen den Blindwert.

Für die Bestimmung des Blindwertes werden 5 ml Grundlösung (4) wie die Analysenlösung behandelt.

***Eichkurve.*** 5 ml Grundlösung (4) werden mit 20 bis 200 $\mu$g Phosphor(V)-oxid enthaltenden Teilen der Phosphorstandardlösung (3) und 15 ml 10 n-Schwefelsäure versetzt und wie die Analysenlösung behandelt.

### 1.1.9 Bestimmung des Zinks

***Grundlage.*** Das Zink wird durch Verdampfen im Wasserstoffstrom isoliert, in schwefelsaurer Lösung als Zink-Quecksilberthiocyanat gefällt und nach dem Lösen des Niederschlages mit Salzsäure mit Jodatlösung in Gegenwart von Chloroform maßanalytisch bestimmt.

***Reagenzien.***

1. Fällösung: 25 g Quecksilber(II)-chlorid und 38 g Ammoniumthiocyanat zum Liter gelöst.
2. Waschlösung: 2 ml Fällösung (1) zu 100 ml aufgefüllt.
3. Kaliumjodatlösung: 3,156 g bei 110 bis 120° getrocknetes Kaliumjodat in einem Meßkolben zum Liter gelöst. 1 ml $\triangleq$ 0,2 mg Zinkoxid.

***Geräte.*** Siehe Kapitel Nickel unter 3.1.6, S. 322; jedoch mit folgenden Änderungen:

1. Alkalifreies Quarzrohr von 550 mm Länge und 28 mm lichter Weite.
2. Hohlstopfen mit Normalschliff und Schlauchansatz aus Quarz.
3. Schiffchen aus Quarz, 110 mm lang, 20 mm breit und 10 mm hoch, halbrunde Form.

***Ausführung.*** 5 g zubereiteter, aber nicht gesiebter Bauxit (siehe 1.1.1) werden mit etwa 0,2 g feinster Spektralkohle innig vermischt und in dem Quarzschiffchen gleichmäßig verteilt. Das Schiffchen wird in das Quarzrohr so eingeführt, daß es in der Mitte des Ofens zu stehen kommt. Dann wird der Strömungskörper in das Rohr eingeschoben, dieses mit dem Schliffstopfen verschlossen und die Vorlage mit 80 ml Salzsäure (1 + 1) beschickt. Aus einer Stahlflasche wird Wasserstoff, der eine Waschflasche mit Schwefelsäure (1,84) passiert hat, durch die Apparatur geleitet. Nach Durchleiten von Wasserstoff während mindestens 5 min zum Verdrängen der Luft (Vorsicht, Bildung von Knallgas!) wird der Röhrenofen langsam angeheizt, so daß in etwa 20 bis 30 min 1050 bis 1100° erreicht sind. Diese Temperatur ist 1 Std. zu halten. Dann schaltet man die Heizung ab und läßt im Wasserstoffstrom erkalten.

Ein Teil des ausgedampften Zinks kondensiert an der Wandung des Quarzrohres. Dieser Metallspiegel wird nach Erkalten des Rohres durch Ausspülen mit der Salzsäure aus der Vorlage gelöst, die nach Zugabe von 1 bis 2 ml Wasserstoffperoxid (3%) zum Sieden erhitzt wurde. Man läßt die Säure durch das Rohr in ein 400 ml-Becherglas laufen und wäscht mit Wasser nach.

Die salzsaure Zinklösung wird nach Zugabe von 5 ml Schwefelsäure (1 + 1) und 0,5 g Kaliumsulfat (um ein Ausfallen von basischem Zinksulfat zu vermeiden) bis zur Kristallisation eingedampft. Nach dem Erkalten wird ein Gemisch von 25 ml Fällösung (1), 3 ml Phosphorsäure (1,7), 4 Tropfen Wasserstoffperoxid (3%) und 50 ml Wasser in einem Guß zugegeben. Man schwenkt gut um und rührt 30 min mit dem Rührwerk. Nach dem Absetzen des Niederschlags filtriert man über einen Glasfiltertiegel 1G4 ab und wäscht vier- bis fünfmal mit möglichst wenig Waschlösung (2) aus. Der Tiegel wird trocken gesaugt und mit 2 bis 3 ml Äthanol nachgewaschen. Den Niederschlag löst man mit 80 ml Salzsäure (1 + 1) in eine saubere Saugflasche und wäscht mit Wasser nach. Die Lösung wird in einer 200 ml-Glasstopfenflasche mit 5 ml Chloroform versetzt und unter kräftigem Umschwenken mit Kaliumjodatlösung (3) bis zum Verschwinden der zunächst auftretenden Violettfärbung des Chloroforms titriert.

## 1.2 Direkte Aluminiumbestimmung

***Grundlage.*** Das Aluminium wird als Aluminiumoxychinolat gefällt und gewichtsanalytisch bestimmt. Silicium, Eisen und Titan werden zuvor abgetrennt und können ebenfalls ermittelt werden.

***Anwendungsbereich.*** Die Methode ist für alle gebräuchlichen Bauxite anwendbar.

***Zuverlässigkeit.*** Bei Gehalten von 50 bis 60% Aluminiumoxid etwa ±0,3%.

***Reagenzien.***

1. Waschwasser: 500 ml Ammoniumsulfidlösung (10%) und 100 ml Ammoniak (0,91) zum Liter aufgefüllt.
2. Kupferronlösung: 6 g Kupferron zu 100 ml gelöst.
3. Oxinlösung: 6 g 8-Hydroxychinolin werden mit 12 ml Essigsäure (1,06) unter Erwärmen gelöst und zu 100 ml aufgefüllt.

***Ausführung.*** 1 g Probe wird nach 1.1.3.1 bzw. 1.1.3.2 aufgeschlossen und das Silicium nach 1.1.4 bestimmt.

Ein 0,4 g Probe enthaltender Teil des Filtrates der Siliciumbestimmung wird in einem 500 ml-Erlenmeyerkolben mit 2,5 g Weinsäure und 2 ml Schwefelsäure (1 + 1) versetzt und auf 70° erwärmt. Man leitet 10 min Schwefelwasserstoff ein, gibt 30 ml Ammoniak (0,91) zu und setzt das Einleiten von Schwefelwasserstoff bei abgedecktem Kolben unter schwachem Überdruck fort, bis der Niederschlag sich klar absetzt (etwa 30 min). Der Eisensulfid- und gegebenenfalls Mangansulfidniederschlag wird auf ein Filter Gr. 2 abfiltriert und mit Waschwasser (1) ausgewaschen. Man gibt das Filter mit dem Niederschlag in einen gewogenen Porzellantiegel und glüht nach vorsichtigem Trocknen und Veraschen 30 min bei 800 bis 850° zu Eisen(III)-oxid. Die Oxide werden mit Salzsäure (1+1) gelöst und das Eisen, wie unter 1.1.5 angegeben, maßanalytisch bestimmt.

Das Filtrat der Eisen(II)-sulfidfällung (etwa 400 ml) wird im fließenden Wasser abgekühlt und dabei nach Zugabe einiger Tropfen Universalindicator vorsichtig mit 40 ml Schwefelsäure (1 + 1) versetzt. Der Indicator soll bereits nach Zugabe von 10 ml Schwefelsäure nach Sauer umschlagen. Nun fällt man das Titan mit 10 ml Kupferronlösung (2) unter starkem Rühren und weiterem Kühlen aus. Bei der Fällung wird ein großer Teil des Schwefels mit niedergeschlagen; ein kolloid verteilter Rest stört die folgende Filtration nicht. Der Niederschlag wird auf ein Filter Gr. 2 abfiltriert und mit Salzsäure (1 + 9) ausgewaschen. Man verascht in einem Porzellantiegel und glüht den Niederschlag während 30 min bei 1100° zu Titan-(IV)-oxid.

Das etwa 700 ml betragende Filtrat erhitzt man nach Zugabe von 100 ml Ammoniak (0,91) auf 70°. Die Lösung muß vollkommen klar sein. Unter kräftigem Umrühren werden 50 ml Oxinlösung (3) zugegeben. Man läßt den Niederschlag 30 min auf dem Wasserbad absetzen, filtriert auf einen gewogenen Glasfiltertiegel 1G4 ab und wäscht mit 50° warmem Wasser aus. Er wird bei 130° bis zur Gewichtskonstanz — am besten über Nacht — getrocknet und ausgewogen.

Der Umrechnungsfaktor von Aluminiumoxychinolat auf Aluminiumoxid ist 0,111.

***Bemerkung.*** Die Fällung von Eisen, Titan und Aluminium muß innerhalb eines Tages erfolgen, da beim Stehenlassen der kupferronhaltigen Lösung Verharzungen auftreten.

# 2 Zwischenprodukte

## Aluminiumoxid

### 2.1 Zubereitung der Probe

Die für die Analyse bestimmte Probe muß eine Siebfeinheit von 0,09 DIN 4188 haben. Sofern aus einer größeren Menge Oxid, gegebenenfalls nach Durchführung einer Probenahme, das Analysenmuster herzustellen ist, wird zunächst das gesamte Material so weit zerkleinert, daß es restlos 0,315 DIN 4188 passiert. Nun wird gut gemischt und nach den Regeln der Probenzubereitung hieraus ein Muster von etwa 100 g gezogen. Dieses wird dann so vermahlen, daß es vollständig durch ein Sieb 0,09 DIN 4188 geht. Anschließend ist nochmals gründlich zu mischen.

Die zubereitete Probe ist vor der Analyse 4 Std. bei 105° zu trocknen.

### 2.2 Bestimmung des Glühverlustes

Für die Qualitätsbeurteilung des Aluminiumoxids ist der Glühverlust von Bedeutung. Er wird üblicherweise unter den nachstehend aufgeführten Bedingungen durchgeführt, sofern nicht andere Vereinbarungen unter den Vertragspartnern festgelegt werden. Die Bestimmung des Glühverlustes unterliegt damit einer Konvention.

***Ausführung.*** 5 g der zubereiteten Probe (siehe 2.1) werden im Platintiegel 30 min bei 400° vorgetrocknet und 1 Std. bei 1200° geglüht. Man läßt 30 min im Exsiccator abkühlen und wägt. Die Gewichtsabnahme entspricht dem Glühverlust.

### 2.3 Aufschluß

5 g der nach 2.1 zubereiteten Probe, 5 g Borsäure (nach Sörensen) und 10 g Natriumcarbonat werden nach intensivem Mischen in einem Wägegläschen in eine Platinschale übergeführt und im elektrischen Ofen bei 1100° 10 min geschmolzen. Die erkaltete Schmelze wird mit 50 bis 60 ml Wasser unter Erwärmen gelöst und die Lösung in einen 500 ml-Meßkolben übergespült, in dem sich 72 ml 8 n-Schwefelsäure befinden. Nach kräftigem Umschwenken wird erhitzt, bis die Lösung vollkommen klar ist, und nach Abkühlen aufgefüllt.

Zur Bestimmung der Blindwerte und zur Aufstellung der Eichkurven werden 10 g Borsäure und 20 g Natriumcarbonat mit 100 ml 8 n-Schwefelsäure gelöst und in einem Meßkolben zum Liter aufgefüllt.

### 2.4 Bestimmung des Siliciums

***Grundlage.*** Das Silicium wird aus saurer Lösung als Silicomolybdänsäure mit Isobutanol extrahiert und nach Rückführung in die wäßrige Phase zu Silicomolybdänblau reduziert und photometrisch bestimmt.

***Anwendungsbereich.*** Geeignet für Gehalte von 0,004 bis 0,03% Silicium(IV)-oxid.

***Zuverlässigkeit.*** Bei Gehalten von 0,015 bis 0,03% Silicium(IV)-oxid etwa ±5%, unter 0,015% Silicium(IV)-oxid etwa ±10%.

***Reagenzien.***

1. Natriummolybdatlösung: 15 g $Na_2MoO_4 \cdot 2\,H_2O$ zu 100 ml gelöst.
2. Natriumhydroxidlösung: 20 g im Kunststoffbecher zu 100 ml gelöst.
3. Isobutanol
4. Hydraziniumsulfatlösung: 1 g zu 100 ml gelöst. Die Lösung ist vor Gebrauch frisch anzusetzen.

5. Siliciumstammlösung: 100 mg bei 1100° geglühtes Silicium(IV)-oxid werden mit 0,5 g Kaliumcarbonat-Natriumcarbonat im bedeckten Platintiegel aufgeschlossen. Nach Lösen der Schmelze mit Wasser in einem Kunststoffbecher füllt man in einem Meßkolben zum Liter auf.

6. Siliciumstandardlösung: Ein Teil der Siliciumstammlösung (4) wird in einem Meßkolben 1 + 4 verdünnt. 1 ml $\triangleq$ 20 μg Silicium(IV)-oxid.

Alle alkalischen Lösungen werden in Kunststoffflaschen aufbewahrt.

***Ausführung.*** 50 ml (= 0,5 g Einwaage) der schwefelsauren Aufschlußlösung (siehe 2.3) werden in einem 250 ml-Becherglas auf 100 ml verdünnt und mit 5 ml Natriummolybdatlösung (1) versetzt. Der pH-Wert soll jetzt 1,0 ± 0,2 betragen. Gegebenenfalls wird mit Natriumhydroxidlösung (2) bzw. Salzsäure (1 + 1) korrigiert. Man läßt 30 min zur Entwicklung der Silicomolybdänsäure stehen. Nach Überführen der Lösung in einen 250 ml-Scheidetrichter werden 20 ml Salzsäure (1,19) zugegeben. Man extrahiert nacheinander einmal mit 30 ml, dann mit 25 ml Isobutanol (3) jeweils 2 min. Die vereinigten Extrakte werden in einem zweiten 250 ml-Scheidetrichter dreimal mit je 20 ml 1,5 n-Salzsäure 1 min geschüttelt und die wäßrigen Phasen verworfen. Zu der organischen Phase gibt man 30 ml Wasser und 60 ml Chloroform und schüttelt 2 min. Man läßt die wäßrige Phase in einen 200 ml-Meßkolben ab, in dem sich 50 ml Wasser und 10 ml Salzsäure (1,19) befinden. Die organische Phase wird noch zweimal mit je 20 ml Wasser 1 min geschüttelt und die wäßrige Schicht in den Meßkolben abgelassen. In den Kolben gibt man 5 ml Hydraziniumsulfatlösung (4) und erwärmt im Wasserbad 30 min auf 75 bis 85°. Nach Abkühlen auf Raumtemperatur wird aufgefüllt und in einer 5 cm-Küvette bei 730 nm gegen den gleichbehandelten Blindwert gemessen.

***Eichkurve.*** Zu je 50 ml der Blindwertlösung (siehe 2.3) werden 20 bis 150 μg Silicium(IV)-oxid enthaltende Teile der Siliciumstandardlösung (6) zugesetzt und die Lösungen nach obiger Vorschrift behandelt.

***Bemerkung.*** Abweichend von der Siliciumbestimmung bei Metallen und Fluoriden wird beim Aluminiumoxid die Silicomolybdänsäureentwicklung bei Raumtemperatur und deren Reduktion mit Hydraziniumsulfat vorgenommen. Bei gleichzeitiger Anwesenheit von Phosphor und Vanadium treten sonst Überbefunde auf.

## 2.5 Bestimmung des Eisens

***Grundlage.*** Das Eisen wird mit Hydroxylammoniumchlorid reduziert und mit o-Phenanthrolin photometrisch bestimmt.

***Anwendungsbereich.*** Geeignet für Gehalte von 0,003 bis 0,03% Eisen(III)-oxid.

***Zuverlässigkeit.*** Bei Gehalten um 0,01% Eisen(III)-oxid etwa ±10%.

***Reagenzien.***

1. Hydroxylammoniumchloridlösung: 1 g zu 100 ml gelöst. Die Lösung ist vor Gebrauch frisch anzusetzen.

2. o-Phenanthrolinlösung: 0,2 g o-Phenanthrolinhydrochlorid zu 100 ml gelöst.

3. Natriumacetatlösung: 272 g $CH_3COONa \cdot 3\,H_2O$ zum Liter gelöst.

4. Eisenstammlösung: 491 mg Ammonium-Eisen(II)-sulfat $[(NH_4)_2Fe(SO_4)_2 \cdot 6\,H_2O]$ werden mit Wasser und 20 ml Schwefelsäure (1 + 1) gelöst und in einem Meßkolben zum Liter aufgefüllt.

5. Eisenstandardlösung: Ein Teil Stammlösung (4) wird in einem Meßkolben 1 + 4 verdünnt. 1 ml $\triangleq$ 20 μg Eisen(III)-oxid.

***Ausführung.*** 25 ml (= 0,25 g Einwaage) der schwefelsauren Aufschlußlösung (siehe 2.3) werden in einem 50 ml-Meßkolben mit 1 ml Hydroxylammoniumchloridlösung (1) und 2 ml o-Phenanthrolinlösung (2) versetzt. Mit Natriumacetatlösung (3) wird pH 3,5 eingestellt. Man füllt auf und mißt nach 10 min die Extinktion in der 2- bzw. 4 cm-Küvette bei 490 nm gegen den Blindwert. Der Blindwert wird mit 25 ml der Blindwertlösung (siehe 2.3) wie die Analysenlösung angesetzt.

***Eichkurve.*** Zu je 25 ml der Blindwertlösung (siehe 2.3) werden in 50 ml-Meßkolben 10 bis 100 $\mu$g Eisen(III)-oxid enthaltende Teile Eisenstandardlösung (5) zugesetzt und diese Lösungen nach obiger Vorschrift behandelt.

## 2.6 Bestimmung des Titans

***Grundlage.*** Das Titan wird als gelbgefärbter Sulfosalicylsäurekomplex nach Reduktion des Eisens unter Verwendung von Tri-n-butylammoniumacetat als extraktionsförderndes Mittel mit Chloroform extrahiert und im Extrakt photometrisch bestimmt.

***Anwendungsbereich.*** Geeignet für Gehalte von 0,001 bis 0,01% Titan(IV)-oxid.

***Zuverlässigkeit.*** Bei Gehalten um 0,005% Titan(IV)-oxid etwa $\pm 10\%$.

***Reagenzien.***

1. Sulfosalicylsäurelösung: 40 g zu 100 ml gelöst.
2. Natriumthiosulfatlösung: 5 g $Na_2S_2O_3 \cdot 5\,H_2O$ zu 100 ml gelöst.
3. Natriumhydrogensulfitlösung: 5 g Natriumdisulfit zu 100 ml gelöst.

Die Lösungen 2 und 3 sind frisch anzusetzen und in braunen Flaschen aufzubewahren.

4. Tri-n-butylammoniumacetat: 350 ml Tri-n-butylammoniumacetat und 350 ml Wasser werden mit 10 g Aktivkohle 2 Std. geschüttelt. Man läßt über Nacht stehen, filtriert über ein doppeltes Faltenfilter und dann durch ein doppeltes Filter Gr. 2. Sollten sich noch Kohleteilchen auf dem Filter zeigen, wird nochmals über ein Filter Gr. 3 filtriert. Die farblose Lösung wird in einer braunen Flasche im Dunkeln aufbewahrt. Auch bei der Reinigung, beim Schütteln und Stehenlassen ist das Reagenz durch Abdecken vor Licht zu schützen.

5. Titanstammlösung: 50 mg bei 1000 bis 1100° geglühtes Titan(IV)-oxid werden in einem bedeckten Platintiegel mit wenig Kaliumhydrogensulfat aufgeschlossen. Man löst die erkaltete Schmelze mit 500 ml Schwefelsäure (1 + 16) und füllt die Lösung nach Erkalten im Meßkolben zum Liter auf.

6. Titanstandardlösung: Ein Teil Titanstammlösung (5) wird in einem Meßkolben 1 + 9 verdünnt. 1 ml $\triangleq$ 5 $\mu$g Titan(IV)-oxid.

***Ausführung.*** 50 ml (= 0,5 g Einwaage) der schwefelsauren Aufschlußlösung (siehe 2.3) werden in einem Becherglas auf 25 ml eingedampft. Nach Zugabe von 3 ml Sulfosalicylsäurelösung (1) stellt man mit Natriumhydroxidlösung (10 g in 100 ml) pH 3,2 bis 3,5 ein, gibt 0,5 ml Natriumthiosulfatlösung (2) und 2 ml Natriumhydrogensulfitlösung (3) zu und erwärmt bis zur Entfärbung des Eisen(III)-sulfosalicylats. Nach Abkühlen wird mit Schwefelsäure (1+2) pH 2,8 $\pm$ 0,1 eingestellt und die Lösung mit wenig Wasser in einem 100 ml-Schütteltrichter übergeführt. Das Volumen beträgt nun 45 bis 50 ml. Man gibt 10 ml Tri-n-butylammoniumacetat (4) und 8 ml Chloroform zu und schüttelt 3 min. Nach Klärung der wäßrigen Phase, die durch Zugabe einiger Tropfen Wasser beschleunigt wird, läßt man den Chloroformextrakt durch ein kleines Wattefilter in einen 25 ml-Meßkolben ab und spült Hahn und Auslauf mit 1 ml Chloroform nach. Die Extraktion wird noch zweimal mit je 10 ml Tri-n-butylammoniumacetat (4) und 5 ml Chloroform vorgenommen. Danach wäscht man das Filter mit Chloroform nach und füllt mit Chloroform auf. Die Extinktion wird in einer 5 cm-Küvette bei 405 nm gegen den Blindwert gemessen.

Für den Blindwert werden 50 ml Blindwertlösung (siehe 2.3) wie die Analysenlösung behandelt.

***Eichkurve.*** Zu je 50 ml Blindwertlösung (siehe 2.3) werden 0 bis 50 $\mu$g Titan(IV)-oxid enthaltende Teile Titanstandardlösung (6) gegeben. Diese Lösungen werden, wie unter Ausführung beschrieben, behandelt und gegen die Lösung ohne Titanzugabe gemessen.

## 2.7 Bestimmung des Vanadiums

***Grundlage.*** Das Vanadium wird gemeinsam mit dem Eisen als Oxychinolat bei pH 4 mit Chloroform extrahiert und durch Rückführung in die wäßrige Phase bei pH 9,4 von dem Eisen getrennt. Das reine Vanadiumoxychinolat wird wieder bei pH 4 extrahiert und das Vanadium im Extrakt photometrisch bestimmt.

***Anwendungsbereich.*** Geeignet für Gehalte von 0,0015 bis 0,05% Vanadium(V)-oxid.

***Zuverlässigkeit.*** Bei Gehalten um 0,005% Vanadium(V)-oxid etwa ±10%.

***Reagenzien.***

1. Pufferlösung, pH 9,4: 200 ml 4 n-Ammoniak und 100 ml 4 n-Salpetersäure werden mit Wasser zu 2 l verdünnt.
2. Pufferlösung, pH 4,0: 12,77 g Kaliumhydrogenphthalat zu 250 ml gelöst.
3. Oxinlösung: 0,5 g 8-Hydroxychinolin mit alkoholfreiem Chloroform (5) zu 100 ml gelöst.
4. Oxinlösung (0,1 g in 100 ml): Lösung (3) wird mit alkoholfreiem Chloroform (5) 1 + 4 verdünnt.
5. Alkoholfreies Chloroform: Das Chloroform wird sechsmal mit Wasser extrahiert. Jeder Wasseranteil beträgt 1/4 des Volumens an Chloroform. Das gereinigte Chloroform wird, mit einer Schicht Wasser bedeckt im Kühlschrank aufbewahrt.
6. Vanadiumstammlösung: 0,1 g Vanadium(V)-oxid wird mit 25 ml 4 n-Schwefelsäure gelöst und die Lösung in einem Meßkolben zum Liter aufgefüllt.
7. Vanadiumstandardlösung: 100 ml Vanadiumstammlösung (6) werden in einem Meßkolben zum Liter verdünnt. 1 ml ≙ 10 μg Vanadium(V)-oxid.

***Ausführung.*** Ein 20 bis 100 μg Vanadium(V)-oxid enthaltender Teil der schwefelsauren Aufschlußlösung (siehe 2.3) wird in einem 250 ml-Scheidetrichter zu 150 ml verdünnt. Nach Zugabe von 1 Tropfen Methylorangelösung neutralisiert man mit 4 n-Ammoniak und stellt pH 4,0 ein. Durch Schütteln mit 5 ml Oxinlösung (3) während 3 min werden Vanadium und Eisen extrahiert. Der Extrakt wird in einen zweiten Scheidetrichter, der 50 ml Pufferlösung (1) enthält, abgelassen. Man wäscht Hahn und Auslauf des Scheidetrichters mit wenig Chloroform nach und wiederholt die Extraktion noch zweimal mit je 5 ml Oxinlösung (3). Die vereinigten Extrakte werden mit der ammoniakalischen Pufferlösung (1) 5 min geschüttelt, wobei das Vanadium in die wäßrige Phase übergeht, während das Eisen in der Chloroformschicht zurückbleibt. Der Extrakt wird nun in einen 100 ml-Scheidetrichter, der 25 ml Pufferlösung (1) enthält, abgelassen und nochmals 3 min geschüttelt. Nach Ablassen der Chloroformschicht wäscht man die vereinigten wäßrigen Auszüge mit 5 ml reinem Chloroform durch Schütteln während 1 min. Hat die Chloroformschicht eine deutliche Färbung, so wird nochmals mit 5 ml Chloroform gewaschen. Nach Zugabe von 1 Tropfen Methylorange zur wäßrigen Lösung wird mit 4 n-Salpetersäure neutralisiert und pH 4,0 eingestellt. Man setzt 2 ml Phthalatpufferlösung (2) zu und extrahiert das Vanadium mit 5 ml Oxinlösung (4). Es wird 3 min geschüttelt und der Extrakt durch ein kleines Wattefilter in einen 25 ml-Meßkolben abgelassen. Hahn und Auslauf werden mit wenig Chloroform gewaschen. Die Extraktion ist noch zweimal mit je 5 ml Oxinlösung (4) zu wiederholen. Das Filter wird mit reinem Chloroform ausgewaschen und der Kolben aufgefüllt. Die Messung der Extinktion erfolgt in einer 5 cm-Küvette bei 546 nm gegen den Blindwert der Reagenzien, der nach dem gleichen Analysengang angesetzt wird.

***Eichkurve.*** In 250 ml-Scheidetrichtern werden zu 100 ml Wasser und 4 ml 4 n-Salpetersäure 0 bis 100 μg Vanadium(V)-oxid enthaltende Teile der Vanadiumstandardlösung (7) gegeben und sämtliche Extraktionen wie bei der Analyse durchgeführt. Die Messung erfolgt gegen den Ansatz ohne Zugabe von Vanadium(V)-oxid.

## 2.8 Bestimmung des Natriums

***Grundlage.*** Nach Aufschluß der Probe mit Ammoniumfluorid und Abrauchen mit Schwefelsäure wird das als Sulfat vorliegende Natrium als Natrium-Zinkuranylacetat gefällt und gewichtsanalytisch bestimmt.

***Anwendungsbereich.*** Geeignet für Gehalte von 0,1 bis 0,5% Natriumoxid.

***Zuverlässigkeit.*** Bei Gehalten um 0,5% Natriumoxid etwa ±5%.

***Reagenzien.***

1. Zinkuranylacetatlösung: 100 g Uranylacetat [$(CH_3COO)_2UO_2 \cdot 2\,H_2O$] werden mit 25 ml Essigsäure (1,06) und 500 ml Wasser auf 95° erwärmt und bis zum Lösen gerührt. Gleichzeitig werden 300 g Zinkacetat [$(CH_3COO)_2Zn \cdot 2\,H_2O$] mit 10 ml Essigsäure (1,06) und 370 ml Wasser ebenfalls bei 95° unter Rühren gelöst. Die beiden Lösungen werden noch warm gemischt und 24 Std. stehengelassen. Gewöhnlich bildet sich Natrium-Zinkuranylacetat durch Spuren von Natrium aus dem Reagenz. Entsteht kein Niederschlag, werden einige mg Natriumchlorid zugesetzt, um die Lösung mit dem Tripelsalz zu sättigen. Teile der Reagenzlösung werden nach Bedarf durch ein Filter Gr. 3 filtriert.

2. Alkoholische Waschlösung, gesättigt an Natrium-Zinkuranylacetat: 50 mg Natriumchlorid werden mit 20 ml Wasser gelöst. Die Lösung wird mit 50 ml Zinkuranylacetatlösung (1) versetzt und etwa 30 min zur Ausfällung des Natrium-Zinkuranylacetats gerührt. Man filtriert nach Absetzen des Niederschlags durch einen Porzellanfiltertiegel A2 oder einen Glasfiltertiegel 1G4, wäscht den Niederschlag mit Äthanol und schließlich mit einigen ml Aceton. Nachdem der Niederschlag gut trocken gesaugt wurde, gibt man ihn zusammen mit 200 ml Äthanol in eine 250 ml-Glasstopfenflasche und schüttelt die Lösung einen Tag lang wenigstens stündlich. Vor Gebrauch dekantiert man die etwa erforderliche Menge in eine kleine Spritzflasche, deren Steigrohr mit einem Wattebausch versehen ist, um restlichen Niederschlag zurückzuhalten.

***Ausführung.*** 1 g Probe wird in einer Platinschale mit 20 ml Fluorwasserstoffsäure (40%), 20 ml Wasser und 50 ml Ammoniak (1 + 1) bis zur Trockne abgeraucht. Man wiederholt das Abrauchen mit 10 ml Fluorwasserstoffsäure, 10 ml Wasser und 25 ml Ammoniak (1 + 1), jedoch nicht bis zur Trockne. Die Schale wird von der Heizplatte genommen, wenn der Rückstand noch feucht ist und noch raucht. Nach Zugabe von 5 ml Schwefelsäure (1,84) wird zur Trockne abgeraucht und anschließend bei 500 bis 550° geglüht. Man gibt nochmals 5 ml Schwefelsäure (1,84) zu und erhitzt wieder, bis alle Dämpfe vertrieben sind. Dann werden 2 ml Schwefelsäure (1,84) zugesetzt und diese bis auf 1 ml abgeraucht. Man löst die Salze mit 50 ml Wasser, spült in ein 250 ml-Becherglas über und dampft die Lösung auf etwa 7 ml ein. Nach Abkühlen werden 70 ml frisch filtrierte Zinkuranylacetatlösung (1) zugesetzt und mit einem mechanischen Rührwerk etwa 30 min gerührt. Nach Stehen über Nacht wird durch einen Porzellanfiltertiegel A2 oder einen Glasfiltertiegel 1G4 filtriert und der Niederschlag mit wenig Reagenzlösung (1) übergespült. Man wäscht mehrmals mit je 2 ml alkoholischer Waschlösung (2), dann fünfmal mit je 2 ml Aceton. Anschließend wird mehrere min lang Luft durch den Tiegel gesaugt, dann 15 min bei 105° getrocknet und nach dem Erkalten gewogen.

Der Niederschlag wird im Tiegel mit heißem Wasser gelöst, die Lösung abgesaugt und der Tiegel fünfmal mit Aceton gewaschen. Man saugt mehrere min Luft durch, trocknet 15 min bei 105° und wägt nach dem Abkühlen. Die Gewichtsdifferenz ergibt die vorhandene Menge Natrium-Zinkuranylacetat. Ein Blindwert der Reagenzien ist gleichzeitig zu bestimmen und abzuziehen.

Der Umrechnungsfaktor von Natrium-Zinkuranylacetat auf Natriumoxid ist 0,02015.

***Bemerkungen.***

1. In Ausnahmefällen kann ein schwer aufschließbares Aluminiumoxid vorliegen, bei dem durch zweimaliges Abrauchen mit Ammoniumfluorid keine vollständige Lösung erreicht wird. In diesem Fall ist auf besonders gute Vermahlung der Probe zu achten und ein neuer Ansatz dreimal mit Ammoniumfluorid abzurauchen.

2. Die Löslichkeit von Natrium-Zinkuranylacetat ist merklich und ändert sich mit der Temperatur. Reagenzien und Analysenlösungen müssen deswegen auf annähernd gleicher Temperatur gehalten werden.

## 2.9 Bestimmung des Schwefels

***Grundlage.*** Der als Sulfat vorliegende Schwefel wird durch Erhitzen mit Reduktionslösung zu Schwefelwasserstoff umgesetzt und nach Destillation in Natriumhydroxidlösung absorbiert. Die Bestimmung erfolgt mit Cadmiumchloridlösung maßanalytisch unter Verwendung von Dithizon als Indicator.

***Anwendungsbereich.*** Geeignet für Gehalte von 0,001 bis 0,08%.

***Zuverlässigkeit.*** Bei Gehalten von 0,001 bis 0,05% etwa ±20%.

***Reagenzien.***

1. Natriumhydroxidlösung: 8 g Natriumhydroxidplätzchen werden mit 100 ml Wasser (6) gelöst. Die Lösung ist in einer Kunststoffflasche aufzubewahren. Sie darf bei Zugabe von Dithizonlösung nur gelb-orange, jedoch nicht rot werden. Bei Rotfärbung ist die Lösung verunreinigt und neu anzusetzen.

2. Dithizonlösung: 50 mg Dithizon werden mit 100 ml Aceton gelöst. Die Lösung ist in einer braunen Glasstopfenflasche etwa 3 Wochen haltbar.

3. Cadmiumstammlösung: 1,123 g reinstes Cadmium werden mit möglichst wenig Salpetersäure-Salzsäure (1 + 3) gelöst. Man verdampft die überschüssige Säure und nimmt den Rückstand mit 10 ml 2 n-Salzsäure auf. Die Lösung wird in einem Meßkolben zum Liter aufgefüllt.

4. Cadmiumstandardlösung: 10 ml Cadmiumstammlösung (3) werden in einem 250 ml-Meßkolben aufgefüllt. Diese Lösung ist täglich frisch anzusetzen. 1 ml ≙ 12,8 μg Schwefel.

5. Reduktionslösung: 55 ml Jodwasserstoffsäure (1,7), 35 ml Salzsäure (1,19) und 10 ml unterphosphorige Säure (50%ig) werden 30 min lang unter Durchleiten von Wasserstoff am Rückflußkühler gekocht. In einer braunen Glasflasche ist die Lösung mehrere Monate haltbar.

6. Bidestilliertes Wasser.

***Geräte.*** Siehe Abb. 1.

***Ausführung.*** Eine 6 bis 18 μg Schwefel enthaltende Probe wird in das trockene Entwicklungskölbchen eingewogen und das Kölbchen auf den mit einem Tropfen sirupöser

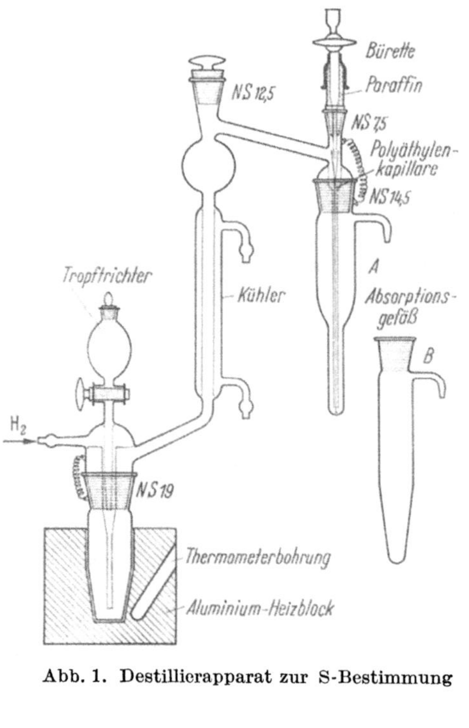

Abb. 1. Destillierapparat zur S-Bestimmung

Phosphorsäure befeuchteten Schliff des Destillationsaufsatzes dicht aufgesetzt. Man schließt die 1 ml Natriumhydroxidlösung (1) und 0,15 ml Dithizonlösung (2) enthaltende Vorlage an und setzt die mit Cadmiumstandardlösung (4) gefüllte Bürette auf. Jetzt wird durch einen mindestens 2 min währenden, mäßig schnellen Wasserstoffstrom die Luft aus der Apparatur verdrängt. Danach vermindert man die Stärke des Gasstromes auf 2 bis 3 Blasen je sec und läßt 3 ml Reduktionslösung (5) durch den Tropftrichter einlaufen. Der Kolbeninhalt wird nun bei eingeschalteter Wasserkühlung zum Sieden erhitzt und dabei 30 min gehalten. Ohne das Erhitzen und das Durchleiten von Wasserstoff zu unterbrechen, wird das Einleitungsrohr nach Anheben der Bürette mit 0,5 bis 1 ml Wasser (6) sorgfältig ausgespült. Nach Aufsetzen der Bürette wird in der gelbgefärbten Absorptionslösung der absorbierte Schwefelwasserstoff mit Cadmiumstandardlösung (5) bis zur Rotfärbung des Dithizons titriert. Die Rotfärbung muß bei Fortsetzung der Destillation einige min bestehen bleiben.

# 3 Metallische Erzeugnisse

## 3.1 Reinstaluminium

### 3.1.1 Bestimmung des Siliciums

***Grundlage.*** Das Silicium wird aus saurer Lösung als Silicomolybdänsäure mit Isobutanol extrahiert und nach Reduktion mit Zinn(II)-chlorid in wäßriger Lösung als Silicomolybdänblau photometrisch bestimmt.

***Anwendungsbereich.*** Geeignet für Gehalte von 0,0005 bis 0,01%.

***Zuverlässigkeit.*** Bei Gehalten um 0,005 etwa $\pm 10\%$,
um 0,01 etwa $\pm 5\%$.

***Reagenzien.***

1. Natriumhydroxidlösung: 30 g mit Wasser (6) zu 100 ml gelöst. Die Lösung ist in einem Kunststoffgefäß anzusetzen und aufzubewahren.
2. Natriummolybdatlösung: 15 g $Na_2MoO_4 \cdot 2\,H_2O$ mit Wasser (6) zu 100 ml gelöst.
3. Zinn(II)-chloridlösung: 2,25 g $SnCl_2 \cdot 2\,H_2O$ werden mit n-Salzsäure unter Erwärmen gelöst, abgekühlt und mit n-Salzsäure auf 100 ml aufgefüllt. Die Lösung muß vor Gebrauch frisch angesetzt werden.
4. Siliciumstammlösung: 214 mg bei 1100° geglühtes Silicium(IV)-oxid werden mit der fünffachen Menge Kaliumcarbonat-Natriumcarbonat im Platintiegel aufgeschlossen. Die erkaltete Schmelze wird in einem Kunststoffbecher mit Wasser (6) gelöst und in einem Meßkolben zum Liter aufgefüllt.
5. Siliciumstandardlösung: Einen Teil der Stammlösung (4) verdünnt man in einem Meßkolben mit Wasser (6) 1 + 1. 1 ml $\triangleq$ 50 $\mu$g Silicium.
6. Bidestilliertes Wasser.

Alle alkalischen Lösungen müssen in Kunststoffgefäßen angesetzt und aufbewahrt werden.

***Ausführung.*** 3 g Probe werden in einem ausreichend großen Nickeltiegel mit Deckel, gegebenenfalls unter Außenkühlung, mit 15 ml Natriumhydroxidlösung (1) gelöst. Die Lösung verdünnt man mit 20 ml Wasser (6) und gibt sie in einen Kunststoffbecher, in welchem 40,5 ml Salzsäure (1,19) und etwa 10 ml Wasser (6) vorgelegt sind. Die nunmehr saure Lösung (etwa 100 ml) gibt man in ein Becherglas und kocht klar. Nach Abkühlen und Verdünnen der Lösung mit Wasser (6) auf 100 ml werden 5 ml Natriummolybdatlösung (2) zugesetzt. Der pH-Wert muß jetzt 1,0 $\pm$ 0,2 betragen. Wenn nötig, muß mit Natriumhydroxidlösung (1) bzw. Salzsäure (1 + 1) korrigiert werden. Die Lösung wird kurz aufgekocht und nach dem Abkühlen in einen 250-ml-Scheidetrichter übergespült. Dazu gibt man 20 ml Salzsäure (1,19) und extrahiert nacheinander einmal mit 30 ml, dann mit 25 ml Isobutanol jeweils 1 min. Sollte die wäßrige Phase noch gelb gefärbt sein, wird die Extraktion mit 15 ml Isobutanol wiederholt. Die vereinigten Extrakte werden dreimal mit je 20 ml 1,5 n-Salzsäure 1 min geschüttelt und die salzsauren Phasen verworfen. Zu der organischen Phase gibt man 2 ml Zinn(II)-chloridlösung (3), 30 ml Wasser (6) und 60 ml Chloroform. Durch kräftiges Schütteln wird das entstandene Silicomolybdänblau in die wäßrige Phase übergeführt. Die Isobutanol-Chloroform-Schicht wird so oft mit je 20 ml Wasser geschüttelt, bis sie farblos ist. Die blaugefärbten, wäßrigen Extrakte läßt man in einen 200 ml-Meßkolben ab, in den man 40 ml Wasser (6) und 10 ml Salzsäure (1,19) vorgelegt hat. Dazu gibt man 1 ml Zinn(II)-chloridlösung (3) und füllt auf. Man photometriert innerhalb von 30 min in einer 1 cm-Küvette bei 730 nm gegen den Blindwert der Reagenzien.

Der Blindwert wird wie folgt angesetzt: In einen Kunststoffbecher werden 15 ml Natriumhydroxidlösung (1), 30 ml Wasser (6) und 15 ml Salzsäure (1,19) gegeben. Nach dem Erkalten bringt man mit Wasser (6) auf ein Volumen von 100 ml und gibt 5 ml Natriummolybdatlösung (2) zu. Der pH-Wert muß jetzt $1{,}0 \pm 0{,}2$ betragen. Danach verfährt man weiter, wie unter Ausführung beschrieben.

***Eichkurve.*** Aus einer Bürette werden 25 bis 350 $\mu$g Silicium enthaltende Teile Siliciumstandardlösung (5) in eine Reihe von Kunststoffbechern gegeben. Dazu gibt man je 15 ml Natriumhydroxidlösung (1) und 30 ml Wasser (6). Es wird mit 15 ml Salzsäure (1,19) umgesetzt, mit Wasser (6) auf 100 ml verdünnt und, wie unter Ausführung angegeben, weitergearbeitet.

### 3.1.2 Bestimmung des Eisens

***Grundlage.*** Das Eisen wird mit Hydroxylammoniumchlorid reduziert und mit o-Phenanthrolin photometrisch bestimmt.

***Anwendungsbereich.*** Geeignet für Gehalte von 0,0002 bis 0,01%.

***Zuverlässigkeit.*** Bei Gehalten um 0,005% etwa ±10%,
unter 0,001% etwa ±20%.

***Reagenzien.***

1. Natriumacetatlösung: 27,2 g $CH_3COONa \cdot 3\,H_2O$ mit Wasser (6) zu 100 ml gelöst.
2. Hydroxylammoniumchloridlösung: 1 g mit Wasser (6) zu 100 ml gelöst. Die Lösung ist vor Gebrauch frisch anzusetzen.
3. o-Phenanthrolinhydrochloridlösung: 0,5 g mit Wasser (6) zu 100 ml gelöst.
4. Eisenstammlösung: 143 mg Eisen(III)-oxid werden mit 10 ml Salzsäure (1,19) unter Erwärmen gelöst. Man kühlt ab und verdünnt in einem Meßkolben zum Liter.
5. Eisenstandardlösung: Einen Teil Stammlösung (4) verdünnt man mit Wasser (6) in einem Meßkolben 1 + 49. 1 ml $\hat{=}$ 2 $\mu$g Eisen.
6. Bidestilliertes Wasser.

***Ausführung.*** 1 g Probe wird mit 15 ml 6 n-Salpetersäure und 15 ml 6 n-Salzsäure in einem bedeckten Becherglas von 100 ml durch portionsweises Eintragen unter Kühlen gelöst. Man engt auf ein Volumen von 7 bis 8 ml ein. (Markierung auf dem Becherglas). Die Lösung wird mit wenig Wasser (6) verdünnt und nach dem Erkalten in einen 100 ml-Meßkolben gespült. Unter jedesmaligem Umschütteln werden 15 ml Natriumacetatlösung (1) — der pH-Wert der Lösung muß jetzt zwischen 2,5 und 3,5 liegen — 2 ml Hydroxylammoniumchloridlösung (2) und 2 ml o-Phenanthrolinhydrochloridlösung (3) zugesetzt. Es wird mit Wasser (6) auf 100 ml aufgefüllt und nach einer Wartezeit von 15 min in einer 4 cm-Küvette bei 490 nm gegen den Blindwert gemessen.

Der Blindwert der Reagenzien wird wie folgt angesetzt: In einem 100 ml-Becherglas werden 15 ml 6 n-Salpetersäure und 15 ml 6 n-Salzsäure bis auf ein Volumen von 1 bis 2 ml eingeengt, mit wenig Wasser (6) aufgenommen und in einen 100 ml-Meßkolben gespült. Es wird nun weiter, wie unter Ausführung beschrieben, verfahren.

Durch das Einengen auf 1 bis 2 ml benötigt man für die Einstellung des pH-Wertes die gleiche Menge Natriumacetatlösung (1) wie bei der Analysenlösung.

***Eichkurve.*** Wie beim Blindwert werden je 15 ml 6 n-Salpetersäure und 15 ml 6 n-Salzsäure auf 1 bis 2 ml eingeengt. Hierzu gibt man aus einer Bürette 2 bis 100 $\mu$g Eisen enthaltende Teile der Eisenstandardlösung (5) und verfährt weiter, wie unter Ausführung angegeben.

### 3.1.3 Bestimmung des Kupfers

***Grundlage.*** Das Kupfer wird in weinsäurehaltiger Lösung mittels Bleidiäthyldithiocarbaminat in den gelb bis braun gefärbten Kupferdiäthyldithiocarbaminatkomplex übergeführt, der mit Chloroform extrahiert wird. Im Chloroformauszug wird das Kupfer photometrisch bestimmt.

***Anwendungsbereich.*** Geeignet für Gehalte von 0,0005 bis 0,005%.

***Zuverlässigkeit.*** Bei Gehalten um 0,001% etwa $\pm 10\%$.

***Reagenzien.***

1. Weinsäurelösung: 25 g mit Wasser (6) zu 100 ml gelöst.
2. Ammoniak (0,91): Hergestellt durch Einleiten von Ammoniakgas in Wasser (6).
3. Reagenzlösung: Man löst 100 mg Bleiacetat [$(CH_3COO)_2Pb \cdot 3\,H_2O$] mit etwa 25 ml Wasser (6), gibt 5 ml Kaliumnatriumtartratlösung [10 g $KNaC_4H_4O_6 \cdot 4\,H_2O$ in 100 ml Wasser (6)] zu und macht mit Kaliumhydroxidlösung [50 g in 100 ml Wasser (6)] alkalisch. Dann fügt man 5 ml Kaliumcyanidlösung [10 g in 100 ml Wasser (6)] und 125 mg Natriumdiäthyldithiocarbaminat, das man zuvor in ungefähr 25 ml Wasser (6) löst, zu. Man schüttelt im Scheidetrichter mit 250 ml Chloroform aus, trennt die Chloroformschicht ab und schüttelt sie anschließend zweimal mit Wasser (6). Die organische Phase wird durch ein trockenes Filter Gr. 2 filtriert und mit Chloroform zum Liter aufgefüllt. Man bewahrt die Lösung in einer braunen Flasche auf.
4. Kupferstammlösung: 100 mg Elektrolytkupfer werden mit 10 ml Salpetersäure (1 + 1) gelöst und in einem Meßkolben zum Liter aufgefüllt.
5. Kupferstandardlösung: Einen Teil Stammlösung (4) verdünnt man in einem Meßkolben mit Wasser (6) 1 + 19. 1 ml $\hat{=}$ 5 $\mu$g Kupfer.
6. Bidestilliertes Wasser.

***Ausführung.*** 1 g Probe wird in einem bedeckten 250 ml-Becherglas mit 10 ml Natriumhydroxidlösung [20 g in 100 ml Wasser (6)] gelöst und mit 20 ml Salpetersäure (1,4) umgesetzt. Man kocht klar, kühlt ab und spült in einen 250 ml-Scheidetrichter über. Danach verdünnt man mit Wasser (6) auf etwa 150 ml, gibt 20 ml Weinsäurelösung (1) zu und stellt mit Ammoniak (2) pH 3 bis 3,5 ein. Nach Zugabe von 15 ml Reagenzlösung (3) schüttelt man 1 min kräftig und läßt nach kurzem Absetzen die Chloroformphase über Watte in einen trockenen 50 ml-Meßkolben ab. Man spült den Auslauf des Scheidetrichters mit 1 ml Reagenzlösung (3) nach. Die Extraktion wird zwei- bis dreimal mit je 5 ml Reagenzlösung (3) wiederholt, bis der vorletzte Extrakt farblos ist. Das Wattefilter wird mit Reagenzlösung (3) nochmals ausgewaschen und der Extrakt auf 50 ml aufgefüllt. Man mißt die Extinktion in einer bedeckten 4 cm-Küvette bei 435 nm gegen den Blindwert der Reagenzien.

Zur Ermittlung des Blindwertes werden die gleichen Reagenzienmengen, wie unter Ausführung angegeben, verwandt und in gleicher Weise extrahiert.

***Eichkurve.*** In eine Reihe von 250 ml-Bechergläsern, in welche man je 10 ml Natriumhydroxidlösung [20 g in 100 ml Wasser (6)] und 20 ml Salpetersäure (1,4) vorgelegt hat, gibt man 5 bis 50 $\mu$g Kupfer enthaltende Teile der Kupferstandardlösung (5). Man kühlt ab, spült die Lösungen in einen 250 ml-Scheidetrichter, ergänzt das Volumen mit Wasser (6) auf 150 ml und gibt 20 ml Weinsäurelösung (1) zu. Nach Einstellen von pH 3 bis 3,5 mit Ammoniak (2) verfährt man weiter, wie unter Ausführung angegeben.

### 3.1.4 Bestimmung des Zinks

***Grundlage.*** Nach Lösen der Probe mit Salzsäure wird das Zink als Dithizonat mit Chloroform extrahiert, mit Salzsäure in die wäßrige Phase zurückgeschüttelt und in ammoniakalischer, citrathaltiger Lösung polarographisch bestimmt.

***Anwendungsbereich.*** Geeignet für Gehalte von 0,0005 bis 0,01%.

***Zuverlässigkeit.*** Bei Gehalten um 0,001% etwa $\pm 10\%$.

***Reagenzien.***

1. Kupfer(II)-chloridlösung: 150 mg $CuCl_2 \cdot 2\,H_2O$ mit Wasser (9) zu 100 ml gelöst.

2. Citronensäurelösung: 50 g mit Wasser (9) zu 100 ml gelöst.

3. Bromthymolblaulösung: 40 mg werden mit 1 ml Äthanol gelöst und mit Wasser (9) zu 100 ml aufgefüllt.

4. Ammoniak (0,91) hergestellt durch Einleiten von Ammoniakgas in Wasser (9). Kunststoffflasche verwenden!

5. Dithizonlösung: 20 mg werden in einem 250 ml-Scheidetrichter mit 100 ml Chloroform etwa 10 min geschüttelt, durch ein Filter Gr. 4 in einen 500 ml-Scheidetrichter filtriert und mit 100 ml Ammoniak (1 + 200) geschüttelt. Nach dem Abtrennen der organischen Phase wird die wäßrige Lösung mit 200 ml Chloroform versetzt, mit 10 ml n-Salzsäure angesäuert und kräftig geschüttelt. Die organische Phase wird abgetrennt, ein- bis zweimal mit Wasser gewaschen und in einer braunen Flasche kühl und vor Licht geschützt aufbewahrt.

6. Grundlösung:

a) 50 mg Gelatine in 10 ml Wasser (9).

b) 2 g Citronensäure und 10 g Natriumsulfit ($Na_2SO_3 \cdot 7\,H_2O$) werden mit 30 ml Wasser (9) gelöst und mit 50 ml Ammoniak (4) versetzt.

Man gibt Lösung a) zu Lösung b) und füllt mit Wasser (9) zu 100 ml auf.

Die Grundlösung muß täglich frisch bereitet werden.

7. Zinkstammlösung: 1 Zinkgranalie (etwa 0,5 g) wird eingewogen, mit 20 ml Salzsäure (1,19) gelöst und die Lösung in einem Meßkolben zum Liter aufgefüllt.

8. Zinkstandardlösung: Ein etwa 5 mg Zink enthaltender Anteil der Stammlösung (7) wird in einem Meßkolben mit Wasser (9) auf 250 ml verdünnt. 1 ml $\triangleq \approx 20\,\mu$g Zink.

9. Bidestilliertes Wasser.

***Ausführung.*** 3 g Probe werden in einem 400 ml-Becherglas mit 50 ml Salzsäure (1 + 1) unter Zusatz von 1 ml Kupfer(II)-chloridlösung (1) gelöst. Bei Gehalten von mehr als 0,003% Zink wird die Lösung mit Wasser (9) auf 100 ml aufgefüllt, ein 50 bis 100 $\mu$g enthaltender Anteil abgenommen und mit Wasser (9) auf 50 ml verdünnt. Die Lösung wird mit 200 mg festem Hydroxylammoniumchlorid versetzt. Nach Zugabe von 30 ml Citronensäurelösung (2) und 3 Tropfen Bromthymolblaulösung (3) neutralisiert man mit Ammoniak (4), zuletzt tropfenweise, bis der Indicator von Gelb über Schmutziggrün nach Blau umschlägt. In einem 250 ml-Scheidetrichter extrahiert man zunächst mit 15 ml Dithizonlösung (5) 2 min und anschließend so oft mit je 10 ml Chloroform (2 min), bis die durch das Dithizonat anfangs gelbbraun gefärbte wäßrige Schicht praktisch farblos ist; hierzu genügt gewöhnlich eine Chloroformextraktion. Bei der Extraktion mit Dithizonlösung ist darauf zu achten, daß die organische Phase grün bis graublau gefärbt bleibt. Eine rote Färbung deutet auf höhere Gehalte an Zink oder andere Schwermetalle hin. In diesem Fall ist die Extraktion mit weiteren 15 ml Dithizonlösung (5) zu wiederholen und zwar so oft, bis die grüne Farbe der Dithizonlösung bestehen bleibt.

Die in einem 100 ml-Scheidetrichter aufgefangenen organischen Phasen werden zweimal mit je 10 ml etwa 0,1n-Salzsäure extrahiert (je 2 min), wodurch das Zink in die wäßrige Phase zurückgeschüttelt wird. In der wäßrigen Phase bleibt immer etwas Chloroform (das Kupfer enthält) zurück. Man schüttelt daher die beiden vereinigten wäßrigen Phasen nochmals kurz mit 10 ml Chloroform. Dann engt man sie in einem 50 ml-Becherglas auf 10 bis 15 ml ein, kocht nach Zusatz von etwa 300 mg Natriumsulfit ($Na_2SO_3 \cdot 7\,H_2O$) kurz auf und spült die Lösung nach dem Erkalten mit wenig Wasser (9) in einen 25 ml-Meßkolben über. Nach Zusatz von 5 ml Grundlösung (6) wird mit Wasser (9) aufgefüllt, der verschlossene Kolben in einem Thermostaten auf die bei der Aufstellung der Eichkurve gewählte Temperatur abgekühlt und unter den für die Eichkurve geltenden Bedingungen polarographiert.

Eine Blindlösung, die alle bei der Bestimmung verwendeten Reagenzien enthält, ist demselben Analysengang zu unterwerfen. Die Stufenhöhe dieses Blindwertes ist von den für die Analysenproben ermittelten Stufenhöhen abzusetzen, bevor der Zinkgehalt der Eichkurve entnommen wird.

***Eichkurve.*** 0 bis 120 $\mu$g Zink enthaltende Teile der Zinkstandardlösung (8) werden in 25 ml-Meßkolben mit je 10 ml etwa 0,1 n-Salzsäure versetzt, nach Zugabe von 5 ml Grundlösung (6) mit Wasser (9) aufgefüllt und im verschlossenen Kolben in einem Thermostaten auf eine Temperatur von 20° abgekühlt. Das Polarogramm wird innerhalb eines Spannungsbereiches von $-1{,}0$ bis $-1{,}6$ V aufgenommen. Die Tropfgeschwindigkeit soll etwa 1 Tropfen in 3 sec betragen und die Galvanometerempfindlichkeit so gewählt werden, daß die Stufenhöhe für 100 $\mu$g Zink wenigstens 70 mm beträgt. Die Eichkurve ist für jede Bestimmung neu aufzustellen.

## 3.2 Reinaluminium

### 3.2.1 Bestimmung des Siliciums

***Grundlage.*** Das Silicium wird aus saurer Lösung als Silicomolybdänsäure mit Isobutanol extrahiert und nach Reduktion in wäßriger Lösung als Silicomolybdänblau photometrisch bestimmt.

***Anwendungsbereich.*** Geeignet für Gehalte von 0,02 bis 1%.

***Zuverlässigkeit.*** Bei Gehalten über 0,1% etwa $\pm 2$%.
unter 0,1% etwa $\pm 4$%.

***Reagenzien.*** Siehe unter 3.1.1, S. 17.
Zum Ansetzen und Auffüllen der Lösungen genügt einfach destilliertes Wasser.

***Ausführung.*** 1 g Probe wird in einer Nickelschale mit Deckel mit 10 ml Natriumhydroxidlösung (1) gelöst. Man gibt etwa 20 ml Wasser zu und spült die Lösung in ein Becherglas, das 10 ml Wasser und 25 ml Salzsäure (1,19) enthält. Die saure Lösung wird klargekocht und nach dem Abkühlen in einem 500 ml-Meßkolben aufgefüllt. Ein 50 bis 300 $\mu$g Silicium enthaltender Teil der Lösung wird in einem 250 ml-Becherglas auf 100 ml verdünnt. Man gibt 5 ml Natriummolybdatlösung (2) zu und stellt mit Natriumhydroxidlösung (1) bzw. Salzsäure (1 + 1) pH $1{,}0 \pm 0{,}2$ ein. Die Lösung wird kurz aufgekocht und nach dem Abkühlen in einem 250 ml-Scheidetrichter übergespült. Dazu gibt man 20 ml Salzsäure (1,19) und extrahiert nacheinander einmal mit 30 ml, dann mit 25 ml Isobutanol jeweils 1 min. Sollte die wäßrige Phase noch gelb gefärbt sein, wird die Extraktion nochmals mit 15 ml Isobutanol wiederholt. Die vereinigten Extrakte werden in einem zweiten

Scheidetrichter dreimal mit je 20 ml 1,5 n-Salzsäure 1 min. geschüttelt und die wäßrigen Phasen verworfen. Zu der organischen Phase gibt man 2 ml Zinn(II)-chloridlösung (3), 30 ml Wasser und 60 ml Chloroform. Durch Schütteln während 1 min wird das Silicomolybdänblau in die wäßrige Phase übergeführt. Die organische Phase wird so oft mit je 20 ml Wasser geschüttelt, bis sie farblos ist. Die blaugefärbten wäßrigen Extrakte sammelt man in einem 200 ml-Meßkolben, in dem 40 ml Wasser und 10 ml Salzsäure (1,19) vorgelegt sind. Dazu gibt man 1 ml Zinn(II)-chloridlösung (3) und füllt auf. Man mißt innerhalb von 30 min in einer 1 cm-Küvette bei 730 nm gegen den Blindwert der Reagenzien.

Der Blindwert der Reagenzien wird wie folgt angesetzt:

In einen Kunststoffbecher werden 20 ml Natriumhydroxidlösung (1), 60 ml Wasser und 20 ml Salzsäure (1,19) gegeben. Nach dem Erkalten wird die Lösung zum Liter aufgefüllt. Ein der Probe entsprechender Teil der Lösung wird wie die Analysenlösung behandelt.

***Eichkurve.*** In mehrere 250 ml-Bechergläser werden zu gleichen Teilen der Blindlösung aus einer Bürette 50 bis 350 $\mu$g Silicium enthaltende Teile der Siliciumstandardlösung (5) gegeben. Die Lösungen werden auf 100 ml verdünnt und nach Zugabe von je 5 ml Natriummolybdatlösung (2) wie die Analysenlösung behandelt.

### 3.2.2 Bestimmung des Eisens

***Grundlage.*** Das Eisen wird mit Hydroxylammoniumchlorid reduziert und mit o-Phenanthrolin photometrisch bestimmt.

***Anwendungsbereich.*** Geeignet für Gehalte von 0,05 bis 1%.

***Zuverlässigkeit.*** Bei Gehalten von 0,2 bis 1% etwa $\pm 1$%.
unter 0,1% etwa $\pm 3$%.

***Reagenzien.***

1. Reagenzgemisch: Man mischt die folgenden Lösungen im Verhältnis von 1 + 1 + 3.

a) Hydroxylammoniumchloridlösung: 1 g zu 100 ml gelöst.

b) o-Phenanthrolinhydrochloridlösung: 0,25 g zu 100 ml gelöst.

c) Pufferlösung: 272 g Natriumacetat ($CH_3COONa \cdot 3\,H_2O$) werden mit etwa 500 ml Wasser gelöst, mit 240 ml Essigsäure (1,06) versetzt und über ein Filter Gr. 2 filtriert. Die Lösung wird zum Liter aufgefüllt.

Das Reagenzgemisch ist in einer braunen Flasche aufzubewahren und ist etwa 4 Wochen haltbar.

2. Eisenstammlösung: 143 mg Eisen(III)-oxid werden mit 20 ml Salzsäure (1 + 1) in der Wärme gelöst. Man kühlt ab und füllt die Lösung in einem Meßkolben zum Liter auf.

3. Eisenstandardlösung: Einen Teil Stammlösung (2) verdünnt man in einem Meßkolben 1 + 9. 1 ml $\triangleq$ 10 $\mu$g Eisen.

***Ausführung.*** 0,5 g Probe werden in einem bedeckten 250 ml-Becherglas mit 10 ml Natriumhydroxidlösung (20 g in 100 ml) gelöst. Man spült das Uhrglas und die Wandung des Glases mit etwa 50 ml Wasser ab und kocht die Lösung auf. Nach Zugabe von 25 ml Salzsäure (1 + 1) wird bis zur vollständigen Lösung der Oxidhydrate gekocht. Man filtriert durch ein Filter Gr. 2 und wäscht mit heißem Wasser säurefrei. Bei Gehalten bis 0,2% Eisen wird das Filtrat in einem Meßkolben auf 200 ml aufgefüllt, bei höheren Gehalten auf 500 ml. In einen 100 ml-Meßkolben gibt man einen 20 bis 200 $\mu$g Eisen enthaltenden Teil der Lösung, verdünnt auf 50 ml, fügt 25 ml Reagenzgemisch (1) zu und füllt auf. Nach 10 min wird in einer 2- oder 4 cm-Küvette bei 490 nm gegen den Blindwert der Reagenzien gemessen.

***Eichkurve.*** In mehrere 100 ml-Meßkolben werden aus einer Bürette 10 bis 250 $\mu$g Eisen enthaltende Teile der Eisenstandardlösung (3) gegeben und auf 50 ml verdünnt. Man gibt je 25 ml Reagenzgemisch (1) zu und füllt auf. Nach 10 min wird bei 10 bis 125 $\mu$g in der 4 cm-Küvette und bei 50 bis 250 $\mu$g in der 2 cm-Küvette gegen den Blindwert der Reagenzien gemessen.

### 3.2.3 Bestimmung des Kupfers

***Grundlage.*** Das Kupfer wird in weinsäurehaltiger Lösung mittels Bleidiäthyldithiocarbaminat in den gelb bis braun gefärbten Kupferdiäthyldithiocarbaminatkomplex übergeführt, der mit Chloroform extrahiert wird. Im Chloroformauszug wird das Kupfer photometrisch bestimmt.

***Anwendungsbereich.*** Geeignet für Gehalte von 0,001 bis 0,05%.

***Zuverlässigkeit.*** Bei Gehalten um 0,01% etwa $\pm 5$%.

***Reagenzien.*** Siehe unter 3.1.3 S. 19. Zum Ansetzen und Auffüllen der Lösungen genügt einfach destilliertes Wasser.

***Ausführung.*** Die Bestimmung wird, wie unter 3.1.3 beschrieben, durchgeführt. Zu beachten ist, daß bei Gehalten $\geqq$ 0,01% Kupfer die salpetersaure Lösung der Einwaage in einem 200 ml-Meßkolben aufgefüllt und ein 5 bis 50 $\mu$g Kupfer enthaltender Teil der Lösung zur Extraktion verwendet wird. Die Menge der Weinsäurezugabe soll 5 ml je 0,25 g Aluminium betragen. Die Messung der Extinktion erfolgt in einer 4 cm-Küvette.

Die Eichkurve wird für den Bereich von 5 bis 50 $\mu$g Kupfer aufgestellt.

### 3.2.4 Bestimmung des Titans

***Grundlage.*** Das Titan wird als gelbgefärbter Sulfosalicylsäurekomplex nach Reduktion des Eisens mit Natriumthiosulfat und Natriumhydrogensulfit nnter Verwendung von Tri-n-butylammoniumacetat als extraktionsförderndes Mittel mit Chloroform extrahiert und photometrisch bestimmt.

***Anwendungsbereich.*** Geeignet für Gehalte von 0,002 bis 0,03%.

***Zuverlässigkeit.*** Bei Gehalten um 0,01% etwa $\pm 5$%.

***Reagenzien.***

1. Quecksilber(II)-chloridlösung: 1 g zu 100 ml gelöst.
2. Pufferlösung, pH 4,1 $\pm$ 0,1: 166 g Natriumacetat ($CH_3COONa \cdot 3\,H_2O$) mit 684 ml Wasser und 200 ml Essigsäure (1,06) lösen. Der pH-Wert ist zu kontrollieren.
3. Sulfosalicylsäurelösung: 40 g zu 100 ml gelöst. Die Lösung wird filtriert und in einer braunen Flasche aufbewahrt.
4. Natriumthiosulfatlösung: 5 g $Na_2S_2O_3 \cdot 5\,H_2O$ zu 100 ml gelöst, in brauner Flasche aufzubewahren.
5. Natriumhydrogensulfitlösung: 5 g Natriumdisulfit zu 100 ml gelöst, in brauner Flasche aufzubewahren.
6. Tri-n-butylammoniumacetat: Die Reinigung der Lösung wird, wie unter 2.6, S. 13, beschrieben, durchgeführt.
7. Titan-Stammlösung: 83,4 mg in einem Platintiegel bei 1000 bis 1100° geglühtes Titan(IV)-oxid werden in einem bedeckten Platintiegel mit wenig Kaliumhydrogensulfat aufgeschlossen. Man löst die erkaltete Schmelze mit 500 ml Schwefelsäure (1 + 16) unter Erwärmen. Die klare Lösung wird nach dem Erkalten in einem Meßkolben zum Liter aufgefüllt.
8. Titanstandardlösung: 100 ml Titanstammlösung (7) werden in einem 500 ml-Meßkolben aufgefüllt. 1 ml $\triangleq$ 10 $\mu$g Titan.

***Ausführung.*** 0,5 g Probe werden — bei sehr reinem Metall unter Zusatz von 0,5 ml Quecksilber(II)-chloridlösung (1) — mit 10 ml Salzsäure (1,19) gelöst. Gegen Ende des Lösungsvorganges werden einige Tropfen Wasserstoffperoxidlösung (30%) zugesetzt. Zur klaren Lösung gibt man 25 ml Pufferlösung (2) und aus einer Bürette 15 ml Sulfosalicylsäurelösung (3). Mit Ammoniak (1 + 1) wird pH 3,2 bis 3,5 eingestellt und die Lösung nach Zugabe von 3 ml Natriumthiosulfatlösung (4) und 5 ml Natriumhydrogensulfitlösung (5) zum Sieden erhitzt, bis Entfärbung des Eisensulfosalicylats eingetreten ist. Man läßt einige Minuten kochen und kühlt hiernach auf Zimmertemperatur ab. Der pH-Wert der Lösung wird nun mit Salzsäure (1 + 9) auf 2,8 ± 0,1 eingestellt. Nach Überführen in einen 250 ml-Scheidetrichter schüttelt man mit 8 ml Chloroform und 20 ml Tri-n-butylammoniumacetat (6) 3 min lang. Nach Ablassen der organischen Phase über ein kleines Wattefilter in einen trockenen 50 ml-Meßkolben wird der Auslauf des Scheidetrichters mit 1 ml Chloroform nachgespült und die Extraktion unter den gleichen Bedingungen wiederholt. Eine dritte Extraktion wird mit 5 ml Chloroform und 20 ml Tri-n-butylammoniumacetat (6) vorgenommen. Man wäscht wieder mit 1 ml Chloroform nach und füllt den Kolben mit Chloroform auf. Die Extinktion wird in einer 1 cm-Küvette bei 405 nm gegen den Blindwert gemessen.

Ein Blindwert der Reagenzien ist mit Reinstaluminium bekannten Titangehaltes nach dem gleichen Analysengang zu ermitteln. Hierbei kann die Reduktion in der Kälte vorgenommen werden.

***Eichkurve.*** Zu Aluminiumchloridlösungen aus je 0,5 g Reinstaluminium gibt man 0 bis 150 μg Titan enthaltende Teile der Titanstandardlösung (8) und führt die Bestimmung, wie unter Ausführung angegeben, durch. Das Erhitzen bei der Reduktion unterbleibt.

***Bemerkung.*** Bei einem pH-Wert von 3,2 bis 3,5 ist bei der Reduktion des Eisen(III)-sulfosalicylats keine Schwefelabscheidung zu erwarten. Scheidet sich Schwefel ab, so ist die Probe zu verwerfen.

## 3.2.5 Bestimmung des Zinks

***Grundlage.*** Nach Lösen des Metalls mit Salzsäure wird das Zink als Dithizonat mit Chloroform extrahiert, mit Salzsäure in die wäßrige Phase zurückgeschüttelt und in ammoniakalischer, citrathaltiger Lösung polarographisch bestimmt.

***Anwendungsbereich.*** Geeignet für Gehalte von 0,02 bis 0,20%.

***Zuverlässigkeit.*** Bei Gehalten um 0,05% etwa ±5%.

***Reagenzien.***

1. Ammoniak (0,91): Hergestellt durch Einleiten von Ammoniakgas in Wasser. Kunststoffflasche verwenden.

2. Dithizonlösung: 0,1 g wird mit 100 ml Chloroform gelöst und die Lösung im Scheidetrichter mit Ammoniak (1 + 200) geschüttelt. Nach Abtrennen und Verwerfen der Chloroformschicht wird die wäßrige Dithizonlösung mit 100 ml Chloroform versetzt, mit Salzsäure (1 + 3) sauer gemacht und sofort ausgeschüttelt. Die grüne Dithizonlösung wird abgetrennt und zweimal mit Wasser gewaschen. Man filtriert die Dithizonlösung durch ein trockenes Faltenfilter in eine trockene braune Flasche.

3. Bromthymolblaulösung: Man löst 40 mg mit 1 ml Äthanol und füllt mit Wasser zu 100 ml auf.

4. Grundlösung:

a) 50 mg Gelatine werden mit 10 ml Wasser gelöst.

b) 2 g Citronensäure und 10 g Natriumsulfit ($Na_2SO_3 \cdot 7\,H_2O$) werden mit 30 ml Wasser gelöst und mit 50 ml Ammoniak (1) versetzt.

Man gibt Lösung a) zu Lösung b) und füllt mit Wasser zu 100 ml auf. Die Grundlösung muß täglich frisch bereitet werden.

5. Zinkstammlösung: Eine Zinkgranalie (etwa 0,5 g) wird eingewogen, mit 20 ml Salzsäure (1,19) gelöst und die Lösung in einem Meßkolben zum Liter aufgefüllt.

6. Zinkstandardlösung: Mit Hilfe einer Bürette wird ein 50 mg Zink enthaltender

Anteil der Stammlösung (5) entnommen und in einem Meßkolben zum Liter aufgefüllt. 1 ml ≙ 50 $\mu$g Zink.

***Ausführung.*** 0,5 g Probe werden in einem 250 ml-Becherglas mit 25 ml Salzsäure (1 + 1) gelöst. Man füllt die Lösung in einem 100 ml-Meßkolben auf. Ein 100 bis 500 $\mu$g Zink enthaltender Teil der Lösung — bei Gehalten von 0,02 bis 0,1% Zink die gesamte Lösung — wird auf etwa 50 ml verdünnt und mit etwa 200 mg festem Hydroxylammoniumchlorid versetzt. Nach Zugabe von 30 ml Citronensäurelösung (10 g in 100 ml) und 3 Tropfen Bromthymolblaulösung (3) neutralisiert man mit Ammoniak (1), zuletzt tropfenweise, bis der Indicator von Gelb über Schmutziggrün nach Blau umschlägt. In einem 250 ml-Scheidetrichter schüttelt man 3 min lang zunächst mit 15 ml Dithizonlösung (2) und anschließend so oft je 3 min lang mit 10 ml Chloroform, bis die durch das Dithizonat anfangs gelbgefärbte wäßrige Schicht praktisch farblos ist; hierzu genügt gewöhnlich eine Chloroformextraktion. Bei der Extraktion mit Dithizonlösung ist darauf zu achten, daß die organische Phase grün bis graublau gefärbt bleibt. Eine rote Färbung deutet auf höhere Gehalte an Zink oder anderen Schwermetallen hin. In diesem Fall ist die Extraktion mit weiteren 15 ml Dithizonlösung (2) so oft zu wiederholen, bis die grüne Farbe der Dithizonlösung bestehen bleibt.

Die in einem 100 ml-Scheidetrichter aufgefangenen organischen Phasen werden zweimal mit je 10 ml etwa 0,1n-Salzsäure 3 min geschüttelt, wodurch das Zink in die wäßrige Phase übergeht. Die vereinigten wäßrigen Phasen schüttelt man 30 sec. mit 10 ml Chloroform um Reste des Extraktes der Dithizonate zu entfernen. Dann engt man sie in einem 50 ml-Becherglas auf 10 bis 15 ml ein, kocht nach Zusatz von etwa 300 mg Natriumsulfit kurz auf und spült die Lösung nach dem Erkalten mit wenig Wasser in einen 25 ml-Meßkolben über. Nach Zusatz von 5 ml Grundlösung (4) wird mit Wasser aufgefüllt, der verschlossene Kolben auf die bei der Aufstellung der Eichkurve gewählte Temperatur abgekühlt und unter den für die Eichkurve geltenden Bedingungen polarographiert.

Ein Blindwert der verwendeten Reagenzien ist nach dem gleichen Analysengang zu ermitteln und die Stufenhöhe von den für die Analysenproben ermittelten Stufenhöhen abzusetzen, bevor der Zinkgehalt der Eichkurve entnommen wird.

***Eichkurve.*** 0 bis 500 $\mu$g Zink enthaltende Teile der Zinkstandardlösung (6) werden in 25 ml-Meßkolben mit je 10 ml etwa 0,1n-Salzsäure versetzt, nach Zugabe von 5 ml Grundlösung (4) aufgefüllt und im verschlossenen Kolben auf Zimmertemperatur abgekühlt. Das Polarogramm wird innerhalb eines Spannungsbereiches von −1,0 bis −1,6 V aufgenommen. Die Tropfgeschwindigkeit soll etwa 1 Tropfen in 3 sec. betragen und die Galvanometerempfindlichkeit so gewählt werden, daß die Stufenhöhe für 100 $\mu$g Zink wenigstens 40 mm beträgt.

### 3.2.6 Bestimmung des Chroms

***Grundlage.*** Das Chrom wird in heißer saurer Lösung mit Ammoniumcer(IV)-nitrat zu Chrom(VI) oxydiert und mit Methylisobutylketon extrahiert. Im wäßrigen Auszug des Extraktes wird das Chrom mit Diphenylcarbazid photometrisch bestimmt.

***Anwendungsbereich.*** Geeignet für Gehalte von 0,0002 bis 0,0015%.

***Zuverlässigkeit.*** Bei Gehalten unter 0,001% etwa ±10%.

***Reagenzien.***

1. Ammoniumcer(IV)-nitratlösung: 2 g $(NH_4)_2Ce(NO_3)_6 \cdot H_2O$ zu 100 ml gelöst.

2. Diphenylcarbazidlösung: 1 g in 100 ml Aceton. Die Lösung ist vor Gebrauch frisch anzusetzen.

3. Methylisobutylketon: 400 ml werden mit 400 ml n-Salzsäure 30 min geschüttelt. Nach Abtrennen der wäßrigen Phase wird die organische Schicht über ein doppeltes Faltenfilter filtriert. Die Lösung ist im Kühlschrank aufzubewahren.

4. 4 n-Salzsäure, im Kühlschrank auf $< 10°$ zu halten.

5. Chrom(III)-Stammlösung: 2,828 g getrocknetes Kaliumdichromat werden mit 800 ml Wasser, dem 3 ml Schwefelsäure (1,84) zugesetzt sind, gelöst und in einem Meßkolben zum Liter aufgefüllt. Man pipettiert 100 ml dieser Lösung in einen 500 ml-Erlenmeyerkolben und leitet 5 min lang Schwefeldioxid ein. Durch schwaches Kochen während 30 min wird das überschüssige Schwefeldioxid entfernt und die Lösung nach Abkühlen in einem 1 l-Meßkolben aufgefüllt.

6. Chrom(III)-Standardlösung: 50 ml Stammlösung (5) werden in einem Meßkolben zum Liter aufgefüllt. 1 ml $\triangleq$ 5 $\mu$g Chrom.

***Ausführung.*** 2 g Probe werden in einem 400 ml-Becherglas mit 20 ml Natriumhydroxidlösung (20 g in 100 ml) gelöst und mit 20 ml Schwefelsäure (1 + 1) umgesetzt. Die Lösung wird klargekocht und in einem 100 ml-Meßkolben aufgefüllt. 50 ml (= 1 g Einwaage) werden in einem 250 ml-Becherglas bei pH 1 zur Oxydation des Eisens mit 5 ml Cerlösung (1) versetzt. Nach Zugabe von 10 ml 4 n-Schwefelsäure und 1 ml Cerlösung (1) verdünnt man auf etwa 75 ml und erhitzt im kochenden Wasserbad 25 min zur Oxydation des Chroms. Die Lösung wird nun auf 6 bis 8° abgekühlt, mit 40 ml der gekühlten 4 n-Salzsäure (4) versetzt und mit gekühltem Wasser in einen graduierten 250 ml-Scheidetrichter gespült. Man verdünnt auf 160 ml, gibt 20 ml Methylisobutylketon (3) zu und schüttelt 2 min. Nach Absetzen unter Kühlen wird die wäßrige Phase (Temperatur etwa 8°) weitgehend abgelassen. Man schüttelt die organische Phase zweimal 1 min lang mit je 20 ml Wasser und läßt die wäßrigen Phasen in einen 50 ml-Meßkolben ab, der 2,5 ml 4 n-Schwefelsäure enthält. Eine Zugabe von wenigen Tropfen Wasser nach dem Schütteln beschleunigt die Klärung der Phasen. Zu der etwa 25 ml betragenden Lösung gibt man 2 ml Diphenylcarbazidlösung (2) und füllt mit Wasser auf. Innerhalb von 30 min wird die Extinktion in der 5 cm-Küvette bei 546 nm gegen den Blindwert, der unter den gleichen Bedingungen angesetzt wird, gemessen.

***Eichkurve.*** 0 bis 15 $\mu$g Chrom enthaltende Anteile der Chrom(III)-Standardlösung (6) werden in 250 ml-Bechergläsern auf etwa 50 ml verdünnt und mit 4 n-Schwefelsäure auf ein pH von etwa 1 gebracht. Die Lösungen werden, wie unter Ausführung angegeben, behandelt. Eine Zugabe von Aluminium zu den Eichlösungen ist nicht erforderlich.

***Bemerkung.*** Die angegebene Menge von 5 ml Cerlösung zur Eisenoxydation ist ausreichend bei einem Eisengehalt von etwa 0,5%. Bei höherem Eisengehalt muß die Reagenzmenge erhöht werden.

### 3.2.7 Bestimmung des Bors

***Grundlage.*** Das Bor bildet mit 1.1'-Dianthrimid in konzentrierter schwefelsaurer Lösung bei 90° den blaugefärbten Borsäure-Dianthrimidkomplex, dessen Extinktion gemessen wird.

***Anwendungsbereich.*** Geeignet für Gehalte von 0,001 bis 0,01%.

***Zuverlässigkeit.*** Bei Gehalten um 0,005% etwa ±15%.

***Reagenzien.***

1. Natriumhydroxidlösung: 25 g zu 100 ml gelöst. Die Lösung wird in einem Quarzgefäß hergestellt und in einer Kunststoffflasche aufbewahrt.

2. Vorratslösung von 1.1'-Dianthrimid: 400 mg 1.1'-Dianthrimid werden mit 100 ml Schwefelsäure (1,84) gelöst. Die Lösung ist im Kühlschrank mehrere Monate haltbar.

3. Arbeitslösung von 1.1'-Dianthrimid: Die Vorratslösung (2) wird mit Schwefelsäure (1,84) im Verhältnis 1 + 4 verdünnt. Diese Lösung ist vor Gebrauch frisch herzustellen.

4. Borstammlösung: 571,5 mg Borsäure werden in einem Meßkolben zum Liter gelöst.

5. Borstandardlösung: Ein Teil Stammlösung (4) wird in einem Meßkolben 1 + 9 verdünnt. Die Lösung ist in einer Kunststoffflasche aufzubewahren. 1 ml $\triangleq$ 10 $\mu$g Bor.

Die Bestimmung wird in Quarzgefäßen ausgeführt.

***Ausführung.*** 1 g Probe wird in einem 250 ml-Quarzbecherglas mit 10 ml Natriumhydroxidlösung (1) und 10 ml Wasser gelöst. Während des Lösens werden insgesamt 2 bis 3 Spatelspitzen Natriumperoxid zugegeben. Nach beendetem Lösen setzt man 30 ml Schwefelsäure (1 + 1) unter Rühren zu und erwärmt, bis die Lösung klar ist. Die Lösung wird zur Abscheidung vorhandenen Siliciums bis zum beginnenden Rauchen eingedampft. Nach dem Abkühlen nimmt man mit heißem Wasser auf, erwärmt zum Lösen der Sulfate, filtriert über ein Filter Gr. 2 in ein 250 ml-Quarzbecherglas und wäscht drei- bis viermal mit heißem Wasser aus. Das Filter mit dem Niederschlag wird in einem Platintiegel verascht und das Silicium durch Abrauchen mit 2 Tropfen Schwefelsäure (1 + 1) und etwa 2 ml Fluorwasserstoffsäure (40%) verflüchtigt. Den Abrauchrückstand löst man mit 4 Tropfen Schwefelsäure (1,84) und wenig Wasser und gibt die Lösung zum Filtrat. Nach Einengen wird das Filtrat in einem 100 ml-Quarzmeßkolben aufgefüllt. 5 ml (= 50 mg Einwaage) werden in einem 25 ml-Quarzbecherglas mit 10 ml Schwefelsäure (1,84) versetzt. Man erhitzt bis zum Rauchen der Schwefelsäure und läßt 2 min stark rauchen. In einem Trockenschrank von 90° ± 3° wird die Probe während 30 min auf 90° abgekühlt. Man gibt 5 ml Dianthrimidlösung (3) hinzu und beläßt noch 3 Std. bei 90° ± 3° im Trockenschrank. Die heiße Lösung wird in einen 25 ml-Quarzmeßkolben übergeführt, abgekühlt und mit Schwefelsäure (1,84) aufgefüllt. Man mißt die Extinktion in einer 2 cm-Küvette bei 620 nm gegen eine gleich behandelte Blindprobe. Eine Eichkurve wird immer gleichzeitig mit der Bestimmung erstellt.

***Eichkurve.*** In 250 ml-Quarzbechergläsern werden je 10 ml Natriumhydroxidlösung (1), 10 ml Wasser und 2 bis 3 Spatelspitzen Natriumperoxid mit 30 ml Schwefelsäure (1 + 1) angesäuert und 0 bis 120 $\mu$g Bor enthaltende Teile der Borstandardlösung (5) zugesetzt. Die klaren Lösungen füllt man in 100 ml-Quarzmeßkolben mit Wasser auf. Je 5 ml der Lösungen, enthaltend 0 bis 6 $\mu$g Bor, werden in 25 ml-Quarzbechergläsern mit 10 ml Schwefelsäure (1,84) versetzt und gleichzeitig mit den Analysenproben, wie oben beschrieben, behandelt.

***Bemerkung.*** Die verwendeten 25 ml-Meßkolben, die Pipette zur Abnahme der Dianthrimidlösung und die Küvetten müssen vollkommen trocken sein, da der Wassergehalt der Schwefelsäure Einfluß auf die Farbentwicklung hat.

Die Temperatur und Erhitzungsdauer nach der Dianthrimidzugabe müssen genau eingehalten werden, da die Farbentwicklung des Bor-1.1'-Dianthrimids bei 90° erst nach 3 Std. abgeschlossen ist, bei 85° aber erst nach 5 Std. Bei 95° wird die Farbe zerstört.

### 3.2.8 Bestimmung des Vanadiums

***Grundlage.*** Das Vanadium wird in salpetersaurer Lösung als Phosphorvanadatowolframsäure photometrisch bestimmt.

***Anwendungsbereich.*** Geeignet für Gehalte von 0,0001 bis 0,015%.

***Zuverlässigkeit.*** Bei Gehalten um 0,005% etwa ±10%.

***Reagenzien.***

1. Natriumwolframatlösung: 16,5 g $Na_2WO_4 \cdot 2\,H_2O$ zu 100 ml gelöst.

2. Vanadiumstammlösung: 89,3 mg bei 250° getrocknetes Vanadium(V)-oxid werden mit 20 ml Wasser und 5 ml Natriumhydroxidlösung (25 g in 100 ml) gelöst und mit 10 ml Salpetersäure (1,4) versetzt. Die klare Lösung wird in einem Meßkolben zum Liter aufgefüllt.

3. Vanadiumstandardlösung: Man verdünnt einen Teil Stammlösung (2) in einem Meßkolben 1 + 4. 1 ml $\triangleq$ 10 $\mu$g Vanadium.

4. Mit Chlorwasserstoff übersättigte Salzsäure, hergestellt durch Einleiten von Chlorwasserstoff in Salzsäure (1,19) unter Kühlen.

#### 3.2.8.1 Gehalte über 0,001% Vanadium

***Ausführung.*** 1 g Probe wird in einem bedeckten 100 ml-Erlenmeyerkolben mit 10 ml Natriumhydroxidlösung (25 g in 100 ml) gelöst und mit 15 ml Salpetersäure (1,4) versetzt. Man kocht klar, verdünnt mit heißem Wasser auf etwa 40 ml, setzt 1 ml Phosphorsäure (1,7) und nach Umschwenken 1,5 ml Natriumwolframatlösung (1) zu. Nun wird kurz aufgekocht, die Lösung sofort auf Zimmertemperatur abgekühlt und in einem 50 ml-Meßkolben aufgefüllt. Nach 30 min mißt man die Extinktion in einer 5 cm-Küvette bei 436 nm gegen den Blindwert der Reagenzien, der nach dem gleichen Analysengang angesetzt wurde.

***Eichkurve.*** In 100 ml-Erlenmeyerkolben werden zu je 1 g Reinstaluminiumspänen 5 bis 150 $\mu$g Vanadium enthaltende Teile der Vanadiumstandardlösung (3) gegeben. Man löst das Aluminium und verfährt weiter, wie unter Ausführung angegeben. Ein Ansatz von 1 g Aluminium ohne Vanadiumzusatz gilt als Blindwert.

#### 3.2.8.2 Gehalte unter 0,001% Vanadium

***Ausführung.*** In einem 250 ml-Becherglas werden 5 g Probe durch portionsweise Zugabe von 45 ml Salzsäure (1,19) und 20 ml Wasser gelöst. Man engt weitgehend ein und leitet unter Kühlen Chlorwasserstoff zur Ausfällung des Aluminiumchlorids ein. Gegen Ende der Fällung wird das gleiche Volumen an Äther zugesetzt und weiter Chlorwasserstoff eingeleitet, bis keine Fällung mehr beobachtet wird. Man filtriert über eine Glasfilternutsche 1 G 1 oder einen Platinkonus und wäscht mit gekühlter Salzsäure (4) aus. Das Filtrat wird zur Trockne eingedampft, das Eindampfen mit 5 ml Salpetersäure (1,4) wiederholt und der Rückstand mit etwa 2 ml Salpetersäure (1,4) befeuchtet und mit heißem Wasser gelöst. Man filtriert über ein Filter Gr. 2 etwa ausgeschiedenes Silicium(IV)-oxidhydrat ab und wäscht Filter und Niederschlag mit heißem Wasser aus. In dem Filtrat werden Eisen und Titan mit Natriumhydroxidlösung (25 g in 100 ml) gefällt, die Hydroxide über ein Filter Gr. 2 abfiltriert und mit heißem Wasser gewaschen. Das Filtrat wird mit Salpetersäure (1,4) neutralisiert, ein Überschuß von 3 ml Säure zugesetzt und auf 40 ml eingedampft. Man gibt nun 1 ml Phosphorsäure (1,7) und 1,5 ml Natriumwolframatlösung (1) zu und verfährt weiter, wie unter 3.2.8.1 angegeben.

***Eichkurve.*** In 100 ml-Erlenmeyerkolben werden zu je 20 ml Wasser 3 ml Salpetersäure (1,4) und 5 bis 100 $\mu$g Vanadium enthaltende Teile der Vanadiumstandardlösung (3) gegeben. Man verdünnt auf 40 ml und arbeitet, wie oben angegeben.

## 3.3 Aluminiumlegierungen

### 3.3.1 Bestimmung des Berylliums

#### 3.3.1.1 Fluorometrische Bestimmung

***Grundlage.*** Nach Abtrennen der Oxidhydrate wird das Beryllium durch Messen der mit Morin in alkalischer Lösung entstehenden Fluoreszenz bestimmt. Ein Zusatz von ÄDTA-Lösung verhindert die Reaktion des Morins mit Begleitelementen.

***Anwendungsbereich.*** Geeignet für Gehalte von 0,0005 bis 0,005%.

***Zuverlässigkeit.*** Bei Gehalten um 0,001% etwa ±20%.

***Reagenzien.***

1. Morinlösung: 50 mg Morin werden mit 100 ml Aceton gelöst. Die in brauner

Flasche aufbewahrte Lösung ist wenigstens 8 Wochen haltbar, muß aber mindestens 2 Tage vor Gebrauch angesetzt werden.

2. ÄDTA-Lösung: 6 g Dinatriumdihydrogen-äthylendiamintetraacetat zu 250 ml gelöst.

3. Berylliumstandardlösung: 98,3 mg Berylliumsulfat ($BeSO_4 \cdot 4\,H_2O$) werden in einem Meßkolben zum Liter gelöst. 1 ml $\triangleq$ 5 $\mu$g Beryllium.

***Ausführung.*** Bei Gehalten über 0,002% Beryllium werden 0,5 g, bei Gehalten unter 0,002% 1 g Probe in einem bedeckten 250 ml-Becherglas mit 5 ml Wasser befeuchtet. Dazu gibt man portionsweise, gegebenenfalls unter Außenkühlung, mit einer Pipette 20 ml Salzsäure (1 + 1).

Nachdem die Hauptreaktion nachgelassen hat, löst man die restlichen Späne durch Erhitzen mit der Sparflamme des Bunsenbrennners. Die einmal gewählte Erhitzungsdauer ist bei allen Proben, einschließlich der Eichproben, auf die Minute genau einzuhalten. Man setzt mit 25 ml Natriumhydroxidlösung (25 g in 100 ml) um, die mit einer Pipette zugegeben werden. Die Lösung wird nach Aufkochen und Abkühlen auf Zimmertemperatur mit dem Oxidhydratniederschlag in einem Meßkolben auf 100 ml aufgefüllt. Man filtriert durch ein trockenes Filter Gr. 3 in ein trockenes 50 ml-Becherglas und pipettiert 10 ml des klaren, farblosen Filtrats in einen 25 ml-Meßkolben ab. Nach Zusatz von 2 ml ÄDTA-Lösung (2) verdünnt man auf etwa 20 ml fügt 0,5 ml Morinlösung (1) zu und füllt auf. 10 bis 45 min nach dem Morinzusatz ermittelt man die Intensität der Fluoreszenz mit einem lichtelektrischen Photometer mit Zusatzeinrichtung für Fluorometrie unter Verwendung eines für Licht der Wellenlänge 300 bis 400 nm durchlässigen Filters im Primärstrahl und eines UV-Strahlen absorbierenden Glasfilters im Sekundärstrahl. Als Vergleich dient die Fluoreszenzstrahlung eines grün fluoreszierenden Glasstandards. Bei geeigneter Wahl der Empfindlichkeit des Gerätes ergeben Konzentrationen von 0,5 bis 2,5 $\mu$g Beryllium in 25 ml, nach Abzug des Blindwertes, Galvanometerausschläge von 10 bis 60 Skalenteilen.

Der zur Messung in die Küvette gefüllte Anteil der Probelösung darf erst unmittelbar vor der Messung dem kurzwelligen Primärstrahl ausgesetzt werden. Auch dann beobachtet man bisweilen, nach wiederholten Messungen, eine deutliche Intensitätsverminderung, so daß dann das Mittel nur aus den ersten zwei oder drei Messungen einer Küvettenfüllung gebildet werden darf. Mit neu eingefüllten Anteilen der Probenlösung läßt sich das Ergebnis der ersten Messung bestätigen.

Von dem Meßergebnis ist der der Einwaage entsprechende Blindwert abzusetzen.

Man ermittelt den Blindwert, indem man 0,5 bzw. 1 g Einwaage eines berylliumfreien Metalls desselben Typs dem Analysengang unterwirft.

***Eichkurve.*** Die Eichkurve wird mit einem berylliumfreien Metall desselben Typs wie die Analysenprobe aufgestellt, um übereinstimmende Alkalität der fluoreszierenden Lösungen zu erzielen und Fehler durch Adsorptionswirkung größerer Oxidhydratmengen auszuschalten.

Zu den Einwaagen, deren Gewicht mit dem der Einwaage der Analysenprobe übereinstimmen muß, gibt man Teile der Berylliumstandardlösung (3), entsprechend 5 bis 25 $\mu$g Beryllium, und führt die Bestimmung nach der beschriebenen Arbeitsweise aus.

### 3.3.1.2 Gewichtsanalytische Bestimmung

***Grundlage.*** Das Beryllium wird in Gegenwart von ÄDTA-Lösung als Oxidhydrat mit Ammoniak gefällt und als Oxid gewichtsanalytisch bestimmt.

***Anwendungsbereich.*** Geeignet für Gehalte von 1 bis 10%.

***Zuverlässigkeit.*** Bei Gehalten um 5% etwa ±3%.

***Reagenzien.***

1. ÄDTA-Lösung: 10 g Dinatriumdihydrogen-äthylendiamintetraacetat zu 100 ml gelöst.

2. Waschwasser: 5 g Ammoniumnitrat und 10 ml Ammoniak (0,91) zum Liter gelöst.

3. Mischsäure: 300 ml Salpetersäure (1,4) +700 ml Schwefelsäure (1 + 1).

***Ausführung.*** 0,5 g Probe werden mit 20 ml Salpetersäure (1 + 1) unter Zusatz von 2 ml Salzsäure (1 + 1) gelöst und bis auf etwa 5 ml eingedampft. Nach Verdünnen auf 50 ml wird klargekocht, abgekühlt, mit 80 ml ÄDTA-Lösung (1) versetzt und so lange Ammoniak (0,91) zugegeben, bis Berylliumoxidhydrat ausfällt. Man setzt dann noch 5 ml Ammoniak (0,91) im Überschuß zu und läßt den Niederschlag 2 bis 3 Std. absetzen. Danach filtriert man über ein Filter Gr. 2 und wäscht mit Waschwasser (2) aus. Der Niederschlag wird mit 20 ml Salzsäure (1 + 1) in das gleiche Becherglas zurückgelöst und das Filter säurefrei gewaschen.

Nach Zugabe von 30 ml ÄDTA-Lösung (1) wird die Fällung mit Ammoniak (0,91) in gleicher Weise wiederholt. Man gibt das Filter mit dem Niederschlag in eine Platinschale, verascht und glüht bei 1200°. Der Rückstand wird in ein gewogenes Wägegläschen übergeführt, 10 bis 15 min im Trockenschrank bei 105° getrocknet und nach dem Abkühlen ausgewogen.

Der Umrechnungsfaktor von Berylliumoxid auf Beryllium ist 0,3603.

Enthält die Legierung mehr als 0,3% Silicium, so muß die Arbeitsweise wie folgt abgeändert werden:

0,5 g Probe werden in 20 ml Mischsäure (3) und 10 ml Salzsäure (1,19) gelöst. Die Lösung wird bis zum starken Rauchen eingedampft, nach dem Abkühlen mit Wasser und 5 ml Salzsäure (1,19) aufgenommen und 5 min gekocht.

Es wird über ein Filter Gr. 2 abfiltriert, ausgewaschen und das Filter verascht. Der Rückstand wird mit 3 bis 4 Tropfen Schwefelsäure (1,84), 2 ml Fluorwasserstoffsäure (40%) und 1 ml Salpetersäure (1,4) abgeraucht, mit einigen Tropfen Salpetersäure (1,4) und etwas Wasser gelöst und die Lösung zum Filtrat gegeben, in dem nun Beryllium, wie oben beschrieben, bestimmt wird.

### 3.3.2 Bestimmung des Bleis

***Grundlage.*** Nach Abtrennen des Aluminiums und Mangans wird das Blei elektrolytisch als Blei(IV)-oxid abgeschieden und gewogen. Bei Anwesenheit von Wismut wird der Niederschlag von der Elektrode gelöst und das mitabgeschiedene Wismut mit Thioharnstoff photometrisch bestimmt und in Abzug gebracht.

***Anwendungsbereich.*** Geeignet für Gehalte von 0,05 bis 2%.

***Zuverlässigkeit.*** Bei Gehalten von 0,5 bis 1% etwa ±3%.

***Reagenzien.***

1. Natriumsulfidlösung: 50 g $Na_2S \cdot 9\,H_2O$ zu 100 ml gelöst.
2. Waschlösung: Schwefelsäure (1 + 9) mit Schwefelwasserstoff gesättigt.
3. Borsäurelösung: Gesättigte Lösung.
4. Thioharnstofflösung: 10 g zu 100 ml gelöst. Die Lösung ist frisch anzusetzen und zu filtrieren.
5. Wismutstandardlösung: 897 mg Wismut werden mit 30 ml Salzsäure (1 + 1) und 20 ml Salpetersäure (1 + 2) unter Erwärmen gelöst. Die Lösung wird abgekühlt und in einem Meßkolben zum Liter aufgefüllt. 1 ml ≙ 1 mg Wismut(III)-oxid.

***Geräte.*** Platin-Netzelektroden.

Kathode: Netzzylinderelektrode ⌀ 38 mm, Höhe 50 mm.

Anode: Mattierte Netzzylinderelektrode ⌀ 32 mm, Höhe 40 mm.

***Ausführung.*** 2 g Probe werden bei Siliciumgehalten bis 1% mit 20 ml Natriumhydroxidlösung (25 g in 100 ml) unter Zusatz von 5 ml Natriumsulfidlösung (1) gelöst. Legierungen mit über 1% Silicium löst man mit 100 ml Natriumhydroxidlösung (25 g in 100 ml) ebenfalls unter Zugabe von 5 ml Natriumsulfidlösung (1), ohne jedoch zusätzlich zu erwärmen. Bei Bleigehalten unter 0,2% werden 5 g Einwaage je nach Siliciumgehalt portionsweise mit 100 bis 250 ml Natriumhydroxidlösung (25 g in 100 ml) unter Zugabe von 20 ml Natriumsulfidlösung (1) gelöst. Man verdünnt mit 200 ml Wasser, kocht auf, läßt absetzen, filtriert über ein Doppelfilter Gr. 2 und Gr. 1 und wäscht mit warmen, natriumsulfidhaltigem Wasser (1 g in 100 ml) aus. Durch anschließendes gründliches Auswaschen mit Waschlösung (2) wird u. a. von dem störenden Mangan getrennt. Den Sulfidniederschlag löst man mit 25 ml heißer Salpetersäure (1 + 2) vom Filter und wäscht das Filter mit heißem Wasser. Die Lösung wird bis zum Gelbwerden des Schwefels gekocht, von diesem durch Filtration über dasselbe Filter getrennt und das Filter säurefrei gewaschen. Man neutralisiert die Lösung mit Ammoniak (1 + 2), gibt 20 ml Salpetersäure (1,4) zu, verdünnt auf etwa 250 ml und elektrolysiert unter langsamem Rühren 30 bis 40 min mit 2 A oder bei ruhender Elektrolyse mit 0,5 bis 1 A etwa 60 min. Bei kupferfreien Legierungen setzt man vor dem Elektrolysieren 0,1 g Kupfer als Kupfernitrat zu. Die Elektroden werden ohne Stromunterbrechung durch Auswechseln des Elektrolyten gegen Wasser gewaschen und anschließend noch einmal mit Wasser gespült. Die Anode wird 30 min bei 180° getrocknet und dann gewogen.

Der Umrechnungsfaktor von Blei(IV)-oxid auf Blei ist 0,8662.

Ist die Probe wismuthaltig, gibt man die gewogene Anode in ein 250 ml-Becherglas und löst den Niederschlag von Blei(IV)-oxid und Wismut(III)-oxid mit 30 ml Salzsäure (1 + 2). Man spült die Anode mit Wasser ab, gibt zu der Lösung 20 ml Salpetersäure (1 + 4) und kocht kurz auf. Nach Abkühlen wird die Lösung in einem 200 ml-Meßkolben aufgefüllt. Zu 10 ml dieser Lösung gibt man in einem 100 ml-Meßkolben 5 ml Borsäurelösung (3) und mit einer Pipette 10 ml Thioharnstofflösung (4) und füllt auf. Die Meßlösungen müssen eine Temperatur von 20° ± 1° haben. Es wird in einer 4 cm-Küvette bei 400 nm gegen den gleichbehandelten Blindwert der Reagenzien gemessen. Der Wismut(III)-oxidgehalt wird unter Berücksichtigung der Einwaage von der gewichtsanalytisch ermittelten Menge an Blei(IV)-oxid + Wismut-(III)-oxid in Abzug gebracht.

***Eichkurve für Wismut(III)-oxid.*** In 200 ml-Meßkolben gibt man aus einer Bürette 1 bis 10 mg Wismut(III)-oxid enthaltende Teile der Wismutstandardlösung (5) sowie je 30 ml Salzsäure (1 + 2) und 20 ml Salpetersäure (1 + 4) und füllt auf. Je 10 ml der Lösungen werden in 100 ml-Meßkolben, wie unter Ausführung angegeben, behandelt.

### 3.3.3 Bestimmung des Cadmiums

***Grundlage.*** Nach Lösen der Probe und Abtrennen störender Elemente wird das Cadmium in alkalischer, cyanidhaltiger Lösung elektrolytisch bestimmt.

***Anwendungsbereich.*** Geeignet für Gehalte von 0,5 bis 10%.

***Zuverlässigkeit.*** Bei Gehalten um 1% etwa ±5%,
um 5% etwa ±1%.

***Reagenzien.***

1. Mischsäure: 70 ml Schwefelsäure (1 + 1) und 30 ml Salpetersäure (1,4).
2. Natriumsulfidlösung: 50 g $Na_2S \cdot 9\,H_2O$ zu 100 ml gelöst.

***Geräte.*** Platin-Netzelektroden wie unter 3.3.2.

***Ausführung.*** 1 g Probe, bei Legierungen, die über 5% Cadmium enthalten, 0,5 g, werden in einem 250 ml-Becherglas mit 15 ml Mischsäure (1) gelöst. Nach Beendigung der Reaktion wird auf etwa 100 ml verdünnt und 5 min gekocht. Die Lösung wird durch ein Filter Gr. 3 in ein 400 ml-Becherglas filtriert. Filter und Rückstand werden in einer Platinschale verascht und das Silicium(IV)-oxid nach Zugabe von 5 ml Fluorwasserstoffsäure (40%), 3 bis 4 Tropfen Salpetersäure (1,4) und 3 bis 4 Tropfen Schwefelsäure (1,84) verflüchtigt. Der trockene Rückstand wird mit 2 bis 3 Tropfen

Salpetersäure (1,4) und etwas Wasser gelöst und die Lösung zum Filtrat gegeben. Man verdünnt auf etwa 250ml und setzt 70 ml Natriumhydroxidlösung (20 g in 100 ml), 5 g Kaliumcyanid und 20 ml Natriumsulfidlösung (2) zu. Man erhitzt zum Sieden, filtriert durch ein Filter Gr. 2, wäscht drei- bis viermal mit Natriumhydroxidlösung (1 g in 100 ml) und anschließend mit heißer Kaliumcyanid-Waschlösung (1 g in 100 ml) aus. Der Filterrückstand wird mit heißem Wasser in das Becherglas zurückgespült und mit möglichst wenig Salpetersäure (1,4) gelöst, wobei am Filter haftender Niederschlag mitgelöst wird. Man kocht kurz auf und filtriert vom ausgefallenen Schwefel über ein Filter Gr. 2 in ein 250 ml-Becherglas. Die Lösung wird auf etwa 150 ml verdünnt und unter Rühren 2 Std. elektrolysiert (Klemmenspannung 2,3 bis 2,5 V, Stromstärke 1 A). Das Elektrolysat wird in ein 400 ml-Becherglas übergeführt, mit 15 ml Schwefelsäure (1 + 1) versetzt und bis zum starken Rauchen der Schwefelsäure eingeengt. Nach dem Erkalten verdünnt man auf etwa 300 ml, erwärmt auf etwa 80° und stellt mit Ammoniumacetat pH 1,0 ein. Durch Einleiten eines kräftigen Schwefelwasserstoffstroms während 30 min wird das Cadmium gefällt. Der Niederschlag muß hellgelb sein und darf auch bei Beginn der Fällung keine Braunfärbung zeigen. Man erwärmt die Lösung auf etwa 80°, filtriert durch ein Filter Gr. 3 und wäscht mit schwefelwasserstoffhaltigem Wasser aus. Der Niederschlag wird mit heißem Wasser in das Becherglas zurückgespritzt und mit wenig Salpetersäure (1,4) gelöst, wobei am Filter haftender Niederschlag mitgelöst wird. Die Lösung wird in ein 250 ml-Becherglas übergeführt, mit 15 ml Schwefelsäure (1 + 1) versetzt und bis zum starken Rauchen der Schwefelsäure eingeengt. Nach dem Erkalten wird auf etwa 100 ml verdünnt und unter Rühren so viel Natriumhydroxidlösung (20 g in 100 ml) zugegeben, bis Cadmiumhydroxid ausfällt. Man setzt 5 g Kaliumcyanid zu und elektrolysiert nach Klarwerden der Lösung 1 Std. (Klemmenspannung 2,3 bis 2,5 V, Stromstärke 2 A). Der Niederschlag auf der Kathode muß silberhell sein. Die Kathode wird ohne Stromunterbrechung mit Wasser abgespült, 15 min bei 105° im Trockenschrank getrocknet und gewogen. Die Vollständigkeit der Abscheidung wird durch Zugabe von einigen Tropfen Natriumsulfidlösung (2) nachgeprüft. Eine schwache Gelbfärbung deutet auf nicht abgeschiedene Cadmiumreste hin.

### 3.3.4 Bestimmung des Chroms

#### 3.3.4.1 Gehalte unter 0,2% Chrom

***Grundlage.*** Das Chrom wird in saurer Lösung mit Ammoniumcer(IV)-nitrat zu Chrom(VI) oxydiert und mit Methylisobutylketon extrahiert. Im wäßrigen Auszug des Extraktes wird das Chrom mit Diphenylcarbazid photometrisch bestimmt.

***Anwendungsbereich.*** Geeignet für Gehalte von 0,001 bis 0,2%.

***Zuverlässigkeit.*** Bei Gehalten von 0,001 bis 0,01% etwa ±5%,
von 0,01 bis 0,2% etwa ±2%.

***Reagenzien.*** Siehe unter 3.2.6, S. 25.

***Ausführung.*** Die Bestimmung wird wie im Abschnitt Reinaluminium unter 3.2.6, S. 25, beschrieben durchgeführt, nur muß bei siliciumhaltigen Legierungen der Siliciumrückstand aufgearbeitet und der Lösung zugegeben werden; außerdem wird nur ein Teil der Einwaage für die photometrische Endbestimmung verwendet.

#### 3.3.4.2 Gehalte über 0,2% Chrom

***Grundlage.*** Das Chrom wird in Gegenwart von Silbernitrat mittels Ammoniumperoxodisulfat oxydiert und photometrisch bestimmt.

***Anwendungsbereich.*** Geeignet für Gehalte von 0,2 bis 6%.

***Zuverlässigkeit.*** Bei Gehalten um 5% etwa ±2%.

***Reagenzien.***

1. Ammoniumperoxodisulfatlösung: 10 g zu 100 ml gelöst.
2. Silbernitratlösung: 0,85 g zu 100 ml gelöst.
3. Schweflige Säure: Wäßrige Lösung, 5 bis 6% $SO_2$.
4. Chromstandardlösung: 5,658 g Kaliumdichromat werden mit 200 ml Wasser gelöst und 100 ml Schwefelsäure (1 + 4) zugegeben. Die siedende Lösung wird tropfenweise mit schwefliger Säure (3) bis zum Farbumschlag nach Blaugrün und deutlichem Geruch nach Schwefeldioxid versetzt. Nach Verkochen des Schwefeldioxids wird die abgekühlte Lösung in einem 1 l-Meßkolben aufgefüllt. 1 ml $\hat{=}$ 2 mg Chrom.

***Ausführung.*** 1 g Probe wird mit 25 ml Salzsäure (1 + 1) gelöst, die Lösung nach Zugabe von 30 ml Schwefelsäure (1 + 1) und 10 ml Wasserstoffperoxidlösung (3%) bis zum beginnenden Rauchen eingedampft und dann noch 15 min abgeraucht. Nach dem Erkalten wird mit etwa 100 ml Wasser und 5 ml Schwefelsäure (1 + 1) aufgenommen und aufgekocht. Man filtriert über ein Filter Gr. 2 in ein 250 ml-Becherglas, wäscht Filter und Niederschlag zwei- bis dreimal mit heißem Wasser aus und verascht anschließend in einer Platinschale. Nach Zugabe von 5 ml Fluorwasserstoffsäure (40%), 3 bis 4 Tropfen Salpetersäure (1,4) und 3 bis 4 Tropfen Schwefelsäure (1,84) wird das Silicium(IV)-oxid verflüchtigt. Der Rückstand wird mit 2 bis 3 Tropfen Schwefelsäure (1,84) und etwas Wasser gelöst und die Lösung zum Filtrat gegeben.

Enthält die Probe Kupfer, so wird dieses elektrolytisch, wie unter 3.3.7.2, S. 35, angegeben, entfernt. Das Elektrolysat wird auf ein Volumen von 140 ml gebracht und nach Zugabe von 10 ml Silbernitratlösung (2) und 20 ml Ammoniumperoxodisulfatlösung (1) 5 min gekocht. Man gibt 5 ml Salzsäure (1 + 1) zu und kocht bis zur Zerstörung der etwa gebildeten Permangansäure. Die Lösung wird nun abgekühlt und in einem 200 ml-Meßkolben aufgefüllt. Es wird durch ein Filter Gr. 4 filtriert und die Lösung in einer 2- oder 4 cm-Küvette bei 360 nm gegen den Blindwert, der mit chromfreien Legierungsspänen angesetzt wurde, gemessen.

***Eichkurve.*** Zu je 1 g chromfreien Legierungsspänen werden in 250 ml-Bechergläsern 2 bis 20 mg Chrom enthaltende Teile der Chromstandardlösung (4) gegeben und, wie unter Ausführung angegeben, verfahren.

***Bemerkung:*** Bei Gehalten über 1% Chrom ist wegen der Möglichkeit der Seigerung die Einwaage auf 5 g zu erhöhen und mit den entsprechenden Säuremengen zu lösen. Nach Abtrennen des Siliciums wird die Lösung aufgefüllt und für die Chrombestimmung ein entsprechender Teil verwendet.

### 3.3.5 Bestimmung des Eisens

***Grundlage.*** Das Eisen wird mit Hydroxylammoniumchlorid reduziert und mit o-Phenanthrolin photometrisch bestimmt.

***Anwendungsbereich.*** Geeignet für Gehalte von 0,05 bis 2,5%.

***Zuverlässigkeit.*** Bei Gehalten von 0,1 bis 1,5% etwa ±2%.

***Reagenzien.*** Siehe unter 3.2.2, S. 22.

***Ausführung.*** 0,5 g Probe werden in einem bedeckten 250 ml-Becherglas mit 10 ml Natriumhydroxidlösung (20 g in 100 ml) gelöst; man spült das Uhrglas und die Wandung des Becherglases mit wenig Wasser ab und läßt noch 20 min, ohne zu kochen, am Rande der Heizplatte stehen.

Nach Zugabe von etwa 25 ml Wasser und 25 ml Salzsäure (1 + 1) wird weiterverfahren, wie bei Reinaluminium unter 3.2.2, S. 22, beschrieben.

***Eichkurve.*** Die Eichkurve wird, wie bei Reinaluminium unter 3.2.2, S. 22, beschrieben, aufgestellt.

## 3.3.6 Bestimmung des Kobalts

***Grundlage.*** Das Kobalt wird in acetatgepufferter Lösung mit Nitroso-R-salz photometrisch bestimmt. Der Einfluß störender Elemente wird durch Zugabe von Salpetersäure und Phosphorsäure ausgeschaltet.

***Anwendungsbereich.*** Geeignet für Gehalte von 0,1 bis 3%.

***Zuverlässigkeit.*** Bei Gehalten um 2% etwa ±1%.

***Reagenzien.***

1. Mischsäure: 150 ml Schwefelsäure (1,84) und 150 ml Phosphorsäure (1,7) werden zu 700 ml Wasser gegeben.
2. Natriumacetatlösung: 50 g $CH_3COONa \cdot 3\,H_2O$ zu 100 ml gelöst.
3. Nitroso-R-Salzlösung: 1 g zu 100 ml gelöst.
4. Kobaltstammlösung: 4,77 g Kobaltsulfat ($CoSO_4 \cdot 7\,H_2O$) werden in einem Meßkolben zum Liter gelöst.
5. Kobaltstandardlösung: Die Stammlösung (4) wird in einem Meßkolben 1 + 9 verdünnt. 1 ml $\triangleq$ 100 $\mu$g Kobalt.

***Ausführung.*** 1 g Probe wird in einem 250 ml-Becherglas mit etwa 40 ml Salzsäure (1 + 1) und 2 ml Salpetersäure (1,4) gelöst. Die Lösung wird durch ein Filter Gr. 2 filtriert. Filter und Rückstand werden in einer Platinschale verascht und das Silicium und das Silicium(IV)-oxid nach Zugabe von 5 ml Fluorwasserstoffsäure (40%), 2 ml Salpetersäure (1,4) und 3 bis 4 Tropfen Schwefelsäure (1,84) verflüchtigt. Der trockene Rückstand wird mit 2 bis 3 Tropfen Salpetersäure (1,4) und Wasser gelöst und die Lösung zum Filtrat gegeben. Das Filtrat wird in einem 200 ml-Meßkolben aufgefüllt.

Ein 50 bis 500 $\mu$g Kobalt enthaltender Teil der Lösung wird in einem 250 ml-Becherglas mit 10 ml Mischsäure (1) versetzt und bis zum kräftigen Rauchen erhitzt. Man nimmt mit etwa 50 ml Wasser auf und fügt 50 ml Natriumacetatlösung (2) zu. Der pH-Wert der Lösung soll jetzt 5,0 ± 0,2 betragen. (Korrektur mit Natriumacetatlösung (2) oder Mischsäure (1)). Nun werden 50 ml Nitroso-R-Salzlösung (3) zugegeben, bis zum Sieden erhitzt und 1 min gekocht, danach 25 ml Salpetersäure (1 + 1) zugefügt und nochmals 1 min gekocht. Nach dem Abkühlen wird in einem 200 ml-Meßkolben aufgefüllt. Sollte die Lösung nicht klar sein, so muß ein Teil der Lösung durch ein trockenes Filter Gr. 4 filtriert werden. Die Extinktion wird in einer 2- oder 4 cm-Küvette bei 490 nm gegen den Blindwert der Reagenzien gemessen.

***Eichkurve.*** In 250 ml-Bechergläser werden 20 bis 500 $\mu$g Kobalt enthaltende Teile der Kobaltstandardlösung (5) gegeben, 10 ml Mischsäure (1) zugefügt und bis zum Rauchen erhitzt. Nach dem Abkühlen wird mit 20 ml Wasser verdünnt, mit 50 ml Natriumacetatlösung (2) auf pH 5,0 ± 0,2 gebracht und, wie unter Ausführung beschrieben, weiter gearbeitet.

## 3.3.7 Bestimmung des Kupfers

### 3.3.7.1 Photometrische Bestimmung

***Grundlage.*** Das Kupfer wird in citrathaltiger, ammoniakalischer Lösung mit Bleidiäthyldithiocarbaminat in einen gelbbraunen Komplex überführt, der mit Chloroform extrahiert und dessen Extinktion gemessen wird.

***Anwendungsbereich.*** Geeignet für Gehalte von 0,001 bis 0,2%.

***Zuverlässigkeit.*** Bei Gehalten um 0,01% etwa ±5%,<br>um 0,1% etwa ±2%.

***Reagenzien.***

1. Ammoniumcitratlösung: 400 g Citronensäure ($C_6H_8O_7 \cdot H_2O$) werden mit etwa 500 ml Wasser gelöst, mit Ammoniak (0,91) gegen Lackmuspapier neutralisiert und nach Abkühlen zum Liter aufgefüllt.

2. Reagenzlösung: Man löst 100 mg Bleiacetat [$(CH_3COO)_2Pb \cdot 3\,H_2O$)] mit 25 ml Wasser, gibt 5 ml Ammoniumcitratlösung (1), 5 ml Ammoniak (0,91) und 5 ml Kaliumcyanidlösung (10 g in 100 ml) zu und schüttelt durch. Man versetzt mit 125 mg Natriumdiäthyldithiocarbaminat, das vorher in etwa 25 ml Wasser gelöst wurde, und schüttelt 5 min lang im Scheidetrichter mit 250 ml Chloroform. Die abgetrennte Chloroformschicht wird zweimal je 1 min mit 50 ml Wasser geschüttelt, abgetrennt, durch ein Filter Gr. 2 filtriert und mit Chloroform zum Liter aufgefüllt.

3. Kupferstammlösung: In einen 250 ml-Erlenmeyerkolben werden 0,5 g Elektrolytkupfer mit 10 ml Salpetersäure (1 + 1) gelöst, mit Wasser auf etwa 100 ml verdünnt und die Stickstoffoxide verkocht. Die Lösung wird in einem Meßkolben zum Liter aufgefüllt.

4. Kupferstandardlösung: Die Kupferstammlösung (3) wird in einem Meßkolben 1 + 99 verdünnt. 1 ml $\triangleq$ 5 $\mu$g Kupfer.

*3.3.7.1.1 Gehalte von 0,001 bis 0,01% Kupfer*

***Ausführung.*** 2 g Probe werden in einem bedeckten 250 ml-Becherglas mit 20 ml Salzsäure (1,19) unter Erwärmen gelöst, mit 5 bis 10 Tropfen Wasserstoffperoxidlösung (30%) oxydiert und etwa 2 bis 3 min gekocht. Man verdünnt die Lösung auf etwa 50 ml und filtriert durch ein Filter Gr. 3 in einen 200 ml-Meßkolben. Das Filter wird mit heißem Wasser säurefrei gewaschen. Bei Legierungen mit mehr als 1% Silicium wird das Filter mit dem Rückstand in einem Platintiegel verascht und nach Zugabe von 5 ml Fluorwasserstoffsäure (40%), 3 bis 4 Tropfen Salpetersäure (1,4) und 3 bis 4 Tropfen Schwefelsäure (1,84) abgeraucht. Der Rückstand wird mit 2 bis 3 Tropfen Salzsäure (1,19) und wenig Wasser gelöst, die Lösung zum Filtrat gegeben und dieses auf 200 ml aufgefüllt. 100 ml der Lösung gibt man in einen 250 ml-Scheidetrichter, setzt 10 ml Ammoniumcitratlösung (1) zu, neutralisiert mit Ammoniak (0,91) gegen Lackmuspapier und gibt 7 bis 8 ml im Überschuß zu. Der pH-Wert soll bei 9,6 bis 9,8 liegen und ist gegebenenfalls mit Ammoniak (0,91) oder Salzsäure (1 + 1) auf diesen Wert einzustellen. Es werden 15 ml Reagenzlösung (2) zugegeben und 1 min kräftig geschüttelt. Nach dem Absetzen der Chloroformphase wird diese über Watte in einen 50 ml-Meßkolben abgelassen und die Extraktion noch zwei- bis dreimal mit je 5 ml Reagenzlösung (2) wiederholt, bis der vorletzte Extrakt farblos ist. Die vereinigten Extrakte werden mit Reagenzlösung (2) aufgefüllt. Man mißt die Extinktion in einer bedeckten 4 cm-Küvette bei 436 nm gegen den Blindwert der Reagenzien.

*3.3.7.1.2 Gehalte von 0,01 bis 0,2% Kupfer*

***Ausführung.*** 0,5 g Probe werden in 10 ml Salzsäure (1,19), wie unter 3.3.7.1.1 beschrieben, in Lösung gebracht und auf 200 ml aufgefüllt. Nach dem Abnehmen eines 5 bis 50 $\mu$g Kupfer enthaltenden Teiles wird mit 5 ml Ammoniumcitratlösung (1) versetzt und, wie unter 3.3.7.1.1 beschrieben, weitergearbeitet.

***Eichkurve.*** Es werden 5 bis 50 $\mu$g Kupfer enthaltende Teile der Kupferstandardlösung (3) in 100 ml-Scheidetrichter gegeben, mit je 10 ml Ammoniumcitratlösung (1) versetzt und, wie unter Ausführung beschrieben, weiterverarbeitet.

### 3.3.7.2 Elektrolytische Bestimmung

***Grundlage.*** Das Kupfer wird aus salpetersaurer und schwefelsaurer Lösung elektrolytisch bestimmt. Die bei der Elektrolyse nicht erfaßten Spuren Kupfer werden im Elektrolysat photometrisch bestimmt.

***Anwendungsbereich.*** Geeignet für Gehalte von 0,2 bis 50%, wenn kein Wismut vorhanden ist.

***Zuverlässigkeit.*** Bei Gehalten um 5% etwa ±1,
um 50% etwa ±0,1.

***Reagenzien.***

1. Natriumsulfidlösung: Kaltgesättigte Lösung von $Na_2S \cdot 9\,H_2O$.
2. Waschlösung: 1 g $Na_2S \cdot 9\,H_2O$ in 100 ml.

***Geräte.*** Kathode: Platin-Netzelektrode 35 mm ⌀, 50 mm Höhe; Netzoberfläche etwa 1 dm². Anode: Platinspirale.

*3.3.7.2.1 Gehalte unter 10% Kupfer*

***Ausführung.*** 2 g Probe werden in einem 600 ml-Becherglas mit einem Gemisch von 10 ml Natriumsulfidlösung (1) und 40 ml Natriumhydroxidlösung (25 g in 100 ml) versetzt. Bei Siliciumgehalten über 1,5% muß die Natriumhydroxidmenge auf 100 ml erhöht werden. Die Probe wird ohne zusätzliche Erwärmung gelöst und nach beendeter Reaktion mit heißem Wasser auf 300 ml verdünnt. Man läßt absetzen, filtriert über ein Doppelfilter (außen Gr. 3, innen Gr. 2) und wäscht mit heißer Waschlösung (2) aus. Den Filterrückstand spült man in das Lösegefäß zurück und löst die Reste mit 30 ml heißer Salpetersäure (1 + 2) vom Filter. Nun wird bis zur vollständigen Zerstörung der Sulfide gekocht, über das gleiche Doppelfilter in ein 250 ml-Becherglas vom Schwefel abfiltriert und mit heißem Wasser ausgewaschen. Das Filtrat verdünnt man auf 200 ml, versetzt mit 5 ml Schwefelsäure (1 + 1) und elektrolysiert bei 40 bis 60° unter Rühren 1 Std. (Klemmenspannung 2,3 bis 2,5 V, Stromstärke etwa 1 A). Dann spült man die Kathode ohne Stromunterbrechung mit Wasser ab. Das Spülwasser wird mit dem Elektrolyten vereinigt. Die Elektrode wird mit Methanol nachgespült, bei 105° 15 min im Trockenschrank getrocknet und gewogen. In einem Teil des mit dem Spülwasser der Kathode vereinigten Elektrolyten erfolgt die Bestimmung des Restkupfers photometrisch als Kupferdiäthyldithiocarbaminat, wie unter 3.1.3, S. 19, angegeben.

*3.3.7.2.2 Gehalte über 10% Kupfer*

***Ausführung.*** 2 g Probe werden im bedeckten 800 ml-Becherglas mit 40 ml heißer Schwefelsäure (1 + 1) und nach 1 min mit 15 ml Salpetersäure (1,4) in mehreren Anteilen versetzt. Bis zum vollständigen Lösen wird mäßig erwärmt und dann bis zum Rauchen der Schwefelsäure eingedampft. Man löst die Salze in 200 ml Wasser unter Erwärmen auf und läßt dann erkalten. Die Lösung wird über ein Filter Gr. 2 von dem ausgeschiedenen Silicium(IV)-oxidhydrat, dem ungelösten Silicium und eventuell vorhandenem Bleisulfat in ein 400 ml-Becherglas filtriert und der Rückstand mit Schwefelsäure (1 + 19) ausgewaschen. Man löst das Bleisulfat mit Ammoniumacetatlösung (25 g in 100 ml) aus dem Rückstand, verascht das Filter mit dem Rückstand in einer Platinschale und raucht anschließend mit 5 ml Fluorwasserstoffsäure (40%), 3 bis 4 Tropfen Salpetersäure (1,4) und 3 bis 4 Tropfen Schwefelsäure (1,84) ab. Der Abrauchrückstand wird mit 2 bis 3 Tropfen Schwefelsäure (1,84) und etwas Wasser gelöst und die Lösung zum Filtrat gegeben. Das Filtrat wird auf 500 ml aufgefüllt, ein aliquoter Teil mit 10 ml Salpetersäure (1,4) versetzt und 8 Std. ohne zu Rühren bis zur vollständigen Kupferabscheidung elektrolysiert. Nach beendeter Elektrolyse verfährt man entsprechend der Vorschrift 3.3.7.2.1 weiter.

### 3.3.8 Bestimmung des Magnesiums

***Grundlage.*** Das Magnesium wird nach Abtrennen der Begleitelemente als Phosphat gefällt und als Magnesiumammoniumphosphat gewogen.

***Anwendungsbereich.*** Für Gehalte von 0,1 bis 10%.

***Zuverlässigkeit.*** Bei Gehalten um 1% etwa ±2%,
um 7% etwa ±0,5%.

***Reagenzien.***

1. Bromwasser: Kalt gesättigte Lösung.
2. Methylrotlösung: 0,2 g mit Äthanol zu 100 ml gelöst.
3. Weinsäurelösung: 30 g zu 100 ml gelöst.
4. Diammoniumhydrogenphosphatlösung: 10 g zu 100 ml gelöst.

***Ausführung.*** Je nach Magnesiumgehalt muß die Einwaage und die zum Lösen benutzte Menge Natriumhydroxidlösung (25 g in 100 ml) der nachfolgenden Tabelle entnommen werden.

| Magnesiumgehalt in % | Einwaage in g | Natriumhydroxidlösung (25g in 100 ml) in ml |
|---|---|---|
| 0,1–0,5 | 2 | 80 |
| 0,5–1 | 1 | 40 |
| 1 –5,0 | 0,5 | 10 |
| >5 | 0,5 | 10 |

Die Späne werden in einem bedeckten 400 ml-Becherglas mit der erforderlichen Menge an Natriumhydroxidlösung (25 g in 100 ml) gelöst. Bei Legierungen mit Siliciumgehalten > 5% wird die Menge der zum Lösen benutzten Natriumhydroxidlösung (25 g in 100 ml) verdoppelt. Man läßt 20 min ohne zu kochen auf der Heizplatte stehen und läßt noch kurz aufkochen. Nach Verdünnen mit etwa 200 ml heißem Wasser wird der Niederschlag über ein Filter Gr. 2 abfiltriert und zunächst mit heißer Natriumhydroxidlösung (2 g in 100 ml), dann gut mit heißem Wasser ausgewaschen. Der Filterrückstand wird mit 20 ml Salzsäure (1 + 1), 5 ml Wasserstoffperoxidlösung (3%) und 5 ml Schwefelsäure (1 + 1) gelöst und der größte Teil der Schwefelsäure abgeraucht. Nach dem Abkühlen verdünnt man mit Wasser, setzt 5 Tropfen Salzsäure (1 + 1) zu, kocht bis zum Lösen der Sulfate, filtriert durch ein mit Filterschleim gedichtetes Filter Gr. 3 und wäscht mit Schwefelsäure (1 + 50) gut aus. Bei Magnesiumgehalten < 5% wird mit dem gesamten Filtrat weitergearbeitet, bei Gehalten > 5% wird in einem 100 ml-Meßkolben aufgefüllt und mit 50 ml dieser Lösung weitergearbeitet. Zur Lösung gibt man 10 ml Bromwasser (1), neutralisiert die Lösung mit Ammoniak (0,91) gegen Methylrotlösung (2) und gibt 10 Tropfen Ammoniak (0,91) im Überschuß zu. Nun läßt man 10 min kochen, absitzen und filtriert heiß über ein Filter Gr. 2 in ein 600 ml-Becherglas. Der Niederschlag wird mit 10 ml Salzsäure (1 + 1) gelöst und die Fällung mit Bromwasser (1) wiederholt. Die vereinigten Filtrate werden nach schwachem Ansäuern mit Salzsäure (1 + 1) auf etwa 100 ml eingeengt, mit 2 bis 3 ml Weinsäureslöung (3) versetzt, zum Sieden erhitzt und 10 ml Ammoniak (1 + 1) zugegeben. Mit 10 ml Diammoniumhydrogenphosphatlösung (4), die aus einer Pipette in dünnem Strahl zugegeben werden, wird das Magnesium bei 60 bis 70° gefällt. Man rührt, bis sich ein grobkristalliner Niederschlag gebildet hat, läßt 1 Std. absitzen und filtriert durch einen gewogenen Porzellanfiltertiegel A2. Nach dem Waschen mit Ammoniak (1+10) wird mit 5 ml Äthanol nachgewaschen und 15 min lang ein mit Calciumchlorid getrockneter Luftstrom übergesaugt. Anschließend kann sofort gewogen werden. Der leere Tiegel wird ebenso behandelt. Der Umrechnungsfaktor von Magnesiumammoniumphosphat auf Magnesium ist 0,0991.

***Bemerkung.*** Bei schlecht gewartetem Metall kann das Magnesium in der Analysenprobe seigern. Da bei größeren Einwaagen sich höhere Siliciumgehalte im Gang der Analyse störend bemerkbar machen, ist es dann zweckmäßig, aus mehreren Einzelbestimmungen mit den angegebenen Einwaagen einen Durchschnitt zu ermitteln.

### 3.3.9 Bestimmung des Mangans

#### 3.3.9.1 Photometrische Bestimmung

***Grundlage.*** Das Mangan wird in saurer Lösung durch Kaliumtetroxojodat zum Permanganat oxydiert und photometrisch bestimmt.

***Anwendungsbereich.*** Geeignet für Gehalte von 0,002 bis 2%.

***Zuverlässigkeit.*** Bei Gehalten um 0,05% etwa ±5%,
um 0,5% etwa ±2%.

***Reagenzien.***

1. Quecksilber(I)-nitratlösung: 1 g $Hg_2(NO_3)_2 \cdot 2\,H_2O$ wird mit 5 ml Salpetersäure (1 + 2) unter gelindem Erwärmen gelöst und zu 100 ml aufgefüllt.
2. Kaliumtetroxojodatlösung: 2 g werden unter Erwärmen mit 50 ml Schwefelsäure-Phosphorsäure [15 ml Schwefelsäure (1,84), 15 ml Phosphorsäure (1,7) und 70 ml Wasser] gelöst und zu 100 ml aufgefüllt.
3. Natriumnitritlösung: 10 g zu 100 ml gelöst.
4. Manganstammlösung: 143,9 mg Kaliumpermanganat werden in einem 500 ml-Erlenmeyerkolben mit 100 ml Wasser unter Zusatz von 1 ml Phosphorsäure (1,7) gelöst und mit Natriumnitritlösung (3) tropfenweise reduziert, bis die Lösung farblos ist. Nachdem die Stickstoffoxide verkocht sind, wird abgekühlt und in einem 500 ml-Meßkolben aufgefüllt.
5. Manganstandardlösung: Ein Teil der Stammlösung (4) wird in einem Meßkolben 1 + 9 verdünnt. 1 ml ≙ 10 $\mu$g Mangan.

##### *3.3.9.1.1 Gehalte von 0,002 bis 0,02% Mangan*

***Ausführung.*** 1 g Probe wird in einem bedeckten 250 ml-Becherglas mit 1 ml Quecksilber(I)-nitratlösung (1) befeuchtet und mit 30 ml Salpetersäure (1 + 2) versetzt. Nach vorsichtigem Erwärmen bis zum Beginn der Reaktion wird in fließendem Wasser gekühlt, um die stürmisch verlaufende Reaktion zu dämpfen. Gegen Ende des Lösevorganges wird erwärmt, bis alles Metall gelöst ist und die Stickstoffoxide entfernt sind. Ist ein Rückstand von Silicium vorhanden, so wird die Probe durch ein Filter Gr. 2 in ein 250 ml-Becherglas filtriert und der Rückstand dreimal mit heißem Wasser ausgewaschen. Das Filter mit Rückstand wird in einer Platinschale verascht und mit 5 ml Fluorwasserstoffsäure (40%) und 3 bis 4 Tropfen Salpetersäure (1,4) abgeraucht. Man dampft bis zur Trockene ein, löst mit 2 bis 3 Tropfen Salpetersäure (1,4) und etwas Wasser und gibt die Lösung zum Filtrat. Das Filtrat wird auf etwa 30 ml eingedampft, nach Zugabe von 5 ml Kaliumtetroxojodatlösung (2) und einigen Siedesteinchen 3 bis 4 min gekocht und anschließend noch 30 min bei 90 bis 95° stehen gelassen. Nach dem Abkühlen wird im 50 ml-Meßkolben aufgefüllt.

Jetzt werden etwa 25 ml der oxydierten Lösung in einen 50 ml-Erlenmeyerkolben abgegossen und durch tropfenweise Zugabe von Natriumnitritlösung (3) das Permanganat reduziert. Gegen diese Lösung wird die violette Lösung in einer 4 cm-Küvette bei 525 nm gemessen. Der Blindwert der Reagenzien wird in Abzug gebracht.

##### *3.3.9.1.2 Gehalte von 0,02 bis 0,2% Mangan*

***Ausführung.*** 0,5 g Probe werden mit 1 ml Quecksilber(I)-nitratlösung (1) und 20 ml Salpetersäure (1 + 2) gelöst. Die Lösung wird nach dem Verkochen der Stickstoffoxide, wie unter 3.3.9.1.1 angegeben, weiterverarbeitet. Das Filtrat wird in einem 100 ml-Meßkolben aufgefüllt. Mit 20 ml der Lösung wird die Bestimmung zu Ende geführt.

*3.3.9.1.3 Gehalte von 0,2 bis 2% Mangan*

***Ausführung.*** 0,25 g Probe werden mit 1 ml Quecksilber(I)-nitratlösung (1) und 15 ml Salpetersäure (1 + 2) gelöst und die Lösung nach dem Verkochen der Stickstoffoxide, wie unter 3.3.9.1.1 angegeben, weiterverarbeitet. Das Filtrat wird in einem 250 ml-Meßkolben aufgefüllt. Mit 25 ml der Lösung wird die Bestimmung zu Ende geführt.

***Eichkurve.*** In 250 ml-Bechergläser werden 10 bis 200 $\mu$g Mangan enthaltende Teile der Manganstandardlösung (5) gegeben, mit je 10 ml Salpetersäure (1 + 2) sowie 5 ml Kaliumtetroxojodatlösung (2) versetzt und, wie unter Ausführung 3.3.9.1.1 beschrieben, weiterbehandelt.

### 3.3.9.2 Maßanalytische Bestimmung

***Grundlage.*** Das Mangan wird in neutraler, diphosphathaltiger Lösung durch Permanganat zu einem dreiwertigen Mangandiphosphat-Komplex oxydiert. Der Endpunkt wird potentiometrisch ermittelt.

***Anwendungsbereich.*** Geeignet für Gehalte von 0,1 bis 10%, gegebenenfalls auch höhere Gehalte.

***Zuverlässigkeit.*** Bei Gehalten um 5% etwa ±1%.

***Reagenzien.***

1. Natriumoxalatlösung: 848 mg werden mit ausgekochtem Wasser gelöst und in einem Meßkolben zum Liter aufgefüllt. Die Lösung ist in einer Kunststoffflasche etwa 1 Woche haltbar. 1 ml $\triangleq$ 0,400 mg Kaliumpermanganat, entsprechend 0,5562 mg Mangan.

2. Kaliumpermanganatlösung: 0,5 g werden mit ausgekochtem Wasser gelöst. Die Lösung wird aufgekocht, abgekühlt, über gereinigte Glaswolle filtriert und in einem Meßkolben zum Liter aufgefüllt. 1 ml dieser Lösung zeigt theoretisch 0,6952 mg Mangan an.

***Titerstellung.*** Eine dem Kaliumpermanganatverbrauch bei der Titration der Probe entsprechende Menge der Natriumoxalatlösung (1) wird aus einer Bürette in ein 250 ml-Becherglas gegeben, mit 15 ml Schwefelsäure (1 + 1) versetzt und auf etwa 150 ml verdünnt. Nach Erwärmen auf 70 bis 80° titriert man mit Kaliumpermanganatlösung (2) mit potentiometrisch Indication. Der Mittelwert aus mehreren Titrationen dient zur Berechnung des Titers.

***Geräte.*** pH-Meßgerät mit Zusatz zur potentiometrischen Titration, ausgerüstet mit einer Glaselektrode, einer Platinelektrode und einer Kalomelhalbzelle.

***Ausführung.*** 1 g Probe wird in einem bedeckten 250 ml-Becherglas mit 20 ml Salzsäure (1 + 1) gelöst, die Lösung mit 5 bis 10 Tropfen Wasserstoffperoxidlösung (30%) oxydiert, mit 5 ml Schwefelsäure (1 + 1) versetzt und bis zum beginnenden Rauchen der Schwefelsäure eingedampft. Nach dem Abkühlen wird mit 60 bis 70 ml Wasser aufgenommen und zum Lösen der Sulfate erhitzt. Die Lösung wird über ein Filter Gr. 2 von dem ausgeschiedenen Silicium(IV)-oxidhydrat und dem ungelösten Silicium in ein 400 ml-Becherglas abfiltriert und der Rückstand 2 bis dreimal mit heißem Wasser ausgewaschen. Man verascht das Filter mit dem Rückstand in einer Platinschale und raucht anschließend mit 5 ml Fluorwasserstoffsäure (40%), 2 ml Salpetersäure (1,4) und 3 bis 4 Tropfen Schwefelsäure (1,84) ab. Der Rückstand wird mit 2 bis 3 Tropfen Schwefelsäure (1,84) und etwas Wasser gelöst und die Lösung zum Filtrat gegeben.

Bei Gehalten von 0,1 bis 3% Mangan wird die gesamte Einwaage zur Titration verwendet. Bei Gehalten über 3% wird das Filtrat in einen 250 ml-Meßkolben übergespült und aufgefüllt. Das Filtrat, bzw. ein Teil desselben, der bis etwa 30 mg Mangan enthalten darf, wird durch Eindampfen oder Verdünnen auf ein Volumen von etwa 70 ml gebracht und abgekühlt. Nach Zugabe von 40 g Natriumdiphosphat

($Na_4P_2O_7 \cdot 10\,H_2O$), das man in etwa 120 ml Wasser durch gelindes Erwärmen gelöst hat, stellt man mit Natriumhydroxidlösung (20 g in 100 ml) oder Schwefelsäure (1 + 4) pH 6,5 ± 0,5 ein. Jetzt wird die etwa 25 bis 30° warme Lösung durch schnelle, tropfenweise Zugabe von Kaliumpermanganatlösung (2) sofort unter Rühren mit potentiometrischer Endpunktbestimmung titriert.

***Bemerkungen.*** Die zur Titration vorbereiteten, neutralen diphosphathaltigen Lösungen sollen nicht längere Zeit bei Raumtemperatur oder in der Wärme stehen. Durch den Luftsauerstoff werden bereits geringe Manganmengen oxydiert, und man erhält Unterbefunde.

Bei Anwesenheit von mehr als 100 mg Kupfer muß dieses in der salzsauren Lösung durch Auszementieren mit Reinstaluminium entfernt werden.

Die Platinelektrode ist vor Benutzung auszuglühen.

## 3.3.10 Bestimmung des Nickels

### 3.3.10.1 Photometrische Bestimmung

***Grundlage.*** Das Nickel wird durch Extraktion seines Diacetyldioximkomplexes mit Chloroform abgetrennt und die Farbtiefe der durch Oxydation des isolierten Komplexes in wäßriger alkalischer Lösung entstehenden roten Färbung gemessen. Aluminium und Eisen werden durch Tartrat maskiert und der Mangan- und Kupfereinfluß durch Zugabe von Hydroxylammoniumchlorid beseitigt.

***Anwendungsbereich.*** Geeignet für Gehalte von 0,01 bis 2%.

***Zuverlässigkeit.*** Bei Gehalten um 0,5% etwa ±2%,
um 2% etwa ±1%.

***Reagenzien.***

1. Kaliumnatriumtartratlösung: 20 g $KNaC_4H_4O_6 \cdot 4\,H_2O$ zu 100 ml gelöst.
2. Natriumacetat-Pufferlösung (pH-Wert 6,5): 400 g $CH_3COONa \cdot 3\,H_2O$ werden mit etwa 800 ml Wasser gelöst. Die Lösung wird mit Essigsäure (1,06) auf pH 6,5 eingestellt und zum Liter aufgefüllt.
3. Hydroxylammoniumchloridlösung: 10 g zu 100 ml gelöst.
4. Natriumdiacetyldioximlösung: 1 g zu 100 ml gelöst.
5. Ammoniumperoxodisulfatlösung: 15 g zu 100 ml gelöst. Die Lösung ist vor Gebrauch frisch anzusetzen.
6. Nickelstammlösung: 1 g Nickel, kobaltfrei, wird mit Salpetersäure (1 + 1) gelöst. Nach Verkochen der Stickstoffoxide wird die Lösung in einem 1 l-Meßkolben aufgefüllt.
7. Nickelstandardlösung: 10 ml Stammlösung (6) werden in einem 500 ml-Meßkolben aufgefüllt. 1 ml ≙ 20 $\mu$g Nickel.

***Ausführung.*** 1 g Probe wird mit 20 ml Salzsäure (1,19) und 5 ml Salpetersäure (1 + 1) gelöst. Etwa vorhandenes elementares Silicium wird abfiltriert und nach Veraschen des Filters mit 5 ml Fluorwasserstoffsäure (40%) und 2 ml Salpetersäure (1,4) verflüchtigt. Den trockenen Rückstand löst man mit einigen Tropfen Salpetersäure (1,4) und Wasser und gibt die Lösung zum Filtrat. Man füllt das Filtrat in einem 250 ml-Meßkolben auf und entnimmt einen 10 bis 200 $\mu$g Nickel enthaltenden Teil. In einem 250 ml-Becherglas werden hierzu nacheinander unter Umschütteln zugesetzt: 40 ml Kaliumnatriumtartratlösung (1), 10 ml Natriumacetat-Pufferlösung (2), 5 ml Hydroxylammoniumchloridlösung (3), Die Lösung wird nun auf ein Volumen von 110 ml verdünnt und der pH-Wert mit Natriumhydroxidlösung (20 g in 100 ml) auf 6,5 ± 0,5 eingestellt. Dazu gibt man 10 ml Natriumdiacetyldioximlösung (4), spült die Lösung in einen 250 ml-Scheidetrichter über, verdünnt auf 130 ml und extrahiert durch kräftiges Schütteln einmal mit 20 ml und zweimal mit je 10 ml Chloroform je 3 min. Die wäßrige Phase wird verworfen. Die Chloroformextrakte werden in einen zweiten Scheidetrichter abgelassen und 2 bis 3 min mit 20 ml Ammoniak (1 + 100) gewaschen.

Die Chloroformphase wird wieder in einen Scheidetrichter gegeben und die ammoniakalische Lösung nochmals mit etwa 5 ml Chloroform nachgewaschen. Die vereinigten Chloroformextrakte werden mit 5 ml Natriumdiacetyldioximlösung (4), 1 ml Ammoniumperoxodisulfatlösung (5) und 3 ml Natriumhydroxidlösung (20 g in 100 ml) versetzt und 5 min kräftig geschüttelt.

Nach Ablassen der Chloroformschicht in einen zweiten Scheidetrichter wird die rotgefärbte wäßrige Lösung in einen 50 ml-Meßkolben übergespült. Die Chloroformphase wird nochmals mit 10 ml Wasser geschüttelt und die wäßrige Phase ebenfalls in den 50 ml-Meßkolben übergespült. Es wird aufgefüllt und kräftig geschüttelt. Je nach Farbtiefe wird in der 2- oder 1 cm-Küvette bei 470 nm gegen den Blindwert der Reagenzien gemessen, der nach dem gleichen Arbeitsgang angesetzt wurde.

***Eichkurve.*** 0 bis 200 $\mu$g Nickel enthaltende Teile der Nickelstandardlösung (7) werden nach dem beschriebenen Arbeitsgang behandelt. Ein Zusatz von Aluminium ist *nicht* erforderlich.

***Bemerkung.*** Sind mehr als 5 mg Kupfer anwesend, so werden 10 ml Natriumthiosulfatlösung (50 g $Na_2S_2O_3 \cdot 5\,H_2O$ in 100 ml) zugesetzt oder wie bei der Nickelbestimmung in Kupfer verfahren (siehe Kapitel Kupfer unter 4.1.7, S. 243).

#### 3.3.10.2 Gewichtsanalytische Bestimmung

***Grundlage.*** Das Nickel wird nach Abtrennung des Siliciums und des Kupfers aus ammoniakalischer, weinsäurehaltiger Lösung mit Diacetyldioxim gefällt und gewichtsanalytisch bestimmt.

***Anwendungsbereich.*** Geeignet für Gehalte von 0,5 bis 10%.

***Zuverlässigkeit.*** Bei Gehalten um 10% etwa $\pm 1$%.

***Reagenzien.***

1. Mischsäure: 700 ml Schwefelsäure (1 + 1) und 300 ml Salpetersäure (1,4).
2. Weinsäurelösung: 10 g zu 100 ml gelöst.
3. Natriumdiacetyldioximlösung: 1,5 g zu 100 ml gelöst.
4. Methylorangelösung: 0,2 g in 100 ml.

***Ausführung.*** 2 g Probe werden in einem 400 ml-Becherglas mit 40 ml Mischsäure (1) unter portionsweiser Zugabe von 15 ml Salzsäure (1,19) ohne zu erwärmen gelöst. Man raucht bis zum Auftreten von Schwefelsäurenebeln ab. Die Sulfate werden mit 200 ml Wasser aufgenommen und die Lösung durch ein Filter Gr. 2 filtriert. Der Rückstand wird zwei- bis dreimal mit heißem Wasser ausgewaschen, das Filter mit Rückstand in einer Platinschale verascht und das Silicium(IV)-oxid nach Zugabe von 5 ml Fluorwasserstoffsäure (40%), 3 bis 4 Tropfen Schwefelsäure (1,84) und 2 ml Salpetersäure (1,4) verflüchtigt. Der trockene Rückstand wird mit 2 bis 3 Tropfen Schwefelsäure (1,84) und Wasser gelöst und die Lösung zum Filtrat gegeben. Im Filtrat wird das Kupfer elektrolytisch, wie unter 3.3.7.2 angegeben, abgeschieden. Das Elektrolysat wird in einem 500 ml-Meßkolben aufgefüllt. Zu einem 10 bis 20 mg Nickel enthaltenden Teil der Lösung gibt man für je 1 g Einwaage der Abnahme 40 ml Weinsäurelösung (2) und neutralisiert nach Zugabe von Methylorangelösung (4) mit Ammoniak (0,91).

Man setzt 20 ml Natriumdiacetyldioximlösung (3) zu, erhitzt auf 60 bis 70° und fügt noch 1 ml Ammoniak (0,91) zu. Nach 2- bis 3-stündigem Stehen bei 60° wird über einen Glasfiltertiegel 1G4 filtriert und der Niederschlag mit Wasser von etwa 40° fünfmal ausgewaschen. Der Niederschlag wird 30 min bei 120° getrocknet und nach dem Erkalten als Nickeldiacetyldioxim ausgewogen.

Der Umrechnungsfaktor von Nickeldiacetyldioxim auf Nickel ist 0,2032.

### 3.3.11 Bestimmung des Siliciums

***Grundlage.*** Das Silicium wird aus natronalkalischer Lösung als Silicium(IV)-oxidhydrat mit Perchlorsäure abgeschieden und als Oxid gewichtsanalytisch bestimmt.

***Anwendungsbereich.*** Geeignet für Gehalte von 0,3 bis 13%, bei Vorlegierungen auch höhere Gehalte.

***Zuverlässigkeit.*** Bei Gehalten um 1% etwa ±5%,
um 10% etwa ±1%.

***Reagenzien.***

1. Natriumhydroxidlösung: 5 g zu 100 ml gelöst. Die Lösung ist in einem Kunststoffgefäß anzusetzen und aufzubewahren.

### 3.3.11.1 In Abwesenheit von Antimon und Zinn

| Si-Gehalt | Einwaage | Natriumhydr. lösung (1) | Natrium-hydroxid | $HNO_3$(1,4) | $HClO_4$ (1,67) und Wasser |
|---|---|---|---|---|---|
| unter 1% | 5 g | 30 ml | 13,5 g | 5 ml | 110 ml + 55 ml $H_2O$ |
| 1–3% | 2 g | 30 ml | 6,5 g | 5 ml | 60 ml + 30 ml $H_2O$ |
| 3–7% | 1 g | 30 ml | 4,5 g | 5 ml | 45 ml + 20 ml $H_2O$ |
| über 7% | 0,5–1 g | 30 ml | 8,5 g | 5 ml | 60 ml + 30 ml $H_2O$ |

***Ausführung.*** Die Probe wird in einen ausreichend großen, bedeckten Nickeltiegel eingewogen und mit der angegebenen Menge Natriumhydroxidlösung (1) versetzt. Nach Beendigung der ersten Reaktion wird die nötige Menge Natriumhydroxid zugegeben. Nach vollständigem Lösen der Probe spritzt man Deckel und Wandungen des Tiegels mit möglichst wenig warmem Wasser ab, stellt den Nickeltiegel auf die Heizplatte und läßt die Lösung vorsichtig bis zur Sirupdicke eindampfen.

Nach dem Erkalten fügt man vorsichtig tropfenweise 5 bis 6 ml Wasserstoffperoxidlösung (6%) zu und dampft die Lösung von neuem bis zur Sirupdicke ein. Danach wird mit 100 ml heißem Wasser verdünnt und bis zum Lösen der Salze erwärmt. Man läßt die Lösung abkühlen und überführt sie in eine Porzellanschale, die schon die oben angegebene Menge an Salpetersäure (1,4), Perchlorsäure (1,67) und Wasser enthält. Den Nickeltiegel spült man zuerst mit heißem Wasser, danach mit etwa 10 ml Perchlorsäure (1 + 1) unter Zuhilfenahme eines Wischers und wieder mit heißem Wasser. Sollte die Lösung durch Mangan(IV)-oxid braun gefärbt sein, so gibt man einige Tropfen Wasserstoffperoxidlösung (6%) hinzu. Man dampft die Lösung nun bis zum Auftreten weißer Perchlorsäuredämpfe ein und läßt noch 15 bis 20 min rauchen. Nach dem Erkalten nimmt man bei 0,5 bis 1 g Einwaage mit 200 ml, bei 2 g Einwaage mit 400 ml und bei 5 g Einwaage mit 600 ml heißem Wasser auf. Man erwärmt bis zum Lösen der Salze und zerstört gegebenenfalls vorhandenes Mangan(IV)-oxid mit einigen Tropfen Wasserstoffperoxidlösung (6%). Danach filtriert man durch ein Filter Gr. 2, wäscht zunächst fünf- bis sechsmal mit warmer Salzsäure (1 + 20) aus und anschließend bis zur Säurefreiheit mit heißem Wasser. Filtrat und Waschwasser werden nochmals in der Porzellanschale, wie oben angegeben, eingedampft und abgeraucht. Nach dem Erkalten nimmt man wieder mit der entsprechenden Menge heißem Wasser auf, filtriert durch ein zweites Filter Gr. 2 und wäscht wie bei der ersten Filtration aus. Die beiden Filter verascht man in einer Platinschale und glüht 1 Std. lang bei 1100 bis 1150°. Man wägt und glüht erneut bis zur Gewichtskonstanz. Zu dem Rückstand gibt man 1 bis 2 ml Schwefelsäure (1 + 1) und 5 ml Fluorwasserstoffsäure (40%), dampft bis zur Trockne ein und glüht bei 1000° bis zur Gewichtskonstanz. Der Gewichtsverlust entspricht dem Silicium(IV)-oxid.

Der Umrechnungsfaktor von Silicium(IV)-oxid auf Silicium ist 0,4675. Gleichzeitig mit der Bestimmung wird ein Blindwert der Reagenzien angesetzt.

### 3.3.11.2 In Anwesenheit von Antimon und Zinn

***Ausführung.*** In Abänderung der Vorschrift 3.3.11.1 werden zusätzlich noch 15 bis 20 ml Perchlorsäure (1,67) zugesetzt und die Lösung bis zum Auftreten weißer Perchlorsäuredämpfe eingedampft. Man läßt etwa 5 min abkühlen, gibt vorsichtig unter Rühren ein Gemisch von 4 ml Brom und 16 ml Bromwasserstoffsäure (1,49) hinzu, erhitzt auf mindestens 170° und dampft bis zum Auftreten von Perchlorsäuredämpfen ein, um Zinn und Antimon als Bromide zu verflüchtigen. Es wird abgekühlt, nochmals dieselbe Menge des Brom-Bromwasserstoffsäure-Gemisches zugefügt und erneut bis zum Auftreten von Perchlorsäuredämpfen eingeengt. Man läßt 15 bis 20 min rauchen, kühlt ab, nimmt mit der erforderlichen Menge heißem Wasser auf und arbeitet nach der Vorschrift 3.3.11.1 weiter.

## 3.3.12 Bestimmung des Titans

### 3.3.12.1 Photometrische Bestimmung

***Grundlage.*** Vierwertiges Titan gibt mit Sulfosalicylsäure in saurer Lösung eine intensiv hellgelbe Färbung, deren Extinktion gemessen wird. Eine Störung durch Eisen wird durch Zusatz von Thioglykolsäure beseitigt und Kupfer durch Extraktion mit Bleidiäthyldithiocarbaminat entfernt.

***Anwendungsbereich.*** Geeignet für Gehalte von 0,002 bis 0,3%.

***Zuverlässigkeit.*** Bei Gehalten um 0,01% etwa ±5%,
um 0,2% etwa ±1%.

***Reagenzien.***

1. Sulfosalicylsäurelösung: 40 g $C_7H_6O_6S \cdot 2\,H_2O$ zu 100 ml gelöst.
2. Thioglykolsäure: 4%ig.
3. Pufferlösung: 6,44 g Natriumacetat ($CH_3COONa \cdot 3\,H_2O$) werden mit 10,5 ml Essigsäure (1,06) zum Liter gelöst. Der pH-Wert wird mit Essigsäure oder festem Natriumacetat auf 3,5 eingestellt.
4. Bleidiäthyldithiocarbaminat: Man löst 0,2 g Bleiacetat [$(CH_3COO)_2Pb \cdot 3\,H_2O$] mit 20 ml Wasser, gibt 10 ml Kaliumnatriumtartratlösung (10 g $KNaC_4H_4O_6 \cdot 4\,H_2O$ in 100 ml) zu, macht mit Kaliumhydroxid (50 g in 100 ml) eben alkalisch, fügt 10 ml Kaliumcyanidlösung (10 g in 100 ml) und 0,25 g Natriumdiäthyldithiocarbaminat zu, das in 20 ml Wasser gelöst wurde. In einem Scheidetrichter wird die Lösung mit 250 ml Chloroform bis zur Lösung des Bleidiäthyldithiocarbaminat-Niederschlages geschüttelt, die Chloroformschicht abgetrennt und anschließend mit Wasser ausgeschüttelt. Die Chloroformschicht wird über ein trockenes Filter filtriert und mit Chloroform zu 2 l aufgefüllt.
5. Titanstammlösung: 166,8 mg geglühtes Titan(IV)-oxid wird im Platintiegel mit Kaliumdisulfat ($K_2S_2O_7$) aufgeschlossen, bis eine klare Schmelze vorliegt. Man löst unter Erwärmen mit 500 ml Schwefelsäure (1 + 16) und füllt nach Erkalten in einem Meßkolben zum Liter auf.
6. Titanstandardlösung: Die Stammlösung (5) wird in einem Meßkolben 1 + 4 verdünnt. 1 ml $\triangleq$ 20 $\mu$g Titan.

***Ausführung.*** 2 g Probe werden in einem bedeckten 250 ml-Becherglas mit 40 ml Salzsäure (1 + 1) gelöst. Gegen Ende der Reaktion setzt man 10 ml Wasserstoffperoxidlösung (3%) zu und kocht etwa 5 min. Die Lösung wird durch ein Filter Gr. 2 in einen 250 ml-Meßkolben filtriert und das Filter mit heißem Wasser gewaschen. Das Filter mit dem Rückstand wird in einer Platinschale verascht und das Silicium durch Zugabe von 5 ml Fluorwasserstoffsäure (40%) und 1 bis 2 ml Salpetersäure (1,4) verflüchtigt. Der trockene Rückstand wird mit einigen Tropfen Salzsäure (1,19) und etwas Wasser gelöst, die Lösung zum Filtrat gegeben und dieses aufgefüllt. Ein 5 bis 250 $\mu$g Titan enthaltender Teil der Lösung wird in ein 100 ml-Becherglas gegeben, auf ein Volumen von 20 ml gebracht und nach Zugabe von 15 ml Sulfosalicylsäurelösung (1) mit Ammoniak (0,91) auf pH 3,3 bis 3,5 eingestellt. Nun setzt man 20 ml Pufferlösung (3) und anschließend unter Umrühren 5 ml Thioglykolsäure (2) in zwei Anteilen zu. Mit wenig Wasser spült man die Lösung in einen 100 ml-Scheidetrichter und schüttelt 2 min mit 15 ml Bleidiäthyldithiocarbaminat- (4) aus. Bei größeren Mengen Kupfer muß die Extraktion mehrere Male wiederholt werden, bis der Extrakt farblos ist. Die Chloroformschicht wird abgelassen und die wäßrige Schicht 30 sec mit reinem Chloroform ausgeschüttelt. Man verwirft die Chloroformphasen und spült die wäßrige Schicht in das Becherglas zurück. Mit Salzsäure (1 + 1) wird pH 2,6 bis 2,8 eingestellt. Die Lösung wird in einem 100 ml-Meßkolben aufgefüllt. Man filtriert den zur photometrischen Messung benötigten Anteil durch ein kleines, trockenes Filter Gr. 3, um geringe Reste von Chloroform und Silicium(IV)-oxid zu entfernen. Wird bei geringen Kupfergehalten (0,005%) auf die Extraktion verzichtet, so wird sofort in den 100 ml-Meßkolben filtriert und das Filter mit dem zum Auffüllen benötigten Wasser gewaschen. Die Extinktion mißt man frühestens 20 min nach Zugabe der Sulfosalicylsäurelösung (1) in der 2- oder 4 cm-Küvette bei 380 nm gegen eine aus 2 g Reinstaluminium in gleicher Weise hergestellte Blindlösung.

***Eichkurve.*** 4 g Reinstaluminium werden in 80 ml Salzsäure (1 + 1) gelöst und in einem 200 ml-Meßkolben aufgefüllt. Je 20 ml dieser Lösung gibt man in 100 ml-Bechergläser und fügt 10 bis 250 $\mu$g Titan enthaltende Mengen der Titanstandardlösung (6) zu. Diese Lösungen werden, wie unter Ausführung beschrieben, weiterbehandelt und in der 2- und 4 cm-Küvette gemessen. Lediglich die Diäthyldithiocarbaminat-Extraktion entfällt, da die im Reinstaluminium enthaltenen geringen Kupfermengen vernachlässigt werden können. Es wird gegen eine Lösung ohne Titanzusatz gemessen.

### 3.3.12.2 Maßanalytische Bestimmung

***Grundlage.*** Das in salzsaurer Lösung vorliegende Titan(III)-chlorid wird gegen Kaliumthiocyanat als Indicator mit Eisen(III)-chloridlösung maßanalytisch bestimmt.

***Anwendungsbereich.*** Geeignet für Gehalte bis 15%.

***Zuverlässigkeit.*** Bei Gehalten um 5% etwa ±2%.

***Reagenzien.***

1. Kaliumthiocyanatlösung: 50 g zu 100 ml gelöst.

2. Eisen(III)-chloridlösung: 0,02 n: 1,597 g bei 105° getrocknetes Eisen(III)-oxid werden mit 50 ml Salzsäure (1,19) unter Erwärmen gelöst. Die Lösung wird in einem Meßkolben zum Liter aufgefüllt. 1 ml ≙ 0,958 mg Titan.

***Ausführung.*** 0,5 g Probe werden in einem 500 ml-Erlenmeyerkolben unter Einleiten von Kohlendioxid mit 50 ml Salzsäure (1 + 1) gelöst und danach einige Minuten gekocht. Nach Aufsatz eines Göckelventils mit gesättigter Natriumhydrogencarbonatlösung wird auf etwa 30° abgekühlt und mit 75 ml luftfreiem, kaltem Wasser verdünnt. Danach gibt man in die Lösung etwa 3 bis 5 g festes Natriumhydrogencarbonat, fügt sofort 10 ml Kaliumthiocyanatlösung (1) zu und titriert schnell mit Eisen(III)-chloridlösung (2) bis zur Hellbraunfärbung.

***Bemerkung.*** Da Titan sehr zu Seigerung neigt, muß bei der Probenahme größte Sorgfalt verwandt werden, um einen guten Durchschnitt zu erzielen. Es ist notwendig, mehrere Bestimmungen durchzuführen und daraus einen Mittelwert zu bilden.

### 3.3.13 Bestimmung des Vanadiums

***Grundlage.*** Fünfwertiges Vanadium wird in schwefelsaurer und phosphorsaurer Lösung mit Eisen(II)-sulfatlösung zum vierwertigen Vanadium reduziert. Der Endpunkt der Reduktion wird potentiometrisch ermittelt.

***Anwendungsbereich.*** Geeignet für Gehalte von 0,2 bis 10%.

***Zuverlässigkeit.*** Bei Gehalten um 10% etwa ±1%.

***Reagenzien.***

1. Mischsäure: 300 ml Schwefelsäure (1,84) und 100 ml Phosphorsäure (1,7) werden zu 600 ml Wasser gegeben.

2. Kaliumpermanganatlösung: 25 g werden mit 200 ml Wasser gelöst. Die Lösung wird aufgekocht und zum Liter aufgefüllt.

3. Oxalsäurelösung: 12,5 g $C_2H_2O_4 \cdot 2\,H_2O$ zum Liter gelöst.

4. Eisen(II)-sulfatlösung: 7 g $FeSO_4 \cdot 7\,H_2O$ werden mit Wasser und 40 ml Schwefelsäure (1,84) zum Liter gelöst.

***Titerstellung.*** Es werden 25 ml 0,02n-Kaliumpermanganatlösung mit 150 ml Schwefelsäure (1 + 10) versetzt und mit der Eisen(II)-sulfatlösung (4) mit potentiometrischer Indication titriert.

1 ml 0,02n-Kaliumpermanganatlösung $\triangleq$ 1,019 mg Vanadium.

***Geräte.*** Indicatorelektrode: Platinspirale.

Vergleichselektrode: Gesättigte Kalomelelektrode.

***Ausführung.*** Bei Gehalten bis 3% Vanadium wird 1 g Probe mit 50 ml Mischsäure (1) bei Siedetemperatur gelöst, wobei das verdampfende Wasser bis zur Beendigung des Lösevorganges ersetzt wird. Bei höheren Vanadiumgehalten werden wegen der nicht gleichmäßigen Verteilung des Vanadiums im Metall 5 g Probe mit 100 ml Mischsäure (1) gelöst.

Sollte sich beim Lösen Kupferschwamm bilden, so ist durch ein Filter Gr. 2 zu filtrieren und das Filter mit Wasser auszuwaschen. Bei Legierungen mit höheren Gehalten an Silicium wird der nach dem Lösen verbliebene Rückstand durch ein Filter Gr. 2 filtriert und mit heißem Wasser ausgewaschen. Das Filter mit dem Rückstand wird im Platintiegel verascht und das Silicium (IV)-oxid nach Zugabe von 5 ml Fluorwasserstoffsäure (40%), 2 bis 3 Tropfen Schwefelsäure (1,84) und 1 bis 2 ml Salpetersäure (1,4) verflüchtigt. Man dampft bis zur Trockne ein, löst den verbliebenen Rückstand mit ein paar Tropfen Schwefelsäure (1,84) und einigen ml Wasser und gibt die Lösung zum Filtrat. Dann wird die Lösung mit Kaliumpermanganatlösung (2) bis zur bleibenden Rosafärbung oxydiert und ein Überschuß von 2 bis 3 ml zugegeben. Nun setzt man der siedenden Lösung bis zum Verschwinden der Permanganatfärbung festes, gepulvertes Eisen(II)-sulfat zu, wobei keine Trübung durch Mangan(IV)-oxidhydrat entstehen darf. Ein Überschuß von Eisen(II)-sulfat ist erforderlich, um etwa anwesendes Chrom vollständig zu reduzieren.

Bei kleinen Vanadiumgehalten und einer Einwaage von 1 g wird die gesamte reduzierte Lösung zur Titration verwendet, bei einer Einwaage von 5 g ein Teil dieser Lösung, entsprechend 0,5 g Einwaage. In einem 400 ml-Becherglas wird die Lösung durch Einengen oder Verdünnen auf ein Volumen von 50 ml gebracht. Man gibt 20 ml Schwefelsäure (1 + 1) und 5 ml Phosphorsäure (1,7) zu und bringt die Lösung auf eine Temperatur von 25°. Man stellt sie unter die Titrationsapparatur, gibt nach Einschaltung des Rührwerkes mit einer Stechpipette Kaliumpermanganatlösung (2) bis zur Rosafärbung und noch einen Überschuß von 3 ml zu. Zur vollständigen Oxydation des Vanadiums läßt man das Kaliumpermanganat 1 min einwirken und entfärbt die Lösung anschließend durch Zugabe von 40 ml Oxalsäurelösung (3). Nach völligem Verschwinden der Rosafärbung stellt sich das Potential konstant ein, wodurch das Ende der Reduktion des überschüssigen Kaliumpermanganats angezeigt wird. Nun titriert man mit Eisen(II)-sulfatlösung (4) bis zum Auftreten des Potentialsprunges.

### 3.3.14 Bestimmung des Wismuts

***Grundlage.*** Das Wismut bildet in saurer Lösung in Gegenwart von Borsäure mit Thioharnstoff eine gelbe Wismutverbindung, deren Extinktion gemessen wird.

***Anwendungsbereich.*** Geeignet für Gehalte bis 1%.

***Zuverlässigkeit.*** Bei Gehalten um 0,5% etwa ±2%.

***Reagenzien.***

1. Borsäurelösung: Gesättigte Lösung.

2. Thioharnstofflösung: 10 g zu 100 ml gelöst. Die Lösung muß vor Gebrauch frisch bereitet werden.

3. Wismutstandardlösung: 250 mg Wismut werden mit einer Mischung von 15 ml Salzsäure (1 + 2) und 10 ml Salpetersäure (1 + 4) gelöst. Die Lösung wird in einem Meßkolben zum Liter aufgefüllt. 1 ml $\hat{=}$ 250 $\mu$g Wismut.

***Ausführung.*** 0,5 g Probe werden in einem 250 ml-Becherglas mit 15 ml Salzsäure (1 + 2) gelöst. Man gibt 10 ml Salpetersäure (1 + 4) hinzu und kocht vorsichtig bis zum Lösen des Metallschwammes. Nach Verkochen der Stickstoffoxide wird abgekühlt, die Lösung durch ein Filter Gr. 2 in einen 200 ml-Meßkolben filtriert und der Rückstand dreimal mit heißem Wasser ausgewaschen. Das Filter mit dem Rückstand verascht man in einem Platintiegel und verflüchtigt das Silicium durch Abrauchen mit 5 ml Fluorwasserstoffsäure (40%) und 1 bis 2 ml Salpetersäure (1,4). Der trockene Rückstand wird mit 2 Tropfen Salpetersäure (1,4) und wenig Wasser gelöst, die Lösung zum Filtrat gegeben und dieses auf 200 ml aufgefüllt. 20 ml der Lösung gibt man in einen 100 ml-Meßkolben, fügt 5 ml Borsäurelösung (1) und 10 ml Thioharnstofflösung (2) mit der Pipette zu. Nach Auffüllen wird die Extinktion in der 2- oder 4 cm-Küvette bei 400 nm gegen den Blindwert gemessen.

Den Blindwert stellt man aus einer gleich großen Einwaage an wismutfreiem Reinaluminium oder entsprechendem Legierungstyp unter sonst gleichen Bedingungen her.

Die Meßlösungen müssen eine Temperatur von 20° ± 1° haben.

***Eichkurven.*** Zu je 0,5 g wismutfreiem Reinaluminium gibt man 0,5 bis 6,25 mg Wismut enthaltende Teile der Wismutstandardlösung (3) und verfährt nach dem beschriebenen Analysengang.

### 3.3.15 Bestimmung des Zinks

***Grundlage.*** Das Zink wird nach Abtrennen vom Aluminium und von störenden Begleitelementen durch Sulfidfällungen bei verschiedenen pH-Werten als Zinkquecksilberthiocyanat gefällt und gewichtsanalytisch bestimmt.

***Anwendungsbereich.*** Geeignet für Gehalte über 0,01%.

***Zuverlässigkeit.*** Bei Gehalten um 5% etwa ±2%.

***Reagenzien.***

1. Natriumsulfidlösung: 20 g $Na_2S \cdot 9\,H_2O$ zu 100 ml gelöst.

2. Tropaeolin-00-Lösung: 0,1 g in 100 ml Äthanol.

3. Waschlösung: 2 g Ammoniumsulfat zu 100 ml gelöst. Die Lösung wird auf pH 3,0 bis 3,2 eingestellt und in der Kälte mit Schwefelwasserstoff gesättigt.

4. Fällösung: 19,5 g Kaliumthiocyanat und 12,5 g Quecksilber(II)-chlorid zu 500 ml gelöst.

***Ausführung.*** Die Einwaage wird so gewählt, daß 2 bis 50 mg Zink zur Bestimmung gelangen. Die Probe wird mit 20 ml Natriumsulfidlösung (1) versetzt und bei Siliciumgehalten unter 5% für 1 g Einwaage mit 20 ml, für jedes weitere Gramm mit 10 ml Natriumhydroxidlösung (25 g in 100 ml) in einem Erlenmeyerkolben gelöst. Bei Siliciumgehalten über 5% werden die Natriumhydroxidmengen verdoppelt. Nach beendeter Reaktion verdünnt man mit heißem Wasser auf 300 ml, schüttelt um und läßt absetzen. Man filtriert die Sulfide auf ein Filter Gr. 3 und wäscht mit natriumsulfidhaltigem Waschwasser (5 g $Na_2S \cdot 9\,H_2O$ im Liter) aus. Der Filterinhalt wird in den Kolben zurückgespritzt, und die Reste werden mit 50 ml heißer Schwefelsäure (1 + 4), welche mit 5 ml Wasserstoffperoxidlösung (30%) versetzt wurde, vom Filter in den Kolben gelöst. Das Filter wird ausgewaschen und die Sulfide im Kolben durch Kochen zerstört. Nach Verkochen des überschüssigen Wasserstoffperoxids verdünnt man die Lösung so weit, daß sie etwa 2 n-schwefelsauer ist (150 ml) und leitet 30 min Schwefelwasserstoff ein. Man filtriert durch ein Filter Gr. 3 und wäscht mit schwefelwasserstoffhaltiger Schwefelsäure (1 + 100) aus. Man verkocht aus dem Filtrat den Schwefelwasserstoff, kühlt ab, verdünnt auf 400 ml, versetzt mit 10 g Ammoniumsulfat und 20 Tropfen Tropaeolin-00-Lösung (2) und neutralisiert mit Ammoniak (1 + 1) bis zum Umschlag nach Gelb. Der pH-Wert soll zwischen 2,9 und 3,3 liegen und wird nötigenfalls mit Ammoniak (1 + 1) bzw. Schwefelsäure (1 + 3) korrigiert. In die so vorbereitete Lösung gibt man Filterbrei (1/4 Tablette). Der Kolbeninhalt wird zum Sieden erhitzt und in die heiße Lösung 10 min lang ein lebhafter und 40 min lang ein schwächerer Schwefelwasserstoffstrom eingeleitet. Man läßt mindestens 1 Std. im verschlossenen Kolben absetzen, filtriert dann durch ein Filter Gr. 4 und wäscht mit Waschlösung (3) aus. Der Zinksulfidniederschlag wird mit 40 ml Schwefelsäure (1 + 10) gelöst. Man filtriert vom Filterbrei über ein Filter Gr. 2 ab und wäscht mit Schwefelsäure (5 + 100) aus. Das Filtrat wird auf 40 ml eingedampft. Während des Eindampfens oxydiert man mit einigen ml Bromwasser und verkocht das überschüssige Brom vollständig. Die auf 40 ml eingedampfte Zinklösung wird mit 3 Tropfen Wasserstoffperoxidlösung (3%) und 3 ml Phosphorsäure (1,7) versetzt, umgeschüttelt und mit 25 ml Fälllösung (4) versetzt. Man rührt den Niederschlag kräftig aus und läßt unter öfterem Umrühren mindestens 1 Std. stehen. Das ausgefallene Zinkquecksilberthiocyanat wird auf einen Filtertiegel 1G4 abgesaugt und mit einem Waschwasser, das in 500 ml 10 ml Fällösung (4) enthält, zweimal ausgewaschen. Der Niederschlag wird zweimal mit je 10 ml Methanol gewaschen, im Trockenschrank bei 105° 25 min getrocknet und dann gewogen.

Der Umrechnungsfaktor von Zinkquecksilberthiocyanat auf Zink ist 0,1312.

***Bemerkung.*** Bei hohen Gehalten an Nickel und Kobalt, die in Aluminiumlegierungen nur selten vorkommen, kann bei der Zinksulfidfällung aus schwach saurer Lösung etwas Nickel und Kobalt mitgefällt werden. Der in diesen Fällen grau gefärbte Niederschlag wird mit Schwefelsäure (1 + 10) gelöst und die Zinkabtrennung in der gleichen Weise wiederholt.

# 4 Hilfsstoffe

# Aluminiumfluorid und Kryolith

## 4.1 Zubereitung der Probe

Die für die Analyse bestimmte Probe muß eine Siebfeinheit von 0,09 DIN 4188 haben. Ist aus einer größeren Menge Material, evtl. nach Durchführung einer Probenahme, das Analysenmuster herzustellen, so wird zunächst das gesamte Material so weit zerkleinert, daß es ein Sieb 0,315 DIN 4188 restlos passiert. Nun wird gut gemischt und nach den Regeln der Probezubereitung hieraus ein Muster von etwa 100 g gezogen. Dieses wird dann so vermahlen, daß es restlos durch ein Sieb 0,09 DIN 4188 geht. Anschließend ist nochmals gründlich zu mischen.

Die zubereitete Probe wird, ohne zu trocknen, zur Analyse verwendet.

## 4.2 Bestimmung des Wassers

***Grundlage.*** Das Wasser wird durch Erhitzen der mit Blei(IV)-oxid gemischten Probe in einem trockenen Luftstrom ausgetrieben, in einem vorgelegten Phosphor(V)-oxid-Röhrchen aufgefangen und gewichtsanalytisch bestimmt.

***Anwendungsbereich.*** Geeignet für Gehalte von 0,3 bis 1,5%.

***Zuverlässigkeit.*** Bei Gehalten von 0,3 bis 1,5% etwa ±10%.

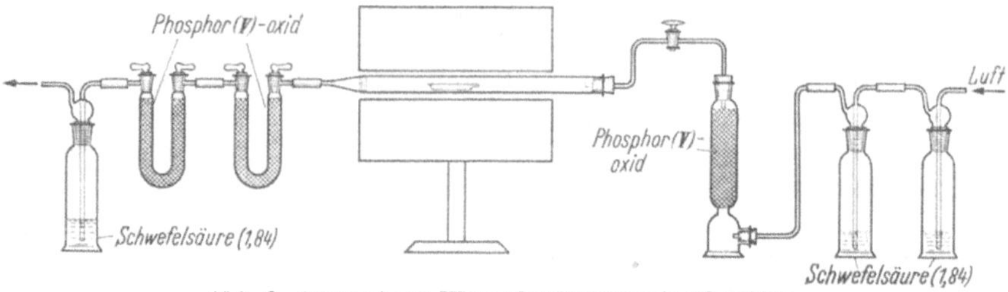


Abb. 2. Apparat zur Wasserbestimmung in Fluoriden

***Geräte.*** Siehe Abb. 2. Der Ofen hat eine Länge von 235 mm bei 205 mm ∅. Die Öffnung, durch welche das Quarzrohr geführt wird, hat einen ∅ von 40 bis 41 mm, Länge des Quarzrohres bis zur Verjüngung 340 mm und lichte Weite 28 mm. Vor der Verjüngung liegt eine durchlöcherte Porzellanplatte, dann folgt eine Schicht Asbestwolle, darauf Bleioxid und wieder Asbestwolle. Dicke der drei Schichten etwa 15 mm, Länge des Eisenschiffchens 100 mm. Vor der erstmaligen Benutzung der Apparatur wird der Ofen auf 550° gebracht und bei dieser Temperatur etwa 2 Std. lang ein trockener Luftstrom durch die Apparatur geleitet.

***Ausführung.*** Bevor die Probe eingesetzt wird, leitet man zunächst durch die ganze Apparatur 10 min lang einen trockenen Luftstrom und heizt dabei den Ofen langsam an.

Danach werden die Phosphor(V)-oxid-Röhrchen gewogen und wieder angeschlossen. In einem Wägegläschen werden 5 g der Probe mit 25 g getrocknetem Blei(IV)-oxid gemischt, in das Eisenschiffchen übergeführt und in das Quarzrohr eingeschoben. Man bringt den Ofen auf 550° und hält diese Temperatur 2 bis 3 Std. Während der ganzen Zeit wird ein trockener Luftstrom zum Übertreiben des Wassers in die Absorptionsröhrchen durch die Apparatur geleitet. Die Phosphor(V)-oxid-Röhrchen werden nach dem Abkühlen im Exsiccator gewogen. Die Gewichtszunahme entspricht der Wassermenge der Einwaage.

## 4.3 Bestimmung des Fluorids

### 4.3.1 Bleichlorofluoridmethode

Indirekte maßanalytische Bestimmung

***Grundlage.*** Durch Schmelzen der Fluoride mit Silicium(IV)-oxid und Kaliumcarbonat-Natriumcarbonat wird das Fluor in lösliches Alkalifluorid und das Aluminium in unlösliches Aluminiumsilikat übergeführt. Aus der neutralisierten Alkalifluoridlösung fällt man das Fluor als Bleichlorofluorid, dessen Chloridion maßanalytisch bestimmt und auf Fluor berechnet wird.

***Anwendungsbereich.*** Geeignet für Gehalte von 40 bis 60%.

***Zuverlässigkeit.*** Bei Gehalten von 40 bis 60% etwa ±0,5%.

***Reagenzien.***

1. Methylorange-Indicator: 0,1 g zu 100 ml gelöst.

2. Bleichloridlösung: Durch einstündiges Schütteln von 12 g Bleichlorid mit 1 l Wasser kalt gesättigte Lösung. Der zurückbleibende Bodenkörper kann nicht zur Herstellung weiterer Lösung verwendet werden, da er basisches Salz enthält.

3. Ammoniumeisen(III)-sulfatlösung: 200 g $NH_4Fe(SO_4)_2 \cdot 12\,H_2O$ mit 300 ml Wasser und 50 ml Salpetersäure (1,4) gelöst.

4. Waschwasser: Man löst 11 g Natriumfluorid zum Liter. 20 ml der Lösung werden auf 100 ml verdünnt, mit 2 g Kaliumcarbonat-Natriumcarbonat versetzt, mit n-Salzsäure, wie unter Ausführung angegeben, neutralisiert und wie dort das Fluor mit Bleichloridlösung (2) gefällt. Der Bleichlorofluoridniederschlag wird nach dem

Abkühlen filtriert und mit Wasser ausgewaschen. Den Niederschlag gibt man in eine 1 l-Flüssigkeitsflasche, füllt mit Wasser auf und schüttelt 2 Std. im Schüttelapparat zur Sättigung. Die klare Lösung dient als Waschwasser.

***Ausführung.*** 0,5 g Probe werden mit 2 g Silicium(IV)oxid und 8 g Kaliumcarbonat-Natriumcarbonat im Platintiegel (Inhalt 30 ml) gut gemischt. Bei aufgelegtem Deckel wird zunächst mit kleiner Flamme von der Seite her erhitzt. Man stellt die nicht leuchtende Flamme des Brenners so ein, daß das Schmelzen nur an der Berührungsstelle beginnt. Dies setzt man auf gleiche Weise um die ganze Tiegelwandung herum fort. So kann man die Kohlendioxidentwicklung in mäßigen Grenzen halten und durch Lüften des Deckels verhindern, daß das Schmelzgut durch das Kohlendioxid bis zum Deckel hochgehoben wird. Sinkt die Schmelze in sich zusammen, so wird vorsichtig mit stärkerer Flamme, jedoch nicht über 700° erhitzt, bis die Gasentwicklung aufhört. Dann bricht man den Schmelzprozeß ab, auch wenn kein klarer Fluß erzielt wurde, schwenkt den Tiegel, so daß die Schmelze in dünner Schicht an der Tiegelwand erstarrt, und schreckt im kalten Wasser ab.

Die Schmelze wird in einem 400 ml-Becherglas mit etwa 150 ml heißem Wasser übergossen und am besten über Nacht auf einem mäßig warmen Wasserbad gelöst. Der Rückstand im Glas wird mit einem Knopfglasstab zerstoßen und darf keine harten Stückchen mehr in dem lockeren Schlamm enthalten. Lösung und Rückstand werden in einen 500 ml-Meßkolben gespült, nach dem Erkalten aufgefüllt und kräftig durchgeschüttelt. Man filtriert durch ein trockenes Faltenfilter in einen trockenen Erlenmeyerkolben, wobei die ersten Anteile des Filtrats zu verwerfen sind.

Von dem klaren Filtrat werden 200 ml (= 0,2 g Einwaage) in einem 750 ml-Weithals-Erlenmeyerkolben mit 3 Tropfen Methylorange (1) versetzt, mit n-Salzsäure bis zum Umschlag nach Rot neutralisiert und mit 0,5 ml n-Salzsäure im Überschuß versetzt. Die Lösung wird auf 50 bis 55° erwärmt und unter dauerndem Umschwenken mit ebenfalls auf diese Temperatur gebrachter Bleichloridlösung (2) versetzt, die man aus einem Tropftrichter langsam zufließen läßt. Man verwendet so viel Bleichloridlösung, wie der Gesamtlösung, d.h. der angewandten Analysenlösung und der zur Neutralisation verbrauchten Salzsäure entspricht. Um den Säureüberschuß zu entfernen, wird nun sofort unter Schütteln tropfenweise mit 0,2 n-Natriumhydroxidlösung bis zum Umschlag nach Orange neutralisiert. Den Bleichlorofluoridniederschlag läßt man über Nacht absetzen und filtriert ihn in einen Porzellan-Goochtiegel ab, dessen Boden mit zwei Scheiben Filterpapier Gr. 2 belegt ist. Der Rest des Niederschlages wird mit möglichst wenig Waschwasser (4) in den Tiegel gespült, der gesamte Rückstand dann noch dreimal ausgewaschen und trocken gesaugt. Man gibt den Niederschlag mit den Filterscheiben in den Fällungskolben zurück, spült den Tiegel mit Wasser und schließlich mit 2 n-Salpetersäure aus. Nach Zugabe von 20 ml Salpetersäure (1 + 1) wird unter Umschütteln und schwachem Erwärmen der Bleichloridfluoridniederschlag gelöst, dann die Lösung in einen 500 ml-Meßkolben gespült. Nach dem Erkalten werden zu der salpetersauren Lösung aus einer Bürette 80 ml 0,1n-Silbernitratlösung zugesetzt. Nach kräftigem Schütteln wird mit Wasser aufgefüllt, durchgeschüttelt und durch ein trockenes Faltenfilter filtriert. 250 ml des klaren Filtrats (= 0,1 g Einwaage und 40 ml 0,1n-Silbernitratlösung) gibt man in einen 750 ml-Erlenmeyerkolben, versetzt mit 5 ml Ammoniumeisen-(III)-sulfatlösung (3) als Indicator und titriert den Überschuß an Silbernitratlösung mit 0,1 n-Ammoniumthiocyanatlösung zurück. 1 ml 0,1n-Silbernitratlösung $\triangleq$ 1,9 mg Fluor.

### 4.3.2 Destillationsmethode

#### Direkte maßanalytische Bestimmung

***Grundlage.*** Das Fluor wird nach alkalischem Aufschluß aus stark schwefelsaurer Lösung im Wasserdampfstrom destilliert und im Destillat maßanalytisch bestimmt.

***Anwendungsbereich.*** Geeignet für Gehalte von 40 bis 60%.

***Zuverlässigkeit.*** Bei Gehalten um 50% etwa ±0,5%.

***Reagenzien.***

1. Phenolphthalein: 0,1 g mit Äthanol zu 100 ml gelöst.
2. Alizarin: 0,17 g alizarinsulfonsaures Natrium zu 100 ml gelöst.
3. Methylenblau: 0,01 g Methylenblau B extra zu 100 ml gelöst.
4. Pufferlösung: 23,7 g Chloressigsäure und 5 g Natriumhydroxid werden getrennt mit je 100 ml Wasser gelöst, die Lösungen vereinigt und nach Abkühlen zu 250 ml aufgefüllt.
5. Gelatinelösung: 2,5 g reinste farblose Blattgelatine werden mit kaltem Wasser abgespült und im Wasserbad von 80 bis 90° mit etwa 70 ml Wasser gelöst. Man filtriert die Lösung durch ein Faltenfilter und füllt zu 100 ml auf. Die Lösung ist vor Gebrauch frisch anzusetzen.
6. 0,05n-Thoriumnitratlösung: 13,8 g $Th(NO_3)_4 \cdot 4\,H_2O$ zu 2 l gelöst.

Die ***Titerstellung*** der Lösung erfolgt mit Natriumfluorid (2 Std. bei 120° getrocknet), das wie die Probe aufgeschlossen, destilliert und titriert wird.

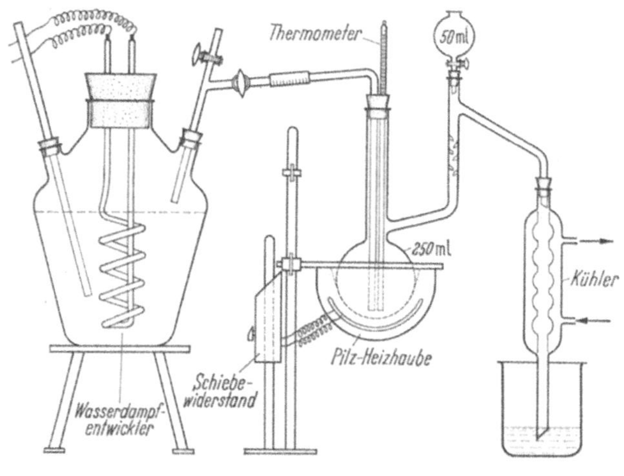


Abb. 3. Destillierapparat zur F-Bestimmung

***Geräte.*** Destillierapparat, siehe Abb. 3.

***Ausführung.*** 0,2 g Probe werden in einem bedeckten Platintiegel mit 2 g Natriumcarbonat (wasserfrei) 15 min bei 700° geschmolzen. Die erkaltete Schmelze wird in den Destillierkolben, der 10 bis 15 Glasperlen enthält, gegeben und der Tiegel mit etwa 30 ml Wasser ausgewaschen. Man verbindet den Kolben mit dem Wasserdampfentwickler und dem Kühler, dessen Ende in die in einem Kunststoffgefäß befindliche Absorptionslösung taucht. Für die Lösung werden 35 ml Wasser mit 2 ml 0,5n-Natriumhydroxidlösung und 2 Tropfen Phenolphthalein (1) versetzt. Entfärbt sich die Lösung während der Destillation, so ist eine weitere Zugabe von Natriumhydroxidlösung bis zur Rotfärbung erforderlich.

Nach vorsichtiger Zugabe von 35 ml Schwefelsäure (1,84) in den Destillationskolben wird auf 165° erhitzt. Nun wird Wasserdampf eingeleitet und die Destillation bei 165° ± 2° fortgesetzt, bis etwa 450 ml Destillat vorliegen. Man spült das Destillat in einen 500 ml-Meßkolben über und füllt auf.

In einem 400 ml-Becherglas (hohe Form) wird zu 200 ml Destillat 1 ml Alizarin (2) zugefügt und gegebenenfalls mit 0,05n-Natriumhydroxidlösung bis zur kräftigen Rotfärbung versetzt. Man gibt tropfenweise Perchlorsäure (1%) bis zum Umschlag nach Gelb (pH 5,0 bis 5,1) zu, weiterhin 1 ml Methylenblau (3) und stellt mit Pufferlösung (4) pH 2,95 bis 3,0 ein. Nach Zugabe von 4 ml Gelatinelösung (5) wird unter starkem Rühren mit einem Magnetrührwerk mit Thoriumnitratlösung (6) bei tropfenweiser Zugabe (Tropfen noch zählbar) titriert. Der Farbumschlag erfolgt von Grün über Blaßgrau nach Grauviolett. Die Titration muß gegen Ende besonders langsam erfolgen.

## 4.4 Bestimmung des Siliciums

***Grundlage.*** Das Silicium wird aus saurer Lösung als Silicomolybdänsäure mit Isobutanol extrahiert und nach Reduktion in wäßriger Lösung als Silicomolybdänblau photometrisch bestimmt.

***Anwendungsbereich.*** Geeignet für Gehalte von 0,02 bis 0,4% Silicium(IV)-oxid.

***Zuverlässigkeit.*** Bei Gehalten um 0,1% etwa ±2%.

***Reagenzien.***

1. Bortrioxid ($B_2O_3$).
2. Natriumcarbonat, wasserfrei.
3. Salzsäure, 6 n.
4. Salzsäure, 1,5 n.
5. Natriummolybdatlösung: 15 g ($Na_2MoO_4 \cdot 2\,H_2O$) zu 100 ml gelöst.
6. Natriumhydroxidlösung: 5 g zu 100 ml gelöst.
7. Zinn(II)-chloridlösung: 2,25 g $SnCl_2 \cdot 2\,H_2O$ in 100 ml n-Salzsäure. Die Lösung ist vor Gebrauch frisch anzusetzen.
8. Isobutanol.
9. Siliciumstammlösung: 100 mg bei 1100° geglühtes Silicium(IV)-oxid werden in einem bedeckten Platintiegel mit der fünffachen Menge Kaliumcarbonat-Natriumcarbonat aufgeschlossen. Die Schmelze wird in einem Kunststoffbecher mit heißem Wasser aus dem Tiegel herausgelöst und die Lösung in einem 1 l-Meßkolben aufgefüllt.
10. Siliciumstandardlösung: 400 ml Stammlösung (9) werden in einem Meßkolben zum Liter verdünnt. 1 ml $\triangleq$ 40 $\mu$g Silicium(IV)-oxid.

Die verdünnte Lösung soll vor Gebrauch 2 Tage stehen. Die Standardlösung sowie die Natriummolybdat- und Natriumhydroxidlösung sind in Kunststoffflaschen aufzubewahren.

***Ausführung.*** In einem Platintiegel werden 3,5 g Bortrioxid (1) geschmolzen und durch Umschwenken auf der Tiegelwandung verteilt. Auf die wieder erkaltete Schmelze gibt man 2,5 g Natriumcarbonat (2) und 0,5 g Probe, die gut vermischt werden. Es wird zunächst vorsichtig auf dem Brenner bis zur Verschmelzung mit dem Bortrioxid erhitzt dann im Tiegelofen bei bedecktem Tiegel 10 min bei 900 bis 1000°. Die noch flüssige Schmelze verteilt man durch vorsichtiges Umschwenken über die Innenfläche des Tiegels und schreckt in Wasser ab, wobei man den Tiegel bedeckt hält. Die Schmelze zerspringt und läßt sich leicht in eine Platinschale überführen. Man löst mit heißem Wasser unter Erwärmen. In einen 250 ml-Kunststoffbecher werden 12 ml Salzsäure (3) gegeben und die alkalische Lösung der Schmelze in die Säure übergeführt. Es wird umgerührt und eventuell im Wasserbad erwärmt, bis die Lösung klar ist. Nach dem Abkühlen spült man die Lösung in einen 500 ml-Meßkolben, füllt auf und überführt anschließend sofort in eine Kunststoffflasche. In einem 250 ml-Kunststoffbecher werden 100 ml der Lösung (= 0,1 g Einwaage) mit 5 ml Natriummolybdatlösung (5) versetzt und mit Salzsäure (3) bzw. Natriumhydroxidlösung (6) auf pH 1,0 bis 1,5 gebracht. Die Lösung wird dann zur vollständigen Entwicklung der Silicomolybdänsäure für 15 min in ein siedendes Wasserbad gestellt. Nach Abkühlen überführt man die Lösung in einen 250 ml-Scheidetrichter, gibt 20 ml Salzsäure (1,19) hinzu und schüttelt 1 min mit 30 ml Isobutanol (8). Nach Trennung der Schichten wird die wäßrige Phase in einen zweiten 250 ml-Scheidetrichter abgelassen und nochmals mit 25 ml Isobutanol (8) geschüttelt. Nach Ablassen der wäßrigen Schicht werden die Extrakte vereinigt. Ist der zweite Extrakt noch gelb gefärbt, muß die Extraktion mit 25 ml Isobutanol (8) wiederholt werden. Die vereinigten Extrakte werden dreimal mit je 20 ml Salzsäure (4) gewaschen. Nach Ablassen der wäßrigen Phasen werden zum Extrakt 5 ml Zinn(II)-chloridlösung (7), 30 ml Wasser und 60 ml Chloroform zugefügt und durch

Schütteln das gebildete Silicomolybdänblau in die wäßrige Phase übergeführt. Die Isobutanol-Chloroformschicht wird in einen zweiten 250 ml-Scheidetrichter abgelassen. Die wäßrige Schicht läßt man in einen 200 ml-Meßkolben ab, in dem 50 ml Wasser und 10 ml Salzsäure (1,19) vorgelegt wurden. Die organische Schicht wird noch ein- bis zweimal mit je 20 ml Wasser geschüttelt, bis keine Blaufärbung mehr zu erkennen ist. Kurz vor dem Photometrieren gibt man noch 1 ml Zinn(II)-chloridlösung (7) zu und füllt auf. Es wird in einer 1 cm- bzw. 2 cm-Küvette bei 730 nm gegen den Blindwert gemessen. Der Blindwert aller Reagenzien ist nach dem gleichen Analysengang anzusetzen.

***Eichkurve.*** 1 g Aluminiumfluorid mit möglichst niedrigem Silicium(IV)-oxidgehalt wird mit 7 g Bortrioxid (1) und 5 g Natriumcarbonat (2) wie die Analysenprobe aufgeschlossen. Die gelöste Schmelze wird in 24 ml Salzsäure (3) eingegossen und die klare Lösung zum Liter aufgefüllt. Zu je 100 ml Lösung werden 20 bis 400 $\mu$g Silicium(IV)-oxid enthaltende Teile der Siliciumstandardlösung (10) gegeben und die Lösungen, wie unter Ausführung angegeben, behandelt. Die Lösungen für den unteren Bereich mit Gehalten von 20 bis 100 $\mu$g Silicium(IV)-oxid werden in der 2 cm-Küvette gemessen und dafür wird eine zweite Eichkurve gezeichnet. Ein Ansatz ohne Silicium(IV)-oxid-Zusatz dient als Blindprobe.

## 4.5 Bestimmung des Eisens

***Grundlage.*** Das Eisen wird nach Aufschluß der Probe mit Kaliumhydrogensulfat und Reduktion mit Hydroxylammoniumchlorid mit o-Phenanthrolin photometrisch bestimmt.

***Anwendungsbereich.*** Geeignet für Gehalte von 0,02 bis 0,1% Eisen(III)-oxid.

***Zuverlässigkeit.*** Bei Gehalten von 0,02 bis 0,1% etwa $\pm 3\%$.

***Reagenzien.***

1. Kaliumhydrogensulfat ($KHSO_4$), geschmolzen.

2. Hydroxylammoniumchloridlösung: 1 g zu 100 ml gelöst. Die Lösung ist vor Gebrauch frisch anzusetzen.

3. o-Phenanthrolinlösung: 0,25 g o-Phenanthrolinhydrochlorid zu 100 ml gelöst.

4. Pufferlösung: 272 g Natriumacetat ($CH_3COONa \cdot 3\,H_2O$) werden mit etwa 500 ml Wasser gelöst und mit 240 ml Essigsäure (1,06) versetzt. Die Lösung wird filtriert und zum Liter aufgefüllt.

5. Eisenstammlösung: 100 mg Eisen(III)-oxid werden mit 20 ml Salzsäure $(1 + 1)$ in der Wärme gelöst und in einem Meßkolben zum Liter aufgefüllt.

6. Eisenstandardlösung: Ein Teil Eisenstammlösung (5) wird in einem Meßkolben $1 + 4$ verdünnt. 1ml $\triangleq$ 20 $\mu$g Eisen(III-)oxid.

***Ausführung.*** 1 g Probe wird in einer Platinschale mit 10 g Kaliumhydrogensulfat (1) über einem Bunsenbrenner zunächst mit kleiner, dann mit starker Flamme bis zur klaren Schmelze erhitzt. Zur vollständigen Verflüchtigung des Fluors wird das Erhitzen fortgesetzt, bis die Schmelze beginnt, sich wieder zu trüben. Man löst nach dem Erkalten mit heißem Wasser und füllt in einem 500 ml-Meßkolben auf. 50 ml dieser Lösung (= 0,1 g Einwaage) werden mit 10 Tropfen Schwefelsäure $(1 + 1)$, 1 ml Hydroxylammoniumchloridlösung (2) und 2 ml o-Phenanthrolinlösung (3) versetzt. Dann wird mit Pufferlösung (4) pH 3,0 bis 3,5 eingestellt und die Lösung in einem 100 ml-Meßkolben aufgefüllt. Nach 10 min wird in einer 5 cm-Küvette bei 490 nm gegen den Blindwert der Reagenzien gemessen.

Für den Blindwert werden 10 g Kaliumhydrogensulfat (1) wie die Analysenprobe geschmolzen. Die gelöste Schmelze wird auf 500 ml aufgefüllt. 50 ml der Lösung werden wie die Analysenprobe behandelt.

***Eichkurve.*** Zu je 50 ml der Blindwertlösung werden 10 bis 120 $\mu$g Eisen(III)-oxid enthaltende Teile Eisenstandardlösung (6) gegeben und die Lösungen wie die Analysenlösung behandelt.

## 4.6 Bestimmung des Aluminiums

***Grundlage.*** Das Aluminium wird nach Aufschluß der Probe mit Kaliumhydrogensulfat aus saurer Lösung als Oxinat gefällt und gewichtsanalytisch bestimmt.

***Anwendungsbereich.*** Geeignet für Gehalte von etwa 10%.

***Zuverlässigkeit.*** Bei Gehalten um 10% etwa ±1%.

***Reagenzien.***

1. Oxinlösung: 10 g 8-Hydroxychinolin werden mit 21 ml Essigsäure (1,06) gelöst und zu 100 ml aufgefüllt. 5 bis 6 ml dieser Lösung fällen mit 5 g Harnstoff etwa 25 mg Aluminium.
2. Harnstoff.

***Ausführung.*** 1 g Probe wird, wie unter 4.5, S. 52, beschrieben, aufgeschlossen und die wäßrige Lösung in einem 500 ml-Meßkolben aufgefüllt. In einem 400 ml-Becherglas werden 100 ml der Lösung mit 2 ml Salzsäure (1,19) versetzt, auf 200 ml verdünnt und auf 90 bis 95° erhitzt. Man gibt 9 ml Oxinlösung (1) und 9 g Harnstoff (2) zu und erhitzt bis fast zum Sieden (95°). Die Lösung wird etwa 3 Std. auf 95° gehalten, wozu man das mit einem Uhrglas bedeckte Fällgefäß in einen auf 120° geheizten Trockenschrank stellt. Die Fällung ist beendet, wenn die über dem Niederschlag stehende klare Flüssigkeit nicht mehr grünlichgelb, sondern deutlich orangegelb ist. Dieses ist etwa 2 Std. nach einsetzender Trübung durch den Fällbeginn erreicht. Während des Stehens im Trockenschrank verdampftes Wasser ist von Zeit zu Zeit durch heißes Wasser zu ergänzen. Nach kurzem Abkühlen filtriert man durch einen gewogenen Glasfiltertiegel 1G3, wäscht zweimal mit 15 bis 25 ml heißem Wasser und dreimal mit 5 bis 10 ml kaltem Wasser aus. Man trocknet den Tiegel mit dem Niederschlag 2 Std. oder über Nacht bei 130° im Trockenschrank und wägt nach Erkalten. Der Umrechnungsfaktor von Aluminiumoxinat auf Aluminium ist 0,05872.

***Bemerkung.*** Mit dem Aluminium wird gleichzeitig das vorhandene Eisen quantitativ als Oxinat gefällt. Im Kryolith liegen normalerweise Gehalte von 0,02 bis 0,03% Eisen vor. Ist die Berücksichtigung erwünscht, kann der durch eine photometrische Bestimmung mit o-Phenanthrolin aus dem gleichen Aufschluß erhaltene Eisenwert auf Eisenoxinat umgerechnet und von der Aluminium-Eisen-Oxinat-Auswaage abgezogen werden. Der Umrechnungsfaktor von Eisen auf Eisenoxinat ist 8,741.

## 4.7 Bestimmung des Natriums

***Grundlage.*** Das Natrium wird nach Verflüchtigen des Fluors durch Abrauchen mit Schwefelsäure als Natrium-Zinkuranylacetat gefällt und gewichtsanalytisch bestimmt.

***Anwendungsbereich.*** Geeignet für Gehalte von etwa 30%.

***Zuverlässigkeit.*** Bei Gehalten um 30% etwa ±0,5%.

***Reagenzien.***

1. Zinkuranylacetat-Fällösung:

a) 10 g Uranylacetat [$(CH_3COO)_2UO_2 \cdot 2\,H_2O$] werden mit 6 g Essigsäure [30 g Essigsäure (1,06) in 100 ml] und 49 g Wasser unter Erwärmen gelöst. (Gesamtgewicht 65 g.)

b) 30 g Zinkacetat [$(CH_3COO)_2Zn \cdot 2\,H_2O$] werden mit 3 g Essigsäure wie a) und 32 g Wasser unter Erwärmen gelöst. (Gesamtgewicht 65 g.)

Lösung a) und b) werden zusammengegeben. Die Mischung wird nach 24 Std. bei 20° filtriert.

2. Alkoholische Waschlösung: 50 mg Natriumchlorid werden mit 20 ml Wasser gelöst und das Natrium mit 50 ml Zinkuranylacetatlösung (1) gefällt. Man filtriert durch einen Glasfiltertiegel 1G4, wäscht den Niederschlag mit Äthanol (96%ig)

und anschließend zweimal mit Äther. Der Niederschlag wird in eine Flasche mit Äthanol gegeben und während mindestens 30 min öfter durchgeschüttelt. Die zur Analyse notwendige Menge Waschlösung wird in eine Spritzflasche filtriert.

***Ausführung.*** In einer Platinschale werden 0,5 g Probe mit wenigen Tropfen Wasser angefeuchtet und mit 5 ml Schwefelsäure (1,84) zur Trockne abgeraucht. Danach wird kurz über direkter Flamme erhitzt, um die Schwefelsäure zu entfernen. Der Rückstand wird mit 10 ml Salzsäure (1 + 1) und 30 ml Wasser gelöst und in einem 100 ml-Meßkolben aufgefüllt.

10 ml Lösung (= 0,05 g Einwaage) werden in einem 50 ml-Becherglas mit 6 ml Salzsäure (1 + 1) auf 2 bis 2,5 ml eingeengt. Man kühlt auf 20° ab und gibt 25 ml Fällösung (1) zu. Unter öfterem Umrühren läßt man wenigstens 2 Std. stehen. Dann wird durch einen gewogenen Glasfiltertiegel (1 G 4) filtriert und der Niederschlag aus dem Becherglas mit dem in eine kleine Spritzflasche übergeführten Filtrat in den Tiegel gebracht. Danach wäscht man den Tiegel und den Niederschlag fünf- bis achtmal mit je 2 ml Waschlösung (2) und anschließend zweimal mit Äther. Der Tiegel wird außen mit einem feuchten Tuch abgerieben, 20 min bei 90° im Trokkenschrank getrocknet und nach Erkalten im Exsiccator gewogen. Der Umrechnungsfaktor von Natrium-Zinkuranylacetat auf Natrium ist 0,01495.

## 4.8 Bestimmung des Schwefels

***Grundlage.*** Der Schwefel liegt als Sulfat vor und wird durch Erhitzen mit Reduktionslösung reduziert, zu Schwefelwasserstoff umgesetzt und nach Destillation in Natriumhydroxidlösung absorbiert. Die Bestimmung erfolgt maßanalytisch mit Cadmiumchloridlösung unter Verwendung von Dithizon als Indicator.

***Anwendungsbereich.*** Geeignet für Gehalte von 0,02 bis 2,5% (Gehalte über 0,3% Schwefel kommen im rückgewonnenen Kryolith vor).

***Zuverlässigkeit.*** Bei Gehalten von 0,02 bis 0,3% etwa ±10%,
von 0,3 bis 2,5% etwa ±5%.

***Reagenzien.*** Siehe unter 2.9, S. 16, Reagenzien 1 bis 4 und in Abänderung:
5. Cadmium-Standardlösung
a) für 50 bis 250 μg Schwefel 0,005 m-Lösung (1 ml ≙ 160,3 μg Schwefel).
b) für 250 bis 500 μg Schwefel 0,01 m-Lösung (1 ml ≙ 320,6 μg Schwefel).

***Geräte.*** Destillierapparat zur Schwefelbestimmung, siehe Abb. 1, S. 16, und 1 Mikroplatintiegel, der in das Zersetzungskölbchen hineinpaßt.

***Ausführung.*** Zur Verflüchtigung des Fluors wird in einem Mikroplatintiegel eine 50 bis 500 μg Schwefel enthaltende Menge Kryolith nach Zugabe von etwa 5 mg Calciumchlorid zur Vermeidung von Schwefel-Verlusten mit 0,3 bis 0,5 ml Perchlorsäure (1,67) versetzt, wobei die Probe mit Säure bedeckt sein muß, und zur Trockne abgeraucht. Hierzu wird der Tiegel in dem Aluminiumblock der Destillationsapparatur erhitzt.

Den Platintiegel mit der nun fluorfreien Probe gibt man jetzt in das Zersetzungskölbchen. Das Absorptionsgefäß wird mit 3 ml Natriumhydroxidlösung (2) und 0,3 ml Dithizonlösung (3) gefüllt und die mit 0,005 bzw. 0,01 m-Cadmiumlösung (5) gefüllte Bürette aufgesetzt. Dann wird, wie unter 2.9, S. 16, beschrieben, weitergearbeitet.

Kapitel 2

# Antimon

## Inhalt

# 1 Rohstoffe

## Antimonerze

### 1.1 Bestimmung des Antimons

***Grundlage.*** Nach Aufschluß der Probe mit Natriumperoxid wird das Antimon durch Fällen als Sulfid isoliert und nach Verflüchtigen des Arsens in salzsaurer Lösung mit Kaliumbromat maßanalytisch bestimmt.

***Anwendungsbereich.*** Geeignet für Gehalte über 1%.

***Zuverlässigkeit.*** Bei Gehalten von 1 bis 10% etwa ± 1%,
von 10 bis 50% etwa ± 0,5%,
über 50% etwa ± 0,25%.

***Reagenzien.***

1. Natriumsulfidlösung: 200 g $Na_2S \cdot 9\,H_2O$ zum Liter gelöst.
2. Natriumsulfidlösung: 5 ml Lösung (1) zum Liter aufgefüllt.
3. Schwefelwasserstoffwasser: Gesättigt, 1 ml Schwefelsäure (1,84) und 10 g Ammoniumsulfat im Liter enthaltend.
4. Methylorangelösung: 0,1 g zu 100 ml gelöst. Die Lösung wird nach Abstehen filtriert.
5. Reinstantimon (mind. 99,99%).

***Ausführung.*** 2 g Probe (Feinheitsgrad 0,08 DIN 4188) werden in einem 50 ml-Eisentiegel mit 20 g Natriumperoxid gemischt und mit weiteren 5 g abgedeckt. Der Tiegel wird zunächst über kleiner Flamme erwärmt und dann unter leichtem Schwenken bis zum ruhigen Fluß der Schmelze auf Dunkelrotglut erhitzt. Nach dem Abkühlen wird der Schmelzkuchen mit 100 ml Wasser in einem bedeckten 800 ml-Becherglas ausgelaugt. Am Tiegel anhaftende Schmelzreste werden mit Wasser und etwas Salzsäure (1 + 1) abgelöst und in das Becherglas gespült. Nach Zugabe von etwa 5 g Weinsäure säuert man die Lösung mit Salzsäure (1,19) an und verkocht das entstandene freie Chlor . Dann wird mit Ammoniak (1 + 1) abgestumpft, mit 10 ml Salzsäure (1 + 1) angesäuert, durch ein Filter Gr. 2 filtriert und nachgewaschen.

In die mit schwefelwasserstoffhaltigem Wasser auf etwa 500 ml verdünnte und auf 60 bis 80° erwärmte Lösung wird Schwefelwasserstoff bis zum Erkalten eingeleitet. Nach mehrstündigem Stehen werden die Sulfide über ein Filter Gr. 2 abfiltriert, mit Schwefelwasserstoffwasser (3) ausgewaschen, vom Filter in das Becherglas zurückgespült und mit 30 ml Natriumsulfidlösung (1) 30 min lang auf etwa 80° erwärmt. Nach Verdünnen mit heißem Wasser auf 100 ml wird durch das vorbenutzte Filter in einen 500 ml-Erlenmeyerkolben filtriert. Becherglas, Filter und Rückstand werden mit Natriumsulfidlösung (2) ausgewaschen.

Die Lösung wird mit Schwefelsäure (1 + 1) angesäuert und bis zum klaren Absetzen der ausfallenden Sulfide des Antimons, Arsens und Zinns erwärmt. Dann werden die Sulfide über ein Filter Gr. 2 abfiltriert, mit Schwefelwasserstoffwasser (3) ausgewaschen und in den Erlenmeyerkolben zurückgespült. Am Filter noch anhaftende Reste werden mit wenig Natriumsulfidlösung (1) zum Hauptniederschlag hinzugelöst, der mit 10 ml Schwefelsäure (1,84) abgeraucht wird, bis der Kolbeninhalt wasserhell geworden ist. Nach dem Abkühlen setzt man 25 ml Wasser, 50 ml Salzsäure (1 + 1) und 0,5 g Kaliumbromid zu und entfernt vorhandenes Arsen, indem man die Lösung bis auf 50 ml eindampft. Weiteres Eindampfen ist mit Antimonverlusten verbunden.

Man verdünnt die Lösung mit heißem, ausgekochtem Wasser auf etwa 100 ml und titriert das Antimon in der auf etwa 80° erwärmten Lösung mit 0,1 n-Kaliumbromatlösung, bis die als Indikator zugesetzte Methylorangelösung (4) eben entfärbt ist. Der Endpunkt der Titration kann auch elektrometrisch indiziert werden (Platinelektrode-Kalomelektrode).

***Titerstellung.*** 0,2 g Reinstantimon (5) werden in einem 500 ml-Erlenmeyerkolben mit 20 ml Schwefelsäure (1,84) bei zunächst mäßiger Wärme gelöst. Dann wird bis zum starken Rauchen der Schwefelsäure erhitzt. Die Lösung wird nach dem Erkalten mit 100 ml Wasser und 20 ml Salzsäure (1,19) versetzt und nach Zusatz von 3 Tropfen Methylorangelösung (4) als Indikator bei etwa 80° mit 0,1 n-Kaliumbromatlösung bis zur Entfärbung titriert.

Wird die Probe mit elektrometrischer Indikation titriert, so wird der Titer ebenso gestellt.

## 1.2 Bestimmung des Zinns

***Grundlage.*** In einer nach 1.1 zur Antimonbestimmung vorbereiteten Lösung der Probe wird das Antimon mit Eisenpulver auszementiert und durch Filtrieren abgetrennt. Im Filtrat wird das Zinn jodometrisch bestimmt.

***Anwendungsbereich.*** Geeignet für Gehalte über 0,1%.

***Zuverlässigkeit*** Bei Gehalten von 0,1 bis 1% etwa ± 5%.

***Reagenzien.***

1. Eisenpulver.
2. Aluminium (99,9%), grob zerspant.
3. Natriumhydrogencarbonatlösung, gesättigt.
4. Stärkelösung: 1 g zu 100 ml gelöst. Die Lösung ist vor Gebrauch frisch zu bereiten.

***Ausführung.*** In einer nach 1.1, S. 56 bis zur Titration vorbereiteten Lösung wird das Antimon nach Zugabe von 20 ml Salzsäure (1,19) in der Hitze und unter Umschwenken durch vorsichtige Zugabe von 3 bis 5 g Eisenpulver (1) ausgefällt. Der Niederschlag wird über ein Filter Gr. 1 abfiltriert und mit Salzsäure (1 + 4) nachgewaschen. Filtrat und Waschsäure werden in einem 500 ml-Erlenmeyerkolben vereinigt. Zu dieser Lösung gibt man 2 g Aluminium (2) und verschließt den Kolben mit einem Contat-Göckel-Aufsatz, der Natriumhydrogencarbonatlösung (3) enthält. Nach der durch Erwärmen beschleunigten Auflösung des Metalls wird die Lösung im Kolben gekühlt und das Zinn mit 0,1 n-Jodlösung und Stärkelösung (4) als Indicator titriert. 1 ml 0,1 n-Jodlösung $\triangleq$ 5,935 mg Zinn.

***Bemerkung.*** Bei hohen Antimongehalten kann Zinn im auszementierten Metallschwamm eingeschlossen werden. Zur Kontrolle löst man ihn mit Brom-Salzsäure [10 g Brom gelöst mit 100 ml Salzsäure (1,19)], verkocht das Brom, zementiert nochmals und titriert nach Reduktion das Zinn, wie oben beschrieben.

## 1.3 Bestimmung des Arsens

***Grundlage.*** Nach Aufschluß der Probe mit Salpetersäure und Schwefelsäure oder durch Schmelzen mit Natriumperoxid wird das Arsen als Arsen(III)-chlorid destilliert und mit Kaliumbromat maßanalytisch bestimmt.

***Anwendungsbereich.*** Geeignet für Gehalte über 0,05%.

***Zuverlässigkeit.*** Bei Gehalten von 0,05 bis 1% etwa ± 5%,
von 1 bis 5% etwa ± 3%.

***Reagenzien.***

1. Reduktionslösung: 30 g Hydraziniumsulfat und 60 g Kaliumbromid zum Liter gelöst.
2. Stärkelösung: 1 g zu 100 ml gelöst. Vor Gebrauch frisch zu bereiten.

***Geräte.*** Destillierapparat, siehe Abb. 5 im Kapitel Arsen unter 1.2, S. 70.

***Ausführung.*** Die Einwaage der Probe (Feinheitsgrad 0,08 DIN 4188) soll nicht mehr als 100 mg Arsen enthalten. Der Aufschluß, die Abtrennung des Arsens durch Destillieren als Arsen(III)-chlorid und die maßanalytische Bestimmung erfolgen nach den im Kapitel Arsen unter 1.1.1 bzw. 1.1.2, 1.2 und 1.3.1, S. 69 bis 71, gegebenen Vorschriften.

***Bemerkung.*** Bei hohen Antimongehalten ist es erforderlich, das Destillat nach Zusatz von 50 ml Salzsäure (1 + 1) und 10 ml Reduktionslösung nochmals zu destillieren, da bei der ersten Destillation auch Antimon überdestilliert sein kann.

## 1.4 Bestimmung des Bleis

***Grundlage.*** Durch Aufschluß der Probe mit Brom-Bromwasserstoffsäure werden Antimon, Arsen und Zinn verflüchtigt. Das Blei wird als Bleisulfat gefällt und bestimmt.

***Anwendungsbereich.*** Geeignet für Gehalte über 0,1%.

***Zuverlässigkeit.*** Bei Gehalten von 0,1 bis 1% etwa ± 5%,
über 1% etwa ± 3%.

***Reagenzien.***

1. Brom-Bromwasserstoffsäure: 10 bis 15 ml Brom in 100 ml Bromwasserstoffsäure (1,38) gelöst.

***Ausführung.*** 5 g Probe (Feinheitsgrad 0,08 DIN 4188) werden zur Verflüchtigung von Antimon, Arsen und Zinn als Bromide in einer 500 ml-Porzellanschale (flache Form) mit 100 ml Brom-Bromwasserstoffsäure (1) zunächst auf dem siedenden Wasserbad zersetzt. Die Lösung wird eingedampft und der Eindampfrückstand bei 130° im Trockenschrank getrocknet. Der Rückstand wird mit 20 ml Brom-Bromwasserstoffsäure (1) versetzt, mit einem Glasstab durchgerührt und nochmals wie vorher behandelt.

Der Trockenrückstand wird mit 50 ml Salpetersäure (1 + 1) unter Erwärmen gelöst und mit 100 ml Wasser versetzt. Man filtriert die Lösung durch ein Filter Gr. 2 in ein 600 ml-Becherglas, wäscht Filter und Rückstand mit heißer Salpetersäure (1 + 100) aus und vereinigt diese mit der Lösung. Aus dieser Lösung wird das Blei nach der im Kapitel Blei unter 1.1, S. 76, gegebenen Vorschrift als Bleisulfat gefällt und als solches bestimmt. Der Umrechnungsfaktor von Bleisulfat auf Blei ist 0,6832.

Das Filtrat der Bleisulfatfällung kann für die Kupferbestimmung verwendet werden.

## 1.5 Bestimmung des Kupfers

***Grundlage.*** Nach Aufschluß der Probe wird das Kupfer im Filtrat des als Sulfat gefällten Bleis nach Abtrennen des Wismuts elektrolytisch bestimmt.

***Anwendungsbereich.*** Geeignet für Gehalte über 0,1%.

***Zuverlässigkeit.*** Bei Gehalten von 0,1 bis 1% etwa ±5%.

***Reagenzien.***

1. Eisen(III)-sulfatlösung: 1 g $Fe_2(SO_4)_3 \cdot 9\,H_2O$ zu 100 ml gelöst.
2. Waschlösung: 10 g Ammoniumcarbonat im Liter Wasser, das 10 ml Ammoniak (0,91) enthält, gelöst.

***Geräte.*** Platinelektroden, siehe Kapitel Kupfer unter 1.1.1, S. 207.

***Ausführung.*** Nach Abtrennen des Bleis als Bleisulfat nach 1.4, wird die Lösung, um Wismut zu entfernen, nach Zugabe von 1 ml Eisen(III)-sulfatlösung (1) ammoniakalisch gemacht. Man setzt noch 2 g Ammoniumcarbonat zu und kocht, bis der Ammoniakgeruch nahezu verschwunden ist.

Nach dem Abkühlen wird der wismuthaltige Niederschlag über ein Filter Gr. 2 filtriert. Glas und Filter werden dreimal mit Waschlösung (2) gewaschen. Der Niederschlag wird mit Schwefelsäure (1 + 1) wieder gelöst, nochmals gefällt und abfiltriert. Die Filtrate beider Wismutfällungen werden vereinigt, mit Salpetersäure (1 + 1) neutralisiert und auf ein Volumen von etwa 200 ml gebracht. Nach Zusatz von 20 ml Salpetersäure (1 + 1) wird das Kupfer aus dieser Lösung bei ruhendem Elektrolyten nach Kapitel Kupfer, 1.1.1, S. 206, elektrolytisch bestimmt.

### 1.6 Bestimmung der Edelmetalle

Diese Bestimmungen werden nach den im Kapitel Edelmetalle unter 1.6, S. 143, beschriebenen Verfahren durchgeführt.

## 2 Zwischenprodukte

## Reichoxide, Schlacken, Flugstäube

### 2.1 Bestimmung des Antimons

### 2.2 Bestimmung des Zinns

### 2.3 Bestimmung des Arsens

### 2.4 Bestimmung des Bleis

### 2.5 Bestimmung des Kupfers

Diese Bestimmungen werden nach den unter 1.1 bis 1.5, S. 56 bis 58, angegebenen Vorschriften durchgeführt.

### 2.6 Bestimmung der Edelmetalle

Diese Bestimmungen werden nach den im Kapitel Edelmetalle unter 1.6, S. 143, beschriebenen Verfahren durchgeführt.

## 3 Metallische Erzeugnisse

### 3.1 Metallisches Antimon

#### 3.1.1 Bestimmung des Antimons im Rohantimon

***Grundlage.*** Nach dem Aufschluß der Probe mit Schwefelsäure wird das Antimon in stark salzsaurer Lösung mit Cer(IV)-sulfatlösung maßanalytisch bestimmt.

***Anwendungsbereich.*** Geeignet für Gehalte über 90%.

***Zuverlässigkeit.*** Bei Gehalten von 90 bis 98% etwa ±0,2%.

***Reagenzien.***

1. Reinstantimon (mind. 99,99%).
2. Cer(IV)-sulfatlösung (≅ 0,1 n): 40,43 g $Ce(SO_4)_2 \cdot 4\,H_2O$ werden mit Wasser unter Zusatz von 27 ml Schwefelsäure (1,84) in der Wärme gelöst. Die Lösung wird nach dem Erkalten zum Liter aufgefüllt.

3. Methylorangelösung: 0,1 g zu 100 ml gelöst. Die Lösung wird nach Abstehen filtriert.

***Ausführung.*** 0,2 g Probe (Feinheitsgrad 0,2 DIN 4188) werden in einem 500 ml-Erlenmeyerkolben mit 20 ml Schwefelsäure (1,84) unter Kochen gelöst. Nach dem Erkalten gibt man, um die Sulfate zu lösen, unter Umschwenken 100 ml Wasser und 40 ml Salzsäure (1,19) und weitere 30 ml Wasser zu. In der auf 40 bis 50° erwärmten Lösung wird das Antimon nach Zusatz von 3 Tropfen Methylorangelösung (3) als Indicator mit Cer(IV)-sulfatlösung (2) maßanalytisch bestimmt.

***Titerstellung.*** 0,2 g Reinstantimon (1) werden in einem 500 ml-Erlenmeyerkolben mit 20 ml Schwefelsäure (1,84) unter Kochen gelöst und wie die Probe weiterbehandelt.

***Bemerkung.*** Arsen wird nicht mittitriert.

### 3.1.2 Bestimmung des Antimons in Reinantimon

Der Antimongehalt wird aus der Summe der Verunreinigungen errechnet.

### 3.1.3 Bestimmung des Zinns

***Grundlage.*** Nach Lösen der Probe in Brom-Salzsäure und Auszementieren des Antimons wird das Zinn durch Destillation abgetrennt und turbidimetrisch mit 3-Nitro-4-oxy-phenylarsonsäure bestimmt.

***Anwendungsbereich.*** Geeignet für Gehalte von 0,01 bis 0,1%.

***Zuverlässigkeit.*** Bei Gehalten von 0,01 bis 0,1% etwa ±10%.

***Reagenzien.***

1. Brom-Salzsäure: 150 ml Brom im Liter Salzsäure (1,19) gelöst.
2. Eisenpulver.
3. Zinkchloridlösung (zinnfrei): 250 g Zink in etwa 1,5 l Salzsäure (1 + 1) lösen und die Lösung auf 500 ml eindampfen.
4. Salzsäure-Bromwasserstoffsäuregemisch: 90 ml Salzsäure (1,19) werden mit 10 ml Bromwasserstoffsäure (1,38) gemischt.
5. 10 n-Schwefelsäure.
6. 3 n-Schwefelsäure.
7. Weinsäurelösung: 50 g zu 100 ml gelöst.
8. Reagenzlösung: 2 g 3-Nitro-4-oxy-phenylarsonsäure löst man mit 30 ml Methanol, evtl. unter leichtem Erwärmen, und verdünnt die Lösung mit Wasser auf 100 ml. Die Lösung muß klar sein (evtl. filtrieren) und täglich neu bereitet werden.
9. Zinnstammlösung: 100 mg Zinn werden mit 15 ml Salzsäure (1,19) unter leichtem Erwärmen gelöst. Die Lösung wird mit Wasser in einem Meßkolben auf 100 ml verdünnt.
10. Zinnstandardlösung: 10 ml Lösung (9) werden mit 40 ml Schwefelsäure (1,84) versetzt und bis zum beginnenden Rauchen der Schwefelsäure eingedampft. Nach dem Erkalten wird die Lösung in einen 500 ml-Meßkolben übergeführt, gekühlt und mit Wasser auf 500 ml verdünnt. 1 ml $\triangleq$ 20 $\mu$g Zinn.

***Geräte.*** Destillierapparat, siehe Abb. 8 im Kapitel Indium, S. 180.

***Ausführung.*** 2,5 g Probe (Feinheitsgrad 0,2 DIN 4188) werden in einem 500 ml-Erlenmeyerkolben mit etwa 25 ml Brom-Salzsäure (1) unter vorsichtigem Zutropfen von Brom gelöst. Nach dem Verdünnen mit 50 ml Wasser wird der Bromüberschuß verkocht. Dann fügt man 100 ml Salzsäure (1 + 1) zu und fällt das Antimon unter Erwärmen und Umschwenken mit 5 g Eisenpulver, das man nach und nach zugibt. Nach Verdünnen mit 50 ml heißem Wasser wird über ein Filter Gr. 2 in einen Erlenmeyerkolben filtriert und mit Salzsäure (1 + 2) nachgewaschen. Das zementierte Antimon wird vom Filter in den Kolben zurückgespült, mit 50 ml Salzsäure (1 + 1) aufgekocht und durch Zutropfen von Wasserstoffperoxid (30%) gelöst. Die Fällung mit Eisenpulver wird wiederholt und das anfallende Filtrat mit dem ersten vereinigt. Die Lösung wird auf etwa 150 ml eingeengt und in den Kolben des Destillierapparats übergeführt. Unter Durchleiten eines schwachen Kohlendioxidstromes wird die Lösung auf etwa 50 ml eingedampft, mit 50 ml Zinkchloridlösung (3) versetzt und so lange erhitzt, bis die Temperatur im Destillierkolben 180° erreicht hat. Nun läßt man aus dem mit 100 ml Säuregemisch (4) gefüllten Tropftrichter die Säure in die heiße zinkchloridhaltige Lösung so zutropfen, daß die Temperatur von 180° im Destillierkolben bestehen bleibt. Sind 100 ml überdestilliert, befindet sich das gesamte Zinn im Destillat. Um weitgehende Trennung vom Eisen zu erreichen, wird das Destillat in den leeren Destillierkolben gebracht und nach Zugabe von 50 ml Zinkchloridlösung (3) und 100 ml Säuregemisch (4) nochmals destilliert. Das Destillat wird in ein Becherglas übergespült und nach Zugabe von 16 ml Schwefelsäure (5) bis auf etwa 100 ml eingedampft. Unter Weiterkochen wird dann solange Wasserstoffperoxid (30%) tropfenweise zugesetzt, bis aus der Lösung kein Brom mehr frei wird. Dann wird bis zum beginnenden Rauchen der Schwefelsäure eingedampft. Nach dem Abkühlen wird die Lösung mit Wasser in einen 100 ml-Meßkolben übergespült, erneut gekühlt und aufgefüllt.

20 ml dieser Lösung oder ein kleinerer Anteil werden in einen 50 ml-Meßkolben pipettiert, mit 2 ml Weinsäurelösung (7) versetzt und mit 10 ml Schwefelsäure (6) verdünnt. Unter Umschwenken fügt man jetzt 10 ml Reagenzlösung (8) zu und füllt mit Schwefelsäure (6) zu 50 ml auf. Nach dem Durchmischen bleiben die Lösungen 2 Std. stehen, werden dann erneut gemischt und bei 436 nm gegen eine in gleicher Weise behandelte Blindprobe photometriert.

***Eichkurve.*** Es werden jeweils 0, 1, 2 usw. bis 10 ml Standardlösung (10) in 50 ml-Meßkolben pipettiert, mit 2 ml Weinsäurelösung (7) versetzt und mit 20 ml Schwefelsäure (6) verdünnt. Nach Zugabe von 10 ml Reagenzlösung (8) und Auffüllen mit Schwefelsäure (6) werden die Extinktionen, wie unter Ausführung beschrieben, nach 2 Std. gemessen.

## 3.1.4 Bestimmung des Arsens

### 3.1.4.1 Gehalte über 0,1% Arsen

***Grundlage.*** Nach Lösen der Probe mit salzsaurer Eisen(III)-chloridlösung wird das Arsen als Trichlorid destilliert und jodometrisch bestimmt.

***Anwendungsbereich.*** Geeignet für Gehalte über 0,1%.

***Zuverlässigkeit.*** Bei Gehalten von 0,1 bis 1% etwa ±5%,
über 1% etwa ±3%.

***Reagenzien.***

1. Salzsaure Eisen(III)-chloridlösung: 350 g $FeCl_3 \cdot 6\,H_2O$ mit Salzsäure (1,19) zum Liter gelöst.
2. Reduktionslösung: 30 g Hydraziniumsulfat und 60 g Kaliumbromid zum Liter gelöst.
3. Stärkelösung: 1 g zu 100 ml gelöst. Vor Gebrauch frisch zu bereiten.

***Geräte.*** Destillierapparat, siehe Abb. 5 im Kapitel Arsen unter 1.2, S. 70.

***Ausführung.*** Je nach dem Arsengehalt werden 5 bis 10 g Probe (Feinheitsgrad 0,2 DIN 4188) mit 250 ml Eisen(III)-chloridlösung (1) in einem 500 ml-Destillierkolben nach den Angaben im Kapitel Arsen, 1.3, S. 70, gelöst. Die Lösung wird, wie dort beschrieben, bis auf 150 ml Restvolumen überdestilliert und das Destillat nach Zugabe von 50 ml Salzsäure (1 + 1) und 50 ml Reduktionslösung (2) erneut destilliert.

Das antimonfreie Destillat wird unter Kühlen mit Ammoniak (0,91) abgestumpft und mit festem Natriumhydrogencarbonat übersättigt. In dieser Lösung wird das Arsen mit 0,1 n-Jodlösung unter Verwendung von Stärke (3) als Indicator titriert. 1 ml 0,1 n-Jodlösung $\hat{=}$ 3,7455 mg Arsen.

### 3.1.4.2 Gehalte unter 0,1% Arsen

***Grundlage.*** Nach Lösen der Probe mit salzsaurer Eisen(III)-chloridlösung wird das Arsen als Trichlorid destilliert und nach der Molybdänblaumethode photometrisch bestimmt.

***Anwendungsbereich.*** Geeignet für Gehalte von 0,01 bis 0,1%.

***Zuverlässigkeit.*** Bei Gehalten von 0,01 bis 0,1% etwa ±10%.

***Reagenzien.***

1. Eisen(III)-chloridlösung: 350 g $FeCl_3 \cdot 6\,H_2O$ mit Salzsäure (1,19) zum Liter gelöst.

2. Reduktionslösung: 30 g Hydraziniumsulfat und 60 g Kaliumbromid zum Liter gelöst.

3. Ammoniummolybdatlösung: 10 g mit 5 n-Schwefelsäure zum Liter gelöst.

4. Hydraziniumsulfatlösung: 6 g zum Liter gelöst.

5. Reaktionslösung: 25 ml Lösung (3) und 2,5 ml Lösung (4) werden mit Wasser zu 250 ml verdünnt. Die Lösung ist täglich frisch zu bereiten.

6. Arsenstammlösung: 132 mg Arsen(III)-oxid, bei 105° getrocknet, werden mit 10 ml Wasser, das etwa 1 g Natriumhydroxid enthält, gelöst. Die Lösung wird in einem Meßkolben zum Liter verdünnt.

7. Arsen-Standardlösung: 100 ml Lösung (6) werden in einem Meßkolben zum Liter verdünnt. 1 ml $\triangleq$ 10 $\mu$g Arsen.

***Geräte.*** Wie unter 3.1.4.1 angegeben.

***Ausführung.*** Das Lösen der Probe, die Destillation des Arsen(III)-chlorids und die Redestillation des Destillats erfolgen nach 3.1.4.1.

Das antimonfreie Destillat wird mit 10 ml Salpetersäure (1,4) versetzt und im 500 ml-Meßkolben mit Wasser aufgefüllt. 25 ml dieser Lösung werden in einem 250 ml-Becherglas vorsichtig zur Trockne eingedampft. Zur restlosen Entfernung von Säureresten wird das Becherglas 30 min im Trockenschrank auf 130° erhitzt. Nach dem Abkühlen gibt man 75 ml Reaktionslösung (5) zu, läßt zur Entwicklung der Molybdänblaufarbe 35 min bei 90° im Wärmeschrank stehen und kühlt dann ab. Die Lösung wird in einen 100 ml-Meßkolben übergespült und mit Wasser aufgefüllt. Nach dem Durchmischen wird gegen eine Blindprobe bei 578 nm in einer 3 oder 5 cm-Küvette photometriert.

***Eichkurve.*** Abgestufte Abmessungen von 0 bis 25 ml der Standardlösung (7), entsprechend 0 bis 250 $\mu$g Arsen, werden in 250 ml-Bechergläsern nach Zusatz einiger ml Königswasser zur Trockne eingedampft, etwa 30 min im Trockenschrank bei 130° nachgetrocknet und, wie unter Ausführung beschrieben, weiterbehandelt.

### 3.1.5 Bestimmung des Bleis

***Grundlage.*** Die Thiokomplexbildner werden durch Aufschluß der Probe mit Bromwasserstoffsäure und Brom verflüchtigt. Das Blei wird elektrolytisch bestimmt.

***Anwendungsbereich.*** Geeignet für Gehalte über 0,01%.

***Zuverlässigkeit.*** Bei Gehalten von 0,01 bis 0,5% etwa ±5%,
von 0,5 bis 2% etwa ±3%.

***Reagenzien.***

1. Brom-Bromwasserstoffsäure: 150 g Brom mit Bromwasserstoffsäure (1,38) zum Liter gelöst.

2. Ammoniumacetatlösung: 170 ml Wasser, 120 ml Ammoniak (0,91) und 170 ml Essigsäure (1,06) werden miteinander vermischt.

***Geräte.*** Platinelektroden, siehe Kapitel Zink unter 3.2.1, S. 440.

***Ausführung.*** 10 g Probe (Feinheitsgrad 0,2 DIN 4188) werden zur Verflüchtigung von Antimon, Arsen und Zinn als Bromide in einer 500 ml-Porzellanschale mit 200 ml Brom-Bromwasserstoffsäure (1) zunächst auf dem siedenden Wasserbad zersetzt, dann eingedampft und bei 130° getrocknet. Der Rückstand wird mit 40 ml Ammoniumacetatlösung (2) unter Aufkochen gelöst und mit Wasser in ein 250 ml-Becherglas übergespült. In die auf etwa 100 ml verdünnte Lösung wird bis zur Sättigung Schwefelwasserstoff eingeleitet. Nach mehrstündigem Stehen werden die Sulfide über ein Filter Gr. 2 filtriert und mit gesättigtem Schwefelwasserstoffwasser gewaschen. Der Sulfidniederschlag wird ins Fällgefäß zurückgespült. Die Sulfidreste auf dem Filter werden mit 25 ml heißer Salpetersäure (1 + 1) gelöst und mit Wasser der Hauptmenge zugegeben. Durch Kochen bringt man die Sulfide in Lösung und verdünnt mit Wasser auf etwa 180 ml. Nach Zufügen von etwa 2 g Harnstoff wird das Blei, wie im Kapitel Blei unter 4.1.2, S. 109, beschrieben, elektrolytisch bestimmt. Der Umrechnungsfaktor von Blei(IV)oxid auf Blei ist 0,8662.

### 3.1.6 Bestimmung des Kupfers

***Grundlage.*** Nach Lösen der Probe in Brom-Bromwasserstoffsäure und Verflüchtigen der Thiokomplexbildner wird das Kupfer als Carbaminatkomplex photometrisch bestimmt.

***Anwendungsbereich.*** Geeignet für Gehalte über 0,001%.

***Zuverlässigkeit.*** Bei Gehalten von 0,001 bis 0,2% etwa ±5%.

***Reagenzien.***

1. Citronensäurelösung: 20 zu 100 ml gelöst.
2. Carbaminatlösung: 1 g Natriumdiäthyldithiocarbaminat zum Liter gelöst.
3. ÄDTA-*Lösung*: 50 g Äthylendiamintetraessigsäure und 50 ml Ammoniak (0,91) zu 250 ml aufgefüllt.
4. Kupferstammlösung: 1 g Kupfer wird mit 20 ml Salpetersäure (1 + 1) gelöst. Die Lösung wird im Meßkolben zum Liter aufgefüllt.
5. Kupferstandardlösung: 5 ml Lösung (4) werden im Meßkolben zum Liter aufgefüllt. 1 ml ≙ 5 μg Kupfer.

***Ausführung.*** 1 g Probe (Feinheitsgrad 0,2 DIN 4188) wird mit 20 ml Bromwasserstoffsäure (1,38) und 5 ml Brom in der Wärme gelöst. Nach Zugabe von 5 ml Perchlorsäure (1,67) wird bis zum starken Rauchen eingedampft.

Man setzt nochmal 10 ml Bromwasserstoffsäure (1,38) und 2 ml Brom zu, dampft wieder ein, nimmt den Rückstand mit 50 ml Wasser auf und spült ihn in einen 250 ml-Scheidetrichter über. Bei Kupfergehalten über 0,02% muß man, da die zu photometrierende Kupfermenge nicht größer als 100 μg sein soll, die Lösung in einem 250 ml-Meßkolben auffüllen und einen entsprechenden Teil der Lösung in den Scheidetrichter bringen.

Dieser Lösung fügt man 10 ml Citronensäurelösung (1) zu und stellt ihren pH-Wert mit Ammoniak auf 9 ein. Zur Unterdrückung des Wismuteinflusses werden 10 ml ÄDTA-Lösung (3) zugesetzt. Nach Zugabe von 10 ml Carbaminatlösung (2) wird das Kupfer mit Kohlenstofftetrachlorid extrahiert, wozu man zunächst 5 ml, dann 3 ml Kohlenstofftetrachlorid nimmt und diese Extraktion so oft wiederholt, bis der letzte Auszug farblos bleibt. Die vereinigten Extrakte werden mit Kohlenstofftetrachlorid auf 20 ml aufgefüllt und gemischt. Einen Anteil der Lösung filtriert man durch ein trockenes Filter in eine Küvette und photometriert bei 546 nm gegen eine Reagenzienblindprobe.

***Eichkurve.*** Man bringt Kupfermengen von 0 bis 100 μg, entsprechend 0 bis 20 ml der Standardlösung (5), in den Scheidetrichter, verdünnt mit je 50 ml Wasser und setzt 10 ml Citronensäurelösung (1) zu. Dann verfährt man weiter, wie unter Ausführung beschrieben.

### 3.1.7 Bestimmung des Eisens

***Grundlage.*** Nach dem Aufschluß der Probe mit Schwefelsäure werden Antimon, Arsen und Zinn als Bromide verflüchtigt. Nach dem Abtrennen der Elemente der

Schwefelwasserstoffgruppe wird das Eisen mit Sulfosalicylsäure photometrisch bestimmt.

***Anwendungsbereich.*** Geeignet für Gehalte über 0,01%.

***Zuverlässigkeit.*** Bei Gehalten von 0,01 bis 0,1% etwa $\pm 5\%$,
von 0,1 bis 1% etwa $\pm 2\%$.

***Reagenzien.***

1. Sulfosalicylsäurelösung: 20 g $C_7H_6O_6S \cdot 2\,H_2O$ zu 100 ml gelöst. Die Lösung wird filtriert.

2. Eisenstammlösung: 0,143 g Eisen(III)-oxid werden mit 5 ml Salzsäure (1,19) in der Wärme gelöst. Die Lösung wird in einem Meßkolben zu 200 ml aufgefüllt.

3. Eisenstandardlösung: 20 ml Lösung (2) werden in einem Meßkolben auf 500 ml verdünnt. 1 ml $\triangleq$ 20 $\mu$g Eisen.

***Ausführung.*** 5 g Probe (Feinheitsgrad 0,2 DIN 4188) werden durch Kochen mit 25 ml Schwefelsäure (1,84) zersetzt. Nach dem Erkalten und Verdünnen mit 25 ml Wasser werden 50 ml Bromwasserstoffsäure (1,38) und 2 ml Brom zugesetzt und die Lösung wieder bis zum starken Rauchen der Schwefelsäure eingedampft. Das Einrauchen wird nach erneuter Zugabe von 20 ml Bromwasserstoffsäure (1,38) und 2 ml Brom wiederholt. Nach dem Erkalten nimmt man mit 100 ml Wasser auf, kocht, verdünnt mit 150 ml Wasser und leitet bis zur Sättigung Schwefelwasserstoff ein. Nach mehrstündigem Absetzen wird durch ein Filter Gr. 2 filtriert, Gefäß und Niederschlag werdenmit schwefelwasserstoffhaltiger Schwefelsäure (1 + 1000) gewaschen. Es wird weiter verfahren, wie im Kapitel Blei unter 3.3.5.7, S. 105, beschrieben.

## 3.1.8 Bestimmung des Zinks

***Grundlage.*** Nach dem Aufschluß der Probe mit Schwefelsäure werden Antimon, Arsen und Zinn als Bromide verflüchtigt. In der Lösung des Abdampfrückstandes wird das Zink polarographisch bestimmt.

***Anwendungsbereich.*** Geeignet für Gehalte über 0,05%.

***Zuverlässigkeit.*** Bei Gehalten von 0,05 bis 0,5% etwa $\pm 5\%$.

***Reagenzien.***

1. Grundlösung: 600 ml Ammoniak (0,91), 20 ml gesättigte Ammoniumchloridlösung und 50 ml 1%ige Leimlösung mit Wasser zum Liter aufgefüllt.

2. Zinkstandardlösung: 1 g Zink wird mit 10 ml Salpetersäure (1 + 1) gelöst. Die Lösung wird in einem Meßkolben zum Liter aufgefüllt. 1 ml $\triangleq$ 1 mg Zink.

***Ausführung.*** 5 g Probe (Feinheitsgrad 0,2 DIN 4188) werden mit 25 ml Schwefelsäure (1,84) durch Kochen zersetzt. Die Lösung wird nach dem Erkalten mit 25 ml Wasser, 25 ml Bromwasserstoffsäure (1,38) und 2 ml Brom versetzt und bis zum Rauchen der Schwefelsäure eingedampft. Das Einrauchen wird mit 20 ml Bromwasserstoffsäure und 1 ml Brom wiederholt. Anschließend wird zur Trockne eingedampft und der Rückstand mit 5 ml Salzsäure (1,19) nochmals zur Trockne eingeraucht. Der verbleibende Rückstand wird mit der erforderlichen Menge Salzsäure (1,19) in der Wärme gelöst und die Lösung bei Raumtemperatur auf 10 ml aufgefüllt. Eine Abmessung von 5 ml wird mit 5 ml Grundlösung (1) gemischt, mit Wasserstoff entlüftet und nach dem Temperieren zwischen −0,9 bis −1,6 V polarographiert.

Bei jeder Probe ist eine gleicherweise behandelte Reagenzienblindprobe zu polarographieren. Eine dem Zinkgehalt der Probe entsprechende Abmessung der Zinkstandardlösung (2) wird ebenso polarographiert.

## 3.1.9 Bestimmung des Wismuts

***Grundlage.*** Nach Lösen der Probe mit Bromwasserstoffsäure und Verflüchtigen der Thiokomplexbildner als Bromide wird das Wismut in salpetersaurer Lösung mit Thioharnstoff photometrisch bestimmt.

***Anwendungsbereich.*** Geeignet für Gehalte über 0,01%.

***Zuverlässigkeit.*** Bei Gehalten von 0,01 bis 0,1% etwa ±10%,
von 0,1 bis 1% etwa ±3%.

***Reagenzien.***

1. Brom-Bromwasserstoffsäure: 15 ml Brom gelöst in 100 ml Bromwasserstoffsäure (1,38).
2. Thioharnstofflösung: 5 g zu 100 ml gelöst. Frisch herzustellen.
3. Wismutstandardlösung: 0,1 g Wismut wird mit 15 ml Salpetersäure (1 + 7) gelöst. Die Lösung wird in einem Meßkolben zum Liter aufgefüllt. 1 ml ≙ 0,1 mg Wismut.

***Ausführung.*** 2 g Probe (Feinheitsgrad 0,2 DIN 4188) werden in einer bedeckten Porzellanschale mit 70 ml Säure (1) vorsichtig gelöst. Die Lösung wird auf dem Wasserbad eingedampft, der Rückstand mit Säure (1) durchfeuchtet, wiederum eingedampft und schließlich etwa 2 Std. bei 130° im Trockenschrank getrocknet. Der Rückstand wird zweimal mit je 10 ml Salpetersäure (1 + 1) auf dem Wasserbad eingedampft, dann mit 10 ml Salpetersäure (1 + 3) aufgenommen und in einen 100 ml-Meßkolben übergespült. Da die zu photometrierende Wismutmenge kleiner als 2,5 mg sein soll, muß man gegebenenfalls mit einem entsprechenden Anteil der Lösung weiterarbeiten. Nach Zugabe von 25 ml Thioharnstofflösung (2) wird die Lösung im 100 ml-Meßkolben aufgefüllt und durchgemischt. Sie wird durch ein trockenes Filter Gr. 2 filtriert und bei 405 nm gegen eine Blindprobe photometriert. Die Lösungen müssen eine Temperatur von 20° ± 1° haben.

***Eichkurve.*** Jeweils 20 ml Salpetersäure (1 + 3) werden in 100 ml Meßkolben mit steigenden Mengen (1 bis 25 ml) der Wismutstandardlösung (3) versetzt, mit 25 ml Thioharnstofflösung (2) gemischt und nach Auffüllen auf 100 ml durchgemischt. Dann wird wie oben bei 405 nm gegen eine Blindprobe photometriert.

### 3.1.10 Bestimmung des Nickels

***Grundlage.*** Nach Lösen der Probe mit Brom-Bromwasserstoffsäure und Verflüchtigen der Thiokomplexbildner als Bromide wird das Nickel als Diacetyldioximverbindung photometrisch bestimmt.

***Anwendungsbereich.*** Geeignet für Gehalte über 0,001%.

***Zuverlässigkeit.*** Bei Gehalten von 0,001 bis 0,01% etwa ±10%,
von 0,01 bis 0,1% etwa ±5%,
über 0,1% etwa ±3%.

***Reagenzien.***

1. Brom-Bromwasserstoffsäure: 15 ml Brom gelöst in 100 ml Bromwasserstoffsäure (1,38).
2. Natriumcitratlösung: 200 g $Na_3C_6H_5O_7 \cdot 5^1/_2\, H_2O$, nickelfrei, zum Liter aufgefüllt.
3. Hydroxylaminhydrochloridlösung: 10 g zu 100 ml gelöst.
4. Phenolphthaleinlösung: 0,1 g mit Äthanol zu 100 ml gelöst.
5. Ammoniak: 20 ml Ammoniak (0,91) zum Liter aufgefüllt.
6. Diacetyldioximlösung: 1 g mit Äthanol zu 100 ml gelöst.
7. Diacetyldioximlösung: 1 g gelöst mit 100 ml Natriumhydroxidlösung (40 g in 100 ml).
8. Natriumhydroxidlösung: 20 g zu 100 ml gelöst.
9. Ammoniumperoxodisulfatlösung: 10 g zu 100 ml gelöst.
10. Nickelstandardlösung: 100 mg Nickel mit 5 ml Salpetersäure (1,4) gelöst. Die Lösung wird in einem Meßkolben zum Liter verdünnt. 1 ml ≙ 0,1 mg.

***Ausführung.*** Die Einwaage (Feinheitsgrad 0,2 DIN 4188) wird so gewählt, daß die zu photometrierende Nickelmenge 5 bis 50 $\mu$g beträgt. Eine Einwaage von z. B. 2 g wird in einer bedeckten Porzellanschale zunächst mit 15 ml Säure (1) aufgeschlossen. Die Lösung wird auf dem siedenden Wasserbad nach jeweiliger Durchfeuchtung mit Säure (1) fünfmal zur Trockne eingedampft.

Dann wird der Trockenrückstand mit 10 Tropfen Salzsäure (1,19) und 10 ml Wasser aufgenommen und gelöst. Die Lösung wird mit Wasser in einen 100 ml-Scheidetrichter übergespült und nacheinander unter Umschütteln mit 10 ml Natriumcitratlösung (2), 2 ml Hydroxylaminhydrochloridlösung (3) und 2 ml Diacetyldioximlösung (6) versetzt. Nach Zugabe von 3 Tropfen Indicatorlösung (4) wird die Lösung mit Ammoniak (0,91) neutralisiert und mit 3 Tropfen schwach ammoniakalisch gemacht.

Die hierbei entstandene rote Nickelverbindung wird mit 20 ml Chloroform 2 min lang ausgeschüttelt. Den Auszug läßt man in einen zweiten Scheidetrichter ab, wiederholt die Extraktion, gibt zu den vereinigten Auszügen 10 ml Ammoniak (5) zu und schüttelt 1 min lang kräftig. Dieses Auswaschen wird wiederholt. Der gewaschene Chloroformauszug wird mit 15 ml Salzsäure (1 + 20) 2 min lang ausgeschüttelt. Nach Ablassen des Chloroforms werden der wäßrigen, salzsauren Lösung im Scheidetrichter unter jeweiligem Umschütteln 5 ml Diacetyldioximlösung (7), 2 ml Natriumhydroxidlösung (8) und 2 ml Ammoniumperoxodisulfatlösung (9) zugegeben. Die rotbraune Lösung wird in einen 50 ml-Meßkolben abgelassen, nach 10 min mit Wasser aufgefüllt und nach kräftigem Durchschütteln und 1 Std. Wartezeit bei 546 nm gegen eine Reagenzienblindprobe photometriert.

***Eichkurve.*** Die Eichkurve wird mit der Nickelstandardlösung (10) unter abgestufter Verdünnung, ohne Extraktion des Nickels mit Chloroform, nach unmittelbarer Oxydation aufgestellt.

## 3.1.11 Bestimmung des Schwefels

***Grundlage.*** Der in der Probe als Antimon(III)-sulfid gebunden vorliegende Schwefel wird durch Bromwasserstoffsäure als Schwefelwasserstoff ausgetrieben und nach Umsetzen mit Cadmiumacetat zu Cadmiumsulfid jodometrisch bestimmt.

***Anwendungsbereich.*** Geeignet für Gehalte über 0,01%.

***Zuverlässigkeit.*** Bei Gehalten von 0,01 bis 0,1% etwa ±10%,
von 0,1 bis 1% etwa ± 5%.

***Reagenzien.***

1. Cadmiumacetatlösung: 10 g Cd $(C_2H_3O_2)_2 \cdot 2\,H_2O$ zum Liter gelöst.
2. Stärkelösung: 1 g zu 100 ml gelöst. Vor Gebrauch frisch zu bereiten.

***Geräte.*** Schwefelbestimmungsapparat, siehe Abb. 4.

***Ausführung.*** 5 g Probe (Feinheitsgrad 0,2 DIN 4188) werden im Kolben eines Schwefelbestimmungsapparates mit 30 ml Bromwasserstoffsäure (2 + 1) versetzt. Unter Kochen und Durchleiten von Kohlendioxid wird der entstehende Schwefelwasserstoff in einer Kugelvorlage mit 7 Kugeln, beschickt mit 50 ml der Cadmiumacetatlösung (1), zu Cadmiumsulfid umgesetzt.

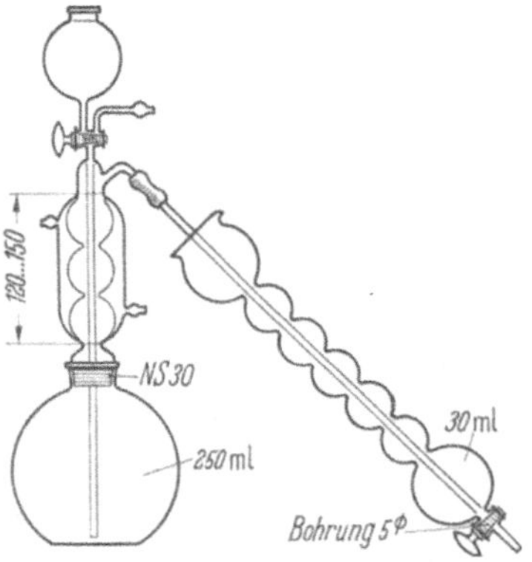

Abb. 4. Schwefelbestimmungsapparat

Nach beendeter Reaktion wird ein abgemessenes Volumen einer 0,1 n-Jodlösung in die Vorlage gegeben. Nach Ansäuern mit 20 ml Salzsäure (1 + 1) wird das nicht verbrauchte Jod mit 0,1 n-Thiosulfatlösung unter Verwendung von Stärke als Indicator zurücktitriert.

1 ml 0,1 n-Jodlösung ≙ 1,6033 mg Schwefel.

## 3.2 Antimonlegierungen

Da das Antimon in den Antimonlegierungen wie Hartblei, Spritzgußlegierungen, Letternmetall, Lagermetall, Kabelblei, Zinn- und Wismutlegierungen usw. nicht das Hauptmetall, sondern stets zulegiert ist, werden die Bestimmungen des Antimonanteils und sonstiger Begleitmetalle bei der Analyse der entsprechenden Blei-, Wismut- und Zinnlegierungen in den Kapiteln Blei, Wismut und Zinn beschrieben.

# 4 Nichtmetallische Erzeugnisse

## 4.1 Antimonsulfide

In Betracht kommen Antimon(III)-sulfid oder Antimonium crudum, verwendet in der Pyrotechnik und in der Glasindustrie, sowie Antimon(V)-sulfid oder Goldschwefel, verwendet in der Kautschukindustrie und in der Pharmazie.

### 4.1.1 Bestimmung des Antimons

### 4.1.2 Bestimmung des Schwefels

Die Bestimmungen werden gemäß den Vorschriften unter 3.1.1, S. 59 bzw. 3.1.11, S. 66, durchgeführt.

## 4.2 Antimonchloride

In Betracht kommen das Antimon(III)-chlorid oder Antimonbutter, verwendet in der Heilkunde und Metallbeizerei, sowie das Antimon(V)-chlorid, eine an der Luft rauchende, farblose Flüssigkeit.

### 4.2.1 Bestimmung des Antimons

***Grundlage.*** Das in salzsaurer Lösung der Probe durch Natriumsulfit reduzierte Antimon wird mit Kaliumbromat maßanalytisch bestimmt.

***Zuverlässigkeit.*** Etwa $\pm 0{,}2\%$.

***Reagenzien.***

1. Methylorangelösung: 0,1 g zu 100 ml gelöst. Die Lösung wird nach Abstehen filtriert.

2. Reinstantimon (mind. 99,99%).

***Ausführung.*** In einem verschließbaren Wägegläschen werden etwa 2 g Probe ausgewogen und aus dem Gläschen mit Salzsäure (1 + 1) in einen 250 ml-Meßkolben gespült. Der Lösung wird soviel Salzsäure (1 + 1) zugesetzt, bis sie klar geworden ist. Nach dem Auffüllen werden 25 ml in einen 250 ml-Erlenmeyer-kolben abgemessen und 30 ml Wasser, 5 ml Salzsäure (1,19), 5 ml Bromwasserstoffsäure (1,38), 0,5 g Natriumsulfit und 0,5 g Kaliumbromid zugefügt. Die Lösung wird bis zum Verschwinden des Geruchs nach Schwefeldioxid gekocht, wobei ein Volumen von 50 ml nicht unterschritten werden darf.

In der 80° heißen Lösung wird das Antimon mit 0,1 n-Kaliumbromatlösung und Methylorange (1) als Indicator oder mit elektrometrischer Indication titriert. (siehe unter 1.1, S. 56).

***Titerstellung.*** 0,1 g Reinstantimon (2) werden in einem 250 ml-Erlenmeyerkolben mit 10 ml Schwefelsäure (1,84) gelöst. Die Lösung wird, wie unter Ausführung beschrieben, vorbereitet und mit 0,1 n-Kaliumbromatlösung titriert.

### 4.2.2 Bestimmung des Chlorids

***Grundlage.*** Das Chlorid wird mit Silbernitratlösung maßanalytisch bestimmt.

***Zuverlässigkeit.*** Etwa ±0,2%.

***Reagenzien.***

1. 0,5n-Silbernitratlösung.
2. 0,5n-Ammoniumthiocyanatlösung.
3. Ammoniumeisen(III)-sulfatlösung: 20 g $NH_4Fe(SO_4)_2 \cdot 12\,H_2O$ mit 30 ml Wasser gelöst. Die Lösung wird nach Zugabe von 5 ml Salpetersäure (1,4) zu 50 ml aufgefüllt.

***Ausführung.*** Etwa 1 g Probe wird in einem verschlossenen Wägegläschen ausgewogen und das Gefäß dann in einem 600 ml-Becherglas in einem Gemisch von 40 ml Silbernitratlösung (1) und etwa 60 ml Wasser unter dem Flüssigkeitsspiegel geöffnet. Nach Abspülen und Entfernen des Gefäßes wird die Lösung sorgfältig umgerührt und nach Zugabe von 10 ml Salpetersäure (1 + 1) auf 250 ml verdünnt. Nun wird der Überschuß an Silbernitratlösung (1) nach Zugabe einiger Tropfen Indicatorlösung (3) mit Ammoniumthiocyanatlösung (2) bis zur schwachen Rosafärbung zurücktitriert. 1 ml 0,5n-Silbernitratlösung $\triangleq$ 17,73 mg Chlor.

Kapitel 3

# Arsen

Inhalt



## 1 Bestimmung des Arsens

### 1.1 Aufschluß der Probe

***Grundlage.*** Die Probe wird je nach Materialbeschaffenheit mit Salpetersäure-Schwefelsäure, Natriumperoxid oder einer salzsauren Eisen(III)-chloridlösung aufgeschlossen. Die Einzeleinwaage soll nicht mehr als 100 mg Arsen enthalten.

***Anwendungsbereich.*** Geeignet für alle Arsengehalte in Erzen, Zwischenprodukten, Rückständen und Metallen.

***Reagenzien.***

1. Eisen(III)-chloridlösung: 350 g $FeCl_3 \cdot 6\,H_2O$ mit Salzsäure (1,19) zum Liter gelöst.

2. Mischsäure: Salpetersäure (1,4) und Schwefelsäure (1,84) im Volumenverhältnis 1 + 1.

***Ausführung.***

#### 1.1.1 Durch Lösen mit Salpeter- und Schwefelsäure

Eine Einwaage von beispielsweise 2 g Probe (siehe Grundlage unter 1.1) feuchtet man in einem 600 ml-Becherglas mit Wasser an und löst sie mit 20 ml Salpetersäure (1,4) in der Wärme. Diese Lösung wird mit 20 ml Schwefelsäure (1 + 1) bis zum starken Rauchen der Schwefelsäure eingedampft, gegebenenfalls unter Zutropfen von Mischsäure (2), um vorhandene organische Substanzen zu zerstören. Nach dem Rauchen nimmt man mit 50 ml Wasser auf und zerstört die gebildete Nitrosylschwefelsäure durch Kochen.

***Bemerkung.*** Das Abrauchen der Schwefelsäure muß bis auf einen Rest von maximal 3 bis 5 ml erfolgen, damit bei der nachfolgenden Destillation die Temperatur durch größere Schwefelsäuremengen nicht über 110° ansteigt, da dann vorhandenes Antimon überdestillieren und die Arsenbestimmung im Destillat stören kann. Andererseits ist das Abrauchen der Schwefelsäure bis zur Trockne zu vermeiden, weil es sonst nicht möglich ist, den Abrauchrückstand mit nur wenig Wasser in den Destillierkolben überzuspülen.

### 1.1.2 Durch Schmelzen mit Natriumperoxid

Man schmilzt die Probe (Einwaage siehe Grundlage unter 1.1) mit der sechs- bis achtfachen Menge Natriumperoxid im Eisen- oder Nickeltiegel. Nach dem Erkalten läßt man die Schmelze in wenig Wasser zerfallen, gegebenenfalls unter Kühlen, und versetzt die heiße Lösung mit Salzsäure (1 + 1), bis die Oxidhydrate gelöst sind. Das frei werdende Chlor wird durch die Umsetzungswärme, eventuell durch kurzes Aufkochen aus der Lösung entfernt.

### 1.1.3 Durch Lösen mit Eisen(III)-chlorid und Salzsäure

Bei Metallen und Legierungen, die sich durch Lösen mit Eisen(III)-chlorid und Salzsäure aufschließen lassen, bringt man die Probe (Einwaage siehe Grundlage unter 1.1) direkt in den Destillierkolben, verbindet den Kolben mit Kühler und Vorlage und fügt 200 ml Eisen(III)-chloridlösung (1) hinzu. Dann löst man die Probe, indem man den Kolbeninhalt langsam bis zum Sieden erwärmt, wobei das Arsen(III)-chlorid destilliert wird.

## 1.2 Destillation des Arsen(III)-chlorids

***Grundlage.*** Das Arsen wird aus salzsaurer Lösung als Arsen(III)-chlorid abdestilliert und in einer mit Wasser beschickten Vorlage aufgefangen.

***Reagenzien.***

1. Reduktionslösung: 30 g Hydraziniumsulfat und 60 g Kaliumbromid zum Liter gelöst.

***Geräte.*** Destilliergerät (siehe Abb. 5).

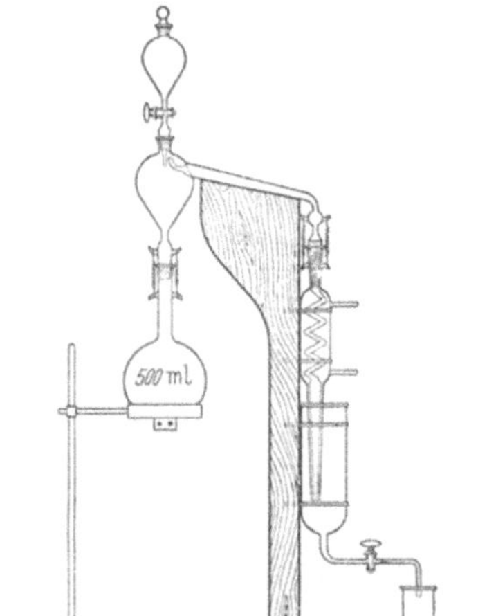

Abb. 5. Arsendestilliergerät

***Ausführung.*** Die beim Aufschluß nach 1.1.1, S. 69, und 1.1.2, S. 70, erhaltenen Lösungen werden mit wenig Wasser in den Destillierkolben übergespült, der an das Destilliergerät angeschlossen wird. Salzsäurelösliche, chloridhaltige Stoffe wägt man, sofern sie nicht sulfidisch sind, direkt in den Destillierkolben ein und schließt ihn nach Zufügen von 100 ml Wasser an das Destilliergerät an. Dann läßt man durch den Tropftrichter 100 ml Salzsäure (1,19) und 15 ml Reduktionslösung (1) zufließen und destilliert das Arsen(III)-chlorid über, indem man den Kolbeninhalt langsam bis zum Sieden erhitzt. Das im Kühler kondensierte Destillat wird in einer mit 100 ml Wasser beschickten Vorlage aufgefangen. Sind 100 ml überdestilliert, so gibt man durch den Tropftrichter nochmals 100 ml Salzsäure (1 + 1) und 15 ml Reduktionslösung (1) hinzu und wiederholt die Destillation.

## 1.3 Bestimmung des Arsens im Destillat

### 1.3.1 Maßanalytische Bestimmung

***Grundlage.*** Das Arsen wird in salzsaurer Lösung mit Kaliumbromat und potentiometrischer Indication maßanalytisch bestimmt.

***Anwendungsbereich.*** Geeignet für Gehalte über 0,1%.

***Zuverlässigkeit.*** Bei Gehalten von 0,1 bis 1% etwa ±5%,
von 1 bis 5% etwa ±3%,
über 5% etwa ±1%.

***Reagenzien.***
1. Arsen(III)-oxid.
2. Natriumhydroxidlösung: 20 g zu 100 ml gelöst.

***Ausführung.*** Das salzsaure Destillat wird in ein 600 ml-Becherglas (breite Form) gebracht und auf 70 bis 80° erhitzt. Je nach der vorhandenen Arsenmenge wird mit 0,1 n- oder 0,01 n-Kaliumbromatlösung und potentiometrischer Indication titriert, wobei man einen Platindraht als Indicatorelektrode verwendet.

***Bemerkung.*** Bei Mengen von mehr als 5 mg Arsen titriert man mit einer 0,1 n-, sonst mit einer 0,01 n-Kaliumbromatlösung.

Wenn das salzsaure Destillat durch Schwefel getrübt ist, wie z. B. beim Aufschluß sulfidhaltiger Proben mit Salzsäure-Eisen(III)-chloridlösung, so leitet man in der Kälte in das Destillat Schwefelwasserstoff bis zur Sättigung ein und filtriert die Arsen(III)-sulfidfällung über ein Filter Gr. 3 ab. Der Niederschlag wird zuerst mit Salzsäure (1 + 1) und dann mit kaltem Wasser chloridfrei gewaschen, mit dem Filter in ein 600 ml-Becherglas gegeben und nach dem Säureaufschlußverfahren gelöst. Man wiederholt die Destillation und titriert nach der vorstehenden Methode.

***Titerstellung der Kaliumbromatlösung.*** Man wägt 100 mg Arsen(III)-oxid (1) für die Titerstellung der 0,1 n-Kaliumbromatlösung und 10 mg für die der 0,01 n-Lösung ein, löst die Einwaage mit der eben erforderlichen Menge Natriumhydroxidlösung (2) und säuert diese Lösung mit 100 ml Salzsäure (1 + 1) an. Nach Zusatz von 100 ml heißem Wasser erhitzt man die Lösung schnell auf 70 bis maximal 80° und titriert bei potentiometrischer Indication mit der Kaliumbromatlösung.

### 1.3.2 Photometrische Bestimmung

***Grundlage.*** Das Arsen(III)-chlorid im Destillat wird durch Salpetersäure zu fünfwertigem Arsen oxydiert und durch Ammoniummolybdat in Molybdatoarsensäure übergeführt, die mit Hydraziniumsulfat zu Molybdänblau reduziert wird. Zur Bestimmung des Arsens wird diese Blaufärbung photometriert.

***Anwendungsbereich.*** Geeignet für Gehalte unter 0,1%.

***Zuverlässigkeit.*** Bei Gehalten um 0,001% etwa ±20%,
um 0,01 % etwa ±10%.

***Reagenzien.***
1. Ammoniummolybdatlösung: 1 g Ammoniummolybdat wird mit 5 n-Schwefelsäure zu 100 ml gelöst.
2. Hydraziniumsulfatlösung: 0,3 g Hydraziniumsulfat werden mit Wasser zu 100 ml gelöst.
3. Reduktionsgemisch: 10 ml Lösung (1) und 1 ml Lösung (2) werden mit Wasser zu 100 ml aufgefüllt. Dieses Gemisch ist täglich frisch herzustellen.
4. Arsenstandardlösung: 13,2 mg Arsen(III)-oxid, werden in 10 ml Natriumhydroxidlösung (20 g in 100 ml) gelöst und mit Wasser und 10 ml Salpetersäure (1 + 1) zum Liter aufgefüllt. 1 ml $\triangleq$ 10 $\mu$g Arsen.

***Ausführung.*** Das gesamte Destillat oder ein Teil davon, es dürfen nicht mehr als 50 $\mu$g Arsen vorhanden sein, wird mit 10 ml Salpetersäure (1,4) versetzt und langsam zur Trockne eingedampft, wobei die Temperatur 130° nicht übersteigen darf. Der Trockenrückstand wird mit 20 ml Reduktionsgemisch (3) aufgenommen, auf 80° erwärmt (Thermometer) und anschließend mindestens 15 min bei dieser Temperatur gehalten. Nach dem Abkühlen wird die Lösung in einen 25 ml-Meßkolben übergespült, mit Wasser aufgefüllt und bei 578 nm gegen eine Blindprobe der Reagenzien photometriert.

***Eichkurve.*** Steigende Mengen der Arsenstandardlösung (4), 0 bis 5 ml, entsprechend 0 bis 50 $\mu$g Arsen, werden in 100 ml-Bechergläsern mit je 10 ml Salpetersäure (1,4) zur Trockne gedampft und, wie unter Ausführung beschrieben, weiterbehandelt. Man photometriert gegen die arsenfreie Lösung.

Kapitel 4

# Beryllium

Inhalt



## 1 Metallische Erzeugnisse

## Ferro-Beryllium

### 1.1 Bestimmung des Berylliums

***Grundlage.*** Das Beryllium wird in Gegenwart von ÄDTA-Lösung als Oxidhydrat gefällt und als Oxid gewichtsanalytisch bestimmt.

***Anwendungsbereich.*** Geeignet für Gehalte von 6 bis 12%.

***Zuverlässigkeit.*** Bei Gehalten um 10% etwa ±1%.

***Reagenzien.***

1. ÄDTA-Lösung: 15 g Äthylendiamintetraessigsäure werden mit 50 ml Wasser aufgeschlämmt, mit Ammoniak (0,91) neutralisiert und zum völligen Lösen erwärmt. Nach Abkühlen wird mit Wasser zu 100 ml aufgefüllt.

2. Waschwasser: 10 g Ammoniumnitrat zum Liter gelöst. Der Lösung werden 2 bis 3 Tropfen Methylrot und soviel Ammoniak (1 + 1) zugesetzt, bis der Indicator umschlägt.

***Ausführung.*** 2 g Probe (Feinheitsgrad 0,2 DIN 4188) werden in einem 400 ml-Becherglas mit 100 ml Wasser übergossen und durch langsame Zugabe von 50 ml Salpetersäure (1 + 1) gelöst. Nach Zugabe von 25 ml Schwefelsäure (1 + 1) erwärmt man bis zum Entweichen von Schwefelsäuredämpfen. Nach Erkalten wird mit 200 ml Wasser verdünnt, und die abgeschiedenen Sulfate werden in der Wärme gelöst. Das Silicium(IV)-oxidhydrat filtriert man über ein Filter Gr. 2 ab und wäscht mit heißer Schwefelsäure (0,5 + 100) gut aus. Filtrat und Waschwasser werden in einem 500 ml-Meßkolben aufgefangen. Das Filter verascht man in einem Platintiegel, fügt dem geglühten Rückstand 1 ml Fluorwasserstoffsäure (40%) und einige Tropfen Schwefelsäure (1 + 1) zu und raucht zur Trockne ein. Ein im Tiegel verbliebener Rückstand wird mit 5 g Kaliumpyrosulfat aufgeschlossen, die Schmelze mit 150 ml heißem Wasser, dem einige Tropfen Schwefelsäure (1 + 1) zugefügt wurden, gelöst und zum Hauptfiltrat gegeben. Nach Abkühlen wird aufgefüllt. Man entnimmt dem Meßkolben einen 30 bis 35 mg Beryllium enthaltenden Anteil, gibt ihn in ein 400 ml-Becherglas und verdünnt mit Wasser auf 200 ml. Nach Zugabe von 5 g Ammoniumchlorid, 10 ml ÄDTA-Lösung (1) und Zutropfen von Ammoniak (0,91) bis zum bleibenden Niederschlag von Berylliumoxidhydrat fügt man einen Überschuß von 10 ml Ammoniak (0,91) zu. Nach 3 Std. Stehen wird über ein Filter Gr. 2 filtriert, der Niederschlag mit Waschlösung (2) solange gewaschen, bis die Flüssigkeit farblos durchläuft. Der Niederschlag wird mit warmer Salzsäure (1 + 1) in das vorher benutzte Becherglas gelöst und die Fällung, wie beschrieben, unter erneuter Zugabe von 10 ml ÄDTA-Lösung (1) wiederholt. Nach Filtrieren über ein Filter Gr. 2 und Waschen des Niederschlags mit Waschlösung (2) wird der Niederschlag in einem gewogenen Porzellantiegel zunächst getrocknet, dann verascht, bei 1150° bis zur Gewichtskonstanz geglüht und nach Erkalten gewogen. Der Umrechnungsfaktor von Berylliumoxid auf Beryllium ist 0,3603.

***Fehlermöglichkeit.*** Etwa vorhandener Phosphor wird nach der im Kapitel Phosphor unter 1.3, S. 335, beschriebenen photometrischen Methode bestimmt und in Abzug gebracht.

Kapitel 5

# Blei

## Inhalt

# 1 Rohstoffe

## Bleierze und Konzentrate

### 1.1 Bestimmung des Bleis

***Grundlage.*** Nach Aufschluß der Probe mit Natriumperoxid wird das Blei aus salzsaurer Lösung als Sulfid gefällt und als Bleisulfat bestimmt.

***Anwendungsbereich.*** Geeignet für Gehalte über 20%.

***Zuverlässigkeit.*** Bei Gehalten um 20% etwa ±1%,
bis 80% etwa ±0,3%.

***Reagenzien.***

1. Waschwasser: 1 l mit Schwefelwasserstoff gesättigtes Wasser, mit 1 ml Salzsäure (1,19) angesäuert.

2. Natriumsulfidlösung: 100 g $Na_2S \cdot 9\,H_2O$ zum Liter gelöst. Die Lösung wird filtriert.

3. Natriumsulfidlösung: 5 ml Lösung (2) zum Liter aufgefüllt.

4. Ammoniumacetatlösung: 170 ml Wasser, 120 ml Ammoniak (0,91) und 170 ml Essigsäure (1,06) werden miteinander vermischt.

5. Mischsäure: Salpetersäure (1,4) und Schwefelsäure (1,84) im Volumenverhältnis 2 + 1.

***Ausführung.*** 2 g Probe (Feinheitsgrad 0,08 DIN 4188) werden mit 10 g Natriumperoxid in einem 30 bis 40 ml fassenden Eisentiegel gemischt und mit einer Mischung von 5 g Natriumperoxid und 1 g Natriumhydroxid abgedeckt. Der Tiegel wird zunächst über kleiner Flamme erwärmt und dann unter leichtem Schwenken auf Dunkelrotglut bis zum ruhigen Fluß der Schmelze erhitzt. Nach Abkühlen wird der Schmelzkuchen mit Wasser in einem bedeckten 800 ml-Becherglas ausgelaugt und der Tiegel aus der Lösung entfernt. Anhaftende Schmelzreste werden mit Wasser und etwas Salzsäure (1 + 1) in das Becherglas gespült. Nach Zugabe von 5 g Weinsäure wird die trübe Lösung bis zum Umschlag von Lackmus nach Rot mit Salzsäure (1,19) versetzt. Nach dem Ansäuern mit 10 ml Salzsäure (1 + 1) wird zum Kochen erhitzt, vom Unlöslichen über ein Filter Gr. 2 abfiltriert und mit heißem Wasser gewaschen. In das mit heißem Wasser auf 800 ml verdünnte Filtrat wird bis zum Erkalten Schwefelwasserstoff eingeleitet. Nach Stehen über Nacht werden die Sulfide über ein Filter Gr. 2 abfiltriert und mit Waschwasser (1) gewaschen. Dann wird der Niederschlag mit Wasser in das Fällgefäß zurückgespült, mit 30 ml Natriumsulfidlösung (2) aufgeschlämmt und 30 min lang auf 80 ° erwärmt. Man verdünnt auf etwa 100 ml und filtriert die Sulfide erneut über das bereits verwendete Filter ab. Fällgefäß und Filter werden mehrfach mit Natriumsulfidlösung (3) ausgewaschen. Niederschlag und Filter werden in das Fällgefäß zurückgegeben und mit 20 ml Salpetersäure (1,4) gelöst. Nach Zugabe von

20 ml Schwefelsäure (1 + 1) wird bis zum starken Rauchen eingeengt, wobei Reste unzersetzter Filtersubstanz durch Zutropfen von Mischsäure (5) zerstört werden. Die erkaltete Lösung wird nach Zugabe von 10 ml Wasser bis zum starken Rauchen der Schwefelsäure eingeengt, der Eindampfrückstand abgekühlt, mit 100 ml Wasser versetzt und aufgekocht. Nach Abkühlen gibt man 30 ml Äthanol zu, filtriert nach vierstündigem Stehen das Bleisulfat über ein Filter Gr. 3. und wäscht dreimal mit kalter Schwefelsäure (1 + 100) aus.

Das noch unreine Bleisulfat wird vom Filter in das Fällgefäß zurückgespült und mit 40 ml Ammoniumacetatlösung (4) gelöst. Die Lösung wird 30 min auf 80 bis 90° erwärmt und durch das vorher benutzte Filter filtriert. Fällgefäß und Filter werden mit heißem Wasser gewaschen. Ein etwaiger Rückstand wird nach Zurückspritzen in das Fällgefäß nochmals mit 20 ml Ammoniumacetatlösung (4) 5 min bei 80 bis 90° digeriert. Die Lösung wird durch das Filter zum ersten Filtrat gegeben, worauf mit heißem Wasser nachgewaschen wird. Aus dem auf etwa 60° erwärmten Gesamtfiltrat wird das Blei durch einstündiges Einleiten von Schwefelwasserstoff als Sulfid gefällt und nach Stehen über Nacht über ein Filter Gr. 2 abfiltriert. Niederschlag und Filter werden in das Fällgefäß zurückgegeben, mit 20 ml Salpetersäure (1,4) und 20 ml Schwefelsäure (1 + 1) versetzt und bis zum starken Rauchen eingeengt. Eine Dunkelfärbung wird durch Zutropfen von Mischsäure (5) zerstört. Die erkaltete Lösung wird nach Zugabe von 10 ml Wasser nochmals bis zum starken Rauchen der Schwefelsäure erhitzt. Dann wird abgekühlt, mit 100 ml Wasser verdünnt, aufgekocht und nach Erkalten mit 30 ml Äthanol versetzt und 4 Std. stehengelassen. Das Bleisulfat wird auf einen bei 550° geglühten und gewogenen Porzellanfiltertiegel A 2 unter dreimaligem Nachwaschen des Fällgefäßes mit kalter Schwefelsäure (1 + 100) filtriert. Der Niederschlag wird noch zweimal mit Schwefelsäure (1 + 100) und dann zweimal mit je 5 ml Äthanol ausgewaschen. Tiegel und Inhalt werden bei 550° zur Gewichtskonstanz geglüht und nach dem Erkalten im Exsiccator gewogen. Der Umrechnungsfaktor von Bleisulfat auf Blei ist 0,6832.

Zur Prüfung auf Reinheit bringt man das ausgewogene Bleisulfat durch vorsichtiges Ausklopfen des Tiegels in ein 200 ml-Becherglas, löst es darin mit 30 bis 50 ml Ammoniumacetatlösung (4), filtriert, wenn eine Trübung sichtbar ist, die Lösung wieder durch den Tiegel, wäscht aus, trocknet, glüht und wägt wie vorher. Die Auswaage wird von der Erstauswaage abgezogen.

## 1.2 Bestimmung des Kupfers

***Grundlage.*** Nach Säureaufschluß, Schwefelwasserstofftrennung und Abscheiden des Bleis als Sulfat wird das Kupfer elektrolytisch bestimmt.

***Anwendungsbereich.*** Geeignet für Gehalte über 1%.

***Zuverlässigkeit.*** Bei Gehalten um 1% etwa ±2%,
um 10% etwa ±0,5%.

***Reagenzien.***

1. Waschwasser: 1 l mit Schwefelwasserstoff gesättigtes Wasser, mit 1 ml Salzsäure (1,19) angesäuert.
2. Natriumsulfidlösung: 100 g $Na_2S \cdot 9\,H_2O$ zum Liter gelöst.
3. Natriumsulfidlösung: 5 ml Lösung (2) zum Liter verdünnt.
4. Mischsäure: Salpetersäure (1,4) und Schwefelsäure (1,84) im Volumenverhältnis 2 + 1.
5. Eisen(III)-nitratlösung: 1 g $Fe(NO_3)_3 \cdot 9\,H_2O$ zu 100 ml gelöst.
6. Ammoniumcarbonatlösung: 10 g werden mit 1 l Wasser, das 10 ml Ammoniak (0,91) enthält, gelöst.

***Geräte.*** Platinelektroden, siehe Kapitel Kupfer unter 1.1.1, S. 207.

***Ausführung.*** 2 g Probe (Feinheitsgrad 0,08 DIN 4188) werden bis zur beendeten Schwefelwasserstoffentwicklung mit 30 ml Salzsäure (1,19) auf 80 bis 90° erwärmt. Nach Zugabe von 5 ml Salpetersäure (1,4) wird die Lösung auf 10 ml eingeengt, mit 5 ml Salzsäure (1,19) und 30 ml Wasser versetzt, aufgekocht und mit 100 ml siedendem Wasser verdünnt. Nach Auflösen des Bleichlorids wird sofort filtriert und so lange abwechselnd mit heißem Wasser und heißer Salzsäure (1 + 7) ausgewaschen, bis beim Benetzen des Filters mit Schwefelwasserstoffwasser die Braunfärbung durch Bleisulfid ausbleibt. Gegebenenfalls wird dieses mit Bromdämpfen oxydiert und das Filter nochmals ausgewaschen. Das Filtrat wird mit Ammoniak (1 + 1) bis zur beginnenden Hydroxidfällung versetzt. Nach Zugabe von 10 ml Salzsäure (1 + 1) wird mit heißem Wasser auf etwa 800 ml verdünnt und in die bereits klare oder durch Kochen zu klärende heiße Lösung 1 Std. lang Schwefelwasserstoff eingeleitet. Nach Stehen über Nacht werden die Sulfide über ein Filter Gr. 2 abfiltriert. Fällgefäß und Filter werden fünfmal mit je 10 ml Waschwasser (1) gewaschen. Das Filtrat wird durch nochmaliges Einleiten von Schwefelwasserstoff auf Vollständigkeit der Fällung geprüft. Der in das Fällgefäß zurückgespritzte Niederschlag wird mit 40 ml Natriumsulfidlösung (2) etwa 30 min lang auf 80° erwärmt und nach Verdünnen auf 100 ml und Beseitigung der Polysulfide durch Zugabe von etwa 1 g Natriumsulfit über das Filter der ersten Filtration filtriert. Fällgefäß und Filter werden mit Natriumsulfidlösung (3) chloridfrei ausgewaschen. Das Filter wird im Lösegefäß mit 20 ml Salpetersäure (1,4) zerstört und die Lösung nach Zugabe von 20 ml Schwefelsäure (1 + 1) bis zum starken Rauchen eingedampft, wobei Reste an Filtersubstanz durch Zutropfen von Mischsäure (4) beseitigt werden.

Nach Erkalten und Zugabe von 10 ml Wasser wird bis zum Entweichen dichter Schwefelsäureschwaden eingeraucht und nach abermaligem Erkalten der Rückstand mit 100 ml Wasser aufgenommen und aufgekocht. Nach Abkühlen wird das Bleisulfat über ein Filter Gr. 3 filtriert und dreimal mit kalter Schwefelsäure (1 + 100) gewaschen.

Zum Abtrennen des Wismuts wird das Filtrat mit 1 ml Eisennitratlösung (5) und mit Ammoniak (0,91) bis zur beginnenden Blaufärbung versetzt. Nach Zugabe von weiteren 10 ml Ammoniak (0,91) und 2 g Ammoniumcarbonat wird die Lösung solange gekocht, bis sie nur noch schwach nach Ammoniak riecht. Man kühlt ab, filtriert über ein Filter Gr. 2 und wäscht fünfmal mit Ammoniumcarbonatlösung (6). Der Niederschlag wird mit Schwefelsäure (1 + 1) gelöst, nochmals gefällt, filtriert und das Filtrat dem Erstfiltrat zugegeben.

Zu dem mit Salpetersäure (1 + 1) neutralisierten Filtrat werden 30 ml Salpetersäure (1 + 1) gegeben. Aus dieser Lösung wird das Kupfer bei ruhendem Elektrolyten, wie im Kapitel Kupfer unter 1.1.1., S. 207, beschrieben, abgeschieden.

## 1.3 Bestimmung des Wismuts

***Grundlage.*** Nach Aufschluß der Probe mit Natriumperoxid wird das Wismut weitgehend isoliert und mit Thioharnstoff photometrisch bestimmt.

***Anwendungsbereich.*** Geeignet für Gehalte zwischen 0,002 bis 1%.

***Zuverlässigkeit.*** Bei Gehalten von 0,002 bis 0,02% etwa ±10%,
von 0,02 bis 0,2% etwa ±5%,
von 0,2 bis 1% etwa ±2%.

***Reagenzien.***

1. Waschwasser: 1 l mit Schwefelwasserstoff gesättigtes Wasser, mit 1 ml Salzsäure (1,19) angesäuert.
2. Natriumsulfidlösung: 100 g $Na_2S \cdot 9\,H_2O$ zum Liter gelöst. Die Lösung wird filtriert.

3. Natriumsulfidlösung: 5 ml der Lösung (1) zum Liter aufgefüllt.
4. Thioharnstofflösung: 50 g zum Liter gelöst.
5. Bleinitratlösung: 320 g zum Liter gelöst. 10 ml $\approx$ 2 g Blei.
6. Wismutstandardlösung: 0,1 g Wismut werden mit 10 ml Salpetersäure (1 + 1) in der Wärme gelöst. Die Lösung wird in einem 1 l-Meßkolben mit Salpetersäure (1 + 8) aufgefüllt. 1 ml $\hat{=}$ 0,1 mg Wismut.

***Ausführung.*** 2 bis 5 g Probe (Feinheitsgrad 0,08 mm DIN 4188) werden in einem 30 bis 40 ml fassenden Eisentiegel mit der sechs- bis achtfachen Menge Natriumperoxid geschmolzen. Die erkaltete Schmelze wird mit Wasser zersetzt. Nach dem Entfernen des Tiegels, der mit Salzsäure (1 + 1) ausgespült wird, säuert man die Lösung mit Salzsäure (1,19) an. Dann gibt man 10 ml Salzsäure (1 + 1) zu und leitet in die etwa 80° warme Lösung 15 min lang Schwefelwasserstoff ein. Nach dem Auffüllen mit gesättigtem Schwefelwasserstoffwasser auf etwa 900 ml wird noch etwa 1 Std. Schwefelwasserstoff eingeleitet. Nach dem Stehen über Nacht werden die Sulfide über ein Filter Gr. 2 abfiltriert und fünfmal mit je 10 ml Waschwasser (1) gewaschen.

Die Sulfide werden vom Filter in das Fällgefäß zurückgespritzt und mit 40 bis 50 ml Natriumsulfidlösung (2) etwa 30 min lang auf 80° erwärmt. Die Lösung wird mit Wasser auf etwa 100 ml verdünnt. Die Polysulfide werden durch Zugabe von etwa 1 g Natriumsulfit zerstört. Anschließend werden die Sulfide über das vorher benutzte Filter filtriert. Fällgefäß und Filter werden mit Natriumsulfidlösung (3) gewaschen. Die auf dem Filter verbliebenen Sulfide werden zurückgespült, letzte Reste auf dem Filter mit 15 ml Salpetersäure (1 + 1) zur Hauptmenge hinzugelöst. Anschließend wird eingedampft, bis der sich abscheidende Schwefel rein gelb ist. Man versetzt mit 10 ml Salpetersäure (1 + 1) und überführt mit wenig Wasser in einen 100 ml-Meßkolben, so daß das Gesamtvolumen etwa 60 bis 70 ml beträgt.

Die auf Raumtemperatur abgekühlte Lösung wird nach Zugabe von 25 ml Thioharnstofflösung (4) unter Umschwenken gemischt, mit Wasser aufgefüllt und nochmals durchgemischt. Die entstandene Gelbfärbung wird in der durch ein trockenes Filter filtrierten Lösung bei 405 nm gegen eine Blindlösung, die in 100 ml 15 ml Salpetersäure (1 + 1), 10 ml Bleinitratlösung (5) und 25 ml Thioharnstofflösung (4) enthält, photometriert. Die Lösungen müssen eine Temperatur von 20° $\pm$ 1° haben.

***Eichkurve.*** Es werden steigende Mengen Wismutstandardlösung (6) in 100 ml-Meßkolben mit je 15 ml Salpetersäure (1 + 1) und 10 ml Bleinitratlösung (5) versetzt und, wie unter Ausführung beschrieben, weiterbehandelt.

## 1.4 Bestimmung des Arsens

***Grundlage.*** Nach Säureaufschluß der Probe wird das Arsen destilliert und jodometrisch bestimmt.

***Anwendungsbereich.*** Geeignet für Gehalte über 0,05%.

***Zuverlässigkeit.*** Bei Gehalten von 0,5 bis 2% etwa $\pm$5%,
von 2 bis 5% etwa $\pm$3%,
über 5% etwa $\pm$1%.

***Reagenzien.***

1. Reduktionslösung: 30 g Hydraziniumsulfat und 60 g Kaliumbromid zum Liter gelöst.
2. Stärkelösung: 1 g zu 100 ml gelöst. Die Lösung ist frisch zu bereiten.

***Geräte:*** Destillierapparat, siehe Abb. 5 im Kapitel Arsen unter 1.2, S. 70.

***Ausführung.*** Je nach dem Arsengehalt werden 1 bis 5 g Probe (Feinheitsgrad 0,08 DIN 4188) in einem 300 ml-Weithals-Erlenmeyerkolben mit Salpetersäure (1,4) gelöst und mit 20 ml Schwefelsäure (1 + 1) zur Trockne geraucht. Der Rückstand wird mit 10 ml Schwefelsäure (1 + 10) aufgenommen und nochmals abgeraucht. Nach dem Erkalten wird der Sulfatbrei mit 80 ml Wasser aufgekocht und in den Destillierkolben übergespült. Man schließt den Kolben an das Destilliergerät an, dessen Vorlage 100 ml Wasser enthält, läßt durch den Tropftrichter 100 ml Salzsäure (1,19) und 20 ml Reduktionslösung (1) zufließen und erhitzt langsam zum Sieden. Nachdem die Flüssigkeit zur Hälfte überdestilliert ist, werden nochmals 100 ml Salzsäure (1 + 1) und 10 ml Reduktionslösung (1) in den Destillierkolben gegeben, und die Destillation wird wiederholt.

Das Destillat wird in einen 750 ml-Erlenmeyerkolben übergespült, weitgehend mit festem Natriumhydroxid abgestumpft und abgekühlt. Dann wird mit festem Natriumhydrogencarbonat gegen Lackmuspapier neutralisiert. Nach Zugabe von 5 g Natriumhydrogencarbonat und 2 ml Stärkelösung (2) wird mit 0,1n-Jodlösung titriert. 1 ml 0,1n-Jodlösung ≙ 3,7455 mg Arsen.

***Bemerkungen.*** Nach dem Säureaufschluß und der Zerstörung der Nitrate muß die Schwefelsäure weitgehend abgeraucht werden, damit die Destillationstemperatur nicht über 110° ansteigt, was ein Übergehen von Antimon und damit einen Mehrbefund an Arsen zur Folge haben würde.

## 1.5 Bestimmung des Antimons

***Grundlage.*** Nach alkalischem Schmelzaufschluß wird das Antimon abgetrennt und mit Kaliumbromatlösung maßanalytisch bestimmt.

***Anwendungsbereich.*** Geeignet für Gehalte über 0,1%.

***Zuverlässigkeit.*** Bei Gehalten von 0,5 bis 2% etwa ±2%,
von 2 bis 10% etwa ±1%,
von 10 bis 20% etwa ±0,5%.

***Reagenzien.***

1. Waschwasser: 1 Liter mit Schwefelwasserstoff gesättigtes Wasser, mit 1 ml Salzsäure (1,19) angesäuert.
2. Natriumsulfidlösung: 100 g $Na_2S \cdot 9\,H_2O$ zum Liter gelöst.
3. Natriumsulfidlösung: 5 ml Lösung (2) zum Liter aufgefüllt.
4. Methylorangelösung: 0,1 g zu 100 ml gelöst. Die Lösung ist vor Gebrauch zu filtrieren.

***Ausführung.*** 2 g Probe (Feinheitsgrad 0,08 DIN 4188) werden, wie unter 1.1, S. 76, beschrieben, in einem Eisentiegel aufgeschlossen. Die Schmelze wird gelöst und die Lösung mit Schwefelwasserstoff gesättigt.

Nach dem Stehen über Nacht werden die Sulfide über ein Filter Gr. 2 abfiltriert und fünfmal mit je 10 ml Waschwasser (1) gewaschen. Das Filtrat wird mit Schwefelwasserstoff auf Vollständigkeit der Fällung geprüft. Die Sulfide werden vom Filter vorsichtig in das Fällgefäß zurückgespült, dann je nach der vorliegenden Antimonmenge mit 40 bis 80 ml Natriumsulfidlösung (2) versetzt und 30 min auf 80° erhitzt.

Nach dem Verdünnen auf 100 ml werden die gebildeten Polysulfide mit etwa 1 g Natriumsulfit zerstört. Die ungelösten Sulfide werden über das bei der ersten Filtration benutzte Filter abfiltriert und Fällgefäß und Niederschlag mit Natriumsulfidlösung (3) gewaschen. Das Filtrat wird vorsichtig mit 40 ml Schwefelsäure (1 + 1) angesäuert und dann bis zum deutlichen Rauchen und Klarwerden der Lösung eingeengt. Nach dem Erkalten werden 100 ml Wasser und 100 ml Salzsäure (1,19) zugegeben.

Aus dieser Lösung wird Arsen mit Schwefelwasserstoff in der Kälte gefällt und nach einstündigem Stehen über ein mit Salzsäure (1 + 1) durchfeuchtetes Filter Gr. 2 abfiltriert. Fällgefäß und Filter werden dreimal mit an Schwefelwasserstoff gesättigter Salzsäure (1 + 1) und dann dreimal mit Schwefelwasserstoffwasser ausgewaschen. In das in einem 1 l-Weithalskolben befindliche Filtrat wird nach dem Verdünnen auf 800 ml 20 min lang Schwefelwasserstoff eingeleitet. Nach drei- bis vierstündigem Stehen werden die Sulfide über ein Filter Gr. 2 abfiltriert. Fällgefäß und Filter werden mit Schwefelwasserstoffwasser chloridfrei gewaschen. Der Filterinhalt wird in das Fällgefäß zurückgespült. Die dem Filter noch anhaftenden Reste werden mit einigen Tropfen Natriumsulfidlösung (2) in den Erlenmeyerkolben gelöst. Das Filter wird mit Wasser ausreichend nachgewaschen. Die Lösung wird vorsichtig mit 40 ml Schwefelsäure (1 + 1) versetzt und bis zum starken Rauchen und Klarwerden eingeengt. Nach Erkalten werden unter Einhalten der Reihenfolge und gutem Durchmischen 100 ml Wasser, 20 ml Salzsäure (1 + 1) und weitere 100 ml Wasser von mindestens 80° zugegeben.

Nunmehr werden der 60 bis 80° heißen Lösung 3 Tropfen Methylorangelösung (4) hinzugefügt und das Antimon durch Titration mit 0,1 n-Kaliumbromatlösung bis zur Entfärbung des Indicators oder mit elektrometrischer Indication (Platinelektrode-Kalomelelektrode) bestimmt. 1 ml 0,1 n-Kaliumbromatlösung $\triangleq$ 6,088 mg Antimon.

## 1.6 Bestimmung des Zinns

***Grundlage.*** Nach alkalischem Schmelzaufschluß der Probe werden die Thiokomplexbildner gemeinsam abgetrennt. Antimon und Arsen werden mit Eisenpulver auszementiert, das Zinn wird jodometrisch bestimmt.

***Anwendungsbereich.*** Geeignet für Gehalte über 0,1%.

***Zuverlässigkeit.*** Bei Gehalten von 0,1 bis 2% etwa ±3%,
von 2 bis 5% etwa ±2%.

***Reagenzien.***

1. Eisenpulver oder Aluminium (99,9%), grob zerspant.
2. Natriumhydrogencarbonatlösung, gesättigt.
3. Stärkelösung: 1 g zu 100 ml gelöst. Die Lösung ist täglich neu zu bereiten.

***Ausführung.*** Das Antimon wird in der austitrierten Lösung der unter 1.5 beschriebenen Antimonbestimmung oder in einer bis zur Titration vorbereiteten Lösung nach Zugabe von 50 ml Salzsäure (1,19) mit 2 bis 3 g Eisenpulver (1) ausgefällt, wobei das gesamte Volumen etwa 250 bis 300 ml betragen soll. Von dem Niederschlag wird über ein Filter Gr. 1 in einen 500 ml-Erlenmeyerkolben abfiltriert, der einige erbsengroße Marmorstücke enthält. Er wird dreimal mit heißer Salzsäure (1 + 10) ausgewaschen. Nach Zugabe von etwa 0,5 g Eisenpulver (1) oder Aluminium (1) wird der Kolben sofort mit einem Contat-Göckel-Aufsatz verschlossen, der Natriumhydrogencarbonatlösung (2) enthält. Dann wird unter leichtem Erwärmen die völlige Auflösung des Eisens oder Aluminiums und des Zinnschwamms abgewartet. Nach vorsichtigem Abkühlen unter fließendem Wasser wird mit 0,1 n-Jodlösung unter Zusatzvon 5 bis 10 ml Stärkelösung (3) bis zur Blaufärbung unter möglichster Ausschaltung des Luftsauerstoffes titriert. 1 ml 0,1 n-Jodlösung $\triangleq$ 5,935 mg Zinn.

## 1.7 Bestimmung des Zinks

***Grundlage.*** Das Zink wird nach dem Säureaufschluß der Probe und Abtrennen der störenden Bestandteile mit Kaliumhexacyanoferrat(II) maßanalytisch bestimmt.

***Anwendungsbereich.*** Geeignet für Gehalte über 5%.

***Zuverlässigkeit.*** Bei Gehalten um 5% etwa ±3%,
von 5 bis 15% etwa ±1%,
über 15% etwa ±0,5%.

***Reagenzien.*** Siehe Kapitel Zink unter 1.1.1, S. 423.

***Ausführung.*** 1 bis 2 g Probe (Feinheitsgrad 0,08 DIN 4188) werden mit 20 ml Salzsäure (1,19) zum Sieden erhitzt. Nach Zugabe von 10 ml Salpetersäure (1,4) und 20 ml Schwefelsäure (1 + 1) wird fast bis zur Trockne abgeraucht. Man nimmt mit 20 ml Schwefelsäure (1 + 1) auf, verdünnt nach Abkühlen den Brei mit 250 ml Wasser und bringt die löslichen Sulfate durch Aufkochen in Lösung. In diese Lösung wird bis zum Erkalten Schwefelwasserstoff eingeleitet. Die Sulfide werden über ein Filter Gr. 2 abfiltriert und mit Schwefelwasserstoffwasser gewaschen. Aus dem Filtrat wird der Schwefelwasserstoff verkocht.

Nach Oxydation mit Bromwasser werden Eisen, Aluminium und Mangan aus der heißen Lösung mit Ammoniak (0,91) als Oxidhydrate gefällt. Man spült Lösung und Niederschlag in einen 500 ml-Meßkolben, läßt abkühlen, füllt auf und schüttelt durch. Nach dem Absetzen des Niederschlags werden etwa 400 ml durch ein trockenes Faltenfilter filtriert. In einer Abmessung des Filtrats wird das Zink mit Kaliumhexacyanoferrat (II) maßanalytisch mit Ammoniummolybdat als Indicator bestimmt.

Über die Vorbereitung der Lösung, Durchführung der Titration und Titerstellung der Kaliumhexacyanoferrat(II)-lösung siehe Kapitel Zink unter 1.1.1.2, S. 424.

### 1.8 Bestimmung der Edelmetalle

Die Edelmetalle werden nach den im Kapitel Edelmetalle unter 1.4.1, S. 141, beschriebenen Verfahren dokimastisch bestimmt.

# 2 Zwischenprodukte

## 2.1 Bleistein, Krätzen, Aschen, Akkumulatorenabfälle

#### 2.1.1 Bestimmung des Bleis

#### 2.1.2 Bestimmung des Kupfers

#### 2.1.3 Bestimmung des Wismuts

#### 2.1.4 Bestimmung des Arsens

#### 2.1.5 Bestimmung des Antimons

#### 2.1.6 Bestimmung des Zinns

Diese Bestimmungen werden nach den unter 1.1 bis 1.6, S. 76 bis 81, angegebenen Analysenvorschriften durchgeführt.

## 2.2 Blei- und Akkumulatorenschlämme, Flugstäube

#### 2.2.1 Bestimmung des Bleis

Die Bestimmung wird nach dem unter 1.1, S. 76, beschriebenen Verfahren durchgeführt.

### 2.2.2 Bestimmung des Kupfers

Die Bestimmung wird nach der unter 1.2, S. 77, angegebenen Vorschrift durchgeführt, mit der Abänderung, daß ein beim Säureaufschluß verbleibender Rückstand durch Schmelzen aufgeschlossen werden muß. Zu diesem Zweck werden Filter und Rückstand in einem Porzellantiegel verascht, danach in einen 30 bis 40 ml fassenden Eisentiegel übergeführt und mit 10 g Natriumperoxid gemischt.

Der Tiegel wird zunächst über kleiner Flamme erwärmt und dann unter leichtem Schwenken auf Dunkelrotglut bis zu ruhigem Fluß der Schmelze erhitzt.

Nach dem Abkühlen wird der Schmelzkuchen mit Wasser in einem bedeckten 600 ml-Becherglas ausgelaugt. Der Tiegel wird mit einem Glashaken aus der Lösung entfernt und anhaftende Schmelzreste mit Wasser und etwas Salzsäure (1 + 1) in das Becherglas gespült. Die Lösung wird mit dem anfangs erhaltenen Filtrat vereinigt, neutralisiert und mit 10 ml Salzsäure (1 + 1) im Überschuß versetzt.

Nach dem Verdünnen auf 600 ml wird in die heiße Lösung 1 Std. lang Schwefelwasserstoff eingeleitet. Man arbeitet weiter, wie unter 1.2, S. 78, beschrieben.

### 2.2.3 Bestimmung des Wismuts

### 2.2.4 Bestimmung des Arsens

### 2.2.5 Bestimmung des Antimons

### 2.2.6 Bestimmung des Zinns

### 2.2.7 Bestimmung des Zinks

Diese Bestimmungen werden nach den unter 1.3 bis 1.7 auf S. 77 bis S. 81 angegebenen Vorschriften durchgeführt.

### 2.2.8 Bestimmung des Silbers

Das Silber wird nach dem im Kapitel Edelmetalle unter 1.4.1, S. 141, beschriebenen Verfahren dokimastisch bestimmt.

### 2.2.9 Bestimmung des Chlorids

***Grundlage.*** Das Chlorid wird durch einen Natriumcarbonatauszug abgetrennt und gewichtsanalytisch bestimmt.

***Anwendungsbereich.*** Geeignet für Gehalte über 0,5%.

***Zuverlässigkeit.*** Bei Gehalten von 0,5 bis 5% etwa ±3%,
von 5 bis 20% etwa ±1%.

***Reagenzien.***

1. Natriumcarbonatlösung: 100 g zum Liter gelöst.
2. Silbernitratlösung: 200 g zum Liter gelöst.

***Ausführung.*** 1 bis 10 g der ungeglühten Originalprobe werden mit Natriumcarbonatlösung (1) bis zur alkalischen Reaktion verrührt. Nach Zugabe von weiteren 150 ml Lösung (1) wird die Aufschlämmung etwa 30 min zum Sieden erhitzt. Nach Abkühlen wird über ein Filter Gr. 2 filtriert und der Rückstand mit heißem Wasser so lange gewaschen, bis das Wasser carbonatfrei abläuft. Das abgekühlte Filtrat wird in einem 500 ml-Meßkolben aufgefüllt. Je nach dem zu erwartenden Chloridgehalt wird eine Abnahme von 100 bis 200 ml vorsichtig mit Salpetersäure (1 + 1) angesäuert. In der zum Sieden erhitzten Lösung wird das Chlorid mit Silbernitratlösung (2) gefällt. Nach dem Zusammenballen und Absetzen wird der Niederschlag über einen Porzellanfiltertiegel A 2 filtriert, mit Salpetersäure (1 + 100) gewaschen, bei 110° getrocknet und nach dem Erkalten im Exsiccator ausgewogen. Der Umrechnungsfaktor von Silberchlorid auf Chlor ist 0,2474.

***Bemerkungen.*** Sollten etwa vorhandene Sulfide (Flugstaub) beim Kochen mit Natriumcarbonatlösung (1) Natriumsulfid gebildet haben, so muß dieses im alkalischen Filtrat durch Zugabe von 5 ml Wasserstoffperoxidlösung (3%) zerstört werden, dessen Überschuß durch Kochen beseitigt wird.

# 3 Metallische Erzeugnisse

## 3.1 Werkblei, Altblei (roh und umgeschmolzen)

### 3.1.1 Bestimmung des Kupfers

***Grundlage.*** Das Kupfer wird nach Aufschluß der Probe mit Schwefelsäure und Abtrennen des Bleis als Kupfertetraminkomplex photometrisch bestimmt.

***Anwendungsbereich.*** Geeignet für Gehalte über 0,1%.

***Zuverlässigkeit.*** Bei Gehalten von 0,1 bis 0,3% etwa ±10%,
über 0,3% etwa ±5%.

***Reagenzien.***

1. Kupferstandardlösung: 1 g Elektrolytkupfer wird mit 20 ml Salpetersäure (1 + 1) gelöst und mit 20 ml Schwefelsäure (1 + 1) abgeraucht. Nach Erkalten löst man den Eindampfrückstand mit etwa 200 ml Wasser, überspült mit Wasser in einen 1 l-Meßkolben und füllt nach Abkühlen auf. 1 ml ≙ 1 mg Kupfer.

2. Leerwertlösung: 5 ml Schwefelsäure (1 + 1) werden in einem 100 ml-Meßkolben mit 50 ml Wasser verdünnt und mit Ammoniak (0,91) neutralisiert. Nach der Zugabe von weiteren 15 ml Ammoniak (0,91) wird abgekühlt und die Lösung mit Wasser aufgefüllt.

***Ausführung.*** Je nach Kupfergehalt werden 2 bis 5 g Probe mit 10 bis 20 ml Schwefelsäure (1,84) unter starkem Erhitzen zersetzt. Nach kräftigem Einrauchen und Erkaltenlassen wird der Bleisulfatbrei mit 100 ml Wasser aufgenommen, gut durchgekocht und wieder abgekühlt. Vom Bleisulfat wird über ein Filter Gr. 3 abfiltriert und etwa fünfmal mit Schwefelsäure (1 + 100) nachgewaschen. Das Filtrat wird bis auf 5 ml eingedampft, mit 30 ml Wasser aufgenommen und mit Ammoniak (0,91) neutralisiert. Nach dem Versetzen mit 15 ml Ammoniak (0,91) im Überschuß wird die Lösung abgekühlt und in einem 100 ml-Meßkolben mit Wasser aufgefüllt. Nach dem Durchmischen wird filtriert und das Filtrat bei 578 nm gegen eine Blindprobe photometriert.

***Eichkurve.*** Man gibt 10, 20, 30, 40 und 50 ml Standardlösung (1) in 100 ml-Meßkolben, fügt je 5 ml Schwefelsäure (1 + 1) zu, neutralisiert mit Ammoniak (0,91) und gibt 15 ml im Überschuß zu. Nach dem Abkühlen wird mit Wasser aufgefüllt und gemischt. Die blaugefärbte Lösung wird bei 578 nm gegen die Leerwertlösung (2) photometriert.

### 3.1.2 Bestimmung des Wismuts

***Grundlage.*** Nach Verschlacken der Probe mit Natriumtetraborat und dem Lösen des Bleiregulus mit Säuren wird das Wismut mit Thioharnstoff photometrisch bestimmt.

***Anwendungsbereich.*** Geeignet für Gehalte von 0,002 bis 0,2%.

***Zuverlässigkeit.*** Bei Gehalten von 0,002 bis 0,02% etwa ±10%,
von 0,02 bis 0,1% etwa ±5%,
von 0,1 bis 0,2% etwa ±2%.

***Reagenzien.***

1. Natriumtetraborat, wasserfrei.
2. Weinsäurelösung: 20 g zu 100 ml gelöst.
3. Thioharnstofflösung: 50 g zum Liter gelöst. Täglich frisch zu bereiten.
4. Bleilösung: 320 g Bleinitrat, wismutfrei, zum Liter gelöst. 10 ml ≈ 2 g Blei.
5. Blindlösung: 10 ml Bleilösung (4) werden mit 20 ml Salpetersäure (1 + 2), 2 ml Weinsäurelösung (2) und 25 ml Thioharnstofflösung (3) versetzt und mit Wasser zu 100 ml verdünnt.
6. Wismutstammlösung: 1 g Wismut wird mit 25 ml Salpetersäure (1,4) gelöst und die Lösung in einem Meßkolben mit Wasser zum Liter aufgefüllt.
7. Wismutstandardlösung: 100 ml Lösung (6) werden in einem Meßkolben mit Wasser zum Liter aufgefüllt. 1 ml ≙ 0,1 mg Wismut.

***Geräte.*** Ansiedescherben.

***Ausführung.*** 100 g Probe werden gleichmäßig auf 4 Ansiedescherben verteilt und nach Zusatz von etwa 2 g Natriumtetraborat (1) je Scherben nach der im Kapitel Edelmetalle, unter 2.4.1, S. 146, beschriebenen Methode verschlackt. Bei der Wiederholung der Verschlackung werden die 4 Könige in einem Ansiedescherben vereinigt. Bei höheren Kupfergehalten des Werkbleis ist das Verschlacken ein drittes Mal durchzuführen, um das Kupfer aus dem Bleiregulus weitgehend zu entfernen.

Das Gewicht des endgültigen Bleiregulus soll nicht weniger als 15 g betragen. Der gereinigte Bleiregulus wird ausgeplattet, gewogen und zerschnitten. Eine entsprechend dem Wismutgehalt gewählte Einwaage von 0,5 bis 2 g wird mit 30 ml Salpetersäure (1 + 2) und 2 ml Weinsäurelösung (2) unter gelindem Erwärmen gelöst. Es muß so viel Bleilösung (4) zugegeben werden, daß die Gesamtmenge an Blei 2 g beträgt. Nach dem Erkalten wird die Lösung in einen 100 ml-Meßkolben übergeführt, mit Wasser auf 60 bis 70 ml verdünnt und unter Schütteln mit 25 ml Thioharnstofflösung (3) versetzt. Nach dem Auffüllen auf 100 ml wird gut durchgemischt und die Gelbfärbung in der durch ein trockenes Filter filtrierten Lösung bei 405 nm gegen die Blindlösung (5) photometriert. Die Lösungen müssen eine Temperatur von 20° ± 1° haben.

***Ausrechnung.*** Der gefundene Wert wird auf das Gesamtgewicht des Regulus und daraus auf die Werkbleiprobe umgerechnet.

***Eichkurve.*** Man entnimmt der Bleilösung (4) mehrere 10 ml-Abmessungen und versetzt sie in 100 ml-Meßkolben mit steigenden Mengen der Wismutstandardlösung (7). Dann gibt man in jeden Kolben 20 ml Salpetersäure (1 + 2) und 2 ml Weinsäurelösung (2) und unter Schütteln 25 ml Thioharnstofflösung (3), füllt auf und photometriert, wie unter Ausführung beschrieben, gegen die Blindlösung (5).

### 3.1.3 Bestimmung des Arsens

***Grundlage.*** Das Arsen wird nach Säureaufschluß durch Destillation abgetrennt und mit Jodlösung maßanalytisch bestimmt.

***Anwendungsbereich.*** Geeignet für Gehalte von 0,005 bis 1%.

***Zuverlässigkeit.*** Bei Gehalten von 0,005 bis 0,05% etwa ±15%,
von 0,05 bis 0,1% etwa ±7%,
von 0,1 bis 1% etwa ±5%.

***Reagenzien.***

1. Eisen(III)-chloridlösung: 250 g $FeCl_3 \cdot 6\,H_2O$ mit Salzsäure (1,19) zum Liter gelöst.
2. Stärkelösung: 1 g zu 100 ml gelöst. Die Lösung ist frisch herzustellen.

***Geräte.*** Destillierapparat, siehe Abb. 5 im Kapitel Arsen, S. 70.

***Ausführung.*** 10 g Probe werden im Destillierkolben über kleiner Flamme mit 300 ml Eisenchloridlösung (1) gelöst. Dann wird der Kolbeninhalt mit großer

Flamme in die mit 200 ml Wasser beschickte Vorlage bis auf etwa 150 ml destilliert.

Das klare Destillat wird zunächst mit Natriumhydroxidlösung (20 g in 100 ml) gegen Kongopapier neutralisiert, dann mit einigen Tropfen Salzsäure (1 + 1) angesäuert und abgekühlt. Nach Zugabe von festem Natriumhydrogencarbonat bis zum Umschlag von Kongopapier werden noch etwa 10 g Natriumhydrogencarbonat zugesetzt. Die Lösung wird mit 0,05 n-Jodlösung und 10 ml Stärkelösung (2) als Indicator titriert. 1 ml 0,05 n-Jodlösung $\triangleq$ 1,873 mg Arsen. Eine Blindprobe ist durchzuführen.

***Bemerkungen.*** Ist das Destillat trübe, so wird aus diesem das Arsen mit Schwefelwasserstoff als Arsen(III)-sulfid gefällt, abfiltriert und mit Salpetersäure (1,4) und Schwefelsäure (1,84) naß verbrannt (siehe Kapitel Arsen unter 1.3.1, S. 71). Der Rückstand wird, wie unter 1.4, S. 79, beschrieben, aufgeschlossen und weiterbehandelt.

### 3.1.4 Bestimmung des Antimons

***Grundlage.*** Nach Aufschluß mit Salpetersäure und Weinsäure wird das Blei als Sulfat und das Antimon als Thioantimonat abgetrennt und mit Kaliumbromat maßanalytisch bestimmt.

***Anwendungsbereich.*** Geeignet für Gehalte über 0,1%.

***Zuverlässigkeit.*** Bei Gehalten von 0,1 bis 0,5% etwa ±5%,
über 0,5% etwa ±3%.

***Reagenzien.***

1. Weinsäurelösung: 20 g zu 100 ml gelöst.
2. Natriumsulfidlösung: 100 g $Na_2S \cdot 9H_2O$ zum Liter gelöst.
3. Natriumsulfidlösung: 5 ml der Lösung (2) werden zum Liter aufgefüllt.
4. Indicatorlösung: 0,1 g Methylorange zu 100 ml gelöst. Die Lösung ist vor Gebrauch zu filtrieren.

***Ausführung.*** 10 g Probe werden mit 40 ml Weinsäurelösung (1), 50 ml Wasser und 25 ml Salpetersäure (1,4) in der Wärme gelöst. Die Stickstoffoxide werden verkocht. Die kochende Lösung wird mit 20 ml Schwefelsäure (1 + 1) versetzt und gut gerührt. Nach dem Erkalten und Verdünnen mit Wasser auf 300 ml wird durch ein Filter Gr. 2 filtriert und fünf- bis sechsmal mit Wasser ausgewaschen. Das Filtrat wird mit etwa 3 g Harnstoff versetzt und bei einem Volumen von etwa 800 ml mit Schwefelwasserstoff gesättigt. Nach mehrstündigem Stehen wird über ein Filter Gr. 2 filtriert und mit gesättigtem Schwefelwasserstoffwasser ausgewaschen. Die Sulfide werden ins Fällgefäß zurückgespült, mit 60 ml Natriumsulfidlösung (2) versetzt und auf etwa 80° erhitzt. Die ungelösten Sulfide werden über das bei der ersten Filtration benutzte Filter filtriert und mit heißer Natriumsulfidlösung (3) antimonfrei gewaschen. Die Lösung wird mit 40 ml Schwefelsäure (1 + 1) versetzt und bis zum starken Rauchen und Klarwerden eingeengt. Nach Erkalten werden 100 ml Wasser und 100 ml Salzsäure (1,19) zugegeben. Aus dieser Lösung wird das Arsen mit Schwefelwasserstoff in der Kälte gefällt und weiterverfahren, wie unter 1.5, S. 80, beschrieben.

### 3.1.5 Bestimmung des Zinns

***Grundlage.*** Nach Aufschluß mit Salpetersäure- und Weinsäure und Abtrennen des Bleis, Arsens und Antimons wird das Zinn jodometrisch bestimmt.

***Anwendungsbereich.*** Geeignet für Gehalte über 0,05%.

***Zuverlässigkeit.*** Bei Gehalten von 0,05 bis 0,5% etwa ±10%,
von 0,5 bis 2% etwa ±3%,
von 2 bis 10% etwa ±2%.

***Reagenzien.*** Siehe unter 1.6, S. 81.

***Ausführung.*** Das Antimon wird in der austitrierten Lösung der Antimonbestimmung oder in einer wie unter 3.1.4 bis zur Titration vorbereiteten Lösung nach Zugabe von 50 ml Salzsäure (1,19) mit 2 bis 3 g Eisenpulver (1) ausgefällt, wobei das Volumen etwa 250 bis 300 ml betragen soll. Es wird weiter verfahren, wie unter 1.6, S. 81, beschrieben.

### 3.1.6 Bestimmung der Edelmetalle

Die Edelmetalle werden nach den im Kapitel Edelmetalle unter 2.4.1, S. 146, beschriebenen Verfahren dokimastisch bestimmt.

## 3.2 Fein-, Hütten- und Umschmelzblei nach Din 1719

### 3.2.1 Bestimmung des Kupfers

***Grundlage.*** Nach Lösen der Probe mit Salpetersäure und Abtrennen des Bleis als Sulfat wird das Kupfer mit Natriumdiäthyldithiocarbaminat photometrisch bestimmt.

***Anwendungsbereich.*** Geeignet für Gehalte von 0,0001 bis 0,5%.

***Zuverlässigkeit.*** Bei Gehalten von 0,0001 bis 0,001% etwa ±15%,
von 0,002 bis 0,05% etwa ±10%,
über 0,05% etwa ±5%.

***Reagenzien.***

1. Citronensäurelösung: 200 g (auf Kupferfreiheit geprüft) zum Liter gelöst.
2. Carbaminatlösung: 1 g Natriumdiäthyldithiocarbaminat zum Liter gelöst.
3. Kupferstammlösung: 0,1 g Elektrolytkupfer wird mit 10 ml Salpetersäure (1 + 1) gelöst. Die Lösung wird in einem 1 l-Meßkolben aufgefüllt.
4. Kupferstandardlösung: 20 ml Stammlösung (3) werden in einem Meßkolben auf 100 ml aufgefüllt. 1 ml $\triangleq$ 20 $\mu$g Kupfer.
5. Bidestilliertes Wasser.

Für das Ansetzen der Reagenzlösung und zum Auffüllen der Analysenlösungen wird nur bidestilliertes Wasser (5) verwendet.

***Ausführung.*** Je nach Kupfergehalt werden 2 bis 10 g der Probe in einem bedeckten Becherglas von 100 bis 600 ml mit 10 bis 50 ml Salpetersäure (1 + 1) gelöst. Nach Verkochen der Stickstoffoxide wird das Blei mit Schwefelsäure (1 + 1) als Bleisulfat ausgefällt, nach Erkalten über ein Filter Gr. 3 filtriert und mit Schwefelsäure (1 + 100) kupferfrei gewaschen (siehe unter 3.1.1, S. 84). Das Filtrat wird, falls erforderlich, auf ungefähr 50 ml eingeengt, in einen 100 ml-Meßkolben übergeführt und aufgefüllt. 50 ml werden in einen 100 ml-Scheidetrichter pipettiert und mit 10 ml Citronensäurelösung (1) versetzt. Die Mischung wird mit Ammoniak (1 + 1) auf pH 9 bis 10 eingestellt. Die Lösung wird nach dem Verdünnen auf 70 ml und nach Durchmischen mit 10 ml Carbaminatlösung (2) zunächst mit 3 ml, dann mehrmals mit 2 ml Kohlenstofftetrachlorid, ausgeschüttelt, bis die organische Phase farblos bleibt. Die gelben Auszüge werden vereinigt und zur Entfernung des Wassers durch ein kleines trockenes Filter Gr. 2 filtriert. Der Gesamtauszug wird je nach Volumen oder Farbintensität in einem 10 oder 25 ml Meßkolben mit Kohlenstofftetrachlorid aufgefüllt. Photometriert wird gegen reines Kohlenstofftetrachlorid in 1 cm- oder 2 cm-Küvetten bei 546 nm.

Eine Blindprobe ist auszuführen.

***Eichkurve.*** Steigende Mengen der Kupferstandardlösung (4), 1 bis 10 ml, entsprechend 20 bis 200 $\mu$g Kupfer, werden, wie unter Ausführung beschrieben, behandelt und photometriert.

### 3.2.2 Bestimmung des Wismuts

#### 3.2.2.1 Gehalte von 0,001 bis 0,015% Wismut

***Grundlage.*** Das Wismut wird nach Lösen der Probe mit Salpetersäure in Gegenwart des Bleis mit Thioharnstoff photometrisch bestimmt.

***Anwendungsbereich.*** Geeignet für Gehalte von 0,001 bis 0,015%.

***Zuverlässigkeit.*** Bei Gehalten von 0,001 bis 0,002% etwa ±20%,
von 0,002 bis 0,015% etwa ±10%.

***Reagenzien.***

1. Weinsäurelösung: 200 g zum Liter gelöst.
2. Thioharnstofflösung: 50 g zum Liter gelöst.
3. Bleilösung: 320 g Bleinitrat zum Liter gelöst. 10 ml ≈ 2 g Blei.
4. Wismutstammlösung: 1 g Wismut wird mit 25 ml Salpetersäure (1,4) gelöst und die Lösung in einem Meßkolben mit Wasser zum Liter verdünnt.
5. Wismutstandardlösung: 150 ml Lösung (4) werden in einem Meßkolben zum Liter verdünnt. 1 ml ≙ 0,15 mg Wismut.
6. Blindlösung: 50 ml Bleilösung (3) werden in einem 100 ml-Meßkolben mit 2,5 ml Salpetersäure (1,4), 10 ml Weinsäurelösung (1) und 25 ml Thioharnstofflösung (2) unter Schütteln versetzt, mit Wasser zu 100 ml verdünnt und durchgemischt.

***Ausführung.*** 10 g Probe werden mit 10 ml Weinsäurelösung (1) und 30 ml Salpetersäure (1 + 1) unter gelindem Erwärmen gelöst. Nach dem Verkochen der Stickstoffoxide wird die Lösung in einen 100 ml-Meßkolben übergeführt, mit Wasser auf etwa 70 ml verdünnt und unter Schütteln mit 25 ml Thioharnstofflösung (2) versetzt. Die Lösung wird mit Wasser auf 100 ml aufgefüllt, durchgemischt, durch ein trockenes Filter filtriert, auf 20° ± 1° temperiert und bei 405 nm gegen Blindlösung (6) photometriert.

***Eichkurve.*** Zu je 50 ml Bleilösung (3) in 100 ml-Meßkolben werden steigende Mengen Wismutstandardlösung (5), 1 bis 10 ml, entsprechend 0,15 bis 1,5 mg Wismut, gegeben. Dann wird, wie unter Ausführung beschrieben, weiterverfahren.

#### 3.2.2.2 Gehalte über 0,015% Wismut

***Grundlage.*** Wie unter 3.2.2.1.

***Anwendungsbereich.*** Geeignet für Gehalte von 0,015 bis 0,10%.

***Zuverlässigkeit.*** Bei Gehalten von 0,015 bis 0,10% etwa ±5%.

***Reagenzien.*** Wie unter 3.2.2.1.

***Ausführung.*** 2 g Probe werden mit 30 ml Salpetersäure (1 + 2) und 2 ml Weinsäurelösung (1) unter gelindem Erwärmen gelöst. Nach Erkalten wird die Lösung in einen 100 ml-Meßkolben übergeführt, mit Wasser auf 60 bis 70 ml verdünnt und unter Schütteln mit 25 ml Lösung (2) versetzt. Die Lösung wird mit Wasser aufgefüllt, gemischt und wie unter 3.2.2.1 photometriert.

***Eichkurve.*** Die Eichkurve wird wie bei 3.2.2.1 aufgestellt, jedoch werden anstatt von 50 ml Bleilösung (3), entsprechend der kleineren Einwaage an Blei, nur 10 ml verwendet.

### 3.2.3 Bestimmung des Arsens

***Grundlage.*** Nach Säureaufschluß und Abtrennen durch Destillation wird das Arsen nach der Molybdänblaumethode photometrisch bestimmt.

***Anwendungsbereich:*** Geeignet für Gehalte um 0,001%.

***Zuverlässigkeit.*** Bei Gehalten unter 0,001% etwa ±20%,
über 0,001% etwa ±10%.

***Reagenzien.***

1. Eisen(III)-chloridlösung: 5 g $FeCl_3 \cdot 6H_2O$ zu 100 ml gelöst.
2. Natriumcarbonatlösung: 400 g zum Liter gelöst.
3. Reduktionsgemisch: Zu 10 ml einer Lösung von 5 g Ammoniummolybdat in 500 ml 5 n-Schwefelsäure wird 1 ml Hydraziniumsulfatlösung (0,3 g in 100 ml) gegeben und die Mischung mit Wasser auf 100 ml aufgefüllt. Die Lösung muß täglich frisch bereitet werden.
4. Arsenstammlösung: 132 mg Arsen(III)-oxid werden mit 0,5 g Natriumhydroxid und 20 ml Wasser unter Erwärmen gelöst. Die Lösung wird kalt mit 20 ml Salzsäure (1 + 1) angesäuert und in einem 1 l-Meßkolben aufgefüllt.
5. Arsenstandardlösung: 100 ml Lösung (4) werden in einem Meßkolben zum Liter aufgefüllt. 1 ml $\triangleq$ 10 $\mu$g Arsen.

***Geräte.*** Destillierapparat, siehe Abb. 5 im Kapitel Arsen, S. 70.

***Ausführung.*** 10 g Probe werden mit 50 ml Salpetersäure (1 + 2) unter gelindem Erwärmen gelöst. Nach Zugabe von 5 ml Eisenlösung (1) und 250 ml Wasser versetzt man mit so viel Natriumcarbonatlösung (2), bis das Eisen ausgefällt ist. Die Lösung wird gekocht. Man läßt in der Wärme absetzen und filtriert nach mehrstündigem Stehen über ein Filter Gr. 2. Der mit heißem Wasser gewaschene Niederschlag wird mit 50 ml Salzsäure in den Destillierkolben eines Destillierapparates gelöst, und Fällgefäß und Filter werden mit weiteren 100 ml Salzsäure (1 + 1) nachgewaschen. Zur Lösung im Destillierkolben fügt man 0,5 g Hydraziniumsulfat und 10 ml Bromwasserstoffsäure (1,38) und destilliert nun unter Durchleiten eines schwachen Kohlendioxidstroms etwa 100 ml in eine mit 50 ml Wasser beschickte Vorlage. Das Destillat wird nach Zusatz von 10 ml Salpetersäure (1,4) bei max. 130° zur Trockne eingedampft. Der Rückstand wird mit 25 ml Reduktionsgemisch (3) aufgenommen und 15 min auf 80° erwärmt. Hiernach wird abgekühlt, mit Wasser auf 25 ml ergänzt und nach dem Mischen bei 578 nm gegen eine Blindprobe der benötigten Säuren und Reagenzien photometriert. Die Blindprobe muß den ganzen Analysengang durchlaufen haben.

***Eichkurve.*** Man gibt 1 bis 10 ml der Arsenstandardlösung (5), entsprechend 10 bis 100 $\mu$g Arsen, in 250 ml-Bechergläser, fügt je 10 ml Salpetersäure (1,4) zu und dampft bei max. 130° zur Trockne. Die Rückstände werden mit je 25 ml Reduktionsgemisch (3) aufgenommen. Es wird dann wie bei der Probe weiterverfahren.

### 3.2.4 Bestimmung des Antimons

***Grundlage.*** Nach Säureaufschluß der Probe wird das Antimon durch Destillation von Blei getrennt und als Tetrajodoantimonat(III) photometrisch bestimmt.

***Anwendungsbereich.*** Geeignet für Gehalte von 0,001 bis 0,002%.

***Zuverlässigkeit.*** Bei Gehalten von 0,001 bis 0,002% etwa ±10%.

***Reagenzien.***

1. Zinkchloridlösung (antimonfrei): 100 g Zink werden mit 300 ml Salzsäure (1,19) gelöst. Die Lösung wird auf 200 ml eingedampft.
2. Salzsäure-Bromwasserstoffsäure: 90 ml Salzsäure (1,19) werden mit 10 ml Bromwasserstoffsäure (1,38) gemischt.
3. 10 n-Schwefelsäure.
4. Kaliumjodid-Ascorbinsäurelösung: 30 g Kaliumjodid und 5 g Ascorbinsäure mit Wasser zu 100 ml gelöst. Das Reagenz muß täglich frisch bereitet werden.
5. Antimonstammlösung: 100 mg Antimon werden mit 27 ml Schwefelsäure (1,84) unter Erwärmen gelöst. Nach Erkalten wird die Lösung mit Wasser verdünnt, und anschließend in einem Meßkolben zu 100 ml aufgefüllt.
6. Antimonstandardlösung: 10 ml Stammlösung (5) werden mit Schwefelsäure (3) in einem Meßkolben zu 100 ml aufgefüllt. 1 ml $\triangleq$ 100 $\mu$g Antimon.

***Geräte.*** Destillierapparat, siehe Abb. 8 im Kapitel Indium unter 2.6.1, S. 180.

***Ausführung.*** 10 g Probe werden in einen 250 ml-Kolben des Destillierapparates eingewogen und nach Zusammensetzen der Apparatur mit 60 ml Salpetersäure (1 + 2) gelöst. Unter Durchleiten eines schwachem Kohlendioxidstromes wird die Lösung weitgehend eingedampft. Nach Zugabe von 50 ml Zinkchloridlösung (1) erhitzt man bis auf 180°. Nun läßt man aus dem mit 100 ml Salzsäure-Bromwasserstoffsäure (2) gefüllten Tropftrichter in die heiße Lösung so langsam Säure tropfen, daß die Temperatur im Destillierkolben um 180° bestehen bleibt. Man destilliert 100 ml, spült sie in ein 400 ml-Becherglas, versetzt mit 8 ml Schwefelsäure (3) und engt auf 50 ml ein. Unter Kochen werden dann einige Tropfen Wasserstoffperoxid (30%) zugesetzt und die Zugabe so oft wiederholt, bis kein Brom aus der Lösung mehr frei wird. Es wird nun weiter bis zum beginnenden Rauchen der Schwefelsäure eingedampft. Nach Abkühlen wird mit Wasser in einen 25 ml-Meßkolben übergespült, erneut gekühlt, aufgefüllt und durchgemischt.

10 ml Lösung werden in einen 25 ml-Meßkolben pipettiert, unter Schütteln mit 5 ml Schwefelsäure (3) und 5 ml Kaliumjodid-Ascorbinsäurelösung (4) versetzt und nach dem Kühlen mit Wasser aufgefüllt. Nach dem Durchmischen wartet man 5 min und photometriert dann gegen eine Reagenzienblindprobe bei 436 nm.

***Eichkurve.*** Für die Eichkurve mißt man 0, 0,5, 1, 1,5, 2 und 2,5 ml Standardlösung (6), entsprechend 0 bis 250 μg Antimon, in 25 ml-Meßkolben, fügt jeweils 8 ml Schwefelsäure (3) zu, verdünnt mit 5 ml Wasser, schüttelt und kühlt. Anschließend werden 10 ml der Kaliumjodid-Ascorbinsäurelösung (4) zugegeben. Dann wird mit Wasser aufgefüllt und gemischt. Nach 5 min Wartezeit werden die Farbintensitäten der Lösungen gegen die antimonfreie Lösung gemessen.

### 3.2.5 Bestimmung des Zinns

***Grundlage.*** Nach dem Säureaufschluß wird das Zinn durch Destillation vom Blei getrennt und mit Phenylarsonsäure turbidimetrisch bestimmt.

***Anwendungsbereich.*** Geeignet für Gehalte um 0,001%.

***Zuverlässigkeit.*** Bei Gehalten um 0,001% etwa ±20%.

***Reagenzien.***

1. Zinkchloridlösung (antimonfrei): Wie unter 3.2.4, S. 89.
2. Salzsäure-Bromwasserstoffsäurelösung: Wie unter 3.2.4, S. 89.
3. 10 n-Schwefelsäure.
4. 3 n-Schwefelsäure.
5. Weinsäurelösung: 50 g zu 100 ml gelöst.
6. Phenylarsonsäurelösung: 2 g 3-Nitro-4-oxy-phenylarsonsäure löst man mit 30 ml Methanol (evtl. leicht erwärmen) und verdünnt mit Wasser auf 100 ml. Die Lösung muß klar sein (sonst filtrieren) und täglich neu bereitet werden.
7. Zinnstammlösung: 100 mg Zinn werden mit 15 ml Salzsäure (1,19) unter leichtem Erwärmen gelöst. Die Lösung wird mit Wasser in einen 100 ml-Meßkolben übergespült, gekühlt und aufgefüllt.
8. Zinnstandardlösung: 10 ml Lösung (7) werden in ein 250 ml-Becherglas pipettiert, mit 40 ml Schwefelsäure (1,84) versetzt, bis zum beginnenden Rauchen der Schwefelsäure eingedampft, nach Erkalten mit Wasser in einen 500 ml-Meßkolben übergeführt, gekühlt und aufgefüllt. 1 ml ≙ 20 μg Zinn.

***Geräte.*** Destillierapparat, siehe Abb. 8 im Kapitel Indium unter 2.6.1, S. 180.

***Ausführung.*** 10 g Probe werden, wie unter 3.2.4 beschrieben, gelöst; das Zinn wird destilliert und das Destillat nach dem Abrauchen mit Schwefelsäure (3) in einem 25 ml-Meßkolben aufgefüllt. 10 ml Lösung werden in einen 50 ml-Meßkolben pipettiert, mit 2 ml Weinsäurelösung (5) versetzt und mit 20 ml Schwefelsäure (4) verdünnt. Unter Umschwenken fügt man jetzt 10 ml Arsonsäure-Lösung (6) zu und füllt mit Schwefelsäure (4) bis zu 50 ml auf. Nach dem Durchmischen bleiben die Lösungen 2 Std. stehen, werden dann nochmals gemischt und anschließend bei 436 nm gegen eine gleicherweise behandelte Blindprobe photometriert.

***Eichkurve.*** Es werden 0, 1, 2, 3, 4, 5, 6, 7 und 8 ml der Standardlösung (8) in 50 ml-Meßkolben pipettiert, mit je 2 ml Weinsäurelösung (5) versetzt und mit 20 ml Schwefelsäure (4) verdünnt. Unter Umschwenken fügt man 10 ml Arsonsäurelösung (6) zu und füllt mit Schwefelsäure (4) zu 50 ml auf. Nach dem Mischen bleiben die Lösungen 2 Std. stehen, werden nochmals durchgemischt und dann bei 436 nm gegen die zinnfreie Lösung gemessen.

### 3.2.6 Bestimmung des Zinks

***Grundlage.*** Nach Aufschluß der Probe mit Salpetersäure und Abtrennen des Bleis als Sulfat wird das Zink polarographisch bestimmt.

***Anwendungsbereich.*** Geeignet für Gehalte von 0,001 bis 0,05%.

***Zuverlässigkeit.*** Bei Gehalten um 0,001% etwa ±20%,
um 0,01% etwa ±10%.

***Reagenzien.***

1. Grundlösung: 900 ml Ammoniak (0,91) und 100 ml mit Natriumsulfit gesättigte Tylose (S)-Lösung (2 g in 100 ml) werden vereinigt.

2. Zinkstandardlösung: 250 mg Zink werden mit 10 ml Schwefelsäure (1 + 1) gelöst. Die Lösung wird in einem 1 l-Meßkolben aufgefüllt. 1 ml ≙ 0,25 mg Zink.

***Ausführung.*** 10 g Probe werden mit 50 ml Salpetersäure (1 + 1) gelöst. Nach Zugabe von 10 ml Wasser und 10 ml Schwefelsäure (1,84) wird die trübe Lösung bis zum starken Rauchen eingedampft. Nach Abkühlen und Aufnehmen mit 50 ml Wasser wird vom Bleisulfat durch ein Filter Gr. 3 abfiltriert. Mit Schwefelsäure (1 + 100) wird etwa fünfmal nachgewaschen. Das Filtrat wird ammoniakalisch gemacht, die blaue Lösung mit Kaliumcyanid eben entfärbt, in einem 100 ml-Meßkolben aufgefüllt und durchgeschüttelt. Man entnimmt zweimal 25 ml in zwei 100 ml-Meßkolben, setzt je 25 ml Grundlösung (1) zu und der einen Abmessung eine dem Zinkgehalt der Probe entsprechende Menge der Zinkstandardlösung (2). Man füllt mit Wasser auf und polarographiert von —1,0 bis —1,6 V.

***Bemerkung.*** Bei Zinkgehalten um 0,001% werden 50 g Blei eingewogen und die Lösebedingungen auf diese Menge eingestellt. Aufgefüllt wird nach Einengen des Filtrats der Bleisulfatfällung auf 50 ml. Abnahmen von 20 ml werden entsprechend weiterbehandelt.

### 3.2.7 Bestimmung des Eisens

***Grundlage.*** Nach Aufschluß mit Salpetersäure und Abtrennen des Bleis als Sulfat wird das Eisen mit Sulfosalicylsäure photometrisch bestimmt.

***Anwendungsbereich.*** Geeignet für Gehalte um 0,001%.

***Zuverlässigkeit.*** Bei Gehalten um 0,001% etwa 10%.

***Reagenzien.***

1. Ammoniumacetatlösung: 100 g werden zunächst mit 200 ml Wasser (5) gelöst und mit Essigsäure auf pH 4 bis 5 eingestellt. Die Lösung wird zu 250 ml aufgefüllt.

2. Sulfosalicylsäurelösung: 40 g zu 100 ml gelöst.

3. Eisenstammlösung: 0,715 g Eisen(III)-oxid werden mit 20 ml Salzsäure (1,19) gelöst. Die Lösung wird in einem 1 l-Meßkolben aufgefüllt.

4. Eisenstandardlösung: 20 ml Stammlösung (3) werden in einem Meßkolben zu 500 ml aufgefüllt. 1 ml ≙ 20 μg Eisen.

5. Bidestilliertes Wasser.

Für das Ansetzen der Reagenzlösungen und zum Auffüllen der Analysenlösungen wird bidestilliertes Wasser (5) verwendet.

***Ausführung.*** 25 g Probe werden nach Waschen mit warmer Salzsäure (1 + 10) in einem bedeckten 500 ml-Becherglas mit 250 ml Salpetersäure (1 + 1) gelöst. Die Lösung wird in einen 500 ml-Meßkolben übergespült. Das Blei wird mit Schwefelsäure (1 + 1) als Bleisulfat gefällt. Nach dem Abkühlen wird aufgefüllt, und 50 ml der klaren Lösung werden (ohne Aufrühren des Niederschlages) in ein 100 ml-Becherglas pipettiert und zur Trockne gedampft. Der Rückstand wird mit 20 ml Ammoniumacetatlösung (1) unter leichtem Erwärmen gelöst.

Nach Zugabe von 5 Tropfen Wasserstoffperoxid (3%) wird abgekühlt, und es werden 5 ml Sulfosalicylsäurelösung (2) zugegeben. Je nach Stärke der Rotfärbung wird in einen 50 ml- oder 100 ml-Meßkolben übergespült und aufgefüllt. Photometriert wird bei 436 nm gegen eine die gleichen Reagenzienmengen enthaltende und gleich behandelte Blindprobe.

***Eichkurve.*** Von der Eisenstandardlösung (4) werden 1 bis 20 ml, entsprechend 20 bis 400 $\mu$g Eisen, mit je 5 ml Schwefelsäure (1 + 1) zur Trockne gedampft und weiter behandelt, wie unter Ausführung beschrieben.

***Bemerkungen.*** Wismut stört bis zu 30 mg in der Abnahme nicht. Kupfer erfordert Abtrennen des Eisens aus dem Filtrat der Bleisulfatfällung durch Ausfällen mit Ammoniak (1 + 1) nach Zugabe von etwa 0,1 g Kaliumaluminiumsulfat und Verarbeiten des Eisen-Aluminiumoxidhydratniederschlages.

### 3.2.8 Bestimmung des Silbers

***Grundlage.*** Nach Aufschluß mit Salpetersäure wird das Silber mit einer Dithizonlösung maßanalytisch bestimmt.

***Anwendungsbereich.*** Geeignet für Gehalte von 0,001 bis 0,003%.

***Zuverlässigkeit.*** Bei Gehalten unter 0,003% etwa ±5%.

***Reagenzien*** und ***Ausführung.*** Siehe Kapitel Edelmetalle unter 3.8.1, S. 161.

## 3.3 Bleilegierungen

### 3.3.1 Hartblei nach DIN 17641

#### 3.3.1.1 Bestimmung des Bleis

***Grundlage.*** Nach Aufschluß der Probe mit Salpetersäure und Weinsäure und Sulfidfällung wird das Blei als Bleisulfat bestimmt.

***Anwendungsbereich.*** Geeignet für Gehalte von 85 bis 95%.

***Zuverlässigkeit.*** Bei Gehalten von 85 bis 95% etwa ±0,2%.

***Reagenzien.***

1. Weinsäurelösung, gesättigt.
2. Natriumhydroxidlösung: 200 g zum Liter gelöst.
3. Natriumsulfidlösung: Mit $Na_2S \cdot 9H_2O$ gesättigt.
4. Natriumsulfidlösung: 5 g $Na_2S \cdot 9H_2O$ zu 100 ml gelöst.
5. Mischsäure: Salpetersäure (1,4) und Schwefelsäure (1,84) im Volumenverhältnis 2 + 1.

***Ausführung.*** 10 g Probe werden in einem bedeckten 600 ml-Becherglas mit 100 ml Salpetersäure (1 + 1) und 100 ml Weinsäure (1) gelöst. Nach Aufkochen wird die Lösung in einen 500 ml-Meßkolben übergespült und mit Wasser aufgefüllt. Eine Entnahme von 100 ml (= 2 g Einwaage) wird in einem 500 ml-Weithalskolben (Erlenmeyer) mit Natriumhydroxidlösung (2) alkalisch gemacht, fast zum Sieden erhitzt und unter kräftigem Rühren mit 30 ml Natriumsulfidlösung (3) versetzt. Nach Absetzen des Niederschlages in der Wärme wird er über ein Filter

Gr. 3 unter Nachwaschen mit heißer Natriumsulfidlösung (4) abfiltriert. Zur vollständigen Entfernung von Antimon und Zinn wird der vom Filter in das Fällgefäß gespülte Niederschlag nochmals mit Natriumsulfidlösung (3) in der Siedehitze behandelt und über dasselbe Filter filtriert. Nach Auswaschen mit Natriumsulfidlösung (4) wird das Filter in den Weithalskolben zurückgegeben und mit 20 ml Salpetersäure (1,4) und 10 ml Schwefelsäure (1,84) unter Erhitzen zersetzt. Es wird bis zum starken Rauchen eingedampft, wobei zur Beseitigung kohliger Anteile Mischsäure (5) zugetropft wird. Das Blei wird als Sulfat abgeschieden und bestimmt, wie unter 1.1, S. 76, beschrieben.

### 3.3.1.2 Bestimmung des Antimons

***Grundlage.*** Nach Aufschluß der Probe mit Brom-Salzsäure wird das Antimon maßanalytisch mit Kaliumbromatlösung bestimmt.

***Anwendungsbereich.*** Geeignet für Gehalte von 0,2 bis 15%.

***Zuverlässigkeit.*** Bei Gehalten von 0,2 bis 1% etwa ±3%,
bis 15% etwa ±1%.

***Reagenzien.***

1. Brom-Salzsäure: 10 bis 15 ml Brom in 100 ml Salzsäure (1,19).

***Ausführung.*** Die Einwaage liegt je nach dem Antimongehalt zwischen 10 und 50 g.

Eine Einwaage von 10 g wird mit 100 ml Brom-Salzsäure (1) unter Erwärmen gelöst. Nach dem Verkochen des überschüssigen Broms wird die kalte Lösung in einen 500 ml-Meßkolben übergespült und mit Wasser aufgefüllt.

In einen 500 ml-Erlenmeyerkolben werden eine Abnahme von 50 ml (= 1 g Einwaage) sowie 30 ml Salzsäure (1,19) und 1 g Natriumsulfit gegeben. Durch Einengen auf höchstens 50 ml, werden Schwefeldioxid und Arsen verflüchtigt. Dann wird mit heißem Wasser auf etwa 100 bis 150 ml verdünnt. Bei 70 bis 80° wird das Antimon mit 0,1 n-Kaliumbromatlösung unter elektrometrischer Indication titriert (Platin- und Kalomelelektrode). 1 ml 0,1 n-Kaliumbromatlösung $\triangleq$ 6,088 mg Antimon.

***Bemerkungen.*** Gehalte unter 1% werden mit der Mikrobürette titriert.

### 3.3.1.3 Bestimmung des Zinns

***Grundlage.*** Das Zinn wird durch Destillation vom Blei getrennt und im Destillat mit Phenylarsonsäure turbidimetrisch bestimmt.

***Anwendungsbereich.*** Geeignet für Gehalte um 0,02%.

***Zuverlässigkeit.*** Bei Gehalten um 0,02% etwa ±5%.

***Reagenzien.*** Wie unter 3.2.5, S. 90.

***Geräte.*** Destillierapparat, siehe Abb. 8 im Kapitel Indium, S. 180.

***Ausführung.*** 1 g Probe wird in den 250 ml-Kolben eines Destillierapparates eingewogen und nach dem Zusammensetzen der Apparatur mit 20 ml Salpetersäure (1 + 2) gelöst. Es wird weiter gearbeitet, wie unter 3.2.5, S. 90, beschrieben.

### 3.3.1.4 Bestimmung des Kupfers

***Grundlage.*** Nach dem Aufschluß der Probe mit Salpetersäure und Weinsäure und Abtrennen des Bleis wird das Kupfer photometrisch mit Carbaminat bestimmt.

***Anwendungsbereich.*** Geeignet für Gehalte um 0,02%.

***Zuverlässigkeit.*** Bei Gehalten um 0,02% etwa ±5%.

***Reagenzien.*** Siehe unter 3.2.1, S. 87.

***Ausführung.*** Das etwa 200 ml betragende Filtrat der Bleisulfatfällung nach 3.3.1.1, S. 92, wird in einem 250 ml-Meßkolben aufgefüllt. Je nach dem durch einen Vorversuch ermittelten Kupfergehalt werden Abmessungen mit 20 bis 200 $\mu$g Kupfer verwendet. Es wird verfahren, wie unter 3.2.1, S. 87, beschrieben.

***Eichkurve.*** Siehe unter 3.2.1, S. 87.

### 3.3.1.5 Bestimmung des Eisens

***Grundlage.*** Aus der salpetersauren Lösung der Probe werden das Blei mit Schwefelsäure, Antimon und Kupfer mit Schwefelwasserstoff abgetrennt. Im Filtrat wird das Eisen mit Sulfosalicylsäure photometrisch bestimmt.

***Anwendungsbereich.*** Geeignet für Gehalte um 0,01%.

***Zuverlässigkeit.*** Bei Gehalten um 0,01% etwa ±5%.

***Reagenzien.***

1. Sulfosalicylsäurelösung: 20 g $C_7H_6O_6S \cdot 2\,H_2O$ mit Wasser zu 100 ml gelöst und filtriert.

2. Eisenstammlösung: 0,715 g Eisen(III)-oxid werden mit 20 ml Salzsäure (1,19) in der Wärme gelöst. Die Lösung wird in einem Meßkolben zum Liter aufgefüllt.

3. Eisenstandardlösung: 20 ml Stammlösung (2) werden in einem 500 ml-Meßkolben aufgefüllt. 1 ml $\triangleq$ 20 $\mu$g Eisen.

***Ausführung.*** 10 g Probe werden in einem 500 ml-Erlenmeyerkolben mit 80 ml Wasser und 20 ml Salpetersäure (1,4) in der Wärme gelöst. Nach Verkochen der Stickstoffoxide wird das Blei in der trüben Lösung durch Zugeben von 10 ml Schwefelsäure (1 + 1) als Sulfat gefällt, die Lösung nach Zugabe von 0,1 g Harnstoff mit Wasser auf etwa 400 ml verdünnt und mit Schwefelwasserstoff gesättigt. Nach Absetzen des Niederschlages wird über ein Filter Gr. 2 filtriert und mit gesättigtem Schwefelwasserstoffwasser ausgewaschen. Das Filtrat wird durch Kochen von Schwefelwasserstoff befreit, mit 5 ml Wasserstoffperoxid (3%) versetzt, anschließend zur Trockne eingedampft und das Eindampfen zur Trockne mit etwa 5 ml Salzsäure (1,19) wiederholt. Man nimmt mit 10 ml Salzsäure (1 + 1) und 10 ml Wasser auf, spült in einen 100 ml-Meßkolben über und versetzt mit 5 ml Sulfosalicylsäurelösung (1), dann mit Ammoniak (0,91) bis zur Gelbfärbung und gibt 10 ml im Überschuß zu. Nach Abkühlen und Auffüllen wird gegen eine Blindprobe, die den Analysengang von Anfang an durchlaufen hat, bei 436 nm photometriert.

***Eichkurve.*** Man mißt 5 bis 25 ml der Standardlösung (3), entsprechend 100 bis 500 $\mu$g Eisen, in 100 ml Meßkolben, gibt je 5 ml Sulfosalicylsäure-Lösung (1) und 10 ml Ammoniak (0,91) im Überschuß zu und photometriert nach dem Auffüllen und Mischen bei 436 nm gegen Wasser.

### 3.3.1.6 Bestimmung des Zinks und des Nickels

***Grundlage.*** Aus salpetersaurer Lösung werden Blei mit Schwefelsäure, Kupfer und Antimon mit Schwefelwasserstoff abgetrennt und im Filtrat Zink und Nickel polarographisch bestimmt.

***Anwendungsbereich.*** Für Gehalte von 0,001%.

***Zuverlässigkeit.*** Bei Gehalten um 0,001% etwa ±10%.

***Reagenzien.***

1. Grundlösung: 600 ml Ammoniak (0,91), 20 ml gesättigte Ammoniumchloridlösung und 50 ml Leimlösung (1 g in 100 ml) zum Liter aufgefüllt.

2. Stammlösung für Zink und Nickel: 100 mg Zink und 100 mg Nickel werden mit 10 ml Salpetersäure (1 + 1) gelöst. Die Lösung wird im Meßkolben zum Liter aufgefüllt.

3. Standardlösung für Zink und Nickel: 100 ml Stammlösung (2) werden im Meßkolben zum Liter aufgefüllt. 1 ml $\triangleq$ 10 $\mu$g Nickel und 10 $\mu$g Zink.

***Ausführung.*** 10 g Probe werden, wie unter 3.3.1.5 beschrieben, gelöst und Blei, Kupfer und Antimon abgetrennt. Das zweimal zur Trockne gedampfte Filtrat der

Schwefelwasserstoffällung wird mit 5 ml Salzsäure (1,19) in der Wärme aufgenommen und nach dem Abkühlen auf Raumtemperatur auf 10 ml aufgefüllt. Es werden 5 ml abgenommen, mit 5 ml Grundlösung (1) versetzt und nach Entlüften mit Wasserstoff polarographiert. Die Halbstufenpotentiale liegen in ammoniakalischer Lösung für Nickel bei – 1,1 V, für Zink bei –1,4 V.

***Eichkurve.*** Man pipettiert 10 bis 100 ml Lösung (3), entsprechend 0,1 bis 1 mg Zink und Nickel, in 250 ml-Bechergläser und dampft zur Trockne. Die Rückstände werden mit je 5 ml Salzsäure (1,19) nochmals zur Trockne gedampft. Dann wird, wie unter Ausführung beschrieben, weiterverfahren. Eine Blindprobe der verwandten Reagenzien muß den Analysengang durchlaufen und ein etwaiger Zink- und Nickelgehalt berücksichtigt werden.

***Bemerkung.*** Die im Hartblei üblichen Eisengehalte stören nicht.

### 3.3.1.7 Bestimmung des Arsens

***Grundlage.*** Nach Aufschluß mit Schwefelsäure wird das Arsen destilliert und jodometrisch bestimmt.

***Anwendungsbereich.*** Geeignet für Gehalte von 0,01 bis 2%.

***Zuverlässigkeit.*** Bei Gehalten von 0,01 bis 0,05% etwa ±10%,
von 0,06 bis 0,5% etwa ±5%,
von 0,6 bis 2% etwa ±3%.

***Reagenzien.***

1. Reduktionslösung: 30 g Hydraziniumsulfat und 60 g Kaliumbromid zum Liter gelöst.

***Geräte.*** Destillierapparat, siehe Abb. 5 im Kapitel Arsen unter 1.2, S. 70.

***Ausführung.*** 2 bis 10 g Probe, je nach dem zu erwartenden Arsengehalt, werden in einem 150 ml-Quarzglaskolben durch Kochen mit 20 bis 60 ml Schwefelsäure (1,84) zersetzt. Unter gleichzeitigem Austreiben des entstandenen Schwefeldioxids wird bis etwa zur Hälfte eingeraucht. Nach dem Erkalten wird der Brei mit etwas Wasser in den Destillierkolben übergespült. Nach Zusatz von 100 ml Salzsäure (1,19) und 15 ml Lösung (1) wird der Kolbeninhalt bis auf etwa 50 ml in die mit 100 ml Wasser beschickte Vorlage destilliert. Liegen mehr als 20 mg Arsen vor, so muß die Destillation nach Zugabe von 100 ml Salzsäure (1+1) und 10 ml Reduktionslösung (1) wiederholt werden. Zur vollständigen Entfernung des Antimons wird das Destillat nochmals unter den gleichen Bedingungen destilliert.

Das nunmehr antimonfreie Destillat wird nach der unter 1.4, S. 80, gegebenen Vorschrift titriert.

### 3.3.1.8 Bestimmung des Wismuts

***Grundlage.*** Nach Verschlacken der Probe mit Natriumtetraborat und dem sauren Aufschluß des Bleiregulus wird das Wismut mit Thioharnstoff photometrisch bestimmt.

***Anwendungsbereich.*** Geeignet für Gehalte von 0,02 bis 0,04%.

***Zuverlässigkeit.*** Bei Gehalten von 0,02 bis 0,04% etwa ±5%.

***Reagenzien*** und ***Geräte*** siehe unter 3.1.2, S. 85.

***Ausführung.*** 25 g Hartblei werden auf einem Ansiedescherben mit etwa 10 g Natriumtetraborat nach der im Kapitel Edelmetalle unter 2.4.1, S. 146, beschriebenen Weise verschlackt. Der von Schlacke gereinigte Bleiregulus wird ausgeplattet, gewogen und zur Bestimmung des Wismuts nach dem unter 3.1.2, S. 84, beschriebenen Verfahren weiterverarbeitet.

### 3.3.1.9 Bestimmung der Edelmetalle

Die Edelmetalle werden dokimastisch nach dem im Kapitel Edelmetalle unter 3.9.1., S. 162 beschriebenen Verfahren bestimmt.

## 3.3.2 Kabelblei nach DIN 17640

### 3.3.2.1 Bestimmung des Kupfers

***Grundlage.*** Nach Aufschluß der Probe mit Salpetersäure und Weinsäure und Abtrennen des Bleis als Sulfat wird das Kupfer mit Carbaminat photometrisch bestimmt.

***Anwendungsbereich.*** Geeignet für Gehalte von 0,001 bis 0,05%.

***Zuverlässigkeit.*** Bei Gehalten von 0,001 bis 0,01% etwa ±10%,
von 0,01 bis 0,05% etwa ±5%.

***Reagenzien.*** Siehe unter 3.3.1.1, S. 92, und unter 3.2.1, S. 87.

***Ausführung.*** 10 g Probe werden, wie unter 3.3.1.1, S. 92, beschrieben, gelöst, das Blei als Sulfat abgetrennt und das etwa 200 ml betragende Filtrat in einem 250 ml-Meßkolben aufgefüllt. Je nach dem durch einen Vorversuch ermittelten Kupfergehalt wird vom Inhalt des Meßkolbens eine Abmessung entnommen, die etwa 10 bis 100 $\mu$g Kupfer enthält. Die Bestimmung erfolgt wie unter 3.2.1, S. 87, beschrieben.

### 3.3.2.2 Bestimmung des Tellurs

***Grundlage.*** Die beim Lösen der Probe mit Bromwasserstoffsäure nach Entfernen des Broms verbleibende Gelbfärbung des Tellurbromids wird photometriert.

***Anwendungsbereich.*** Geeignet für Gehalte über 0,01%.

***Zuverlässigkeit.*** Bei Gehalten von 0,01 bis 0,05% etwa ±5%,
von 0,05 bis 0,1% etwa ±3%.

***Reagenzien.***

1. Brom-Bromwasserstoffsäure: 5 ml Brom werden mit Bromwasserstoffsäure (1,38) zu 100 ml gelöst.
2. Ascorbinsäurelösung: 10 g zu 100 ml gelöst.
3. Tellurstammlösung: 100 mg Tellur werden mit 20 ml Brom-Bromwasserstoffsäure (1) gelöst. Die Lösung wird mit Bromwasserstoffsäure (1,38) in einem Meßkolben zu 100 ml aufgefüllt.
4. Tellurstandardlösung: 10 ml Tellurstammlösung (4) werden mit Bromwasserstoffsäure (1,38) in einem Meßkolben zu 20 ml aufgefüllt. 1 ml $\triangleq$ 50 $\mu$g Tellur.
5. Metallisches Blei, tellurfrei.

***Ausführung.*** 0,5 g Probe werden mit 20 ml Brom-Bromwasserstoffsäure (1) gelöst. Die Lösung wird so lange gekocht, bis keine Bromdämpfe mehr entweichen. Nach dem Abkühlen wird die Lösung mit Bromwasserstoffsäure (1,38) in einen 50 ml-Meßkolben überführt. Nach Zusatz von 5 ml Ascorbinsäurelösung (2) wird mit Bromwasserstoffsäure (1,38) aufgefüllt, gemischt und die gelbe Farbe des Tellurbromids bei 436 nm photometriert. Als Blindprobe verwendet man 0,5 g Blei (5), das den oben beschriebenen Analysengang durchlaufen hat.

***Eichkurve.*** Zu je 0,5 g Blei (5) gibt man steigende Mengen Tellurstandardlösung (4), entsprechend 100 bis 500 $\mu$g Tellur, löst das Blei mit je 20 ml Brom-Bromwasserstoffsäure (1) und verfährt weiter, wie unter Ausführung beschrieben.

### 3.3.2.3 Bestimmung des Antimons

In Betracht kommen zwei Legierungstypen, die sich im Antimongehalt unterscheiden. Typ I enthält 0,1 bis 1%, Typ II soll antimonfrei sein, kann aber bis zu 0,05% enthalten.

Das Antimon in Typ I wird nach 3.1.4, S. 86, mit einer Zuverlässigkeit von etwa ±3% bestimmt.

Das Antimon in Typ II wird nach 3.2.4, S. 89, bestimmt. Die Zuverlässigkeit beträgt bei Gehalten unter 0,005% etwa ±20%.

### 3.3.2.4 Bestimmung des Zinns

*3.3.2.4.1 Gehalte über 0,05% Zinn*

***Grundlage.*** Nach dem Aufschluß der Probe mit Brom-Salzsäure wird das Zinn nach Abtrennen des Antimons jodometrisch bestimmt.

***Anwendungsbereich.*** Geeignet für Gehalte von 0,05 bis 2,5%.

***Zuverlässigkeit.*** Bei Gehalten von 0,05 bis 0,5% etwa $\pm 5\%$,
von 0,5 bis 2,5% etwa $\pm 3\%$.

***Reagenzien.***

1. Brom-Salzsäure: 100 ml Brom im Liter Salzsäure (1,19) gelöst.
2. Eisenpulver oder Aluminium (99,9%), grob zerspant.
3. Natriumhydrogencarbonatlösung, gesättigt.
4. Stärkelösung: 1 g zu 100 ml gelöst. Die Lösung ist vor Gebrauch frisch zu bereiten.

***Ausführung.*** 10 g Probe werden mit 100 ml Brom-Salzsäure (1) unter schwachem Erwärmen gelöst. Nach Verkochen des Broms und Abkühlen der Lösung wird diese in einem 500 ml-Meßkolben aufgefüllt. Je nach Zinngehalt werden 50 ml oder ein mehrfaches abgenommen und Arsen und Schwefeldioxid nach Zusatz von 10 ml Salzsäure (1,19) und 1 g Natriumsulfit je 50 ml Abnahme durch Einengen der Lösung auf etwa 50 ml verflüchtigt.

Nach Zugabe von 50 ml Salzsäure und 200 ml heißem Wasser werden 2 bis 3 g Eisenpulver (2) in kleinen Anteilen zugesetzt. Nach der letzten Zugabe wird der Kolben mit einem Contat-Göckel-Aufsatz, beschickt mit Natriumhydrogencarbonatlösung (3), verschlossen und gelinde erwärmt. Nach beendeter Umsetzung wird die Lösung durch ein Filter Gr. 1 in einen einige erbsengroße Marmorstücke und etwas Salzsäure (1 + 4) enthaltenden 750 ml-Erlenmeyerkolben filtriert. Filter und Metallschwamm werden dreimal mit Salzsäure (1 + 10) gewaschen. Nach Zugabe von 0,5 g Eisenpulver (2) oder 1 g Aluminiumspäne (2) wird der Kolben wiederum mit einem beschickten Contat-Göckel-Aufsatz verschlossen und weiter verfahren, wie unter 1.6, S. 81, beschrieben.

*3.3.2.4.2 Gehalte unter 0,005% Zinn*

Die Bestimmung wird nach der unter 3.2.5, S. 90, gegebenen Vorschrift durchgeführt.

## 3.3.3 Sonderlegierungen (BN-Metalle)

### 3.3.3.1 Bestimmung des Calciums

*3.3.3.1.1 In Abwesenheit von Barium*

***Grundlage.*** Nach Aufschluß der Probe mit Salpetersäure werden die Schwermetalle als Sulfide abgetrennt. Das Calcium wird nach der Oxalatfällung maßanalytisch mit Kaliumpermanganat bestimmt.

***Anwendungsbereich.*** Geeignet für Gehalte von 0,1 bis 3%.

***Zuverlässigkeit.*** Bei Gehalten von 0,1 bis 3% etwa $\pm 5\%$.

***Reagenzien.***

1. Ammoniak (0,91) carbonatfrei: Aus einer Stahlflasche wird Ammoniak in raschem Strom durch ein bis zum Boden der Vorlage reichendes Glasrohr in ausgekochtes stark abgekühltes Wasser eingeleitet. In die Zuleitung ist ein Rohr mit A-Kohle und ein zweites mit Natronkalk zwischengeschaltet. Wegen der beträchtlichen Volumenzunahme darf die Vorlage nur höchstens zu zwei Dritteln gefüllt sein. Die Lösung muß in einem mit einem Natronkalkrohr versehenen Gefäß aufbewahrt werden.
2. Ammoniumoxalatlösung, gesättigt.
3. Waschwasser: 10 ml Ammoniak (1) werden mit kohlendioxidfreiem Wasser

(siehe Kapitel Lithium unter 2.2.1, S. 273) auf 500 ml verdünnt. Die Lösung wird mit Schwefelwasserstoff unter Luftabschluß gesättigt.

***Ausführung.*** 4 g werden mit 50 ml Wasser und 15 ml Salpetersäure (1,4) unter Erwärmen gelöst. Nach Zugabe von 30 ml Ammoniak (1) wird diewarme Lösung mit Schwefelwasserstoff gesättigt. Der Niederschlag wird über ein Filter Gr. 2 abfiltriert und mit kaltem Waschwasser (3) gewaschen. Aus dem Filtrat wird der Schwefelwasserstoff verkocht. Die Lösung wird mit Essigsäure (1,06) gegen Methylrot schwach angesäuert, auf etwa 80° erhitzt und mit 30 ml Oxalatlösung (2) versetzt. Nach zweistündigem Stehen bei etwa 80° wird der Calciumoxalatniederschlag über ein Filter Gr. 2 abfiltriert. Fällgefäß und Filter werden mit heißem Wasser oxalatfrei gewaschen. Das Calciumoxalat wird mit heißem Wasser in das Fällgefäß zurückgespült. Das dem Filter anhaftende Calciumoxalat wird mit 100 ml heißer Schwefelsäure (1 + 5) durch das Filter in den Kolben gelöst. Es wird mit heißem Wasser nachgewaschen. Das Calciumoxalat wird unter Erwärmen gelöst und bei einem Volumen von etwa 200 ml heiß mit 0,1 n-Kaliumpermanganatlösung bis zur bleibenden Rosafärbung titriert. 1 ml 0,1 n-Kaliumpermanganatlösung $\triangleq$ 2,004 mg Calcium.

#### *3.3.3.1.2 In Anwesenheit von Barium*

***Grundlage.*** Wie bei 3.3.3.1.1, jedoch nach dem Fällen des Bariums mit Schwefelsäure in salzsaurer Lösung.

***Anwendungsbereich.*** Wie unter 3.3.3.1.1.

***Zuverlässigkeit.*** Wie unter 3.3.3.1.1.

***Reagenzien.*** Wie unter 3.3.3.1.1.

***Ausführung.*** Das Barium wird, wie unter 3.3.3.2 beschrieben, als Bariumsulfat abgetrennt. Das Filtrat wird ammoniakalisch gemacht, mit Methylrot versetzt und mit Essigsäure schwach angesäuert. Das Calcium wird wie unter 3.3.3.1.1 über die Oxalatfällung mit 0,1 n-Kaliumpermanganatlösung maßanalytisch bestimmt.

### 3.3.3.2 Bestimmung des Bariums

***Grundlage.*** Nach Aufschluß der Probe mit Salpetersäure werden die Schwermetalle als Sulfide abgetrennt. Das Barium wird im Filtrat als Sulfat bestimmt.

***Anwendungsbereich.*** Geeignet für Gehalte von 0,2 bis 2%.

***Zuverlässigkeit.*** Bei Gehalten von 0,2 bis 0,5% etwa ±5%,<br>von 0,5 bis 2% etwa ±3%.

***Reagenzien.***

1. Ammoniak, carbonatfrei: Wie unter 3.3.3.1.1.
2. Waschwasser: Wie unter 3.3.3.1.1.

***Ausführung.*** 10 g Probe werden mit 100 ml Wasser und 30 ml Salpetersäure (1,4) unter Erwärmen gelöst. Nach Zugabe von 50 ml Ammoniak (1) wird die noch warme Lösung mit Schwefelwasserstoff gesättigt. Der Niederschlag wird über ein Filter Gr. 2 abfiltriert und mit kaltem Waschwasser (2) gewaschen. Aus dem Filtrat wird der Schwefelwasserstoff verkocht. Die Lösung wird mit Salzsäure (1 + 1) schwach angesäuert und mit Wasser auf 500 ml verdünnt. Das Barium wird in der zum Sieden erhitzten Lösung durch Zugabe von 20 ml Schwefelsäure (1 + 4) als Sulfat gefällt. Der Niederschlag wird nach zweistündigem Stehen über ein Filter Gr. 4 filtriert, mit heißem Wasser gewaschen, in einem gewogenen Tiegel getrocknet, verascht, bis zur Gewichtskonstanz geglüht und gewogen. Der Umrechnungsfaktor von Bariumsulfat auf Barium ist 0,5884.

### 3.3.3.3 Bestimmung des Lithiums und des Natriums

***Grundlage.*** In der sauren Lösung der Probe werden Lithium und Natrium flammenspektrometrisch bestimmt.

***Anwendungsbereich.*** Geeignet für Gehalte von 0,03 bis 0,05% Lithium und von 0,3 bis 0,9% Natrium.

***Zuverlässigkeit.*** Bei Gehalten von 0,03 bis 0,05% Lithium etwa ±5%.
Bei Gehalten von 0,3 bis 0,9% Natrium etwa ±5%.

***Reagenzien.***

1. Lithiumstammlösung: 5,3228 g Lithiumcarbonat werden in einem Meßkolben mit Salpetersäure (1 + 50) zum Liter gelöst.
2. Lithiumstandardlösung: 20 ml Stammlösung (1) werden in einem Meßkolben mit Wasser zum Liter verdünnt. 1 ml ≙ 20 µg Lithium.
3. Natriumstammlösung: 2,5418 g Natriumchlorid werden in einem Meßkolben mit Salzsäure (1 + 50) zum Liter gelöst.
4. Natriumstandardlösung: 200 ml der Stammlösung (3) werden in einem Meßkolben mit Wasser zum Liter verdünnt. 1 ml ≙ 0,2 mg Natrium.

***Ausführung.*** 1 g Probe wird mit 30 ml Wasser und 10 ml Salpetersäure (1,4) in der Wärme gelöst und auf dem Wasserbad zur Trockne eingedampft. Der Trockenrückstand wird mit 40 ml heißem Wasser gelöst, mit Wasser in einen 100 ml-Meßkolben übergespült und mit 4 ml Salzsäure (1 + 1) versetzt. Nach dem Abkühlen auf Raumtemperatur wird zu 100 ml aufgefüllt und gut gemischt. Zur Lithium- und Natriumbestimmung werden 10 bis 15 ml in einen Aufnahmebehälter gegeben und nach der Eichung des Flammenspektralphotometers zerstäubt.

***Eichkurve.*** Für Lithium werden 5, 10, 15, 20 und 25 ml Lithiumstandardlösung (2) in 100 ml-Meßkolben pipettiert, mit je 4 ml Salzsäure (1 + 1) versetzt und zu 100 ml aufgefüllt. 10 bis 15 ml der Lösungen werden nach der jeweiligen Betriebsanweisung des Flammenspektralphotometers zerstäubt. Die Skalenausschläge werden zu einer Kurve gezeichnet. Der Meßbereich liegt zwischen 1 bis 10 mg Lithium im Liter.

Für Natrium mißt man 10, 20, 30, 40 und 50 ml Natriumstandardlösung (4) in 100 ml-Meßkolben, fügt je 4 ml Salzsäure (1 + 1) zu und füllt auf. Nach Abnahme von 10 bis 15 ml der Lösungen verfährt man weiter, wie bei der Eichkurve für Lithium beschrieben. Der Meßbereich liegt zwischen 1 bis 100 mg Natrium im Liter.

### 3.3.3.4 Bestimmung des Aluminiums

***Grundlage.*** Aus der nach dem Aufschluß mit Schwefelsäure gelösten Probe werden nach der Entfernung des Bleisulfats die Schwermetalle mit Schwefelwasserstoff gefällt. Das Aluminium wird im Filtrat als Aluminiumoxid bestimmt.

***Anwendungsbereich.*** Geeignet für Gehalte über 0,2%.

***Zuverlässigkeit.*** Bei Gehalten von 0,2 bis 0,4% etwa ±10%.

***Reagenzien.***

1. Ammoniak (0,91), carbonatfrei: Wie unter 3.3.3.1.1, S. 97.

***Ausführung.*** 10 g Probe werden in einem 500 ml-Erlenmeyerkolben mit 40 ml Schwefelsäure (1,84) durch Kochen zersetzt. Die Schwefelsäure wird weitgehend abgeraucht. Nach dem Abkühlen wird mit 200 ml kaltem Wasser verdünnt und aufgekocht. Nach abermaligem Abkühlen wird der Niederschlag über ein Filter Gr. 4 filtriert und mit kalter Schwefelsäure (1 + 100) gewaschen. In das Filtrat wird bis zur Sättigung Schwefelwasserstoff eingeleitet. Es wird durch ein Filter Gr. 2 filtriert und mit schwefelwasserstoffhaltiger Schwefelsäure (1 + 100) gewaschen. Der Schwefelwasserstoff wird verkocht und die Lösung mit etwa 5 g Ammoniumchlorid versetzt und mit Ammoniak neutralisiert. Nach Zugabe von 5 ml Ammoniak im Überschuß wird die Lösung etwa 5 min im Sieden gehalten. Nach einstündigem Stehenlassen wird über ein Filter Gr. 2 filtriert und der Niederschlag mit heißem Ammoniak (1 + 20) auf das Filter gebracht. Filter und Niederschlag werden in einem gewogenen Tiegel getrocknet, verascht, bei 1200° bis zur Gewichtskonstanz geglüht und gewogen. Der Umrechnungsfaktor von Aluminiumoxid auf Aluminium ist 0,5293.

## 3.3.4 Blei-Cadmium-Legierungen nach DIN 1707

### 3.3.4.1 Bestimmung des Bleis

***Grundlage.*** Nach Aufschluß mit Salpetersäure und Weinsäure werden Blei und Cadmium als Sulfide abgetrennt. Das Blei wird als Sulfat bestimmt.

***Anwendungsbereich.*** Geeignet für zinnfreie und zinnhaltige Legierungen.

***Zuverlässigkeit.*** Bei Gehalten um 85% etwa ±0,2%.

***Reagenzien.***

1. Natriumhydroxidlösung: 200 g zum Liter gelöst.
2. Natriumsulfidlösung: 50 g $Na_2S \cdot 9\,H_2O$ zum Liter gelöst.
3. Natriumsulfidlösung: 10 ml Lösung (2) zum Liter aufgefüllt.
4. Mischsäure: Salpetersäure (1,4) und Schwefelsäure (1,84) im Volumenverhältnis 2 + 1.

***Ausführung.*** 2 g Probe werden mit 50 ml Salpetersäure (1 + 1) unter Zusatz von 5 g Weinsäure gelöst. Die Lösung wird mit Natriumhydroxidlösung (1) deutlich alkalisch gemacht. Dann werden Blei und Cadmium mit 50 ml Natriumsulfidlösung (2) als Sulfide gefällt. Nach etwa einstündigem Stehen bei 70° wird der Niederschlag über ein Filter Gr. 2 abfiltriert und mit warmer Natriumsulfidlösung gründlich ausgewaschen. Filter und Niederschlag werden in einem 500 ml-Kjeldahl-Quarzkolben durch Kochen mit 50 ml Salpetersäure (1 + 1) zersetzt. Nach vorsichtigem Zugeben von 20 ml Schwefelsäure (1,84) wird kräftig abgeraucht, eine Dunkelfärbung der Flüssigkeit durch Zutropfen von Mischsäure (4) beseitigt und das Blei, wie unter 1.1, S. 76, beschrieben, als Bleisulfat abgetrennt und bestimmt.

### 3.3.4.2 Bestimmung des Cadmiums

***Grundlage.*** Nach Säureaufschluß der Probe und Abtrennen der störenden Elemente wird das Cadmium elektrolytisch bestimmt.

***Anwendungsbereich.*** Geeignet für Gehalte von 10 bis 20%.

***Zuverlässigkeit.*** Bei Gehalten von 10 bis 20% etwa ±0,2%.

***Reagenzien.***

1. Natriumhydroxidlösung: 200 g zum Liter gelöst.
2. Natriumsulfidlösung: 25 g $Na_2S \cdot 9\,H_2O$ und 25 g Natriumcyanid zu 100 ml gelöst.
3. Mischsäure: Salpetersäure (1,4) und Schwefelsäure (1,84) im Volumenverhältnis 2 + 1.

***Geräte.*** Platinelektroden, siehe Kapitel Cadmium unter 1.1.1, S. 115.

***Ausführung.*** 2 g Probe werden mit 50 ml Salpetersäure (1 + 1) unter Zusatz von 5 g Weinsäure gelöst. Die Lösung wird mit etwa 400 ml Wasser verdünnt und mit Natriumhydroxidlösung (1) alkalisch gemacht. Dann wird das Cadmium mit 50 ml Natriumsulfidlösung (2) als Sulfid gefällt und nach etwa einstündigem Stehenlassen bei 70° auf ein Filter Gr. 3 filtriert. Filter und Niederschlag werden mit warmem, natriumsulfidhaltigem Wasser (2 g in 100 ml) nachgewaschen, in das Lösegefäß gebracht und durch Kochen mit 50 ml Salpetersäure (1 + 1) zersetzt. Nach Zugabe von 30 ml Schwefelsäure (1 + 1) wird kräftig abgeraucht.

Eine Dunkelfärbung der Lösung wird durch Zutropfen von Mischsäure (3) beseitigt. Nach dem Abkühlen wird mit 150 ml Wasser aufgenommen und gekocht. Es wird erneut gekühlt, danach durch ein Filter Gr. 3 abfiltriert und mit Schwefelsäure (1 + 100) ausreichend nachgewaschen. Das auf etwa 400 ml verdünnte Filtrat wird auf 70° erwärmt und mit Schwefelwasserstoff gesättigt. Nach mehrstündigem Stehen wird auf ein Filter Gr. 3 filtriert und der Niederschlag mit schwefelwasserstoffhaltiger Schwefelsäure (1 + 100) ausgewaschen. Das Cadmiumsulfid wird mit heißer Salzsäure (1 + 2) in Lösung gebracht. Fällgefäß und Filter werden mit heißer Salzsäure (1 + 100) nachgewaschen. Die Cadmiumlösung wird nach Zugabe von 5 ml Schwefelsäure (1 + 1) bis zum starken Rauchen eingedampft. Der Rückstand wird mit 150 ml Wasser aufgenommen, mit Natriumhydroxidlösung (1) bis zur beginnenden Trübung versetzt, der Niederschlag durch Zugabe von Kaliumhydrogensulfat wieder gelöst und die Lösung nach dem Verdünnen auf 300 ml mit 6 g Kaliumhydrogensulfat versetzt.

Man elektrolysiert bei bewegtem Elektrolyten bei 0,4 A beginnend und steigert nach je 15 min um 0,2 A bis auf 1,2 A. Nach Beendigung der Abscheidung wird das Elektrolysat unter Stromdurchgang durch Wasser ersetzt. Die Kathode wird abgenommen, mit Wasser gewaschen, mit Äthanol gespült und am Föhn vorgetrocknet. Die endgültige Trocknung erfolgt 10 min lang bei 100° im Trockenschrank. Nach dem Erkalten im Exsiccator wird die Elektrode gewogen.

### 3.3.4.3 Bestimmung des Zinns

***Grundlage.*** Nach dem Aufschluß mit Salzsäure und Chlorat wird das Zinn als Thiostannat abgetrennt und jodometrisch bestimmt.

***Anwendungsbereich.*** Geeignet für Gehalte von 0,1 bis 2%

***Zuverlässigkeit.*** Bei Gehalten von 0,1 bis 1% etwa ±5%,
von 1 bis 2% etwa ±3%.

***Reagenzien.***

1. Natriumsulfidlösung: 50 g $Na_2S \cdot 9\,H_2O$ zum Liter gelöst.
2. Eisenpulver oder Aluminium (99,9%), grobe Späne.
3. Brom-Salzsäure: 100 bis 150 ml Brom im Liter Salzsäure (1,19).
4. Natriumhydrogencarbonatlösung, gesättigt.
5. Stärkelösung: 1 g zu 100 ml gelöst. Die Lösung ist täglich frisch zu bereiten.

***Ausführung.*** 10 g Probe werden mit 50 ml Salzsäure (1,19) unter Erwärmen gelöst. Ein verbleibender Metallschwamm wird mit möglichst wenig Kaliumchlorat in Lösung gebracht. Nach dem Abkühlen wird mit Natriumhydroxidlösung (1 + 4) neutralisiert und der Lösung 50 ml Natriumsulfidlösung (1) sowie etwa 0,5 g Schwefel zugegeben. Man erwärmt 30 min lang auf 60 bis 80°.

Die Sulfide werden nach dem Abkühlen über ein Filter Gr. 2 abfiltriert und mit Natriumsulfidlösung (5 g im Liter) gewaschen. Durch Ansäuern des Filtrats wird das Zinn als Zinn(II)-sulfid wieder ausgefällt. Nach dem Absetzenlassen wird es über ein Filter Gr. 2 abfiltriert und mit schwefelwasserstoffhaltiger Schwefelsäure (1 + 100) ausgewaschen.

Das Zinn(II)-sulfid wird vom Filter in einen 250 ml-Erlenmeyerkolben gespült. Das dem Filter anhaftende Sulfid wird mit 50 ml Brom-Salzsäure (3) durch das Filter unter Nachwaschen mit heißer Salzsäure (1 + 100) in den Kolben gelöst und das darin bereits befindliche Sulfid unter Erwärmen aufgelöst. Nach dem Verkochen des Broms und nach Zugabe von 2 g Eisenpulver (2) wird die Lösung etwa 30 min lang auf 60 bis 70° erwärmt. Der ausgeschiedene Metallschwamm wird abfiltriert und das Filtrat in einem mit einigen erbsengroßen Marmorstückchen und 80 ml Salzsäure (1 + 1) beschickten 500 ml-Erlenmeyerkolben aufgefangen. Nachgewaschen wird mit heißer Salzsäure (1 + 10). Der Kolben wird nach Zugabe von 0,5 g Eisenpulver (2) oder 1 g Aluminium (2) mit einem Contat-Göckel-Aufsatz, der Natriumhydrogencarbonatlösung (4) enthält, verschlossen.

Man erwärmt den Kolbeninhalt bis sich das zugesetzte Metall und der abgeschiedene Zinnschwamm gelöst haben. Dann wird unter fließendem Wasser abgekühlt und das Zinn mit 0,1 n-Jodlösung gegen Stärke (5) titriert. 1 ml 0,1 n-Jodlösung ≙ 5,935 mg Zinn.

***Bemerkung.*** Bei Zinngehalten unter 0,1% wird verfahren, wie unter 3.1.5, S. 86, beschrieben.

## 3.3.5 Bleireiche Weiß- und Lagermetalle nach DIN 1703, Schriftmetalle nach DIN 16572, Druckgußlegierungen nach DIN 1741, Lote nach DIN 1707

### 3.3.5.1 Bestimmung des Bleis

***Grundlage.*** Nach Aufschluß der Probe mit Bromwasserstoffsäure und Brom wird das Blei als Bleisulfat bestimmt.

***Anwendungsbereich.*** Geeignet für Gehalte von 40 bis 95%.

***Zuverlässigkeit.*** Bei Gehalten von 40 bis 95% etwa ±0,2%.

***Reagenzien.***

1. Ammoniumacetatlösung: 170 ml Wasser, 120 ml Ammoniak (0,91) und 17 ml Essigsäure (1,06) werden miteinander vermischt.

***Ausführung.*** 1 g Probe wird mit 10 ml Bromwasserstoffsäure (1,38) in einem 400 ml-Becherglas (weite Form) unter allmählicher Zugabe von 3 ml Brom gelöst. Die Lösung wird mehrmals mit Bromwasserstoffsäure (1,38) zur Trockne gedampft. Zur vollständigen Verflüchtigung des Arsens und Antimons wird der Rückstand mind. 30 min lang auf etwa 130° erwärmt. Nach Zugabe von 20 ml Schwefelsäure (1 + 1) wird bis zum starken Rauchen eingeengt. Den abgekühlten Kristallbrei nimmt man mit 50 ml Schwefelsäure (1 + 100) auf, kocht kurz auf und läßt abkühlen. Nach vierstündigem Stehen wird das ausgeschiedene Bleisulfat über ein Filter Gr. 3 abfiltriert. Fällgefäß, Filter und Niederschlag werden dreimal mit kalter Schwefelsäure (1 + 100) ausgewaschen. Das Bleisulfat wird vom Filter in das Fällgefäß zurückgespült und mit 40 ml Ammoniumacetatlösung (2) gelöst. Die Lösung wird etwa 20 min auf 80 bis 90° erwärmt und durch das vorher benutzte Filter filtriert. Fällgefäß und Filter werden mit heißem Wasser bleifrei gewaschen. Ein etwaiger Rückstand wird nach Zurückspritzen ins Fällgefäß mit 20 ml Ammoniumacetatlösung (1) 5 min lang bei 80 bis 90° digeriert. Die Lösung wird durch das Filter zum ersten Filtrat gegeben, worauf mit heißem Wasser nachgewaschen wird. Aus dem auf etwa 60° erwärmten Gesamtfiltrat wird das Blei durch einstündiges Einleiten von Schwefelwasserstoff als Sulfid gefällt. Nach mind. vierstündigem Stehen wird die Sulfidfällung auf ein Filter Gr. 2 filtriert und mit gesättigtem Schwefelwasserstoffwasser gewaschen. Dann wird weiter verfahren, wie unter 1.1, S. 76, beschrieben.

### 3.3.5.2 Bestimmung des Antimons

#### *3.3.5.2.1 Gehalte über 1% Antimon*

***Grundlage.*** Nach Aufschluß der Probe mit Brom-Salzsäure und Austreiben des Arsens wird das Antimon mit Kaliumbromat maßanalytisch bestimmt.

***Anwendungsbereich.*** Geeignet für Gehalte von 1 bis 30%.

***Zuverlässigkeit.*** Bei Gehalten von 1 bis 3% etwa ±2%,
von 3 bis 10% etwa ±1%,
über 10% etwa ±0,5%.

***Reagenzien.***

1. Brom-Salzsäure: 150 ml Brom im Liter Salzsäure (1,19) gelöst.
2. Indicator: 0,1 g Methylorange mit 100 ml heißem Wasser gelöst. Die Lösung wird nach dem Erkalten filtriert.

***Ausführung.*** 10 g Probe werden mit 100 ml Brom-Salzsäure (1) unter schwachem Erwärmen gelöst. Nach Verkochen des Broms wird die kalte Lösung in einem 500 ml-Meßkolben aufgefüllt. Es wird eine Abnahme mit 100 mg Antimon oder bei kleinen Antimongehalten die gesamte Probe mit 20 ml Salzsäure (1,19) und 1 g Natriumsulfit versetzt. Durch Einengen auf etwa 50 ml auf dem Wasserbad werden Arsen und Schwefeldioxid verflüchtigt. Die Lösung wird mit heißem Wasser auf 150 ml verdünnt, auf etwa 60 bis 80° erwärmt und mit 0,1 n-Kaliumbromatlösung gegen Methylorange (2) oder mit elektrometrischer Indication (Platinelektrode-Kalomelelektrode) titriert. 1 ml 0,1 n-Kaliumbromatlösung = 6,088 mg Antimon.

*3.3.5.2.2. Gehalte unter 1% Antimon*

***Grundlage.*** Wie unter 3.3.5.2.1 beschrieben.

***Anwendungsbereich.*** Geeignet für Gehalte von 0,2 bis 1%.

***Zuverlässigkeit.*** Bei Gehalten von 0,2 bis 0,5% etwa ±5%,
von 0,5 bis 1% etwa ±3%.

***Reagenzien.*** Wie unter 3.3.5.2.1 beschrieben.

***Ausführung.*** Wie unter 3.3.5.2.1, jedoch werden hier 250 ml (= 5 g Einwaage) abgenommen, mit 30 ml Salzsäure (1,19) und 1 g Natriumsulfit versetzt und auf 50 ml eingedampft. Die Titration wird mit der Mikrobürette durchgeführt.

### 3.3.5.3 Bestimmung des Zinns

***Grundlage.*** Nach Aufschluß der Probe mit Brom-Salzsäure und Entfernen des Arsens und Antimons wird das Zinn jodometrisch bestimmt.

***Anwendungsbereich.*** Geeignet für Gehalte von 2,5 bis 63,5%.

***Zuverlässigkeit.*** Bei Gehalten von 2,5 bis 5% etwa ±2%,
von 5 bis 10% etwa ±1%,
von 10 bis 25% etwa ±0,5%,
über 25% etwa ±0,2%.

***Reagenzien.*** Wie unter 1.6., S. 81.

***Ausführung:*** Das Antimon wird in der austitrierten Lösung der Antimonbestimmung oder in einer wie unter 3.3.5.2 bis zur Titration vorbereiteten Lösung nach Zugabe von 50 ml Salzsäure (1,19) mit 2 bis 3 g Eisenpulver (1) ausgefällt, wobei das gesamte Volumen etwa 250 bis 300 ml betragen soll. Der Niederschlag wird über ein Filter Gr. 2 in einen 750 ml-Erlenmeyerkolben (Enghals) abfiltriert, dann wird verfahren, wie unter 1.6, S. 81, beschrieben.

***Bemerkung.*** Bei Gehalten über 30% Zinn werden nur 0,4 bis 0,5 g Probe titriert, und die 0,1 n-Jodlösung wird dazu mit reinstem Zinn eingestellt.

### 3.3.5.4 Bestimmung des Arsens

***Grundlage.*** Nach Aufschluß der Probe mit Schwefelsäure wird das Arsen als Trichlorid destilliert und mit Kaliumbromat maßanalytisch bestimmt.

***Anwendungsbereich.*** Geeignet für Gehalte von 0,3 bis 1%.

***Zuverlässigkeit.*** Bei Gehalten von 0,3 bis 1% etwa ±5%.

***Reagenzien.***

1. Reduktionslösung: 30 g Hydraziniumsulfat und 60 g Kaliumbromid zum Liter gelöst.
2. Natriumsulfidlösung: 100 g $Na_2S \cdot 9\,H_2O$ zum Liter gelöst. Die Lösung wird filtriert.
3. Waschwasser: 5 ml Lösung (2) werden zum Liter aufgefüllt.
4. Methylorangelösung: 0,1 g zu 100 ml gelöst.

***Geräte.*** Destillierapparat, siehe Abb. 5 im Kapitel Arsen, S. 70.

***Ausführung.*** 2 bis 5 g Probe werden durch Kochen mit 20 bis 30 ml Schwefelsäure (1,84) in Sulfate überführt. Der schwefelsäurehaltige Brei wird solange erhitzt, bis das gesamte durch die Umsetzung entstandene Schwefeldioxid entwichen ist. Nach dem Abkühlen und nach Zugabe von 50 ml Wasser wird die Aufschlämmung in einen Arsendestillierkolben übergespült. Nach Zugabe von 100 ml Salzsäure (1,19) und 15 ml Reduktionslösung (1) wird das Arsen nach der im Kapitel Arsen beschriebenen Weise destilliert. Da ein Teil des Antimons mit überdestilliert sein kann, wird in das kalte Destillat (mind. 1 + 1 salzsauer) Schwefelwasserstoff eingeleitet, bis sich der Niederschlag zusammengeballt hat. Nach dem Absetzen wird das Arsen(III)-sulfid über ein mit Salzsäure (1 + 1) durchfeuchtetes Filter abfiltriert. Fällgefäß und Filter werden dreimal mit an Schwefelwasserstoff gesättigter Salzsäure (1 + 1) und dann mit Schwefelwasserstoffwasser chloridfrei gewaschen. Der Filterinhalt wird ins Fällgefäß zurückgespült. Die dem Filter noch anhaftenden Reste werden mit einigen Tropfen Natriumsulfidlösung (2) durch das Filter gelöst und der Hauptmenge zugefügt. Das Filter wird mit Waschwasser (3) nachgewaschen. Zu dem gelösten Arsen(III)-sulfid werden 40 ml Schwefelsäure (1 + 1) gegeben und die Lösung bis zum starken Rauchen und Klarwerden eingeengt. Nach Erkalten werden 200 ml Wasser und 20 ml Salzsäure (1 + 1) zugefügt. Nunmehr wird die auf 60 bis 80° erhitzte Lösung mit 3 Tropfen der Methylorangelösung (4) versetzt und das Arsen durch Titration mit 0,1 n-Kaliumbromatlösung bis zur Entfärbung oder mit elektrometrischer Anzeige bestimmt. 1 ml 0,1 n-Kaliumbromatlösung $\triangleq$ 3,7455 mg Arsen.

### 3.3.5.5 Bestimmung des Kupfers

#### *3.3.5.5.1 Gehalte über 0,1% Kupfer*

***Grundlage.*** Nach Aufschluß mit Salpetersäure und Weinsäure und Abtrennen des Bleis, Arsens, Antimons und Zinns wird das Kupfer elektrolytisch bestimmt.

***Zuverlässigkeit.*** Bei Gehalten von 1 bis 3,5% etwa ±2%.

***Reagenzien.***

1. Natriumsulfatlösung, gesättigt.
2. Natriumsulfidlösung: 100 g $Na_2S \cdot 9\,H_2O$ zum Liter gelöst.
3. Natriumsulfidlösung: 20 g $Na_2S \cdot 9\,H_2O$ zum Liter gelöst.
4. Natriumhydroxidlösung: 10 g zu 100 ml gelöst.

***Geräte.*** Platinelektroden, siehe Kapitel Kupfer unter 1.1.1, S. 207.

***Ausführung.*** 10 g Probe werden mit 50 ml Wasser und 20 g Weinsäure versetzt und unter allmählicher Zugabe von 50 ml Salpetersäure (1,4) und schwachem Erwärmen klar gelöst. Bleibt die Lösung trübe, so muß das Auflösen mit entsprechend größeren Weinsäuremengen wiederholt werden.

Die Lösung wird auf etwa 300 ml verdünnt, das Blei mit 20 ml Natriumsulfatlösung (1) gefällt und über ein Filter Gr. 3 abfiltriert. Filter und Niederschlag werden mit Natriumsulfatlösung (1 + 10) ausgewaschen. Das Filtrat wird mit Natriumhydroxidlösung (4) alkalisch gemacht und auf 80 bis 90° erhitzt. In diese Lösung läßt man unter ständigem Rühren 30 ml Natriumsulfidlösung (2) eintropfen. Der zusammengeballte Niederschlag der Sulfide des Kupfers, Cadmiums, Eisens, Zinks und Nickels wird über ein Filter Gr. 2 abfiltriert und mit Natriumsulfidlösung (3) ausgewaschen. Der Niederschlag wird in das Fällgefäß zurückgespült und mit 20 ml Salpetersäure (1 + 1) in der Hitze gelöst. Die Lösung wird nach Zugabe von 20 ml Schwefelsäure (1 + 1) bis zum starken Rauchen eingedampft. Nach dem Abkühlen und Aufnehmen des Kristallbreis mit 100 ml Wasser wird das restliche Bleisulfat über ein Filter Gr. 3 abfiltriert und mit Schwefelsäure (1 + 100) nachgewaschen. In das mit dem Waschwasser vereinigte Filtrat wird Schwefelwasserstoff eingeleitet. Aus dem über ein Filter Gr. 2 abfiltrierten Sulfidniederschlag wird das Cadmium mit heißer Salzsäure (1 + 2) herausgelöst.

Das ungelöst gebliebene Kupfersulfid, das noch Wismutsulfid enthalten kann, wird mit Salpetersäure (1 + 1) unter Erwärmen gelöst. Aus der ammoniakalisch gemachten Lösung werden Wismuthydroxid und Reste elementaren Schwefels über ein Filter Gr. 2 abfiltriert, wie unter 1.2, S. 78, beschrieben.

Im Filtrat wird das Kupfer nach dem Ansäuern mit Salpetersäure elektrolytisch bestimmt (siehe Kapitel Kupfer unter 1.1.1, S. 207).

#### *3.3.5.5.2 Gehalte unter 0,1% Kupfer*

***Grundlage.*** Nach Aufschluß mit Salpetersäure und Weinsäure und Abtrennen des Bleis, Arsens, Antimons und Zinns wird das Kupfer als Carbaminat photometrisch bestimmt.

***Anwendungsbereich.*** Geeignet für Gehalte von 0,02 bis 0,1%.

***Zuverlässigkeit.*** Bei Gehalten von 0,02 bis 0,1% etwa ±5%.

***Reagenzien.*** Siehe unter 3.2.1, S. 87, und 3.3.5.5.1, S. 104.

***Ausführung.*** Die Vorbereitung der Probe erfolgt wie unter 3.3.5.5.1 bis zur Filtration des restlichen Bleisulfats.

Das Filtrat wird in einem 250 ml-Meßkolben aufgefüllt. Je nach dem durch einen Vorversuch ermittelten Kupfergehalt wird vom Inhalt des Meßkolbens eine Abmessung mit 20 bis 100 $\mu$g Kupfer abpipettiert. Diese wird in einen 250 ml-Scheidetrichter gegeben, mit 20 ml Citronensäurelösung (1) versetzt und mit Ammoniak (0,91) auf pH 9 bis 10 eingestellt. Aus dieser Lösung wird das Kupfer wie unter 3.2.1, S. 87, beschrieben, als Carbaminatkomplex extrahiert und photometrisch bestimmt.

***Eichkurve.*** Siehe unter 3.2.1, S. 87.

### 3.3.5.6 Bestimmung des Cadmiums

***Grundlage.*** Nach Aufschluß der Probe mit Salpetersäure und Weinsäure und Abtrennen des Bleis und des Kupfers wird das Cadmium elektrolytisch bestimmt.

***Anwendungsbereich.*** Geeignet für Gehalte von 0,2 bis 2%.

***Zuverlässigkeit.*** Bei Gehalten von 0,2 bis 1% etwa ±5%,
von 1 bis 2% etwa ±2%.

***Reagenzien.*** Siehe unter 3.3.5.5.1, S. 104.

***Geräte.*** Platinelektroden, siehe Kapitel Cadmium unter 1.1.1, S. 115.

***Ausführung.*** Die nach 3.3.5.5.1 erhaltene salzsaure Cadmiumchloridlösung wird nach Zugabe von 2 ml Schwefelsäure (1,84) bis zum deutlichen Rauchen eingedampft. Der Rückstand wird mit etwa 150 ml Wasser aufgenommen und mit Natriumhydroxidlösiung (4) bis zur bleibenden Trübung versetzt, die durch Zugabe von Kaliumhydrogensulfat wieder beseitigt wird. Man setzt weitere 6 g Kaliumhydrogensulfat zu und bestimmt das Cadmium elektrolytisch wie unter 3.3.4.2, S. 100, angegeben.

### 3.3.5.7 Bestimmung des Eisens

***Grundlage.*** Nach Aufschluß der Probe mit Schwefelsäure werden Zinn, Antimon und Arsen als Bromide verflüchtigt. Nach Abtrennen weiterer Elemente durch Schwefelwasserstoff bzw. Ammoniakfällung wird das Eisen photometrisch mit Sulfosalicylsäure bestimmt.

***Anwendungsbereich.*** Geeignet für Gehalte von 0,001 bis 0,2%.

***Zuverlässigkeit.*** Bei Gehalten von 0,001 bis 0,02% etwa ±10%,
von 0,02 bis 0,2% etwa ±5%.

***Reagenzien.***

1. Sulfosalicylsäurelösung: 20 g zu 100 ml gelöst und filtriert.
2. Eisenstammlösung: 0,715 g Eisen(III)-oxid werden mit 20 ml Salzsäure (1,19) in der Wärme gelöst und in einem Meßkolben zum Liter aufgefüllt.
3. Eisenstandardlösung: 20 ml der Stammlösung (2) werden in einem Meßkolben zu 500 ml verdünnt. 1 ml $\triangleq$ 20 $\mu$g Eisen.

***Ausführung.*** 5 g Probe werden mit 25 ml Schwefelsäure (1,84) durch Kochen zersetzt. Nach Erkalten und Verdünnen mit 25 ml Wasser und nach Zusatz von 25 ml Bromwasserstoffsäure (1,3) und 2 ml Brom wird bis zum starken Rauchen der Schwefelsäure erhitzt. Das Einrauchen wird nach erneuter Zugabe von 20 ml Bromwasserstoffsäure und Brom wiederholt. Nach Erkalten nimmt man mit 100 ml Wasser auf, kocht, verdünnt mit weiteren 150 ml Wasser und sättigt mit Schwefelwasserstoff. Nach mehrstündigem Absetzen wird durch ein Filter Gr. 2 filtriert und mit schwefelwasserstoffhaltiger Schwefelsäure (1 + 1000) gewaschen. Das Filtrat wird zur Vertreibung des Schwefelwasserstoffs gekocht, das gelöste Eisen mit 10 ml Wasserstoffperoxid (3%) oxydiert und anschließend mit Ammoniak (0,91) gefällt. Nach kurzem Aufkochen läßt man absetzen und filtriert anschließend über ein Filter Gr. 2. Gefäß und Filter werden mit heißem Wasser ausgewaschen. Das Eisen(III)-oxidhydrat wird mit 10 ml warmer Salzsäure (1 + 1) durch das Filter in einen 100 ml-Meßkolben gelöst und mit heißem Wasser nachgewaschen. Zur Lösung im Meßkolben oder zu einem Anteil (die zu photometrierende Eisenmenge soll nicht mehr als 0,5 mg sein) fügt man 5 ml Sulfosalicylsäurelösung (1) zu, macht schwach ammoniakalisch und versetzt mit einem Überschuß von 10 ml Ammoniak (0,91). Nach dem Abkühlen füllt man mit Wasser auf 100 ml auf, mischt und photometriert gegen eine Blindprobe bei 436 nm.

***Eichkurve.*** Man pipettiert verschiedene Abmessungen von 0 bis 25 ml der Standardlösung (3) in 100 ml-Meßkolben, fügt je 10 ml Salzsäure (1 + 1) und 5 ml Sulfosalicylsäurelösung (1) zu, verdünnt mit Wasser, macht ammoniakalisch, gibt weitere 10 ml Ammoniak (0,91) zu und photometriert nach dem Verdünnen zu 100 ml, wie unter Ausführung beschrieben.

### 3.3.5.8 Bestimmung des Nickels

***Grundlage.*** Nach Aufschluß der Probe mit Schwefelsäure werden Zinn, Antimon und Arsen mit Bromwasserstoffsäure verflüchtigt. Nach einer Schwefelwasserstoffällung wird das Nickel im Filtrat polarographisch bestimmt.

***Anwendungsbereich.*** Für Gehalte von 0,01 bis 1%.

***Zuverlässigkeit.*** Bei Gehalten von 0,01 bis 0,1% etwa ±5%,
von 0,1 bis 1% etwa ±3%.

***Reagenzien.***

1. Grundlösung: 600 ml Ammoniak (0,91), 20 ml gesättigte Ammoniumchloridlösung und 50 ml Leimlösung (1 g in 100 ml) zum Liter aufgefüllt.

2. Nickelstammlösung: 100 mg Nickel werden mit 10 ml Salpetersäure (1 + 1) gelöst. Die Lösung wird in einem Meßkolben zum Liter aufgefüllt.

3. Nickelstandardlösung: 100 ml Lösung (2) werden in einem Meßkolben zum Liter aufgefüllt. 1 ml $\triangleq$ 10 $\mu$g Nickel.

***Ausführung.*** 5 g Probe werden mit 25 ml Schwefelsäure (1,84) durch Kochen zersetzt. Nach dem Erkalten wird die Lösung mit 25 ml Wasser und 25 ml Bromwasserstoffsäure (1,38) und 2 ml Brom versetzt und bis zum Rauchen der Schwefelsäure eingedampft. Das Einrauchen wird mit 20 ml Bromwasserstoffsäure (1,38) und 1 ml Brom wiederholt. Den Rückstand nimmt man mit etwa 100 ml Wasser auf, erhitzt zum Sieden und verdünnt auf etwa 400 ml. Diese Lösung wird mit Schwefelwasserstoff gesättigt. Der Sulfidniederschlag wird über ein Filter Gr. 2 filtriert und mit gesättigtem Schwefelwasserstoffwasser gewaschen. Das Filtrat wird zur Trockne gedampft. Das Nickel wird, wie unter 3.3.1.6, S. 94, angegeben, polarographisch bestimmt.

### 3.3.5.9 Bestimmung des Zinks

***Grundlage.*** Nach Aufschluß der Probe mit Schwefelsäure werden Zinn, Antimon und Arsen mit Bromwasserstoffsäure verflüchtigt. Nach einer Schwefelwasserstofffällung zur Abscheidung der Schwermetalle wird das Zink als Sulfid gefällt und polarographisch bestimmt.

***Anwendungsbereich.*** Geeignet für Gehalte von 0,05 bis 0,1%.

***Zuverlässigkeit.*** Bei Gehalten von 0,05 bis 0,1% etwa ±10%.

***Reagenzien.***

1. Arsen(III)-chloridlösung: 0,13 g Arsen(III)-oxid werden mit etwa 1 g Natriumhydroxid und 10 ml Wasser gelöst, mit Salzsäure (1 + 1) angesäuert und zu 100 ml aufgefüllt. 1 ml ≈ 1 mg Arsen.

2. Methylorangelösung: 0,1 g zu 100 ml gelöst. Die Lösung wird filtriert.

3. Mischsäure: Salpetersäure (1,4) und Schwefelsäure (1,84) im Volumenverhältnis 2 + 1.

4. Grundlösung: 600 ml Ammoniak (0,91), 20 ml gesättigte Ammoniumchloridlösung und 50 ml Leimlösung (1 g in 100 ml) werden zum Liter aufgefüllt.

5. Zinkstammlösung: 100 mg Zink werden mit 10 ml Salpetersäure (1 + 1) gelöst. Die Lösung wird in einem Meßkolben zum Liter aufgefüllt.

6. Zinkstandardlösung: 100 ml Stammlösung (5) werden in einem Meßkolben zum Liter aufgefüllt. 1 ml $\triangleq$ 10 $\mu$g Zink.

***Ausführung.*** 5 g Probe werden, wie unter 3.3.5.8 beschrieben, gelöst und die Metalle der Schwefelwasserstoffgruppe abgetrennt. Nach Verkochen des Schwefelwasserstoffs wird die Lösung abgekühlt und mit 5 ml Arsenlösung (4), 3 Tropfen Methylorangelösung (2) und mit soviel Ammoniak (0,91) versetzt, bis der Indicator nach Gelb umschlägt. Dann säuert man mit Schwefelsäure (1 + 1) tropfenweise an und fügt 1 Tropfen im Überschuß hinzu, verdünnt mit Wasser auf 450 ml und leitet bis zur Sättigung Schwefelwasserstoff ein. Nach mehrstündigem Stehen wird auf ein Filter Gr. 4 filtriert und mit gesättigtem Schwefelwasserstoffwasser gewaschen. Filter und Niederschlag bringt man in das Fällgefäß zurück, fügt 20 ml Salpetersäure (1,4) und 5 ml Schwefelsäure (1,84) zu und erhitzt bis zum Rauchen der Schwefelsäure. Eine vom Filter stammende Dunkelfärbung wird durch Zutropfen von Mischsäure (3) beseitigt. Die farblose Lösung wird zur Trockne gedampft. Das zum Niederreißen des Zinksulfids zugesetzte Arsen wird durch Abrauchen mit 10 ml Bromwasserstoffsäure (1,38) entfernt. Der Rückstand wird mit 5 ml Salzsäure (1,19) nochmals zur Trockne gedampft, mit 5 ml Salzsäure (1,19) in der Wärme aufgenommen und nach dem Abkühlen auf Raumtemperatur auf 10 ml aufgefüllt. Dann wird das Zink, wie unter 3.3.1.6, S. 94, angegeben, polarographisch bestimmt.

### 3.3.5.10 Bestimmung des Aluminiums

***Grundlage.*** Nach Aufschluß der Probe mit Schwefelsäure werden Zinn, Antimon und Arsen als Bromide verflüchtigt, das Blei wird als Bleisulfat abgeschieden und das Aluminium als Eriochromcyaninkomplex photometrisch bestimmt.

***Anwendungsbereich.*** Geeignet für Gehalte von 0,01 bis 0,05%.

***Zuverlässigkeit.*** Bei Gehalten von 0,01 bis 0,05% etwa ±10%.

***Reagenzien.***

1. Eriochromcyaninlösung: 0,1 g zu 100 ml gelöst. Die Lösung ist täglich frisch zu bereiten.

2. Pufferlösung: 40 g Natriumacetat und 0,8 ml Essigsäure (1,06) werden in Wasser gelöst und zum Liter aufgefüllt (pH 6,0 ± 0,1).

3. Indicatorlösung: 0,1 g Tropaeolin 0 zu 100 ml gelöst.

4. Thioglykolsäure: 10%.

5. Aluminiumstammlösung: 1 g Aluminium wird mit Salzsäure (1,19) und etwas Wasserstoffperoxid (3%) in Lösung gebracht und in einem Meßkolben mit Wasser zum Liter aufgefüllt.

6. Aluminiumstandardlösung: 10 ml der Stammlösung (5) werden in einem Meßkolben zum Liter verdünnt. 1 ml $\triangleq$ 10 $\mu$g Aluminium.

***Ausführung.*** 2,5 g Probe werden mit 20 ml Schwefelsäure (1,84) durch starkes Erhitzen zersetzt. Nach dem Erkalten und Verdünnen mit 20 ml Wasser werden 25 ml Bromwasserstoffsäure (1,38) und 2 ml Brom zugesetzt, worauf wieder bis zum starken Rauchen der Schwefelsäure erhitzt wird. Das Einrauchen wird mit 20 ml Bromwasserstoffsäure und 2 ml Brom wiederholt, wobei die Schwefelsäure weitgehend abgeraucht, jedoch nicht bis zur Trockne eingeraucht wird. Nach Erkalten nimmt man mit 100 ml Wasser und 2 ml Salzsäure (1 + 1) auf, kocht durch und läßt abkühlen. Die Lösung wird über ein Filter Gr. 2 in einen 250 ml-Meßkolben filtriert, das Filter mit Salzsäure (1 + 100) nachgewaschen und das Filtrat mit Wasser aufgefüllt.

Eine Abnahme von 25 ml wird in einen 100 ml-Meßkolben gebracht und mit 2 ml Thioglykolsäure (4) versetzt. Nach Zugabe von 2 Tropfen Indicatorlösung (3) läßt man solange n-Natriumhydroxidlösung zufließen, bis der Indicator nach Gelb umschlägt. Die Lösung wird mit n-Salzsäure eben wieder angesäuert und mit 5 Tropfen n-Salzsäure im Überschuß versetzt. Nach Zusatz von 10 ml Eriochromcyaninlösung (1) und 20 ml Pufferlösung (2) wird mit Wasser zu 100 ml aufgefüllt, durchgemischt und bei 578 nm gegen eine Blindprobe photometriert.

***Eichkurve.*** Man pipettiert Aluminiummengen von 0 bis 20 ml der Standardlösung (6) in 100 ml-Meßkolben, versetzt mit je 2 ml Thioglykolsäure (4) und verfährt, wie unter Ausführung beschrieben.

#### 3.3.5.11 Bestimmung des Silbers

***Grundlage.*** Die Probe wird auf Ansiedescherben unter Zusatz von Kornblei und Borax eingeschmolzen, wobei die Verunreinigungen verschlackt werden und das Silber im Bleiregulus gesammelt wird, aus dem es durch Treiben abgetrennt und gewichtsanalytisch bestimmt wird.

***Anwendungsbereich.*** Geeignet für Gehalte von 1 bis 4%.

***Zuverlässigkeit.*** Bei Gehalten von 1 bis 2% etwa ±1%,
von 2 bis 4% etwa ±0,5%.

***Reagenzien.***

1. Probierblei, edelmetall- und wismutarm, in Kornform.
2. Borax, geschmolzen und gemahlen.

***Geräte.*** Ansiedescherben, 60 oder 70 mm ⌀, Hartkapellen.

***Ausführung.*** Zweimal 0,5 g Probe werden in Ansiedescherben unter Zusatz von je 2 g Borax (2) verschlackt, wobei darauf zu achten ist, daß je Scherben mit 25 g Blei (1) gemischt und mit etwa 30 g Blei (1) abgedeckt wird (Verschlackung siehe Kapitel Edelmetalle unter 2.4.1, S. 146). Nach dem Zerschlagen der Scherben wird das Verschlacken des Regulus wiederholt. Die Reguli werden vereinigt und abermals verschlackt. Ist der erhaltene Regulus weich, wird auf einer Hartkapelle abgetrieben. Federglättebildung ist zu vermeiden. Das Silberkorn wird gereinigt und ausgewogen.

# 4 Nichtmetallische Erzeugnisse

## 4.1 Blei(II)-oxid (Bleiglätte — Probierglätte)

### 4.1.1 Bestimmung des Gesamtbleis

***Grundlage.*** Nach Aufschluß der Probe mit Salpetersäure und Schwefelsäure wird das abgeschiedene Bleisulfat mit Ammoniumacetat gelöst, mit Schwefelwasserstoff als Sulfid gefällt und als Bleisulfat bestimmt.

***Anwendungsbereich.*** Geeignet für Gehalte über 90%.

***Zuverlässigkeit.*** Bei Gehalten über 90% etwa ±0,15%.

***Reagenzien.***

1. Ammoniumacetatlösung: 170 ml Wasser, 120 ml Ammoniak (0,91) und 170 ml Essigsäure (1,06) werden vermischt.

***Ausführung.*** 2 g Probe werden mit 30 ml Salpetersäure (1 + 2) unter Erwärmen gelöst. Nach Zugabe von 30 ml Schwefelsäure (1 + 1) wird bis zum starken Rauchen eingedampft. Zu der erkalteten Lösung fügt man etwa 15 ml Wasser und dampft erneut bis zum starken Rauchen der Schwefelsäure ein. Nach Abkühlen nimmt man mit etwa 100 ml Wasser auf, läßt einige Minuten kochen und kühlt wieder ab. Nach Zusatz von 30 ml Äthanol läßt man 1 Std. absetzen und filtriert dann auf ein Filter Gr. 3. Fällgefäß und Filter werden dreimal mit Schwefelsäure (1 + 100) ausgewaschen. Das Bleisulfat wird mit Wasser vom Filter in das Fällgefäß zurückgespült und mit 40 ml Ammoniumacetatlösung (1) gelöst. Die Lösung wird 30 min auf 80 bis 90° erwärmt, durch das vorher benutzte Filter filtriert und mit heißem Wasser nachgewaschen. Ein etwaiger Rückstand wird nach dem Zurückspülen in das Fällgefäß nochmals 5 min bei 80 bis 90° mit 20 ml Ammoniumacetatlösung digeriert. Die Lösung wird durch ein Filter zum ersten Filtrat gegeben und Fällgefäß und Filter anschließend mit heißem Wasser gewaschen. Das auf etwa 60° erwärmte und zu 500 ml verdünnte Filtrat wird mit Schwefelwasserstoff gesättigt. Nach Stehen über Nacht wird auf ein Filter Gr. 2 filtriert und mit schwefelwasserstoffgesättigtem Wasser nachgewaschen. Niederschlag und Filter werden in das Fällgefäß zurückgegeben. Es wird weiter verfahren, wie unter 1.1, S. 76, beschrieben.

### 4.1.2 Bestimmung des metallischen Bleis

***Grundlage.*** Nach Extraktion des Blei(II)-oxids mit Ammoniumacetatlösung wird die Menge des verbliebenen Metalls elektrolytisch bestimmt.

***Anwendungsbereich.*** Geeignet für Gehalte über 0,01%.

***Zuverlässigkeit.*** Bei Gehalten von 0,01 bis 0,1% etwa ±30%,
von 0,1 bis 2% etwa ±10%.

***Reagenzien.***

1. Ammoniumacetatlösung, gesättigt.
2. Hydraziniumsulfat: 10 g zu 100 ml gelöst.

***Geräte.*** Platinelektroden, siehe Kapitel Zink unter 3.2.1, S. 440.

***Ausführung.*** Zu 50 g Probe gibt man eine Mischung von 50 ml Wasser, 250 ml Ammoniumacetatlösung (1), 20 ml Essigsäure (1,06) und 2 ml Hydraziniumsulfatlösung (2). Durch kurzes Kochen wird das Blei(II)-oxid in Lösung gebracht. Nach dem Absetzen wird der unlösliche Rückstand auf ein Filter Gr. 2 filtriert. Lösegefäß und Filter werden mit kaltem Wasser nachgewaschen. Der Rückstand wird vom Filter in das Lösegefäß zurückgespritzt, mit 25 ml Salpetersäure (1 + 1) versetzt und leicht erwärmt. Nach Zugabe von 50 ml Wasser filtriert man durch das vorher benutzte Filter und wäscht mit heißem Wasser nach. Im Filtrat wird das Blei entweder insgesamt oder nach Auffüllen in einen Meßkolben in einer Abmessung elektrolytisch bestimmt.

Die Lösung wird in ein 250 ml-Elektrolysiergefäß übergeführt, mit etwa 2 g Harnstoff versetzt, mit Wasser zu etwa 180 ml verdünnt und mit Salpetersäure auf eine Säurekonzentration von 1 + 9 gebracht. Man elektrolysiert 30 min lang mit einer ruhenden Platinanode und einer mit 200 U/min rotierenden Platinkathode bei einer Stromstärke von 2 bis 3 A. Nach etwa 25 min werden 20 ml Wasser zugegeben. Die Abscheidung ist beendet, wenn nach 5 min am etwas tiefer eingetauchten Stiel der Anode kein dunkler Anflug von Blei(IV)-oxid zu erkennen ist. Erfolgt keine Abscheidung mehr, wird das Elektrolysiergefäß rasch entfernt und unter Stromdurchgang mehrmals durch ein Becherglas mit Wasser ersetzt. Die gewaschene Elektrode wird abgenommen, vorsichtig mit Wasser abgespült und bei 180° im Trockenschrank getrocknet. Nach dem Abkühlen im Exsiccator wird die Elektrode gewogen. Der Umrechnungsfaktor von Blei(IV)-oxid auf Blei ist 0,8662.

***Bemerkungen.*** Die Trockentemperatur ist einzuhalten, um eine Zersetzung des Blei(IV)-oxids oder ein Verbleiben von Wasser zu vermeiden. Thallium und Mangan (bei größeren Mengen) werden mit abgeschieden. Merkliche Kupfergehalte geben zu niedrige Werte, weil metallisches Blei Kupfer auszementiert und dabei als Bleiacetat in Lösung geht. Bleisilicate liefern zu hohe Werte, weil sie in Ammoniumacetat unlöslich, aber in Salpetersäure löslich sind, und daher ihr Bleigehalt in die Endbestimmung eingeht.

### 4.1.3 Bestimmung des Silbers

Siehe Kapitel Edelmetalle unter 3.8.1, S. 161.

### 4.1.4 Bestimmung des Blei(IV)-oxids

***Grundlage.*** Das durch Umsetzung des Blei(IV)-oxids mit Jodidlösung freigewordene Jod wird maßanalytisch bestimmt.

***Anwendungsbereich.*** Geeignet für Gehalte über 0,03%.

***Zuverlässigkeit.*** Bei Gehalten von 0,03 bis 0,4% etwa ±10%,
von 0,4 bis 2% etwa ±5%.

***Reagenzien.***

1. Reaktionsgemisch: 200 g $CH_3COONa \cdot 3\,H_2O$ und 10 g Kaliumjodid zum Liter gelöst.

2. Stärkelösung: 1 g zu 100 ml gelöst. Die Lösung ist täglich frisch herzustellen.

***Ausführung.*** 20 g Probe werden in einer Mischung von 100 ml Reaktionsgemisch (1) und 200 ml Wasser aufgeschlämmt. Durch allmähliche Zugabe von 30 ml Essigsäure (1,06) wird das Blei(IV)-oxid gelöst. Das durch die Umsetzung freigewordene Jod wird mit 0,01 n-Thiosulfatlösung titriert. 1 ml 0,01 n-Thiosulfatlösung $\triangleq$ 1,196 mg Blei(IV)-oxid.

***Bemerkungen.*** Ein Gehalt an Kupfer(II)-oxid bedingt durch die Umsetzung mit Jodid zu Kupfer(I)-jodid und Jod einen Mehrwert an Blei(IV)-oxid.

### 4.1.5 Bestimmung des Kupfers

### 4.1.6 Bestimmung des Wismuts

### 4.1.7 Bestimmung des Arsens

### 4.1.8 Bestimmung des Antimons

### 4.1.9 Bestimmung des Zinns

### 4.1.10 Bestimmung des Eisens

Diese Bestimmungen werden nach den unter 3.2.1 bis 3.2.7, S. 87 bis S. 91, angegebenen Analysenvorschriften durchgeführt.

## 4.2 Blei(II,IV)-oxid (Mennige) und Blei(IV)-oxid

### 4.2.1 Bestimmung des Bleis

***Grundlage.*** Das Oxid wird reduzierend gelöst und das Blei als Sulfat bestimmt.

***Anwendungsbereich.*** Geeignet für alle Mennige- und Blei(IV)-oxidprodukte.

***Zuverlässigkeit.*** Bei Gehalten von 80 bis 90% etwa ± 0,2%.

***Reagenzien.***

1. Oxalsäurelösung: 10 g $C_2O_4H_2 \cdot 2\,H_2O$ zum Liter gelöst.

2. Mischsäure: Salpetersäure (1,4) und Schwefelsäure (1,84) im Volumenverhältnis 2 + 1.

***Ausführung.*** 1 g Probe wird in 50 ml Oxalsäurelösung (1) aufgeschlämmt und nach Zugabe von 20 ml Salpetersäure (1 + 1) unter Erwärmen gelöst. Nach dem Verdünnen auf 100 ml wird der Rückstand über ein Filter Gr. 2 abfiltriert und dieses mit heißem Wasser nachgewaschen. Nach Zugabe von 10 ml Schwefelsäure (1,84) wird das Filtrat unter Beseitigen der sich wiederholenden Dunkelfärbung durch Zutropfen von Mischsäure bis zum starken Rauchen eingedampft. Nach dem Erkalten wird mit 50 ml Wasser aufgenommen. Nach kurzem Aufkochen und

Abkühlen wird das Bleisulfat über einen gewogenen Porzellanfiltertiegel A2 abfiltriert, zunächst mit Schwefelsäure (1 + 100) und dann mit Äthanol ausgewaschen. Tiegel und Niederschlag werden bei 550° zur Gewichtskonstanz geglüht, im Exsiccator erkalten gelassen und gewogen. Der Umrechnungsfaktor von Bleisulfat auf Blei ist 0,6832. Das Bleisulfat ist durch Lösen mit Ammoniumacetat auf Reinheit zu prüfen, wie unter 1.1, S. 77, beschrieben.

### 4.2.2 Bestimmung des Blei(IV)-oxids in Mennige

***Grundlage.*** Der Blei(IV)-oxidgehalt der Probe wird durch Titration des durch die Umsetzung der Mennige mit Jodidlösung freigewordenen Jods bestimmt.

***Anwendungsbereich.*** Geeignet für das bindemittelfreie Mennigepigment.

***Zuverlässigkeit.*** Bei Gehalten von 30 bis 35% etwa ±0,5%.

***Reagenzien.***

1. Reaktionsgemisch: 200 g $CH_3COONa \cdot 3\,H_2O$ und 10 g Kaliumjodid zum Liter gelöst.
2. Stärkelösung: 1 g zu 100 ml gelöst. Die Lösung ist täglich frisch zu bereiten.

***Ausführung.*** 1 g Mennige wird in einer Mischung von 10 ml Reaktionsgemisch (1) und 100 ml Wasser aufgeschlämmt. Durch allmähliche Zugabe von 10 ml Essigsäure (1,06) wird die Mennige gelöst. Das durch die Umsetzung des Blei(IV)-oxidanteils mit dem Jodid freigewordene Jod wird mit 0,1 n-Thiosulfatlösung titriert. 1 ml 0,1 n-Thiosulfatlösung $\triangleq$ 11,96 mg Blei(IV)-oxid.

### 4.2.3 Bestimmung des Kupfers

### 4.2.4 Bestimmung des Wismuts

### 4.2.5 Bestimmung des Arsens

### 4.2.6 Bestimmung des Antimons

### 4.2.7 Bestimmung des Zinns

### 4.2.8 Bestimmung des Eisens

Diese Bestimmungen werden nach den unter 3.2.1 bis 3.2.7, S. 87 bis S. 91, angegebenen Analysenvorschriften durchgeführt, mit der Abänderung, daß beim Lösen mit Säure ein Reduktionsmittel, z. B. Wasserstoffperoxid, zugesetzt werden muß.

Kapitel 6

# Bor

Inhalt



## 1 Metallische Erzeugnisse

## Ferro-Bor

### 1.1 Bestimmung des Bors

***Grundlage.*** Das Bor wird nach Lösen der Probe mit Salzsäure und Abtrennen der störenden Elemente mit einem Kationenaustauscher im neutralisierten Eluat nach Zugabe eines Polyalkohols mit Natriumhydroxidlösung maßanalytisch bestimmt.

***Anwendungsbereich.*** Geeignet für Gehalte bis 20%.

***Zuverlässigkeit.*** Bei Gehalten um 20% etwa ±1%.

***Reagenzien.***

1. Natriumtetraborat, wasserfrei, 2 Std. bei 110°, getrocknet.
2. ~ 0,05n-Natriumhydroxidlösung.
3. Indicatorlösung: 0,05 g Methylrot, 0,1 g Bromkresolgrün, 0,3 g Phenolphthalein und 0,3 g Thymolphthalein mit Methanol zu 100 ml gelöst.

***Geräte.*** Austauschersäule: Handelsüblicher Kationenaustauscher. 100 ml Austauscher werden in Salzsäure (1 + 1) 24 Std. lang digeriert. Man dekantiert die Salzsäure und füllt den feuchten Austauscher in ein mit einem Hahn versehenes Glasrohr (Länge 40 cm, innerer ∅ 2 cm) bis zur Hälfte ein. Durch die Säule werden langsam 100 ml Salzsäure (1 + 1) gegeben und das Eluat von Zeit zu Zeit auf Eisenfreiheit geprüft. Sobald das Eluat eisenfrei ist, ersetzt man die Salzsäure durch Wasser und läßt bei einer Tropfgeschwindigkeit von 3 bis 4 ml/min bis zur neutralen Reaktion durchtropfen. Damit ist der Austauscher für die Bor-Bestimmung einsatzbereit.

***Titerstellung der Natriumhydroxidlösung (2).*** Eine dem Borgehalt der zu untersuchenden Probe etwa entsprechende Menge wasserfreies Natriumtetraborat (1) wird in ein 400 ml-Becherglas eingewogen. Man löst mit 150 ml Wasser, das mit einigen Tropfen Salzsäure auf pH 1 bis 2 eingestellt ist. Nun gibt man die Lösung bei einer Tropfgeschwindigkeit von 2 bis 4 ml/min durch die Austauschersäule. Das Eluat wird in einem 750 ml-Erlenmeyerkolben (NS 29) aufgefangen. Unter mehrfachem Spülen des Becherglases mit Wasser läßt man dieses bis zur neutralen Reaktion des Eluats durch den Austauscher (Tüpfeln mit Indicatorpapier) tropfen.

Auf den das Eluat enthaltenden Kolben setzt man einen Rückflußkühler und verkocht das Kohlendioxid. Der Kolbeninhalt wird abgekühlt, mit 2 Tropfen Indicatorlösung (3) versetzt und die Salzsäure mit der Natriumhydroxidlösung (2) bis zum Umschlag von Rosarot nach Grün neutralisiert. Nun werden zur Lösung 5 g Mannit sowie 2 bis 3 Tropfen Indicatorlösung (3) gegeben. Man titriert mit Natriumhydroxidlösung (2) bis zum erneuten Umschlag des Indicators.

***Ausführung.*** 0,5 g Probe (Feinheitsgrad 0,2 DIN 4188) werden in einen 750 ml-Erlenmeyerkolben (NS 29) eingewogen. Nach Aufsetzen eines Rückflußkühlers gibt man durch den Kühler in kleinen Anteilen 50 ml Salzsäure (1 + 1) und einige Tropfen Salpetersäure (1,4). Dann wird der Kolbeninhalt etwa 30 min gekocht. Sollte sich die Probe nicht völlig lösen, so wird der Rückstand nach Ausspülen des Kühlers mit 150 ml Wasser über ein Filter Gr. 2 abfiltriert. Man wäscht mit heißem Wasser nach und gibt das Filter in einen Eisentiegel. Zur Vermeidung von Borverlusten während des Trocknens und Veraschens tropft man auf das nasse Filter einige Tropfen Natriumhydroxidlösung (10 g in 100 ml). Nach Trocknen und Veraschen wird der Rückstand mit möglichst wenig Natriumperoxid aufgeschlossen, die Schmelze mit Wasser gelaugt, kurz aufgekocht und mit der salzsauren Lösung vereinigt. Die Lösung enthält genügend Salzsäure, um das Eisenoxidhydrat zu lösen. Sollte etwas Hammerschlag vom Eisentiegel vorhanden sein, so wird nochmals abfiltriert. Man spült die Lösung in einen 750 ml-Erlenmeyerkolben (NS 29) und kocht nach Aufsetzen des Rückflußkühlers und nach Zugabe einiger Tropfen Wasserstoffperoxid (3%) 30 min. Nach dem Erkalten spült man die Lösung in einen 500 ml-Meßkolben über und pipettiert 50 ml (= 0,05 g Einwaage) in ein 250 ml-Becherglas. Mit einer frisch zubereiteten Natriumhydroxidlösung (10 g in 100 ml) stumpft man bis pH 1 bis 2 ab und gibt die Lösung in Anteilen durch die vorbereitete Austauschersäule. Das Eluat wird bei einer Tropfgeschwindigkeit von 2 bis 4 ml/min in einem 750 ml-Erlenmeyerkolben (NS 29) aufgefangen. Nach Durchgabe der Lösung spült man mit 200 ml Wasser bis zur neutralen Reaktion des Eluates bei gleicher Tropfgeschwindigkeit nach. Nach Aufsetzen eines Rückflußkühlers wird das gelöste Kohlendioxid durch 10 min währendes Kochen vertrieben. Die erkaltete Lösung versetzt man mit 2 Tropfen Indicatorlösung (3) und neutralisiert die restliche Salzsäure mit Natriumhydroxidlösung (2) bis zum Umschlag des Indicators. Zur Bestimmung von Bor fügt man 5 g Mannit sowie weitere 2 bis 3 Tropfen Indicatorlösung (3) zu und titriert mit Natriumhydroxidlösung (2) bis zum Umschlag des Indicators.

***Bemerkung.*** Löst sich die Ferro-Bor Probe nicht völlig, so darf für den alkalischen Aufschluß nicht zuviel Natriumperoxid verwendet und nicht zu lange geschmolzen werden, da sonst die Konzentration an Natrium- und Eisenionen für die angegebene Austauschermenge zu groß wird (Gelbfärbung des Eluats). Gegebenenfalls muß die Analyse mit einer größeren Austauschermenge wiederholt werden.

## 1.2 Bestimmung des Kohlenstoffs

Siehe Kapitel Kohlenstoff unter 4.9, S. 201.

Kapitel 7

# Cadmium

Inhalt



## 1 Vorstoffe

### 1.1 Cadmiumhaltiger Flugstaub

#### 1.1.1 Bestimmung des Cadmiums

***Grundlage.*** Das Cadmium wird als Sulfid abgetrennt und aus kaliumhydrogensulfathaltiger Lösung elektrolytisch bestimmt.

***Anwendungsbereich.*** Geeignet für Gehalte über 1%.

***Zuverlässigkeit.*** Bei Gehalten um 5% etwa ±1%,
um 10% etwa ±0,5%.

***Reagenzien.***

1. Natriumsulfid-Natriumcyanidlösung: 25 g $Na_2S \cdot 9\,H_2O$ und 25 g Natriumcyanid zu 100 ml gelöst.
2. Natriumsulfidlösung: 2 g $Na_2S \cdot 9\,H_2O$ zu 100 ml gelöst.
3. Natriumhydroxidlösung: 40 g zu 100 ml gelöst.
4. Mischsäure: Salpetersäure (1,4) und Schwefelsäure (1,84) im Volumenverhältnis 2 + 1.

***Geräte.*** Mattierte Platinelektroden.

Kathode: Netzelektrode, Durchmesser 40 mm, Höhe 50 mm.

Anode: Netz-, Draht- oder Blechelektrode in entsprechender Größe.

***Ausführung.*** Je nach Cadmiumgehalt werden 0,5 bzw. 1 g Probe in einem bedeckten 400 ml-Becherglas (hohe Form) mit Wasser angeschlämmt, mit 10 bzw. 20 ml Salpetersäure (1,4) gelöst und nach Zugabe von 20 ml Schwefelsäure (1 + 1) fast zur Trockne geraucht. Nach dem Erkalten verdünnt man mit 100 ml Schwefelsäure (1 + 10), kocht auf, filtriert nach dem Abkühlen durch ein Filter Gr. 3 in ein 800 ml-Becherglas und wäscht den Niederschlag mit kalter Schwefelsäure (1 + 100) aus. In das mit Wasser auf etwa 300 ml verdünnte und auf ungefähr 70° erhitzte Filtrat wird bis zum Erkalten Schwefelwasserstoff eingeleitet. Dann wird mit heißem Wasser auf etwa 500 ml verdünnt, die Lösung 3 Std. auf dem Wasserbad warmgehalten und nochmals mit Schwefelwasserstoff gesättigt. Man filtriert über ein Filter Gr. 3 mit wenig Filterschleim in ein 1 l-Becherglas und wäscht mit schwefelwasserstoffhaltiger Schwefelsäure (1 + 20) aus.

Der Niederschlag wird in das Fällgefäß zurückgespült, mit 20 ml Natriumsulfid-Natriumcyanidlösung (1) versetzt und die Lösung bis zum Sieden erhitzt. Man filtriert durch dasselbe Filter, wäscht mit heißer Natriumsulfidlösung (2) aus und gibt Filter mit Niederschlag in das 800 ml-Becherglas zurück. Beide werden mit 25 ml Salpetersäure (1,4) und 20 ml Schwefelsäure (1,84) zersetzt und bis zum Rauchen erhitzt, wobei etwaige Kohlereste mit Mischsäure (4) zu oxydieren sind. Nach dem Erkalten verdünnt man mit Wasser auf etwa 300 ml, verkocht die Stickstoffoxide und wiederholt die Cadmiumfällung wie beschrieben.

Der Cadmiumsulfidniederschlag wird über ein Filter Gr. 3 mit wenig Filterschleim abfiltriert, mit schwefelwasserstoffhaltiger Schwefelsäure (1 + 20) ausgewaschen, in ein 400 ml-Becherglas gespült und mit kalter Salzsäure (1 +1) gelöst. Das Filter wird mit Salzsäure (1 + 100) nachgewaschen und die Lösung mit 30 ml Schwefelsäure (1 + 1) zur Trockne geraucht. Der Rückstand wird mit einigen Tropfen Schwefelsäure (1 + 1) und 50 ml Wasser aufgenommen, das Cadmium mit Natriumhydroxidlösung (3) als Hydroxid gefällt und der Niederschlag durch Zugabe von Kaliumhydrogensulfat gelöst. Die Lösung wird mit 6 g Kaliumhydrogensulfat im Überschuß versetzt und mit Wasser auf 300 ml verdünnt.

Man elektrolysiert bei bewegtem Elektrolyten mit 0,4 A beginnend und steigert nach je 15 min um 0,2 A bis auf 1,2 A. Nach Beendigung der Abscheidung wird das Elektrolysat unter Stromdurchgang durch Wasser ersetzt. Die Kathode wird abgenommen, mit Wasser gewaschen, mit Äthanol gespült und am Föhn vorgetrocknet. Die endgültige Trocknung erfolgt 10 min lang bei 100° im Trockenschrank. Nach dem Erkalten im Exsiccator wird die Elektrode gewogen.

***Bemerkungen.*** Das Elektrolysat darf mit Schwefelwasserstoffwasser keine Gelbfärbung oder Trübung von Cadmiumsulfid ergeben. Andernfalls ist die Analyse zu wiederholen.

### 1.1.2 Bestimmung des Bleis

***Grundlage.*** Das Blei wird als Bleisulfat abgeschieden und nach dem Lösen mit Ammoniumacetat als Bleisulfid gefällt, zu Sulfat umgesetzt und gewichtsanalytisch bestimmt.

***Anwendungsbereich.*** Geeignet für Gehalte über 5%.

***Zuverlässigkeit.*** Bei Gehalten unter 20% ±0,5%,
über 20% ±0,3%.

***Reagenzien.***

1. Ammoniumacetatlösung: 30 g zu 100 ml gelöst.
2. Natriumsulfidlösung: 25 g $Na_2S \cdot 9\,H_2O$ zu 100 ml gelöst.
3. Natriumsulfidlösung: 2 g $Na_2S \cdot 9\,H_2O$ zu 100 ml gelöst.
4. Mischsäure: Salpetersäure (1,4) und Schwefelsäure (1,84) im Volumenverhältnis 2 + 1.

***Ausführung.*** 2,5 g Probe werden in einem bedeckten 600 ml-Becherglas (hohe Form) mit Wasser angeschlämmt, mit 50 ml Salpetersäure (1,4) gelöst und nach Zugabe von 30 ml Schwefelsäure (1 + 1) bis zum Rauchen erhitzt. Nach dem Erkalten wird mit 200 ml Schwefelsäure (1 + 20) verdünnt, aufgekocht, die abgekühlte Lösung mit 30 ml Äthanol versetzt und nach mehreren Stunden über ein Filter Gr. 3 filtriert. Der Niederschlag wird mit kalter Schwefelsäure (1 + 100) ausgewaschen. Das unreine Bleisulfat wird vom Filter in das Becherglas zurückgespritzt, mit 40 ml Ammoniumacetatlösung (1) versetzt, erhitzt und die Lösung durch dasselbe Filter in ein 600 ml-Becherglas filtriert. Das Filter wird mit heißem, ammoniumacetathaltigem Wasser [5 ml Ammoniumacetatlösung (1) zu 1 l Wasser] bleifrei ausgewaschen (Prüfung mit Schwefelwasserstoff). Im Filtrat wird das Blei mit 40 ml Natriumsulfidlösung (2) unter kräftigem Rühren ausgefällt. Nach dem Absetzen wird der Niederschlag über ein Filter Gr. 2 mit etwas Filterschleim abfiltriert und mit heißer Natriumsulfidlösung (3) ausgewaschen. Niederschlag und Filter werden mit 20 ml Salpetersäure (1,4) zersetzt und nach Zugabe von 10 ml Schwefelsäure (1,84), gegebenenfalls unter Zutropfen von Mischsäure (4), bis die Lösung farblos ist, fast bis zur Trockne eingeraucht. Nach dem Abkühlen wird mit 100 ml Schwefelsäure (1 + 100) aufgenommen und aufgekocht. Zur kalten Lösung gibt man 30 ml Äthanol, läßt mehrere Stunden bei Zimmertemperatur stehen und filtriert das Bleisulfat über einen gewogenen Porzellanfiltertiegel A 2 ab. Man wäscht mit Schwefelsäure (1 + 100) aus. Am Schluß wird dreimal mit Äthanol nachgewaschen, bei 105° getrocknet und bei ungefähr 500° bis zur Gewichtskonstanz geglüht. Nach dem Abkühlen im Exsiccator wird der Tiegel mit dem Bleisulfat ausgewogen. Zur Prüfung auf Reinheit bringt man das ausgewogene Bleisulfat durch vorsichtiges Ausklopfen des Tiegels in ein 200 ml-Becherglas, erwärmt es darin in 30 bis 50 ml Ammoniumacetatlösung (1), filtriert die Lösung wieder durch den Tiegel, wäscht mit heißem Wasser, trocknet, glüht und wägt wie vorher. Der Bleigehalt ergibt sich aus der Menge des Bleisulfats der ersten Wägung abzüglich der Gewichtszunahme des Tiegelleergewichts bei der zweiten Wägung. Der Umrechnungsfaktor von Bleisulfat auf Blei ist 0,6832.

### 1.1.3 Bestimmung des Zinks

***Grundlage.*** Das Zink wird nach Abtrennen von Blei und Cadmium in salzsaurer Lösung mit Kaliumhexacyanoferrat(II)-lösung maßanalytisch bestimmt.

***Anwendungsbereich.*** Geeignet für Gehalte über 5%.

***Zuverlässigkeit.*** Bei Gehalten von 5 bis 10% etwa ± 2 %,
von 10 bis 20% etwa ± 1 %,
von 20 bis 40% etwa ±0,5 %.

***Reagenzien.***

1. Kaliumhexacyanoferrat(II)-lösung: 21,6 g zum Liter gelöst.
2. Ammoniummolybdatlösung: 1 g $(NH_4)_6Mo_7O_{24} \cdot 4\,H_2O$ zu 100 ml gelöst.
3. Mischsäure: Salpetersäure (1,4) und Schwefelsäure (1,84) im Volumenverhältnis 2 + 1.

***Ausführung.*** 1,25 g Probe werden in einem bedeckten 400 ml-Becherglas (hohe Form) mit Wasser angeschlämmt, mit 20 ml Salpetersäure (1,4) gelöst und die Lösung nach Zugabe von 20 ml Schwefelsäure (1 + 1) bis zum Rauchen erhitzt. Nach dem Abkühlen verdünnt man mit 100 ml Schwefelsäure (1 + 10), kocht auf, filtriert nach dem Abkühlen durch ein Filter Gr. 3 in ein 800 ml-Becherglas und wäscht den Niederschlag mit kalter Schwefelsäure (1 + 100) aus. In das mit Wasser auf etwa 300 ml verdünnte und auf ungefähr 70° erhitzte Filtrat wird Schwefelwasserstoff bis zum Erkalten eingeleitet. Dann wird mit heißem Wasser auf 500 ml verdünnt, die Lösung etwa 3 Std. auf dem Wasserbad warmgehalten und danach nochmals mit Schwefelwasserstoff gesättigt. Nach dem Abkühlen und Absetzen wird vom Niederschlag über ein Filter Gr. 3 mit wenig Filterschleim in ein 1 l-Becherglas abfiltriert und mit schwefelwasserstoffhaltiger Schwefelsäure (1 + 20) ausgewaschen. Der Niederschlag wird mit dem Filter in das Fällgefäß zurückgegeben, mit 25 ml Salpetersäure (1,4) zersetzt und mit 25 ml Schwefelsäure (1,84) bis zum Rauchen erhitzt, wobei Filterreste durch Zutropfen von Mischsäure (3) zerstört werden. Man verdünnt auf etwa 300 ml, verkocht die Stickstoffoxide und wiederholt die Schwefelwasserstoffällung und die Filtration.

Die vereinigten Filtrate beider Sulfidfällungen werden zur Trockne geraucht. Der Rückstand wird mit 40 ml Salzsäure (1 + 3) gelöst und mit 3 ml Wasserstoffperoxidlösung (3%) oxydiert. Die Lösung wird in einen 500 ml-Meßkolben übergespült, auf ungefähr 300 ml verdünnt und mit 100 ml Ammoniak (0,91) versetzt. Nach mehrstündigem Stehenlassen wird aufgefüllt und durch ein Faltenfilter in ein trockenes Gefäß filtriert. Vom Filtrat gibt man zweimal je 200 ml (= 0,5 g Einwaage) in zwei 500 ml-Erlenmeyerkolben, neutralisiert mit Salzsäure (1,19) gegen Kongopapier und gibt schließlich 10 ml Salzsäure (1,19) im Überschuß zu. Man verdünnt auf 250 bis 300 ml Gesamtvolumen mit Wasser, läßt 3 bis 5 min kochen und titriert die heiße Lösung mit Kaliumhexacyanoferrat(II)-lösung (1) gegen Ammoniummoybdatlösung (2) als Indicator (Tüpfeln). Während die erste Abnahme als Vorprobe verwendet wird (siehe Kapitel Zink unter 1.1.1.2, S. 424), wird die zweite Abnahme schnell titriert.

***Titerstellung.*** Zur Titerstellung werden in drei 300 ml-Erlenmeyerkolben dreimal jeweils Mengen reinstes Zinkmetall entsprechend dem Zinkgehalt der Analysenprobe eingewogen und mit 20 ml Salzsäure (1 + 1) gelöst. Diese Lösungen werden nach dem Oxydieren mit Wasserstoffperoxid (3%) in 500 ml-Meßkolben übergespült, auf ungefähr 300 ml verdünnt, genau wie die Probe mit 100 ml Ammoniak (0,91) versetzt, aufgefüllt und je zweimal 200 ml zur Titration entnommen (siehe Kapitel Zink unter 1.1.1.2, S. 424).

### 1.1.4 Bestimmung des Wismuts

***Grundlage.*** Nach Aufschluß der Probe mit Natriumperoxid wird das Wismut in schwach salzsaurer Lösung als Sulfid gefällt und nach dem Lösen der Sulfide mit Salpetersäure mit Thioharnstoff photometrisch bestimmt.

***Anwendungsbereich.*** Geeignet für Gehalte von 0,002 bis 0,2%. Durch Veränderung der Einwaagen lassen sich auch höhere Gehalte bestimmen.

***Zuverlässigkeit.*** Bei Gehalten um 0,01 etwa ±10%,
um 0,1 etwa ±5%.

***Reagenzien.***

1. Natriumsulfidlösung: 100 g $Na_2S \cdot 9\,H_2O$ zum Liter gelöst und filtriert.
2. Thioharnstofflösung: 50 g zum Liter gelöst.
3. Bleinitratlösung: 32 g zu 100 ml gelöst.
4. Wismutstandardlösung: 0,1 g Wismut werden mit 10 ml Salpetersäure (1 + 1) in der Wärme gelöst. Die Lösung wird in einen 1 l-Meßkolben übergespült, auf 20° abgekühlt und mit Salpetersäure (1 + 8) aufgefüllt. 1 ml $\triangleq$ 0,1 mg Wismut.

***Ausführung.*** 2 bis 5 g Probe werden im Eisentiegel mit der sechs- bis achtfachen Menge Natriumperoxid geschmolzen. Die erkaltete Schmelze wird mit Wasser zersetzt und mit Salzsäure (1,19) angesäuert; man gibt 10 ml Salzsäure (1 + 1) im Überschuß hinzu und leitet etwa 15 min Schwefelwasserstoff ein. Dann verdünnt man mit gesättigtem Schwefelwasserstoffwasser bis auf etwa 900 ml und setzt das Einleiten des Schwefelwasserstoffs noch etwa 1 Std. fort. Nach 3- bis 4stündigem Stehen oder besser nach Stehen über Nacht werden die Sulfide über ein Filter Gr. 2 abfiltriert, das Fällgefäß und Filter fünfmal mit je 10 ml mit Schwefelwasserstoff gesättigter Salzsäure (1 + 1000) gewaschen. Darauf werden die Sulfide vom Filter in das Fällgefäß zurückgespült. Je nach dem Antimon-, Zinn- oder Arsengehalt wird mit 30 bis 50 ml Natriumsulfidlösung (1) versetzt, die Lösung mit den Sulfiden etwa 30 min auf 80° erwärmt und dann mit Wasser auf etwa 100 ml verdünnt. Man zerstört die Polysulfide durch Zugabe von etwa 2 g Natriumsulfit und filtriert anschließend die Lösung über das vorher benutzte Filter. Glas sowie Filter werden ausreichend mit heißem Wasser gewaschen, dann die auf dem Filter vorhandenen Sulfide zurückgespült und die letzten Reste auf dem Filter mit 15 ml Salpetersäure (1 + 1) zu der Hauptmenge hinzugelöst. Man dampft ein, bis der Schwefel rein gelb erscheint, versetzt mit 10 ml Salpetersäure (1 + 1) und spült die Lösung mit wenig Wasser in einen 100 ml-Meßkolben. Die auf 20° abgekühlte Lösung wird nach Zugabe von 25 ml Thioharnstofflösung (2) mit Wasser aufgefüllt und gut gemischt. Die gelbgefärbte Lösung wird nach 20 min in einer 2 cm-Küvette gegen eine Reagenzienblindprobe bei 450 nm photometriert. Die Lösungen müssen eine Temperatur von 20° $\pm$ 1° haben.

***Eichkurve.*** 1 bis 6 ml Wismutstandardlösung (4), entsprechend 100 bis 600 $\mu$g Wismut, werden in 100 ml-Meßkolben pipettiert und die Lösungen nach Zugabe von je 10 ml Salpetersäure (1 + 1), 5 ml Bleinitratlösung (3) und 25 ml Thioharnstofflösung (2) mit Wasser aufgefüllt, und photometriert, wie unter Ausführung beschrieben.

***Bemerkungen.*** Enthält die Probe mehr als 1% Kupfer, so muß das Wismut nach der Schwefelwasserstoffällung durch eine Ammoniak-Ammoniumcarbonatfällung abgetrennt werden (siehe Kapitel Kupfer unter 4.1.3, S. 236).

### 1.1.5 Bestimmung des Arsens

***Grundlage.*** Das Arsen wird nach einem nassen, oxydierenden Aufschluß der Probe aus stark salzsaurer Lösung als Arsen(III)-chlorid abdestilliert und im Destillat entweder mit Kaliumbromatlösung mit potentiometrischer Anzeige titriert oder nach der Molybdänblaumethode photometrisch bestimmt.

***Anwendungsbereich, Zuverlässigkeit, Reagenzien, Geräte*** und ***Ausführung*** siehe Kapitel Arsen unter 1.1 bis 1.3, S. 69 bis 71.

## 1.2 Cadmiumhaltiger Zinkstaubfällschlamm

### 1.2.1 Bestimmung des Cadmiums

***Grundlage.*** Das Cadmium wird als Cadmiumsulfid abgetrennt und aus kaliumhydrogensulfathaltiger Lösung elektrolytisch bestimmt.

***Anwendungsbereich.*** Geeignet für Gehalte von 1 bis 25%.

***Zuverlässigkeit.*** Bei Gehalten unter 10% etwa ±1%,
über 10% etwa ±0,5%.

***Reagenzien.*** Siehe unter 1.1.1, S. 115.

***Geräte.*** Siehe unter 1.1.1, S. 115.

***Ausführung.*** 5 g Probe werden in einem bedeckten 600 ml-Becherglas (hohe Form) mit Wasser angeschlämmt, mit 50 ml Salpetersäure (1,4) gelöst und die Lösung mit 30 ml Schwefelsäure (1 + 1) bis zum Rauchen erhitzt. Nach dem Erkalten wird mit 200 ml Schwefelsäure (1 + 20) verdünnt, aufgekocht und nach dem Abkühlen durch ein Filter Gr. 3 in einen 500 ml-Meßkolben filtriert. Der Niederschlag wird mit kalter Schwefelsäure (1 + 100) ausgewaschen. Der Meßkolben wird aufgefüllt. Man pipettiert 100 ml (= 1 g Einwaage) in ein 800 ml-Becherglas, erwärmt auf ungefähr 70° und leitet bis zum Erkalten Schwefelwasserstoff ein. Die Weiterbehandlung geschieht nach 1.1.1, S. 115.

***Bemerkungen.*** Siehe unter 1.1.1, S. 115.

### 1.2.2 Bestimmung des Kupfers

***Grundlage.*** Das Kupfer wird nach Abtrennen des Bleis als Sulfat elektrolytisch bestimmt.

***Anwendungsbereich.*** Geeignet für Gehalte von 1 bis 20%.

***Zuverlässigkeit.*** Bei Gehalten unter 10% etwa ± 1%,
über 10% etwa ± 0,5%.

***Geräte.*** Siehe unter 1.1.1, S. 115.

***Ausführung.*** Das Lösen der Probe (5 g Einwaage) und das Abtrennen des Bleis erfolgen, wie unter 1.2.1 beschrieben. Die dabei anfallende bleifreie Lösung wird in einem 500 ml-Meßkolben mit Schwefelsäure (1 + 100) aufgefüllt. 100 ml (= 1 g Einwaage) werden in einem 250 ml-Becherglas auf etwa 10 ml eingeengt. Man fügt 10 ml Bromwasserstoffsäure (1,38) zu und erhitzt zum Verflüchtigen von Arsen und Antimon bis zum Rauchen der Schwefelsäure. Man unterbricht dies kurz, gibt 10 ml Wasser zu und erhitzt erneut bis zum starken Rauchen. Nach dem Abkühlen nimmt man mit 100 ml Wasser auf, neutralisiert mit Ammoniak (0,91) und versetzt mit 10 ml Salpetersäure (1,4). Diese Lösung wird 2 Std. lang bei 1 A an einer Netzelektrode bei bewegter Flüssigkeit elektrolysiert. Dann fügt man nach dem Abspülen der Wandungen des Elektrolysengefäßes noch etwas Wasser zu und überzeugt sich nach 10 min, daß sich kein Kupfer mehr abgeschieden hat. Nach Beendigung der Abscheidung wird das Elektrolysat unter Stromdurchgang entfernt und durch Wasser ersetzt. Die Kathode wird dann abgenommen, mit Wasser gewaschen, in Äthanol getaucht, bei 105° getrocknet und nach dem Erkalten ausgewogen.

### 1.2.3 Bestimmung des Thalliums

***Grundlage.*** Das Thallium wird nach Abtrennen des Bleis und des Kupfers als Thallium(I)-jodid gewichtsanalytisch bestimmt.

***Anwendungsbereich.*** Geeignet für Gehalte von 1 bis 10%.

***Zuverlässigkeit.*** Bei Gehalten um 5% etwa ±3%.

***Reagenzien.***

1. Kaliumjodidlösung: 10 g zum Liter gelöst.
2. Mischsäure: Salpetersäure (1,4) und Schwefelsäure (1,84) im Volumenverhältnis 2 + 1.

***Ausführung.*** Das Lösen der Probe (5 g Einwaage) und das Abtrennen des Bleis erfolgen, wie unter 1.2.1 beschrieben. Die dabei anfallende bleifreie Lösung wird in einem 500 ml-Meßkolben mit Schwefelsäure (1 + 100) aufgefüllt. Man pipettiert 100 ml (= 1 g Einwaage) in ein 400 ml-Becherglas. Dieser Anteil wird mit Ammoniak (0,91) neutralisiert, dann mit Schwefelsäure (1 + 1) eben angesäuert und mit 2 bis 3 g Natriumsulfit versetzt. Bei 60° wird das Thallium durch Zugabe von festem Kaliumjodid als Thallium(I)-jodid gefällt. Man läßt mehrere Stunden absetzen, filtriert über ein Filter Gr. 3 und wäscht mit Kaliumjodidlösung (1) aus.

Niederschlag und Filter werden in das für die Fällung benutzte Becherglas zurückgegeben, mit 30 ml Salpetersäure (1 + 1) und 12 ml Schwefelsäure (1 + 1) zersetzt und die Lösung zum Rauchen erhitzt. Falls notwendig, muß abgeschiedener Kohlenstoff durch Zugabe von Mischsäure (2) oxydiert werden. Nach dem Erkalten wird mit 100 ml Wasser aufgenommen, auf ungefähr 60° erwärmt und in die Lösung bis zum Erkalten Schwefelwasserstoff eingeleitet. Der Niederschlag wird über ein Filter Gr. 3 abfiltriert und mit schwefelwasserstoffhaltiger Schwefelsäure (1 + 20) ausgewaschen. Das Filtrat wird auf ungefähr 100 ml eingeengt und etwa ausgeschiedener Schwefel über ein Filter Gr. 2 abfiltriert. Nun neutralisiert man die Lösung mit Ammoniak (0,91), säuert eben mit Schwefelsäure (1 + 1) an, versetzt mit 2 g Natriumsulfit und fällt das Thallium erneut bei 60° mit festem Kaliumjodid. Das Thallium(I)-jodid wird über einen gewogenen Porzellanfiltertiegel A 2 abfiltriert, nacheinander mit Kaliumjodidlösung (1) und Äthanol ausgewaschen und bei 100° getrocknet. Nach dem Erkalten im Exsiccator wird das Thallium(I)-jodid ausgewogen. Der Umrechnungsfaktor von Thallium(I)-jodid auf Thallium ist 0,6169.

## 1.3 Cadmiumhaltige Akkuplatten

### 1.3.1 Bestimmung des Cadmiums

***Grundlage.*** Das Cadmium wird als Cadmiumsulfid abgetrennt und aus kaliumhydrogensulfathaltiger Lösung elektrolytisch bestimmt.

***Anwendungsbereich.*** Geeignet für Gehalte bis etwa 60%.

***Zuverlässigkeit.*** Bei Gehalten um 50% etwa ±0,5%.

***Reagenzien.***

1. Natriumhydroxidlösung: 40 g zu 100 ml gelöst.

***Geräte.*** Siehe unter 1.1.1, S. 115.

***Ausführung.*** Entsprechend der Aufgliederung der Probe wird von den Eisenanteilen eine 100 g Gesamteinwaage entsprechende Menge in einem bedeckten 1 l-Becherglas mit 250 ml Salpetersäure (2 + 1) und 250 ml Salzsäure (1,19) gelöst, die Lösung aufgekocht und in einen 1 l-Meßkolben übergespült. Nach dem Abkühlen wird aufgefüllt. Von dieser Lösung werden 25 ml (= 2,5 g der Gesamtprobe) abpipettiert und nach Zugabe von 50 ml Schwefelsäure (1 + 1) zum Rauchen erhitzt. Nach dem Abkühlen gibt man 150 ml Wasser zu, kocht auf, spült die Lösung in einen 500 ml-Meßkolben über und füllt auf. Dann werden 100 ml (= 0,5 g der Gesamtprobe) in ein 400 ml-Becherglas abpipettiert und beiseite gestellt.

Von der Füllmasse wird ein 5 g Gesamteinwaage entsprechender Anteil eingewogen, in einem bedeckten 600 ml-Becherglas mit 50 ml Salzsäure (2 + 1) gelöst und nach Zugabe von 100 ml Schwefelsäure (1 + 1) bis zum Rauchen erhitzt. Nach dem Abkühlen wird mit Wasser verdünnt, aufgekocht, die Lösung in einen 1 l-Meßkolben übergespült und aufgefüllt. Man pipettiert 100 ml (= 0,5 g der Gesamtprobe) in das 400 ml-Becherglas zur entsprechenden Lösung der Eisenanteile, so daß jetzt 0,5 g der Probe vereinigt sind.

Man verdünnt mit Schwefelsäure (1 + 20) auf ungefähr 300 ml, erwärmt auf etwa 70° und leitet bis zum Erkalten Schwefelwasserstoff ein. Sobald sich der Niederschlag abgesetzt hat, wird er über ein Filter Gr. 3 mit wenig Filterschleim abfiltriert und mit schwefelwasserstoffhaltiger Schwefelsäure (1 + 20) ausgewaschen. Das Cadmiumsulfid wird mit kalter Salzsäure (1 + 1) bei bedecktem Trichter durch das Filter in ein 400 ml-Becherglas gelöst, das Filter mit Salzsäure (1 + 100) cadmiumfrei ausgewaschen und das Filtrat mit 30 ml Schwefelsäure (1 + 1) zur Trockne geraucht. Die Weiterbehandlung geschieht wie unter 1.1.1, S. 115, beschrieben.

***Bemerkungen.*** Siehe unter 1.1.1, S. 115.

# 1.4 Zementcadmium

## 1.4.1 Bestimmung des Cadmiums

***Grundlage.*** Das Cadmium wird als Cadmiumsulfid abgetrennt und aus kaliumhydrogensulfathaltiger Lösung elektrolytisch bestimmt.

***Anwendungsbereich.*** Geeignet für Gehalte bis ungefähr 95%.

***Zuverlässigkeit.*** Etwa ±0,5%.

***Reagenzien.*** Siehe unter 1.1.1., S. 115.

***Geräte.*** Siehe unter 1.1.1.

***Ausführung.*** 50 g Probe werden in einem bedeckten 1 l-Becherglas vorsichtig mit 250 ml Salpetersäure (1 + 2) behandelt. Nach Ablauf der ersten stürmischen Reaktion gibt man Salpetersäure (1,4) bis zur vollständigen Auflösung zu. Man verkocht die Stickstoffoxide, spült in einen 1 l-Meßkolben über nud füllt auf. 50 ml (= 2,5 g Einwaage) werden in ein 600 ml-Becherglas pipettiert, mit 50 ml Schwefelsäure (1 + 1) versetzt und bis zum Rauchen erhitzt. Nach dem Abkühlen wird mit Wasser aufgenommen, aufgekocht, in einen 500 ml-Meßkolben übergespült, aufgefüllt und durch ein Filter Gr. 4 in ein trockenes Gefäß abfiltriert. In 100 ml des Filtrats (= 0,5 g Einwaage) leitet man nach dem Erwärmen auf 70° bis zum Erkalten Schwefelwasserstoff ein. Der Niederschlag wird gemäß 1.1.1, S. 115, weiterbehandelt.

***Bemerkungen.*** Siehe unter 1.1.1.

## 1.4.2 Bestimmung des Chlorids

***Grundlage.*** Das Chlorid wird als Silberchlorid ausgefällt und der Überschuß an Silbernitrat mit Ammoniumthiocyanat zurücktitriert.

***Anwendungsbereich.*** Geeignet für Gehalte von 0,1 bis 5%.

***Zuverlässigkeit.*** Bei Gehalten um 1% etwa ±5%,
um 5% etwa ±1%.

***Reagenzien.***

1. Ammoniumeisen(III)-sulfatlösung: 5 g$(NH_4)$ $Fe(SO_4)_2 \cdot 12\,H_2O$ mit Salpetersäure (2 + 100) zu 100 ml gelöst.

***Ausführung.*** 10 g Probe werden in einem 500 ml-Erlenmeyerkolben mit 150 ml chloridfreiem Wasser angeschlämmt und mit 40 ml chloridfreier Salpetersäure (1,4), die portionsweise zugesetzt werden, im Kühlbecken unter mehrfachem Umschwenken gelöst. Nach vollständiger Auflösung werden 5 ml Ammoniumeisen(III)-sulfatlösung zugesetzt. Die Lösung wird in einen 500 ml-Meßkolben übergespült. Zum besseren Erkennen des Endpunktes der Silberchloridfällung werden zunächst 0,2 ml 0,1 n-Ammoniumthiocyanatlösung zugegeben. Dann fügt man eine gemessene Menge 0,1 n-Silbernitratlösung bis zur Entfärbung der braungefärbten Lösung zu, versetzt mit weiteren 0,5 ml 0,1 n-Silbernitratlösung und füllt mit chloridfreiem Wasser auf. Die einige Minuten durchgeschüttelte Lösung wird durch ein trockenes Faltenfilter in einen 250 ml-Meßkolben, der mit den ersten Anteilen des Filtrates ausgespült wird, bis zur Marke filtriert. Der Meßkolbeninhalt (= 5 g Einwaage) wird in einen 750 ml-Erlenmeyerkolben übergespült und mit 0,1 n-Ammoniumthiocyanatlösung bis zur auftretenden Rotfärbung titriert. 1 ml 0,1 n-Silbernitratlösung $\triangleq$ 3,546 mg Chlor.

# 2 Metallische Erzeugnisse
# Metallisches Cadmium

## 2.1 Bestimmung des Bleis

***Grundlage.*** Das Blei wird aus der salpetersauren Lösung des Cadmiums nach Zusatz von Eisen(III)-chlorid mit Ammoniak als Oxidhydrat ausgefällt und in der salzsauren Lösung des Niederschlages polarographisch bestimmt.

***Anwendungsbereich.*** Geeignet für Gehalte von 0,001 bis 0,05%.

***Zuverlässigkeit.*** Bei Gehalten unter 0,01% etwa ±10%,
über 0,01% etwa ±5%.

***Reagenzien.***

1. Eisen(III)-chloridlösung: 1 g $FeCl_3 \cdot 6\,H_2O$ zu 100 ml gelöst.

2. Tyloselösung: 2,5 g Tylose SL 100 zum Liter gelöst.

3. Bleistandardlösung: 1 g Blei wird mit 10 ml Salpetersäure (1 + 1) gelöst und die Lösung nach Verkochen der Stickstoffoxide in einem Meßkolben zum Liter aufgefüllt. 1 ml ≙ 1 mg Blei.

***Ausführung.*** 25 g Probe werden in einem bedeckten 600 ml-Becherglas (hohe Form) vorsichtig mit 100 ml Salpetersäure (1 + 1) gelöst. Nach Ablauf der ersten stürmischen Reaktion gibt man Salpetersäure (1,4) bis zur vollständigen Auflösung zu. Man verkocht die Stickstoffoxide, fügt 10 ml Eisen(III)-chloridlösung (1) zu und soviel Ammoniak (0,91), daß das gesamte Cadmium in Lösung bleibt. Der hierbei ausfallende Eisenoxidhydratniederschlag reißt die geringen Bleimengen mit. Darauf wird 10 min gekocht, heiß durch ein Filter Gr. 2 filtriert und mit Ammoniak (1 + 50) ausgewaschen. Den Niederschlag löst man mit heißer Salzsäure (1 + 1) durch das Filter, versetzt die Lösung mit 5 ml Bromwasserstoffsäure (1,38) und dampft zur Trockne, um etwa vorhandene Verunreinigungen an Arsen, Antimon oder Zinn zu entfernen. Man nimmt mit 0,5 ml Salzsäure (3 + 1) und 10 bis 15 ml Wasser auf, erhitzt zum Sieden und reduziert das Eisen durch Zugabe von 0,5 g Hydroxylammoniumchlorid. Nach dem Abkühlen spült man die Lösung in einen 50 ml-Meßkolben über, fügt 5 ml Tyloselösung (2) zu und füllt auf. Man entnimmt einen Teil, entlüftet 15 min mit Wasserstoff und polarographiert dann mit einer dem Bleigehalt der Probe entsprechenden Empfindlichkeit zwischen −0,3 und −0,6 V. Eine Reagenzienblindprobe ist erforderlich. Eine dem Bleigehalt der Probe entsprechende Abnahme der Bleistandardlösung (3) wird unter den gleichen Bedingungen wie die Probe polarographiert.

## 2.2 Bestimmung des Kupfers

***Grundlage.*** Das Kupfer wird aus ammoniakalischer Lösung als Kupferdiäthyldithiocarbaminat mit Kohlenstofftetrachlorid extrahiert und im Extrakt photometrisch bestimmt.

***Anwendungsbereich.*** Geeignet für Gehalte von 0,0001 bis 0,01%.

***Zuverlässigkeit.*** Bei Gehalten um 0,001% etwa ±10%,
um 0,01% etwa ±5%.

***Reagenzien.***

1. Bidestilliertes Wasser

2. ÄDTA-Lösung: 125 g Dinatriumsalz der Äthylendiamintetraessigsäure werden mit 125 ml Ammoniak (0,91) versetzt und mit Wasser (1) zu 600 ml verdünnt.

3. Carbaminatlösung: 1 g Natriumdiäthyldithiocarbaminat wird mit Wasser (1) zu 100 ml gelöst, die Lösung falls notwendig filtriert und in einer braunen Flasche aufbewahrt. Die Lösung ist etwa eine Woche haltbar.

4. Kupferstammlösung: 1 g Elektrolytkupfer wird in einem bedeckten 250 ml-Becherglas mit 20 ml Salpetersäure (1 + 1) gelöst. Nach Verkochen der Stickstoffoxide wird die Lösung in einem 1 l-Meßkolben aufgefüllt.

5. Kupferstandardlösung: 10 ml Stammlösung (4) werden in einem Meßkolben mit Wasser (1) zum Liter verdünnt. 1 ml ≙ 10 $\mu$g Kupfer.

6. Ammoniumcitratlösung: Man löst 200 g Citronensäure unter Kühlung, indem man kleine Anteile nach und nach in eine Mischung von 210 ml Ammoniak (0,91)

und 150 ml Wasser (1) einträgt. Die Lösung muß gegen Lackmus schwach sauer reagieren.

Entfernen von Kupferspuren: Man bringt die Lösung in einen 500 ml-Scheidetrichter und gibt 20 ml frisch bereitete wäßrige Carbaminatlösung (3) zu. Man extrahiert zweimal mit je 20 ml Kohlenstofftetrachlorid und dann mit weiteren 5 ml-Portionen, bis sich keine gelbe Färbung mehr zeigt. Um sicher zu sein, daß das Kupfer vollständig extrahiert ist, fügt man nochmal 1 ml Carbaminatlösung (3) zu und extrahiert mit je 5 ml Kohlenstofftetrachlorid dann solange, bis dieses nicht mehr mit 1 ml Kupferlösung (4) reagiert, die Citratlösung also kein Carbaminat mehr enthält. Nach Trennung der Phasen gibt man die Citratlösung in ein 400 ml-Becherglas und kocht auf, um das restliche Kohlenstofftetrachlorid zu vertreiben. Die Lösung wird in einen 500 ml-Meßkolben filtriert und nach dem Erkalten mit Wasser (1) aufgefüllt.

***Ausführung.*** 25 g Probe werden in einem bedeckten 600 ml-Becherglas vorsichtig mit 150 ml Salpetersäure (1 + 1) versetzt. Nach Ablauf der stürmischen Reaktion gibt man die zur vollständigen Auflösung noch notwendige Menge Salpetersäure (1,4) zu. Die klare Lösung wird in einen 500 ml-Meßkolben übergespült und mit Wasser (1) aufgefüllt. Je nach dem Kupfergehalt werden 10 bis 50 ml (= 0,5 bis 2,5 g Einwaage) in einem 250 ml-Becherglas auf 10 ml eingedampft und in einen 100 ml-Scheidetrichter übergespült. Nun werden nacheinander 5 ml Citratlösung (6) und soviel ÄDTA-Lösung (2) zugesetzt, daß alles Cadmium komplex gebunden ist. Dann neutralisiert man mit Ammoniak (0,91) gegen Universal-Indicatorpapier und setzt 3 ml im Überschuß zu. Nach Zugabe von 5 ml Carbaminatlösung (3) wird mit Wasser (1) auf ungefähr 50 ml aufgefüllt, mit 10 ml Kohlenstofftetrachlorid versetzt und 5 min kräftig geschüttelt. Die organische Phase gibt man in einen 25 ml-Meßkolben und wiederholt die Extraktion noch zweimal mit je 5 ml Kohlenstofftetrachlorid. Man vereinigt alle organischen Phasen in dem Meßkolben, füllt diesen mit Kohlenstofftetrachlorid auf und filtriert durch ein 7 cm-Filter Gr. 1 in eine trockene 2 cm-Küvette. Man photometriert gegen eine Chemikalienblindlösung bei 436 nm.

***Eichkurve.*** 1 bis 25 ml, entsprechend 10 bis 250 $\mu$g Kupfer, werden der Kupferstandardlösung (5) entnommen und nach obiger Vorschrift behandelt.

## 2.3 Bestimmung des Eisens

***Grundlage.*** Das Eisen wird mit Sulfosalicylsäure in ammoniakalischer Lösung photometrisch bestimmt.

***Anwendungsbereich.*** Geeignet für Gehalte von 0,001 bis 0,1% bei max. 0,01% Kupfer (siehe Bemerkung).

***Zuverlässigkeit.*** Bei Gehalten unter 0,01% etwa ±10%,
über 0,01% etwa ±5%.

***Reagenzien.***

1. Sulfosalicylsäurelösung. 20 g $C_7H_6O_6S \cdot 2\,H_2O$ mit Wasser (3) zu 100 ml gelöst.

2. Eisenstandardlösung: 50 mg Eisenpulver werden mit Wasser angefeuchtet, mit 5 ml Salzsäure (1 + 1) und 3 Tropfen Wasserstoffperoxid (30%) in einem 300 ml-Erlenmeyerkolben gelöst. Die Lösung wird auf etwa 100 ml verdünnt, nach Verkochen des Chlors abgekühlt und in einem 500 ml-Meßkolben mit Wasser (3) aufgefüllt. 1 ml $\triangleq$ 0,1 mg Eisen.

3. Bidestilliertes Wasser.

***Ausführung.*** 25 g Probe werden in einem bedeckten 600 ml-Becherglas (hohe Form) vorsichtig mit 200 ml Salpetersäure (1 + 1) versetzt. Nach dem Ablauf der stürmischen Reaktion gibt man die zur vollständigen Auflösung notwendige Menge Salpetersäure (1,4) hinzu. Die klare Lösung wird in einen 500 ml-Meßkolben übergespült und mit Wasser (3) aufgefüllt. 50 ml (= 2,5 g Einwaage) werden in einem 250 ml-Becherglas mit 10 ml Schwefelsäure (1 + 1) versetzt und fast bis zur Trockne geraucht. Der Rückstand wird mit 20 ml Salzsäure (1 + 10) aufgenommen, die Lösung in einen 100 ml-Meßkolben übergespült und mit 5 ml Sulfosalicylsäurelösung (1) versetzt. Dann wird Ammoniak (0,91) bis zur auftretenden Gelbfärbung und ein Überschuß von 10 ml zugefügt. Man füllt mit Wasser (3) auf und photometriert bei 436 nm in einer 2 cm-Küvette gegen die Lösung des Chemikalienblindansatzes, bei dem 20 ml Salpetersäure (1 + 1) und 10 ml Schwefelsäure (1 + 1) zu verwenden sind.

***Eichkurve.*** Von der Eisenstandardlösung (2) werden mit einer Bürette Anteile, die 50, 100, 150, 200, 250, 300 $\mu$g Eisen entsprechen, in 100 ml-Meßkolben gegeben und nach Zugabe von je 20 ml Salzsäure (1 + 10), wie oben angegeben, weiterbehandelt. Photometriert wird gegen Wasser bei 436 nm.

***Bemerkung.*** Übersteigt der Kupfergehalt 0,01%, so wird das Eisen nach Zugabe von 5 ml Kaliumaluminiumsulfatlösung (9 g in 100 ml) zu der 50 ml Abmessung (= 2,5 g Einwaage) mit Ammoniak (0,91) als Oxidhydrat ausgefällt. Man filtriert den Niederschlag über ein Filter Gr. 1 ab, wäscht ihn mit Wasser (3) und spült ihn in das Fällgefäß zurück. Man löst mit heißer Salzsäure (1 + 4) auch die auf dem Filter haftenden Reste und verfährt weiter, wie unter Ausführung beschrieben.

## 2.4 Bestimmung des Zinks

***Grundlage.*** Das Zink wird als Thiocyanatkomplex aus salzsaurer Lösung mit Diäthyläther extrahiert und nach Abdampfen des Äthers in wäßriger Lösung polarographisch bestimmt.

***Anwendungsbereich.*** Geeignet für Gehalte von 0,001% bis 0,1%.

***Zuverlässigkeit.*** Bei Gehalten unter 0,01% etwa ±10%,
über 0,01% etwa ± 5%.

***Reagenzien.***

1. Ammoniumthiocyanatlösung: 380 g werden mit Wasser zu ungefähr 600 ml gelöst, mit Ammoniak (0,91) auf ungefähr pH 8 gebracht, durch Schütteln mit Dithizonlösung (2) zinkfrei gemacht und mit Wasser zum Liter aufgefüllt.

2. Dithizonlösung: 40 mg Diphenyldithiocarbazon mit Kohlenstofftetrachlorid zu 100 ml gelöst.

3. Grundlösung: 900 ml Ammoniak (0,91) und 100 ml Tyloselösung (2 g in 100 ml) werden mit Natriumsulfit gesättigt.

4. Zinkstandardlösung: 1 g Zink wird mit 20 ml Salzsäure (1 + 1) gelöst und die Lösung in einem Meßkolben zum Liter aufgefüllt. 1 ml $\triangleq$ 1 mg Zink.

***Ausführung.*** 20 g Probe werden in einem bedeckten 800 ml-Becherglas mit 60 ml Salpetersäure (1,4) gelöst und auf dem Sandbad vorsichtig bis zur Trockne eingedampft. Zur Umwandlung der Nitrate in Chloride wird der Rückstand zweimal mit je 100 ml Salzsäure (1 + 1) völlig abgeraucht. Anschließend nimmt man mit 10 ml Salzsäure (1 + 1) und 50 ml Wasser auf und bringt die Chloride durch gelindes Erwärmen in Lösung. Nach dem Erkalten der Lösung versetzt man sie mit 20 ml Ammoniumthiocyanatlösung (1), und spült sie mit Wasser in einen 250 ml-Scheidetrichter über (Gesamtvolumen jetzt ungefähr 100 ml). Nun gibt man in den Scheidetrichter 50 ml Diäthyläther und schüttelt 2 min lang. Nach dem Trennen der beiden Phasen (Ätherphase in ein 250 ml-Becherglas, wäßrige Phase in den benutzten Scheidetrichter zurück) wird das Ausschütteln nach Zugabe von 10 ml Ammoniumthiocyanatlösung (1) mit 50 ml Diäthyläther wiederholt. Die

Ätherphase wird abgetrennt, mit der ersten vereinigt und auf dem Wasserbade zur Trockne eingedampft. Man nimmt mit 20 ml Wasser (wichtig), 10 ml Salpetersäure (1,4) und 10 ml Schwefelsäure (1 + 1) auf und raucht zur Trockne. Der Rückstand wird zur Abtrennung des Zinks von den letzten Resten Cadmium mit 5 ml Salzsäure (1 + 1) aufgenommen, mit 10 ml Ammoniumthiocyanatlösung (1) versetzt und mit 25 ml Diäthyläther 2 min geschüttelt. Nach Abtrennung der Ätherphase wird nochmals mit 10 ml Ammoniumthiocyanatlösung (1) und 25 ml Diäthyläther geschüttelt. Die Ätherextrakte werden vereinigt (siehe oben) und auf dem Wasserbade zur Trockne eingedampft. Der Rückstand wird mit 5 ml Wasser gelöst, mit 5 ml Grundlösung (3) versetzt und mit einer dem Zinkgehalt der Probe entsprechenden Empfindlichkeit zwischen —0,9 und —1,4 V polarographiert.

Zur Ermittlung des Blindwertes werden zwei Blindproben über den ganzen Arbeitsgang durchgeführt und der Mittelwert berücksichtigt. Eine dem Zinkgehalt der Probe entsprechende Abnahme der Zinkstandardlösung (4) wird unter den gleichen Bedingungen wie die Probe polarographisch bestimmt.

## 2.5 Bestimmung des Thalliums

***Grundlage.*** Das Thallium wird als Thalliumbromid aus bromwasserstoffsaurer Lösung mit Isopropyläther extrahiert und nach dem Abdampfen des Äthers in wäßriger Lösung polarographisch bestimmt.

***Anwendungsbereich.*** Geeignet für Gehalte von 0,0001 bis 0,1%.

***Zuverlässigkeit.*** Bei Gehalten unter 0,01% etwa ±10%,
über 0,01% etwa ± 5%.

***Reagenzien.***

1. Bromwasser, gesättigte Lösung.
2. Sulfosalicylsäurelösung: 40 g $C_7H_6O_6S \cdot 2\,H_2O$ zu 100 ml gelöst.
3. Grundlösung: 900 ml Ammoniak (0,91) und 100 ml Thyloselösung (2 g zu 100 ml gelöst) werden mit Natriumsulfit gesättigt.
4. Thalliumstandardlösung: 0,1 g Thallium wird mit 10 ml Salpetersäure (1 + 1) in der Wärme gelöst. Nach Verkochen der Stickstoffoxide wird die Lösung in einem 1 l-Meßkolben aufgefüllt. 1 ml ≙ 0,1 mg Thallium.

***Ausführung.*** 100 g Probe bei einem Gehalt von 0,0001% Thallium, bei höheren Gehalten entsprechend weniger (etwa 100 $\mu$g werden später für die polarographische Aufnahme gebraucht), werden in möglichst wenig Salpetersäure (1,4) unter Zusatz von etwas Wasser in einem bedeckten 1 l-Becherglas unter Erwärmen gelöst und fast bis zur Trockne eingedampft. Man nimmt mit 80 ml Bromwasserstoffsäure (1,38) auf und dampft nochmals zur Trockne. Der Rückstand wird mit 100 ml n-Bromwasserstoffsäure und 5 bis 10 Tropfen Bromwasser (1) versetzt und dieLösung zum Sieden erhitzt und 2 bis 3 min gekocht. Der Bromüberschuß wird nach dem Abkühlen der Probe durch Zusatz von 5 Tropfen Sulfosalicylsäurelösung (2) unschädlich gemacht. Nun wird das Thallium dreimal mit je 5 ml Isopropyläther durch 2 min langes Schütteln als Hexabromokomplex extrahiert. Die vereinigten Ätherextrakte werden in einem Scheidetrichter mit 100 ml n-Bromwasserstoffsäure gewaschen und anschließend auf dem Wasserbad zur Trockne gedampft. Der Rückstand wird mit wenigen ml Salpetersäure (1,4) und Schwefelsäure (1,84) aufgenommen und abgeraucht. Dieser Rückstand wird mit 1 ml Schwefelsäure (1 + 1) in der Wärme gelöst und auf ein Volumen von 10 ml gebracht. Hiervon werden 5 ml mit 5 ml Grundlösung (3) gemischt und zwischen —0,2 und —0,7 V mit einer dem Thalliumgehalt der Probe entsprechenden Empfindlichkeit polarographiert.

Eine Reagenzienblindprobe ist erforderlich.

Eine dem Thalliumgehalt der Probe entsprechende Abmessung der Thalliumstandardlösung (4) wird wie die Probe polarographiert.

# 3 Nichtmetallische Erzeugnisse

## Cadmiumoxid und -salze

### 3.1 Bestimmung des Bleis

### 3.2 Bestimmung des Kupfers

### 3.3 Bestimmung des Eisens

### 3.4 Bestimmung des Zinks

### 3.5 Bestimmung des Thalliums

Die Bestimmungen werden gemäß den Vorschriften unter 2.1 bis 2.5, S. 121 bis 125, durchgeführt.

Kapitel 8

# Chrom

Inhalt



## 1 Rohstoffe

## Chromerze

### 1.1 Bestimmung des Chroms

***Grundlage.*** Das Chrom wird nach alkalischem, oxydierendem Aufschluß der Probe in schwefelsaurer Lösung mit einer Ammoniumeisen(II)-sulfatlösung mit potentiometrischer Anzeige titriert.

***Anwendungsbereich.*** Geeignet für Gehalte von 20 bis 55%.

***Zuverlässigkeit.*** Bei Gehalten von 30 bis 40% etwa ±0,5%.

***Reagenzien.***

1. Ammoniumeisen(II)-sulfatlösung: 46 g $(NH_4)_2Fe(SO_4)_2 \cdot 6\,H_2O$ werden mit etwa 500 ml Wasser gelöst. Die Lösung wird mit 100 ml Schwefelsäure (1 + 1) versetzt und zum Liter aufgefüllt.

***Geräte.*** Platin- und Kalomelelektrode.

***Ausführung.*** In einem chromfreien Eisentiegel schmilzt man 2 g Natriumhydroxid ein und läßt erkalten. Auf der Natriumhydroxidschicht werden 15 g Natriumperoxid, 3 g Kaliumcarbonat-Natriumcarbonat und 1 g Probe (Feinheitsgrad 0,071 DIN 4188) innig vermischt. Der Tiegel wird abgedeckt und langsam bis zur Rotglut erhitzt. Nach 10 min liegt eine flüssige Schmelze vor. Man läßt erkalten und laugt in einem 600 ml-Becherglas mit 300 ml Wasser aus. In die Suspension werden 2 g Natriumperoxid gegeben. Man kocht 10 min, spült in einen 500 ml-Meßkolben über, kühlt ab, füllt mit Wasser auf und filtriert nach Durchschütteln über ein trockenes Filter Gr. 2 in ein trockenes Becherglas. 100 ml Filtrat werden in ein 600 ml-Becherglas gegeben, mit 300 ml Wasser verdünnt und mit 50 ml Schwefelsäure (1 + 4) sowie 10 ml Phosphorsäure (1,7) unter Kühlen versetzt. Man titriert das Chrom mit Ammoniumeisen(II)-sulfatlösung (1) mit potentiometrischer Anzeige.

***Titerstellung der Ammoniumeisen(II)-sulfatlösung (1).*** 1 g Kaliumdichromat, bei 105° 2 Std. getrocknet, wird, wie unter Ausführung beschrieben, in einem chromfreien Eisentiegel geschmolzen und weiterbehandelt. Für die Titration wird eine dem Chromgehalt der Probe etwa entsprechende Abmessung gewählt. 1 g Kaliumdichromat ≙ 0,3536 g Chrom.

***Fehlermöglichkeit.*** Enthält das Probegut Vanadium, so wird es nach dem vorstehenden Verfahren miterfaßt. Es muß nach der unter 1.2 angegebenen Vorschrift bestimmt und in Abzug gebracht werden.

## 1.2 Bestimmung des Vanadiums

***Grundlage.*** Das Vanadium wird nach alkalischem, oxydierendem Aufschluß als Eisenvanadat vom Chrom abgetrennt und mit Ammoniumeisen(II)-sulfatlösung mit potentiometrischer Anzeige titriert.

***Anwendungsbereich.*** Geeignet für Gehalte bis 1%.

***Zuverlässigkeit.*** Bei Gehalten bis 1% etwa ±5%.

***Reagenzien.***

1. Eisennitratlösung: 50 g $Fe(NO_3)_3 \cdot 9\,H_2O$ zum Liter gelöst.
2. Kaliumpermanganatlösung: 20 g zum Liter gelöst.
3. Kaliumnitritlösung: 1 g zu 100 ml gelöst.
4. Eisen(II)-sulfatlösung: 50 g $FeSO_4 \cdot 7\,H_2O$ mit Schwefelsäure (1 + 4) zum Liter gelöst.
5. Ammoniumeisen(II)-sulfatlösung siehe unter 1.1.

***Geräte.*** Wie unter 1.1 angegeben.

***Ausführung.*** In 2 Eisentiegeln werden je 2 g Probe (Feinheitsgrad 0,071 DIN 4188) mit 15 g Natriumperoxid und 3 g Natriumkaliumcarbonat unter langsamem Erwärmen bis zur Rotglut geschmolzen. Nach Erkalten laugt man die Tiegel nacheinander in einem 1 l-Becherglas mit 400 ml Wasser aus, versetzt die Suspension mit 2 g Natriumperoxid und kocht 5 min. Man spült in einen 1l-Meßkolben über, füllt mit Wasser auf und filtriert nach Durchschüteln 750 ml (= 3 g Einwaage) über ein trockenes Filter Gr. 2 in ein trockenes 1 l-Becherglas ab. Man neutralisiert mit Salpetersäure (1 + 4), gibt einen Überschuß von 5 ml zu und kocht auf. In die heiße Lösung gibt man 20 g Ammoniumnitrat und 50 ml Eisennitratlösung (1). Nun wird Vanadium mit Ammoniak (0,91) bei pH 7 bis 8 als Eisenvanadat gefällt, der Niederschlag über ein Filter Gr. 2 abfiltriert und mit Ammoniumnitratlösung (5 g in 100 ml) ausgewaschen. Man löst ihn mit Salpetersäure (1 + 1) vom Filter, fängt die Lösung in einem 600 ml-Becherglas auf, versetzt mit 50 ml Schwefelsäure (1 + 1) und dampft bis zum starken Nebeln der Schwefelsäure ein. Nach Erkalten verdünnt man mit Wasser auf etwa 250 ml und kocht, bis die Lösung klar ist. Das abgeschiedene Silicium(IV)-oxidhydrat wird über ein Filter Gr. 2 filtriert und das Filtrat in einem 600 ml-Becherglas gesammelt. Das Filter wird mit Schwefelsäure (5 + 100) ausgewaschen. In das heiße Filtrat gibt man tropfenweise Kaliumpermanganatlösung (2) bis zur bleibenden Rotfärbung. Nach 2 min Kochen werden Vanadium und Chrom durch Zutropfen von Eisen(II)-sulfatlösung (4) reduziert. 1 ml wird im Überschuß zugegeben. Man kocht kurz auf, läßt abkühlen und oxydiert dann das Vanadium bei Raumtemperatur durch Zutropfen von Kaliumpermanganatlösung (2) bis zur Rotviolettfärbung der Lösung. Man fügt 3 ml im Überschuß zu, den man durch vorsichtiges Zutropfen von Kaliumnitritlösung (3) bis zum Verschwinden der Rotviolettfärbung wieder zerstört. Der Überschuß an Nitrit wird durch sofortige Zugabe von 5 g Harnstoff zerstört. Nach 10 min titriert man das Vanadium mit potentiometrischer Anzeige mit Ammoniumeisen(II)-sulfatlösung (5). Der Vanadiumtiter der Ammoniumeisen(II)-sulfatlösung (5) ergibt sich durch Multiplikation des nach 1.1 ermittelten Chromtiters mit dem empirischen Faktor 2,95.

***Ausrechnung.*** Für die Berechnung des Chroms gemäß 1.1 wird die für die Vanadiumtitration verbrauchte Menge Ammoniumeisen(II)-sulfatlösung (1) von der für die Chrom- und Vanadiumtitration gemäß 1.1 verbrauchten Menge abgezogen. Die Differenz ergibt den Verbrauch für Chrom. Die verschiedenen Einwaagen sind entsprechend zu berücksichtigen.

## 1.3 Bestimmung des Eisens

***Grundlage.*** Das Eisen wird nach Lösen der Probe mit Perchlorsäure als Eisenoxidhydrat vom Chrom abgetrennt und mit Kaliumpermanganatlösung maßanalytisch bestimmt.

***Anwendungsbereich.*** Geeignet für Gehalte von 5 bis 20%.

***Zuverlässigkeit.*** Bei Gehalten um 10% etwa ±2%.

***Reagenzien.*** Siehe Kapitel Aluminium unter 1.1.5, S. 4, (1) bis (4).

Zusätzlich:

5. Ammoniumchloridlösung: 50 g zum Liter gelöst.

***Ausführung.*** 1 g Probe (Feinheitsgrad 0,071 DIN 4188) wird in einem 500 ml-Erlenmeyerkolben mit 30 ml Perchlorsäure (1,67) versetzt und auf einer Heizplatte zum Nebeln gebracht. Sobald Perchlorsäuredämpfe auftreten, verschließt man den Kolben mit einem Tropfenfänger oder hängt in den Kolbenhals einen kleinen Trichter ein. Man läßt 3 bis 5 Std. mäßig sieden. Sollte hierbei ein Teil der Perchlorsäure verdampfen, so werden nochmals 20 ml (1,67) zugefügt. Nach Erkalten der Probe verdünnt man mit 50 ml Wasser. Sieht der Rückstand im Kolben hell wie Sand aus, ist der Aufschluß beendet. Ist dies nicht der Fall, so wird das zugegebene Wasser verdampft und das Sieden mit Perchlorsäure bis zum völligen Aufschluß fortgesetzt. Man verdünnt nach Erkalten mit 300 ml Wasser, überführt in ein 800 ml-Becherglas, erhitzt zum Sieden, neutralisiert mit Ammoniak (0,91) und gibt 5 ml im Überschuß zu. Das Eisenoxidhydrat filtriert man über ein Filter Gr. 2 ab, wäscht mit heißer Ammoniumchloridlösung (5) so lange aus, bis die durchlaufende Waschflüssigkeit nur noch schwach gelb gefärbt ist. Mit 50 ml Salpetersäure (1 + 1) wird der Niederschlag vom Filter in das vorher benutzte Becherglas heruntergelöst und nach Verdünnen mit 200 ml Wasser und kurzem Aufkochen die Fällung des Eisenoxidhydrats mit Ammoniak (0,91) wiederholt. Nach Filtrieren des Niederschlags über ein Filter Gr. 2 und Auswaschen mit heißer Ammoniumchloridlösung (5) löst man den Niederschlag mit 50 ml Salzsäure (1 + 1) vom Filter in ein 600 ml-Becherglas. Die Eisenbestimmung erfolgt durch Titration mit 0,1 n-Kaliumpermanganatlösung, wie im Kapitel Aluminium unter 1.1.5, S. 4, beschrieben. 1 ml 0,1 n-Kaliumpermangatlösung $\triangleq$ 5,585 mg Eisen.

## 1.4 Bestimmung des Siliciums

***Grundlage.*** Das Silicium wird nach alkalischem Aufschluß als Silicium(IV)-oxidhydrat mit Schwefelsäure abgeschieden und als Silicium(IV)-oxid gewichtsanalytisch bestimmt.

***Anwendungsbereich.*** Geeignet für Gehalte von 0,1 bis 10%.

***Zuverlässigkeit.*** Bei Gehalten von 2 bis 10% etwa ±2%.

***Ausführung.*** 1 bis 2 g Probe (Feinheitsgrad 0,071 DIN 4188) werden, wie unter 1.1 beschrieben, aufgeschlossen. Nach Laugen der Schmelze mit 200 ml Wasser in einem 600 ml-Becherglas wird die Suspension mit Schwefelsäure (1 + 2) neutralisiert, 2 ml im Überschuß zugegeben und nach kurzem Aufkochen in eine Porzellanschale (1,5 l Inhalt) übergespült. Man versetzt mit 100 ml Schwefelsäure (1,84) und dampft auf dem Sandbad ein. Sobald die ersten Schwefelsäurenebel entweichen, rührt man den Schaleninhalt vorsichtig mit einem Glasstab um und erhitzt unter weiterem Umrühren, bis von der gesamten Oberfläche eben Schwefelsäurenebel entweichen. Man läßt erkalten, verdünnt vorsichtig mit 800 ml Wasser und kocht auf, bis etwa ausgefallene Chrom(III)-sulfate gelöst sind. Das abgeschiedene Silicium(IV)-oxidhydrat wird über ein doppeltes Filter Gr. 2 mit etwas Filterschleim abfiltriert und der Niederschlag mit möglichst wenig heißer Salzsäure (1 + 20) ausgewaschen. Das Filtrat engt man bis zum Nebeln der Schwefelsäure ein und filtriert etwa noch vorhandenes Silicium(IV)-oxidhydrat, wie oben beschrieben, ab. Nach Auswaschen mit heißer Salzsäure (1 + 20) werden beide Filter in einem Platintiegel getrocknet, und verascht. Der Rückstand wird mit 1 ml Schwefelsäure (1 + 1) bis zur Trockene abgeraucht und dann bis zur Gewichtskonstanz bei 1100° geglüht. Man läßt im Exsiccator erkalten und wägt. Nach Zugabe von 5 ml Fluorwasserstoffsäure (40%) und 2 ml Schwefelsäure (1 + 4) wird das Silicium(IV)-oxid verflüchtigt und der Tiegel nach nochmaligem Glühen bei 1100° zurückgewogen. Die Gewichtsdifferenz der beiden Wägungen entspricht der Menge Silicium(IV)-oxid. Das Ergebnis einer gleichzeitig durchgeführten Blindprobe ist zu berücksichtigen.

***Fehlermöglichkeit.*** Lösen sich die nach Abrauchen der Schwefelsäure in der Porzellanschale vorliegenden Chrom(III)-salze auch nach längerem Kochen nicht völlig, so muß die Analyse mit einer neuen Einwaage wiederholt werden.

## 1.5 Bestimmung des Phosphors

### 1.5.1 Gehalte über 0,05% Phosphor

***Grundlage.*** Der Phosphor wird nach Lösen der Probe mit Perchlorsäure und Abtrennen des Chroms als Ammoniummolybdatophosphat maßanalytisch bestimmt.

***Zuverlässigkeit.*** Bei Gehalten um 0,05% etwa ±10%.

***Reagenzien.*** Siehe Kapitel Phosphor unter 1.2, S. 334.

***Ausführung.*** 2 g Probe (Feinheitsgrad 0,071 DIN 4188) werden, wie unter 1.3, S. 129, beschrieben, mit Perchlorsäure (1,67) gelöst, die dann zum größten Teil abgeraucht wird. Den Rückstand nimmt man mit 200 ml Wasser auf. Man filtriert das Silicium(IV)-oxidhydrat über ein Filter Gr. 2 ab und wäscht Filter und Niederschlag mit heißer Salzsäure (1 + 20) so lange, bis das ablaufende Filtrat chromfrei ist. Das Filtrat wird mit Natriumperoxid alkalisch gemacht und nach Verkochen des Sauerstoffs mit Salpetersäure (1,4) neutralisiert. Man gibt einen Überschuß von 3 ml Salpetersäure zu und fällt bei pH 8 in der klaren Lösung das Eisen mit Ammoniak (0,91). Nach kurzem Aufkochen wird der Niederschlag über ein Filter Gr. 2 filtriert, mit heißem Wasser chromfrei gewaschen und dann mit heißer Salzsäure (1 + 1) vom Filter in das vorher benutzte Becherglas gelöst. Die Lösung wird mit Natriumperoxid wieder alkalisch gemacht und die Fällung des Eisenoxidhydrates und Eisenphosphates, wie oben beschrieben, wiederholt. Der chromatfreie Niederschlag wird mit Salzsäure (1 + 1) vom Filter in das benutzte Becherglas gelöst, die Lösung auf 150 ml eingeengt und mit Ammoniak (0,91) bis pH 8 neutralisiert. Man löst den Niederschlag mit Salpetersäure (1,4) und bestimmt in dieser Lösung den Phosphor, wie im Kapitel Phosphor unter 1.2, S. 334, beschrieben, nach Fällen mit Ammoniummolybdatlösung maßanalytisch. Der Blindwert der Chemikalien ist zu berücksichtigen.

#### 1.5.2 Gehalte unter 0,05% Phosphor

***Grundlage.*** Der Phosphor wird nach Lösen der Probe mit Perchlorsäure und Entfernen des Silicium(IV)-oxidhydrates als Natriummolybdatophosphat mit Isobutanol extrahiert und nach Reduktion zu Phosphormolybdänblau photometrisch bestimmt.

***Zuverlässigkeit.*** Bei Gehalten unter 0,05% etwa ±10%.

***Reagenzien.*** Siehe Kapitel Phosphor unter 1.3, S. 335.

***Ausführung.*** 1 g Probe (Feinheitsgrad 0,071 DIN 4188) wird, wie unter 1.5.1, S. 130, beschrieben, aufgeschlossen, das Silicium(IV)-oxidhydrat abfiltriert und der Phosphor als Eisenphosphat mit Ammoniak gefällt. Der chromatfreie Eisenoxidhydratniederschlag wird mit 20 ml Salzsäure (1 + 1) gelöst und die Lösung in einen 250 ml-Scheidetrichter überführt. Die Bestimmung erfolgt, wie im Kapitel Phosphor unter 1.3, S. 335, beschrieben.

# 2 Metallische Erzeugnisse

## 2.1 Ferro-Chrom

### 2.1.1 Bestimmung des Chroms

***Grundlage.*** Das Chrom wird nach alkalischem Aufschluß in schwefelsaurer Lösung mit Ammoniumeisen(II)-sulfatlösung mit potentiometrischer Anzeige titriert.

***Anwendungsbereich.*** Geeignet für Gehalte von 40 bis 80%.

***Zuverlässigkeit.*** Bei Gehalten von 60 bis 70% etwa ±0,3%.

***Reagenzien.***

1. Ammoniumeisen(II)-sulfatlösung: Siehe unter 1.1, S. 127.

***Geräte.*** Wie unter 1.1, S. 128, angegeben.

***Titerstellung der Ammoniumeisen(II)-sulfatlösung.*** Eine dem Chromgehalt der Probe etwa entsprechende Menge Kaliumdichromat wird gemäß 1.1, S. 128, aufgeschlossen, die Suspension in einen 1 l-Meßkolben gegeben und mit Wasser aufgefüllt. 100 ml werden abfiltriert und für die Titerstellung verwendet.

***Ausführung.*** 1 g Probe wird, wie unter 1.1, S. 128, beschrieben, aufgeschlossen und die Lösung in einem 1 l-Meßkolben aufgefüllt. Für die Titration werden 100 ml entnommen. Das Chrom wird mit Ammoniumeisen(II)-sulfatlösung (1) gemäß Ausführung unter 1.1, S. 128, mit potentiometrischer Anzeige titriert.

***Fehlermöglichkeit.*** Ferro-Chrom kann Vanadium enthalten. Seine Bestimmung erfolgt, wie unter 1.2, S. 128, beschrieben.

### 2.1.2 Bestimmung des Siliciums

#### 2.1.2.1 In säurelöslichem Ferro-Chrom

***Grundlage.*** Das Silicium wird nach Lösen der Probe mit Säure als Silicium(IV)-oxidhydrat abgeschieden und als Silicium(IV)-oxid gewichtsanalytisch bestimmt.

***Anwendungsbereich.*** Geeignet für Gehalte von 0,1 bis 10%.

***Zuverlässigkeit.*** Bei Gehalten von 0,1 bis 2% etwa ±5%,
um 10% etwa ±1%.

***Ausführung.*** Je nach Siliciumgehalt werden 1 bis 2 g Probe in einem 800 ml-Becherglas nach Zugabe von 60 ml Wasser portionsweise mit 20 ml Schwefelsäure (1,84) versetzt. Sobald das Schäumen nachläßt, erhitzt man schwach, fügt 3 bis 5 ml Salpetersäure (1,4) zu und erwärmt langsam bis zum Auftreten von Schwefelsäurenebeln. Nach Erkalten wird mit 500 ml Wasser verdünnt, aufgekocht und über ein Filter Gr. 2 filtriert. Filter und Niederschlag wäscht man mit heißer Salzsäure (1 + 20) aus, verascht in einem Platintiegel und glüht bei 1100° bis zur Gewichtskonstanz. Die Weiterverarbeitung erfolgt, wie unter 1.4, S. 130, beschrieben. Der Umrechnungsfaktor von Silicium(IV)-oxid auf Silicium ist 0,4675.

***Fehlermöglichkeiten.*** Lösen sich die nach Abrauchen der Schwefelsäure vorliegenden Chrom(III)-salze auch nach längerem Kochen nicht völlig, so muß die Analyse mit einer neuen Einwaage wiederholt werden.

#### 2.1.2.2 In säureunlöslichem Ferro-Chrom

***Grundlage.*** Das Silicium wird nach alkalischem, oxydierendem Aufschluß als Silicium(IV)-oxidhydrat abgeschieden und als Silicium(IV)-oxid gewichtsanalytisch bestimmt.

***Anwendungsbereich.*** Geeignet für Gehalte bis 12%.

***Zuverlässigkeit.*** Bei Gehalten von 0,1 bis 2% etwa ±5%,
von 2 bis 4% etwa ±2%.

***Ausführung.*** 0,5 bis 1 g Probe werden mit 15 g Natriumperoxid im siliciumfreien Eisentiegel, wie unter 1.1, S. 128, angegeben, aufgeschlossen und die Siliciumbestimmung, wie unter 1.4, S. 130, beschrieben, durchgeführt.

***Fehlermöglichkeit.*** Lösen sich die nach Abrauchen der Schwefelsäure in der Porzellanschale vorliegenden Chrom(III)-salze auch nach längerem Kochen nicht völlig, so muß die Analyse mit einer neuen Einwaage wiederholt werden.

### 2.1.3 Bestimmung des Phosphors

Die Bestimmung des Phosphors erfolgt nach den unter 1.5.1, S. 130, oder 1.5.2, S. 131, angegebenen Methoden.

### 2.1.4 Bestimmung des Schwefels

Die Bestimmung des Schwefels erfolgt nach dem unter 2.2.2, S. 134, beschriebenen Verfahren.

### 2.1.5 Bestimmung des Stickstoffs

#### 2.1.5.1 Maßanalytische Bestimmung

***Grundlage.*** Der als Nitrid vorliegende Stickstoff wird durch Lösen mit Säure in Ammoniumsalz übergeführt, aus alkalischer Lösung als Ammoniak destilliert und maßanalytisch bestimmt.

***Anwendungsbereich.*** Geeignet für Gehalte von 0,001 bis 7%.

***Zuverlässigkeit.*** Bei Gehalten von 0,01 bis 0,1% etwa ±10%,
von 0,1 bis 1% etwa ±2%,
von 1 bis 7% etwa ±1%.

***Reagenzien.***

1. Indicatorlösung: 0,03 g Methylrot werden mit 50 ml Äthanol, 0,015 g Methylenblau mit 15 ml Wasser gelöst und beide Lösungen vereinigt.
2. Borsäurelösung: 40 g zum Liter gelöst.
3. Natriumhydroxidlösung: 400 g zum Liter gelöst.

***Geräte.*** Wasserdampfdestillierapparat z.B. nach Kempf-Abresch.

***Ausführung.*** Je nach Stickstoffgehalt werden 1 bis 10 g Probe in ein 600 ml-Becherglas eingewogen und mit 100 ml Wasser versetzt. Portionsweise gibt man etwa 10 bis 40 ml Schwefelsäure (1,84) zu. Ein zu großer Überschuß soll vermieden werden. Nach völligem Lösen der Probe kocht man auf etwa 50 ml Volumen ein und spült in den Destillierkolben über. Als Vorlage verwendet man einen 300 ml-Erlenmeyerkolben, der 25 ml Borsäurelösung (2) enthält. Die Probelösung im Destillierkolben versetzt man mit ausgekochter Natriumhydroxidlösung (3), bis die Lösung alkalisch ist. Man destilliert in die Vorlage etwa 100 bis 150 ml Flüssigkeit über. Nach Abkühlen titriert man mit 0,1 oder 0,02n-Schwefelsäure nach Zugabe von 3 Tropfen Indicatorlösung (1). Ein Blindwert der Chemikalien ist zu berücksichtigen. 1 ml 0,1 n-Schwefelsäure $\triangleq$ 1,4 mg Stickstoff.

***Fehlermöglichkeit.*** Verbleibt beim Lösen der Probe ein unlöslicher Rückstand, so wird anstelle von Schwefelsäure Phosphorsäure (1,7) zum Lösen angewandt. Das Lösen wird genau, wie unter Ausführung beschrieben, vorgenommen, jedoch erhitzt man so lange, bis das Wasser entwichen ist und die konzentrierte Phosphorsäure den Rückstand zersetzt hat.

#### 2.1.5.2 Photometrische Bestimmung

***Grundlage.*** Der Stickstoff wird nach Destillation als Ammoniumion photometrisch bestimmt.

***Anwendungsbereich.*** Geeignet für Gehalte von 0,001 bis 0,05%.

***Zuverlässigkeit.*** Bei Gehalten von 0,01 bis 0,05% etwa ±10%.

***Reagenzien.***

1. Natriumhydroxidlösung: 400 g zum Liter gelöst.
2. Quecksilber(II)-chloridlösung: Gesättigte Lösung.
3. Natriumhydroxidlösung: 286 g zum Liter gelöst. Die Lösung wird zur Vertreibung von Ammoniak kurz aufgekocht.
4. Neßlers Reagenz: 6,2 g Kaliumjodid werden mit 25 ml Wasser gelöst. 24 ml Lösung werden nun mit Quecksilber(II)-chloridlösung (2) so lange versetzt, bis der entstandene Niederschlag sich beim Schütteln nicht mehr löst. Man gibt den restlichen ml Kaliumjodidlösung zur Hauptmenge und versetzt die klare Lösung erneut mit so viel Quecksilber(II)-chloridlösung (2), bis die ersten Spuren des roten Niederschlages sich nicht mehr auflösen. Zu dieser Lösung gibt man 30 ml Natriumhydroxidlösung (3) und verdünnt mit Wasser zu 100 ml. Nach 14 Tagen wird der klare Anteil der Lösung in eine braune Flasche abgehebert. Die Lösung muß vor Licht geschützt werden.
5. Stickstoffstandardlösung: 0,05 g Ammoniumsulfat werden mit Wasser gelöst und im Meßkolben zum Liter aufgefüllt. 1 ml $\triangleq$ 0,0106 mg Stickstoff.

***Geräte.*** Siehe unter 2.1.5.1.

***Ausführung.*** 0,5 bis 1 g Probe werden in einem 600 ml-Becherglas mit 100 ml Wasser versetzt und mit 10 bis 40 ml Schwefelsäure (1,84) gemäß 2.1.5.1 gelöst. Man spült in den Destillierkolben über, versetzt vorsichtig mit 50 ml Natriumhydroxidlösung (1) und destilliert in einen 100 ml-Meßkolben 85 bis 95 ml Lösung über. Nach Zugabe von 2 ml Neßlers Reagenz (4) wird mit Wasser aufgefüllt und nach 2 min bei 420 nm gegen eine Blindprobe, die aus den gleichen Reagenzien bei gleicher Behandlung, nur ohne Probe, erhalten wurde, in einer 2 cm-Küvette photometriert.

***Eichkurve.*** Verschiedene Abnahmen der Standardlösung (5) werden wie die Probe destilliert und gemäß Ausführung photometrisch bestimmt.

### 2.1.6 Bestimmung des Kohlenstoffs

Siehe Kapitel Kohlenstoff unter 4.16, S. 201, 4.18, 4.20 und 4.22, S. 202.

# 2.2 Metallisches Chrom

## 2.2.1 Bestimmung des Chroms

***Grundlage.*** Das Chrom wird nach alkalischem Aufschluß in schwefelsaurer Lösung mit Ammoniumeisen(II)-sulfatlösung mit potentiometrischer Anzeige titriert.

***Anwendungsbereich.*** Geeignet für Gehalte von 90 bis 99%.

***Zuverlässigkeit.*** Bei einem Gehalt um 99% etwa ±0,15%.

***Reagenzien.***

1. Ammoniumeisen(II)-sulfatlösung: Siehe unter 1.1, S. 127.

***Titerstellung der Ammoniumeisen(II)-sulfatlösung (1).*** 3 g Kaliumdichromat werden gemäß 1.1, S. 128, aufgeschlossen. Die Suspension wird in einem 1 l-Meßkolben aufgefüllt und die Titerstellung mit 50 ml ≙ 53,05 mg Chrom durchgeführt. Die Angaben unter 1.1 sind sinngemäß zu verwenden.

***Geräte.*** Siehe unter 1.1, S. 128.

***Ausführung.*** 1 g Probe (Feinheitsgrad 0,5 DIN 4188) wird in einem chromfreien Eisentiegel nach der unter 1.1 angegebenen Vorschrift aufgeschlossen. Von der in einem 1 l-Meßkolben zum Liter aufgefüllten Lösung werden 50 ml in der gleichen Weise, wie unter 1.1 beschrieben, entnommen. Das Chrom wird mit Ammoniumeisen(II)-sulfatlösung (1) mit potentiometrischer Anzeige titriert.

## 2.2.2 Bestimmung des Schwefels

***Grundlage.*** Der Schwefel wird durch Lösen der Probe mit Phosphorsäure in Schwefelwasserstoff übergeführt und als Cadmiumsulfid gebunden. Das Cadmiumsulfid wird zu Kupfer(II)-sulfid umgesetzt, letzteres mit Salpetersäure gelöst und das Kupfer photometrisch bestimmt.

***Anwendungsbereich.*** Geeignet für Gehalte von 0,001 bis 0,1%.

***Zuverlässigkeit.*** Bei Gehalten über 0,01% etwa ± 5%,
unter 0,01% etwa ±10%.

***Reagenzien.***

1. Phosphorsäure (1,40).
2. Cadmiumacetatlösung: 25 g $Cd(CH_3COO)_2 \cdot 2\,H_2O$ werden mit 200 ml Essigsäure (1,06) gelöst und zum Liter verdünnt.
3. Kupfersulfatlösung: 12 g $CuSO_4 \cdot 7\,H_2O$ werden mit Wasser gelöst, mit 12 ml Schwefelsäure (1,84) versetzt und zum Liter verdünnt.
4. Kupferstammlösung: 1 g Elektrolytkupfer wird mit 10 ml Salpetersäure (1,4) gelöst und nach Verkochen der Stickoxide im Meßkolben zum Liter verdünnt.
5. Kupferstandardlösung: 10 ml Kupferstammlösung (4) werden im 1 l-Meßkolben aufgefüllt. 1 ml ≙ 0,1 mg Kupfer.
6. Rubeanwasserstofflösung: 0,1 g Rubeanwasserstoff wird mit 20 ml Essigsäure (1,06) gelöst. 0,2 g Gummiarabicum löst man mit 200 ml heißem Wasser und vereinigt beide Lösungen.
7. Pufferlösung: 120 g Natriumacetat werden mit Wasser gelöst, mit 180 ml Essigsäure (1,06) versetzt und zum Liter verdünnt.

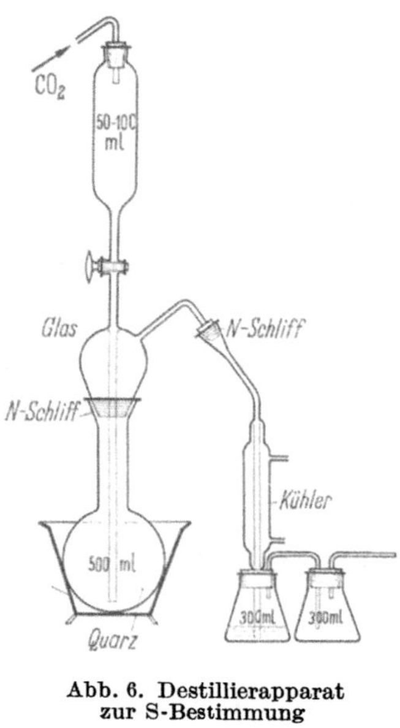


Abb. 6. Destillierapparat zur S-Bestimmung

***Geräte.*** Destillierapparat, Abb. 6.

***Reinigung der Phosphorsäure (1).*** 250 ml Phosphorsäure (1) werden in den Quarz-Destillierkolben eingebracht. Nach Zugabe von 5 g Zinnspänen wird langsam auf 320 bis 330° erhitzt (siehe unter Ausführung) und bei dieser Temperatur gehalten, bis die Zinnspäne gelöst sind. Nach Abkühlen verdünnt man die nun schwefelfreie Phosphorsäure mit Wasser auf das Ausgangsvolumen.

***Ausführung.*** In die Absorptionsgefäße des Apparates gibt man etwa 50 bis 100 ml Cadmiumacetatlösung (2). Man wiegt 10 g Probe (Feinheitsgrad 0,5 DIN 4188) ab und gibt sie zu den gereinigten 250 ml Phosphorsäure (1) in den Destillierkolben. Man verschließt den Kolben und erhitzt vorsichtig entweder unter Verwendung eines Ölbades oder eines Babotrichters. Der Temperaturanstieg auf 320 bis 330° soll etwa $2^1/_2$ Std. dauern. Diese Temperatur wird 30 min gehalten. Während des Erhitzens wird in den Reaktionskolben Kohlendioxid eingeleitet. Die Blasen sollen im Absorptionsgefäß eben noch zu zählen sein. Nach Beendigung der Destillation vereinigt man die Cadmiumacetatlösungen (2) und versetzt mit 10 ml Kupfersulfatlösung (3). Zum Zusammenballen des Kupfersulfidniederschlages erwärmt man auf 50° und filtriert den Niederschlag über ein Filter Gr. 2. Das Filter wird mit heißem Wasser gewaschen. Man löst das Kupfersulfid mit wenig warmer Salpetersäure (1 + 1) vom Filter. An den Einleitungsrohren haftendes Kupfersulfid wird ebenfalls durch Salpetersäure (1 + 1) gelöst und die Kupfernitratlösung in einen 200 ml-Meßkolben überführt. Nach dem Auffüllen entnimmt man 20 ml (1 g Einwaage), gibt sie in einen 50 ml-Meßkolben, versetzt mit 15 ml Pufferlösung (7), 15 ml Rubeanwasserstofflösung (6) und füllt mit Wasser auf. In einer 5 cm-Küvette wird bei 578 nm gegen Wasser als Vergleichslösung photometriert. 1 mg Kupfer $\triangleq$ 0,5047 mg Schwefel.

***Eichkurve.*** Verschiedene Abnahmen der Kupferstandardlösung (5) werden in einen 50 ml-Meßkolben gegeben, mit je 15 ml Pufferlösung (7) und Rubeanwasserstofflösung (6) versetzt und nach Auffüllen, wie unter Ausführung beschrieben, photometriert.

### 2.2.3 Bestimmung des Kohlenstoffs

Siehe Kapitel Kohlenstoff unter 4.1, S. 200.

Kapitel 9

# Edelmetalle

Inhalt

# Vorbemerkung

Während die chemischen Analysenmethoden für die meisten unedlen Elemente in den letzten 10 bis 20 Jahren vielfach durch Methoden ersetzt worden sind, bei denen u. a. der persönliche Einfluß des Analytikers durch Mechanisierung der Arbeitsgänge weitgehend zurückgedrängt werden konnte, sind die klassischen Methoden der dokimastischen Bestimmung von Gold und Silber insofern nicht weiterentwickelt worden. Sie werden deshalb hier auch wieder in unveränderter Form als Schiedsmethoden empfohlen; denn sie sind universell anwendbar und wirtschaftlich sehr wichtig, und sie gehören zu den sichersten und genauesten Analysenmethoden überhaupt, wenn bei ihrer Durchführung bestimmte Gesichtspunkte beachtet werden.

Bereits in der 2. Auflage der „Schiedsmethoden" ist darauf hingewiesen worden, „daß bei den dokimastischen Edelmetallbestimmungen genaue Befunde nicht allein von der Art des Verfahrens, sondern besonders auch von der persönlichen Geschicklichkeit des Probierers abhängig sind". Es heißt dort weiter, daß auch dann, wenn insofern alle Voraussetzungen erfüllt sind, sich „Differenzen zwischen dem tatsächlichen Gehalt und dem festgestellten Befund ergeben können, vor allem durch Kupellenzug usw., für die man eine allgemeine Norm nicht aufstellen kann." Dieser Hinweis betrifft die metallurgischen Vorgänge beim Tiegelschmelzen, Ansieden und Kupellieren als den wichtigsten Arbeitsgängen der dokimastischen Methoden. Darauf bezieht sich ein weiterer Hinweis a. a. O., wo es heißt: „Sehr wichtige darauf bezügliche Untersuchungen wurden von Heinrich Roesler u. a. auch in dieser Richtung wie folgt beurteilt: ‚Wieviel diese Verluste betragen, das läßt sich nur durch synthetische Versuche feststellen. Man muß gegebene Mengen von chemisch reinem Silber, Gold, Platin und ebenso viel von den verschiedenartigen Zuschlägen und genau unter denselben Bedingungen schmelzen, ansieden und abtreiben usw., wie das bei den betreffenden Proben geschieht'".

Es steht fest, daß diese „synthetischen Versuche" nach ROESLER den angegebenen Zweck nicht erfüllen können, weil es praktisch unmöglich ist, eine volle Parallelität aller Arbeitsbedingungen und aller Eigenschaften zwischen der Analysenprobe und einer „synthetischen" Probe herzustellen und während des ganzen Analysenganges einzuhalten. Lediglich die letzte Phase des Treibens kann durch eine derartige Maßnahme in etwa überwacht werden, wenn der Bleikönig der Analysenprobe schon bei Beginn des Treibens neben den Edelmetallen nur geringe Mengen von Verunreinigungen enthält, insbesondere praktisch wismutfrei ist. In diesem Falle treibt man den Bleikönig auf einer harten Kupelle bei mäßiger Temperatur (Bildung von Federglätte) bis zum kühlen Abblicken, nimmt das unfeine Edelmetallkorn von der Kupelle und reinigt es durch Abbürsten von anhaftender Kupellenmasse. Dann wickelt man das Korn in ein möglichst kleines Blättchen dünner Bleifolie, wickelt eine dem Korn entsprechende gleich große Menge „synthetisches" Edelmetall ebenso ein, treibt beide Proben bei kräftiger Hitze auf weichen (Knochenasche-) Kupellen fein und rechnet die etwa eingetretene Gewichtsveränderung der „synthetischen" Probe auf den Befund der Analysenprobe an. Auch bei dieser Prüfung einer nur kurzen Phase eines der thermischen Arbeitsgänge besteht die Unsicherheit möglicherweise nicht vollkommener Parallelität.

Auf besondere Vereinbarung werden gelegentlich die in den thermischen Arbeitsgängen etwa eintretenden Verluste an Silber in anderer Weise direkt ermittelt. Dazu wird das in den bei der Analyse angefallenen Schlacken und Kupellen etwa enthaltene Silber dokimastisch bestimmt und dem Befund der Probe zugerechnet. Dieses Verfahren bedeutet aber nahezu eine Verdoppelung des Aufwandes für eine Analyse.

Wegen dieser Unzulänglichkeiten u. a. führen weite Kreise von Interessenten ihre dokimastischen Bestimmungen ohne „synthetische" Parallelproben oder andere Ausgleichsbestimmungen durch. Diese Arbeitsweise gilt allgemein als handelsüblich, in der englischen Sprachwelt unter dem Begriff „commercial assaying".

# 1 Edelmetallhaltige Rohstoffe

## 1.1 Kupfererze, kupferhaltige Nickel- und Kobalterze

### 1.1.1 Bestimmung des Goldes und des Silbers

***Grundlage.*** Die Probe wird mit reduzierenden Flußmitteln und Bleiglätte in Gegenwart von metallischem Eisen durch Schmelzen im Tontiegel aufgeschlossen. Der entstandene Bleiregulus wird verschlackt und bis zum Gesamtedelmetallkorn abgetrieben, aus dem durch Scheiden mit Salpetersäure das Gold direkt und das Silber als Differenz ermittelt werden.

***Anwendungsbereich.*** Geeignet für Goldgehalte über 0,5 g/1000 kg und für Silbergehalte über 20 g/1000 kg.

***Zuverlässigkeit.*** Bei Goldgehalten von 0,5 bis 2 g/1000 kg etwa ± 20%,
von 2 bis 10 g/1000 kg etwa ± 10 bis 2,5%,
von 10 bis 100 g/1000 kg etwa ± 2,5 bis 0,5%.
Bei Silbergehalten von 20 bis 50 g/1000 kg etwa ± 10%,
von 50 bis 500 g/1000 kg etwa ± 5 bis 0,5%.

***Reagenzien.***

1. Flußmittelmischung:
   2000 Teile Natriumcarbonat, wasserfrei,
   1000 Teile Borax, geschmolzen,
   200 Teile Kaliumcarbonat,

600 Teile Weinstein, techn.
(100 g dieses Flußmittels reduzieren 75 g Bleiglätte).
2. Bleiglätte, edelmetall- und wismutfrei.
3. Probierblei, edelmetall- und wismutfrei, in Folien- und Kornform.
4. Salpetersäure (1,075), chlorfrei.
5. Salpetersäure (1,33), chlorfrei.

***Geräte.*** Tonschmelztiegel, Ansiedescherben, Hartkupellen, Goldscheidekolben.

***Ausführung.*** Die Analyse erfolgt aus zwei oder einer größeren geraden Anzahl von Einwaagen, die nach den unten folgenden Angaben einzeln in Tontiegeln einzuschmelzen und später zu zwei gleichen Einwaageteilen zu vereinigen sind. Die Einzeleinwaage darf höchstens 5 g Kupfer und nicht mehr als etwa 250 mg Gold + Silber enthalten. In jeden Tiegel bringt man 100 bis 125 g Flußmittelmischung (1) und soviel Bleiglätte (2), daß je Gramm Kupfer in der Einwaage etwa 16 g Glätte, mindestens aber 50 g Glätte je Tiegel vorhanden sind, und mischt Flußmittel und Glätte. Nun gibt man die Einwaage zu, mischt erneut sorgfältig und deckt mit einer dünnen Natriumchloridschicht ab. Der Tiegel wird dann im Schmelzofen langsam erwärmt, so daß der Inhalt in 30 bis 40 min eingeschmolzen ist. Man läßt ihn bei der erreichten Höchsttemperatur (1100 bis 1150 °) 20 min heißgehen, fügt 20 g Flußmittel (1) und 10 g Glätte (2) zu und steckt einen 12 bis 15 cm langen starken Eisennagel in die Schmelze. Nach weiteren 20 min Heißgehens nimmt man den Tiegel aus dem Ofen, entfernt sofort den aus der Schmelze herausragenden Nagel und läßt Tiegel und Inhalt erkalten. Der beim Schmelzen entstandene Bleiregulus wird durch Zerschlagen des Tiegels freigelegt und durch Aushämmern von der anhaftenden Schlacke weitgehend befreit. Man verschlackt ihn zunächst mit 1 bis 2 g Borax auf einem 70 mm-Ansiedescherben, eventuell mehrmals, bis er duktil ist.

Aus den so vorbereiteten Bleikönigen werden Gold und Silber durch Abtreiben als Gesamtedelmetallkorn vom Blei abgetrennt. Dazu bringt man die entsprechende Anzahl gut ausgetrockneter Hartkupellen nebeneinander in die vordere Hälfte eines auf helle Rotglut aufgeheizten Muffelofens, glüht sie 5 bis 10 min lang aus, setzt die Bleikönige in die Kupellen ein und treibt zunächst bei der zum Oxydieren des Bleis ausreichenden Temperatur von 900 bis 950 ° (Bildung von Federglätte am vorderen inneren Rand der Kupelle). Gegen Ende des Treibens steigert man die Temperatur auf 1000 ° und läßt die Edelmetallkörner heiß abblicken.

Wenn die Bleikönige aber nach dem Verschlacken noch Verunreinigungen, insbesondere Wismut, enthalten bzw. nach der Zusammensetzung der untersuchten Probe noch enthalten können, so treibt man zunächst, wie vorstehend beschrieben, und nimmt vor der Temperaturerhöhung die noch unfeinen Edelmetallkörner aus dem Feuer. Man reinigt sie nach dem Abkühlen durch Abbürsten von anhaftender Kupellenmasse, wickelt sie einzeln in ein kleines Stückchen Bleifolie ein und treibt sie in vorher auf helle Rotglut erhitzten Knochenaschekupellen fein. Die Gewichte der feingetriebenen Edelmetallkörner sind die Summe von Gold und Silber, die nach dem Scheiden der Körner mit Salpetersäure einzeln bestimmt werden.

Dazu löst man die Körner einzeln (oder zu zwei gleichen Einwaageteilen vereinigt) in Goldscheidekolben mit je 30 ml Salpetersäure (4) in der Wärme und kocht noch 10 min, dekantiert dann und erwärmt erneut mit je 30 ml Salpetersäure (5), kocht wiederum 10 min, dekantiert und wäscht das ungelöst gebliebene Gold mehrfach dekantierend mit Wasser. Das Gold bringt man schließlich in einen kleinen spitzen Porzellantiegel (Goldtiegel), trocknet, glüht und wägt es, nachdem man es aus dem Tiegel herausgebracht hat.

Durch Abzug des Goldgewichtes vom obigen Gewicht von Gold + Silber ergibt sich als Differenz das Gewicht an Silber, und aus der Anrechnung der ermittelten Gold- und Silbergewichte auf die Einwaage erhält man schließlich die Gehalte an Gold und Silber, die in Gramm je 1000 kg des untersuchten Materials anzugeben sind.

## 1.2 Siliciumdioxidreiche, kupferhaltige Erze (Goldquarze)

### 1.2.1 Bestimmung des Goldes und des Silbers

Die Bestimmung erfolgt nach 1.1.1, S. 138, vorausgesetzt, daß Silber und Gold mindestens im Verhältnis 3:1 stehen. Andernfalls sind Gold und Silber nach der gleichen Methode aus getrennten Einwaagen zu bestimmen. Dabei ist zu den für die Goldbestimmung vorgesehenen Einwaagen schon bei der Tiegelschmelzung soviel Feinsilber beizufügen, daß das obige Verhältnis erreicht wird.

***Bemerkung.*** Proben dieses Materials enthalten das Gold vielfach als Freigold und neigen dadurch zum Entmischen. Sie sind deshalb vor jeder Einwaage sorgfältig zu mischen, evtl. auch aus einer größeren Anzahl von Einwaagen zu analysieren als homogene Erzproben.

## 1.3 Kupfererzkonzentrate

### 1.3.1 Bestimmung des Goldes und des Silbers nach dem Tontiegelverfahren

***Grundlage.*** Die Bestimmung erfolgt nach dem unter 1.1.1, S. 138, angegebenen Verfahren mit der Abänderung, daß beim Schmelzaufschluß wegen des hohen Schwefelgehaltes eine andere Flußmittelzusammensetzung und ein höherer Zusatz von metallischem Eisen verwendet werden.

***Anwendungsbereich.*** Geeignet für Gesamtedelmetallgehalte unter 500 g/1000 kg.

***Zuverlässigkeit.*** Siehe unter 1.1.1, S. 138.

***Reagenzien.***

1. Flußmittelmischung:
   1000 Teile Natriumcarbonat, wasserfrei,
   2000 Teile Borax, geschmolzen,
   700 Teile Weinstein, techn.
   (100 g dieses Flußmittels reduzieren 90 g Bleiglätte).
2. Bleiglätte, edelmetall- und wismutfrei.
3. Probierblei, edelmetall- und wismutfrei, in Folien und Kornform.
4. Salpetersäure (1,075), chlorfrei.
5. Salpetersäure (1,33), chlorfrei.

***Geräte.*** Wie unter 1.1.1, S. 139, angegeben.

***Ausführung.*** Größe und Anzahl der Einwaagen werden nach den unter 1.1.1, S. 139, genannten Ausführungsbestimmungen gewählt. In jeden Tiegel bringt man 100 bis 125 g Flußmittelmischung (1) und soviel Bleiglätte (2), daß je Gramm Kupfer in der Einwaage etwa 16 g Glätte, mindestens aber 50 g Glätte im Tiegel vorhanden sind, und mischt Flußmittel und Glätte. Dann gibt man die Einwaage zu, mischt erneut, legt auf die Beschickung ein Stückchen Eisendraht von etwa 10 g und deckt mit einer dünnen Natriumchloridschicht ab. Der Tiegel wird dann im Schmelzofen langsam erwärmt, so daß der Inhalt in 30 bis 40 min eingeschmolzen ist. Man läßt ihn bei der erreichten Höchsttemperatur etwa 20 min heißgehen, fügt 10 g Bleiglätte (2) zu und steckt einen 12 bis 15 cm langen Eisennagel in die Schmelze. Man läßt heißgehen, nimmt den Tiegel aus dem Ofen, entfernt sofort den aus der Schmelze herausragenden Eisennagel, streut 3 bis 4 g Eisenpulver auf die noch dünnflüssige Schmelze und läßt Tiegel und Inhalt erkalten.

Die Weiterarbeit zur Bestimmung des Goldes und des Silbers erfolgt nach der unter 1.1.1, S. 139, gegebenen Vorschrift.

### 1.3.2 Bestimmung des Goldes und des Silbers nach dem Eisentiegelverfahren

***Grundlage.*** Die Probe wird mit reduzierenden Flußmitteln und Bleiglätte durch Schmelzen im Eisentiegel aufgeschlossen. Der dabei entstandene Bleiregulus wird bis zum Gesamtedelmetallkorn abgetrieben, aus dem durch Scheiden mit Salpetersäure das Gold direkt und das Silber als Differenz ermittelt werden.

***Anwendungsbereich.*** Geeignet für Gesamtedelmetallgehalte über 500 g/1000 kg.

***Zuverlässigkeit.***

| | | | | |
|---|---|---|---|---|
| Bei Goldgehalten | von 0,5 | bis 2 g/1000 kg | etwa | ±20%, |
| | von 2 | bis 10 g/1000 kg | etwa | ±10 bis 2,5%, |
| | von 10 | bis 100 g/1000 kg | etwa | ±2,5 bis 0,5%. |
| Bei Silbergehalten | von 500 | bis 1000 g/1000 kg | etwa | ± 2%, |
| | von 1000 | bis 3000 g/1000 kg | etwa | ± 1%, |
| | von 3000 | bis 6000 g/1000 kg | etwa | ± 0,5%. |

***Reagenzien.***

1. Flußmittelmischung:
   3000 Teile Natriumcarbonat, wasserfrei,
   2000 Teile Borax, geschmolzen,
   375 Teile Weinstein, techn.
   (100 g dieses Flußmittels reduzieren 50 g Bleiglätte).
2. Bleiglätte, edelmetall- und wismutfrei.
3. Weinstein, techn.
4. Probierblei, edelmetall- und wismutfrei, in Folien und Kornform.
5. Salpetersäure (1,075), chlorfrei.
6. Salpetersäure (1,33), chlorfrei.

***Geräte.*** Schmiedeeiserne Schmelztiegel, Mengkapsel, Hartkupellen, Goldscheidekolben.

***Ausführung.*** Die Bestimmung erfolgt aus zwei oder einer größeren geraden Anzahl von Einwaagen.

Für das Schmelzen im Eisentiegel werden die Einwaage und die Zuschläge außerhalb des Tiegels gemischt und dann in den vorerhitzten Schmelztiegel eingebracht. Dazu benutzt man eine Mengkapsel von der Form eines großen Wägeschiffchens, in die man 20 g Flußmittel (1), 80 g Bleiglätte (2) und 8 g Weinstein (3) einbringt, durchmischt und nach Hinzufügen der Einwaage mit dieser durch erneutes Mischen vermengt. Die Einzeleinwaage ist so zu bemessen, daß darin höchstens 5 g Kupfer und nicht mehr als 250 mg Edelmetall (Gold und Silber) enthalten sind.

Der Eisentiegel wird auf 300 bis 400° erhitzt und außerhalb des Ofens zuerst mit 30 g Flußmittel (1) und sofort nachfolgend mit dem vorstehend beschriebenen Inhalt der Mengkapsel beschickt, worauf noch 70 bis 90 g Flußmittel (1) zum Abdecken zugegeben werden. Der Tiegel wird im Ofen schnell erhitzt, so daß der Inhalt in etwa 30 min eingeschmolzen ist. Dann wird der Tiegel aus dem Ofen genommen, um die Schlacke und den schmelzflüssigen Bleiregulus durch Abschlacken und Ausgießen in eiserne Formen zu trennen. Die Schlacke wird sofort in den noch heißen Tiegel zurückgegeben und unter Zusatz von 20 g Bleiglätte (2) und 50 g Flußmittel (1) noch einmal eingeschmolzen. Dann werden Schlacke und Blei wie vorher getrennt und die Reguli aus Haupt- und Nachschmelze vereinigt. Sie werden ohne vorheriges Verschlacken direkt getrieben, und die weitere Bearbeitung des Gesamtedelmetallkornes zur Bestimmung des Goldes und des Silbers geschieht, wie unter 1.1.1, S. 139, beschrieben.

## 1.4 Bleierze und Bleierzkonzentrate

### 1.4.1 Bestimmung des Goldes und des Silbers

***Grundlage.*** Siehe unter 1.3.2, S. 140.

***Anwendungsbereich.*** Geeignet für Goldgehalte über 0,5 g/1000 kg und Silbergehalte über 20 g/1000 kg.

***Zuverlässigkeit.***

| | | | |
|---|---|---|---|
| Bei Goldgehalten | von 0,5 | bis 2 g/1000 kg | etwa ±20%, |
| | von 2 | bis 10 g/1000 kg | etwa ±10 bis 2,5%, |
| | von 10 | bis 100 g/1000 kg | etwa ± 2,5 bis 0,5%. |
| Bei Silbergehalten | von 20 | bis 50 g/1000 kg | etwa ±10%, |
| | von 50 | bis 500 g/1000 kg | etwa ± 5 bis 2,5%, |
| | von 500 | bis 1000 g/1000 kg | etwa ± 2%, |
| | von 1000 | bis 3000 g/1000 kg | etwa ± 1%, |
| | von 3000 | bis 6000 g/1000 kg | etwa ± 0,75%. |

***Reagenzien.***

1. Flußmittelmischung:
   2000 Teile Natriumcarbonat, wasserfrei,
   1000 Teile Borax, geschmolzen,
   250 Teile Weinstein, techn.
2. Bleiglätte, edelmetall- und wismutfrei.
3. Probierblei, edelmetall- und wismutfrei, in Folien und Kornform.
4. Salpetersäure (1,075), chlorfrei.
5. Salpetersäure (1,33), chlorfrei.

***Geräte.*** Schmiedeeiserne Schmelztiegel, Mengkapsel, Hartkupellen, Goldscheidekolben.

***Ausführung.*** Die Bestimmung erfolgt nach dem unter 1.3.2 beschriebenen Arbeitsverfahren mit dem Unterschied, daß hier eine andere Flußmittelzusammensetzung und andere Mengenverhältnisse zwischen Zuschlägen und Einwaage erforderlich sind.

In die Mengkapsel gibt man 35 g Flußmittel (1) und 20 g Bleiglätte (2) und vermischt sie, wie unter 1.3.2, S. 141, angegeben, mit der Einwaage.

Der Glättezusatz beträgt bei Erzen mit 60 bis 70% Blei 20 g je Tiegel, so daß aus einer 25 g-Einwaage nach dem Schmelzen ein Regulus von etwa 30 g gewonnen wird. Bei geringeren Bleigehalten in der Probe oder bei kleineren Einwaagen ist der Bleiglättezusatz so zu steigern, daß nach dem Schmelzen immer ein Regulus von etwa 30 g ausgebracht wird. Die Einwaage ist je Tiegel so zu bemessen, daß darin nicht mehr als etwa 250 mg Gesamtedelmetall (Gold und Silber) enthalten sind.

Der Eisentiegel wird auf 300 bis 400° erhitzt und außerhalb des Ofens zuerst mit 20 g Flußmittel (1) und sofort nachfolgend mit dem Inhalt der Mengkapsel beschickt. Man deckt mit 20 g Flußmittel (1) ab und erhitzt den Tiegel im Ofen so, daß die Beschickung in etwa 30 min eingeschmolzen ist. Dann wird er aus dem Ofen herausgenommen, und die Schlacke vom schmelzflüssigen Bleiregulus durch Abschlacken und Ausgießen in eiserne Formen getrennt. Die Schlacke wird sofort in den noch heißen Tiegel zurückgegeben und unter Zusatz von 30 g Flußmittel (1) und 20 g Bleiglätte (2) wieder eingeschmolzen, worauf Schlacke und Blei wie vorher getrennt und die Reguli aus Haupt- und Nachschmelze vereinigt werden. Die Weiterarbeit zur Bestimmung des Goldes und des Silbers erfolgt dann wieder nach 1.1.1, S. 139.

## 1.5 Wismuterze, wismuthaltige Kupfererze und -konzentrate

### 1.5.1 Bestimmung des Goldes und des Silbers

***Grundlage.*** Als Wismuterze kommen hauptsächlich wismuthaltige Kupfererze und -konzentrate zur Verhüttung. Die Bestimmung der Edelmetalle erfolgt je nach Art des Materials sinngemäß nach 1.1.1, S. 138, 1.3.1, S. 140, oder 1.3.2, S. 140.

***Bemerkung.*** Bei edelmetallarmen Proben unterbricht man das Treiben des Bleiregulus, indem man die Kupelle kurz vor dem Blicken aus dem Feuer zieht und das unfeine Edelmetallkorn mit einem Stückchen Probierblei (2 bis 3 g) legiert und dann erstarren läßt. Nach dem Abheben des kleinen Regulus von der Kupelle und Entfernen etwa anhaftender Kupellenmasse wird auf einer neuen Kupelle bei 1000° feingetrieben.

# 1.6 Antimonerze und Arsenkies

## 1.6.1 Bestimmung des Goldes und des Silbers bei Abwesenheit von Platinmetallen

***Grundlage.*** Nach Aufschluß der Probe mit Schwefelsäure und Fällen des Silbers in der Lösung als Silberbromid werden die Edelmetalle im abfiltrierten Löserückstand und Silberbromidniederschlag dokimastisch bestimmt.

***Anwendungsbereich.*** Geeignet für Goldgehalte über 1 g/1000 kg und Silbergehalte über 20 g/1000 kg.

***Zuverlässigkeit.***

| | | | | | | |
|---|---|---|---|---|---|---|
| Bei Goldgehalten | von | 1 bis | 10 g/1000 kg | etwa | ± | 10 bis 5%, |
| | von | 10 bis | 20 g/1000 kg | etwa | ± | 5 bis 2%, |
| | von | 20 bis | 50 g/1000 kg | etwa | ± | 2 bis 1%, |
| | von | 50 bis | 100 g/1000 kg | etwa | ± | 1 bis 0,5%. |
| Bei Silbergehalten | von | 20 bis | 50 g/1000 kg | etwa | ± | 10%, |
| | von | 50 bis | 500 g/1000 kg | etwa | ± | 5 bis 2,5%, |
| | von | 500 bis | 1000 g/1000 kg | etwa | ± | 2%, |
| | von | 1000 bis | 3000 g/1000 kg | etwa | ± | 1%, |
| | von | 3000 bis | 6000 g/1000 kg | etwa | ± | 0,75%. |

***Reagenzien.***

1. Kaliumbromidlösung: 1 g zu 100 ml gelöst.
2. Bleiacetatlösung: 20 g zu 100 ml gelöst.
3. Probierglätte, edelmetall- und wismutfrei.
4. Flußmittelmischung:
   2000 Teile Natriumcarbonat, wasserfrei,
   1000 Teile Borax, geschmolzen,
   250 Teile Weinstein, techn.
5. Salpetersäure (1,075), chlorfrei.
6. Salpetersäure (1,33), chlorfrei.

***Geräte.*** Schmiedeeiserne Schmelztiegel, Ansiedescherben, Hartkupellen, Goldscheidekolben.

***Ausführung.*** Viermal 25 g Probe (Feinheitsgrad 0,16 DIN 4188) werden in 1½ Liter-Bechergläsern mit wenig Wasser angeschlämmt und mit 100 ml Schwefelsäure (1,84) versetzt. Man erwärmt zunächst langsam und erhitzt dann bis zum Kochen, um die Probe zu zersetzen. Danach wird noch 2 Std. bis zum Rauchen weiter erhitzt. Nach dem Erkalten gibt man in den Abrauchrückstand, je nach Antimon- und Zinngehalt der Probe, 20 bis 150 g feste Weinsäure und 250 ml Wasser unter Rühren zu, erhitzt zum Sieden und kocht nach Zusatz von 500 bis 600 ml Wasser weiter, bis die Salze gelöst sind.

Dann fügt man die zum Fällen des Silbers benötigte Menge Kaliumbromidlösung (1) und 20 ml Bleiacetatlösung (2) unter Umrühren zu. Darauf verdünnt man auf etwa 1100 ml, rührt noch einmal auf, läßt über Nacht absetzen und filtriert den Niederschlag über ein Filter Gr. 4. Man wäscht mehrmals mit kaltem Wasser aus, bestreut den Niederschlag im Filter mit 20 g Probierglätte (3) und faltet das Filter über dem Niederschlag zusammen, indem man den Filterrand nach innen einschlägt.

Nunmehr beschickt man einen vorgewärmten schmiedeeisernen Tiegel mit etwa 50 g Flußmittelmischung (4), gibt das Filter mit dem Niederschlag dazu und schmilzt den Tiegelinhalt langsam ein. Nachdem die Schmelze sich beruhigt hat, wird der Tiegel aus dem Feuer genommen und Schlacke und Bleiregulus werden durch Abschlakken voneinander getrennt. Die Schlacke wird unter Zusatz von 10 g Probierglätte (3) und 50 g Flußmittelmischung (4) in den noch rotwarmen Tiegel zurückgegeben, wieder eingeschmolzen, und Schlacke und Bleiregulus werden wie vorher getrennt.

Die je Einzeleinwaage aus Haupt- und Nachschmelzung erhaltenen Bleireguli werden vereinigt und verschlackt. Der Bleiregulus, dessen Gewicht etwa 20 bis 25 g betragen soll, wird bis zum Gesamtedelmetallkorn abgetrieben. Die weitere Bearbeitung zur Bestimmung des Goldes und Silbers geschieht, wie es unter 1.1.1, S. 139, beschrieben ist.

#### 1.6.2 Bestimmung des Goldes, Silbers, Platins und Palladiums

Die Bestimmungen erfolgen nach den unter 2.5.1, S. 147, bzw. 2.6.1, S. 148, beschriebenen Verfahren.

### 1.7 Zinkerze und Zinkerzkonzentrate

#### 1.7.1 Bestimmung des Goldes und des Silbers

Die Bestimmung erfolgt nach dem unter 1.1.1, S. 138, beschriebenen Verfahren.

## 2 Edelmetallhaltige Zwischenprodukte und Abfälle

### 2.1 Rohsilber (Blicksilber, Brandsilber, Güldischsilber)

#### 2.1.1 Bestimmung des Silbers

***Grundlage.*** Das Silber wird in der salpetersauren Lösung der Probe mit Kaliumbromid bei potentiometrischer Endpunktsanzeige maßanalytisch bestimmt.

***Anwendungsbereich.*** Geeignet für Gehalte über 980 g/kg.

***Zuverlässigkeit.*** Etwa $\pm 0{,}05\%$.

***Reagenzien.***

1. Feinsilber, 999,9 fein, frei von Gold und Platinmetallen.
2. Kaliumbromidlösung: 11,0320 g zum Liter gelöst; 1 ml $\triangleq$ 10 mg Silber.
3. Kaliumbromidlösung: 1,1032 g zum Liter gelöst; 1 ml $\triangleq$ 1 mg Silber.
4. Kaliumnitratlösung, gesättigt.
5. Salpetersäure (1,2), chlorfrei.

***Geräte.*** Feinsilberdrahtelektrode und Quecksilber(I)-sulfatelektrode und KPG-Büretten mit 1/50 ml Graduierung.

***Ausführung.*** Bei Materialien unbekannten Silbergehaltes muß zur Bestimmung des ungefähren Gehaltes eine Vorprobe vorausgehen. Dazu wägt man 0,5 g Probe ein, löst sie mit 10 ml Salpetersäure (5) in der Wärme und vertreibt die Stickstoffoxide aus der Lösung durch weiteres Erwärmen. Man verdünnt mit 100 ml heißem Wasser und filtriert den Löserückstand über ein Filter Gr. 4 ab. Im Filtrat fällt man das Silber mit Salzsäure (1 + 1), läßt das Silberchlorid absetzen, filtriert es über einen gewogenen Porzellanfiltertiegel A2 und wäscht mit Salpetersäure (1 + 100) und mit Äthanol aus. Man trocknet Tiegel und Inhalt 2 Std. bei 120°, läßt im Exsiccator erkalten, wägt und errechnet aus dem Gewicht des Chlorsilbers den Silbergehalt.

Nach dem Ergebnis der Vorprobe errechnet man die Größe der Einwaage, die $505 \pm 4$ mg Silber enthalten soll, und nimmt für die Bestimmung des Silbers mindestens 2 Einwaagen. Man löst jede Einwaage in einem mit Uhrglas bedeckten 250 ml-Becherglas mit so viel Salpetersäure (5), daß auf je 1 g Einwaage etwa 15 ml

Säure zuzugeben sind, und vertreibt die Stickstoffdioxide durch Kochen aus der Lösung. Dann spült man die Wandung des Becherglases und das Uhrglas mit Wasser ab und verdünnt die Lösung auf 150 ml. Die erkaltete Lösung wird unter starkem Rühren mit 50 ml Kaliumbromidlösung (2) aus einer Pipette versetzt und danach mit Kaliumbromidlösung (3) durch langsames Zutropfen von jeweils 0,5 ml aus einer KPG-Bürette titriert. Bewirkt ein Tropfen der zugegebenen Kaliumbromidlösung (3) eine Potentialänderung von etwa 5 mV, so ist die Titration mit einzelnen Tropfen zu Ende zu führen, bis der Umschlagspunkt, der durch eine Potentialänderung von etwa 50 mV je Tropfen angezeigt wird, erreicht ist. Man beachte, daß die Potentialeinstellung in der Nähe des Umschlagspunktes etwa 45 sec erfordert.

Das ***Einstellen*** der Kaliumbromidlösung (2) erfolgt nach der oben beschriebenen Methode mit 505 ± 4 mg Feinsilber (1), die der Kaliumbromidlösung (3) mit 55 ± 4 mg Feinsilber (1).

***Bemerkungen.*** Direktes Sonnenlicht ist beim Titrieren zu vermeiden. Die Laboratoriumsluft muß frei von Salzsäure- und Ammoniumchloridnebeln sein.

Zinn und färbende Kationen wie Kupfer und Nickel stören nicht. Um Temperatureinflüsse auszuschalten, muß mit jeder Analysenserie eine Kontrollprobe von Feinsilber (1) zur Nacheichung durchgeführt werden.

### 2.1.2 Bestimmung des Goldes

***Grundlage.*** Das Gold wird durch Lösen der Probe mit Salpetersäure als unlöslicher Rückstand abgetrennt und dokimastisch bestimmt.

***Anwendungsbereich.*** Geeignet für Gehalte über 0,1 g/kg.

***Zuverlässigkeit.*** Bei Gehalten von 0,1 bis 1 g/kg etwa ±3%,
von 1 bis 5 g/kg etwa ±1%.

***Reagenzien.***

1. Salpetersäure (1,4), chlorfrei.
2. Salpetersäure (1,075), chlorfrei.
3. Salpetersäure (1,33), chlorfrei.
4. Probiersilber (Feinsilber, 999,9 fein, frei von Gold und Platinmetallen).
5. Probierbleifolie, edelmetall- und wismutfrei.

***Geräte.*** Hartkupellen, Goldscheidekolben, hochempfindliche Probierwaage.

***Ausführung.*** 20 g Probe löst man mit 80 ml Salpetersäure (1) und 300 ml Wasser in einem 800 ml-Becherglas und entfernt die Stickstoffoxide aus der Lösung durch Kochen. Nach dem Absetzen des Löserückstandes wird dieser über ein Filter Gr. 4 abfiltriert und mit heißem Wasser gewaschen, bis das Waschwasser silberfrei abläuft. Dann wäscht man das Filter einmal mit Äthanol, trocknet und erhitzt Filter und Rückstand in einem Porzellantiegel, bis das Filter verascht ist, und glüht den goldhaltigen Rückstand. Man wägt das Rohgold, fügt die dreifache Menge Probiersilber (4) zu, wickelt beide in etwa 1 bis 1,5 g Probierbleifolie (5) ein und treibt auf einer Hartkupelle bei 1050 ° fein.

Das Edelmetallkorn wird durch Hämmern ausgeplattet — wenn es mehr als 200 mg wiegt, wird es ausgewalzt und zu einem Röllchen aufgewickelt — und in einem Goldscheidekolben nacheinander mit Salpetersäure (2) und Salpetersäure (3), wie unter 1.1.1, S. 139, beschrieben, zum Scheiden des Goldes gelöst, das nach dem Glühen gewogen wird.

## 2.2 Blisterkupfer, Anodenkupfer, Schwarzkupfer

### 2.2.1 Bestimmung des Goldes und des Silbers

Die Bestimmung erfolgt nach dem unter 1.6.1, S. 143, beschriebenen Verfahren.

## 2.3 Zementkupfer, Kupferstein, Kupferbleistein Kupfernickelstein

### 2.3.1 Bestimmung des Goldes und des Silbers

***Grundlage.*** Die Bestimmung erfolgt nach 1.6.1, S. 143.

***Ausführung.*** Abweichend von den Angaben unter 1.6.1, erfolgen hier die Bestimmungen des Goldes und des Silbers meist aus Einwaagen von 25 g Probe (Feinheitsgrad 0,16 DIN 4188), die je Einwaage mit 75 ml Wasser und 150 ml Schwefelsäure (1,84) in 1500 ml-Bechergläsern gelöst werden.

Die weitere Durchführung der Bestimmungen erfolgt dann nach 1.6.1.

## 2.4 Werkblei

### 2.4.1 Bestimmung des Goldes und des Silbers

***Grundlage.*** Die Probe wird unter Zusatz von Kornblei und Borax auf Ansiedescherben eingeschmolzen, wobei die Verunreinigungen verschlackt und die Edelmetalle im Bleiregulus gesammelt werden, aus dem Gold und Silber durch Treiben abgetrennt und nach dem Scheiden des Edelmetallkorns gewichtsanalytisch bestimmt werden.

***Anwendungsbereich.*** Geeignet für Goldgehalte über 0,5 g/1000 kg und Silbergehalte über 20 g/1000 kg.

***Zuverlässigkeit.*** Siehe unter 1.4.1, S. 142.

***Reagenzien.***

1. Probierblei, edelmetall- und wismutfrei, in Kornform.
2. Borax, geschmolzen und gemahlen.
3. Salpetersäure (1,075), chlorfrei.
4. Salpetersäure (1,33), chlorfrei.

***Geräte.*** Ansiedescherben, 60 (oder 70) mm ∅, Hartkupellen, Goldscheidekolben.

***Ausführung.*** Zwei oder eine größere gerade Anzahl Einwaagen von 25 g Probe (im anteiligen Verhältnis der evtl. Siebfraktionen der Metallspäne) werden in Ansiedescherben mit je 20 g Kornblei (1) gemischt und mit etwa 1 g Boraxpulver (2) bestreut. Die Scherben werden dann in einen auf 800 bis 900 ° erhitzten Muffelofen eingesetzt, der darauf geschlossen wird, bis die Beschickungen in den Scherben in etwa 5 bis 10 min eingeschmolzen sind. Dann öffnet man das Muffeltor, damit Luft zutreten und die Oxydation des Bleies und der Verunreinigungen einsetzen kann. Die Oxide bilden mit dem Borax am Rande des Scherbens auf dem Bleibad eine ringförmige Schlackendecke, die sich mit fortschreitender Oxydation zur Mitte des Scherbens ausbreitet und nach insgesamt etwa 45 min schließt. Damit ist die Oxydation, das „Verschlacken" beendet. Die Muffel wird wieder geschlossen und schnell für einige Minuten auf etwa 1000 ° erhitzt. Dann werden die Scherben aus dem Ofen genommen und zum Abkühlen abgesetzt. Dabei muß die Schlacke dünnflüssig sein, damit sich das Blei unter der Schlacke vollständig absetzen kann. Nach dem Erstarren soll die Schlacke eine glatte Oberfläche haben. (Hat das Verschlacken nicht zu diesem Ergebnis geführt, so ist der Prozeß mit größerem Boraxzusatz und/oder mit kleineren Einwaagen zu wiederholen).

Nach dem Abkühlen zerschlägt man die Scherben, um die Bleireguli freizulegen, die man durch Aushämmern von anhaftender Schlacke und Scherbenmasse befreit.

Für das nun folgende Treiben sind die Bleireguli aber erst dann geeignet, wenn sie beim Hämmern vollkommen weich erscheinen. Gegebenenfalls müssen sie mit Zusätzen von 1 g Borax und 20 bis 25 g Kornblei (1) nochmals verschlackt werden.

Das Abtreiben der Bleireguli und das Scheiden der Edelmetallkörner zur Bestimmung des Goldes und des Silbers erfolgen nach der unter 1.1.1, S. 139, angegebenen Arbeitsweise.

## 2.5 Speisen

### 2.5.1 Bestimmung des Goldes, Silbers, Platins und Palladiums

***Grundlage.*** Die Probe wird unter Zusatz von Probierblei und Borax nach der Ansiedemethode eingeschmolzen und aufgeschlossen, wobei die Verunreinigungen verschlackt und die Edelmetalle im Bleiregulus gesammelt werden, aus dem sie durch Treiben als Gesamtedelmetallkorn abgetrennt und nach dem unter 2.6.1 angegebenen Verfahren einzeln bestimmt werden.

***Anwendungsbereich.*** Geeignet für

| | | |
|---|---|---|
| Goldgehalte | über | 1 g/1000 kg, |
| Silbergehalte | über | 20 g/1000 kg, |
| Platingehalte | über | 1 g/1000 kg und |
| Palladiumgehalte | über | 5 g/1000 kg. |

***Zuverlässigkeit.***

| | | | | |
|---|---|---|---|---|
| Bei Goldgehalten | von 1 bis | 10 g/1000 kg | etwa ± | 10 bis 5%, |
| | von 10 bis | 20 g/1000 kg | etwa ± | 5 bis 2%, |
| | von 20 bis | 50 g/1000 kg | etwa ± | 2 bis 1%, |
| | von 50 bis | 100 g/1000 kg | etwa ± | 1 bis 0,5%. |
| Bei Silbergehalten | von 20 bis | 50 g/1000 kg | etwa ± | 10%, |
| | von 50 bis | 500 g/1000 kg | etwa ± | 5 bis 2,5%, |
| | von 500 bis | 1000 g/1000 kg | etwa ± | 2%, |
| | von 1000 bis | 3000 g/1000 kg | etwa ± | 1%, |
| | von 3000 bis | 6000 g/1000 kg | etwa ± | 0,75%. |
| Bei Platingehalten | von 1 bis | 10 g/1000 kg | etwa ± | 10%, |
| | von 10 bis | 100 g/1000 kg | etwa ± | 5%. |
| Bei Palladiumgehalten | von 5 bis | 10 g/1000 kg | etwa ± | 10%, |
| | von 10 bis | 100 g/1000 kg | etwa ± | 5%. |

***Reagenzien.***

1. Probierblei, edelmetall- und wismutfrei, Folie und Kornform.
2. Borax, geschmolzen.
3. Salpetersäure (1,075).
4. Salpetersäure (1,2).
5. Salpetersäure (1,33).
6. Feinsilber 999,9 fein, gold- und platinmetallfrei.
7. Diacetyldioximlösung: 1 g mit Äthanol zu 100 ml gelöst.
8. Schwefelsäure (1,84), mit 14 g Arsentrioxid im Liter.
9. Ammoniumchloridlösung, kalt gesättigt.

***Geräte.*** Ansiedescherben, Hartkupellen, Goldscheidekolben.

***Ausführung.*** Mehrere Einwaagen, z. B. zehnmal 2,5 g Probe (Feinheitsgrad 0,16 DIN 4188) werden auf Ansiedescherben mit je 20 g Kornblei (1) gemischt und mit je 20 bis 25 g Kornblei und 2 g Borax (2) abgedeckt. Das Ansieden und Verschlacken geschieht, wie unter 2.4.1, S. 146, beschrieben. Zu beachten ist jedoch, daß bei antimon- und zinnreichen Speisen mehrmals verschlackt werden muß.

Beim letzten Verschlacken werden die Reguli vereinigt, so daß die Edelmetalle in einem Bleikönig vereinigt sind, der zum Treiben weich und hämmerbar sein muß.

Das Abtreiben bis zum Gesamtedelmetallkorn geschieht, wie unter 1.1.1, S. 139, beschrieben.

Aus dem Gesamtedelmetallkorn werden die Edelmetalle nach dem unter 2.6.1, S. 148, beschriebenen Verfahren einzeln bestimmt.

## 2.6 Schlämme von der Kupferelektrolyse und der Kupfersulfatgewinnung

### 2.6.1 Bestimmung des Goldes, Silbers, Platins und Palladiums

***Grundlage.*** Das Aufschließen der Probe durch Schmelzen im Tontiegel und das Abtreiben der erschmolzenen Bleikönige und Konzentrieren der Edelmetalle in einem Gesamtedelmetallkorn erfolgen nach dem unter 1.1.1, S. 138, angegebenen Grundarbeitsverfahren. Nach dem Lösen des Gesamtedelmetallkorns in Salpetersäure werden Gold, Platin und Palladium gewichtsanalytisch direkt bestimmt, während das Silber aus der Differenz zum Gesamtedelmetallgehalt errechnet wird.

***Anwendungsbereich.*** Geeignet für

| | | |
|---|---|---|
| Goldgehalte | über 0,5 | g/1000 kg, |
| Silbergehalte | über 50 | g/1000 kg, |
| Platingehalte | über 1 | g/1000 kg und |
| Palladiumgehalte | über 5 | g/1000 kg. |

***Zuverlässigkeit.*** Hier sind die unter 2.5.1 angegebenen Zahlen einzusetzen. Dazu kommen zusätzlich:

Bei Platingehalten von 100 bis 1000 g/1000 kg etwa ±2%.
Bei Palladiumgehalten von 100 bis 1000 g/1000 kg etwa ±2%.

***Reagenzien.***

1. Flußmittel:
   2000 Teile Natriumcarbonat, wasserfrei,
   1000 Teile Borax, geschmolzen,
   200 Teile Kaliumcarbonat, wasserfrei,
   600 Teile Weinstein, techn.
2. Bleiglätte, edelmetall- und wismutfrei.
3. Borax, geschmolzen und gemahlen.
4. Probierblei, edelmetall- und wismutfrei, in Folien.
5. Salpetersäure (1,075), chlorfrei.
6. Salpetersäure (1,2), chlorfrei.
7. Salpetersäure (1,33), chlorfrei.
8. Probierblei, edelmetall- und wismutfrei, in Kornform.
9. Feinsilber 999,9 fein, gold- und platinmetallfrei.
10. Diacetyldioximlösung: 1 g mit Äthanol zu 100 ml gelöst.
11. Schwefelsäure (1,84), mit 14 g Arsentrioxid im Liter.
12. Ammoniumchloridlösung, gesättigt.
13. Natriumchlorid.

***Geräte.*** Tonschmelztiegel, Ansiedescherben, Hartkupellen, Schalen aus Probierblei.

***Ausführung.*** Die Bestimmung erfolgt aus einer größeren Anzahl von Einwaagen, z. B. 20 × 5 g, die einzeln in Tontiegeln einzuschmelzen sind. Die Einzeleinwaage ist so zu bemessen, daß sie nicht mehr als etwa 250 mg Gesamtedelmetall enthält.

In jeden Tiegel bringt man 100 bis 125 g Flußmittel (1) und 60 g Bleiglätte (2) und mischt beide. Dann gibt man die Einwaage zu, mischt erneut durch und deckt den Tiegelinhalt mit einer Natriumchloridschicht (13) von etwa 50 g ab.

Der Tiegel wird nun langsam erwärmt und der Inhalt in 30 bis 40 min zum Schmelzen gebracht. Man hält die Schmelze 20 min auf der erreichten Höchsttemperatur, fügt 10 g Bleiglätte (2) und 20 bis 30 g Flußmittel (1) zu und läßt weitere 20 min bei dieser Temperatur schmelzen. Dann nimmt man den Tiegel aus dem Feuer und läßt ihn erkalten.

Durch Zerschlagen des Tiegels wird der erschmolzene Bleikönig freigelegt, durch Aushämmern von der anhaftenden Schlacke weitgehend befreit, verschlackt und, wie unter 1.1.1, S. 139, beschrieben, zum Gesamtedelmetallkorn feingetrieben.

Aus dem Gewicht des Gesamtedelmetallkorns ergibt sich nach Abzug der weiter unten ermittelten Gewichte an Gold, Platin und Palladium das Gewicht bzw. der Gehalt an Silber.

Zur Bestimmung des Goldes, Platins und Palladiums werden die Gesamtedelmetallkörner zu zwei gleichen Einwaageteilen vereinigt, in zwei 100 ml-Bechergläsern mit je 20 ml Salpetersäure (5) gelöst und durch chloridfrei gewaschene Filter Gr. 2 in zwei 600 ml-Bechergläser filtriert (Lösung a).

Filter und Löserückstände, die das gesamte Gold und evtl. Reste von Platin und Palladium enthalten, werden mit je 20 g Kornblei (8) auf Ansiedescherben verascht. Dann gibt man je Scherben an Feinsilber (9) das $2\frac{1}{2}$ bis 3fache des in einer Vorprobe festgestellten Goldgehaltes sowie 20 g Kornblei (8) und etwa 1,5 g Borax (3) zu und erhitzt zum Verschlacken. Die dabei erhaltenen Bleireguli werden auf harten Kupellen bis zum Edelmetallfeinkorn abgetrieben. Die Feinkörner werden ausgeplattet, mit Salpetersäure (6) gelöst, noch 10 min gekocht und nach dem Dekantieren weitere 10 min mit Salpetersäure (7) nachgekocht. Das ungelöst gebliebene Gold wird gewaschen, getrocknet, geglüht und gewogen. Das Legieren des Goldes mit Silber und Scheiden mit Salpetersäure wird in der vorstehenden Arbeitsweise wiederholt, bis das Gewicht des Goldes konstant bleibt. Daraus ergibt sich der Goldgehalt der Probe.

Alle beim Scheiden des Goldes erhaltenen Lösungen und Waschwässer werden mit den zugehörigen beiden Lösungen a vereinigt, in denen das Silber dann mit Salzsäure (1 + 1) gefällt wird. Man läßt über Nacht absetzen und filtriert über ein Filter Gr. 4 ab (Lösung b).

Die Silberchloridniederschläge werden mit je 20 g Kornblei (8) auf Ansiedescherben verascht, nach Zusatz von weiteren 20 g Kornblei (8) und 1,5 g Borax (3) verschlackt und die Bleireguli bis zum Feinkorn abgetrieben. Die beiden Feinkörner werden mit Salpetersäure (6) gelöst.

In den Lösungen wird das Silber gefällt und (wie vorher bei den Lösungen a beschrieben) abfiltriert. Die Filtrate werden mit den beiden Lösungen b vereinigt, auf ein kleines Volumen eingedampft, in 100 ml-Bechergläser übergespült und dreimal mit Salzsäure (1 + 1) auf je etwa 2 ml eingedampft. Durch Aufnehmen und Verdünnen mit je 20 ml Wasser werden Reste von Silber und Wismut ausgefällt. Man läßt über Nacht absetzen, filtriert die Niederschläge über Filter Gr. 4 ab, die man nach dem Auswaschen mit je 20 g Kornblei (8) bestreut und zur Verschlackung mit später anfallenden Bleiresten aufhebt. Um Bleireste aus den beiden Filtraten der Silber- und Wismutabscheidungen zu entfernen, werden sie mit je 5 bis 6 Tropfen Schwefelsäure (1,84) eingedampft, mit wenig Wasser aufgenommen und nach einigen Stunden zur Abtrennung der Bleisulfatniederschläge durch Filter Gr. 4 filtriert. Diese Filter werden zusammen mit den vorher zurückgestellten Filtern mit den Silber- und Wismutresten auf zwei Ansiedescherben verascht und nach Zufügen von je 5 mg Feinsilber (9), weiteren 20 g Kornblei (8) und 1,5 g Borax (3) verschlackt. Die dabei erhaltenen Bleireguli werden getrieben, die feingetriebenen Silberkörner mit Salpetersäure (6) gelöst. In den auf je 20 ml verdünnten Lösungen wird das Silber mit einigen Tropfen Salzsäure (1 + 1) wieder gefällt und nach mehrstündigem Stehen über Filter Gr. 4 abfiltriert. Die Filtrate werden mit den Lösungen b vereinigt, eingedampft und zum Entfernen der Schwefelsäure trocken geraucht.

Der Eindampfrückstand, der das Platin und das Palladium enthält, wird in Königswasser gelöst (Lösung c).

Der weitere Gang der Analyse richtet sich nach der Höhe des Platingehaltes, für dessen Bestimmung zwei Wege vorgesehen sind.

#### 2.6.1.1 Platingehalte unter 150 g/1000 kg

Die Lösung c des Eindampfrückstandes wird nach Zugabe von 10 ml Salzsäure (1 + 1) auf etwa 1 ml eingedampft, dann mit 1,5 ml Königswasser (1 + 1) versetzt und mit Wasser auf 75 ml verdünnt. Man kühlt die Lösung auf etwa 14° ab, fällt das Palladium mit Diacetyldioximlösung (10), filtriert nach 10 min über ein Filter Gr. 4 und wäscht mit Wasser nach (Lösung d).

Der Palladiumniederschlag wird vom Filter in ein 100 ml-Becherglas gespült und mit 5 ml Königswasser (1 + 1) gelöst. Reste des Niederschlags werden mit wenigen Tropfen heißer Salpetersäure (6) vom Filter gelöst und der Königswasserlösung zugefügt, die auf der Dampfplatte bis auf 2 bis 3 ml eingedampft wird. Dann wird mit 1 bis 2 ml Salzsäure (1 + 1) aufgenommen, mit Wasser auf etwa 20 ml verdünnt und zur Entfernung von Filterfasern durch ein Filter Gr. 2 in ein 150 ml-Becherglas filtriert. Nach dem Verdünnen wird das Palladium in dieser Lösung mit Diacetyldioximlösung (10) gefällt. Nach dem Absetzen wird der Niederschlag in einen gewogenen Porzellanfiltertiegel (A2) gebracht, mit Wasser und zuletzt mit Äthanol gewaschen, 2 Std. bei 120° getrocknet und nach dem Abkühlen gewogen. Der Faktor zur Umrechnung auf Palladium ist 0,31635.

Die das Platin enthaltende Lösung d wird nach Zufügen von 5 ml Königswasser (1 + 1) auf dem Wasserbade auf ein kleines Volumen eingedampft, mit wenig Wasser in eine Bleischale übergespült und darin auf dem Wasserbade trocken eingedampft.

Zu dem trockenen Eindampfrückstand in der Bleischale setzt man Feinsilber (9) in etwa der zehnfachen Menge des zu erwartenden Platingehaltes zu, faltet die Bleischale sorgfältig zusammen und verschlackt sie mit 2 bis 3 g Borax (3) auf einem Ansiedescherben. Der erhaltene Bleiregulus wird abgetrieben und sehr heiß feingetrieben. Aus dem entstandenen Silber-Platin-Korn wird durch Kochen mit Schwefelsäure (11) das Platin als Metallkorn abgetrennt, das durch Waschen mit Wasser und Dekantieren vom gelösten Silber befreit, in einem Goldglühtiegel getrocknet, geglüht und nach dem Erkalten gewogen wird. Aus diesem Gewicht errechnet sich über die Einwaage der Platingehalt der Probe.

### 2.6.1.2 Platingehalte über 150 g/1000 kg

Die durch Lösen des Eindampfrückstandes mit Königswasser erhaltene Lösung c wird auf dem Wasserbade dreimal mit Salzsäure (1 + 1) eingedampft und schließlich auf ein kleines Volumen eingeengt, das mit 5 ml Wasser aufgenommen wird. Nach Zugabe von 10 ml Ammoniumchloridlösung (12) wird auf dem Wasserbade erneut eingedampft, bis Kristallisation beginnt. Dann wird abgekühlt und kaltes Wasser tropfenweise zugegeben, bis das überschüssige Ammoniumchlorid wieder gelöst und der entstandene Niederschlag von Platinsalmiak [Ammoniumhexachloroplatinat(IV)] bestehen bleibt. Man läßt ihn über Nacht absetzen, filtriert ihn über ein Filter Gr. 4 ab, wäscht Filter und Niederschlag mit gesättigter Ammoniumchloridlösung (12) und schließlich mit Äthanol.

Nach dem Trocknen werden Filter und Niederschlag in einem Porzellantiegel langsam erhitzt, bis das Filter verbrannt und der Niederschlag von Ammoniumchloroplatinat zersetzt ist. Der entstandene Platinschwamm wird geglüht, im Wasserstoffstrom reduziert und nach dem Erkalten gewogen. Zur Kontrolle auf Reinheit bringt man den Platinschwamm in eine kleine Platinschale, befeuchtet ihn mit wenigen Tropfen Fluorwasserstoffsäure (40%), dampft auf dem Wasserbade ein und raucht schließlich mit 2 Tropfen Schwefelsäure (1 + 1) trocken.

Man spült den Platinschwamm dann auf ein 2 cm-Filter Gr. 4, bringt Filter mit Inhalt wieder in einen Porzellantiegel, trocknet, verascht, glüht und reduziert das Platin wie vorher. Nach dem Erkalten wiegt man den Platinschwamm und errechnet über die Einwaage den Platingehalt der Probe.

Das Filtrat der Platinsalmiakfällung wird mit Wasser auf etwa 75 ml verdünnt und zum Fällen des Palladiums mit Diacetyldioximlösung (10) versetzt. Man läßt den Niederschlag absetzen, bringt ihn in einen Porzellanfiltertiegel (A2) und behandelt ihn zur Ermittlung des Palladiumgehaltes weiter, wie vorher unter 2.6.1.1 beschrieben.

# 2.7 Metallische Abfälle der Edelmetallindustrie (Scheidegut)

## 2.7.1 Bestimmung des Goldes, Silbers, Platins und Palladiums

***Grundlage.*** Proben dieser Art werden, wenn möglich, mit Blei direkt bis zum Gesamtedelmetallkorn abgetrieben, oder die Edelmetalle der Probe werden durch Verschlacken der unedlen Bestandteile im Ansiedescherben in einem Bleiregulus angereichert, der ebenfalls zum Gesamtedelmetallkorn abgetrieben wird, aus dem nach dem Lösen mit Salpetersäure das Gold, Platin und Palladium gewichtsanalytisch direkt und das Silber als Differenz bestimmt werden.

***Anwendungsbereich.*** Geeignet für diese Bestimmungen in Scheidegut, d. h. in Altmaterial und Abfallgut der Bijouteriebranche, die überwiegend platinmetallfrei sind, und in Rücklaufgut aus den Dentallaboratorien, das meistens Platinmetalle enthält. (Über Zusammensetzung solcher Scheidegutpartien siehe unter 3.5.1, S. 157, und 3.6.1, S. 158).

***Zuverlässigkeit, Reagenzien, Geräte*** und ***Ausführung.*** Bei Abwesenheit von Platinmetallen siehe unter 3.5.1. Bei Anwesenheit von Platin und Palladium siehe unter 3.6.1.

# 2.8 Edelmetallgekrätze

## 2.8.1 Bestimmung des Goldes, Silbers, Platins und Palladiums

***Grundlage.*** Siehe unter 2.6.1, S. 148.

***Anwendungsbereich.*** Geeignet für Goldgehalte über 10 g/1000 kg,
Silbergehalte über 100 g/1000 kg,
Platingehalte über 10 g/1000 kg und
Palladiumgehalte über 10 g/1000 kg.

***Zuverlässigkeit.***

| Bei Gehalten um | | Gold | Silber | Platin | Palladium |
|---|---|---|---|---|---|
| 10 g/1000 kg | etwa | ± 10% | – | ± 10% | ± 10% |
| 100 g/1000 kg | etwa | ± 5% | ± 5% | ± 5% | ± 5% |
| 1000 g/1000 kg | etwa | ± 1% | ± 3% | ± 2% | ± 2% |
| 10 kg/1000 kg | etwa | ± 0,5% | ± 2% | – | – |

***Reagenzien.***

1. Flußmittelmischung:
   2000 Teile Natriumcarbonat, wasserfrei,
   1000 Teile Borax, geschmolzen,
   200 Teile Kaliumcarbonat, wasserfrei,
   600 Teile Weinstein, techn.
2. Probierglätte, edelmetall- und wismutfrei.
3. Probierblei, edelmetall- und wismutfrei, in Folien- und Kornform.
4. Salpetersäure (1,075), chlorfrei.
5. Salpetersäure (1,2), chlorfrei.
6. Salpetersäure (1,33), chlorfrei.
7. Eisenpulver.
8. Borax.

***Geräte.*** Tonschmelztiegel, Ansiedescherben, Goldscheidekolben.

***Ausführung.*** Zunächst ist die Größenordnung des Gesamtedelmetallgehaltes durch eine Vorprobe zu ermitteln. Daraus ergibt sich für die Analyse die Höhe der Einzeleinwaage, die höchstens 250 mg Gesamtedelmetall enthalten darf, und die erforderliche Anzahl der Einzeleinwaagen, damit für die Naßscheidung in der Analyse ausreichende Mengen von den einzelnen Edelmetallen vorhanden sind.

Zur Vorprobe bringt man 5 g Probe (Feinheitsgrad 0,2 DIN 4188) auf einen Ansiedescherben, der mit 40 g Kornblei (3) beschickt ist, vermischt Probe und Kornblei und bedeckt die Mischung mit weiteren 40 g Kornblei (3) und 1 bis 2 g Borax (8). Nun wird das Material im Muffelofen verschlackt (siehe 2.4.1, S. 146) und der dabei erhaltene Bleikönig anschließend auf einer entsprechend großen Kupelle bis zum Edelmetallkorn getrieben. Aus dem Gewicht des Edelmetallkornes errechnet sich der Gesamtedelmetallgehalt der Probe. Gegebenenfalls ist das Gesamtedelmetallkorn nach der unten folgenden Analysenmethode der Salpetersäurescheidung noch weiter zu untersuchen, um Angaben auch über die Einzelgehalte der vorhandenen Edelmetalle zu erhalten.

Nach den Ergebnissen der Vorprobe wählt man dann für die Analyse eine evtl. größere Anzahl von Einwaagen, z. B. zwanzigmal 5 g, die einzeln in Tontiegeln mit je 100 bis 125 g Flußmittel (1), 50 bis 60 g Bleiglätte (2) und 1 bis 3 g Eisenpulver (7) eingeschmolzen, aufgeschlossen und bis zur Erstellung der Bleireguli nach 2.6.1, S. 148, bearbeitet werden.

Das Treiben der Bleikönige und das Scheiden der Edelmetallkörner erfolgen, wie unter 3.6.1, S. 158, beschrieben, bei Abwesenheit von Platinmetallen nach 3.5.1, S. 157.

## 2.9 Platinaschen (palladiumfrei)

### 2.9.1 Bestimmung des Platins

***Grundlage.*** Das Platin der Probe wird mit Königswasser gelöst, in der Lösung durch Reduktion mit Quecksilber (I)-chlorid gefällt und nach dem Abtrennen gewichtsanalytisch als Platinschwamm bestimmt.

***Anwendungsbereich.*** Geeignet für Gehalte von 20 bis 60% in reichen Aschen, wie sie nach dem Abbrennen von Platinkohlen oder mittels Kohle abfiltrierter Suspensionskatalysatoren anfallen.

***Zuverlässigkeit.*** Bei Gehalten von 20 bis 60% etwa ±0,4%.

***Reagenzien.***

1. Quecksilber(I)-chlorid-Suspension: In einem 5 l-Becherglas werden 200 g Quecksilber(I)-nitrat, $Hg_2(NO_3)_2 \cdot 2\,H_2O$, mit 300 ml Wasser gelöst, wobei 50 ml Salpetersäure (1,4) zugegeben werden, d. h. gerade soviel, daß ausfallendes gelbes basisches Nitrat wieder gelöst wird. Man verdünnt mit Wasser auf 4 l gibt 400 ml kaltgesättigte Ammoniumchloridlösung zu und läßt das ausgefallene Quecksilber (I)-chlorid absetzen. Durch fünfzehnmaliges Dekantieren wird der Niederschlag nitratfrei gewaschen. Die so hergestellte Suspension wird auf ein Volumen von etwa 2 l eingestellt und in einer verschlossenen Flasche aufbewahrt.

***Ausführung.*** Die Einwaage beträgt für Proben mit einem Platingehalt bis zu 30% 1 g, von 30 bis 60% 0,5 g.

Die Einwaage wird in einem 250 ml-Becherglas mit 15 ml Königswasser 1 Std. auf dem Wasserbad digeriert. Dann wird auf dem Wasserbad drei- bis viermal mit je 5 ml Salzsäure (1 + 1) bis zur Salzausscheidung eingedampft, um die Salpetersäure vollständig zu entfernen. Nach dem Aufnehmen mit 20 ml heißem Wasser filtriert man über ein Filter Gr. 4 in ein 600 ml-Becherglas und wäscht Filter und Löserückstand im Filter mit etwa 130 ml Salzsäure (1 + 100) aus. Filter und Rückstand werden im Porzellantiegel verascht, 20 bis 30 min bei 700 bis 750° geglüht und anschließend im Wasserstoffstrom reduziert. Der reduzierte Rückstand wird in einem 10 ml-Platinschälchen mit 5 ml Fluorwasserstoffsäure (40%) und wenigen Tropfen Schwefelsäure (1 + 1) abgeraucht. Nach dem Aufnehmen mit wenig heißem Wasser wird über ein Filter Gr. 4 filtriert und mit Salzsäure (1 + 100) nachgewaschen. Filtrat und Waschwasser werden mit der Hauptlösung vereinigt.

Filter und Rückstand werden noch einmal wie vorher behandelt, wobei die erzielte Lösung mit der Hauptlösung vereinigt und der noch verbliebene Löserückstand verworfen wird.

Die vereinigten Filtrate werden auf etwa 150 bis 200 ml eingeengt und dann in der Siedehitze unter kräftigem Rühren tropfenweise mit etwa 20 ml Quecksilber(I)-chlorid-Suspension (2) versetzt, bis ein Überschuß davon in der Lösung vorhanden ist, kenntlich daran, daß der Niederschlag nicht mehr schwarz, sondern grau aussieht. Man bedeckt das Becherglas mit einem Uhrglas und hält die Lösung noch 10 bis 15 min am Sieden, wobei man gegen Ende noch einige Tropfen der Quecksilber(I)-chlorid-Suspension (2) zugibt. Dann wird die Lösung noch heiß über ein Filter Gr. 2 filtriert, das mit 100 ml heißem Wasser ausgewaschen wird. Das Filtrat wird zum Sieden erhitzt und zur Prüfung auf Vollständigkeit der Platinfällung mit 5 ml Quecksilber(I)-chlorid-Suspension (1) versetzt, wobei ein rein weißer Niederschlag entstehen muß. Diesen filtriert man über das für die erste Filtration verwendete Filter ab, wäscht Filter und Niederschlag mit etwa 300 bis 400 ml heißem Wasser aus und verwirft das Filtrat.

Das Filter wird mit dem Niederschlag in einen Porzellantiegel gebracht und darin im Laufe von etwa 3 Std. auf einer Heizplatte durch langsam steigendes Erhitzen verascht. Der verbleibende Rückstand wird anschließend im elektrischen Ofen 30 bis 60 min bei 750 bis 800 ° geglüht und nach dem Erkalten als Rohplatinschwamm gewogen.

Dann löst man ihn zur Reinheitsprüfung in Königswasser und wiederholt die Fällung mit der Quecksilber(I)-chlorid-Suspension (1) und Überführung der Fällung in Platinschwamm wie vorher.

Man wägt den Platinschwamm und raucht ihn dann mit 3 ml Fluorwasserstoffsäure (40%) und wenigen Tropfen Schwefelsäure (1,84) in einem 10 ml-Platinschälchen ab. Der Abrauchrückstand wird mit heißem Wasser auf ein Filter Gr. 4 gespült, ausgewaschen, zum Veraschen des Filters in einem Porzellantiegel geglüht und nach dem Erkalten als Platinschwamm endgültig gewogen.

***Bemerkungen.*** Palladium wird durch Quecksilber(I)-chlorid ebenfalls quantitativ gefällt. Etwa anwesendes Palladium muß deshalb aus der Königswasserlösung mit Diacetyldioxim abgetrennt werden (siehe unter 3.4.1, S. 156), ehe das Platin mit Quecksilber(I)-chlorid gefällt wird.

## 2.10 Palladiumaschen

### 2.10.1 Bestimmung des Palladiums

***Grundlage.*** Das Palladium wird aus der Probe mit Königswasser extrahiert, mit Diacetyldioxim gefällt und als Metall gewichtsanalytisch bestimmt.

***Anwendungsbereich.*** Geeignet für Gehalte von 30 bis 70%.

***Zuverlässigkeit.*** Bei Gehalten von 30 bis 50% etwa $\pm 1$%,
von 50 bis 70% etwa $\pm 0,5$%.

***Reagenzien.***

1. Diacetyldioximlösung: 1 g mit Äthanol zu 100 ml gelöst.
2. Ammoniumchloridlösung, kalt gesättigt.

***Ausführung.*** Man bringt die Einwaage, die max. 0,3 g Palladium enthalten soll, in ein 250 ml-Becherglas, gibt 20 ml Königswasser zu und läßt 2 Std. auf dem Wasserbad stehen. Dann verdünnt man mit 100 ml heißem Wasser, filtriert die Lösung heiß durch ein Filter Gr. 4 und wäscht das Filter und den Löserückstand mit heißer Salzsäure (1 + 100) aus.

Filter und Rückstand werden im Porzellantiegel getrocknet und verascht, worauf der Tiegelinhalt 20 min bei etwa 700 ° im elektrischen Ofen geglüht und anschließend bei 600 bis 700 ° im Wasserstoffstrom reduziert wird.

Man bringt den reduzierten Glührückstand in das Becherglas zurück, wiederholt die obige Königswasserextraktion zweimal und verwirft den Rückstand nach der dritten Extraktion.

Die Filtrate und Waschwässer der drei Auszüge werden in einem 1500 ml-Becherglas vereinigt und auf etwa 1000 ml verdünnt. Dann fällt man in der auf unter 20 ° abgekühlten Lösung das Palladium mit Diacetyldioximlösung (1) und bestimmt es, wie unter 3.4.1, S. 157, beschrieben ist.

## 2.11 Flugstäube

### 2.11.1 Bestimmung des Goldes und des Silbers

Die Bestimmung erfolgt nach dem unter 1.1.1, S. 138, beschriebenen Verfahren.

# 3 Metallische Erzeugnisse

## 3.1 Feingold

### 3.1.1 Bestimmung des Goldes

***Grundlage.*** Das Gold wird mit Silber legiert („quartiert"), durch Scheiden mit Salpetersäure wieder abgetrennt und als Metall gewogen.

***Anwendungsbereich.*** Geeignet für Feingehalte über 999,0.

***Zuverlässigkeit.*** Etwa $\pm$ 0,01%.

***Reagenzien.***

1. Feinsilber, 999,9 fein, gold- und platinmetallfrei.
2. Feingold, 999,9 fein.
3. Probierbleifolie, edelmetall- und wismutfrei.
4. Salpetersäure (1,2), chlorfrei.
5. Salpetersäure (1,33), chlorfrei.

***Geräte.*** Hochempfindliche Probierwaage, Hartkupellen Nr. 1, Goldblechwalze, Hammer und Amboß, poliert.

***Ausführung.*** Mindestens 2 Einwaagen von je 250 mg Probe werden mit der $2\frac{1}{2}$fachen Menge Feinsilber (1) in etwa 1 g schwere Blättchen von Probierbleifolie (3) eingewickelt. In genau der gleichen Weise bereitet man eine Standardprobe von 250 mg Feingold (2) vor, die während der ganzen Analyse parallel zu den Analysenproben mitgeführt wird.

Nun treibt man die drei Proben in der mittleren Zone eines auf 1100 ° aufgeheizten Muffelofens auf nebeneinander stehenden Hartkupellen fein und läßt sie nach dem Abblicken vor der offenen Muffel erstarren.

Die drei Edelmetallkörner werden von anhaftenden Kupellenresten vorsichtig gesäubert und auf einem polierten Amboß mit poliertem Hammer platt geschlagen. Man walzt die so ausgeplatteten Körner mittels einer Handwalze zu 0,1 bis 0,15 mm dicken Streifen aus, die über einer Bunsenflamme leicht geglüht und dann zu Röllchen aufgewickelt werden. Diese werden in 100 ml-Bechergläsern auf dem Wasserbad mit je 20 ml Salpetersäure (4) vorgelöst und nach dem Dekantieren anschließend noch zweimal mit je 20 ml Salpetersäure (5) auf der Heizplatte gekocht.

Dabei vermeidet man das Stoßen durch Zufügen eines Stückchens Holzkohle, das man beim Dekantieren der salpetersauren Lösungen jedesmal mit ausgießt.

Das durch das Scheiden abgetrennte Gold wird mit heißem Wasser mehrfach dekantierend gewaschen, schließlich in einen kleinen spitzen Porzellantiegel gespült und darin nach Abgießen des Wassers getrocknet und geglüht.

Nach dem Erkalten wird das Gold ohne Tiegel gewogen. Die bei der mitgeführten Standardprobe aus Feingold (2) etwa eingetretene Gewichtsveränderung der Auswaage gegenüber der Einwaage ist auf das Ergebnis der Analysenproben anzurechnen.

***Bemerkungen.*** Das Einhalten der Temperatur beim Treiben und die rechtzeitige Beendigung des Treibens nach dem Abblicken sind für ein einwandfreies Ergebnis unbedingt erforderlich. Diese Goldbestimmung setzt Erfahrung voraus.

## 3.2 Feinsilber

### 3.2.1 Bestimmung des Silbers

***Grundlage.*** Das Silber wird in salpetersaurer Lösung mit Natriumchlorid maßanalytisch bestimmt.

***Anwendungsbereich.*** Geeignet für Feingehalte über 999,0.

***Zuverlässigkeit.*** Etwa $\pm$ 0,03%.

***Reagenzien.***

1. Salpetersäure (1,2), chlorfrei.
2. Natriumchloridlösung: 5,4190 g in einem Meßkolben zum Liter gelöst. 100 ml $\triangleq$ 1g Silber
3. Natriumchloridlösung: 0,5419 g in einem Meßkolben zum Liter gelöst. 1 ml $\triangleq$ 1 mg Silber
4. Feinsilber 999,9 fein.

***Geräte.*** 200 ml Schüttelflasche mit Glasstopfen, Schüttelapparat.

***Ausführung.*** 1,005 g Probe und 1,005 g Feinsilber (4) werden in Schüttelflaschen mit je 20 ml Salpetersäure (1) durch mäßiges Erwärmen gelöst. Die Stickstoffoxide werden durch Erwärmen aus den Lösungen vertrieben. Dann setzt man mit Pipette je 100 ml Natriumchloridlösung (2) zu und schüttelt 10 min im Schüttelapparat, evtl. mit Wiederholung, bis die über dem zusammengeballten Silberchloridniederschlag stehende Lösung klar ist.

Die Restmenge des Silbers bestimmt man durch wiederholtes Zugeben von je 0,5 ml der Natriumchloridlösung (3). Nach jeder Zugabe schüttelt man die trübe Lösung, bis sie klar ist, und fügt weitere 0,5 ml Natriumchloridlösung (3) so oft zu, bis nur noch eine ganz schwache Trübung entsteht. Durch Vergleich der Trübungsintensitäten der Analysenprobe und der Feinsilbertiterprobe ergibt sich der Titrationsendpunkt.

Der Minderverbrauch an Natriumchloridlösung (3) bei der Analysenprobe gegenüber dem Verbrauch bei der Titerprobe ergibt unmittelbar den Mindergehalt des Analysengutes gegenüber dem Gehalt des Vergleichsfeinsilbers.

***Bemerkung.*** Direktes Sonnenlicht ist beim Titrieren zu vermeiden.

## 3.3 Reinplatin und technisch reines Platin

### 3.3.1 Bestimmung des Platins

***Grundlage.*** Das Platin wird mit Königswasser gelöst, aus schwach salzsaurer Lösung mit Ammoniumchlorid als Ammoniumhexachloroplatinat gefällt und gewichtsanalytisch als Platinschwamm bestimmt. Die im Filtrat der Ammoniumhexachloroplatinatfällung befindlichen Reste von Platin werden photometrisch bestimmt.

***Anwendungsbereich.*** Geeignet für Gehalte über 99,5%.

***Zuverlässigkeit.*** Etwa $\pm$ 0,02%.

***Reagenzien.***

1. Zinn(II)-chloridlösung: 230 g $SnCl_2 \cdot 2\,H_2O$ werden in 350 ml Salzsäure (1,19) unter Erwärmen gelöst und mit 650 ml Wasser verdünnt.
2. Ammoniumchloridlösung, kalt gesättigt.
3. Platinstandardlösung: 100 mg Reinplatin (mindestens 99,9% Pt) werden mit 20 ml Königswasser gelöst. Die Lösung wird fünfmal mit je 2 bis 3 ml Salzsäure (1 + 1) bis zur Sirupdicke eingedampft, in einem 1 l-Meßkolben mit 50 ml Salzsäure (1 + 1) vereinigt und mit Wasser aufgefüllt. 1 ml $\triangleq$ 0,1 mg Platin.

***Ausführung.*** Man löst 1 g Probe mit 20 ml Königswasser und dampft die Lösung fünfmal mit je 3 bis 5 ml Salzsäure (1 + 1) bis zur Sirupdicke ein. Dann wird mit 20 ml heißem Wasser aufgenommen und die klare Lösung mit 50 ml heißer Ammoniumchloridlösung (2) versetzt. Den ausfallenden Niederschlag von Ammoniumhexachloroplatinat läßt man über Nacht absetzen, filtriert ihn dann über ein Filter Gr. 4 ab und wäscht mit kalter Ammoniumchloridlösung (2) aus.

Filter und Niederschlag werden in einem Porzellantiegel langsam erhitzt, bis das Filter verascht und der Niederschlag zu Platinschwamm zersetzt ist. Dieser wird 30 min bei 800 ° geglüht, dann 10 min bei 600 bis 700 ° im Wasserstoffstrom reduziert und darin auch abgekühlt, wobei mindestens ab 300 ° der Wasserstoff durch ein Inertgas ersetzt werden muß. Nach völligem Erkalten wird der Platinschwamm in ein Platinschälchen gebracht, mit 2 bis 3 ml Fluorwasserstoffsäure (40%) und einigen Tropfen Schwefelsäure (1,84) abgeraucht, anschließend mit heißem Wasser auf ein kleines Filter gespült und gewaschen. Filter und Platinschwamm werden in einem gewichtskonstanten Porzellantiegel erhitzt, bis das Filter verascht ist, worauf der Platinschwamm wie vorher geglüht, reduziert und schließlich gewogen wird.

Das Filtrat der Ammoniumhexachloroplatinatfällung wird in einem 500 ml-Meßkolben gesammelt, nacheinander mit 80 ml Salzsäure (1 + 1) und 50 ml Zinn(II)-chloridlösung (1) versetzt und im Kolben auf eine Temperatur von 20 ° gebracht. Nach einer Wartezeit von 20 min wird die durch Restmengen von Platin gelb gefärbte Lösung mit Wasser aufgefüllt und durchgemischt. Danach wird die Extinktion der Lösung bei 403 nm gegen eine Blindprobe gemessen, die in gleicher Weise aus den verwendeten Reagenzien hergestellt wurde. Der ermittelte Platingehalt wird dem gewichtsanalytisch ermittelten Teil des Gesamtplatingehaltes zugeschlagen.

***Eichkurve.*** Von der Platinstandardlösung (3), werden Abmessungen von 5, 10, 20, 25, 50 und 100 ml entnommen und in 500 ml-Meßkolben übergeführt. Dann setzt man je Kolben nacheinander 80 ml Salzsäure (1 + 1) und 40 ml Zinn(II)-chloridlösung (1) zu und bringt die Lösungen auf 20 °. Nach einer Wartezeit von 20 min werden die Kolben mit Wasser aufgefüllt und die Lösungen gemischt. Man mißt die Extinktion der Lösungen gegen eine Blindprobe, die in gleicher Weise aus den verwendeten Reagenzien hergestellt wurde.

## 3.4 Reinpalladium und technisch reines Palladium

### 3.4.1 Bestimmung des Palladiums

***Grundlage.*** Das Palladium wird mit Königswasser gelöst, mit Diacetyldioxim gefällt und gewichtsanalytisch als metallisches Palladium bestimmt.

***Anwendungsbereich.*** Geeignet für Gehalte über 99,5%.

***Zuverlässigkeit.*** Für Gehalte über 99,5% etwa ± 0,3%.

***Reagenzien.***

1. Diacetyldioximlösung: 1 g mit Äthanol zu 100 ml gelöst.
2. Ammoniumchloridlösung, kalt gesättigt.

***Ausführung.*** Man löst 0,25 g Probe in einem 250 ml-Becherglas mit 20 ml Königswasser (1 + 1) durch Erwärmen auf dem Wasserbad, läßt noch 15 min auf dem Wasserbad stehen und verdünnt dann mit 100 ml heißem Wasser. Die Lösung wird heiß durch ein Filter Gr. 4 filtriert, das mit Salzsäure (1 + 100) ausgewaschen wird.

Lösung und Waschwasser werden in einem 1500 ml-Becherglas vereinigt und mit kaltem Wasser auf etwa 1000 ml verdünnt. In der unter 20 ° abgekühlten Lösung fällt man das Palladium unter lebhaftem Rühren mit 100 bis 150 ml Diacetyldioximlösung (1) und läßt 30 bis 60 min stehen, bis sich der voluminöse gelbe Niederschlag unter dem Flüssigkeitsspiegel zusammengeballt hat.

Man prüft die klare Lösung auf Vollständigkeit der Palladiumfällung, filtriert den Niederschlag über ein Filter Gr. 2 ab, wäscht mit heißem Wasser aus und tränkt zum Schluß Filter und Niederschlag mit Ammoniumchloridlösung (2). Dann faltet man das aus dem Trichter herausgenommene Filter mit dem Niederschlag zusammen und trocknet es, Spitze nach oben, in einem Porzellantiegel auf der Stufenheizplatte. Durch langsame Steigerung der Temperatur wird das Filter verascht und das Palladiumkomplexsalz zerstört. Zum Schluß glüht man 20 bis 30 min im elektrischen Ofen.

Der durch die thermische Zersetzung des Palladiumacetyldioximats erhaltene Palladiumschwamm wird in einem Platinschälchen mit Fluorwasserstoffsäure (40%) befeuchtet und mit wenigen Tropfen Schwefelsäure (1,84) bis eben zum Rauchen erhitzt. Dann nimmt man mit Wasser auf, filtriert über ein Filter Gr. 2 und wäscht aus. Das ablaufende Filtrat und das Waschwasser werden vereinigt und mit Diacetyldioximlösung (1) versetzt, um etwa in Lösung gegangenes Palladium wieder auszufällen und durch Filtrieren über dasselbe Filter mit dem Palladiumschwamm zu vereinigen. Filter und Filterinhalt werden, wie oben beschrieben, weiterverarbeitet. Der dabei erhaltene Palladiumschwamm wird gewogen.

## 3.5 Goldlegierungen, frei von Platinmetallen

### 3.5.1 Bestimmung des Goldes und des Silbers

***Grundlage.*** Die Proben werden mit Blei, nötigenfalls nach vorhergehendem Ansieden, bis zum Edelmetallkorn getrieben, aus dem, nach dem Scheiden mit Salpetersäure, das Gold direkt und das Silber als Differenz bestimmt werden.

***Anwendungsbereich.*** Geeignet vorwiegend für Goldgehalte von 333 bis 750‰ und für Silbergehalte von 40 bis 350‰.

***Zuverlässigkeit.*** Bei Goldgehalten unter 400‰ etwa ± 0,1%,
über 400‰ etwa ± 0,05%.
Bei Silbergehalten unter 150‰ etwa ± 3%,
über 150‰ etwa ± 2%.

***Reagenzien.***

1. Probierblei, edelmetall- und wismutfrei, in Folien-, Korn- und Tablettenform.
2. Borax.
3. Feinsilber, 999,9 fein, gold- und platinmetallfrei.
4. Salpetersäure (1,2), chlorfrei.
5. Salpetersäure (1,33), chlorfrei.

***Geräte.*** Ansiedescherben, Hartkupellen, Goldscheidekolben.

***Ausführung.*** Man prüft zunächst mit einer Vorprobe, ob sich das Material unter Zusatz von Probierblei direkt treiben läßt.

Dazu nimmt man eine Einwaage von 250 mg Probe, wickelt sie in eine Probierbleifolie (1) und setzt sie auf eine im Muffelofen auf etwa 900 bis 950 ° erhitzte Kupelle ein. Nach dem Einschmelzen ergänzt man die Probierbleimenge auf der

Kupelle durch Nachsetzen von Probierbleitabletten (1) auf 10 g und treibt bis zum Gesamtedelmetallkorn ab.

Treibt die Probe auf der Kupelle nicht an oder bleiben beim Treiben ungeschmolzene Krusten auf der Kupelle, so verwirft man diese Probe, bringt eine neue Einwaage von 250 mg auf einen Ansiedescherben und verschlackt sie mit 30 g Kornblei (1) und 2 g Borax zu einem duktilen Bleiregulus. Der Bleiregulus wird schließlich zum Gesamtedelmetallkorn abgetrieben.

Das Gewicht des Gesamtedelmetallkornes der Vorprobe ergibt als Anhaltswert die Summe der Gehalte an Gold und Silber.

Aus der Differenz von Einwaage und Gesamtedelmetallkorn errechnet sich die Summe der unedlen Bestandteile der Probe, nach der für die spätere Hauptprobe die Menge des Probierbleizusatzes bestimmt wird.

Das ausgewogene Gesamtedelmetallkorn legiert man dann mit der dreifachen Menge Feinsilber (3), indem man das Korn und das Probiersilber in ein möglichst kleines Stückchen dünner Probierbleifolie (1) einwickelt und auf einer Kupelle einschmelzt und feintreibt. In dem dabei erhaltenen Edelmetallkorn bestimmt man das Gold als Anhaltswert des Goldgehaltes der Probe durch Scheiden mit Salpetersäure, wie unter 1.1.1, S. 138, beschrieben.

Die Differenz aus Gesamtedelmetallgehalt und Goldgehalt ergibt den Silbergehalt der Probe, der bei der Goldbestimmung in der Hauptprobe auf die Menge des Legierungssilberzusatzes anzurechnen ist.

Die endgültige Analyse (Hauptprobe) macht man nunmehr aus 3 Einwaagen von je 250 mg Probe. Eine Einwaage dient zur Bestimmung der Summe von Gold und Silber, während aus den beiden anderen der Goldgehalt ermittelt wird. Zu diesen beiden Einwaagen fügt man soviel Feinsilber (3) zu, daß unter Einrechnung des nach der Vorprobe im Material vorhandenen Silbers der $2\frac{1}{2}$fache Betrag des in der Vorprobe ermittelten Goldgehaltes an Silber vorhanden ist. Wenn nach dem Ergebnis der Vorprobe direkt getrieben werden kann, werden die drei Einwaagen in gleich große Stücke von Probierbleifolie (1) eingewickelt zum Treiben in vorbereitete Kupellen eingesetzt und nach dem Einschmelzen mit soviel Probierbleitabletten (1) versetzt, daß einschließlich der Bleifolie die Probierbleimenge das 16-fache des in der Vorprobe ermittelten Gehalts an unedlen Bestandteilen der Probe beträgt. (Angesottene Proben erhalten beim Treiben keinen Bleizusatz mehr.)

Es wird bei 950 ° getrieben, und zwar so, daß die mit Silberzusatz versehenen Einwaagen nebeneinander treiben, die Einwaage ohne Silberzusatz jedoch auf einer dahinterstehenden Kupelle — also etwas heißer getrieben wird.

Nach Beendigung des Treibens werden die Kupellen aus der Muffel genommen und die Edelmetallkörner nach dem Erkalten von der Kupelle abgehoben und gesäubert.

Aus dem Gewicht des ohne Feinsilberzusatz getriebenen Edelmetallkorns errechnet sich die Summe der Gehalte an Gold und Silber.

In den zur Goldbestimmung mit Feinsilber quartierten Körnern wird das Gold durch Scheiden mit Salpetersäure nach 3.1.1, S. 154, bestimmt.

Aus der Summe der Gehalte an Gold und Silber ergibt sich nach Abzug des Goldgehaltes der Silbergehalt.

## 3.6 Goldlegierungen, mit Platinmetallen

### 3.6.1 Bestimmung des Goldes, Silbers, Platins und des Palladiums

***Grundlage.*** Die Edelmetalle werden durch Ansieden und Treiben oder durch direktes Treiben mit Bleizusatz als Gesamtedelmetallkorn von den unedlen Bestandteilen der Probe abgetrennt. Aus dem Gesamtedelmetallkorn werden nach dem

Scheiden mit Salpetersäure das Gold und das Silber dokimastisch bestimmt, während das Platin und das Palladium aus der Scheidelösung als Ammoniumhexachloroplatinat bzw. als Palladiumdiacetyldioximkomplex getrennt gefällt und nach Überführung in Metallschwamm gewichtsanalytisch bestimmt werden.

***Anwendungsbereich.*** Geeignet für

| | | |
|---|---|---|
| Goldgehalte | von 400 bis 700‰, | |
| Silbergehalte | von 150 bis 250‰, | |
| Platingehalte | von 10 bis 20‰ | und |
| Palladiumgehalte | von 15 bis 40‰. | |

Bei einer mittleren Zusammensetzung ergibt sich folgende

***Zuverlässigkeit.*** Bei Gehalten von:

| | | |
|---|---|---|
| 500‰ | Gold | etwa ± 0,05%, |
| 200‰ | Silber | etwa ± 1%, |
| 20‰ | Platin | etwa ± 1%, |
| 20‰ | Palladium | etwa ± 1%. |

***Reagenzien.***

1. Probierblei, edelmetall- und wismutfrei.
2. Borax.
3. Feinsilber 999,9 fein, gold- und platinmetallfrei.
4. Salpetersäure (1,2), chlorfrei.
5. Salpetersäure (1,33), chlorfrei.
6. Ammoniumchloridlösung, kalt gesättigt.
7. Diacetyldioximlösung: 1 g mit Äthanol zu 100 ml gelöst.
8. Schwefelsäure (1,84) mit 14 g Arsentrioxid im Liter.

***Geräte.*** Ansiedescherben, Hartkupellen, Goldscheidekolben.

***Ausführung.*** Zunächst wird durch eine Vorprobe mit einer Einwaage von 250 mg geprüft, ob die Proben sich direkt mit Blei treiben lassen, oder ob angesotten werden muß (siehe 3.5.1 S. 157).

Zur Ermittlung der Edelmetallgehalte werden drei Einwaagen durchgeführt. Eine Einwaage von 250 mg dient zur Bestimmung des Gesamtedelmetallgehaltes, die zuerst durchgeführt werden muß, da erst hiernach die Menge des zuzusetzenden Quartiersilbers abgeschätzt werden kann. Zwei weitere Einwaagen mit einem Gewicht von je 500 mg dienen zur Bestimmung von Gold, Platin und Palladium. Die zur Gold-, Platin- und Palladiumbestimmung vorbereiteten Proben müssen mit Feinsilber so quartiert werden, daß an Silber etwa die 2½fache Menge des Gold-, Platin- und Palladiumgehaltes vorhanden ist. Mit steigendem Palladium- und Platingehalt erhöht sich die Treibtemperatur von 1000 auf 1100 °. Besonders das Gesamtedelmetallkorn muß heiß genug getrieben werden, um einen Bleirückhalt zu vermeiden. (Siehe Bemerkung am Schluß dieser Vorschrift.) Durchführung der Treibarbeit siehe Silber- und Goldbestimmung unter 3.5.1, S. 157.

Die beiden mit Silber quartierten Körner werden wie unter 3.1.1, S. 154, beschrieben, bis zum Goldröllchen weiterverarbeitet. Die Goldröllchen werden gewogen und müssen zur Entfernung evtl. festgehaltener Platinmetalle erneut mit Silber quartiert, getrieben und wieder mit Salpetersäure (4) gelöst und mit Salpetersäure (5) gekocht werden. Das Quartieren mit Silber und Scheiden der Körner mit Salpetersäure muß so oft wiederholt werden, bis die Gewichtsdifferenz zweier aufeinanderfolgender Goldauswaagen höchstens 0,5 mg beträgt.

Die beim Scheiden der Edelmetallröllchen anfallenden salpetersauren Lösungen sowie die beim Auskochen verwendeten Säuremengen, die neben Silber das gesamte Platin und Palladium enthalten, werden in einem Erlenmeyerkolben vereinigt. Aus dieser Lösung fällt man das Silber durch Zugabe von Salzsäure (1 + 1) als Silberchlorid, läßt es nach kurzem Heißstellen über Nacht absetzen, filtriert über ein Filter Gr. 4 ab und wäscht mit Salzsäure (1 + 100) aus. Das Filtrat, welches das gesamte Platin und Palladium und noch geringe Mengen Silber enthält, wird zum

Entfernen des Silbers in einer Porzellanschale zur Trockne gedampft. Der Trockenrückstand wird zweimal mit je 2 bis 3 ml Salzsäure (1 + 1) abgedampft. Nach dem Aufnehmen mit einigen Tropfen Salzsäure (1 + 1) und Überspülen in ein 100 ml-Becherglas läßt man mindestens 5 Std. stehen, sammelt das vorhandene Silberchlorid auf einem Filter Gr. 4 und dampft das Filtrat in einem 100 ml-Becherglas auf dem Wasserbad bis auf 30 ml ein. Man setzt 5 ml gesättigte Ammoniumchloridlösung hinzu und engt die Lösung ein, bis sich ein dicker Kristallbrei ausgeschieden hat. Dann nimmt man das Glas vom Wasserbad und fügt unter Schwenken des Becherglases tropfenweise so viel Wasser zu, bis sich die ausgeschiedenen Ammoniumchloridkristalle gerade wieder gelöst haben. Den dabei unlöslich verbleibenden Ammoniumhexachloroplatinat-Niederschlag läßt man über Nacht stehen, bringt ihn auf ein kleines Filter Gr. 4 und wäscht Filter und Niederschlag mit Ammoniumchloridlösung (6) aus. Nach dem Überführen des Filters in einen Porzellantiegel wird vorsichtig getrocknet, sehr langsam verascht, bei 700 ° geglüht und nach der Reduktion im Wasserstoffstrom der Platinschwamm ausgewogen.

Das Filtrat der Platinfällung, welches das gesamte Palladium und Spuren Platin enthält, wird mit Wasser zu einem Volumen aufgefüllt, das von der vorhandenen Palladiummenge abhängig ist. Bis zu etwa 30 mg sind 200 ml ausreichend; bei größeren Palladiummengen wird das Flüssigkeitsvolumen in einem größeren Becherglas entsprechend erhöht. Nachdem das Becherglas mit der Lösung kaltgestellt ist (fließendes Wasser), gibt man Diacetyldioximlösung (7) in mäßigem Überschuß zu, so daß auf etwa 10 mg Palladium 3 ml Reagenzlösung kommen. Die Lösung wird kräftig umgerührt und bleibt weiter kalt stehen, bis der ausfallende gelbe, sehr voluminöse Niederschlag sich zusammengeballt hat und die Lösung klar und durchsichtig erscheint. Filtriert wird über ein Filter Gr. 2, anfangs mit kaltem und danach mit heißem Wasser ausgewaschen und anschließend mit Ammoniumchloridlösung (6) getränkt. Das Filter mit dem Niederschlag wird im Porzellantiegel getrocknet, bei kleiner Bunsenflamme langsam und vorsichtig verascht, danach bis 700 ° geglüht und mit kleiner leuchtender Bunsenflamme reduziert. Der Palladiumschwamm wird nach dem Erkalten ausgewogen.

Das Filtrat der Palladiumfällung, welches noch geringe Mengen Platin enthalten kann, wird erhitzt und mit Salzsäure (1 + 1) und geraspeltem Zink versetzt, so daß eine starke Wasserstoffentwicklung einsetzt. Nach Beendigung der Zementation wird das ausgefallene Platin auf einem Filter Gr. 4 gesammelt und mit heißer Salzsäure (1 + 100) ausgewaschen. Das Filter mit dem Platin wird anschließend auf einer Kupelle vor der Muffel verascht. Danach wird die Kupelle mit dem Platin in den hinteren Teil der Muffel geschoben und nach etwa 5 min mit 10 mg Feinsilber und 4 g Blei getrieben. Das resultierende Silber-Platin-Korn wird nicht ausgeplattet, sondern als Korn mit Schwefelsäure (8) gekocht, wobei sich das Silber löst, während das Platin meist kompakt zurückbleibt. Es ist nach dem Dekantieren und Waschen mit heißem Wasser zu trocknen und nach dem Veraschen und Glühen auszuwägen. Das Gewicht des Platins ist der Hauptmenge zuzurechnen.

Der Silbergehalt ergibt sich aus der Differenz vom Bruttokorngewicht (Silber, Gold, Platin und Palladium) und der Summe der ermittelten Mengen an Gold, Platin und Palladium.

Bei größeren Palladiumgehalten des Probegutes wird der aus der Ammoniumchloridfällung erhaltene Platinschwamm zur Sicherheit auf etwa mitgefallenes Palladium geprüft. Dazu wird der Platinschwamm in etwa 5 bis 10 ml Königswasser in einem Becherglas auf dem Dampfbad gelöst. Die Probe wird mit Wasser auf 100 ml verdünnt und im Kühlbecken ($< 20$ °) kaltgestellt. Nach Versetzen mit etwa 5 ml Diacetyldioximlösung (7) wird kräftig umgerührt und solange stehen gelassen, bis ein etwaiger gelber Niederschlag ausflockt. Er wird abfiltriert und wie üblich bis zum Palladiumschwamm weitergearbeitet. Dieser wird gewogen, der erhaltene Wert vom Gewicht des Platinschwammes abgezogen und der Palladiummenge zugerechnet.

***Bemerkung.*** Bei höheren Gehalten an den beiden Platinmetallen ist es nicht mehr statthaft, das Silber als Differenz von Gesamtedelmetallkorn und Gold-, Platin- und Palladiumsumme zu bestimmen. Man muß dann eine naßanalytische Silberbestimmung durchführen. Es ist auch darauf zu achten, daß im Korn mindestens die 2½fache Menge Gold gegenüber dem Platin- und Palladiumgehalt vorhanden ist. Man quartiert gegebenenfalls mit Feingold.

## 3.7 Silberlegierungen

### 3.7.1 Bestimmung des Silbers

***Grundlage.*** Das Silber wird in der salpetersauren Lösung der Probe mit Kaliumbromid unter potentiometrischer Endpunktsanzeige maßanalytisch bestimmt.

***Anwendungsbereich.*** Geeignet für Gehalte von 8 bis 98%.

***Zuverlässigkeit.*** Bei Gehalten über 50% etwa $\pm$ 0,05%,
unter 50% etwa $\pm$ 0,1%.

***Reagenzien*** und ***Geräte*** siehe unter 2.1.1, S. 144.

***Ausführung.*** Bei Silbergehalten von 98 bis 20% werden Proben mit einem Silberinhalt von 505 $\pm$ 4 mg eingewogen, gelöst und so titriert, wie unter 2.1.1, S. 144, angegeben ist.

Bei Silbergehalten unter 20% bringt man Einwaagen von 55 $\pm$ 4 mg Silberinhalt zur Analyse. Nach dem Lösen der Probe werden zu der abgekühlten Lösung unter lebhaftem Rühren 50 ml Kaliumbromidlösung (3) aus einer Pipette zugegeben. Dann wird mit der Kaliumbromidlösung (3) aus einer KPG-Bürette bis zum Endpunkt titriert, entsprechend der Vorschrift unter 2.1.1, S. 144.

## 3.8 Weichblei, Feinblei, Probierblei

### 3.8.1 Bestimmung des Silbers

***Grundlage.*** In der salpetersauren Lösung der Probe wird das Silber mit Dithizon maßanalytisch bestimmt.

***Anwendungsbereich.*** Geeignet für Gehalte von 0,1 bis 15 g/1000 kg.

***Zuverlässigkeit.*** Bei Gehalten unter 0,5 g/1000 kg etwa $\pm$ 20%,
über 0,5 g/1000 kg etwa $\pm$ 10%.

***Reagenzien.***

1. Schwefelsäure: 5,5 ml Schwefelsäure (1,84) zum Liter verdünnt.
2. Kaliumthiocyanatlösung: 20 g zum Liter gelöst.
3. Salpetersäure: 176 ml Salpetersäure (1,4) zum Liter verdünnt.
4. Hydraziniumsulfatlösung: 5 g zu 100 ml gelöst.
5. Dithizonlösung: 7,5 mg mit Kohlenstofftetrachlorid zu 500 ml gelöst.
6. Silberstammlösung: 0,6 g Feinsilber (999,9) werden mit 10 ml Salpetersäure (1 + 1) gelöst. Die Lösung wird in einem 1 l-Meßkolben aufgefüllt.
7. Silberstandardlösung: 10 ml Stammlösung (1) werden in einem Meßkolben zum Liter aufgefüllt. 1 ml $\triangleq$ 6 $\mu$g Silber.

***Ausführung.*** 20 g Probe werden mit 60 ml Salpetersäure (1 + 1) gelöst. Sollte sich hierbei Bleinitrat ausscheiden, wird es durch Verdünnen mit Wasser in Lösung gebracht und anschließend die Hauptmenge der Säure verdampft. Man verdünnt mit heißem Wasser, kocht nach Zusatz von 0,5 g Harnstoff einige Minuten, kühlt und überführt die Lösung in einen Scheidetrichter. Nun läßt man aus einer Bürette etwa 0,5 ml Dithizonlösung (5) zufließen und schüttelt solange, bis sich die grüne Reagenzlösung mit dem Silber vollkommen umgesetzt hat. Der goldgelb gefärbte Auszug wird abgetrennt und die Extraktion mit je 0,2 ml Dithizonlösung (5) solange fortgesetzt, bis der letzte Auszug einwandfrei violett oder rot gefärbt ist. (Das Silber reagiert in saurer Lösung mit dem Dithizon vor Blei und Wismut.)

Die einzelnen Extrakte werden in einem Scheidetrichter gesammelt und mit 5 ml Schwefelsäure (1) gewaschen. Die Kohlenstofftetrachloridschicht wird dann in einen anderen Scheidetrichter abgelassen und zweimal mit je 1 ml Schwefelsäure (1) und 5 ml Kaliumthiocyanatlösung (2) etwa 30 sec geschüttelt. Das Silber geht in die wäßrige Phase, während die Störelemente in der Kohlenstofftetrachloridphase verbleiben. Die zwei wäßrigen Anteile werden in einem 250 ml-Becherglas vereinigt und mit 2 ml Schwefelsäure (1 + 1) annähernd zur Trockne abgeraucht. Der Rückstand wird mit 4 ml Salpetersäure (3) durch kurzes Erwärmen gelöst und mit Wasser auf 20 ml verdünnt. In dieser Lösung wird das Silber nach Zugabe von 5 Tropfen Hydraziniumsulfatlösung (4) mit der eingestellten Dithizonlösung (5) unter portionsweiser Zugabe titriert, d. h. geschüttelt, und der Extrakt jeweils abgelassen. Wenn die letzten 0,1 bis 0,2 ml der Dithizonlösung (5) grün gefärbt sind, ist der Endpunkt erreicht.

***Titerstellung der Dithizonlösung* (5).** Man pipettiert eine dem Silbergehalt der Probe entsprechende Menge der Silberstandardlösung (7) in einen Scheidetrichter, gibt 10 ml Wasser, 4 ml Salpetersäure (3) sowie 5 Tropfen Hydraziniumsulfatlösung (4) zu und titriert mit Dithizonlösung (5), wie unter Ausführung beschrieben. Der Titer muß täglich gestellt werden.

***Bemerkungen.*** Sämtliche verwendeten Reagenzien, das Wasser sowie das zu untersuchende Material selbst müssen chloridfrei sein.

Die Dithizonlösung ist nur begrenzt haltbar und muß in einer dunklen Flasche kühl aufbewahrt werden.

## 3.9 Hartblei

### 3.9.1 Bestimmung des Goldes und des Silbers

Die Bestimmung erfolgt nach der unter 2.4.1, S. 146, beschriebenen Ansiedeprobe, mit der Abänderung, daß man auf den Einzelscherben nicht mehr als 5 g Probe einwägt und im Verhältnis größere Mengen an Zuschlägen (je Scherben 30 bis 40 g Kornblei und 2 g Borax) zufügt.

## 3.10 Wismut, Zink, Cadmium, Indium

### 3.10.1 Bestimmung des Silbers

Die Silberbestimmung in diesen Metallen erfolgt maßanalytisch nach der Dithizonmethode, wie unter 3.8.1, S. 161, beschrieben.

# 4 Nichtmetallische Erzeugnisse

## 4.1 Kaliumgoldcyanid

### 4.1.1 Bestimmung des Goldes

***Grundlage.*** Nach Zerstören des Cyankomplexes mit heißer Schwefelsäure (1,84) wird das ausgeschiedene Gold gewichtsanalytisch als Metall bestimmt.

***Anwendungsbereich.*** Geeignet für cyanidische Goldverbindungen und Goldbadsalze.

***Zuverlässigkeit.*** Bei Gehalten von 40–67% in Goldsalzen etwa ± 0,1%,
um 15% in Goldbadsalzen etwa ± 0,5%.

***Geräte.*** 500 ml-Quarzerlenmeyerkolben (Weithals).

***Ausführung.*** Die Einwaage, die mindestens 150 mg Gold enthalten soll, wird in einem Quarzerlenmeyerkolben in einem gut ziehenden Abzug mit 20 ml Schwefelsäure (1,84) über offener Flamme bis zum starken Rauchen der Schwefelsäure erhitzt. Man läßt noch 5 min rauchen, kühlt ab und nimmt mit 200 ml kaltem Wasser auf. Das beim Abrauchen ausgeschiedene Gold wird durch Überspülen auf einem Filter Gr. 4 gesammelt und mit Schwefelsäure (1 + 100) gewaschen. Dann wird es mit dem Filter in einem gewogenen Porzellantiegel getrocknet, erhitzt, bis das Filter verascht ist, und einige Minuten bei 900 ° geglüht. Man raucht das Gold anschließend mit 3 ml Fluorwasserstoffsäure (40%) und einigen Tropfen Schwefelsäure (1,84) in einem Platinschälchen ab, spült es nach dem Erkalten mit Wasser auf ein Filter Gr. 4 über, wäscht, trocknet, verascht und glüht das Gold wie vorher und wägt es.

## 4.2 Kaliumsilbercyanid

### 4.2.1 Bestimmung des Silbers

***Grundlage.*** Nach Zerstören des Cyankomplexes mit Schwefelsäure wird das Silber als Silberchlorid gefällt und gewichtsanalytisch bestimmt.

***Anwendungsbereich.*** Geeignet für cyanidische Silberverbindungen und galvanische Silberbadsalze.

***Zuverlässigkeit.*** Bei Gehalten von 30 bis 54% etwa ± 0,3%.

***Geräte.*** 500 ml-Quarzerlenmeyerkolben (Weithals).

***Ausführung.*** 1 g Probe wird im Quarzerlenmeyerkolben mit 20 ml Schwefelsäure (1,84) versetzt und in einem gut ziehenden Abzug über offener Flamme bis zum starken Rauchen der Schwefelsäure erhitzt. Man läßt noch 5 min rauchen, kühlt ab und verdünnt vorsichtig mit 200 ml Wasser. Dann erhitzt man zum Sieden, um das auskristallisierte Silbersulfat wieder in Lösung zu bringen, fällt in der Siedehitze das Silber mit 5 ml Salzsäure (1 + 1) als Silberchlorid und läßt den Niederschlag bei Zimmertemperatur über Nacht absetzen.

Der Niederschlag wird in einem gewogenen Porzellanfiltertiegel A 2 gesammelt, mit kaltem Wasser gewaschen, im Filtertiegel 90 min bei 120 ° getrocknet und nach dem Erkalten gewogen. Der Umrechnungsfaktor von Silberchlorid auf Silber ist 0,7526.

## 4.3 Silbernitrat

### 4.3.1 Bestimmung des Silbers

Die Bestimmung des Silbers erfolgt maßanalytisch mit Natriumchlorid nach der unter 3.2.1, S. 155, angegebenen Vorschrift, wobei die Einwaage entsprechend dem Silbergehalt des Salzes von nur etwa 63,5% durch Zugabe von Feinsilber (4) auf einen Silberinhalt von 1,005 g ergänzt werden muß.

## 4.4 Hexachloroplatinsäure (Platinchlorid)

### 4.4.1 Bestimmung des Platins

***Grundlage.*** Das Platin wird mit Ammoniumchlorid gefällt und nach Verglühen des Ammoniumhexachloroplatinat(IV)-Niederschlags als Metall bestimmt. Nicht gefällte Reste von Platin werden photometrisch bestimmt.

***Anwendungsbereich.*** Geeignet für Gehalte bis 40% in Platinchlorid und seinen wäßrigen Lösungen.

***Zuverlässigkeit.*** Etwa ± 0,1%.

***Reagenzien.*** Wie unter 3.3.1, S. 156.

***Ausführung.*** Von der als Probe meist vorliegenden wäßrigen Lösung (siehe Bemerkung) entnimmt man eine Abmessung mit einem Platininhalt von mindestens 0,5 bis höchstens 1 g, die man in ein 100 ml-Becherglas bringt und, je nach Konzentration der Probelösung, auf ein Volumen von etwa 20 ml eindampft oder verdünnt.

In dieser Lösung bestimmt man das Platin, wie unter 3.3.1, S. 156, beschrieben.

***Bemerkungen.*** Bei festem Platinchlorid werden von dem gut gemischten Material wegen dessen Hygroskopizität relativ große Proben, bis zu 10% der Partie, gezogen und in dicht schließenden Gefäßen genau eingewogen. Die Einwaage wird mit soviel Wasser gelöst, daß der Platingehalt 100 bis 200 g im Liter beträgt. Man fügt zur Vermeidung von Hydrolyse einige Tropfen Salzsäure (1,19) zu und wiegt die Probenlösung in dem verschlossenen Gefäß.

Zur Analyse nimmt man gewogene Abmessungen dieser Lösung.

## 4.5 Palladium(II)-chlorid

### 4.5.1 Bestimmung des Palladiums

***Grundlage.*** Das Palladium wird in salzsaurer Lösung mit Diacetyldioxim gefällt, abgetrennt und gewichtsanalytisch als Metall bestimmt.

***Anwendungsbereich.*** Geeignet für Gehalte bis zu 60% im festen Salz und dessen salzsauren Lösungen, die zur Imprägnierung von Trägerkatalysatoren dienen; auch für Tetrachlorpalladate der Alkalien, des Calciums und deren wäßriger Lösungen.

***Zuverlässigkeit.*** Etwa ± 0,3%.

***Reagenzien.***

1. Diacetyldioximlösung: 1 g mit Äthanol zu 100 ml gelöst.
2. Ammoniumchloridlösung, kalt gesättigt.

***Ausführung.*** Die Einwaage des festen Salzes, die einen Palladiumgehalt von 200 bis max. 300 mg haben soll, wird in einem 250 ml-Becherglas mit 20 ml Salzsäure (1 + 1) in etwa $^1/_4$ Std. auf dem Wasserbad gelöst. Dann verdünnt man die Lösung mit 100 ml heißem Wasser, filtriert die Lösung durch ein kleines Filter Gr. 4 und wäscht das Filter und einen etwa darauf verbliebenen Löserückstand mit heißer Salzsäure (1 + 100) aus. Filtrat und Waschwasser werden in einem 1,5 l-Becherglas vereinigt.

Ein etwaiger Löserückstand wird so behandelt, wie es unter 2.10.1, S. 153, beschrieben ist. Eine dabei erzielte Lösung von Palladiumresten wird mit der obigen Hauptlösung vereinigt. Man verdünnt die Gesamtlösung auf etwa 1 Liter, fällt und bestimmt darin das Palladium, wie unter 3.4.1, S. 157, beschrieben.

Liegt als Probe eine Palladiumchloridlösung vor, so bringt man die einem Palladiuminhalt von 200 bis 300 mg entsprechende Abmessung der Lösung direkt in das 1,5 l-Becherglas, verdünnt auf 1 Liter und arbeitet zur Bestimmung des Palladiums, wie vorstehend angegeben.

## 4.6 Bleiglätte (Probierglätte)

### 4.6.1 Bestimmung des Silbers

Die Bestimmung des Silbers erfolgt nach der unter 3.8.1, S. 161, beschriebenen Methode.

Kapitel 10

# Gallium

Inhalt



## 1 Konzentrate (Aluminatlaugen)

### 1.1 Bestimmung des Galliums

***Grundlage.*** Das Gallium wird als Galliumchlorid mit Diäthyläther extrahiert, nach Verdampfen des Äthers mit einer Salzsäure-Acetonmischung gelöst und mit Dibromoxychinolin gewichtsanalytisch bestimmt.

***Anwendungsbereich.*** Geeignet für Gehalte von 0,1 bis 0,2 g im Liter.

***Zuverlässigkeit.*** Etwa ±10%.

***Reagenzien.***

1. 8n-Salzsäure.
2. 6,5n-Salzsäure.
3. Titan(III)-chloridlösung, 15%.
4. Diäthyläther, frisch destilliert.
5. Salzsäure-Acetongemisch: 300 ml 5 n-Salzsäure und 300 ml Aceton werden mit Wasser zum Liter aufgefüllt.
6. Dibromoxinlösung: 3 g 5,7-Dibrom-8-Hydroxychinolin mit Aceton zum Liter gelöst.

***Ausführung.*** 50 ml Lauge werden mit Salzsäure (1,19) neutralisiert und mit Wasser in einem Meßkolben auf 100 ml aufgefüllt. Zur Extraktion entnimmt man einen Anteil, der etwa 0,8 mg Gallium entspricht, z. B. 8 ml, und gibt ihn in einen Scheidetrichter von 60 bis 100 ml Inhalt (Glashahn mit Glycerin einfetten). Nun setzt man einige Tropfen Titan(III)-chloridlösung (3) bis zur deutlichen Violettfärbung, 18,7 ml Salzsäure (1) mit einer Meßpipette und 20 ml Diäthyläther (4) zu. Wird entsprechend dem Gehalt an Gallium eine größere oder kleinere Abmessung als 8 ml genommen, so sind die zusätzlichen Reagenzienmengen sinngemäß zu ändern. Man schüttelt 3 min gut durch und zieht die wäßrige Phase in einen zweiten Scheidetrichter ab. Sie wird nochmals mit 15 ml Äther (4) ausgeschüttelt, wieder abgelassen und die Ätherphase mit der ersten vereinigt. Den Scheidetrichter spült man mit

2 ml Äther (4). Die vereinigten Ätherauszüge werden zuerst mit 12 ml Salzsäure (2) und einigen Tropfen Titan(III)-chloridlösung (3) und dann nochmals mit 8 ml Salzsäure (2) geschüttelt, die wäßrigen Phasen abgezogen, der Auslauf des Trichters wird mit Wasser abgespritzt und die Ätherphase in ein 250 ml-Becherglas gegeben. Der Scheidetrichter wird mit 2 ml Äther (4) nachgespült. Das Becherglas wird in einen Vacuumexsiccator gestellt, der am Boden 2 bis 3 ml Wasser von 50 bis 60° enthält. Nach Schließen des Exsiccators wird evakuiert, bis am Boden des Becherglases nur noch ein feuchter Rückstand bleibt. Der Rückstand wird mit 200 ml Salzsäure-Acetongemisch (5) aufgenommen. Man erwärmt auf 60°, versetzt mit 5 ml Dibromoxychinolinlösung (6), rührt um, läßt 1 min absetzen und filtriert über einen über Phosphorpentoxid getrockneten und gewogenen Glasfiltertiegel 1G4, wobei die Temperatur der Lösung nicht unter 50° absinken soll. Man wäscht das Becherglas zunächst mit warmer Salzsäure-Acetonmischung (5) und schließlich mit etwas heißem Wasser aus, trocknet den Tiegel 2 Std. bei 105 bis 110°, läßt ihn im Exsiccator über Phosphorpentoxid abkühlen und wägt. Das Wägen des Tiegels nach dem Trocknen muß beide Male innerhalb 20 bis 30 min vorgenommen werden. Der Umrechnungsfaktor von Galliumdibromoxin auf Gallium ist 0,0715.

***Bemerkung.*** Das Reinigen des Glasfiltertiegels erfolgt mit rauchender Salpetersäure.

# 2 Metallisches Gallium

## 2.1 Bestimmung des Kupfers

***Grundlage.*** Das Kupfer wird in weinsäurehaltiger, ammoniakalischer Lösung mit Natriumdiäthyldithiocarbaminat photometrisch bestimmt.

***Anwendungsbereich.*** Geeignet für Gehalte von 0,0005 bis 0,1%.

***Zuverlässigkeit.*** Bei Gehalten um 0,001% etwa ±10%,
um 0,01% etwa ± 5%.

***Reagenzien.***

1. Bidestilliertes Wasser.
2. Weinsäurelösung: 50 g mit Wasser (1) zu 100 ml gelöst.
3. Gummilösung: 1 g Gummiarabicum mit Wasser (1) zu 100 ml in der Wärme gelöst.
4. Carbaminatlösung: 0,1 g Natriumdiäthyldithiocarbaminat mit Wasser (1) zu 100 ml gelöst.
5. Kupferstammlösung: 0,1 g Elektrolytkupfer wird mit 10 ml Salpetersäure (1 + 1) gelöst und mit Wasser (1) in einem Meßkolben zum Liter aufgefüllt.
6. Kupferstandardlösung: 5 ml Stammlösung (5) werden mit Wasser (1) in einem Meßkolben auf 100 ml aufgefüllt. 1 ml = 5 $\mu$g Kupfer.

***Ausführung.*** 2 g Probe werden in einem bedeckten 250 ml-Quarzbecher mit 30 ml Salzsäure (1 + 1) und 5 ml Salpetersäure (1 + 1) unter vorsichtigem Erwärmen gelöst. Nach Auflösen der Probe spritzt man Deckglas und Becherwände ab und dampft auf die Hälfte des Volumens ein. Die Lösung wird nach dem Abkühlen in einem 100 ml-Meßkolben mit Wasser (1) aufgefüllt. Man entnimmt 50 ml in einen 100 ml-Meßkolben, gibt 2 ml Gummilösung (3), 10 ml Weinsäurelösung (2) und 10 ml Ammoniak (0,91) zu, kühlt auf 20°, versetzt mit 5 ml Carbaminatlösung (4) und füllt mit Wasser (1) auf.

Man photometriert in einer 5 cm-Küvette bei 465 nm gegen eine in gleicher Weise behandelten Reagenzienblindprobe.

***Eichkurve.*** Man löst 10 g Reinstgallium, mit möglichst geringem Kupfergehalt, mit 100 ml Salzsäure (1 + 1) und 20 ml Salpetersäure (1 + 1) und füllt die Lösung mit Wasser (1) in einem 200 ml-Meßkolben auf.

Nun gibt man in sieben 100 ml-Meßkölbchen je 20 ml Lösung, entsprechend 1 g Gallium und der Reihe nach 0, 1, 2, 3, 4, 5 und 6 ml Kupferstandardlösung (6), entsprechend 0 bis 30 $\mu$g Kupfer, und verfährt weiter, wie unter Ausführung beschrieben.

## 2.2 Bestimmung des Eisens

***Grundlage.*** Das Eisen wird in saurer Lösung mit Kaliumthiocyanat photometrisch bestimmt.

***Anwendungsbereich.*** Geeignet für Gehalte von 0,0005 bis 0,1%.

***Zuverlässigkeit.*** Bei Gehalten um 0,001% etwa $\pm 10\%$,
um 0,01% etwa $\pm$ 5%.

***Reagenzien.***

1. Bidestilliertes Wasser.
2. Kaliumthiocyanatlösung: 150 g werden mit 500 ml Wasser (1) gelöst. Die Lösung wird durch ein Filter Gr. 2 filtriert und in einer braunen Flasche aufbewahrt.
3. Eisenstammlösung: 0,1 g Eisen wird mit 10 ml Salzsäure (1,19) und einigen Körnchen Kaliumchlorat gelöst. Man verdünnt mit Wasser (1), kocht kurz auf und füllt die Lösung in einem 1 l-Meßkolben mit Wasser (1) auf.
4. Eisenstandardlösung: 50 ml Stammlösung (3) werden mit Wasser (1) in einem 500 ml-Meßkolben aufgefüllt. 1 ml $\triangleq$ 10 $\mu$g Eisen.

***Ausführung.*** 2 g Probe werden, wie unter 2.1 angegeben, gelöst und in einem 100 ml-Meßkolben aufgefüllt. Man entnimmt 50 ml Lösung in einen 100 ml-Meßkolben, setzt 5 ml Thiocyanatlösung (2) zu und füllt mit Wasser (1) auf. Die Lösung wird sofort in einer 5 cm-Küvette bei 460 nm gegen eine Reagenzienblindprobe photometriert.

***Eichkurve.*** Die Herstellung der Eichkurve erfolgt, wie unter 2.1 beschrieben. Die Angaben sind sinngemäß zu verwenden.

## 2.3 Bestimmung des Zinks

***Grundlage.*** Das Zink wird aus alkalischer Lösung als Sulfid gefällt, mit Säure gelöst und polarographisch bestimmt.

***Anwendungsbereich.*** Geeignet für Gehalte von 0,001 bis 0,1%.

***Zuverlässigkeit.*** Bei Gehalten um 0,01% etwa $\pm 10\%$.

***Reagenzien.***

1. Natriumhydroxidlösung: 20 g zu 100 ml gelöst.
2. Natriumsulfidlösung: 10 g $Na_2S \cdot 9\,H_2O$ zu 100 ml gelöst.
3. Waschlösung: 5 ml Natriumhydroxidlösung (1) und 5 ml Natriumsulfidlösung (2) zu 100 ml verdünnt.
4. Aluminiumspäne, zinkfrei.
5. Hydroxylammoniumchloridlösung: 10 g zu 100 ml gelöst.
6. Kaliumthiocyanatlösung: 10 g zu 100 ml gelöst.
7. Zinkstandardlösung: 1 g Zink wird mit 20 ml Salzsäure (1 + 1) gelöst und die Lösung in einem Meßkolben zum Liter aufgefüllt. 1 ml $\triangleq$ 1 mg Zink.

***Ausführung.*** 10 g Probe werden in einem Quarzbecher mit 100 ml Salzsäure (1 + 1) und 20 ml Salpetersäure (1 + 1) gelöst und die Lösung auf die Hälfte des Volumens eingedampft. Man verdünnt auf etwa 500 ml, setzt Natriumhydroxidlösung (1) in mäßigem Überschuß zu, versetzt mit 20 ml Natriumsulfidlösung (2), kocht auf und läßt über Nacht stehen. Die Lösung wird durch einen Glasfiltertiegel 3G4 filtriert. Becher und Tiegel werden mit Waschlösung (3) ausgewaschen und dann die Sulfide mit warmer Salzsäure (1 + 1) vom Tiegel in ein 400 ml-Becherglas gelöst. Man wäscht mit Wasser nach und dampft die Lösung zur Trockne. Zum Rückstand gibt man 0,5 g Aluminiumspäne, 15 ml Salzsäure (1 + 1) und erwärmt bis zum vollständigen Lösen. Man dampft bis zur Salzabscheidung ein, nimmt mit 15 ml Wasser auf, setzt 2 ml Hydroxylammoniumchloridlösung (5) zu und spült die Lösung in ein 50 ml-Meßkölbchen. Nach Zugabe von 2 ml Thiocyanatlösung (6) wird aufgefüllt und die Lösung nach Entlüften mit Kohlendioxid zwischen −0,8 und −1,2 V mit einer dem Zinkgehalt der Probe entsprechenden Empfindlichkeit polarographiert.

***Auswertung.*** Eine dem Zinkgehalt der Probe entsprechende Menge der Zinkstandardlösung (7) wird in einem Becherglas von 300 ml zur Trockne gedampft. Zum Rückstand gibt man 0,5 g Aluminiumspäne (4), 15 ml Salzsäure (1 + 1) und verfährt weiter, wie unter Ausführung beschrieben.

# 3 Gallium (III)-oxid

## 3.1 Bestimmung des Galliums

***Grundlage.*** Das Gallium wird in weinsäurehaltiger, ammoniakalischer Lösung als Oxychinolat gefällt und gewichtsanalytisch bestimmt.

***Anwendungsbereich.*** Geeignet für Gehalte über 10%.

***Zuverlässigkeit.*** Etwa ±0,5%.

***Reagenzien.***

1. Oxinlösung: 3 g 8-Hydroxychinolin werden mit möglichst wenig Eisessig gelöst, auf 100 ml mit Wasser aufgefüllt und mit Ammoniak (0,91) tropfenweise bis zur beginnenden schwachen Trübung versetzt, worauf die Lösung mit Essigsäure (1,06) wieder geklärt wird.

***Ausführung.*** 0,5 g Probe werden in einem 250 ml-Becherglas mit 10 ml Salzsäure (1,19) unter Erwärmen gelöst und nach Verdünnen mit Wasser in einem Meßkolben zu 500 ml aufgefüllt. Man entnimmt einen etwa 50 mg Gallium enthaltenden Anteil, verdünnt auf 200 ml, setzt 1 g Weinsäure zu und einen deutlichen Überschuß an Ammoniak (0,91). Nach Erwärmen auf 70° fällt man das Gallium durch Zugabe einer ausreichenden Menge Oxinlösung (1) — 20 ml reichen für 50 mg Gallium. Die Fällung läßt man 1 Std. unter häufigem Umrühren auf dem heißen Wasserbade stehen, filtriert nach dem Erkalten über einen gewogenen Glasfiltertiegel 1G4 und wäscht mit kaltem Wasser aus. Nach 2 bis 3 Std. Trocknen bei 120° wägt man nach dem Erkalten.

Der Umrechnungsfaktor von Galliumoxychinolat auf Gallium ist 0,1389.

***Bemerkung:*** Aluminium- und Zinkgehalte über 0,1% stören.

Kapitel 11

# Germanium

## Inhalt



# 1 Rohstoffe

## 1.1 Germaniumreiches Material

### 1.1.1 Bestimmung des Germaniums

#### 1.1.1.1 Bei Fluoridgehalten unter 5%

***Grundlage.*** Das Germanium wird nach alkalischem Schmelzaufschluß aus salzsaurer Lösung als Germanium(IV)-chlorid abdestilliert, das Destillat wird auf pH 5 eingestellt und nach Zugabe von Brenzcatechin mit einer eingestellten Natriumhydroxidlösung auf pH 5 zurücktitriert.

***Anwendungsbereich.*** Geeignet für Gehalte über 2%.

***Zuverlässigkeit.*** Bei Gehalten von 2 bis 10% etwa ±0,5%,
von 10 bis 50% etwa ±0,3%,
von 50 bis 100% etwa ±0,2%.

***Reagenzien.***

1. Germaniumstandardlösung zur Titerstellung: 2,8814 g reines Germanium(IV)-oxid, bei 800° im Platintiegel geglüht und fein zerrieben, werden mit 50 ml Natriumhydroxidlösung (10 g in 100 ml) unter Erwärmen gelöst. Eine hierbei oder beim Verdünnen auftretende Ausflockung wird durch Ansäuern mit Salzsäure in Lösung gebracht. Die Lösung wird in einem 1 l-Meßkolben aufgefüllt und in einer Polyäthylenflasche aufbewahrt. 1 ml ≙ 2 mg Germanium.
2. Pufferlösung von pH 5,0, gebrauchsfertige Handelsware.
3. Brenzcatechin.
4. Natriumhydroxidlösung, etwa 0,1 n.

***Geräte.*** Destillierapparat, siehe Abb. 7, S. 170. Der Tropftrichter soll zwischen Ablaufrohr und Schliffkern keinen Hohlraum aufweisen. Die Schlangen des Kühlers sollen genügend Gefälle besitzen. Als Destilliervorlage dienen eingeschliffene Meßkolben von 250 und 500 ml Inhalt. Die Vorlage steht während der Destillation in einem Becherglas mit Wasser. Die wichtigsten Schliffverbindungen (Destillierkolben, Kühler und Vorlage) sind mit Glashaken und Spannfedern versehen.

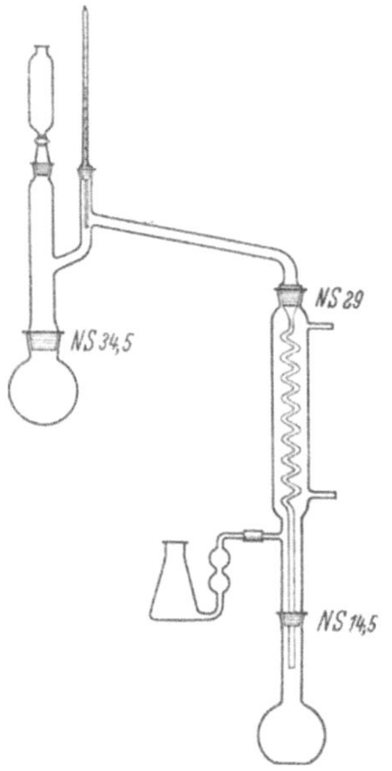


Abb. 7. Destillierapparat zur Ge-Bestimmung

Potentiometer mit einer Empfindlichkeit von etwa 1 mV je Skalenteil, Meßkette: Glas-Kalomel-Elektrode.

***Ausführung.*** In einem Sinterkorund-Tiegel von etwa 30 mm ∅ mit gut schließendem Sinterkorund-Deckel werden je nach Germaniumgehalt 0,5 bis 1 g der feingepulverten Probe mit der fünffachen Menge an Natriumcarbonat gemischt, mit 15 bis 20 Körnchen Natriumperoxid sowie etwas Natriumcarbonat abgedeckt und langsam bis zum beginnenden Schmelzen erhitzt. Man läßt den Tiegel abkühlen, gibt nach und nach weitere 10 bis 15 Körnchen Natriumperoxid hinzu und schmilzt zu Ende. In Gegenwart großer Mengen oxydierbarer Stoffe muß nochmals Natriumperoxid nachgesetzt werden.

Nach dem Erkalten werden Tiegel und Deckel in den 250 ml fassenden Destillierkolben übergeführt. Zur Zerstörung von Peroxid und Natriumcarbonat gibt man 40 ml Wasser und 10 ml Schwefelsäure (1 + 1) zu, läßt lösen und erhitzt ohne Entfernen des Tiegels nach Abdecken mit einem Uhrglas und Einbringen eines Siedestabes bis zum Kochen. Man spült Kolbenhals und Uhrglas mit möglichst wenig Wasser ab, gibt zur Lösung 0,5 g Hydraziniumdichlorid und schließt an die mit Salzsäure (1 + 1) gespülte Destillationsapparatur an. Die Vorlage wird mit 10 ml Salzsäure (1 + 1), die Ente mit Wasser und einigen Plätzchen Natriumhydroxid beschickt. Ferner enthalten Vorlage und Ente einige Tropfen Methylrot als Indicator. Aus dem Tropftrichter läßt man 50 ml Salzsäure (1,19) zufließen, so daß jetzt im Destillierkolben etwa 100 ml Salzsäure (1 + 1) vorliegen, und destilliert in Gegenwart von Tiegel und Deckel 50 ml ab. Man setzt über den Tropftrichter 50 ml Salzsäure (1 + 1) nach und destilliert weitere 25 ml ab. Der Inhalt der Ente darf während der Destillation nicht sauer reagieren, sonst muß Natriumhydroxid nachgegeben werden. Nach beendeter Destillation werden Brücke und Kühler sowie das Verbindungsrohr zur Ente mit wenig Salzsäure (1 + 1) nachgespült und die gegebenenfalls auf dem Boden der Vorlage haftenden Tröpfchen von Germanium(IV)-chlorid durch Schwenken in Lösung gebracht. Anschließend wird der Inhalt der Ente mit dem Destillat vereinigt. Für die folgende Titration wendet man bei Germaniumgehalten unter 10% das gesamte Volumen, bei größeren Gehalten nach Auffüllen einen Anteil mit mindestens 20 mg, höchstens 100 mg, Germanium an.

Die salzsaure Lösung wird in einem verschließbaren Kolben unter Wasserkühlung mit Natriumhydroxidplätzchen in kleinen Anteilen bis zur schwach alkalischen Reaktion gegen Methylrot versetzt. Falls bei der Destillation etwas Chlor übergegangen ist und der Indicator zerstört wird, setzt man einige Körnchen Hydraziniumdichlorid zu. Die Lösung wird in ein weites 400 ml-Becherglas übergeführt, mit Wasser auf ein Volumen von etwa 250 ml gebracht und mit verdünnter Salzsäure (1 + 1) tropfenweise bis zur deutlichen Rotfärbung des Indicators versetzt. Nach Zugabe einiger Tropfen Salzsäure (1 + 1) im Überschuß wird 2 bis 3 min gekocht (Siedestab, Deckglas), bis keine Kohlendioxidbläschen mehr sichtbar sind.

Die deutlich rote Farbe des Indicators muß dabei bestehen bleiben, andernfalls werden einige Tropfen Salzsäure (1 + 1) nachgesetzt.

Nach dem Abkühlen und Abspritzen von Uhrglas, Siedestab und Becherglaswandungen wird am Potentiometer unter Rühren pH 5,0 eingestellt [Eichen mit Pufferlösung (2).] Man gibt unter ständigem Rühren etwa 3 g Brenzcatechin (3) zu und titriert nach dem Auflösen, wobei sich ein konstantes Endpotential einstellt, mit Natriumhydroxidlösung (4) aus einer 25 ml-Bürette auf genau den gleichen pH-Wert (5,0) zurück. In Nähe des Endpunktes muß langsam titriert werden, da hier die Potentialänderung mehrere Millivolt je Tropfen Hydroxidlösung beträgt.

Der ***Titer der Natriumhydroxidlösung*** wird unter gleichen Bedingungen gegen wechselnde Germaniummengen von 20 bis 100 mg, entsprechend 10 bis 50 ml Germaniumstandardlösung (1), in einem Volumen von 250 ml nach Ansäuern mit einigen Tropfen Salzsäure (1 + 1) gegen Methylrot und Aufkochen eingestellt.

***Bemerkung.*** Bei Untersuchung der handelsüblichen Germaniumkonzentrate geht unter den Destillierbedingungen lediglich noch Arsen(III)-chlorid über, doch stören selbst große Arsenmengen nicht. Zinn und Antimon werden auch bei Gehalten über 50% nur in geringem Umfang verflüchtigt, so daß bei der Titration keine Störungen auftreten.

Bei Materialien mit hohen Gehalten an Bor (über 10%), das bei der Destillation als Borsäure zum Teil verflüchtigt wird und mit Brenzcatechin ebenfalls reagiert, muß das Destillat nach Spülung der Apparatur mit Salzsäure (1 + 1), die man mit dem Destillat vereinigt, zurückgegeben und ein zweites Mal destilliert werden.

Der durch Eichung mit Pufferlösung von pH 5,0 ermittelte Potentiometerausschlag in Millivolt gilt für das jeweils benutzte Elektrodenpaar. Dieser Wert muß vor dem Brenzcatechinzusatz und am Ende der Titration genau eingestellt werden.

#### 1.1.1.2 Bei Fluoridgehalten über 5%

***Grundlage.*** Nach Verflüchtigen des Fluors mit Schwefelsäure wird der Rückstand mit Natriumhydroxidlösung gelöst, das Germanium als Germanium(IV)-chlorid aus salzsaurer Lösung destilliert und im Destillat, maßanalytisch bestimmt.

***Anwendungsbereich, Zuverlässigkeit, Reagenzien*** und ***Geräte*** siehe unter 1.1.1.1.

***Ausführung.*** 0,2 bis 0,5 g Probe, je nach Germaniumgehalt, werden in einer Platinschale mit 10 ml Wasser angeschlämmt, mit 10 ml Schwefelsäure (1 + 1) versetzt und abgeraucht (nicht rösten!). Nach dem Aufnehmen mit 10 ml Wasser und Zugabe von 10 ml Natriumhydroxidlösung (20 g in 100 ml) wird die Schale bis zum Auflösen des Rückstandes unter gelegentlichem Schwenken erwärmt. Man überführt den Schaleninhalt in den Destillierkolben und spült mit etwa 20 ml heißem Wasser nach. Den Inhalt des Destillierkolbens neutralisiert man mit Schwefelsäure (1 + 1) gegen Methylrot, ergänzt mit Wasser auf die zuvor am Destillierkolben angebrachte 50 ml-Eichmarke und setzt über den Tropftrichter der Apparatur 50 ml Salzsäure (1,19) zu, so daß jetzt im Destillierkolben 100 ml Salzsäure (1 + 1) vorliegen. Die Destillation, Behandlung des Destillats und Titration werden, wie unter 1.1.1.1, beschrieben, durchgeführt.

***Bemerkung.*** Selbst in Gegenwart von Chlorid (bis 10%) sind die Germaniumverluste beim Abrauchen mit Schwefelsäure vernachlässigbar klein und liegen im Bereich des maßanalytischen Bestimmungsfehlers.

### 1.1.2 Bestimmung des Fluorids

***Grundlage.*** Das Fluorid wird nach einem Natriumperoxidaufschluß durch Destillation abgetrennt und im Destillat mit Aluminium-Aurintricarbonsäure photometrisch bestimmt.

***Anwendungsbereich, Zuverlässigkeit, Reagenzien, Geräte*** und ***Ausführung*** siehe im Kapitel Zink unter 1.8, S. 430.

## 1.2 Germaniumarmes Material

### 1.2.1 Bestimmung des Germaniums

***Grundlage.*** Das Germanium wird nach alkalischem Schmelzaufschluß aus salzsaurer Lösung als Germanium(IV)-chlorid destilliert und im Destillat als Phenylfluoronkomplex photometrisch bestimmt.

***Anwendungsbereich.*** Geeignet für Gehalte unter 2%.

***Zuverlässigkeit.*** Bei Gehalten unter 0,01% etwa ±20%,
von 0,01 bis 0,5% etwa ±10%,
von 0,5 bis 2% etwa ±5%.

***Reagenzien.***

1. Germaniumstammlösung: 0,3602 g reines im Platintiegel geglühtes und fein geriebenes Germanium(IV)-oxid werden, wie unter 1.1.1.1, S. 170, beschrieben, in Natriumhydroxidlösung (10 g in 100 ml) gelöst. Die Lösung wird in einem 250 ml-Meßkolben aufgefüllt und in einer Polyäthylenflasche aufbewahrt.
2. Germaniumstandardlösung: 10 ml Germaniumstammlösung (1) werden in einem 1 l-Meßkolben aufgefüllt. 1 ml dieser stets frisch zu bereitenden Lösung enthält 10 µg Germanium.
3. Hydraziniumdichloridlösung: 20 g zu 100 ml gelöst.
4. Polyvinylalkohollösung: 2 g zu 100 ml gelöst.
5. Phenylfluoronlösung: 0,3 g werden mit einer Mischung von 850 ml Äthanol und 50 ml Schwefelsäure (1 + 6) gelöst und mit Äthanol zum Liter aufgefüllt.

***Geräte.*** Destillierapparat, siehe Abb. 7, S. 170. Zur Destillation wird ein 100 ml-Kolben verwendet. Die Vorlage besteht aus einem eingeschliffenen Meßzylinder mit NS 29.

***Ausführung.*** Der Schmelzaufschluß wird, wie unter 1.1.1.1, S. 170, beschrieben, mit 0,5 bis 1 g Probe durchgeführt. Man gibt Tiegel und Deckel in den Destillierkolben, schließt an die Apparatur an und läßt über den Tropftrichter zunächst ein Gemisch von 15 ml Wasser und 30 ml Salzsäure (1,19) zufließen, um die Schmelze zu lösen und Natriumcarbonat sowie Peroxid zu zerstören. Anschließend werden 25 ml Salzsäure (1 + 1) über den Tropftrichter zugegeben, so daß im Kolben jetzt 70 ml Salzsäure (1 + 1) vorliegen. Man destilliert 35 ml ab, schwenkt die Vorlage zur besseren Durchmischung um, spritzt den Ansatz zur Ente ab und überführt Destillat sowie Inhalt der Ente mit Wasser in einen 200 ml-Meßkolben. Nach dem Auffüllen wird ein Anteil mit max. 200 µg Germanium in einen 100 ml-Meßkolben abpipettiert und mit soviel Salzsäure bzw. Wasser auf etwa 50 ml verdünnt, daß hierin insgesamt 10 bis 12 ml Salzsäure (1,19) enthalten sind, unter Berücksichtigung der im abpipettierten Volumen bereits vorhandenen Säuremenge. Man setzt in der einzuhaltenden Reihenfolge 1 ml Hydraziniumdichloridlösung (3), 10 ml Polyvinylalkohollösung (4) und 30 ml Phenylfluoronlösung (5) zu, füllt mit Wasser auf, schüttelt gut durch und photometriert nach 60 min gegen eine Reagenzienblindprobe bei 546 nm. Bei Germaniumgehalten bis 100 µg werden 4 cm-Küvetten, von 100 bis 200 µg 2 cm-Küvetten benutzt.

***Eichkurve.*** Wechselnde Mengen der Germaniumstandardlösung (2) mit Germaniumgehalten von 10 bis 200 µg werden wie die Probe behandelt und photometriert.

***Bemerkung.*** Die zur Zerstörung des Schmelzaufschlusses angegebene Salzsäuremenge bezieht sich auf 5 g Natriumcarbonat. Bei kleineren Einwaagen und damit kleineren Mengen an Natriumcarbonat ist weniger Säure erforderlich (1 g Natriumcarbonat benötigt 1,5 ml Salzsäure (1,19) zur Neutralisation; weitere 1,5 ml Salzsäure (1,19) sind zuzugeben, um insgesamt 3 ml Salzsäure (1 + 1) zu erhalten). Vor der Destillation wird die Apparatur einschließlich Vorlage mit Salzsäure (1 + 1) gespült. Die Ente enthält Wasser ohne Indicatorzusatz. Falls Arsen beim Destillieren als Arsen(III)-chlorid übergehen sollte, stört es die Germaniumbestimmung nicht. Bei Gegenwart sehr großer Mengen Antimon und Zinn wird die Destillation nach Spülung der Apparatur wiederholt.

### 1.2.2 Bestimmung des Fluorids

Das Fluorid wird nach einem Natriumperoxidaufschluß durch Destillation abgetrennt und im Destillat mit Aluminium-Aurincarbonsäure photometrisch bestimmt, wie im Kapitel Zink unter 1.8, S. 430, beschrieben.

# 2 Germanium (IV)-oxid

## 2.1 Bestimmung des Arsens

***Grundlage.*** Das Germanium wird nach Lösen der Probe mit Salzsäure-Salpetersäure durch Eindampfen als Germanium(IV)-chlorid verflüchtigt und das Arsen im Rückstand nach der Molybdänblau-Methode photometrisch bestimmt.

***Anwendungsbereich.*** Geeignet für Gehalte über 0,00002%.

***Zuverlässigkeit.*** Etwa ±20%.

***Reagenzien.***

1. Ammoniummolybdatlösung: 1 g mit 5 n-Schwefelsäure zu 100 ml gelöst.
2. Hydraziniumsulfatlösung: 0,6 g zu 100 ml gelöst.
3. Mischlösung: 10 ml Ammoniummolybdatlösung (1) und 1 ml Hydraziniumsulfatlösung (2) werden mit Wasser zu 100 ml aufgefüllt. Diese Lösung ist täglich frisch zu bereiten.
4. Arsenstammlösung: 132 mg Arsen(III)-oxid, im Trockenschrank bei 105° getrocknet, werden mit 10 ml Wasser und einigen Plätzchen Natriumhydroxid gelöst. Die Lösung wird in einem Meßkolben zum Liter aufgefüllt.
5. Arsenstandardlösung: Kurz vor Gebrauch werden 10 ml Arsenstammlösung (4) in einem Meßkolben zum Liter aufgefüllt. 1 ml $\hat{=}$ 1 $\mu$g Arsen.

***Ausführung.*** 5 g Probe (Feinheitsgrad 0,1 DIN 4188) werden in einem 400 ml-Becherglas mit etwa 10 ml Wasser angeschlämmt und mit 10 ml Salpetersäure (1,4) sowie 100 ml Salzsäure (1,19) versetzt. Man deckt das Becherglas ab, erwärmt zunächst schwach, um Sprühverluste zu vermeiden, und läßt solange leicht kochen, bis eine klare Lösung entsteht.

Falls die Säuremenge zum Lösen nicht ausreicht, werden weitere 5 ml Salpetersäure (1,4) und 50 ml Salzsäure (1,19) zugesetzt. Bei nicht zu hoch geglühtem Material (unter 900°) ist der Aufschluß nach 1 bis 2 Std. beendet. Man entfernt das Deckglas, dampft zur Trockne und stellt das Becherglas zur Entfernung von Säureresten 30 bis 40 min in einen Trockenschrank bei 120°. Nach dem Abkühlen gibt man 20 ml Mischlösung (3) zu, läßt zur Entwicklung der Molybdänblaufarbe 25 min bei 80° im Trockenschrank stehen, kühlt ab, ergänzt verdunstetes Wasser (Kontrolle durch Überführen in einen Meßzylinder) und photometriert bei 578 nm in 4 cm-Küvetten gegen Mischlösung (3). Eine mit gleichen Chemikalienmengen bereitete Blindprobe wird ebenfalls gegen Mischlösung (3) gemessen. Die Differenz der Extinktion von Analysenprobe und Blindprobe, beide gegen Mischlösung (3) gemessen, entspricht dem Arsengehalt der Einwaage. Sowohl Analysenprobe als auch Blindprobe werden doppelt angesetzt und ihre Extinktionswerte jeweils gemittelt.

***Eichkurve.*** Es werden verschiedene Arsenmengen von 2 bis 50 $\mu g$ mit wenigen ml Königswasser zur Trockne gedampft und, wie oben beschrieben, weiterbehandelt. Die Blindprobe wird auch hier doppelt angesetzt.

***Bemerkung.*** Bei sehr hoch geglühtem Material bleiben trotz wiederholter Säurezugabe einige Körnchen ungelöst. In diesem Falle wird die Lösung auf ein kleines Volumen eingedampft und filtriert. Der Fehler ist vernachlässigbar klein gegenüber dem methodischen Fehler von etwa $\pm 20\%$.

Kapitel 12

# Indium

Inhalt



## 1 Vorstoffe

### 1.1 Bestimmung des Indiums

***Grundlage.*** Nach Säureaufschluß und dem Beseitigen der Störelemente wird das Indium als Oxidhydrat gefällt und nach dem Glühen als Indium(III)-oxid ausgewogen.

***Anwendungsbereich.*** Geeignet für Gehalte über 2%.

***Zuverlässigkeit.*** Bei Gehalten von 2 bis 5% etwa ± 5%,
von 5 bis 10% etwa ± 3%,
über 10% etwa ± 1%.

***Reagenzien.***

1. Mischsäure: Salpetersäure (1,4) und Schwefelsäure (1,84) im Volumenverhältnis 2 + 1.

***Ausführung.***

1 bis 2,5 g Probe (Feinheitsgrad 0,08 DIN 4188) werden in einen 500 ml-Erlenmeyerkolben eingewogen, mit 25 ml Salpetersäure (1,4) und 25 ml Schwefelsäure (1 + 1) versetzt und bis zum Auftreten von Schwefelsäuredämpfen eingeraucht. Nach Abkühlen und Zugabe von 25 ml Bromwasserstoffsäure (1,38) wird erneut bis zum starken Rauchen der Schwefelsäure eingedampft. Nach dem Abkühlen nimmt man mit 150 ml Wasser auf, kocht durch, filtriert durch ein Filter Gr. 2 und wäscht mit Wasser nach. Das Filtrat wird mit Ammoniak (0,91) neutralisiert, ein Überschuß von 5 ml Ammoniak (0,91) zugesetzt und die Lösung etwa 30 min gekocht. Nach kurzem Absetzen filtriert man durch ein Filter Gr. 2 und wäscht mit heißem Wasser nach. Die Oxidhydratfällung wird mit 100 ml Schwefelsäure (1 + 3) durch das Filter in einen 500 ml-Erlenmeyerkolben gelöst. Mit heißem Wasser wird nachgewaschen und das Volumen der Lösung auf 250 ml gebracht. In die heiße Lösung leitet man bis zur Sättigung Schwefelwasserstoff ein

und läßt die Fällung mehrere Stunden absetzen. Nach Filtration durch ein Filter Gr. 2 wird mit schwefelwasserstoffgesättigter Schwefelsäure (1 + 20) nachgewaschen. Ist die Sulfidfällung beträchtlich, ist es unumgänglich, die Sulfide mit Salpetersäure–Schwefelsäure wieder in Lösung zu bringen und die Schwefelwasserstofffällung unter obigen Bedingungen zu wiederholen. Das sich ergebende Zweitfiltrat wird dann mit dem Hauptfiltrat vereinigt.

Aus dem Filtrat wird der Schwefelwasserstoff verkocht. Die Lösung wird mit einigen ml Wasserstoffperoxid (3%) oxydiert, mit Ammoniak (0,91) wieder neutralisiert, mit 5 ml Ammoniak im Überschuß versetzt und etwa 30 min gekocht. Nach kurzem Absetzen filtriert man durch ein Filter Gr. 2 und wäscht mit heißem Wasser nach. Die Oxidhydratfällung wird mit Wasser in das Fällgefäß zurückgespritzt und das Filter zum Entfernen der letzten Reste der Fällung mit wenig heißer Schwefelsäure (1 + 10) und Wasser nachgewaschen. Die schwefelsäurehaltige Indiumsulfatlösung wird nach dem Verdünnen mit Wasser auf 30 ml mit 50 g Sulfosalicylsäure versetzt und mit Ammoniak (0,91) neutralisiert. Man säuert mit 15 ml Ameisensäure (1,22) an und sättigt die heiße Lösung mit Schwefelwasserstoff. Nach mehrstündigem Absetzen wird durch ein Filter Gr. 2 filtriert und mit schwefelwasserstoffgesättigter Ameisensäure (1 + 100) nachgewaschen. Ist der Indiumsulfidniederschlag nicht rein gelb,wird er umgefällt. Man löst den Sulfidniederschlag mit Salpetersäure und Schwefelsäure und wiederholt, wie oben angegeben, die Sulfidfällung aus ameisensaurer Lösung in Anwesenheit von Sulfosalicylsäure. Niederschlag und Filter werden in das Fällgefäß zurückgegeben, mit 20 ml Salpetersäure (1,4) und 20 ml Schwefelsäure (1 + 1) unter Zutropfen von Mischsäure (1) abgeraucht, und nach dem Erkalten mit 150 ml Wasser versetzt. Nach Aufkochen und weiterem Verdünnen auf etwa 300 ml wird mit Ammoniak (0,91) neutralisiert, mit 2 ml Ammoniak (0,91) im Überschuß versetzt und etwa 30 min lang gekocht. Nach kurzem Absetzen wird auf ein Filter Gr. 2 filtriert und der Niederschlag mit heißem Wasser gewaschen. Filter und Inhalt werden im Porzellantiegel 1 Std. bei 105° getrocknet, vorsichtig verascht, 1 Std. bei 900° geglüht und nach dem Abkühlen ausgewogen. Der Umrechnungsfaktor von Indium(III)-oxid auf Indium ist 0,8271.

# 2 Metallisches Indium

## 2.1 Bestimmung des Bleis

***Grundlage.*** Das Indium wird durch Extrahieren mit Isopropyläther aus bromwasserstoffsaurer Lösung abgetrennt und das Blei in der wäßrigen Lösung polarographisch bestimmt.

***Anwendungsbereich.*** Bei entsprechender Veränderung der Einwaage für alle im Indium vorkommenden Bleigehalte geeignet.

***Zuverlässigkeit.*** Etwa ±10%.

***Reagenzien.***

1. 4,5 n-Bromwasserstoffsäure.
2. Isopropyläther.

***Ausführung.*** 1 g Probe wird mit 15 ml Bromwasserstoffsäure (1,38) gelöst. Man dampft die Lösung zur Trockne ein, bringt den Eindampfrückstand mit 20 ml einer 4,5 n-Bromwasserstoffsäure (1) wieder in Lösung, läßt diese in einen 250 ml-Scheidetrichter fließen und spült mit wenig Bromwasserstoffsäure (1) nach. Nun extrahiert man dreimal durch 2 min langes Schütteln mit je 30 ml Isopropyläther (2), um das Indium zu entfernen. Das Blei befindet sich in der indiumfreien, bromwasserstoffsauren Lösung, die man auf einer Heizplatte bis zur Trockne eindampft. Dann nimmt man mit wenig Salzsäure (1 + 1) auf und engt die Lösung bis auf ein kleines Volumen ein. Nach dem Verdünnen mit 5 ml Wasser und Zufügen von 0,3 g Hydroxylaminhydrochlorid erwärmt man die Lösung kurz und arbeitet zur Bestimmung des Bleis dann so, wie im Kapitel Thallium unter 3.1, S. 366, beschrieben.

***Bemerkung.*** Eine Reagenzienblindprobe ist erforderlich.

## 2.2 Bestimmung des Kupfers

***Grundlage.*** Das Kupfer wird durch Extraktion der Carbaminatverbindung mit Kohlenstofftetrachlorid vom Indium getrennt und photometrisch bestimmt.

***Anwendungsbereich.*** Geeignet für Gehalte von 0,0001 bis 0,01%.

***Zuverlässigkeit.*** Etwa ±10%.

***Reagenzien.***

1. Citronensäurelösung: 200 g mit Wasser (5) zum Liter gelöst.
2. Carbaminatlösung: 1 g Natriumdiäthyldithiocarbaminat mit Wasser (5) zum Liter gelöst.
3. Kupferstammlösung: 0,1 g Elektrolytkupfer wird mit 10 ml Salpetersäure (1 + 1) gelöst und die Lösung in einem Meßkolben zum Liter aufgefüllt.
4. Kupferstandardlösung: Von der Stammlösung (3) werden 10 ml in einem Meßkolben mit Wasser (5) auf 500 ml verdünnt. 1 ml $\triangleq$ 2 μg Kupfer.
5. Bidestilliertes Wasser.

***Ausführung.*** 1 g Probe wird mit 10 ml Salpetersäure (1 + 1) gelöst. Nach Verkochen der Stickstoffoxide verdünnt man die Lösung mit etwa 10 ml Wasser (5), gibt etwa 1 g Harnstoff hinzu und kocht nochmals auf. Die erkaltete Lösung spült man in einen 250 ml-Scheidetrichter, gibt 30 ml Citronensäurelösung (1) zu und macht gegen Lackmus schwach ammoniakalisch. Nach Zusatz von 5 ml Carbaminatlösung (2) extrahiert man so oft mit Kohlenstofftetrachlorid — jeweils mit 2 bis 3 ml — bis der letzte Extrakt farblos ist. Die Auszüge werden vereinigt, mit Kohlenstofftetrachlorid in einem Meßkolben auf 20 ml aufgefüllt und nach dem Filtrieren durch ein trockenes Filter Gr. 2 bei 546 nm in einer 3 cm-Küvette gegen eine Blindprobe photometriert.

***Eichkurve.*** Man pipettiert 2 bis 25 ml der Kupferstandardlösung (4), entsprechend 4 bis 50 μg Kupfer, in einen 250 ml-Scheidetrichter und verfährt weiter, wie unter Ausführung beschrieben.

***Bemerkung.*** Bei Kupfergehalten unter 0,0005% wägt man 5 g der Probe ein. Der Zusatz an Citronensäurelösung (1) ist dann auf 150 ml zu erhöhen.

## 2.3 Bestimmung des Cadmiums und des Zinks

***Grundlage.*** Das Indium wird durch Extrahieren mit Isopropyläther aus bromwasserstoffsaurer Lösung abgetrennt. Cadmium und Zink bleiben in der wäßrigen Lösung und werden polarographisch bestimmt.

***Anwendungsbereich.*** Geeignet für Cadmium- und Zinkgehalte von 0,0001 bis 0,1%.

***Zuverlässigkeit.*** Bei Gehalten um 0,001% etwa ±20%,<br>um 0,01% etwa ±10%.

***Reagenzien.***

1. 4,5 n-Bromwasserstoffsäure.
2. Grundlösung: 900 ml Ammoniak (0,91) + 100 ml Tylose, (2 g in 100 ml), gesättigt mit Natriumsulfit.
3. Isopropyläther.

***Ausführung.*** 5 g Probe werden mit 25 ml Bromwasserstoffsäure (1,38) gelöst und zur Abtrennung des Indiums so behandelt, wie unter 2.1, S. 176, beschrieben. Die indiumfreie wäßrige Phase wird zur Trockne eingedampft. Sollte der Rückstand durch organische Substanz dunkel gefärbt sein, so wird mit 1 ml Perchlorsäure (1,53) nochmals abgeraucht. Der Rückstand wird mit 1 ml Schwefelsäure (1 + 1) und wenig Wasser in der Wärme gelöst. Die Lösung wird auf 20° abgekühlt und in einem Meßkolben zu 10 ml aufgefüllt. Weiterbearbeitung siehe Kapitel Thallium unter 3.5, S. 368.

***Bemerkung.*** Eine Blindprobe muß über den ganzen Analysengang durchgeführt und berücksichtigt werden.

## 2.4 Bestimmung des Eisens

***Grundlage.*** Das Eisen wird als Eisen(III)-chlorid durch Extraktion mit Isopropyläther vom Indium getrennt und mit Sulfosalicylsäure photometrisch bestimmt.

***Anwendungsbereich.*** Geeignet für Gehalte von 0,0001 bis 0,005%.

***Zuverlässigkeit.*** Etwa ±20%.

***Reagenzien.***

1. Isopropyläther.
2. Eisenstandardlösung: 50 mg Eisenpulver werden mit Salzsäure (1 + 1) unter Zusatz von Wasserstoffperoxid (3%) gelöst. Die Lösung wird mit Wasser (4) verdünnt und in einem Meßkolben zu 500 ml aufgefüllt. 1 ml ≙ 100 μg Eisen.
3. Sulfosalicylsäurelösung: 200 g $C_7H_6O_6S \cdot 2\,H_2O$ mit Wasser (4) zum Liter gelöst.
4. Bidestilliertes Wasser.
5. 6 n-Salzsäure.

***Ausführung.*** 5 g Probe werden mit 25 ml Salzsäure (1,19) gelöst. Die Lösung wird mit 0,3 g Kaliumchlorat oxydiert und anschließend einige Minuten im Sieden gehalten. Nach dem Abkühlen wird die Lösung in einen 250 ml-Scheidetrichter übergeführt, wobei mit 25 ml Salzsäure (5) nachgespült wird. Man extrahiert das Eisen durch dreimaliges Schütteln (je etwa 1 min) mit je 30 ml Isopropyläther (1), vereinigt die Extrakte und wäscht sie in einem 250 ml-Scheidetrichter durch Ausschütteln mit 10 ml Salzsäure (5). Die wäßrige Schicht wird verworfen und die Ätherschicht auf dem Wasserbad zur Trockne eingedampft. Den Eindampfrückstand löst man mit 3 ml Salzsäure (1 + 1), spült die Lösung mit 20 ml Wasser (4) in einen 50 ml-Meßkolben über und versetzt sie mit 5 ml Sulfosalicylsäurelösung (3). Man gibt zunächst Ammoniak (0,91) bis zur Gelbfärbung zu und dann 10 ml Ammoniak im Überschuß. Die auf Raumtemperatur abgekühlte Lösung wird mit Wasser (4) aufgefüllt und bei 436 nm gegen eine Reagenzienblindprobe, die von Anfang an den Analysengang durchlaufen hat, photometriert.

***Eichkurve.*** Von der Eisenstandardlösung (2) werden 50, 100, 150, 200 und 250 μg Eisen in 50 ml-Meßkolben pipettiert, mit je 3 ml Salzsäure (1 + 1) und 20 ml Wasser (4) versetzt und, wie unter Ausführung beschrieben, weiterbehandelt.

***Bemerkung.*** Als Probe für die Eisenbestimmung verwendet man zweckmäßig ein kompaktes Stück, das vorher mit Salzsäure (1 + 3) gebeizt wurde; siehe Kapitel Thallium unter 3.6, S. 369.

## 2.5 Bestimmung des Thalliums

***Grundlage.*** Das Thallium wird durch Extraktion mit Diäthyläther aus salzsaurer Lösung vom Indium getrennt und polarographisch bestimmt.

***Anwendungsbereich.*** Geeignet für Gehalte von 0,0001 bis 0,1%.

***Zuverlässigkeit.*** Bei Gehalten von 0,0001 bis 0,01% etwa ±20%,
von 0,01 bis 0,1% etwa ±10%.

***Reagenzien.***

1. Grundlösung: 900 ml Ammoniak (0,91) + 100 ml Tyloselösung, (2 g in 100 ml) gesättigt an Natriumsulfit.
2. Thalliumstammlösung: 1 g Thallium wird mit 10 ml Salpetersäure (1 + 1) in der Wärme gelöst. Nach dem Verkochen der Stickstoffoxide wird die Lösung in einen 1 l-Meßkolben übergespült und aufgefüllt. 1 ml $\hat{=}$ 1 mg Thallium.
3. Thalliumstandardlösung: 10 ml Stammlösung (2) werden in einem Meßkolben zu 500 ml aufgefüllt. 1 ml $\hat{=}$ 20 $\mu$g Thallium.
4. 6 n-Salzsäure.
5. Diäthyläther.

***Ausführung.*** Je nach dem Reinheitsgrad werden 1 bis 5 g Probe mit 10 bis 30 ml Salzsäure (1 + 1) gelöst. Die Lösung oxydiert man mit 0,3 g Kaliumchlorat, entfernt das Chlor durch Kochen und bringt die erkaltete Lösung in einen 250 ml-Scheidetrichter, wobei man mit Salzsäure (4) nachspült. Nun wird dreimal mit je 30 ml Diäthyläther (5) 1 min lang geschüttelt. Die Ätherextrakte werden vereinigt und in einem anderen Scheidetrichter mit 10 ml Salzsäure (4) gewaschen, um Reste von Indium zu entfernen.

Die Säureschicht wird verworfen. Die Ätherauszüge werden in einem 250 ml-Becherglas auf dem Wasserbad zur Trockne gedampft. Der Rückstand wird mit 1 ml Schwefelsäure (1 + 1) und wenig Wasser in der Wärme gelöst, die Lösung auf 20° abgekühlt und in einem Meßkölbchen mit Wasser auf 10 ml aufgefüllt. Eine Abnahme von 5 ml wird mit 5 ml Grundlösung (1) gemischt und das Thallium nach Zugabe einiger Kristalle Hydroxylammoniumchlorid und Temperieren auf 20° von $-0{,}6$ bis $-0{,}4$ V polarographisch bestimmt.

***Test.*** Man mißt eine etwa dem Thalliumgehalt der Probe entsprechende Menge der Thalliumstandardlösung (2) in ein 100 ml-Becherglas ab, dampft zur Trockne und verfährt weiter, wie unter Ausführung beschrieben.

***Bemerkung.*** Statt Diäthyläther kann auch Isopropyläther verwendet werden.

## 2.6 Bestimmung des Antimons und des Zinns

### 2.6.1 Destillation

***Grundlage.*** Antimon und Zinn werden als Chloride abdestilliert und nach den unter 2.6.2 und 2.6.3, S. 180, beschriebenen Methoden bestimmt.

***Anwendungsbereich.*** Geeignet für alle im metallischen Indium vorkommenden Gehalte.

***Reagenzien.***

1. Eisen(III)-chloridlösung: 100 g $FeCl_3 \cdot 6\,H_2O$ mit Salzsäure (1,19) zum Liter gelöst.
2. Bromsalzsäure: Salzsäure (1,19) wird mit elementarem Brom gesättigt.

***Geräte.*** Destillierapparat, siehe Abb. 8, S. 180.

***Ausführung.*** 25 g Probe werden in einem 250 ml-Destillierkolben durch Zutropfen einer Mischung von 30 ml Eisen(III)-chloridlösung (1) und 50 ml Bromsalzsäure (2) gelöst. Dabei werden Säure- und Bromdämpfe mit einer Wasserstrahlpumpe schwach abgesaugt. Die Tropfgeschwindigkeit ist so zu regeln, daß beim Lösen nur wenig freies Brom übergeht, aber etwas freies Brom zur Oxydation des sich bildenden Antimonwasserstoffs im Dampfraum verbleibt. Nachdem die Säure vollständig zugetropft ist (10 bis 15 min), erhitzt man zunächst mit schwacher Flamme, um den Metallschwamm zu lösen. Sollte dabei die braunrote Farbe verschwinden, so oxydiert man mit einigen Tropfen Wasserstoffperoxidlösung (3%). Ein Überschuß ist zu vermeiden, weil dadurch die Bromidionen zu freiem Brom oxydiert werden. Ist das Indium restlos gelöst, erhitzt man auf 180° und läßt durch den Tropftrichter ein Gemisch von 30 ml Eisen(III)-chloridlösung (1) und 70 ml Salzsäure (1,19) unter gleichzeitigem Durchleiten eines schwachen Kohlendioxidstroms zutropfen. Die

Temperatur ist zwischen 180 und 190° zu halten. Sind etwa 80 ml der Säuremischung zugetropft, entfernt man die Heizflamme und läßt die restlichen 20 ml etwas schneller zufließen.

Das im 400 ml Becherglas aufgefangene Destillat wird bis auf etwa 50 ml eingedampft, mit 8 ml 10 n-Schwefelsäure und 3 ml Wasserstoffperoxid (30%) versetzt und das eventuell freiwerdende Brom verkocht. Die Zugabe von Wasserstoffperoxid wird so oft wiederholt, bis kein freies Brom mehr auftritt. Jetzt wird die Lösung bis zum beginnenden Rauchen der Schwefelsäure eingedampft. Nach dem Erkalten wird mit etwa 10 ml Wasser verdünnt und die klare Lösung in einen 25 ml-Meßkolben übergespült und aufgefüllt.

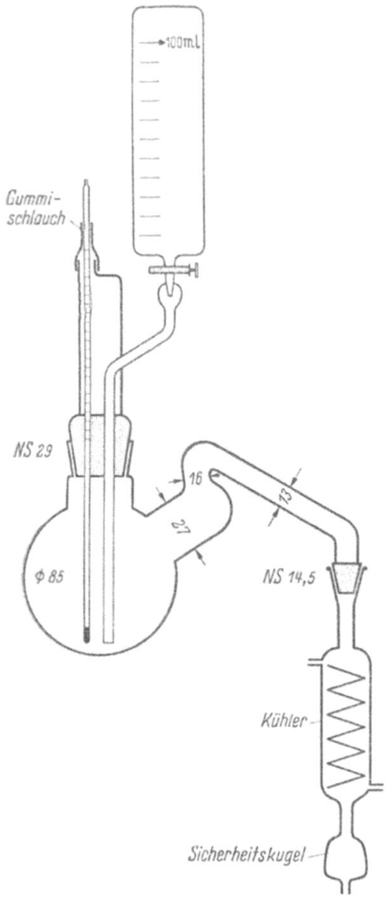


Abb. 8. Destillierapparat

### 2.6.2 Bestimmung des Antimons

***Grundlage.*** Antimon wird im Destillat als Kaliumantimon(III)-jodid photometrisch bestimmt.

***Anwendungsbereich.*** Geeignet für Gehalte von 0,0001 bis 0,005%.

***Zuverlässigkeit.*** Etwa ±20%.

***Reagenzien.***

1. Kaliumjodid-Ascorbinsäure-Reagenz: 15 g Kaliumjodid und 2,5 g Ascorbinsäure werden zu 100 ml gelöst. Das Reagenz wird vor Gebrauch frisch hergestellt.
2. Stammlösung: 100 mg Antimon werden durch Kochen mit 27 ml Schwefelsäure (1,84) gelöst. Die Lösung wird in einem 100 ml-Meßkolben aufgefüllt.
3. Standardlösung: 10 ml Stammlösung (2) werden in einem 100 ml-Meßkolben mit n-Schwefelsäure aufgefüllt. 1 ml dieser Lösung ≙ 100 $\mu$g Antimon.
4. 10 n-Schwefelsäure.

***Ausführung.*** Vom vorbereiteten Destillat im 25 ml-Meßkolben (2.6.1) werden 5 ml in einen 25 ml-Meßkolben pipettiert. Man gibt 7 ml Schwefelsäure (4) zu und kühlt. Nach Zugabe von 10 ml Kaliumjodid-Reagenz (1) füllt man mit Wasser auf und mischt gut durch. Nach 5 min Wartezeit wird die Farbintensität bei 436 nm gegen eine ebenso behandelte Blindprobe gemessen.

***Eichkurve.*** Man mißt 50, 100, 150, 200 und 250 $\mu$g Antimon in entsprechenden Abnahmen der Standardlösung (3) in 25 ml-Meßkolben ab, fügt je 8 ml 10 n-Schwefelsäure zu, verdünnt mit 5 ml Wasser, schüttelt kurz durch und kühlt auf Raumtemperatur ab. Anschließend werden je 10 ml Kaliumjodid-Reagenz (1) zugesetzt. Die Lösungen werden aufgefüllt und die Farbintensität der Lösungen nach 5 min Wartezeit gegen eine Reagenzienblindprobe gemessen.

### 2.6.3 Bestimmung des Zinns

***Grundlage.*** Zinn wird im Destillat mit Nitrophenylarsonsäure turbidimetrisch bestimmt.

***Anwendungsbereich.*** Geeignet für Gehalte von 0,0001 bis 0,001%.

***Zuverlässigkeit.*** Etwa $\pm 20\%$.

***Reagenzien.***

1. Arsonsäurelösung: Man löst 1 g 3-Nitro-4-oxy-phenylarsonsäure mit 15 ml Methanol und verdünnt mit 35 ml Wasser. Die Lösung ist vor Gebrauch frisch herzustellen.
2. Stammlösung: 100 mg Zinn werden mit 15 ml Salzsäure (1,19) unter Erwärmen gelöst und in einem 100 ml-Meßkolben aufgefüllt. 10 ml der Lösung werden in einem 100 ml-Becherglas mit 32 ml 10 n-Schwefelsäure versetzt und bis zum beginnenden Rauchen erhitzt. Nach dem Abkühlen nimmt man mit etwa 50 ml Wasser auf, kühlt wieder und füllt die Lösung in einem 100 ml-Meßkolben auf.
3. Standardlösung: 10 ml Stammlösung (2) werden in einem 100 ml-Meßkolben mit 3 n-Schwefelsäure aufgefüllt. 1 ml dieser Lösung $\triangleq$ 10 $\mu$g Zinn.
4. 3 n-Schwefelsäure.

***Ausführung.*** Vom vorbereiteten Destillat im 25 ml-Meßkolben (2.6.1) werden 5 ml in einen 25 ml-Meßkolben pipettiert und mit 5 ml Schwefelsäure (4) versetzt. Jetzt fügt man 10 ml Arsonsäurelösung (1) zu, füllt mit Schwefelsäure (4) auf, läßt nach dem Mischen 3 Std. stehen, schüttelt nochmals gut durch und mißt die Trübungsdichte bei 436 nm in einer 4 cm-Küvette gegen eine Blindprobe.

***Eichkurve.*** Man pipettiert 10, 20, 30, 40, 50 $\mu$g Zinn in entsprechenden Abmessungen der Standardlösung (3) in je einen 25 ml-Meßkolben, verdünnt mit Schwefelsäure (4) auf etwa 10 ml, versetzt mit 10 ml Arsonsäurelösung (1) und füllt mit Schwefelsäure (4) auf. Nach dem Mischen läßt man 3 Std. stehen und verfährt weiter, wie unter Ausführung beschrieben.

Kapitel 13

# Kobalt

Inhalt

# 1 Rohstoffe

## Kobalthaltige Erze

### 1.1 Bestimmung des Nickels

### 1.2 Bestimmung des Kobalts

### 1.3 Bestimmung des Kupfers

### 1.4 Bestimmung des Bleis

### 1.5 Bestimmung des Arsens

### 1.6 Bestimmung der Edelmetalle

Die Bestimmungen werden nach den im Kapitel Nickel unter 1.1 bis 1.6, S. 308 bis 312, angegebenen Analysenvorschriften durchgeführt.

# 2 Kobalthaltige Zwischenprodukte

## 2.1 Steine, Speisen, Schlacken und Krätzen

### 2.1.1 Bestimmung des Nickels

### 2.1.2 Bestimmung des Kobalts

### 2.1.3 Bestimmung des Kupfers

### 2.1.4 Bestimmung des Bleis

### 2.1.5 Bestimmung des Arsens

### 2.1.6 Bestimmung der Edelmetalle

Die Bestimmungen werden nach den im Kapitel Nickel unter 1.1 bis 1.6, S. 308 bis 312, angegebenen Analysenvorschriften durchgeführt.

## 2.2 Abfallstoffe mit Gehalten über 20% Kobalt

### 2.2.1 Bestimmung des Kobalts

***Grundlage.*** Das Kobalt wird nach Aufschluß der Probe und Abtrennen der Elemente der Schwefelwasserstoffgruppe und des Eisens als Kaliumhexanitrokobaltat(III) gefällt und in ammoniakalischer Sulfatlösung elektrolytisch bestimmt.

***Zuverlässigkeit.*** Bei Gehalten um 20% etwa ±1%.

***Reagenzien.***

1. Mischsäure: Salpetersäure (1,4) und Schwefelsäure (1,84) im Volumenverhältnis 2 + 1.

2. Ammoniumacetatlösung: 250 g werden mit 500 ml Wasser gelöst. Die Lösung wird schwach ammoniakalisch gemacht und zum Liter aufgefüllt.
3. Kaliumhydroxidlösung: 200 g zum Liter gelöst.
4. Kaliumnitritlösung: 500 g zum Liter gelöst.
5. Waschlösung: 10 g Kaliumacetat und 1 g Kaliumnitrit zu 100 ml gelöst.

***Geräte.*** Elektroden für die Elektrolyse mit ruhendem Elektrolyten. Kathode: Zylinderelektrode, z. B. nach WINKLER, aus Platin-Iridium mit einem Durchmesser von 35 mm und einer Höhe von 50 mm. Anode: Platin-Iridium-Drahtspirale mit 8 bis 10 Windungen von 10 mm Durchmesser.

***Ausführung.*** Einwaage, Aufschluß und Abtrennen der störenden Elemente erfolgen in der gleichen Weise, wie im Kapitel Nickel unter 1.1, S. 308, beschrieben. Da bei hochkobalthaltigen Produkten der Schwefelwasserstoffniederschlag Kobalt einschließen kann, wird das Filter mit dem Niederschlag in das Fällgefäß zurückgegeben, mit Salpetersäure und Schwefelsäure unter Zutropfen von Mischsäure (1) naß verbrannt und die Schwefelwasserstoffällung unter den gleichen Bedingungen wiederholt. In den vereinigten Filtraten verkocht man den Schwefelwasserstoff, oxydiert mit Wasserstoffperoxid (3%), spült die Lösung in einen 500 ml-Meßkolben und füllt auf. Man bringt 100 ml (= 1 g Einwaage) in ein 600 ml-Becherglas, entfernt das Eisen durch Ausfällen mit alkalicarbonatfreiem Zinkoxid und fällt das Kobalt aus schwach essigsaurer Lösung mit Kaliumnitrit. Der Niederschlag wird mit Salpetersäure und Schwefelsäure gelöst, die Lösung abgeraucht, mit Wasser aufgenommen und das Kobalt aus ammoniakalischer Lösung elektrolytisch abgeschieden. Ausführliche Arbeitsvorschrift siehe Kapitel Nickel unter 2.2.2, S. 313.

### 2.2.2 Bestimmung des Nickels

***Grundlage.*** Das Nickel wird nach Aufschluß der Probe und Abtrennen der Elemente der Schwefelwasserstoffgruppe in ammoniakalischer, citratgepufferter Lösung nach Oxydation des Kobalts als Diacetyldioximverbindung gefällt und gewichtsanalytisch bestimmt.

***Anwendungsbereich.*** Geeignet für Gehalte über 0,5%.

***Zuverlässigkeit.*** Bei Gehalten um 1% etwa ±2%,
um 10% etwa ±0,5%.

***Reagenzien.***

1. Maskierungslösung: 500 g Citronensäure werden zum Liter gelöst. Die Lösung wird mit 675 ml Ammoniak (0,91) versetzt und, wenn nötig, filtriert.
2. Kaliumhexacyanoferrat(III)-lösung: 100 g zum Liter gelöst.
3. Diacetyldioximlösung: 10 g werden mit 100 ml Kaliumhydroxidlösung (50 g im Liter) gelöst und mit Wasser auf 250 ml aufgefüllt.
4. Diacetyldioximlösung: 10 g mit Äthanol zum Liter gelöst.

***Ausführung.*** Einwaage, Aufschluß und Abtrennen der störenden Elemente erfolgen in der gleichen Weise, wie im Kapitel Nickel unter 1.1, S. 308, beschrieben. Im Filtrat der Schwefelwasserstoffällung verkocht man den Schwefelwasserstoff und oxydiert mit Wasserstoffperoxid (3%). Nun fügt man 50 ml Maskierungslösung (1) und 60 ml Ammoniak (0,91) zu.

Man oxydiert das Kobalt mit Kaliumhexacyanoferrat(III)-lösung (2) und fällt das Nickel mit Diacetyldioximlösung (3). Der Niederschlag wird abfiltriert, mit Salzsäure gelöst und die Fällung mit Diacetyldioximlösung (4) wiederholt. Nun wird der Niederschlag in einen Glasfiltertiegel gebracht, gewaschen, bei 120° getrocknet und gewogen.

Der Umrechnungsfaktor von Nickeldiacetyldioxim auf Nickel ist 0,2032.

Eine ausführliche Arbeitsvorschrift ist im Kapitel Nickel unter 2.2.1, S. 312, angegeben.

# 3 Metallische Erzeugnisse

## Metallisches Kobalt

### 3.1 Bestimmung des Nickels

***Grundlage.*** Das Nickel wird durch Extraktion des Diacetyldioximkomplexes mit Chloroform vom Kobalt getrennt und die durch Oxydation des Komplexes in alkalischer Lösung entstehende Färbung photometrisch bestimmt.

***Anwendungsbereich.*** Geeignet für Gehalte von 0,01 bis 5%.

***Zuverlässigkeit.*** Bei Gehalten um 0,1% etwa ±3%,
von 1 bis 5% etwa ±1%.

***Reagenzien.***

1. Natriumcitratlösung: 200 g zum Liter gelöst. Reinigung der Lösung: 200 ml Citratlösung werden mit 5 ml Natriumdiacetyldioximlösung (4) versetzt und zweimal mit je 25 ml Chloroform ausgeschüttelt.
2. Hydroxylammoniumchloridlösung: 100 g zum Liter gelöst.
3. Diacetyldioximlösung: 10 g mit Äthanol zum Liter gelöst.
4. Natriumdiacetyldioximlösung: 35 g Diacetyldioxim mit n-Natriumhydroxidlösung zum Liter gelöst.
5. Natriumperoxodisulfatlösung: 100 g zum Liter gelöst.
6. Nickelstammlösung: 1 g Nickel wird mit 20 ml Salpetersäure (1 + 1) gelöst, die Lösung mit 10 ml Salzsäure (1,19) zur Trockne gedampft und der Rückstand mit 10 ml Salzsäure (1,19) aufgenommen. Die Lösung wird in einem 1 l-Meßkolben aufgefüllt.
7. Nickelstandardlösung: 10 ml Stammlösung (6) werden in einem Meßkolben zum Liter aufgefüllt. 1 ml $\triangleq$ 10 $\mu$g Nickel.

***Ausführung.*** 1 g Probe wird in einem 500 ml-Erlenmeyerkolben mit 50 ml Salpetersäure (2 + 3) gelöst. Man engt die Lösung auf 10 ml ein, verdünnt mit 100 ml Wasser und kocht kurz auf. Nach dem Abkühlen wird in einem 200 ml-Meßkolben aufgefüllt. Man bringt einen Teil davon, der zwischen 50 und 150 $\mu$g Nickel enthält, in einen Scheidetrichter und setzt in der angegebenen Reihenfolge die folgenden Reagenzien hinzu: 10 ml Natriumcitratlösung (1), 5 ml Hydroxylammoniumchloridlösung (2), 30 ml Diacetyldioximlösung (3), und einige Tropfen Ammoniak (0,91) im Überschuß.

Diese Lösung wird zweimal mit je 20 ml Chloroform extrahiert und die Chloroformphase jeweils in einen zweiten Scheidetrichter abgezogen. Die vereinigten Chloroformauszüge werden mit 25 ml Ammoniak (1 + 100) unter Rühren gewaschen und wieder in einen Scheidetrichter abgezogen. Die Waschflüssigkeit wird mit etwas Chloroform nachgespült. Nun werden die vereinigten Chloroformauszüge im Scheidetrichter mit 4 ml Natriumdiacetyldioximlösung (4), 4 ml 10 n-Natriumhydroxidlösung und 4 ml Natriumperoxodisulfatlösung (5) versetzt und kräftig gerührt. Nach 5 min Rühren ist der oxydierte Nickelkomplex in die wäßrige Phase übergegangen und hat seine höchste Farbintensität erreicht. Die organische Phase wird abgetrennt. Die gefärbte wäßrige Phase wird in einen 100 ml-Meßkolben übergeführt und mit Wasser aufgefüllt. Man photometriert in einer 2 cm-Küvette bei 470 nm gegen eine Reagenzienblindprobe.

***Eichkurve.*** Steigende Mengen der Nickelstandardlösung (7), 0 bis 150 $\mu$g Nickel, werden in mehrere 100 ml-Meßkolben gegeben. Man verdünnt mit je 50 ml Wasser und setzt unter kräftigem Schütteln die nachstehenden Reagenzien in der angegebenen Reihenfolge zu: 4 ml Natriumdiacetyldioximlösung (4) 4 ml 10 n-Natriumhydroxidlösung 4 ml Natriumperoxodisulfatlösung (5).

Nun werden die Lösungen in den Kolben aufgefüllt, gut gemischt und, wie unter Ausführung beschrieben, gegen eine Blindprobe photometriert.

## 3.2 Bestimmung des Kupfers

Das Kupfer wird bei Gehalten über 0,5% elektrolytisch und bei Gehalten unter 0,5% mit Cuproin photometrisch bestimmt, siehe Kapitel Nickel unter 3.1.2.1 und 3.1.2.2, S. 315 und 316.

## 3.3 Bestimmung des Eisens

### 3.3.1 Gehalte über 1% Eisen

***Grundlage.*** Das Eisen wird durch Fällen mit Zinkoxid und Umfällen mit Ammoniak vom Kobalt getrennt und nach Reduktion durch Zinn(II)-chlorid mit Kaliumpermanganat maßanalytisch bestimmt.

***Zuverlässigkeit.*** Bei Gehalten um 10% etwa ±2%.

***Reagenzien.***

1. Kaliumpermanganatlösung: 6,4 g zum Liter gelöst.
2. Zinn(II)-chloridlösung: 12,5 g $SnCl_2 \cdot 2\,H_2O$ werden mit 10 ml Salzsäure (1,19) gelöst. Die Lösung wird mit Wasser auf 100 ml verdünnt.
3. Quecksilber(II)-chloridlösung: 50 g zum Liter gelöst.
4. Schwefelsäure-Mangansulfat-Phosphorsäure-Lösung: 67 g Mangan(II)-sulfat ($MnSO_4 \cdot H_2O$) zu 500 ml gelöst. Die Lösung wird mit 138 ml Phosphorsäure (1,7) und 130 ml Schwefelsäure (1,84) versetzt und zum Liter verdünnt.
5. Eisenoxid.

***Ausführung.*** Bei Eisengehalten unter 5% wägt man 10 g Probe ein und löst sie in einem 800 ml-Becherglas mit 150 ml Salpetersäure (2 + 3) unter mäßigem Erwärmen; bei Eisengehalten über 5% werden 5 g in einem 800 ml-Becherglas mit 70 ml Salpetersäure (2 + 3) gelöst. Die Lösung wird zur Vertreibung der Stickstoffoxide zum Sieden erhitzt und dann bis zur Trockne eingedampft. Den Trockenrückstand nimmt man mit 20 ml Salzsäure (1,19) auf, fügt 200 ml heißes Wasser hinzu und erwärmt, bis Lösung eingetreten ist. Nun neutralisiert man nahezu mit Natriumhydroxidlösung (80 g im Liter) und fällt das Eisen in der fast neutralen Lösung mit einem geringen Überschuß von aufgeschlämmtem, alkalicarbonatfreiem Zinkoxid. Nach kurzem Absetzen wird der Niederschlag über ein Filter Gr. 2 abfiltriert, mit heißem Wasser ausgewaschen und mit heißer verdünnter Salzsäure (1 + 3) vom Filter in das Fällgefäß zurückgelöst. Man verdünnt auf ungefähr 150 ml und fällt das Eisen durch Zugabe eines Überschusses an Ammoniak (0,91). Man erwärmt, bis sich der Niederschlag zusammengeballt hat, filtriert nach kurzem Absetzenlassen über ein Filter Gr. 2 und wäscht mit heißem, schwach ammoniakalischem Wasser (5 + 100) und dann mit reinem Wasser nach. Der Niederschlag wird mit heißer Salzsäure (1 + 3) vom Filter gelöst und die Lösung, ohne zu kochen, auf 30 ml eingeengt. Nun erhitzt man zum Sieden und reduziert das Eisen in der siedendheißen Lösung durch Zutropfen von Zinn(II)-chloridlösung (2), bis die Lösung eben entfärbt ist, und setzt 2 bis 3 Tropfen im Überschuß zu. Nach dem Abkühlen und Verdünnen mit 100 ml kaltem Wasser wird die Lösung unter Umschwenken mit 25 ml Quecksilber(II)-chloridlösung (3) versetzt. Man läßt 1 bis 2 min stehen und spült die Lösung dann in eine 2 l fassende weiße Porzellanschale, in der sich eine Mischung von 1 l Wasser und 60 ml der Schwefelsäure-Mangansulfat-Phosphorsäurelösung (4) befindet, die vorher mit Kaliumpermanganatlösung (1) austitriert, d. h. angerötet wird. Nun titriert man mit Kaliumpermanganatlösung (1) unter gleichmäßigem Rühren, bis die Lösung den gleichen rosa Farbton wie vor der Zugabe der Eisenlösung zeigt.

Der ***Titer der Permanganatlösung (1)*** wird mit Eisenoxid (5) in gleicher Weise ermittelt. Siehe Kapitel Kupfer unter 1.1.6, S. 213.

### 3.3.2 Gehalte unter 1% Eisen

Die Bestimmung wird wie im Hüttennickel mit o-Phenanthrolin photometrisch ausgeführt, nachdem das Eisen durch Extraktion mit Methylisobutylketon vom Kobalt getrennt worden ist. Siehe Kapitel Nickel unter 3.1.4, S. 320.

## 3.4 Bestimmung des Mangans

***Grundlage.*** Das Mangan wird in saurer Lösung mit Kaliumtetroxojodat zu Permanganat oxydiert und photometrisch bestimmt.

***Anwendungsbereich.*** Geeignet für Gehalte von 0,005 bis 0,5%.

***Zuverlässigkeit.*** Bei Gehalten um 0,005% etwa ±10%,
um 0,05% etwa ± 5%,
um 0,5% etwa ± 2%.

***Reagenzien.***

1. Phosphorsäure-Schwefelsäure
2. Natriumnitritlösung
3. Kaliumtetroxojodatlösung
4. Manganstandardlösung

(1.–4.) Siehe Kapitel Kupfer unter 4.2.10.1, S. 255.

5. Kobalt, manganfrei.

***Ausführung.*** 0,5 g Probe werden mit 20 ml Salpetersäure (1 + 1) gelöst und weiterbehandelt, wie im Kapitel Kupfer unter 4.2.10.1, S. 255, beschrieben.

***Eichkurve.*** Für die Aufstellung der Eichkurve werden 0,5 g Kobalt (5) eingewogen. Es wird weiterverfahren, wie im Kapitel Kupfer unter 4.2.10.1 angegeben.

## 3.5 Bestimmung des Zinks

***Grundlage.*** Das Zink wird in einem einseitig zur Kapillare ausgezogenen Quarzrohr im Wasserstoffstrom verdampft, in der Kapillare als Metallspiegel abgeschieden und nach dem Lösen polarographisch bestimmt.

***Anwendungsbereich, Zuverlässigkeit*** und ***Geräte*** siehe Kapitel Nickel unter 3.1.6, S. 322.

***Reagenzien.*** Zusätzlich zu den im Kapitel Nickel unter 3.1.6, S. 322, aufgeführten:

6. Nitroso-Naphthollösung: 1 g $\alpha$-Nitroso-$\beta$-Naphthol mit 50 ml Äthanol gelöst

***Ausführung.*** Die Bestimmung erfolgt in der gleichen Weise wie im Hüttennickel (Kapitel Nickel unter 3.1.6), nur wird statt Nickel das beim Verdampfen des Zinks mitgerissene Kobalt vor der polarographischen Bestimmung in folgender Weise abgetrennt:

Zu der warmen Zinklösung im Quarzschälchen setzt man 0,25 ml $\alpha$-Nitroso-$\beta$-Naphthollösung (6) und läßt das Schälchen zum Absetzen des Niederschlags 30 min mit einem Uhrglas bedeckt auf dem Wasserbade stehen. Dann wird über ein 3 cm-Filter Gr. 4 filtriert und mit 2 bis 3 ml Wasser nachgewaschen. Zum Filtrat fügt man 1 ml Salpetersäure (1,4) und 1 ml Schwefelsäure (1 + 1) und dampft erst auf dem Wasserbade, dann auf der Heizplatte zur Trockne. Der Trockenrückstand wird mit 5 ml Grundlösung (4) und 2 Tropfen Hydraziniumdihydrochloridlösung (2) aufgenommen und weiterbehandelt, wie im Kapitel Nickel unter 3.1.6, S. 322, angegeben.

## 3.6 Bestimmung des Aluminiums

***Grundlage.*** Aluminium wird im Elektrolysat einer Amalgamelektrolyse photometrisch mit Eriochromcyanin bestimmt.

***Anwendungsbereich, Zuverlässigkeit, Reagenzien*** und ***Ausführung*** siehe Kapitel Nickel unter 3.1.7, S. 323.

## 3.7 Bestimmung des Calciums

***Grundlage.*** Nach elektrolytischer Abscheidung von Kobalt an einer Quecksilberkathode und Abtrennen etwa noch vorhandener Schwermetalle durch Fällen mit Zinkoxid und Brom wird das Calcium in Gegenwart von Kaliumcyanid komplexometrisch bestimmt.

***Anwendungsbereich.*** Geeignet für Gehalte von 0,005 bis 0,1%.

***Zuverlässigkeit.*** Bei Gehalten von 0,005 bis 0,01% etwa ±10%,
von 0,01 bis 0,1% etwa ±5%.

***Reagenzien.***

1. Quecksilber.
2. Zinkoxid, alkalicarbonatfrei.
3. Natriumhydroxidlösung: 20 g zu 100 ml gelöst.
4. Kaliumcyanidlösung: 250 g zum Liter gelöst. Die Lösung ist nach eintägigem Stehen über ein Filter Gr. 3 zu filtrieren.
5. Magnesiumlösung: 0,25 g Magnesium werden mit 10 ml Salzsäure (1 + 1) gelöst. Die Lösung wird zum Liter aufgefüllt.
6. Indicatorgemisch: Calconcarbonsäure mit Natriumsulfat ($Na_2SO_4$) im Verhältnis 1 + 200 verrieben.
7. ÄDTA-Lösung (0,01 m): 3,723 g des bei 80° getrockneten Dinatriumsalzes der Äthylendiamintetraessigsäure werden in einem Meßkolben zum Liter gelöst. 1 ml ≙ 0,4008 mg Calcium.

***Ausführung.*** 10 g Probe, bei Gehalten über 0,03% Calcium 3 g, werden, wie im Kapitel Nickel unter 3.1.7, S. 323, und 3.1.8, S. 324, angegeben, mit Schwefelsäure-Salpetersäure gelöst. Das Kobalt wird unter den gleichen Bedingungen wie das Nickel elektrolytisch entfernt, das Reinigen des Elektrolysates mit Zinkoxid und Brom durchgeführt und der Niederschlag über eine mit einem doppelten Filter Gr. 2 beschickte Nutsche abfiltriert. Das Becherglas wird zweimal mit 10 ml Wasser ausgespült und der Nutscheninhalt scharf abgesaugt. Das Filtrat wird in einen 500 ml-Weithalskolben übergespült, bei Abwesenheit von Magnesium mit 10 ml Magnesiumlösung (5) versetzt und mit Natriumhydroxidlösung (3) auf pH 12 eingestellt. Dabei ausfallendes Magnesiumhydroxid stört nicht. Nach Zusatz von 25 ml Kaliumcyanidlösung (4) und einer Spatelspitze Indicatorgemisch (6) wird das Calcium mit der ÄDTA-Lösung (7) bis zum Farbumschlag von Rosa nach Blau titriert.

## 3.8 Bestimmung des Kohlenstoffs

Siehe Kapitel Kohlenstoff unter 4.2, S. 200.

## 3.9 Bestimmung des Schwefels

***Grundlage.*** Die Probe wird mit Kupferzuschlag im Sauerstoffstrom verbrannt und das gebildete Schwefeldioxid mit Kaliumjodatlösung maßanalytisch bestimmt.

***Anwendungsbereich.*** Geeignet für Gehalte von 0,005 bis 0,1%.
***Zuverlässigkeit.*** Bei Gehalten um 0,01% etwa ±10%,
um 0,1% etwa ±5%.
***Reagenzien, Geräte, Ausführung*** siehe Kapitel Nickel unter 3.1.10.1, S. 326, bzw. Kapitel Kupfer unter 4.2.19.1, S. 264.

## 3.10 Bestimmung des Siliciums

### 3.10.1 Gewichtsanalytische Bestimmung

***Grundlage.*** Das Silicium wird aus der salpetersauren-schwefelsauren Lösung der Probe als Silicium(IV)-oxidhydrat abgeschieden und als Oxid gewichtsanalytisch bestimmt.
***Anwendungsbereich.*** Geeignet für Gehalte über 0,01%.
***Zuverlässigkeit.*** Bei Gehalten um 0,01% etwa ±20%.
um 0,1% etwa ±10%,
***Reagenzien.***
1. Mischsäure: 250 ml Schwefelsäure (1,84) + 250 ml Salpetersäure (1,4) + 500 ml Wasser.

***Ausführung.*** 10 g Probe werden in einer Platinschale, die mit einem Uhrglas abgedeckt ist, mit 200 ml Mischsäure (1) gelöst. Die Lösung wird bis zum Rauchen der Schwefelsäure eingedampft. Man setzt das Abrauchen noch 1 Std. fort, läßt die stark eingeengte Lösung abkühlen, nimmt die Salze mit 200 ml Wasser auf, erhitzt zum Sieden und filtriert nach dem Absetzen des Niederschlags durch ein Filter Gr. 3. Filter und Niederschlag werden mit Schwefelsäure (1 + 1000) ausgewaschen, in einem gewogenen Platintiegel verascht und bis zur Gewichtskonstanz bei 1100° geglüht. Nach der Auswaage wird zweimal mit je 4 Tropfen Schwefelsäure (1 + 3) und 2 ml Fluorwasserstoffsäure (40%) abgeraucht und wieder bei 1100° bis zur Gewichtskonstanz geglüht. Der Gewichtsunterschied zwischen den Wägungen entspricht dem Silicium(IV)-oxid bzw. dem Siliciumgehalt. Eine Reagenzienblindprobe ist erforderlich. Der Umrechnungsfaktor von Silicium(IV)-oxid auf Silicium ist 0,4675.

### 3.10.2 Photometrische Bestimmung

***Grundlage.*** Das Silicium wird nach Lösen der Probe mit Salpetersäure mit Ammoniummolybdat zu Silicomolybdat umgesetzt, mit Ammoniumeisen(II)-sulfat reduziert und als Molybdänblau photometrisch bestimmt.
***Anwendungsbereich.*** Geeignet für Gehalte von 0,001 bis 0,05%.
***Zuverlässigkeit.*** Bei Gehalten von 0,001 bis 0,05% etwa ±20%.
***Reagenzien.*** Siehe Kapitel Nickel unter 3.1.11., S. 327, mit der Abänderung:
7. Elektrolytkobalt mit einem Siliciumgehalt unter 0,001%.

***Ausführung, Eichkurve*** und ***Bemerkungen*** siehe Kapitel Nickel unter 3.1.11, S. 327. Die Angaben sind sinngemäß zu verwenden.

# 4 Nichtmetallische Erzeugnisse

## 4.1 Kobaltoxide

### 4.1.1 Bestimmung des Kobalts und des Nickels

***Grundlage.*** Das Kobalt wird gemeinsam mit Nickel aus ammoniakalischer Sulfatlösung elektrolytisch bestimmt. Ein etwa vorhandener Kupfergehalt wird photometrisch ermittelt und in Abzug gebracht.

***Anwendungsbereich.*** Geeignet für alle Kobalt- und Nickelgehalte.

***Zuverlässigkeit.*** Bei Gehalten um 50% etwa ±0,2%.

***Reagenzien.***

1. Ammoniak (0,91), pyridinfrei.

***Geräte*** Siehe unter 2.2.1, S. 184.

***Ausführung.*** 2 g Probe werden in einem 500 ml-Erlenmeyerkolben mit etwas Wasser angeschlämmt und mit 25 ml Salzsäure (1,19) unter Erwärmen gelöst. Ein unlöslicher Rückstand wird über ein Filter Gr. 2 abfiltriert und in einem Platintiegel verascht und geglüht. Der Rückstand wird mit Kaliumhydrogensulfat aufgeschlossen, mit Wasser gelöst und die Lösung der Schmelze der Hauptlösung zugegeben. Nach Zusatz von 25 ml Schwefelsäure (1 + 1) wird bis fast zur Trockne eingedampft. Der Rückstand wird mit 100 ml Wasser aufgenommen, die Lösung in ein 400 ml-Becherglas gespült und mit Ammoniak neutralisiert. Man fügt 50 ml Ammoniak (1), 1 g Hydraziniumsulfat und 10 g Ammoniumsulfat hinzu und scheidet Kobalt und Nickel gemeinsam bei ruhendem Elektrolyten und einer Stromstärke von 0,4 A elektrolytisch ab. Nach Beendigung der Elektrolyse löst man den Niederschlag mit Salpetersäure (1 + 1) vom Platinmantel, dampft die Lösung mit 10 ml Schwefelsäure (1 + 1) bis zum Rauchen ein und wiederholt das Abrauchen nach Zugabe von 25 ml Wasser. Nun wird der Rückstand mit 150 ml Wasser gelöst und die Lösung nach Vorbereitung wie oben erneut elektrolysiert. Nach beendeter Elektrolyse wird die Elektrode nacheinander mit Wasser und Äthanol gewaschen, dann getrocknet und gewogen. Auswaage: Nickel und Kobalt.

***Bemerkungen.*** Vorhandenes Kupfer wird mit abgeschieden. Es kann mit Cuproin photometrisch bestimmt und in Abzug gebracht werden, siehe Kapitel Nickel und 3.1.2.2, S. 316. Eine zu lange Dauer der Elektrolyse ist zu vermeiden, da sonst Platin merklich in Lösung geht und sich kathodisch abscheidet.

### 4.1.2 Bestimmung des Nickels

***Grundlage.*** Das Nickel wird durch Extrahieren des Nickeldiacetyldioximkomplexes mit Chloroform vom Kobalt getrennt und nach Oxydation des Komplexes in alkalischer Lösung photometrisch bestimmt.

***Anwendungsbereich.*** Geeignet für Gehalte von 0,01 bis 5%.

***Zuverlässigkeit*** und ***Reagenzien*** siehe unter 3.1, S. 185.

***Ausführung.*** 2 g Probe werden, wie unter 4.1.1 angegeben, gelöst und die schwefelsaure Lösung auf ein bestimmtes Volumen aufgefüllt. Man entnimmt einen Anteil, der zwischen 50 und 150 μg Nickel enthält, und verfährt weiter, wie unter 3.1, S. 185, angegeben.

### 4.1.3 Bestimmung des Kupfers

***Grundlage.*** Das Kupfer wird aus saurer Lösung als Cuproinverbindung mit Amylalkohol extrahiert und photometrisch bestimmt.

***Anwendungsbereich.*** Geeignet für Gehalte von 0,001 bis 0,5%.

***Zuverlässigkeit*** und ***Reagenzien*** siehe Kapitel Nickel unter 3.1.2.2, S. 316.

***Ausführung.*** 2 g Probe werden, wie unter 4.1.1, angegeben, gelöst. Die schwefelsaure Lösung wird auf ein bestimmtes Volumen aufgefüllt. Man entnimmt einen Anteil, der 5 bis 100 μg Kupfer entspricht, und verfährt weiter, wie im Kapitel Nickel unter 3.1.2.2, S. 316, angegeben.

### 4.1.4 Bestimmung des Bleis

***Grundlage.*** Das Blei wird durch Fällen mit Ammoniak-Ammoniumcarbonat in Gegenwart von Eisen vom Kobalt getrennt und polarographisch bestimmt.

***Anwendungsbereich, Zuverlässigkeit*** und ***Reagenzien*** siehe Kapitel Nickel unter 3.1.3.2, S. 319.

***Ausführung.*** 10 g Probe werden in einem 400 ml-Becherglas mit 50 ml Salzsäure (1,19) gelöst. Die Lösung wird auf 200 ml verdünnt; nach Zugabe von 5 ml Eisen(III)-lösung (1) wird weiter verfahren, wie im Kapitel Nickel unter 3.1.3.2 beschrieben, mit der Abänderung, daß der Eisen-Bleihydroxidniederschlag noch einmal umgefällt wird.

### 4.1.5 Bestimmung des Mangans

***Grundlage.*** Das Mangan wird in saurer Lösung mit Kaliumtetroxojodat zu Permanganat oxydiert und photometrisch bestimmt.

***Anwendungsbereich, Zuverlässigkeit*** und ***Reagenzien*** siehe unter 3.4, S. 187, bzw. im Kapitel Kupfer unter 4.2.10.1, S. 255.

***Ausführung.*** 2 g Probe werden, wie unter 4.1.1, S. 190, angegeben, gelöst. Die Lösung wird in einem 200 ml-Meßkolben nach Zugabe von 40 ml Salpetersäure (1 + 1) aufgefüllt. 50 ml (= 0,5 g Einwaage) werden in einem 300 ml-Erlenmeyerkolben zum Sieden erhitzt und nach Zugabe von 15 ml Jodatlösung (3) so behandelt, wie im Kapitel Kupfer unter 4.2.10.1, S. 255, angegeben.

***Eichkurve.*** Die Angaben unter 3.4 und im Kapitel Kupfer unter 4.2.10.1 sind sinngemäß anzuwenden.

### 4.1.6 Bestimmung des Eisens

***Grundlage.*** Aus der salzsauren Probenlösung wird das Eisen mit Methylisobutylketon ausgeschüttelt und als o-Phenanthrolinkomplex photometrisch bestimmt.

***Anwendungsbereich.*** Geeignet für Gehalte zwischen 0,001 und 1%.

***Zuverlässigkeit*** und ***Reagenzien*** siehe Kapitel Nickel unter 3.1.4, S. 320.

***Ausführung.*** 1 g Probe wird in einem 100 ml-Becherglas mit 20 ml Salzsäure (1,19) gelöst, die Lösung fast zur Trockne eingedampft und dann mit 50 ml Salzsäure (8) versetzt. Anschließend bestimmt man das Eisen, wie im Kapitel Nickel unter 3.1.4 beschrieben.

### 4.1.7 Bestimmung des Schwefels

***Grundlage.*** Die Probe wird mit Kupferzuschlag im Sauerstoffstrom verbrannt und das Schwefeldioxid mit Kaliumjodatlösung maßanalytisch bestimmt.

***Anwendungsbereich.*** Geeignet für Gehalte von 0,005 bis 0,1%.

***Zuverlässigkeit.*** Bei Gehalten um 0,01% etwa ±10%,
um 0,1% etwa ±5%.

***Reagenzien, Geräte*** und ***Ausführung*** siehe Kapitel Nickel unter 3.1.10.1, S. 326, bzw. Kapitel Kupfer unter 4.2.19.1, S. 264.

### 4.1.8 Bestimmung des Natriums

***Grundlage.*** Das Natrium wird in der salzsauren Lösung der Probe ohne Abtrennung flammenspektrometrisch bestimmt.

***Anwendungsbereich.*** Geeignet für Gehalte von 0,001 bis 0,5%.

***Zuverlässigkeit.*** Etwa ±10%.

***Reagenzien.***

1. Natriumchloridstammlösung: 254,2 mg werden in einem Meßkolben zum Liter gelöst.

2. Natriumchloridstandardlösungen: Aus der 100 mg Natrium im Liter enthaltenden Stammlösung (1) werden nach Bedarf Standardlösungen mit 10, 20, 40, 60, 80 mg Natrium im Liter oder 2, 4, 6, 8, 10 mg Natrium im Liter durch Verdünnen mit Wasser hergestellt.

***Geräte.*** Flammenspektrometer mit Prisma, Gitter oder Filter.

***Eichkurve.*** Die Eichung des Gerätes erfolgt durch Zerstäuben von Eichlösungen (2) des gewünschten Meßbereichs bei einer Wellenlänge von 589 nm. Die dabei erhaltene Eichkurve verläuft bei Gehalten von z. B. 0 bis 10 mg Natrium im Liter meist linear, so daß bei späteren Messungen in der Regel das Einstellen des Meßbereichs durch Zerstäuben nur einer Eichlösung (z. B. 10 mg Natrium im Liter) ausreicht.

***Ausführung.*** 10 g Probe werden in einem 400 ml-Becherglas mit 60 ml Salzsäure (4 + 1) unter langsamem Erwärmen gelöst. Die Lösung wird mit 200 ml Wasser verdünnt und in einen 1 l-Meßkolben filtriert. Nach dem Temperieren und Auffüllen des Kolbens ist die Lösung fertig zur Messung.

Nach Einstellen des Gerätes werden Eichlösung und Analysenlösung abwechselnd mehrfach (mindestens dreimal) zerstäubt und die Lichtemission gemessen. Die Flammenuntergrundkorrektur ist in üblicher Weise vorzunehmen. Das in der Lösung vorhandene Kobalt stört die Bestimmung nicht.

## 4.2 Kobaltsalze

### 4.2.1 Bestimmung des Kobalts und des Nickels

#### 4.2.1.1 In Kobaltoxalat ($CoC_2O_4 \cdot 4\,H_2O$)

***Grundlage.*** Das Oxalat wird durch Glühen bei 500° in das Oxid übergeführt. Das Kobalt wird gemeinsam mit Nickel nach Abtrennen der Schwefelwasserstoffgruppe aus ammoniakalischer Sulfatlösung elektrolytisch abgeschieden.

***Zuverlässigkeit.*** Etwa ±0,2%.

***Geräte.*** Siehe unter 2.2.1, S. 184.

***Ausführung.*** 10 g Probe werden in einem geräumigen Porzellantiegel bei 500° im Muffelofen abgeröstet. Das gebildete Kobaltoxid wird in ein 400 ml-Becherglas übergeführt und nach Anfeuchten mit Wasser mit 100 ml Salzsäure (1,19) unter Erwärmen gelöst. Man verdünnt auf 350 ml und filtriert über ein Filter Gr. 2 in einen 1 l-Meßkolben. Nach weiterem Verdünnen auf etwa 800 ml wird in die Lösung Schwefelwasserstoff eingeleitet, bis der Sulfidniederschlag gut ausgeflockt ist. Dann wird zum Liter aufgefüllt und über ein Filter Gr. 2 filtriert. Vom Filtrat bringt man 200 ml (= 2 g Einwaage) in ein 400 ml-Becherglas, setzt 20 ml Schwefelsäure (1 + 1) zu und dampft bis zum Rauchen ein. Der Rückstand wird mit 300 ml Wasser aufgenommen und die Lösung mit Ammoniak (0,91) neutralisiert. Dann werden 50 ml Ammoniak (0,91), 1 g Hydraziniumsulfat und 10 g Ammoniumsulfat zugegeben. Man scheidet Kobalt und Nickel gemeinsam bei ruhendem Elektrolyten und einer Stromstärke von 0,4 A auf einer Platin-Iridium-Elektrode ab. Siehe unter 4.1.1, S. 190.

#### 4.2.1.2 In Kobaltnitrat [$Co(NO_3)_2 \cdot 6\,H_2O$]

***Grundlage.*** Nach dem Abrauchen mit Schwefelsäure und Entfernen der Schwefelwasserstoffgruppe wird Kobalt gemeinsam mit Nickel elektrolytisch bestimmt.

***Zuverlässigkeit.*** ±0,2%.

***Geräte.*** Siehe unter 2.2.1, S. 184.

***Ausführung.*** 10 g Probe werden mit Wasser gelöst und die Lösung nach Hinzufügen von 40 ml Schwefelsäure (1 + 1) bis zum Rauchen eingedampft. Der Rückstand wird dann mit 200 ml Wasser aufgenommen und die Lösung über ein Filter Gr. 2 in einen 1 l-Meßkolben filtriert. Man verdünnt auf etwa 800 ml, setzt 50 ml Schwefelsäure (1 + 1) hinzu, leitet Schwefelwasserstoff ein und verfährt weiter, wie bei 4.2.1.1 angegeben.

### 4.2.2 Bestimmung des Nickels

Die Bestimmung wird gemäß der Vorschrift unter 3.1, S. 185, photometrisch durchgeführt.

### 4.2.3 Bestimmung des Kupfers

### 4.2.4 Bestimmung des Bleis

### 4.2.5 Bestimmung des Eisens

Die Bestimmungen werden gemäß den Vorschriften im Kapitel Nickel unter 3.1.2.2, S. 316, 3.1.3.2, S. 319, bzw. 3.1.4, S. 320, durchgeführt.

### 4.2.6 Bestimmung des Zinks

### 4.2.7 Bestimmung des Arsens

Die Bestimmungen werden gemäß den Vorschriften im Kapitel Nickel unter 4.3, S. 330, bzw. 4.8, S. 332, durchgeführt.

### 4.2.8 Bestimmung des Calciums

Die Bestimmung wird gemäß der Vorschrift unter 3.7, S. 188, durchgeführt.

### 4.2.9 Bestimmung des pH-Wertes bzw. der freien Säure

Die Bestimmung wird gemäß der Vorschrift im Kapitel Nickel unter 4.9, S. 332, durchgeführt.

Kapitel 14

# Kohlenstoff

Inhalt



## 1 Vorbereitung der Probe

Die fett- und ölfreie Probe wird durch Brechen, Mahlen, Klopfen, Fräsen oder Bohren so zerkleinert, daß Verstaubungsverluste und Erhitzungen, die zu einer unerwünschten Oxydation führen, vermieden werden. Bei Vermischen und Verpacken empfiehlt sich die Verwendung von Metallfolien. Das Einschleppen von kohlenstoffhaltigen Verunreinigungen (Papierfasern, Pinselhaaren) muß vermieden werden. Öl- und fetthaltige Proben werden dreimal mit destilliertem Äthyläther gewaschen und dann bei 105° im Trockenschrank getrocknet.

# 2 Bestimmung des Gesamtkohlenstoffs

***Grundlage.*** Der Kohlenstoff kann nach Verbrennen der Probe im strömenden Sauerstoff als Kohlendioxid volumetrisch, gewichtsanalytisch, coulometrisch oder konduktometrisch bestimmt werden.

***Anwendungsbereich.*** Geeignet für Gehalte über 0,001% in Metallen und Legierungen.

## 2.1 Verbrennen der Probe

***Reagenzien.***

1. Sauerstoff: Reinigung des Sauerstoffs: Der einer Stahlflasche über ein Reduzierventil entnommene Sauerstoff wird über einen etwa 600 bis 700° heißen Platin-Asbest-Kontakt geleitet. Er durchströmt dann ein U-Rohr (∅ 10 bis 15 mm), gefüllt mit gekörntem Calciumchlorid, danach einen mit gekörntem Natronkalk gefüllten Glasturm (∅ 5 cm, Höhe 20 cm). Bevor der Sauerstoff in das Verbrennungsrohr eintritt, wird seine Strömungsgeschwindigkeit mit einem handelsüblichen Gasdurchflußmesser gemessen.

2. Zuschläge: Den zu verbrennenden Proben werden Verbrennungshilfen zugeschlagen. Diese Zuschläge sollen ein vollständiges Verbrennen und einen vollständigen Austritt der Verbrennungsgase aus der Probe gewährleisten. Die am häufigsten benutzten Zuschläge sind z. B. kohlenstoffarmes Weicheisen, Kupferpulver oder gekörntes Kupfer, Zinnpulver oder -späne, gekörntes Wismut und/oder die Oxide der genannten Metalle.

***Geräte.*** Verbrennungsofen: Handelsüblicher, elektrisch beheizter Verbrennungsofen (Silitstabofen) oder Hochfrequenzofen, von denen der erste mit 2 Verbrennungsrohren (Doppelrohrofen) versehen sein soll. 1 Rohr dient zum Ausglühen der Schiffchen. Die Temperatur muß bis 1450° regel- und ablesbar sein.

Verbrennungsschiffchen aus unglasiertem Porzellan. Spezialtiegel mit Deckel für Hochfrequenzofen.

***Ausführung.*** Das Verbrennungsschiffchen wird unmittelbar vor Gebrauch in dem zweiten Rohr des Verbrennungsofens 3 bis 5 min in Luft oder Sauerstoff geglüht. Es darf nach dem Ausglühen beim Einwiegen der Probe und beim Einbringen in das Verbrennungsrohr nur mit einer Pinzette angefaßt werden. Wenn nicht anders vermerkt, wird in das geglühte, fast erkaltete Schiffchen zunächst der Zuschlag als Unterlage gegeben und darauf die Einwaage verteilt, die dann mit dem zweiten Zuschlag abgedeckt wird. Bei einigen Legierungen empfiehlt es sich, die Probe abschließend mit etwas geglühtem Zinkoxid abzudecken. Diese Maßnahme vermindert die Möglichkeit des Verspritzens der Probe und des Durchschmelzens des Verbrennungsrohres. Das Schiffchen mit der Probe wird mit einem kohlenstoffarmen Metallstab in die heiße Zone des Verbrennungsrohres geschoben. Das bei der Verbrennung entstehende Kohlendioxid wird nach Entfernen des Schwefeldioxids nach den unter 2.2 beschriebenen Methoden bestimmt.

Die Wahl der Bestimmungsmethode richtet sich nach Art und Kohlenstoffgehalt der Probe. Sauerstoff, Porzellanschiffchen, Zuschläge und Stab zum Einbringen der Probe in das Verbrennungsrohr sind auf ihren Kohlenstoffgehalt (Blindwert) zu prüfen. Hierzu werden die gleichen Arbeitsgänge — nur ohne Probe — durchgeführt. Der gefundene Kohlenstoffgehalt wird in Abzug gebracht.

Wird die Verbrennung im Hochfrequenzofen durchgeführt, so werden Zuschläge und Probe in den bei 1100 bis 1200° ausgeglühten und im Exsiccator erkalteten Verbrennungstiegel eingewogen. Man deckt den Tiegel ab und stellt ihn mit Hilfe einer Pinzette auf die Tiegelhalterung. Nach Verschließen der Apparatur und kurzer Wartezeit erfolgt die Verbrennung.

***Kohlenmonoxidbildung.*** Erfolgt die Verbrennung in einem Ofen mit langer Verbrennungszone, (Silitstabofen), so bildet sich bei der vorgeschriebenen Sauerstoffströmungsgeschwindigkeit nur Kohlendioxid. Erfolgt die Verbrennung jedoch in einem Hochfrequenzofen (kleine Verbrennungszone und große Sauerstoffströmungsgeschwindigkeit), so kann Kohlenmonoxidbildung auftreten. Bei handelsüblichen Verbrennungsöfen werden die Verbrennungsgase durch ein am Ofen befindliches Glasrohr mit einem Oxydationsmittel oder einem Katalysator geleitet. Bei der gewichtsanalytischen Kohlendioxidbestimmung wird zur Erzielung einer vollständigen Kohlendioxidabsorption eine langsame Verbrennung der Probe gefordert. Bedingt durch hohen Kohlenstoffgehalt der Probe kann sich hierbei Kohlenmonoxid bilden. Die Verbrennungsgase müssen daher nach Austritt aus dem Verbrennungsofen durch ein Glasrohr, gefüllt mit einem Oxydationsmittel oder Katalysator (siehe unter 2.2.2), zur vollständigen Oxydation geleitet werden.

## 2.2 Bestimmung des Kohlendioxids

### 2.2.1 Volumetrische Bestimmung

***Grundlage.*** Das bei der Verbrennung entstehende Kohlendioxid und der überschüssige Sauerstoff werden in einer Bürette gesammelt, das Gesamtvolumen gemessen und nachfolgend das Kohlendioxid mit Kaliumhydroxid gebunden. Das Restgas wird erneut gemessen. Die Differenz ergibt das Volumen an Kohlendioxid.

***Anwendungsbereich.*** Geeignet für Gehalte über 0,1%.

***Zuverlässigkeit.*** Bei Gehalten von 0,25% etwa ±5%.

***Reagenzien.***

1. Zur Oxydation des bei der Verbrennung entstehenden Schwefeldioxids werden verwendet:

Chrom(VI)-oxid: 50 g werden mit 50 ml Schwefelsäure (1 + 20) gelöst und in eine 100 ml-Waschflasche gegeben. Anstelle des Chrom(VI)-oxids kann auch stabilisiertes, gekörntes Wasserstoffperoxid (Perhydrit, Körnung etwa 5 mm) genommen werden, welches in ein 15 bis 20 cm langes Glasrohr eingebracht wird, das an beiden Enden mit einem Glaswollepfropfen von 2 cm Stärke gesichert ist.

2. Sperrflüssigkeit: 200 g Natriumchlorid werden zum Liter gelöst. Die Lösung wird mit 2 Tropfen Methylorange (0,1 g mit 60 ml Äthanol gelöst und mit Wasser zu 100 ml verdünnt) sowie 5 Tropfen Schwefelsäure (1 + 1) versetzt.

3. Absorptionslösung: 500 g Kaliumhydroxid zum Liter gelöst.

***Geräte.*** Handelsübliche Absorptionsgefäße für Kohlendioxid mit Meßbürette (Abb. 9).

***Ausführung.*** Nach Einbringen des Schiffchens mit der Probe in den Ofen ist die Strömungsgeschwindigkeit des Sauerstoffs von Hand so zu regulieren, daß auch während der Hauptverbrennungsperiode der Spiegel der Sperrflüssigkeit in der Meßbürette nicht zurücksteigt. Sobald die Verbrennungsgase die Meßbürette gefüllt haben, wird der Weg zum Ofen durch Drehen des 3 Wegehahnes gesperrt, wobei gleichzeitig die Hahnstellung so sein muß, daß eine Verbindung nach außen hergestellt wird. Der Flüssigkeitsspiegel der Meßbürette und Niveauflasche wird auf gleiche Höhe gebracht, wobei diese Höhe den Nullpunkt der Bürette angibt. Man stellt mit dem Dreiwegehahn die Verbindung zum Absorptionsgefäß her und drückt durch Heben der Niveauflasche die Verbrennungsgase dreimal durch die Absorptionslösung. Das Volumen wird im unteren, engen Teil der Bürette gemessen. Die Volumenabnahme entspricht der absorbierten Kohlendioxidmenge.

***Ausrechnung.*** Das ermittelte Volumen muß mit Hilfe einer Umrechnungstabelle oder einer einstellbaren Skala, die gleichzeitig auch eine Eichung der Bürette ermöglicht, dem jeweiligen Luftdruck und der Temperatur des Gases entsprechend korrigiert werden. Von diesem Ergebnis wird noch der Blindwert in Abzug gebracht. Werden handelsübliche Umrechnungstabellen benutzt, so ist die Eichtemperatur der Bürette für die Wahl der Umrechnungstabelle maßgebend.

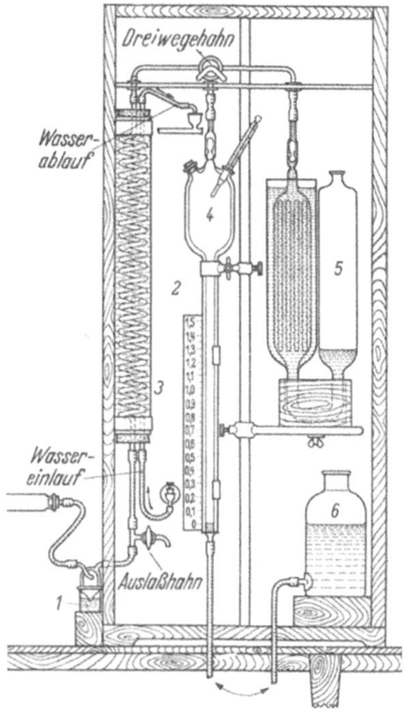


Abb. 9. Apparatur für die gasvolumetrische Kohlenstoff-Bestimmung
*1* Chrom-Schwefelsäure-Vorlage
*2* Skala
*3* Kühler
*4* Meßbürette mit Sperrflüssigkeit (2)
*5* Absorptionsgefäß und Lösung (3)
*6* Niveaugefäß

### 2.2.2 Gewichtsanalytische Bestimmung (Halbmikroverfahren)

***Grundlage.*** Die Probe wird langsam im Sauerstoffstrom verbrannt. Nach Oxydation des Kohlenmonoxids werden die Gase durch mit Natronasbest gefüllte Absorptionsgefäße geleitet, in denen Kohlendioxid gebunden wird. Aus der Gewichtszunahme wird der Kohlenstoffgehalt errechnet.

***Anwendungsbereich.*** Geeignet für Gehalte über 1%. Besonders geeignet für Metallcarbide.

***Zuverlässigkeit.*** Bei Gehalten von 5% etwa ±0,5%.

***Reagenzien.***

1. Reagenzien zur Schwefeldioxidentfernung: Das bei der Verbrennung entstehende Schwefeldioxid wird gemäß 2.2.1. S. 196, mit Chrom(VI)-oxidlösung oder stabilisiertem, gekörntem Wasserstoffperoxid als Schwefelsäure gebunden.

2. Absorptionsgefäß zum Trocknen des Verbrennungsgases: In ein mit 2 Schliffen versehenes U-Rohr (∅ 15 mm) gibt man gekörntes Magnesiumperchlorat.

3. Reagenz zur Oxydation des Kohlenmonoxids: Wird zur Oxydation des Schwefeldioxids stabilisiertes, gekörntes Wasserstoffperoxid verwendet, so muß das Kohlenmonoxid in einem dem Absorptionsgefäß zum Trocknen des Verbrennungsgases nachgeschalteten Glasrohr mit einem Jodpentoxid/Schwefelsäuregemisch oxydiert werden.

Herstellen des Reagenzes: 5,25 g Jodsäure werden mit 25 ml Wasser gelöst und auf 50 g Kieselgel gegeben (Körnung des Kieselgels: 1 bis 3 mm). Nach eineinhalbstündigem Trocknen bei 145° benetzt man das Gemisch mit 10 ml 100%iger Schwefelsäure (10 Teile Schwefelsäure (1,84) + 18 Teile Oleum mit 10% Schwefeltrioxid). Man läßt über Nacht im Exsiccator stehen. Das imprägnierte Kieselgel wird in einem elektrisch beheizbaren Glasrohr 2 bis 3 Std. in einem trockenen Luftstrom bei 20 Torr auf 220° erhitzt. Eine Schlauchklemme regelt den von einer Wasserstrahlpumpe durch das Gerät gesaugten Luftstrom.

4. Natronasbest, Körnung etwa 1 bis 2 mm.

***Geräte.*** Absorptionsgefäße für Kohlendioxid: Handelsübliche Absorptionsgefäße, die mit Natronasbest und etwas Magnesiumperchlorat gefüllt sind (Abb. 10, S. 198).

Strömungsmesser für Sauerstoff: Steht kein Strömungsmesser zur Verfügung, so wird nach dem Gefäß zum Schwefeldioxidentfernen eine Waschflasche mit Schwefelsäure (1,84) zwischengeschaltet. In dieser müssen die Blasen des durchperlenden Gases noch zählbar sein.

***Ausführung.*** Nach Einwiegen der Probe gemäß den Angaben unter 2.1, S. 195, wird das Schiffchen in die Verbrennungszone des Ofens geschoben, das Rohr verschlossen und die Probe bei einer Strömungsgeschwindigkeit des Sauerstoffs von 10 ml in der Minute verbrannt. Die Verbrennungsgase durchströmen zunächst zur

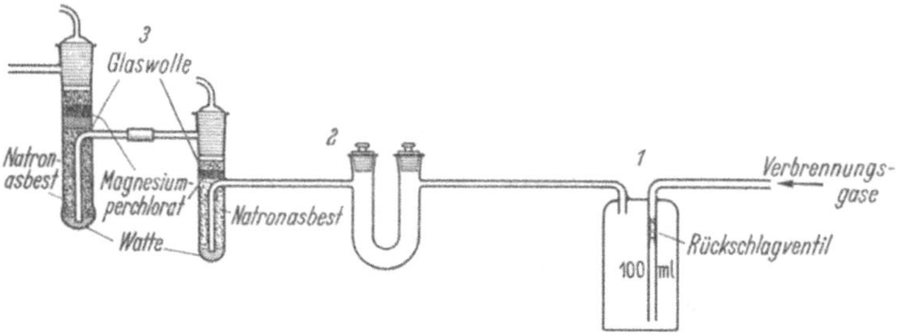


**Abb. 10.** Apparatur zur gewichtsanalytischen Kohlenstoff-Bestimmung
*1* Waschflasche zur Oxydation des Schwefeldioxids mit Chrom(VI)-oxid
*2* U-Rohr mit Magnesiumperchlorat
*3* Absorptionsgefäße für Kohlendioxid

Oxydation des Schwefeldioxids das Gefäß (1), dann zur Entfernung des Wassers das mit Magnesiumperchlorat gefüllte Röhrchen (2). Diesem folgen die beiden vor der Bestimmung gewogenen und miteinander verbundenen Absorptionsgefäße für das Kohlendioxid. Nach der Verbrennung der Probe werden die Absorptionsgefäße geschlossen und nach Temperatur- und Druckausgleich zurückgewogen. Die Absorptionsröhrchen sind vor dem Wiegen mit einem Lederlappen abzureiben. Sie dürfen nicht mit den Fingern angefaßt werden. Die Gewichtszunahme ergibt die absorbierte Kohlendioxidmenge. Der Umrechnungsfaktor von Kohlendioxid auf Kohlenstoff beträgt 0,2729.

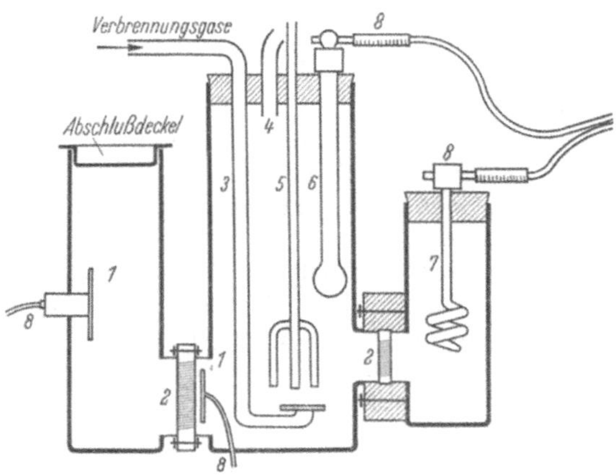


**Abb. 11.** Titrierzelle für coulometrische C-Bestimmung
*1* Anode und Kathode
*2* Diaphragma
*3* Einleitungsrohr für Kohlendioxid
*4* Entlüftung
*5* Rührer
*6* Glaselektrode
*7* Bezugselektrode
*8* Anschlüsse für die Meßautomatik

***Bemerkung.*** Es wird empfohlen, die Methode mit Proben bekannten Kohlenstoffgehaltes zu testen.

### 2.2.3 Coulometrische Bestimmung

***Grundlage.*** Das bei der Verbrennung entstehende Kohlendioxid wird in eine Bariumperchloratlösung mit vorgegebenem pH-Wert von etwa 9 geleitet. Durch die Bildung von Bariumcarbonat entstehen Wasserstoffionen, die mit Hydroxylionen bis zum vorgegebenen pH-Wert zurücktitriert werden. Die für diese Titration erforderlichen Hydroxylionen werden elektrolytisch erzeugt, und die hierfür benötigte

Strommenge wird gemessen. Sie ist gemäß dem FARADAY'schen Gesetz der Kohlenstoffmenge äquivalent.

***Anwendungsbereich.*** Geeignet für Kohlenstoffgehalte bis 25% bei entsprechender Einwaage. Besonders geeignet für Gehalte unter 0,1%.

***Zuverlässigkeit.*** Bei Gehalten um 0,01% etwa ±10%,
um 0,1% etwa ±1%.

***Reagenzien.***

1. Stabilisiertes, gekörntes Wasserstoffperoxid. Siehe unter 2.2.1. S. 196.

***Geräte.*** Handelsübliche Geräte, die Angaben über Konzentration der Absorptionslösung enthalten (Abb. 11).

Strömungsmesser für Sauerstoff: Die Strömungsgeschwindigkeit des Sauerstoffs wird durch das Gerät geregelt.

***Ausführung.*** Nach Verbrennen der Probe in dem Verbrennungsofen gemäß den Angaben unter 1 und 2.1. S. 195, durchströmen die Verbrennungsgase ein am Apparat angebrachtes Glasrohr mit stabilisiertem, gekörntem Wasserstoffperoxid (1). Hierbei wird Schwefeldioxid zu Schwefelsäure oxydiert und gebunden. Dann werden sie in die Titrierzelle eingeleitet, wo sie zur vollständigen Umsetzung des Kohlendioxids zu Bariumcarbonat durch einen hochtourig laufenden Rührer zerschlagen und intensiv mit der Absorptionslösung vermischt werden. Die hierbei auftretende pH-Änderung wird laufend durch elektrolytisch erzeugte Hydroxylionen bis zum vorgegebenen pH-Wert selbsttätig kompensiert. Die handelsüblichen Geräte zeigen bei einer vorgeschriebenen Einwaage den Kohlenstoffwert entweder über ein Zählwerk an und/ oder drucken ihn auf einen Papierstreifen.

Bei Kohlenstoffgehalten über 0,2% wird eine Teilung der Verbrennungsgase vorgenommen. Es gelangt nur 1 Teil des Kohlendioxids zur Titration, während 9 Teile verworfen werden. Diese Aufteilung erfolgt bei den handelsüblichen Geräten mit einer eingebauten Meßpumpe.

***Bemerkung.*** Obwohl es sich bei dieser Methode um eine leitprobenfreie Kohlenstoffbestimmungsmethode handelt, wird empfohlen, sich durch Verbrennen von Proben mit bekanntem Kohlenstoffgehalt (Stahlproben oder bei hohen Kohlenstoffgehalten Natriumoxalat nach SÖRENSEN, 2 Std. bei 105° getrocknet) von der exakten Arbeitsweise des Gerätes zu überzeugen. Dies ist besonders bei längere Zeit nicht benutzten Geräten erforderlich.

### 2.2.4 Konduktometrische Methode

***Grundlage.*** Das bei der Verbrennung entstehende Kohlendioxid wird in Natriumhydroxidlösung geleitet, wodurch sich deren elektrische Leitfähigkeit ändert. Diese Leitfähigkeitsänderung ist ein Maß für den Kohlenstoffgehalt der Probe.

***Anwendungsbereich.*** Geeignet für Gehalte bis 25% bei entsprechender Einwaage. Besonders geeignet für Gehalte unter 0,1%.

***Zuverlässigkeit.*** Bei Gehalten um 0,01% etwa ±10%,
um 0,1% etwa ±1%.

***Geräte.*** Handelsübliche Geräte, die mit Proben bekannten Kohlenstoffgehaltes und ähnlicher Zusammensetzung wie die zu untersuchende Probe geeicht werden. (Abb. 12).

***Ausführung.*** Die Probe wird gemäß 1 und 2.1, S. 195, eingewogen und dann in das einseitig offene Verbrennungsrohr geschoben. Von der anderen Seite saugt eine Pumpe das Verbrennungsgasgemisch, welches zuvor einen Schwefeldioxidabsorber passiert hat, in die Leitfähigkeitsmeßapparatur. Durch eine kalibrierte Düse wird das Gasgemisch der Meßzelle zugeführt. Die gleichmäßig aufsteigenden kleinen Gasblasen werden dem Reaktionsraum und einer nachgeschalteten Reaktionswendel zugeführt, in denen eine abgemessene Menge verdünnter Natriumhydroxidlösung umgewälzt wird.

Zur Messung der Leitfähigkeitsdifferenz sind zwei Elektrodenanordnungen so eingebaut, daß die eine Elektrode von der frischen und die zweite Elektrode von der begasten Natriumhydroxidlösung umspült wird. Die Leitfähigkeitsdifferenz kann durch einen Schreiber oder ein Zählwerk fixiert werden. Nach Eichen des Geräts kann bei entsprechender Einwaage der Kohlenstoffgehalt der Probe direkt abgelesen werden.

Bei Kohlenstoffgehalten über 0,2% werden die Verbrennungsgase durch eine eingebaute Meßpumpe im Verhältnis 1 + 9 aufgeteilt. Nur 1 Teil wird analysiert, während 9 Teile verworfen werden.

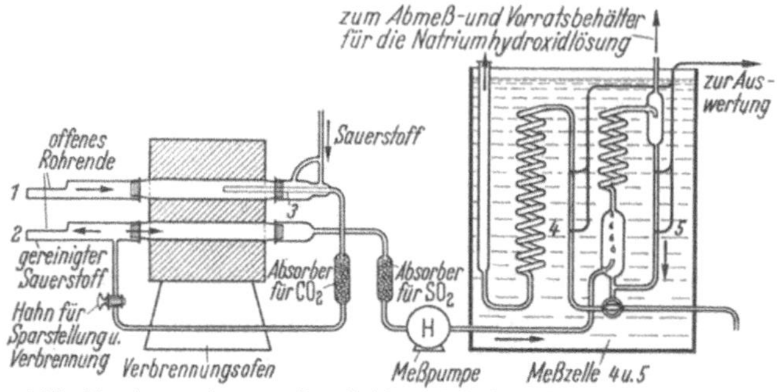


Abb. 12. Apparatur zur konduktometrischen C-Bestimmung

## 3 Bestimmung des nichtgebundenen Kohlenstoffs

***Grundlage.*** Der nichtgebundene Kohlenstoff wird nach Lösen der Probe filtriert und nach den unter 2, S. 195, beschriebenen Methoden verbrannt und bestimmt.

***Anwendungsbereich.*** Geeignet für Gehalte über 0,01%.

***Reagenzien.***

1. Asbest für Gooch-Tiegel: Der Asbest wird mit heißer Salzsäure (1 + 1) gekocht und anschließend mit heißem Wasser säurefrei gewaschen und nach dem Trocknen ausgeglüht.

***Ausführung.*** 1 bis 5 g Probe werden in einer Platinschale mit 20 bis 40 ml Salpetersäure (1 + 4) unter Zutropfen von 10 ml Fluorwasserstoffsäure (40%) gelöst. Nach Beendigung der Hauptreaktion erhitzt man die Lösung 10 min auf einem kochenden Wasserbad, verdünnt mit 20 ml Wasser und filtriert im Gooch-Tiegel den ungelöst gebliebenen, nichtgebundenen Kohlenstoff über Asbest (1) ab. Die den Kohlenstoff enthaltenden Asbestfasern werden nach Auswaschen mit heißem Wasser und Trocknen in ein ausgeglühtes Verbrennungsschiffchen gebracht und bei 1000° verbrannt. Das entstehende Kohlendioxid wird nach einer der unter 2.2 beschriebenen Methoden bestimmt.

***Bemerkung.*** In der Probe vorhandenes Siliciumcarbid wird nicht mit Säure zersetzt, so daß dieser carbidisch gebundene Kohlenstoff als nichtgebundener Kohlenstoff miterfaßt wird.

## 4 Bestimmung des Kohlenstoffs in Metallen und Legierungen

### 4.1 Metallisches Chrom

### 4.2 Metallisches Kobalt und Kobaltoxid

### 4.3 Metallisches Mangan

### 4.4 Metallisches Molybdän

### 4.5 Metallisches Nickel und Nickeloxid

## 4.6 Metallisches Niob

## 4.7 Metallisches Tantal

## 4.8 Metallisches Wolfram

## 4.9 Ferro-Bor

## 4.10 Ferro-Molybdän

## 4.11 Ferro-Niob-Tantal

## 4.12 Ferro-Tantal-Niob

## 4.13 Ferro-Titan

## 4.14 Ferro-Vanadium

## 4.15 Ferro-Wolfram

***Grundlage.*** Der Kohlenstoff wird nach Verbrennen der Probe im Sauerstoffstrom als Kohlendioxid entweder coulometrisch oder konduktometrisch bestimmt.

***Zuschläge.*** Zu empfehlen sind:
1. Zinnspäne oder -pulver.
2. Zinnspäne oder -pulver mit gekörntem Wismut, im Verhältnis 1 + 1 gemischt.
3. Kohlenstoffarmes Weicheisen.

***Ausführung.*** In das nach 2.1 vorbereitete Schiffchen werden zunächst 0,5 bis 1 g kohlenstoffarmes Eisen (3) als Unterlage eingewogen. Darauf schichtet man je nach Größe des zu erwartenden Kohlenstoffgehaltes 0,2 bis 1 g Probe (Feinheitsgrad 0,2 DIN 4188, oder Metallspäne), hierauf entweder 0,5 g Zinnspäne (1) oder Zinnspäne (2). Die Verbrennung wird bei einer Ofentemperatur von 1350 bis 1400° durchgeführt. Die Bestimmung des Kohlendioxids erfolgt nach der coulometrischen oder konduktometrischen Methode gemäß 2.2.3 und 2.2.4, S. 199.

## 4.16 Hochgekohltes Ferro-Chrom

## 4.17 Hochgekohltes Ferro-Mangan

***Grundlage.*** Der Kohlenstoff wird nach Verbrennen der Probe im Sauerstoffstrom als Kohlendioxid entweder gasvolumetrisch, gewichtsanalytisch, coulometrisch oder konduktometrisch bestimmt.

***Zuschläge.*** Zu empfehlen sind:
1. Zinnspäne oder -pulver.
2. Zinnspäne oder -pulver mit gekörntem Wismut, im Verhältnis 1 + 1 gemischt.
3. Zinkoxid, bei 1300 1 Std. geglüht.
4. Kohlenstoffarmes Weicheisen.

***Ausführung.*** In das gemäß 2, S. 195, vorbereitete Verbrennungsschiffchen wird 1 g kohlenstoffarmes Eisen (4) eingewogen und darauf werden je nach Kohlenstoffgehalt 0,2 bis 0,5 g Probe verteilt (Feinheitsgrad 0,20 DIN 4188). Man deckt mit 0,5 g Zinnspänen (1) oder (2) ab. Die Einwaage kann zum Schutz des Rohres noch mit 0,2 g Zinkoxid abgedeckt werden. Die Verbrennung erfolgt bei 1400°. Das entstehende Kohlendioxid wird nach den unter 2.2, S. 196, beschriebenen Methoden bestimmt.

## 4.18 Ferro-Chrom mittlerer Kohlungsstufe

## 4.19 Ferro-Mangan mittlerer Kohlungsstufe

***Grundlage.*** Der Kohlenstoff wird nach Verbrennen der Probe im Sauerstoffstrom als Kohlendioxid entweder volumetrisch, gewichtsanalytisch, coulometrisch oder konduktometrisch bestimmt.

***Probenvorbereitung.*** Die durch Bohren erhaltenen feinen Späne werden zur Erzielung einer guten Durchschnittsprobe nachträglich durch vorsichtiges Klopfen oder Mahlen zerkleinert.

***Zuschläge*** und ***Ausführung*** siehe unter 4.17, S. 201.

## 4.20 Niedriggekohltes Ferro-Chrom

## 4.21 Niedriggekohltes Ferro-Mangan

***Grundlage.*** Der Kohlenstoff wird nach Verbrennen der Probe im Sauerstoffstrom als Kohlendioxid mit coulometrischer oder konduktometrischer Anzeige bestimmt.

***Zuschläge.*** Siehe unter 4.17, S. 201.

***Probenvorbereitung.*** Feinbohrspäne werden vorsichtig geklopft, bis sie durch ein Sieb 0,25 DIN 4188 gehen. Anschließend siebt man den Feinanteil unter 0,056 DIN 4188 ab und wiegt ihn entweder anteilmäßig mit dem groben ein oder analysiert beide Fraktionen getrennt.

***Ausführung.*** Die Verbrennung erfolgt, wie unter 4.17, S. 201, beschrieben. Zweckmäßig deckt man abschließend Probe und Zuschläge im Schiffchen mit 0,2 g Zinkoxid ab.

***Ausrechnung.*** Werden Grob- und Feinanteil der Probe getrennt analysiert, so sind die gefundenen Kohlenstoffgehalte der einzelnen Fraktionen auf die Gesamtprobe zu berechnen.

## 4.22 Silico-Chrom

## 4.23 Silico-Mangan

## 4.24 Metallisches Silicium und Ferro-Silicium

***Grundlage.*** Der Kohlenstoff wird nach Verbrennen der Probe im Sauerstoffstrom als Kohlendioxid coulometrisch oder konduktometrisch bestimmt.

***Ausführung.*** Die Durchführung erfolgt gemäß den Angaben unter 4.1 bis 15 S. 201. Für die Bestimmung werden 0,25 bis 0,5 g Probe (Feinheitsgrad 0,20 DIN 4188) eingewogen.

Die Verwendung eines größeren Verbrennungsschiffchens und das Abdecken mit 0,2 g Zinkoxid (3) wird empfohlen.

# 5 Bestimmung des Kohlenstoffs in Metallcarbiden

## 5.1 Tantalcarbid

## 5.2 Titancarbid

## 5.3 Wolframcarbid

***Grundlage.*** Der Kohlenstoff wird im Sauerstoffstrom verbrannt und das Kohlendioxid gewichtsanalytisch bestimmt.

***Reagenzien.*** Siehe unter 2.2.2, S. 197.

***Ausführung.*** In das gemäß 2.1, S. 195, vorbereitete Schiffchen wiegt man 0,2 g Probe ein. Die Verbrennung erfolgt ohne Zugabe von Verbrennungshilfen bei 1200°. Das gebildete Kohlendioxid wird gemäß 2.2.2, S. 197, an Natronasbest gebunden und gewichtsanalytisch bestimmt.

***Bemerkung.*** Nach diesem Verfahren wird der Gesamtkohlenstoff bestimmt. Der in der Probe vorhandene, nichtgebundene Kohlenstoff wird nach der unter 3, S. 200, beschriebenen Methode bestimmt und berücksichtigt.

Kapitel 15

# Kupfer

## Inhalt

# 1 Rohstoffe

## 1.1 Kupfererze und -erzkonzentrate

### 1.1.1 Bestimmung des Kupfers

***Grundlage.*** Nach dem Lösen der Probe mit Säuren und nach Entfernen der störenden Bestandteile wird das Kupfer in salpetersaurer-schwefelsaurer Lösung elektrolytisch bestimmt.

***Anwendungsbereich.*** Geeignet für Gehalte über 0,5%.

***Zuverlässigkeit.*** Bei Gehalten von 0,5 bis 5% etwa ± 2%,
von 5 bis 10% etwa ± 1%,
von 10 bis 50% etwa ± 0,2%,
über 50% etwa ± 0,1%.

***Reagenzien.***

1. Mischsäure: Salpetersäure (1,4) und Schwefelsäure (1,84) im Volumenverhältnis 1 + 1.
2. Natriumchloridlösung: 0,1 g zu 100 ml gelöst.
3. Eisen(III)-nitratlösung: 1 g $Fe(NO_3)_3 \cdot 9\,H_2O$ zu 100 ml gelöst.

***Geräte.*** Elektroden aus Platin-Iridium für die ruhende Elektrolyse. Kathode: zylinderförmig, z. B. nach WINKLER, Durchmesser 35 mm, Höhe 50 mm. Anode: Drahtspirale mit 8 bis 10 Windungen von 10 mm Durchmesser.

***Ausführung.*** 2 g Probe (Feinheitsgrad 0,16 DIN 4188) werden in einem 600 ml-Becherglas (breite Form) mit Wasser angefeuchtet und mit 20 ml Salpetersäure (1 + 1) und 20 ml Schwefelsäure (1 + 1) durch Erwärmen gelöst. Man dampft bis zur Trockne ein, nimmt den Eindampfrückstand mit 100 ml Salzsäure (1 + 6) auf und kocht bis zum Lösen der Salze. Einen ungelösten Rückstand filtriert man über ein Filter Gr. 2 ab und wäscht mit heißer Salzsäure (1 + 10) nach.

Filter und Rückstand werden in das 600 ml-Becherglas zurückgegeben und darin mit 15 ml Salpetersäure (1,4) und 10 ml Schwefelsäure (1,84) durch langsames Erwärmen, evtl. unter Zugabe von einigen Tropfen Mischsäure (1) während des Rauchens, zersetzt. Nach dem Abkühlen und Aufnehmen mit 10 ml Wasser spült man in eine Platinschale über und raucht mit 5 bis 10 ml Fluorwasserstoffsäure (40%) bis fast zur Trockne ein.

Man nimmt mit etwas Wasser und wenig Salzsäure (1,19) auf, erwärmt und vereinigt die Lösung mit dem Filtrat des unlöslichen Rückstandes in einem 500 ml-Erlenmeyerkolben. Man verdünnt auf etwa 300 ml und leitet in die zum Sieden erhitzte Lösung Schwefelwasserstoff bis zur Sättigung ein. Der entstandene Sulfidniederschlag wird über ein Filter Gr. 2 abfiltriert und mit schwefelwasserstoffhaltiger Salzsäure (1 + 10) ausgewaschen.

Filter und Niederschlag werden in das Fällgefäß zurückgegeben und nach Zufügen von 15 ml Salpetersäure (1,4) und 10 ml Schwefelsäure (1,84) durch langsames Erwärmen, evtl. unter Zugabe von einigen Tropfen Mischsäure (1) während des Rauchens, zersetzt.

Danach kühlt man Gefäß und Inhalt ab, fügt 10 ml Wasser und 10 bis 20 ml Bromwasserstoffsäure (1,38) zu und erhitzt zum Verflüchtigen von Arsen, Antimon und Zinn bis zum Rauchen der Schwefelsäure. Man unterbricht dies kurz, gibt 10 bis 20 ml Wasser zu und erhitzt erneut bis zum starken Rauchen.

Nach dem Abkühlen wird mit 100 ml Wasser aufgekocht, bis die Sulfate gelöst sind. Dabei setzt man 1 bis 2 Tropfen Natriumchloridlösung (2) zum Fällen von Silberresten zu und läßt in der Kälte absetzen. Man filtriert über ein Filter Gr. 4 in ein 400 ml-Becherglas und wäscht mit Schwefelsäure (1 + 20) aus.

Um vorhandenes Wismut zu entfernen, macht man die Lösung nach Zusetzen von 5 ml Eisen(III)-nitratlösung (3) ammoniakalisch, erhitzt kurz zum Sieden und läßt den das Wismut enthaltenden Eisenoxidhydratniederschlag in der Wärme absetzen. Man filtriert heiß über ein Filter Gr. 2 in ein 400 ml-Becherglas (hohe Form) ab und wäscht mit heißem Wasser nach. Der Niederschlag wird in möglichst wenig Schwefelsäure (1 + 1) in der Wärme nochmals gelöst, mit Ammoniak in der Siedehitze wieder gefällt und wie vorher abfiltriert, wobei das Filtrat mit dem ersten Filtrat vereinigt wird.

Man neutralisiert die Lösung mit Schwefelsäure (1 + 1), verdünnt nach Zufügen von 30 ml Salpetersäure (1 + 1) auf etwa 300 ml und bestimmt in dieser Lösung das Kupfer, indem man es bei ruhendem Elektrolyten mit einem Strom von 0,3 A in etwa 16 Std. auf einer Platinnetzelektrode niederschlägt und nach dem Waschen mit Wasser und Äthanol und Trocknen bei 105° wägt.

### 1.1.2 Bestimmung des Bleis

***Grundlage.*** Nach dem Lösen der Probe mit Säuren wird das Blei als Bleisulfat abgetrennt und nach vollständiger Isolierung gewichtsanalytisch als Bleisulfat bestimmt.

***Anwendungsbereich.*** Geeignet für Gehalte über 0,5%.

***Zuverlässigkeit.*** Bei Gehalten von 0,5 bis 2% etwa ±2%,
von 2 bis 10% etwa ±0,5%.

***Reagenzien.***

1. Ammoniumacetatlösung: 100 g zu 100 ml gelöst.
2. Mischsäure: Salpetersäure (1,4) und Schwefelsäure (1,84) im Volumenverhältnis (1 + 1).
3. Ammoniumpolysulfidlösung: 1 Liter Ammoniak (1 + 2) wird mit 1,5 g Schwefelblume versetzt und mit Schwefelwasserstoff gesättigt.

***Ausführung.*** 2 bis 5 g Probe (Feinheitsgrad 0,16 DIN 4188) werden mit 20 bis 40 ml Salpetersäure (2 + 1) und 20 bis 40 ml Schwefelsäure (1 + 1) in einem 600 ml-Becherglas (breite Form) in der Wärme gelöst. Die Lösung wird bis zum Rauchen der Schwefelsäure erhitzt, nach dem Abkühlen mit 80 ml Wasser aufgekocht und zum Absetzen des Bleisulfats mindestens 3 Std. kalt stehen gelassen. Dann wird über ein Filter Gr. 4 filtriert und mit Schwefelsäure (1 + 20) ausgewaschen. Der Niederschlag wird in das Becherglas zurückgespült, je nach Menge des Bleisulfats mit 30 bis 50 ml Ammoniumacetatlösung (1) versetzt und bis zum Lösen des Bleisulfats erwärmt. Dann wird die Lösung durch Filtrieren über das schon benutzte Filter vom Unlöslichem getrennt. Filter und Rückstand werden nach dem Auswaschen in einen Erlenmeyerkolben gebracht und durch langsames Erwärmen mit 15 ml Salpetersäure (1,4) und 15 ml Schwefelsäure (1,84), evtl. unter Zugabe von einigen Tropfen Mischsäure (2) während des Rauchens, zersetzt. Die auf ein kleines Volumen eingeengte Lösung wird mit wenig Wasser in eine Platinschale übergespült und nach Zufügen von 5 bis 10 ml Fluorwasserstoffsäure (40%) zur Trockne eingedampft. Der Rückstand wird mit wenig Wasser in ein 200 ml-Becherglas (breite Form) gespült, mit 20 ml Ammoniumacetatlösung (1) versetzt und erwärmt. Diese Lösung wird durch ein Filter Gr. 4 filtriert, mit der ersten Ammoniumacetatlösung in einem 600 ml-Becherglas (breite Form) vereinigt und ammoniakalisch gemacht. In die zum Sieden erhitzte Lösung gibt man 30 bis 50 ml Ammoniumpolysulfidlösung (3) unter Umrühren zu, filtriert den entstandenen Bleisulfidniederschlag noch heiß über ein Filter Gr. 2 ab und wäscht kurz mit Wasser aus. Dann spült man den Niederschlag in das Fällgefäß zurück, löst Reste des Niederschlages mit heißer Salpetersäure (2 + 1) vom Filter dazu und wäscht es mit warmer Salpetersäure (1 + 10) aus. Man setzt noch 10 ml Salpetersäure (1+ 1) zu, erhitzt zum Sieden und nach Zufügen von 20 ml Schwefelsäure (1 + 1) bis zum Rauchen.

Nach dem Erkalten nimmt man mit 50 ml Wasser auf und läßt nach kurzem Aufkochen das entstandene Bleisulfat mindestens 3 Std. in der Kälte absetzen. Dann bringt man es in einen geglühten und gewogenen Porzellanfiltertiegel A2 und wäscht mit wenig Schwefelsäure (1 + 20) und dann mit Äthanol aus. Man trocknet und glüht das Bleisulfat im Tiegel 10 min bei 500°, läßt im Exsiccator erkalten und wägt.

Zur Prüfung auf Reinheit bringt man das gewogene Bleisulfat durch vorsichtiges Klopfen des Tiegels in ein 200 ml-Becherglas, löst es in der Wärme mit 30 bis 50 ml Ammoniumacetatlösung (1), filtriert, wenn eine Trübung sichtbar ist, die Lösung wieder durch den Tiegel, wäscht aus, trocknet, glüht und wägt wie vorher.

Der Bleigehalt der Probe errechnet sich aus dem Gewicht des Bleisulfats der ersten Wägung abzüglich einer bei der zweiten Wägung festgestellten Zunahme des Tiegelleergewichtes.

Der Umrechnungsfaktor von Bleisulfat auf Blei ist 0,6832.

### 1.1.3 Bestimmung des Wismuts

#### 1.1.3.1 Photometrische Bestimmung

***Grundlage.*** Das Wismut wird in schwach salpetersaurer Lösung der Probe durch Ausfällen von den Hauptbestandteilen der Probe abgetrennt und nach vollständiger Isolierung photometrisch bestimmt.

***Anwendungsbereich.*** Geeignet für Gehalte von 0,05 bis 0,5%.

***Zuverlässigkeit.*** Etwa ± 5%.

***Reagenzien.***

1. Mangan(II)-nitratlösung: 100 g $Mn(NO_3)_2 \cdot 6\ H_2O$ zum Liter gelöst.
2. n-Kaliumpermanganatlösung.
3. Eisenpulver.
4. Eisen(III)-nitratlösung: 3 g $Fe(NO_3)_3 \cdot 9\ H_2O$ zu 100 ml gelöst.
5. Kaliumjodidlösung: 10 g zu 100 ml gelöst.
6. Natriumhypophosphitlösung: 30 g zu 100 ml gelöst.
7. Wismutstammlösung: 100 mg Wismut werden mit 50 ml Schwefelsäure (1,84) gelöst und in einem Meßkolben mit Wasser zum Liter aufgefüllt.
8. Wismutstandardlösung: 150 ml Stammlösung (7) werden mit Schwefelsäure (1 + 20) in einem Meßkolben zum Liter verdünnt. 1 ml $\triangleq$ 0,015 mg Wismut.

***Ausführung.*** 2 bis 5 g Probe (Feinheitsgrad 0,16 DIN 4188) werden in einem 500 ml-Erlenmeyerkolben mit 50 ml Salpetersäure (2 + 1) gelöst. Man dampft die Lösung auf die Hälfte ein, verdünnt mit 100 ml Wasser und bringt die ausgeschiedenen Salze durch Kochen, evtl. unter Zusatz einiger Tropfen Salpetersäure (2 + 1), wieder in Lösung. Diese wird abgekühlt, mit Ammoniak neutralisiert und mit Salpetersäure (1 + 1) wieder schwach angesäuert. Nach Zufügen von 25 ml Mangan-(II)-nitratlösung (1) und 4 ml Kaliumpermanganatlösung (2) wird zum Sieden erhitzt, wobei weitere 4 ml Kaliumpermanganatlösung (2) unter Umrühren tropfenweise zugesetzt werden. Man kocht einige Minuten weiter, filtriert den entstandenen Niederschlag über ein Filter Gr. 2 ab und wäscht mit heißem Wasser aus. Das Filtrat wird mit Ammoniak neutralisiert und mit Salpetersäure (1 + 1) schwach wieder angesäuert. Dann wiederholt man die obige Fällung, filtriert wieder über ein Filter Gr. 2 ab und vereinigt die Filter und Niederschläge beider Fällungen in dem Fällgefäß, worin sie mit 20 ml Salpetersäure (1,4) und 15 ml Schwefelsäure (1,84) durch langsames Erhitzen zersetzt werden. Man raucht bis fast zur Trockne ein, nimmt mit 200 ml Wasser und 30 ml Salzsäure (1,19) auf und kühlt in fließendem Wasser ab. Dann filtriert man über ein Filter Gr. 2 ab, wäscht mit Salzsäure (1 + 20) nach und verwirft Filter und Rückstand.

Das Filtrat wird erhitzt und mit Eisenpulver (3) reduziert, um das Wismut durch Zementation von Bleiresten zu trennen. Der wismuthaltige Zementationsniederschlag wird über ein Filter Gr. 1 abfiltriert, mit heißem Wasser ausgewaschen und in das Fällgefäß zurückgegeben. Nach Zufügen von 50 ml Wasser und 15 ml Salzsäure (1,19) läßt man in der Wärme stehen, bis alles Eisen gelöst ist, und löst dann den Zementationsniederschlag unter wiederholtem Umschwenken mit 1 g Kaliumchlorat, das man nach und nach zugibt. Man läßt noch weiter in der Wärme stehen, bis kein Chlorgeruch mehr wahrnehmbar ist, verdünnt die Lösung mit Wasser auf etwa 300 ml und leitet Schwefelwasserstoff bis zur Sättigung ein.

Der Schwefelwasserstoffniederschlag wird über ein Filter Gr. 2 abfiltriert, in das Fällgefäß zurückgespült und mit einer gesättigten Natriumsulfidlösung ausgezogen. Dann wird das Wismutsulfid durch Filtrieren über ein Filter Gr. 2 von der Natriumsulfidlösung abgetrennt.

Das Wismutsulfid wird mit dem Filter in 15 ml Salpetersäure (1,4) und 15 ml Schwefelsäure (1,84) durch langsames Erhitzen zersetzt und gelöst. Die Lösung wird weitgehend eingedampft, mit Wasser aufgenommen und auf etwa 100 ml verdünnt.

Dann gibt man 3 ml Eisen(III)-nitratlösung (4) zu, macht ammoniakalisch, kocht auf, filtriert den entstandenen Niederschlag über ein Filter Gr. 2 ab und wäscht mit heißem Wasser aus. Man löst den Niederschlag auf dem Filter mit heißer Schwefelsäure (1 + 20) und wäscht das Filter mit dieser Säure aus. Die Konzentration dieser Lösung muß dann so eingestellt werden, daß in 50 ml der zu photometrierenden Lösung mindestens 0,05 mg und höchstens 0,5 mg Wismut enthalten sind. Man bringt deshalb die gesamte schwefelsaure Wismutlösung oder einen entsprechenden Teil derselben in einen 50 ml-Meßkolben, fügt 2 ml Kaliumjodidlösung (5) und 5 ml Natriumhypophosphitlösung (6) zu, füllt mit Schwefelsäure (1 + 20) auf und schüttelt um. Nach einer Reaktionszeit von 15 min wird gegen einen Reagenzienblindansatz gemessen. (Reagenzienblindansatz: 40 ml Schwefelsäure (1 + 20), 2 ml Kaliumjodidlösung (5) und 5 ml Natriumhypophosphitlösung (6) werden in einem 50 ml-Meßkolben mit Schwefelsäure (1 + 20) aufgefüllt, umgeschüttelt und 15 min stehen gelassen.) Gemessen wird bei 470 nm. Die dabei erforderliche Küvette ergibt sich aus der folgenden Tabelle:

| Wismut % | Einwaage | Zur Messung benutzter Teil der Einwaage | Küvette |
|---|---|---|---|
| unter 0,004 | 5 g | 5 g | 5 cm |
| 0,004 bis 0,03 | 2 g | 2 g | 2 cm |
| 0,03 bis 0,25 | 2 g | 0,1 g | 5 cm |
| 0,25 bis 0,60 | 2 g | 0,1 g | 2 cm |

***Eichkurve.*** Mehrere Abmessungen von 2 bis 40 ml Standardlösung (8) (entsprechend 0,03 bis 0,6 mg Wismut) werden in 50 ml-M ßkölbchen mit je 3 ml Eisen (III)-nitratlösung (4), 2 ml Kaliumjodidlösung (5) und 5 ml Natriumhypophosphitlösung (6) in dieser Reihenfolge versetzt, mit Schwefelsäure (1 + 20) aufgefüllt und umgeschüttelt. Nach 15 min wird die Extinktion der gelb gefärbten Lösung gegen einen Reagenzienblindansatz, wie unter Ausführung beschrieben, gemessen.

### 1.1.3.2 Gewichtsanalytische Bestimmung

***Grundlage.*** Das Wismut wird in schwach salpetersaurer Lösung der Probe durch Ausfällen von den Hauptbestandteilen der Probe getrennt und nach vollständiger Isolierung gewichtsanalytisch bestimmt.

***Anwendungsbereich.*** Geeignet für Gehalte über 0,5%.

***Zuverlässigkeit.*** Bei Gehalten von 0,5 bis 2% etwa ± 1%,<br>von 2 bis 5% etwa ± 0,3%.

***Reagenzien.***

1. Mangan(II)-nitratlösung: 100 g $Mn(NO_3)_2 \cdot 6\,H_2O$ zum Liter gelöst.
2. n-Kaliumpermanganatlösung.
3. Eisenpulver.

***Ausführung.*** Das Lösen der Probe und das Abtrennen und Überführen des Wismuts in eine schwefelsaure Lösung erfolgen nach 1.1.3.1.

Für die gewichtsanalytische Bestimmung fällt man das Wismut aus der schwefelsauren Lösung bei Siedehitze mit Ammoniak (0,91) in geringem Überschuß und etwa 2 g Ammoniumhydrogencarbonat, verkocht das Ammoniak so weit, daß die Lösung noch deutlich nach Ammoniak riecht, und läßt den Wismutniederschlag bei Zimmertemperatur etwa 4 Std. absetzen.

Dann wird über ein Filter Gr. 4 filtriert und mit heißem Wasser ausgewaschen. Der Niederschlag wird mit Salzsäure (1 + 1) gelöst, erneut wie vorher ausgefällt und zum Absetzen wieder 4 Std. stehen gelassen. Man filtriert ihn über ein Filter Gr. 4 ab, wäscht mit heißem Wasser nach und löst den Niederschlag auf dem Filter mit Salzsäure (1 + 1) so, daß die Lösung dabei filtriert wird.

Die klare Lösung wird auf dem Wasserbad auf wenige ml eingedampft und dann mit kochendem Wasser auf etwa 500 ml verdünnt. Dabei fällt das Wismut als Wismutoxidchlorid, BiOCl, aus. Man läßt über Nacht absetzen, bringt den Niederschlag dann in einen getrockneten und gewogenen Porzellanfiltertiegel A 2, wäscht mit heißem Wasser aus, trocknet 2 Std. bei 105°, läßt im Exsiccator erkalten und wägt.

Der Umrechnungsfaktor von Wismutoxidchlorid auf Wismut ist 0,8024.

### 1.1.4 Bestimmung des Arsens

***Grundlage.*** Nach Lösen der Probe mit Säuren wird das Arsen aus stark salzsaurer Lösung durch Destillieren als Arsen(III)-chlorid abgetrennt und im Destillat maßanalytisch bestimmt.

***Anwendungsbereich.*** Geeignet für Gehalte über 0,05%.

***Zuverlässigkeit.*** Bei Gehalten von 0,05 bis 0,5% etwa ± 5%,
von 0,5 bis 2% etwa ± 3%,
von 2 bis 5% etwa ± 2%.

***Reagenzien.***

1. Eisen(II)-sulfat, $FeSO_4 \cdot 7\,H_2O$.
2. Stärkelösung: 1 g zu 100 ml gelöst.
3. Chloramin T-Lösung: 16 g p-Toluolsulfonchloramid-Natrium zum Liter gelöst. 1 ml $\cong$ 4 mg Arsen.
4. Arsen(III)-oxid.

***Geräte.*** Destilliergerät, siehe Abb. 5 im Kapitel Arsen unter 1.2, S. 70.

***Ausführung.*** 2 (bis 10) g Probe (Feinheitsgrad 0,16 DIN 4188) werden in einem 600 ml-Becherglas (breite Form) mit 40 (bis 60) ml Salpetersäure (1 + 1) durch Erwärmen gelöst. Nach Zufügen von 20 (bis 50) ml Schwefelsäure (1 + 1) wird die Lösung zum Entfernen der Salpetersäure eingeraucht. Dann wird mit wenig Wasser aufgenommen, abgekühlt und mit Salzsäure (1,19) in den Destillierkolben übergespült. Nach Zusatz von 25 g Eisen(II)-sulfat (1) ergänzt man die zum Überspülen in den Destillierkolben benutzte Menge Salzsäure (1,19) auf 150 ml, destilliert bis auf 50 ml ab, wiederholt dies nach Zusatz von 100 ml Salzsäure (1,19) und fängt die Destillate in der mit 200 ml Wasser beschickten Vorlage unter Kühlen auf.

Das stark salzsaure Destillat wird unter Kühlen schwach ammoniakalisch gemacht, mit wenigen Tropfen Salzsäure wieder angesäuert und mit einem Überschuß an festem Natriumhydrogencarbonat versetzt. Nach Zusatz von 10 ml Stärkelösung (2) und 0,1 g Kaliumjodid bestimmt man das Arsen maßanalytisch mit einer eingestellten Lösung von Chloramin T (3).

Zur ***Titerstellung der Chloramin T-Lösung*** (3) löst man 0,25 g Arsen(III)-oxid (4) mit 5 ml Natriumhydroxidlösung (40 g in 100 ml), setzt 100 ml Wasser zu, macht schwach salzsauer, verdünnt weiter auf etwa 500 ml und gibt Natriumhydrogencarbonat im Überschuß zu. Dann titriert man mit der Chloramin T-Lösung (3), wie unter Ausführung beschrieben.

***Bemerkungen.*** Die Titration kann auch, wie im Kapitel Arsen beschrieben, mit Kaliumbromat bei potentiometrischer Endpunktsanzeige durchgeführt werden.

Wenn die Probe Antimon enthält, wird das Arsen, wie unter 2.1.3, S. 217, beschrieben, bestimmt.

### 1.1.5 Bestimmung des Zinks

***Grundlage.*** Nach dem Lösen der Probe mit Säuren und Abtrennen der störenden Bestandteile wird das Zink mit Kaliumhexacyanoferrat(II)- bei potentiometrischer Endpunktanzeige maßanalytisch bestimmt.

***Anwendungsbereich.*** Geeignet für Gehalte über 1%.

***Zuverlässigkeit.*** Bei Gehalten von 1 bis 5% etwa ± 3%,
von 5 bis 10% etwa ± 2%.

***Reagenzien.***

1. Kaliumhexacyanoferrat(II)-lösung: 43 g $K_4Fe(CN)_6 \cdot 3\,H_2O$ + 1 g $K_3Fe(CN)_6$ zum Liter gelöst.

2. Feinzink.

***Geräte.*** Platin-Elektrode (Spirale) gegen Standard-Kalomelbezugselektrode oder kombinierte Platin-Kalomel-Einstabmeßkette.

***Ausführung.*** Man wägt 2 g Probe (Feinheitsgrad 0,16 DIN 4188) ein und behandelt sie nach der unter 1.1.1, S. 207, beschriebenen Methode bis zur Abtrennung des Schwefelwasserstoffniederschlags.

Das Filtrat des Schwefelwasserstoffniederschlages kocht man bis zum Verschwinden des Schwefelwasserstoffgeruches und dampft nach Zufügen von 30 ml Wasserstoffperoxid (10%) auf etwa 200 ml ein. Dann fällt man das Eisen in der Wärme mit Ammoniak (0,91) aus, das zweimal umgelöst, wieder ausgefällt und über ein Filter Gr. 2 abfiltriert wird. Die Filtrate der Eisenabtrennung werden vereinigt, mit Schwefelsäure (1 + 1) neutralisiert (Indicator Methylorange) und bei einem Volumen von etwa 600 ml mit einem Überschuß von 2 Tropfen Schwefelsäure (1 + 1) wieder angesäuert. Dann wird zum Sieden erhitzt und zum Fällen des Zinks Schwefelwasserstoff bis zum Erkalten der Lösung eingeleitet.

Man filtriert den Zinksulfidniederschlag über ein Filter Gr. 4 ab und wäscht mit schwefelwasserstoffhaltigem Wasser aus. Filter und Niederschlag werden im Fällgefäß durch langsames Erhitzen mit 15 ml Salpetersäure (1,4) und 15 ml Schwefelsäure (1,84) zersetzt und gelöst. Die Lösung wird bis auf ein kleines Volumen abgeraucht, mit 10 ml Wasser aufgenommen und nochmals bis zum Rauchen erhitzt. Dann neutralisiert man die auf etwa 400 ml verdünnte Lösung mit Ammoniak (0,91), Indicator Methylorange, und säuert mit 2 ml Schwefelsäure (1 + 1) wieder an.

Nun erhitzt man zum Sieden und titriert bei etwa 80° das Zink mit Kaliumhexacyanoferrat(II)-lösung (1) unter potentiometrischer Endpunktanzeige.

***Titerstellung.*** 0,3 g Feinzink (2) löst man mit 10 ml Schwefelsäure (1 + 1), macht die Lösung ammoniakalisch, säuert mit 2 ml Schwefelsäure (1 + 1) wieder an und titriert mit der Kaliumhexacyanoferrat(II)-lösung (1), wie oben angegeben.

### 1.1.6 Bestimmung des Eisens

***Grundlage.*** Nach dem Lösen der Probe mit Säuren wird das Eisen durch Abtrennen isoliert und in salzsaurer Lösung mit Kaliumpermanganat maßanalytisch bestimmt.

***Anwendungsbereich.*** Geeignet für Gehalte über 1%.

***Zuverlässigkeit.*** Bei Gehalten um 10% etwa ± 2%,
um 30% etwa ± 0,5%,
um 50% etwa ± 0,3%.

***Reagenzien.***

1. Zinn(II)-chloridlösung: 12,5 g $SnCl_2 \cdot 2\,H_2O$ gelöst in 10 ml Salzsäure (1,19) und mit Wasser zu 100 ml aufgefüllt.

2. Quecksilber(II)-chloridlösung: 5 g zu 100 ml gelöst.

3. Mangan(II)-sulfatlösung: 67 g $MnSO_4 \cdot 4\,H_2O$ gelöst in 500 bis 600 ml Wasser, dazu 138 ml Phosphorsäure (1,7) und 130 ml Schwefelsäure (1,84) und mit Wasser zum Liter auffüllen.

4. Kaliumpermanganatlösung: 6,4 g zum Liter gelöst.

5. Eisen(III)oxid (Urtitersubstanz).

***Ausführung.*** 2 g Probe (Feinheitsgrad 0,16 DIN 4188) werden in einem 600 ml-Becherglas (breite Form) mit Wasser angefeuchtet und mit 20 ml Salpetersäure

(2 + 1) und 20 ml Schwefelsäure (1 + 1) unter Erwärmen gelöst. Man dampft bis zur Trockne ein, nimmt mit 100 ml Salzsäure (1 + 6) auf und kocht, um die entstandenen Salze zu lösen. Ein unlöslicher Rückstand wird über ein Filter Gr. 3 filtriert, mit warmer Salzsäure (1 + 10) ausgewaschen, in einer Platinschale mit 10 ml Fluorwasserstoffsäure (40%) und 5 ml Schwefelsäure (1 + 1) aufgeschlossen und bis zur Trockne abgeraucht. Der Abrauchrückstand wird mit wenig Kaliumhydrogensulfat geschmolzen, nach Erkalten mit 50 ml Wasser und 5 ml Salzsäure (1 + 1) gelöst und mit der Hauptlösung vereinigt.

In die auf 70 bis 80° erhitzte und auf etwa 300 ml verdünnte Gesamtlösung wird Schwefelwasserstoff bis zum Erkalten eingeleitet, der Sulfidniederschlag wird über ein Filter Gr. 2 abfiltriert, mit schwefelwasserstoffhaltiger Salzsäure (1 + 100) gewaschen und verworfen.

Im Filtrat wird das Eisen nach Verkochen des Schwefelwasserstoffs durch Zusatz von 20 ml Wasserstoffperoxid (3%) in der Wärme oxydiert. Man engt die Lösung durch Weiterkochen auf 100 ml ein, fällt das Eisen mit Ammoniak (0,91) in geringem Überschuß, kocht noch einmal kurz auf und filtriert über ein Filter Gr. 2 ab. Man wäscht mit heißem Wasser aus und spült den Niederschlag aus dem Filter in das Fällgefäß zurück. Man löst ihn mit möglichst wenig warmer Salzsäure (1 + 1), filtriert die Lösung wieder durch das benutzte Filter, das mit heißem Wasser ausgewaschen wird.

Man erhitzt wieder zum Sieden und reduziert in der siedend heißen Lösung das Eisen durch Zutropfen von Zinn(II)-chloridlösung (1), bis die Lösung eben entfärbt ist, und setzt 2 bis 3 Tropfen im Überschuß zu. Nach dem Abkühlen und Verdünnen mit 100 ml kaltem, ausgekochtem Wasser wird die Lösung unter Umschwenken mit 25 ml Quecksilber(II)-chloridlösung (2) versetzt. Man läßt 2 min stehen und spült die Lösung dann in einen 1 l-Erlenmeyerkolben über, in dem sich eine Mischung von 500 ml Wasser und 60 ml Mangansulfat-Phosphorsäurelösung (3) befindet, die vorher mit Kaliumpermanganatlösung (4) austitriert, d. h. angerötet wurde.

Nun titriert man mit Kaliumpermanganatlösung (4) unter gleichmäßigem Umschwenken, bis die Flüssigkeit den gleichen Rosafarbton zeigt wie vor dem Zugeben der Eisenlösung.

***Titerstellung der Kaliumpermanganatlösung* (4).** 0,4 g einer über Nacht getrockneten Probe von Eisen(III)-oxid (5) löst man in einem bedeckten 400 ml-Becherglas (hohe Form) mit 10 ml Salzsäure (1,19) in gelinder Wärme. Wenn alles gelöst ist, spült man Deckglas und Becherglaswände mit heißem Wasser ab, vereinigt dies mit der Lösung, gibt noch 20 ml Wasser zu, erhitzt zum Sieden, und verfährt weiter, wie unter Ausführung beschrieben.

### 1.1.7 Bestimmung des Chlorids

***Grundlage.*** Das Chlorid wird in einem salpetersauren Auszug der Probe mit Silbernitrat maßanalytisch bei potentiometrischer Endpunktanzeige bestimmt.

***Anwendungsbereich.*** Geeignet für Gehalte über 0,1%.

***Zuverlässigkeit.*** Bei Gehalten von 0,1 bis 0,5% etwa ±5%,
von 0,5 bis 2% etwa ±2%.

***Reagenzien.***

1. Silbernitratlösung: 12,17 g Feinsilber, gelöst in 120 ml Salpetersäure (1,2) und zu 2 l aufgefüllt. 1 ml ≙ 2 mg Chlor.

***Geräte.*** Silberchlorid-Elektrode (Platinspirale mit Silberchloridüberzug) gegen Quecksilber/Quecksilbersulfat- gesättigte Kaliumsulfat-Bezugselektrode *oder* kombinierte Silber/Silberchlorid- gesättigte Kaliumnitrat-Einstabmeßkette.

***Ausführung.*** 2,5 g Probe (Feinheitsgrad 0,16 DIN 4188) bringt man in einen 250 ml-Meßkolben und fügt bei Zimmertemperatur 25 ml Wasser und 25 ml Salpetersäure (1 + 1) zu. Man schwenkt mehrfach um und läßt den Ansatz über Nacht stehen. Dann füllt man die Lösung im Kolben auf, mischt und filtriert durch ein trockenes Faltenfilter ohne Nachwaschen in ein trockenes Gefäß ab.

200 ml (= 2 g Einwaage) der filtrierten Lösung pipettiert man in ein 600 ml-Becherglas (breite Form), verdünnt auf etwa 400 ml und bestimmt darin das Chlorid mit der Silbernitratlösung (1) maßanalytisch bei potentiometrischer Endpunktanzeige.

#### 1.1.8 Bestimmung des Goldes und des Silbers

Diese Bestimmungen werden je nach Art des Erzes sinngemäß nach den im Kapitel Edelmetalle unter 1.1.1, 1.2.1, 1.3.1 und 1.5.1, S. 138 bis 142, beschriebenen Methoden ausgeführt.

## 1.2 Kupferhaltige Schwefelkiese und Kiesabbrände

### 1.2.1 Schwefelkiese

#### 1.2.1.1 Bestimmung des Kupfers

***Grundlage.*** Das Kupfer wird nach Lösen der Probe mit Salpetersäure und Abtrennen der störenden Elemente elektrolytisch bestimmt.

***Anwendungsbereich, Zuverlässigkeit, Reagenzien, Geräte*** und ***Ausführung*** siehe unter 1.1.1, S. 206.

#### 1.2.1.2 Bestimmung des Schwefels

***Grundlage.*** Der Schwefel wird nach Lösen der Probe mit Salpetersäure und Salzsäure und nach Abtrennen des unlöslichen Rückstandes in Gegenwart des reduzierten Eisens als Bariumsulfat gefällt und gewichtsanalytisch bestimmt.

***Anwendungsbereich.*** Geeignet für Gehalte von 10 bis 50%.

***Zuverlässigkeit.*** Bei Gehalten von 50% etwa ± 0,2%.

***Reagenzien.***

1. Bariumchloridlösung: 25 g $BaCl_2 \cdot 2\,H_2O$ zum Liter gelöst.

***Ausführung.*** 0,5 g der bei 80° getrockneten Probe (Feinheitsgrad 0,16 DIN 4188) werden in einer Porzellanschale mit einer Mischung von 15 ml Salpetersäure (1,4) und 5 ml Salzsäure (1,19) übergossen. Der Ansatz wird über Nacht mit einem Uhrglas bedeckt stehen gelassen. Dann wird die Schale auf ein Wasserbad gesetzt, nach einer Viertelstunde das Uhrglas abgespritzt und entfernt und die Lösung zur Trockne gedampft. Man wiederholt das Eindampfen noch zweimal mit je 5 ml Salzsäure (1,19), nimmt dann den Rückstand mit 1 ml Salzsäure (1,19) und 100 ml heißem Wasser auf und filtriert die Lösung durch eine doppeltes Filter Gr. 2 in ein 1 l-Becherglas. Filter und Rückstand werden mit heißem Wasser chloridfrei gewaschen. Im Filtrat, etwa 400 bis 450 ml, reduziert man das Eisen mit 0,5 g Hydroxylammoniumchlorid in der Hitze und fällt dann das Sulfat mit 100 ml siedendheißer Bariumchloridlösung (1), die man in einem dünnen Strahl der siedenden Lösung zufügt. Man läßt noch einige min kochen und stellt dann das Becherglas zum Absetzen des Niederschlags auf ein Wasserbad. Nach 3 bis 4 Std. filtriert man über einen gewogenen Porzellanfiltertiegel A2 und wäscht mit heißem Wasser chloridfrei aus. Tiegel und Niederschlag werden in einem elektrischen Muffelofen bei etwa 600° bis zur Gewichtskonstanz geglüht und nach dem Erkalten im Exsiccator gewogen. Der Umrechnungsfaktor von Bariumsulfat auf Schwefel ist 0,1374.

Eine Reagenzienblindprobe ist erforderlich.

### 1.2.2 Schwefelkiesabbrände

#### 1.2.2.1 Bestimmung des Kupfers

***Grundlage.*** Das Kupfer wird nach Lösen der Probe mit Säuren und Abtrennen der störenden Bestandteile elektrolytisch bestimmt.

***Anwendungsbereich.*** Geeignet für Gehalte über 0,5%.

***Zuverlässigkeit.*** Bei Gehalten von 0,5 bis 5% etwa ± 2%.

***Reagenzien*** und ***Geräte*** siehe unter 1.1.1, S. 207.

***Ausführung.*** 5 g Probe (Feinheitsgrad 0,16 DIN 4188) feuchtet man in einem 600 ml-Becherglas mit etwas Wasser an, löst sie dann mit 50 ml Salzsäure (1,19 unter Erwärmen und setzt zur Oxydation etwa vorhandenen Pyritschwefels 5 ml Salpetersäure (1,4) zu. Nach Zugabe von 20 ml Schwefelsäure (1 + 1) wird die Lösung zur Trockne gedampft und weiter verfahren, wie unter 1.1.1, S. 207, angegeben.

#### 1.2.2.2 Bestimmung des Eisens

***Grundlage.*** Das Eisen wird nach Lösen der Probe mit Salzsäure und Abtrennen der Elemente der Schwefelwasserstoffgruppe mit Kaliumpermanganat in saurer Lösung maßanalytisch bestimmt.

***Anwendungsbereich.*** Geeignet für Gehalte von 10 bis 60%.

***Zuverlässigkeit.*** Bei Gehalten von 40 bis 60% etwa ±0,3%.

***Reagenzien.*** Wie unter 1.1.6, S. 212, angegeben.

***Ausführung.*** 1 g Probe (Feinheitsgrad 0,16 DIN 4188) wird in einem geräumigen Porzellantiegel bei 500 bis 600° geglüht und nach dem Erkalten in ein 400 ml Becherglas gegeben. Man feuchtet die Probe mit etwas Wasser an und löst sie mit 30 ml Salzsäure (1,19) unter Erwärmen, ohne sie zum Sieden zu erhitzen. Anschließend kocht man kurz auf, gibt 50 ml heißes Wasser zu und filtriert über ein Filter Gr. 2. Das Filter wird mit Salzsäure (1 + 10) eisenfrei gewaschen und nach dem Trocknen in einem Platintiegel bei dunkler Rotglut verascht. Der Rückstand wird je nach Menge mit 5 bis 10 ml Fluorwasserstoffsäure (40%) und 1 ml Schwefelsäure (1 + 4) abgeraucht, dann mit wenig heißer Salzsäure gelöst und die Lösung zum Hauptfiltrat gegeben. Man verdünnt auf 200 ml, erwärmt auf 80° und leitet Schwefelwasserstoff bis zur Sättigung ein. Den Niederschlag filtriert man über ein Filter Gr. 2 ab und wäscht mit schwefelwasserstoffhaltiger Salzsäure (1 + 20) nach. Filter und Niederschlag werden in einem Porzellantiegel verascht und geglüht. Man löst den Rückstand mit 5 ml Salzsäure (1,19), verdünnt die Lösung mit 20 ml Wasser und fällt gegebenenfalls vorhandenes Eisen durch Zugabe von Ammoniak (0,91) im Überschuß. Den Niederschlag filtriert man auf ein kleines Filter Gr. 2, wäscht mit heißem Wasser nach, löst ihn mit Salzsäure (1 + 3) vom Filter und gibt die Lösung zum Filtrat der Schwefelwasserstoffällung. Man verkocht den Schwefelwasserstoff und engt die Lösung dann ohne zu kochen auf etwa 30 ml ein. Nun erhitzt man wieder zum Sieden und reduziert in der siedendheißen Lösung das Eisen durch Zutropfen von Zinn(II)-chloridlösung (1), bis die Lösung eben entfärbt ist, und setzt 2 bis 3 Tropfen im Überschuß zu. Nach dem Abkühlen und Verdünnen mit 100 ml kaltem Wasser wird die Lösung unter Umschwenken mit 25 ml Quecksilber(II)-chloridlösung (2) versetzt. Man läßt 2 min stehen und spült die Lösung dann in eine 2 Liter fassende weiße Porzellanschale, in der sich eine Mischung von 1 Liter Wasser und 60 ml Mangan(II)-sulfatlösung (3) befindet, die vorher mit Kaliumpermanganatlösung (4) austitriert, d. h. angerötet wurde. Nun titriert man mit Kaliumpermanganatlösung (4) unter gleichmäßigem Rühren, bis die Lösung den gleichen rosa Farbton wie vor der Zugabe der Eisenlösung zeigt.

***Titerstellung.*** Sie erfolgt, wie unter 1.1.6, S. 213, angegeben, mit der Abänderung, daß 1 g Eisenoxid (5) eingewogen wird und daß die Titration in einer Porzellanschale durchgeführt wird.

# 2 Zwischenprodukte

## 2.1 Kupferstein und Kupferbleistein

### 2.1.1 Bestimmung des Kupfers

***Grundlage.*** Nach dem Lösen der Probe mit Säuren und nach Entfernen der störenden Bestandteile wird das Kupfer in salpetersaurer-schwefelsaurer Lösung elektrolytisch bestimmt.

***Anwendungsbereich.*** Geeignet für Gehalte über 2%.

***Zuverlässigkeit.*** Bei Gehalten von 2 bis 5% etwa ±2%,
von 5 bis 10% etwa ±1%,
von 10 bis 50% etwa ±0,2%.

***Reagenzien.***

1. Natriumchloridlösung: 1 g zu 100 ml gelöst.

***Geräte.*** Wie unter 1.1.1, S. 207.

***Ausführung.*** 2 g Probe (Feinheitsgrad 0,16 DIN 4188) werden in einem 500 ml-Erlenmeyerkolben mit Wasser angefeuchtet, mit 20 ml Salpetersäure (2 + 1) gelöst und nach Zusatz von 30 ml Schwefelsäure (1 + 1) bis zum Rauchen der Schwefelsäure eingedampft. Der Rückstand wird mit 20 ml Wasser aufgenommen, mit 10 bis 20 ml Bromwasserstoffsäure (1,38) versetzt und bis zum starken Rauchen der Schwefelsäure erhitzt. Nach kurzem Abkühlen gibt man 10 ml Wasser zu und erhitzt noch einmal bis zum starken Rauchen der Schwefelsäure. Dann wird mit 50 ml Wasser aufgenommen, aufgekocht, mit der zum Fällen des Silbers erforderlichen Menge Natriumchloridlösung (1) versetzt und über Nacht kalt absetzen gelassen. Man filtriert über ein Filter Gr. 4 in einen 500 ml-Erlenmeyerkolben ab und wäscht mit kalter Schwefelsäure (1 + 20) aus. (Der Niederschlag kann zur Bestimmung des Bleis nach 2.1.2 verwendet werden.) In das zum Sieden erhitzte Filtrat wird Schwefelwasserstoff bis zur Sättigung eingeleitet. Den Sulfidniederschlag filtriert man über ein Filter Gr. 2 ab und wäscht kurz mit schwefelwasserstoffhaltigem Wasser aus.

Filter und Sulfidniederschlag werden im Fällgefäß mit 15 ml Salpetersäure (1,4) und 15 ml Schwefelsäure (1,84) durch langsames Erhitzen zersetzt und gelöst.

Man raucht bis auf ein kleines Volumen ab, nimmt mit 50 ml Wasser auf, erhitzt zum Sieden und filtriert über ein Filter Gr. 2 in ein 400 ml-Becherglas (hohe Form). Nach Zufügen von 30 ml Salpetersäure (1 + 1) verdünnt man die Lösung auf etwa 300 ml und bestimmt darin das Kupfer elektrolytisch, wie unter 1.1.1, S. 207, beschrieben.

***Bemerkung.*** Ist die Probe wismuthaltig, so trennt man das Wismut, wie unter 1.1.1, S. 207, beschrieben, ab.

### 2.1.2 Bestimmung des Bleis

***Grundlage.*** Das Blei wird nach dem Lösen der Probe mit Säuren als Bleisulfat abgetrennt und nach vollständiger Isolierung als Bleisulfat gewichtsanalytisch bestimmt.

***Anwendungsbereich, Zuverlässigkeit*** und ***Reagenzien*** siehe unter 1.1.2, S. 208.

***Ausführung.*** 2 g Probe (Feinheitsgrad 0,16 DIN 4188) werden nach 2.1.1 aufgeschlossen und das anfallende Bleisulfat nach 1.1.2, S. 208, gereinigt und bestimmt.

### 2.1.3 Bestimmung des Arsens

***Grundlage.*** Nach Lösen der Probe mit Säuren wird das Arsen aus stark salzsaurer Lösung durch Destillieren als Arsen(III)-chlorid abgetrennt und im Destillat maßanalytisch bestimmt.

***Anwendungsbereich.*** Geeignet für Gehalte über 0,05%.

***Zuverlässigkeit.*** Bei Gehalten von 0,05 bis 0,5% etwa ±5%,
von 0,5 bis 2% etwa ±3%,
von 2 bis 5% etwa ±2%.

***Reagenzien.***

1. Eisen(II)-sulfat, $FeSO_4 \cdot 7\,H_2O$.
2. Mischsäure: Salpetersäure (1,4) und Schwefelsäure (1,84) im Volumenverhältnis 1 + 1.
3. Stärkelösung: 1 g zu 100 ml gelöst.
4. Chloramin T-lösung: 16 g p-Toluolsulfonchloramid-Natrium zum Liter gelöst. 1 ml ≃ 4 mg Arsen.

***Geräte.*** Destilliergerät, siehe Abb. 5 im Kapitel Arsen, S. 70.

***Ausführung.*** Das Lösen der Probe und das Destillieren des Arsens als Arsen(III)-chlorid erfolgen nach 1.1.4, S. 211. Abweichend von der Vorschrift 1.1.4, wird das Arsen hier im Destillat nicht direkt titriert, sondern zunächst mit Schwefelwasserstoff ausgefällt. Dazu leitet man in das stark salzsaure (mind. 1 + 1) Destillat in der Kälte Schwefelwasserstoff bis zur Sättigung ein und filtriert die Arsen(III)-sulfidfällung über ein Filter Gr. 2 ab. Der Niederschlag wird dreimal mit Salzsäure (1 + 1) gewaschen. Dann werden Filter und Niederschlag mit kaltem Wasser chloridfrei gewaschen, in einen 300 ml-Erlenmeyerkolben gebracht und darin durch langsames Erwärmen mit 15 ml Salpetersäure (1,4) und 10 ml Schwefelsäure (1,84), evtl. unter Zugabe von einigen Tropfen Mischsäure (2) während des Rauchens, zersetzt bzw. gelöst. Man erhitzt so lange, bis die Lösung hell geworden ist, unterbricht dann kurz, um nach Zugabe von 10 ml Wasser erneut bis zum Rauchen der Schwefelsäure und völligen Entfernen der Salpetersäure zu erhitzen. Dann nimmt man wieder mit 10 ml Wasser auf, kühlt stark ab und spült die Lösung unter mehrfacher Zugabe von insgesamt 150 ml Salzsäure (1,19) in den Destillierkolben über. Nach Zufügen von 25 g Eisen(II)-sulfat (1) werden Destillation und Nachdestillation des Arsen(III)-chlorids wiederholt.

Das stark salzsaure Destillat wird unter Kühlen schwach ammoniakalisch gemacht, mit wenigen Tropfen Salzsäure (1 + 1) wieder angesäuert und mit einem Überschuß an Natriumhydrogencarbonat versetzt.

Nach Zufügen von 0,1 g Kaliumjodid und 10 ml Stärkelösung (3) titriert man das Arsen mit der Chloramin T-lösung (4).

Die ***Titerstellung der Chloramin T-lösung*** (4) erfolgt, wie bei 1.1.4, S. 211, angegeben.

### 2.1.4 Bestimmung des Antimons

***Grundlage.*** Das Antimon wird in schwach salpetersaurer Lösung der Probe durch Ausfällen von den Hauptbestandteilen der Probe, insbesondere vom Kupfer, abgetrennt und nach vollständiger Isolierung mit Kaliumbromat maßanalytisch bestimmt.

***Anwendungsbereich.*** Geeignet für Gehalte über 0,1%.

***Zuverlässigkeit.*** Bei Gehalten von 0,1 bis 0,5% etwa ±5%,
von 0,5 bis 2% etwa ±2%,
von 2 bis 5% etwa ±1%.

***Reagenzien.***

1. Mangan(II)-nitratlösung: 100 g $Mn(NO_3)_2 \cdot 6\,H_2O$ zum Liter gelöst.
2. n-Kaliumpermanganatlösung.
3. Eisenpulver.
4. Methylorangelösung: 0,1 g zu 100 ml gelöst.
5. Feinantimon.

***Ausführung.*** 10 g Probe (Feinheitsgrad 0,16 DIN 4188) löst man in einem 800 ml-Becherglas mit 100 ml Salpetersäure (1 + 1) in der Wärme, dampft bis zur beginnenden Salzausscheidung ein, nimmt mit 500 ml Wasser auf und erwärmt, bis die Salze gelöst sind. Dann stumpft man die freie Säure mit Ammoniak so weit ab, bis eine Fällung entsteht, die man durch Zutropfen von Salpetersäure (1 + 1) wieder in Lösung bringt.

Zum Fällen des Antimons erhitzt man die Lösung zum Sieden und fügt 25 ml Mangan(II)-nitratlösung (1) und zweimal 4 ml Kaliumpermanganatlösung (2) zu. Nach dem Aufkochen wird über ein Filter Gr. 2 filtriert, Niederschlag und Filter werden mit heißem Wasser gewaschen und in einem Eisentiegel getrocknet. Dann wird der Niederschlag möglichst vollständig vom Filter entfernt und in den Eisentiegel gebracht. Das Filter verascht man bei eben ausreichender Temperatur und vereinigt die Asche mit dem Niederschlag im Tiegel. Im Filtrat wird die Fällung noch einmal wiederholt, um Reste des Antimons zu erfassen. Die Nachfällung wird wie die erste Fällung behandelt, mit dieser im Eisentiegel vereinigt und mit Natriumperoxid geschmolzen. Die Schmelze wird nach dem Erkalten mit Wasser gelaugt und durch Ansäuern mit Salzsäure (1,19) in Lösung gebracht. Nach Hinzufügen von weiteren 40 ml Salzsäure (1,19) wird aus der mäßig erwärmten Lösung das Antimon durch Zementieren mit Eisenpulver (3) ausgefällt und über ein Filter Gr. 2 von der Lösung abgetrennt.

Filter und Niederschlag werden in das bei der Zementation benutzte Becherglas zurückgegeben, mit 50 ml Wasser und 15 ml Salzsäure (1,19) versetzt und stehen gelassen, bis sich das überschüssige Eisenpulver gelöst hat. Dann fügt man 0,5 g Kaliumchlorat zu, um das Antimon zu lösen, und erwärmt nach Beendigung dieser Reaktion, bis das freie Chlor verflüchtigt ist.

Die Lösung wird auf etwa 500 ml verdünnt und mit Schwefelwasserstoff gesättigt. Den Sulfidniederschlag filtriert man über ein Filter Gr. 2 ab, spült ihn aus dem Filter in das Fällgefäß zurück und digeriert ihn mit einer gesättigten Natriumsulfidlösung. Man filtriert über das vorher benutzte Filter wieder ab, säuert die Sulfosalzlösung mit Schwefelsäure (1 + 4) an, kocht auf und leitet erneut Schwefelwasserstoff bis zur Sättigung ein. Der Niederschlag wird abfiltriert, mit dem Filter in das Fällgefäß zurückgegeben und mit 20 ml Salpetersäure (1,4) und 10 ml Schwefelsäure (1,84) so lange erhitzt, bis die Filtersubstanz zerstört und die überschüssige Säure bis auf ein kleines Volumen abgeraucht ist. Nach dem Erkalten wird die Lösung mit 20 ml Wasser und 40 ml Salzsäure (1,19) versetzt und zum Abtrennen des Arsens mit Schwefelwasserstoff gesättigt. Man filtriert den Arsen(III)-sulfidniederschlag über ein mit Salzsäure (1 + 1) angefeuchtetes Filter Gr. 2 und wäscht mit Salzsäure (1 + 1) aus. Das Filtrat wird mit 200 ml Wasser verdünnt, mit Ammoniak neutralisiert und mit Salzsäure (1 + 1) schwach sauer gemacht.

In dieser Lösung fällt man das Antimon bei Zimmertemperatur mit Schwefelwasserstoff als Antimontrisulfid, filtriert es über ein Filter Gr. 2 ab und wäscht Filter und Niederschlag chloridfrei aus. Dann spült man den Niederschlag aus dem Filter in das Fällgefäß zurück, löst Reste des Niederschlages mit Natriumsulfidlösung vom Filter dazu und raucht mit 20 ml Schwefelsäure (1,84) bis zum Hellwerden der Lösung ein.

Nach dem Abkühlen verdünnt man auf 300 ml, setzt 25 ml Salzsäure (1,19) zu, kocht etwa 15 min zum Vertreiben der schwefligen Säure und titriert das Antimon bei etwa 90° mit 0,1n-Kaliumbromatlösung und Methylorange (4) als Indicator.

***Titerstellung der Kaliumbromatlösung.*** 3 Einwaagen von 0,2 g Feinantimon (5) werden in 500 ml-Erlenmeyerkolben mit je 10 ml Schwefelsäure (1,84) durch Erhitzen gelöst. Man nimmt in den Kolben mit je 200 ml Wasser auf, setzt je 30 ml Salzsäure (1,19) zu und kocht etwa 15 min zum Vertreiben der schwefligen Säure. Dann titriert man das Antimon in den Lösungen bei etwa 90° mit 0,1n-Kaliumbromatlösung und Methylorange (4) als Indicator.

### 2.1.5 Bestimmung des Goldes und des Silbers

Diese Bestimmungen werden nach der im Kapitel Edelmetalle unter 2.3.1, S. 146, beschriebenen Methode ausgeführt.

## 2.2 Kupferspeisen

### 2.2.1 Bestimmung des Kupfers

***Grundlage.*** Nach dem Lösen der Probe mit Säuren und nach Entfernen der störenden Bestandteile wird das Kupfer in salpetersaurer-schwefelsaurer Lösung elektrolytisch bestimmt.

***Anwendungsbereich.*** Geeignet für Gehalte über 2%.

***Zuverlässigkeit.*** Bei Gehalten von 2 bis 5% etwa ±2%,
von 5 bis 10% etwa ±1%,
von 10 bis 50% etwa ±0,2%.

***Reagenzien.***

1. Natriumchloridlösung: 1 g zu 100 ml gelöst.

***Geräte.*** Siehe unter 1.1.1, S. 207.

***Ausführung.*** Die Bestimmung erfolgt nach 2.1.1, S. 216, mit der Abänderung, daß mit Bromwasserstoffsäure (1,38) zweimal abgeraucht werden muß. Dann wird mit 25 ml Wasser aufgenommen und nochmals bis zum Rauchen erhitzt.

Den Rückstand nimmt man mit 80 ml Wasser auf, kocht 5 min und läßt zum Abscheiden und Absetzen des Bleisulfats mindestens 3 Std. kalt stehen.

Dann filtriert man den Niederschlag, der zur Bestimmung des Bleis nach 2.2.2 dienen kann, über ein Filter Gr. 4 ab und wäscht Filter und Niederschlag aus.

Im Filtrat fällt man das Silber mit der erforderlichen Menge Natriumchloridlösung (1), filtriert das Silberchlorid nach dem Absetzen über ein Filter Gr. 4 ab, wäscht mit Salpetersäure (1 + 100) aus und arbeitet weiter nach 2.1.1, S. 216.

### 2.2.2 Bestimmung des Bleis

***Grundlage.*** Das Blei wird nach dem Lösen der Probe mit Säuren als Bleisulfat abgetrennt und nach vollständiger Isolierung als Bleisulfat gewichtsanalytisch bestimmt.

***Anwendungsbereich, Zuverlässigkeit*** und ***Reagenzien*** siehe unter 1.1.2, S. 208.

***Ausführung.*** 2 g Probe (Feinheitsgrad 0,16 DIN 4188) werden nach 2.1.1, S. 216, aufgeschlossen, mit der Abänderung, daß das Abrauchen mit Bromwasserstoffsäure zweimal erfolgen muß. Die vollständige Isolierung und Bestimmung des Bleis als Bleisulfat wird dann nach 1.1.2, S. 208, durchgeführt.

### 2.2.3 Bestimmung des Arsens

***Grundlage.*** Aus der schwefelsauren Aufschlußlösung der Probe wird das Arsen als Arsen(III)-chlorid durch Destillieren abgetrennt und nach vollständiger Isolierung maßanalytisch bestimmt.

***Anwendungsbereich, Zuverlässigkeit, Reagenzien*** und ***Geräte*** siehe unter 2.1.3, S. 217.

***Ausführung.*** Die Bestimmung erfolgt nach den Angaben unter 2.1.3, S. 217, mit der Abänderung, daß man beim Abtrennen des Arsens zweimal mit je 100 ml Salzsäure (1,19) nachdestillieren muß.

### 2.2.4 Bestimmung des Antimons

***Grundlage.*** Das Antimon wird aus der salpetersauren Lösung der Probe durch Ausfällen abgetrennt, durch weitere Trennungsgänge vollkommen isoliert und dann mit Kaliumbromat maßanalytisch bestimmt.

***Anwendungsbereich, Zuverlässigkeit*** und ***Reagenzien*** siehe unter 2.1.4, S. 217.

***Ausführung.*** Die Bestimmung erfolgt nach den Angaben unter 2.1.4, S. 218, mit der Abänderung, daß das Abtrennen des Arsens mit Schwefelwasserstoff in einer Lösung von 40 ml Wasser und 80 ml Salzsäure (1,19) vorgenommen wird.

### 2.2.5 Bestimmung des Zinns

***Grundlage.*** Aus der Lösung der Probe wird das Zinn in Gegenwart von Eisen (III)-salzen durch Fällen mit Ammoniak abgetrennt, mit Eisenpulver reduziert und mit Chloramin T maßanalytisch bestimmt.

***Anwendungsbereich.*** Geeignet für Gehalte über 1%.

***Zuverlässigkeit.*** Bei Gehalten von 1 bis 3% etwa ±3%,
von 3 bis 5% etwa ±2%.

***Reagenzien.***

1. Eisen(III)-chloridlösung: 350 g $FeCl_3 \cdot 6\,H_2O$ mit Salzsäure (1,19) zum Liter gelöst.
2. Eisenpulver.
3. Stärkelösung: 1 g zu 100 ml gelöst.
4. Chloramin T-lösung: 16 g p-Toluolsulfonchloramid-Natrium zum Liter gelöst. 1 ml $\cong$ 6 mg Zinn.
5. Feinzinn.

***Ausführung.*** 2 g Probe (Feinheitsgrad 0,16 DIN 4188) werden in einem Nickeltiegel durch Schmelzen mit 20 g Natriumperoxid aufgeschlossen. Die erkaltete Schmelze wird mit 100 ml Wasser gelaugt und mit Salzsäure (1,19) gelöst. Man spült die Lösung in einen 500 ml-Erlenmeyerkolben über, fügt 2 ml Eisen(III)-chloridlösung (1) zu, macht ammoniakalisch und kocht auf. Dann filtriert man den Niederschlag über ein Filter Gr. 2 ab, wäscht mehrmals mit heißem Wasser, spült den Niederschlag in das Fällgefäß zurück und löst ihn wieder mit Salzsäure (1 + 1). In der Lösung wiederholt man die Fällung mit Ammoniak und filtriert nach kurzem Aufkochen über das benutzte Filter ab. Nach mehrfachem Auswaschen mit heißem Wasser spült man den Niederschlag wieder in das Fällgefäß zurück, löst Reste des Niederschlages mit warmer Salzsäure (1 + 1) vom Filter dazu und bringt den Niederschlag mit weiterem Zusatz von Salzsäure (1 + 1) in Lösung. Man gibt noch einen Überschuß von 50 ml Salzsäure (1,19) zu, erhitzt auf 80 bis 90° und reduziert die Lösung mit 2 g Eisenpulver, das man in kleinen Mengen (0,3 bis 0,5 g) nach und nach einträgt.

Vor dem Filtrieren über ein Filter Gr. 2 bestreut man dieses mit etwas Eisenpulver (2) und beschickt den für das Filtrat bestimmten 750 ml-Erlenmeyerkolben mit einigen Stückchen Marmor, die man unmittelbar vor dem Filtrieren zur Bildung einer Kohlendioxid-Schutzatmosphäre mit 5 ml Salzsäure (1 + 1) übergießt.

Dann filtriert man schnell, wäscht mit heißem Wasser gut nach und kühlt die Lösung in dem mit einem Contat-Göckel-Aufsatz verschlossenen Kolben auf Zimmertemperatur ab.

Sobald diese erreicht ist, fügt man zur Lösung 0,1 g Kaliumjodid und 10 ml Stärkelösung (3) zu und titriert das Zinn sofort mit der Chloramin T-lösung (4). (Siehe Bemerkungen!).

***Titerstellung.*** Man löst dreimal 0,2 g Feinzinn (5) in 500 ml-Erlenmeyerkolben mit je 50 ml Salzsäure (1,19) in der Kälte, verdünnt mit je 200 ml Wasser und zementiert die auf 80 bis 90° erwärmten Lösungen mit je 2 g Eisenpulver, das man gleichmäßig nach und nach zugibt. Dann filtriert man die Lösungen unter den oben angegebenen Schutzmaßnahmen, titriert mit der Chloramin T-lösung (4) nach der obigen Vorschrift und errechnet den Titer aus dem Mittelwert der Verbrauchsmengen bei den drei Titrationen.

***Bemerkungen.*** Bei höheren Antimongehalten, kann der Zementationsniederschlag Zinn einschließen, das somit der Bestimmung entgehen würde. Zur Vermeidung dieses Fehlers löst man den Zementationsniederschlag mit 50 ml Salzsäure (1 + 1) und wenig Kaliumchlorat in mäßiger Wärme, kocht die Lösung zum Vertreiben des Chlors, verdünnt mit 100 ml heißem Wasser und zementiert mit Eisenpulver 15 min in der Wärme. Man filtriert wieder, wie oben angegeben, und bestimmt die in der Lösung etwa befindlichen Reste von Zinn, wie vorher die Hauptmenge, durch Titration mit der Chloramin T-lösung (4).

Die Titration kann auch, wie unter 4.1.6.1, S. 241, beschrieben, mit Jodlösung durchgeführt werden.

### 2.2.6 Bestimmung des Nickels

***Grundlage.*** Nach Lösen der Probe mit Säuren wird das Nickel in verschiedenen Trennungsgängen isoliert und elektrolytisch bestimmt.

***Anwendungsbereich.*** Geeignet für Gehalte über 0,5%.

***Zuverlässigkeit.*** Bei Gehalten von 0,5 bis 2% etwa ±3%,
von 2 bis 5% etwa ±1%,
von 5 bis 10% etwa ±0,5%.

***Reagenzien.***

1. Bromwasser, gesättigt.
2. Diacetyldioximlösung: 1 g mit Methanol zu 100 ml gelöst.

***Geräte.*** Elektroden und Vorrichtung zur Elektroanalyse, wie unter 1.1.1, S. 207.

***Ausführung.*** 2 g Probe (Feinheitsgrad 0,16 DIN 4188) werden in einem 500 ml-Erlenmeyerkolben mit Wasser angefeuchtet und mit 20 ml Salpetersäure (1 + 1) gelöst. Dann dampft man mit 30 ml Schwefelsäure (1 + 1) bis zum starken Rauchen ein und entfernt aus der Lösung Arsen, Antimon und Zinn weitgehend durch Abrauchen mit 30 ml Bromwasserstoffsäure (1,38). Man erhitzt weiter bis zum starken Rauchen der Schwefelsäure, nimmt nach dem Erkalten mit 80 ml Wasser auf, kocht zum Lösen der Salze auf und sättigt die mit Wasser auf 300 ml verdünnte Lösung mit Schwefelwasserstoff.

Der Sulfidniederschlag wird über ein Filter Gr. 2 abfiltriert, nach dem Auswaschen mit schwefelwasserstoffhaltigem Wasser in das Fällgefäß zurückgespült und mit 15 ml Salpetersäure (1,4) und 15 ml Schwefelsäure (1,84) durch Erhitzen gelöst. Man raucht bis auf ein kleines Volumen ab, nimmt mit 50 ml Wasser auf und sättigt die auf etwa 200 ml verdünnte Lösung erneut mit Schwefelwasserstoff. Der Sulfidniederschlag wird über das zuvor benutzte Filter abfiltriert, mit schwefelwasserstoffhaltigem Wasser ausgewaschen und dann verworfen.

Die Filtrate der beiden Schwefelwasserstoffällungen vereinigt man in einem Erlenmeyerkolben, kocht bis zum Verschwinden des Schwefelwasserstoffs, fügt eine zum Oxydieren ausreichende Menge Bromwasser (1) hinzu und dampft die Lösung auf etwa 100 ml ein.

Nunmehr kühlt man auf Raumtemperatur ab, fügt etwa 10 g Weinsäure zu, macht die Lösung schwach ammoniakalisch und fällt darin nach Verdünnen auf etwa 200 ml das Nickel mit der erforderlichen Menge an Diacetyldioximlösung (2). Der Niederschlag wird über ein Filter Gr. 2 abfiltriert, mit Wasser ausgewaschen, in das Fällgefäß zurückgespült und mit wenig Salpetersäure (1 + 1) in der Kälte gelöst. Zu der Lösung gibt man 5 g Weinsäure, macht ammoniakalisch und fällt das Nickel mit Diacetyldioximlösung (2) wieder aus.

Der Niederschlag wird über das zuvor benutzte Filter wieder abfiltriert, mit Wasser ausgewaschen, in das Fällgefäß zurückgespült und mit 20 ml Salpetersäure (2 + 1) gelöst. Reste des Niederschlages auf dem Filter werden durch Befeuchten mit warmer Salpetersäure (2 + 1) gelöst und durch Nachwaschen mit heißem Wasser mit der Hauptlösung vereinigt. Dann wird mit 20 ml Schwefelsäure (1 + 1) bis zum Rauchen der Schwefelsäure eingedampft. Nach Zufügen von 10 ml Wasser wird nochmals bis zum Rauchen erhitzt, dann mit 100 ml Wasser aufgenommen, gekocht und abgekühlt.

Die Lösung wird mit Ammoniak (0,91) neutralisiert, mit einem Überschuß von 50 ml Ammoniak (0,91) versetzt und in ein 400 ml-Becherglas (hohe Form) übergespült.

Dann wird das Nickel in der auf 300 ml verdünnten Lösung elektrolytisch bestimmt, indem man es bei ruhendem Elektrolyten mit einem Strom von 0,5 bis 1 A auf eine gewogene Platin-Netzelektrode niederschlägt.

Nach Beendigung der Elektrolyse wird die Elektrode nacheinander mit Wasser und Äthanol gewaschen, dann getrocknet und gewogen.

### 2.2.7 Bestimmung des Kobalts

***Grundlage.*** Nach Lösen der Probe mit Säuren wird das Kobalt isoliert und elektrolytisch bestimmt.

***Anwendungsbereich.*** Geeignet für Gehalte über 0,1%.

***Zuverlässigkeit.*** Bei Gehalten von 0,1 bis 0,5% etwa ±5%,
von 0,5 bis 2% etwa ±2%,
von 2 bis 5% etwa ±1%.

***Reagenzien.***

1. Bromwasser, gesättigt.
2. 7 n-Salzsäure.
3. Methylisobutylketon.
4. α-Nitroso-β-Naphtol.

***Geräte.*** Platinelektroden und Vorrichtung zur Elektroanalyse.

***Ausführung.*** Bei einer Einwaage von 2 g Probe (Feinheitsgrad 0,16 DIN 4188) erfolgt das Lösen der Probe in Säuren, das Abtrennen der Elemente der Schwefelwasserstoffgruppe durch zweimaliges Fällen mit Schwefelwasserstoff sowie das Oxydieren und Eindampfen der das Kobalt (und Nickel) enthaltenden Schwefelwasserstoffiltrate auf ein Volumen von 100 ml nach der unter 2.2.6, S. 221, für die Bestimmung des Nickels angegebenen Arbeitsweise.

Man spült nun in ein 400 ml-Becherglas (breite Form) über, dampft zur Trockne ein, nimmt den Eindampfrückstand mit 100 ml Salzsäure (2) auf und bringt die Lösung unter Nachspülen mit Salzsäure (2) in einen 300 ml Scheidetrichter. Dann setzt man 100 ml Methylisobutylketon (3) zu, schüttelt 1 min und zieht, wenn sich die Schichten getrennt haben, die untere Schicht in ein 800 ml-Becherglas (breite Form) ab. Nach Zugabe von 50 ml Salzsäure (2) zu der Ketonphase wird nochmals 1 min geschüttelt und die dann abgetrennte salzsaure Phase mit der ersten im 800 ml-Becherglas vereinigt. Das Nachwaschen der Ketonphase wiederholt man noch einmal mit 20 ml Salzsäure (2) und vereinigt wie vorher.

Die durch die Extraktion eisenfreie Lösung des Kobalts (und Nickels) wird zur Trockne eingedampft. Nach dem Aufnehmen mit 600 ml Salzsäure (1 + 33) wird das Kobalt in der auf etwa 80° erhitzten Lösung mit der etwa 30fachen Menge an α-Nitroso-β-Naphtol (4), in 30 ml Essigsäure (1,06) gelöst, unter lebhaftem Rühren gefällt.

Man läßt den Niederschlag etwa 12 Std. bei 70 bis 80° absetzen, filtriert ihn über ein Filter Gr. 2 ab und wäscht mit 60 bis 80° warmer Salzsäure (1 + 8) und mit Wasser aus. Filter und Niederschlag werden dann in einem Porzellantiegel getrocknet und nach Zufügen von 2 bis 3 g Oxalsäure verascht, wobei die Temperatur 800° nicht überschreiten soll. Nach dem Erkalten schließt man den Rückstand durch Schmelzen mit 20 g Kaliumpyrosulfat auf, löst die Schmelze in einem 800 ml-Becherglas mit 500 ml Salzsäure (1 + 33) und wiederholt die Fällung des Kobalts mit α-Nitroso-β-Naphtol (4) wie oben. Man behandelt den Niederschlag wie bei der ersten Fällung, löst die Kaliumpyrosulfatschmelze in heißem Wasser, bringt die Lösung in ein 400 ml-Becherglas (hohe Form) und kühlt ab. Dann wird mit Ammoniak (0,91) neutralisiert und ein Überschuß von 50 ml zugegeben. Nach Zusatz von 1 g Hydraziniumsulfat wird das Kobalt in der auf 300 ml verdünnten Lösung über Nacht mit einem Strom von 0,5 A elektrolytisch abgeschieden. Nach Beendigung der Elektrolyse wird die Elektrode nacheinander mit Wasser und Äthanol gewaschen, dann getrocknet und gewogen.

### 2.2.8 Bestimmung des Goldes, Silbers, Platins und Palladiums

Diese Bestimmungen werden nach der im Kapitel Edelmetalle unter 2.5.1, S. 147, beschriebenen Methode ausgeführt.

## 2.3 Zementkupfer

### 2.3.1 Bestimmung des Kupfers

***Grundlage.*** Nach dem Abtrennen störender Bestandteile aus der salpetersauren Lösung der Probe wird das Kupfer aus salpetersaurer-schwefelsaurer Lösung elektrolytisch bestimmt.

***Anwendungsbereich.*** Geeignet für Gehalte über 20%.

***Zuverlässigkeit.*** Bei Gehalten von 20 bis 50% etwa ±0,2%,
von 50 bis 80% etwa ±0,1%.

***Reagenzien.***

1. Natriumchloridlösung: 1 g zum Liter gelöst.

***Geräte.*** Elektroden wie unter 1.1.1, S. 207.

***Ausführung.*** Eine Einwaage von 10 bis 20 g Probe wird in einem Erlenmeyerkolben mit 100 ml Wasser angefeuchtet und mit 200 ml Salpetersäure (1 + 1) gelöst, die man nach und nach zufügt. Man hält den Kolben anfangs kalt, erwärmt nach Aufhören des lebhaften Lösevorganges langsam bis zum Sieden und kocht zum Vertreiben der Stickstoffoxide etwa 20 min. Zu der noch heißen Lösung gibt man die zum Ausfällen des Silbers erforderliche Menge Natriumchloridlösung (1) und einige Tropfen davon als Überschuß hinzu und läßt 2 bis 3 Std. kalt stehen. Dann filtriert man über ein Filter Gr. 3 in einen 1 l-Meßkolben und wäscht Lösegefäß sowie Filter und Niederschlag mit warmer Salpetersäure (1 + 100) (Lösung 1).

Das Filter wird mit dem Inhalt in den Lösekolben zurückgegeben und mit 30 ml Salpetersäure (2 + 1) und 10 ml Schwefelsäure (1,84) durch Erhitzen zersetzt. Nach Zufügen von 10 ml Wasser erhitzt man nochmals bis zum starken Rauchen der Schwefelsäure, nimmt den Rückstand mit 50 ml Wasser auf, kocht einige Minuten, fällt in der heißen Lösung das Silber mit Natriumchloridlösung (1) wieder aus und läßt 2 bis 3 Std. kalt stehen. Dann wird über ein Filter Gr. 3 in einen 250 ml-Meßkolben filtriert und mit Schwefelsäure (1 + 100) nachgewaschen (Lösung 2).

Man entnimmt den aufgefüllten Lösungen 1 und 2 je ein Zehntel, vereinigt die beiden Abmessungen in einem 600 ml-Becherglas und erhitzt nach Zusatz von 20 ml Schwefelsäure (1 + 1) bis zum starken Rauchen derselben (siehe Bemerkung). Nun wird mit 100 ml Wasser aufgenommen, kurz aufgekocht und 2 Std. im Kühlbecken stehen gelassen. Der etwa ausgefallene Niederschlag von Bleisulfat wird über ein Filter Gr. 4 von der Lösung abgetrennt und mit Schwefelsäure (1 + 100) gewaschen. Die Lösung wird in ein 400 ml-Becherglas (hohe Form) gebracht und nach Zufügen von 30 ml Salpetersäure (1 + 1) und Verdünnen auf 300 ml zur Bestimmung des Kupfers elektrolysiert, wie unter 1.1.1, S. 207, angegeben.

Wenn der Kupferniederschlag nicht die reine Kupferfarbe hat, bringt man die Kathode mit dem Niederschlag in ein 400 ml-Becherglas mit etwa 100 ml Wasser, so daß der Kupferniederschlag ganz vom Wasser bedeckt ist, setzt 20 ml Salpetersäure (1 + 1) zu und löst das Kupfer unter gelindem Erwärmen von der Kathode ab. Man läßt die Lösung noch 1 bis 2 Std. in der Wärme stehen, um die Stickstoffoxide zu verdunsten, entfernt die Elektrode unter Abspülen aus der Lösung, die man nach Zusatz von 30 ml Salpetersäure (1 + 1) und 10 ml Schwefelsäure (1 + 1) wieder auf etwa 300 ml verdünnt. Dann wird die elektrolytische Bestimmung des Kupfers wiederholt.

***Bemerkungen.*** Enthält das Zementkupfer mehr als 10% Eisen, so muß das Kupfer vor der Elektrolyse durch Schwefelwasserstoff abgetrennt werden. Dazu verdünnt man die beiden vereinigten Abmessungen der Aufschlußlösungen in dem 600 ml-Becherglas auf etwa 450 ml und leitet Schwefelwasserstoff bis zur Sättigung ein. Der Kupfersulfidniederschlag wird über ein Filter Gr. 2 abfiltriert, mit heißer Salpetersäure (2 + 1) gelöst und mit Schwefelsäure (1 + 1) abgeraucht. Nach dem Abfiltrieren des etwa ausgefallenen Bleisulfatniederschlages erfolgt die elektrolytische Bestimmung des Kupfers, wie oben beschrieben.

Ist die Probe wismuthaltig, so trennt man das Wismut aus der schwefelsauren Lösung des Sulfidniederschlages ab, wie unter 1.1.1, S. 207, beschrieben.

### 2.3.2 Bestimmung des Arsens

***Grundlage.*** Das Arsen wird als Arsen(III)-chlorid durch Destillation abgetrennt und maßanalytisch bestimmt.

***Anwendungsbereich.*** Geeignet für Gehalte über 0,1%.

***Zuverlässigkeit.*** Bei Gehalten von 0,1 bis 0,5% etwa ±5%,
von 0,5 bis 2% etwa ±2%.

***Reagenzien.***

1. Eisen(III)-chloridlösung: 350 g $FeCl_3 \cdot H_2O$ in Salzsäure (1,19) zum Liter gelöst.
2. Stärkelösung: 1 g zu 100 ml gelöst.
3. Chloramin T-lösung: 16 g p-Toluolsulfonchloramid-Natrium zum Liter gelöst. 1 ml $\cong$ 4 mg Arsen.

***Geräte.*** Destilliergerät, siehe Abb. 5 im Kapitel Arsen, S. 70.

***Ausführung.*** Man bringt 10 g Probe in den Destillierkolben und fügt 200 ml Eisen(III)-chloridlösung (1) zu. Dann wird der Kolben mit dem Kühler und der mit 200 ml Wasser beschickten Vorlage verbunden und der Kolbeninhalt schwach erwärmt, bis die Probe gelöst ist. Nun erhitzt man langsam bis zum Sieden und destilliert bis auf etwa 50 ml ab. Das Destillat wird unter starkem Kühlen mit Ammoniak (0,91) neutralisiert (Kongopapier), mit Salzsäure (1 + 1) wieder schwach angesäuert und mit einem Überschuß an festem Natriumhydrogencarbonat versetzt. Nach Zusatz von 0,1 g Kaliumjodid und 10 ml Stärkelösung (2) wird das Arsen mit der Chloramin T-lösung (3) maßanalytisch bestimmt.

Die ***Titerstellung der Chloramin T-lösung*** (3) erfolgt nach 1.1.4, S. 211.

***Bemerkung.*** Siehe auch Bemerkung unter 1.1.4.

### 2.3.3 Bestimmung des Chlorids

***Grundlage.*** Im salpetersauren Auszug der Probe wird das Chlorid mit Silbernitratlösung maßanalytisch bei potentiometrischer Endpunktanzeige bestimmt.

***Anwendungsbereich.*** Geeignet für Gehalte über 0,1%.

***Zuverlässigkeit.*** Bei Gehalten von 0,1 bis 0,5% etwa ±3%,
von 0,5 bis 2% etwa ±1%,
von 2 bis 5% etwa ±0,5%.

***Reagenzien*** und ***Geräte*** siehe unter 1.1.7, S. 213.

***Ausführung.*** 2 (bis 10) g Probe (Feinheitsgrad 0,16 DIN 4188) bringt man in einen 500 ml-Erlenmeyerkolben, fügt 50 ml Wasser und 25 (bis 100) ml Salpetersäure (1 + 1) zu und läßt bei Zimmertemperatur etwa 3 Std. stehen.

Dann filtriert man über ein Filter Gr. 2, wäscht Filter und Löserückstand mit kaltem Wasser und bestimmt in der mit dem Waschwasser vereinigten Lösung das Chlor, wie unter 1.1.7, S. 213, beschrieben.

***Bemerkung.*** Wenn die Probe silberhaltig ist, bleibt eine dem Silbergehalt äquivalente Menge des Chlorids im Löserückstand. Sie muß deshalb bestimmt und dem durch Titration ermittelten Gehalt zugerechnet werden. Dazu schmilzt man Filter und Rückstand nach der im Kapitel Edelmetalle unter 1.6.1, S. 143, beschriebenen Arbeitsweise ein, bestimmt das Silber dokimastisch und rechnet das Äquivalent an Chlor dem obigen maßanalytischen Befund zu. 1 mg Silber ≙ 0,3287 mg Chlor.

## 2.4 Schwarzkupfer, Konverterkupfer

### 2.4.1 Bestimmung des Kupfers

***Grundlage.*** Aus der Lösung der Probe mit Säuren entfernt man die bei der Bestimmung des Kupfers störenden Bestandteile und bestimmt das Kupfer in salpetersaurer-schwefelsaurer Lösung elektrolytisch.

***Anwendungsbereich.*** Geeignet für Gehalte von 70 bis 90%.

***Zuverlässigkeit.*** Bei Gehalten von 70 bis 80% etwa ±0,2%,
von 80 bis 90% etwa ±0,1%.

***Reagenzien.***

1. Natriumchloridlösung: 1 g zu 100 ml gelöst.
2. Mischsäure: Salpetersäure (1,4) und Schwefelsäure (1,84) im Volumenverhältnis 1 + 1.

***Geräte.*** Siehe unter 1.1.1, S. 207.

***Ausführung.*** Man bringt 20 g Probe (im angegebenen Verhältnis der Siebfraktionen) in einen 750 ml-Erlenmeyerkolben, setzt 50 ml Wasser zu und löst mit 200 ml Salpetersäure (1 + 1), die man nach und nach zufügt. In der Lösung wird das Silber mit der erforderlichen Menge Natriumchloridlösung (1) gefällt. Dann wird etwas Filterschleim zugegeben, 20 min gekocht und nach Verdünnen mit 100 ml Wasser etwa 2 Std. in der Wärme stehen gelassen.

Man filtriert die Lösung durch ein Filter Gr. 2 in einen 1 l-Meßkolben und wäscht Filter und Rückstand mit heißem Wasser und füllt auf (Lösung 1).

Der Rückstand wird mit dem Filter in den Erlenmeyerkolben zurückgegeben und mit 40 ml Salpetersäure (1,4) und 20 ml Schwefelsäure (1,84) langsam zum Rauchen erhitzt, evtl. unter Zutropfen von Mischsäure (2), bis Filter und Rückstand zerstört bzw. aufgeschlossen und gelöst sind. Dann wird zweimal mit je 40 ml Bromwasserstoffsäure (1,38) abgeraucht und nach Zufügen von 50 ml Wasser nochmals bis zum starken Rauchen der Schwefelsäure erhitzt.

Nun wird mit 100 ml Wasser aufgenommen und das Silber erneut mit Natriumchloridlösung (1) gefällt. Nach dem Abklären der Lösung filtriert man über ein Filter Gr. 2 in einen 250 ml-Meßkolben und wäscht mit Schwefelsäure (1 + 100) nach und füllt auf. (Lösung 2).

Aus den Lösungen 1 und 2 entnimmt man, nachdem sie aufgefüllt und durchgemischt worden sind, je ein Zehntel, vereinigt diese in einem 600 ml-Becherglas und raucht nach Zusatz von 20 ml Schwefelsäure (1,84) bis fast zur Trockne ein. Dann wird mit 100 ml Wasser aufgenommen, gekocht und zur Abscheidung des etwa vorhandenen Bleisulfats 2 Std. kalt stehen gelassen. Darauf wird über ein Filter Gr. 2 mit Filterschleim filtriert und mit Schwefelsäure (1 + 100) nachgewaschen.

Die Lösung wird in einem 600 ml-Becherglas, mit Ammoniak (0,91) neutralisiert und mit 5 ml im Überschuß ammoniakalisch gemacht. Man erhitzt kurz zum Sieden, läßt die Eisenoxidhydratfällung, die die Reste von Arsen, Wismut und Selen einschließt, in der Wärme absetzen, filtriert sie über ein Filter Gr. 2 ab und wäscht mit wenig heißem Wasser nach. Dann löst man den Niederschlag mit der eben ausreichenden Menge heißer Schwefelsäure (1 + 4) vom Filter, wäscht das Filter mit heißem Wasser säurefrei und wiederholt in der Lösung die Fällung mit Ammoniak.

Man filtriert sie über das schon benutzte Filter ab, vereinigt die Filtrate beider Fällungen in einem 400 ml-Becherglas (hohe Form), neutralisiert mit Schwefelsäure (1 + 1) und bringt das Volumen, evtl. durch Eindampfen, auf etwa 300 ml. Dann fügt man 30 ml Salpetersäure (1 + 1) zu und bestimmt das Kupfer elektrolytisch wie unter 1.1.1, S. 207, beschrieben.

### 2.4.2 Bestimmung des Arsens

***Grundlage.*** Das Arsen wird als Arsen(III)-chlorid abdestilliert und im Destillat maßanalytisch bestimmt.

***Anwendungsbereich.*** Geeignet für Gehalte über 0,05%.

***Zuverlässigkeit.*** Bei Gehalten von 0,05 bis 0,5% etwa ±5%,
von 0,5 bis 2% etwa ±2%,
von 2 bis 5% etwa ±1%.

***Reagenzien.***

1. Eisen(III)-chloridlösung: 350 g $FeCl_3 \cdot H_2O$ in Salzsäure (1,19) zum Liter gelöst.
2. Eisen(II)-sulfat, $FeSO_4 \cdot 7\,H_2O$.
3. Stärkelösung: 1 g zu 100 ml gelöst.
4. Chloramin T-lösung: 16 g p-Toluolsulfonchloramid-Natrium zum Liter gelöst. 1 ml ≅ 4 mg Arsen.

***Geräte.*** Destilliergerät, siehe Abb. 5 im Kapitel Arsen unter 1.2, S. 70.

***Ausführung.*** 10 g Probe (im angegebenen Gewichtsverhältnis der Siebfraktionen) werden im Destillierkolben mit 200 ml Eisen(III)-chloridlösung (1) überschichtet. Dann wird der Kolben mit Kühler und Vorlage verbunden und schwach erwärmt, bis die Probe gelöst ist. Man erhitzt darauf zum Sieden, destilliert etwa 100 ml über, gibt weitere 100 ml Salzsäure (1,19) in den Destillierkolben und wiederholt die Destillation.

Die Weiterbehandlung des Destillats und die Bestimmung des Arsens erfolgen nach 2.1.3, S. 217.

### 2.4.3 Bestimmung des Antimons

***Grundlage.*** Das Antimon wird in schwach salpetersaurer Lösung der Probe durch Ausfällen von den Hauptbestandteilen der Probe, insbesondere vom Kupfer, abgetrennt und nach vollständiger Isolierung, wie unter 2.1.4, S. 217, beschrieben, maßanalytisch bestimmt.

### 2.4.4 Bestimmung des Zinns

***Grundlage.*** Aus der Lösung der Probe in einer Mischung von Salzsäure, Salpetersäure und Eisen(III)-chlorid wird das Zinn durch Fällen mit Ammoniak abgetrennt, in salzsaurer Lösung mit Eisenpulver reduziert und mit Chloramin T maßanalytisch bestimmt.

***Anwendungsbereich.*** Geeignet für Gehalte über 0,5%.

***Zuverlässigkeit.*** Bei Gehalten von 0,5 bis 2% etwa ±4%,
von 2 bis 5% etwa ±2%,
von 5 bis 10% etwa ±0,5%.

***Reagenzien.***

1. Eisen(III)-chloridlösung: 350 g $FeCl_3 \cdot 6\,H_2O$ in Salzsäure (1,19) zum Liter gelöst.
2. Eisenpulver.
3. Chloramin T-lösung: 16 g p-Toluolsulfonchloramid-Natrium zum Liter gelöst. 1 ml $\cong$ 6 mg Zinn.
4. Stärkelösung: 1 g zu 100 ml gelöst.
5. Feinzinn.

***Ausführung.*** 10 g Probe (im angegebenen Gewichtsverhältnis der Siebfraktionen) werden mit 20 ml Salzsäure (1,19), 15 ml Eisen(III)-chloridlösung (1) und 100 ml Salpetersäure (1 + 1) — anfangs unter Kühlen — gelöst. Zum Abtrennen eines beim Lösen verbliebenen unlöslichen Rückstandes filtriert man die Lösung durch ein Filter Gr. 2 in einen 500 ml-Meßkolben. Filter und Rückstand bringt man in einen Eisentiegel, trocknet, verascht das Filter und schließt den Tiegelinhalt durch Schmelzen mit 5 g Natriumperoxid auf. Die Schmelze löst man in Wasser, säuert mit Salzsäure (1 + 1) an, vereinigt diese Lösung mit der Hauptlösung in dem 500 ml-Meßkolben und füllt auf. Dann entnimmt man 100 ml, bringt sie in einen 500 ml-Erlenmeyerkolben und verdünnt auf etwa 300 ml. Durch Zusatz von Ammoniak (0,91) wird das Zinn zusammen mit dem Eisen gefällt. Man filtriert den Niederschlag über ein Filter Gr. 2 ab, löst ihn im Filter mit der erforderlichen Menge Salzsäure (1 + 1), wiederholt die Fällung mit Ammoniak und filtriert wieder über das schon benutzte Filter.

Nun löst man den Niederschlag mit Salzsäure (1 + 1), setzt noch 50 ml Salzsäure (1,19) zu und reduziert das Zinn in der auf 80 bis 90° erwärmten Lösung mit etwa 2 g Eisenpulver (2), das man nach und nach in kleinen Mengen (0,3 bis 0,5 g) einträgt.

Bevor man über ein Filter Gr. 2 filtriert, bestreut man es mit etwas Eisenpulver (2) und beschickt den für das Filtrat bestimmten 750 ml-Erlenmeyerkolben mit einigen Stückchen Marmor, die man unmittelbar vor dem Filtrieren zur Bildung einer Kohlendioxid-Schutzatmosphäre mit 5 ml Salzsäure (1 + 1) übergießt.

Dann filtriert man schnell, wäscht mit heißem Wasser gut nach und kühlt den mit einem Contat-Göckel-Aufsatz verschlossenen Kolben auf Zimmertemperatur ab.

Sobald dies erreicht ist, fügt man zur Lösung 0,1 g Kaliumjodid und 10 ml Stärkelösung (4) zu und titriert das Zinn mit Chloramin T-lösung (3).

Die ***Titerstellung der Chloramin T-lösung*** (3) wird nach der unter 2.2.5, S. 221, beschriebenen Arbeitsweise ausgeführt.

### 2.4.5 Bestimmung des Goldes und des Silbers

Die Bestimmungen werden nach der im Kapitel Edelmetalle unter 2.2.1, S. 145, beschriebenen Methode ausgeführt.

## 2.5 Anodenkupfer

### 2.5.1 Bestimmung des Kupfers

***Grundlage.*** Nach dem Abtrennen des Silbers aus der salpetersauren Lösung der Probe wird das Kupfer elektrolytisch bestimmt.

***Anwendungsbereich.*** Geeignet für Gehalte von 98 bis 99,5%.

***Zuverlässigkeit.*** Etwa ±0,1%.

***Reagenzien.***

1. Natriumchloridlösung: 1 g zu 100 ml gelöst.

***Geräte.*** Elektroden, siehe unter 1.1.1, S. 207.

***Ausführung.*** Man wägt 20 g Probe (im angegebenen Verhältnis der Siebfraktionen) in einen Erlenmeyerkolben ein, feuchtet sie mit 20 ml Wasser an und löst mit 200 ml Salpetersäure (1 + 1), die man nach und nach zusetzt. Nach Aufhören des anfangs lebhaften Lösevorganges erwärmt man und kocht schließlich 20 min, um die Stickstoffoxide zu vertreiben. Zu der heißen Lösung gibt man die zum Fällen des Silbers erforderliche Menge Natriumchloridlösung, läßt etwa 2 Std. abkühlen, filtriert durch ein Filter Gr. 2 in einen 1 l-Meßkolben, wäscht mit Salpetersäure (1 + 100) nach und füllt auf.

Dann entnimmt man mit einer Pipette 100 ml, bringt sie in ein 400 ml-Becherglas (hohe Form), setzt 20 ml Schwefelsäure und 30 ml Salpetersäure (1 + 1) zu, verdünnt auf etwa 300 ml und bestimmt das Kupfer elektrolytisch, wie unter 1.1.1, S. 207, beschrieben.

### 2.5.2 Bestimmung des Arsens

***Grundlage.*** Das Arsen wird als Arsen(III)-chlorid destilliert und im Destillat maßanalytisch bestimmt.

***Anwendungsbereich.*** Geeignet für Gehalte über 0,05%.

***Zuverlässigkeit.*** Bei Gehalten von 0,05 bis 0,5% etwa ±5%,
von 0,5 bis 2% etwa ±2%,
von 2 bis 5% etwa ±1%.

***Reagenzien.***

1. Eisen(III)-chloridlösung: 350 g $FeCl_3 \cdot 6\,H_2O$ mit Salzsäure (1,19) zum Liter gelöst.
2. Mischsäure: Salpetersäure (1,4) und Schwefelsäure (1,84) im Volumenverhältnis 1 + 1.
3. Eisen(II)-sulfat, $FeSO_4 \cdot 7\,H_2O$.
4. Stärkelösung: 1 g zu 100 ml gelöst.
5. Chloramin T-lösung: 16 g p-Toluolsulfonchloramid-Natrium zum Liter gelöst. 1 ml $\cong$ 4 mg Arsen.

***Geräte.*** Destilliergerät, siehe Abb. 5 im Kapitel Arsen, S. 70.

***Ausführung.*** 10 g Probe (im angegebenen Verhältnis der Siebfraktionen) werden in den Destillierkolben gebracht und mit 200 ml Eisen(III)-chloridlösung (1) versetzt. Dann wird der Kolben mit dem Kühler und der mit 200 ml Wasser beschickten Vorlage verbunden und langsam ansteigend erwärmt, bis die Probe gelöst ist. Nun erhitzt man zum Sieden, destilliert dabei etwa 100 ml des Kolbeninhalts über, gibt weitere 100 ml Salzsäure (1,19) in den Destillierkolben und destilliert den Inhalt bis auf etwa 100 ml über.

In das stark salzsaure Destillat leitet man Schwefelwasserstoff bis zur Sättigung ein und filtriert den Arsen(III)-sulfidniederschlag über ein Filter Gr. 3 ab. Fällgefäß, Filter und Niederschlag wäscht man dreimal mit Salzsäure (1 + 1) aus und spült schließlich mit kaltem Wasser so lange nach, bis das Waschwasser chloridfrei ist.

Filter und Niederschlag werden dann in einem 300 ml-Erlenmeyerkolben mit 20 ml Salpetersäure (1,4) und 10 ml Schwefelsäure (1,84) so lange erhitzt, bis die Lösung wasserhell ist, was evtl. durch Zutropfen von Mischsäure (2) während des Rauchens beschleunigt werden kann. Dann unterbricht man das Erhitzen, setzt 10 ml Wasser zu und erhitzt nochmals bis zum starken Rauchen, um die Salpetersäure vollständig zu vertreiben.

Der Rückstand wird mit 10 ml Wasser aufgenommen, abgekühlt und mit 150 ml Salzsäure (1,19) wieder in den Destillierkolben übergespült. Man setzt noch 25 g Eisen(II)-sulfat (3) zu und verbindet den Kolben mit Kühler und Vorlage, die mit 200 ml Wasser beschickt ist.

Nun erhitzt man den Kolbeninhalt langsam zum Sieden und destilliert ihn bis auf 50 ml über. Man unterbricht kurz, setzt noch einmal 100 ml Salzsäure (1,19) nach und destilliert wieder bis auf 50 ml ab. Das Destillat wird mit Ammoniak (0,91) unter Kühlen neutralisiert (Kongopapier) und mit Salzsäure (1 + 1) schwach wieder angesäuert.

Nach Zufügen eines Überschusses von festem Natriumhydrogencarbonat sowie 0,1 g Kaliumjodid und 10 ml Stärkelösung (4) bestimmt man das Arsen in der Lösung maßanalytisch mit Chloramin T-lösung (5).

Die ***Titerstellung der Chloramin T-lösung*** **(5)** erfolgt, wie unter 1.1.4, S. 211, beschrieben.

### 2.5.3 Bestimmung des Goldes und des Silbers

Diese Bestimmungen werden nach der im Kapitel Edelmetalle unter 2.2.1, S. 145, beschriebenen Methode ausgeführt.

# 3 Kupferhaltige Abfall- und Altstoffe

## 3.1 Schlacken, Krätzen, Aschen, Ofenbruch

### 3.1.1 Bestimmung des Kupfers

***Grundlage.*** Nach dem Lösen der Probe mit Säuren wird das Kupfer in salpetersaurer -schwefelsaurer Lösung elektrolytisch bestimmt.

***Anwendungsbereich.*** Geeignet für Gehalte über 1%.

***Zuverlässigkeit.*** Bei Gehalten von 1 bis 5% etwa ±2%,
von 5 bis 10% etwa ±1%,
von 10 bis 30% etwa ±0,5%,
von 30 bis 60% etwa ±0,2%.

***Reagenzien.***

1. Natriumchloridlösung: 1 g zu 100 ml gelöst.
2. Natriumsulfidlösung: 400 g $Na_2S \cdot 9\,H_2O$ zum Liter gelöst.

***Geräte.*** Platinelektroden, wie unter 1.1.1, S. 207, angegeben.

***Ausführung.*** 10 g Probe (im angegebenen Gewichtsverhältnis der evtl. nichtmetallischen und metallischen Probeanteile) bringt man in einen 500 ml-Erlenmeyerkolben, feuchtet sie mit 50 ml Wasser an und setzt zum Lösen 50 ml Salpetersäure (1 + 1) zu. Nach etwa 10 min gibt man noch 50 ml Salpetersäure (2 + 1) und zur Beschleunigung der späteren Filtration 2 bis 3 ml Fluorwasserstoffsäure (40%)

zu, erwärmt langsam zum Sieden und kocht etwa 10 min bis zum Verschwinden der Stickstoffoxiddämpfe. Nun fügt man die zum Fällen des Silbers erforderliche Menge Natriumchloridlösung (1) zu, verdünnt mit 100 ml heißem Wasser und läßt die Lösung 1 Std. in mäßiger Wärme stehen. Dann kühlt man ab, filtriert zur Abtrennung des Löserückstandes und des Silberchlorids über ein Filter Gr. 2 in einen 500 ml-Meßkolben und wäscht Filter und Rückstand mit heißer Salpetersäure (1 + 100), (Lösung 1).

Filter und Rückstand werden in den Erlenmeyerkolben zurückgegeben und mit 20 ml Salpetersäure (1,4) und 20 ml Schwefelsäure (1,84) bis zur Zerstörung des Filters erhitzt und abgeraucht. Dann wird mit wenig Wasser in eine Platinschale übergespült, mit 10 ml Fluorwasserstoffsäure (40%) und 5 ml Schwefelsäure (1,84) zur Zersetzung der Silikate erhitzt und abgeraucht. Der Abrauchrückstand wird mit 50 ml Wasser aufgenommen und nach Zusatz der vorher verwendeten Menge Natriumchloridlösung (1) aufgekocht. Die abgekühlte Lösung wird durch ein Filter Gr. 2 in einen 250 ml Meßkolben filtriert (Lösung 2).

Die Lösungen 1 und 2 werden temperiert und aufgefüllt. Man entnimmt daraus je ein Fünftel, vereinigt diese Abmessungen in einem 600 ml-Becherglas und erhitzt nach Zusatz von 20 ml Schwefelsäure (1 + 1) bis zum starken Rauchen. Nach Zugabe von 25 ml Bromwasserstoffsäure (1,38) wird nochmals abgeraucht. Dann wird mit 100 ml Wasser aufgenommen und aufgekocht. Man kühlt die Lösung 2 Std. im Kühlbecken und filtriert sie durch ein Filter Gr. 4 in ein 400 ml-Becherglas (hohe Form). Nach Zufügen von 30 ml Salpetersäure (1 + 1) verdünnt man auf etwa 300 ml und bestimmt das Kupfer elektrolytisch, wie unter 1.1.1, S. 207, beschrieben.

***Bemerkung.*** Besteht das Probegut nur aus nichtmetallischer Substanz, z. B. Schlacke, Krätzeoxid, so genügt für die Kupferbestimmung eine Einwaage von 2 g, die man in einem (kupferfreien) Eisentiegel durch Schmelzen mit 10 g Natriumperoxid aufschließt. Die Schmelze nimmt man nach dem Erkalten mit Wasser auf und fügt nach und nach so viel Salzsäure (1 + 1) zu, bis die ausgefallenen Hydroxide eben gelöst sind. Dann setzt man weitere 10 ml Salzsäure (1 + 1) zu, kocht die Lösung bis zum Verschwinden des Chlors, verdünnt auf 300 bis 400 ml und sättigt mit Schwefelwasserstoff. Den Sulfidniederschlag filtriert man über ein Filter Gr. 2 ab und wäscht mit schwefelwasserstoffhaltiger Salzsäure (1 + 100) aus.

Man spritzt den Niederschlag in das Fällgefäß zurück, zieht ihn unter Erwärmen mit Natriumsulfidlösung (2) aus, filtriert über das gleiche Filter wieder ab und wäscht mit natriumsulfidhaltigem Wasser nach. Filter und Niederschlag werden dann mit 20 ml Salpetersäure (1,4) und 20 ml Schwefelsäure (1 + 1) durch langsames Erhitzen naß verbrannt und so weit abgeraucht, bis die Lösung wasserhell ist. Nach Zufügen von 10 ml Wasser wird nochmals bis zum starken Rauchen der Schwefelsäure erhitzt. Dann wird mit 50 ml Wasser aufgenommen, aufgekocht, mit der zum Fällen des etwa vorhandenen Silbers erforderlichen Menge Natriumchloridlösung (1) versetzt und 2 bis 3 Std. kalt stehen gelassen.

Man filtriert die Lösung nun durch ein Filter Gr. 4 in ein 400 ml-Becherglas wäscht mit Schwefelsäure (1 + 100) nach und bestimmt in der nach Zusatz von 30 ml Salpetersäure (1 + 1) auf 300 ml verdünnten Lösung das Kupfer elektrolytisch, wie unter 1.1.1, S. 207, beschrieben.

## 3.2 Altkupfer, Kupferlegierungen

### 3.2.1 Bestimmung des Kupfers

***Grundlage.*** Aus der Lösung der Probe mit Säuren entfernt man die bei der Bestimmung des Kupfers störenden Bestandteile und bestimmt das Kupfer in salpetersaurer-schwefelsaurer Lösung elektrolytisch.

***Anwendungsbereich.*** Geeignet für Gehalte von 50 bis 90%.

***Zuverlässigkeit.*** Bei Gehalten von 50 bis 70% etwa ±0,2%,
von 70 bis 90% etwa ±0,1%.

***Reagenzien.***

1. Natriumchloridlösung: 1 g zu 100 ml gelöst.
2. Mischsäure: Salpetersäure (1,4) und Schwefelsäure (1,84) im Volumenverhältnis 1 + 1.

***Geräte.*** Platinelektroden, wie unter 1.1.1, S. 207, beschrieben.

***Ausführung.*** 10 g Probe (im angegebenen Gewichtsverhältnis der Probenanteile) werden in einem Erlenmeyerkolben mit Wasser befeuchtet und mit 100 ml Salpetersäure (1 + 1) anfangs in der Kälte, später unter Erwärmen gelöst. Dann kocht man 20 min, fügt die zum Fällen des Silbers erforderliche Menge Natriumchloridlösung (1) und wenige Tropfen davon im Überschuß zu, läßt 2 bis 3 Std. kalt stehen, filtriert über ein Filter Gr. 2 ab in einen 500 ml-Meßkolben und wäscht mit Salpetersäure (1 + 100) nach (Lösung 1).

Das Filter mit Rückstand bzw. Niederschlag bringt man in den Lösekolben zurück und erhitzt mit 20 ml Salpetersäure (1,4) und 10 ml Schwefelsäure (1,84) bis zum Rauchen der Schwefelsäure und Zersetzen des Filters, was durch Zutropfen von Mischsäure (2) während des Rauchens beschleunigt wird. Dann raucht man mit 25 ml Bromwasserstoffsäure (1,38) ab, nimmt nach dem Abkühlen mit 50 ml Wasser auf, fällt in der zum Sieden erhitzten Lösung das Silber mit Natriumchloridlösung (1) wieder aus und läßt 2 bis 3 Std. kalt stehen. Dann wird über ein Filter Gr. 4 in einen 250 ml-Meßkolben filtriert, mit Schwefelsäure (1 + 100) nachgewaschen (Lösung 2).

Die Lösungen 1 und 2 in den Kolben werden temperiert und aufgefüllt. Dann entnimmt man daraus je ein Fünftel, bringt sie zusammen in ein 600 ml-Becherglas (breite Form) und dampft nach Zugabe von 20 ml Schwefelsäure (1 + 1) bis zum starken Rauchen ein.

Nach dem Aufnehmen mit 100 ml Wasser wird aufgekocht und im Kühlbecken 2 Std. gekühlt. Man filtriert über ein Filter Gr. 4 in ein 400 ml-Becherglas (hohe Form) und wäscht mit Schwefelsäure (1 + 100) nach. Dann fügt man 30 ml Salpetersäure (1 + 1) zu, verdünnt die Lösung auf etwa 300 ml und bestimmt das Kupfer elektrolytisch, wie unter 1.1.1, S. 207, beschrieben.

***Bemerkungen.*** Wenn es sich um zinnfreie Proben handelt, z. B. Kupferabfälle, Messing, Kupfer-Nickel-Legierung und dgl., so erübrigt sich das Abrauchen mit Bromwasserstoffsäure.

Wenn das Probegut einen größeren Anteil silikathaltigen Materials, z. B. Schlacke, enthält, so muß dieser Teil der Probe gesondert aufgeschlossen und zur Bestimmung des Kupfers so bearbeitet werden, wie es bei 3.1.1, S. 229, beschrieben ist.

### 3.2.2 Bestimmung des Bleis

***Grundlage.*** Nach dem Lösen der Probe mit Säuren, evtl. nach vorherigem Schmelzaufschluß, wird das Blei isoliert und als Bleisulfat gewichtsanalytisch bestimmt.

***Anwendungsbereich.*** Geeignet für Gehalte über 1%.

***Zuverlässigkeit.*** Bei Gehalten von 1 bis 5% etwa ±2%,
von 5 bis 10% etwa ±0,5%,
von 10 bis 30% etwa ±0,3%.

***Reagenzien.***

1. Natriumchloridlösung: 1 g zu 100 ml gelöst.
2. Mischsäure: Salpetersäure (1,4) und Schwefelsäure (1,84) im Volumenverhältnis 1 + 1.
3. Natriumsulfidlösung: 400 g $Na_2S \cdot 9\,H_2O$ zum Liter gelöst.
4. Natriumsulfidlösung: 5 ml Lösung (3) zu 100 ml verdünnt.

***Ausführung.*** Eine Einwaage von 10 g wird, wie unter 3.2.1, S. 231, beschrieben, mit Salpetersäure gelöst. Ein unlöslicher Rückstand wird durch Filtrieren von der Lösung abgetrennt, die in einem 500 ml-Meßkolben aufgefangen wird.

Filter und Rückstand bringt man in den Lösekolben zurück und erhitzt darin mit 20 ml Salpetersäure (1,4) und 10 ml Schwefelsäure (1,84) bis zum starken Rauchen evtl. unter Zutropfen von Mischsäure (2) zur Zerstörung des Filters. Dann wird mit wenig Wasser aufgenommen und mit 20 ml Bromwasserstoffsäure (1,38) wieder bis zum Rauchen der Schwefelsäure erhitzt. Nach dem Erkalten spült man den Abrauchrückstand mit wenig Wasser in eine Platinschale und raucht nach Zugabe von 20 ml Fluorwasserstoffsäure (40%) bis zur Trockne ab. Nun wird mit je 20 ml Wasser und Salpetersäure (1 + 1) aufgenommen und gekocht. Die Lösung wird durch ein Filter Gr. 3 filtriert, mit der Hauptlösung im 500 ml-Meßkolben vereinigt und aufgefüllt.

Je nach dem Bleigehalt entnimmt man mit Pipette aus dieser Gesamtlösung einen Anteil, den man in einem Becherglas mit kaltem Wasser auf 600 bis 700 ml verdünnt und mit Schwefelwasserstoff sättigt. Den Sulfidniederschlag filtriert man über ein Filter Gr. 3 ab und wäscht mit schwefelwasserstoffhaltigem Wasser aus. Dann spült man den Niederschlag in das Fällgefäß zurück, digeriert in der Siedehitze etwa 10 min mit Natriumsulfidlösung (3), filtriert heiß über das vorher benutzte Filter wieder ab und wäscht mit heißer Natriumsulfidlösung (4) aus.

Man spült den Niederschlag wieder in das Becherglas zurück, löst ihn mit 10 ml heißer Salpetersäure (1,4) und dampft nach Zusatz von 20 ml Schwefelsäure (1 + 1) bis zum starken Rauchen ein. Man nimmt mit 50 ml Wasser auf, kocht die Lösung wenige Minuten und läßt im Kühlbecken mindestens 3 Std. abkühlen.

Dann bringt man den Bleisulfatniederschlag in einen geglühten und gewogenen Porzellanfiltertiegel A2, wäscht Niederschlag und Tiegel nacheinander mit Schwefelsäure (1 + 20) und Äthanol aus, trocknet, glüht 10 min bei 500° im elektrischen Ofen und wägt das Bleisulfat mit Tiegel.

Die Prüfung des ausgewogenen Bleisulfats erfolgt nach 1.1.2, S. 208.

Der Umrechnungsfaktor von Bleisulfat auf Blei ist 0,6832.

### 3.2.3 Bestimmung des Zinns

***Grundlage.*** Aus der Lösung der Probe in einer salzsauren Eisen(III)-chloridlösung und Salpetersäure wird das Zinn durch Fällen mit Ammoniak abgetrennt, in salzsaurer Lösung mit Eisenpulver reduziert und maßanalytisch bestimmt.

***Anwendungsbereich.*** Geeignet für Gehalte über 0,5%.

***Zuverlässigkeit.*** Bei Gehalten von 0,5 bis 2% etwa ±4%,
von 2 bis 5% etwa ±2%,
von 5 bis 10% etwa ±0,5%.

***Reagenzien.***

1. Eisen(III)-chloridlösung: 350 g $FeCl_3 \cdot 6\,H_2O$ mit Salzsäure (1,19) zum Liter gelöst.
2. Eisenpulver.
3. Stärkelösung: 1 g zu 100 ml gelöst.
4. Chloramin T-lösung: 16 g p-Toluolsulfonchloramid-Natrium zum Liter gelöst. 1 ml $\cong$ 6 mg Zinn.
5. Feinzinn.

***Ausführung.*** Man löst 10 g Probe (im angegebenen Gewichtsverhältnis der Probenanteile) in einem 500 ml-Erlenmeyerkolben mit 15 ml Eisen(III)chloridlösung (1) und 100 ml Salpetersäure (1 + 1), kocht nach dem Lösen kurz auf und kühlt auf Zimmertemperatur ab. Einen Löserückstand filtriert man über ein Filter Gr. 3 ab und wäscht mit heißem Wasser nach. Filtrat und Waschwasser werden in einem 500 ml-Meßkolben vereinigt (Lösung 1).

Filter und Rückstand trocknet und verascht man in einem Eisentiegel und schmilzt sie mit der 10-fachen Menge Natriumperoxid. Nach dem Erkalten wird die Schmelze mit 100 ml Wasser digeriert, mit Salzsäure (1,19) gelöst und die Lösung in einen 250 ml-Meßkolben übergespült (Lösung 2).

Nachdem die Lösungen 1 und 2 in den Kolben temperiert und aufgefüllt worden sind, entnimmt man daraus je ein Fünftel, vereinigt die Abmessungen in einem 500 ml-Erlenmeyerkolben und macht die auf 300 ml verdünnte Lösung ammoniakalisch. Man kocht auf, filtriert den Niederschlag über ein Filter Gr. 2 ab, spült ihn nach dem Auswaschen in das Fällgefäß zurück und löst ihn wieder mit der eben ausreichenden Menge Salzsäure (1 + 1). Dann wiederholt man die Fällung mit Ammoniak und filtriert nach kurzem Aufkochen über das zuvor benutzte Filter wieder ab.

Nach dem Waschen mit heißem Wasser spült man den Niederschlag wieder in das Fällgefäß zurück, löst Reste des Niederschlages mit warmer Salzsäure (1 + 1) vom Filter dazu und löst den Niederschlag durch weiteren Zusatz von Salzsäure (1 + 1). Man setzt noch einen Überschuß von 50 ml Salzsäure (1,19) zu, erhitzt auf 80 bis 90° und reduziert die Lösung durch Zementieren mit etwa 2 g Eisenpulver, das man nach und nach in kleinen Mengen von 0,3 bis 0,5 g einträgt.

Vor der nachfolgenden Filtration über ein Filter Gr. 2 bestreut man dieses mit etwas Eisenpulver und beschickt den für das Filtrat bestimmten 750 ml-Erlenmeyerkolben mit einigen Stückchen Marmor und 5 ml Salzsäure (1 + 1) zur Bildung einer Kohlendioxid-Schutzatmosphäre. Man filtriert, wäscht mit heißem Wasser nach und kühlt den mit einem Contat-Göckel-Aufsatz verschlossenen Kolben auf Raumtemperatur ab.

Wenn diese erreicht ist, fügt man zu der Lösung 0,1 g Kaliumjodid und 10 ml Stärkelösung (3) zu und titriert sofort mit Chloramin T-lösung (4).

Die ***Titerstellung der Chloramin T-lösung*** (4) wird, wie unter 2.2.5, S. 221, beschrieben, ausgeführt.

### 3.2.4 Bestimmung des Nickels

***Grundlage.*** Nach dem Abtrennen des Nickels von der Grundsubstanz und den störenden Bestandteilen der Probe wird es elektrolytisch bestimmt.

***Anwendungsbereich.*** Geeignet für Gehalte über 0,5%.

***Zuverlässigkeit.*** Bei Gehalten von 0,5 bis 2% etwa ±3%,
von 2 bis 5% etwa ±1%,
von 5 bis 10% etwa ±0,5%.

***Reagenzien.***

1. Natriumchloridlösung: 1 g zu 100 ml gelöst.
2. Mischsäure: Salpetersäure (1,4) und Schwefelsäure (1,84) im Volumenverhältnis 1 + 1.
3. Diacetyldioximlösung: 1 g mit Methanol zu 100 ml gelöst.

***Geräte.*** Platinelektroden, wie unter 1.1.1, S. 207, angegeben.

***Ausführung.*** Man geht von der elektrolytisch entkupferten Lösung der Probe aus, die nach 3.2.1, S. 231, als Elektrolysat nach der Kupferbestimmung resultiert.

Diese Lösung wird in einen 1 l-Erlenmeyerkolben übergespült, mit 5 g Weinsäure versetzt und ammoniakalisch gemacht. Dann fällt man das Nickel mit der erforderlichen Menge Diacetyldioximlösung (3), die man nach und nach zusetzt. Man läßt die Fällung 2 Std. absetzen, filtriert sie über ein Filter Gr. 2 ab und wäscht mit warmem Wasser aus. Der Niederschlag wird in das Fällgefäß zurückgespült und mit Salpetersäure (2 + 1) in der Kälte gelöst. Man verdünnt auf mindestens 500 ml, fügt 2 g Weinsäure zu, macht ammoniakalisch und wiederholt die Fällung des Nickels mit Diacetyldioximlösung (3).

Der Niederschlag wird über das zuvor benutzte Filter wieder abfiltriert, mit warmem Wasser gewaschen, in das Fällgefäß zurückgespült und mit 20 ml Salpetersäure

(2 + 1) gelöst. Niederschlagsreste auf dem Filter werden durch Befeuchten mit warmer Salpetersäure (2 + 1) gelöst und durch Nachwaschen mit heißem Wasser mit der Hauptlösung vereinigt. Dann wird mit 20 ml Schwefelsäure (1 + 1) bis zum Rauchen eingedampft. Nach Zufügen von 10 ml Wasser wird nochmals bis zum Rauchen erhitzt, dann mit 100 ml Wasser aufgenommen, gekocht und abgekühlt.

Die Lösung wird mit Ammoniak (0,91) neutralisiert, mit einem Überschuß von 50 ml Ammoniak (0,91) versetzt und in ein 400 ml-Becherglas (hohe Form) übergespült.

Nach Zugabe von 0,1 g Hydraziniumsulfat wird das Nickel in der auf 300 ml verdünnten Lösung elektrolytisch bestimmt, wie unter 2.2.6, S. 221, beschrieben.

# 4 Metallische Erzeugnisse

## 4.1 Hüttenkupfer A, B, C, D, F, S und E-Kupfer

### 4.1.1 Bestimmung des Kupfers

#### 4.1.1.1 Gehalte unter 99,75% Kupfer

***Grundlage.*** Die Probe wird mit Salpetersäure gelöst und das Kupfer nach Abtrennen von Silber und Blei elektrolytisch bestimmt.

***Anwendungsbereich.*** Geeignet für Gehalte von 99 bis 99,75%.

***Zuverlässigkeit.*** Etwa ± 0,05%.

***Reagenzien.***

1. Natriumchloridlösung: 1 g zu 100 ml gelöst.

***Geräte.*** Elektroden, wie unter 1.1.1, S. 207, angegeben.

***Ausführung.*** 25 g Probe werden im Mengenverhältnis der vorhandenen Siebklassen zu einer Gesamteinwaage, mit dem Groben beginnend, nacheinander auf dasselbe Schiffchen eingewogen und in einem 750 ml-Erlenmeyerkolben mit 50 ml Wasser versetzt und mit 200 ml Salpetersäure (1 + 1) gelöst, die nacheinander in kleinen Mengen zugesetzt werden. Während des Lösens wird das Gefäß bedeckt gehalten und gegebenenfalls gekühlt, um Sprühverluste zu vermeiden. Nach dem Auflösen wird auf dem Wasserbade erhitzt, bis die Stickstoffoxide entfernt sind. In der heißen Lösung wird das Silber durch Zugabe von 10 ml Natriumchloridlösung (1) gefällt. Man verdünnt mit 50 ml Wasser, läßt den Niederschlag absetzen und filtriert dann über ein Filter Gr. 2 mit Filterschleim. Das Filter wird mit Salpetersäure (1 + 100) ausgewaschen. Die Lösung wird in einem 1 l-Meßkolben aufgefüllt. Man entnimmt 100 ml (= 2,5 g Einwaage) in ein 400 ml-Becherglas (breite Form), setzt 20 ml Schwefelsäure (1 + 1) zu und dampft die Lösung zuerst auf dem Wasserbad, dann auf der Heizplatte bis zum starken Rauchen der Schwefelsäure ein. Nach dem Abkühlen wird mit 100 ml Wasser aufgenommen, zum Sieden erhitzt, wieder abgekühlt und zum Abscheiden des Bleisulfats mindestens 2 Std. kalt stehen gelassen. Dann wird über ein Filter Gr. 4 in ein 400 ml-Becherglas (hohe Form) filtriert und das Filter mit Schwefelsäure (1 + 100) ausgewaschen. Die Lösung wird nach Zusatz von 20 ml Salpetersäure (1 + 1) auf etwa 300 ml verdünnt. Die Elektrolyse wird bei ruhendem Elektrolyten mit einer Platin-Netzelektrode als Kathode und einer Platinspirale als Anode bei einer Stromstärke von 0,3 A über Nacht durchgeführt. Die Kathode soll völlig in den Elektrolyten eintauchen und die Anode bis auf den Boden des Gefäßes reichen. Das Becherglas wird mit zwei halben Uhrgläsern abgedeckt. Nach Beendigung der Abscheidung werden die Elektroden ohne Stromunterbrechung in ein 400 ml-Becherglas mit frischem Elektrolyten [25 ml Salpetersäure (1 + 1), 5 ml Schwefelsäure (1 + 1) und 300 ml Wasser] übergesetzt.

Nach Ablösen des Niederschlages und Entfernen der Stickstoffoxide durch gelindes Erwärmen wird die Elektrolyse unter den gleichen Bedingungen wiederholt.

Dann werden die Elektroden ohne Stromunterbrechung durch schnelles Auswechseln des Gefäßes in das gleiche Volumen Wasser gebracht, worin die Elektrolyse noch 5 min fortgesetzt wird. Nun wird die Kathode abgenommen, nacheinander durch Eintauchen in Wasser und Äthanol gewaschen, bei 100° getrocknet und nach dem Erkalten gewogen.

#### 4.1.1.2 Gehalte über 99,75% Kupfer

***Grundlage.*** Das Kupfer wird in der mit Salpetersäure und Schwefelsäure gelösten Probe elektrolytisch bestimmt.

***Anwendungsbereich.*** Geeignet zur Bestimmung des Kupfergehaltes von Raffinatkupfer. Silber wird gegebenenfalls mitbestimmt.

***Zuverlässigkeit.*** Etwa ± 0,03%.

***Reagenzien.***

1. Mischsäure: Zu 750 ml Wasser werden 210 ml Salpetersäure (1,4) und 300 ml Schwefelsäure (1,84) gegeben.

***Geräte.*** Elektroden, wie unter 1.1.1, S. 207, angegeben.

***Ausführung.*** Etwas mehr als 5 g, z. B. 5,0200 g, Probe werden in ein 400 ml-Becherglas (hohe Form) eingewogen und mit 45 ml Mischsäure (1) unter einem Uhrglas gelöst. Nach 2 bis 3-stündigem Stehen auf der Heizplatte wird die Wand des Glases vorsichtig abgespritzt und die Lösung auf etwa 300 ml verdünnt.

Die Elektrolyse wird, wie unter 4.1.1.1 beschrieben, ausgeführt. Nach Beendigung der Elektrolyse werden die Elektroden ohne Stromunterbrechung herausgehoben und schnell in ein Becherglas mit Wasser übergesetzt, worin die Elektrolyse noch 5 min fortgesetzt wird; dann wird die Kathode abgenommen, mit Wasser und Äthanol gewaschen, bei 100° getrocknet und nach dem Erkalten unter Verwendung der gleichen Gewichtsstücke wie bei der Einwaage gewogen.

### 4.1.2 Bestimmung des Bleis

#### 4.1.2.1 Polarographische Bestimmung

***Grundlage.*** Das Blei wird aus der salpetersauren Lösung der Probe in Gegenwart von Eisen als Spurenfänger als Hydroxid von Kupfer getrennt und nach Verflüchtigung des Zinns als Bromid polarographisch bestimmt.

***Anwendungsbereich.*** Geeignet für Gehalte von 0,001 bis 0,05%.

***Zuverlässigkeit.*** Bei Gehalten um 0,01% etwa ± 5%,
um 0,001% etwa ± 10%.

***Reagenzien.***

1. Eisen(III)-lösung: 10 g $Fe(NH_4)(SO_4)_2 \cdot 12\,H_2O$ zum Liter gelöst.
2. Ammoniumcarbonatlösung: 10 g zum Liter gelöst.
3. Tyloselösung: 0,5 g Tylose SL 400 in 100 ml gelöst.
4. Bleistammlösung: 1 g Blei wird mit 10 ml Salpetersäure (1 + 1) gelöst und die Lösung nach Verkochen der Stickstoffoxide in einem Meßkolben zum Liter aufgefüllt.
5. Bleistandardlösung: 10 ml Stammlösung (3) werden in einem 100 ml-Meßkolben aufgefüllt. 1 ml $\hat{=}$ 100 $\mu$g Blei.

***Ausführung.*** 2,5 g Probe werden in einem 250 ml-Becherglas mit 20 ml Salpetersäure (1 + 1) gelöst. Nach Aufhören des anfangs lebhaften Lösevorgangs erwärmt man und kocht schließlich, um die Stickstoffoxide vollständig zu vertreiben.

Die auf etwa 50° abgekühlte Lösung wird mit Wasser auf 100 ml verdünnt, mit 5 ml Eisen(III)-lösung (1), 5 ml Ammoniumcarbonatlösung (2) und soviel Ammoniak (0,91) versetzt, daß das Kupfer als Amminkomplex wieder gelöst ist. Dann wird 5 min zum Sieden erhitzt, nach Abkühlen über ein Filter Gr. 2 abfiltriert und mit Ammoniak (1 + 50) erst das Fällgefäß, dann das Filter bis zum Verschwinden der Blaufärbung gewaschen. Filter und Niederschlag werden in das Becherglas zurückgegeben und nach Zugabe von 10 ml Salpetersäure (1,4) und 10 ml Perchlorsäure (1,67) naß verascht, wobei bis zum kräftigen Rauchen der Perchlorsäure erhitzt wird. Die Aufschlußlösung wird auf etwa 70° abgekühlt, mit 25 ml Bromwasserstoffsäure (1,38) versetzt und erneut bis zum Rauchen der Perchlorsäure erhitzt. In der danach auf Zimmertemperatur gebrachten Lösung wird zum Entfernen der letzten Kupferanteile das Blei noch einmal mit Ammoniak und Ammoniumcarbonat in der oben angegebenen Weise gefällt. Der Niederschlag wird mit 5 ml warmer Salzsäure (1 + 1) vom Filter gelöst und das Filter mit 10 ml gewaschen. Die Lösung wird zur Reduktion des Eisens mit 0,5 g Hydroxylaminhydrochlorid versetzt, 5 min gekocht, nach Zugabe von 2 g Kaliumchlorid auf Zimmertemperatur abgekühlt und in einem 25 ml-Meßkolben aufgefüllt. Man pipettiert von dieser Lösung je 10 ml (= 1 g Einwaage) in zwei weitere 25 ml-Meßkolben, gibt je 1 ml Tyloselösung (3) zu und in einen Kolben eine dem zu erwartenden Bleigehalt entsprechende Menge Bleistandardlösung (5). Nach dem Auffüllen und Entlüften mit Stickstoff werden die Lösungen zwischen — 0,2 und — 0,5 V polarographiert. Eine Reagenzienblindprobe ist erforderlich.

***Bemerkungen.*** Ist kein Zinn vorhanden, so kann das Abrauchen mit Bromwasserstoffsäure unterbleiben.

Durch Vergrößerung der Einwaage kann die Bestimmungsgrenze für Blei unter den angegebenen Wert von 0,001% gesenkt werden (siehe Kapitel Nickel unter 3.1.3.2, S. 319).

### 4.1.2.2 Photometrische Bestimmung

#### *4.1.2.2.1 Gehalte über 0,0005% Blei*

***Grundlage.*** Das Blei wird aus der Lösung der Probe mit einer Dithizon-Kohlenstofftetrachloridlösung extrahiert. Aus diesem Extrakt wird das Blei mit verdünnter Salpetersäure isoliert, erneut als Dithiozonat extrahiert und photometrisch bestimmt.

***Anwendungsbereich, Zuverlässigkeit, Reagenzien*** und ***Ausführung*** siehe Kapitel Nickel unter 3.1.3.1.1, S. 316.

#### *4.1.2.2.2 Gehalte unter 0,0005% Blei*

***Grundlage.*** Das Blei wird in Gegenwart von Eisen als Spurenfänger durch Ausfällen als Hydroxid angereichert und aus der Lösung des Niederschlags mit einer Dithizon-Kohlenstofftetrachloridlösung extrahiert. Aus diesem Extrakt wird das Blei mit verdünnter Salpetersäure isoliert, erneut als Dithizonat extrahiert und photometrisch bestimmt.

***Anwendungsbereich, Zuverlässigkeit, Reagenzien*** und ***Ausführung*** siehe Kapitel Nickel unter 3.1.3.1.2, S. 319.

## 4 1.3 Bestimmung des Wismuts

***Grundlage.*** Das Wismut wird aus der salpetersauren Lösung der Probe mit Blei als Spurenfänger als basisches Carbonat ausgefällt, von mitgefälltem Zinn, Antimon und Arsen abgetrennt und in Gegenwart von Blei mit Thioharnstoff photometrisch bestimmt.

***Anwendungsbereich.*** Geeignet für Gehalte von 0,0005% bis 0,5%.

***Zuverlässigkeit.*** Bei Gehalten um 0,001% etwa ± 10%,
um 0,01% etwa ± 5%,
um 0,1% etwa ± 2%.

***Reagenzien.***

1. Bleilösung: 4 g wismutfreies Feinblei werden mit 10 ml Salpetersäure (1 + 1) gelöst. Die Lösung wird auf 100 ml verdünnt. 1 ml ≙ 40 mg Blei.
2. Thioharnstofflösung: 5 g werden mit einem Gemisch von 25 ml Aceton und 25 ml Wasser gelöst.
3. Ammoniumcarbonatlösung: 10 g zu 100 ml gelöst.
4. Wismutstammlösung: 1 g Wismut wird mit 20 ml Salpetersäure (1 + 1) gelöst. Nach dem Verkochen der Stickstoffoxide wird die Lösung in einem 1 l-Meßkolben aufgefüllt.
5. Wismutstandardlösung: 50 ml Stammlösung (4) werden in einem Meßkolben zum Liter verdünnt. 1 ml ≙ 50 $\mu$g Wismut.

***Ausführung.*** Man löst 5 g Probe (Späne oder kompakte Stücke) mit 30 ml Salpetersäure (1 + 1) und entfernt die Stickstoffoxide durch kurzes Aufkochen. Die auf etwa 70° abgekühlte Lösung, die einen Löserückstand enthalten kann, wird mit Wasser auf etwa 150 ml gebracht, mit 2 ml Bleilösung (1) und bis zum deutlichen Auftreten der dunkelblauen Kupfertetramminfarbe mit Ammoniak (0,91) (etwa 30 bis 40 ml) versetzt. Zum Fällen von Blei und Wismut werden dann 10 ml Ammoniumcarbonatlösung (3) und anschließend noch soviel Ammoniak (0,91) zugegeben, bis sich die letzten Anteile von Kupferoxidhydrat wieder gelöst haben (etwa 10 ml). Man erwärmt und läßt 30 min sieden. Nach dem Abkühlen auf Zimmertemperatur (Kühlbad) wird durch ein Filter Gr. 2 unter Zusatz von Filterschleim filtriert und mit Ammoniak (1 + 50) bis zum Verschwinden der Blaufärbung des Filters gewaschen.

Das Filter mit dem Niederschlag wird in das bereits verwendete Becherglas zurückgegeben, mit 30 ml Salpetersäure (1,4) und 30 ml Perchlorsäure (1,67) bis zum Rauchen erhitzt. Die Lösung, die bei Gegenwart größerer Mengen Zinn und Antimon diese als unlösliche Oxidhydrate enthält, wird mit 30 ml Bromwasserstoffsäure (1,38) versetzt und erneut bis zum Rauchen der Perchlorsäure erhitzt. Ist die Lösung nach dem Abrauchen der Bromwasserstoffsäure noch trüb, so wird die Behandlung mit 30 ml Bromwasserstoffsäure (1,38) wiederholt.

In der klaren Lösung wird zur Entfernung der letzten Kupferanteile — an der intensiven, braunvioletten Farbe bei der Bromwasserstoffzugabe erkennbar — die Fällung mit Ammoniak und Ammoniumcarbonat noch einmal durchgeführt. Der nunmehr reine Wismut- und Bleicarbonatniederschlag wird durch Zutropfen von 15 ml kalter Salpetersäure (1 + 9) vom Filter gelöst und die Lösung in einem 50 ml-Meßkolben aufgefangen.

Bei Wismutgehalten über 0,01% wird das Filter mit Salpetersäure (1 + 9) gründlich ausgewaschen und der Meßkolben mit der gleichen Säure aufgefüllt. Für die photometrische Wismutbestimmung werden dann Mengen von 5 bis 15 ml in einen anderen 50 ml-Meßkolben abgemessen. Werden dabei weniger als 15 ml entnommen, so muß zur Erreichung des richtigen pH-Wertes die an 15 ml fehlende Flüssigkeitsmenge als Salpetersäure (1 + 9) zugesetzt werden.

Bei Wismutgehalten unter 0,01% wird der ganze Niederschlag verwandt. Zur Einhaltung der für die Photometrie optimalen Säuremenge wird das Filter nach dem Lösen des Niederschlages nicht mit Säure, sondern mit 15 ml kaltem Wasser ausgewaschen.

Der 50 ml-Kolben, der jetzt 15 ml bzw. 30 ml Lösung enthält, wird mit 20 ml Thioharnstofflösung (2) beschickt und gegebenenfalls mit Wasser aufgefüllt. Die gelbgefärbte klare Lösung wird nach 20 min bei 450 nm in einer 2 cm-Küvette gegen eine Reagenzienblindprobe photometriert. Ihre Temperatur soll zwischen 18 und 25° liegen. Sie muß auf ± 0,5° genau bekannt und konstant sein, da die Farbintensität des Wismut-Thioharnstoffkomplexes in starkem Maße von der Temperatur abhängt.

***Eichkurve.*** Steigende Mengen der Wismutstandardlösung (5), 1 bis 12 ml, entsprechend 50 bis 600 $\mu$g Wismut, werden mit jeweils 80 mg Blei (1) in 50 ml-Meßkolben gegeben und der Salpetersäuregehalt unter Berücksichtigung des Säuregehaltes der Wismutlösung auf insgesamt 15 ml Salpetersäure (1 + 9) ergänzt. Dazu werden 20 ml Thioharnstofflösung (2) gegeben und die Lösung mit Wasser aufgefüllt. Zweckmäßigerweise werden Eichkurven für verschiedene Temperaturen aufgenommen (z. B. bei 18°, 22° und 25°), was die Einstellung der Analysenlösung auf einen bestimmten Temperaturwert erspart.

Die Auswertung der in der Analysenlösung gemessenen Extinktion kann dann entsprechend der Temperatur durch Interpolation zwischen der so aufgestellten Eichkurvenschar in einfacher Weise erfolgen.

***Bemerkungen.*** Beim nassen Verbrennen des Filters mit Salpetersäure-Perchlorsäure ist darauf zu achten, daß stets ein Salpetersäureüberschuß vorhanden ist, solange die Lösung noch organisches Material enthält. Es empfiehlt sich dabei, kurz vor Beendigung der Salpetersäure-Austreibung — erkennbar am Verschwinden der braunen Farbe der Lösung — die Becherglaswandung mit wenig Wasser abzuspritzen und die Lösung noch einmal mit einigen Tropfen Salpetersäure (1,4) zu versetzen. Danach wird die Perchlorsäure zum Rauchen erhitzt. Dieses Verfahren ist völlig ungefährlich.

Die Verflüchtigung der Bromide des Zinns und Antimons muß bei Gegenwart von Perchlorsäure ausgeführt werden, um Wismutverluste zu vermeiden.

Temperaturunterschiede von ± 1° bewirken Fehler von ± 1,5%.

Die beim Thioharnstoffzusatz zu eisenhaltigen Lösungen momentan auftretende Rot-Orange-Färbung blaßt sehr schnell ab und ist nach 20 min bei den hier in Betracht kommenden Eisenmengen völlig verschwunden.

Bei der Untersuchung von Elektrolytkupfer kann auf die Verflüchtigung von Antimon und Zinn verzichtet werden, weil diese nur stören, wenn sie in mehr als der doppelten Menge wie das Wismut vorliegen. Es wird dann weiter so verfahren, wie in dieser Vorschrift für Wismutgehalte von weniger als 0,01% angegeben.

## 4.1.4 Bestimmung des Arsens

### 4.1.4.1 Gehalte über 0,15% Arsen

***Grundlage.*** Die Probe wird im Kolben eines Destillierapparates mit einer salzsauren Eisen(III)-chloridlösung gelöst. Das abdestillierende Arsen(III)-chlorid wird in einer Vorlage aufgefangen und maßanalytisch bestimmt.

***Anwendungsbereich, Zuverlässigkeit, Reagenzien, Geräte*** und ***Ausführung*** siehe unter 2.3.2, S. 224.

### 4.1.4.2 Gehalte von 0,001 bis 0,15% Arsen

***Grundlage.*** Das Arsen wird aus der Lösung der Probe als Arsen(III)-chlorid abdestilliert und im Destillat nach der Molybdänblaumethode photometrisch bestimmt.

***Anwendungsbereich, Zuverlässigkeit, Reagenzien, Geräte*** und ***Ausführung*** siehe Kapitel Arsen, S. 70 und 71.

### 4.1.4.3 Gehalte unter 0,001% Arsen

***Grundlage.*** Das Arsen wird aus der salpetersauren Lösung der Probe zusammen mit Eisen(III)- und Mangan(IV)-oxidhydrat mit Ammoniak abgetrennt, aus der Lösung des Niederschlags als Arsen(III)-chlorid abdestilliert und im Destillat nach der Molybdänblaumethode photometrisch bestimmt.

***Anwendungsbereich.*** Geeignet für Gehalte von 0,0001 bis 0,001%.

***Zuverlässigkeit.*** Etwa ± 20%.

***Reagenzien.***

1. Eisen(III)-chlorid, $FeCl_3 \cdot 6\,H_2O$, arsenfrei.
2. Mangan(II)-sulfatlösung: 5 g $MnSO_4 \cdot H_2O$, zu 100 ml gelöst.
3. n-Kaliumpermanganatlösung.
4. Mischsäure: Salpetersäure (1,4) und Schwefelsäure (1,84) im Volumenverhältnis 2 + 1.

***Geräte.*** Destillierapparat, siehe Abb. 5 im Kapitel Arsen unter 1.2, S. 70.

***Ausführung.*** 10 g Probe werden mit 50 ml Salpetersäure (3 + 1) in einem 800 ml-Becherglas gelöst, die Stickstoffoxide verkocht und die Lösung mit heißem Wasser auf 400 ml verdünnt. Dann werden 2 g Eisen(III)-chlorid (1) und nach vollständiger Auflösung solange Ammoniak (1 + 4) zugesetzt, bis die Farbe der Lösung gerade nach Dunkelgrün umschlägt. Nach Verdünnen auf etwa 600 ml wird die Lösung bis zum Ausfallen des Hydroxidniederschlages gekocht. Die kochende Lösung wird mit 10 ml Mangan(II)-sulfatlösung (2) und 6 ml Kaliumpermanganatlösung (3) versetzt und 15 min im Sieden gehalten. Der Niederschlag wird nach 2 Std. über ein Filter Gr. 2 unter Zusatz von Filterschleim filtriert. Im Filtrat wird die Fällung mit 5 ml Mangansulfatlösung (2) und 3 ml Permanganatlösung (3) wiederholt und, wie oben beschrieben, filtriert. Das Fällgefäß wird mit heißer Salpetersäure (1 + 1) unter Zusatz einiger Tropfen Wasserstoffperoxid (30%) ausgespült und die Lösung zusammen mit den Filtern und Niederschlägen beider Fällungen in einen 750 ml-Erlenmeyerkolben übergeführt. Nach Zusatz von 15 ml Schwefelsäure (1,84) wird bis zum starken Rauchen der Säure eingedampft. Filterreste werden durch Zutropfen von Mischsäure (4) zur rauchenden Lösung zerstört. Nach nochmaligem Abrauchen wird mit 10 ml Wasser verdünnt, die Lösung aufgekocht und mit wenig Wasser in den bereits mit einer Vorlage versehenen Destillierapparat gespült. Die Destillation des Arsen(III)-chlorids und die photometrische Bestimmung werden, wie im Kapitel Arsen, S. 70 und 71, beschrieben, durchgeführt.

### 4.1.5 Bestimmung des Antimons

#### 4.1.5.1 Gehalte über 0,003% Antimon

***Grundlage.*** Das Antimon wird aus der salpetersauren Lösung der Probe zusammen mit Eisen(III)- und Mangan(IV)-oxidhydrat mit Ammoniak abgetrennt. Der Niederschlag wird gelöst und das Antimon nach Verflüchtigen des Arsens mit Kaliumbromat maßanalytisch bestimmt.

***Anwendungsbereich.*** Geeignet für Gehalte von 0,003 bis 0,1%.

***Zuverlässigkeit.*** Bei Gehalten unter 0,01% etwa ± 10%,<br>
über 0,01% etwa ± 5%.

***Reagenzien.***

1. Eisen(III)-chlorid, $FeCl_3 \cdot 6\,H_2O$.
2. Mangan(II)-sulfatlösung: 5 g $MnSO_4 \cdot H_2O$ zu 100 ml gelöst.
3. n-Kaliumpermanganatlösung.
4. Mischsäure: Salpetersäure (1,4) und Schwefelsäure (1,84) im Volumenverhältnis 2 + 1.
5. Eisen(II)-sulfat, $FeSO_4 \cdot 7\,H_2O$.
6. Natriumsulfidlösung: 400 g $Na_2S \cdot 9\,H_2O$ zum Liter gelöst.
7. Kaliumbromatlösung: 0,926 g $KBrO_3$ zum Liter gelöst. 1 ml $\triangleq$ 2 mg Antimon.
8. Antimonstandardlösung: 1 g Antimon wird in einem 300 ml-Becherglas mit 20 ml Schwefelsäure (1,84) gelöst und die Lösung einige Minuten zum Sieden erhitzt. Nach dem Abkühlen wird mit Wasser aufgenommen und nach Zu-

satz von 30 ml Salzsäure (1,19) die Lösung in einem Meßkolben zum Liter aufgefüllt. 1 ml $\triangleq$ 1 mg Antimon.

***Ausführung.*** 100 g Probe werden in einem 2 l-Becherglas mit 450 ml Salpetersäure (3 + 1) gelöst, die Stickstoffoxide verkocht und die Lösung mit heißem Wasser auf etwa 1 l verdünnt. Dann werden 2 g Eisen(III)-chlorid (1) und nach vollständigem Auflösen solange Ammoniak (1 + 4) zugesetzt, bis die Farbe der Lösung gerade nach Dunkelgrün umschlägt. Nach Verdünnen auf etwa 1,5 l wird die kochende Lösung mit 10 ml Mangan(II)-sulfatlösung (2) und 6 ml Kaliumpermanganatlösung (3) versetzt und 15 min im Sieden gehalten. Der zusammengeballte Niederschlag wird nach 2 Std. über ein Filter Gr. 2 unter Zusatz von Filterschleim abfiltriert. Im Filtrat wird die Fällung mit der Hälfte der o. a. Mangansulfat- und Permanganatmenge wiederholt und, wie oben beschrieben, filtriert. Das Fällgefäß wird mit heißer Salpetersäure (1 + 1) unter Zusatz einiger Tropfen Wasserstoffperoxid (30%) sorgfältig ausgespült und die Lösung zusammen mit den Filtern und Niederschlägen beider Fällungen in einen 750 ml-Erlenmeyerkolben übergespült.

Nach Zusatz von 15 ml Schwefelsäure (1,84) wird bis zum Auftreten von Schwefelsäuredämpfen eingedampft und Filterreste durch Zutropfen von Mischsäure (4) zur rauchenden Lösung zerstört. Die Säure wird abgeraucht, der Rückstand mit 10 ml Wasser aufgenommen, die Lösung zum Sieden erhitzt und nach dem Abkühlen in einen 250 ml-Destillierkolben gespült. Nach Zusatz von 10 g Eisen(II)-sulfat und 150 ml Salzsäure (1,19) werden etwa $^2/_3$ des Volumens in eine mit Wasser gefüllte Vorlage destilliert. Die Destillation wird nach Zugabe von 100 ml Salzsäure (1,19) wiederholt. Der im Destillierkolben verbleibende Rückstand wird in ein Becherglas gespült, aufgekocht und eine etwa auftretende Trübung über ein Filter Gr. 2 mit Filterschleim abfiltriert. Das Filter wird im Eisentiegel vorsichtig verascht, der Rückstand mit wenig Natriumperoxid geschmolzen und die mit Salzsäure (1 + 1) gelöste Schmelze dem Hauptfiltrat zugesetzt. Die heiße Lösung wird mit Schwefelwasserstoff gesättigt, der Niederschlag über ein Filter Gr. 2 abfiltriert und mit schwefelwasserstoffhaltigem Wasser chloridfrei ausgewaschen. Der Sulfidniederschlag wird mit Natriumsulfidlösung (6) ausgezogen. Man spritzt ihn zu diesem Zweck in das Fällgefäß zurück, übergießt das Filter mit 25 ml Natriumsulfidlösung (6) und wäscht mit Wasser nach. Zur Vervollständigung der Umsetzung wird die Flüssigkeit bis zum Sieden erhitzt, worauf man von den ungelösten Sulfiden über ein Filter Gr. 2 abfiltriert und mit heißer verdünnter Natriumsulfidlösung [3 ml Lösung (6) zu 500 ml verdünnt] auswäscht.

Das klare Filtrat wird mit 25 ml Schwefelsäure (1 + 1) eingedampft und die Schwefelsäure bis auf wenige ml abgeraucht. Man nimmt mit 120 ml Wasser auf, setzt 30 ml Salzsäure (1,19) hinzu, kocht 5 bis 10 min und titriert das Antimon in der etwa 90° warmen Lösung mit Kaliumbromatlösung (7) und Methylorange (0,1 g in 100 ml) als Indicator. Die Titration kann auch bei etwa 70° unter Verwendung einer Platin- und einer Kalomelelektrode mit potentiometrischer Indication durchgeführt werden.

Zur ***Titerstellung*** entnimmt man gemessene Mengen der Antimonstandardlösung und titriert unter den gleichen Bedingungen, wie unter Ausführung beschrieben.

#### 4.1.5.2 Gehalte unter 0,003% Antimon

***Grundlage.*** Das Antimon wird aus salzsaurer Lösung mit Isopropyläther extrahiert und in der ätherischen Lösung als Rhodamin-B-Komplex photometrisch bestimmt.

***Anwendungsbereich.*** Geeignet für Gehalte von 0,0003 bis 0,003%.

***Zuverlässigkeit.*** Bei Gehalten unter 0,001% etwa ± 20%,
über 0,001% etwa ± 10%.

***Reagenzien.***

1. Salzsäure (7 + 3) aus destillierter Salzsäure (1,19) und Wasser (8).
2. Salzsäure (1 + 1), hergestellt wie (1).
3. n-Salzsäure, hergestellt wie (1).
4. Isopropyläther.
5. Rhodamin-B-Lösung: 0,04 g in 100 ml Salzsäure (3).
6. Antimonstammlösung: 0,1 g Antimon wird mit 20 ml Schwefelsäure (1,84) unter Erwärmen gelöst. Nach Abkühlen auf Raumtemperatur wird in einem 1 l-Meßkolben mit Wasser (8) aufgefüllt.
7. Antimonstandardlösung: 10 ml Antimonstammlösung (6) und 9 ml Schwefelsäure (1,84) werden in einem 100 ml-Meßkolben mit Wasser (8) aufgefüllt. 1 ml $\hat{=}$ 10 $\mu$g Antimon.
8. Bidestilliertes Wasser.

***Ausführung.*** 5 g Probe werden in einem 200 ml-Erlenmeyerkolben mit etwa 20 ml Salzsäure (1) und 10 ml Wasserstoffperoxid (30%) gelöst. Die Lösung wird kurz aufgekocht, um den Wasserstoffperoxidüberschuß zu zerstören, und nach dem Erkalten in einem 50 ml-Meßkolben mit Wasser (8) aufgefüllt. 10 ml (= 1 g Einwaage) werden nach Zugabe von 3 Tropfen Perchlorsäure (1,67) und 5 ml Schwefelsäure (1,84) in einem 100 ml-Erlenmeyerkolben bis zum starken Rauchen eingedampft. Nach dem Erkalten setzt man 10 ml Salzsäure (2) zu, kühlt unter fließendem Wasser, spült mit 13 ml Wasser (8) in einen 100 ml-Scheidetrichter und kühlt diesen auf weniger als 20° ab. Nach Zugabe von 10 ml Isopropyläther (4) mittels Pipette wird 1 min lebhaft geschüttelt, nach Trennung der Phasen die wäßrige verworfen und die organische mit 10 ml Salzsäure (3) unter Schütteln ½ min gewaschen.

Zur organischen Phase gibt man mit einer Pipette 2 ml Rhodaminlösung (5) und schüttelt ½ min lang. Nach Trennen der Phasen wird die wäßrige Farbstofflösung mit einigen Tropfen der roten Ätherphase abgelassen und verworfen. Die Hauptmenge der ätherischen Antimon-Rhodamin-B-Lösung überführt man in einen 10-ml-Schüttelzylinder. Suspendierte Tröpfchen der wäßrigen Phase scheiden sich nach kurzem Stehen an den Wänden des Gefäßes ab. Man photometriert bei 500 nm in einer 1 cm-Küvette gegen Wasser.

***Eichkurve.*** Zu 4 Einwaagen von je 1 g E-Kupfer mit bekanntem möglichst geringem (unter 0,0003%) Antimongehalt werden aus einer Mikrobürette 0,1, 0,5, 0,75 und 1 ml Antimonstandardlösung (7) gegeben und die Proben in gleicher Weise behandelt, wie unter Ausführung beschrieben.

Eine weitere Einwaage von 1 g E-Kupfer dient zur Ermittlung des Blindwertes.

***Bemerkungen.*** Die Eichkurve ist bis 1,5 $\mu$g Antimon in 1 ml Äther geradlinig. Die Konzentration von 1 $\mu$g Antimon in 1 ml Isopropyläther soll deshalb nicht überschritten werden. Notfalls kann ein abgemessener Teil der Ätherphase mit Isopropyläther in geeigneter Weise verdünnt werden.

## 4.1.6 Bestimmung des Zinns

### 4.1.6.1 Gehalte über 0,005% Zinn

***Grundlage.*** Das Zinn wird aus der salpetersauren Lösung der Probe zusammen mit Eisen(III)- und Mangan(IV)-oxidhydrat mit Ammoniak abgetrennt. Der Niederschlag wird gelöst und das Zinn nach Abtrennen von Arsen und Antimon jodometrisch bestimmt.

***Anwendungsbereich.*** Geeignet für Gehalte von 0,005 bis 0,1%.

***Zuverlässigkeit.*** Bei Gehalten unter 0,01% etwa ± 10%,
über 0,01% etwa ± 5%.

***Reagenzien.***

1. bis 7. siehe unter 4.1.5.1, S. 239, dazu:

8. Eisenpulver.

9. Aluminiumfolie.

10. Stärkelösung: 1 g zu 100 ml gelöst.

11. Jodlösung: 3,208 g Jod werden in 40 ml Wasser mit 10 g Kaliumjodid gelöst und die Lösung in einem Meßkolben zum Liter aufgefüllt. 1 ml $\triangleq$ 1,5 mg Zinn.

12. Zinnstandardlösung: 1 g Zinn wird in einem 300 ml-Becherglas mit 20 ml Schwefelsäure (1,84) gelöst. Die Lösung wird zur Entfernung von Schwefeldioxid einige Minuten zum Sieden erhitzt, nach dem Abkühlen mit Wasser verdünnt, mit 30 ml Salzsäure (1,19) versetzt und in einem Meßkolben zum Liter aufgefüllt. 1 ml $\triangleq$ 1 mg Zinn.

***Ausführung.*** Man löst 100 g Probe mit 450 ml Salpetersäure (3 + 1) und verfährt weiter, wie bei der Bestimmung von Antimon unter 4.1.5.1, S. 239, angegeben. Die antimon- und zinnhaltige Lösung wird entweder vor oder nach der Bromattitration des Antimons mit 10 ml Salzsäure (1,19) versetzt und eine halbe Stunde lang mit Eisenpulver (8) zementiert. Dann wird über ein Filter Gr. 2 in einen 500 ml-Erlenmeyerkolben filtriert. Nach dem Auswaschen des Filters wird das Filtrat mit Aluminiumfolie (9) versetzt und 2 Std. bei Raumtemperatur stehengelassen. Danach wird unter Einleiten von Kohlendioxid mit 30 ml Salzsäure (1,19) versetzt und die Probe, bis klare Lösung eingetreten ist, erwärmt. Die Lösung wird unter Kohlendioxid mit Wasser gekühlt, mit 5 ml Stärkelösung (10) versetzt und mit eingestellter Jodlösung (11) titriert. Das Eisenpulver (8) ist in einem Blindversuch auf etwaigen Jodverbrauch zu prüfen und dieser gegebenenfalls vom Titrationsergebnis abzusetzen.

Zur ***Titerstellung der Jodlösung*** entnimmt man der Zinnstandardlösung (12) abgemessene Mengen und titriert unter den gleichen Bedingungen wie bei der Probe.

***Bemerkung.*** Die Titration kann auch, wie unter 2.2.5, S. 220, beschrieben, mit einer Chloraminlösung durchgeführt werden.

### 4.1.6.2 Gehalte unter 0,005% Zinn

***Grundlage.*** Das Zinn wird in Gegenwart von Kupfer mit Nitrophenylarsonsäure turbidimetrisch bestimmt.

***Anwendungsbereich.*** Geeignet für Gehalte von 0,0005 bis 0,005%.

***Zuverlässigkeit.*** Bei Gehalten unter 0,002% etwa ± 20%,
über 0,002% etwa ± 10%.

***Reagenzien.***

1. Bidestilliertes Wasser.

2. Salzsäure: Wasser (1) und destillierte Salzsäure (1,19) im Volumenverhältnis 3 + 7.

3. 3-Nitro-4-oxy-phenylarsonsäurelösung: 1 g mit 15 ml Methanol lösen und mit Wasser (1) zu 50 ml verdünnen. Die Lösung muß kühl und dunkel lagern und ist vor dem Gebrauch zu filtrieren. Haltbarkeit eine Woche.

4. Zinnstammlösung: 0,1 g Zinn wird mit 20 ml Schwefelsäure (1,84) unter Sieden gelöst. Nach dem Abkühlen setzt man 5 ml Wasser und 0,5 ml Wasserstoffperoxid (30%) zu und erhitzt bis zum Rauchen. Nach Verdünnen wird mit Wasser (1) in einem 1 l-Meßkolben aufgefüllt.

5. Zinnstandardlösung: 10 ml Stammlösung werden mit 9 ml Schwefelsäure (1,84) versetzt und in einem 100 ml-Meßkolben mit Wasser (1) aufgefüllt. 1 ml $\triangleq$ 10 $\mu$g Zinn.

***Ausführung.*** 5 g Probe werden in einem Porzellan- oder Quarzschiffchen 90 min. bei 800° im Wasserstoffstrom geglüht und nach dem Erkalten in einem 200 ml-Erlenmeyerkolben mit etwa 20 ml Salzsäure (2) und 10 ml Wasserstoffperoxid

(30%) gelöst. Die Lösung wird zum Zerstören des Wasserstoffperoxidüberschusses kurz aufgekocht und nach dem Erkalten in einem 50 ml-Meßkolben mit Wasser (1) aufgefüllt. 10 ml (= 1 g Einwaage) werden nach Zugabe von 3 ml Schwefelsäure (1,84) in einem 200 ml-Erlenmeyerkolben bis zum Rauchen der Schwefelsäure abgedampft. Nach dem Erkalten nimmt man mit 25 ml Wasser (1) auf, erhitzt zum Sieden, kühlt wieder unter fließendem Wasser und filtriert u. U. ausgefallenes Bleisulfat nach 2 Std. über ein Filter Gr. 3 ab. Das Filter wird zweimal mit je 5 ml Wasser (1) nachgewaschen. Filtrat und Waschwasser fängt man in einem 50 ml-Meßkolben auf, setzt dann mit einer Pipette 10 ml Reagenslösung (3) zu und füllt mit Wasser (1) auf. Nach 2 Std. wird die Trübung in einer 5 cm-Küvette bei 450 nm gegen Wasser gemessen.

***Eichkurve.*** Zu 4 Einwaagen von je 1 g E-Kupfer mit bekanntem, möglichst geringem (unter 0,0003%) Zinngehalt werden aus einer Mikrobürette 0,5, 1,0, 1,5, 2,0 ml Zinnstandardlösung (5) gegeben und weiterhin in gleicher Weise behandelt, wie oben beschrieben. Eine weitere Einwaage von 1 g E-Kupfer dient zur Ermittlung des Blindwertes.

### 4.1.7 Bestimmung des Nickels

***Grundlage.*** Das Nickel wird als Nickel(II)-diacetyldioxim mit Chloroform extrahiert und photometrisch bestimmt.

***Anwendungsbereich.*** Geeignet für Gehalte von 0,001 bis 5%.

***Zuverlässigkeit.*** Bei Gehalten um 0,01% etwa ± 5%,
um 0,1 % etwa ± 3%,
von 1 bis 5% etwa ± 1%.

***Reagenzien.***

1. Pufferlösung (pH-Wert: 6,5): 400 g Natriumacetat-$CH_3COONa \cdot 3\,H_2O$ werden mit 800 ml Wasser gelöst. Die Lösung wird mit Essigsäure (1,06) auf pH 6,5 ± 0,1 eingestellt und zum Liter aufgefüllt.
2. Hydroxylammoniumchloridlösung: 10 g zu 100 ml gelöst.
3. Diacetyldioximlösung: 1 g mit Äthanol zu 100 ml gelöst.
4. Diacetyldioximlösung: 3,5 g mit n-Natronlauge zu 100 ml gelöst.
5. Natriumperoxodisulfatlösung: 10 g zu 100 ml gelöst.
6. Nickelstammlösung: 0,1 g Nickel wird mit 10 ml Salpetersäure (1 + 1) gelöst und die Lösung nach Verkochen der Stickstoffoxide in einem Meßkolben zum Liter aufgefüllt.
7. Nickelstandardlösung: 20 ml Stammlösung (6) werden in einem 100 ml-Meßkolben aufgefüllt. 1 ml $\triangleq$ 20 $\mu$g Nickel.

***Ausführung.*** 1 g Probe wird in einem 250 ml-Becherglas mit 30 ml Salpetersäure (1 + 1) gelöst und die Lösung mit 10 ml Schwefelsäure (1,84) zur Trockne gedampft. Man nimmt mit 20 ml Wasser auf, überführt die Lösung in ein Extraktionsgefäß, macht schwach ammoniakalisch und stellt dann mit Salzsäure (1 + 1) ein pH von etwa 4 bis 5 ein. Nun setzt man unter ständigem Rühren die folgenden Reagenzien in der angegebenen Reihenfolge zu:

15 g Natriumthiosulfat,
0,5 g Natriumtartrat,
10 ml Pufferlösung (1),
1 ml Hydroxylammoniumchloridlösung (2),
4 ml Diacetyldioximlösung (3).

Durch dreimaliges Ausschütteln mit Chloroform, einmal mit 20 ml und dann zweimal mit je 10 ml, überführt man den Nickelkomplex in die Chloroformphase. Die drei Extrakte werden in einem zweiten Extraktionsgefäß mit 30 ml einer 5 n-Salzsäure ausgeschüttelt, wobei der Nickelkomplex in die wäßrige Phase übergeht. Nach Abtrennen des Chloroforms stellt man die Lösung mit Natriumhydroxidlösung

(20 g in 100 ml) wieder auf pH 4 bis 5 ein und wiederholt nach Zugabe der folgenden Reagenzmengen in der angegebenen Reihenfolge die Extraktion mit Chloroform:

0,5 g Natriumthiosulfat,
0,05 g Natriumtartrat,
10 ml Pufferlösung (1),
1 ml Hydroxylammoniumchloridlösung (2),
2 ml Diacetyldioximlösung (3).

Die vereinigten Extrakte werden mit 20 ml Ammoniak (1 + 100) gewaschen und in einem Extraktionsgefäß mit den nachstehenden Reagenzmengen in der angegebenen Reihenfolge versetzt und kräftig geschüttelt:

4 ml Diacetyldioximlösung (4),
4 ml 10 n-Natriumhydroxidlösung.
4 ml Natriumperoxodisulfatlösung (5).

Nach Abtrennen der Chloroformphase wird die gefärbte Lösung in einem 50 ml-Meßkolben aufgefüllt.

Man photometriert in einer 2 cm-Küvette bei 470 nm gegen eine Reagenzienblindprobe.

Der günstigste Meßbereich liegt zwischen 10 und 100 $\mu$g Nickel in 50 ml bei Verwendung einer 2 cm-Küvette. Bei höheren Nickelgehalten sind Einwaage, Verdünnung und Schichtdicke sinngemäß zu ändern.

***Eichkurve.*** Es werden 0 bis 100 $\mu$g der Nickelstandardlösung (7) entnommen und nach dem beschriebenen Arbeitsgang behandelt. Ein Zusatz von Kupfer ist nicht erforderlich.

## 4.1.8 Bestimmung des Eisens

***Grundlage.*** Das Eisen wird nach Extraktion mit Methylisobutylketon aus der salzsauren Lösung der Probe mit o-Phenanthrolin in wäßriger Lösung photometrisch bestimmt.

***Anwendungsbereich.*** Geeignet für Gehalte von 0,001 bis 0,4%.

***Zuverlässigkeit.*** Bei Gehalten um 0,002% etwa ±10%,
um 0,02 % etwa ± 5%,
um 0,2 % etwa ± 2%.

***Reagenzien.***

1. Bidestilliertes Wasser.
2. Methylisobutylketon.
3. Ascorbinsäurelösung: 5 g mit Wasser (1) zu 500 ml gelöst. Die Lösung ist 3 Tage haltbar.
4. o-Phenanthrolinlösung: 1 g o-Phenanthrolinhydrochlorid wird in einem 500 ml-Meßkolben mit 215 ml Eisessig und dann unter Kühlen mit 265 ml Ammoniak (0,91) versetzt. Der pH-Wert des abgekühlten Gemisches soll 6,5 ± 0,1 sein. Er ist gegebenenfalls mit Ammoniak bzw. Essigsäure zu korrigieren. Die Lösung wird dann auf 500 ml aufgefüllt.
5. Eisenstammlösung: 100 mg Eisen werden mit 10 ml Salzsäure (1,19) und einigen Kristallen Kaliumchlorat gelöst. Man verdünnt mit Wasser (1), kocht kurz auf und füllt nach dem Abkühlen mit Wasser (1) in einem Meßkolben zum Liter auf.
6. Eisenstandardlösung: 50 ml Stammlösung (5) werden in einem Meßkolben mit Wasser (1) zu 500 ml aufgefüllt. 1 ml $\triangleq$ 10 $\mu$g Eisen.

***Geräte.*** Alle zur Bestimmung verwendeten Gefäße werden mit heißer Salzsäure (1 + 1) eisenfrei gespült.

***Ausführung.*** Etwa 10 g Probe werden in einem 400 ml-Becherglas mit 20 ml Salzsäure (7 + 3) übergossen. Man erwärmt auf 60 bis 70°, gießt die Säure ab und dekantiert mehrmals mit Wasser. Von der trockenen Probe werden 5 g in ein 400 ml-Becherglas eingewogen und mit 40 ml Salzsäure (7 + 3) versetzt. Unter

Kühlen fügt man portionsweise 40 ml Wasserstoffperoxid (30%) zu und zerstört nach beendeter Auflösung der Probe den Überschuß durch Kochen. Die abgekühlte Lösung wird bei Gehalten unter 0,004% Eisen mit Salzsäure (1 + 1) in einen 250 ml-Scheidetrichter übergespült. Bei Gehalten von 0,004 bis 0,04% Eisen füllt man die Lösung in einem 250 ml-Meßkolben mit Salzsäure (1 + 1) auf und pipettiert 25 ml in den Scheidetrichter. Bei Gehalten über 0,04% Eisen füllt man die Lösung in einem 500 ml-Meßkolben mit Wasser (1) auf, pipettiert 5 ml in den Scheidetrichter und setzt 20 ml Salzsäure (1 + 1) zu. Die jeweilige Lösung im Scheidetrichter versetzt man mit 20 ml Methylisobutylketon (2), schüttelt 15 sec, läßt nach Phasentrennung die wäßrige Phase ab und wäscht die organische Phase dreimal mit je 20 ml Salzsäure (1 + 1) kupferfrei. Hierbei schüttelt man vorsichtig, um eine zu innige Vermischung der Phasen zu vermeiden, da sonst die Phasentrennung sehr zeitraubend werden kann.

Dann wird das Eisen durch zweimaliges 20 sec langes intensives Schütteln mit je 10 ml Ascorbinsäurelösung (3) aus der organischen Phase extrahiert. Die wäßrigen Extrakte vereinigt man in einem 50 ml-Meßkolben, fügt 5 ml o-Phenanthrolinlösung (4) zu, füllt mit Wasser (1) auf und photometriert bei 490 nm gegen eine Reagenzienblindprobe.

***Eichkurve.*** Es werden steigende Mengen der Eisenstandardlösung (6), 0 bis 20 ml, entsprechend 0 bis 200 $\mu$g Eisen, in 50 ml-Meßkolben mit je 20 ml Ascorbinsäurelösung (3) versetzt und gemischt. Man wartet 1 min, gibt dann 5 ml o-Phenanthrolinlösung (4) zu, füllt mit Wasser (1) auf und photometriert die Eisenlösungen gegen die Nullösung.

***Bemerkung.*** Die Messungen können auch bei 546 bzw. 436 nm durchgeführt werden.

### 4.1.9 Bestimmung des Selens

***Grundlage.*** Das Selen wird mit hypophosphoriger Säure zusammen mit Arsen als Spurenfänger ausgefällt und mit 3,3-Diaminobenzidintetrahydrochlorid photometrisch bestimmt.

***Anwendungsbereich.*** Geeignet für Gehalte von 0,0001 bis 0,1%.

***Zuverlässigkeit.*** Bei Gehalten um 0,001% etwa ± 20%,
um 0,01 % etwa ± 10%,
um 0,1 % etwa ± 5%.

***Reagenzien.***

1. Arsenlösung: 0,25 g Arsen (III)-oxid werden mit 10 ml Wasser und 10 Plätzchen Natriumhydroxid unter Erwärmen gelöst. Die Lösung wird auf 200 ml verdünnt.
2. m-Kresolpurpurlösung: 0,1 g m-Kresolpurpur wird mit 10 ml Wasser und 1 Plätzchen Natriumhydroxid unter Erwärmen gelöst und die Lösung auf 100 ml verdünnt.
3. ÄDTA-Lösung: 2 g Dinatriumsalz der Äthylendiamintetraessigsäure zu 100 ml gelöst.
4. 3,3-Diaminobenzidintetrahydrochlorid.
5. Selenstammlösung: 50 mg Selen werden mit 30 ml Salpetersäure (1,4) gelöst. Die Lösung wird in einem Meßkolben zu 500 ml aufgefüllt.
6. Selenstandardlösung: 10 ml Stammlösung (5) werden in einem 100 ml-Meßkolben aufgefüllt. 1 ml $\hat{=}$ 10 $\mu$g Selen.

***Ausführung.*** Die Einwaage wird zwischen 0,5 und 5 g so gewählt, daß sie 5 bis 40 $\mu$g Selen enthält. Bei Selengehalten über 0,008% wird die Lösung der Probe in einem 250 ml-Meßkolben aufgefüllt und ein entsprechender Anteil entnommen. Die Probe wird in einem Erlenmeyerkolben in einem Wasserbad von 80° je nach Größe der Einwaage mit 25 bis 125 ml Schwefelsäure (1 + 4) und 10 bis 30 ml Wasserstoffperoxid (30%), die man nach und nach in kleinen Anteilen zusetzt, gelöst. Nach Beendigung des Lösevorganges zerstört man den Überschuß an Peroxid durch

Kochen, setzt 50 ml Salzsäure (1,19) zu, filtriert die Lösung über ein Filter Gr. 2 und wäscht mit Salzsäure (1 + 1) nach. Nun setzt man 2 ml Arsenlösung (1) und 15 ml — bei über 2,5 g Einwaage 30 ml — hypophosphorige Säure (1,21) zu, kocht 5 min, kühlt auf 50° ab und filtriert den Niederschlag über ein Filter Gr. 2 mit etwas Filterbrei ab. Man wäscht das Filter zuerst mit kalter Salzsäure (1 + 1), dann mit Wasser, gibt Filter und Niederschlag in das Fällgefäß zurück und zerstört das Filter durch mäßiges Erhitzen mit 15 ml Salpetersäure (1,4) und 8 ml Perchlorsäure (1,67). Die klare Lösung wird auf 4 bis 5 ml eingedampft. Nach dem Abkühlen setzt man nacheinander die folgenden Reagenzien zu:

40 ml Wasser, 4 ml ÄDTA-Lösung (3), 2 Tropfen m-Kresolpurpurlösung (2), Ammoniak (0,91), tropfenweise bis zum Umschlag des Indicators nach Gelb, 2 ml Ameisensäure (1 + 9) und 0,01 g Diaminobenzidintetrahydrochlorid (4) — frisch gelöst mit 5 ml Wasser.

Nach dem Durchmischen erhitzt man die Lösung 5 min in einem siedenden Wasserbad, kühlt unter fließendem Wasser ab, überführt sie in einen 250 ml-Scheidetrichter und fügt tropfenweise Ammoniak (0,91) zu, bis der Indicator nach Purpur umschlägt. Nach Zugabe von 20 ml Toluol (Pipette) wird 30 sec kräftig geschüttelt und nach Trennen der Phasen die wäßrige Schicht mit etwa 1 ml Toluol abgelassen. Die gelbgefärbte Toluolschicht wird in ein 25 ml-Schliffkölbchen übergeführt und mit etwa 3 g wasserfreiem Natriumsulfat bis zur vollständigen Absorption des Wassers geschüttelt. Man photometriert bei 405 nm in einer bedeckten 4 cm-Küvette gegen eine Reagenzienblindprobe.

***Eichkurve.*** In 250 ml-Bechergläser werden 0, 1, 3 und 4 ml Selenstandardlösung (6), entsprechend 0 bis 40 $\mu$g Selen, mit je 8 ml Perchlorsäure (1,67) versetzt und auf 4 bis 5 ml eingedampft. Diese Lösungen werden entsprechend dem letzten Teil der Ausführungsvorschrift behandelt und die Toluolextrakte ebenfalls gegen eine Reagenzienblindprobe photometriert.

***Bemerkungen.*** Der in dieser Vorschrift gewählte Weg, das Volumen der Toluolmenge vor dem Ausschütteln abzumessen und dann auf ein späteres Abmessen zu verzichten, hat den Vorteil, daß man keinen Wert auf vollständige Phasentrennung zu legen braucht. Es ist dabei aber Voraussetzung, daß sich das Verhältnis zwischen Toluolmenge und Selen nicht durch Verdunstung von Toluol ändert. Bei dem hohen Dampfdruck von Toluol ist deshalb darauf zu achten, daß Kolben und Küvetten soweit wie möglich verschlossen gehalten werden.

## 4.1.10 Bestimmung des Tellurs

***Grundlage.*** Das Tellur wird durch Fällen mit hypophosphoriger Säure gemeinsam mit Arsen als Spurenfänger abgetrennt und mit Natriumdiäthyldithiocarbaminat photometrisch bestimmt.

***Anwendungsbereich.*** Geeignet für Gehalte von 0,0005 bis 0,1%.

***Zuverlässigkeit.*** Bei Gehalten um 0,001% etwa ± 20%,
um 0,01 % etwa ± 10%,
um 0,1 % etwa ± 5%.

***Reagenzien.***

1. und 2. siehe unter 4.1.9.

Außerdem:

3. Kaliumcyanidlösung: 5 g zu 100 ml gelöst.

4. Carbaminatlösung: 1 g Natriumdiäthyldithiocarbaminat zu 100 ml gelöst. Die Lösung muß jeweils in der an einem Tag benötigten Menge frisch angesetzt werden.

5. Tellurstammlösung: 50 mg Tellur werden mit 30 ml Salpetersäure (1,4) gelöst. Die Lösung wird in einem Meßkolben auf 500 ml aufgefüllt.

6. Tellurstandardlösung: 20 ml der Stammlösung (3) werden in einem 100 ml-Meßkolben aufgefüllt. 1 ml $\triangleq$ 20 $\mu$g Tellur.

***Geräte.*** Tageslichtleuchtstoffröhre.

***Ausführung.*** Die Einwaage wird zwischen 0,5 und 5 g so gewählt, daß sie zwischen 25 und 125 $\mu$g Tellur enthält. Bei Tellurgehalten über 0,03% wird die Lösung der Probe in einem 250 ml-Meßkolben aufgefüllt und ein entsprechender Anteil entnommen. Lösen der Probe und Anreichern des Tellurs wird entsprechend der Ausführungsvorschrift für Selen (siehe 4.1.9) bis zur Zerstörung des Filters mit Perchlorsäure durchgeführt. Die Lösung wird, wie dort angegeben, auf 4 bis 5 ml eingedampft und nach Zusatz von 2 ml Schwefelsäure (1,84) bis auf 1 ml abgeraucht. Nach dem Erkalten setzt man 40 ml Wasser, 2 Tropfen m-Kresolpurpurlösung (2) und Ammoniak (0,91) bis zum Umschlag des Indicators nach Gelb zu. Nach Zugabe von 5 ml Kaliumcyanidlösung (3) — unter Abzug — setzt man die Neutralisation der Lösung mit Ammoniak bis zum Umschlag nach Purpur fort, überführt sie dann in einen 250 ml-Scheidetrichter und pipettiert nacheinander 2 ml Carbaminatlösung (4) und 20 ml Chloroform zu.

Man schüttelt 30 sec kräftig und läßt den größten Teil der gelbgefärbten Chloroformlösung in ein 25 ml-Schliffkölbchen ab, in welchem sich etwa 3 g wasserfreies Natriumsulfat befinden. Man schüttelt das verschlossene Kölbchen bis zur vollständigen Absorption des Wassers und belichtet die Chloroformlösung im verschlossenen Kölbchen aus 15 bis 20 cm Entfernung mit einer Tageslichtleuchtstoffröhre 1 Std. lang. Dann wird bei 370 $\pm$ 10 nm in einer bedeckten 4 cm-Küvette gegen eine Reagenzienblindprobe photometriert.

***Eichkurve.*** In 250 ml-Bechergläser werden 0, 1, 3, 5, 7 und 8 ml Tellurstandardlösung (6) entsprechend 0 bis 160 $\mu$g Tellur mit je 1 ml Perchlorsäure (1,67) und 1 ml Schwefelsäure (1,84) versetzt und auf 1 ml eingedampft. Diese Lösungen werden entsprechend dem letzten Teil der Ausführungsvorschrift behandelt und die Chloroformextrakte ebenfalls gegen eine Reagenzienblindprobe photometriert.

***Bemerkung.*** Es sind die zur Selenbestimmung (siehe unter 4.1.9) gemachten Bemerkungen sinngemäß zu beachten.

### 4.1.11 Bestimmung des Phosphors

***Grundlage.*** Der Phosphor wird in Gegenwart aller Begleitelemente in Phosphorvanadomolybdänsäure übergeführt und photometrisch bestimmt.

***Anwendungsbereich.*** Geeignet für Gehalte von 0,003 bis 0,3% Phosphor in Proben, deren Gehalte an Silber 0,03% und an Eisen, Silicium und Arsen 1% nicht überschreiten. In solchen Fällen ist die unter 4.2.18, S. 263, beschriebene gewichtsanalytische Methode anzuwenden.

***Zuverlässigkeit.*** Bei Gehalten um 0,01% etwa $\pm$ 20%,
um 0,1 % etwa $\pm$ 10%.

***Reagenzien.***

1. 6 n-Salpetersäure.
2. Kaliumpermanganatlösung: 1 g zu 100 ml gelöst.
3. Ammoniumvanadatlösung: 1 g wird mit 250 ml warmem Wasser (50°) gelöst, die Lösung mit 8 ml Salpetersäure (1,4) versetzt und zum Liter aufgefüllt.
4. Ammoniummolybdatlösung: 100 g $(NH_4)_6Mo_7O_{24} \cdot 4\,H_2O$ werden mit 600 ml warmem Wasser (50°) gelöst. Die Lösung wird zum Liter aufgefüllt und vor Gebrauch filtriert.
5. Phosphorstammlösung: 2,1964 Kaliumdihydrogenphosphat nach Sörensen, bei 100° getrocknet, werden mit 200 ml Wasser gelöst. Die Lösung wird in einem 500 ml-Meßkolben aufgefüllt.
6. Phosphorstandardlösung: 50 ml Stammlösung (5) werden in einem 1 l-Meßkolben aufgefüllt. 1 ml $\triangleq$ 50 $\mu$g Phosphor.
7. Phosphorarmes Kupfer: Phosphorgehalt unter 0,0002%.

***Ausführung.*** Bei Gehalten von 0,0025 bis 0,075% Phosphor wird 1 g der Probe in einem 150 ml-Erlenmeyerkolben eingewogen. Bei Gehalten von 0,075 bis 0,15% wägt man 0,5 g Probe und 0,5 g phosphorarmes Kupfer (7) ein, bei Gehalten von 0,15 bis 0,30% 0,25 g Probe und 0,75 g phosphorarmes Kupfer (7). Die Einwaage wird mit 10 ml Salpetersäure (1) bei mäßiger Hitze gelöst (Dampfbad oder Heizplatte mit Asbestplatte) und die Lösung 1 min zum Vertreiben der Stickstoffoxide gekocht. Man setzt 2 ml Kaliumpermanganatlösung (2) zu, erhitzt zum Sieden, fügt dann unter Umschütteln 1 ml Wasserstoffperoxid (3%) zum Zerstören des Permanganatüberschusses zu und kocht die Lösung nach Zugabe von 5 ml Ammoniumvanadatlösung (3) am Rückflußkühler, bis sie klar blau ist; ein Zeichen dafür, daß der Peroxidüberschuß zerstört ist. Die abgekühlte Lösung wird mit 20 ml Wasser in einen 50 ml-Meßkolben übergeführt, mit je 5 ml Ammoniumvanadatlösung (3) und Ammoniummolybdatlösung (4) versetzt, der Kolben aufgefüllt und die Lösung durchgemischt. Nach 10 min photometriert man bei 436 nm in einer 4 cm-Küvette gegen eine gleichbehandelte Lösung einer zweiten Einwaage der Probe ohne Ammoniummolybdatzusatz.

***Eichkurve.*** Verschiedene Einwaagen von je 1 g phosphorarmem Kupfer (7) werden wie die Probe gelöst und dann mit 0,5 bis 15 ml Phosphorstandardlösung (6) entsprechend 25 bis 750 $\mu$g Phosphor versetzt. Die Lösungen werden, wie unter Ausführung beschrieben, weiter behandelt und ebenfalls gegen eine entsprechende Blindprobe photometriert.

## 4.2 Kupferlegierungen

### 4.2.1 Bestimmung des Kupfers

#### 4.2.1.1 In zinn-, silicium- und silberfreien Legierungen

***Grundlage.*** Nach Lösen mit Salpetersäure und Abscheiden des Bleis als Sulfat wird der Kupfergehalt elektrolytisch ermittelt.

***Anwendungsbereich.*** Geeignet für Gehalte über 10%.

***Zuverlässigkeit.*** Bei Gehalten um 50% etwa $\pm$ 0,1%.

***Geräte.*** Elektroden, siehe unter 1.1.1, S. 207.

***Ausführung.*** 2 g Probe werden in einem 600 ml-Becherglas mit 25 ml Salpetersäure (1 + 1) gelöst. Nach Zugabe von 20 ml Schwefelsäure (1 + 1) wird die Lösung erst auf dem Wasserbad, dann auf der Heizplatte bis zum starken Rauchen der Schwefelsäure eingedampft. Nach dem Abkühlen wird mit 100 ml Wasser aufgenommen, zum Sieden erhitzt, wieder abgekühlt und zum Abscheiden des Bleisulfats 2 Std. kalt stehengelassen. Dann wird über ein Filter Gr. 4 in ein 400 ml-Becherglas filtriert und das Filter mit Schwefelsäure (1 + 100) gewaschen. Die Lösung wird nach Zusatz von 20 ml Salpetersäure (1 + 1) auf etwa 300 ml verdünnt. Die Elektrolyse wird bei ruhendem Elektrolyten mit einer Platinnetzelektrode als Kathode und einer Platinspirale als Anode bei einer Stromstärke von 0,3 A über Nacht durchgeführt. Nach Beendigung der Abscheidung werden die Elektroden durch schnelles Auswechseln des Gefäßes in das gleiche Volumen Wasser gebracht, worin die Elektrolyse noch 5 min fortgesetzt wird. Nun wird die Kathode abgenommen, durch Eintauchen in Wasser und Äthanol gewaschen, bei 100° getrocknet und nach dem Erkalten gewogen.

#### 4.2.1.2 In zinn-, silicium- und silberhaltigen Legierungen

***Grundlage.*** Nach Lösen in Salpetersäure und Abtrennen der störenden Bestandteile wird der Kupfergehalt elektrolytisch ermittelt.

***Anwendungsbereich.*** Geeignet für Gehalte über 10%.

***Zuverlässigkeit.*** Bei Gehalten um 50% etwa ± 0,1%.

***Reagenzien.***

1. Natriumchloridlösung: 10 g zu 100 ml gelöst.

***Ausführung.*** 2 g Probe werden in einem 600 ml-Becherglas mit 25 ml Salpetersäure (1 + 1) gelöst. Die Lösung wird zum Abscheiden der Zinnsäure bis auf 10 ml eingeengt. Man verdünnt mit 100 ml Wasser, filtriert über ein Filter Gr. 2 in ein 600 ml-Becherglas und wäscht das Filter mit warmem Wasser aus. Filter und Niederschlag gibt man in das Becherglas zurück, fügt 20 ml Salpetersäure (1,4) und 10 ml Schwefelsäure (1,84) zu und dampft bis zum Rauchen der Schwefelsäure ab. Der Eindampfrückstand wird zweimal mit je 25 ml Bromwasserstoffsäure (1,38) abgeraucht, mit 50 ml Wasser versetzt und erneut bis zum Rauchen der Schwefelsäure eingedampft. Danach wird mit 100 ml Wasser aufgenommen, über ein Filter Gr. 2 zum Filtrat I in das 600 ml-Becherglas filtriert; das Filter wird mit warmem Wasser ausgewaschen.

Man setzt zum Fällen des Silbers 2 ml Natriumchloridlösung (1) und etwas Filterschleim zu, kocht die Lösung 20 min und läßt sie 2 Std. auf der Heizplatte stehen. Dann wird über ein Filter Gr. 2 filtriert und mit kaltem Wasser ausgewaschen. Das Filtrat wird mit 20 ml Schwefelsäure (1 + 1) abgeraucht und das Kupfer nach Abtrennen des Bleis, wie unter 4.2.1.1 beschrieben, elektrolytisch bestimmt.

### 4.2.2 Bestimmung des Bleis

#### 4.2.2.1 Gehalte unter 0,2% Blei

***Grundlage.*** Das Blei wird als Hydroxid vom Kupfer getrennt und nach Verflüchtigen des Zinns polarographisch bestimmt.

***Anwendungsbereich.*** Geeignet für Gehalte von 0,001 bis 0,2%.

***Zuverlässigkeit.*** Bei Gehalten um 0,001% etwa ± 10%,
um 0,01 % etwa ± 5%,
um 0,1 % etwa ± 3%.

***Reagenzien*** und ***Ausführung*** siehe unter 4.1.2.1, S. 235.

#### 4.2.2.2 Gehalte über 0,2% Blei

***Grundlage.*** Das Blei wird aus salpetersaurer Lösung nach Abtrennen der störenden Bestandteile als Bleisulfat gewichtsanalytisch bestimmt.

***Anwendungsbereich.*** Geeignet für Gehalte von 0,2 bis 30%.

***Zuverlässigkeit.*** Bei Gehalten um 1% etwa ± 2%,
um 10% etwa ± 0,5%,
um 20% etwa ± 0,3%.

***Reagenzien.***

1. Schwefelsäure-Äthanol-Mischung: 5 ml Schwefelsäure (1,84) werden in 100 ml Wasser gegeben. Der Lösung werden 100 ml Äthanol zugesetzt.

2. Ammoniumacetatlösung: 250 g werden mit 500 ml Wasser gelöst. Die Lösung wird schwach ammoniakalisch gemacht und zum Liter aufgefüllt.

***Ausführung.*** 5 g Probe werden in einem 600 ml-Becherglas mit 50 ml Salpetersäure (1 + 1) gelöst. Die Lösung wird zweimal mit je 20 ml Salzsäure (1,19) zur Trockne gedampft und der Trockenrückstand 1 Std. auf 180° erhitzt.

Man nimmt mit 10 ml Salzsäure (1,19) auf, löst die Salze mit 100 ml kochendem Wasser, filtriert über ein Filter Gr. 2 und wäscht abwechselnd mit heißem Wasser und heißer Salzsäure (1 + 20) solange aus, bis alles Bleichlorid aus dem Filter entfernt ist. Beim Benetzen des Filters mit Schwefelwasserstoffwasser darf sich keine Schwarz- oder Braunfärbung zeigen. Entsteht eine solche, so wird sie mit Bromwasser oxydiert und das Filter nochmals mit Salzsäure (1 + 20) und heißem Wasser ausgewaschen. Die salzsaure Lösung wird in einem 500 ml-Meßkolben aufgefüllt.

Von zinnhaltigen Legierungen werden 5 g Probe in einem 600 ml-Becherglas mit 20 ml Bromwasserstoffsäure (1,38) und 10 ml Brom versetzt. Sobald vollständige Lösung eingetreten ist, dampft man auf dem Wasserbad zur Trockne. Der Abdampfrückstand wird nochmals mit der gleichen Säure- und Brommenge befeuchtet und erneut zur Trockne gebracht. Darauf erhitzt man 1 Std. im Trockenschrank auf 130°, nimmt nach dem Erkalten mit 20 ml Salzsäure (1,19) auf und dampft nochmals zur Trockne. Nun nimmt man den Rückstand mit 10 ml Salzsäure (1,19) wie oben auf, löst die Salze mit 100 ml kochendem Wasser, filtriert über ein Filter Gr. 2, wäscht aus und füllt die Lösung in einem 500 ml-Meßkolben auf.

Man entnimmt 200 ml (= 2 g Einwaage) und raucht sie in einem 600 ml-Becherglas mit 50 ml Schwefelsäure (1 + 1) ab. Bei Bleigehalten unter 1% unterläßt man das Auffüllen und raucht das salzsaure Filtrat, entsprechend 5 g Einwaage, direkt nach Zugabe von 50 ml Schwefelsäure (1 + 1) ab.

Nach dem Erkalten setzt man 10 ml Wasser hinzu und dampft nochmals zur Vertreibung der Salpetersäure- und Salzsäurereste bis zum starken Rauchen der Schwefelsäure ab. Nun nimmt man mit 100 ml Wasser auf, erwärmt, bis alle löslichen Sulfate in Lösung gegangen sind, fügt nach dem Abkühlen 25 ml Äthanol hinzu und läßt mehrere Stunden bei Zimmertemperatur stehen. Dann wird über einen gewogenen Porzellanfiltertiegel A2 filtriert, mit Schwefelsäure-Äthanol-Mischung (1) gewaschen, der Tiegel getrocknet und bei 500° geglüht. Nach dem Erkalten im Exsiccator wird gewogen. Der Umrechnungsfaktor von Bleisulfat auf Blei ist 0,6832. Über die Prüfung des Bleisulfats auf Reinheit siehe unter 1.1.2, S. 208.

## 4.2.3 Bestimmung des Cadmiums

### 4.2.3.1 In nickelfreien Legierungen

***Grundlage.*** Nach elektrolytischer Abtrennung des Kupfers wird das Cadmium in ammoniakalischer Lösung polarographisch bestimmt.

***Anwendungsbereich.*** Geeignet für Gehalte von 0,3 bis 2% in nickelfreien Kupferlegierungen.

***Zuverlässigkeit.*** Bei Gehalten um 0,5% etwa ± 5%,
von 1 bis 2% etwa ± 2%.

***Reagenzien.***

1. Grundlösung: 150 g Ammoniumsulfat mit Ammoniak (0,91) zum Liter gelöst.
2. Reduktionslösung: 30 g Hydraziniumchlorid und 1 g Blattgelatine werden mit 100 ml heißem Wasser gelöst (täglich frisch bereiten!).
3. Cadmiumstandardlösung: 2 g Cadmium werden mit 20 ml Salpetersäure (1 + 1) gelöst und die Lösung zur Trockne gedampft. Man wiederholt das Eindampfen mit 10 ml Salzsäure (1,19) und füllt die Lösung in einem Meßkolben zum Liter auf. 1 ml $\hat{=}$ 2 mg Cadmium.

***Ausführung.*** Das Lösen der Probe (= 2 g Einwaage) und das Abtrennen des Kupfers erfolgen, wie unter 4.2.1.1 bzw. 4.2.1.2, S. 248, beschrieben. Die kupferfreie Lösung wird unter mehrfachem Abspritzen der Becherglaswand mit heißem Wasser zur Trockne gedampft, der Rückstand mit 5 ml Salzsäure (1,19) und 20 ml Wasser aufgenommen und die Lösung in einen 100 ml-Meßkolben übergeführt. Das Volumen darf 50 ml nicht übersteigen. Man setzt 45 ml Grundlösung (1) zu, kühlt auf Zimmertemperatur ab, gibt dann 4 ml Reduktionslösung (2) zu und füllt mit Wasser auf. Die Lösung wird zwischen —0,2 und —0,8 V polarographiert.

***Eichkurve.*** Eine dem Cadmiumgehalt der Probe entsprechende Menge der Standardlösung (3) wird in einen 100 ml-Meßkolben mit 5 ml Salzsäure (1,19), 45 ml Grundlösung (1) und 4 ml Reduktionslösung (2) versetzt. Nach dem Auffüllen mit Wasser wird eine Abmessung in gleicher Weise wie die Probe polarographiert.

#### 4.2.3.2 In nickelhaltigen Legierungen

***Grundlage.*** Das Cadmium wird nach elektrolytischer Abtrennung des Kupfers aus mineralsaurer Lösung als Sulfid isoliert und in ammoniakalischer Lösung polarographisch bestimmt.

***Anwendungsbereich.*** Geeignet für Gehalte von 0,3 bis 2%.

***Zuverlässigkeit.*** Bei Gehalten um 0,5% etwa ± 10%,
von 1 bis 2% etwa ± 5%.

***Reagenzien.*** Siehe Kapitel Nickel unter 4.7 bzw. 4.3, S. 331.

***Ausführung.*** Das Lösen der Probe (= 2 g Einwaage) und das Abtrennen des Kupfers erfolgen, wie unter 4.2.1.1 bzw. 4.2.1.2 beschrieben. Die kupferfreie Lösung wird bis zum Rauchen der Schwefelsäure eingedampft. Man nimmt mit 200 ml Wasser auf, stellt mit Ammoniak pH 3 ein, setzt 10 ml Bleinitratlösung (1) zu, leitet Schwefelwasserstoff ein und verfährt weiter, wie im Kapitel Nickel unter 4.7 bzw. 4.3, S. 331, beschrieben.

### 4.2.4 Bestimmung des Wismuts

***Grundlage.*** Das Wismut wird aus der salpetersauren Lösung der Probe zusammen mit Blei als Spurenfänger als basisches Carbonat ausgefällt, vom mitgefällten Zinn, Antimon und Arsen abgetrennt und in Gegenwart von Blei mit Thioharnstoff photometrisch bestimmt.

***Anwendungsbereich, Zuverlässigkeit, Reagenzien*** und ***Ausführung*** siehe unter 4.1.3, S. 236.

### 4.2.5 Bestimmung des Arsens

#### 4.2.5.1 Gehalte von 0,001 bis 0,15% Arsen

***Grundlage.*** Das Arsen wird nach Lösen der Probe mit salzsaurer Eisen(III)-chloridlösung als Arsen(III)chlorid destilliert und im Destillat nach der Molybdänblaumethode photometrisch bestimmt.

***Anwendungsbereich, Zuverlässigkeit, Reagenzien, Geräte*** und ***Ausführung*** siehe Kapitel Arsen, S. 70 und 71.

#### 4.2.5.2 Gehalte über 0,15% Arsen

***Grundlage.*** Die Probe wird im Destillierapparat mit einer salzsauren Eisen(III)-chloridlösung gelöst, das Arsen als Arsen(III)-chlorid destilliert und im Destillat maßanalytisch bestimmt.

***Anwendungsbereich, Zuverlässigkeit, Reagenzien*** und ***Ausführung*** siehe unter 2.3.2, S. 224.

### 4.2.6 Bestimmung des Antimons

***Grundlage.*** Das Antimon wird in schwach salpetersaurer Lösung der Probe von den Hauptbestandteilen, insbesondere vom Kupfer abgetrennt und nach vollständiger Isolierung mit Kaliumbromat maßanalytisch bestimmt.

***Anwendungsbereich, Zuverlässigkeit, Reagenzien*** und ***Ausführung,*** siehe unter 2.1.4, S. 217.

### 4.2.7 Bestimmung des Zinns

#### 4.2.7.1 Gehalte über 0,5% Zinn

***Grundlage.*** Das Zinn wird aus einer Lösung der Probe mit Salzsäure, Salpetersäure und Eisen(III)-chlorid durch Fällen mit Ammoniak abgetrennt, in salzsaurer Lösung mit Eisenpulver reduziert und maßanalytisch bestimmt.

***Anwendungsbereich, Zuverlässigkeit, Reagenzien*** und ***Ausführung*** siehe unter 2.4.4, S. 227.

### 4.2.7.2 Gehalte unter 0,5% Zinn

***Grundlage.*** Das Zinn wird in der salzsauren Lösung der Probe nach Tarnung des Kupfers mit Thioharnstoff mit Quercetin photometrisch bestimmt.

***Anwendungsbereich.*** Geeignet für Gehalte von 0,01 bis 0,5%.

***Zuverlässigkeit.*** Bei Gehalten um 0,05% etwa ±20%,
um 0,25% etwa ± 5%.

***Reagenzien.***

1. 6n-Salzsäure.
2. Thioharnstofflösung: 32 g zu 500 ml gelöst.
3. Quercetinlösung: 0,5 g werden mit Wasser angefeuchtet und mit Methanol zum Liter gelöst.
4. Elektrolytkupferlösung: 1 g zinnfreies Elektrolytkupfer wird, wie unter Ausführung beschrieben, gelöst und auf 100 ml aufgefüllt.
5. Zinnstammlösung: 0,5 g Zinn werden in 50 ml 6n-HCl und 10 ml Wasserstoffperoxid (30%) gelöst. Die Lösung wird im Meßkolben zum Liter aufgefüllt.
6. Zinnstandardlösung: 100 ml Zinnstammlösung (5) werden im Meßkolben zum Liter aufgefüllt. 1 ml $\triangleq$ 50 $\mu$g Sn.

***Ausführung.*** 1 g Probe wird mit 20 ml Salzsäure (1) und 10 ml Wasserstoffperoxid (30%) unter Kühlen gelöst. Nach beendeter Reaktion wird zum Sieden erhitzt, der Sauerstoff eine Minute lang verkocht, abgekühlt und in einem Meßkolben auf 100 ml aufgefüllt. Von dieser Lösung pipettiert man bei Gehalten unter 0,25% Zinn 10 ml, bei Gehalten über 0,25% Zinn 5 ml in einen 50 ml Meßkolben. Bei Abnahme von 5 ml setzt man 5 ml Elektrolytkupferlösung (4) zu. Dann gibt man mit der Pipette 2 ml Salzsäure (1) zu, danach unter Umschütteln 16 ml Thioharnstofflösung (2) und 20 ml Quercetinlösung (3), füllt mit Wasser auf und mischt. Nach 10 Minuten photometriert man gegen eine Blindprobe, die sämtliche Reagenzien und 10 ml der Elektrolytkupferlösung (4) enthält.

***Eichkurve.*** 5 Einwaagen von je 1 g E-Kupfer (zinnfrei) werden entsprechend der Arbeitsvorschrift gelöst. Nach dem Zerstören des überschüssigen Wasserstoffperoxids kühlt man ab, gibt 0 l, 5 l, 20 l, 40 l und 50 ml Zinnstandardlösung (6) zu und füllt in 100 ml-Meßkolben auf. Nun nimmt man je 10 ml ab, behandelt sie wie unter Ausführung beschrieben und photometriert gegen die zinnfreie Lösung.

## 4.2.8 Bestimmung des Eisens

### 4.2.8.1 Gehalte unter 0,4% Eisen

***Grundlage, Anwendungsbereich, Zuverlässigkeit, Reagenzien*** und ***Geräte*** siehe unter 4.1.8, S. 244.

***Ausführung.*** 5 g der, wie unter 4.1.8, S. 244, beschrieben, gereinigten und getrockneten Probe werden mit 40 ml Salzsäure (7 + 3) und 20 Tre en Fluorwasserstoffsäure (40%) versetzt. Unter Kühlen gibt man portionsweise 40 ml Wasserstoffperoxid (30%) zu und verfährt nach dem Auflösen der Probe weiter, wie unter 4.1.8, angegeben.

Der Reagenzienblindprobe werden ebenfalls 20 Tropfen Fluorwasserstoffsäure (40%) zugesetzt.

***Eichkurve*** und ***Bemerkung*** siehe unter 4.1.8.

### 4.2.8.2 Gehalte über 0,4% Eisen

***Grundlage.*** Das Eisen wird nach Abtrennen des Kupfers mit Ammoniak gefällt, der Eisenoxidhydratniederschlag mit Salzsäure gelöst und der Eisengehalt maßanalytisch mit Kaliumpermanganat bestimmt.

***Anwendungsbereich.*** Geeignet für Gehalte über 0,4%.

***Zuverlässigkeit.*** Bei Gehalten um 1% etwa ±10%,
um 2% etwa ± 5%,
um 5% etwa ± 2%,
um 10% etwa ± 1%.

***Reagenzien.*** Siehe unter 1.1.6, S. 212.

***Ausführung.*** Das Lösen der Probe und das Abtrennen von Kupfer erfolgen, wie unter 4.2.1.1 bzw. 4.2.1.2 beschrieben. Die kupferfreie Lösung wird mit 5 ml Wasserstoffperoxid (10%) versetzt und zum Sieden erhitzt. Das Eisen wird dann in der Hitze mit einem geringen Überschuß an Ammoniak (0,91) gefällt, der Niederschlag über ein Filter Gr. 2 abfiltriert und mit heißem Wasser ausgewaschen. Das Eisenoxidhydrat wird mit heißer Salzsäure (1 + 10) in das Fällungsgefäß zurückgelöst und die Fällung wiederholt. Man löst wieder mit heißer Salzsäure (1 + 10), dampft die Lösung, ohne zu kochen, auf 30 ml ein und bestimmt das Eisen mit Kaliumpermanganatlösung maßanalytisch, wie unter 1.1.6, S. 212, beschrieben.

## 4.2.9 Bestimmung des Aluminiums

### 4.2.9.1 Gehalte unter 0,1% Aluminium

#### *4.2.9.1.1 Photometrische Bestimmung in Gegenwart von Kupfer*

***Grundlage.*** Das Aluminium wird in Gegenwart von Kupfer und der Begleitelemente mit Eriochromcyanin photometrisch bestimmt.

***Anwendungsbereich.*** Geeignet für Gehalte von 0,002 bis 0,1%. Beryllium, Nickel und Kobalt stören.

***Zuverlässigkeit.*** Bei Gehalten um 0,01% etwa ±10%,
um 0,1 % etwa ± 5%.

***Reagenzien.***

1. Natriumacetatlösung: 200 g $CH_3COONa \cdot 3\,H_2O$ zum Liter gelöst.
2. Natriumthiosulfatlösung: 200 g $Na_2S_2O_3 \cdot 5\,H_2O$ zum Liter gelöst.
3. Ascorbinsäurelösung: 0,25 g zu 25 ml gelöst. Die Lösung ist 2 Tage haltbar.
4. Eriochromcyaninlösung: 1 g in Wasser gelöst, mit 10 ml n-Salzsäure versetzt und zum Liter verdünnt.
5. Aluminiumstammlösung: 0,1 g aluminiumfreies E-Kupfer (7) wird mit 5 ml 6 n-Salzsäure unter Zusatz von 5 ml Wasserstoffperoxid (30%) gelöst und der Lösung 0,250 g Reinstaluminium (8) in kleinen Portionen zugesetzt. Nach Auflösen des Aluminiums wird das auszementierte Kupfer durch Zugabe von 2 bis 3 ml Wasserstoffsuperoxid (30%) wieder in Lösung gebracht und die Lösung zum Vertreiben des überschüssigen Peroxids erwärmt und 1 min gekocht. Nach dem Abkühlen wird die Lösung in einem Meßkolben zum Liter aufgefüllt.
6. Aluminiumstandardlösung: 100 ml Stammlösung werden in einem 500 ml-Meßkolben aufgefüllt. 1 ml = 50 $\mu$g Aluminium.
7. E-Kupfer, aluminiumfrei.
8. Reinstaluminium.

***Ausführung.*** 1 g Probe wird mit 10 ml 7,5 n-Salpetersäure (Pipette) gelöst, die Lösung zum Vertreiben der Stickstoffoxide erwärmt, 1 min gekocht und nach dem Abkühlen in einen 100 ml-Meßkolben übergeführt und aufgefüllt. Man pipettiert 20 ml in einen 100 ml-Meßkolben — enthält die Lösung Niederschläge von Zinnsäure, Silicium oder Chrom, wird vorher über ein trockenes Filter Gr. 3 filtriert — und setzt dann mit der Pipette die folgenden Reagenzien in der angegebenen Reihenfolge unter jeweiligem Umschütteln zu:

10 ml Natriumacetatlösung (1), 20 ml Natriumthiosulfatlösung (2) und 5 ml Ascorbinsäurelösung (3).

Bei Anwesenheit von Eisen tritt eine blaue Färbung auf, die innerhalb von 2 min vollständig verschwinden muß. Geschieht dies nicht, so enthält die Probe mehr als 2% Eisen. In diesem Falle wird die Ascorbinsäurezugabe wiederholt. Nach Zugabe von 10 ml Eriochromcyaninlösung wird aufgefüllt und durchgemischt. Nach 10 bis 20 min wird in einer 2 cm-Küvette bei 578 nm gegen eine Blindprobe photometriert, die man durch Behandlung von 1 g E-Kupfer (7) gemäß der Ausführungsvorschrift erhält. Die Auswertung erfolgt mit Hilfe einer Eichkurve und einer Kontrollprobe.

***Eichkurve.*** Zu 5 Einwaagen von je g E-Kupfer (7) werden aus einer Mikrobürette 4, 8, 12, 16 und 20 ml Aluminiumstandardlösung (6) entsprechend 0,2 mg Aluminium gegeben und die Proben in gleicher Weise behandelt, wie unter Ausführung beschrieben.

***Auswertung.*** Zu jeder Probenreihe wird eine Kontrollprobe mit 0,08% Aluminium, entsprechend der 4. Probe für die Eichkurve mit 16 ml Aluminiumstandardlösung, in gleicher Weise wie die Proben hergestellt, deren Extinktion mittels der Eichkurve ausgewertet wird. Weicht der gefundene Wert ($K$) vom Sollwert der Kontrollprobe ($S$) ab, so wird der Faktor ($F$) ermittelt.

$$F = \frac{S}{K}.$$

Der Aluminiumgehalt der Probe wird durch Auswerten der Extinktion nach der Eichkurve und Multiplikation des gefundenen Wertes mit $F$ ermittelt.

***Bemerkungen.*** Mit je einer Kontrollprobe und Blindprobe sollen nicht mehr als 5 Proben gleichzeitig angefärbt und gemessen werden.

### *4.2.9.1.2 Photometrische Bestimmung nach Abtrennen des Kupfers, Nickels und Kobalts*

***Grundlage.*** Das Aluminium wird nach Abtrennen der störenden Elemente an einer Quecksilberkathode mit Eriochromcyanin photometrisch bestimmt.

***Anwendungsbereich, Zuverlässigkeit, Reagenzien*** und ***Geräte*** siehe Kapitel Nickel unter 3.1.7, S. 323.

***Ausführung.*** 2,5 g Probe werden, wie unter 4.2.1.1 bzw. 4.2.1.2 beschrieben, gelöst und Zinn und Blei abgetrennt. Die schwefelsaure Kupferlösung wird in einem 250 ml-Meßkolben aufgefüllt. Die weitere Analyse wird nach der im Kapitel Nickel beschriebenen Vorschrift für die Bestimmung des Aluminiums im metallischen Nickel durchgeführt, deren Angaben sinngemäß Anwendung finden.

***Eichkurve.*** Die Aufstellung der Eichkurve wird mit 5 g aluminiumfreiem E-Kupfer (7) in der gleichen Weise wie im Kapitel Nickel unter 3.1.7, S. 324, angegeben, durchgeführt. Auch hier sind die Angaben sinngemäß zu verwenden.

## 4.2.9.2 Gehalte über 0,1% Aluminium

***Grundlage.*** Das Aluminium wird nach Maskierung der Begleitelemente als Oxinverbindung gefällt und bromometrisch bestimmt.

***Anwendungsbereich.*** Geeignet für Gehalte von 0,1 bis 20%.

***Zuverlässigkeit.*** Bei Gehalten um 1% etwa ±5%,
um 10% etwa ±2%,
um 20% etwa ±1%.

***Reagenzien.***

1. Maskierungslösung: 100 g Kaliumcyanid, 50 g Dinatriumsalz der Äthylendiamintetraessigsäure und 300 ml Ammoniak (0,91) werden gelöst und mit Wasser zum Liter aufgefüllt. Die Lösung ist zwei Tage haltbar.
2. Natriumthiosulfatlösung: 100 g $Na_2S_2O_3 \cdot 5\,H_2O$ zu 500 ml gelöst.
3. Oxinlösung: 5 g 8-Hydroxychinolin werden mit Methanol zu 100 ml gelöst.
4. Kaliumjodidlösung: 5 g zu 100 ml gelöst.

5. Stärkelösung: 1 g zu 100 ml gelöst.

6. Kaliumbromid-Kaliumbromatlösung (0,1n): 2,7836 g Kaliumbromat und etwa 10 g Kaliumbromid werden in einem Meßkolben zum Liter gelöst. 1 ml $\triangleq$ 0,225 mg Aluminium.

***Ausführung.*** 1 g Probe wird in einem 400 ml-Becherglas mit 20 ml Salpetersäure (1 + 1), bei zinnhaltigen Legierungen mit 20 ml Königswasser, gelöst und die Lösung nach dem Verkochen der Stickstoffoxide bei Gehalten unter 1% Aluminium mit Wasser auf etwa 100 ml verdünnt. Bei Gehalten über 1% füllt man die Lösung nach dem Verkochen der Stickstoffoxide in einem 200 ml-Meßkolben auf und entnimmt einen nicht mehr als 10 mg Aluminium enthaltenden Anteil in ein 400 ml-Becherglas, den man ebenfalls mit Wasser auf etwa 100 ml verdünnt. Nun gibt man 25 ml Thiosulfatlösung (2) zu und bis 0,5 g Einwaage 35 ml, von 0,5 bis 1 g 70 ml Maskierungslösung (1). Die Lösung wird zum Sieden erhitzt, 2 min gekocht und das Aluminium durch Zugabe von 15 ml Oxinlösung (3) gefällt. Nach kurzem Aufkochen läßt man auf dem Sandbade 10 min absetzen, filtriert über ein Filter Gr. 1 ab, wäscht mit heißem Wasser aus und löst den Niederschlag mit 60 ml eines heißen Gemisches von Salzsäure-Methanol (1 + 1) in den Fällkolben zurück. Man wäscht mit Wasser nach, kühlt auf Zimmertemperatur ab und gibt aus einer Bürette so viel Kaliumbromid-Kaliumbromatlösung (6) zu, bis ein deutlicher Geruch von Brom wahrzunehmen ist. Danach setzt man 10 ml Kaliumjodidlösung (4) zu und titriert das in Freiheit gesetzte Jod mit 0,1n-Natriumthiosulfatlösung. Als Indicator dient 1 ml Stärkelösung (5).

## 4.2.10 Bestimmung des Mangans

### 4.2.10.1 Photometrische Bestimmung

***Grundlage.*** Das Mangan wird in saurer Lösung mit Kaliumtetroxojodat zu Permanganat oxydiert und photometrisch bestimmt.

***Anwendungsbereich.*** Geeignet für Gehalte von 0,002 bis 0,5%.

***Zuverlässigkeit.*** Bei Gehalten um 0,005% etwa ±10%,
um 0,05 % etwa ± 5%,
um 0,5 % etwa ± 2%.

***Reagenzien.***

1. Phosphorsäure-Salpetersäure: Zu 700 ml Wasser werden 150 ml Phosphorsäure (1,7) und 150 ml Salpetersäure (1,4) gegeben.

2. Natriumnitritlösung: 10 g zu 100 ml gelöst.

3. Kaliumtetroxojodatlösung: 10 g werden mit 250 ml heißer Phosphorsäure-Salpetersäure (1) gelöst. Die Lösung wird auf 500 ml aufgefüllt.

4. Manganstandardlösung: 0,1 g Mangan wird mit 10 ml Salpetersäure (1 + 1) gelöst. Die Lösung wird in einem Meßkolben zum Liter aufgefüllt. 1 ml $\triangleq$ 100 $\mu$g Mangan.

5. Kupfer, manganfrei.

***Ausführung.*** Man löst 0,5 g Probe in einem 300 ml-Erlenmeyerkolben mit 20 ml Salpetersäure (1 + 1), setzt 30 ml Wasser hinzu und erhitzt die Lösung zum Sieden. Zinnhaltige Legierungen löst man mit 15 ml Bromwasserstoffsäure (1,38) und 5 bis 8 ml Brom und dampft die Lösung zur Trockne. Man wiederholt das Eindampfen mit je 10 ml Salpetersäure (1 + 1) noch zweimal, nimmt dann mit 10 ml Salpetersäure (1 + 1) auf, setzt 40 ml Wasser hinzu und erhitzt die Lösung zum Sieden. Jetzt werden in die jeweilige heiße salpetersaure Lösung 15 ml Jodatlösung (3) gegeben, die Lösung wird 3 bis 4 min gekocht, anschließend bei 90° 30 min stehen gelassen und nach dem Abkühlen in einem 100 ml-Meßkolben aufgefüllt. Etwa 20 ml Lösung werden in ein Becherglas abgegossen und das Permanganat durch Zugabe einiger Tropfen Nitritlösung (2) reduziert. Man photometriert die restliche Farblösung gegen die entfärbte Teillösung als Blindprobe bei 546 nm in einer 1- oder 4 cm-Küvette.

***Eichkurve.*** Es werden sechsmal 0,5 g Kupfer (5) eingewogen und mit je 20 ml Salpetersäure (1 + 1) gelöst. Nach Zugabe von 1, 3, 5, 10, 15 und 20 ml Manganstandardlösung (4), entsprechend 0,1 bis 2 mg Mangan, wird, wie bei der Probe ausgeführt, verfahren. Von 0,1 bis 0,5 mg Mangan benutzt man eine 4 cm-Küvette und von 1 bis 2 mg Mangan eine 1 cm-Küvette.

#### 4.2.10.2 Maßanalytische Bestimmung

***Grundlage.*** Das Mangan wird in diphosphathaltiger Lösung durch Zugabe einer Permanganatlösung zu einem dreiwertigen Mangandiphosphatkomplex oxydiert. Der Endpunkt wird potentiometrisch ermittelt.

***Anwendungsbereich.*** Geeignet für Gehalte über 0,5%.

***Zuverlässigkeit.*** Bei Gehalten um 1% etwa ±3%,
um 10% etwa ±1%.

***Geräte.*** Glas- oder Kalomelelektrode und Platinelektrode.

***Ausführung.*** 1 g Probe löst man in einem bedeckten 250 ml-Becherglas mit 20 ml Salzsäure (7 + 3) und 10 ml Wasserstoffperoxid (30%). Man zerstört das überschüssige Peroxid durch Kochen, gibt dann 5 ml Schwefelsäure (1 + 1) zu und dampft bis zum Rauchen der Schwefelsäure ein. Nach dem Abkühlen wird mit 70 ml Wasser aufgenommen, zum Lösen der Sulfate erhitzt und die schwach siedende Lösung mit 2 bis 3 g Zinkgranalien versetzt.

Je nach Kupfergehalt und Menge der Verunreinigungen zementiert man 20 bis 40 min, wobei das Volumen etwa 50 ml nicht unterschreiten soll. Die farblose Lösung wird heiß über ein Filter Gr. 2 in einen 300 ml-Erlenmeyerkolben filtriert und mit heißem Wasser ausgewaschen.

Bei Gehalten von 0,3 bis 3% Mangan wird die gesamte Einwaage zur Titration verwendet. Bei Gehalten über 3% wird das Filtrat in einem 250 ml-Meßkolben aufgefüllt. Das Filtrat bzw. ein Teil, der bis etwa 30 mg Mangan enthalten darf, wird auf etwa 70 ml eingedampft und abgekühlt.

In einem 400 ml-Becherglas werden 40 g Natriumdiphosphat ($Na_4P_2O_7 \cdot 10\,H_2O$) in etwa 120 ml Wasser unter Erwärmen gelöst. In die heiße Lösung wird die abgekühlte Probelösung eingetragen. Tritt ein Niederschlag auf, der sich auch bei Einstellung des pH-Wertes der Lösung auf 6,5 ± 0,3 nicht löst, so muß unter Rühren nochmals Natriumdiphosphat zugefügt werden, bis vollständige Lösung erreicht ist. Danach ist der pH-Wert nochmals zu korrigieren. Die Einstellung des pH-Wertes erfolgt mit Natriumhydroxidlösung (20 g in 100 ml) oder Schwefelsäure (1 + 4). Jetzt wird die 25 bis 30° warme Lösung mit 0,01n-Kaliumpermanganatlösung mit potentiometrischer Anzeige unter Rühren titriert. Die Titration muß sofort erfolgen, da die neutrale diphosphathaltige Lösung gegen Luftsauerstoff empfindlich ist. 1 ml 0,01n-Kaliumpermanganatlösung $\triangleq$ 0,4395 mg Mangan.

***Bemerkung.*** Siehe Kapitel Mangan unter 1.1, S. 295.

### 4.2.11 Bestimmung des Chroms

***Grundlage.*** Das Chrom wird nach Abtrennen des Kupfers maßanalytisch als Chromat bestimmt.

***Anwendungsbereich.*** Geeignet für Gehalte über 0,3%.

***Zuverlässigkeit.*** Bei Gehalten von 0,3 bis 1,5% etwa ±3%.

***Reagenzien.***

1. Mangansulfatlösung: 5 g $MnSO_4 \cdot H_2O$ zu 100 ml gelöst.
2. Silbernitratlösung: 2,5 g zu 100 ml gelöst.
3. Natriumchloridlösung: 5 g zu 100 ml gelöst.
4. Ammoniumeisen(II)-sulfatlösung: 70 g $(NH_4)_2Fe(SO_4)_2 \cdot 6\,H_2O$ werden mit 500 ml Wasser gelöst. Nach Zugabe von 60 ml Schwefelsäure (1,84) wird die Lösung zum Liter verdünnt.

Zur Ermittlung des Wirkungswertes der Ammoniumeisen(II)-sulfatlösung werden 50 ml in einen 1 l-Erlenmeyerkolben gegeben, der bereits 300 ml Wasser und 50 ml Schwefelsäure (1 + 5) enthält, und mit Kaliumpermanganatlösung (5) bis zur Rosafärbung titriert.

5. Kaliumpermanganatlösung: 6 g zum Liter gelöst.

***Titerstellung der Kaliumpermanganatlösung*** (5): 0,6 g Natriumoxalat werden in 100 ml heißem Wasser gelöst. Man setzt 50 ml Schwefelsäure (1 + 5) zu, erhitzt auf etwa 80° und titriert mit Kaliumpermanganatlösung (5).

$$\frac{0{,}6 \cdot 0{,}2588}{n} = \text{g Chrom/ml}.$$

$n$ = ml Kaliumpermanganatlösung (5).

***Ausführung.*** Das Lösen der Probe und das Abtrennen des Kupfers erfolgen, wie unter 4.2.1.1 bzw. 4.2.1.2 beschrieben. Das kupferfreie Elektrolysat wird in einem 1 l-Erlenmeyerkolben bis zum starken Rauchen der Schwefelsäure eingedampft und nach dem Erkalten mit etwa 300 ml Wasser aufgenommen. Nun gibt man einige Tropfen Mangansulfatlösung (1), 2,5 ml Silbernitratlösung (2) und etwa 2 g Ammoniumperoxodisulfat hinzu und kocht kurz auf. Nach Zugabe von 7 ml Natriumchloridlösung (3) zum Ausfällen des Silbers und Zerstören von etwa vorhandenem Permanganat wird etwa 10 min zum Sieden erhitzt und nach dem Abkühlen Ammoniumeisen(II)-sulfatlösung (4) in einem gemessenen Überschuß zugegeben, der mindestens 5 ml Kaliumpermanganatlösung (5) erfordert. Dann wird mit Kaliumpermanganat (5) bis zur Rosafärbung titriert, die mindestens 1 min bestehen bleiben soll. Die Titration kann auch mit der eingestellten Ammoniumeisen(II)-sulfatlösung mit potentiometrischer Anzeige direkt durchgeführt werden (siehe Kapitel Chrom unter 1.1, S. 127).

### 4.2.12 Bestimmung des Zinks

#### 4.2.12.1 In nickelfreien Legierungen

***Grundlage.*** Das Zink wird nach elektrolytischer Abtrennung des Kupfers in ammoniakalischer Lösung polarographisch bestimmt.

***Anwendungsbereich.*** Geeignet für Gehalte von 0,05 bis 5% bei Abwesenheit von Nickel.

***Zuverlässigkeit.*** Bei Gehalten um 0,5% etwa ±5%,
von 1 bis 5% etwa ±3%.

***Reagenzien.***

1. Grundlösung:
2. Reduktionslösung:

} Siehe Reagenzien für die Bestimmung von Cadmium unter 4.2.3, S. 250.

3. Zinkstandardlösung: 2 g Zink werden mit 30 ml Salzsäure (1 + 1) gelöst. Die Lösung wird in einem Meßkolben zum Liter aufgefüllt. 1 ml ≙ 2 mg Zink.

4. Zinkstandardlösung: 100 ml der Lösung (3) werden in einem 1 l-Meßkolben aufgefüllt. 1 ml ≙ 0,2 mg Zink.

***Ausführung.*** Das Lösen der Probe (= 2 g Einwaage) und das Abtrennen des Kupfers erfolgen, wie unter 4.2.1.1 bzw. 4.2.1.2, S. 248, beschrieben. Die kupferfreie Lösung wird unter mehrfachem Abspritzen der Becherglaswandungen mit heißem Wasser zur Trockne gedampft, der Rückstand mit 5 ml Salzsäure (1,19) und 20 ml Wasser aufgenommen und die Lösung in einen 100 ml-Meßkolben übergeführt. Das Volumen darf 50 ml nicht überschreiten. Man setzt 45 ml Grundlösung (1) zu, kühlt auf Zimmertemperatur ab, gibt 4 ml Reduktionslösung zu und füllt mit Wasser auf. Die Lösung wird zwischen — 0,8 und — 1,5 V polarographiert.

Zur Auswertung der Kurve wird eine dem Zinkgehalt der Probe entsprechende Menge der Zinkstandardlösung (3) oder (4) in einem 100 ml-Meßkolben mit 5 ml Salzsäure (1,19), 45 ml Grundlösung (1) und 4 ml Reduktionslösung (2) versetzt. Nach dem Auffüllen mit Wasser wird eine Abnahme in gleicher Weise wie die Probe polarographiert.

***Bemerkung.*** Übersteigt der Cadmiumgehalt der Probe den Zinkgehalt um mehr als das Zehnfache, so verfährt man in der kupferfreien Lösung nach der im Kapitel Cadmium unter 2.4, S. 124, angegebenen Arbeitsvorschrift zur Bestimmung von Zink in metallischem Cadmium.

#### 4.2.12.2 In nickelhaltigen Legierungen

***Grundlage.*** Das Zink wird nach elektrolytischer Abtrennung des Kupfers durch Fällen mit Schwefelwasserstoff isoliert und in ammoniakalischer Lösung polarographisch bestimmt.

***Anwendungsbereich.*** Geeignet für Gehalte von 0,05 bis 5%.

***Zuverlässigkeit.*** Bei Gehalten um 0,5% etwa ±5%,
von 1 bis 5% etwa ±3%.

***Reagenzien.*** Siehe Kapitel Nickel unter 4.3, S. 330.

***Ausführung.*** Das Lösen der Probe (= 2 g Einwaage) und das Abtrennen von Kupfer erfolgen, wie unter 4.2.1.1 bzw. 4.2.1.2, S. 248, beschrieben. Die kupferfreie Lösung wird bis zum Rauchen der Schwefelsäure eingedampft.

Man nimmt mit 200 ml Wasser auf, stellt mit Ammoniak (0,91) pH 3 ein, setzt 10 ml Bleinitratlösung (1) hinzu, leitet Schwefelwasserstoff ein und verfährt weiter, wie im Kapitel Nickel unter 4.3, S. 331, beschrieben.

### 4.2.13 Bestimmung des Nickels

#### 4.2.13.1 Photometrische Bestimmung

***Grundlage.*** Das Nickel wird nach Abtrennen störender Elemente aus der kupferhaltigen Lösung als Nickel(II)-diacetyldioxim extrahiert und photometrisch bestimmt.

***Anwendungsbereich.*** Geeignet für Gehalte unter 5%.

***Zuverlässigkeit*** und ***Reagenzien*** siehe unter 4.1.7, S. 243.

***Ausführung.*** 1 g Probe wird entweder nach der Vorschrift 4.2.1.1 oder 4.2.1.2, S. 248, gelöst. Die vom Blei, Silicium und gegebenenfalls vom Zinn befreite Lösung wird zur Trockne gedampft, mit 20 ml Wasser aufgenommen und in ein Extraktionsgefäß übergeführt. Es wird weiter verfahren, wie unter 4.1.7, S. 243, beschrieben.

#### 4.2.13.2 Gewichtsanalytische Bestimmung

***Grundlage.*** Das Nickel wird nach Abtrennen des Kupfers mit Diacetyldioxim gefällt und gewichtsanalytisch bestimmt.

***Anwendungsbereich.*** Geeignet für Gehalte über 5%.

***Zuverlässigkeit.*** Bei Gehalten um 10% etwa ±0,5%,
um 50% etwa ±0,2%.

***Reagenzien.***

1. Weinsäurelösung: 250 g zum Liter gelöst.
2. Diacetyldioximlösung: 10 g mit Methanol zum Liter gelöst.

***Ausführung.*** Das Lösen der Probe und das Abtrennen des Kupfers erfolgen, wie unter 4.2.1.1, bzw. 4.2.1.2, S. 248, beschrieben. Das kupferfreie Elektrolysat wird bis zum Rauchen der Schwefelsäure eingedampft und nach dem Aufnehmen mit Wasser in einem 500 ml-Meßkolben aufgefüllt. Man entnimmt dem Meßkolben einen nicht mehr als 70 mg Nickel enthaltenden Anteil in ein 800 ml-Becherglas, fügt 20 ml Weinsäure zu, macht schwach ammoniakalisch und mit ein paar Tropfen Salzsäure wieder schwach sauer. Man erwärmt die Lösung auf 30 bis 40°, versetzt mit einer ausreichenden Menge Diacetyldioximlösung (2) — 5 ml für 10 mg Nickel —, macht wieder schwach ammoniakalisch und erwärmt auf 60 bis 70°. Der Niederschlag bleibt noch 1 Std. bei 60° und anschließend einige Stunden bei Zimmertemperatur stehen. Dann wird über ein Filter Gr. 2 filtriert, mit 40° warmem Wasser ausgewaschen und der Niederschlag zur Wiederholung der Fällung mit wenig kalter Salpetersäure (1 + 1) in das Fällgefäß zurückgelöst, wobei das Filter mit kalter Salpetersäure (1 + 10) nachgewaschen wird. Nach Zusatz von 2 ml Weinsäurelösung wird die Fällung in gleicher Weise, wie oben angegeben, durchgeführt. Man filtriert über einen gewogenen Glasfiltertiegel 1G4, wäscht mit 40° warmem Wasser aus, trocknet den Tiegel bei 120° bis zur Gewichtskonstanz und wägt ihn nach dem Erkalten. Umrechnungsfaktor von Nickeldiacetyldioxim auf Nickel ist 0,2032.

## 4.2.14 Bestimmung des Kobalts

***Grundlage.*** Das Kobalt wird nach Abtrennen des Kupfers als Thiocyanatkomplex durch Extraktion mit Methylisobutylketon von störenden Elementen getrennt und photometrisch bestimmt.

***Anwendungsbereich.*** Geeignet für Gehalte von 0,01 bis 1%.

***Zuverlässigkeit.*** Bei Gehalten um 0,1% etwa ±5%.

***Reagenzien.***

1. Ammoniumhydrogenfluoridlösung: 200 g zum Liter gelöst.
2. Thioharnstofflösung, kalt gesättigt.
3. Ammoniumthiocyanatlösung: 50 g zum Liter gelöst.
4. Methylisobutylketon.
5. Kobaltstammlösung: 1 g Kobalt wird mit 20 ml Salpetersäure (2 + 3) gelöst und die Lösung mit 20 ml Schwefelsäure (1 + 1) abgeraucht. Nach dem Erkalten löst man mit Wasser und füllt die Lösung in einem 1 l-Meßkolben auf.
6. Kobaltstandardlösung: 10 ml der Kobaltstammlösung (5) werden in einem Meßkolben zu 100 ml aufgefüllt. 1 ml $\hat{=}$ 0,1 mg Kobalt.

***Ausführung.*** Das Lösen der Probe und das Abtrennen von Kupfer erfolgen, wie unter 4.2.1.1 bzw. 4.2.1.2, S. 248, beschrieben. Das kupferfreie Elektrolysat dampft man zur Trockne. Den Rückstand nimmt man mit 10 ml Salzsäure (1,19) auf, verdünnt mit 100 ml Wasser und füllt die Lösung in einem 200 ml-Meßkolben auf. Man bringt einen Anteil, der zwischen 0,1 bis 1,5 mg Kobalt enthält, in einen 150 ml-Scheidetrichter, setzt 10 ml Ammoniumhydrogenfluoridlösung (1) und 5 ml Thioharnstofflösung (2) zu und stellt mit Ammoniak (1 + 1) pH 5,0 ein.

Nach Zugabe von 20 ml Ammoniumthiocyanatlösung (3) extrahiert man den Kobaltkomplex mehrmals mit je 10 ml Methylisobutylketon (4). Der letzte Auszug muß farblos sein. Die Extrakte sammelt man in einem 100 ml-Meßkolben und füllt mit Keton (4) auf. Man photometriert gegen Wasser bei 625 nm in einer 2 cm-Küvette.

***Eichkurve.*** 1 bis 15 ml der Kobaltstandardlösung (6), entsprechend 0,1 bis 5 mg Kobalt, werden mit je 5 ml Salzsäure (1,19) zur Trockne gedampft. Der Rückstand wird mit 1 ml Salzsäure (1,19) und Wasser aufgenommen und das Kobalt, wie unter Ausführung beschrieben, extrahiert und photometriert.

## 4.2.15 Bestimmung des Magnesiums

***Grundlage.*** Das Magnesium wird nach Entfernen des Kupfers und anderer Schwermetalle komplexometrisch gegen Eriochromschwarz titriert.

***Anwendungsbereich.*** Geeignet für Gehalte über 0,01% bei Abwesenheit von Nickel und Kobalt (siehe Bemerkung!).

***Zuverlässigkeit.*** Bei Gehalten um 0,01% etwa ±10%,
um 0,1 % etwa ± 5%.

***Reagenzien.***

1. Zinkoxid.
2. Kaliumcyanidlösung: 250 g zum Liter gelöst. Die Lösung ist nach eintägigem Stehen über ein Filter Gr. 3 zu filtrieren.
3. ÄDTA-Lösung (0,01 m): 3,723 g bei 80° getrocknetes Dinatriumäthylendiamintetraacetat werden zum Liter gelöst. Die Lösung wird in einer Polyäthylenflasche aufbewahrt. 1 ml $\hat{=}$ 0,2432 mg Magnesium.
4. Indicatorgemisch: Eriochromschwarz T und Natriumchlorid werden im Verhältnis 1:200 miteinander verrieben.
5. Pufferlösung (pH = 10): 70 g Ammoniumchlorid und 570 ml Ammoniak (0,91) zum Liter gelöst.

***Geräte.*** Platinelektroden, siehe unter 1.1.1, S. 207.

***Ausführung.*** 2 g Probe werden in einem 250 ml-Quarzbecherglas mit 20 ml Salpetersäure (1 + 1) gelöst und die Lösung zum Entfernen der Stickstoffoxide erwärmt. Nach Zugabe von 20 ml Schwefelsäure (1 + 4) sowie 100 ml Wasser wird die Lösung, ohne daß etwa vorhandene ungelöste Anteile, wie z. B. Bleisulfat und Zinnsäure, abfiltriert werden, elektrolytisch vom Kupfer befreit (siehe unter 4.1.1.1, S. 234). Das Elektrolysat wird zur Trockne gedampft und der Rückstand mit etwa 100 ml Wasser aufgenommen. Die Lösung wird durch Zutropfen von Natriumhydroxidlösung (20 g in 100 ml) auf pH 5 eingestellt, mit 2 g Zinkoxid (1) — in Wasser aufgeschlämmt — versetzt, durchgerührt und nach Zugabe von 25 ml Bromwasser zum Sieden erhitzt und 10 min gekocht. Nach Verschwinden der Bromdämpfe wird auf etwa 60° abgekühlt und der Niederschlag über eine mit einem doppelten Filter Gr. 2 beschickte Nutsche abfiltriert. Das Becherglas wird zweimal mit 10 ml Wasser ausgespült und der Nutscheninhalt, nachdem das gesamte Waschwasser aufgegeben ist, trockengesaugt.

Das Filtrat wird in einen 500 ml Weithals-Erlenmeyerkolben gebracht, mit zweimal 20 ml Pufferlösung (5), die zunächst zum Nachspülen des Glases verwendet werden, und mit 25 ml Kaliumcyanidlösung (2) versetzt.

Nach Erwärmen auf 60° wird das Magnesium mit ÄDTA-Lösung (3) titriert. Zu Titrationsbeginn wird eine Spatelspitze Indicatorgemisch (4) zugegeben und nach dem Blaßwerden der Rosafärbung im Verlauf der Titration erneut eine kleine Menge. Der Titrationsendpunkt wird durch einen Farbumschlag nach Reinblau angezeigt; er ist auch bei künstlichem Licht auf 2 Tropfen genau zu erkennen.

***Bemerkungen.*** Gegebenenfalls vorhandenes Calcium wird mitbestimmt und kann nach der im Kapitel Kobalt unter 3.7, S. 188, angegebenen Vorschrift komplexometrisch bestimmt werden.

In nickel- und kobalthaltigen Legierungen wird das Magnesium nach der im Kapitel Nickel unter 3.1.8, S. 324, angegebenen Vorschrift bestimmt.

### 4.2.16 Bestimmung des Berylliums

***Grundlage.*** Das Beryllium wird nach Abtrennen von Blei, Silicium, Zinn, Kupfer, Eisen und Aluminium als Oxidhydrat gefällt und als Oxid gewichtsanalytisch bestimmt.

***Anwendungsbereich.*** Geeignet für Gehalte von 0,2 bis 4%.

***Zuverlässigkeit.*** Bei Gehalten um 1% etwa ±5%,
um 2% etwa ±3%,
um 4% etwa ±2%.

***Reagenzien.***

1. Waschwasser: 10 g Ammoniumchlorid zum Liter gelöst. Die Lösung wird mit Ammoniak (0,91) versetzt, bis sie gegen Methylrot alkalisch reagiert.
2. Waschwasser: 10 g Ammoniumnitrat zum Liter gelöst. Die Lösung wird mit Ammoniak (0,91) versetzt, bis sie gegen Methylrot alkalisch reagiert.
3. Oxinlösung: 5 g 8-Hydroxychinolin werden mit 25 ml Essigsäure (1 + 1) gelöst und die Lösung mit 75 ml Wasser verdünnt.
4. Pufferlösung: 150 g Ammoniumacetat zum Liter gelöst. Die Lösung wird mit Ammoniak (0,91) gegen Lackmus neutralisiert.

***Ausführung.*** Das Lösen der Probe und das Abtrennen des Kupfers, Bleis usw. erfolgen, wie unter 4.2.1.1 bzw. 4.2.1.2, S. 248, beschrieben. Das kupferfreie Elektrolysat wird in einem 1 l-Erlenmeyerkolben bis zum starken Rauchen der Schwefelsäure eingedampft, nach dem Erkalten mit Wasser aufgenommen und in einem 500 ml-Meßkolben aufgefüllt.

Man entnimmt 250 ml (= 1 g Einwaage) in ein 400 ml-Becherglas, fügt 5 g Ammoniumchlorid zu und oxydiert das Eisen mit 2 ml Salpetersäure (1,4) unter Erwärmen. Nach dem Abkühlen wird unter Rühren tropfenweise Ammoniak (0,91) zugefügt, bis ein bleibender Niederschlag entsteht, und noch ein Überschuß von 3 ml zugesetzt. Nach einigen Stunden wird der Niederschlag, der Beryllium, Eisen und etwa vorhandenes Aluminium enthält, abfiltriert und mit Waschwasser (1) ausgewaschen. Der Niederschlag wird mit wenig Salzsäure (1 + 1) vom Filter in das Fällgefäß zurückgelöst, die überschüssige Säure mit Ammoniak (0,91) abgestumpft und etwa ausgefallene Oxidhydrate mit einigen Tropfen Salzsäure (1 + 1) wieder in Lösung gebracht. Nach Verdünnen der Lösung auf 250 ml erwärmt man auf 50 bis 60°, fällt Eisen und Aluminium mit einer ausreichenden Menge Oxinlösung (3), die man langsam zufließen läßt, und fügt hierauf unter Umrühren tropfenweise 30 bis 50 ml Pufferlösung (4) zu. Der pH-Wert soll danach etwa 5 betragen. Nach 30 min filtriert man den Niederschlag über ein Filter Gr. 2 ab und wäscht mit warmem Wasser nach. Das Filtrat wird in einem 600 ml-Becherglas auf etwa 100 ml eingeengt und nach Zugabe von 30 ml Salpetersäure (1,4) und 10 ml Schwefelsäure (1,84) erhitzt, bis das Oxin zerstört ist. Man verdünnt auf etwa 250 ml, versetzt unter Rühren mit Ammoniak (0,91), bis ein bleibender Niederschlag entsteht, und gibt 2 ml im Überschuß zu. Die Fällung läßt man über Nacht stehen, filtriert dann über ein Filter Gr. 2 und wäscht mit Waschwasser (2) nach. Filter und Niederschlag werden getrocknet, in einem gewogenen Porzellantiegel vorsichtig verascht, bei 1150° bis zur Gewichtskonstanz geglüht und nach dem Erkalten im Exsiccator gewogen.

Der Umrechnungsfaktor von Berylliumoxid auf Beryllium ist 0,3603.

## 4.2.17 Bestimmung des Siliciums

### 4.2.17.1 Gewichtsanalytische Bestimmung

#### *4.2.17.1.1 In silberfreien, bleihaltigen Legierungen*

***Grundlage.*** Die Probe wird mit verdünnter Salpetersäure gelöst, die Lösung mit Salzsäure abgedampft und das Silicium(IV)-oxidhydrat nach dem Aufnehmen mit Salzsäure abfiltriert, geglüht, gewogen und mit Fluorwasserstoffsäure abgeraucht.

***Anwendungsbereich.*** Geeignet für Gehalte über 0,1%.

***Zuverlässigkeit.*** Bei Gehalten um 1% etwa ±5%,
um 5% etwa ±3%.

***Ausführung.*** 1 bis 2 g Probe werden in einer mit einem Uhrglas bedeckten Porzellanschale mit 20 bis 40 ml Salpetersäure (1 + 1) gelöst. Man dampft die Lösung zweimal mit je 20 ml Salzsäure (1,19) zur Trockne und erhitzt den trockenen Rückstand 1 Std. auf 135°. Nach dem Erkalten nimmt man mit 10 ml Salzsäure (1,19) auf, verdünnt mit 100 ml heißem Wasser und erwärmt, bis alle Chloride in Lösung gegangen sind. Man filtriert den unlöslichen Rückstand über ein Filter Gr. 2 und wäscht mit heißer Salzsäure (1 + 10) aus. Filtrat und Waschwasser werden nochmals zur Trockne gedampft, auf 135° erhitzt, aufgenommen, filtriert und gewaschen. Nunmehr werden beide Filter mit dem Silicium(IV)-oxidhydrat in einem Platintiegel verascht. Der Rückstand wird im Platintiegel mit etwa 5 g einer Mischung von Natriumcarbonat und Kaliumcarbonat aufgeschlossen. Den Schmelzkuchen löst man nach dem Abkühlen mit heißem Wasser aus dem Tiegel und setzt nach und nach 100 ml Salzsäure (1 + 1) zu, wobei man das Becherglas möglichst bedeckt hält. Man entfernt den Tiegel, dampft die Lösung ein und erhitzt den Rückstand 1 Std. bei 135°. Nach dem Erkalten nimmt man mit 10 ml Salzsäure (1,19) auf, verdünnt mit 100 ml heißem Wasser und erwärmt. Man filtriert den unlöslichen Rückstand über ein Filter Gr. 2 und wäscht mit heißer Salzsäure (1 + 10) aus. Filtrat und Waschwasser werden nochmals zur Trockne gedampft, auf 135° erhitzt, aufgenommen, filtriert und gewaschen. Beide Filter werden in einem Platintiegel verascht. Man glüht bei 1100° bis zur Gewichtskonstanz, wägt aus und raucht mit 0,5 ml Schwefelsäure (1 + 4) und 5 ml Fluorwasserstoffsäure (40%) ab. Das Abrauchen wird mit 0,5 ml Schwefelsäure und 5 ml Fluorwasserstoffsäure wiederholt und der Tiegel wiederum bei 1100° geglüht und nach dem Erkalten zur Wägung gebracht.

Aus der Differenz der beiden Wägungen errechnet sich der Siliciumgehalt der Probe.

Der Umrechnungsfaktor von Silicium(IV)-oxid auf Silicium ist 0,4675.

#### *4.2.17.1.2 In silberhaltigen Legierungen*

***Grundlage.*** Die Probe wird in verdünnter Schwefelsäure und Wasserstoffperoxid gelöst, das Silicium als Silicium(IV)-oxidhydrat abgeschieden und als Oxid gewichtsanalytisch bestimmt.

***Anwendungsbereich.*** Geeignet für Gehalte über 0,1%.

***Zuverlässigkeit.*** Wie unter 4.2.17.1.1.

***Ausführung.*** 2 g Probe werden mit 20 ml Schwefelsäure (1 + 4) und 10 ml Wasserstoffperoxid (30%) unter öfterem Umschwenken kalt gelöst. Nach Zugabe von 2 bis 3 Tropfen Salpetersäure (1,4) wird bis zum starken Rauchen der Schwefelsäure eingedampft. Nach dem Erkalten wird mit 100 ml Wasser aufgenommen und erwärmt, bis alle Sulfate in Lösung gegangen sind. Man filtriert durch ein Filter Gr. 2 und wäscht mit heißer Schwefelsäure (1 + 100) aus. Etwa ausgefallenes Silberchlorid wird mit Ammoniak aus dem Rohsilicium(IV)-oxidhydrat auf dem Filter ausgewaschen. Filtrat und Waschwasser (ohne Ammoniaklösung) werden nochmals bis zum Rauchen eingedampft und wieder aufgenommen, filtriert und gewaschen. Man verascht die beiden Filter mit dem gesamten Rohsilicium(IV)-oxidhydrat in einem Platintiegel und verfährt weiter, wie bei silberfreien Legierungen unter 4.2.17.1.1 beschrieben.

### 4.2.17.2 Photometrische Bestimmung

***Grundlage.*** Nach dem Lösen der Probe mit Salpetersäure und Fluorwasserstoffsäure wird das Silicium mit Ammoniummolybdatlösung zu Molybdatosilicat umgesetzt und photometrisch bestimmt.

***Anwendungsbereich.*** Geeignet für Gehalte von 0,01 bis 5%. Der Phosphorgehalt darf in dem zur Anfärbung kommenden Anteil der Probe 0,05 mg nicht übersteigen.

***Zuverlässigkeit.*** Bei Gehalten um 0,1% etwa ±10%,
um 1% etwa ± 5%,
um 5% etwa ± 2%.

***Reagenzien.***

1. Kupfer mit einem Siliciumgehalt unter 0,001%.
2. Borsäurelösung: 60 g zum Liter gelöst.
3. Siliciumstandardlösung: 0,0856 g Quarz werden in einem Platintiegel mit etwa 1 g Natriumcarbonat aufgeschlossen. Die Schmelze wird mit Wasser gelöst und die Lösung in einer Kunststoffflasche zum Liter aufgefüllt. 1 ml $\triangleq$ 40 $\mu$g Silicium.
4. Harnstofflösung: 10 g zu 100 ml gelöst. Die Lösung muß frisch angesetzt sein.
5. Ammoniummolybdatlösung: 10 g $(NH_4)_6Mo_7O_{24} \cdot 4\,H_2O$ zu 100 ml gelöst.
6. Citronensäurelösung: 5 g zu 100 ml gelöst. Die Lösung muß frisch angesetzt werden.

***Geräte.*** Platintiegel mit Deckel, 40 bis 50 ml Inhalt. Kunststofftrichter, Kunststoffflaschen, 500 ml und 1 l Inhalt.

***Ausführung.*** Bei Siliciumgehalten zwischen 0,01 und 0,2% wird 1 g der Probe in einen Platintiegel mit 0,3 bis 0,4 ml Fluorwasserstoffsäure (40%) und 11 ml Salpetersäure (1 + 2) gelöst und die Lösung im bedeckten Tiegel 5 min stehen gelassen. Ist die Lösung nicht vollständig, so erwärmt man auf einem Wasserbad auf 60 bis 65°. Die kalte Lösung wird in einen 100 ml-Meßkolben, in den man vorher 25 ml Borsäurelösung (2) gegeben hat, mit Hilfe eines Kunststofftrichters gespült und der Kolben aufgefüllt. Man pipettiert je 50 ml in zwei 100 ml-Meßkolben, gibt in beide 5 ml Harnstofflösung (4) und schüttelt kräftig zum Vertreiben der Stickstoffoxide. Dann fügt man zu dem einen Kolben 5 ml Ammoniummolybdatlösung (5) und füllt beide mit Wasser auf. Man photometriert die angefärbte Lösung gegen die molybdatfreie bei 400 nm in einer 2 cm-Küvette.

Bei Gehalten zwischen 0,2 und 5% Silicium werden 0,5 g der Probe in einem Platintiegel mit 0,3 bis 0,4 ml Fluorwasserstoffsäure (40%) und 8 ml Salpetersäure (1 + 2) gelöst und die kalte Lösung in einem 250 ml-Meßkolben unter den gleichen Bedingungen wie oben aufgefüllt. Man pipettiert gleiche Mengen, die weniger als 1 mg Silicium und 50 mg Kupfer enthalten, in zwei 100 ml-Meßkolben, setzt je zwei ml Salpetersäure (1 + 2) hinzu und verdünnt auf etwa 50 ml. Die Weiterbehandlung erfolgt wie oben.

Für die Auswertung ist eine eigene Eichkurve aufzustellen, da die Kupfersalze die Intensität der Färbung beeinflussen.

***Eichkurve.*** Man löst in 4 bis 8 Platintiegeln Einwaagen von siliciumfreiem Kupfer (1), die dem Kupferinhalt von 1 bzw. 0,5 g der Probe etwa entsprechen, unter den gleichen Bedingungen wie die Probe, setzt ihnen steigende Mengen der Siliciumstandardlösung (3), 1 bis 25 ml entsprechend 0,04 bis 1 mg zu und verfährt weiter, wie oben beschrieben.

***Bemerkungen.*** Der sich gleichfalls bildende gelbe Molybdatophosphatkomplex stört nicht, wenn der Phosphorgehalt in den zur Anfärbung abgenommenen 50 ml unter 0,05 mg liegt. Bei höheren Gehalten aber nicht mehr als 0,25 mg, verdünnt man nach der Molybdatzugabe (5) auf 90 ml, läßt 10 min stehen, fügt dann 5 ml Citronensäure (6) hinzu, füllt auf und verfährt weiter wie oben.

### 4.2.18 Bestimmung des Phosphors

***Grundlage.*** Der Phosphor wird als Ammoniummolybdatophosphat gefällt und gewichtsanalytisch bestimmt.

***Anwendungsbereich.*** Geeignet für Gehalte über 0,01%.

***Zuverlässigkeit.*** Bei Gehalten um 0,1% etwa ±5%,
um 1% etwa ±2%.

***Reagenzien.***

1. Ammoniummolybdatlösung: 50 g $(NH_4)_6Mo_7O_{24} \cdot 4\,H_2O$ werden mit 200 ml Ammoniak (0,91) gelöst. Die Lösung wird unter Kühlen und Rühren in 750 ml Salpetersäure (1 + 1) gegeben und nach achttägigem Stehen vor dem Benutzen filtriert.

2. Kaliumpermanganatlösung: 2,5 g zu 100 ml gelöst.
3. Ammoniumnitratlösung: 200 g zum Liter gelöst.
4. Waschlösung: 10 ml Salpetersäure (1 + 1) werden mit 490 ml Wasser gemischt; in dieser Mischung werden 12,5 g Ammoniumnitrat gelöst.

***Ausführung.*** Die Einwaage wird zwischen 0,5 g und 10 g so gewählt, daß die zur Bestimmung gelangende Phosphormenge zwischen 0,8 und 10 mg liegt. Einwaagen bis 1 g werden mit 10 ml Bromwasserstoffsäure (1,38) und 2 ml Brom gelöst. Für jedes weitere Gramm fügt man 4 ml Bromwasserstoffsäure (1,38) und 1,5 ml Brom zusätzlich zu. Solange der Lösevorgang nicht beendet ist, muß ein Bromüberschuß gegebenenfalls durch weitere Bromzugaben aufrechterhalten werden. Die Lösung wird bis zur Trockne eingedampft und der Rückstand 1 Std. lang im Trockenschrank auf 135° erhitzt. Nach Zugabe von 30 ml Bromwasserstoffsäure (1,38) wird gelinde bis zum Lösen erwärmt, mit heißem Wasser auf etwa 100 ml verdünnt und das ausgeschiedene Silicium(IV)-oxidhydrat über ein Filter Gr. 2 filtriert. Das Filter wird mit heißer Bromwasserstoffsäure (1 + 10) ausgewaschen. Das Filtrat wird nach Zusatz von 1 g Hydraziniumsulfat zur Trockne eingedampft. Der Rückstand wird mit 30 ml Salpetersäure (1 + 1) und 5 Tropfen Fluorwasserstoffsäure (40%) — bei Zinngehalten über 6% erhöht man die Fluorwasserstoffsäuremenge auf das Doppelte — versetzt und zum Sieden erhitzt.

Nach dem Verkochen der Stickstoffoxide wird mit 5 ml Kaliumpermanganatlösung (2) bis zur Rotfärbung oxydiert und 5 min gekocht. Das Mangandioxid wird mit einigen Tropfen Natriumnitritlösung (10 g in 100 ml) reduziert. Man kocht nochmals auf, kühlt ab, macht ammoniakalisch und säuert dann mit Salpetersäure (1 + 1) wieder an. Der Salpetersäureüberschuß soll kleiner als 5 ml sein. Die Lösung wird auf 55 bis 60° erwärmt und bei niedrigen Phosphorgehalten mit 40 ml, bei höheren Phosphorgehalten mit 60 ml Ammoniummolybdatlösung (1) versetzt. Die Probe wird 5 min kräftig geschüttelt und dann 2 Std. lang bei 40° stehen gelassen. (Die Temperatur darf keinesfalls 60° übersteigen.) Der Niederschlag wird auf ein Filter Gr. 3 filtriert und mit Waschlösung (4) gewaschen. Man wechselt das Auffanggefäß, löst den Niederschlag mit 25 ml heißem Ammoniak (1 + 3) vom Filter und wäscht zuerst mit heißem Wasser bis zur neutralen Reaktion aus und dann dreimal mit 15 ml Salpetersäure (1 + 4). Das Filtrat wird mit einem Tropfen Methylrotlösung versetzt und mit Salpetersäure (1 + 1) bis zum Umschlag angesäuert. Man fügt einen Überschuß von 5 ml Salpetersäure (1 + 1) zu, versetzt mit 10 ml Ammoniumnitratlösung (3), erwärmt die Lösung auf 55 bis 60° und fällt den Phosphor mit 20 ml Ammoniummolybdatlösung (1). Die Probe wird 5 min kräftig geschüttelt und dann zum Absetzen des Niederschlages 2 Std. bei 40° warm stehen gelassen.

Man filtriert unter schwachem Saugen durch einen bei 105° getrockneten, gewogenen Glasfiltertiegel 1G4 und wäscht mit Waschlösung (4) aus. Zur Entfernung des im Waschwasser enthaltenen Ammoniumnitrats wird zweimal mit wenig kaltem Wasser nachgewaschen. Den Niederschlag trocknet man bis zur Gewichtskonstanz bei 105°. Nach dem Erkalten im Exsiccator wird gewogen. Die Wägung ist schnell auszuführen, weil der Niederschlag, $(NH_4)_3PO_4 \cdot 12\ MoO_3$, hygroskopisch ist.

Der Umrechnungsfaktor von Ammoniummolybdatophosphat auf Phosphor ist 0,01639.

Eine Reagenzienblindprobe nach dem gleichen Arbeitsgang ist erforderlich.

## 4.2.19 Bestimmung des Schwefels

### 4.2.19.1 Gehalte über 0,005% Schwefel

***Grundlage.*** Die Probe wird im Sauerstoffstrom verbrannt und das gebildete Schwefeldioxid mit Kaliumjodatlösung maßanalytisch bestimmt.

***Anwendungsbereich.*** Geeignet für Gehalte von 0,005 bis 0,1%.

***Zuverlässigkeit.*** Bei Gehalten um 0,01% etwa ±10%,
um 0,1 % etwa ± 5%.

***Reagenzien.***

1. Stärkelösung: 9 g lösliche Stärke werden mit 10 ml Wasser zu einer Paste verrieben und langsam in 500 ml kochendes Wasser gegeben. Nach dem Abkühlen löst man darin 15 g Kaliumjodid und füllt zum Liter auf.

2. Kaliumjodatlösung: 0,2225 g werden in einem 1 l-Meßkolben mit Wasser gelöst und aufgefüllt. 1 ml ≙ 0,1 mg Schwefel.

Der ***Titer*** wird durch Verbrennen einer Standardprobe vom gleichen Legierungstyp eingestellt.

***Geräte.*** Verbrennungsofen mit Zubehör, siehe Abb. 13, dazu:
Sauerstoffflasche mit Reduzierventil.
Nadelventil in Ofennähe.
Lockerer Asbestpfropfen, etwa 10 mm lang, auf der Austrittsseite im Rohr, nahe der Heizzone. Asbest wird vorher bei 1200° ausgeglüht.
Schiffchen, unglasiert, mit Öse, Länge 90 mm, Breite 13 und Höhe 10 mm.
Anordnung für Temperaturmessung.
Standardzylinder, 200 ml, etwa 140 mm hoch mit 40 mm ∅.

Auf der Beschickungsseite des Porzellanrohres ist ein Glas-T-Stück mit dem einen Ende des waagerechten Schenkels durch den Stopfen gesteckt. Das andere Schenkelende trägt ein Stückchen Gummischlauch, durch das ein Quarz- oder Keramikstab, 500 · 5 mm, zum Einschieben des Schiffchens geführt wird. Durch den senkrechten Schenkel wird der Sauerstoff zugeführt.

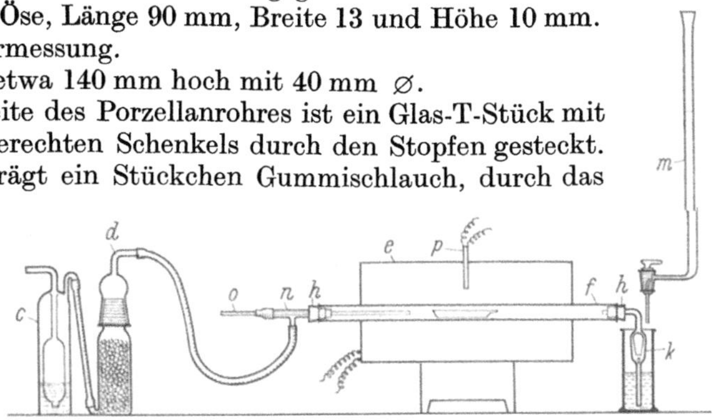


Abb. 13. Apparat zur Bestimmung des Schwefels durch Verbrennen
*c* Waschflasche mit konz. Schwefelsäure, *d* Trockenturm mit Natronkalk und wasserfreiem Calciumchlorid, *e* Silitstabofen, *f* Porzellanrohr, unglasiert, *h* Silikonkautschukstopfen, einfach durchbohrt, *k* Einleitungsrohr mit Rückschlagventil, *m* 10 ml-Bürette mit 0,02 ml-Teilung, *n* Glas-T-Stück, *o* Quarz- oder Keramikstab, *p* Thermoelement

***Ausführung.*** Der Ofen wird auf 1250 bis 1300° aufgeheizt (Temperaturmessung im Rohr). In den Standzylinder füllt man 100 ml Salzsäure (3 + 200), 2 ml Stärkelösung (1), leitet Sauerstoff durch und titriert mit der Jodatlösung (2), bis die Lösung schwach blau gefärbt ist.

Bei stark gedrosseltem Sauerstoffstrom schiebt man nun das Schiffchen mit 1 g Probe in die Heizzone des Rohres. Sobald die Verbrennung einsetzt, wird ein lebhafter Sauerstoffstrom, mit dem Nadelventil geregelt, durch das Gerät geschickt und in die Vorlage ständig soviel Jodatlösung gegeben, daß die blaue Färbung nicht verschwindet. Gegen Ende der Bestimmung titriert man vorsichtig, so daß als Endpunkt der gleiche Farbton wie bei der vorherigen Anfärbung erhalten wird.

### 4.2.19.2 Gehalte unter 0,005% Schwefel

***Grundlage.*** Der Schwefel wird beim Lösen der Probe mit einer sauren Reduktionslösung in Schwefelwasserstoff übergeführt, als Zinksulfid gebunden und nach Umsetzen mit Dimethyl-p-phenylendiamin und Eisen(III)-salz als Methylenblau photometrisch bestimmt.

***Anwendungsbereich.*** Geeignet für Gehalte von 0,0001 bis 0,005%.

***Zuverlässigkeit.*** Etwa ±20%.

***Reagenzien.***

1. Löse- und Reduktionssäuregemisch: 1 kg Jodwasserstoffsäure (1,7), 500 g Ameisensäure (98 bis 100%), 100 g Natriumhypophosphit ($Na_2HPO_2 \cdot H_2O$).

Dieses Gemisch wird in einem Rundkolben, der ein fast bis zum Boden reichendes Gaseinleitungsrohr besitzt, etwa 3 Std. lang unter Durchleiten von Stickstoff mit aufgesetztem Rückflußkühler gekocht. Wenn die Mischung einige Tage gestanden hat, so ist sie vor Gebrauch nochmals etwa 1 Std. auszukochen.

2. Bidestilliertes Wasser.

3. Zinkacetatlösung: 50 g $Zn(C_2H_3O_2)_2 \cdot 2\,H_2O$ und 10 g $NaC_2H_3O_2 \cdot 3\,H_2O$ werden mit Wasser (2) zum Liter gelöst. Nach Stehen über Nacht wird vom Niederschlag abfiltriert. Eine später entstehende Trübung ist bei der Bestimmung ohne Einfluß.

4. Amino-Reagenz: 1 g Dimethyl-p-phenylendiamindihydrochlorid wird mit 750 ml Wasser (2) gelöst und unter Kühlen mit 186 ml Schwefelsäure (1,84) versetzt. Die Lösung wird mit Wasser (2) zum Liter aufgefüllt. Das Reagenz ist etwa 6 Monate haltbar.

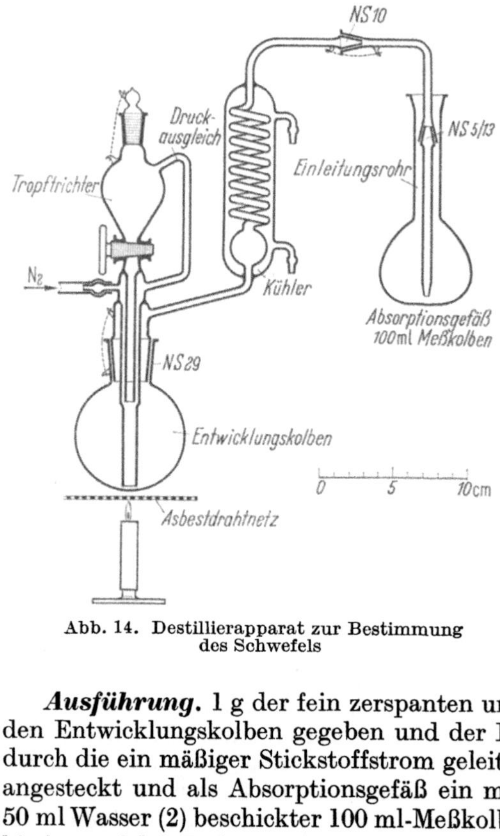


Abb. 14. Destillierapparat zur Bestimmung des Schwefels

5. Eisen(III)-salzlösung: 25 g Ammoniumeisen(III)-sulfat $[NH_4Fe(SO_4)_2 \; 12\,H_2O]$ werden mit 5 ml Schwefelsäure (1,84) versetzt und mit Wasser (2) zu 200 ml aufgefüllt.

6. Stickstoff: Aus der Stahlflasche als Trägergas.

7. Schwefelstammlösung: 543,5 mg Kaliumsulfat, vorher 2 Std. lang bei 130° getrocknet, werden mit Wasser (2) in einem 1 l-Meßkolben gelöst und aufgefüllt.

8. Schwefelstandardlösung: 100 ml Stammlösung (7) werden in einem 1 l-Meßkolben mit Wasser (2) aufgefüllt. 1 ml $\triangleq$ 10 $\mu$g Schwefel.

***Geräte.*** Siehe Abb. 14. Die Schliffe des Apparates mit Ausnahme des Schliffes am Einleitungsrohr werden mit o-Phosphorsäure (1,7) geschmiert und gedichtet.

Die Apparatur muß vor Gebrauch und nach längerem Stehen mit der Lösesäure (1) bis zur Schwefelfreiheit ausgekocht werden.

***Ausführung.*** 1 g der fein zerspanten und mit Aceton gereinigten Probe wird in den Entwicklungskolben gegeben und der Kolben an die Apparatur angeschlossen, durch die ein mäßiger Stickstoffstrom geleitet wird. Dann wird das Einleitungsrohr angesteckt und als Absorptionsgefäß ein mit 10 ml Zinkacetatlösung (3) und etwa 50 ml Wasser (2) beschickter 100 ml-Meßkolben so angesetzt, daß das Einleitungsrohr bis fast auf den Boden reicht. Durch den Tropftrichter läßt man langsam etwa 50 ml Löse- und Reduktionssäuremischung (1) zulaufen. Nach 3 bis 5 min wird der Stickstoffstrom so weit gedrosselt, daß im Vorlagegefäß etwa 3 Blasen in der Sekunde gezählt werden und die Säuremischung im Entwicklungskolben langsam zum Sieden erhitzt und gerade im Sieden gehalten wird. Ist die Metallprobe gelöst, so wird das gelinde Sieden noch 20 min lang fortgesetzt. Hierauf wird die Vorlage mit dem Einleitungsrohr abgenommen, mit einem Stopfen verschlossen und 10 min lang in einem Thermostaten bei 20° gehalten. Das Amino-Reagenz (4) und die Eisen(III)-chloridlösung (5) werden ebenfalls im Thermostaten auf 20° gebracht. Nach 10 min läßt man aus einer schnellaufenden Pipette 10 ml Amino-Reagenz (4) durch das im Meßkolben befindliche Einleitungsrohr in den Kolben einlaufen, verschließt denselben wieder und schwenkt um, bis sich die Lösungen vermischt haben. Dann gibt man auf die gleiche Weise 2 ml Eisen(III)-salzlösung (5) zu, verschließt und schüttelt 30 sec lang. Der Meßkolben wird nun wieder in den auf 20° eingestellten Thermostaten gebracht. Nach 15 min wird das Einleitungsrohr mit Wasser (2) abgespritzt, entfernt und der Kolben mit Wasser (2) bis aufgefüllt. Nachdem der verschlossene Kolben mit der Lösung weitere 15 min im Thermostaten auf 20° gehalten worden ist, wird bei Gehalten über 0,001% in einer 1 cm-Küvette, bei Gehalten unter 0,001% in einer 5 cm-Küvette bei 670 nm gegen Wasser (2) photometriert. Eine Reagenzienblindprobe ist erforderlich.

***Eichkurve.*** Es werden steigende Mengen der Schwefelstandardlösung (8), 1 bis 5 ml, entsprechend 10 bis 50 $\mu$g Schwefel, in Entwicklungskolben bei 130° zur Trockne gedampft und, wie unter Ausführung beschrieben, destilliert, angefärbt und in 1 cm-Küvetten photometriert. Es wird in diesem Falle die Lösesäure (1) vom beginnenden Sieden ab 20 min lang im Sieden gehalten.

Für Gehalte unter 0,001% Schwefel werden 0,2 bis 1 ml Standardlösung (8) entnommen und, wie oben beschrieben, verfahren, jedoch in 5 cm-Küvetten photometriert.

# 5 Nichtmetallische Erzeugnisse

## 5.1 Kupfersulfat

### 5.1.1 Bestimmung des Kupfers

***Grundlage.*** Das Kupfer wird elektrolytisch bestimmt.

***Zuverlässigkeit.*** Etwa ±0,2%.

***Geräte.*** Platinelektroden für die Elektrolyse mit ruhendem Elektrolyten, siehe unter 1.1.1, S. 207.

***Ausführung.*** 100 g Kupfersulfat werden mit 300 ml Wasser gelöst. Die Lösung wird durch ein Filter Gr. 3 in einen 1 l-Meßkolben filtriert und aufgefüllt. 50 ml (= 5 g Einwaage) werden in ein 400 ml-Becherglas gegeben, mit 30 ml Salpetersäure (1 + 1) und 3 g Ammoniumnitrat versetzt und mit Wasser auf 300 ml verdünnt. In dieser Lösung bestimmt man das Kupfer elektrolytisch, wie unter 1.1.1, S. 206, beschrieben.

### 5.1.2 Bestimmung des Eisens

***Grundlage.*** Das Eisen wird nach Extraktion mit Methylisobutylketon aus der salzsauren Lösung der Probe mit o-Phenanthrolin in wäßriger Lösung photometrisch bestimmt.

***Anwendungsbereich, Zuverlässigkeit, Reagenzien*** und ***Geräte*** siehe unter 4.1.8, S. 244.

***Ausführung.*** 5 g Probe werden mit 20 ml Salzsäure (1 + 1) gelöst. Man dampft zur Trockne, nimmt mit 50 ml Salzsäure (7 + 3) auf, kocht bis zum vollständigen Lösen und verfährt nach dem Abkühlen weiter, wie unter 4.1.8, S. 244, beschrieben.

***Eichkurve*** und ***Bemerkung*** siehe unter 4.1.8.

### 5.1.3 Bestimmung des Nickels

***Grundlage.*** Das Nickel wird als Nickel(II)-diacetyldioxim mit Chloroform extrahiert und photometrisch bestimmt.

***Anwendungsbereich, Zuverlässigkeit, Reagenzien*** und ***Ausführung*** siehe unter 4.1.7, S. 243.

### 5.1.4 Bestimmung des Zinks

***Grundlage.*** Nach elektrolytischer Abtrennung des Kupfers wird das Zink in ammoniakalischer Lösung polarographisch bestimmt.

***Anwendungsbereich, Zuverlässigkeit, Reagenzien*** und ***Ausführung*** siehe unter 4.2.12.1 bzw. 4.2.12.2, S. 257 und 258.

### 5.1.5 Bestimmung der freien Schwefelsäure

***Grundlage.*** Die freie Schwefelsäure wird entweder durch Messen des pH-Wertes in wäßriger Lösung der Probe oder maßanalytisch in einem alkoholischen Auszug bestimmt.

***Geräte.*** pH-Meßgerät.

***Ausführung.*** 10 g Kupfersulfat werden in 100 ml ausgekochtem Wasser gelöst. In dieser Lösung wird der pH-Wert gemessen. Liegt der Wert unter 3, so wird die freie Säure wie folgt bestimmt: Man übergießt 10 g Kupfersalz mit 50 ml Äthanol und läßt die Probe unter öfterem Umschütteln in einem bedeckten Erlenmeyerkolben 8 Std. stehen. Dann wird über ein Filter Gr. 2 filtriert und der alkoholische Auszug mit 0,1n-Natriumhydroxidlösung gegen Methylrot als Indicator titriert. 1 ml 0,1 n-Natriumhydroxidlösung $\triangleq$ bei 10 g Einwaage 0,049% Schwefelsäure.

## 5.2 Kupferoxidchlorid

### 5.2.1 Bestimmung des Kupfers

***Grundlage.*** Die Kupferbestimmung wird elektrolytisch durchgeführt.

***Zuverlässigkeit.*** Etwa $\pm$0,1%.

***Geräte.*** Platinelektroden für die Elektrolyse mit ruhendem Elektrolyten, siehe unter 1.1.1, S. 207.

***Ausführung.*** Man löst 10 g Probe in einem 500 ml-Becherglas mit 60 ml Salpetersäure (1 + 1) unter Erwärmen, verdünnt die Lösung mit Wasser auf ungefähr 200 ml, filtriert, wenn notwendig, und überführt die Lösung nach dem Erkalten in einen 1 l-Meßkolben. Nach dem Auffüllen und gutem Durchschütteln werden 100 ml (= 1 g Einwaage) in einen 500 ml-Erlenmeyerkolben pipettiert und die Lösung nach Zusatz von 20 ml Schwefelsäure (1 + 1) eingedampft. Dann löst man die Sulfate in 50 ml Wasser, setzt zu der Lösung 30 ml Salpetersäure (1 + 1), überführt sie in einen Elektrolysenbecher und verdünnt auf ungefähr 300 ml. In dieser Lösung bestimmt man das Kupfer elektrolytisch, wie unter 1.1.1, S. 206, beschrieben.

## 5.3 Kupfer(I)-oxid

### 5.3.1 Bestimmung des Kupfers

***Grundlage.*** Die Bestimmung des Kupfers wird elektrolytisch durchgeführt.

***Zuverlässigkeit.*** Etwa $\pm$0,05%.

***Geräte.*** Platinelektroden für die Elektrolyse mit ruhendem Elektrolyten, siehe unter 1.1.1, S. 207.

***Ausführung.*** 2 g Probe werden in einem 400 ml-Becherglas mit 25 ml Salpetersäure (1 + 1) gelöst. Man setzt 20 ml Schwefelsäure (1 + 1) zu und dampft die Lösung bis zum starken Rauchen der Schwefelsäure ein. Nach dem Erkalten wird mit 100 ml Wasser aufgenommen, die Lösung aufgekocht, auf etwa 15° abgekühlt über ein Filter Gr. 2 mit Filterschleim in ein 400 ml-Becherglas filtriert und das

Filter mit heißem Wasser nachgewaschen. Das Filtrat wird mit 30 ml Salpetersäure (1 + 1) versetzt und mit Wasser auf ein Volumen von etwa 300 ml aufgefüllt. In dieser Lösung bestimmt man das Kupfer elektrolytisch, wie unter 1.1.1, S. 206, beschrieben.

### 5.3.2 Bestimmung des Chlorids

***Grundlage.*** In der salpetersauren Lösung der Probe wird das Chlorid mit Silbernitratlösung maßanalytisch bei potentiometrischer Endpunktanzeige bestimmt.

***Anwendungsbereich.*** Geeignet für Gehalte über 0,01%.

***Zuverlässigkeit.*** Bei Gehalten um 0,01% etwa ±10%,
um 0,1 % etwa ± 4%,
um 0,5 % etwa ± 2%.

***Reagenzien.***

1. 0,1n-Silbernitratlösung: 1 ml ≙ 3,5457 mg Chlor.
2. Aceton.

***Geräte.*** Silberelektrode und Quecksilber(I)-sulfatelektrode.

***Ausführung.*** 2 g Probe werden in einem 400 ml-Becherglas mit 25 ml Salpetersäure (1 + 1) gelöst. Die Lösung wird nach Vertreiben der Stickstoffoxide durch Erwärmen auf etwa 100 ml aufgefüllt, abgekühlt, mit 20 ml Aceton (2) versetzt und mit Silbernitratlösung (1) bei potentiometrischer Endpunktanzeige titriert.

Kapitel 16

# Lithium

Inhalt



## 1 Rohstoffe

## Amblygonit, Spodumen, Lepidolith, Petalit, Triphylin

### 1.1 Bestimmung des Lithiums

***Grundlage.*** Das Lithium wird nach dem Aufschluß der Probe mit Schwefelsäure-Fluorwasserstoffsäure flammenspektrometrisch bestimmt.

***Anwendungsbereich.*** Geeignet für Gehalte von 0,5 bis 5%.

***Zuverlässigkeit.*** Etwa $\pm 1\%$.

***Reagenzien.***

1. Lithiumcarbonat,
2. Bidestilliertes Wasser.
3. Lithiumstammlösung: 0,5323 g Lithiumcarbonat (1) werden mit 15 ml n-Schwefelsäure gelöst und die Lösung mit Wasser (2) in einem 1 l-Meßkolben aufgefüllt.
4. Lithiumstandardlösungen: 5, 10, 15, 20, 25, 30, 35, 40, 45 und 50 ml der Stammlösung (3) werden in 500 ml-Meßkolben mit je 50 ml n-Schwefelsäure versetzt und mit Wasser (2) aufgefüllt. Die Lösungen werden in Polyäthylenflaschen aufbewahrt. Sie enthalten 1, 2, 3, 4, 5, 6, 7, 8, 9 und 10 mg Lithium im Liter.

***Geräte.*** Flammenspektrometer.

***Ausführung.*** Von der Probe (Feinheitsgrad: 0,1 DIN 4188) werden 200 mg in eine Platinschale eingewogen und mit einigen Tropfen Wasser (2) befeuchtet. Darauf werden 5 ml Schwefelsäure (1,84) und 10 ml Fluorwasserstoffsäure (40%) zugegeben. Auf einer Heizplatte oder besser unter einem Oberflächenstrahler wird bis zur beginnenden Trockne eingedampft. Nach dem Abkühlen wird der Rand der Schale mit wenig Wasser (2) abgespült und mit einigen Tropfen Schwefelsäure (1,84) und 10 ml Fluorwasserstoffsäure (40%) erneut bis zum Rauchen der Schwefelsäure erhitzt. Diese Operation wird so oft wiederholt, bis sich das gesamte Material nach dem Abrauchen mit Schwefelsäure klar und ohne Rückstand in Wasser (2) löst. Es wird in einen 100 ml-Meßkolben übergeführt und mit Wasser (2) aufgefüllt. 10 ml dieser Lösung werden in einen 100 ml-Meßkolben gegeben, mit 10 ml n-Schwefelsäure versetzt und mit Wasser (2) aufgefüllt. Der Lithiumgehalt der so vorbereiteten Lösung wird mit Hilfe eines Flammenspektralphotometers bei 670 nm bestimmt.

Anhand der mit den Standardlösungen aufgestellten Eichkurve wird der Lithiumgehalt in erster Näherung ermittelt. Dann wird mit den Standardlösungen des nächst höheren und nächst niedrigeren Lithiumgehaltes gemessen. Die Messung wird so vorgenommen, daß bei geeigneter Spaltbreite und Geräteempfindlichkeit nacheinander die Emission des niederen Standards, der unbekannten Lösung und des höheren Standards bestimmt wird. Nun wird zuerst der höhere Standard, dann die unbekannte Lösung und zuletzt der niedere Standard gemessen. Diese Meßreihen werden in jeder Richtung mindestens dreimal wiederholt. In den so gewonnenen Meßreihen dürfen die zusammengehörenden Werte nicht mehr als 1,5% relativ schwanken. Nach Mittelbildung der Emissionswerte wird der Lithiumgehalt der unbekannten Lösung nach der weiter unten gegebenen Formel errechnet. Ist die Schwankung der Meßwerte größer als 1,5%, ist das Ergebnis zu verwerfen und durch geeignete Maßnahmen ein ruhigeres Arbeiten des Gerätes anzustreben (z.B. Brenner reinigen, Elektronik länger einbrennen bzw. schwache Röhren ersetzen usw.).

***Ausrechnung.*** mg Li/l der unbekannten Lösung $= A - (X - Z)\frac{(A - B)}{(X - Y)}$.

Hierin bedeuten:

$A$ = mg Li/l im höheren Standard.
$B$ = mg Li/l im niederen Standard.
$X$ = % Emission des höheren Standards.
$Y$ = % Emission des niederen Standards.
$Z$ = % Emission der unbekannten Lösung.

$$\% \text{ Li im Erz} = \frac{\text{mg Li/l} \cdot 100}{\text{Einwaage (mg)}}.$$

## 1.2 Bestimmung des Eisens

***Grundlage.*** Das Eisen wird nach Aufschluß der Probe mit Schwefelsäure-Fluorwasserstoffsäure zur zweiwertigen Stufe reduziert und als o-Phenantrolinkomplex photometrisch bestimmt.

***Anwendungsbereich.*** Geeignet für Gehalte von 0,01 bis 0,1%.

***Zuverlässigkeit.*** Etwa ±5%.

***Reagenzien.***

1. Hydroxylammoniumchloridlösung: 10 g zu 100 ml gelöst.
2. o-Phenanthrolinlösung: 2,5 g mit Äthanol zu 100 ml gelöst. Die Lösung muß kühl aufbewahrt werden. Sie wird verworfen, wenn sie sich verfärbt.
3. Natriumacetatlösung: 164 g zum Liter gelöst.
4. Eisenstammlösung: 100 mg Eisen werden in 100 ml Salzsäure (1,19) und 100 ml Wasser gelöst. Die Lösung wird in einem 1 l-Meßkolben aufgefüllt.
5. Eisenstandardlösung: 100 ml Stammlösung (4) werden in einem 1 l-Meßkolben aufgefüllt. 1 ml $\triangleq$ 0,01 mg Eisen.

***Ausführung.*** 0,2 g Probe werden, wie unter 1.1 beschrieben, gelöst und die Lösung in einem 100 ml-Meßkolben aufgefüllt. Man pipettiert 50 ml in einen 100 ml-Meßkolben, setzt 5 ml Hydroxylammoniumchloridlösung zu, stellt mit Natriumacetatlösung (3) pH 2,5 bis 3,0 (Spezial-pH-Papier) ein und füllt nach Zugabe von 1 ml o-Phenanthrolinlösung (2) mit Wasser auf. Man photometriert in einer 1 cm-Küvette gegen eine unter den gleichen Bedingungen hergestellte Reagenzienblindprobe bei 500 nm. Der Umrechnungsfaktor von Eisen auf Eisen(III)-oxid ist 1,4297.

***Eichkurve.*** 0,1, 2, 3 usw. (bis 10) ml der Standardlösung (5) werden in 100 ml-Meßkolben abgemessen, mit je 5 ml Hydroxylammoniumchloridlösung (1) versetzt und auf ungefähr 50 ml mit Wasser verdünnt. Mit Natriumacetat (3) wird pH 2,5 bis 3 eingestellt (Spezial-pH-Papier). Nun wird 1 ml o-Phenanthrolinlösung (2) zugesetzt, mit Wasser auf 100 ml aufgefüllt und die Extinktion gegen eine eisenfreie Vergleichslösung bei einer Wellenlänge von 500 nm gemessen.

## 1.3 Bestimmung des Dekrepitiergrades

***Grundlage.*** Der Dekrepitiergrad gibt an, wieviel Prozent eines natürlichen $\alpha$-Spodumens durch Glühen in $\beta$-Spodumen umgewandelt worden sind. Zur Bestimmung dieses Umwandlungsgrades wird das Lithium des $\beta$-Spodumens durch Tempern mit Schwefelsäure bei 280° in Lösung gebracht. Das Lithium des $\alpha$-Spodumens geht bei dieser Operation nicht in Lösung.

***Zuverlässigkeit.*** Etwa ±1%.

***Ausführung.*** Das zu untersuchende Material wird auf eine Kornfeinheit unter 0,2 DIN 4188 vermahlen. 30 g werden mit 11 ml Schwefelsäure (4 + 1) in einer Porzellanschale sorgfältig angeteigt und in einem auf 280° vorgeheizten Muffelofen $1^1/_2$ Std. getempert. Nach dem Abkühlen wird der mit Schwefelsäure behandelte Spodumen in der Porzellanschale mit Wasser durchfeuchtet und dann in ein Becherglas übergeführt. Es wird mit Wasser gelaugt und der Rückstand so lange gewaschen, bis Sulfatfreiheit des ablaufenden Waschwassers erreicht ist. Der Rückstand wird getrocknet und zur Auswaage gebracht. Hiervon wird ein repräsentatives Muster von etwa 5 g gezogen und in einer Achatreibschale gepulvert (Feinheitsgrad 0,1 DIN 4188). Eine Einwaage von 200 mg wird in einer Platinschale, wie unter 1.1, S. 271, aufgeschlossen und der Lithiumgehalt bestimmt. Gleichzeitig wird von dem unbehandelten Material eine Lithiumbestimmung, wie unter 1.1 angegeben, ausgeführt.

***Ausrechnung.*** Die Berechnung des Dekrepitiergrades erfolgt nach folgender Formel:

$$\text{Dekrepitiergrad }\% = 100 - \frac{A \cdot \text{Li}\,A\,\% \cdot 100}{E \cdot \text{Li}\,E\,\%}$$

Hierin bedeuten:

$E$ = Einwaage des zu untersuchenden Materials ($g$).
$A$ = Auswaage des gelaugten Rückstandes ($g$).
Li $E$ % = Lithiumgehalt des zu untersuchenden Materials.
Li $A$ % = Lithiumgehalt des gelaugten Rückstandes.

# 2 Zwischenprodukte

## 2.1 Lithiumcarbonat

### 2.1.1 Bestimmung des Lithiumcarbonats

***Grundlage.*** Das Lithiumcarbonat wird durch maßanalytische Bestimmung der Gesamtalkalität mit Salzsäure ermittelt.

***Zuverlässigkeit.*** Etwa $\pm 0{,}2\%$.

***Ausführung.*** Etwa 0,16 g Probe werden mit genau 50 ml 0,1n-Salzsäure durch schwaches Erwärmen gelöst. Zum Verdrängen des Kohlendioxids wird kohlendioxidfreie Luft durch die Lösung geleitet. Der Überschuß an Salzsäure wird mit 0,1n-Natriumhydroxidlösung mit potentiometrischer Anzeige zurücktitriert. 1 ml 0,1 n-Salzsäure $\triangleq$ 3,695 mg Lithiumcarbonat.

### 2.1.2 Bestimmung des Wassers

***Grundlage.*** Die Wasserbestimmung erfolgt durch Trocknen bei 110°.

***Anwendungsbereich.*** Geeignet für Gehalte unter 0,5%.

***Zuverlässigkeit.*** Etwa $\pm 10\%$.

***Ausführung.*** 10 g Probe werden in eine Porzellanschale eingewogen und bei 110° 4 Std. im Trockenschrank getrocknet. Man läßt im Exsiccator über einem üblichen Trockenmittel abkühlen und wägt. Die Gewichtsabnahme entspricht dem Wassergehalt.

## 2.2 Lithiumhydroxid

### 2.2.1 Bestimmung des Lithiumhydroxids und -carbonats

***Grundlage.*** Der Gehalt der Probe an Lithiumhydroxid und Lithiumcarbonat wird durch Titration mit Salzsäure und verschiedenen Indicatoren bestimmt.

***Anwendungsbereich.*** Geeignet für Gehalte von 50 bis 58% Lithiumhydroxid und unter 1% Lithiumcarbonat.

***Zuverlässigkeit.*** Bei Gehalten um 50% LiOH etwa $\pm 0{,}1\%$,
um 1% $Li_2CO_3$ etwa $\pm 10\%$.

***Reagenzien.***

1. Kohlendioxidfreies Wasser: Man kocht Wasser unter Durchleiten von Stickstoff, der eine Waschflasche mit Kaliumhydroxidlösung (40 g in 100 ml) und darauf einen Turm mit Natronasbest durchströmt hat, 30 min lang in einem Stehkolben und läßt es unter weiterem Durchperlen des Stickstoffs auf 50° abkühlen. Dann gießt man das Wasser schnell in eine Vorratsflasche und leitet wieder Stickstoff hindurch, bis es Raumtemperatur angenommen hat. Das Vorratsgefäß ist mit einem Natronasbest enthaltenden Rohr zu verschließen.

***Ausführung.*** Man löst 20 g Probe in einem 1 l-Meßkolben mit Wasser (1) und füllt mit Wasser (1) auf. 50 ml werden abpipettiert mit einigen Tropfen Bariumchloridlösung (5 g in 100 ml) und Phenolphthalein versetzt und mit 0,5n-Salzsäure bis zum Verschwinden der Rotfärbung titriert. Nach Zugabe einiger Tropfen Methylorange wird mit 0,5n-Salzsäure bis zum Farbumschlag weitertitriert.

***Ausrechnung.***

Bei 20 g Einwaage und 50 ml Abnahme (= 1 g Einwaage):

$$\text{LiOH}\ \% = A \cdot 1{,}197.$$

$$Li_2CO_3\% = (B - A) \cdot 1{,}85.$$

Hierin bedeuten:

$A$ = ml 0,5n-Salzsäure bis Farbumschlag Phenolphthalein.

$B$ = ml 0,5n-Salzsäure bis Farbumschlag Methylorange.

## 2.3 Lithiumchlorid

### 2.3.1 Bestimmung des Wassers

***Grundlage.*** Die Wasserbestimmung erfolgt durch Trocknen bei 400°.

***Anwendungsbereich.*** Geeignet für Gehalte unter 5%.

***Zuverlässigkeit.*** Etwa ±3%.

***Ausführung.*** Etwa 100 g Probe werden in eine Porzellanschale eingewogen und 4 Std. bei 400° in einem elektrischen Muffelofen getempert. Man läßt im Exsiccator über Phosphorpentoxid abkühlen und wägt. Die Gewichtsabnahme entspricht dem Wassergehalt.

***Bemerkungen.*** Es ist notwendig, daß der Exsiccator mit Phosphorpentoxid als Trockenmittel beschickt ist, da z. B. Calciumchlorid vom Lithiumchlorid entwässert wird.

## 2.4 Säurelösliche Lithiumverbindungen Bestimmung der Verunreinigungen

### 2.4.1 Bestimmung des in Salzsäure unlöslichen Rückstandes

***Anwendungsbereich.*** Geeignet für Gehalte unter 0,1%.

***Zuverlässigkeit.*** Etwa ±10%.

***Ausführung.*** 100 g Probe werden in einem hohen 1 l-Becherglas mit 200 ml Wasser durchfeuchtet und durch langsame Zugabe von 250 ml Salzsäure (1,19) gelöst. (Lithiumchlorid wird in der gleichen Menge Wasser gelöst und mit 30 ml Salzsäure (1,19) angesäuert.) Durch Aufkochen der Lösung wird Kohlendioxid ausgetrieben. Der Rückstand wird über ein Filter Gr. 2 abfiltriert, mit dem Filter im Porzellantiegel verascht, bei 800° geglüht und nach dem Abkühlen gewogen.

### 2.4.2 Bestimmung der Summe Eisen und Aluminium

***Grundlage.*** Eisen und Aluminium werden als Summe der Oxide nach dem Fällen mit Ammoniak gewichtsanalytisch bestimmt.

***Anwendungsbereich.*** Geeignet für Gehalte unter 0,1%.

***Zuverlässigkeit.*** Etwa ±10%.

***Reagenzien.***

1.Carbonatfreies Ammoniak: In einem Rundkolben von 1 l Inhalt werden 500 ml Ammoniak (0,91) mit etwa 10 g frisch gelöschtem Kalk versetzt und nach Verschließen des Kolbens mit einem Natronasbestrohr 1 Std. lang unter wiederholtem Umschwenken sich selbst überlassen. Darauf wird der Kolben auf ein Wasserbad gestellt und mit einem schräg aufwärts gehenden Liebigkühler versehen, dessen Ende ein Einleitungsrohr trägt, das durch einen Stopfen in eine Flasche mit 400 ml kohlendioxidfreiem Wasser (siehe 2.2.1, S. 273) führt. Das Einleitungsrohr endet wenige Millimeter über der Wasseroberfläche; es darf nicht eintauchen. In dem Stopfen sitzt außerdem ein Natronasbestrohr. Das Ammoniak wird durch Erhitzen übergetrieben und in dem kohlendioxidfreien Wasser absorbiert. Von Zeit zu Zeit senkt man die Vorlage ein wenig und schwenkt sie um. Carbonatfreies Ammoniak ist in der erforderlichen Menge jeweils frisch herzustellen.

***Ausführung.*** Das Filtrat von 2.4.1 wird mit einigen Tropfen Wasserstoffperoxid (30%) oxydiert. Nach dem Aufkochen werden Aluminium und Eisen mit Ammoniak(1) bei etwa 80 bis 90° als Oxidhydrate gefällt. Der Niederschlag wird über ein Filter Gr. 2 abfiltriert, mit ammoniakhaltigem Wasser chloridfrei gewaschen und das Filter verascht. Der Niederschlag wird bei 800° geglüht. Die Auswaage gibt den Prozentgehalt der Summe Aluminiumoxid + Eisenoxid an.

### 2.4.3 Bestimmung des Calciums

***Grundlage.*** Das Calcium wird als Oxalat gefällt und maßanalytisch bestimmt.

***Anwendungsbereich.*** Geeignet für Gehalte unter 0,5%.

***Zuverlässigkeit.*** Etwa ±10%.

***Reagenzien.***

1. Ammoniumoxalatlösung, kalt gesättigt.

***Ausführung.*** Das Filtrat von 2.4.2 wird mit Essigsäure (1,06) schwach angesäuert (Indicator Methylrot) und das Calcium in der Siedehitze mit 50 ml heißer Ammoniumoxalatlösung (1) gefällt. Nach 4 Std. wird die erkaltete Lösung über ein Filter Gr. 2 abfiltriert und der Niederschlag mit heißem Wasser ausgewaschen. Das Filter wird durchstoßen und der Niederschlag mit wenig warmer Salzsäure (1 + 3) in ein Becherglas gespült und gelöst. Mit 200 ml Wasser wird verdünnt, zum Sieden erhitzt, mit Ammoniak (0,91) ammoniakalisch gemacht und mit Essigsäure (1,06) erneut schwach angesäuert. Es werden 2 ml Ammoniumoxalatlösung (1) zugesetzt. Nach dem Erkalten wird der Niederschlag über ein Filter Gr. 2 abfiltriert und mit heißem Wasser ausgewaschen. Das Calciumoxalat wird mit dem Filter in ein Becherglas übergeführt, mit warmer Schwefelsäure (1 + 3) gelöst und die Oxalsäure mit 0,1n-Kaliumpermanganatlösung titriert.

1 ml 0,1 n-Kaliumpermanganatlösung $\triangleq$ 2,804 mg Calciumoxid.

### 2.4.4 Bestimmung des Magnesiums

***Grundlage.*** Das Magnesium wird mit 8-Hydroxychinolin gefällt und gewichtsanalytisch bestimmt.

***Anwendungsbereich.*** Geeignet für Gehalte von 0,1%.

***Zuverlässigkeit.*** Etwa ±10%.

***Reagenzien.***

1. 8-Hydroxychinolinlösung: 4 g mit Äthanol zu 100 ml gelöst.

***Ausführung.*** Die Filtrate der Calciumbestimmung unter 2.4.3 werden vereinigt, auf 70° erwärmt, mit 50 ml Hydroxychinolinlösung (1) versetzt und mit Ammoniak (0,91) ammoniakalisch gemacht. Nach dem Absetzen wird das Magnesiumoxinat über einen gewogenen Filtertiegel G 3 abgesaugt, mit warmem schwach ammoniakalischem Wasser ausgewaschen und bei 130° bis zur Gewichtskonstanz getrocknet und nach dem Abkühlen gewogen.

Der Umrechnungsfaktor von Magnesiumoxinat auf Magnesiumoxid ist 0,129.

### 2.4.5 Bestimmung des Natriums und des Kaliums

***Grundlage.*** Natrium und Kalium werden flammenspektrometrisch bestimmt.

***Anwendungsbereich.*** Geeignet für Natriumgehalte unter 3% und Kaliumgehalte unter 1%.

***Zuverlässigkeit.*** Etwa ±3%.

***Reagenzien.***

1. Bidestilliertes Wasser.

2. Natrium-Kaliumstammlösung: 0,2542 g Natriumchlorid und 0,1907 g Kaliumchlorid werden in Wasser (1) gelöst und in einem 1 l-Meßkolben aufgefüllt. Die Lösung enthält 0,1 g Natrium und 0,1 g Kalium im Liter.

3. Natrium-Kaliumstandardlösung: Mit Hilfe einer Bürette werden 5, 10, 15, 20, 25, 30, 35, 40, 45 und 50 ml der Stammlösung (2) in 500 ml-Meßkolben übergeführt, mit je 50 ml n-Schwefelsäure versetzt und mit Wasser (1) bei 20° auf 500 ml aufgefüllt. Die Standardlösungen werden in 500 ml-Polyäthylenflaschen aufbewahrt. Sie enthalten 1 bis 10 mg Natrium bzw. Kalium je Liter.

***Geräte.*** Flammenspektrometer.

***Ausführung.*** Etwa 1 g Probe wird in einem 100 ml-Meßkolben mit Wasser (1), wenn erforderlich unter Zuhilfenahme von n-Schwefelsäure, gelöst, und zwar Lithiumcarbonat mit 27 ml und Lithiumhydroxid mit 24 ml n-Schwefelsäure. Die Lösung wird dann mit 10 ml n-Schwefelsäure versetzt und mit Wasser (1) auf 100 ml aufgefüllt. Natrium wird bei 589 nm, Kalium bei 766,5 nm flammenspektrometrisch bestimmt. Ausführung und Ausrechnung erfolgen sinngemäß, wie unter 1.1., S. 271, beschrieben.

### 2.4.6 Bestimmung des Sulfats

***Grundlage.*** Das Sulfat wird als Bariumsulfat gewichtsanalytisch bestimmt.

***Anwendungsbereich.*** Geeignet für Gehalte unter 0,5%.

***Zuverlässigkeit.*** Etwa ±4%.

***Ausführung.*** 20 g Probe werden mit 100 ml Wasser versetzt und mit Salzsäure (1,19) gelöst (Lithiumcarbonat mit 44 ml, Lithiumhydroxid mit 38 ml). Es wird zum Sieden erhitzt, mit Ammoniak (0,91) schwach ammoniakalisch gemacht und unter Verwendung von Methylrot als Indicator mit Salzsäure (1 + 1) wieder schwach angesäuert. Der unlösliche Rückstand wird über ein Filter Gr. 2 abfiltriert und mit heißem Wasser ausgewaschen. Im Filtrat wird in der Siedehitze mit 20 ml Bariumchloridlösung (50 g in 100 ml) gefällt. Die Fällung wird mindestens 8 Std., am besten über Nacht, stehengelassen und dann über ein Filter Gr. 4 filtriert und mit heißem Wasser ausgewaschen. Das Filter wird verascht und der Niederschlag bei 800° geglüht.

Der Umrechnungsfaktor von Bariumsulfat auf Schwefeltrioxid ist 0,3430.

# 3 Metallisches Lithium

Metallisches Lithium korrodiert schnell in der Luft. Proben müssen in Gefäßen, die vollständig mit reinem Paraffinöl gefüllt sind, aufbewahrt werden.

## 3.1 Bestimmung des wasserunlöslichen Rückstandes

***Grundlage.*** Der beim Lösen des Metalles in einem Gemisch von Wasser und Dioxan verbleibende unlösliche Rückstand wird nach Neutralisieren der Lösung abfiltriert, getrocknet und gewogen.

***Zuverlässigkeit.*** Etwa ±10%.

***Reagenzien.***

1. Dioxan.

***Ausführung.*** Von der durch Spülen mit reinem Petroläther von anhaftendem Paraffinöl befreiten Metallprobe werden mit einem Messer etwa 2 g abgeschnitten und in einem bedeckten Wägegläschen ausgewogen.

Darauf wird das Metall in ein hohes Becherglas, das etwa 50 ml Dioxan enthält, übergeführt und durch Rückwägen des Wägegläschens die genaue Einwaage ermittelt. In das mit einem Uhrglas bedeckte Becherglas werden nun vorsichtig aus einer Pipette 50 ml einer Mischung aus einem Teil Wasser und drei Teilen Dioxan (1) gegeben. Das Metall löst sich unter heftiger Wasserstoffentwicklung. Nach beendeter

Reaktion wird mit Wasser auf etwa 200 ml verdünnt und mit Salzsäure auf pH 7,0 (Spezialindicatorpapier) eingestellt. Die Lösung wird zum Sieden erhitzt, auf 100 ml eingedampft, über einen Filtertiegel abfiltriert und mit heißem Wasser chloridfrei gewaschen. Der Rückstand wird bei 300° bis zur Gewichtskonstanz getrocknet und gewogen.

## 3.2 Bestimmung des Natriums und des Kaliums

***Grundlage.*** Natrium und Kalium werden flammenspektrometrisch bestimmt.

***Anwendungsbereich.***
***Zuverlässigkeit.*** } Wie unter 2.4.5, S. 275, angegeben.
***Reagenzien.***

***Geräte.*** Flammenspektrometer.

***Ausführung.*** Das Filtrat der Rückstandsbestimmung nach 3.1 wird nach Zusatz von 20 ml n-Schwefelsäure in einem Meßkolben auf 200 ml aufgefüllt. Natrium und Kalium werden, wie unter 2.4.5, S. 275, und unter 1.1., S. 270, beschrieben, flammenspektrometrisch bestimmt.

Kapitel 17

# Magnesium

## Inhalt



# 1 Reinmagnesium und Magnesiumlegierungen

## 1.1 Bestimmung des Aluminiums

### 1.1.1 Gehalte unter 0,15% Aluminium

***Grundlage.*** Das Aluminium wird mit Eriochromcyanin photometrisch bestimmt.
***Anwendungsbereich.*** Geeignet für Gehalte von 0,005 bis 0,15%.
***Zuverlässigkeit.*** Bei Gehalten um 0,01% etwa ±10%,
um 0,1 % etwa ± 5%.

***Reagenzien.***

1. Eriochromcyaninlösung: 250 mg zu 250 ml gelöst. Die Lösung muß mindestens 24 Std. vor Gebrauch angesetzt werden.

2. Pufferlösung: 3,27 g Natriumacetat ($CH_3COONa \cdot 3\,H_2O$) werden mit Wasser gelöst, mit 10,5 ml Essigsäure (1,06) versetzt und zu 400 ml aufgefüllt.
3. Magnesiumsulfatlösung: 50,7 g $MgSO_4 \cdot 7\,H_2O$ zum Liter gelöst. 20 ml $\triangleq$ 100 mg Magnesium.
4. Thioglykolsäure (80%).
5. Phenolphthalein-Indicator: 0,1 g mit Äthanol zu 100 ml gelöst.
6. n-Natriumhydroxidlösung, in Kunststoffgefäßen angesetzt und aufbewahrt.
7. Aluminiumstammlösung: 0,5 g Reinstaluminium werden mit 50 ml Salzsäure (1 + 1) unter Erwärmen gelöst. Die Lösung wird im Meßkolben zum Liter aufgefüllt.
8. Aluminiumstandardlösung: 10 ml Aluminiumstammlösung (7) werden in einem 1 l-Meßkolben aufgefüllt. 1 ml $\triangleq$ 5 $\mu$g Aluminium.

***Ausführung.*** 1 g Probe wird in einem 600 ml-Becherglas mit 50 ml Wasser übergossen und mit 10 ml Schwefelsäure (1 + 1) vorsichtig gelöst. Die Lösung wird aufgekocht, abgekühlt und in einem Meßkolben zu 250 ml aufgefüllt. 25 ml dieser Lösung (= 100 mg Einwaage) werden in einen 100 ml-Meßkolben pipettiert und mit 1 Tropfen Thioglykolsäure (4) versetzt. Nach Zugabe eines Tropfens Phenolphthalein-Indicator (5) wird Natriumhydroxidlösung (6) bis zum Farbumschlag nach Rot aus einer Bürette zugegeben. Man bringt die Rotfärbung mit 2 Tropfen n-Schwefelsäure zum Verschwinden und pipettiert 10 ml Eriochromcyaninlösung (1) hinzu. Nach Zugabe von 25 ml Pufferlösung (2) wird die Lösung in dem Meßkolben auf der Heizplatte bis zum Siedebeginn erhitzt, sofort unter Wasserkühlung auf Raumtemperatur abgekühlt und anschließend aufgefüllt. Nach 1 Std. wird bei 570 nm in einer 1 cm-Küvette gegen eine Vergleichslösung photometriert.

Zur Herstellung der Vergleichslösung gibt man in einen 100 ml-Meßkolben 20 ml Magnesiumsulfatlösung (3), 0,5 ml Schwefelsäure (1 + 1), 1 Tropfen Thioglykolsäure (4) und verfährt weiter wie oben.

***Eichkurve.*** In mehrere 100 ml-Meßkolben werden je 20 ml Magnesiumsulfatlösung (3) gegeben und steigende Mengen Aluminiumstandardlösung (8), 1 bis 30 ml, entsprechend 5 bis 150 $\mu$g Aluminium. Nach Zugabe von 0,5 ml Schwefelsäure (1 + 1) und 1 Tropfen Thioglykolsäure (4) wird, wie unter Ausführung beschrieben, weiterverfahren.

### 1.1.2 Gehalte über 0,15% Aluminium

***Grundlage.*** Das Aluminium wird in salzsaurer Lösung als Aluminiumbenzoat ausgefällt und nach Veraschen als Aluminiumoxid ausgewogen.

***Anwendungsbereich.*** Geeignet für Gehalte von 0,15 bis 15%.

***Zuverlässigkeit.*** Bei Gehalten von 0,5 bis 2% etwa ±3%,
von 2 bis 10% etwa ±2%,
von 10 bis 15% etwa ±1%.

***Reagenzien.***
1. Thioglykolsäure (80%).
2. Ammoniumacetatlösung: 100 g zum Liter gelöst.
3. Ammoniumbenzoatlösung: 100 g zum Liter gelöst.
4. Waschlösung: 10 g Ammoniumbenzoat + 20 ml Essigsäure (1,06) zum Liter aufgefüllt.
5. Bromphenolblau-Indicator: 0,2 g mit Äthanol zu 100 ml gelöst.

***Ausführung.*** Je nach Aluminiumgehalt werden 0,5 bis 1 g Probe in einem 400 ml-Becherglas mit 15 bis 25 ml Salzsäure (1 + 1) gelöst. Die Lösung wird kurz aufgekocht, dann etwas abgekühlt und, falls notwendig, durch ein Filter Gr. 2 filtriert. Man gibt 1 bis 2 g Ammoniumchlorid zu und stumpft mit etwa 5 ml Ammoniak (0,91) ab, so daß eine schwach saure Lösung resultiert. Zur Maskierung des Eisens fügt man 1 ml Thioglykolsäure (1) zu. Bei hohen Eisengehalten wendet man 2 ml

Thioglykolsäure an. Nun fügt man der Reihe nach zu: 20 ml Ammoniumacetatlösung (2), 20 ml Ammoniumbenzoatlösung (3) und 3 Tropfen Bromphenolblau-Indicator (5).

Die Lösung wird erwärmt, bis die ausgefällte Benzoesäure wieder gelöst ist, wobei darauf geachtet wird, daß die Gelbfärbung des Indicators erhalten bleibt. Wird die Lösung rot, so setzt man bis zum Farbumschlag nach Gelb noch 2 n-Salzsäure zu. Der etwa 80° heißen Lösung wird Ammoniak (0,91) tropfenweise zugefügt, bis sie eine weinrote Farbe angenommen hat. Der pH-Wert liegt nun bei 4 bis 4,5, wobei das Aluminium als Benzoat ausfällt. Man kocht auf, überprüft den pH-Wert mit Indicatorpapier und läßt den Niederschlag sich bei 70 bis 80° absetzen. Er wird über ein Filter Gr. 2 abfiltriert und mit etwa 70° heißer Waschlösung (4) dreimal ausgewaschen.

Zur Reinigung wird der Niederschlag mit 15 ml Salzsäure (1 + 1) gelöst. Man verdünnt mit heißem Wasser auf etwa 100 ml und filtriert über ein Filter Gr. 2. Mit dem Filtrat wiederholt man den oben beschriebenen Fällvorgang. Der nun vorliegende Niederschlag wird abfiltriert, fünfmal mit 70° heißer Waschlösung (4) ausgewaschen, getrocknet und dann in einem Porzellantiegel (breite Form) verascht. Man glüht bei mindestens 1100° bis zur Gewichtskonstanz.

Der Umrechnungsfaktor von Aluminiumoxid auf Aluminium ist 0,5293.

## 1.2 Bestimmung des Bleis

***Grundlage.*** Das Blei wird als Dithizonat aus der wäßrigen Phase extrahiert. Nach Schütteln mit Säure wird das in der organischen Phase verbliebene, dem Bleigehalt äquivalente Dithizon photometriert.

***Anwendungsbereich.*** Geeignet für Gehalte von 0,0003 bis 0,01%.

***Zuverlässigkeit.*** Bei Gehalten um 0,001% etwa ±10%,
um 0,01 % etwa ± 5%.

***Reagenzien.***

1. Dithizonlösung: 20 mg Dithizon (= Diphenylthiocarbazon) werden mit 100 ml Kohlenstofftetrachlorid gelöst. Man extrahiert das gelöste Dithizon mit 200 ml Ammoniak (1 + 200) und verwirft die Kohlenstofftetrachlorid-Phase, in der sich die Verunreinigungen befinden. Zur wäßrigen Phase gibt man 100 ml Kohlenstofftetrachlorid, macht mit Schwefelsäure (1 + 4) sauer und schüttelt das gereinigte Dithizon in die Kohlenstofftetrachlorid-Phase zurück. Die Reinigung durch Überführung des Dithizons aus Kohlenstofftetrachlorid in Ammoniak und wieder zurück wiederholt man so oft, bis beim Ausschütteln mit Ammoniak eine farblose organische Phase hinterbleibt. Die wäßrige Phase enthält nun reines Ammoniumdithizonat. Sie wird durch Ausschütteln mit einigen ml Chloroform von Kohlenstofftetrachlorid befreit und dann mit 250 ml Chloroform versetzt. Dann säuert man mit Schwefelsäure (1 + 4) an, schüttelt das gereinigte Dithizon in die Chloroformphase, und trennt diese ab. Diese Lösung bewahrt man lichtgeschützt unter Schwefelsäure (1 + 10) auf. Vor Gebrauch wird der benötigte Teil auf das drei- bis vierfache Volumen mit Kohlenstofftetrachlorid verdünnt.
2. Kaliumnatriumtartratlösung ($KNaC_4H_4O_6 \cdot 4\,H_2O$): Bei 20° gesättigte Lösung.
3. Thymolblau-Indicator: 40 mg mit Äthanol zu 100 ml gelöst.
4. Tarnlösung: 5 g Kaliumcyanid und 5 g Ammoniumchlorid zu 100 ml gelöst.
5. Hydraziniumsulfatlösung: Bei 20° gesättigte Lösung.
6. Kaliumcyanidlösung: 0,5 g zu 100 ml gelöst.
7. Bleistammlösung: Man löst 0,1342 g reines, wasserfreies Blei(II)-chlorid ($PbCl_2$) in Wasser, das 1 ml Salzsäure (1,19) enthält, und füllt in einem 1 l-Meßkolben auf.
8. Bleistandardlösung: 50 ml Bleistammlösung (7) werden unter Zusatz von 0,5 ml Salzsäure (1,19) in einem Meßkolben zum Liter verdünnt. 1 ml $\hat{=}$ 5 $\mu$g Blei.

***Ausführung.*** 1 g Probe wird in einem 250 ml-Becherglas mit 50 ml Wasser übergossen und mit 10 ml Schwefelsäure (1 + 1) vorsichtig gelöst. Die Lösung wird kurz gekocht und dann etwas abgekühlt. Man fügt 10 ml Kaliumnatriumtartratlösung (2) und einige Tropfen Thymolblau-Indicator (3) zu und gibt nun solange tropfenweise Ammoniak (0,91) zu, bis die Lösung eben grün geworden ist. Dann werden 10 ml Tarnlösung (4) und 2 ml Hydraziniumsulfatlösung (5) zugegeben. Man erhitzt bis zum Siedepunkt und kühlt sofort ab. Die Lösung wird in einen 250 ml-Schütteltrichter übergeführt und mit kleinen Anteilen (etwa 3 ml) Dithizonlösung (1) kräftig geschüttelt, bis der letzte Anteil nach dem Schütteln rein grün bleibt. Die vereinigten Extrakte werden in 100 ml-Schütteltrichtern zweimal mit je 10 ml Kaliumcyanidlösung (6) 10 sec lang geschüttelt. Die durch Bleidithizonat rot gefärbte Kohlenstofftetrachlorid-Phase wird jeweils abgetrennt und die wäßrige Phase mit einigen ml Kohlenstofftetrachlorid nachgewaschen. Die so vom Dithizonüberschuß gereinigte Bleidithizonatlösung wird mit 10 ml Schwefelsäure (1 + 4) geschüttelt. Hierbei wird aus dem roten Bleidithizonat das grüne, dem Blei äquivalente Dithizon freigesetzt. Die grün gefärbte Kohlenstofftetrachlorid-Phase wird durch ein trockenes, möglichst kleines Filter Gr. 2 in einen trockenen 50 ml-Meßkolben filtriert, mit Kohlenstofftetrachlorid aufgefüllt und nach dem Umschütteln sofort gegen reines Kohlenstofftetrachlorid in der 1 cm-Küvette bei 615 nm photometriert. Der Bleigehalt der Reagenzien wird durch einen nur die Reagenzien enthaltenden Ansatz ermittelt. Dessen Extinktion wird von der Extinktion der Probenlösung abgezogen.

***Eichkurve.*** Es werden 1 bis 20 ml Bleistandardlösung (8), entsprechend 5 bis 100 $\mu$g Blei, nach dem Ergänzen mit Wasser zu 50 ml und Zusatz von 1 ml Schwefelsäure (1 + 1), wie unter Ausführung nach dem Lösen beschrieben, weiterbehandelt.

## 1.3 Bestimmung des Cadmiums

***Grundlage.*** Das Cadmium wird nach Extraktion mit Chloroform-Dithizon photometrisch bestimmt.

***Anwendungsbereich.*** Geeignet für Gehalte von 0,0001 bis 0,01%.

***Zuverlässigkeit.*** Bei Gehalten um 0,001% etwa ±20%,
um 0,01% etwa ±10%.

***Reagenzien.***

1. Kresolrot-Indicator: 0,1 g mit Äthanol zu 100 ml gelöst.
2. Kaliumnatriumtartratlösung: 25 g $KNaC_4H_4O_6 \cdot 4\,H_2O$ zu 100 ml gelöst.
3. Dithizonlösung: 20 mg in 250 ml Chloroform. Herstellung und Reinigung der Lösung erfolgen, wie unter 1.2 beschrieben.
4. Dithizonlösung: 2 mg in 250 ml Chloroform, hergestellt durch Verdünnen von 25 ml Dithizonlösung (3) mit Chloroform auf 250 ml.

Die Dithizonlösungen (3) und (4) bewahrt man lichtgeschützt unter Schwefelsäure (1 + 10) auf.

5. Hydroxylammoniumchloridlösung: 20 g zu 100 ml gelöst.
6. Kaliumcyanid-Natriumhydroxidlösung: 40 g Natriumhydroxid und 1 g Kaliumcyanid zu 100 ml gelöst.
7. Kaliumcyanid-Natriumhydroxidlösung: 40 g NaOH und 0,05 g KCN zu 100 ml gelöst.
8. Weinsäurelösung: 5 g zu 250 ml gelöst.
9. Cadmiumstammlösung: 100 mg Cadmium werden mit Salzsäure (1 + 1) gelöst und in einem Meßkolben zum Liter aufgefüllt.
10. Cadmiumstandardlösung: 20 ml Cadmiumstammlösung (9) werden in einem Meßkolben auf 1 l verdünnt. 1 ml ≙ 2 $\mu$g Cadmium.

***Ausführung.*** Je nach Cadmiumgehalt werden 0,1 bis 1 g Probe mit Wasser angefeuchtet und mit Schwefelsäure (1 + 1) gelöst. Das Volumen der Lösung soll etwa 40 ml betragen. Man erhitzt zum Sieden und überführt die Lösung nach Abkühlen in einen 100 ml-Schütteltrichter. Dann werden einige Tropfen Kresolrot-Indicator (1), 10 ml Kaliumnatriumtartratlösung (2) und Ammoniak (0,91) bis zum Farbumschlag nach Rot zugesetzt. Man gibt noch einige Tropfen Ammoniak (0,91) im Überschuß zu, läßt abkühlen und versetzt die Lösung mit 15 ml Dithizonlösung (3). Es wird 2 min kräftig geschüttelt. Die das Cadmium enthaltende Chloroform-Phase wird in einen zweiten 100 ml-Schütteltrichter abgelassen, mit 1 ml Kaliumnatriumtartratlösung (2), 1 ml Hydroxylammoniumchloridlösung (5), 20 ml Wasser und 5 ml Kaliumcyanid-Natriumhydroxidlösung (6) versetzt und 1 min geschüttelt. Die Chloroform-Phase wird in einen weiteren 100 ml-Schütteltrichter abgelassen und mit 25 ml Weinsäurelösung (8) 2 min geschüttelt. Das Cadmium befindet sich nun in der weinsauren Phase, die nach Abtrennen der Chloroform-Phase mit 5 ml Chloroform nachgewaschen wird (1 min schütteln). Zur weinsauren Phase gibt man 0,25 ml Hydroxylammoniumchloridlösung (5), 15 ml Dithizonlösung (4), die mit einer Pipette abgemessen werden, und 5 ml Kaliumcyanid-Natriumhydroxidlösung (7). Man schüttelt 1 min, filtriert einen Teil der durch Cadmiumdithizonat rot gefärbten Chloroformschicht durch einen Wattepfropfen in eine 1 cm-Küvette und photometriert bei 518 nm gegen Chloroform. Der Cadmiumgehalt der Reagenzien wird durch einen Ansatz ohne Magnesiumeinwaage ermittelt und dessen Extinktion von der Extinktion der Probelösung abgezogen.

***Eichkurve.*** Es werden steigende Mengen der Cadmiumstandardlösung (10), 1 bis 5 ml, entsprechend 2 bis 10 $\mu$g Cadmium, mit je 25 ml Weinsäurelösung (8), 0,25 ml Hydroxylammoniumchloridlösung (5), 15 ml Dithizonlösung (4) und 5 ml Kaliumcyanid-Natriumhydroxidlösung (7) versetzt. Es wird dann, wie unter Ausführung beschrieben, weiterverfahren.

## 1.4 Bestimmung des Calciums

***Grundlage.*** Das Calcium wird in salzsaurer Lösung flammenspektrometrisch bestimmt.

***Anwendungsbereich.*** Geeignet für Gehalte von 0,005 bis 0,02%.

***Zuverlässigkeit.*** Etwa $\pm 10\%$.

***Reagenzien.***

1. Calciumstandardlösung: 124,8 mg Calciumcarbonat werden mit einem geringen Überschuß an Salzsäure (1 + 10) gelöst und in einem 1 l-Meßkolben aufgefüllt. 1 ml $\triangleq$ 0,05 mg Calcium.

***Geräte.*** Flammenspektrometer.

***Ausführung.*** Es werden viermal je 1 g Probe in 250 ml-Bechergläsern mit 20 ml Wasser übergossen und mit 12,5 ml Salzsäure (1,19) vorsichtig in Lösung gebracht. Man erhitzt bis zum Sieden und filtriert die Lösung in 50 ml-Meßkolben. Zu drei dieser Proben wird Calciumstandardlösung (1) in folgenden Mengen zugesetzt:

1. kein Zusatz
2. 0,05 mg Ca
3. 0,10 mg Ca
4. 0,15 mg Ca

Die vier Analysenlösungen werden nach dem Abkühlen auf 50 ml aufgefüllt und ihre Emissionen bei 422 nm gemessen.

***Eichkurve.*** In vier 50 ml-Meßkolben werden steigende Mengen Calciumstandardlösung (1) gegeben:

1. 0,05 mg Ca
2. 0,10 mg Ca
3. 0,15 mg Ca
4. 0,20 mg Ca

Man füllt zu 50 ml auf und mißt die Emission bei 422 nm. Aus den Emissionswerten und den dazugehörigen Calciumkonzentrationen der reinen Calciumlösungen wird eine Kurve gezeichnet (Kurve A).

***Ausrechnung.*** Die Emissionen der vier Analysenlösungen werden auf dem gleichen Koordinatensystem aufgetragen, beginnend mit dem Emissionswert der zusatzfreien Analysenlösung bei der Calciumkonzentration 0,00 mg/50 ml (Kurve B). Man erhält eine zweite Kurve, die sich durch den Einfluß der Störelemente in den Analysenlösungen in ihrer Steigung von der Kurve A unterscheidet.

Der Emissionswert der zusatzfreien Analysenlösung wird auf der Kurve A abgelesen und mit einem Korrekturfaktor versehen, der durch den Quotienten der Steigungen der beiden Kurven (Steigung Kurve A dividiert durch Steigung Kurve B) gegeben ist.

$$\% \text{ Ca} = \frac{\text{mg Ca (abgelesen)} \cdot \text{Korrekturfaktor}}{10} .$$

## 1.5 Bestimmung des Chroms

***Grundlage.*** Das Chrom wird in saurer Lösung mit Diphenylcarbazid photometrisch bestimmt.

***Anwendungsbereich.*** Geeignet für Gehalte von 0,0005 bis 0,01%.

***Zuverlässigkeit.*** Bei Gehalten um 0,001% etwa ±10%,
um 0,01 % etwa ± 5%.

***Reagenzien.***

1. Silbernitratlösung: 1 g zu 100 ml gelöst.
2. Ammoniumperoxodisulfatlösung: 5 g zu 100 ml gelöst.
3. Natriumazid.
4. Diphenylcarbazidlösung: 0,25 g Diphenylcarbazid werden mit 20 ml Äthanol und 4 g Phthalsäureanhydrid mit 70 ml Äthanol gelöst. Beide Lösungen werden vermischt und mit Äthanol zu 100 ml aufgefüllt.
5. Chromstammlösung: 283 mg Kaliumdichromat werden gelöst und in einem 1 l-Meßkolben aufgefüllt.
6. Chromstandardlösung: 50 ml Stammlösung (5) werden in einem 1 l-Meßkolben aufgeführt. 1 ml $\triangleq$ 5 $\mu$g Chrom.
7. Reinstmagnesium.

***Ausführung.*** 1 g Probe wird in einem 250 ml-Becherglas mit etwas Wasser bedeckt und mit 6 ml Schwefelsäure (1 + 1) vorsichtig gelöst. Man setzt 1 ml Phosphorsäure (1,65), 1 ml Silbernitratlösung (1) und 10 ml Ammoniumperoxodisulfatlösung (2) zu, erhitzt und läßt 15 min schwach sieden. Nach dem Abkühlen auf etwa 70° gibt man bei Anwesenheit von Mangan bis zum Verschwinden der Permanganatfärbung Natriumazid (3) zu. Die Lösung wird in einen 100 ml-Meßkolben übergeführt, nach dem Erkalten auf Raumtemperatur mit 1 ml Diphenylcarbazidlösung (4) versetzt, aufgefüllt und nach 5 min bei 530 nm in der 1 cm-Küvette photometriert. Als Vergleichslösung dient ein Ansatz, der nur die verwendeten Reagenzien, aber statt 6 ml nur 1,5 ml Schwefelsäure (1 + 1) enthält und in gleicher Weise behandelt wird.

***Eichkurve.*** Zu mehreren Einwaagen von je 1 g Reinstmagnesium werden steigende Mengen der Chromstandardlösung (6) gegeben, 1 bis 20 ml, entsprechend 5 bis 100 $\mu$g Chrom. Man verfährt, wie unter Ausführung beschrieben. Von allen ermittelten Extinktionen wird die Extinktion, die das Reinstmagnesium ohne Chromzusatz gegen die Vergleichslösung ergibt, abgezogen.

## 1.6 Bestimmung des Eisens

***Grundlage.*** Das Eisen wird nach Reduktion mit o-Phenanthrolin photometrisch bestimmt.

***Anwendungsbereich.*** Geeignet für Gehalte von 0,001 bis 0,03%.

***Zuverlässigkeit.*** Bei Gehalten um 0,001% etwa ±10%,
um 0,01% etwa ± 5%.

***Reagenzien.***

1. Ammoniumacetatlösung: 400 g zum Liter gelöst.
2. Hydrochinonlösung: 2 g zu 100 ml gelöst. Die Lösung ist täglich frisch anzusetzen.
3. o-Phenanthrolinlösung: 1 g o-Phenanthrolinhydrochlorid zu 100 ml gelöst.
4. Eisenstandardlösung: 70,2 mg Ammonium-Eisen(II)-sulfat $(NH_4)_2 \cdot Fe(SO_4)_2 \cdot 6\,H_2O$), werden unter Zusatz von einigen Tropfen Schwefelsäure (1 + 1) gelöst. Man füllt im Meßkolben zum Liter auf. 1 ml ≙ 10 μg Eisen.

Für das Ansetzen der Reagenzlösungen und zum Auffüllen der Analysenlösungen ist bidestilliertes Wasser zu verwenden.

***Ausführung.*** Aus der kompakten Probe wird ein Stück herausgesägt, durch Eintauchen in Salzsäure (1 + 2) gereinigt, mit Wasser abgespült und getrocknet. Das Gewicht des Stückes soll 0,5 bis 1 g betragen. Es wird genau ausgewogen und in einem 250 ml-Becherglas mit 20 ml Wasser versetzt. Man löst je nach Einwaage mit 5 bis 10 ml Schwefelsäure (1 + 1), kocht kurz auf, kühlt ab und filtriert in einen 100 ml-Meßkolben. Dann werden nacheinander 25 ml Ammoniumacetatlösung (1), 5 ml Hydrochinonlösung (2) und 2 ml o-Phenanthrolinlösung (3) zugegeben. Nach dem Auffüllen und nach 30 min Wartezeit wird bei 520 nm in einer 2 cm-Küvette gegen eine Vergleichslösung — angesetzt mit den gleichen Mengen der Reagenzien und in gleicher Weise behandelt — photometriert. Der pH-Wert, der bei etwa 4 liegen soll, wird vor der Messung mit Indicatorpapier überprüft.

***Eichkurve.*** Von der Eisenstandardlösung (4) werden steigende Mengen von 1 bis 20 ml, entsprechend 10 bis 200 μg Eisen, in eine Anzahl von 100 ml-Meßkolben pipettiert und, wie unter Ausführung beschrieben, weiterbehandelt.

***Bemerkungen.*** Legierungen mit hohem Kupfergehalt werden unter Zusatz einiger ml Salpetersäure (1,4) gelöst. Nach Lösen der Probe wird zweckmäßig unter einer Oberflächenheizung bis zum Rauchen der Schwefelsäure abgedampft. Nach Entfernen des Kupfers durch Elektrolyse (siehe Kapitel Kupfer unter 1.1.1, S. 207) wird weiterverfahren, wie oben beschrieben.

Bei hohen Zinkgehalten ist darauf zu achten, daß ein für die Bindung des Eisens ausreichender Überschuß an o-Phenanthrolin vorliegt.

## 1.7 Bestimmung des Kupfers

### 1.7.1 Gehalte unter 0,02% Kupfer

***Grundlage.*** Das Kupfer wird nach Extraktion mit einer Lösung von Bleidiäthyldithiocarbaminat in Chloroform photometrisch bestimmt.

***Anwendungsbereich.*** Geeignet für Gehalte von 0,0005 bis 0,02%.

***Zuverlässigkeit.*** Bei Gehalten um 0,001% etwa ±10%,
um 0,01 % etwa ± 5%.

***Reagenzien.***

1. Weinsäurelösung: 25 g zu 100 ml gelöst.
2. Kresolrot-Indicator: 0,1 g mit Äthanol zu 100 ml gelöst.
3. Bleidiäthyldithiocarbaminatlösung: Man löst 0,1 g Bleiacetat mit 25 ml Wasser und gibt 5 ml Kaliumnatriumtartratlösung (5 g $KNaC_4H_4O_6 \cdot 4\,H_2O$ in 50 ml)

zu. Man macht mit Kaliumhydroxidlösung (15 g in 100 ml) alkalisch und fügt 5 ml Kaliumcyanidlösung (5 g in 50 ml) zu. Nun werden 0,125 g Natriumdiäthyldithiocarbaminat, das vorher mit etwa 25 ml Wasser gelöst wurde, zugegeben. Man extrahiert mit 250 ml Chloroform, wäscht die Chloroform-Phase zweimal mit Wasser, filtriert durch ein trockenes Filter Gr. 2 in einen 1 l-Meßkolben und füllt mit Chloroform auf. Nach dem Umschütteln wird die Lösung in einer braunen Flasche aufbewahrt.

4. Kupferstammlösung: 200 mg Elektrolytkupfer werden mit 10 ml Salpetersäure (1 + 1) gelöst und die Stickstoffoxide verkocht. Die Lösung wird in einem 1 l-Meßkolben aufgefüllt.

5. Kupferstandardlösung: 25 ml der Kupferstammlösung (4) werden im Meßkolben zum Liter verdünnt. 1 ml ≙ 5 $\mu$g Kupfer.

Für das Ansetzen der Reagenzlösungen und für das Auffüllen der Analysenlösungen ist bidestilliertes Wasser zu verwenden.

***Ausführung.*** 1 g Probe (0,5 g bei Gehalten von 0,01 bis 0,02%) wird in einem 400 ml-Becherglas mit etwa 50 ml Wasser versetzt und mit 10 ml Schwefelsäure (1 + 1) gelöst. Darauf wird das Kupfer mit 5 ml Salpetersäure (1 + 1) in Lösung gebracht. Man läßt 5 min sieden, kühlt ab, gibt 20 ml Weinsäurelösung (1), einige Tropfen Kresolrot-Indicator (2) und Ammoniak (0,91) bis zum Farbumschlag nach Rot (pH 8) zu. Nach dem Abkühlen wird die Lösung in einen 250 ml-Schütteltrichter übergeführt und dreimal mit je 15 ml Bleidiäthyldithiocarbaminatlösung (3) je 1 min lang geschüttelt. Die bei Anwesenheit von Kupfer gelb gefärbten Chloroformextrakte werden durch ein trockenes Filter Gr. 2 in einen 50 ml-Meßkolben filtriert. Nach dem Auffüllen mit Chloroform wird umgeschüttelt und bei 436 nm in der 1 cm-Küvette gegen eine Vergleichslösung photometriert, die mit der gleichen Menge der Reagenzien unter gleichen Bedingungen hergestellt wird.

***Eichkurve.*** 1 bis 25 ml Kupferstandardlösung (5), entsprechend 5 bis 125 $\mu$g Kupfer, werden nach Ergänzen mit Wasser zu 100 ml mit je 20 ml Weinsäurelösung (1) versetzt und, wie unter Ausführung beschrieben, weiterbehandelt.

### 1.7.2 Gehalte über 0,02% Kupfer

***Grundlage.*** Das Kupfer wird mit Natriumdiäthyldithiocarbaminat in wäßriger Lösung photometrisch bestimmt.

***Anwendungsbereich.*** Geeignet für Gehalte von 0,02 bis 0,5%.

***Zuverlässigkeit.*** Etwa ±3%.

***Reagenzien.***

1. Citronensäurelösung: 400 g zum Liter gelöst.

2. Gummiarabicumlösung: 1 g Gummiarabicum wird in etwa 70 ml kochendes Wasser eingetragen und unter Rühren gelöst. Man kühlt ab und füllt in einem 100 ml-Meßkolben auf.

3. Natriumdiäthyldithiocarbaminatlösung: 0,1 g zu 100 ml gelöst. Täglich frisch anzusetzen.

4. Kupferstammlösung: 200 mg Elektrolytkupfer werden mit 10 ml Salpetersäure (1 + 1) gelöst und die Stickstoffoxide verkocht. Es wird in einem 1 l-Meßkolben aufgefüllt.

5. Kupferstandardlösung: 50 ml der Kupferstammlösung (4) werden im Meßkolben auf 500 ml verdünnt. 1 ml ≙ 20 $\mu$g Kupfer.

***Ausführung.*** 1 g Probe wird in einem 600 ml-Becherglas mit etwa 100 ml Wasser übergossen und mit 10 ml Schwefelsäure (1,84) vorsichtig gelöst. Nun bringt man das Kupfer durch Zugabe von 5 ml Salpetersäure (1 + 1) in Lösung und kocht etwa 5 min. Es wird, falls nötig, filtriert und nach dem Abkühlen in einem 250 ml-Meßkolben aufgefüllt und umgeschüttelt. 25 ml Lösung (= 0,1 g Einwaage) werden in einen 100 ml-Meßkolben pipettiert. Nach Zugabe von

15 ml Citronensäurelösung (1) und 20 ml Ammoniak (0,91) wird kurz umgeschüttelt und abgekühlt. Aus einer Meßpipette wird 1 ml Gummiarabicumlösung (2) zugegeben und durchgemischt. Nach Zugabe von 10 ml Natriumdiäthyldithiocarbaminatlösung (3) wird aufgefüllt und durchgeschüttelt. Innerhalb von 30 min wird in einer 1 cm-Küvette bei 450 nm gegen eine Vergleichslösung photometriert, die alle Reagenzien enthält und in gleicher Weise behandelt wurde.

***Eichkurve.*** Steigende Mengen Kupferstandardlösung (5), 1 bis 25 ml, entsprechend 20 bis 500 $\mu$g Kupfer, werden in 100 ml-Meßkolben gegeben und, wie unter Ausführung beschrieben, weiterbehandelt.

***Bemerkung.*** Bei hohen Gehalten an Silber, Nickel, Zinn, Arsen und Antimon ist die unter 1.7.1 beschriebene Methode anzuwenden.

## 1.8 Bestimmung des Mangans

***Grundlage.*** Das Mangan wird in saurer Lösung durch Kaliumtetroxojodat zu Permanganat oxydiert und photometrisch bestimmt.

***Anwendungsbereich.*** Geeignet für Gehalte von 0,005 bis 2%.

***Zuverlässigkeit.*** Bei Gehalten um 0,02% etwa $\pm 5\%$,
um 0,5 % etwa $\pm 2\%$.

***Reagenzien.***

1. Natriumnitritlösung: 5 g zu 50 ml gelöst.
2. Manganstandardlösung: 143,9 mg Kaliumpermanganat werden mit etwa 100 ml Wasser unter Zusatz von 1 ml Phosphorsäure (1,65) in einem 400 ml-Becherglas gelöst und mit Natriumnitritlösung (1) tropfenweise bis zur Entfärbung versetzt. Nach Verkochen der Stickstoffoxide und Erkalten der Lösung wird in einem 500 ml-Meßkolben aufgefüllt. 1 ml $\triangleq$ 0,1 mg Mangan.

### 1.8.1 Gehalte von 0,005 bis 0,2% Mangan

***Ausführung.*** 1 g Probe wird im 250 ml-Becherglas mit 20 ml Wasser versetzt. Es wird vorsichtig mit 5 ml Schwefelsäure (1 + 1), dann mit 30 ml Salpetersäure (1,4) gelöst und die Lösung bis zum Sieden erhitzt. Jetzt werden in kleinen Anteilen etwa 0,5 g festes Kaliumtetroxojodat zugesetzt, worauf die Lösung erneut etwa 3 min gekocht wird. Zur vollen Farbentwicklung hält man die Temperatur der Lösung noch 15 min dicht unterhalb des Siedepunktes. Nach dem Abkühlen wird im 100 ml-Meßkolben aufgefüllt und umgeschüttelt. Es wird in der 1 cm-Küvette bei 530 nm gegen eine Vergleichslösung gemessen, die die gleichen Mengen der angewandten Reagenzien enthält und in gleicher Weise behandelt wurde.

### 1.8.2 Gehalte von 0,2 bis 2% Mangan

***Ausführung.*** 1 g Probe wird, wie unter 1.8.1 beschrieben, in Lösung gebracht. Die Lösung wird, wenn nötig, filtriert und nach dem Abkühlen im 250 ml-Meßkolben aufgefüllt. Mit 25 ml (= 0,1 g Einwaage) wird nach Zusatz von 25 ml Salpetersäure (1,4) die Bestimmung wie unter 1.8.1 durchgeführt.

***Eichkurve.*** Es werden steigende Mengen der Manganstandardlösung (2), 0,5 bis 20 ml, entsprechend 0,05 bis 2 mg Mangan, in 250 ml-Bechergläser gegeben. Nach Zugabe von je 30 ml Salpetersäure (1,4) und 1 ml Schwefelsäure (1 + 1) wird, wie unter 1.8.1 ausgeführt, weiterverfahren.

***Bemerkungen.*** Ein nach Lösen der Probe zurückbleibender dunkelgefärbter Rückstand wird abfiltriert und mit Natriumcarbonat und Natriumnitrat aufgeschlossen. Die Schmelze wird nach dem Lösen mit dem Filtrat vereinigt.

## 1.9 Bestimmung des Nickels

***Grundlage.*** Das Nickel wird als Diacetyldioximkomplex mit Chloroform extrahiert und nach anschließender Oxydation mit Ammoniumperoxodisulfat in wäßriger Lösung photometrisch bestimmt.

***Anwendungsbereich.*** Geeignet für Gehalte von 0,0001 bis 0,003%.

***Zuverlässigkeit.*** Etwa ±10%.

***Reagenzien.***

1. Diammoniumhydrogencitratlösung: 200 g zum Liter gelöst.
2. Hydroxylammoniumchloridlösung: 10 g zu 100 ml gelöst.
3. Diacetyldioximlösung: 1 g mit Äthanol zu 100 ml gelöst.
4. Diacetyldioximlösung: 1 g mit n-Natriumhydroxidlösung zu 100 ml gelöst.
5. Phenolphthalein-Indicator: 0,1 g mit Äthanol zu 100 ml gelöst.
6. Ammoniumperoxodisulfatlösung: 10 g zu 100 ml gelöst.
7. Nickelstammlösung: 0,4050 g Nickel(II)-chlorid ($NiCl_2 \cdot 6\,H_2O$) werden gelöst. Die Lösung wird im Meßkolben zum Liter verdünnt.
8. Nickelstandardlösung: 20 ml Nickelstammlösung (7) werden im 1 l-Meßkolben aufgefüllt. 1 ml $\triangleq$ 2 $\mu$g Nickel.

***Ausführung.*** Zur Analyse wird zweckmäßig ein kompaktes Stück der Probe verwendet. Die Oberfläche wird durch Eintauchen in Salzsäure (1 + 2) gereinigt, abgespült und getrocknet. Das Gewicht des Stückes soll etwa 1 g betragen. Es wird genau ausgewogen und in einem 250 ml-Becherglas mit 50 ml Salzsäure (1 + 4) gelöst. Nach Zugabe von 2 ml Salpetersäure (1,4) wird kurz aufgekocht und abgekühlt. Man gibt 10 ml Ammoniumcitratlösung (1), 2 ml Hydroxylammoniumchloridlösung (2), 2 ml Diacetyldioximlösung (3) und 1 Tropfen Phenolphthalein-Indicator (5) zu und neutralisiert mit Ammoniak (0,91). 3 Tropfen Ammoniak werden im Überschuß zugegeben, dann gibt man die Lösung in einen 250 ml-Schütteltrichter und schüttelt kräftig 2 min mit 20 ml Chloroform. Die das Nickel enthaltende Chloroform-Phase wird in einen 100 ml-Schütteltrichter abgelassen. Man spült mit einigen ml Chloroform nach und vereinigt die Chloroform-Phasen. Diese werden nun zweimal mit je 10 ml Ammoniak (1 + 50) 45 sec lang intensiv geschüttelt. Die wäßrigen Phasen werden mit einigen ml Chloroform nachgespült und alle Chloroform-Phasen in einem 100 ml-Schütteltrichter vereinigt. Man extrahiert das Nickel durch Ausschütteln mit 0,5n-Salzsäure (90 sec). Das Chloroform wird verworfen, die wäßrige Phase durch ein angefeuchtetes kleines Filter in einen 25 ml-Meßkolben filtriert. Man setzt der Reihe nach zu:

2 ml Diacetyldioximlösung (4), 1 ml Natriumhydroxidlösung (40 g in 100 ml) und 0,3 ml Ammoniumperoxodisulfatlösung (6). Nach Zugabe jedes einzelnen Reagenzes wird kurz umgeschwenkt. Nach 10 min. wird aufgefüllt und durchgemischt. Man photometriert nach etwa 1 Std. bei 530 nm in der 4 cm-Küvette. Als Vergleichslösung dient eine Reagenzienblindprobe, die in gleicher Weise behandelt wird.

***Eichkurve.*** Es werden von der Nickelstandardlösung (8) 1 bis 15 ml, entsprechend 2 bis 30 $\mu$g Nickel, entnommen und, wie unter Ausführung nach dem Lösen der Analysenproben beschrieben, weiterbehandelt.

## 1.10 Bestimmung der Seltenen Erden

***Grundlage.*** Die Seltenen Erden werden durch Fällen mit Sebacinsäure von den Begleitelementen, außer Zirkonium, getrennt und nach Umfällen mit Oxalsäure zu den Oxiden verglüht und ausgewogen.

***Anwendungsbereich.*** Geeignet für Gehalte von 0,2 bis 10%.

***Zuverlässigkeit.*** Bei Gehalten um 0,2 bis 1% etwa $\pm 10\%$,
um 1 bis 10% etwa $\pm$ 5%.

***Reagenzien.***

1. Bromphenolblau-Indicator: 0,2 g mit Äthanol zu 100 ml gelöst.

2. Salpetersäure-Wasserstoffperoxidlösung: 1 Volumenteil Wasserstoffperoxid (30%) + 5 Volumenteile Wasser + 1 Volumenteil Salpetersäure (1,4). Die Lösung muß vor Gebrauch frisch bereitet werden.

3. Sebacinsäurelösung: 50 g Sebacinsäure werden mit 400 ml Ammoniak (0,91) und 300 ml Wasser gelöst. Die Lösung wird über ein Filter Gr. 2 filtriert, zum Liter aufgefüllt und in einem Kunststoffgefäß aufbewahrt.

4. Ammoniak-Waschlösung: 20 ml Ammoniak (0,91) zum Liter aufgefüllt.

5. Oxalsäurelösung: Bei Raumtemperatur gesättigte Lösung.

6. Oxalsäure-Waschlösung: 70 ml gesättigte Oxalsäurelösung (5) werden auf 500 ml verdünnt.

***Ausführung.*** 2,5 g Probe werden in einem 600 ml-Becherglas mit etwa 50 ml Wasser übergossen und durch anteilweise Zugabe von 25 ml Salzsäure (1,19) gelöst. Die Lösung wird mit etwas Filterschleim versetzt und 10 min gekocht. Ungelöstes Zirkonium wird mit dem Filterschleim über ein Filter Gr. 4 abfiltriert (Filtrat 1). Der Rückstand wird 1 Std. bei 800° geglüht und dann mit Kaliumpyrosulfat aufgeschlossen. Die Schmelze wird nach dem Abkühlen im Filtrat 1 gelöst. Die Lösung wird mit einigen Tropfen Bromphenolblau-Indicator (1) versetzt und mit Ammoniak (0,91) bis zum Umschlag nach Blau neutralisiert. Zirkonium fällt hierbei als Oxidhydrat aus und schließt kleine Mengen der Seltenen Erden ein. Man läßt die Probe 1 Std. auf dem Sandbad stehen, filtriert den Niederschlag über ein Filter Gr. 4 und wäscht mit Wasser aus. Das Filtrat (Filtrat 2) wird in einem Becherglas, in dem sich 10 g Ammoniumchlorid befinden, aufgefangen. Der Filterrückstand wird unmittelbar im Analysentrichter mit 10 ml Salpetersäure-Wasserstoffperoxidlösung (2) gelöst. Die entstandene Lösung wird in dem Becherglas, welches vorher den Zirkoniumoxidhydratniederschlag enthielt, aufgefangen (Filtrat 3). Filtrat 2 wird auf 150 ml eingeengt und nach dem Abkühlen mit Ammoniak (0,91) auf pH 8,5 bis 9,5 eingestellt. Man erhitzt die Lösung zum Sieden und fällt die Seltenen Erden unter Rühren mit 20 ml Sebacinsäurelösung (3). Nach 15 min wird der Niederschlag über ein Filter Gr. 4 abfiltriert und mit Ammoniak-Waschlösung (4) ausgewaschen. Das Filter wird bei 600 bis 700° verascht, der Glührückstand im Filtrat 3 unter Erwärmen und Zusatz von Salpetersäure (1,4) und Wasserstoffperoxid (30%) aufgelöst. Die Lösung wird auf 60 bis 70 ml verdünnt und mit Ammoniak (0,91) neutralisiert. Man säuert mit 1,5 ml Salpetersäure (1,4) an, erhitzt auf 60° und versetzt unter Rühren mit 25 ml Oxalsäurelösung (5). Hatte sich beim Neutralisieren ein Niederschlag gebildet, der nicht beim Ansäuern, sondern erst bei der Oxalsäure-Zugabe in Lösung ging, muß entsprechend mehr Oxalsäurelösung (5) zugesetzt werden. Nach 24 Std. Stehen wird über ein Filter Gr. 4 filtriert und mit Oxalsäure-Waschlösung (6) ausgewaschen. Der Filterrückstand wird verascht und bei 950° 1 Std. lang geglüht. Nach dem Abkühlen in einem Exsiccator, der mit Magnesiumperchlorat und festem Natriumhydroxid beschickt ist, wird ausgewogen.

Der Umrechnungsfaktor von den Oxiden in Seltene Erden beträgt 0,832. Er setzt die in Magnesiumlegierungen gewöhnlich vorliegende Zusammensetzung der Seltenen Erden voraus.

## 1.11 Bestimmung des Silbers

***Grundlage.*** Das Silber wird mit Ammoniumthiocyanat unter Verwendung von Eisen(III)-ion als Indicator maßanalytisch bestimmt.

***Anwendungsbereich.*** Geeignet für Gehalte von 0,5 bis 10%.

***Zuverlässigkeit.*** Bei Gehalten unter 1% etwa ±3%,
von 1 bis 5% etwa ±2%,
von 5 bis 10% etwa ±1%.

***Reagenzien.***

1. Indicatorlösung: 10 g Ammoniumeisen(III)-sulfat $[NH_4Fe(SO_4)_2 \cdot 24\ H_2O]$ und 2 ml Salpetersäure (1 + 1) werden zu 100 ml gelöst.
2. Salpetersäure (1,4), chloridfrei.

***Ausführung.*** Je nach Silbergehalt werden bis zu 5 g der Probe eingewogen, in einem 1 l-Erlenmeyerkolben mit 100 ml Wasser übergossen und durch vorsichtige Zugabe von Salpetersäure (2) in Lösung gebracht. Zum Vertreiben der Stickstoffoxide läßt man die Lösung 10 min sieden. Nach dem Abkühlen setzt man 3 ml Indicatorlösung (1) zu und titriert mit 0,1n-Ammoniumthiocyanatlösung bis zur bleibenden Rotfärbung. 1 ml 0,1n-Ammoniumthiocyanatlösung $\hat{=}$ 10,788 mg Silber.

## 1.12 Bestimmung des Siliciums

### 1.12.1 Photometrische Bestimmung

***Grundlage.*** Nach Umwandlung in eine ionogen gelöste Form mit Hilfe von Fluorid und Borsäure wird das Silicium nach Reduktion mit Zinn(II)-chlorid als Silicomolybdänblau photometrisch bestimmt.

***Anwendungsbereich.*** Geeignet für Gehalte von 0,001 bis 1%.

***Zuverlässigkeit.*** Bei Gehalten um 0,005% etwa ±10%,
von 0,15 bis 0,5% etwa ± 3%.

***Reagenzien.***

1. Bromwasser, gesättigte Lösung.
2. Schwefelsäure: 70 ml $H_2SO_4$ (1,84) zu 250 ml verdünnt.
3. Kaliumfluoridlösung: 10 g zu 200 ml gelöst. Die Lösung ist einer Kunststoffflasche aufzubewahren.
4. Borsäurelösung, gesättigt.
5. Ammoniummolybdatlösung: 10 g $(NH_4)_6MO_7O_{24} \cdot 4\ H_2O$ zu 200 ml gelöst. Die Lösung ist in einer Kunststoffflasche aufzubewahren.
6. Weinsäurelösung: 40 g zu 200 ml gelöst.
7. Zinn(II)-chloridlösung: 0,5 g $SnCl_2 \cdot 2\ H_2O$ und 1 ml Salzsäure (1,19) zu 200 ml aufgefüllt. Die Lösung ist erst unmittelbar vor dem Gebrauch anzusetzen.
8. Siliciumstandardlösung: 1,0702 g reinstes geglühtes Silicium(IV)-oxid werden im Platintiegel mit 5 g Natriumcarbonat aufgeschlossen. Die Schmelze wird in einem Kunststoffbecher mit heißem Wasser gelöst und die Lösung in einem 1 l-Meßkolben aufgefüllt. 1 ml $\hat{=}$ 0,5 mg Silicium.
9. Siliciumstandardlösung: 50 ml Standardlösung (8) werden in einem Meßkolben zum Liter aufgefüllt. 1 ml $\hat{=}$ 25 $\mu$g Silicium. Die Lösung ist erst unmittelbar vor dem Gebrauch anzusetzen.

#### 1.12.1.1 Gehalte von 0,001 bis 0,025% Silicium

***Ausführung.*** 1 g Probe wird in einem 250 ml-Becherglas mit 50 ml Bromwasser (1) versetzt und mit genau 14 ml Schwefelsäure (2), die man in kleinen Anteilen zufügt, gelöst. Während des ganzen Lösevorganges muß elementares Brom anwesend sein. Man deckt daher mit einem Uhrglas ab und fügt gegebenenfalls noch etwas Bromwasser (1) zu. Nach dem Auflösen der Probe wird das überschüssige Brom verkocht, die Lösung auf etwa 100 ml verdünnt und in einen 250 ml Kunststoffbecher übergeführt. Man versetzt mit 5 ml Kaliumfluoridlösung

(3), mischt mittels eines Magnetrührers (kunststoffumhüllte Ausführung) und beläßt die Lösung 20 min im Wasserbad bei 60 bis 70°. Dann fügt man unter Rühren 50 ml Borsäurelösung (4) zu und kühlt auf Raumtemperatur ab. Ein etwa vorliegender unlöslicher Rückstand wird über ein Filter Gr. 2 abfiltriert und mit Wasser ausgewaschen. Die Lösung wird in einem 250 ml-Meßkolben aufgefüllt. 50 ml pipettiert man in einen 100 ml Meßkolben, versetzt mit 10 ml Ammoniummolybdatlösung (5) und mischt. Nach 5 min werden 10 ml Weinsäurelösung (6) und genau 10 ml Schwefelsäure (2) zupipettiert und gemischt. Der Kolbenhals wird mit Wasser abgespült. Unter Umschwenken des Kolbeninhaltes setzt man 10 ml Zinn(II)-chloridlösung (7) zu und füllt mit Wasser auf. Nach einer Wartezeit von 5 min wird innerhalb von 30 min bei 810 nm in 4 cm-Küvetten photometriert.

Als Vergleichslösung dient ein Blindansatz aus genau 5 ml Schwefelsäure (2) und 50 ml Bromwasser (1), bzw. entsprechend mehr Bromwasser, der in gleicher Weise behandelt wird.

***Eichkurve.*** Mehrere Einwaagen von je 1 g Reinstmagnesium werden mit steigenden Mengen Siliciumstandardlösung (9), 0,5 bis 10 ml, entsprechend 12,5 bis 250 $\mu$g Silicium, versetzt und, wie unter Ausführung beschrieben, weiterbehandelt. Als Vergleichslösung dient ein Ansatz aus 1 g Reinstmagnesium ohne Siliciumzusatz.

***Bemerkungen.*** Enthält die Probenlösung erkennbare Gehalte an gefärbten Ionen (z. B. Kupfer, Nickel), so wird deren Extinktion bei der angegebenen Wellenlänge bei der Auswertung berücksichtigt. Dazu wird ein paralleler Ansatz der Probe ohne Ammoniummolybdatzusatz photometriert. Enthält die Probe Thorium oder Seltene Erden, so werden statt 5 ml jeweils 10 ml Kaliumfluoridlösung (3) zugefügt.

#### 1.12.1.2 Gehalte von 0,02 bis 1% Silicium

***Ausführung.*** 0,5 g Probe werden in einem 250 ml-Becherglas mit 30 ml Bromwasser (1) versetzt und mit genau 30 ml Schwefelsäure (2), die man in kleinen Anteilen zufügt, gelöst. Die Lösung wird, wie unter 1.12.1.1 beschrieben, weiterbehandelt und in einem 250 ml-Meßkolben aufgefüllt. 10 ml dieser Lösung werden in einem 100 ml-Meßkolben mit 35 ml Wasser verdünnt. Es wird weiterverfahren, wie unter 1.12.1.1 beschrieben, mit der Abänderung, daß in 2 cm-Küvetten und bei Gehalten über 0,5% Silicium in 1 cm-Küvetten photometriert wird. Als Vergleichslösung dient ein Blindansatz aus genau 25 ml Schwefelsäure (2) und 30 ml Bromwasser (1), bzw. entsprechend mehr, der sonst in gleicher Weise weiterbehandelt wird.

***Eichkurve.*** Mehrere Einwaagen von je 0,5 g Reinstmagnesium werden mit steigenden Mengen Siliciumstandardlösung (8), 0,2 bis 10 ml, entsprechend 0,1 bis 5 mg Silicium, versetzt und, wie unter Ausführung beschrieben, weiterbehandelt. Als Vergleichslösung dient ein Ansatz aus 0,5g Reinstmagnesium ohne Siliciumzusatz.

***Bemerkungen.*** Siehe unter 1.12.1.1.

### 1.12.2 Gewichtsanalytische Bestimmung

***Grundlage.*** Das Silicium wird als Silicium(IV)-oxidhydrat abgeschieden und als Oxid gewichtsanalytisch bestimmt.

***Anwendungsbereich.*** Geeignet für Gehalte über 0,2%.

***Zuverlässigkeit.*** Etwa $\pm 5\%$.

***Reagenzien.***

1. Gelatinelösung: 1 g in 100 ml, frisch bereitet.
2. Waschlösung: 5 g Gelatine + 25 ml Salzsäure (1,19) zum Liter aufgefüllt.
3. Ammoniumacetatlösung: 250 g zum Liter gelöst.

***Ausführung.*** Je nach Siliciumgehalt werden bis zu 15 g Probe in einem 800 ml-Becherglas mit etwa 100 ml Wasser übergossen und mit Salpetersäure (1,4), die man in kleinen Anteilen zusetzt, unter Kühlung gelöst. Man hält das Becherglas bedeckt und achtet darauf, daß sich während des Lösevorgangs ständig nitrose Gase über der Flüssigkeit befinden. Ein nach dem Lösen vorhandener dunkel gefärbter Rückstand wird mit etwa schon ausgefälltem Silicium(IV)-oxidhydrat abfiltriert, im Platintiegel verascht und bei etwa 650° mit einem Gemisch aus Kaliumcarbonat-Natriumcarbonat und Natriumnitrat aufgeschlossen. Die Schmelze wird nach dem Erkalten mit Wasser gelöst, die Lösung mit Salpetersäure (1 + 1) angesäuert und mit dem Filtrat vereinigt. Man setzt nun Schwefelsäure (1,84) zu — je g Einwaage 5 ml — und dampft ein, bis dichte Schwefelsäurenebel entweichen. Um ein Spritzen der Probe zu vermeiden, ist es angebracht, unter einer Ultrarotlampe einzudampfen. Nach dem Abkühlen auf etwa 60° nimmt man vorsichtig mit 500 ml warmem Wasser auf und fügt unter Rühren 10 ml Gelatinelösung (1) zu. Nach 10 min wird durch ein Filter Gr. 2 filtriert, der Filterrückstand mit heißer Waschlösung (2) bis zum Ausbleiben der Sulfat-Nachweisreaktion ausgewaschen. Etwa mitausgefälltes Bleisulfat (bei bleihaltigen Legierungen) extrahiert man im Filter durch zehnmaliges Auswaschen mit Ammoniumacetatlösung (3). Im Platintiegel wird verascht, bei etwa 1000° geglüht und durch wiederholtes Glühen unter Zusatz von Ammoniumchlorid etwa vorhandenes Zinn(IV)-oxid verflüchtigt. Der Rückstand wird im Platintiegel ausgewogen und mit 3 ml Fluorwasserstoffsäure (40%) und 0,5 ml Schwefelsäure (1 + 4) abgeraucht. Der Tiegel wird wieder bei 1000° geglüht und nach dem Erkalten gewogen. Die Gewichtsdifferenz entspricht dem Silicium(IV)-oxid. Der Umrechnungsfaktor von Silicium(IV)-oxid auf Silicium ist 0,4675.

## 1.13 Bestimmung des Thoriums

***Grundlage.*** Das Thorium wird nach Abtrennen des Zirkoniums in salzsaurer Lösung mit Thorin photometrisch bestimmt.

***Anwendungsbereich.*** Geeignet für Gehalte von 0,05 bis 5%.

***Zuverlässigkeit.*** Etwa ±3%.

***Reagenzien.***

1. Kupferronlösung: 5 g zu 100 ml gelöst. Die Lösung ist täglich frisch anzusetzen.
2. Thorinlösung: 0,3 g Thorin zu 100 ml gelöst.
3. Thoriumstandardlösung: Die Lösung wird aus Thorium(IV)-nitrat, $Th(NO_3)_4 \cdot 4\,H_2O$, hergestellt, dessen genauer Thoriumgehalt gewichtsanalytisch ermittelt wird. Die Lösung soll etwa 0,1 mg Thorium in 1 ml enthalten.

0,5 g Thoriumnitrat werden mit 100 ml Wasser unter Zusatz von 5 bis 6 ml Salzsäure (1 + 1) gelöst. Man erhitzt zum Sieden und gibt 50 ml heiße Oxalsäurelösung (100 g in 1 l) zu. Nach 12stündigem Stehen, am besten über Nacht, wird über ein Filter Gr. 4 filtriert. Der Niederschlag wird mit kalter Oxalsäurelösung (200 g in 1 l) gewaschen, verascht, bei 1000° bis zur Gewichtskonstanz geglüht und nach dem Erkalten als Thorium(IV)-oxid gewogen. Der Umrechnungsfaktor von Thorium(IV)-oxid auf Thorium ist 0,8788.

***Ausführung.*** 1 g Probe (bei Legierungen mit weniger als 1% Th eine entsprechend größere Einwaage) wird in einem 400 ml-Becherglas mit etwa 70 ml Wasser übergossen und mit Salzsäure (1,19) gelöst. 1 g Magnesium verbraucht dabei etwa 6,5 ml Salzsäure (1,19). Über diese theoretische Menge hinaus soll die Lösung noch 15 ml Salzsäure (1,19) enthalten. Nach dem Abkühlen wird sie in einen Schütteltrichter überführt und das Zirkonium mit 5 ml Kupferronlösung (1) ausgefällt. Man schüttelt, bis sich der Niederschlag zusammengeballt hat, und trennt das Zirkonium durch zweimalige Extraktion des Kupferronats mit 50 ml bzw. 25 ml Chloroform ab. Die Chloroformphasen werden verworfen. Die wäßrige Lösung wird durch ein mit Wasser angefeuchtetes Filter Gr 2. in einen 500 ml-Meßkolben filtriert, mit 10 ml Salzsäure (1,19) versetzt und aufgefüllt. Ein Anteil, der 0,1 bis 0,7 mg Thorium enthält, wird in einen 100 ml-Meßkolben pipettiert und mit soviel Salzsäure (1,19) versetzt, daß ein Salzsäureüberschuß vorliegt, der 3,5 ml Salzsäure (1,19) entspricht. Man verdünnt auf etwa 90 ml, setzt 5 ml Thorinlösung (2) zu und füllt auf. Nach 5 min wird in einer 1 cm-Küvette bei 550 nm gegen eine Vergleichslösung gemessen, die aus den verwendeten Reagenzien in sinngemäßer Weise wie die Probelösung hergestellt wurde.

***Eichkurve.*** Es werden steigende Mengen Thoriumstandardlösung (3), 0,1 bis 0,7 mg Thorium enthaltend, in 100 ml-Meßkolben mit je 3,5 ml Salzsäure (1,19) versetzt und, wie unter Ausführung beschrieben, weiterbehandelt.

## 1.14 Bestimmung des Zinks

### 1.14.1 Gehalte unter 0,1% Zink

***Grundlage.*** Das Zink wird als Zinkdithizonat nach Extraktion mit Kohlenstofftetrachlorid photometrisch bestimmt.

***Anwendungsbereich.*** Geeignet für Gehalte von 0,003 bis 0,1%.

***Zuverlässigkeit.*** Bei Gehalten um 0,005% etwa ±20%,
um 0,05 % etwa ±10%.

***Reagenzien.***

1. Natriumacetatlösung: 25 g $CH_3COONa \cdot 3\,H_2O$ zu 500 ml gelöst.
2. Natriumthiosulfatlösung: 50 g $Na_2S_2O_3 \cdot 5\,H_2O$ zu 100 ml gelöst.
3. Dithizonlösung: Wie unter 1.2, S. 280, bei Reagenzien (1) beschrieben.
4. Natriumsulfidlösung: 250 mg $Na_2S \cdot 9\,H_2O$ zu etwa 200 ml gelöst. Täglich frisch zubereiten.
5. Zinkstammlösung: 200 mg Zink werden mit Schwefelsäure (1 + 1) unter Erwärmen gelöst. Die Lösung wird in einem Meßkolben zum Liter verdünnt.
6. Zinkstandardlösung: 10 ml Zinkstammlösung (5) werden in einem 1 l-Meßkolben aufgefüllt. 1 ml $\triangleq$ 2 $\mu$g Zink.

Für das Ansetzen der Reagenzlösungen und für das Auffüllen der Analysenlösungen ist bidestilliertes Wasser zu verwenden.

***Ausführung.*** 1 g Probe wird in einem 600 ml-Becherglas mit etwa 100 ml Wasser versetzt und mit 10 ml Schwefelsäure (1 + 1) gelöst. Man kocht auf, kühlt ab und füllt in einem 500 ml-Meßkolben auf. 20 ml dieser Lösung, entsprechend 40 mg Einwaage, werden in ein 250 ml-Becherglas pipettiert und mit 25 ml Natriumacetatlösung (1) versetzt. Der pH-Wert, der bei 4 bis 5 liegen soll, wird mit Indicatorpapier überprüft und nötigenfalls korrigiert. Nun fügt man 3 ml Natriumthiosulfatlösung (2) zu und gibt die Lösung in einen 100 ml-Schütteltrichter. Mit kleinen Anteilen Dithizonlösung (3), je 1 bis 2 ml, wird extrahiert; man schüttelt jedesmal sehr intensiv mindestens 2 min lang. Die Extraktion ist beendet, wenn der letzte Extrakt rein grün gefärbt bleibt. Die vereinigten Extrakte werden dreimal mit je 5 ml Natriumsulfidlösung (4) zur Entfernung des überschüssigen Dithizons geschüttelt und die wäßrigen Phasen jeweils mit einigen ml Kohlenstofftetrachlorid nachgewaschen. Die so gereinigte, durch Zinkdithizonat rot gefärbte Kohlenstofftetrachloridphase wird durch ein kleines, mit Kohlenstofftetrachlorid angefeuchtetes Filter Gr. 2 in einen 50 ml-Meßkolben filtriert. Man füllt mit Kohlenstofftetrachlorid auf und schüttelt um. Es wird sofort bei 530 nm in der 1 cm-Küvette gegen reines Kohlenstofftetrachlorid gemessen. Der Zinkgehalt der Reagenzien wird durch einen nur die Reagenzien enthaltenden Ansatz, der sinngemäß behandelt wird, bestimmt und vom Zinkgehalt der Probe abgezogen.

***Eichkurve.*** Es werden steigende Mengen, 1 bis 20 ml, Zinkstandardlösung (6), entsprechend 2 bis 40 $\mu$g Zink, mit Wasser zu je 25 ml ergänzt und, wie unter Ausführung beschrieben, mit Natriumacetatlösung (1) 1. und Natriumthiosulfatlösung (2) versetzt und sinngemäß weiterbehandelt.

### 1.14.2 Gehalte von 0,1 bis 3% Zink

***Grundlage.*** Das Zink wird in ammoniakalischer, citrathaltiger Lösung polarographisch bestimmt.

***Anwendungsbereich.*** Geeignet für Gehalte von 0,1 bis 3%.

***Zuverlässigkeit.*** Etwa $\pm 5\%$.

***Reagenzien.***

1. Citronensäurelösung: 50 g zu 100 ml gelöst.

2. Pufferlösung: 100 g Ammoniumchlorid werden mit Ammoniak (1 + 1) gelöst und zum Liter aufgefüllt.

3. Tyloselösung: 6 g Tylose SL 25 werden in kleinen Anteilen unter Rühren in Wasser eingetragen. Die Lösung wird zum Liter aufgefüllt.

4. Hydraziniumdichloridlösung: 10 g zu 100 ml gelöst. Täglich frisch zubereiten.

5. Methylrot-Indicator: 20 mg mit Äthanol zu 100 ml gelöst.

6. Magnesiumsulfatlösung: 50,7 g $MgSO_4 \cdot 7\,H_2O$ zu 500 ml gelöst. 10 ml $\triangleq$ 100 mg Magnesium.

7. Zinkstandardlösung: 250 mg Zink werden mit 10 ml Schwefelsäure (1 + 1) gelöst. Die Lösung wird in einem Meßkolben zum Liter aufgefüllt. 1 ml $\triangleq$ 0,25 mg Zink.

***Ausführung.*** 1 g Probe wird in einem 600 ml-Becherglas mit etwa 50 ml Wasser versetzt und mit 10 ml Schwefelsäure (1 + 1) in Lösung gebracht. Man kocht kurz auf und filtriert in einen 250 ml-Meßkolben und füllt nach dem Erkalten auf. 25 ml Lösung, entsprechend 0,1 g Einwaage, werden in einen 50 ml-Meßkolben pipettiert und mit 5 ml Citronensäurelösung (1) versetzt. Nach Zugabe von 2 Tropfen Methylrot-Indicator (5) neutralisiert man mit Pufferlösung (2) und setzt 2 ml im Überschuß zu. Zur Dämpfung der Maxima gibt man 10 Tropfen Tyloselösung (3) hinzu und zum Entfernen des gelösten Luftsauerstoffs 5 ml Hydraziniumdichloridlösung (4). Man füllt auf und polarographiert nach 15 min von $-1{,}0$ bis $-1{,}6$ V.

***Eichkurve.*** In mehrere 50 ml-Meßkolben werden je 10 ml Magnesiumsulfatlösung (6) pipettiert und steigende Mengen, 1 bis 12 ml, Zinkstandardlösung (7), entsprechend 0,25 bis 3 mg Zink, zugegeben. Man setzt je 5 ml Citronensäurelösung (1) zu und verfährt weiter, wie unter Ausführung beschrieben.

### 1.14.3 Gehalte über 3% Zink

***Grundlage.*** Das Zink wird mit Kaliumhexacyanoferrat(II)-lösung mit potentiometrischer Anzeige titriert.

***Zuverlässigkeit.*** Etwa $\pm 2\%$.

***Reagenzien.***

1. Kaliumpermanganatlösung: 1,6 g zum Liter gelöst.

2. Oxalsäurelösung: $H_2C_2O_4 \cdot 2\,H_2O$, bei 20° gesättigte Lösung.

3. Kaliumsulfatlösung: Bei 20° gesättigte Lösung.

4. Kaliumhexacyanoferrat(III)-lösung: 0,5 g zu 100 ml gelöst.

5. Kaliumhexacyanoferrat(II)-lösung: 10,78 g $K_4[Fe(CN)_6] \cdot 3\,H_2O$ werden gelöst und zum Liter aufgefüllt. 1 ml dieser Lösung $\approx$ 2,5 mg Zink.

Der ***Titer*** wird durch Titration einer Zinksulfatlösung bekannten Gehaltes, hergestellt aus reinstem Zink, eingestellt. Man verfährt dabei, wie unter Ausführung beschrieben.

***Ausführung.*** Man löst 1 g Probe mit 25 ml Schwefelsäure (1 + 4), kocht kurz auf und filtriert in ein 250 ml-Becherglas. Bei Kupfergehalten über 0,1% trennt man gelöstes Kupfer durch eine Elektrolyse von etwa 20 min Dauer bei etwa 2 A ab, siehe Kapitel Kupfer unter 1.1.1, S. 207. Die Lösung wird nun tropfenweise bis zu einer beständigen Rosafärbung mit Kaliumpermanganatlösung (1) versetzt. Man kocht bis zur Entfärbung, gibt 25 ml Oxalsäurelösung (2) und 30 ml Kaliumsulfatlösung (3) hinzu und bringt das Volumen auf etwa 100 ml. Nach Erwärmen auf etwa 75° werden 10 bis 12 Tropfen Kaliumhexacyanoferrat(III)-lösung (4) zugefügt und bei 75° mit Kaliumhexacyanoferrat(II)-lösung (5) unter Verwendung eines heizbaren magnetischen Rührwerks titriert. Der Potentialsprung wird mit einer quadratischen Platinelektrode gegen eine gesättigte Kalomelelektrode aufgenommen.

## 1.15 Bestimmung des Zirkoniums

***Grundlage.*** Das Zirkonium wird mit Alizarin-S photometrisch bestimmt.
***Anwendungsbereich.*** Geeignet für Gehalte von 0,05 bis 1%.
***Zuverlässigkeit.*** Etwa ±10%.
***Reagenzien.***
1. Alizarin-S-Lösung: 0,125 g Alizarin-S zu 250 ml gelöst.
2. Eisen(III)-chloridlösung: 1,2 g $FeCl_3 \cdot 6\,H_2O$ + 2 ml Salpetersäure (1,4) + 10 ml Salzsäure (1,19) zu 100 ml gelöst.
3. Zirkoniumstandardlösung: 0,354 g Zirkonium(IV)-oxidchlorid ($ZrOCl_2 \cdot 8\,H_2O$) werden mit 100 ml Wasser gelöst. Man setzt 100 ml Salzsäure (1,19) zu und füllt in einem 1 l-Meßkolben auf. 1 ml der Lösung enthält etwa 0,1 mg Zirkonium. Der genaue Gehalt wird nach der im Kapitel Zirkon unter 1.3.2.1, S. 481, beschriebenen Methode gewichtsanalytisch bestimmt.

***Ausführung.*** 1,5 g Probe werden in einem 400 ml-Becherglas mit 50 ml Wasser bedeckt und mit 25 ml Salzsäure (1,19), die in Anteilen von je 3 ml zugegeben werden, gelöst. Die Lösung wird zum Sieden erhitzt, sofort abgekühlt und über ein Filter Gr. 2 in einen 500 ml-Meßkolben filtriert. Das säurefrei ausgewaschene Filter mit dem säureunlöslichen Zirkoniumanteil wird in einem Platintiegel verascht und verglüht Der Rückstand wird mit 3 g Kaliumpyrosulfat aufgeschlossen und die Schmelze mit 100 ml Wasser, das 1 ml Salzsäure (1,19) und 1 ml Eisen(III)-chloridlösung (2) enthält, gelöst. Die Lösung wird zum Sieden erhitzt und mit soviel Ammoniak (0,91) versetzt, daß die Oxidhydrate des Eisens und Zirkoniums ausfallen. Der Niederschlag wird über ein Filter Gr. 2 abfiltriert und mit warmem Wasser ausgewaschen. Die Oxidhydrate werden mit 15 ml Salzsäure (1 + 1) vom Filter gelöst. Die Lösung wird zur Hauptlösung im 500 ml-Meßkolben gegeben, der dann aufgefüllt wird.

Ein Anteil, der etwa 0,1 bis 0,4 mg Zirkonium enthalten soll, wird in einen 100 ml-Meßkolben pipettiert. Man errechnet die Menge an überschüssiger freier Salzsäure und setzt soviel Salzsäure (1,19) zu, daß insgesamt 2,8 ml Salzsäure (1,19) in der Lösung enthalten sind. Die Lösung wird auf etwa 90 ml verdünnt, mit 5 ml Alizarin-S-lösung versetzt und aufgefüllt. Nach $1^1/_2$ Std. Wartezeit wird bei 530 nm in einer 1 cm-Küvette gegen eine Reagenzienblindprobe photometriert.

***Eichkurve.*** Die Eichkurve wird aus einer gewählten Anzahl von Meßwerten im Bereich von 0,05 bis 0,5 mg Zirkonium unter Verwendung der Zirkoniumstandardlösung (3) erstellt. Es wird dabei sinngemäß, wie unter Ausführung beschrieben, verfahren.

Kapitel 18

# Mangan

Inhalt



# 1 Rohstoffe

## Erze

### 1.1 Bestimmung des Mangans

***Grundlage.*** Das Mangan wird nach dem Säureaufschluß in Tetranatriumdiphosphatlösung mit Kaliumpermanganatlösung mit potentiometrischer Anzeige maßanalytisch bestimmt.

***Anwendungsbereich.*** Geeignet für Gehalte von 20 bis 60%.

***Zuverlässigkeit.*** Bei Gehalten von 50% etwa ±0,3%.

***Reagenzien.***

1. Tetranatriumdiphosphatlösung: 200 g $Na_4P_2O_7 \cdot 10\,H_2O$ werden unter Erwärmen und Rühren zum Liter gelöst.

2. Natriumhydroxidlösung: 20 g zu 100 ml gelöst.

***Geräte.*** Platin/Kalomel-Elektroden.

***Ausführung.*** 1 g Probe (Feinheitsgrad 0,1 DIN 4188) wird vorsichtig in einem 600 ml-Becherglas mit 50 ml Salzsäure (1,19) in der Wärme gelöst. Nach beendeter Reaktion wird das Chlor verkocht und die Lösung mit etwa 100 ml heißem Wasser verdünnt. Löst sich die Probe nicht vollständig, so wird der Rückstand über ein Filter Gr. 2 abfiltriert, mit Salzsäure (1 + 20) gewaschen und nach Veraschen im Platintiegel zur Entfernung des Silicium(IV)-oxides mit 3 bis 5 ml Fluorwasserstoffsäure (40%) und 2 ml Schwefelsäure (1 + 4) abgeraucht. Der Rückstand wird mit 5 g Kaliumpyrosulfat geschmolzen und der Schmelzkuchen im Hauptfiltrat aufgelöst.

Nach Zugabe von 1 g Kaliumchlorat kocht man, bis der Geruch nach Chlor verschwunden ist. Die Lösung wird in einen 500 ml-Meßkolben übergespült und nach Erkalten aufgefüllt. Für die Manganbestimmung läßt man 100 ml (= 0,2 g Einwaage) aus einer Pipette in ein 600 ml-Becherglas mit 150 ml Tetranatriumdiphosphatlösung (1) einfließen. Man stellt den pH-Wert auf 6,5 ± 0,5 mit Natriumhydroxidlösung (2) ein und titriert mit potentiometrischer Anzeige die 30° warme Lösung mit 0,1 n-Kaliumpermaganatlösung. 1 ml 0,1 n-Kaliumpermanganatlösung ≙ 4,3952 mg Mangan.

***Bemerkungen.*** Beim Zugeben der Lösung zur Tetranatriumdiphosphatlösung (1) und Einstellen des pH-Wertes kann ein Niederschlag entstehen, der mit einigen ml Tetranatriumdiphosphatlösung wieder in Lösung gebracht wird. Löst er sich nicht, so dürfen statt 100 ml nur 50 ml zur Bestimmung verwendet werden. Nach Einstellen des pH-Wertes muß unverzüglich titriert werden, da die Lösung gegen Luftsauerstoff empfindlich ist.

## 1.2 Bestimmung des Mangan(IV)-oxids

***Grundlage.*** Das Mangan(IV)-oxid wird mit einer Eisen(II)-sulfatlösung reduziert und das überschüssige Eisen(II)-sulfat mit Kaliumpermanganat zurückbestimmt.

***Anwendungsbereich.*** Geeignet für natürliche und künstliche Braunsteine.

***Zuverlässigkeit.*** Bei Gehalten von 50% etwa ±0,5%.

***Reagenzien.***

1. Eisen(II)-sulfatlösung: 200 ml Schwefelsäure (1,84) werden unter Rühren zu 500 ml Wasser gegeben. In der heißen Lösung werden 100 g gepulvertes $FeSO_4 \cdot 7\,H_2O$ gelöst.

2. Kaliumpermanganatlösung (≈ 0,5 n): 15,8 g zum Liter gelöst.

***Titerstellung der Kaliumpermanganatlösung (2)***: 1,2 g Natriumoxalat (Urtitersubstanz) werden in einem 750 ml-Erlenmeyerkolben mit 200 ml Schwefelsäure (1 + 10) gelöst. Die 80° heiße Lösung wird mit der Kaliumpermanganatlösung (2) bis zur bleibenden Rosafärbung titriert. 1,2 g Natriumoxalat entsprechen 35,82 ml 0,5 n-Kaliumpermanganatlösung.

Wirkwert der Eisen(II)-sulfatlösung (1): Unmittelbar vor der Titration der zu untersuchenden Probe werden 75 ml Eisen(II)-sulfatlösung (1) in einem 500 ml-Erlenmeyerkolben nach Verdünnen mit 150 ml Wasser mit der Kaliumpermanganatlösung (2) titriert. 75 ml Eisen(II)-sulfat = $T$ ml Kaliumpermanganatlösung (2).

***Ausführung.*** 1 g Probe (Feinheitsgrad 0,1 DIN 4188) wird in einem 500 ml-Erlenmeyerkolben nach Zugabe von 3 g Natriumhydrogencarbonat mit 75 ml Eisen(II)-sulfatlösung (1) versetzt. Man verschließt den Kolben mit einem Contat-Göckelaufsatz und erhitzt langsam bis zum Sieden. Ist die Probe gelöst (dunkle Teilchen dürfen nicht mehr vorliegen), kühlt man rasch ab, verdünnt mit 200 ml ausgekochtem Wasser und titriert das nicht verbrauchte Eisen(II)-sulfat mit der Kaliumpermanganatlösung (2) bis zur schwachrosa Färbung.

***Ausrechnung.*** Ist der Verbrauch $t$ ml Kaliumpermanganatlösung (2), so werden für 1 g Probe $(T - t)$ ml Kaliumpermanganatlösung (2) verbraucht.

$$\%\,MnO_2 = \frac{(T - t) \cdot 0{,}02173 \cdot f}{\text{g Einwaage}} \cdot 100\,.$$

$f$ = Faktor der Kaliumpermanganatlösung (2).

## 1.3 Bestimmung des Phosphors

***Grundlage.*** Der Phosphor wird nach Lösen der Probe mit Säure und Abtrennen des Siliciums als Ammoniummolybdatophosphat gefällt und gewichtsanalytisch oder maßanalytisch bestimmt.

***Anwendungsbereich.*** Geeignet für Gehalte über 0,05%.

***Zuverlässigkeit.*** Bei Gehalten bis 0,2% etwa ±5%.

***Reagenzien.*** Siehe Kapitel Phosphor unter 1.1, S. 333, bzw. 1.2, S. 334.

***Ausführung.*** Einwaage: Bei Erzen mit 0,05 bis 0,1% = 5 g, über 0,1% = 2 g, bei noch höheren Phosphorgehalten ist die Einwaage weiter zu verringern.

Die Einwaage (Feinheitsgrad 0,10 DIN 4188) wird in einem 400 ml-Becherglas mit 10 ml Wasser aufgeschlämmt und nach Zugabe von 50 ml Salzsäure (1,19) unter Erwärmen gelöst. Man fügt einige Tropfen Salpetersäure (1,4), 5 g Ammoniumbromid und 1 g Hydraziniumsulfat zu und dampft zur Trockne ein . Der Rückstand wird 1 Std. im Trockenschrank bei 135° erhitzt, abgekühlt und mit 20 ml Salzsäure (1,19) durchfeuchtet. Man läßt die Säure etwa 15 min lang einwirken, gibt 60 ml heißes Wasser zu und filtriert den Rückstand über ein Filter Gr. 2 ab. Nach Auswaschen mit heißer Salzsäure (1 + 10) wird das Filter im Platintiegel getrocknet und verascht. Der Rückstand wird mit 2 ml Schwefelsäure (1 + 4) und 3 ml Fluorwasserstoffsäure (40%) versetzt und bis zum beginnenden Nebeln der Schwefelsäure erhitzt. Man läßt den Platintiegel erkalten, fügt 10 ml Salzsäure (1 + 1) zu, erwärmt einige Minuten auf der Heizplatte, spült mit 50 ml Wasser in ein 100 ml-Becherglas über und filtriert über ein Filter Gr. 2 ab. Das Filter wird mit heißer Salzsäure (1 + 20) ausgewaschen und das Filtrat mit dem ersten Filtrat vereinigt. Verbleibt nach Trocknen und Veraschen des Filters im Platintiegel ein Rückstand, so wird dieser mit 3 g Natriumcarbonat aufgeschlossen und die Schmelze in warmem Wasser gelaugt. Man filtriert über ein Filter Gr. 2 und wäscht mit heißer Natriumcarbonatlösung (2 g in 100 ml) aus. Das Filtrat neutralisiert man vorsichtig mit Salzsäure (1 + 1), fügt 3 ml im Überschuß zu und verkocht das Kohlendioxid. Die Lösung wird mit der Hauptlösung vereinigt. Nun versetzt man mit Ammoniak (0,91), bis ein geringer Niederschlag bestehen bleibt. Durch Zugabe von einigen Tropfen Salpetersäure (1 + 1) wird er wieder gelöst. Ein Überschuß von mehr als 3 ml Salpetersäure ist zu vermeiden. Die Weiterverarbeitung erfolgt, wie im Kapitel Phosphor unter 1.1 oder 1.2, S. 333, beschrieben.

***Bemerkungen.*** Vanadium stört die Phosphorbestimmung. Es muß vor der Fällung des Phosphors mit Ammoniummolybdatolösung (1) durch Zugabe von 10 ml Eisen(II)-sulfatlösung (5 g in 100 ml) reduziert werden. Weitergearbeitet wird wie im Kapitel Phosphor unter 1.1 oder 1.2 beschrieben. Phosphorgehalte unter 0,05% werden photometrisch bestimmt, siehe Kapitel Phosphor unter 1.3, S. 335.

## 1.4 Bestimmung des Arsens

***Grundlage.*** Das Arsen wird nach alkalischem Aufschluß aus salzsaurer Lösung als Arsen(III)-chlorid destilliert und mit Kaliumbromatlösung mit potentiometrischer Anzeige maßanalytisch bestimmt.

***Anwendungsbereich.*** Geeignet für Gehalte von 0,05 bis 0,5%.

***Zuverlässigkeit.*** Bei Gehalten von 0,05 bis 0,1% etwa ± 5%,<br>
0,1 bis 0,5% etwa ± 2%

***Reagenzien.*** Siehe Kapitel Arsen unter 1.3.1, S. 70.

***Ausführung.*** 5 g Erz (Feinheitsgrad 0,1 DIN 4188) werden mit 15 g Natriumperoxid im Nickeltiegel aufgeschlossen. Den abgekühlten Schmelzkuchen laugt man in einem 600 ml-Becherglas mit 100 ml Wasser aus und gibt nach Entfernen des Tiegels 100 ml Schwefelsäure (1 + 1) und so viel Wasserstoffperoxidlösung (3%)

zu, bis das Mangan(IV)-oxid reduziert ist. Das Wasserstoffperoxid wird verkocht und die Lösung in den Destillierkolben übergespült. Destillation und Bestimmung des Arsens werden, wie im Kapitel Arsen unter 1.3.1, S. 70, beschrieben, durchgeführt.

***Bemerkung.*** Arsengehalte unter 0,05% werden nach der im Kapitel Arsen unter 1.3.2, S. 71, beschriebenen Methode photometrisch bestimmt.

### 1.5 Bestimmung des Eisens

***Grundlage.*** Das Eisen wird nach Lösen der Probe mit Salzsäure und Reduktion mit Zinn(II)-chlorid mit Kaliumpermanganatlösung maßanalytisch bestimmt.

***Anwendungsbereich.*** Geeignet für Gehalte von 0,1 bis 15%.

***Zuverlässigkeit.*** Bei Gehalten von 1 bis 15% etwa ±2%,
unter 1% etwa ±5%.

***Reagenzien.***

1. Zinn(II)-chloridlösung: 25 g $SnCl_2 \cdot 2\,H_2O$ werden mit 20 ml Salzsäure (1,19) gelöst. Die Lösung wird mit Wasser auf 200 ml verdünnt. Sie wird vor Gebrauch frisch bereitet.
2. Quecksilber(II)-chloridlösung: 50 g zum Liter gelöst.
3. Mangan(II)-sulfat-Phosphorsäurelösung: 75 g $MnSO_4 \cdot H_2O$ werden mit 500 ml Wasser gelöst. Zur Lösung werden 150 ml Phosphorsäure (1,7) und 200 ml Schwefelsäure (1,84) gegeben. Man verdünnt mit Wasser zu 1,5 Liter.

***Ausführung.*** 1 g Probe (Feinheitsgrad 0,10 DIN 4188) wird mit 5 ml Wasser in einem 400 ml-Becherglas aufgeschlämmt und mit 30 ml Salzsäure (1 + 1) gelöst. Man erwärmt unter Zugabe von 0,5 g Kaliumchlorat, verkocht das Chlor und verdünnt mit Wasser auf 50 ml Gesamtvolumen. Nicht gelöster Braunstein wird unter Zutropfen von Wasserstoffperoxid (3%) gelöst. Die Lösung wird 10 min aufgekocht. Das Ungelöste wird über ein Filter Gr. 2 abfiltriert, das Filtrat in einem 400 ml-Becherglas gesammelt, das Filter mit Salzsäure (1 + 10) kurz gewaschen und in einem Platintiegel getrocknet und verascht. Zum Rückstand gibt man 3 Tropfen Schwefelsäure (1 + 1) und 5 ml Fluorwasserstoffsäure (40%). Nach Abrauchen bis zur Trockne, ohne zu glühen, schließt man den Rückstand mit 5 g Kaliumpyrosulfat auf und löst die Schmelze nach Erkalten im Hauptfiltrat. Das Volumen soll 100 ml nicht überschreiten. Man erhitzt die Lösung bis nahe zum Sieden und reduziert das Eisen mit der Zinn(II)-chloridlösung (1) unter Verwendung einer Bürette bis zum Verschwinden der gelbgrünen Farbe. Die Weiterverarbeitung erfolgt, wie im Kapitel Aluminium unter 1.1.5, S. 4, beschrieben.

1 ml 0,1 n-Kaliumpermanganatlösung $\triangleq$ 5,585 mg Eisen.

***Bemerkungen.*** Bei Vanadiumgehalten über 0,2% muß das Vanadium durch einen alkalischen Aufschluß von Eisen und Mangan abgetrennt werden. Kupfergehalte über 1% stören; ihre Abtrennung siehe im Kapitel Kupfer unter 1.1.6, S. 212. Ein im Erz vorhandener unlöslicher Rückstand darf beim Aufschluß mit Kaliumpyrosulfat nicht zu lange geschmolzen werden, da gelöstes Platin die Bestimmung stört. Gegebenenfalls ist es durch eine Fällung mit Schwefelwasserstoff in saurer Lösung abzutrennen.

# 2 Metallische Erzeugnisse
# Ferro-Mangan

### 2.1 Bestimmung des Mangans

***Grundlage.*** Das Mangan wird nach Lösen der Probe mit Salpetersäure in Tetranatriumdiphosphatlösung mit Kaliumpermanganatlösung maßanalytisch mit potentiometrischer Anzeige bestimmt.

***Anwendungsbereich.*** Geeignet für Gehalte von 40 bis 98%.

***Zuverlässigkeit.*** Bei Gehalten von 80 bis 90% etwa ±0,2%.

***Reagenzien.*** Siehe unter 1.1, S. 295.

***Ausführung.*** 1 g Probe (Feinheitsgrad 0,16 DIN 4188) wird in einem 600 ml-Becherglas vorsichtig mit 30 ml Salpetersäure (1,4) gelöst. Man verdünnt mit 200 ml Wasser und verkocht die Stickstoffoxide. Zur Sicherheit setzt man noch 0,2 g Harnstoff zu und kocht nochmals auf. Die Lösung spült man in einen 500 ml-Meßkolben über, füllt nach Erkalten auf, entnimmt mit einer Pipette 50 ml (= 0,1 g Einwaage) und bringt sie in ein 600 ml-Becherglas, in welchem sich 150 ml Tetranatriumdiphosphatlösung befinden. Die Weiterverarbeitung erfolgt wie unter 1.1, S. 295, beschrieben.

## 2.2 Bestimmung des Phosphors

***Grundlage.*** Der Phosphor wird nach Lösen der Probe mit Salpetersäure und Abtrennung des Siliciums als Ammoniummolybdatophosphat gefällt und gewichtsanalytisch oder maßanalytisch bestimmt.

***Anwendungsbereich.*** Geeignet für Gehalte von 0,05 bis 2%.

***Zuverlässigkeit.*** Bei Gehalten von 0,1 bis 0,2% etwa ±5%.

***Reagenzien.*** Siehe Kapitel Phosphor unter 1.1 bzw. 1.2, S. 333 und 334.

***Ausführung.*** 1 g Probe (Feinheitsgrad 0,16 DIN 4188) wird in einem 250 ml-Becherglas mit 30 ml Salpetersäure (1 + 1) vorsichtig gelöst. Anschließend dampft man bis zum völligen Austreiben der Stickstoffoxide ein, nimmt nach Erkalten mit 40 ml Salzsäure (1,19) auf und dampft erneut nach Zugabe von 1 g Ammoniumbromid und 1 g Hydraziniumsulfat zur Trockne ein. Den Eindampfrückstand erhitzt man 1 Std. im Trockenschrank auf 135°. Nach Erkalten fügt man 15 ml Salzsäure (1,19) und nach etwa 10 min 50 ml heißes Wasser zu. Das abgeschiedene Silicium(IV)-oxidhydrat wird nach kurzem Erwärmen über ein Filter Gr. 2 abfiltriert und mit heißer Salzsäure (1 + 10) gewaschen. Weitergearbeitet wird, wie unter 1.3, S. 297, bzw. im Kapitel Phosphor unter 1.1 oder 1.2, S. 333 und 334, beschrieben.

***Bemerkung.*** Phosphorgehalte unter 0,01% werden nach der im Kapitel Phosphor unter 1.3, S. 335, beschriebenen Methode photometrisch bestimmt.

## 2.3 Bestimmung des Siliciums

***Grundlage.*** Das Silicium wird nach Lösen der Probe mit Salpetersäure als Silicium(IV)-oxidhydrat abgeschieden und als Silicium(IV)-oxid gewichtsanalytisch bestimmt.

***Anwendungsbereich.*** Geeignet für Gehalte von 0,5 bis 2%.

***Zuverlässigkeit.*** Bei Gehalten von 0,5 bis 2% etwa ±5%.

***Ausführung.*** 1 g Probe (Feinheitsgrad 0,16 DIN 4188) wird in einem bedeckten 800 ml-Becherglas mit 30 ml Salpetersäure (1 + 1) vorsichtig gelöst. Dann fügt man 60 ml Schwefelsäure (1 + 1) zu, engt die Lösung bis zum Auftreten starker Schwefelsäuredämpfe ein. Nach Erkalten gibt man vorsichtig 100 ml kaltes Wasser zu, verdünnt mit weiteren 300 ml Wasser und kocht die Lösung klar. Das ausgeflockte Silicium(IV)-oxidhydrat wird über ein Filter Gr. 2 filtriert und mit heißer Salzsäure (1 + 20) ausgewaschen. Filter und Niederschlag werden im Platintiegel getrocknet, verascht und bei 1100° bis zur Gewichtskonstanz geglüht. Nach dem Erkalten im Exsiccator wird gewogen. Das Silicium(IV)-oxid wird mit 2 ml Schwefelsäure (1 + 4) und 3 ml Fluorwasserstoffsäure (40%) verflüchtigt. Nach erneutem Glühen und Erkalten im Exsiccator wird nochmals gewogen. Die Gewichtsdifferenz zwischen beiden Wägungen entspricht der Silicium(IV)-oxidmenge. Der Umrechnungsfaktor von Silicium(IV)-oxid auf Silicium ist 0,4675.

## 2.4 Bestimmung des Arsens

***Grundlage.*** Das Arsen wird nach alkalischem Aufschluß aus salzsaurer Lösung als Arsen(III)-chlorid destilliert und mit Kaliumbromat mit potentiometrischer Anzeige maßanalytisch bestimmt.

***Anwendungsbereich.*** Geeignet für Gehalte von 0,05 bis 0,5%.

***Zuverlässigkeit.*** Bei Gehalten von 0,05 bis 0,2% etwa ±5%.

***Ausführung.*** 2,5 g Probe (Feinheitsgrad 0,16 DIN 4188) werden im Nickeltiegel mit 20 g Natriumperoxid aufgeschlossen. Die erkaltete Schmelze wird in einem 600 ml-Becherglas mit 100 ml Wasser gelaugt. Ein zweiter Aufschluß wird mit der gleichen Probenmenge in der beschriebenen Weise durchgeführt und der Schmelzkuchen in der Suspension des ersten Aufschlusses gelaugt. Man fügt 100 ml Schwefelsäure (1 + 1) sowie so viel Wasserstoffperoxid (3%) zu, bis das gesamte Mangan(IV)-oxidhydrat reduziert ist und keine Rotfärbung mehr vorhanden ist. Weitergearbeitet wird gemäß 1.4, S. 297, bzw. Kapitel Arsen unter 1.3.1, S. 70.

***Bemerkung.*** Arsengehalte unter 0,1% werden nach der im Kapitel Arsen unter 1.3.2, S. 71, beschriebenen Methode photometrisch bestimmt.

## 2.5 Bestimmung des Kohlenstoffs

Siehe Kapitel Kohlenstoff unter 4.17, S. 201, 4.19, S. 202, 4.21, S. 202 und 4.23, S. 202.

Kapitel 19

# Molybdän

Inhalt



## 1 Rohstoffe
## Molybdänerze, Konzentrate, Rösterze

### 1.1 Bestimmung des Molybdäns

***Grundlage.*** Das Molybdän wird nach alkalischem Aufschluß aus sulfoalkalischer Lösung mit Salzsäure als Sulfid gefällt und als Molybdän(VI)-oxid gewichtsanalytisch bestimmt.

***Anwendungsbereich.*** Geeignet für Gehalte von 10 bis 65%.

***Zuverlässigkeit.*** Bei Gehalten von 60% etwa ±0,3%.

***Reagenzien.***

1. Ammoniumsulfidlösung: In 50 ml Ammoniak (0,91) wird bis zur Sättigung Schwefelwasserstoff eingeleitet. Hierauf wird nochmals die gleiche Menge Ammoniak (0,91) zugegeben. Die Lösung muß frisch bereitet werden.
2. Kaliumxanthogenatlösung: 1 g mit Salzsäure (5 + 100) zu 100 ml gelöst.
3. Ammoniumcarbonatlösung: 300 g zum Liter gelöst.
4. Salicylaldoximlösung: 5 g werden mit 50 ml Methanol gelöst und die Lösung zu 800 ml 80° warmem Wasser gegeben. Ein Rückstand wird abfiltriert.

***Ausführung.*** 1 g Probe (Feinheitsgrad 0,1 DIN 4188) wird in einem Eisentiegel mit 15 g Natriumperoxid vermischt und die Mischung mit 3 g Natriumperoxid überschichtet. Nach anfänglich schwachem Erwärmen wird der Tiegelinhalt bis zur Rotglut erhitzt und unter öfterem Umschwenken oder Rühren mit einem Eisenstab einige Minuten geschmolzen. Nach dem Erkalten laugt man die Schmelze in einem 600 ml-Becherglas mit 200 ml kaltem Wasser aus, versetzt die Lösung nach Entfernen des Tiegels mit 2 g Natriumperoxid und kocht 5 min. Die Suspension wird in einen 1 l-Meßkolben übergespült und aufgefüllt. Nach Durchschütteln filtriert man einen Teil der Lösung durch ein trockenes Faltenfilter, dem ein Rundfilter Gr. 2 unterlegt wird, in ein trockenes Becherglas und nimmt 500 ml (= 0,5 g Einwaage) ab. Die Abmessung bringt man in ein 800 ml-Becherglas, gibt 5 g Weinsäure und einige Tropfen Methylorange zu. Man neutralisiert mit Salzsäure (1,19), versetzt mit 10 ml Ammoniak (0,91) und fügt 20 g Ammoniumchlorid sowie 40 ml Ammoniumsulfidlösung (1) zu. Nach kurzem Aufkochen läßt man über Nacht stehen. Etwa ausgefallene Verunreinigungen werden über ein Filter Gr. 2, in das etwas Filterschleim gegeben wird, filtriert und das Filtrat in einem 1 l-Becherglas aufgefangen. Filter und Niederschlag werden mit heißer Ammoniumchloridlösung (5 g in 100 ml) so lange gewaschen, bis kein Molybdän im abtropfenden Filtrat mit Kaliumxanthogenat (2) nachweisbar ist. Einige Tropfen des Filtrates werden in einem Reagenzglas aufgefangen, mit einigen Tropfen Salzsäure (1,19) angesäuert und mit 1 bis 2 Tropfen der Kaliumxanthogenatlösung (2) versetzt. Eine Rosafärbung zeigt Molybdän an.

Das kalte Filtrat wird mit 50 ml Salzsäure (1,19) angesäuert und kurz aufgekocht. Nach 5 min setzt sich das Molybdänsulfid zu Boden. Die überstehende farblose Lösung gießt man über ein in einer Nutsche befindliches Filter. Hierzu legt man in eine Nutsche von 95 mm ∅ 2 trockene Rundfilter Gr. 2 von 90 mm ∅ und auf diese ein angefeuchtetes Rundfilter Gr. 2 von 150 mm ∅ unter Andrücken an Nutschenboden und -wand. Das nach viermaligem Dekantieren mit 300 ml Salzsäure (1 + 100) im Becherglas befindliche Molybdänsulfid wird dann auf das Filter gespült. Hierbei und bei nachfolgendem Auswaschen des Niederschlages darf nicht gesaugt werden. An den Glaswänden haftendes Molybdänsulfid wird mit angefeuchteten Filterpapierschnitzeln entfernt und zum Niederschlag gegeben. Man wäscht den Niederschlag zunächst mehrere Male mit heißer Salzsäure (1 + 100), schließlich zweimal mit heißem Wasser, saugt trocken und gibt ihn in einen gewogenen Porzellantiegel.

Zur Prüfung auf Vollständigkeit der Molybdänsulfidfällung engt man das Filtrat auf 300 ml ein, oxydiert mit einigen Tropfen Wasserstoffperoxid (3%) und kocht auf. Nach Zugabe einiger Tropfen Methylorange wird mit Ammoniak (0,91) neutralisiert. Dann werden 10 ml Ammoniak (0,91) und 10 ml Ammoniumsulfidlösung (1) zugegeben. Nach Ansäuern mit Salzsäure (1,19) wird aufgekocht und etwa ausgefallenes Molybdänsulfid über ein Filter Gr. 2 abfiltriert. Nach dem Auswaschen mit Salzsäure (1 + 100) werden Filter und Niederschlag zur Hauptfällung in den gewogenen Porzellantiegel gegeben.

Man verascht, ohne vorzutrocknen, in einem Muffelofen bei 450°. Nach 2 bis 3 Std. ist das Molybdänsulfid in Molybdän(VI)-oxid übergeführt. Nach Erkalten wird gewogen (Auswaage I). Zur vollständigen Oxydation des Molybdänsulfids zu Molybdän(VI)-oxid und zur restlosen Verbrennung der Filterkohle ist eine gute Sauerstoffzuführung während des Veraschens erforderlich.

Ist das nach Fällen des Molybdänsulfids anfallende Filtrat blau gefärbt, so muß die Bestimmung wiederholt werden.

Zur Bestimmung der Verunreinigungen im Molybdän(VI)-oxid wird die Auswaage I im Porzellantiegel mit 6 g Kaliumpyrosulfat zunächst über kleiner, später stärkerer Flamme bis zur klaren Schmelze erhitzt. Nach dem Erkalten löst man den Schmelzkuchen in einem 600 ml-Becherglas mit 300 ml Ammoniumcarbonatlösung (3) und kocht so lange, bis die Lösung nur noch schwach nach Ammoniak riecht. Einen etwa entstandenen Niederschlag filtriert man nach Absetzen über ein Filter Gr. 2 mit

Filterschleim ab und wäscht mit kalter Ammoniumnitratlösung (5 g in 100 ml) aus. Das Filter wird in einem gewogenen Porzellantiegel bei 1000° verascht und der Rückstand gewogen (Auswaage II).

Das nach Auskochen der Kaliumpyrosulfatschmelze mit Ammoniumcarbonatlösung (3) anfallende Filtrat wird mit Essigsäure (1,06) angesäuert, mit Wasser auf 200 ml verdünnt und auf 50° erwärmt. Unter Rühren gibt man 10 ml Salicylaldoximlösung (4) zu. Etwa ausgefallenes Kupfer wird nach zweistündigem Absetzen über einen gewogenen Glasfiltertiegel 1G4 abfiltriert und mit heißem Wasser ausgewaschen, wobei der Niederschlag stets mit Flüssigkeit bedeckt bleiben muß. Man trocknet bei 105° bis zur Gewichtskonstanz und wiegt (Auswaage III). Der Umrechnungsfaktor von Salicylaldoximkupfer auf Kupfer(II)-oxid ist 0,2369.

***Ausrechnung.*** %Mo = [Auswaage I — (Auswaage II + III)] · 0,6666 · 200.

***Bemerkung.*** Molybdänerze enthalten Flotationsöle. Je nach Vereinbarung erfolgt die Molybdänbestimmung in getrockneten, entölten oder in getrockneten, jedoch noch Flotationsöl enthaltenden Proben. Wird die Molybdänbestimmung in entöltem Probegut gefordert, so wird der Anteil Flotationsöl bestimmt, indem man 10 g Probe in einen gewogenen Glasfiltertiegel 1G4 einwiegt und viermal mit 25 ml Aceton, ohne zu saugen, wäscht. Man trocknet den Rückstand bei 105° bis zur Gewichtskonstanz und wiegt den Tiegel zurück.

# 2 Metallische Erzeugnisse

## 2.1 Metallisches Molybdän

### 2.1.1 Bestimmung des Molybdäns

***Grundlage.*** Das metallische Molybdän wird mit Salpetersäure gelöst und nach Eindampfen der Lösung und Glühen des Rückstandes in Molybdän(VI)-oxid übergeführt und gewichtsanalytisch bestimmt.

***Anwendungsbereich.*** Geeignet für Gehalte von 90 bis 99%.

***Zuverlässigkeit.*** Bei Gehalten von 99% etwa ±0,2%.

***Reagenzien.*** Siehe unter 1.1, S. 301.

***Ausführung.*** 0,5 g Probe (Feinheitsgrad 0,20 DIN 4188) werden in einem gewogenen Porzellan- oder Quarztiegel vorsichtig unter Bedecken mit einem Uhrglas mit 20 bis 40 ml Salpetersäure (1 + 1) gelöst. Die Lösung wird auf dem Wasserbad eingedampft, der Rückstand bei 450° geglüht und das Molybdän(VI)-oxid gewogen (Auswaage I).

Die Bestimmung der Verunreinigungen erfolgt gemäß 1.1, S. 302.

### 2.1.2 Bestimmung des Kohlenstoffs

Siehe Kapitel Kohlenstoff unter 4.4, S. 200.

## 2.2 Ferro-Molybdän

### 2.2.1 Bestimmung des Molybdäns

***Grundlage.*** Das Molybdän wird nach alkalischem Aufschluß aus sulfoalkalischer Lösung mit Salzsäure als Sulfid gefällt und als Molybdän(VI)-oxid gewichtsanalytisch bestimmt.

***Anwendungsbereich.*** Geeignet für Gehalte von 50 bis 75%.

***Zuverlässigkeit.*** Bei Gehalten von 50 bis 75% etwa ± 0,25%.

***Reagenzien.*** Siehe unter 1.1, S. 301.

***Ausführung.*** Die Bestimmung erfolgt gemäß 1.1.

### 2.2.2 Bestimmung des Kupfers

***Grundlage.*** Das Kupfer wird nach Lösen der Probe mit Säure in weinsaurer Lösung mit Rubeanwasserstofflösung photometrisch bestimmt.

***Anwendungsbereich.*** Geeignet für Gehalte bis 1%.

***Zuverlässigkeit.*** Bei Gehalten von 0,5% etwa ±5%.

***Reagenzien.***

1. Weinsäurelösung: 50 g zu 100 ml gelöst.

2. Pufferlösung: 120 g Natriumacetat werden gelöst, mit 180 ml Essigsäure (1,06) versetzt und zum Liter verdünnt.

3. Rubeanwasserstofflösung: 0,1 g Rubeanwasserstoff wird mit 20 ml Essigsäure (1,06) und 0,2 g Gummiarabicum mit 100 ml heißem Wasser gelöst. Beide Lösungen vereinigt man nach Verdünnen, spült in einen 500 ml-Meßkolben über und füllt auf.

4. Kupferstammlösung: 0,1 g Elektrolytkupfer wird mit einigen Tropfen Salzsäure (1,19) und Salpetersäure (1,4) gelöst und nach Verkochen der Stickstoffoxide im Meßkolben zum Liter aufgefüllt.

5. Kupferstandardlösung: 100 ml Kupferstammlösung (4) werden im Meßkolben zum Liter verdünnt. 1 ml ≙ 0,01 mg Kupfer.

***Ausführung.*** 1,25 g Probe (Feinheitsgrad 0,2 DIN 4188) werden in einem 600 ml-Becherglas mit 20 ml Salzsäure (1,19) und 5 m l Salpetersäure (1,4) in der Wärme gelöst. Die Lösung wird zum Vertreiben der Stickstoffoxide eingeengt. Nun gibt man 10 ml Weinsäurelösung (1) zu, verdünnt mit Wasser auf etwa 50 ml und macht schwach ammoniakalisch. Dann wird durch Zutropfen von Salzsäure (1,19) neutralisiert, und 20 Tropfen werden im Überschuß zugegeben. Die Lösung füllt man in einem 500 ml-Meßkolben auf und schüttelt durch. Zweimal 20 ml (= 0,05 g Einwaage) werden mit der Pipette entnommen und in je einen 50 ml-Meßkolben übergeführt. Die eine Abnahme versetzt man mit 15 ml Pufferlösung (2) und 15 ml Rubeanwasserstofflösung (3) und die andere Abnahme nur mit 15 ml Pufferlösung (2). Nach Auffüllen mit Wasser werden beide Lösungen in einer 5 cm-Küvette bei 578 nm gegeneinander photometriert.

***Eichkurve.*** Von der Kupferstandardlösung (5) werden 2, 4, 6, 8, 10, 12 und 15 ml entnommen und in ihnen, wie unter Ausführung beschrieben, das Kupfer photometrisch bestimmt.

### 2.2.3 Bestimmung des Siliciums

***Grundlage.*** Nach Lösen der Probe mit Säure wird das Silicium als Silicium(IV)-oxidhydrat abgeschieden und als Silicium(IV)-oxid gewichtsanalytisch bestimmt.

***Anwendungsbereich.*** Geeignet für Gehalte von 0,01 bis 3%.

***Zuverlässigkeit.*** Bei Gehalten bis 1% etwa ±5%.

***Ausführung.*** 1 bis 2 g Probe (Feinheitsgrad 0,2 DIN 4188) werden in einem 600 ml-Becherglas vorsichtig mit 10 ml Salpetersäure (1,4) und 10 ml Salzsäure (1,19) gelöst. Nach vollständigem Lösen versetzt man mit 60 ml Schwefelsäure (1 + 1), engt bis zum starken Nebeln der Schwefelsäure ein, verdünnt mit 300 ml Wasser uud kocht bis zur klaren Lösung. Das abgeschiedene Silicium(IV)-oxidhydrat wird über ein Filter Gr. 2 abfiltriert, mit Salzsäure (1 + 20) ausgewaschen und im Platintiegel verascht. Der Rückstand wird mit 1 ml Schwefelsäure (1 + 4) bis zur Trockne abgeraucht und bei 1000° geglüht. Nach Wiegen des Rückstandes versetzt man mit 3 ml Fluorwasserstoffsäure (40%) und 1 ml Schwefelsäure (1 + 4), dampft bis zur Trockne ein und glüht bei 1000° bis zur Gewichtskonstanz. Der Tiegel wird erneut gewogen. Die Differenz zwischen der ersten und zweiten Wägung entspricht dem Silicium(IV)-oxid. Der Umrechnungsfaktor von Silicium(IV)-oxid auf Silicium ist 0,4675.

### 2.2.4 Bestimmung des Phosphors

***Grundlage.*** Der Phosphor wird nach Lösen der Probe mit Säuren und Abtrennen des Siliciums als Ammoniummolybdatophosphat gefällt und entweder gewichtsanalytisch oder maßanalytisch bestimmt.

***Anwendungsbereich.*** Geeignet für Gehalte von 0,05 bis 1%.

***Zuverlässigkeit.*** Bei Gehalten von 0,05% etwa ± 10%.

***Reagenzien.***

1. Ammoniummolybdatlösung: } Siehe Kapitel Phosphor unter 1.1, S. 333,
2. Waschlösung: } bzw. 1.2, S. 334.

***Ausführung.*** 1 g Probe (Feinheitsgrad 0,2 DIN 4188) wird in einer bedeckten Porzellanschale mit 30 ml Salpetersäure (1,4) und 10 ml Salzsäure vorsichtig (1,19) gelöst und zur Trockne eingedampft. Der Rückstand wird im Trockenschrank 1 Std. auf 135° erhitzt und danach mit 40 ml Salzsäure (1,19) und 100 ml heißem Wasser aufgenommen. Nach Aufkochen filtriert man das Silicium(IV)-oxidhydrat über ein Filter Gr. 2 ab und wäscht mit Salzsäure (1 + 20) aus. Das Filtrat wird mit 5 g Ammoniumnitrat versetzt, mit Ammoniak (0,91) neutralisiert und nach Zugabe von 10 ml Ammoniak (0,91) kurz aufgekocht. Der Eisenoxidhydratniederschlag, der den Phosphor als Eisenphosphat enthält, wird über ein Filter Gr. 2 filtriert und dreimal mit heißer Ammoniumnitratlösung (1 g in 100 ml) gewaschen. Man löst den Niederschlag mit heißer Salzsäure (1 + 1) vom Filter und wiederholt die Fällung zum Entfernen des Molybdäns noch zweimal. Der phosphorhaltige Eisenoxidhydratniederschlag wird nach der im Kapitel Phosphor unter 1.1, S. 333, bzw. 1.2, S. 334, beschriebenen Methode weiterverarbeitet.

***Bemerkung.*** Phosphorgehalte unter 0,05% werden nach der unter 1.3, S. 335, im Kapitel Phosphor beschriebenen Methode photometrisch bestimmt.

### 2.2.5 Bestimmung des Schwefels

***Grundlage.*** Der Schwefel wird nach Verbrennen der Probe bei 1200° im trockenen Sauerstoffstrom als Schwefeldioxid in eine neutrale Silbernitratlösung eingeleitet. Hierbei wird eine dem Schwefel äquivalente Menge Salpetersäure frei, die maßanalytisch bestimmt wird.

***Anwendungsbereich.*** Geeignet für Gehalte von 0,005 bis 0,5%.

***Zuverlässigkeit.*** Bei Gehalten um 0,1% etwa ±5%.

***Reagenzien.***

1. Silbernitratlösung: 25 g werden mit kohlendioxidfreiem Wasser (siehe Kapitel Lithium unter 2.2.1, S. 273), gelöst, mit 25 Tropfen Methylrotlösung (2) versetzt und zum Liter aufgefüllt. Die Lösung ist neutral, wenn 40 ml mit 2 Tropfen 0,005 n-Salpetersäure deutlich rot werden.

2. Methylrotlösung: 0,2 g Methylrot werden mit Äthanol (1 + 1) zu 100 ml gelöst. Die Lösung wird nach zwölfstündigem Stehen filtriert.

***Geräte.*** Handelsüblicher bis 1300° heizbarer Verbrennungsofen mit Verbrennungsrohr aus keramischer Masse. Der einer Sauerstoffflasche mit Reduzierventil entnommene Sauerstoff durchströmt eine Waschflasche mit Kaliumhydroxidlösung (40 g in 100 ml), dann eine Waschflasche mit Kaliumpermanganatlösung (40 g im Liter), eine weitere Waschflasche mit Schwefelsäure (1,84), anschließend einen Turm mit festen Natriumhydroxidplätzchen und zuletzt einen Trockenturm mit festem Calciumchlorid. Der gereinigte und getrocknete Sauerstoff wird in das Verbrennungsrohr des Verbrennungsofens geleitet, an das sich ein mit Watte gefüllter Turm zum Auffangen staubförmiger Oxide anschließt. Von diesem Turm führt ein Einleitungsrohr, dessen Tauchende kugelförmig erweitert und mit 5 bis 6 Öffnungen von je 1 mm ∅ versehen ist, in eine Vorlage mit 40 ml Silbernitratlösung (1).

***Ausführung.*** 0,2 bis 1 g Probe (Feinheitsgrad 0,2 DIN 4188) wird in ein ausgeglühtes, kaltes Porzellanschiffchen eingewogen und in das 1200° heiße Verbrennungsrohr eingebracht. Man verbrennt die Probe im lebhaften Sauerstoffstrom und leitet die Verbrennungsgase in die vorgelegte Silbernitratlösung (1). Zur Entfernung des bei der Verbrennung ebenfalls entstehenden Kohlendioxids aus der Silbernitratlösung (1) setzt man das Durchleiten des Sauerstoffs nach beendeter Verbrennung noch 5 min fort. Man titriert mit 0,005 n-Natronlauge unter Verwendung von Methylrotlösung (2) als Indicator bis zum Umschlag von Rot nach Gelb. 1 ml 0,005 n-Natriumhydroxidlösung $\triangleq$ 0,08 mg Schwefel.

### 2.2.6 Bestimmung des Kohlenstoffs

Siehe Kapitel Kohlenstoff unter 4.10, S. 201.

Kapitel 20

# Nickel

## Inhalt

# 1 Rohstoffe
# Erze

## 1.1 Bestimmung des Nickels

***Grundlage.*** Das Nickel wird nach Aufschluß der Probe und Abtrennen der Elemente der Schwefelwasserstoffgruppe in ammoniakalischer, weinsäurehaltiger Lösung als Nickeldiacetyldioxim gefällt und gewichtsanalytisch bestimmt.

***Anwendungsbereich.*** Geeignet für Gehalte über 0,1%.

***Zuverlässigkeit.*** Bei Gehalten um 1% etwa ±2%,
um 10% etwa ±1%.

***Reagenzien.***

1. Ammoniumacetatlösung: 250 g werden mit 500 ml Wasser gelöst. Die Lösung wird mit Ammoniak (0,91) auf pH 9 eingestellt und zum Liter aufgefüllt.
2. Weinsäurelösung: 250 g zum Liter gelöst.
3. Diacetyldioximlösung: 10 g mit Äthanol zum Liter gelöst.

***Ausführung.*** 2 g Probe (Feinheitsgrad 0,1 DIN 4188) werden in einem 500 ml-Erlenmeyerkolben mit 10 ml Wasser angefeuchtet und mit 25 ml Salpetersäure (1,4) zum Lösen mäßig erwärmt. Wenn die Lösereaktion nachgelassen hat, fügt man 40 ml Schwefelsäure (1 + 1) zu und erhitzt weiter bis zum starken Rauchen der Schwefelsäure. Dann läßt man abkühlen, nimmt mit 25 ml Wasser auf, setzt 25 ml Bromwasserstoffsäure (1,38) zu und erhitzt wieder bis zum starken Rauchen der Schwefelsäure. Bei dieser Operation schwenkt man den Erlenmeyerkolben über. freier Flamme, um das Stoßen zu vermeiden und den Vorgang zu beschleunigen Man läßt erkalten, setzt 25 ml Wasser zu und erhitzt in gleicher Weise erneut bis zum Rauchen. Nach dem Erkalten nimmt man mit 100 ml Wasser auf, erwärmt, bis alle löslichen Sulfate in Lösung gegangen sind, filtriert nach kurzem Absetzen über ein Filter Gr. 3 und wäscht mit heißem Wasser säurefrei aus. Filter und Niederschlag gibt man in ein 600 ml-Becherglas, löst das gegebenenfalls mitabgeschiedene Bleisulfat mit 50 ml Ammoniumacetatlösung (1) unter Erwärmen, filtriert über ein Filter Gr. 2, wäscht mit heißem Wasser aus und verascht Filter und Niederschlag in einem Platintiegel. Den Glührückstand schmilzt man mit Kaliumhydrogensulfat, löst die Schmelze in Wasser und Schwefelsäure (1 + 1) und gibt die Lösung zum

Hauptfiltrat. In die vereinigten Filtrate, die auf 200 ml etwa 10 ml freie Schwefelsäure (1,84) enthalten sollen, wird bei Zimmertemperatur Schwefelwasserstoff bis zur Sättigung eingeleitet. Der Sulfidniederschlag wird nach dem Absetzen über ein Filter Gr. 2 filtriert und mit schwefelwasserstoffhaltigem Wasser ausgewaschen. Im Filtrat verkocht man den Schwefelwasserstoff, oxydiert mit Wasserstoffperoxid (3%), spült die Lösung in einen 500 ml-Meßkolben und füllt auf. Man entnimmt dem Meßkolben einen nicht mehr als 70 mg Nickel enthaltenden Anteil, gibt ihn in ein 800 ml-Becherglas, fügt 50 ml Weinsäurelösung (2) zu, macht zunächst schwach ammoniakalisch und dann mit ein paar Tropfen Salzsäure wieder schwach sauer. Man erwärmt die Lösung auf 30 bis 40°, versetzt mit einer ausreichenden Menge Diacetyldioximlösung (3) (5 ml für je 10 mg Nickel und 15 ml für je 10 mg Kobalt), macht schwach ammoniakalisch und erwärmt auf 60 bis 70°. Der entstandene Niederschlag bleibt noch 1 Std. bei 60° und anschließend 2 Std. bei Zimmertemperatur stehen. Dann wird er über ein Filter Gr. 2 filtriert, mit 40° warmem Wasser ausgewaschen und zur Wiederholung der Fällung mit heißer Salzsäure (1 + 1) in das Fällgefäß zurückgelöst. Die Lösung oxydiert man mit wenigen Tropfen Salpetersäure (1,4) und dampft bis zur Trockne ein. Der Rückstand wird mit Salzsäure (1,19) aufgenommen, mit 1 ml Weinsäurelösung (2) versetzt und auf 300 ml verdünnt. Nach dem Erwärmen auf 30 bis 40° fügt man wiederum eine ausreichende Menge Diacetyldioximlösung (3) und soviel Ammoniak (0,91) zu, bis die Lösung schwach danach riecht. Dann wird auf 60 bis 70° erwärmt, 1 Std. bei 60° und weitere 2 Std. bei Zimmertemperatur stehengelassen. Man filtriert den gut abgesetzten Niederschlag über einen gewogenen Glasfiltertiegel 1G4, wäscht mit 40° warmem Wasser aus und trocknet den Tiegel bei 120° bis zur Gewichtskonstanz.

Der Umrechnungsfaktor von Nickeldiacetyldioxim auf Nickel ist 0,2032.

## 1.2 Bestimmung des Kobalts

***Grundlage.*** Das Kobalt wird nach Aufschluß der Probe, Abtrennen der Elemente der Schwefelwasserstoffgruppe und Extrahieren des Eisens mit $\alpha$-Nitroso-$\beta$-Naphthol gefällt und elektrolytisch bestimmt.

***Anwendungsbereich.*** Geeignet für Gehalte über 0,1%.

***Zuverlässigkeit.*** Bei Gehalten um 0,5% etwa ±5%,
von 1 bis 5% etwa ±2%,
um 10% etwa ±1%.

***Reagenzien.***

1. Ammoniumacetatlösung: 250 g werden mit 500 ml Wasser gelöst. Die Lösung wird mit Ammoniak (0,91) auf pH 9 eingestellt und zum Liter aufgefüllt.
2. $\alpha$-Nitroso-$\beta$-Naphthollösung: 20 g mit Äthanol zum Liter gelöst.
3. Methylisobutylketon (4-Methylpentanon-2).
4. Ammoniak (0,91), pyridinfrei.

***Geräte.*** Elektroden für die Elektrolyse mit ruhendem Elektrolyten. Kathode: Zylinderelektrode, z.B. nach WINKLER, aus Platin-Iridium mit einem Durchmesser von 35 mm und einer Höhe von 50 mm. Anode: Platin-Iridium-Drahtspirale mit 8 bis 10 Windungen von 10 mm Durchmesser.

***Ausführung.*** 5 g Probe (Feinheitsgrad 0,1 DIN 4188) werden, wie unter 1.1 beschrieben, aufgeschlossen und die Lösung nach Abtrennen störender Elemente in einem 500 ml-Meßkolben aufgefüllt. Man entnimmt dem Meßkolben einen nicht mehr als 50 mg Kobalt enthaltenden Anteil, engt ihn in einem 400 ml-Becherglas gegebenenfalls auf 100 ml ein oder füllt ihn auf 100 ml auf und gibt ihn mit 100 ml Salzsäure (1,19) in einen 400 ml-Scheidetrichter.

Nun fügt man 100 ml Methylisobutylketon (3) zu und überführt das Eisen durch kräftiges Schütteln in die Ketonphase. Die wäßrige, eisenfreie Schicht wird abgezogen, auf etwa 20 ml eingeengt und dann auf 500 ml verdünnt. Die siedendheiße Lösung wird mit 100 ml Nitroso-Naphthollösung (2) versetzt und kurz aufgekocht. Nach 2 Std. wird der Niederschlag über ein doppeltes Filter Gr. 2 abfiltriert und zunächst mit heißer Salzsäure (1 + 5) und dann mit heißem Wasser chloridfrei ausgewaschen. Man überstreut den Filterinhalt mit etwas Oxalsäure, verascht Filter und Niederschlag vorsichtig in einem geräumigen Porzellantiegel und glüht den Rückstand nicht über 850°. Nach dem Erkalten löst man das Oxid mit 5 ml Salzsäure (1,19) unter Erwärmen, verdünnt die Lösung auf 200 ml, fällt das Kobalt nochmals mit $\alpha$-Nitroso-$\beta$-Naphthollösung (2), filtriert, verascht und glüht. Die salzsaure Lösung des Oxids wird mit 25 ml Schwefelsäure (1 + 1) bis fast zur Trockne eingedampft. Der Rückstand wird mit 150 ml Wasser aufgenommen, die Lösung in ein 400 ml-Becherglas gespült und mit Ammoniak (4) neutralisiert. Man fügt 50 ml Ammoniak (4), 1 g Hydraziniumsulfat und 10 g Ammoniumsulfat zu, verdünnt auf etwa 300 ml und scheidet das Kobalt bei ruhendem Elektrolyten mit 0,4 A ab. Nach beendeter Elektrolyse wird die Elektrode nacheinander mit Wasser und Äthanol gewaschen, dann getrocknet und gewogen.

***Bemerkungen.*** Eine zu lange Dauer der Elektrolyse ist zu vermeiden, da sonst Platin der Anode merklich in Lösung geht und sich kathodisch mit abscheidet.

## 1.3 Bestimmung des Kupfers

***Grundlage.*** Das Kupfer wird nach Aufschluß der Probe mit Schwefelwasserstoff gefällt und nach Abtrennen störender Elemente elektrolytisch bestimmt.

***Anwendungsbereich.*** Geeignet für Gehalte über 0,5%.

***Zuverlässigkeit.*** Bei Gehalten um 1% etwa ±2%.

***Reagenzien.***

1. Ammoniumacetatlösung: 250 g werden mit 500 ml Wasser gelöst. Die Lösung wird mit Ammoniak (0,91) auf pH 9 eingestellt und zum Liter aufgefüllt.
2. Mischsäure: Salpetersäure (1,4) und Schwefelsäure (1,84) im Volumenverhältnis 2+1.
3. Natriumchloridlösung: 1 g zum Liter gelöst.
4. Eisen(III)-nitratlösung: 10 g $Fe(NO_3)_3 \cdot 9\,H_2O$ zum Liter gelöst.

***Geräte.*** Wie unter 1.2 angegeben.

***Ausführung.*** 5 g Probe (Feinheitsgrad 0,1 DIN 4188) werden, wie unter 1.1 beschrieben, behandelt. Der hierbei anfallende Schwefelwasserstoffniederschlag wird mit dem Filter in das Fällgefäß zurückgegeben. Man setzt 20 ml Salpetersäure (1,4) und 10 ml Schwefelsäure (1,84) zu und erhitzt bis zum starken Rauchen der Schwefelsäure. Das Filter wird durch Zutropfen von Mischsäure (2) zur rauchenden Lösung zerstört. Man läßt erkalten, nimmt mit 100 ml Wasser auf, fügt zum Fällen des Silbers einige Tropfen Natriumchloridlösung (3) zu und erwärmt, bis alle löslichen Sulfate gelöst sind. Die Lösung wird abgekühlt und nach dem Absetzen des Silberchlorids über ein Filter Gr. 3 in ein Becherglas filtriert. Der Niederschlag wird mit Schwefelsäure (1 + 100) ausgewaschen. Das klare Filtrat wird wieder bis zum Rauchen der Schwefelsäure eingedampft. Den Rückstand nimmt man nach dem Erkalten mit 100 ml Wasser auf, setzt 5 ml Eisen(III)-nitratlösung (4) hinzu, macht ammoniakalisch und erwärmt auf 60 bis 70°, bis sich der Niederschlag zusammenballt. Nun wird über ein Filter Gr. 2 filtriert, mit warmem Wasser ausgewaschen, der Niederschlag mit 20 ml Salpetersäure (1+1) gelöst und die Fällung wiederholt. Die vereinigten Filtrate werden auf dem Wasserbad eingeengt, bis der Geruch nach Ammoniak verschwunden ist, und in einen 400 ml-Elektrolysenbecher übergespült. Man setzt 10 ml Salpetersäure (1,4) und 5 ml Schwefelsäure (1,84) zu und füllt mit Wasser auf 300 ml auf. Die Kathode soll völlig in den Elektrolyten eintauchen und die Anode bis auf den Boden reichen. Das Elektrolysengefäß muß mit einem zweiteiligen Uhrglas bedeckt sein. Die Elektrolyse wird bei ruhendem Elektrolyten bei 0,3 A durchgeführt. Gegen Ende der Elektrolyse gibt man unter Abspülen des Uhrglases und der Wandungen des Elektrolysengefäßes etwas Wasser hinzu und elektrolysiert noch weitere 20 min. Scheidet sich an dem blanken Kathodendraht kein Kupfer mehr ab, so werden die Elektroden ohne Stromunterbrechung durch schnelles Auswechseln des Gefäßes in das gleiche Volumen Wasser gebracht, worin die Elektrolyse noch 5 min fortgesetzt wird. Nun wird die Kathode abgenommen, erst mit Wasser, dann mit Äthanol gewaschen, bei 100° getrocknet und nach dem Erkalten gewogen.

## 1.4 Bestimmung des Bleis

***Grundlage.*** Nach dem Lösen mit Salpetersäure wird das Blei durch Abrauchen mit Schwefelsäure abgeschieden, aus dem Rückstand mit Ammoniumacetat extrahiert und mit Natriumsulfid wieder gefällt. Das Sulfid wird in Salpetersäure gelöst und das Blei in Sulfat übergeführt und gewogen.

***Anwendungsbereich.*** Geeignet für Gehalte über 0,5%.

***Zuverlässigkeit.*** Bei Gehalten um 1% etwa ±3%.

***Reagenzien.***

1. Mischsäure: Salpetersäure (1,4) und Schwefelsäure (1,84) im Volumenverhältnis 2+1.
2. Ammoniumacetatlösung: 250 g werden mit 500 ml Wasser gelöst. Die Lösung wird mit Ammoniak (0,91) auf pH 9 eingestellt und zum Liter aufgefüllt.
3. Schwefelsäure-Äthanol-Mischung: Zu 5 ml Schwefelsäure (1,84) in 100 ml Wasser werden 100 ml Äthanol gegeben.
4. Natriumsulfidlösung: 300 g $Na_2S \cdot 9\,H_2O$ zum Liter gelöst.
5. Natriumsulfidlösung: 20 g zum Liter gelöst.

***Ausführung.*** 5 g Probe (Feinheitsgrad 0,1 DIN 4188) werden in einem 600 ml-Becherglas mit 50 ml Salpetersäure (1,4) gelöst und mit 40 ml Schwefelsäure (1 + 1) bis zum starken Rauchen der Schwefelsäure eingedampft. Ist der Rückstand dunkel gefärbt, so wird solange Mischsäure (1) zugetropft, bis er hell ist. Nach dem Erkalten wird der Rückstand mit wenig Wasser aufgenommen und erneut bis zum Rauchen erhitzt. Nun nimmt man mit 100 ml Wasser auf, erwärmt, bis alle löslichen Sulfate in Lösung gegangen sind, setzt 25 ml Äthanol hinzu und läßt mehrere Stunden bei Zimmertemperatur stehen. Man filtriert den Niederschlag über ein Filter Gr. 4 ab und wäscht ihn mit Schwefelsäure-Äthanol-Mischung (3). Das Filter wird in das Becherglas zurückgegeben und das Bleisulfat mit 50 ml Ammoniumacetatlösung (2) gelöst. Der unlösliche Rückstand wird über ein Filter Gr. 2 abfiltriert und mit warmer Ammoniumacetatlösung (2) ausgewaschen.

Das Filter wird in einem Platintiegel verascht und der Rückstand bei höchstens 600° geglüht. Man raucht mit 10 ml Fluorwasserstoffsäure (40%) ab und schließt den Rückstand mit Kaliumcarbonat-Natriumcarbonat auf. Den Schmelzkuchen laugt man mit Wasser aus, filtriert über ein Filter Gr. 2 und löst die auf dem Filter verbliebenen Carbonate mit einigen ml Salzsäure (1 + 1) in ein Becherglas.

Die bleihaltige Ammoniumacetatlösung erhitzt man auf 70 bis 80° und fällt das Blei durch Zusatz einer ausreichenden Menge Natriumsulfidlösung (4), kocht kurz auf und läßt den Niederschlag absetzen. Der Niederschlag wird über ein Filter Gr. 2 mit etwas Filterschleim abfiltriert und mit heißer Natriumsulfidlösung (5) ausgewaschen. Filter und Niederschlag werden in das Fällgefäß zurückgegeben und nach Zugabe der salzsauren Lösung der Carbonate vom Rückstandsschmelzaufschluß mit 30 ml Salpetersäure (1,4) und 20 ml Schwefelsäure (1 + 1) naß verbrannt. Filterreste werden durch Zutropfen von Mischsäure (1) zerstört. Nach dem Erkalten nimmt man mit 50 ml Wasser auf und dampft nochmals bis zum Rauchen ein. Man nimmt wieder mit 100 ml Wasser auf, fügt 25 ml Äthanol zu und läßt mehrere Stunden stehen. Dann wird über einen gewogenen Porzellanfiltertiegel A 2 filtriert, mit Schwefelsäure-Äthanol-Mischung (3) gewaschen und der Tiegel zunächst getrocknet, dann bei 500° geglüht und nach dem Erkalten gewogen.

Zur Prüfung auf Reinheit bringt man den ausgewogenen Bleisulfatniederschlag durch vorsichtiges Ausklopfen des Tiegels in ein 200 ml-Becherglas, erwärmt ihn darin in 30 bis 50 ml Ammoniumacetatlösung (2), filtriert die Lösung wieder durch den Tiegel, trocknet, glüht und wägt wie vorher. Der Bleigehalt ergibt sich aus der Menge des Bleisulfats der ersten Wägung abzüglich der Gewichtszunahme des Tiegelleergewichts bei der zweiten Wägung.

Der Umrechnungsfaktor von Bleisulfat auf Blei ist 0,6832.

### 1.5 Bestimmung des Arsens

***Grundlage.*** Nach einem nassen, oxydierenden Aufschluß der Probe wird das Arsen als Arsen(III)-chlorid aus salzsaurer Lösung destilliert und im Destillat mit Kaliumbromat mit potentiometrischer Anzeige titriert.

***Anwendungsbereich, Zuverlässigkeit, Reagenzien, Geräte*** und ***Ausführung*** siehe Kapitel Arsen unter 1.1 und 1.3, S. 69 und 70.

### 1.6 Bestimmung der Edelmetalle

***Grundlage.*** Das Erz wird mit reduzierendem Flußmittel und unter Zugabe von Bleiglätte im Eisentiegel eingeschmolzen und aufgeschlossen, wodurch die Edelmetalle in den entstehenden Bleiregulus übergeführt werden. Durch Treiben des Bleiregulus wird das Gesamtedelmetallkorn erhalten und aus diesem durch Scheiden mit Salpetersäure das Gold direkt und das Silber als Differenz ermittelt.

Die Durchführung der Bestimmung erfolgt nach der im Kapitel Edelmetalle unter 1.1.1, S. 138, angegebenen Vorschrift.

## 2 Nickel- und kobalthaltige Zwischenprodukte, Abfall- und Altstoffe

### 2.1 Steine, Speisen, Schlacken und Krätzen

#### 2.1.1 Bestimmung des Nickels

#### 2.1.2 Bestimmung des Kobalts

#### 2.1.3 Bestimmung des Kupfers

#### 2.1.4 Bestimmung des Bleis

#### 2.1.5 Bestimmung des Arsens

#### 2.1.6 Bestimmung der Edelmetalle

Die Bestimmungen werden gemäß den Vorschriften unter 1.1 bis 1.6, S. 308 bis 312, ausgeführt.

### 2.2 Chromhaltige Abfallstoffe

#### 2.2.1 Bestimmung des Nickels

***Grundlage.*** Nach Aufschluß der Probe mit Natriumperoxid und Abtrennen des Chroms wird das Nickel nach Oxydation des Kobalts in ammoniakalischer, citratgepufferter Lösung als Diacetyldioximverbindung gefällt und gewichtsanalytisch bestimmt.

***Anwendungsbereich.*** Geeignet für Gehalte über 0,5%.

***Zuverlässigkeit.*** Bei Gehalten um 1% etwa ±2%,
um 10% etwa ±1%.

***Reagenzien.***

1. Maskierungslösung: 500 g Citronensäure werden zum Liter gelöst. Die Lösung wird mit 675 ml Ammoniak (0,91) versetzt und, wenn nötig, filtriert.
2. Kaliumhexacyanoferrat(III)-lösung: 100 g zum Liter gelöst.
3. Diacetyldioximlösung: 10 g werden mit 100 ml Kaliumhydroxidlösung (5 g in 100 ml) gelöst und auf 250 ml aufgefüllt.
4. Diacetyldioximlösung: 10 g mit Äthanol zum Liter gelöst.

***Ausführung.*** 2,5 g Probe (Feinheitsgrad 0,1 DIN 4188) werden in einem Alsinttiegel mit 15 bis 20 g Natriumperoxid und 1 g Kaliumcarbonat-Natriumcarbonat vermischt. Der Tiegel wird zuerst über kleiner, nach etwa 10 min über voller Bunsenflamme erhitzt, bis der Tiegelinhalt flüssig und ruhig erscheint. Nach dem Erkalten wird die Schmelze in einem 600 ml-Becherglas mit etwa 300 ml Wasser ausgelaugt. Der Tiegel wird entfernt, gut abgespült und in einem 400 ml-Becherglas mit Salzsäure (1 + 1) gereinigt. Die Schmelzlauge wird aufgekocht und nach Absetzen des Unlöslichen durch ein Filter Gr. 2 filtriert. Nach mehrmaligem Dekantieren und Auswaschen mit natriumcarbonathaltigem Wasser (5 g in 100 ml) wird der Rückstand mit der für die Reinigung des Tiegels benutzten Salzsäure in Lösung gebracht. In die ungefähr 200 ml betragende Lösung, die 2 n an Salzsäure sein soll, wird bei Raumtemperatur Schwefelwasserstoff eingeleitet, bis der Niederschlag gut ausgeflockt ist. Nach dem Absetzen der Sulfide wird sofort über ein Filter Gr. 2 filtriert und mit schwefelwasserstoffhaltigem Wasser gewaschen. Im Filtrat verkocht man den Schwefelwasserstoff, oxydiert mit Wasserstoffperoxid (3%), spült die Lösung in einen 500 ml-Meßkolben und füllt auf. Dem Meßkolben entnimmt man eine nicht mehr als 70 mg Nickel enthaltenden Anteil, fügt 50 ml Maskierungslösung (1) und 60 ml Ammoniak (0,91) zu und rührt, bis die Lösung klar ist. Nun oxydiert man das Kobalt mit einer ausreichenden Menge Kaliumhexacyanoferrat(III)-lösung (2) — 6 ml für je 0,1 g Kobalt — und setzt dann noch 10% der erforderlichen Menge im Überschuß zu. Nach gutem Umrühren fügt man 50 ml Äthanol und 100 ml Diacetyldioximlösung (3) zu und stellt nach 10 min die Lösung mit Essigsäure (1,06) auf pH 8 ein. Danach bleibt die Lösung mehrere Stunden, bei Gehalten unter 5 mg Nickel über Nacht, stehen. Dann wird über ein Filter Gr. 2 filtriert, mit Wasser von 40° ausgewaschen und der Niederschlag zur Wiederholung der Fällung mit heißer Salzsäure (1 + 1) vom Filter in das Fällgefäß zurückgelöst. Nach Zusatz von 0,5 ml Salpetersäure (1,4) dampft man die Lösung zur Trockne, löst den Rückstand mit 10 ml Salzsäure (1,19), verdünnt auf 300 ml und gibt 50 mg Weinsäure zu. Nach dem Erwärmen auf 30 bis 40° fügt man eine ausreichende Menge Diacetyldioximlösung (4) und tropfenweise Ammoniak (0,91) in deutlichem Überschuß zu. Man erwärmt auf 60 bis 70°, läßt die Fällung 1 Std. bei 60 bis 70° und dann weitere 2 Std. bei Zimmertemperatur stehen. Der Niederschlag wird in einen Glasfiltertiegel 1G4 gebracht und mit Wasser von 40° gewaschen. Tiegel und Niederschlag werden bei 120° bis zur Gewichtskonstanz getrocknet und nach dem Erkalten gewogen.

Der Umrechnungsfaktor von Nickeldiacetyldioxim auf Nickel ist 0,2032.

### 2.2.2 Bestimmung des Kobalts

***Grundlage.*** Nach Aufschluß mit Natriumperoxid und Abtrennen des Chroms wird das Kobalt als Kaliumhexanitrokobaltat(III) gefällt und elektrolytisch bestimmt.

***Anwendungsbereich.*** Geeignet für Gehalte über 0,5%.

***Zuverlässigkeit.*** Bei Gehalten um 1% etwa ±5%,
um 10% etwa ±2%.

***Reagenzien.***

1. Kaliumhydroxidlösung: 200 g zum Liter gelöst.

2. Kaliumnitritlösung: 500 g zum Liter gelöst.

3. Waschlösung: 10 g Kaliumacetat und 1 g Kaliumnitrit zu 100 ml gelöst.

4. Mischsäure: Salpetersäure (1,4) und Schwefelsäure (1,84) im Volumenverhältnis 2 + 1.

5. Ammoniak (0,91) pyridinfrei.

***Geräte.*** Wie unter 1.2 angegeben.

***Ausführung.*** Einwaage, Aufschluß und Abtrennen des Chromats und der Schwefelwasserstoffgruppe erfolgen wie unter 2.2.1, S. 312, beschrieben. Für die Bestimmung des Kobalts entnimmt man dem 500 ml-Meßkolben 200 ml (= 1 g Einwaage) neutralisiert die Lösung in einem Becherglas nahezu mit Kaliumhydroxidlösung (1) und fällt das Eisen in der 80° heißen Lösung mit einem geringen Überschuß von aufgeschlämmtem, alkalicarbonatfreiem Zinkoxid. Den Niederschlag filtriert man über ein Filter Gr. 2, wäscht ihn mit heißem Wasser, löst ihn mit Salzsäure (1 + 1) vom Filter in das Fällgefäß zurück und wiederholt die Fällung. Die vereinigten Filtrate werden mit Salzsäure (1,19) schwach angesäuert, auf 100 ml eingeengt und mit Kaliumhydroxidlösung (1) versetzt, bis Lackmuspapier nach Blau umschlägt. Nun säuert man mit Essigsäure (1,06) schwach an, gibt 5 ml im Überschuß zu, erwärmt auf 50° und fällt das Kobalt mit 50 ml Kaliumnitritlösung (2). Nach 24 Std. filtriert man über ein Filter Gr. 4 und wäscht mit Waschlösung (3) aus. Das Filter wird mit dem Niederschlag in das Fällgefäß zurückgegeben. Man setzt 20 ml Salpetersäure (1,4) und 10 ml Schwefelsäure (1,84) zu und erhitzt bis zum starken Rauchen der Schwefelsäure. Filterreste werden durch Zutropfen von Mischsäure (4) zur rauchenden Lösung zerstört. Man läßt erkalten, setzt 25 ml Wasser zu und dampft nochmals bis zum Rauchen der Schwefelsäure ein. Dann nimmt man mit 100 ml Wasser auf und wiederholt die Fällung als Kaliumhexanitrokobaltat(III). Den Eindampfrückstand der zweiten Fällung nimmt man mit 250 ml Wasser auf, macht die Lösung stark ammoniakalisch, wozu ein Überschuß von 50 ml Ammoniak (5) erforderlich ist, setzt 1 g Hydraziniumsulfat und 10 g Ammoniumsulfat hinzu und scheidet das Kobalt bei ruhendem Elektrolyten mit 0,4 A auf einer Platinelektrode ab.

Nach Beendigung der Abscheidung werden die Elektroden ohne Stromunterbrechung herausgenommen, die Kathode wird sorgfältig abgespritzt, mit Wasser und Äthanol gewaschen, getrocknet und nach dem Erkalten gewogen.

***Bemerkung.*** Eine zu lange Dauer der Elektrolyse ist zu vermeiden, da sonst Platin der Anode merklich in Lösung geht und sich kathodisch mit abscheidet.

# 3 Metallische Erzeugnisse

## 3.1 Hüttennickel

### 3.1.1 Bestimmung des Kobalts

***Grundlage.*** Das Kobalt wird als Thiocyanatkomplex durch Extraktion mit Methylisobutylketon vom Nickel getrennt und in wäßriger, acetatgepufferter Lösung mit Nitroso-R-Salz photometrisch bestimmt.

***Anwendungsbereich.*** Geeignet für Gehalte von 0,001 bis 2%.

***Zuverlässigkeit.*** Bei Gehalten um 0,01% etwa ± 10%,
um 0,1% etwa ± 5%,
um 1% etwa ± 2%.

***Reagenzien.***

1. Ammoniumhydrogenfluoridlösung: 200 g zum Liter gelöst. Die Lösung ist in einer Kunststoffflasche aufzubewahren.

2. Ammoniumthiocyanatlösung: 300 g zum Liter gelöst.

3. Thioharnstofflösung, kalt gesättigt.

4. Methylisobutylketon: 4-Methylpentanon-2.
5. Phosphorsäure-Schwefelsäure-Gemisch: 150 ml Phosphorsäure (1,7) + 150 ml Schwefelsäure (1,84) + 700 ml Wasser.
6. Natriumacetatlösung: 50 g $CH_3COONa \cdot 3\ H_2O$ zu 100 ml gelöst.
7. Nitroso-R-Salzlösung: 0,2 g zu 100 ml gelöst.
8. Kobaltstammlösung: 1 g Kobalt wird mit 20 ml Salpetersäure (2 + 3) gelöst und die Lösung mit 20 ml Schwefelsäure (1 + 1) abgeraucht. Nach dem Erkalten löst man mit Wasser und füllt die Lösung in einem 1 l-Meßkolben auf.
9. Kobaltstandardlösung: 10 ml Kobaltstammlösung (8) werden in einem 1 l-Meßkolben aufgefüllt. 1 ml $\hat{=}$ 10 $\mu$g Kobalt.

***Ausführung.*** Man löst 1 g Probe mit einem 300 ml-Erlenmeyerkolben mit 20 ml Salpetersäure (2 + 3) und dampft die Lösung nach Zugabe von 10 ml Salzsäure (1,19) zur Trockne. Der Rückstand wird mit 10 ml Salzsäure (1,19) und Wasser gelöst und die Lösung in einem 200 ml-Meßkolben aufgefüllt. Man gibt einen Anteil, der weniger als 1,5 mg Kobalt enthält, in einen 150 ml-Scheidetrichter, setzt 10 ml Ammoniumhydrogenfluoridlösung (1) und 5 ml Thioharnstofflösung (3) zu und stellt mit Ammoniak (1 + 1) auf pH 5,5 ($\pm$0,1) ein. Nach Zugabe von 20 ml Ammoniumthiocyanatlösung (2) extrahiert man den Kobaltkomplex mehrmals mit je 10 ml Methylisobutylketon (4). Der letzte Auszug muß farblos sein.

Aus der Ketonphase extrahiert man das Kobalt mit 20 ml Salzsäure (10 + 75) und wiederholt die Extraktion noch zweimal mit der gleichen Säuremenge. Die salzsauren Auszüge dampft man nach Zugabe von 5 ml Salpetersäure (1,4) zur Trockne, nimmt den Rückstand mit 5 ml Salpetersäure (1,4) auf und füllt je nach dem Kobaltgehalt in einem 100 ml-, 200 ml- oder größeren Meßkolben auf. Man entnimmt zwei gleiche Anteile mit weniger als 100 $\mu$g Kobalt, setzt jeder Lösung 4 ml Phosphorsäure-Schwefelsäure (5) zu und dampft bis zum Rauchen ein. Nach dem Abkühlen nimmt man die Proben mit 5 ml Wasser auf, gibt 10 ml Natriumacetatlösung (6) zu, worauf der pH-Wert 3,5 betragen soll — ein entstehender Niederschlag bleibt unberücksichtigt — setzt dann der einen Probe 10 ml Nitroso-R-Salzlösung (7) und der anderen 10 ml Wasser zu und erhitzt zum Sieden (Siedestab). Nach Zugabe von 5 ml Salpetersäure (1,4) kocht man nochmals, aber nicht länger als 1 min, kühlt ab und füllt jede Abnahme in einem 50 ml-, bei Gehalten über 50 $\mu$g Kobalt in einem 100 ml-Meßkolben auf.

Man photometriert die angefärbte Lösung gegen die Kompensationslösung in einer 5 cm-Küvette bei 546 nm. Eine Chemikalienblindprobe wird in gleicher Weise durchgeführt und ihr Extinktionswert abgezogen.

***Eichkurve.*** Steigende Mengen der Kobaltstandardlösung (9), 1 bis 8 ml, entsprechend 10 bis 80 $\mu$g Kobalt, werden mit je 4 ml Phosphorsäure-Schwefelsäure (5) bis zum Rauchen erhitzt, weiterbehandelt, wie unter Ausführung beschrieben und gegen eine Chemikalienblindprobe photometriert.

***Bemerkungen.*** Bei einer Einwaage von 5 g können auch Gehalte von 0,0001 bis 0,001% Kobalt einwandfrei bestimmt werden. Die obige Vorschrift ist sinngemäß anzuwenden.

## 3.1.2 Bestimmung des Kupfers

### 3.1.2.1 Gehalte über 0,5% Kupfer

***Grundlage.*** Das Kupfer wird elektrolytisch bestimmt.

***Anwendungsbereich.*** Geeignet für Gehalte über 0,5%.

***Zuverlässigkeit.*** Bei Gehalten um 1% etwa $\pm$2%.

***Geräte.*** Wie unter 1.2, S. 309, angegeben.

***Ausführung.*** 10 g Probe werden in einem 400 ml-Becherglas in 100 ml Salpetersäure (2 + 3) unter schwachem Erwärmen gelöst. Die Lösung wird zum Vertreiben der Stickstoffoxide kurz aufgekocht. Nach dem Erkalten neutralisiert man mit

Ammoniak (0,91), setzt 10 ml Salpetersäure (1,4) und 10 ml Schwefelsäure (1 + 1) zu und verdünnt mit Wasser auf etwa 300 ml. Das Kupfer wird an einer Platin-Iridium-Elektrode mit 0,3 A bei ruhendem Elektrolyten abgeschieden (siehe Kupferbestimmung unter 1.3, S. 310).

#### 3.1.2.2 Gehalte unter 0,5% Kupfer

***Grundlage.*** Das Kupfer wird nach Reduktion zur einwertigen Stufe als Cuproinverbindung durch Extraktion mit Amylalkohol vom Nickel getrennt und im Extrakt photometrisch bestimmt.

***Anwendungsbereich.*** Geeignet für Gehalte von 0,001 bis 0,5%.

***Zuverlässigkeit.*** Bei Gehalten um 0,01% etwa ±5%,
um 0,1% etwa ±3%.

***Reagenzien.***

1. Bidestilliertes Wasser.
2. Phosphorsäure-Schwefelsäure: 150 ml $H_3PO_4$ (1,7) und 150 ml $H_2SO_4$ (1,84) mit Wasser (1) zum Liter aufgefüllt.
3. Amylalkohol.
4. Ascorbinsäure.
5. Ammoniumcitratlösung: 250 g mit Wasser (1) zum Liter gelöst.
6. Cuproinlösung: 0,5 g 2,2′-Dichinolyl werden mit Amylalkohol (3) zum Liter gelöst. Die Lösung ist mehrere Wochen haltbar.
7. Kupferstammlösung: 1 g Elektrolytkupfer wird mit 20 ml Salpetersäure (1 + 1) gelöst und die Lösung nach Verkochen der Stickstoffoxide in einem 1 l-Meßkolben aufgefüllt.
8. Kupferstandardlösung: 10 ml der Stammlösung (7) werden in einem Meßkolben mit Wasser (1) zum Liter verdünnt. 1 ml ≙ 10 $\mu$g Kupfer.

***Ausführung.*** 1 g Probe wird mit 20 ml Salpetersäure (2 + 3) gelöst, die Lösung auf 10 ml eingedampft, mit Wasser (1) in einen Meßkolben übergespült und zu 100 ml aufgefüllt. Man gibt einen Anteil, der 5 bis 100 $\mu$g Kupfer enthält, in einen 100 ml-Scheidetrichter, neutralisiert mit Ammoniak (0,91), säuert mit Phosphorsäure-Schwefelsäure (2) an und gibt 2 ml Säuregemisch im Überschuß zu. Dann kühlt man auf Zimmertemperatur ab, reduziert das Kupfer durch Zugabe von 2 g Ascorbinsäure (4), schüttelt bis zur vollständigen Lösung eines etwa auftretenden Bodenkörpers und läßt die Lösung 5 min stehen. Nach Zusatz von 20 ml Ammoniumcitratlösung (5) extrahiert man das Kupfer durch mehrmalige Zugabe von je 2 ml Cuproinlösung (6) verbunden mit jedesmaligem kräftigem Durchschütteln und Trennen der Phasen. Der letzte Auszug muß farblos sein. Die Auszüge werden in ein trockenes 10 ml-Meßkölbchen über etwas Filterwatte filtriert und mit Amylalkohol (3) aufgefüllt. Man photometriert bei 530 nm in einer 1 cm-Küvette gegen eine Reagenzienblindprobe.

***Eichkurve.*** Abnahmen von 1 bis 10 ml der Kupferstandardlösung (8), entsprechend 10 bis 100 $\mu$g Kupfer, werden in 100 ml-Scheidetrichter gegeben und, wie unter Ausführung beschrieben, weiterbehandelt.

### 3.1.3 Bestimmung des Bleis

#### 3.1.3.1 Photometrische Bestimmung mit Dithizon

##### *3.1.3.1.1 Gehalte über 0,0005% Blei*

***Grundlage.*** Das Blei wird in Gegenwart der Begleitmetalle und des Nickels als Dithizonverbindung extrahiert. Aus diesem Extrakt wird das Blei mit verdünnter Salpetersäure isoliert, erneut als Dithizonat extrahiert und photometrisch bestimmt.

***Anwendungsbereich.*** Geeignet für Gehalte von 0,0005 bis 0,2%.

***Zuverlässigkeit.*** Bei Gehalten um 0,001% etwa ±10%,
um 0,01% etwa ± 5%.

***Reagenzien.***

1. Bidestilliertes Wasser.
2. Salpetersäure: $HNO_3$ (1,4) und Wasser (1) im Volumenverhältnis 1 + 1.
3. Ammoniak: Wasser (1) wird mit Ammoniakgas gesättigt.
4. Ammoniak: Ammoniak (3) mit Wasser (1) im Volumenverhältnis 1 + 2.

5. Kaliumnatriumtartratlösung: 20 g $KNaC_4H_4O_6 \cdot 4\,H_2O$ werden mit 75 ml Wasser (1) gelöst, bis zur Blaufärbung von Lackmus mit Ammoniak (3) versetzt und in einem Scheidetrichter mit kleinen Anteilen an Reagenzlösung (10) extrahiert, bis der letzte Reagenzzusatz farblos oder schwach grün gefärbt ist. Das in die wäßrige Phase übergegangene Dithizon wird nach Ansäuern mit Salzsäure (1,19) durch mehrfache Extraktion mit reinem Chloroform entfernt. Man wäscht einmal mit Kohlenstofftetrachlorid (11) nach. Die Lösung wird danach mit Wasser(1) auf 100 ml aufgefüllt.

6. Hydroxylammoniumchloridlösung: 20 g werden mit 50 ml Wasser (1) gelöst, mit Ammoniak (3) bis zur Blaufärbung von Lackmuspapier versetzt und nach Abkühlen in einem Scheidetrichter mit Dithizonlösung (10) gereinigt, wie unter (5) beschrieben. Die gereinigte Lösung wird dann mit Wasser (1) auf 100 ml aufgefüllt.

7. Kaliumcyanidlösung: 20 g mit Wasser (1) zu 100 ml gelöst. Die Lösung wird durch Extraktion mit kleinen Anteilen einer Dithizon-Chloroformlösung (2,5 mg Dithizon im Liter) gereinigt und das in die wäßrige Phase übergegangene Dithizon durch wiederholte Extraktion mit Chloroform und Nachspülen mit Kohlenstofftetrachlorid entfernt.

8. Salpetersäure ($\approx$0,001 n): 7,5 ml $HNO_3$ (1,4) werden mit Wasser (1) zu 100 ml aufgefüllt. Vor Gebrauch wird 1 ml dieser Lösung mit Wasser (1) zum Liter verdünnt.

9. Dithizonstammlösung: In einer trockenen Flasche werden 25 mg festes Dithizon mit 150 ml Kohlenstofftetrachlorid durch Schütteln gelöst und die Lösung über ein trockenes Filter Gr. 2 in eine 500 ml-Schüttelbirne filtriert. Man versetzt mit 100 bis 150 ml Ammoniak (1 + 200) und schüttelt 1 bis 2 min lang. Nach Klarwerden läßt man die organische Phase ab und verwirft sie. Bei starker Verunreinigung des Dithizons sieht sie dunkelgelb aus. In diesem Falle ist die Reinigung mit Ammoniak zu wiederholen. Die orangegefärbte wäßrige Phase wird 2 bis 3mal mit je 2 ml Kohlenstofftetrachlorid (11) nachgespült. Danach versetzt man sie mit 200 ml Kohlenstofftetrachlorid (11), säuert mit 10 ml Schwefelsäure (1 + 35) an und schüttelt 1 min lang. Die abgelassene organische Schicht wird einmal mit Wasser (1) gewaschen, in eine braune Vorratsflasche abgelassen und mit 20 ml Wasser (1), dem man 2 ml Schwefelsäure (1 + 35) zugesetzt hat, überschichtet. Im Kühlschrank aufbewahrt ist die gereinigte Stammlösung 2 bis 3 Wochen gebrauchsfähig. Bei längerer Standzeit ist sie erneut zu reinigen.

10. Reagenzlösung: Ein Anteil der gereinigten Stammlösung (9) wird mit Kohlenstofftetrachlorid (11) 1 + 10 verdünnt. Eine genaue Konzentrationseinstellung ist nicht erforderlich. Die Stärke soll 19 mg im Liter nicht überschreiten. Eine Reagenzlösung mit 12,8 mg Dithizon in 1 l Kohlenstofftetrachlorid hat bei 620 nm und 1 cm Schichtdicke eine Extinktion von 1,64 und bei 450 nm von 1,0.

11. Handelsübliches Kohlenstofftetrachlorid wird durch 24-stündiges Stehenlassen mit Aktivkohle (10 g zum Liter $CCl_4$) und Abfiltrieren der Kohle dithizongerecht gemacht.

12. Kaliumcyanidwaschlösung: 5 ml Kaliumcyanidlösung (7) werden mit Wasser (1) auf 200 ml verdünnt.

13. Bleistammlösung: 125 mg Blei werden mit 10 ml Salpetersäure (2) gelöst. Die Lösung wird nach dem Verkochen der Stickstoffoxide in einem 250 ml-Meßkolben aufgefüllt.

14. Bleistandardlösung: 5 ml Stammlösung (13) werden mit Wasser (1) in einem Meßkolben zum Liter verdünnt. 1 ml $\triangleq$ 2,5 $\mu$g Blei.

Die Reagenzien sollen bleifrei sein.

Zum Lösen und Verdünnen ist nur bidestilliertes Wasser (1) zu verwenden.

***Ausführung.*** 5 g Probe werden mit 50 ml Salpetersäure (2) gelöst und die Stickstoffoxide verkocht. Die Lösung wird mit Wasser (1) in einem 100 ml-Meßkolben aufgefüllt. Eine evtl. Trübung wird vor dem Auffüllen über ein Filter Gr. 3 abfiltriert und bleibt unberücksichtigt. Man pipettiert einen Anteil, entsprechend 5 bis 40 $\mu$g Blei, in ein 250 ml-Becherglas, gibt zur Verhinderung von Fällungen 5 ml Tartratlösung (5) zu, versetzt mit Ammoniak (3), bis das ausfallende Nickelhydroxid wieder gelöst und die Lösung tiefblau ist. Die Lösung wird aufgekocht und tropfenweise mit 5 ml Hydroxylammoniumchloridlösung (6) versetzt. In die noch warme Lösung gibt man 20 ml Kaliumcyanidlösung (7) in einem Guß, wodurch außer Blei, sowie, falls vorhanden, Wismut und Thallium, alle Dithizonmetalle getarnt werden. Dann erhitzt man nochmals bis nahe zum Sieden. Die Lösung muß farblos bleiben, andernfalls wird noch etwas Kaliumcyanidlösung (7) zugesetzt. Bei geringerer Vorgabe an Nickellösung wird weniger Kaliumcyanidlösung (7) zugesetzt. Nach Abkühlen überführt man die Lösung in einen Scheidetrichter, setzt 5 ml Reagenzlösung (10) zu und schüttelt 1 min. Der rotgefärbte Extrakt wird in einen zweiten Scheidetrichter abgelassen und die Extraktion mit je 3 ml Reagenzlösung (10) so oft wiederholt, bis der letzte Auszug farblos ist. Sollten mehr als 40 ml Reagenzlösung verbraucht werden, so ist die Bestimmung mit einem kleineren Anteil an Nickellösung zu wiederholen.

Die in dem zweiten Scheidetrichter gesammelten organischen Extrakte wäscht man dreimal durch jeweils 15 sec langes Schütteln mit je 10 ml Wasser (1). Die wäßrigen Schichten werden abgelassen, jede mit 2 ml Kohlenstofftetrachlorid (11) gewaschen und dieses zum organischen Extrakt gegeben. Durch diesen Waschprozeß werden evtl. vorhandenes Thalliumdithizonat sowie mitgeschleppte Nickellösung entfernt.

Zur Isolierung des Bleis von mitextrahiertem Wismut werden die in einem Scheidetrichter vereinigten organischen Auszüge zweimal mit je 10 ml Salpetersäure (8) je 1 min lang geschüttelt, wobei nur das Blei in die wäßrige Phase übergeht. Die gesammelten wäßrigen Auszüge werden mit 3 ml Kohlenstofftetrachlorid (11) nachgewaschen.

Aus der schwach salpetersauren Lösung extrahiert man das Blei nach Neutralisieren der Lösung mit Ammoniak (4) unter Zusatz von 1 ml Kaliumcyanidlösung (7) erneut mit Reagenzlösung (10), wie bei der Vorextraktion beschrieben.

Die vereinigten organischen Auszüge werden in einem Mischzylinder mit Kohlenstofftetrachlorid (11) auf 20 ml aufgefüllt und ein- oder zweimal mit 5 ml Waschlösung (12) 10 sec lang geschüttelt, bis die wäßrige Phase praktisch farblos ist. Nach glatter Phasentrennung läßt man, um Wassertröpfchen in der Küvette zu vermeiden, zunächst kleine Anteile des roten Extraktes schnell ab und füllt dann erst die Küvette. Man photometriert bei 520 nm in einer 1 cm-Küvette gegen reines Kohlenstofftetrachlorid (11).

***Eichkurve.*** 2 bis 16 ml der Bleistandardlösung (14), entsprechend 5 bis 40 $\mu$g Blei, werden auf etwa 20 ml mit Wasser (1) verdünnt. Nach Neutralisieren der Lösung mit Ammoniak (4) und Zusatz von 1 ml Kaliumcyanidlösung (7), wird das Blei mit Reagenzlösung (10) vollständig extrahiert, der Auszug mit Waschlösung (12) gewaschen, wie bei der zweiten Extraktion unter Ausführung beschrieben, und anschließend das Bleidithizonat in gleicher Weise photometriert.

***Bemerkung.*** Falls Reagenzien und Geräte nicht frei von Bleispuren gehalten werden können, muß jeweils eine Blindprobe durchgeführt werden.

*3.1.3.1.2 Gehalte unter 0,0005% Blei*

***Grundlage.*** Das Blei wird mit Eisen als Spurenfänger durch eine Ammoniak-Ammoniumcarbonatfällung vom Nickel getrennt und aus der Lösung des Niederschlags mit einer Dithizon-Kohlenstofftetrachloridlösung extrahiert. Aus diesem Extrakt wird das Blei mit verdünnter Salpetersäure isoliert, erneut als Dithizonat extrahiert und photometrisch bestimmt.

***Anwendungsbereich.*** Geeignet für Gehalte von 0,0001 bis 0,0005%.

***Zuverlässigkeit.*** Etwa ±20%.

***Reagenzien.*** Siehe 3.1.3.1.1 und zusätzlich:

15. Eisen(III)-nitratlösung: 5 g $Fe(NO_3)_3 \cdot 9\,H_2O$ mit Wasser (1) zu 100 ml gelöst.

16. Ascorbinsäure.

17. Ammoniumcarbonatlösung: 10 g mit Wasser (1) zu 100 ml gelöst.

Die Lösung ist mit Dithizon auf Bleifreiheit zu prüfen. Ein evtl. Bleigehalt ist zu bestimmen.

***Ausführung.*** 5 g Probe werden in einem 400 ml-Becherglas mit 50 ml Salpetersäure (2) gelöst. Nach Verkochen der Stickstoffoxide wird die Lösung mit Wasser (1) auf etwa 150 ml verdünnt und nach Zugabe von 5 ml Eisen(III)-nitratlösung (15) vorsichtig mit Ammoniak (3) ammoniakalisch gemacht. Nun gibt man 10 ml Ammoniumcarbonatlösung (17) zu und soviel Ammoniak (3), daß die über dem Eisenoxidhydratniederschlag stehende Lösung blau gefärbt ist. Man kocht eben auf, sammelt den Niederschlag auf einem Filter Gr. 2 und wäscht mit Ammoniak (4) und anschließend mit heißem Wasser (1) aus.

Der Niederschlag wird in das Fällgefäß zurückgegeben, mit etwa 20 ml Salpetersäure (2) gelöst und nach Verdünnen mit Wasser nochmals mit Ammoniak und Ammoniumcarbonat ausgefällt. Der filtrierte und gewaschene Niederschlag wird mit 25 ml heißer Salzsäure (1 + 1) gelöst, die Lösung abgekühlt und mit 100 mg Ascorbinsäure (16) versetzt. Nach 5 min gibt man 5 ml Tartratlösung (5) zu, Ammoniak (3) bis zur Blaufärbung von Lackmuspapier und dann einen Überschuß von 2 ml. Die Lösung wird auf Zimmertemperatur abgekühlt, mit 5 ml Kaliumcyanidlösung (7) versetzt, und dann das Blei vollständig mit Reagenzlösung (10) extrahiert. Die in einem zweiten Scheidetrichter gesammelten organischen Auszüge werden, wie unter 3.1.3.1.1 beschrieben, mit Wasser gewaschen, mit Salpetersäure geschüttelt, worauf das Blei, wie dort weiter beschrieben, photometrisch bestimmt wird.

**3.1.3.2 Polarographische Bestimmung**

***Grundlage.*** Das Blei wird durch Fällen mit Ammoniak-Ammoniumcarbonat in Gegenwart von Eisen vom Nickel getrennt und polarographisch bestimmt.

***Anwendungsbereich.*** Geeignet für Gehalte von 0,0005 bis 0,05%.

***Zuverlässigkeit.*** Bei Gehalten um 0,001% etwa ±10%,
um 0,01% etwa ± 5%.

***Reagenzien.***

1. Ammonium-Eisen(III)sulfatlösung: 10 g $(NH_4)Fe(SO_4)_2 \cdot 12\,H_2O$ zum Liter gelöst.
2. Ammoniumcarbonatlösung: 10 g zu 100 ml gelöst.
3. Tyloselösung: 0,5 g Tylose SL 400 in 100 ml.
4. Bleistammlösung: 1 g Blei wird mit 10 ml Salpetersäure (1 + 1) gelöst und die Lösung nach Verkochen der Stickstoffoxide in einem Meßkolben zum Liter aufgefüllt.

5. Bleistandardlösung: 10 ml der Stammlösung (4) werden in einem 100 ml Meßkolben aufgefüllt. 1 ml ≙ 100 μg Blei.

***Ausführung.*** 10 g Probe werden in einem 400 ml-Becherglas mit 50 ml Salpetersäure (1 + 1) gelöst. Nach Aufhören des anfangs lebhaften Lösevorgangs erwärmt man und verkocht die Stickstoffoxide. Die auf etwa 50° abgekühlte Lösung wird auf 200 ml verdünnt und nach Zugabe von 5 ml Eisen(III)-lösung (1) vorsichtig mit Ammoniak (0,91) ammoniakalisch gemacht. Nun gibt man 10 ml Ammoniumcarbonatlösung (2) und soviel Ammoniak (0,91) zu, daß das Nickel als Amminkomplex vorliegt. Dann wird die Lösung erwärmt und 5 min lang gekocht. Nach Abkühlen auf Zimmertemperatur wird über ein Filter Gr. 2 filtriert und mit verdünntem Ammoniak (1 + 50) erst das Fällgefäß und dann das Filter bis zum Verschwinden der Blaufärbung ausgewaschen. Der Niederschlag wird mit 5 ml warmer Salzsäure (1 + 1) vom Filter gelöst, das mit 10 ml warmem Wasser ausgewaschen wird. Die Lösung wird zur Reduktion des Eisens mit 0,5 g Hydroxylammoniumchlorid versetzt, 5 min lang gekocht, nach Zugabe von 2 g Kaliumchlorid auf Zimmertemperatur abgekühlt und in einem 25 ml-Meßkolben aufgefüllt. Man pipettiert je 10 ml (= 4 g Einwaage) in zwei weitere 25 ml-Meßkolben, gibt je 1 ml Tyloselösung (3) und vor dem Auffüllen in einen Kolben eine dem zu erwartenden Bleigehalt entsprechende Menge Bleistandardlösung (5) zu. Nach dem Auffüllen und Entlüften mit Stickstoff werden die Lösungen zwischen −0,2 und −0,5 V polarographiert.

Eine Reagenzienblindprobe ist erforderlich.

***Bemerkungen.*** Enthält die Probe Zinn, so muß es vor der polarographischen Bestimmung entfernt werden. Man dampft die Lösung der Hydroxide fast zur Trockne, gibt 18 ml Bromwasserstoffsäure (1,38), 2 ml Brom und 2 ml Perchlorsäure (70%) zu und dampft bis zum starken Rauchen der Perchlorsäure ab. Nach dem Erkalten wird diese Lösung verdünnt und, wie beschrieben, weiterverarbeitet (siehe auch Kapitel Kupfer unter 4.1.2.1, S. 235).

Sind Gehalte unter 0,0005% zu bestimmen, so unterläßt man die Teilung der Probe und polarographiert zunächst die gesamte Untersuchungslösung, entsprechend 10 g Einwaage. Dann setzt man der Lösung mit Hilfe einer Mikropipette eine bekannte Bleimenge in einem kleinen Volumen (etwa 0,2 ml) zu und wiederholt die polarographische Aufnahme.

### 3.1.4. Bestimmung des Eisens

***Grundlage.*** Das Eisen wird aus salzsaurer Lösung mit Methylisobutylketon extrahiert und nach Reextraktion in wässriger Lösung mit o-Phenanthrolin photometrisch bestimmt.

***Anwendungsbereich.*** Geeignet für Gehalte von 0,001 bis 1%.

***Zuverlässigkeit.*** Bei Gehalten um 0,01% etwa ±5%,
um 0,1% etwa ±3%,
um 1% etwa ±2%.

***Reagenzien.***

1. Ascorbinsäurelösung: 100 g mit Wasser (4) zum Liter gelöst.

2. Pufferlösung: 120 g Natriumacetat ($CH_3COONa \cdot 3\,H_2O$) werden mit 150 ml Wasser (4) gelöst. Nach Zugabe von 300 ml Essigsäure (1,06) wird die Lösung mit Wasser (4) zum Liter aufgefüllt. Ihr pH-Wert muß 3,8 ± 0,1, betragen; andernfalls ist er mit Essigsäure oder Natriumhydroxidlösung einzustellen.

3. o-Phenanthrolinlösung: 0,25 g o-Phenanthrolinhydrochlorid mit 100 ml Wasser (4) gelöst.

4. Bidestilliertes Wasser.

5. Eisenstammlösung: 100 mg Eisen werden mit 10 ml Salzsäure (1,19) und einigen Kristallen Kaliumchlorat gelöst. Man verdünnt mit Wasser (4), kocht kurz auf und füllt die Lösung mit Wasser (4) in einem 1 l-Meßkolben auf.

6. Eisenstandardlösung: 50 ml Stammlösung (5) werden mit Wasser (4) in einem 500 ml-Meßkolben aufgefüllt. 1 ml ≙ 10 $\mu$g Eisen.

7. Methylisobutylketon: 4-Methylpentanon-2.

8. 7 n-Salzsäure.

***Ausführung.*** 1 g Probe wird mit 20 ml Salpetersäure (2 + 3) gelöst, und die Lösung mit 20 ml Schwefelsäure (1 + 1) zur Trockne gedampft. Man nimmt mit 50 ml Salzsäure (8) auf, kocht bis zum vollständigen Lösen und überführt bei Gehalten unter 0,01% Eisen die Lösung mit der gleichen Säure in einen 250 ml-Scheidetrichter. Bei Gehalten über 0,01% Eisen füllt man die Lösung in einem 500 ml-Meßkolben mit Salzsäure (8) auf und entnimmt einen 20 bis 200 $\mu$g Eisen enthaltenden Anteil. Zu der jeweiligen Lösung im Scheidetrichter, die man gegebenenfalls, mit Salzsäure (8) auf 50 bis 60 ml auffüllt, gibt man 25 ml Methylisobutylketon (7) und schüttelt 30 sec kräftig. Die wäßrige Phase wird verworfen und die Ketonphase durch zweimaliges Ausschütteln mit je 50 ml Salzsäure (8) gereinigt. Anschließend wird die Ketonphase mit 50 ml Wasser (4) 30 sec geschüttelt, wobei das Eisen in die wässrige Schicht geht. Diese wird in ein 200 ml-Becherglas abgelassen und die organische Phase noch zweimal mit je 5 ml Wasser (4) nachgewaschen. Die vereinigten wäßrigen Lösungen werden auf etwa 20 ml eingedampft. Nun überführt man die Lösung in einen 100 ml-Meßkolben, verdünnt mit Wasser (4) auf 50 ml, fügt 10 ml Ascorbinsäure (1) zu und nach 1 min 10 ml Pufferlösung (2) sowie 10 ml o-Phenanthrolinlösung (3), wobei man jedesmal mischt. Nun füllt man mit Wasser (4) auf und photometriert in einer 2 cm-Küvette bei 490 nm gegen eine Reagenzienblindprobe.

***Eichkurve.*** Es werden steigende Mengen der Eisenstandardlösung (6), 1 bis 20 ml, entsprechend 10 bis 200 $\mu$g Eisen, in 100 ml-Meßkolben gegeben, wie unter Ausführung beschrieben, reduziert und angefärbt und gegen eine Reagenzienblindprobe photometriert.

### 3.1.5 Bestimmung des Mangans

***Grundlage.*** Das Mangan wird in saurer Lösung mit Kaliumtetroxojodat zu Permanganat oxydiert und photometrisch bestimmt.

***Anwendungsbereich.*** Geeignet für Gehalte von 0,005 bis 1,5%.

***Zuverlässigkeit.*** Bei Gehalten um 0,01% etwa ±5%,
um 0,1 % etwa ±3%,
um 1% etwa ±1%.

***Reagenzien.***

1. Phosphorsäure-Schwefelsäure: In 700 ml Wasser werden 150 ml Schwefelsäure (1,84) und 150 ml Phosphorsäure (1,7) eingegossen.

2. Natriumnitritlösung: 10 g zu 100 ml gelöst.

3. Kaliumtetroxojodatlösung: 10 g werden mit 250 ml heißer Phosphorsäure-Schwefelsäure (1) gelöst. Die Lösung wird auf 500 ml aufgefüllt.

4. Manganstandardlösung: 0,1 g Mangan wird mit 10 ml Salpetersäure (1 + 1) gelöst. Die Lösung wird in einem Meßkolben zum Liter aufgefüllt. 1 ml ≙ 100 $\mu$g Mangan.

5. Nickel, manganfrei.

***Ausführung.*** Bei Mangangehalten unter 0,2% wird 1 g Probe eingewogen, bei Gehalten über 0,2% wägt man 0,1 g ein.

Man löst die Einwaage mit 20 ml Salpetersäure (1 + 1), verdünnt mit 30 ml Wasser und erhitzt einige min zum Sieden. Jetzt werden in die heiße Lösung 15 ml Jodatlösung (3) gegeben, die Lösung wieder 3 bis 4 min gekocht und anschließend 30 min bei 90° stehen gelassen. Nach dem Abkühlen wird in einem 100 ml-Meßkolben aufgefüllt. Etwa 20 ml Lösung werden in einem Becherglas durch Zugabe einiger Tropfen Nitritlösung (2) entfärbt. Man photometriert die restliche Farblösung gegen die entfärbte Teillösung als Blindprobe bei 546 nm in einer 1 oder 4 cm-Küvette.

***Eichkurve.*** Man wägt sechsmal bei Mangangehalten unter 0,2% 1 g und bei Gehalten darüber 0,1 g Nickel (5) ein, löst die Einwaage in 20 ml Salpetersäure (1 + 1), verdünnt mit 30 ml Wasser und erhitzt zum Sieden. Dann setzt man 1 bis 20 ml Manganstandardlösung (4) zu, entsprechend 0,1 bis 2 mg Mangan und verfährt weiter, wie unter Ausführung beschrieben.

### 3.1.6 Bestimmung des Zinks

***Grundlage.*** Das Zink wird in einem einseitig zur Kapillare ausgezogenen Quarzrohr im Wasserstoffstrom verdampft, in der Kapillare abgeschieden und nach dem Lösen polarographisch bestimmt.

***Anwendungsbereich.*** Geeignet für Gehalte von 0,001 bis 0,5%.

***Zuverlässigkeit.*** Bei Gehalten um 0,1% etwa ± 5%,
um 0,01% etwa ±10%,
um 0,001% etwa ±20%.

***Reagenzien.***

1. Bidestilliertes Wasser.
2. Reduktionslösung: 30 g Hydraziniumchlorid und 1 g Blattgelatine werden mit 100 ml heißem Wasser gelöst. Die Lösung ist täglich frisch zu bereiten.
3. Polarographische Grundlösung: 100 g Ammoniumchlorid mit Ammoniak (0,91) zum Liter gelöst.
4. Diacetyldioximlösung: 1 g mit Äthanol zu 100 ml gelöst.
5. Zinkstammlösung: 1 g Zink wird mit 20 ml Salzsäure (1 + 1) gelöst und die Lösung in einem Meßkolben mit Wasser (1) zum Liter aufgefüllt. Anteile der Lösung werden nach Bedarf mit Wasser (1) 1 + 9 oder 1 + 99 verdünnt. 1 ml ≙ 100 bzw. 10 μg Zink.

***Geräte.*** Ein Röhrenofen, der eine Tempeıatur von 1200° zu erreichen gestattet (Abb. 15).

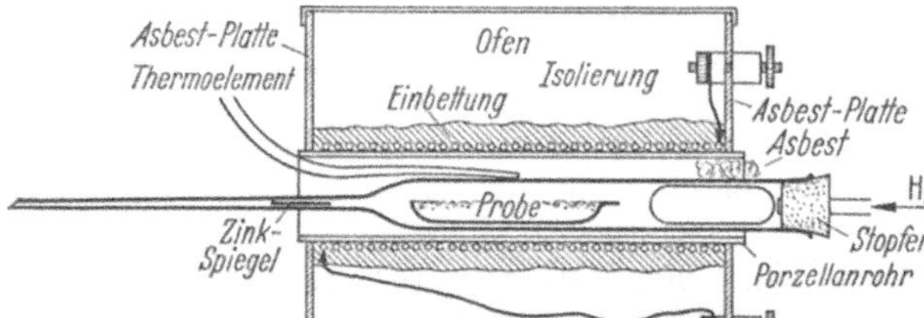


Abb. 15. Röhrenofen zur Zinkbestimmung

Ein Quarzrohr von 1 mm Wandstärke, 20 mm lichter Weite und 200 mm Länge. Auf der einen Seite ist es mit einem Normalschliff versehen, in den ein Pyrexglas-Hohlstopfen mit Schlauchansatz paßt. Auf der anderen Seite geht es in eine 150 bis 200 mm lange Kapillare über, die am Ansatz 3 bis 4 mm weit ist und sich gleichmäßig nach dem Ende zu auf 1,5 bis 2 mm verjüngt (Abb. 16).

Abb. 16. Quarzrohr und Schiffchen aus unglasiertem Porzellan

Ein Schiffchen aus unglasiertem Porzellan, Länge 100 mm, Breite 15 bis 17 mm, Höhe 10 mm; vor Gebrauch 2 Std. im Wasserstoffstrom glühen.

Ein Strömungskörper aus einem beiderseitig zugeschmolzenen Quarzrohr von 50 bis 80 mm Länge, dessen äußerer Durchmesser höchstens 1 bis 2 mm geringer ist als die lichte Weite des Quarzrohres (Abb. 16).

Ein Thermoelement.

Der Wasserstoff wird einer Stahlflasche entnommen und durch ein mit konzentrierter Schwefelsäure beschicktes, als Blasenzähler dienendes Waschgefäß geleitet.

***Ausführung.*** Je nach dem Zinkgehalt werden 0,1 bis 2 g Probe in einem Porzellanschiffchen in das Quarzrohr der Apparatur übergeführt. Nach dem Einsetzen des Strömungskörpers wird das Rohr mit Wasserstoff gefüllt, so daß die Luft restlos vertrieben ist (Vorsicht! Bildung von Knallgas). Nun wird das Rohr in den auf 700° vorgewärmten Ofen geschoben, wobei darauf zu achten ist, daß das Schiffchen in den mittleren, gleichmäßig heißen Ofenteil gelangt. Während der Wasserstoffstrom von 2 bis 3 Blasen pro Sekunde das Rohr durchstreicht, wird die Temperatur auf 1100° erhöht und das Schiffchen etwa 2 Std. auf dieser Temperatur gehalten. Danach schaltet man den Ofen ab, zieht das Rohr heraus und läßt im Wasserstrom erkalten.

Nach dem Erkalten des Rohres werden zunächst Strömungskörper und Schiffchen sowie etwa aus dem Schiffchen herausgefallene Metallspäne entfernt. Aus dem senkrecht mit der Kapillare nach unten gestellten Rohr löst man sodann den Metallspiegel in ein Quarzschälchen, indem man mit Hilfe einer Kapillarpipette dreimal je 1 ml heiße Salzsäure (1 + 1) und 1 ml Wasserstoffperoxid (3%) in die Kapillare über den dort kondensierten Metallspiegel tropfen läßt und mit je 1 ml Wasser (1) dreimal nachspült. Lösung und Waschwasser werden auf dem Wasserbade vorsichtig zur Trockne gedampft. Der Rückstand wird mit 2 Tropfen Salzsäure (1 + 1) und 3 bis 4 ml Wasser (1) wieder in Lösung gebracht.

Zu der noch warmen Zinklösung im Quarzschälchen setzt man zum Ausfällen etwa mitgerissenen Nickels 0,25 ml Diacetyldioximlösung (4) und 0,25 ml Ammoniak (0,91) und läßt das Schälchen zum Absetzen des Niederschlages mit einem Quarzuhrglas bedeckt 30 min auf dem Wasserbade stehen. Dann wird über ein 3 cm-Filter Gr. 3 in ein Quarzgläschen filtriert und mit 2 bis 3 ml Wasser (1) nachgewaschen. Zum Filtrat fügt man 1 ml Salpetersäure (1,4) und 0,5 ml Schwefelsäure (1,84) hinzu und dampft erst auf dem Wasserbade und dann auf der Heizplatte zur Trockne.

Der Rückstand wird mit 5 ml Grundlösung (3) und 2 Tropfen Hydraziniumchloridlösung (2) aufgenommen und die Lösung nach mehrmaligem Umschütteln in ein 10 ml-Polarographengläschen überführt. Man polarographiert von —0,8 bis —1,5 V.

***Auswertung.*** Abgemessene Mengen der Zinkstammlösung (5), die vor Zugabe der polarographischen Grundlösung (4) mit 1 ml Salpetersäure (1,4) und 0,5 ml Schwefelsäure (1,84) zur Trockne gedampft worden sind, werden unter den gleichen Bedingungen wie die Probe polarographiert.

### 3.1.7 Bestimmung des Aluminiums

***Grundlage.*** Das Aluminium wird nach Abscheiden der störenden Elemente an einer Quecksilberkathode mit Eriochromcyanin photometrisch bestimmt.

***Anwendungsbereich.*** Geeignet für Gehalte von 0,002 bis 0,1% Aluminium bei Abwesenheit von Beryllium.

***Zuverlässigkeit.*** Etwa ±10%.

***Reagenzien.***

1. Quecksilber.
2. Eriochromcyaninlösung: 0,1 g zu 100 ml gelöst (nach Lösen 1 Std. stehen lassen).
3. Pufferlösung: 274 g Ammoniumacetat, 109 g Natriumacetat ($CH_3COONa \cdot 3\,H_2O$) und 6 ml Essigsäure (1,06) zum Liter gelöst.

Bei einem Verdünnungsverhältnis 1 + 5 muß der pH-Wert 6 betragen.

4. Aluminiumstammlösung: 500 mg Reinstaluminium werden mit 10 ml Natriumhydroxidlösung (300 g im Liter) gelöst. Die Lösung wird mit 30 ml Schwefelsäure (1 + 1) versetzt und in einem Meßkolben zum Liter aufgefüllt.

5. Aluminiumstandardlösung: 10 ml Stammlösung (3) werden in einem Meßkolben zum Liter aufgefüllt. 1 ml $\triangleq$ 5 $\mu$g Aluminium.

6. Nickel, aluminiumfrei.

***Geräte.*** Apparatur für Amalgamelektrolyse mit Rühreinrichtung und Platinscheibenelektrode.

***Ausführung.*** 2,5 g Probe werden in einem Quarzbecherglas mit 25 ml Salpetersäure (1 + 1) und 10 ml Schwefelsäure (1 + 1) gelöst. Die Lösung wird bis zum Rauchen der Schwefelsäure eingedampft. Nach dem Erkalten verdünnt man mit Wasser und füllt die Lösung in einem 250 ml-Meßkolben auf.

Bei Aluminiumgehalten unter 0,02% pipettiert man 50 ml (= 0,5 g Einwaage), bei Gehalten über 0,02% einen 20 bis 100 $\mu$g Aluminium enthaltenden Anteil der Lösung in ein 200 ml-Becherglas (hohe Form), verdünnt, wenn erforderlich, auf 50 ml, fügt 30 ml Quecksilber (1) hinzu und elektrolysiert mit Hilfe einer Platinscheibenelektrode, die mit mehreren Löchern versehen ist, als Anode und dem hinzugefügten Quecksilber, das mit einer in Glas eingeschmolzenen Platindrahtzuführung versehen ist, als Kathode. Der Elektrodenabstand soll etwa 2 cm betragen. Die Elektrolyse wird unter Rühren des Quecksilbers — zweckmäßig mit Hilfe eines Magnetrührers — durchgeführt und ist bei einer Stromstärke von 4 A nach 30 bis 40 min beendet. Nach beendeter Abscheidung dekantiert man den Elektrolyten in ein 250 ml-Becherglas, fügt 5 ml gesättigtes Schwefelwasserstoffwasser hinzu und kocht die Lösung auf. Man filtriert durch ein Filter Gr. 3, wäscht mit schwefelwasserstoffhaltigem Wasser aus und dampft das Filtrat auf 10 ml ein. Nun wird die Lösung in einen 100 ml-Meßkolben übergeführt und nach Zugabe von 5 ml Eriochromcyaninlösung (2) unter starkem Umschwenken mit 2 n-Natriumhydroxidlösung neutralisiert. Man gibt einen Tropfen im Überschuß zu. Dabei verändert sich der rötliche Farbton über Gelb in Blauviolett. Ist dieser Punkt erreicht, so versetzt man tropfenweise mit 0,8 n-Essigsäure, bis sich die Farbe zunächst nach Gelb aufhellt, und dann vorsichtig weiter bis zum Umschlag nach Rotviolett. Nach Zugabe von 10 ml Pufferlösung (3) füllt man mit Wasser auf, mischt und vermerkt die Zeit. Mit den gleichen Reagenzien und unter den gleichen Bedingungen wird eine Blindprobe durchgeführt. Nach genau gleichen Zeitabständen, frühestens 15 min von der Zugabe der Pufferlösung (3) oder vom Auffüllen des Meßkolbens an gerechnet, wird bei 530 nm in einer 1 cm-Küvette die Extinktion gegen Wasser gemessen. Der Unterschied der Extinktion der Probe und der Blindprobe entspricht dem Aluminiumgehalt der Proben.

***Eichkurve.*** Es werden 5 g aluminiumfreies Nickel (6) nach vorstehender Vorschrift gelöst und auf ein Volumen von 500 ml aufgefüllt. Man entnimmt siebenmal einen 0,5 g entsprechenden Anteil und fügt zu sechs dieser Lösungen steigende Mengen Aluminiumstandardlösung (5), 1 bis 20 ml, entsprechend 5 bis 100 $\mu$g Aluminium. Diese Lösungen werden, wie unter Ausführung beschrieben, behandelt, gemessen und die aluminiumhaltigen gegen die aluminiumfreien ausgewertet.

***Bemerkungen.*** Die Farbintensität der Lösungen bleibt innerhalb der ersten 30 min nahezu unverändert. Proben-, Blind- und Eichlösungen müssen bei den gleichen Temperaturverhältnissen angefärbt werden.

### 3.1.8 Bestimmung des Magnesiums

***Grundlage.*** Nach elektrolytischer Abscheidung des Nickels an einer Quecksilberkathode und Abtrennen etwa noch vorhandener Schwermetalle durch Fällung mit Zinkoxid und Brom wird das Magnesium in Gegenwart von Kaliumcyanid komplexometrisch gegen Eriochromschwarz T als Indicator titriert.

***Anwendungsbereich.*** Geeignet für Gehalte von 0,001 bis 0,1%.

***Zuverlässigkeit.*** Bei Gehalten um 0,001% etwa ±10%,
um 0,01% etwa ± 3%.

***Reagenzien.***

1. Quecksilber.
2. Zinkoxid, alkalicarbonatfrei.
3. Natriumhydroxidlösung: 20 g zu 100 ml gelöst.
4. Pufferlösung (pH 10): 70 g Ammoniumchlorid und 570 ml Ammoniak (0,91) zum Liter aufgefüllt.
5. Kaliumcyanidlösung: 250 g zum Liter gelöst. Die Lösung ist nach eintägigem Stehen über ein Filter Gr. 3 zu filtrieren.
6. Indicatorgemisch: Eriochromschwarz T mit Natriumchlorid im Verhältnis 1 + 200 verrieben.
7. ÄDTA-Lösung (0,01 m): 3,723 g des bei 80° getrockneten Dinatriumsalzes der Äthylendiamintetraessigsäure zum Liter gelöst. 1 ml $\triangleq$ 0,2432 mg Magnesium.

***Geräte.*** Apparatur für Amalgamelektrolyse mit Rühreinrichtung und Platinscheibenelektrode.

***Ausführung.*** 10 g Probe werden in einem 250 ml-Quarzbecherglas mit 10 ml Schwefelsäure (1,84) und 25 ml Salpetersäure (1,4) versetzt. Kann mit Magnesiumgehalten über 0,03% gerechnet werden, so ist die Einwaage auf 3 g zu erniedrigen, wobei die zum Lösen verwendete Schwefelsäuremenge entsprechend gesenkt wird [1 g Nickel — 1 ml Schwefelsäure (1,84)]. Beginnt der Löseprozeß zu stürmisch zu verlaufen, wird er durch Zugabe von etwas Wasser gebremst. Die letzten Probenanteile werden durch Erwärmen gelöst. Die Lösung wird anfangs auf einer Heizplatte und dann unter einem Oberflächenerhitzer bis zum kräftigen Rauchen der Schwefelsäure erhitzt. Diese Operation wird so lange weitergeführt, bis die entstandene Salzkruste rein gelb aussieht. Das so von Salpetersäure und dem Schwefelsäureüberschuß befreite Nickelsulfat wird mit etwa 150 ml Wasser durch Sieden in etwa 15 min gelöst. Nach Abkühlen auf Zimmertemperatur wird die Lösung in ein 400 ml-Quarzbecherglas übergespült, auf etwa 200 ml verdünnt und das Nickel, wie unter 3.1.7, S. 324, beschrieben, an einer Quecksilberkathode abgeschieden. Die Elektrolyse ist bei einer Stromstärke von 4 A nach etwa 4 Std. beendet, kenntlich am Verschwinden der grünen Farbe des Elektrolyten. Die nickelfreie Lösung wird durch Dekantieren vom Quecksilber, das mit etwas Wasser nachgewaschen wird, getrennt, in ein 400 ml-Quarzbecherglas übergeführt, auf einer Heizplatte eingedampft und von der überschüssigen Schwefelsäure befreit. Der Rückstand wird mit etwa 100 ml Wasser aufgenommen, die Lösung zur Fällung etwa vorhandener Schwermetalle durch Zutropfen von Natriumhydroxidlösung (3) auf pH 5 eingestellt und danach mit 2 g Zinkoxid (2), aufgeschlämmt in wenig Wasser, versetzt. Die Lösung wird zum Sieden erhitzt und nach Zugabe von 25 ml Bromwasser zur Oxydation etwa anwesenden Mangans 10 min im Sieden gehalten. Nach Verschwinden der Bromdämpfe wird auf etwa 60° abgekühlt. Der Niederschlag wird über eine mit einem doppelten Filter Gr. 2 beschickte Nutsche abfiltriert, das Becherglas zweimal mit 10 ml Wasser ausgespült und der Nutscheninhalt, nachdem das gesamte Waschwasser aufgegeben worden ist, scharf trockengesaugt.

Das Filtrat wird in einen 500 ml-Weithals-Erlenmeyerkolben übergegossen, mit 25 ml Pufferlösung (4), die zunächst zum Nachspülen des Glases verwendet werden, und 25 ml Kaliumcyanidlösung (5) versetzt, wieder auf etwa 60° erwärmt und nach Zugabe einer Spatelspitze Indicatorgemisch (6) mit ÄDTA-Lösung (7) bis zum Farbumschlag von Rosa nach Blau titriert. Kurz vor Erreichen des Endpunktes, kenntlich an einem noch schwach rotstichigen Blau, wird erneut etwas Indicator zugesetzt. Der Endpunkt ist auf 2 Tropfen genau zu erkennen.

***Bemerkung.*** Gegebenenfalls in der Analysenprobe vorhandenes Calcium wird mittitriert und kann, wenn erforderlich, nach der im Kapitel Kobalt unter 3.7, S. 188, angegebenen Vorschrift gegen Calcon als Indicator komplexometrisch bestimmt werden.

### 3.1.9 Bestimmung des Kohlenstoffs

Siehe Kapitel Kohlenstoff unter 4.5, S. 200.

### 3.1.10 Bestimmung des Schwefels

#### 3.1.10.1 Gehalte über 0,005% Schwefel

***Grundlage.*** Die Probe wird mit Kupferzuschlag im Sauerstoffstrom verbrannt und das gebildete Schwefeldioxid mit Kaliumjodatlösung maßanalytisch bestimmt.

***Anwendungsbereich.*** Geeignet für Gehalte von 0,005 bis 0,1%.

***Zuverlässigkeit.*** Bei Gehalten um 0,01% etwa ±10%,
um 0,1% etwa ± 5%.

***Reagenzien.*** Siehe Kapitel Kupfer unter 4.2.19.1, S. 265, ferner: (3) Kupferspäne mit möglichst niedrigem Schwefelgehalt als Zuschlag.

***Geräte.*** Siehe Kapitel Kupfer unter 4.2.19.1, S. 265, jedoch Porzellanrohr: Länge 500, 26/20 mm Durchmesser, ohne Asbestpfropfen.

Schiffchen (1): Länge 80, Breite 12, Höhe 10 mm.

Schiffchen (2): Länge 100, Breite 15, Höhe 10 mm.

Schiffchen (1) mit Probe und Zuschlag wird in das Schiffchen (2) gestellt.

***Ausführung.*** Der Ofen wird auf 1400 bis 1450°, im Rohr gemessen, aufgeheizt. 2 g Probe werden dicht aneinander in das Schiffchen (1) gelegt und, da Nickelspäne alleine nur unvollständig verbrennen, mit 2 g Kupferspänen (3) abgedeckt. Das Schiffchen wird in das größere Schiffchen (2) gestellt und beide in das Verbrennungsrohr geschoben. Man verfährt weiter, wie im Kapitel Kupfer unter 4.2.19.1, S. 264, beschrieben.

Der Schwefelgehalt des Kupferzuschlages (3) wird in gleicher Weise bestimmt und in Abzug gebracht.

#### 3.1.10.2 Gehalte unter 0,005% Schwefel

***Grundlage.*** Der Schwefel wird beim Lösen der Probe mit Salzsäure und Platinchloridzusatz als Beschleuniger in Schwefelwasserstoff übergeführt, als Zinksulfid gebunden und nach Umsetzen mit Dimethyl-p-phenylendiamin und Eisen(III)-salz als Methylenblau photometrisch bestimmt.

***Anwendungsbereich.*** Geeignet für Sulfidschwefelgehalte von 0,0005 bis 0,05%.

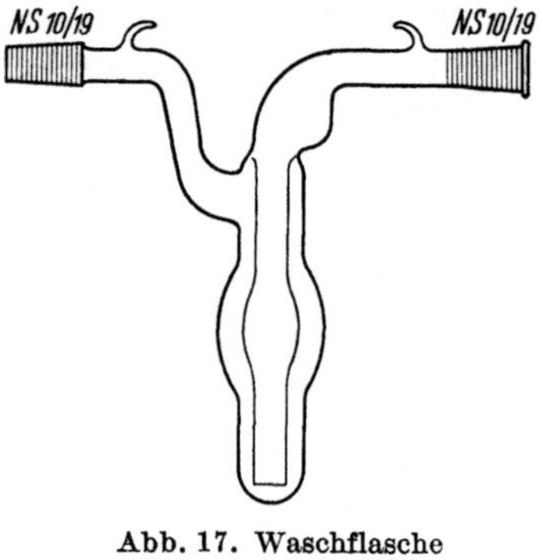

Abb. 17. Waschflasche

***Zuverlässigkeit.*** Bei Gehalten
unter 0,005% etwa ±20%,
über 0,005% etwa ±10%.

***Reagenzien.*** Siehe Kapitel Kupfer unter 4.2.19.2, S. 265, mit folgender Abänderung:

1. Lösesäure: 500 ml Salzsäure (2 + 1) werden mit 2,5 ml einer Lösung, die in 100 ml Salzsäure (1,19) 0,30 g Platin enthält, gemischt.

***Geräte.*** Siehe Kapitel Kupfer unter 4.2.19.2, S. 266, jedoch ist vor das Absorptionsgefäß eine Waschflasche (Abb. 17) mit Wasser (2) anzuordnen.

***Ausführung.*** 1 g — bei Gehalten über 0,005% Schwefel 0,5 g — der fein gespanten und mit Aceton gereinigten Probe werden in den Entwicklungskolben gegeben. Der Kolben wird an die Apparatur angeschlossen, durch die ein mäßiger Stickstoffstrom geleitet wird. Man füllt die Waschflasche mit 20 ml Wasser (2), das Absorptionsgefäß mit 10 ml Zinkacetatlösung (3) und 50 ml Wasser (2), läßt durch den Tropftrichter 30 ml platinchloridhaltige Salzsäure (1) zulaufen und verfährt weiter, wie im Kapitel Kupfer unter 4.2.19.2, S. 265, beschrieben.

***Eichkurve.*** Zur Aufstellung der Eichkurve wird eine Stahlprobe mit bekanntem Schwefelgehalt (z. B. AKP-Stahl 6 mit 0,0091% S $\pm$ 0,0004%) verwendet. Entsprechende Einwaagen mit Schwefelgehalten von 5 bis etwa 60 $\mu$g werden in den Entwicklungskolben gegeben und, wie unter Ausführung beschrieben, behandelt.

### 3.1.11 Bestimmung des Siliciums

***Grundlage.*** Die Probe wird mit Salpetersäure gelöst, das Silicium mit Ammoniummolybdat zu Silicomolybdat umgesetzt und nach Reduktion mit Ammoniumeisen (II)-sulfat zu Molybdänblau photometrisch bestimmt.

***Anwendungsbereich.*** Geeignet für Gehalte von 0,001 bis 0,05%.

***Zuverlässigkeit.*** Bei Gehalten um 0,001% $\pm$20%,
um 0,01% $\pm$10%.

***Reagenzien.***

1. Bidestilliertes Wasser.
2. Ammoniummolybdatlösung: 7,5 g $(NH_4)_6Mo_7O_{24} \cdot 4\ H_2O$ werden mit Wasser (1) zu 250 ml gelöst und die Lösung in einer Polyäthylenflasche aufbewahrt. Die Lösung muß täglich frisch angesetzt werden.
3. Oxalsäurelösung: 20 g kristallisierte Oxalsäure mit Wasser (1) zum Liter gelöst.
4. Ammoniumeisen(II)-sulfatlösung: 5 g $(NH_4)_2Fe(SO_4)_2 \cdot 6\ H_2O$ werden in 250 ml Wasser (1) gelöst, mit 5 Tropfen Schwefelsäure (1 + 1) angesäuert und mit 5 Tropfen Hydroxylammoniumsulfatlösung (10 g in 100 ml) versetzt. Die Lösung wird vor Gebrauch frisch angesetzt.
5. Siliciumstammlösung: 0,107 g Quarzpulver (=50 mg Si) werden mit etwa 2 g Kaliumcarbonat-Natriumcarbonat im Platintiegel aufgeschlossen und die Schmelze mit Wasser (1) gelöst. Die Lösung wird in einen 500 ml-Meßkolben übergespült, mit Wasser (1) aufgefüllt und durchgemischt.
6. Siliciumstandardlösung: 25 ml Stammlösung (5) werden in einen 500 ml-Meßkolben pipettiert, der mit Wasser (1) aufgefüllt wird. Die Lösung wird in einer Kunststoffflasche aufbewahrt. 1 ml $\hat{=}$ 5 $\mu$g Silicium

Alle Arbeitsgänge mit der stark alkalischen Silicatlösung in Glasgefäßen sind schnell durchzuführen, da sonst erhebliche Mengen Siliciumdioxid aus dem Glas herausgelöst werden. Die Natriumsilicatlösung muß am gleichen Tag zur Herstellung der Eichkurve verwendet werden.

7. Elektrolytnickel mit einem Siliciumgehalt unter 0,001%.

***Ausführung.*** 1 g Probe wird in einem 300 ml-Erlenmeyerkolben mit 25 ml Salpetersäure (1 + 4) auf der elektrischen Heizplatte gelöst, wobei die Temperatur bis knapp unter den Siedepunkt gesteigert werden darf, was bei kohlenstoffhaltigem Material und sehr reinen Nickelsorten nötig ist, ohne daß jedoch gekocht wird. Wenn alles gelöst ist, wird auf Raumtemperatur abgekühlt, mit Wasser (1) im 100 ml-Meßkolben aufgefüllt und gut durchgeschüttelt.

Von dieser Lösung pipettiert man 10 ml in einen 50 ml-Meßkolben, fügt 10 ml Ammoniummolybdatlösung (2) zu und mischt gut durch. Nach 10 min Stehen werden 10 ml Oxalsäurelösung (3) und 10 ml Ammoniumeisen(II)-sulfatlösung (4) zur Reduktion des gebildeten Silicomolybdates zugegeben. Nach 15 min mißt man in der 3 cm-Küvette bei 720 nm gegen Wasser. Die Extinktion einer Blindlösung von Elektrolytnickel (7), die auf die gleiche Weise behandelt wurde, wird von der Extinktion der Probe abgezogen.

***Eichkurve.*** 1 g Elektrolytnickel (7) wird wie die Probe mit 25 ml Salpetersäure (1 + 4) in der Wärme gelöst. Nach dem Abkühlen, Auffüllen mit Wasser (1) zu 100 ml und gutem Durchschütteln werden siebenmal je 10 ml in je einen 50 ml-Meßkolben pipettiert und in 5 Meßkolben steigende Mengen Siliciumstandardlösung (6), entsprechend 5, 10, 20, 30 und 35 μg, gegeben. Mit diesen und dem einen Meßkolben ohne Siliciumzugabe wird, wie bei der Probe angegeben, verfahren. Zu dem zweiten Meßkolben ohne Siliciumzusatz werden die gleichen Reagenzien, jedoch in anderer Reihenfolge, gegeben, und zwar 10 ml Oxalsäurelösung (3), 10 ml Ammoniummolybdatlösung (2) und 10 ml Ammoniumeisen(II)-sulfatlösung (4). Hierbei wird evtl. vorhandenes Silicium nicht angefärbt. Diese Lösung dient als Kompensationslösung für die grüne Nickelfarbe, die bei 720 nm stark absorbiert.

***Bemerkungen.*** Alle Meßkolben, die während der Analyse verwendet werden, müssen vorher besonders gereinigt werden. Hierzu werden sie einige Minuten mit etwa 50° warmer Natriumhydroxidlösung (4 g in 100 ml) behandelt, dann mit Wasser (1) gespült und anschließend mit verdünnter Salzsäure (1 + 1) kurze Zeit gekocht. Hierauf wird wieder mit Wasser (1) ausgespült.

## 3.2 Legierungen

### 3.2.1 Kupfer-Nickel-Legierungen

Siehe Kapitel Kupfer unter 4.2, S. 248.

### 3.2.2 Kupfer-Nickel-Zink-Legierungen

Siehe Kapitel Kupfer unter 4.2, S. 248.

### 3.2.3 Eisen-Nickel-Legierungen (Feni)

#### 3.2.3.1 Bestimmung des Nickels

***Grundlage.*** Nach Abtrennen des Siliciums wird das Nickel in ammoniakalischer, weinsäurehaltiger Lösung als Nickeldiacetyldioxim gefällt und gewichtsanalytisch bestimmt.

***Anwendungsbereich.*** Geeignet für Gehalte bis 50%.

***Zuverlässigkeit.*** Bei Gehalten um 50% etwa ±0,2%.

***Reagenzien.***

1. Mischsäure: 250 ml Schwefelsäure (1,84) + 250 ml Salpetersäure (1,4) + 500 ml Wasser.
2. Weinsäurelösung: 250 g zum Liter gelöst.
3. Diacetyldioximlösung: 10 g mit Äthanol zum Liter gelöst.

***Ausführung.*** 5 g Probe werden in einem mit einem Uhrglas bedeckten Becherglas mit 100 ml Mischsäure (1) gelöst. Die Lösung wird nach Abspülen und Entfernen des Uhrglases bis zum Rauchen der Schwefelsäure eingedampft und der Rückstand nach dem Erkalten mit 250 ml Wasser aufgenommen. Man erhitzt zum Sieden, läßt absitzen, filtriert über ein Filter Gr. 3 und wäscht Filter und Niederschlag mit heißem Wasser aus. Die abgekühlte Lösung füllt man in einem 500 ml-Meßkolben auf, entnimmt einen nicht mehr als 70 mg Nickel enthaltenden Anteil und bestimmt den Nickelgehalt gewichtsanalytisch nach den Angaben unter 1.1, S. 308.

### 3.2.4 Nickel-Beryllium-Legierungen

#### 3.2.4.1 Bestimmung des Berylliums

***Grundlage.*** Das Beryllium wird in Anwesenheit von Ammoniumchlorid als Oxidhydrat gefällt, in Gegenwart von ÄDTA-Lösung umgefällt und als Berylliumoxid ausgewogen.

***Anwendungsbereich.*** Geeignet für Gehalte von 0,5 bis 10%.

***Zuverlässigkeit.*** Bei Gehalten um 1% etwa ±10%,
um 5% etwa ± 5%,
um 10% etwa ± 1%.

***Reagenzien.***

1. Waschwasser: 10 ml Schwefelsäure (1 + 1) zum Liter aufgefüllt.

2. ÄDTA-Lösung: 10 g Äthylendiamintetraessigsäure werden mit 20 ml Wasser angeschlämmt. Die Anschlämmung wird mit Ammoniak (0,91) gegen Methylrot neutralisiert. Man erwärmt bis zum völligen Lösen und verdünnt nach dem Abkühlen auf 100 ml.

3. Waschwasser: 10 g Ammoniumnitrat werden zum Liter gelöst. Die Lösung wird mit Ammoniak (0,91) gegen Methylrot alkalisch gemacht.

***Ausführung.*** 2 g Probe werden in einem 400 ml-Becherglas mit Salpetersäure (1 + 1) in der Wärme gelöst. Die Lösung wird mit 20 ml Schwefelsäure (1 + 1) versetzt und bis zum Entweichen von Schwefelsäuredämpfen erhitzt. Die Sulfate löst man mit Wasser in der Wärme und filtriert über ein Filter Gr. 2 vom ausgeschiedenen Siliciumdioxidhydrat in einen 500 ml-Meßkolben ab. Man wäscht mit Waschwasser (1) aus. Nach dem Auffüllen werden 250 ml (= 1 g Einwaage) in ein 400 ml-Becherglas pipettiert, 5 g Ammoniumchlorid hinzugefügt, unter Umrühren bis zum bleibenden Niederschlag mit Ammoniak (0,91) versetzt und 2 ml im Überschuß zugegeben. Dabei bleibt das Nickel als Amminkomplex in Lösung. Beryllium und Eisen fallen als Hydroxide aus. Nach einigen Stunden filtriert man über ein Filter Gr. 2, wäscht mit Waschwasser (3) und löst den Niederschlag mit Salzsäure (1 + 1) vom Filter in das Fällgefäß zurück. Man verdünnt mit Wasser auf etwa 250 ml, fügt 10 ml ÄDTA-Lösung (2) und tropfenweise unter Rühren Ammoniak (0,91) bis zur bleibenden Fällung zu und danach noch 5 ml im Überschuß. Nach 2 Std. filtriert man durch ein Filter Gr. 2 und wäscht den Niederschlag mit Waschwasser (3) aus. Filter und Niederschlag werden getrocknet und in einem gewogenen Porzellantiegel (hohe Form) bei 1150° verglüht. Der Umrechnungsfaktor von Berylliumoxid auf Beryllium ist 0,3603.

***Bemerkungen.*** In vereinzelten Fällen können Nickel-Beryllium-Legierungen auch bis 1% Titan enthalten. Es muß dann trotz Anwesenheit von Äthylendiaminessigsäure auch genügend Ammoniumchlorid in der Lösung vorhanden sein, da sonst bei der zweiten Ammoniakfällung das Titan mit dem Beryllium als Hydroxid ausfällt. Man fügt deshalb vor der Fällung 5 g Ammoniumchlorid zu. Sicherheitshalber muß das ausgewogene Berylliumoxid nach einem Aufschluß mit Kaliumhydrogensulfat mit Wasserstoffperoxid auf Titan geprüft und dieses gegebenenfalls als Titan(IV)-oxid abgezogen werden. (Siehe Kapitel Aluminium unter 1.1.6, S. 5.)

### 3.2.4.2 Bestimmung des Mangans

***Grundlage.*** Das Mangan wird in saurer Lösung mit Kaliumtetroxojodat zu Permanganat oxydiert und photometrisch bestimmt.

***Anwendungsbereich, Zuverlässigkeit, Reagenzien*** und ***Ausführung*** siehe unter 3.1.5, S. 321.

# 4 Nichtmetallische Erzeugnisse

# Nickelsulfat, $NiSO_4 \cdot 7\,H_2O$; Nickelchlorid $NiCl_2 \cdot 6\,H_2O$ (DIN 50970)

## 4.1 Bestimmung des Nickels und Kobalts

***Grundlage.*** Nickel und Kobalt werden aus ammoniakalischer Sulfatlösung gemeinsam elektrolytisch abgeschieden.

***Anwendungsbereich.*** Geeignet für Nickelsalze nach DIN 50970.

***Zuverlässigkeit.*** Etwa ±0,2%.

***Geräte.*** Platin-Iridium-Elektroden, wie unter 1.2, S. 309, angegeben.

### 4.1.1 In Nickelsulfat

***Ausführung.*** 10 g Nickelsulfat werden in einem 400 ml-Becherglas (hohe Form) mit 200 ml Wasser und 5 ml Schwefelsäure (1 + 1) unter gelindem Erwärmen gelöst. Nach dem Abkühlen wird die Lösung mit 60 ml Ammoniak (0,91) versetzt und bei Raumtemperatur und ruhendem Elektrolyten mit 0,8 A elektrolysiert. Nach Beendigung der Elektrolyse wird die Kathode ohne Stromunterbrechung aus dem Bad genommen, mit Wasser und Äthanol gespült, getrocknet und nach dem Erkalten gewogen. Siehe Bemerkung unter 1.2, S. 310.

### 4.1.2 In Nickelchlorid

***Ausführung.*** 10 g Nickelchlorid werden in einem 600 ml-Erlenmeyerkolben in 100 ml Wasser und 20 ml Schwefelsäure (1 + 1) gelöst und die Lösung bis zum starken Rauchen der Schwefelsäure eingedampft. Nach dem Erkalten wird mit Wasser aufgenommen, die Lösung in ein 400 ml-Becherglas übergespült und weiterverfahren, wie bei Ausführung 4.1.1 beschrieben.

***Bemerkung.*** Vorhandenes Kupfer wird mit abgeschieden. Es kann, wie unter 3.1.2.2, S. 316, beschrieben, mit Cuproin bestimmt und in Abzug gebracht werden. Im allgemeinen liegt der Kupfergehalt aber unter der Fehlergrenze der Nickelbestimmung und kann vernachlässigt werden.

## 4.2 Bestimmung des Kobalts

***Grundlage.*** Das Kobalt wird als Thiocyanatkomplex durch Extraktion mit Methylisobutylketon vom Nickel getrennt und in wäßriger, acetatgepufferter Lösung mit Nitroso-R-Salz photometrisch bestimmt.

***Anwendungsbereich.*** Nickelsalze nach DIN 50970.

***Zuverlässigkeit, Reagenzien*** und ***Ausführung*** siehe Kobaltbestimmung im Hüttennickel unter 3.1.1, S. 314.

Die Angaben sind sinngemäß anzuwenden.

## 4.3 Bestimmung des Zinks

***Grundlage.*** Das Zink wird aus schwach saurer Lösung mit Schwefelwasserstoff gefällt und nach Abtrennen des mitgerissenen Nickels in ammoniakalischer Ammoniumchloridlösung polarographisch bestimmt.

***Anwendungsbereich.*** Geeignet für Nickelsalze nach DIN 50970.

***Zuverlässigkeit.*** Etwa ±10%.

***Reagenzien.***

1. Bleinitratlösung: 5 g zum Liter gelöst.
2. Waschwasser: 30 g Ammoniumsulfat zum Liter gelöst. Die Lösung wird mit Schwefelwasserstoff gesättigt.
3. Mischsäure: Salpetersäure (1,4) und Schwefelsäure (1,84) im Volumenverhältnis 2 + 1.
4. Diacetyldioximlösung: 1 g mit Äthanol zu 100 ml gelöst.
5. Polarographische Grundlösung: 50 g Ammoniumchlorid + 500 ml Ammoniak (0,91) zum Liter gelöst.
6. Reduktionslösung: 30 g Hydraziniumchlorid und 1 g Blattgelatine mit 100 ml heißem Wasser gelöst (täglich frisch zubereiten).

7. Zinkstandardlösung: 10 g Reinzink werden in 100 ml Salzsäure (1 + 1) gelöst. Die Lösung wird in einem Meßkolben zum Liter verdünnt. 1 ml ≙ 10 mg Zink.

***Ausführung.*** 100 g Nickelsalz werden in einem 2 l-Becherglas mit 500 ml etwa 0,1n-Schwefelsäure gelöst, die Lösung mit Ammoniak (0,91) auf pH 3 eingestellt und zum Liter verdünnt. Man fügt 10 ml Bleinitratlösung (1) zu und leitet einen kräftigen Schwefelwasserstoffstrom bis zur Sättigung ein. Dann wird über ein Doppelfilter Gr. 2 filtriert. Filter und Niederschlag werden mit Waschwasser (2) ausgewaschen, in das Fällgefäß zurückgegeben und mit 50 ml Salpetersäure (1,4) und 20 ml Schwefelsäure (1,84) unter Zutropfen von Mischsäure (3) naß verbrannt. Man nimmt nach dem Erkalten mit 100 ml Wasser auf, erhitzt kurz zum Sieden und filtriert nach dem klaren Absetzen des Bleisulfats über ein Filter Gr. 4 in ein 600 ml-Becherglas, wäscht mit Schwefelsäure (5 + 100) aus, macht zunächst ammoniakalisch und mit ein paar Tropfen Salzsäure wieder schwach sauer. Man erwärmt die Lösung auf 40°, versetzt mit einer ausreichenden Menge Diacetyldioximlösung (4), macht schwach ammoniakalisch und erwärmt auf 60 bis 70°. Nach 1 Std. wird der Nickelniederschlag über ein Filter Gr. 3 abfiltriert, mit heißem Wasser ausgewaschen und das Filtrat nach Verkochen des Ammoniaks und Zugabe von 10 ml Salpetersäure (1,4) und 10 ml Schwefelsäure (1 + 1) zur Trockne gedampft. Der Trockenrückstand wird mit 5 ml Salzsäure (1,19) gelöst und mit Grundlösung (5) in einen 100 ml-Meßkolben gespült. Nach Zugabe von 2 ml Hydraziniumchloridlösung (6) wird mit Grundlösung (5) aufgefüllt. Man gibt einen Anteil in ein Gläschen und polarographiert von —0,8 bis —1,5 V.

Als Test dient eine dem Zinkgehalt der Probe entsprechende Abnahme der Zinkstandardlösung, die unter den gleichen Bedingungen polarographiert wird.

## 4.4 Bestimmung des Eisens

***Grundlage.*** Das Eisen wird aus salzsaurer Lösung mit Methylisobutylketon extrahiert, nach Trennen der Phasen wieder in die wäßrige Lösung gebracht und mit o-Phenanthrolin photometrisch bestimmt.

***Anwendungsbereich, Zuverlässigkeit, Reagenzien*** und ***Ausführung*** siehe bei Hüttennickel unter 3.1.4, S. 320. Die Angaben sind sinngemäß anzuwenden.

## 4.5 Bestimmung des Kupfers

***Grundlage.*** Die rotviolett gefärbte Verbindung des einwertigen Kupfers mit Cuproin wird aus phosphorsaurer-schwefelsaurer Lösung mit Amylalkohol extrahiert und photometrisch ausgewertet.

***Anwendungsbereich, Zuverlässigkeit, Reagenzien*** und ***Ausführung*** siehe bei Hüttennickel unter 3.1.2.2, S. 316. Die Angaben sind sinngemäß anzuwenden.

## 4.6 Bestimmung des Bleis

***Grundlage.*** Das Blei wird durch Fällen mit Ammoniak-Ammoniumcarbonat in Gegenwart von Eisen vom Nickel getrennt und polarographisch bestimmt.

***Anwendungsbereich, Zuverlässigkeit, Reagenzien*** und ***Ausführung*** siehe bei Hüttennickel unter 3.1.3.2, S. 319. Die Angaben sind sinngemäß anzuwenden.

## 4.7 Bestimmung des Cadmiums

***Grundlage.*** Das Cadmium wird nach Anreicherung durch eine Schwefelwasserstoffällung und Trennung von Blei und mitgerissenem Nickel in einer ammoniakalischen Ammoniumchloridlösung polarographisch bestimmt.

***Anwendungsbereich.*** Geeignet für Nickelsalze nach DIN 50970.

***Zuverlässigkeit.*** Etwa $\pm 10\%$.

***Reagenzien.*** Siehe unter 4.3, S. 330, jedoch:

7. Cadmiumstandardlösung: 1 g Cadmium wird mit 10 ml Salpetersäure (1 + 1) gelöst und die Lösung zur Trockne gedampft. Man wiederholt das Eindampfen mit 10 ml Salzsäure (1,19), nimmt dann mit 10 ml Salzsäure (1,19) auf und füllt in einem 1 l-Meßkolben auf. 1 ml $\triangleq$ 1 mg Cadmium.

***Ausführung.*** Das Einwägen, Lösen und Abtrennen des Cadmiums sowie das Vorbereiten der zu polarographierenden Lösung erfolgt, wie unter 4.3 bei der Bestimmung des Zinks beschrieben. Man entnimmt dem Meßkolben einen Anteil der Lösung in ein Gläschen und polarographiert, wenn notwendig unter Kompensation der Kupferstufe, von 0 bis —0,8 V.

Als Test dient eine dem Cadmiumgehalt der Probe entsprechende Abnahme der Cadmiumstandardlösung, die unter den gleichen Bedingungen polarographiert wird.

## 4.8 Bestimmung des Arsens

***Grundlage.*** Das Arsen wird aus salzsaurer Lösung als Arsen(III)-chlorid destilliert und im Destillat nach der Molybdänblaumethode photometrisch bestimmt.

***Anwendungsbereich.*** Geeignet für Nickelsalze nach DIN 50970.

***Zuverlässigkeit.*** Etwa $\pm 10\%$.

***Reagenzien.*** Siehe Kapitel Arsen unter 1.2, S. 70, und 1.3.2, S. 71.

***Geräte.*** Destilliergerät, siehe Abb. 5, Kapitel Arsen unter 1.2.

***Ausführung.*** Bei Gehalten unter 0,001% Arsen werden 10 g Nickelsalze direkt in den Kolben eines Arsendestilliergerätes eingewogen und mit 10 ml Wasser angeschlämmt. Bei Gehalten über 0,001% wird das Salz im Wasser gelöst, die Lösung in einem Meßkolben zu 100 ml aufgefüllt und 10 ml (= 1 g Einwaage) in den Kolben gegeben. Weitergearbeitet wird, wie im Kapitel Arsen unter 1.2 bzw. 1.3.2 beschrieben.

***Eichkurve.*** Siehe Kapitel Arsen unter 1.3.2, S. 71.

## 4.9 Bestimmung des pH-Wertes oder der freien Säure

***Grundlage.*** Liegt der pH-Wert einer Nickelsalzlösung bestimmter Konzentration unter 3, so wird der Gehalt an freier Säure maßanalytisch bestimmt.

***Anwendungsbereich.*** Geeignet für Nickelsalze nach DIN 50970.

***Ausführung.*** 200 g Salz werden mit 500 ml ausgekochtem Wasser gelöst, und in einem Meßkolben zum Liter aufgefüllt. In dieser Lösung wird der pH-Wert elektrometrisch bestimmt.

Liegt der pH-Wert unter 3, so wird die freie Säure wie folgt bestimmt: 10 g Salz werden mit 50 ml Äthanol (96%) übergossen und der Ansatz unter öfterem Umschütteln 8 Std. stehen gelassen. Dann wird über ein Filter Gr. 2 filtriert, mit Äthanol nachgewaschen und der alkoholische Auszug mit 0,1n-Natriumhydroxidlösung mit Methylrot als Indicator titriert. 1 ml 0,1n-Natriumhydroxidlösung $\triangleq$ 0,049% Schwefelsäure bzw. 0,036% Salzsäure.

Kapitel 21

# Phosphor

## Inhalt



## 1 Rohstoffe, Legierungen, Metalle

## Bestimmung des Phosphors

### 1.1 Gewichtsanalytische Bestimmung

***Grundlage.*** Der Phosphor wird nach Entfernen störender Elemente als Ammoniummolybdatophosphat gefällt und gewichtsanalytisch bestimmt.

***Anwendungsbereich.*** Geeignet für Gehalte von 0,05 bis 1%.

***Zuverlässigkeit.*** Bei Gehalten von 0,05 bis 0,2% etwa ±5%,
von 0,5 bis 1 % etwa ±2%.

***Reagenzien.***

1. Ammoniumnitratlösung: 200 g zum Liter gelöst.

2. Ammoniummolybdatlösung: 50 g gepulvertes $(NH_4)_6Mo_7O_{24} \cdot 4\,H_2O$ werden mit 200 ml Ammoniak (0,91) gelöst. Die Lösung wird langsam unter Kühlen und Umrühren in 750 ml Salpetersäure (1 + 1) gegossen. Die Lösung muß 8 Tage stehen und vor dem Gebrauch filtriert werden.

3. Waschlösung: 25 g Ammoniumnitrat mit Salpetersäure (1 + 100) zum Liter gelöst.

4. Methylrotlösung: 0,2 g Methylrot zu 100 ml gelöst.

***Ausführung.*** Nach Abtrennen des Siliciums und Entfernen weiterer störender Elemente, wie in den einzelnen Kapiteln beschrieben, wird die anfallende Lösung auf 100 ml eingeengt. Man fügt 20 ml Ammoniumnitratlösung (1) zu, fällt bei 60° den Phosphor mit 60 ml Ammoniummolybdatlösung (2) gleicher Temperatur und schüttelt mehrfach kräftig um. Den Niederschlag läßt man 2 Std. bei 40° absetzen. Bei hohen Phosphorgehalten wird auf Vollständigkeit der Fällung geprüft, indem man 3 ml Ammoniummolybdatlösung (2) an der Wandung des Becherglases in die überstehende klare Flüssigkeit einfließen läßt. Tritt nach einigen Minuten erneut eine Niederschlagsbildung auf, so gibt man weitere 10 bis 20 ml Ammoniummolybdatlösung (2) zu.

Das Ammoniummolybdatophosphat filtriert man über ein Filter Gr. 4 und wäscht einige Male mit Waschlösung (3) aus. Nach Auswechseln des Auffanggefäßes gegen ein 400 ml-Becherglas wird der Niederschlag durch Zutropfen von Ammoniak (0,91) durch das Filter gelöst und letzteres mit warmem Wasser bis zur neutralen Reaktion des ablaufenden Filtrates ausgewaschen. Zum Filtrat gibt man 3 Tropfen Methylrotlösung (4), 20 ml Ammoniumnitratlösung (2) und 30 ml Ammoniummolybdatlösung (2) (bei Phosphorgehalten von 0,5 bis 1% 50 ml). Nach Neutralisation mit Salpetersäure (1 + 1) und Zugabe von 3 ml Salpetersäure (1 + 1) im Überschuß sammelt man nach zweistündigem Stehen bei 40° das Ammoniummolybdatophosphat unter schwachem Saugen mit der Wasserstrahlpumpe auf einem bei 105° getrockneten und gewogenen Glasfiltertiegel 1G4. Man wäscht zunächst mit Waschlösung (3) mehrmals aus, dann zweimal mit kaltem Wasser, wobei der Niederschlag stets mit Waschflüssigkeit bedeckt sein muß, da eine Rißbildung ein gründliches Auswaschen beeinträchtigt. Nun trocknet man den Tiegel bei 105° bis zur Gewichtskonstanz, läßt ihn im Exsiccator erkalten und wiegt aus. Da der Niederschlag hygroskopisch ist, muß schnell gewogen werden. Der empirische Umrechnungsfaktor von Ammoniummolybdatophosphat auf Phosphor ist 0,01639. Er kann mit der unter 1.2 angeführten Phosphor-Standardlösung (4) überprüft werden.

***Bemerkungen.*** Bei Proben mit Phosphorgehalten unter 0,1% empfiehlt es sich, die Ammoniummolybdatophosphat-Fällung über Nacht stehen zu lassen. Alle Reagenzien sind auf ihren Phosphorgehalt zu prüfen.

## 1.2 Maßanalytische Bestimmung

***Grundlage.*** Der Phosphor wird nach Abtrennen störender Elemente als Ammoniummolybdatophosphat gefällt, der Niederschlag filtriert und mit einer bekannten Menge Natriumhydroxidlösung (3) gelöst. Der Überschuß an Lauge wird maßanalytisch bestimmt.

***Anwendungsbereich.*** Geeignet für Gehalte von 0,05 bis 1%.

***Zuverlässigkeit.*** Bei Gehalten von 0,1 bis 0,2% etwa ±5%,
von 0,5 bis 1 % etwa ±3%.

***Reagenzien.***

1. Ammoniumnitratlösung: } Siehe unter 1.1.
2. Ammoniummolybdatlösung: }
3. 0,1n-Natriumhydroxidlösung (3):
4. Phosphorstandardlösung: 2 g $Na_2HPO_4 \cdot 12\,H_2O$ werden in einem 500 ml Meßkolben mit Wasser gelöst und aufgefüllt. 1 ml ≙ 0,346 mg Phosphor.
5. Indicatorlösung: 0,5 g Phenolphthalein mit Äthanol zu 100 ml gelöst.

***Geräte.*** Glasfilterröhrchen: h = 10 cm, ∅ = 2 bis 2,5 cm, mit Siebplatte.

***Bestimmung des Phosphortiters der Natriumhydroxidlösung (3):***

Je nach dem zu erwartendem Phosphorgehalt werden 5 bis 15 ml Phosphorstandardlösung (4) im 300 ml-Erlenmeyerkolben mit 3 ml Salpetersäure (1,4) angesäuert. Der Phosphor wird nach Zugabe von 20 ml Ammoniumnitratlösung (1) bei 60° mit 60 ml Ammoniummolybdatlösung (2) von gleicher Temperatur gefällt. Nach dreistündigem Stehen saugt man bei geringem Unterdruck den gelben Niederschlag über eine in einem Glasfilterröhrchen befindliche Filterschleimschicht ab. Erlenmeyerkolben und Niederschlag spült man mit Ammoniumnitratlösung (1) aus. Geringe Mengen an den Glaswandungen anhaftendes Ammoniummolybdatophosphat brauchen nicht entfernt zu werden. Kolben und Niederschlag werden dann in der beschriebenen Weise mit einer Kaliumnitratlösung (50 g im Liter) säurefrei gewaschen. Der Niederschlag wird zwei- bis dreimal mit einigen ml ausgekochtem Wasser nachgewaschen. Mit einem Glasstab schiebt man die Filterschleimschicht einschließlich Siebplatte aus dem Filterröhrchen in den vorher benutzten Erlenmeyerkolben, schlämmt mit 5 ml ausgekochtem Wasser auf und gibt 50 ml Natriumhydroxidlösung (3) zu. Bei mehrmaligem Umschwenken löst sich der Niederschlag auf. Nach Zugabe von 2 Tropfen Indicatorlösung (5) titriert man mit 0,1n-Schwefelsäure unter kräftigem Umschütteln den nicht verbrauchten Anteil der Natriumhydroxidlösung bis zum Umschlag des Indicators zurück.

Die ml 0,1n-Schwefelsäure werden von den vorgelegten 50 ml Natriumhydroxidlösung (3) abgezogen. Die Differenz entspricht der vorgelegten Phosphormenge.

***Ausführung.*** Der Phosphor wird, wie unter 1.1 beschrieben, gefällt. Das Ammoniummolybdatophosphat wird entsprechend der Bestimmung des Phosphortiters der Natriumhydroxidlösung abfiltriert und maßanalytisch bestimmt.

***Bemerkung.*** Siehe unter 1.1, S. 334.

## 1.3 Photometrische Bestimmung

***Grundlage.*** Der Phosphor wird nach Abtrennen störender Elemente als Aluminiumphosphat gefällt und nach Umfällen als Ammoniummolybdatophosphatverbindung mit Isobutanol extrahiert. Nach Reduktion wird der Phosphor als Phosphormolybdänblau photometrisch bestimmt.

***Anwendungsbereich.*** Geeignet für Gehalte unter 0,05%.

***Zuverlässigkeit.*** Bei Gehalten um 0,02% etwa $\pm 10\%$.

***Reagenzien.***

1. Ammoniummolybdatlösung: 25 g gepulvertes $(NH_4)_6Mo_7O_{24} \cdot 4\,H_2O$ zum Liter gelöst.
2. Ammoniumaluminiumsulfatlösung: 10 g $NH_4Al(SO_4)_2 \cdot 12\,H_2O$ zu 100 ml gelöst.
3. Zinn(II)-chloridlösung: 2 g $SnCl_2 \cdot 2\,H_2O$ werden mit 100 ml Salzsäure (1 + 25) gelöst und auf 250 ml verdünnt.
4. Isobutanol.
5. Phosphorstandardlösung: 0,1160 g Dinatriumhydrogenphosphat ($Na_2HPO_4 \cdot 12\,H_2O$) werden in einem 1 l- Meßkolben gelöst. 1 ml $\triangleq$ 10 $\mu$g Phosphor.

***Ausführung.*** Die nach Entfernen des Siliciums und anderer, störender Elemente anfallende Lösung wird, falls sie alkalisch ist, mit Salpetersäure (1 + 1), falls sie sauer ist, mit Ammoniak (1 + 1), neutralisiert. Zur neutralen Lösung gibt man 3 ml Salpetersäure (1 + 40) sowie 10 ml Ammoniumaluminiumsulfatlösung (2). Enthält die zu untersuchende Probe genügend Eisen und wurde das Lösen der Probe mit Säure durchgeführt, so kann der Zusatz der Ammoniumaluminiumsulfatlösung (2) entfallen. Mit Ammoniak (1 + 1) wird der Phosphor als Aluminiumphosphat bzw. Eisenphosphat bei pH 7,5 gefällt. Man kocht kurz auf und filtriert nach Absetzen des Niederschlages über ein Filter Gr. 2 unter Zusatz von etwas Filterschleim. Der Niederschlag wird mit heißer Ammoniumnitratlösung (3 g im Liter) ausgewaschen, vom Filter in das vorher benutzte Becherglas zurückgespült und mit 20 ml Salpetersäure (1,4) gelöst. Man erhitzt, filtriert über das vorher benutzte Filter ab und wäscht mit heißem Wasser aus. Die Fällung des Phosphors als Aluminiumphosphat bzw. Eisenphosphat wird in der beschriebenen Weise wiederholt und der Niederschlag über ein Filter Gr. 2 abfiltriert. Nach dreimaligem Waschen mit heißem Wasser spritzt man den Niederschlag mit möglichst wenig heißem Wasser in das Becherglas zurück, löst mit 30 ml Salpetersäure (1 + 1) unter Erwärmen, gießt die klare Lösung durch das benutzte Filter und fängt das Filtrat in einem 250 ml-Becherglas auf. Nach mehrmaligem Auswaschen des Filters mit heißem Wasser soll das Volumen der Lösung 150 ml betragen. Sie wird in einen 250 ml-Scheidetrichter übergespült, mit 5 ml Ammoniummolybdatlösung (1) und 50 ml Isobutanol (4) versetzt. Der Scheidetrichter wird verschlossen und 2 min kräftig geschüttelt. Nach der Trennung der beiden Phasen läßt man die wäßrige Schicht in einen zweiten, 30 ml Isobutanol enthaltenden 250 ml-Scheidetrichter ab. Es wird kräftig geschüttelt und nach Trennen der Phasen die wäßrige Schicht abgelassen. Die beiden Isobutanolanteile werden in einem Scheidetrichter vereinigt. Man versetzt sie dreimal mit je 20 ml Salzsäure (1 + 10), schüttelt kräftig durch und läßt die wäßrige Phase ab. Sie wird verworfen.

Dann gibt man in den Scheidetrichter 30 ml Wasser, 5 ml Zinn(II)-chloridlösung (3) und 60 ml Chloroform und schüttelt etwa 2 min. Der blaue Molybdänkomplex geht in die wäßrige Phase über. Dieser wird von der organischen Phase getrennt und in einen 250 ml-Meßkolben gegeben, der 30 ml Salzsäure (1 + 5) enthält. Nach Auffüllen mit Wasser wird gut durchgeschüttelt. In einer 1 cm-Küvette wird nach 5 min Stehen die Farbintensität der blauen Lösung gegen Wasser als Vergleichslösung bei 546 nm gemessen.

***Eichkurve.*** Verschiedene Abnahmen von 1 bis 10 ml der Phosphorstandardlösung (5) werden in 400 ml-Bechergläser gegeben, mit je 3 ml Salpetersäure (1,4) versetzt und der Phosphor als Aluminiumphosphat ausgefällt. Die Weiterverarbeitung erfolgt gemäß Ausführung.

***Bemerkungen.*** Reagenzien, Filter und Tiegel sind bei alkalischem Aufschluß der Probe auf ihren Phosphorgehalt zu prüfen. Enthalten die Proben Vanadium oder Chrom, so wird vor dem Fällen des Aluminium- bzw. Eisenphosphats 1 ml Wasserstoffperoxid (3%) zur Lösung gegeben. Das nach einem oder mehrmaligem Umfällen anfallende Filtrat darf keine Gelbfärbung durch Peroxovanadat- oder Chromationen aufweisen.

# 2 Metallische Erzeugnisse
# Ferro-Phosphor

## 2.1 Bestimmung des Phosphors

***Grundlage.*** Nach alkalischem Aufschluß wird der Phosphor in schwach saurer Lösung als Ammoniummolybdatophosphat gefällt und über Ammoniummagnesiumphosphat in das Magnesiumpyrophosphat übergeführt und gewichtsanalytischbestimmt.

***Anwendungsbereich.*** Geeignet für Gehalte bis 30%.

***Zuverlässigkeit.*** Bei Gehalten von 27% etwa ±0,5%.

***Reagenzien.***

1. Ammoniumnitratlösung: } Siehe unter 1.1, S. 333.
2. Ammoniummolybdatlösung: }

3. Magnesiumchloridlösung: 55 g $MgCl_2 \cdot 6\,H_2O$ und 70 g Ammoniumchlorid werden mit 600 ml Wasser gelöst. Die Lösung wird mit 250 ml Ammoniak (0,91) versetzt, zum Liter verdünnt und nach mehrtägigem Stehen filtriert.

4. Waschflüssigkeit: 25 g Ammoniumnitrat mit Salpetersäure (1 + 100) zum Liter gelöst.

***Ausführung.*** 1 g Probe (Feinheitsgrad 0,16 DIN 4188) wird in einem phosphorfreien Eisen-, Nickel- oder Alsinttiegel mit 3 g Natriumcarbonat-Kaliumcarbonat und 7 g Natriumperoxid vermischt und zuerst etwa 10 min über kleiner, dann über voller Bunsenflamme unter Schwenken aufgeschlossen. Man läßt den Tiegel erkalten, laugt die Schmelze in einem 600 ml-Becherglas mit 300 ml heißem Wasser aus, entfernt den Tiegel und wäscht ihn mit Salzsäure (1 + 5) sorgfältig ab. Die Suspension wird vorsichtig mit Salzsäure (1 + 1) neutralisiert und mit einem Überschuß von 25 ml Salzsäure (1 + 1) versetzt. Zur Abscheidung des Silicium(IV)-oxidhydrates überführt man die Lösung in eine Porzellanschale, dampft zur Trockne ein und erhitzt den Abdampfrückstand 1 Std. bei 135°. Nach Durchfeuchten mit 20 ml Salzsäure (1,19) gibt man 50 ml heißes Wasser zu, erwärmt, bis sich alle Salze gelöst haben, und filtriert über ein Filter Gr. 2 in einen 500 ml-Meßkolben. Das Filter wird nach abwechselndem Waschen mit heißer Salzsäure (1 + 5) und heißem Wasser in einem Platintiegel verascht und das Silicium(IV)-oxid nach Zugabe von 1 ml Schwefelsäure (1 + 1) und 3 ml Fluorwasserstoffsäure (40%) verflüchtigt. Der Rückstand wird mit etwas Salzsäure (1 + 5) aufgenommen und die Lösung über ein Filter Gr. 4 in den 500 ml-Meßkolben abfiltriert. Das Filter mit dem Ungelösten wird abermals im Platintiegel verascht, der Rückstand mit 5 g Kaliumcarbonat-Natriumcarbonat aufgeschlossen. Die Schmelze wird mit 100 ml heißem Wasser ausgelaugt und in das Hauptfiltrat filtriert. Nach Auffüllen mit Wasser pipettiert man 100 ml (= 0,2 g Einwaage) in ein 600 ml-Becherglas, verdünnt mit 200 ml Wasser und versetzt mit Ammoniak (0,91) bis zum Auftreten eines bleibenden Niederschlages. Durch Zutropfen von Salpetersäure (1,4) wird der Niederschlag wieder gelöst. Ein größerer Überschuß an Säure ist zu vermeiden. Nach Zugabe von 50 ml Ammoniumnitratlösung (1) erwärmt man auf 60°, fällt den Phosphor mit 100 ml Ammoniummolybdatlösung (2) von gleicher Temperatur unter Rühren. Man läßt 4 Std. bei 40° stehen. Dann wird die Fällung nach mehrmaligem Dekantieren durch einen Glasfiltertiegel 1G4 abgesaugt und mit der Waschflüssigkeit, ohne trocken zu saugen, eisenfrei gewaschen. Man wechselt die Saugflasche oder bei Anwendung eines Saugtopfes das Becherglas gegen ein 600 ml-Becherglas aus, saugt fünf- bis sechsmal durch den Glasfiltertiegel 60° warmes Ammoniak (1 + 3) und läßt zur Lösung unter Rühren so lange Salzsäure (1 + 1) zutropfen, bis der gelbe Niederschlag eben wieder entsteht. Mit einigen Tropfen Ammoniak (0,91) wird der Niederschlag wieder gelöst. Der klaren Flüssigkeit fügt man 25 ml Magnesiumchloridlösung (3) und ein Drittel des Volumens an Ammoniak (0,91) zu. Man rührt, ohne die Glaswandung zu berühren. Nach Stehen über Nacht wird der kristalline Niederschlag auf einen gewogenen Porzellanfiltertiegel A2 abgesaugt und mit Ammoniak (3 + 100) chloridfrei gewaschen. Ein Trockensaugen darf erst am Ende des Auswaschens erfolgen, da die sonst entstehenden Risse ein vollständiges Auswaschen unmöglich machen. Man trocknet den Tiegel zunächst bei 110°, glüht dann bei 1100° bis zur Gewichtskonstanz und wägt nach dem Erkalten im Exsiccator. Der Umrechnungsfaktor von Magnesiumpyrophosphat auf Phosphor ist 0,2783.

***Bemerkungen.*** Das Filtrat der Ammoniummolybdatophosphat-Fällung ist auf Vollständigkeit der Fällung zu prüfen. Hierzu versetzt man mit 5 ml Ammoniummolybdatlösung (2) und erwärmt auf 50 bis 60°. Fällt ein Niederschlag aus, so gibt man weitere 10 ml Ammoniummolybdatlösung zu und läßt 4 Std. stehen.

Kapitel 22

# Quecksilber

Inhalt



# 1 Erze, Schlämme und Zwischenprodukte

## 1.1 Bestimmung des Quecksilbers

### 1.1.1 Aufschluß und Destillation

***Grundlage.*** Nach dem Aufschluß der Probe mit Säure wird das Quecksilber in einem Destillierapparat als Quecksilber(II)-chlorid verflüchtigt und in einer Vorlage aufgefangen.

***Anwendungsbereich.*** Geeignet für alle Gehalte.

***Reagenzien.***

1. Lösesäure: Salzsäure (1,19) und Salpetersäure (1,4) im Volumenverhältnis 5 + 1.

***Geräte.*** Destillierapparat, siehe Abb. 18.

***Ausführung.*** Je nach dem Quecksilbergehalt der Probe werden 1 bis 10 g Einwaage mit 5 bis 10 ml Wasser angeschlämmt. 1 g wird mit 15 ml, 10 g werden mit 60 ml Säure (1) versetzt und durch Erhitzen auf dem Wasserbad aufgeschlossen, Lösung und Niederschlag spült man mit wenig Wasser in den Destillierkolben über und schließt diesen an den Apparat an. Durch den Tropftrichter gibt man vorsichtig, um Aufschäumen zu vermeiden, bei weniger als 10 g Einwaage 20 ml, bei 10 g Einwaage 40 ml Schwefelsäure (1,84) zu und erhitzt die Lösung bis zum Rauchen. Anschließend läßt man zum Verflüchtigen des Quecksilbers ein Gemisch von 25 ml Salzsäure (1 + 1) und 0,5 ml Salpetersäure (1,4) so zutropfen, daß die Zugabe 45 bis 50 min dauert. Hierbei soll die Temperatur im Kolbenhals 110 bis 130° betragen. Nach beendeter Destillation werden Kühler und Vorstoß mit Wasser ausgespült, etwa ausgeschiedener Schwefel über ein Filter Gr. 2 abfiltriert und mit Salzsäure (5 + 1000) gewaschen. Das klare Destillat bzw. das Filtrat wird in einem Meßkolben zu 250 ml aufgefüllt.

### 1.1.2 Maßanalytische Bestimmung

***Grundlage.*** Im Destillat wird das Quecksilber durch extraktive Titration mit Dithizonlösung bestimmt.

***Anwendungsbereich.*** Geeignet für Gehalte von 0,001 bis 1%.

***Zuverlässigkeit.*** Bei Gehalten von 0,01 bis 0,1% etwa ±10%,
von 0,1 bis 1% etwa ± 5%.

***Reagenzien.***

1. Hydroxylammoniumchloridlösung: 1 g mit Salzsäure (1 + 1) zum Liter gelöst.

2. Dithizonlösung: 40 mg Dithizon werden mit Kohlenstofftetrachlorid zum Liter gelöst. Die Lösung wird in eine braune Flasche filtriert, die im Dunkeln aufbewahrt wird. 1 ml ≈ 0,01 mg Quecksilber.

3. Dithizonlösung: 400 mg Dithizon werden mit Kohlenstofftetrachlorid zum Liter gelöst und wie vorstehend behandelt. 1 ml ≈ 0,1 mg Quecksilber.

4. Quecksilberstammlösung: 0,5399 g Quecksilber(II)-oxid werden mit 20 ml Salzsäure (1 + 1) gelöst. Die Lösung wird in einem Meßkolben zum Liter aufgefüllt.

5. Quecksilberstandardlösung: 20 ml Stammlösung (4) werden in einem Meßkolben zum Liter aufgefüllt. 1 ml $\triangleq$ 0,01 mg Quecksilber.

6. Quecksilberstandardlösung: 200 ml Stammlösung (4) werden in einem Meßkolben zum Liter aufgefüllt. 1 ml $\triangleq$ 0,1 mg Quecksilber.

***Ausführung.*** Durch eine Vortitration wird der Verbrauch an Dithizonlösung festgestellt. Ein Anteil des nach 1.1.1 anfallenden Destillats mit 0,1 bis 5 mg Quecksilber wird in einem 250 ml-Scheidetrichter schwach ammoniakalisch gemacht. Man neutralisiert mit Salzsäure (1 + 1) gegen Lackmuspapier, setzt 10 ml Salzsäure (1 + 1) im Überschuß auf 100 ml Volumen zu und kühlt auf Raumtemperatur ab.

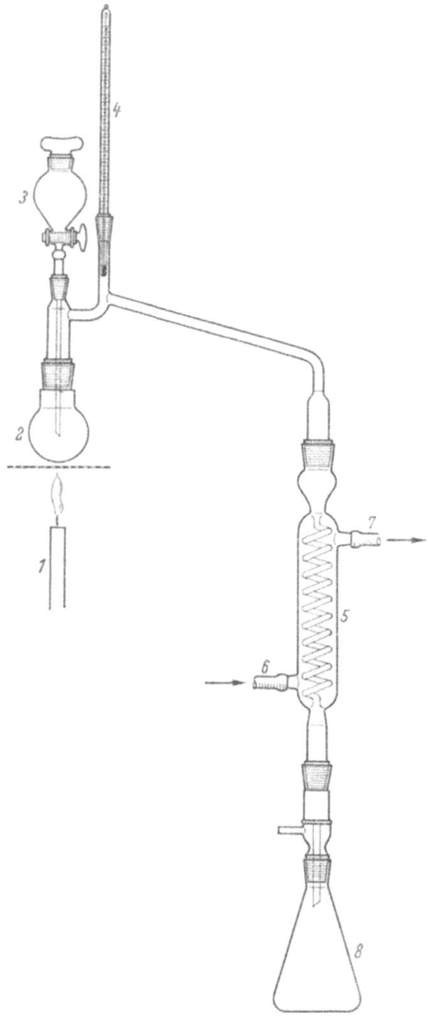


Abb. 18. Destillierapparat zur Abtrennung von Quecksilber
*1* Gasbrenner, *2* Destillierkolben (100 ml), *3* Hahntrichter zum Nachgeben von Salzsäure, *4* Thermometer 0 – 150 °, *5* Kühler, *6*, *7* Kühlwasser, *8* Vorlage 300 ml

Nach Zugabe von 3 g Harnstoff und 0,2 g Hydroxylammoniumchlorid schüttelt man kurz durch, fügt für je 100 $\mu$g Quecksilber 10 ml Dithizonlösung (2) oder 1 ml Dithizonlösung (3) zu und schüttelt 1 min kräftig durch. Nach dem Absetzen wird die untere Schicht in einen zweiten 250 ml-Scheidetrichter abgelassen. Zur Lösung im ersten Scheidetrichter gibt man erneut in ml-Abmessungen Dithizonlösung (2) oder (3) und wiederholt die Extraktion so lange, bis sich die grüne Farbe der zugegebenen Dithizonlösung nicht mehr ändert. Die vereinigten Extrakte werden mit 15 ml Hydroxylammoniumchloridlösung (1) 30 sec lang geschüttelt. Das Quecksilber geht dabei in die wäßrige Schicht über; die organische Schicht färbt sich wieder grün und wird verworfen.

Der wäßrige Auszug wird mit Wasser auf 100 ml verdünnt und mit Dithizonlösung [(2) oder (3)] titriert. Man gibt zunächst Dreiviertel der in der Vortitration ermittelten Menge an Dithizonlösung aus einer Bürette zu, schüttelt 1 min lang kräftig durch, läßt absetzen und trennt die organische Schicht ab. Nun wird so lange in kleinen Anteilen Dithizonlösung [(2) oder (3)] zugegeben und geschüttelt, bis die rein grüne Farbe bestehen bleibt. Die letzten Zusätze an Dithizonlösung müssen in immer kleiner werdenden Mengen, zuletzt nur noch jeweils mit 0,2 ml erfolgen.

***Titerstellung der Dithizonlösungen:*** Bei Quecksilbermengen von 0,1 bis 0,5 mg wird die Dithizonlösung (2) verwandt, bei Quecksilbermengen von 0,5 bis 5 mg die Lösung (3).

Für die Titerstellung versetzt man einen Anteil der betreffenden Standardlösung (5) oder (6), der ungefähr die gleiche Quecksilbermenge enthält, wie der zu titrierende Probenanteil, in einem 250 ml-Scheidetrichter mit 15 ml Hydroxylammoniumchlorid (1), verdünnt auf etwa 100 ml und verfährt weiter, wie unter Ausführung beschrieben.

Der Titer muß vor Gebrauch gestellt werden.

***Bemerkungen.*** Ein vorheriges Reinigen der Dithizonlösung ist nicht erforderlich.

### 1.1.3 Gewichtsanalytische Bestimmung

***Grundlage.*** Das Quecksilber wird als Sulfid gefällt und gewichtsanalytisch bestimmt.

***Anwendungsbereich.*** Geeignet für Quecksilbergehalte über 1%.

***Zuverlässigkeit.*** Bei Gehalten von 1 bis 5% etwa ±5%,
von 5 bis 20% etwa ±2%.

***Reagenzien.***

1. Natriumhydroxidlösung 100 g zum Liter gelöst.
2. Natriumsulfid, $Na_2S \cdot 9\,H_2O$.

***Ausführung.*** Das nach 1.1.1 anfallende Destillat oder einen Anteil bringt man mit Natriumhydroxidlösung (1) auf pH 8 bis 10 und gibt 10 g Natriumsulfid (2) zu. Das anfänglich ausfallende Quecksilber(II)-sulfid löst sich im Überschuß von Natriumsulfid wieder auf. Ebenso gehen Arsen, Antimon, Zinn und Germanium, die etwa beim Destillieren mit übergegangen sind, in Lösung. Wenn die Destillation richtig geleitet war, ist die Lösung jetzt klar und farblos. Nun fällt man durch Zugabe von Ammoniumnitrat das Quecksilber(II)-sulfid quantitativ wieder aus. Bei Einhaltung der Vorschrift genügen hierfür 30 g, während die Sulfide der Begleitelemente in Lösung bleiben. Man erwärmt auf 80°, filtriert den Niederschlag auf einen gewogenen Filtertiegel A1, wäscht mit warmem Wasser und anschließend mit Äthanol aus und trocknet bei 100° oder im Vaccuumexsiccator bis zur Gewichtskonstanz.

Der Umrechnungsfaktor von Quecksilbersulfid auf Quecksilber ist 0,8622.

Kapitel 23

# Selen

Inhalt



# 1 Rohstoffe

## 1.1 Erze und Erzkonzentrate

### 1.1.1 Bestimmung des Selens

***Grundlage.*** Das Selen wird in salzsaurer Lösung durch Reduktion mit Eisen(II)-sulfat gefällt und gewichtsanalytisch bestimmt.

***Anwendungsbereich.*** Geeignet für Gehalte unter 0,1%. Bei Gehalten über 0,1% erfolgt die Bestimmung nach 1.2.3.1.

***Zuverlässigkeit.*** Bei Gehalten von 0,01 bis 0,1% etwa ±10%,
von 0,1 bis 1% etwa ± 5%,
von 1 bis 10% etwa ± 1%.

***Reagenzien.***

1. Schweflige Säure, gesättigte wäßrige Lösung.

2. Zinn(II)-chloridlösung: 192 g $SnCl_2 \cdot 2\,H_2O$ mit 100 ml Salzsäure (1,19) und Wasser zum Liter gelöst.

3. Eisen(II)-sulfatlösung: 35 g $FeSO_4 \cdot 7\,H_2O$ mit 75 ml Salzsäure gelöst (1 + 2), für jeden Gebrauch frisch zu bereiten.

***Ausführung.*** 50 g Probe (Feinheitsgrad 0,16 DIN 4188) werden in einem 2 l-Becherglas (breite Form) mit wenig Wasser angefeuchtet und mit 200 ml Salpetersäure (1,4) in mäßiger Wärme gelöst. Dann wird auf dem Wasserbad zur Trockne eingedampft und das Eindampfen nach Zufügen von je 100 ml Wasser noch zweimal wiederholt. Den Eindampfrückstand nimmt man mit 100 ml Wasser und 150 bis

200 ml Salzsäure (1 + 1) auf, kocht etwa 5 min, um die löslichen Salze in Lösung zu bringen, kühlt auf Zimmertemperatur ab und trennt das Unlösliche durch Filtrieren über ein Filter Gr. 3 ab. Filter und Niederschlag werden mit Salzsäure (1 + 20) ausgewaschen und verworfen. Das Filtrat wird mit Wasser auf 1,2 l verdünnt, mit 200 ml schwefliger Säure (1) versetzt und bis zum Verschwinden des Schwefeldioxidgeruches gekocht. Dann gibt man zur Vervollständigung der Reduktion in Wasser aufgeschlämmtes Hydraziniumchlorid in kleinen Anteilen zu, bis die Lösung aufgehellt ist, was durch Zutropfen von Zinn(II)-chloridlösung (2) beschleunigt werden kann. Man läßt die Lösung noch weitere 10 bis 15 min kochen und filtriert durch Absaugen über einen Porzellanfiltertiegel A2 ab. Becherglas und Filtertiegel mit Niederschlag werden zweimal mit warmer Salzsäure (1 + 2) und mehrmals mit heißem Wasser ausgewaschen.

Zur weiteren Abtrennung des Selens aus dem Niederschlag löst man ihn wieder, indem man den Tiegel mit dem Niederschlag in ein 100 ml-Becherglas (breite Form) bringt, das 5 ml Salpetersäure (1,4) enthält, weitere 5 ml der Säure in den Tiegel gibt und das bedeckte Becherglas etwa 60 min auf dem Wasserbade erhitzt.

Die entstandene Lösung saugt man durch den Filtertiegel ab, wäscht mit Wasser nach, bringt sie in ein 250 ml-Becherglas (hohe Form) und dampft auf dem Wasserbade zur Trockne ein. Der Eindampfrückstand wird mit 150 ml Salzsäure (1 + 2) gelöst. In der zum Sieden erhitzten Lösung fällt man das Selen mit 20 ml Eisen(II)-sulfatlösung (3), kocht nochmals kurz auf, läßt absetzen und filtriert über einen gewogenen Porzellanfiltertiegel A2. Becherglas und Filtertiegel mit Niederschlag werden zweimal mit warmer Salzsäure (1 + 2) und mehrmals mit heißem Wasser gewaschen. Zuletzt werden Tiegel und Niederschlag mit Methanol gewaschen, 1 Std. bei 105° getrocknet, im Exsiccator abgekühlt und gewogen. Dann wird der Tiegel im elektrischen Ofen unter dem Abzug bei 750° erhitzt, bis das Selen verflüchtigt ist, und nach dem Erkalten wieder gewogen.

Aus der Differenz der beiden Wägungen und der Größe der Einwaage errechnet man den Selengehalt der Probe.

## 1.2 Zwischenprodukte

### 1.2.1 Kupferstein und Kupferbleistein

#### 1.2.1.1 Bestimmung des Selens

Die Bestimmung erfolgt bei Gehalten unter 0,1% nach 1.1.1, bei Gehalten über 0,1% nach 1.2.3.1.

### 1.2.2 Rohkupfer, Blisterkupfer, Anodenkupfer

#### 1.2.2.1 Bestimmung des Selens

***Grundlage.*** Nach Lösen der Probe mit salzsaurer Eisen(III)-chloridlösung wird das Selen durch Eisen(II)-chlorid gefällt und gewichtsanalytisch bestimmt.

***Anwendungsbereich.*** Geeignet für Gehalte über 0,002%.

***Zuverlässigkeit.*** Bei Gehalten von 0,002 bis 0,1% etwa ±10%,
von 0,1 bis 1% etwa ± 5%,
von 1 bis 10% etwa ± 1%.

***Reagenzien.***

1. Eisen(III)-chloridlösung: 250 g $FeCl_3 \cdot 6\,H_2O$ mit 125 ml Salzsäure (1,19) und 275 ml Wasser gelöst.

2. Eisen(II)-sulfatlösung: 35 g $FeSO_4 \cdot 7\,H_2O$ mit 75 ml Salzsäure (1 + 2), gelöst für jeden Gebrauch frisch zu bereiten.

***Ausführung.*** 50 g Probe (im anteiligen Verhältnis der Siebfraktionen der Metallspäne) bringt man in einen 750 ml-Erlenmeyerkolben, fügt die Eisen(III)-chloridlösung (1) zu und löst die Probe unter Kochen am Rückflußkühler, wozu 2 bis 3 Std. benötigt werden.

Durch das beim Lösen sich bildende Eisen(II)-chlorid wird das Selen während des Kochens gefällt und nach Beendigung des Lösens durch Filtrieren der Lösung über einen Porzellanfiltertiegel A2 abgetrennt. Fällgefäß, Filtertiegel und Niederschlag werden zweimal mit warmer Salzsäure (1 + 2) und ebenso mit heißem Wasser gewaschen. Aus dem Niederschlag wird das Selen, wie unter 1.1.1 beschrieben, durch Umfällen abgetrennt und gewichtsanalytisch bestimmt.

### 1.2.3 Schlämme, Flugstäube

#### 1.2.3.1 Bestimmung des Selens

***Grundlage.*** Aus der salzsauren Lösung des Natriumperoxidaufschlusses der Probe wird das Selen mit Eisen(II)-sulfat gefällt und gewichtsanalytisch bestimmt.

***Anwendungsbereich.*** Geeignet für Gehalte über 0,02%.

***Zuverlässigkeit.*** Bei Gehalten von 0,02 bis 0,1% etwa ±10%,
von 0,1 bis 1% etwa ± 5%,
von 1 bis 10% etwa ± 1%,
von 10 bis 20% etwa ±0,5%.

***Reagenzien.***

1. Eisen(II)-sulfatlösung:

***Ausführung.*** Man wägt 2 g Probe (Feinheitsgrad 0,16 DIN 4188) in einen Eisentiegel ein, mischt darin mit der 12- bis 15fachen Menge Natriumperoxid und deckt mit einer etwa 2 mm dicken Schicht des Schmelzmittels ab. Darauf erhitzt man langsam bis zum Schmelzen und hält etwa 3 min im Fluß. Nach dem Erkalten zersetzt man die Schmelze in einem 800 ml-Becherglas zunächst mit wenig Wasser, verdünnt dann mit Wasser auf 300 ml, fügt etwa 150 ml Salzsäure (1,19) zu und erhitzt die Lösung zum Sieden. In der kochenden Lösung fällt man nach dem Vertreiben des Chlors das Selen mit der Eisen(II)-sulfatlösung (1) und trennt es durch Filtrieren der Lösung über einen Porzellanfiltertiegel A2 ab. Fällgefäß und Filtertiegel mit Niederschlag werden zweimal mit warmer Salzsäure (1 + 2) und ebenso mit heißem Wasser gewaschen.

Dann löst man den Niederschlag, wie unter 1.1.1 beschrieben, fällt aus der Lösung das Selen wieder aus und bestimmt es gewichtsanalytisch.

# 2 Erzeugnisse

## Rohselen, Reinselen

### 2.1 Bestimmung des Selens

***Grundlage.*** Das Selen wird in salzsaurer Lösung durch Reduktion mit Eisen(II)-sulfat gefällt und gewichtsanalytisch bestimmt.

***Anwendungsbereich.*** Geeignet für Gehalte bis 99,5%.

***Zuverlässigkeit.*** Etwa ±0,1%.

***Reagenzien.***

1. Eisen(II)-sulfatlösung: Siehe unter 1.2.2.1.

***Ausführung.*** Man bringt 1 g Probe (Feinheitsgrad 0,16 DIN 4188) in einen 500 ml-Erlenmeyerkolben und schlämmt mit 30 ml Wasser auf. Nach Zufügen von 2 g Kaliumbromat wird unter zeitweiligem Umschwenken schwach erwärmt, um die Probe zu lösen. Nach etwa 10 min gibt man noch 1 g Kaliumbromat zu und bringt es durch Umschwenken oder Rühren mit noch ungelösten Resten der Probe in Berührung. Wenn alles gelöst ist, gibt man 25 ml Wasser und 50 ml Salzsäure (1 + 1) zu und vertreibt das freiwerdende Brom, indem man die Lösung über Nacht auf einem mäßig warmen Wasserbade stehen läßt. Dann wird sie durch ein Filter Gr. 2 in einen 750 ml-Erlenmeyerkolben filtriert und das Filter mit Salzsäure (1 + 10) und darauf mit Wasser gewaschen. Durch Zusetzen von Salzsäure (1,19) bringt man die Salzsäurekonzentration der Lösung auf etwa 1 + 2 und fällt das Selen mit der Eisen(II)-sulfatlösung. Man kocht etwa 30 min, bis sich das Selen zusammengeballt hat, filtriert über einen gewogenen Porzellanfiltertiegel A2 und wäscht Fällgefäß, Tiegel und Niederschlag zuerst mit Salzsäure (1 + 4) und dann mit Wasser. Tiegel und Niederschlag werden schließlich einmal mit Methanol gewaschen, 1 Std. bei 105° getrocknet, im Exsiccator abgekühlt und gewogen. Dann wird der Tiegel im elektrischen Ofen unter dem Abzug bei 750° erhitzt, bis das Selen verflüchtigt ist, und nach dem Erkalten wieder gewogen.

Aus der Differenz der beiden Wägungen errechnet man den Selengehalt der Probe.

### 2.1.2 Bestimmung des Tellurs

***Grundlage.*** Das Tellur wird nach dem Abtrennen des Selens durch Fällen mit Hydraziniumchlorid isoliert und polarographisch bestimmt.

***Anwendungsbereich.*** Geeignet für Gehalte von 0,5 bis 50 g/1000 kg.

***Zuverlässigkeit.*** Bei Gehalten von 0,5 bis 10 g/1000 kg etwa ±10%,
von 10 bis 50 g/1000 kg etwa ± 5%.

***Reagenzien.***

1. Eisen(III)-chloridlösung: 17 g $FeCl_3 \cdot 6\,H_2O$ mit 100 ml Salzsäure (1,19) gelöst.
2. Eisen(II)-sulfatlösung: 35 g $FeSO_4 \cdot 7\,H_2O$ mit 75 ml Salzsäure (1 + 2) gelöst, jedesmal frisch zu bereiten.
3. Zinn(II)-chloridlösung: 192 g $SnCl_2 \cdot 2\,H_2O$ mit 100 ml Salzsäure (1,19) und Wasser zum Liter gelöst.
4. Bromsalzsäure: mit Brom gesättigte Salzsäure (1,19).
5. Grundlösung: 107 g Ammoniumchlorid und 100 ml Ammoniak (0,91) werden mit Wasser auf etwa 900 ml verdünnt (= pH 9), dann mit 40 bis 45 ml Salzsäure (1,19) auf pH 8 eingestellt. Die Lösung muß jedesmal frisch bereitet werden.
6. Wäßrige Gelatinelösung: 0,5 g Gelatine werden mit 100 ml heißem Wasser gelöst.

***Ausführung.*** 25 g Probe (Feinheitsgrad 0,16 DIN 4188) werden in einem 600 ml-Becherglas mit 50 ml Salpetersäure (1,3) gelöst. Die Lösung wird zweimal mit je 20 ml Schwefelsäure (1 + 1) bis fast zur Trockne abgeraucht, wobei die Hauptmenge des Selens schon durch Verflüchtigen entfernt wird. Der Abrauchrückstand wird mit 20 ml Salzsäure (1,19) und 40 ml Wasser aufgenommen und in ein 250 ml-Becherglas übergespült. Die in der Lösung noch enthaltenen Selenreste werden nach Zufügen von 1 ml Eisen(III)chloridlösung (1) mit 10 ml Eisen(II)-sulfatlösung (2) gefällt und durch Filtrieren über ein Filter Gr. 2 abgetrennt. Im Filtrat wird die Salzsäurekonzentration durch Verdünnen mit Wasser auf etwa 1 + 7 eingestellt. Dann wird nach Zufügen von 3 g Hydraziniumchlorid gekocht, bis die Tellurfällung eingetreten ist. Nun setzt man einige Tropfen der Zinn(II)-chloridlösung (3) zu, kocht noch einige Minuten weiter, sammelt den Tellurniederschlag sofort durch Absaugen in einem Porzellanfiltertiegel A2 und wäscht mit warmer Salzsäure (1 + 4) und anschließend mit Wasser aus. Dann löst man den Tellurniederschlag im Filtertiegel durch Zufügen von 2 ml Bromsalzsäure (4), saugt die Lösung durch den Tiegel in ein 50 ml-Becherglas und wäscht mit wenig Wasser nach.

Das überschüssige Brom vertreibt man aus der Lösung durch Einleiten von Luft bei Zimmertemperatur, macht die Lösung dann schwach ammoniakalisch und engt sie auf dem Wasserbade auf etwa 4 ml ein, wobei der geringe Ammoniaküberschuß bestehen bleiben, d.h. gegebenenfalls ergänzt werden muß. Zum Klären der abgekühlten Lösung fügt man einen Tropfen Salzsäure (1,19) zu und spült mit 4 ml Grundlösung (5) und wenig Wasser in einen 10 ml-Meßkolben über. Nach Zugabe von 0,5 ml Gelatinelösung (6) und einem Tropfen Ammoniak (0,91) füllt man die Lösung im Kolben auf, bringt sie in das Einsatzgefäß und polarographiert nach Durchleiten von Stickstoff mit einem 4-V-Akku im Bereich von −0,3 bis −1,0 V, wobei man die Empfindlichkeit des Stromes so wählt, daß eine optimale Stufenhöhe entsteht.

***Eichkurve.*** 0,1 g reines Tellur löst man in 5 ml Salpetersäure (1,4) und füllt in einem 500 ml-Meßkolben auf (Lösung A). 50 ml der Lösung A verdünnt man in einem zweiten Meßkolben ebenfalls auf 500 ml (Lösung B).

Aus den Lösungen B und A entnimmt man anteilige Abmessungen mit steigenden Tellurmengen von 0,005 bis 1 mg, bringt sie in 50 ml-Bechergläser, fügt je 2 ml Bromsalzsäure (4) zu und behandelt sie nach der obigen Arbeitsvorschrift.

Kapitel 24

# Silicium

Inhalt



## 1 Metallische Erzeugnisse

## Ferro-Silicium

### 1.1 Bestimmung des Siliciums

***Grundlage.*** Das Silicium wird nach alkalischem Aufschluß mit Säure als Silicium(IV)-oxidhydrat abgeschieden und nach Glühen als Oxid gewogen. Der Siliciumgehalt wird aus der Gewichtsdifferenz nach Verflüchtigen des Siliciums mit Fluorwasserstoffsäure errechnet.

***Anwendungsbereich.*** Geeignet für Gehalte von 15 bis 95%.

***Zuverlässigkeit.*** Bei Gehalten um 75% etwa ±0,3%.

***Ausführung.*** 0,5 g Probe (Feinheitsgrad 0,2 DIN 4188) werden in einem Nickeltiegel mit 5 g Kaliumcarbonat-Natriumcarbonat durchgemischt und mit 1 g Natriumcarbonat abgedeckt. Man erwärmt zunächst langsam mit kleiner Flamme, steigert bis zum ruhigen Schmelzen, versetzt dann in kleinen Anteilen mit 8 g Natriumperoxid und schmilzt 10 min. Durch ständiges Schwenken des Tiegels oder Rühren mit einem siliciumfreien Nickeldraht hält man die Schmelze in Bewegung. Nach dem Erkalten bringt man den Tiegel in eine 1 l-Porzellankasserolle, in die 300 ml Salzsäure (1 + 2) vorgelegt wurden. Zur Vermeidung von Sprühverlusten wird die Kasserolle sofort mit einem Uhrglas bedeckt. Nach dem Lösen wird der Tiegel sorgfältig mit heißem Wasser abgespült, die Kasserolle auf eine etwa 150° heiße Platte gestellt und der Inhalt fast zur Trockne gedampft. Der Rückstand wird 1 Std. im Trockenschrank bei 135° geröstet. Entstehende Klümpchen werden mit einem Glasstab zerdrückt. Der kalte Rückstand wird mit 20 ml Salzsäure (1,19) durchfeuchtet, anschließend mit 100 ml heißem Wasser verdünnt und nach kurzem Aufkochen über ein Filter Gr. 2 abfiltriert. Mit heißer Salzsäure (1 + 20) wird eisenfrei gewaschen. Das Filtrat wird zur Abscheidung des noch vorhandenen kolloidalen Silicium(IV)-oxidhydrats mit 140 ml Schwefelsäure (1 + 1) versetzt und bis zum leichten Rauchen der Schwefelsäure eingeengt. Nach Erkalten gibt man vorsichtig 100 ml kaltes Wasser zu verdünnt anschließend mit heißem Wasser auf 450 ml und filtriert nach kurzem Aufkochen, wie beschrieben.

Beide Filter werden vorsichtig in einem Platintiegel verascht, bei 1100° bis zur Gewichtskonstanz geglüht und nach Erkalten gewogen. Man gibt 5 ml Fluorwasserstoffsäure (40%) und 2 ml Schwefelsäure (1 + 4) zum Rückstand, raucht das Silicium(IV)-oxid ab und glüht den Tiegel bis zur Gewichtskonstanz. Nach Erkalten wird erneut gewogen. Die Gewichtsdifferenz entspricht dem Silicium(IV)-oxidgehalt. Der Umrechnungsfaktor von Silicium(IV)-oxid auf Silicium ist 0,4675.

***Bemerkung.*** Der Inhalt der Kasserolle muß immer sauer sein, da sonst Silicium(IV)-oxid aus der Glasur gelöst wird.

## 1.2 Bestimmung des Aluminiums

***Grundlage.*** Das Aluminium wird nach Verflüchtigen des Siliciums mit Fluorwasserstoffsäure in schwach saurer Lösung mit Eriochromcyanin photometrisch bestimmt.

***Anwendungsbereich.*** Geeignet für Gehalte bis 2,5%.

***Zuverlässigkeit.*** Bei Gehalten um 2% etwa ±2%.

***Reagenzien.***

1. Eriochromcyaninlösung: 350 mg werden in einem trockenen 250 ml-Becherglas mit 2 ml Salpetersäure (1 + 1) versetzt. Man rührt 2 min und verdünnt dann mit 75 ml Wasser. Zur Zerstörung der salpetrigen Säure werden 250 mg Harnstoff zugegeben. Die Lösung wird mit Wasser zum Liter aufgefüllt.

2. Pufferlösung: 320 g Ammoniumacetat werden mit Wasser gelöst, mit 16 ml Eisessig versetzt und zum Liter aufgefüllt.

3. Indicatorlösung: 1 g p-Nitrophenol mit 100 ml Wasser gelöst.

4. Aluminiumstammlösung: 2,5 g Kaliumaluminiumsulfat $[KAl(SO_4)_2 \cdot 12\,H_2O]$ werden unter Zusatz von 5 Tropfen Salpetersäure (1,4) mit Wasser gelöst und zum Liter aufgefüllt.

5. Aluminiumstandardlösung: 10 ml der Stammlösung (4) werden im 250 ml-Meßkolben nach Zugabe von 2 Tropfen Salpetersäure (1 + 1) mit Wasser aufgefüllt. 1 ml $\triangleq$ 5,68 $\mu$g Aluminium.

6. Eisenlösung: 0,1 g Eisenpulver werden mit 10 ml Salzsäure (1,19) gelöst und im Meßkolben zu 500 ml aufgefüllt.

***Ausführung.*** 0,25 g Probe (Feinheitsgrad 0,2 DIN 4188) werden in einer Platinschale bei aufgelegtem Deckel mit 10 ml Salpetersäure (1 + 1) unter allmählichem Zusatz von 5 ml Fluorwasserstoffsäure (40%) und vorsichtigem Erwärmen gelöst. Man gibt 5 ml Schwefelsäure (1 + 1) zu, dampft zur Trockne ein, versetzt noch dreimal mit je 2 ml Schwefelsäure (1,84) und raucht ab. Den Rückstand nimmt man mit 10 ml Salzsäure (1 + 1) auf, erwärmt, bis alles gelöst ist, und verdünnt mit 15 ml Wasser. Dann wird über ein Filter Gr. 3 in ein 250 ml-Becherglas filtriert, das Filter mit wenig heißer Salzsäure (1 + 20) und heißem Wasser gewaschen und im Platintiegel verascht. Man schließt den Rückstand mit 1 g Kaliumhydrogensulfat auf, löst die Schmelze mit wenig Wasser und gibt die Lösung zu dem Filtrat, dessen Volumen etwa 75 ml betragen soll. Nun versetzt man mit 15 ml Salpetersäure (1 + 4), erwärmt auf 60°, gibt 250 mg Zinkpulver und nach seiner Auflösung 700 mg Borsäure hinzu und erhitzt bis zum vollständigen Lösen. Die heiße Lösung gießt man langsam in einen 1 l-Polyäthylenbecher auf 15 g festes Natriumhydroxid, wobei der Becher umgeschwenkt wird. Nach Verdünnen auf 150 ml spült man bei Aluminiumgehalten unter 0,5% in einen 500 ml-Meßkolben (siehe Bemerkung!) und füllt auf. Durch ein Faltenfilter. das in einem Filter Gr. 2 steht, wird in ein trockenes 250 ml-Becherglas filtriert. Die ersten Filtratanteile werden verworfen. Dann pipettiert man 5 ml Filtrat in einen 50 ml-Meßkolben, gibt 2 Tropfen Indicatorlösung (3) hinzu und versetzt mit Salpetersäure (1 + 4) bis zum Umschlag des Indicators nach farblos. Man fügt noch 3 Tropfen Salpetersäure

(1 + 4) im Überschuß zu, versetzt mit einer Spatelspitze Natriumthioglycolat und bringt die Lösung in einem Thermostaten auf 20°. Nun werden genau 15 ml Eriochromcyaninlösung (1) und nach 2 min 5 ml Pufferlösung (2) hinzugegeben. Beide Lösungen sollen ebenfalls eine Temperatur von 20° haben. Nach 7 min wird aufgefüllt und bei 535 nm gegen eine Blindlösung gemessen. Für Aluminiumgehalte unter 1% benutzt man eine 1 cm-Küvette, für Gehalte über 1% eine 0,5 cm-Küvette. Die Blindlösung stellt man durch Einwiegen von 80 mg Eisenpulver her, die man, wie unter Ausführung beschrieben, behandelt.

***Eichkurve.*** Zu abgestuften Mengen der Aluminiumstandardlösung (5) gibt man dem Eisengehalt der Probe entsprechende Mengen der Eisenlösung (6) und verfährt weiter, wie unter Ausführung beschrieben.

***Bemerkungen.*** Die zu photometrierende Lösung soll einen Aluminiumgehalt von 3 bis 30 μg je 50 ml haben. Man ändert daher im Bedarfsfalle die in der Arbeitsvorschrift angegebenen Größen der Meßkolben und Küvetten entsprechend.

### 1.1.3 Bestimmung des Phosphors

***Grundlage.*** Der Phosphor wird nach Lösen der Probe mit Salpetersäure-Fluorwasserstoffsäure als Ammoniummolybdatophosphat mit Isobutanol extrahiert und als Phosphormolybdänblau photometrisch bestimmt.

***Anwendungsbereich.*** Geeignet für Gehalte unter 0,05%.

***Zuverlässigkeit.*** Bei Gehalten um 0,02% etwa ±10%.

***Reagenzien.*** Siehe Kapitel Phosphor unter 1.3, S. 335.

***Ausführung.*** 1 g Probe (Feinheitsgrad 0,2 DIN 4188) wird in einer Platinschale mit 10 ml Salpetersäure (1,40) und einem Körnchen Kaliumpermanganat versetzt und dann durch Zutropfen von Fluorwasserstoffsäure (40%) gelöst. Die Zugabe von Fluorwasserstoffsäure erfolgt so lange, bis vollständige Lösung erreicht ist. Nun gibt man 10 ml Perchlorsäure (1,67) zu und dampft bis zur Sirupdicke ein. Man spült in ein 250 ml-Becherglas über, neutralisiert die Lösung mit Ammoniak (0,91) und säuert mit 15 ml Salpetersäure (1,4) an. Der Phosphor wird als Eisenphosphat gemäß Kapitel Phosphor unter 1.3, S. 335, ausgefällt und, wie dort beschrieben, bestimmt.

***Bemerkung.*** Phosphorgehalte über 0,05% werden entweder maßanalytisch oder gewichtsanalytisch, wie unter 1.1 oder 1.2 im Kapitel Phosphor beschrieben, bestimmt.

## 1.4 Bestimmung des Kohlenstoffs

Siehe Kapitel Kohlenstoff unter 4.24, S.202.

Kapitel 25

# Tantal-Niob

Inhalt



## 1 Erze, Schlacken, Konzentrate, Ferrolegierungen und Speziallegierungen

### 1.1 Abtrennen des verunreinigten Tantal- und Niobpentoxids (= Roherdsäuren)

#### 1.1.1 Nach alkalischem Aufschluß durch Zentrifugieren und Hydrolyse

***Grundlage.*** Nach alkalischem Aufschluß werden die unlöslichen Natriumverbindungen des Tantals und Niobs sowie die Oxidhydrate des Titans, Mangans Eisens und der Erdalkalien durch Zentrifugieren von weiteren Begleitelementen abgetrennt. Tantal- und Niobpentoxidhydrat und Titanoxidhydrat werden durch Hydrolyse mit Säure als Roherdsäuren abgeschieden.

***Anwendungsbereich.*** Geeignet für Gehalte von 2 bis 95%.

***Reagenzien.***

1. Natriumchloridlösung: 150 g zum Liter gelöst.
2. Schweflige Säure, gesättigte Lösung.

***Geräte.*** Zentrifuge (3200 UpM); Volumen der Zentrifugengläser: 200 bis 250 ml.

***Ausführung.*** Einwaage: Bei Gehalten bis 10% Tantal- + Niobpentoxid (= Erdsäuren) 2 g bzw. 2×1 g. Bei Gehalten über 10% Erdsäuren 1 g.

Die Probe (Feinheitsgrad: Schlacken, Erze, Konzentrate 0,1 DIN 4188; Ferrolegierungen, Speziallegierungen 0,2 DIN 4188) wird in einen Alsinttiegel eingewogen. Erze, Schlacken bzw. Konzentrate können Fluoride enthalten. In diesem Falle wird die Einwaage vor dem alkalischen Aufschluß im Alsinttiegel mit 2 ml Schwefelsäure (1,84) bis zur Trockne abgeraucht und dann im gleichen Tiegel alkalisch aufgeschlossen. Man verrührt die Probe mit 15 g Natriumperoxid und schmilzt langsam bis zur hellen Rotglut. Nach 5 min Schmelzfluß fügt man erneut 5 g Natriumperoxid zu und schmilzt nochmals kurz auf. Die erkaltete Schmelze wird in einem 400 ml-Becherglas mit 75 ml Natriumchloridlösung (1) gelaugt, der Tiegel mit wenig Wasser abgespült und die Suspension unter Zugabe von 1 bis 3 ml Äthanol zur Zerstörung der Manganate 5 min gekocht. Das Volumen soll 150 ml nicht überschreiten. Die Suspension wird nach Erkalten in das Zentrifugenglas gegeben und 20 min zentrifugiert. Die Natriumsalze bzw. Oxidhydrate der Elemente Tantal, Niob, Titan, Zirkon, Eisen, Mangan, Nickel setzen sich ab, die überstehende klare alkalische Lösung wird abgegossen. Bei Proben mit Phosphor- und Wolframgehalten über 1% wird nach Aufwirbeln der Oxidhydrate mit Natriumchloridlösung (1) das Zentrifugieren wiederholt. Der am Boden des Glases fest anhaftende Rückstand wird mit etwas Salzsäure (1 + 10) in ein 800 ml-Becherglas übergespült. In den Aufschlußtiegel gibt man 5 ml Salzsäure (1 + 1) und 1 ml Wasserstoffperoxid (30%) und erwärmt vorsichtig. Diese Lösung wird ebenfalls in das 800 ml-Becherglas gegeben. Nach Zufügen von 30 ml Salzsäure (1,19) kocht man auf, verdünnt mit 400 ml Wasser, stumpft mit Natriumcarbonatlösung (20 g in 100 ml) bis pH 2 bis 3 ab, fügt 60 ml schweflige Säure (2) zu und kocht 30 min. Die Oxidhydrate des Tantals und Niobs sowie des Titans läßt man absetzen und gießt dann über ein Filter Gr. 3 ab. Nach dem Abgießen der Hauptmenge Flüssigkeit wird der Niederschlag mit 500 ml warmem Wasser, das 30 ml schweflige Säure (2) enthält, nochmals dekantiert und dann filtriert. Man wäscht mit schwefliger Säure (1 + 5) das Filter einige Male aus und verascht den Niederschlag bei 800° in einer gewogenen Platinschale (⌀ 10 cm). In den Roherdsäuren bestimmt man die reinen Erdsäuren nach den unter 1.2, S. 351, angegebenen Vorschriften.

***Bemerkungen.*** Natriumtantalat und -niobat sind in Lösungen mit hoher Natriumionen-Konzentration schwer löslich. Begleitelemente wie Phosphor, Wolfram, Zinn, Vanadium u.a. können im tantal- und niobfreien alkalischen Zentrifugat nach bekannten Methoden bestimmt werden.

### 1.1.2 Abtrennen der Roherdsäure durch Hydrolyse ohne Zentrifuge

***Grundlage.*** Die Roherdsäuren werden nach alkalischem Aufschluß der Probe und Laugen mit Wasser durch Hydrolyse mit Säure ausgefällt.

***Anwendungsbereich.*** Geeignet für Gehalte von 2 bis 95% Erdsäuren. Die Methode ist nur für Legierungen mit geringen Verunreinigungen zu empfehlen, da bei diesem Verfahren sich Begleitelemente wie Phosphor, Wolfram und Zinn mit den Erdsäuren abscheiden. Uran, Thorium und Seltene Erden können weitere Komplikationen hervorrufen.

***Reagenzien.***

1. Schweflige Säure, gesättigte Lösung.

***Ausführung.*** Der alkalische Aufschluß, durchgeführt gemäß 1.1.1 wird in einem 1 l-Becherglas mit 300 ml Wasser gelaugt. Man neutralisiert nach Erkalten mit Salzsäure (1 + 1) (Kongopapier) und versetzt mit 70 ml schwefliger Säure (1). Nach Auffüllen auf 800 ml Volumen werden die Roherdsäuren durch 30 min langes Kochen hydrolysiert. Man filtriert nach Stehen über Nacht den Niederschlag über ein Filter Gr. 3, wäscht mit Salzsäure (3 + 100) aus und verascht bei 800°. Die Weiterverarbeitung erfolgt nach 1.2.2, S. 352.

## 1.2 Bestimmung des Tantal- und Niobpentoxids in den Roherdsäuren

### 1.2.1 Durch Hydrolyse mit Salzsäure und Wasserstoffperoxid

***Grundlage.*** Tantal- und Niobpentoxid werden von den Begleitelementen nach Aufschluß mit Kaliumpyrosulfat und Hydrolyse mit salzsaurer Wasserstoffperoxidlösung abgetrennt und als Erdsäuren gewichtsanalytisch bestimmt,

***Anwendungsbereich.*** Geeignet für Roherdsäuren, die nach 1.1.1, S. 349, erhalten wurden, mit Titandioxidgehalten bis zu 3%. Für Roherdsäuren, die nach 1.1.2, S. 350, erhalten wurden, weniger geeignet.

***Zuverlässigkeit.*** Bei Gehalten um 60% etwa ±0,5%,
um 90% etwa ±0,3%.

***Reagenzien.***

1. Ammoniumnitratlösung: 10 g zu 100 ml gelöst.

***Ausführung.*** Die nach 1.1.1, erhaltenen, in der Platinschale befindlichen verunreinigten Erdsäuren werden mit 2 ml Fluorwasserstoffsäure (40%) und einigen Tropfen Schwefelsäure (1 + 1) zur Verflüchtigung des Silicium(IV)-oxids bis zur Trockne abgeraucht und dann mit 20 g Kaliumpyrosulfat in der bedeckten Schale zunächst mit kleiner Flamme, später bei Rotglut unter öfterem Umschwenken bis zum Lösen der Erdsäuren geschmolzen. Unter Umschwenken läßt man die Schmelze in möglichst dünner Schicht erstarren, gibt den Schmelzkuchen in ein 1 l-Becherglas, das bei 500 ml eine Markierung trägt. An der Schale haftende Schmelzreste werden mit heißem Wasser unter Zuhilfenahme eines Gummiwischers entfernt und die Lösung mit der Hauptmenge vereinigt. Der Schmelzkuchen wird mit 100 ml Salzsäure (1 + 1) und 25 ml Wasserstoffperoxid (30%) versetzt und zum völligen Lösen auf 50 bis 55° erwärmt. Nun verdünnt man mit Wasser bis zur 500 ml-Markierung, kocht unter Ersatz des verdampfenden Wassers bei bedecktem Becherglas 20 min, wobei sich die Oxidhydrate des Tantals und Niobs abscheiden. Nach kurzem Absetzen werden sie über ein doppeltes Filter Gr. 2 filtriert und dreimal mit heißer Salzsäure (1 + 10) ausgewaschen. Das Filtrat fängt man in einem 2 l-Becherglas auf. Neben der Hauptmenge Titan enthält es noch geringe Mengen Tantal und Niob gelöst. Der im Filter befindliche Hauptanteil Erdsäuren wird in das benutzte Becherglas mit möglichst wenig heißem Wasser zurückgespült und erneut mit 100 ml Salzsäure (1 + 1) und 25 ml Wasserstoffperoxid (30%) versetzt. Die Erdsäuren lösen sich bei etwa 50 bis 55° klar auf. Sollte sich jedoch nach mehrmaliger Behandlung der Erdsäuren mit Salzsäure und Wasserstoffperoxid ein Teil nicht völlig lösen, so braucht darauf keine Rücksicht genommen zu werden. Man verdünnt wiederum auf 500 ml und kocht, wie oben beschrieben, bei bedecktem Becherglas 20 min. Nach kurzem Absetzen der Erdsäuren filtriert man durch das bereits benutzte Filter und sammelt das Filtrat im 2 l-Becherglas, welches das Filtrat der ersten Reinigung enthält. Die Anzahl der Fällungen richtet sich nach dem Titangehalt. Bei Titangehalten bis zu 1% genügen 3 Fällungen. Zum Schluß erhält man titanfreie Erdsäuren (Niederschlag 1).

In dem für die Fällungen verwendeten 1 l-Becherglas haften oft noch geringe Mengen schwer entfernbarer Erdsäuren. Um diese Anteile zu erfassen, gibt man in das Becherglas 20 ml Schwefelsäure (1,84) und erhitzt unter mehrfachem Umschwenken bis zum starken Nebeln. Nach Erkalten verdünnt man vorsichtig mit Wasser, versetzt die Lösung mit Ammoniak (1 + 1), kocht kurz auf, fügt etwas Filterbrei zu und filtriert über ein Filter Gr. 2 den Niederschlag 2 ab. Mit Ammoniumnitratlösung (1) wird sulfatfrei gewaschen. Filter mit Niederschlag werden mit dem Niederschlag (1) vereinigt.

Zur Rückgewinnung der geringen Tantal- und Niobmengen aus den vereinigten Filtraten der Reinigungsfällungen wird der Becherglasinhalt auf 500 ml eingedampft. In der Kälte neutralisiert man mit Ammoniak (0,91), fügt 20 ml im Überschuß zu und kocht unter Zugabe von etwas Filterbrei kurz auf. Man filtriert über ein Filter Gr. 2, wäscht wiederum mit Ammoniumnitratlösung (1) aus und verascht in einem Quarz- oder Porzellantiegel. Der Rückstand wird mit 15 g Kaliumpyrosulfat aufgeschlossen und die erkaltete Schmelze bei 50 bis 55° mit 30 ml Salzsäure (1 + 1) in einem 800 ml-Becherglas, welches bei 300 ml eine Markierung aufweist, gelöst. Nach Lösen der Schmelze wird mit Wasser bis zur 300 ml-Marke aufgefüllt und unter Zugabe von etwas Filterbrei 30 min gekocht. Die Restfällung wird auf einem kleinen Filter Gr. 2 gesammelt (Niederschlag 3) und mit Salzsäure (1 + 10) gewaschen.

Die Niederschläge 1, 2 und 3 werden in eine gewogene Platinschale gegeben, verascht, bis zur Gewichtskonstanz bei 1000° geglüht und die Erdsäuren nach dem Erkalten gewogen.

### 1.2.2 Mit einer chromatographischen Säule

***Grundlage.*** Die in die Fluorverbindungen übergeführten Roherdsäuren werden auf eine Cellulosesäule gegeben. Tantal und Niob werden durch Eluieren mit fluorwasserstoffsaurem Methyläthylketon von den begleitenden Verunreinigungen abgetrennt und als Oxide gewichtsanalytisch bestimmt.

***Anwendungsbereich.*** Geeignet für die Bestimmung der reinen Erdsäuren in Roherdsäuren, erhalten nach 1.1.1, S. 349, und 1.1.2, S. 350.

***Zuverlässigkeit.*** Bei Gehalten um 20% etwa ±2%.
um 50% etwa ±1%,
um 90% etwa ±0,3%.

***Reagenzien.***

1. Methyläthylketon (im folgenden wird die Abkürzung MAEK verwendet): Reinigung: 4 l MAEK werden mit 12 g Kaliumpermanganat, 20 g Natriumhydrogencarbonat und 600 ml Wasser versetzt und 2 Std. unter Rückfluß gekocht. Die wäßrige Schicht wird abgetrennt und das Keton zunächst mit wasserfreiem Calciumchlorid, dann über festem Natriumhydroxid je 24 Std. getrocknet. Anschließend wird destilliert und die Fraktion zwischen 79 und 81° gesammelt. MAEK ist brennbar und giftig.
2. MAEK-Lösung: 425 ml MAEK (1) werden mit 75 ml Fluorwasserstoffsäure (40%) vermischt.
3. Cellulosepulver, z. B.: Genuine Whatman Cellulose Powder Standard Grade der Firma W. und R. Balston Ltd.

***Geräte.*** Polyäthylenrohr, siehe Abb. 19.

***Vorbereitung der Säule.*** Der Ausfluß des Polyäthylenrohres wird mit einer angefeuchteten Filterschleimkugel leicht abgedichtet und das untere Ende mit einem Gummistopfen verschlossen. 100 ml MAEK-Lösung (2) werden in die Polyäthylensäule gegeben, hierauf 9 g Cellulosepulver (3). Mit einem Polyäthylenstab wirbelt man den Cellulosebrei zur Entfernung von Luftblasen auf. Nach Absetzen des Cellulosebreies — Höhe 9 cm — wird der Gummistopfen entfernt und nach Abtropfen des MAEK bis zur Höhe der Cellulose die Säule erneut mit dem Gummistopfen verschlossen. Die Säule ist für die Analyse von max. 0,3 g Tantal- und Niobpentoxid einsatzbereit.

***Ausführung.*** 0,3 g von den nach 1.1.1, S. 349, oder 1.1.2, S. 350, gewonnenen und gewogenen Roherdsäuren werden nach Verreiben in einer Achatschale in eine Platinschale (8 cm ∅, Volumen 100 bis 120 ml) eingewogen, mit 20 ml Fluorwasserstoffsäure (40%) gelöst und auf dem Wasserbad bei fast bedeckter Schale zur Trockne eingedampft. Nun werden 6 ml Fluorwasserstoffsäure (1 + 3) und nach Lösen der Erdsäuren 1 g Ammoniumfluorid zugegeben. Nach 5 min Stehen auf dem Wasserbad läßt man erkalten und gibt 5 g Cellulosepulver zu, vermischt mit einem Polyäthylen- oder Platinspatel Pulver und Lösung zu einer krümeligen Masse. Der Schaleninhalt wird auf die vorbereitete Säule gegeben, die Schale mit 1 g Cellulosepulver ausgerieben, das ebenfalls auf die Säule gegeben wird. Die Platinschale wird mit 20 ml MAEK-Lösung (2) gespült und das Keton auf die Säule gegeben. Mit einem Polyäthylenstab wirbelt man den Anteil der Cellulose, der die Analysenprobe enthält, auf. Spatel und Stab werden mit MAEK-Lösung (2) gespült und die Platinschale in den Trichter des Rohres gestellt. Unter den Auslauf der Säule stellt man einen 1 l-Polyäthylenbecher und entfernt den Gummistopfen. Das Keton tropft langsam aus der Säule (1 Tropfen/sec). Durch portionsweises Aufgießen der restlichen MAEK-Lösung (2) und unter gleichzeitigem Ausspülen der Schale, läßt man durch die Säule das restliche Keton tropfen, wobei es nicht unter den Cellulosespiegel absinken soll. Das 400 ml betragende Eluat wird auf dem Wasserbad bis auf 10 ml eingedampft. Die Restlösung spült man in eine gewogene Platinschale, wäscht den Polyäthylenbecher mit heißem Wasser aus und spült zum Schluß mit etwas MAEK-Lösung (2). Die 2/3 gefüllte Platinschale wird unter einem Oberflächenverdampfer bis fast zur Trockne eingedampft. Zum Aufsaugen der Restlösung legt man eine Filtertablette in die Schale und verascht dann vorsichtig. Die Erdsäuren werden bei 1000° bis zur Gewichtskonstanz geglüht und nach Erkalten gewogen.

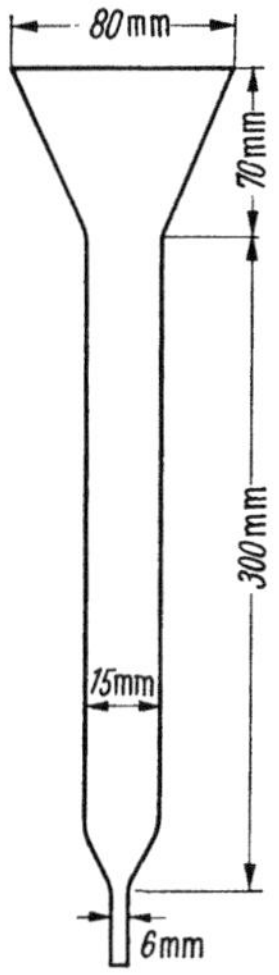


Abb. 19. Polyäthylenrohr für die Bestimmung von Tantal- und Niobpentoxid

***Bemerkungen.*** Über 1000° geglühte Roherdsäuren lösen sich in der Fluorwasserstoffsäure oft nicht vollständig. Sie werden durch Zusatz einiger Tropfen Salpetersäure (1,4) und Wasserstoffperoxid (30%) in Lösung gebracht und zur Entfernung der Salpetersäure dreimal mit 5 ml Fluorwasserstoffsäure (40%) auf dem Wasserbad bis zur Trockne eingedampft. Verbleibt dann noch ein Löserückstand, so enthalten die Roherdsäuren Alkalien. Aufschluß und Hydrolyse sind in diesem Falle zu wiederholen.

Wurde die Abtrennung der Roherdsäuren ohne Verwendung der Zentrifuge nach 1.1.2, S. 350, durchgeführt, so können bei Phosphor- und Wolframgehalten der Probe über je 1% beide Elemente zum Teil miteluiert werden. In diesem Falle werden die eluierten Erdsäuren nicht verascht. Man gibt vielmehr zu der auf etwa 10 ml eingedampften Erdsäurenlösung 8 ml Schwefelsäure (1 + 1), erhitzt bis zum Nebeln spült die erkaltete Lösung in 100 ml Ammoniumnitratlösung (10 g in 100 ml). Nach Verdünnen auf 500 ml neutralisiert man mit Ammoniak (1 + 1), gibt 5 ml im Überschuß zu, kocht kurz auf und filtriert über ein Filter Gr. 2 ab. Das Filter wird mit Ammoniumnitratlösung (1 g in 100 ml) gewaschen und in der benutzten Platinschale verascht. Bei Phosphor- und Wolframgehalten über je 3% müssen die Erdsäuren nochmals umgefällt werden. Man löst die Oxidhydrate mit Fluorwasserstoffsäure (40%) vom Filter und wiederholt die Fällung in der beschriebenen Weise.

## 1.3 Bestimmung des Tantals in den reinen Erdsäuren

### 1.3.1 Mit einer chromatographischen Säule

***Grundlage.*** Das Tantal wird nach Lösen der reinen Erdsäuren mit Fluorwasserstoffsäure und Aufgabe der Lösung auf eine Säule aus Cellulose mit Methyläthylketon eluiert und als Tantalpentoxid gewichtsanalytisch bestimmt. Niob wird von der Cellulose zurückgehalten und kann aus der Differenz errechnet werden.

***Anwendungsbereich.*** Geeignet für Gehalte von 2 bis 60%; für Gehalte unter 2% siehe unter 1.3.2, S. 355.

***Zuverlässigkeit.*** Bei Gehalten um 10% etwa $\pm 1\%$,
um 60% etwa $\pm 0{,}3\%$.

***Reagenzien.***

1. Methyläthylketon: Siehe unter 1.2.2, S. 352.
2. MAEK-Lösung: 400 ml gereinigtes und getrocknetes MAEK (1) werden in einem 500 ml-Scheidetrichter mit 50 ml Wasser versetzt und gut durchgeschüttelt. Nach Stehen über Nacht wird der Wasserüberschuß (untere Schicht) abgelassen.
3. Cellulosepulver, siehe unter 1.2.2, S. 352.

***Geräte.*** Die Länge des für die Isolierung des Tantals erforderlichen Polyäthylenrohres beträgt 70 cm. Alle anderen Maße und der Aufbau entsprechen den Angaben unter 1.2.2, S. 353, Abb. 19.

***Vorbereitung der Cellulose-Säule.*** Nach Einwerfen einer angefeuchteten Filterschleimkugel in das Polyäthylenrohr und Verschließen des Rohrendes mit einem Gummistopfen schlämmt man 25 bis 30 g Cellulosepulver mit 50 ml MAEK (1) auf und gibt die Suspension in das Polyäthylenrohr. Man wirbelt die Cellulose zur Entfernung von Luftblasen mit einem Polyäthylenstab auf und drückt sie nach Absetzen etwas zusammen (Höhe der Celluloseschicht 30 cm). Nun entfernt man den Gummistopfen und läßt das überstehende Keton bei einer Tropfgeschwindigkeit von etwa einem Tropfen/sec, regulierbar durch nachträgliches Zusammendrücken der Cellulose, abtropfen. Sobald der obere Rand der Cellulose erreicht ist, werden 20 ml MAEK-Lösung (2) und, sobald diese bis zum Cellulosespiegel abgetropft sind, weitere 50 ml MAEK-Lösung (2) aufgegeben. Man läßt bis 2 cm über den Cellulosespiegel abtropfen und verschließt den Auslauf der Säule mit dem Gummmistopfen. Die Säule ist einsatzbereit.

***Ausführung.*** Die Einwaage richtet sich nach dem zu erwartenden Tantalgehalt der Probe; 100 mg Tantalpentoxid in den Erdsäuren sollen nicht überschritten werden. Bei vorwiegend Niob enthaltenden Proben mit Tantalgehalten unter 2% wird das Tantal vorher aus einer größeren Einwaage nach der Tanninmethode (siehe 1.3.2, S. 355) angereichert.

Die in eine Platinschale (10 cm ⌀) eingewogenen, nach 1.2.1 oder 1.2.2, S. 351, erhaltenen Roherdsäuren werden mit 20 ml Fluorwasserstoffsäure (40%), einigen Tropfen Salpetersäure (1,4) und Wasserstoffperoxid (30%) zum völligen Lösen erwärmt. Ist dies nicht der Fall, so wird nach dem Verdampfen der Fluorwasserstoffsäure bis fast zur Trockne das Lösen bei fast bedeckter Schale wiederholt. Deckel und Schale werden abgespült, und der Schaleninhalt wird erneut zur Trockne eingedampft. Zum Vertreiben der Salpetersäure fügt man 5 ml Fluorwasserstoffsäure (40%) zu, dampft erneut zur Trockne und wiederholt dies zweimal. Die trockenen Fluoride werden mit 8 ml Fluorwasserstoffsäure $(1 + 3)$ versetzt und in der bedeckten Schale 10 min auf dem siedenden Wasserbad erwärmt. Zur klaren Lösung gibt man 1 g Ammoniumfluorid, erwärmt weitere 5 min und rührt nach Erkalten 6 g Cellulosepulver mit einem Polyäthylenspatel in die Flüssigkeit ein. Nun bringt man die fast trockene Masse mit dem Spatel auf die Cellulose der Säule und stellt dann die Platinschale in den Trichter der Säule. Von der MAEK-Lösung (2) werden 250 ml in eine trockene Polyäthylenflasche gegeben, die Platinschale wird mit dieser Lösung ausgespült und die Spüllösung auf die Säule gegeben. Zur Vermischung der Analysenprobe mit der Cellulose und zur Beseitigung vorhandener Luftblasen wirbelt man den oberen Teil der Cellulose mit einem Polyäthylenstab kurz auf. Der Stab wird mit MAEK-Lösung (2) abgespritzt. Nun stellt man unter die Säule einen 500 ml-Polyäthylenbecher und entfernt den Gummistopfen. Unter gleichzeitigem Ausspülen der Platinschale gibt man den Rest der 250 ml MAEK-Lösung (2) langsam durch die Säule, wobei der Flüssigkeitsspiegel nicht unter den Cellulosespiegel absinken soll. Nach Durchtropfen der 250 ml MAEK-Lösung (2) entfernt man den Polyäthylenbecher, stellt ihn in ein heißes Wasserbad und dampft gegebenenfalls durch Aufblasen eines Luftstromes auf etwa 10 bis 20 ml ein. Die eingeengte Lösung wird in eine gewogene Platinschale gegeben. Die Innenwände des Polyäthylenbechers werden mit einigen ml Fluorwasserstoffsäure (40%) befeuchtet, dann mit MAEK (1) gespült und mit dem Inhalt der Platinschale vereinigt. Mit etwas heißem Wasser und einem Gummiwischer reinigt man den Becher nochmals und vereinigt das Waschwasser ebenfalls mit dem Schaleninhalt. Zum Schluß spült man den Becher nochmals mit einigen ml Keton (1) aus. Infolge der schnellen Verdunstung des MAEK sind an den Innenwänden haftende Tantaloxidhydratreste leicht feststellbar. Man dampft bis fast zur Trockne ein, saugt die in der Schale verbliebene geringe Flüssigkeitsmenge mit einer Filterschleimtablette auf und läßt sie bis zur Verkohlung der Tablette unter dem Oberflächenstrahler. Nach Abdecken verascht man anfangs mit kleiner Flamme. Sobald Tantalpentoxid vorliegt, glüht man bei 1000° bis zur Gewichtskonstanz und wägt nach dem Erkalten im Exsiccator. Der Umrechnungsfaktor von Tantalpentoxid auf Tantal ist 0,8189.

***Bemerkungen.*** Eine zu locker gefüllte Cellulosesäule führt zu Minderbefunden. Die Tropfgeschwindigkeit von 1 Tropfen/sec muß eingehalten werden.

*Berechnung des Niobs*

***Anwendungsbereich.*** Für die Niobbestimmung in Proben mit Niobgehalten über 10%. Bei Gehalten unter 10% siehe 1.4.1, S. 356.

***Ausrechnung.*** % Niobpentoxid = % reine Erdsäuren − % Tantalpentoxid.

Der ermittelte Prozentgehalt Niobpentoxid ist auf die Einwaage Probegut zu beziehen.

Der Umrechnungsfaktor von Niobpentoxid auf Niob beträgt 0,6990.

## 1.3.2 Durch Tanninfällung

***Grundlage.*** Das Tantal wird aus einer Oxalatlösung mit einem geringen Anteil Niob mit Tannin gefällt, zu Oxid verglüht und gewogen. Der Niobanteil wird photometrisch bestimmt und in Abzug gebracht.

***Anwendungsbereich.*** Geeignet für Gehalte von 0,01 bis 60%.

***Zuverlässigkeit.*** Bei Gehalten um 1% etwa ±5%,
von 10 bis 40% etwa ±1%,
von 40 bis 60% etwa ±0,5%.

***Reagenzien.***

1. Bromphenolblaulösung: 0,1 g Tetra-Bromphenolsulfophthalein mit Äthanol zu 100 ml gelöst. Die Lösung wird filtriert.

2. Tanninlösung: 2 g Tannin zu 100 ml gelöst. Die Lösung wird filtriert. Sie ist vor Gebrauch frisch herzustellen.

***Ausführung. Einwaage.*** Bei Gehalten von 5 bis 60% etwa 0,3 g. Bei Gehalten von 1 bis 5% etwa 0,6 g. Bei Gehalten von 0,5 bis 1% werden die Erdsäuren von 2 bis 3 Proben zusammen gefaßt. Bei Gehalten unter 0,5% müssen mindestens 5 g Erdsäuren vorliegen.

Die nach 1.2.2, S. 352, erhaltenen Erdsäuren werden in der Achatschale gut verrieben und in einen Porzellan- oder Quarztiegel eingewogen. Nach Zugabe von 7 g Kaliumpyrosulfat (für 0,3 bis 0,6 g Einwaage) schließt man bei heller Rotglut auf. Der Schmelzkuchen wird mit 100 ml einer 50° warmen Ammoniumoxalatlösung (10 g in 100 ml) sowie 3 ml Schwefelsäure (1 + 1) gelöst und nach Verdünnen auf 400 ml mit 6 bis 8 Tropfen Bromphenolblaulösung (1) versetzt. Man erhitzt zum Sieden, stellt das Glas auf eine weiße Unterlage und läßt aus einer Tropfflasche Ammoniak (1 + 3) bis zum Farbumschlag nach Purpurviolett zutropfen. Bei hohen Tantalgehalten kann hierbei bereits etwas Tantal ausfallen, es löst sich jedoch bei weiterem

Kochen wieder auf. Nach Zugabe von 10 g Ammoniumchlorid fällt man aus der siedenden Lösung mit 100 ml heißer Tanninlösung (2) das Tantal mit einem Anteil Niob (Farbe der Fällung: orange). Bei bedecktem Becherglas wird unter Ersatz des verdampfenden Wassers 10 min gekocht. Nach Zusatz von 200 ml heißem Wasser und Absetzen des Niederschlages wird über ein Filter Gr. 2 mit etwas Filterbrei abfiltriert. Man wäscht mit einer heißen Ammoniumchloridlösung (2 g in 100 ml) bis zur Sulfatfreiheit des Filtrats. In einem gewogenen Porzellantiegel wird das Filter getrocknet, verascht, bis zur Gewichtskonstanz geglüht und gewogen. Die Auswaage ist Tantalpentoxid mit geringen Anteilen Niobpentoxid. Letzteres wird photometrisch gemäß 1.4.1, S. 356, bestimmt und in Abzug gebracht. Der ermittelte Prozentgehalt Tantalpentoxid ist auf die Einwaage Probegut zu beziehen. Der Umrechnungsfaktor von Tantalpentoxid auf Tantal ist 0,8189.

## 1.4 Bestimmung des Niobs in den reinen Erdsäuren

### 1.4.1 Photometrische Bestimmung

***Grundlage.*** Das Niob wird nach Aufschluß der Erdsäuren mit Kaliumpyrosulfat als Niobperoxoverbindung photometrisch bestimmt.

***Anwendungsbereich.*** Geeignet für Gehalte von 0,01 bis 10%.

***Zuverlässigkeit.*** Bei Gehalten um 0,05% etwa ±10%.
um 1% etwa ± 5%,
um 10% etwa ± 2%,

***Reagenzien.***

1. Wasserfreie Schwefelsäure: Schwefelsäure (1,84) wird zum kräftigen Nebeln erwärmt. Nach Abkühlen muß sie sofort verwendet werden.

2. Niobstammlösung: 0,1 g Niobpentoxid wird mit 7 g Kaliumpyrosulfat aufgeschlossen, der Schmelzkuchen mit 20 ml Schwefelsäure (1,84) im Becherglas gelöst und auf dem Sandbad bis zum Nebeln erhitzt. Man füllt mit Schwefelsäure (1) in einem gewogenen 100 ml-Meßkolben auf und wiegt den verschlossenen Kolben zurück.

3. Niobstandardlösung: Von der Niobstammlösung (2) werden mit der Pipette Abnahmen von etwa 2 bis 30 ml in je einen gewogenen 100 ml-Meßkolben gegeben. Das genaue Gewicht der Abnahmen wird durch Rückwiegen des verschlossenen Kolbens ermittelt. Mit Schwefelsäure (1) wird aufgefüllt.

***Ausführung.*** Die nach 1.2.1, S.351, bzw. 1.2.2, S.352, anfallenden Erdsäuren oder, je nach dem zu erwartenden Niobgehalt ein Anteil dieser Erdsäuren, werden mit 10 g Kaliumpyrosulfat im Quarztiegel bei langsam bis zur Rotglut ansteigender Temperatur geschmolzen. Man löst den Schmelzkuchen mit 20 ml Schwefelsäure (1) in der Wärme und spült mit kalter Schwefelsäure (1) in einen 100 ml-Meßkolben über. Nach Zugabe von 1 ml Wasserstoffperoxid (30%) füllt man mit kalter Schwefelsäure (1) auf. Den Kolbeninhalt schüttelt man gut durch und photometriert in einer 2 cm-Küvette bei 436 nm gegen die Schwefelsäure (1).

***Eichkurve.*** Verschiedene Abnahmen der Niobstandardlösung (3), deren Niobgehalt durch Wägung ermittelt wurde, werden, wie unter Ausführung beschrieben, in 100 ml-Meßkolben mit Wasserstoffperoxid und Schwefelsäure (1) versetzt und sinngemäß weiterbehandelt.

***Bemerkung.*** Die Farbintensität der Niobperoxoverbindung ist vom Wassergehalt der Schwefelsäure abhängig.

# 2 Metallische Erzeugnisse

## 2.1 Bestimmung des Niobs in metallischem Tantal

***Grundlage.*** Das Niob wird in schwefelsaurer Lösung als Niobperoxokomplex photometrisch bestimmt.

***Anwendungsbereich.*** Geeignet für Gehalte von 0,01 bis 1%. Für Gehalte über 1% siehe 1.4.1, S. 356.

***Zuverlässigkeit.*** Bei Gehalten um 0,01% etwa ±10%.

***Ausführung.*** 2 g Probe werden im Quarztiegel durch vorsichtiges Erhitzen oxydiert und der Tiegelinhalt 30 min bei 1000° geglüht. Die Weiterverarbeitung erfolgt gemäß 1.4.1.

## 2.2 Bestimmung des Tantals in metallischem Niob

***Grundlage.*** Das Tantal wird aus einer Niob–Tantaloxalatlösung mit einem geringen Anteil Niob als Tanninverbindung gefällt und in das Oxid übergeführt. Man reinigt entweder das Tantal über eine chromatographische Säule und bestimmt es als Oxid oder bestimmt den Niobanteil photometrisch.

***Anwendungsbereich.*** Geeignet für Gehalte von 0,01 bis 1%. Für Gehalte über 1% siehe 1.3.2, S. 355.

***Zuverlässigkeit.*** Bei Gehalten um 1% etwa ±2%.

***Reagenzien.***

1. Ammoniumoxalatlösung: 60 g zum Liter gelöst.

***Ausführung.*** 10 g Probe werden in einer bedeckten Platinschale vorsichtig mit 25 ml Fluorwasserstoffsäure (40%) unter tropfenweiser Zugabe von Salpetersäure (1,4) gelöst. Man fügt 40 ml Schwefelsäure (1 + 1) zu und erhitzt zum kräftigen Nebeln. Die kalte Lösung gießt man zu 500 ml Ammoniumoxalatlösung (1) in ein 1 l-Becherglas. Eine anfängliche Trübung löst sich beim Erwärmen. Die Fällung des Tantals mit Tannin erfolgt bei pH 4 gemäß 1.3.2, S. 355. Die Tanninfällung wird in einer Platinschale bei 800° verascht, der Rückstand mit 5 bis 10 ml Fluorwasserstoffsäure (40%), gegebenenfalls unter Zugabe von einigen Tropfen Salpetersäure (1,4), gelöst. Nach völligem Lösen dampft man den Schaleninhalt auf dem Wasserbad bis zur Trockne ein, fügt 5 ml Fluorwasserstoffsäure (40%) zu und wiederholt das Eindampfen. Die Weiterverarbeitung erfolgt gemäß 1.3.1, S. 353, mit einer chromatographischen Säule oder nach 1.4.1, S. 356, durch photometrische Bestimmung des Niobanteils in den Erdsäuren.

## 2.3 Bestimmung des Eisens in metallischem Tantal und metallischem Niob

***Grundlage.*** Das Eisen wird aus weinsaurer Tantal- oder Nioblösung nach Reduktion mit o-Phenanthrolin photometrisch bestimmt.

***Anwendungsbereich.*** Geeignet für Gehalte von 0,001 bis 0,1%.

***Zuverlässigkeit.*** Bei Gehalten um 0,01% etwa ±10%.

***Reagenzien.***

1. Weinsäurelösung: 400 g zum Liter gelöst.
2. Borsäurelösung: 40 g zum Liter gelöst.
3. Hydroxylammoniumchloridlösung: 10 g zu 100 ml gelöst.
4. o-Phenanthrolinhydrochloridlösung: 1,25 g werden mit 100 ml heißem Wasser gelöst und zu 500 ml aufgefüllt.

5. Eisenstammlösung: 100 mg Eisenpulver werden mit 10 ml Salzsäure (1 + 1) gelöst und die Lösung im Meßkolben zum Liter aufgefüllt.

6. Eisenstandardlösung: 100 ml Stammlösung (5) werden in einem Meßkolben zum Liter aufgefüllt. 1 ml $\triangleq$ 10 $\mu$g Eisen.

***Ausführung.*** 1 g Probe wird in einer Platinschale mit 5 ml Fluorwasserstoffsäure (40%) unter gleichzeitigem gelindem Erwärmen und tropfenweiser Zugabe von Salpetersäure (1,4) gelöst. Man engt auf dem Wasserbad so weit wie möglich ein, versetzt mit 25 ml Weinsäurelösung (1) und läßt 5 min stehen. Nach Zugabe von 25 ml Borsäurelösung (2) beläßt man weitere 15 min auf dem Wasserbad, spült dann mit wenig Wasser in ein 100 ml-Becherglas, fügt 10 ml Hydroxylammoniumchloridlösung (3) zu und läßt 30 min in der Wärme stehen. Nach Zugabe von 10 ml Phenanthrolinlösung (4) stellt man mit Ammoniak (1 + 1) pH 6 ein, spült in einen 100 ml Meßkolben über, füllt auf und photometriert nach 2 Stunden in einer 1 cm-Küvette bei 490 nm gegen eine mit denselben Chemikalien hergestellte Blindlösung.

***Eichkurve.*** In mehreren Platinschalen werden Einwaagen von je 1 g metallischem Tantal oder metallischem Niob mit 0 bis 10 ml Eisenstandardlösung (5), entsprechend 0 bis 100 $\mu$g Eisen, versetzt und, wie unter Ausführung beschrieben, behandelt. Man photometriert gegen die Metalleinwaage ohne Eisenzusatz.

## 2.4 Bestimmung des Kohlenstoffs in metallischem Niob, metallischem Tantal, Ferro-Niob-Tantal, Ferro-Tantal-Niob und Tantalcarbid

Siehe Kapitel Kohlenstoff unter 4.6, 4.7, 4.11, 4.12, S. 201, und 5.1, S. 203.

Kapitel 26

# Tellur

Inhalt



## 1 Rohstoffe

### 1.1 Erze und Erzkonzentrate

#### 1.1.1 Bestimmung des Tellurs

***Grundlage.*** Das Tellur wird in salzsaurer Lösung durch Reduktion mit Hydraziniumchlorid gefällt und gewichtsanalytisch bestimmt.

***Anwendungsbereich.*** Geeignet für Gehalte über 0,002%.

***Zuverlässigkeit.*** Bei Gehalten von 0,002 bis 0,1% etwa ±20%,
von 0,1 bis 1% etwa ± 5%.

***Reagenzien.***

1. Schweflige Säure, gesättigte wäßrige Lösung.

2. Zinn(II)-chloridlösung: 192 g $SnCl_2 \cdot 2H_2O$ mit 100 ml Salzsäure (1,19) und Wasser zum Liter gelöst.

3. Eisen(II)-sulfatlösung: 35 g $FeSO_4 \cdot 7H_2O$ mit 75 ml Salzsäure (1 + 2) gelöst, für jeden Gebrauch frisch zu bereiten.

***Ausführung.*** Das Lösen der Probe (Feinheitsgrad 0,16 DIN 4188), das Ausfällen von Selen und Tellur aus der Lösung und das Abtrennen des Selens vom Tellur erfolgen nach 1.1.1 des Kapitels Selen, S. 341.

Das Filtrat der Selenabtrennung wird mit Wasser auf eine Salzsäurekonzentration von 1 + 7 verdünnt und zum Sieden erhitzt. In der kochenden Lösung fällt man das Tellur mit Hydraziniumchlorid, das man nach dem Aufschlämmen mit wenig Wasser in kleinen Mengen zusetzt, bis die Lösung entfärbt und das Tellur ausgeflockt ist. Dann wird über einen Porzellanfiltertiegel A2 abgesaugt und mit Salzsäure (1 + 4) und heißem Wasser ausgewaschen. Den Tellurniederschlag löst man mit wenig Salpetersäure (1,4) im Tiegel, saugt die Lösung durch den Tiegel und dampft sie in einem 150 ml-Becherglas (hohe Form) zur Trockne ein. Man nimmt mit 100 ml Salzsäure (1 + 7) auf, erhitzt die Lösung zum Sieden und fällt das Tellur wie vorher mit Hydraziniumchlorid. Dann filtriert man über einen gewogenen Porzellanfiltertiegel A2, wäscht Tiegel und Niederschlag mit heißem Wasser und zum Schluß einmal mit Methanol und trocknet 2 Std. bei 105° im Trockenschrank. Nach dem Erkalten im Exsiccator wird der Tiegel gewogen und aus der Gewichtszunahme gegen das Tiegelleergewicht und aus der Einwaage der Tellurgehalt der Probe errechnet.

## 1.2 Zwischenprodukte

### 1.2.1 Kupferstein, Kupferbleistein

#### 1.2.1.1 Bestimmung des Tellurs

Die Bestimmung des Tellurs erfolgt nach 1.1.1, S. 359.

### 1.2.2 Rohkupfer, Blisterkupfer, Anodenkupfer

#### 1.2.2.1 Bestimmung des Tellurs

***Grundlage.*** Das Tellur wird in der mit salzsaurer Eisen(III)-chloridlösung erhaltenen Lösung der Probe durch Reduktion mit Hydraziniumchlorid gefällt und gewichtsanalytisch bestimmt.

***Anwendungsbereich.*** Geeignet für Gehalte über 0,002%.

***Zuverlässigkeit.*** Bei Gehalten von 0,002 bis 0,1% etwa ±20%,<br>von 0,1 bis 1% etwa ± 5%.

***Reagenzien.***

1. Eisen(III)-chloridlösung: 250 g $FeCl_3 \cdot 6\,H_2O$ mit 125 ml Salzsäure (1,19) und 275 ml Wasser gelöst.
2. Schweflige Säure, gesättigte wäßrige Lösung.
3. Zinn(II)-chloridlösung: 192 g $SnCl_2 \cdot 2\,H_2O$ mit 100 ml Salzsäure (1,19) und Wasser zum Liter gelöst.
4. Eisen(II)-sulfatlösung: 35 g $FeSO_4 \cdot 7\,H_2O$ mit 75 ml Salzsäure (1 + 2) gelöst, für jeden Gebrauch frisch zu bereiten.

***Ausführung.*** Man löst 50 g Probe (im Verhältnis der Siebfraktion der Metallspäne) nach den im Kapitel Selen unter 1.2.2.1, S. 342, beschriebenen Bedingungen und filtriert das beim Lösen ausgefällte Selen ab.

Das Filtrat verdünnt man in einem 2 l-Becherglas auf ungefähr 1,2 l und stellt dabei die Salzsäurekonzentration auf etwa 1 + 7 ein. Dann setzt man 200 ml schweflige Säure (2) zu, erwärmt langsam und kocht schließlich bis zum Verschwinden des Schwefeldioxidgeruches. In die heiße Lösung gibt man zu weiterer Reduktion und zum Ausfällen des Tellurs in Wasser aufgeschlämmtes Hydraziniumchlorid, bis die Lösung aufgehellt ist, was durch Zutropfen von Zinn(II)-chloridlösung (3) beschleunigt werden kann. Zum Ausflocken der Fällung kocht man noch 10 bis 15 min weiter und filtriert über einen Porzellanfiltertiegel A2 ab. Becherglas, Filtertiegel und Niederschlag werden zweimal mit warmer Salzsäure (1 + 4) und dann mit heißem Wasser gewaschen.

Den Filtertiegel stellt man dann in ein 100 ml-Becherglas (breite Form), das 5 ml Salpetersäure (1,4) enthält, gibt weitere 5 ml der Säure zum Lösen des Niederschlages in den Tiegel und erhitzt das bedeckte Becherglas etwa 1 Std. auf dem Wasserbad. Die entstandene Lösung saugt man durch den Filtertiegel ab, wäscht mit heißem Wasser nach, dampft sie in einem 250 ml-Becherglas auf dem Wasserbade ein und raucht mit 5 ml Schwefelsäure (1 + 1) ab.

Den Rückstand löst man mit 100 ml Salzsäure (1 + 7), erhitzt die Lösung zum Sieden und fällt das Tellur in der Siedehitze durch Reduktion mit Hydraziniumchlorid wieder aus. Nach kurzem Absetzenlassen wird der Tellurniederschlag über einen gewogenen Porzellanfiltertiegel A2 abfiltriert. Man wäscht mehrmals mit heißem Wasser, zum Schluß einmal mit Methanol und trocknet Tiegel und Niederschlag 2 Std. bei 105° im Trockenschrank. Nach dem Erkalten im Exsiccator wägt man den Tiegel und errechnet den Tellurgehalt aus der Gewichtszunahme gegen das Tiegelleergewicht und der Einwaage.

### 1.2.3 Schlämme, Flugstäube

#### 1.2.3.1 Bestimmung des Tellurs

***Grundlage.*** Das Tellur wird in der salzsauren Lösung des Natriumperoxidaufschlusses der Probe mit Hydraziniumchlorid gefällt und gewichtsanalytisch bestimmt.

***Anwendungsbereich.*** Geeignet für Gehalte über 0,02%.

***Zuverlässigkeit.*** Bei Gehalten von 0,02 bis 1% etwa ±20%.

***Reagenzien.***

1. Eisen(II)-sulfatlösung: 35 g $FeSO_4 \cdot 7\,H_2O$ mit 75 ml Salzsäure (1 + 2) gelöst, jedesmal frisch zu bereiten.

***Ausführung.*** Man wägt 2 g Probe (Feinheitsgrad 0,16 DIN 4188) in einen Eisentiegel ein, mischt darin mit der 12- bis 15fachen Menge Natriumperoxid und deckt mit einer 2 mm dicken Schicht des Schmelzmittels ab. Darauf erhitzt man langsam zum Schmelzen und hält etwa 3 min im Fluß. Nach dem Erkalten zersetzt man die Schmelze zunächst mit wenig Wasser in einem 800 ml-Becherglas, verdünnt mit Wasser auf etwa 300 ml, fügt 150 ml Salzsäure (1,19) zu und erhitzt zum Sieden. In der kochenden Lösung fällt man vorhandenes Selen mit 15 bis 20 ml Eisen(II)-sulfatlösung (1). Man filtriert über einen Porzellanfiltertiegel A2 ab, wäscht Fällgefäß und Filtertiegel mit Niederschlag zweimal mit warmer Salzsäure (1 + 2) und dann mit heißem Wasser nach.

Das Filtrat der Selenfällung bringt man in das 800 ml-Becherglas zurück und stellt die Salzsäurekonzentration durch Verdünnen mit Wasser auf 1 + 7 ein. Nun wird in der zum Sieden erhitzten Lösung das Tellur durch Reduktion mit einer wäßrigen Aufschlämmung von Hydraziniumchlorid gefällt. Man filtriert über einen Porzellanfiltertiegel A2 und wäscht mit Salzsäure (1 + 4) und heißem Wasser nach. Dann wird der Niederschlag im Tiegel mit Salpetersäure (1,4) gelöst. Die Lösung wird durch den Tiegel abgesaugt und nach Zusatz von 5 ml Schwefelsäure (1 + 1) in einem 150 ml-Becherglas (hohe Form) eingedampft und abgeraucht.

Den Eindampfrückstand löst man wieder mit 100 ml Salzsäure (1 + 7), erhitzt die Lösung zum Sieden und fällt das Tellur wie vorher mit einer wäßrigen Aufschlämmung von Hydraziniumchlorid. Nach kurzem Absetzen wird der Niederschlag in einen gewogenen Porzellanfiltertiegel A2 abfiltriert, mehrmals mit heißem Wasser und schließlich mit Methanol gewaschen. Nach zweistündigem Trocknen bei 105° werden Tiegel und Niederschlag im Exsiccator abgekühlt und dann gewogen.

Aus der Gewichtszunahme des Tiegels gegen sein Leergewicht und aus der Einwaage errechnet man den Tellurgehalt der Probe.

# 2 Erzeugnisse

# Rohtellur, Reintellur

## 2.1 Bestimmung des Tellurs

***Grundlage.*** Das Tellur wird in salzsaurer Lösung der Probe durch Reduktion mit Hydraziniumchlorid gefällt und gewichtsanalytisch bestimmt.

***Anwendungsbereich.*** Geeignet für Gehalte bis 99,5%.

***Zuverlässigkeit.*** Etwa ±0,1%.

***Ausführung.*** 0,5 g Probe (Feinheitsgrad 0,16 DIN 4188) löst man in einem bedeckten 500 ml-Erlenmeyerkolben in der Kälte mit 50 ml Salzsäure (1 + 1) und etwa 1 g Kaliumbromat, das man nach und nach zugibt. Darauf leitet man zum Vertreiben des überschüssigen Broms einen Luftstrom durch die Lösung, verdünnt dann mit 50 ml Wasser und filtriert durch ein Filter Gr. 2 in ein 500 ml-Becherglas. Das Filtrat wird mit Wasser auf etwa 250 ml verdünnt, zum Fällen des Tellurs mit 2 g Hydraziniumchlorid versetzt und 20 bis 30 min gekocht. Der Tellurniederschlag wird über einen gewogenen Porzellanfiltertiegel A2 abgesaugt, mehrmals mit warmer Salzsäure (1 + 100) und schließlich je einmal mit heißem Wasser und Methanol gewaschen. Dann werden Tiegel und Niederschlag 4 Std bei 45° im Vacuumtrockenschrank getrocknet und nach dem Abkühlen gewogen. Aus der Gewichtszunahme des Tiegels gegen sein Leergewicht und aus der Einwaage errechnet man den Tellurgehalt der Probe.

***Bemerkung.*** Der ermittelte Tellurgehalt schließt vorhandenes Selen ein. Gegebenenfalls ist das nach 2.1.2 ermittelte Selen vom obigen Tellurbefund abzuziehen.

## 2.2 Bestimmung des Selens

***Grundlage.*** Das Selen wird in salzsaurer Lösung der Probe durch Reduktion mit Eisen(II)-sulfat gefällt und polarographisch bestimmt.

***Anwendungsbereich.*** Geeignet für Gehalte von 0,5 bis 100 g/1000 kg.

***Zuverlässigkeit.*** Bei Gehalten von 0,5 bis 10 g/1000 kg etwa ±20%,
von 10 bis 50 g/1000 kg etwa ±10%,
von 50 bis 100 g/1000 kg etwa ±5%.

***Reagenzien.***

1. Eisen(III)-chloridlösung: 17 g $FeCl_3 \cdot 6\,H_2O$ mit 100 ml Salzsäure (1,19) gelöst.
2. Eisen(II)-sulfat, $FeSO_4 \cdot 7\,H_2O$.
3. Brom-Salzsäure: Mit Brom gesättigte Salzsäure (1,19).
4. Grundlösung: 107 g Ammoniumchlorid und 100 ml Ammoniak (0,91) mit Wasser auf etwa 900 ml verdünnt (= pH 9), dann mit 40 bis 45 ml Salzsäure (1,19) auf pH 8 einstellen.

5 Wäßrige Gelatinelösung: 0,5 g Gelatine werden mit 100 ml heißem Wasser gelöst.

***Ausführung.*** 10 g Probe (Feinheitsgrad 0,16 DIN 4188) werden in einem 600 ml-Becherglas (hohe Form) unter Kühlen mit 100 ml Salzsäure (1 + 1) und 8 bis 10 g Kaliumbromat, das man nach und nach zusetzt, gelöst. Nach Beendigung des Lösens vertreibt man überschüssiges Brom aus der Lösung durch Durchleiten von Luft und fällt das Selen nach Zusatz von 25 ml Eisen(III)-chloridlösung (1) und 25 ml Salzsäure (1,19) mit 80 g Eisen(II)-sulfat (2) in der Siedehitze bei einem Volumen von 300 ml. Man kocht noch 20 bis 30 min weiter, filtriert den Niederschlag dann über einen Porzellanfiltertiegel A2 und wäscht mit heißer Salzsäure (1 + 4) aus.

Dann wird der Niederschlag im Tiegel mit 10 ml Salzsäure (1 + 100) und einigen Kristallen Kaliumbromat wieder gelöst. Man saugt die Lösung durch den Tiegel ab und wäscht mit Salzsäure (1 + 10) nach. Man vertreibt das überschüssige Brom aus der Lösung durch Einleiten von Luft, setzt 1 ml Eisen(III)-chloridlösung (1) zu und bringt die Salzsäurekonzentration der Lösung auf etwa 1 + 3. In dieser Lösung fällt man unter den obigen Bedingungen mit 3 g Eisen(II)-sulfat (2) das Selen erneut aus und bringt es wie vorher in einen Porzellanfiltertiegel A2. Für die polarographische Bestimmung des Selens löst man es im Filtertiegel durch Zufügen von 2 ml Brom-Salzsäure (3), saugt die Lösung in ein 50 ml-Becherglas und wäscht mit wenig Wasser nach.

Das überschüssige Brom vertreibt man aus der Lösung wieder durch Einleiten von Luft bei Zimmertemperatur. Dann macht man die Lösung schwach ammoniakalisch und engt sie auf dem Wasserbad auf etwa 4 ml ein, wobei der geringe Ammoniaküberschuß beibehalten, d. h. gegebenenfalls ergänzt werden muß. Zum Klären der Lösung fügt man 1 Tropfen Salzsäure (1,19) hinzu und spült mit 4 ml Grundlösung (4) und wenig Wasser in einen 10 ml-Meßkolben über. Nach Zusatz von 0,5 ml Gelatinelösung (5) und einem Tropfen Ammoniak (0,91) füllt man die Lösung im Kolben auf, bringt sie in das Einsatzgefäß und polarographiert nach dem Durchleiten von Stickstoff mit einem 4 V-Akkumulator im Bereich von —0,9 bis etwa —1,6 V, wobei man die Empfindlichkeit des Stromes so wählt, daß eine optimale Stufenhöhe entsteht.

***Eichkurve.*** 0,1 g reines Selen löst man in 5 ml Salzsäure (1 + 1) und 0,5 g Kaliumbromat und füllt in einem Meßkolben auf 500 ml auf (Lösung A).

50 ml der Lösung A verdünnt man in einem Meßkolben auf 500 ml (Lösung B).

Aus den Lösungen B und A entnimmt man anteilige Abmessungen mit steigenden Selenmengen von 0,005 bis 1 mg, bringt sie in 50 ml-Bechergläser, fügt je 2 ml Brom-Salzsäure (3) zu und behandelt sie nach der obigen Arbeitsvorschrift.

Kapitel 27

# Thallium

## Inhalt



## 1 Rohstoffe

### 1.1 Bestimmung des Thalliums

***Grundlage.*** Nach Abtrennen der Begleitelemente wird Thallium als Thallium(I)-jodid gefällt und ausgewogen.

***Anwendungsbereich.*** Geeignet für Gehalte über 1%.

***Zuverlässigkeit.*** Bei Gehalten unter 5% etwa ±3%,
von 5 bis 20% etwa ±1%.

***Reagenzien.***

1. Kaliumjodidlösung: 10 g zu 100 ml gelöst.
2. Natriumsulfit, $Na_2SO_3 \cdot 7\,H_2O$.
3. Waschwasser: 5 ml Kaliumjodidlösung (1) zu 100 ml verdünnt.
4. Mischsäure: Salpetersäure (1,4) und Schwefelsäure (1,84) im Volumenverhältnis 2 + 1.

***Ausführung.*** 2 g Probe (Feinheitsgrad 0,08 DIN 4188) werden mit 25 ml Salpetersäure (1 + 1) und 25 ml Schwefelsäure (1 + 1) gelöst. Man dampft die Lösung bis zum Rauchen der Schwefelsäure ein, läßt abkühlen, gibt 10 ml Wasser, dann vorsichtig 15 ml Bromwasserstoffsäure (1,38) sowie 1 bis 2 ml Brom zu und dampft wieder bis zum starken Rauchen der Schwefelsäure ein. Nach dem Erkalten wird mit 80 ml Wasser verdünnt und aufgekocht. Die abgekühlte Lösung wird durch ein Filter Gr. 2 filtriert und das Filter mit Schwefelsäure (1 + 200) ausgewaschen.

Zum Filtrat gibt man einige Tropfen Methylorange und neutralisiert dann mit Ammoniak (1 + 1) bis zum Umschlag von Rot nach Gelb. Durch Zutropfen von Schwefelsäure (1 + 1) wird schwach angesäuert. Nach weiterem Zusatz von 1 bis 2 Tropfen Schwefelsäure (1 + 1) wird 1 g Natriumsulfit (2) zur Reduktion zugesetzt, worauf Thallium und Kupfer mit festem Kaliumjodid (auf 100 ml Lösung 1 g Kaliumjodid) bei 60° gefällt werden. Man läßt die Fällung über Nacht absetzen, filtriert durch ein Filter Gr. 4 und wäscht mit Waschwasser (3) aus. Filter und Niederschlag werden in das Fällgefäß zurückgegeben und mit 20 ml Salpetersäure (1,4) und 15 ml Schwefelsäure (1 + 1) versetzt. Die Lösung wird bis zum Rauchen erhitzt. Zur Zerstörung des Filters fügt man während des Rauchens der Schwefelsäure tropfenweise Mischsäure (4) zu, bis die Lösung klar und hell ist. Nach dem Erkalten verdünnt man mit 100 ml Wasser, erhitzt bis zum Sieden und leitet in die heiße Lösung Schwefelwasserstoff bis zum Erkalten ein. Man filtriert durch ein Filter Gr. 2 und wäscht Fällgefäß und Filter mit verdünnter schwefelwasserstoffhaltiger Schwefelsäure (1 + 20) aus. Aus dem Filtrat entfernt man den Schwefelwasserstoff durch Kochen. Die Lösung wird mit Ammoniak (0,91) unter Verwendung von Methylorange neutralisiert und durch Zutropfen von Schwefelsäure (1 + 1) wieder angesäuert. Nach weiterem Zusatz von 1 bis 2 Tropfen Schwefelsäure (1 + 1) wird das Thallium mit 10 ml Kaliumjodidlösung (1) als Thallium(I)-jodid bei 60° gefällt. Sollte sich hierbei elementares Jod ausscheiden, so muß die Lösung durch Zugeben von einigen Körnchen Natriumsulfit (2) entfärbt werden. Die Fällung bleibt mindestens 3 bis 4 Std. — besser über Nacht — stehen; dann filtriert man den Niederschlag auf einen bei 105° getrockneten und gewogenen Porzellanfiltertiegel A1 ab, bringt den Rest aus dem Fällgefäß mit möglichst wenig Waschwasser (3) auf den Filtertiegel und wäscht dreimal mit Äthanol (1 + 1) aus. Der Tiegel mit Inhalt wird bei 105° bis zur Gewichtskonstanz getrocknet und nach dem Erkalten im Exsiccator gewogen.

Der Umrechnungsfaktor von Thalliumjodid auf Thallium ist 0,6169.

***Bemerkungen.*** Das Abrauchen mit Bromwasserstoffsäure und Brom kann unterbleiben, wenn Arsen, Antimon und Zinn fehlen.

# 2 Technische Thalliumsalze

## 2.1 Bestimmung des Thalliums

***Grundlage.*** Nach Abtrennen der Begleitelemente wird das Thallium als Thallium(I)-jodid gefällt und gewichtsanalytisch bestimmt.

***Zuverlässigkeit.*** Etwa ±0,25%.

***Reagenzien.***

1. Kaliumjodidlösung: 10 g zu 100 ml gelöst.
2. Natriumsulfit, $Na_2SO_3 \cdot 7\,H_2O$.
3. Waschwasser: 5 ml Kaliumjodidlösung (1) zu 100 ml verdünnt.

### 2.1.1 Im technischen Thalliumsulfat

***Ausführung.*** 10 g Probe werden mit 200 ml Wasser gelöst. Die Lösung wird über ein Filter Gr. 2 filtriert und in einem 500 ml-Meßkolben aufgefüllt. 25 ml Lösung (= 0,5 g Einwaage) versetzt man mit 10 ml Schwefelsäure (1 + 1) und 65 ml Wasser und leitet bei Raumtemperatur Schwefelwasserstoff ein. Ein Sulfidniederschlag wird über ein Filter Gr. 3 abfiltriert und das Fällgefäß sowie das Filter je dreimal mit verdünnter schwefelwasserstoffhaltiger Schwefelsäure (1 + 20) gewaschen. Aus dem Filtrat wird der Schwefelwasserstoff verkocht, die Lösung mit

Ammoniak (0,91) gegen Methylorange neutralisiert und durch Zutropfen von Schwefelsäure (1 + 1) wieder angesäuert. Nach weiterem Zusatz von 1 bis 2 Tropfen Schwefelsäure (1 + 1) wird das Thallium mit 10 ml Kaliumjodidlösung (1) als Thallium(I)-jodid in der Wärme, wie unter 1.1, S. 364, beschrieben, gefällt und bestimmt.

### 2.1.2 Im technischen Thalliumchlorid

***Ausführung.*** 10 g Probe werden mit 300 ml gesättigtem Bromwasser gelöst und die Lösung in einem 500 ml-Meßkolben aufgefüllt. 25 ml Lösung (= 0,5 g Einwaage) werden mit Hilfe eines Pipettierballes abgenommen, in ein Becherglas gegeben, mit 10 ml Schwefelsäure (1 + 1) versetzt und bis zum Rauchen der Schwefelsäure eingedampft. Nach dem Abkühlen verdünnt man mit Wasser auf 100 ml, leitet bei Raumtemperatur Schwefelwasserstoff ein und verfährt weiter, wie unter 2.1.1, S. 365, beschrieben.

# 3 Metallisches Thallium und reines Thalliumsulfat

## 3.1 Die Bestimmung des Bleis

***Grundlage.*** Das Blei wird durch wiederholtes Fällen mit Ammoniak vom Thallium getrennt und polarographisch bestimmt.

***Anwendungsbereich.*** Geeignet für Gehalte unter 0,1%.

***Zuverlässigkeit.*** Etwa ±15%.

***Reagenzien.***

1. Eisen(III)-sulfatlösung: 5 g $Fe_2(SO_4)_3 \cdot 9\,H_2O$ zum Liter gelöst.

2. Bleistandardlösung: 1 g reinstes Blei wird mit 30 ml Salpetersäure(1 + 2) in der Wärme gelöst. Nach dem Verkochen der Stickstoffoxide wird in einem Meßkolben zum Liter aufgefüllt. 1 ml $\hat{=}$ 1 mg Blei.

***Ausführung.*** 5 g Thallium werden mit 20 ml Salpetersäure (1 + 1) gelöst. Die Lösung wird mit 200 ml Wasser verdünnt und mit 20 ml Eisen(III)-sulfatlösung (1) versetzt.

5 g Thalliumsulfat werden mit 200 ml Wasser gelöst und ohne Filtration mit 20 ml Eisen(III)-sulfatlösung (1) versetzt.

Man macht ammoniakalisch, kocht einige Minuten und läßt unter Kühlen den das gesamte Blei enthaltenden Eisenoxidhydratniederschlag absetzen. Dann wird über ein Filter Gr. 2 abfiltriert und mit Wasser ausgewaschen. Der Niederschlag wird mit warmer Salpetersäure (1 + 1) in das Fällgefäß zurückgelöst und nach Zugabe von 5 ml Wasserstoffperoxidlösung (3%) mit Ammoniak (0,91) wieder ausgefällt. Die Fällung mit Ammoniak wird so oft wiederholt, bis die Filtrate frei von Thallium sind (Filtrate mit Kaliumjodid auf Thallium überprüfen). Das thalliumfreie Eisenoxidhydrat wird dann mit heißer Salzsäure (1 + 1) durch das Filter gelöst. Die Lösung wird bis zur Sirupdicke eingedampft, mit 5 ml Wasser aufgenommen und mit etwa 0,1 g Hydroxylammoniumchlorid in der Wärme reduziert. Nach dem Abkühlen auf 20° werden 1 ml Salzsäure (1 + 1) und 1 ml Tyloselösung (0,25 g in 100 ml) zugesetzt. Die Lösung wird auf ein Volumen von 10 ml gebracht. Dann wird das Blei von —0,3 bis 0,7 V polarographisch bestimmt. Eine Reagenzienblindprobe ist erforderlich.

***Test.*** Man mißt eine etwa dem Bleigehalt der Probe entsprechende Menge der Bleistandardlösung (2) in 100 ml-Bechergläser ab, dampft zur Trockne und verfährt weiter, wie unter Ausführung beschrieben.

## 3.2 Bestimmung des Kupfers

***Grundlage.*** Das Kupfer wird durch Extraktion der Carbaminatverbindung mit Kohlenstofftetrachlorid vom Thallium getrennt und im Extrakt photometrisch bestimmt.

***Anwendungsbereich.*** Geeignet für Gehalte von 0,0001 bis 0,01%.

***Zuverlässigkeit.*** Etwa ±10%.

***Reagenzien.***

1. Citronensäurelösung: 200 g mit Wasser (5) zum Liter gelöst.
2. Carbaminatlösung: 1 g Natriumdiäthyldithiocarbaminat mit Wasser (5) zum Liter gelöst.
3. Kupferstammlösung: 0,1 g reinstes Elektrolytkupfer wird mit 10 ml Salpetersäure (1 + 1) gelöst und die Lösung in einem Meßkolben zum Liter aufgefüllt.
4. Kupferstandardlösung: 10 ml Stammlösung (3) werden in einem Meßkolben mit Wasser (5) auf 500 ml verdünnt. 1 ml $\triangleq$ 2 $\mu$g Kupfer.
5. Bidestilliertes Wasser.

***Ausführung.*** Man löst 1 g Thallium mit 10 ml Schwefelsäure (1 + 1) unter Zusatz von Wasserstoffperoxid (3%) bzw. 1 g Thalliumsulfat in 20 ml Wasser (5) und verdünnt die jeweilige Lösung mit Wasser (5) auf 50 ml. Nach Zusatz von 10 ml Citronensäurelösung (1) wird die Lösung mit Ammoniak (0,91) auf ein pH von mindestens 9 eingestellt. Man überführt in einen Scheidetrichter, setzt 5 ml Carbaminatlösung (2) zu und extrahiert mit jeweils etwa 2 bis 3 ml Kohlenstofftetrachlorid so lange, bis der letzte Auszug farblos ist. Die Kohlenstofftetrachloridauszüge werden vereinigt, mit Kohlenstofftetrachlorid in einem Meßkolben auf 20 ml aufgefüllt und nach dem Filtrieren durch ein trockenes Papierfilter bei 546 nm in einer 3 cm-Küvette gegen eine Blindprobe photometriert.

***Eichkurve.*** Man gibt 2 bis 25 ml der Kupferstandardlösung (4), entsprechend 4 bis 50 $\mu$g Kupfer, in einen Scheidetrichter, verdünnt mit Wasser (5) auf 50 ml und verfährt weiter, wie unter Ausführung beschrieben.

## 3.3 Bestimmung des Wismuts

***Grundlage.*** Das Wismut wird durch eine Ammoniak-Ammoniumcarbonatfällung vom Thallium getrennt und als Thioharnstoffverbindung photometrisch bestimmt.

***Anwendungsbereich.*** Geeignet für Gehalte von 0,0001 bis 0,01%.

***Zuverlässigkeit.*** Etwa ±10%.

***Reagenzien.***

1. Ammoniumcarbonatlösung: 50 g zum Liter gelöst.
2. Thioharnstofflösung: 50 g zum Liter gelöst.
3. Wismutstandardlösung: 0,1 g Wismut wird mit 10 ml Salpetersäure (1 + 1) in der Wärme gelöst, die Lösung in einen 1 l-Meßkolben übergespült und mit Salpetersäure (1 + 8) aufgefüllt. 1 ml $\triangleq$ 0,1 mg Wismut.

***Ausführung.*** Man löst 20 g Thallium mit 50 ml Salpetersäure (1 + 1) und verdünnt die Lösung auf 500 ml. Von Thalliumsulfat löst man 20 g mit 500 ml Wasser. Die jeweilige Lösung wird mit Ammoniak (0,91) im geringen Überschuß sowie mit 10 ml Ammoniumcarbonatlösung (1) versetzt und 5 min gekocht. Der Niederschlag, der neben Blei und Eisen das gesamte Wismut enthält, wird auf ein Filter Gr. 2 filtriert und mit warmem Ammoniak (1 + 200) so lange ausgewaschen, bis im Waschwasser mit einigen Tropfen Kaliumjodidlösung kein Thallium mehr nachweisbar ist. Dann löst man den Niederschlag mit 20 ml heißer Salpetersäure (1 + 3) und füllt die Lösung nach Zusatz von 25 ml Thioharnstofflösung (2) in einem 100 ml-Meßkolben auf. In dieser Lösung bestimmt man das Wismut photometrisch bei 405 nm in einer 4 cm-Küvette (siehe Kapitel Blei unter 1.3, S. 78.

***Eichkurve.*** Man gibt 1 bis 20 ml der Wismutstandardlösung (3), entsprechend 0,1 bis 2 mg Wismut, in 100 ml-Bechergläser und dampft zur Trockne. Die Rückstände löst man mit je 20 ml Salpetersäure (1 + 3), überspült in 100 ml-Meßkolben, verdünnt auf etwa 70 ml, versetzt mit 25 ml Thioharnstofflösung (2) und verfährt weiter, wie unter Ausführung beschrieben.

***Bemerkung.*** Eine Reagenzienblindprobe ist erforderlich.

## 3.4 Bestimmung des Arsens

***Grundlage.*** Das nach der Destillationsmethode abgetrennte Arsen wird photometrisch bestimmt.

***Anwendungsbereich.*** Geeignet für Gehalte unter 0,001%.

***Zuverlässigkeit.*** Etwa ±20%.

***Ausführung.*** Man löst 5 g Thallium durch Kochen mit 30 ml Schwefelsäure (1,84) und raucht stark ein. Den Eindampfrückstand löst man in 100 ml Wasser. Von Thalliumsulfat löst man 5 g in 100 ml Wasser. Die jeweilige Lösung bringt man in einen 200 ml-Meßkolben und fällt mit Kaliumbromid die Hauptmenge Thallium aus (siehe unter 3.6, S. 369). Nach Auffüllen filtriert man durch ein Filter Gr. 2 100 ml ab, spült diese in den Destillierkolben über und verfährt weiter, wie im Kapitel Arsen, S. 70 und 71, beschrieben.

***Bemerkung.*** Eine Blindprobe mit sämtlichen Reagenzien ist erforderlich.

## 3.5 Bestimmung des Cadmiums und Zinks

***Grundlage.*** Das Cadmium und das Zink werden nach Extraktion des Thalliums mit Isopropyläther polarographisch bestimmt.

***Anwendungsbereich.*** Geeignet für Gehalte von 0,0001 bis 0,1%.

***Zuverlässigkeit.*** Etwa ±20%.

***Reagenzien.***

1. 5 n-Bromwasserstoffsäure.
2. Grundlösung: 900 ml Ammoniak (0,91) + 100 ml Tyloselösung (2 g in 100 ml), gesättigt mit Natriumsulfit.
3. Cadmium-Zinkstandardlösung: 1 g Cadmium und 1 g Zink werden mit 30 ml Salpetersäure (1 + 1) in der Wärme gelöst. Nach dem Verkochen der Stickstoffoxide wird die Lösung in einem Meßkolben zum Liter aufgefüllt. 1 ml ≙ 1 mg Cadmium und 1 mg Zink.
4. Cadmium-Zinkstandardlösung: 20 ml Standardlösung (3) werden in einem Meßkolben zum Liter aufgefüllt. 1 ml ≙ 20 $\mu$g Zink und 20 $\mu$g Cadmium.

***Ausführung.*** 10 g Thallium werden mit 10 ml Schwefelsäure (1 + 1) unter Zusatz von Wasserstoffperoxid (3%) gelöst. Von Thalliumsulfat löst man 10 g in 20 ml Wasser. Dann fügt man 100 ml Bromwasserstoffsäure (1) und etwas Brom zur Bildung des löslichen Thallium(III)-bromids zu und spült mit wenig Bromwasserstoffsäure (1) in einen 250 ml-Scheidetrichter über. Das gesamte Thallium wird durch dreimaliges jeweils 1 min langes Schütteln mit je 50 ml Isopropyläther extrahiert. Die von den Ätherextrakten sorgfältig getrennte wäßrige Lösung wird zur Trockne eingedampft. Sollte der Rückstand von organischer Substanz dunkel gefärbt sein, wird mit 1 ml Perchlorsäure (1,53) oxydiert und nochmals zur Trockne geraucht. Der Trockenrückstand wird mit 1 ml Schwefelsäure (1 + 1) und wenig Wasser in der Wärme gelöst, die Lösung auf 20° abgekühlt und mit Wasser im Meßkolben auf 10 ml aufgefüllt. Eine Abmessung von 5 ml wird mit 5 ml Grundlösung (2) gemischt und nach Zugabe einiger Kristalle Hydroxylammoniumchlorid von −0,4 bis 1,4 V polarographiert.

***Bemerkung.*** Eine Blindprobe mit sämtlichen Reagenzien ist erforderlich.

***Test.*** Man mißt eine etwa dem Cadmium- und Zinkgehalt der Probe entsprechende Menge der Cadmium-Zinkstandardlösung (3) oder (4) in ein 100 ml-Becherglas ab, dampft zur Trockne und verfährt weiter, wie unter Ausführung beschrieben.

## 3.6 Bestimmung des Eisens

***Grundlage.*** Nach Abtrennen des Thalliums als Thallium(I)-bromid und der Metalle der Schwefelwasserstoffgruppe als Sulfide wird das Eisen mit Sulfosalicylsäure photometrisch bestimmt.

***Anwendungsbereich.*** Geeignet für Gehalte von 0,0001% bis 0,0025%.

***Zuverlässigkeit.*** Etwa $\pm 10\%$.

***Reagenzien.***

1. Sulfosalicylsäurelösung: 200 g mit Wasser (4) zum Liter gelöst.
2. Kaliumbromidwaschlösung: 5 g mit Wasser (4) zum Liter gelöst.
3. Eisenstandardlösung: 50 mg Eisenpulver werden mit Salzsäure (1,19) unter Zusatz von Wasserstoffperoxid (3%) gelöst. Die Lösung wird mit Wasser (4) verdünnt und in einem 1 l-Meßkolben aufgefüllt. 1 ml $\triangleq$ 50 $\mu$g Eisen.
4. Bidestilliertes Wasser.

***Ausführung.*** 20 g Thallium werden mit 50 ml Salpetersäure (1 + 1) gelöst. Die Lösung wird mit 20 ml Schwefelsäure (1,84) stark eingeraucht und nach dem Erkalten mit 500 ml Wasser (4) aufgenommen. Von Thalliumsulfat löst man 20 g mit 200 ml Wasser (4) und säuert mit 10 ml Schwefelsäure (1 + 1) an. Der Löserückstand wird über ein Filter Gr. 2 abfiltriert und das Filtrat auf 500 ml mit Wasser (4) aufgefüllt.

Die jeweilige Lösung erwärmt man auf 60° und gibt 12 g Kaliumbromid zu. Nach dem Erkalten filtriert man das Thallium(I)-bromid über eine kleine Nutsche mit einem Filter Gr. 2 ab und wäscht mit der Waschlösung (2) aus. Das Filtrat wird auf 150 ml eingekocht und heiß mit Schwefelwasserstoff gesättigt. Nach dem Abfiltrieren der ausgefallenen Sulfide über ein Filter Gr. 2 und Auswaschen des Niederschlages mit Wasser (4) wird aus dem Filtrat der Schwefelwasserstoff verkocht. Die Lösung versetzt man nun mit 5 ml Wasserstoffperoxid (3%) — die auftretende Bromentwicklung stört nicht —, fällt das Eisen mit Ammoniak (0,91) und kocht auf. Der Niederschlag wird über ein Filter Gr. 2 abfiltriert und mit 5 bis 10 ml warmer Salzsäure (1 + 1) durch das Filter in einen 100 ml-Meßkolben gelöst. Man wäscht mit Wasser (4) nach, versetzt mit 5 ml Sulfosalicylsäurelösung (1), neutralisiert mit Ammoniak (0,91) bis zur Gelbfärbung und gibt dann noch 10 ml Ammoniak (0,91) zu. Die in einem Meßkolben auf 100 ml verdünnte Lösung wird dann bei 436 nm in einer 4 cm-Küvette gegen eine Reagenzienblindprobe photometriert.

***Eichkurve.*** Von der Eisenstandardlösung (3) werden Abnahmen von 1 bis 5 ml entsprechend 50 bis 250 $\mu$g Eisen in 100 ml-Meßkolben gegeben, mit 5 ml Salzsäure versetzt und, wie unter Ausführung beschrieben, weiterbehandelt.

***Bemerkungen.*** In Thallium wird das Eisen am besten aus einem kompakten Stück, das vorher mit Salzsäure (1 + 3) gebeizt wurde, bestimmt, um das durch die Probenvorbereitung in die Probe gelangte Eisen nicht mit zu erfassen. Das Beizen wird so durchgeführt, daß man Salzsäure (1 + 3) in einer Porzellanschale oder einem Becherglas auf 60° erwärmt und das kompakte Metallstück kurz hineintaucht, sofort mit Wasser abspült, mit Filterpapier abtupft und im Trockenschrank bei 105° nachtrocknet.

## 3.7 Bestimmung des Silbers

***Grundlage.*** Das Silber wird aus salpetersaurer Lösung mit Dithizonlösung vom Thallium getrennt. Der Extrakt wird gereinigt und mit Dithizon extraktiv titriert.

***Anwendungsbereich.*** Geeignet für Gehalte von 0,0001 bis 0,01%.

***Zuverlässigkeit.*** Etwa ±10%.

***Reagenzien.***

1. Dithizonlösung: 30 mg Dithizon werden mit Kohlenstofftetrachlorid zum Liter gelöst. Die Lösung wird in eine braune Flasche filtriert.
2. Schwefelsäure: 5,5 ml $H_2SO_4$ (1,84) zum Liter verdünnt.
3. Kaliumthiocyanatlösung: 20 g zum Liter gelöst.
4. Salpetersäure: 176 ml $HNO_3$ (1,4) zum Liter verdünnt.
5. Hydraziniumsulfatlösung: 50 g zum Liter gelöst.
6. Silberstammlösung: 0,6 g Feinsilber werden mit 10 ml Salpetersäure (1 + 1) gelöst. Die Lösung wird in einem Meßkolben zum Liter aufgefüllt.
7. Silberstandardlösung: 10 ml der Stammlösung (1) werden in einem 1 l-Meßkolben aufgefüllt. 1 ml ≙ 6 μg Silber.

***Ausführung.*** 5 g Thallium werden mit 20 ml Salpetersäure (1 + 1) gelöst. Die Lösung wird mit 50 ml Wasser und 0,5 g Harnstoff versetzt und kurz aufgekocht.

5 g Thalliumsulfat werden mit 100 ml Wasser und 15 ml Salpetersäure (1 + 1) gelöst. Die Lösung wird mit 0,5 g Harnstoff versetzt und aufgekocht. Nach dem Abkühlen spült man die jeweilige Lösung mit Wasser in einen 250 ml-Scheidetrichter und extrahiert das Silber mit Dithizonlösung (1). Silberdithizonat sieht goldgelb aus.

Man extrahiert so lange mit Abmessungen von 2 bis 3 ml Dithizonlösung (1), bis die letzten beiden Zugaben rot bleiben. Die vereinigten Extrakte werden in einem 250 ml-Scheidetrichter mit 20 ml Schwefelsäure (2) gewaschen und dann zweimal nacheinander mit einem Gemisch von 5 ml Schwefelsäure (4) und 20 ml Thiocyanatlösung (3) 30 sec lang geschüttelt. Das Silber geht hierbei in die wäßrige Phase über, während Quecksilber, Kupfer u. a. in der organischen Phase verbleiben. Die vereinigten wäßrigen Auszüge werden nach Zusatz von 3 ml Schwefelsäure (1 + 1) fast zur Trockne eingeraucht. Der Rückstand wird mit 4 ml Salpetersäure (4) durch kurzes Erwärmen gelöst, mit 20 ml Wasser in einen 100 ml-Scheidetrichter übergespült und mit 0,5 ml Hydraziniumsulfatlösung (5) versetzt. Nun wird das Silber mit der Dithizonlösung (1) extraktiv titriert. Hierzu läßt man aus einer Bürette 2 bis 3 ml Dithizonlösung (1) in den Scheidetrichter fließen und schüttelt 1 min. Nach dem Absetzen läßt man die organische Phase ab. Aus der Bürette wird unter kräftigem Schütteln so lange Dithizonlösung (1) zugesetzt, bis die rein grüne Farbe in der organischen Phase nicht mehr verändert wird. Der Zusatz der letzten Dithizonlösung (1) muß in immer kleiner werdenden Mengen, zuletzt nur noch mit 0,2 ml, erfolgen.

***Titerstellung der Dithizonlösung (1).*** Man pipettiert in einen 100 ml-Scheidetrichter eine etwa dem Silbergehalt der Probelösung entsprechende Menge der Silberstandardlösung (7), gibt 4 ml Salpetersäure (4), 15 ml Wasser und 0,5 ml Hydraziniumsulfatlösung (5) zu und titriert mit Dithizonlösung (1), wie unter Ausführung nach der Reinigung der Probelösung beschrieben.

***Bemerkung.*** Sämtliche Reagenzien und das destillierte Wasser müssen chloridfrei sein. Außerdem muß eine Blindprobe mitlaufen.

## 3.8 Bestimmung des Quecksilbers

***Grundlage.*** Das Quecksilber wird aus salpetersaurer Lösung mit Dithizon vom Thallium getrennt und mit Dithizonlösung extraktiv titriert.

***Anwendungsbereich.*** Geeignet für Gehalte von 0,0001 bis 0,01%.

***Zuverlässigkeit.*** Etwa ±10%.

***Reagenzien.***

1. Dithizonlösung: 40 mg Dithizon werden mit Kohlenstofftetrachlorid zum Liter gelöst. Die Lösung wird in eine braune Flasche filtriert.

2. Hydroxylammoniumchloridlösung: 200 g zum Liter gelöst.

3. Quecksilberstammlösung: 1,345 g Quecksilber(II)-chlorid werden mit Wasser gelöst. Die Lösung wird in einem 1 l-Meßkolben aufgefüllt.

4. Quecksilberstandardlösung: 10 ml der Lösung (1) werden in einem Meßkolben zum Liter aufgefüllt. 1 ml $\triangleq$ 10 $\mu$g Quecksilber.

***Ausführung.*** 5 g Thallium werden mit 20 ml Salpetersäure (1 + 1) gelöst. Die Lösung wird mit 50 ml Wasser und 0,5 g Harnstoff versetzt und kurz aufgekocht. 5 g Thalliumsulfat werden in 100 ml Wasser und 15 ml Salpetersäure gelöst, mit 0,5 g Harnstoff versetzt und aufgekocht. Nach dem Abkühlen spült man die jeweilige Lösung mit Wasser in einen 250 ml-Scheidetrichter über und extrahiert das Quecksilber mit Dithizonlösung (1).

Quecksilberdithizonat ist orangegelb gefärbt. Man extrahiert jeweils mit einigen ml Lösung (1) so lange, bis die letzten beiden Extrakte rot gefärbt sind. Quecksilber reagiert mit Dithizon zuerst, dann folgen Silber, Kupfer u. a. Während größere Mengen Quecksilber sofort einen orangegelben Extrakt geben, zeigen kleinere Quecksilbermengen eine Mischfarbe.

Die gesammelten Extrakte werden zum Entfernen des Silbers etwa 30 sec lang mit 20 ml 0,5 n-Salzsäure geschüttelt. Die organische Phase wird mit 20 ml Wasser nachgewaschen und dann zweimal 1 min lang mit je einem Gemisch aus 20 ml n-Schwefelsäure und 5 ml 0,1n-Kaliumpermanganatlösung geschüttelt, wobei das Quecksilber wieder in die wäßrige Schicht übergeht. Die das gesamte Quecksilber enthaltenden wäßrigen Phasen werden vereinigt, das Permanganat wird mit einigen Tropfen Hydroxylammoniumchloridlösung (2) entfärbt und die Quecksilberlösung mit der eingestellten Dithizonlösung (1) extraktiv titriert. Die zur Anwendung kommenden Dithizonmengen sollen gegen Ende der Titration immer kleiner werden und schließlich beim Übergang zu einem sich nicht ändernden Grün nicht mehr als 0,2 ml betragen.

***Titerstellung der Dithizonlösung (1).*** Man pipettiert eine etwa der Probemenge entsprechende Quecksilbermenge der Standardlösung (4) in einen 250 ml-Scheidetrichter, versetzt mit 30 ml n-Schwefelsäure, 10 ml 0,1n-Kaliumpermanganatlösung, der zur Entfärbung der Lösung ausreichenden Menge Hydroxylammoniumchloridlösung (2) und 30 ml Wasser und titriert mit der Dithizonlösung (1) bis zur bleibenden Grünfärbung der zuletzt zugegebenen 0,2 ml.

***Bemerkung.*** Eine Reagenzienblindprobe ist erforderlich. Die Dithizonlösung braucht nicht gereinigt zu werden, weil der Titer bei Ausführung der Bestimmung gestellt wird.

Kapitel 28

# Titan

Inhalt



## 1 Rohstoffe

## Natürlicher Rutil, Ilmenit, Leukoxen und Titanerzschlacke

### 1.1 Bestimmung des Titans[1]

***Grundlage.*** Das Titan wird nach Aufschluß mit Kaliumpyrosulfat und Lösen mit Salzsäure im Cadmium-Reduktor zum 3-wertigen Titan reduziert und mit Ammoniumeisen(III)-sulfatlösung maßanalytisch bestimmt.

[1] Die Bestimmung des Titans in den Rohstoffen erfolgt in Anlehnung an die DIN-Vorschrift 55912. Sie kann natürlich auch nach der unter 2.11, S. 376, angeführten Methode durchgeführt werden.

***Anwendungsbereich.*** Geeignet für Gehalte von etwa 25 bis 60% bei Abwesenheit von Chrom und Vanadium (siehe Bemerkung).

***Zuverlässigkeit.*** Bei Gehalten um 25% etwa ±0,5%,
um 60% etwa ±0,3%.

***Reagenzien.***

1. Aufschlußsäure: 500 g Ammoniumsulfat werden unter Erwärmen mit 750 ml Schwefelsäure (1,84) gelöst.
2. Waschlösung für den Reduktor: 50 g Ammoniumsulfat mit Schwefelsäure (1 + 10) zum Liter gelöst.
3. Ammoniumeisen(III)-sulfatlösung: 30,7 g $NH_4Fe(SO_4)_2 \cdot 12\,H_2O$ werden mit 500 ml Wasser gelöst, mit 25 ml Schwefelsäure (1,84) versetzt und in einem Meßkolben mit Wasser zum Liter aufgefüllt.
4. Mischsäure: 180 ml Schwefelsäure (1,84) und 150 ml Phosphorsäure (1,7) werden zum Liter verdünnt.
5. Indicator: 0,1 g Diphenylamin-p-sulfonsaures Natrium zu 100 ml gelöst.
6. Kaliumthiocyanatlösung: 20 g mit 80 ml Wasser gelöst.
7. Cadmium, grobe Körnung, etwa 1 bis 2 mm.

***Geräte.*** Reduktorrohr (siehe Abb. 20).

***Füllen des Reduktorrohres:*** Der Ausgang des Rohres wird vor dem Hahn mit Glas- oder Quarzwolle lose verstopft, dann das Rohr mit 2 n-Schwefelsäure gefüllt, wobei Luftblasen zu entfernen sind. Das Cadmium wird vor Einfüllen mit 2 n-Schwefelsäure digeriert, danach in einer 140 mm hohen Schicht so in das Reduktorrohr gefüllt, daß keine Luft eingeschlossen wird. Nach mehrmaligem Waschen mit 2 n-Schwefelsäure ist der Reduktor einsatzbereit. Es ist darauf zu achten, daß das Cadmium immer mit Flüssigkeit bedeckt bleibt. Nach einigen Tagen muß die Cadmiumsäule, auch wenn sie nicht benutzt wurde, durch Umschütteln oder Stochern gelockert und anschließend mit Waschlösung (2) gespült werden.

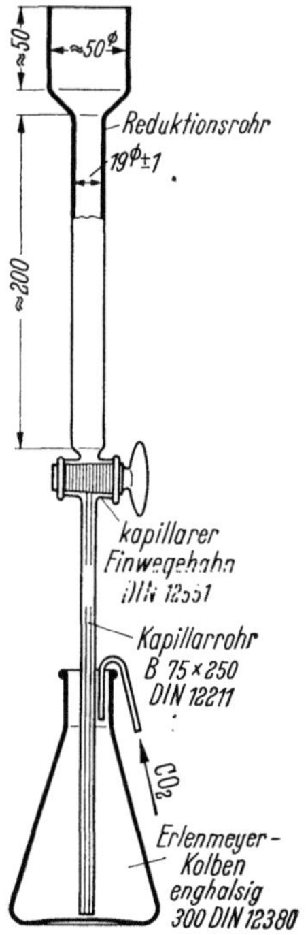

Abb. 20. Reduktorrohr für die Titanbestimmung

***Titerstellung der Ammoniumeisen(III)-sulfatlösung (3).*** 25 ml Lösung (3) werden, wie unter Ausführung beschrieben, ohne Einleiten von Kohlendioxid durch den Cadmiumreduktor gegeben und in einer 10 ml Schwefelsäure (1 + 4) enthaltenden Vorlage aufgefangen. Nach dreimaligem Waschen der Cadmiumschicht mit Waschlösung (2) fügt man 15 ml Mischsäure (4) und 10 Tropfen Indicatorlösung (5) zu und titriert die Lösung mit 0,05n-Kaliumdichromatlösung bis zur eben bleibenden Violettfärbung.

***Ausführung.*** Je nach dem Titangehalt der Probe werden 0,15 bis 0,25 g (Feinheitsgrad 0,1 DIN 4188) mit der zehnfachen Menge Kaliumpyrosulfat in einem bedeckten Quarztiegel anfänglich mit kleiner Flamme, um Verluste an Schwefeltrioxid möglichst niedrig zu halten, aufgeschlossen. Nach dem Abkühlen wird die Schmelze in einem 250 ml-Becherglas mit 100 ml Salzsäure (1 + 10) gelöst, die Lösung auf ein Volumen von etwa 20 bis 30 ml eingedampft und ungeachtet etwaiger Trübung durch Silicium(IV)-oxidhydrat in das Reduktorrohr gespült. In die Vorlage — ein 300 ml-Erlenmeyerkolben — gibt man 10 bis 15 ml Aufschlußsäure (1). Das Kapillarrohr des Reduktors soll in die Säure eintauchen. Während der Reduktion und der anschließenden Titration wird die Vorlage mit Kohlendioxid gespült. Die Tropfgeschwindigkeit beträgt etwa 2 Tropfen in der Sekunde. Die Cadmiumschicht muß immer mit Flüssigkeit bedeckt bleiben. Nach Ablauf der Probenlösung wird mit 30 bis 40 ml Waschlösung (2) dreimal nachgespült und dann bei fortwährendem Durchleiten von Kohlendioxid der Reduktor nach kurzem Abspülen des Kapillarrohres mit Wasser entfernt. Man gibt 10 ml Kaliumthiocyanatlösung (6) in die reduzierte Lösung und titriert unter Durchleiten von Kohlenstoffdioxid mit der Ammoniumeisen(III)-sulfatlösung (3). Der Endpunkt ist erreicht, wenn die schwache Rosafärbung etwa 1 min bestehen bleibt. Gegen Ende der Reaktion darf nur noch langsam titriert werden. 1 ml 0,05 n Ammoniumeisen(III)-sulfatlösung $\triangleq$ 3,995 mg Titan(IV)-oxid.

***Bemerkung.*** Enthält die Probe Vanadium und/oder Chrom, so muß die Titanbestimmung, wie unter 2.1.1, S. 376, unter Bemerkungen angegeben, durchgeführt werden.

## 1.2 Bestimmung des Vanadiums

### 1.2.1 In Titanerzschlacken

***Grundlage.*** Das Vanadium wird nach alkalischem Aufschluß und Abtrennen von Titan und Eisen photometrisch als Vanadiumphosphorwolframsäure bestimmt.

***Anwendungsbereich.*** Geeignet für Gehalte von 0,2 bis 0,5%.

***Zuverlässigkeit.*** Bei Gehalten um 0,5% etwa ±10%.

***Reagenzien.***

1. Phosphorsäure: 20 ml $H_3PO_4$ (1,7) mit 50 ml Wasser verdünnt.
2. Natriumwolframatlösung: 25 g $Na_2WO_4 \cdot 2\,H_2O$ zu 100 ml gelöst.
3. Vanadiumstammlösung: 1,785 g, vorher auf 500° erhitztes Vanadiumpentoxid, werden mit 30 ml 2 n-Natriumhydroxidlösung gelöst. Die Lösung wird mit Schwefelsäure (1 + 1) eben angesäuert und mit Wasser in einem 1 l-Meßkolben aufgefüllt.
4. Vanadiumstandardlösung: 10 ml Stammlösung (3) werden in einem 1 l-Meßkolben aufgefüllt. 1 ml $\triangleq$ 10 μg Vanadium.

***Ausführung.*** 1 g Probe (Feinheitsgrad 0,1 DIN 4188) wird mit 7 g gepulvertem Natriumhydroxid und 3 g Natriumperoxid im Nickeltiegel aufgeschlossen. Die Schmelze wird mit 150 ml heißem Wasser gelöst. Man filtriert über ein Filter Gr. 4 in einen 200 ml-Meßkolben ab, wäscht mit heißem Wasser nach und füllt mit Wasser auf. 20 ml Filtrat (= 0,1 g Einwaage) werden in ein 100 ml-Becherglas pipettiert, mit 10 ml Wasser verdünnt und mit Schwefelsäure (15 + 100) neutralisiert, von der ein Überschuß von 5 ml zugegeben wird. Jetzt werden 5 ml Phosphorsäure (1) und 3 ml Natriumwolframatlösung (2) zugefügt, das Becherglas 5 min lang in ein siedendes Wasserbad gestellt, dann abgekühlt, die Lösung in einen 50 ml-Meßkolben übergespült und mit Wasser aufgefüllt. Die Extinktion wird bei 436 nm in 4 cm-Küvetten gegen eine Blindlösung gemessen, die mit allen Chemikalien, jedoch ohne Natriumwolframat und ohne Erhitzen im Wasserbad, bereitet wird.

***Eichkurve.*** Es werden Abnahmen von 0 bis 40 ml der Standardlösung (4) mit jeweils 5 ml Schwefelsäure (15 + 100) versetzt und das Vanadium in der angegebenen Weise photometrisch bestimmt.

### 1.2.2 In Ilmenit

***Grundlage.*** Nach saurem Aufschluß des Erzes wird das fünfwertige Vanadium mit Eisen(II)-sulfatlösung mit potentiometrischer Endpunktsanzeige maßanalytisch bestimmt.

***Anwendungsbereich.*** Geeignet für Gehalte von 0,1 bis 0,5%.

***Zuverlässigkeit.*** Bei Gehalten um 0,3% etwa ±10%.

***Reagenzien.***

1. Kaliumpermanganatlösung: 5 g zu 100 ml gelöst.
2. Natriumnitritlösung: 3,4 g zu 100 ml gelöst.
3. Harnstofflösung: 5 g zu 20 ml gelöst.
4. Eisen(II)-sulfatlösung (≈ 0,01 n): 2,78 g $FeSO_4 \cdot 7\,H_2O$ werden mit Schwefel-

säure (1 + 200) gelöst und mit der gleichen Säure in einem 1 l-Meßkolben aufgefüllt.

***Geräte.*** Platin-Kalomel-Elektroden

***Ausführung.*** 2,5 g Probe (Feinheitsgrad 0,1 DIN 4188) werden in einem 250 ml-Erlenmeyerkolben zunächst mit 30 ml Schwefelsäure (15 + 100) angeschlämmt und dann mit 40 ml Schwefelsäure (1,84) versetzt. Man erwärmt unter öfterem Umschwenken bis die schwarzen Erzteilchen gelöst sind. Verdampftes Wasser wird von Zeit zu Zeit ersetzt. Nach Abkühlen wird die Lösung mit 80 ml Wasser verdünnt und über ein Filter Gr. 2 in einen 300 ml-Erlenmeyerkolben filtriert. Das Filter wäscht man zweimal mit je 100 ml Schwefelsäure (1 + 10). Nun oxydiert man mit Kaliumpermanganatlösung (1) bis zur bleibenden kräftigen Violettfärbung und verfährt weiter gemäß den Angaben im Kapitel Vanadium unter 1.1.1, S. 393.

***Titerstellung.*** Der Titer der Eisen(II)-sulfatlösung (4) wird mit einer 0,01 n-Kaliumdichromatlösung eingestellt. 1 ml 0,01 n-Eisen(II)-sulfatlösung $\triangleq$ 0,5095 mg Vanadium.

## 1.3 Bestimmung des Chroms und des Vanadiums

***Grundlage.*** Das Chrom und das Vanadium werden nach alkalischem Aufschluß der Probe und Abtrennen des Titans mit Eisen(II)-sulfatlösung maßanalytisch bestimmt.

***Anwendungsbereich.*** Geeignet für Gehalte von 0,1 bis 3% Chrom und Vanadium.

***Zuverlässigkeit.*** Bei Gehalten unter 1% etwa $\pm$10%,
über 1% etwa $\pm$ 5%.

***Reagenzien.***

1. Eisen(II)-sulfatlösung ($\approx$ 0,1 n): 27,8 g $FeSO_4 \cdot 7\,H_2O$ werden mit Schwefelsäure (1 + 200) gelöst und mit der gleichen Säure im 1 l-Meßkolben aufgefüllt.
2. 0,4 m-Ferroinsulfatlösung.

***Titerstellung der Eisen(II)-sulfatlösung (1):*** Die Titerstellung der Eisen(II)-sulfatlösung (1) erfolgt mit einer 0,1 n-Kaliumdichromatlösung.

***Ausführung.*** 2,5 g Probe (Feinheitsgrad 0,1 DIN 4188) werden im Eisentiegel mit 15 g Natriumperoxid vermischt und bei Rotglut 5 bis 10 min geschmoizen. Nach Erkalten laugt man die Schmelze mit 200 ml Wasser in einem 800 ml-Becherglas aus und kocht nach Entfernen des Tiegels kurz auf. Man läßt abkühlen, spült in einen 500 ml-Meßkolben über und filtriert über ein trockenes Faltenfilter in ein trockenes Becherglas. 250 ml des durch Chromationen gelb gefärbten Filtrates (= 1,25 g Einwaage) werden zum Zerstören des Peroxides 30 min gekocht und nach Erkalten mit Schwefelsäure (1 + 1) neutralisiert. Man fügt einen Überschuß von 20 ml sowie 10 ml Phosphorsäure (1,7) zu und titriert nach Zugabe von 2 bis 3 Tropfen Ferroinlösung (2) Vanadium und Chrom mit der Eisen(II)-sulfatlösung (1).

***Ausrechnung.*** Das Vanadium muß nach den Methoden unter 1.2, S. 374, bestimmt werden. Da 1 ml 0,01 n-Eisen(II)-sulfatlösung 0,5095 mg Vanadium entspricht, können auf Grund der nach 1.2 gefundenen Vanadiummenge die für Chrom verbrauchten ml aus der Differenz errechnet werden. 1 ml 0,01 n-Eisen (II)-sulfatlösung $\triangleq$ 0,1733 mg Chrom.

***Bemerkungen.*** Fällt nach dem alkalischen Aufschluß ein farbloses Filtrat an, so enthält die Probe kein Chrom. Der für den Aufschluß verwendete Eisentiegel ist auf seinen Chromgehalt zu prüfen. Zweckmäßig schmilzt man unter gleichen Temperatur- und Zeitbedingungen mit Natriumperoxid und bestimmt den Blindwert des Eisentiegels. Enthält die Probe unter 1% Vanadium und Chrom, so empfiehlt es sich, die Titration mit einer 0,02 n-Eisen(II)-sulfatlösung durchzuführen, die mit 0,02 n-Kaliumdichromatlösung eingestellt wird.

# 2 Metallische Erzeugnisse

## 2.1 Ferro-Titan

### 2.1.1 Bestimmung des Titans

***Grundlage.*** Nach Säureaufschluß wird das Titan zu Titan(III) reduziert und mit einer Eisen(III)-chloridlösung maßanalytisch bestimmt.

***Anwendungsbereich.*** Geeignet für Gehalte bis 70%.

***Zuverlässigkeit.*** Bei Gehalten um 30% etwa ±0,5%.

***Reagenzien.***

1. Zinkamalgam: Zu 200 g Quecksilber werden in einer Porzellanschale 5 g mit Äther entfetteter Zinkgrieß gegeben. Man fügt 2 ml Schwefelsäure (1 + 10) hinzu und erwärmt auf dem Wasserbad. Nach Lösen des Zinks wird das feste Amalgam durch einen Goochtiegel mit großen Löchern vom flüssigen Amalgam abgetrennt. Das flüssige Amalgam wird für die Analyse verwendet. Das feste Amalgam kann flüssigem Amalgam, wenn dieses nach fünf bis sechs Bestimmungen zinkärmer geworden ist, nach und nach zugesetzt werden.

2. Eisen(III)-chloridlösung: 50 g $FeCl_3 \cdot 6\,H_2O$ werden mit 500 ml Salzsäure (1 + 10) gelöst und durch ein Filter Gr. 2 in einen 1 l-Meßkolben abfiltriert. Man füllt mit Wasser auf.

***Geräte.*** Der Reduktorkolben (R-Kolben) besteht aus einem 500 ml-Erlenmeyerkolben (NS 29) mit einem Aufsatz zur Abtrennung des Amalgams (s. Abb. 21).

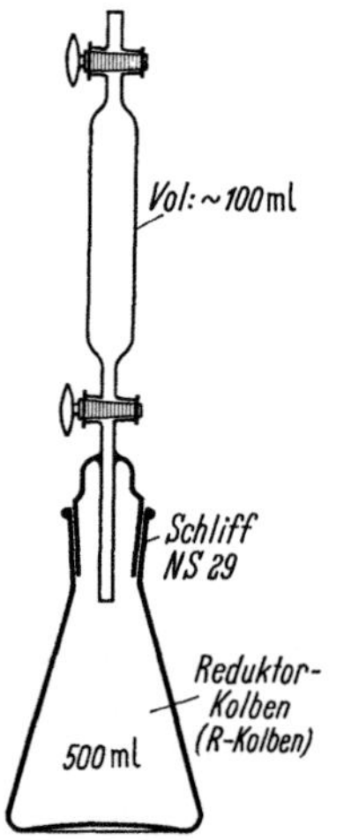

Abb. 21. Reduktorrohr für die Titanbestimmung in Ferro-Titan

***Titerstellung der Eisen(III)-chloridlösung(2).*** Zur Einstellung der Eisen(III)-chloridlösung (2) dienen Kaliumhexafluorotitanat (IV) oder reinstes Titan. Der Titangehalt der Titerlösung soll dem der zu untersuchenden Probe entsprechen. Man wägt z. B. für die Titanbestimmung in 30%igem Ferro-Titan 1 g des bei 105° 2 Std. getrockneten Kaliumhexafluorotitanats in eine Platinschale ein. Unter gelindem Erwärmen löst man mit 5 ml Schwefelsäure, raucht die Schwefelsäure ab und glüht den Rückstand bei 1000°. Nun schließt man mit 10 g Kaliumpyrosulfat auf, löst die kalte Schmelze mit 250 ml Salzsäure (1+3) versetzt die Lösung mit 12 g Ammoniumsulfat, reduziert und titriert, wie unter Ausführung beschrieben.

***Ausführung.*** 1 g Probe (Feinheitsgrad 0,2 DIN 4188) wird in einem 400 ml-Becherglas mit 30 ml Salzsäure (1 + 1) unter Erwärmen gelöst. Nach beendeter Reaktion läßt man noch 20 min bei kleiner Flamme kochen, verdünnt mit heißem Wasser auf 100 ml und filtriert über ein Filter Gr. 2 in den R-Kolben. Der Niederschlag wird dreimal mit Salzsäure (1 + 20) ausgewaschen und das Filter in einem Platintiegel bei 1000° verascht. Nach dem Veraschen fügt man 2 ml Fluorwasserstoffsäure (40%) und 2 ml Schwefelsäure (1 + 4) zu und verflüchtigt das Silicium(IV)-oxid durch Eindampfen bis zur Trockne. Nach kurzem Glühen des Tiegels wird der Rückstand mit 5 g Kaliumpyrosulfat aufgeschlossen, die Schmelze unter Erwärmen mit 100 ml Salzsäure (1 + 10) gelöst und die Lösung mit dem Filtrat im R-Kolben vereinigt. Das Volumen der Lösung beträgt etwa 250 ml. Nun gibt man 12 g Ammoniumsulfat zu. Die Lösung wird auf Zimmertemperatur abgekühlt. Zur Reduktion werden etwa 200 g (= 15 ml) Zinkamalgam (1) in den R-Kolben gegeben. Dann verdrängt man die Luft durch zweimalige Zugabe von je 3 g Natriumhydrogencarbonat, läßt ausreagieren, verschließt den Kolben mit dem Aufsatz und schüttelt die Lösung mit dem Zinkamalgam 5 min lang. Eventueller Überdruck wird durch kurzes Lüften abgelassen. Nach der Reduktion gibt man durch den Aufsatz 2 ml Kohlenstofftetrachlorid in den R-Kolben und füllt das Aufsatzgefäß mit Salzsäure (1 + 10). Nach Drehen des R-Kolbens mit dem Reduktorrohr um 180° läßt man das Amalgam durch Öffnen des Hahnes in den Aufsatz ab, wobei es von der verdrängten Säure gewaschen wird. In Gegenwart von Kohlenstofftetrachlorid ist die Abtrennung einfach und sicher. Nach Drehen in die ursprüngliche Lage gibt man nach Abnehmen des Aufsatzes und Abspülen des Schliffes mit Wasser 4 bis 5 g Ammoniumthiocyanat in den R-Kolben und titriert sofort mit der Eisen(III)-chloridlösung (2) bis zum Farbwechsel nach Rot. Die Rotfärbung muß 1 min bestehen bleiben.

***Bemerkungen.*** Bei Anwesenheit von Vanadium, Chrom und Molybdän wird die Probe im Alsinttiegel mit 10 g Natriumperoxid aufgeschlossen. Die Suspension wird mit 250 ml Wasser aufgekocht und durch ein Filter Gr. 2 abfiltriert. Nach Auswaschen mit einer Natriumcarbonatlösung (2 g in 100 ml) wird der Niederschlag in der Platinschale verascht und mit 10 g Kaliumpyrosulfat aufgeschlossen. Die Schmelze löst man mit 50 ml Salzsäure (1 + 1), verdünnt auf 200 ml und überführt in den R-Kolben. Weitergearbeitet wird, wie oben angegeben.

### 2.1.2 Bestimmung des Aluminiums

***Grundlage.*** Das Aluminium wird nach Abtrennen des Titans und Eisens mit 8-Hydroxychinolin gefällt und maßanalytisch mit Kaliumbromat bestimmt.

***Anwendungsbereich.*** Geeignet für Gehalte von 0,5 bis 10%.

***Zuverlässigkeit.*** Bei Gehalten um 4% etwa ±2%.

***Reagenzien.***

1. Weinsäurelösung: 20 g zu 100 ml gelöst.
2. Oxinlösung: 5 g 8-Hydroxychinolin werden mit 25 ml Essigsäure (1 + 1) in der Wärme gelöst. Die Lösung wird mit 75 ml Wasser verdünnt.
3. Indigocarminlösung, handelsübliche Indicatorlösung.
4. Kaliumjodidlösung: 10 g zu 100 ml gelöst.
5. Stärkelösung: 1 g zu 100 ml gelöst. Die Lösung ist täglich frisch zu bereiten.

***Ausführung.*** 1 g Probe (Feinheitsgrad 0,2 DIN 4188) wird in einem 400 ml-Becherglas mit 50 ml Salzsäure (1 + 1) unter Erwärmen gelöst, die Lösung mit 5 ml Salpetersäure (1 + 4) oxydiert und 10 min gekocht. Man gibt 40 ml Schwefelsäure (1 + 1) zu und erhitzt zum kräftigen Nebeln. Die erkaltete Lösung wird mit 200 ml Wasser aufgenommen, erwärmt, das abgeschiedene Silicium(IV)-oxidhydrat und ein gegebenenfalls vorhandener Löserückstand über ein Filter Gr. 2 abfiltriert und das Filtrat in einem 500 ml-Meßkolben aufgefangen. Der Niederschlag wird mit heißem Wasser ausgewaschen und im Platintiegel verascht.

Zur Verflüchtigung des Silicium(IV)-oxids setzt man 2 ml Fluorwasserstoffsäure (40%) und 2 ml Schwefelsäure (1 + 4) zu und dampft zur Trockne. Den Rückstand schließt man mit 2 g Kaliumpyrosulfat auf und löst den Schmelzkuchen unter Erwärmen mit 100 ml Wasser. Diese Lösung vereinigt man mit dem Filtrat im 500 ml-Meßkolben. Der Meßkolben wird aufgefüllt, 200 ml Lösung werden abpipettiert und in ein Becherglas mit 200 ml heißer Natriumhydroxidlösung (15 g in 100 ml) gegeben. Die Suspension wird kurz gekocht und dann in einen 500 ml-Meßkolben übergespült. Man läßt erkalten und füllt auf. Nun filtriert man 250 ml (= 0,2 g Einwaage) ab und gibt sie in ein 600 ml-Becherglas. Nach Neutralisation mit Salzsäure (1 + 1), Zugabe von 2 ml Salzsäure (1 + 1), 15 ml Weinsäurelösung (1) und 100 ml Wasser neutralisiert man die Lösung durch Zutropfen von Ammoniak (1 + 1) und gibt 15 Tropfen im Überschuß zu. Die Lösung wird auf 80° erhitzt und unter kräftigem Rühren mit so viel Oxinlösung (2) versetzt, bis die überstehende Lösung schwach gelb gefärbt ist. Ein größerer Überschuß ist zu vermeiden. Zum

Zusammenballen des Aluminiumoxinates hält man die Fällung 30 min auf 50 bis 60°, kühlt auf etwa 40° ab und filtriert über ein Filter Gr. 3. Man wäscht mit 40° warmem Ammoniak (3 + 500) aus. Das Waschwasser darf beim letzten Auswaschen nicht mehr gelb gefärbt sein.

Der Niederschlag wird mit heißem Wasser vom Filter in das vorher benutzte Becherglas zurückgespritzt und mit 20 ml Salzsäure (1,19) unter Erwärmen gelöst. Zum Erfassen der letzten noch auf dem Filter verbliebenen Reste Aluminiumoxinat gibt man die salzsaure Lösung anteilweise durch das Filter und fängt sie in einem 1 l-Erlenmeyerkolben auf. Schließlich wird das Filter mit warmem Wasser ausgewaschen. Die Lösung wird abgekühlt und auf etwa 300 ml verdünnt. Nach Zugabe einiger Tropfen Indigocarminlösung (3) läßt man aus einer Bürette 0,2 n-Kaliumbromatlösung bis zur Entfärbung des Indicators zufließen. Nun werden 5 ml Kaliumjodidlösung (4) und nach 1 min Wartezeit 5 ml Stärkelösung (5) zugefügt. Man titriert mit einer 0,1 n-Natriumthiosulfatlösung bis zum Verschwinden der Blaufärbung.

***Ausrechnung.*** $\% \text{ Al} = \frac{(a - b) \cdot 0{,}45}{\text{g Einwaage}} \cdot 100$

$a$ = ml 0,2 n-Kaliumbromatlösung

$b = \frac{\text{ml}}{2}$ 0,1 n-Natriumthiosulfatlösung

### 2.1.3 Bestimmung des Kohlenstoffs

#### 2.1.3.1 In Ferro-Titan

Siehe Kapitel Kohlenstoff unter 4.13, S. 201.

#### 2.1.3.2 In Titan-Carbid

Siehe Kapitel Kohlenstoff unter 5.2, S. 203.

## 2.2 Titanschwamm

### 2.2.1 Bestimmung des Chlorids

***Grundlage.*** Das Chlorid wird nach Lösen der Probe mit Fluorwasserstoffsäure und Oxydation des Titans mit Silbernitratlösung maßanalytisch unter potentiometrischer Anzeige bestimmt.

***Anwendungsbereich.*** Geeignet für Gehalte über 0,01%.

***Zuverlässigkeit.*** Bei Gehalten um 0,1% etwa ±5 %,
um 0,01% etwa ±10%.

***Reagenzien.***

1. Kaliumpermanganatlösung, gesättigte Lösung.
2. Aceton.

***Geräte.*** Potentiometer (Empfindlichkeit: Mind. 1 mV/mm Skalenlänge.)
Meßkette: Quecksilber(I)-sulfat-/Silberelektrode.

***Ausführung.*** 1 g Probe wird in einer Platinschale mit 10 ml Wasser versetzt und mit 5 ml Fluorwasserstoffsäure (40%) gelöst. Zur Vermeidung einer zu stürmischen Reaktion wird die Säure in 5 Portionen zu je 20 Tropfen zugesetzt. Die nächste Zugabe erfolgt jeweils erst nach dem Abklingen der Reaktion. Der Löseprozeß ist in 1 Std. beendet. Eine Beschleunigung durch zusätzliches Erwärmen ist nicht ratsam. Die grüne Titan(III)-lösung wird unter Umschwenken oder Umrühren mit einem Platindraht mit Borsäure bis zum Auftreten einer tiefbraunen Farbe versetzt und dann in ein 150 ml-Becherglas (breite Form) übergespült. Man oxydiert mit 5 bis 10 Tropfen Wasserstoffperoxidlösung (30%) bis zur deutlichen Farbaufhellung und versetzt schließlich mit 0,5 bis 1 ml Kaliumpermanganatlösung (1) bis zum Bestehenbleiben der violetten Färbung. Die durch Kaliumpermanganat gefärbte Lösung wird mit 0,5 bis 1 g Natriumsulfit (geringer Überschuß unschädlich) reduziert und mit Wasser auf 50 ml verdünnt. Nach Zugabe von 25 ml Aceton wird das Chlorid sofort mit 0,01 n-Silbernitratlösung und potentiometrischer Endpunktsanzeige titriert. 1 ml 0,01 n-Silbernitratlösung $\triangleq$ 0,355 mg Chlor.

***Bemerkung.*** Das angegebene Titrationsvolumen von 75 ml muß eingehalten werden.

### 2.2.2 Bestimmung des Magnesiums

***Grundlage.*** Das Magnesium wird aus alkalischer wasserstoffperoxidhaltiger Lösung als Oxidhydrat gefällt und nach Isolierung als Magnesiumpyrophosphat gewichtsanalytisch bestimmt.

***Anwendungsbereich.*** Geeignet für Gehalte über 0,01%.

***Zuverlässigkeit.*** Bei Gehalten um 0,01% etwa ±10%,
um 0,05% etwa ± 5%,
um 0,1% etwa ± 3%.

***Reagenzien.***

1. Natriumhydroxidlösung: 240 g zum Liter gelöst.
2. Natriumhydroxidlösung: 10 g zum Liter gelöst.
3. Citronensäurelösung: 50 g zu 100 ml gelöst.
4. Diammoniumhydrogenphosphatlösung: 10 g zu 100 ml gelöst.

***Geräte.*** Alkalibeständige Kunststoffrundfilter.

***Ausführung.*** 4 g Probe werden in einer Platinschale mit etwa 20 ml Wasser übergossen und zunächst durch allmähliches Zutropfen von etwa 10 ml Fluorwasserstoffsäure (40%), danach durch Zusatz von 20 ml Schwefelsäure (1 + 1) gelöst. Nach Abbinden der Fluorwasserstoffsäure durch Zugabe von fester Borsäure bis zum Auftreten einer reinbraunen Farbe wird die Lösung in ein 800 ml-Becherglas übergespült, mit Wasser auf etwa 200 ml verdünnt und mit 100 ml Wasserstoffperoxid (30%) versetzt. Man kühlt auf Zimmertemperatur ab und gibt unter schwachem Rühren in einem Guß 250 ml Natriumhydroxidlösung (1) zu. Die nur noch schwach gelb — bei Anwesenheit von Eisen oder Mangan mehr oder weniger braun gefärbte Lösung wird erneut auf Zimmertemperatur gekühlt und etwa 1 Std. stehen gelassen.

Der besonders deutlich im schräg durchfallenden Licht erkennbare Niederschlag wird über ein Kunststoffilter abfiltriert, mit 25 ml Natriumhydroxidlösung (2) gewaschen und mit 30 ml warmer Salzsäure (1 + 1) vom Filter heruntergelöst. Die salzsaure Lösung, Volumen etwa 50 ml, enthält das gesamte Magnesium. Sie ist meist durch Titan noch gelb gefärbt. Man gibt 10 ml Citronensäurelösung (3), 10 ml Diammoniumhydrogenphosphatlösung (4) und 50 ml Ammoniak (0,91) zu, rührt nach jeder Reagenzzugabe gut durch und kühlt auf Zimmertemperatur ab. Durch Reiben mit einem Glasstab an der Becherglaswandung wird die Kristallisation des Magnesiumammoniumphosphates eingeleitet. Nach Stehen über Nacht wird der kristalline Niederschlag über ein mit Filterschleim gedichtetes Filter Gr. 2 filtriert, mit Ammoniak (1 + 50), zum Schluß mit 10 ml Ammoniumtartratlösung (5 g in 100 ml) gewaschen und in einem gewogenen Porzellantiegel getrocknet. Nach Veraschen wird bei 1000° bis zur Gewichtskonstanz geglüht und nach Erkalten im Exsiccator ausgewogen. Der Umrechnungsfaktor von Magnesiumpyrophosphat auf Magnesium ist 0,2185.

***Fehlermöglichkeiten.*** Bei größeren Mangangehalten des Titanschwammes, erkennbar an der dunkelbraunen Färbung der Lösung nach der Natriumhydroxidfällung, muß der geglühte Niederschlag auf Mangan geprüft werden. Dazu wird der Magnesiumpyrophosphatniederschlag im Porzellantiegel mit 3 ml Schwefelsäure (1 + 1) gelöst und das Mangan nach der unter 2.2.4, S. 380, beschriebenen Methode bestimmt und in Abzug gebracht. 1 mg Mangan $\triangleq$ 0,564 mg Magnesium.

### 2.2.3 Bestimmung des Eisens

***Grundlage.*** Das Eisen wird nach Lösen der Probe mit Salzsäure und Fluorwasserstoffsäure als o-Phenanthrolinkomplex photometrisch bestimmt.

***Anwendungsbereich.*** Geeignet für Gehalte von 0,001 bis 0,5%.

***Zuverlässigkeit.*** Bei Gehalten um 0,005% etwa ±10%.

***Reagenzien.***

1. Bidestilliertes Wasser.
2. Kaliumpermanganatlösung, gesättigte Lösung.
3. Kaliumnatriumtartratlösung: 20 g mit Wasser (1) zu 100 ml gelöst.
4. o-Phenanthrolinlösung: 0,5 g o-Phenanthrolinhydrochlorid mit Wasser (1) zu 100 ml gelöst.
5. Natriumacetatlösung: 40 g mit Wasser (1) zu 100 ml gelöst.
6. Eisenstammlösung: 50 mg Eisenpulver werden mit 10 ml Salzsäure (1 + 1) gelöst. Die Lösung wird in einem 500 ml-Meßkolben mit Wasser (1) aufgefüllt.
7. Eisenstandardlösung: 10 ml Eisenstammlösung (5) werden in einen 100 ml-Meßkolben mit Wasser (1) aufgefüllt. 1 ml ≙ 10 $\mu$g Eisen.

***Ausführung.*** 1 g Probe wird in einer Platinschale mit etwa 15 ml Wasser (1) und 4 ml Salzsäure (1,19) versetzt und durch Zugabe von etwa 25 Tropfen Fluorwasserstoffsäure (40%) in Lösung gebracht. Die Platinschale wird dabei mit einer Plexiglasscheibe abgedeckt. Durch Erwärmen kann das Lösen der letzten Metallteile beträchtlich beschleunigt werden. Die grüne Titan(III)-fluoridlösung wird unter Umrühren mit einem Platindraht oder -spatel mit fester Borsäure so lange versetzt, bis die Lösung eine braune Farbe angenommen hat. Sie wird in einen 100 ml-Meßkolben übergespült und mit Wasser (1) aufgefüllt. 10 ml (= 0,1 g Einwaage) werden in einen 50 ml-Meßkolben mit Kaliumpermanganatlösung (2) bis zum Bestehenbleiben einer rotvioletten Färbung versetzt. Durch Zugabe von 0,5 bis 1 g Hydroxylammoniumhydrochlorid werden überschüssiges Kaliumpermanganat und Eisen reduziert. Man gibt nacheinander 5 ml Kaliumnatriumtartratlösung (3), 2 ml o-Phenanthrolinlösung (4) und 10 ml Natriumacetatlösung (5) zu und photometriert nach 1 Std. in einer 2 cm-Küvette bei 490 nm. Ein Reagenzienblindwert ist zu berücksichtigen.

***Eichkurve.*** Entsprechende Abnahmen von der Eisenstandardlösung (7) im Bereich von 5 bis 100 $\mu$g Eisen werden in 50 ml-Meßkolben pipettiert und mit der Kaliumpermanganatlösung (2) bis zum Auftreten der violetten Farbe versetzt. Die Weiterverarbeitung erfolgt, wie unter Ausführung beschrieben.

### 2.2.4 Bestimmung des Mangans

***Grundlage.*** Nach Lösen der Probe mit Fluorwasserstoffsäure wird das Mangan mit Ammoniumperoxodisulfat zu Permanganat oxydiert und photometrisch bestimmt.

***Anwendungsbereich.*** Geeignet für Gehalte von 0,001 bis 0,1%.

***Zuverlässigkeit.*** Bei Gehalten um 0,005% etwa ±10%.

***Reagenzien.***

1. Ammoniumperoxodisulfatlösung: 30 g zu 100 ml gelöst.
2. Silbernitratlösung: 5 g zu 100 ml gelöst.
3. Bidestilliertes Wasser.
4. Manganstandardlösung: 57,54 mg Kaliumpermanganat werden mit Wasser (3) zum Liter gelöst. 1 ml ≙ 20 $\mu$g Mangan.

***Ausführung.*** 0,5 g Probe werden in einer Platinschale mit 10 ml Schwefelsäure (1 + 1) und etwa 20 ml Wasser (3) versetzt. Die Schale wird mit einem Plexiglasdeckel abgedeckt und die Probe durch allmähliche Zugabe von 30 bis 50 Tropfen Fluorwasserstoffsäure (40%) in Lösung gebracht. Der Lösevorgang kann durch Erwärmen auf etwa 50° beschleunigt werden. Die grüne Lösung wird unter Umschwenken oder Umrühren mit einem Platindraht mit etwa 1 g Borsäure bis zum Auftreten einer braunen Farbe versetzt und dann in ein 150 ml-Becherglas (hohe Form) mit Wasser (3) übergespült. Zur Oxydation des Mangans werden 10 ml Ammoniumperoxodisulfatlösung (1) und 6 Tropfen Silbernitratlösung (2) zugegeben. Das Volumen soll danach 75 bis 85 ml betragen. Durch Erwärmen bis zum beginnenden Sieden wird die Oxydation vervollständigt. Sofort nach dem ersten Aufwallen der Lösung wird auf Zimmertemperatur abgekühlt. Die Lösung wird mit Wasser (3) in einen 100 ml-Meßkolben übergespült und mit Wasser (3) aufgefüllt. Man photometriert bei 546 nm. Die Messung erfolgt bei Mangangehalten über 0,01% in 1 cm-Küvetten, bei Gehalten zwischen 0,01 und 0,001% in 5 cm-Küvetten.

***Eichkurve.*** Verschiedene Abnahmen der Manganstandardlösung (4) im Bereich von 50 $\mu$g bis 1 mg werden in 100 ml-Meßkolben pipettiert, mit Wasser (3) aufgefüllt und, wie unter Ausführung beschrieben, photometriert.

## 2.3 Reintitan

### 2.3.1 Bestimmung des Eisens

Sie erfolgt nach der für die Eisenbestimmung im Titanschwamm unter 2.2.3, S. 379, beschriebenen Vorschrift.

***Bemerkungen.*** Metallspäne werden vor der Einwaage zum Entfernen von eventuell vorhandenem, aus der Zerkleinerung stammendem, oberflächlich anhaftendem Eisen mit Salzsäure (1 + 1) bei 50° 30 min gebeizt, mit Wasser chloridfrei gewaschen und bei 105° getrocknet.

### 2.3.2 Bestimmung des Mangans

Die Bestimmung wird nach den für die Manganbestimmung im Titanschwamm unter 2.2.4, S. 380, gemachten Angaben durchgeführt.

### 2.3.3 Bestimmung des Stickstoffs

***Grundlage.*** Nach Lösen der Probe mit Fluorwasserstoffsäure wird der als Ammoniumion vorliegende Stickstoff aus alkalischer Lösung als Ammoniak destilliert und maßanalytisch bestimmt.

***Anwendungsbereich.*** Geeignet für Gehalte von 0,001 bis 0,05%.

***Zuverlässigkeit.*** Bei Gehalten um 0,05% etwa ±5%.

***Reagenzien.***

1. Natriumhydroxidlösung: 400 g zum Liter gelöst.
2. Borsäurelösung: 4 g zu 100 ml gelöst.
3. Mischindicator: 0,1 g Bromkresolgrün und 0,02 g Methylorange werden zu je 100 ml gelöst. Die Lösungen werden vereinigt.

***Geräte.*** Mikro-Kjeldahl-Destillierapparat.

***Ausführung.*** Von der Probe, die in Form von gebeizten Spänen (siehe Bemerkungen unter 2.3.1) vorliegen soll, werden nach Trocknen bei 105° 1 bis 2 g in eine Platinschale eingewogen, mit 10 ml Schwefelsäure (1 + 1) und 20 ml Wasser unter Zusatz von 30 bis 50 Tropfen Fluorwasserstoffsäure (40%) allmählich gelöst. Der Lösevorgang kann durch Erwärmen auf etwa 50° beschleunigt werden. Die grüne Lösung wird mit fester Borsäure bis zum Auftreten einer braunen Farbe versetzt, in den Destillierapparat übergespült und mit 40 ml Natriumhydroxidlösung (1) versetzt. In die Destilliervorlage, einen 50 ml-Erlenmeyerkolben, werden 10 ml Borsäurelösung (2) pipettiert und 6 Tropfen Mischindicator (3) gegeben. Die Vorlage wird so gestellt, daß der Kühlerauslauf in die Flüssigkeit der Vorlage eintaucht. Durch Wasserdampfdestillation wird nun das Ammoniak aus der Analysenlösung getrieben. Nachdem der Kolbeninhalt zum Sieden gekommen ist, mit Hilfe eines von außen untergestellten Brenners kann dies beschleunigt werden, destilliert man noch etwa 5 min. Das Destillat soll ein Volumen von etwa 20 bis 25 ml haben. Ist Ammoniak übergegangen, so nimmt die Lösung in der Vorlage einen blau-grünen Farbton an. Man titriert mit 0,01 n-Schwefelsäure bis zum Farbumschlag von Blaugrün nach Orangerot zurück. Der Umschlag ist besonders gut zu erkennen, wenn gegen eine Vergleichslösung titriert wird, die in dem gleichen Volumen wie das Destillat 10 ml Borsäurelösung (2), 6 Tropfen Indicatorlösung (3) und so viel Ammoniumsulfat enthält, wie der bei der Destillation zu erwartenden Ammoniakmenge entspricht. 1 ml 0,01 n-Schwefelsäure $\triangleq$ 0,14 mg Stickstoff. Der Blindwert der Reagenzien ist zu bestimmen.

# 3 Nichtmetallische Erzeugnisse

## Titan(IV)-oxidpigmente, Titanweiß

### 3.1 Bestimmung des Titans nach DIN 55912

***Grundlage.*** Das Titan wird nach Lösen mit Schwefelsäure im Cadmiumreduktor zu dreiwertigem Titan reduziert und mit Ammoniumeisen(III)-sulfatlösung maßanalytisch bestimmt.

***Anwendungsbereich.*** Geeignet für alle Gehalte.

***Zuverlässigkeit.*** Bei Gehalten von 55% etwa ±0,3%.

***Reagenzien* und *Geräte.*** Siehe unter 1.1, S. 373.

***Ausführung.*** Einwaage: Für Titan(IV)-oxidpigmente 0,2 g. Für Titanweiß 0,5 g. Die Probe wird in einem trockenen 50 ml-Kjeldahlkolben mit 50 bis 60 mm langem Hals zunächst mit 10 ml Wasser angeschlämmt und dann mit 15 ml Aufschlußsäure (1) versetzt. Man erhitzt die Mischung bis zum Nebeln der Schwefelsäure. Nach dem Erkalten wird die Lösung mit 30 ml Wasser verdünnt, abgekühlt und mit einem g Cadmium (7) vorreduziert und dann 15 bis 30 min stehengelassen. Nun wird die Lösung durch den Reduktor gegeben und weiter behandelt, wie unter 1.1, S. 373, beschrieben.

### 3.2 Bestimmung des Aluminiums nach DIN 55912

***Grundlage.*** Das Aluminium wird nach Extraktion des Titans komplexometrisch bestimmt.

***Anwendungsbereich.*** Geeignet für Gehalte von 0,1 bis 5%.

***Zuverlässigkeit.*** Bei Gehalten um 2% etwa ±3%.

***Reagenzien.***

1. Kupferronlösung: 10 g werden mit 90 ml Wasser (2) gelöst. Die Lösung ist stets frisch zu bereiten.
2. Bidestilliertes Wasser.
3. Chloroform.
4. Carbaminatlösung: 4 g pyrrolidino-dithiocarbaminsaures Natrium werden mit Wasser (2) zu 100 ml gelöst.
5. Indicatorlösung: 0,1 g Bromphenolblau mit Äthanol zu 100 ml gelöst.
6. Eisessig.
7. Kupfersulfatlösung: 2,49 g $CuSO_4 \cdot 5\,H_2O$ mit Wasser (2) zu 100 ml gelöst.
8. 0,1 m-ÄDTA-Lösung: 37,225 g Dinatriumsalz der Äthylendiamintetraessigsäure mit Wasser (2) in einem Meßkolben zum Liter gelöst.
9. Murexid-Indicator: 1 g Murexid mit 100 g Natriumchlorid verrieben.
10. Kupfer-ÄDTA-Lösung: 10 ml Kupfersulfatlösung (7) werden mit Wasser (2) auf 100 ml verdünnt. Die Lösung wird mit Ammoniak (0,91) auf pH 8 eingestellt und mit 0,1 m-ÄDTA-Lösung (8) gegen Murexid (9) bis zum Farbumschlag von Gelb nach Violett titriert. Gemäß dieser Titration werden äquivalente Mengen der beiden Lösungen gemischt. Die Lösung wird in einer Kunststoffflasche aufbewahrt. Sie darf keinen Aluminium-Blindwert aufweisen.
11. PAN-Indicatorlösung: 0,05 g Pyridin-⟨2-azo-1⟩-naphthol-2 mit Äthanol zu 100 ml gelöst.

12. 0,01 m-ÄDTA-Lösung: 100 ml 0,1 m-ÄDTA-Lösung (8) mit Wasser (2) in einem 1 l-Meßkolben aufgefüllt.

*Ausführung.* 0,1 g Probe wird in einem Quarztiegel mit Deckel mit 1,5 g Kaliumpyrosulfat in allmählich größer werdender Flamme bis zur klaren Schmelze erhitzt. Man löst nach Abkühlen mit 40 ml Wasser (2), welchem 15 ml Salzsäure (1,19) zugesetzt sind, und dampft die Lösung bis auf etwa 10 ml Volumen ein. Fällt nach Abkühlen der Lösung ein geringer Niederschlag aus, so wird er durch Zutropfen von Salzsäure (1,19) unter leichtem Erwärmen wieder gelöst. Man spült die Lösung in einen 250 ml-Scheidetrichter, fällt das Titan portionsweise zunächst mit 10 ml, später mit 5 ml Kupferronlösung (1) und extrahiert es anschließend mit Chloroform (3). Das Fällen und Extrahieren wird so lange durchgeführt, bis das Titan aus der Lösung entfernt ist. Nach Trennen der Phasen wird die wäßrige Lösung mit Salzsäure (1 + 5) oder Ammoniak (1 + 5) auf pH 1 eingestellt, mit 10 ml Carbaminatlösung (4) versetzt und mit 30 ml Chloroform (3) extrahiert. Die Extraktion wird mit der gleichen Reagenzienmenge wiederholt. Die wäßrige Phase gibt man in einen 300 ml-Erlenmeyerkolben, engt auf 75 bis 100 ml ein und versetzt nach Zugabe von 2 bis 3 Tropfen Indicatorlösung (5) mit Ammoniumacetatlösung (10 g in 100 ml) bis zum Farbumschlag von Gelb nach Graublau. Mit Eisessig (6) wird bis pH 3 angesäuert und zum Sieden erhitzt. Zur siedenden Lösung gibt man 2 bis 3 Tropfen Kupfer-ÄDTA-Lösung (10) und 3 bis 4 Tropfen Indicatorlösung (11) und titriert die nun rote Lösung mit der ÄDTA-Lösung (12). Während des Titrierens tritt anfänglich keine Farbänderung auf, später schlägt die Farbe nach Gelb um. Die Rotfärbung kommt jedoch rasch wieder. Diese Wiederkehr wird allmählich immer schleppender. Der Endpunkt ist erreicht, wenn die Farbe sich nach einer Kochzeit von 30 sec nicht mehr von Gelb nach Orange ändert. Die Titration muß in der Siedehitze durchgeführt werden. Der Blindwert der Chemikalien ist zu bestimmen und in Abzug zu bringen. 1 ml 0,01m-ÄDTA-Lösung $\triangleq$ 0,5098 mg Aluminiumoxid.

## 3.3 Bestimmung des Antimons nach DIN 55912

*Grundlage.* Das Antimon wird nach saurem Aufschluß und Reduktion maßanalytisch mit Kaliumbromatlösung bestimmt.

*Anwendungsbereich.* Geeignet für Gehalte von 0,1 bis 4%.

*Zuverlässigkeit.* Bei Gehalten um 1% etwa ±2%.

*Reagenzien.*

1. Aufschlußsäure: Siehe 1.1, S. 373.
2. Methylrot: 0,1 g mit Äthanol zu 100 ml gelöst.

*Ausführung.* 1 g Probe wird mit 30 ml Aufschlußsäure (1) in einem 50 ml-Kjeldahlkolben aufgeschlossen. Nach Erkalten wird die Lösung in einen 300 ml-Erlenmeyerkolben gespült, auf 200 ml verdünnt und nach Zugabe von 3 g Natriumsulfit so lange gekocht, bis kein Schwefeldioxid mehr wahrzunehmen ist. Man gibt 5 Tropfen Methylrot und eine Spatelspitze Kaliumbromid in die Lösung und titriert bei 60 bis 65° mit 0,1 n-Kaliumbromatlösung bis zur Entfärbung. Zweckmäßig gibt man gegen Ende der Titration noch 1 Tropfen Indicatorlösung (2) zu. 1 ml 0,1 n-Kaliumbromatlösung $\triangleq$ 7,288 mg Antimon(III)-oxid.

*Bemerkung.* Bei Antimongehalten unter 0,5% verwendet man eine 0,01 n-Kaliumbromatlösung.

## 3.4 Bestimmung des Siliciums nach DIN 55912

*Grundlage.* Das Silicium wird nach saurem Aufschluß als Silicium(IV)-oxidhydrat abgeschieden und zu Oxid verglüht. Nach Verflüchtigung des Silicium(IV)-

oxides mit Fluorwasserstoffsäure wird der Silicium(IV)-oxidgehalt aus der Gewichtsdifferenz errechnet.

***Anwendungsbereich.*** Geeignet für Gehalte von 0,2 bis 5%.

***Zuverlässigkeit.*** Bei Gehalten um 0,5% etwa $\pm 10\%$,
um 5% etwa $\pm$ 5%.

***Reagenzien.*** 1. Aufschlußsäure: Siehe unter 1.1, S. 373.

***Ausführung.*** 1 g Probe wird in einem 100 ml-Kjeldahlkolben mit 30 ml Aufschlußsäure (1) aufgeschlossen und danach noch etwa 15 min gekocht. Nach Abkühlen wird in ein Becherglas gespült und das an der Glaswand haftende Silicium(IV)-oxidhydrat mit einem Stück Filterpapier unter Zuhilfenahme eines am Ende leicht gebogenen Glasstabes aus dem Kjeldahlkolben entfernt und zur Lösung gegeben. Man verdünnt auf 100 ml und filtriert sofort durch ein Filter Gr. 2. Filter und Niederschlag werden mit Schwefelsäure (1 + 10) gewaschen, das Filter in einen Platintiegel gegeben und verascht. Nach Glühen bei 1100° wiegt man aus, gibt dann 2 ml Schwefelsäure (1 + 4) und 3 bis 4 ml Fluorwasserstoffsäure (40%) zu, raucht zur Trockne, glüht erneut bei 1100° und wiegt wiederum. Die Gewichtsdifferenz ergibt den Silicium(IV)-oxidgehalt.

## 3.5 Bestimmung des Zinks nach DIN 55912

***Grundlage.*** Das Zink wird als Thiocyanat-Pyridinkomplex extrahiert und nach Reextraktion in der wäßrigen Phase komplexometrisch bestimmt.

***Anwendungsbereich.*** Geeignet für Gehalte von 0,2 bis 5%.

***Zuverlässigkeit.*** Bei Gehalten um 0,2% etwa $\pm 5\%$,
um 1% etwa $\pm 2\%$.

***Reagenzien.***

1. Aufschlußsäure: Siehe 1.1, S. 373.
2. Seignette-Salz-Lösung: 25 g $KNaC_4H_4O_6 \cdot 4\,H_2O$ und 2,5 g Ammoniumchlorid werden mit 250 ml Wasser gelöst.
3. Ammoniak: 375 ml Ammoniak (0,91) zum Liter aufgefüllt.
4. Methylrotlösung: 0,1 g Methylrot mit Äthanol zu 100 ml gelöst.
5. Ammoniumthiocyanatlösung: 152 g zum Liter gelöst.
6. Pyridin: Frisch destilliert.
7. Pufferlösung: 70 g Ammoniumchlorid + 570 ml Ammoniak (0,91) zum Liter gelöst.
8. Indicator: 1 g Eriochromschwarz-T wird mit 100 g Natriumchlorid verrieben.
9. 0,01 m ÄDTA-Lösung: Siehe 3.2, S. 383.

***Ausführung.*** 0,1 g Probe wird mit 3 ml Aufschlußsäure (1) im 50 ml-Kjeldahlkolben aufgeschlossen. Nach Abkühlen wird die Lösung in einen 250 ml-Scheidetrichter mit Wasser übergeführt, mit 10 ml Seignette-Salz-Lösung (2), 2 Tropfen Methylrotlösung (4) und soviel Ammoniak (3) versetzt, bis gerade der Umschlag nach Gelb erfolgt. Man gibt 10 ml Ammoniumthiocyanatlösung (5) sowie 2 ml Pyridin (6) und 10 ml Chloroform zu. Nach kräftigem Schütteln und kurzem Stehen trennt man die beiden Phasen und wiederholt die Extraktion mit den gleichen Reagenzienmengen. Aus den vereinigten Chloroformphasen extrahiert man das Zink nach Zugabe von 3 ml Ammoniak (3) zurück, wobei darauf zu achten ist, daß Hahn und Rohr des Scheidetrichters nach Ablassen der Phasen mit den jeweiligen Lösungsmitteln [Ammoniaklösung (3) oder Chloroform] nachgespült werden. Die vereinigten wäßrigen Phasen erhitzt man 2 min auf 75°, gibt nach Abkühlen 2 ml Pufferlösung (7) sowie eine Spatelspitze Indicator (8) zu und titriert mit der ÄDTA-Lösung (9) bis zum Umschlag von Rot nach Blau. Der Blindwert der Reagenzien ist zu berücksichtigen. 1 ml 0,01 m-ÄDTA-Lösung $\triangleq$ 0,8138 mg Zinkoxid.

Kapitel 29

# Uran

Inhalt



# 1 Rohstoffe

## Bestimmung des Urans

### 1.1 Fluorometrische Bestimmung

***Grundlage.*** Das Uran wird nach Säureaufschluß des Erzes und Extraktion mit Essigsäureäthylester fluorometrisch bestimmt.

***Anwendungsbereich.*** Geeignet für Gehalte zwischen 0,001 und 0,4% in beliebigen Materialien.

***Zuverlässigkeit.*** Bei Gehalten um 0,1% etwa ±5%.

***Reagenzien.***

1. Aluminiumnitratlösung: 910 g $Al(NO_3)_3 \cdot 9\,H_2O$ mit 460 ml Wasser unter Erwärmen gelöst. Trübe Lösungen filtriert man über ein Filter Gr. 2.
2. Essigsäureäthylester.
3. Natriumfluoridtabletten mit 2% Lithiumfluorid[1]: 98 g NaF und 2 g LiF (optisch rein) werden in einer Kugelmühle unter Fortlassen der Kugeln 8 Std. innig vermischt. Mit einer Tablettenpresse werden Tabletten von 10 mm ⌀ und etwa 0,4 g Gewicht gepreßt.
4. Uranstandardlösung: 10 mg Uranoxid ($U_3O_8$) werden mit 200 ml Salpetersäure (1 + 1) gelöst. Die Lösung wird in einem Meßkolben zum Liter aufgefüllt. 1 ml ≙ 10 $\mu$g Uranoxid ($U_3O_8$)

***Geräte.*** Handelsübliches Fluorometer.

Präparategläser, 40 ml Inhalt, 110 mm lang, 24 mm ⌀, mit Bakelitverschraubung und Weich-PVC-Dichtung (weiß, 2 mm dick). Die Gläser dienen als Schüttelzylinder.

Platinschälchen mit schräger Wand, oberer ⌀ 17 mm, unterer ⌀ 10 mm, Höhe 4 mm, Platin, chemisch rein, 0,35 mm stark.

---

[1] Fertige Tabletten können auch von den Geräteherstellern bezogen werden. Die selbstgepreßten Tabletten sind weniger dicht und deshalb saugfähiger. Die dadurch bedingte Erleichterung bei der Analyse macht aber den Zeitaufwand für die Tablettenherstellung nicht wett.

Modifizierter Fletscherbrenner, ölfreie Preßluft und Propangas.
Thermoelement: Platin/Platin-Rhodium.

***Ausführung.*** In eine Platinschale von etwa 100 ml Fassungsvermögen werden bei einem Uranoxid-Gehalt von:

0,001 bis 0,025% = 4 g,
0,025 bis 0,05 % = 2 g,
0,05 bis 0,2 % = 1 g,
0,2 bis 0,4 % = 0,5 g

Probe (Feinheitsgrad 0,08 DIN 4188) eingewogen, mit 5 ml Salpetersäure (1,4) und 30 ml Fluorwasserstoffsäure (40%) versetzt und auf dem Sandbad zur Trockne gedampft. Nach dem Abkühlen wird der Schalenrand mit 2 ml Schwefelsäure (1,84) abgespült und der Rückstand nochmals scharf abgeraucht. Dann wird mit 20 ml Salpetersäure (1 + 1) aufgenommen, durch Erwärmen auf etwa 80° gelöst, die Lösung in einen 100 ml-Meßkolben übergeführt und nach dem Erkalten mit Wasser aufgefüllt. Zur Extraktion des Urans füllt man mit einer Pipette 15 ml Aluminiumnitratlösung (1) in ein Präparatenglas und pipettiert dazu aus dem 100 ml-Meßkolben

bei 2 bis 4 g Einwaage 2 ml,
bei 0,5 bis 1 g Einwaage 1 ml

der Untersuchungslösung.

In ein zweites Präparatenglas mit 15 ml Aluminiumnitratlösung (1) pipettiert man 1 ml der Uranstandardlösung (4), mischt gründlich und gibt in jedes der beiden Gläser 10 ml Essigsäureäthylester (2). Die Gläser werden nach Aufschrauben der Deckel 2 min geschüttelt, wobei es sich empfiehlt, eine Schüttelmaschine mit einer Halterung für mehrere Präparatengläser zu verwenden.

Nach dem Absetzen werden von der organischen Phase jedes Präparatenglases zweimal je 0,1 ml mit einer graduierten 0,2 ml-Pipette abgenommen und auf je eine Tablette Natriumfluorid (3), die sich in je einem Platinschälchen befinden, gegeben. Die befeuchteten Tabletten werden unter einem Oberflächenerhitzer getrocknet.

Dann werden die Schälchen dicht nebeneinander auf das Drahtnetz eines Fletcherbrenners gestellt. Man öffnet das Propangas-Ventil und zündet das Gas sofort an. Danach öffnet man langsam den Hahn der Preßluftleitung bis zur Bildung kleiner blauer Flämmchen auf der Brenneroberfläche. Mit dem Gasventil reguliert man die Temperatur auf 1000° ein. Nach 2 min Erhitzungsdauer, während der die Tabletten klar aufschmelzen, vermindert man durch ein geringes Öffnen des Propanhahnes die Temperatur auf 950° und kontrolliert mit einem Pt/Pt-Rh-Thermoelement. Die blanke Lötstelle des Elementes soll dabei zwischen den gefüllten Schälchen in einem in der Mitte aufgestellten leeren Platinschälchen ruhen. Nach dem Erstarren der Fluoridschmelzen nimmt man das Drahtnetz mit den Schälchen vom Brenner und läßt sie erkalten. Nach 15 min wird die Fluoreszenz der sog. Schmelzknöpfe gemessen.

***Ausführung der fluorometrischen Messung.*** Nach einer Einbrennzeit von 15 min wird das Fluorometer folgendermaßen einreguliert[1]:

Durch Herausziehen des Probenschlittens bringt man den zu dem Gerät gelieferten Standard aus Kunststoff, der in den hinteren Teil des Schlittens einzusetzen ist, in die Meßstellung, d.h. unter den Elektronenvervielfacher. Mittels des Stufen- und des Feinreglers wird auf Vollausschlag (100 Skt.) reguliert. Dann wird die Taste „Zero" gedrückt und mit dem Regler „Zero" der Zeiger auf Null gebracht. Diese Regulieroperationen müssen mehrfach wiederholt werden. Danach wird der Probenschlitten ohne Probe bis zum Anschlag nach hinten geschoben und die Taste 001 gedrückt. Schlägt das Galvanometer aus, so muß der Zeiger mit Hilfe des sog. Background-Reglers wieder auf Null zurückgebracht werden, wodurch der Einfluß

[1] Beschrieben für das Galvanek-Morrison Fluorometer.

des Untergrundes des Probenhalters ausgeschaltet wird. Die Untergrundfluoreszenz soll sich im Laufe eines Tages nicht wesentlich ändern. Nach erneuter, gegebenenfalls wiederholter Nachprüfung des Null- und 100-Punktes ist das Instrument meßbereit.

Für die Messung der Fluoreszenz werden die Schmelzknöpfe mit einer spitzen Pinzette aus den Platinschälchen in die Vertiefung des Probenschlittens eingelegt und dieser nach hinten geschoben. Zum Ablesen werden nacheinander die Tasten 1, 0,1 usw. gedrückt, bis der Zeiger des Galvanometers den größten noch im Meßbereich der Skala liegenden Ausschlag zeigt. Der Fluoreszenzwert ist gleich dem Zeigerausschlag mal Tastenbezeichnung. Vor dem Messen eines neuen Schmelzknopfes ist der Probenhalter mit einem Pinsel sorgfältig zu reinigen.

Der Blindwert der Reagenzien wird durch zwei Parallelbestimmungen ermittelt. Der Fluoreszenzwert aller Chemikalien darf nicht größer als 0,03 sein, die Parallelbestimmungen sollen auf 0,01 übereinstimmen.

***Ausrechnung.*** Der Uranoxid-Gehalt ($U_3O_8$) wird aus den gemessenen Fluoreszenzwerten (Flw) von Probe ($Flw_P$) und Blindansatz ($Flw_B$) folgendermaßen berechnet, wobei der Fluoreszenzwert definiert ist als

$$\text{Flw} = \text{Zeigerausschlag} \cdot \text{Tastenbezeichnung}.$$

Die Menge an Uranoxid in der organischen Phase ist

$$\mu\text{g Uranoxid (org.)} = (\text{Flw}_P - \text{Flw}_B) \cdot \text{F 1}.$$

Der Eichfaktor F 1, der die wechselnde Empfindlichkeit des Verfahrens berücksichtigt, ist bei jeder Schmelzserie neu zu bestimmen. Hierfür laufen jeweils 4 Standardproben mit, deren Fluoreszenzwerte ermittelt und als $Flw_S$ in folgende Formel eingesetzt werden:

$$\text{F 1} = \frac{10}{\text{Flw}_S - \text{Flw}_B}$$

Bei der Berechnung des Prozentgehaltes sind noch die unterschiedlichen Einwaagen und Verdünnungsverhältnisse zu berücksichtigen, was durch den Faktor F 2 geschieht, dessen Werte der folgenden Tabelle zu entnehmen sind:

$$\%\text{-Gehalt Uranoxid } (U_3O_8) = \mu\text{g Uranoxid } (U_3O_8) \text{ (org.) mal F 2}$$

*Tabelle für Faktor F 2*

| Einwaage | Von 100 ml wäßriger Lösung extrahiert | Faktor F2 |
|---|---|---|
| 4 g | 2 ml | 0,00125 |
| 2 g | 2 ml | 0,0025 |
| 1 g | 1 ml | 0,010 |
| 0,5 g | 1 ml | 0,020 |

***Bemerkungen.*** Neue Platinschälchen müssen vor dem Erstgebrauch mit einer Mischung von gleichen Teilen Salpetersäure (1,4) und Schwefelsäure (1,84) ausgekocht und gut mit Wasser gespült werden. Bei längerem Gebrauch bekommen sie dunkle Flecken, die durch Glühen entfernt werden müssen. Auch ein Ausschmelzen mit Kaliumpyrosulfat kann erforderlich werden. Natriumfluorid, Lithiumfluorid, Essigsäureäthylester und Aluminiumnitrat haben nicht immer die erforderliche Reinheit. Der in einem vollen Analysengang festzustellende Fluoreszenzblindwert soll nicht größer als 0,03 sein.

Der modifizierte Fletcherbrenner ist unerläßlich. Erhitzt man statt auf dem Propanbrenner in der elektrischen Muffel, so sinkt die Fluoreszenz auf die Hälfte. Außerdem wird die Entfernung der Schmelzknöpfe aus den Platinschälchen erschwert.

Die hohe Empfindlichkeit der Fluoreszenzmethode macht es notwendig, auch dann mit sehr kleinen Einwaagen zu arbeiten, wenn größere Uranmengen zur Verfügung stehen. Dies zwingt zu äußerster Sauberkeit, d.h. nicht nur zu einer gründlichen Reinigung der Gefäße und Geräte, sondern auch zum Vermeiden jeder Verunreinigung von Analysensubstanz und Reagenzien. Bereits Staub aus der Luft kann die Fluoreszenz beeinflussen. Durch die Extraktion verbleiben alle Partner, die selbst fluoreszieren oder die Fluoreszenz beeinflussen, in der wäßrigen Phase. Die gewählten Bedingungen bewirken, daß die Extraktion bereits beim ersten Ausschütteln praktisch quantitativ verläuft. Die Menge Uran, die dabei noch in der wäßrigen Phase verbleibt, kann vernachlässigt werden.

## 1.2 Photometrische Bestimmung

***Grundlage.*** Das Uran wird nach dem Säureaufschluß des Erzes und Extraktion mit Tributylphosphat-Methylisobutylketon und Rückführung in die wäßrige Phase erneut mit Oxin-Chloroform extrahiert und im Extrakt photometrisch bestimmt.

***Anwendungsbereich.*** Geeignet für Gehalte von 0,005 bis 1% in beliebigen Substanzen.

***Zuverlässigkeit.*** Bei Gehalten um 0,5% etwa ±5%.

***Reagenzien.***

1. Aluminiumnitratlösung: 250 g $Al(NO_3)_3 \cdot 9\,H_2O$ werden mit 250 ml $HNO_3$ (2 + 3) gelöst und mit der gleichen Säure auf 500 ml gebracht. Vor Gebrauch wird die Lösung einmal mit 200 ml Tributylphosphat-Methylisobutylketon (2) extrahiert.
2. Tributylphosphat-Methylisobutylketon (1 + 1).
3. Oxin-Chloroformlösung: 1 g 8-Hydroxychinolin mit Chloroform zu 100 ml gelöst.
4. Ammoniumacetat-Ammoniumfluorid-Lösung: 125 g Ammoniumacetat und 1 g Ammoniumfluorid werden mit 500 ml Wasser gelöst. Der pH-Wert der Lösung wird mit Ammoniak auf 7,60 mit Hilfe eines pH-Meßgerätes (Glaselektrode) eingestellt. Die Lösung wird mit 100 ml Oxin-Chloroformlösung (3) extrahiert. Nach dem Abtrennen der organischen Phase wird die wäßrige Lösung noch einmal mit 100 ml Chloroform nachgewaschen.
5. Uranstandardlösung: 200 mg Uranoxid ($U_3O_8$) werden in einem Meßkolben mit 200 ml Salpetersäure (1 + 1) gelöst und die Lösung zum Liter aufgefüllt. 1 ml ≙ 0,2 mg Uranoxid ($U_3O_8$)

***Ausführung.*** Die Probe (Feinheitsgrad 0,08 DIN 4188), die 0,2 bis 2 mg Uranoxid enthalten soll, versetzt man in einem 250 ml-Becherglas (hohe Form) mit 25 ml Salpetersäure (2 + 3) und erhitzt 30 min auf dem Wasserbad. Nun filtriert man über ein Filter Gr. 2 in einen 100 ml-Meßkolben, wäscht das Filter mit 25 ml warmer Salpetersäure (2 + 3) aus und gibt zum Filtrat 10 ml Aluminiumnitratlösung (1). Filter und Rückstand werden im Platintiegel verascht und das Silicium(IV)-oxid durch Abrauchen mit 4 Tropfen Schwefelsäure (1 + 1) und 3 ml Fluorwasserstoffsäure (40%) verflüchtigt. Der Rückstand wird mit 2 g Kaliumhydrogensulfat aufgeschlossen, der Schmelzkuchen mit 25 ml Salpetersäure (1 + 1) gelöst und diese Lösung zum Filtrat im 100 ml-Meßkolben gegeben. Nachdem man mit Salpetersäure (1 + 1) aufgefüllt hat, pipettiert man 25 ml in einen 50 ml-Schütteltrichter und schüttelt 2 min mit 15 ml Keton (2). Die wäßrige Phase wird in einen zweiten Schütteltrichter abgelassen und nochmals mit 15 ml Keton (2) geschüttelt. Nach Vereinigung der beiden organischen Auszüge im ersten Schütteltrichter wäscht man fünfmal mit je 20 ml Salpetersäure (1 + 1), indem man jeweils 1 min schüttelt. Die Waschlösungen werden verworfen und der gereinigten organischen Phase 20 ml Ammoniumacetat-Ammoniumfluorid-Lösung (4) zugesetzt. Man schüttelt 1 min und läßt die wäßrige Phase in ein 100 ml-Becherglas (hohe Form) ab. Die organische Phase wird noch zweimal mit je 10 ml Ammoniumacetat-Ammoniumfluorid-Lösung (4) extrahiert und danach verworfen. Die vereinigten wäßrigen Auszüge werden mit Ammoniak (1 + 10) auf pH 7,60 ± 0,05 mit einem pH-Meßgerät (Glaselektrode) eingestellt und danach in einen 150 ml-Schütteltrichter übergeführt. Das Gesamtvolumen soll jetzt nicht mehr als 80 ml betragen.

Zur Extraktion des Urans wird nach Zusatz von 25 ml Oxin-Chloroform (3) 1 min lang geschüttelt. Nach dem Absetzen wird die Chloroformphase durch ein trockenes Faltenfilter (11 cm ⌀) in ein trockenes Becherglas filtriert. Die gelbe Lösung wird in einer 5 cm-Küvette bei 470 nm gegen die Oxin-Chloroform-Lösung (3) photometriert.

***Eichurkve.*** Von den Uranstandardlösungen (5) werden Abnahmen von 0,2 bis 2 mg Uranoxid nach obiger Vorschrift behandelt und photometriert.

***Bemerkungen.*** Die Methode ist auch in Gegenwart von Phosphorsäure, Vanadium, Molybdän, Titan und Zirkon anwendbar. Der pH-Wert der Ammoniumacetat-Ammoniumfluorid-Lösung (4) muß unter Verwendung einer Eichpufferlösung sorgfältig eingestellt werden. Abweichungen von 0,1 pH verschlechtern die Extrahierbarkeit des Urans beträchtlich.

# 2 Konzentrate

## 2.1 Bestimmung des Urans

***Grundlage.*** Nach Abtrennen störender Elemente durch Extraktion der schwefelsauren Lösung mit Kupferron-Chloroform wird das Uran über einen Bleireduktor zum Uran (IV) reduziert und maßanalytisch bestimmt.

***Anwendungsbereich.*** Geeignet für Gehalte bis 80% Uranoxid ($U_3O_8$).

***Zuverlässigkeit.*** Bei Gehalten um 50% etwa ±0,3%.

***Reagenzien.***

1. Kaliumpermanganatlösung: 3 g zu 100 ml gelöst.
2. Kupferronlösung: 6 g zu 100 ml gelöst. Man filtriert durch ein Filter Gr. 1 und kühlt schnell auf etwa 40° ab.
3. Mischsäure: 120 ml Wasser werden zu einem Gemisch von 80 ml Phosphorsäure (1,7) und 200 ml Schwefelsäure (1,84) gegeben.
4. Ferroinlösung: 0,025 m.
5. Cer(IV)-lösung: 16,2 g $Ce(SO_4)_2 \cdot 4\,H_2O$ werden mit 400 ml Wasser und 60 ml Schwefelsäure (1,84) gelöst und zu 2 Liter aufgefüllt.

***Geräte.*** Blei-Reduktor: Reduktorrohr 250 mm lang, 10 mm ⌀, gefüllt mit Kornblei. Das Blei wird mit Salzsäure (1 + 14) überdeckt.

***Ausführung.*** Etwa 10 g Probe (Feinheitsgrad 0,08 DIN 4188) werden in einem 600 ml-Becherglas mit wenig Wasser durchfeuchtet, mit 50 ml Salpetersäure (1 + 1) versetzt und unter Erwärmen gelöst. Nach Abkühlen auf Zimmertemperatur wird die Lösung mit Wasser auf ein Gesamtgewicht von etwa 500 g ± 0,05 gebracht.

Von dieser Lösung werden etwa 4,25 g in einem 150 ml-Becherglas mit 10 ml Schwefelsäure (1 + 1) bis zum Rauchen der Säure erhitzt. Nach dem Erkalten wird mit wenig Wasser aufgenommen. Der Rückstand wird zum Vertreiben der Salpetersäurereste noch einmal bis zum kräftigen Rauchen der Schwefelsäure eingedampft.

Die wiederum auf Zimmertemperatur abgekühlte Lösung wird mit 25 ml Wasser verdünnt, mit 3 bis 4 Tropfen Kaliumpermanganatlösung (1) oxydiert, im Kältebad auf 4° abgekühlt und in einen 150 ml-Schüttelzylinder übergespült. Zum Nachwaschen wird ebenfalls auf 4° abgekühltes Wasser verwendet. Das Gesamtvolumen soll nicht mehr als 50 ml betragen. Mit 15 ml Kupferronlösung (2) und 20 ml Chloroform, beide auf 4° gekühlt, wird 3 min lang geschüttelt. Nach einer Wartezeit von 4 min wird die untere Phase abgelassen und verworfen. Die Hahnbohrung muß mit Chloroform gefüllt bleiben. Die Extraktion wird mit 5 ml Kupferronlösung (2) (2) und 20 ml Chloroform in gleicher Weise wiederholt. Nach erneutem Ablassen des Chloroforms wird noch einmal mit 20 ml Chloroform 3 min lang nachgeschüttelt, das wiederum nach 4 min Trennzeit abgezogen wird. Die wäßrige Lösung wird in ein 250 ml-Becherglas, hohe Form, übergespült, auf etwa 50 ml eingedampft, mit 10 ml Salpetersäure (1 + 6) versetzt und bis zum beginnenden Rauchen der Schwefelsäure erhitzt. Nach Abkühlen auf Zimmertemperatur und Ausspritzen des Becherglases mit Wasser werden zur Oxydation etwaiger Reste organischer Substanz 3 bis 4 Tropfen Kaliumpermanganatlösung (1) zugesetzt. Dann wird abermals bis zum Rauchen der Schwefelsäure erhitzt und solange bei dieser Temperatur gehalten, bis die Lösung wieder hellgelb geworden ist.

Die so von störenden Bestandteilen befreite Lösung wird nach Abkühlen auf Zimmertemperatur mit 25 ml Wasser verdünnt, mit 15 ml Salzsäure (1 + 4) versetzt und in den Bleireduktor gegeben. Der Auslauf des Reduktors mündet in einen Witt'-schen Topf, der den Erlenmeyerkolben aufnimmt. Mit einer Wasserstrahlpumpe wird die Lösung in schneller Tropfenfolge durch den Reduktor in einen 300 ml Erlenmeyerkolben (Weithals) gesaugt. Becherglas und Reduktor werden dreimal mit je 25 ml Salzsäure (1 + 14) nachgewaschen. Es ist darauf zu achten, daß das Reduktorblei stets mit Flüssigkeit bedeckt bleibt. Die reduzierte Lösung, die das Uran als Uran(IV) enthält, wird mit 15 ml Mischsäure (3) und 3 Tropfen Ferroinlösung (4) versetzt und mit der Cerlösung (5) titriert. Dabei wird zum Erreichen der erforderlichen Meßgenauigkeit so verfahren, daß 20 ml der auf 20° temperierten Meßlösung mit einer geeichten Vollpipette und nur die darüber hinaus benötigte Menge, bei der hier gewählten Einwaage etwa 5 ml, aus einer 10 ml-Mikrobürette zugegeben werden. Der Titrationsendpunkt wird durch den scharfen Farbumschlag von Orangerot nach Blaßgrün, der Mischfarbe des blaßblauen Ferroins mit Uran(VI), angezeigt.

Vom Titrationsverbrauch ist ein Blindwert abzuziehen, der durch Titration einer alle verwendeten Reagenzien enthaltenden Lösung nach dem vorstehend beschriebenen Arbeitsgang erhalten wird.

***Titerstellung der Cer(IV)-lösung (5).*** 2,5 g Uranoxid ($U_3O_8$) werden mit 25 ml Salpetersäure (1 + 1) gelöst und mit Wasser auf 280 g ± 0,05 verdünnt. 9 g dieser Lösung werden in ein m 150 ml-Becherglas mit 10 ml Schwefelsäure (1 + 1) versetzt und bis zum Nebeln eingedampft. Nach Abkühlen der Lösung auf Zimmertemperatur und Verdünnen mit wenig Wasser wird bis zum kräftigen Abrauchen der Schwefelsäure erhitzt. Die wieder auf Zimmertemperatur abgekühlte Lösung wird mit 25 ml Wasser verdünnt, mit 15 ml Salzsäure (1 + 4) versetzt und durch den Bleireduktor gegeben. Die reduzierte Lösung wird, wie in der Ausführung beschrieben, mit Cer(IV)-lösung(5) gegen Ferroin (4) als Indicator titriert. Dabei sind die gleiche 20 ml-Pipette und 10 ml-Mikrobürette für die Dosierung der Cerlösung und die gleiche Pipette für die Zugabe des Ferroins zu verwenden wie bei der Untersuchung der uranhaltigen Lösungen. Die Temperatur der Cerlösung ist auf 20° zu halten.

***Ausrechnung.***

mg Uranoxid ($U_3O_8$) = ml Cer(IV)-sulfatlösung · F · 2,8073. F = Faktor der Cer(IV)-lösung (5).

***Bemerkungen.*** Die anteilige Abnahme der Analysenlösung und der Lösungen für die Titerstellung durch Wägen ist notwendig, um die Genauigkeitsforderungen zu erfüllen. Durch das Pipettieren ist dies nicht möglich. Daher scheidet auch das direkte Verarbeiten einer kleinen Einwaage aus. Die zu wägenden Lösungen müssen Zimmertemperatur besitzen.

Die extraktive Reinigung der uranhaltigen Lösung ist bei niedrigen Temperaturen auszuführen, weil sich das Kupferron bei höherer Temperatur zersetzt und seine Zersetzungsprodukte den weiteren Analysengang stören.

Das Uran(IV) wird unter den hier vorliegenden Bedingungen durch das met. Blei quantitativ zum Uran(VI) reduziert. Daher erübrigt sich ein Belüften der reduzierten Lösung, wie es beim Reduzieren mit amalgamiertem Zink oder mit Cadmium wegen der dabei teilweise bis zum Uran(III) verlaufenden Reduktion erforderlich ist.

## 2.2 Bestimmung des Bors

***Grundlage.*** Das Bor wird aus phosphorsaurer Lösung als Borsäuremethylester abdestilliert und als Kurkumin-Farbkomplex photometrisch bestimmt.

***Anwendungsbereich.*** Geeignet für sehr kleine Borgehalte in Konzentraten und met. Uran.

***Zuverlässigkeit.*** Bei Gehalten um 1 $\mu$g etwa $\pm 10\%$.

***Reagenzien.***

1. Kurkuminlösung: 20 g Oxalsäure und 100 mg Kurkumin in 100 ml Äthanol werden im bedeckten Becherglas 15 min lang auf einem kochenden Wasserbad erhitzt. Nach dem Erkalten wird über ein Filter Gr. 2 in eine Polyäthylenflasche abfiltriert. Die Lösung ist gut verschlossen aufzubewahren.
2. Bidestilliertes Wasser.
3. Borstammlösung: 5,715 g Borsäure werden mit Wasser (2) in einem Meßkolben zum Liter gelöst.
4. Borstandardlösung: 10 ml Stammlösung (3) werden in einem 1 l-Meßkolben mit Wasser (2) aufgefüllt. 1 ml = 10 $\mu$g Bor,

***Geräte.*** Schalen aus Quarz, 50 mm ∅, Höhe 30 mm, mit Ausguß und flachem Boden.

Destillierapparat aus Quarz, Abb. 22.

***Ausführung.*** 1 g Probe (Feinheitsgrad 0,08 DIN 4188) wird in einem 100 ml-Quarzbecherglas mit 10 ml Phosphorsäure (1,7) gelöst. Die Lösung wird so lange eingeengt, bis keine Wassertropfen mehr an der Glaswandung zu erkennen sind. Nach Abkühlen auf Zimmertemperatur wird die Probe mit 25 ml Methanol in den trockenen Destillierapparat gespült. Der entstehende Borsäuremethylester wird auf einem siedenden Wasserbad destilliert (Dauer 45min), wobei Preßluft als Spülgas verwendet wird. Das Destillat, aus Ester und Methanol bestehend, wird in einem mit 5 ml 0,1n-Natriumhydroxidlösung und 20 ml Wasser (2) beschickten Quarzbecherglas aufgefangen. Die Destillation wird mit 25 ml frischem Methanol und neuer Vorlage wiederholt. Beide Destillate werden getrennt auf einem siedenden Wasserbad weitgehend eingeengt, mit einem Gemisch von 5 ml Methanol und 5 ml Wasser (2) in Quarzschälchen

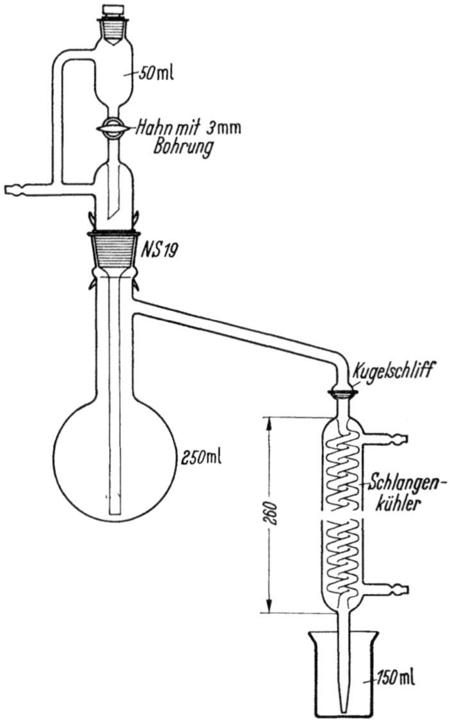


Abb. 22. Destillierapparat für die Bestimmung des Bors

übergespült und wiederum auf einem Wasserbad eingedampft, wobei eine getrennte Aufarbeitung der beiden Destillate die Kontrolle auf vollständige Abtrennung des Bors ermöglicht. Der trockene, auf Zimmertemperatur abgekühlte Schaleninhalt wird mit 1 ml Salzsäure (1 + 4) und 1 ml Kurkuminlösung (1) aufgenommen und bei 56° in einem Thermostaten zur Trockne eingedampft. Dabei müssen die Schälchen so tief wie möglich in das temperierte Wasser eintauchen, um eine möglichst konstante Temperatur für die Farbentwicklung zu erreichen. Nach dem vollständigen Eintrocknen des Schaleninhalts, Dauer etwa 50 min, verbleiben die Proben zur Intensitätssteigerung des gebildeten roten B-Kurkumins noch weitere 90 min auf 56°.

Nach dem Abkühlen auf Zimmertemperatur wird der Schaleninhalt mit Äthanol aufgenommen und mit Äthanol in einem trockenen 25 ml-Meßkolben aufgefüllt. Die zur Messung benötigte Flüssigkeitsmenge wird über ein Faltenfilter in eine trockene 2 cm-Küvette abgegossen und sofort gegen Äthanol als Vergleichslösung bei 546 nm photometriert.

***Eichkurve.*** Von der Borstandardlösung (4) werden Mengen entsprechend 0,4 bis 2 $\mu$g Bor mit Hilfe einer Mikropipette entnommen. Sie werden nach der vorstehenden Vorschrift destilliert und photometriert.

Kapitel 30

# Vanadium

## Inhalt



## 1 Rohstoffe

### 1.1 Erze

#### 1.1.1 Bestimmung des Vanadiums

***Grundlage.*** Das Vanadium wird nach Abtrennen des Bleis und weiterer Begleitelemente mit Eisen(II)-sulfatlösung mit potentiometrischer Endpunktsanzeige maßanalytisch bestimmt.

***Anwendungsbereich.*** Geeignet für Gehalte von 6 bis 20%.

***Zuverlässigkeit.*** Bei Gehalten um 10% etwa ±1%.

***Reagenzien.***

1. Eisen(II)-sulfatlösung: 400 g $FeSO_4 \cdot 7\,H_2O$ werden in einem 1 l-Meßkolben mit 500 ml Wasser unter Zusatz von 50 ml Schwefelsäure (1,84) gelöst. Die Lösung wird nach Erkalten zum Liter aufgefüllt.
2. Kaliumpermanganatlösung: 5 g zu 100 ml gelöst.
3. Kaliumnitritlösung: 1 g zu 100 ml gelöst.
4. Eisen(II)-sulfatlösung ($\approx$ 0,1n): 28 g $FeSO_4 \cdot 7\,H_2O$ werden mit 500 ml Wasser gelöst und mit 50 ml Schwefelsäure (1,84) versetzt. Nach Erkalten wird in einem Meßkolben zum Liter aufgefüllt. 1 ml 0,1 n-Lösung $\triangleq$ 5,095 mg Vanadium.

***Geräte.*** Platin- und Kalomelelektrode.

***Titerstellung der Eisen(II)-sulfatlösung (4):*** 1 g Kaliumdichromat, 2 Std. bei 105° getrocknet, wird in einen 1 l-Meßkolben eingewogen und mit Wasser gelöst. Nach Auffüllen pipettiert man 100 ml (= 0,1 g) Einwaage in ein 400 ml-Becherglas ab und versetzt mit 12 ml Schwefelsäure (1 + 1) und 6 ml Phosphorsäure (1,7). Die abgekühlte Lösung wird mit der Eisen(II)-sulfatlösung (4) mit potentiometrischer Anzeige titriert. 0,1 g Kaliumdichromat $\triangleq$ 20,393 ml 0,1n-Eisen(II)-sulfatlösung.

***Ausführung.*** 5 g Probe (Feinheitsgrad 0,1 DIN 4188) werden in einer Kasserolle mit 40 ml Salpetersäure (1 + 1) und 10 ml Salzsäure (1 + 1) versetzt und auf dem Sandbad erwärmt. Bei silikatischen Erzen gibt man einige ml Fluorwasserstoffsäure (40%) zu. Sobald das Erz gelöst ist, fügt man 80 ml Schwefelsäure (1 + 1) zu und engt auf dem Sandbad ein. Nach 30 min kräftigem Nebeln der Schwefelsäure läßt man abkühlen, nimmt mit 300 ml Wasser auf und erhitzt zum Sieden. Nach Stehen über Nacht werden Bleisulfat und gegebenenfalls Silicium(IV)-oxidhydrat über ein Filter Gr. 3 abfiltriert und der Niederschlag mit Schwefelsäure (1 + 20) gut ausgewaschen.

In das auf 500 bis 600 ml verdünnte, 80° heiße Filtrat leitet man 1 Std. Schwefelwasserstoff ein. Die Schwermetallsulfide werden nach Stehen über Nacht über ein Filter Gr. 2 abfiltriert und mit schwefelwasserstoffhaltiger Schwefelsäure (1 + 100) ausgewaschen. Das etwa 600 ml betragende Filtrat wird auf 400 ml eingeengt, der abgeschiedene Schwefel über ein Filter Gr. 2 filtriert und das Filtrat in einem 500 ml-Meßkolben aufgefangen. Nach Auffüllen werden 100 ml (= 1 g Einwaage) entnommen, in ein 600 ml Becherglas gegeben und mit Natriumhydroxidlösung (20 g in 100 ml) unter Verwendung eines Indicatorpapieres neutralisiert. Man säuert mit 20 ml Schwefelsäure (1 + 1) an und kocht nach Zugabe eines Überschusses Kaliumpermanganatlösung (2) etwa 3 min. Danach wird Eisen(II)-sulfatlösung (1) zugegeben, bis die Farbe der Lösung über Gelb nach Blaugrün umschlägt. Nach Abkühlen wird die Lösung zur völligen Reduktion des Vanadiums mit 2 ml Eisen(II)-sulfatlösung (1) und 10 ml Phosphorsäure (1,7) versetzt. Die 20° kalte Lösung wird nun mit Kaliumpermanganatlösung (2), die man tropfenweise bis zur bleibenden Rotviolettfärbung zusetzt, oxydiert. Man fügt 3 ml im Überschuß zu. Das überschüssige Kaliumpermanganat wird durch Zutropfen von Kaliumnitritlösung (3) vorsichtig bis zum Verschwinden der Rotfärbung reduziert. Der geringe Überschuß an Kaliumnitrit wird durch sofortige Zugabe von 5 g Harnstoff zerstört. Man wartet 10 min und titriert dann unter Rühren mit der Eisen(II)-sulfatlösung (4) bis zum Potentialsprung.

***Bemerkung.*** Das Blei muß quantitativ abgetrennt sein, da sonst die Vanadiumbestimmung gestört wird.

### 1.1.2 Bestimmung des Bleis

***Grundlage.*** Das Blei wird nach Lösen der Probe und Abtrennen des Silicium(IV)-oxidhydrats als Bleisulfat gewichtsanalytisch bestimmt.

***Anwendungsbereich.*** Geeignet für Gehalte von 10 bis 45%.

***Zuverlässigkeit.*** Bei Gehalten um 45% etwa ±0,3%.

***Ausführung.*** 2,5 g Probe (Feinheitsgrad 0,1 DIN 4188) werden in eine Kasserolle eingewogen. Man versetzt mit 40 ml Salpetersäure (1 + 1) und 10 ml Salzsäure (1 + 1) und erwärmt auf dem Sandbad. Sobald das Erz gelöst ist, fügt man 80 ml Schwefelsäure (1 + 1) zu und engt weiter ein. Nach 30 min kräftigem Nebeln der Schwefelsäure läßt man abkühlen, nimmt mit 300 ml Wasser auf, gibt 20 ml Äthanol zu, erhitzt zum Sieden und filtriert Bleisulfat und Silicium(IV)-oxidhydrat nach Stehen über Nacht über ein Filter Gr. 3 ab. Der Niederschlag wird mit Schwefelsäure (1 + 20) ausgewaschen. Filter und Niederschlag werden in die

Kasserolle zurückgegeben, mit 300 ml Ammoniumacetatlösung (100 g in 300 ml) sowie einigen Tropfen Essigsäure (1,06) versetzt und 30 min lang gekocht. Über ein Filter Gr. 2 filtriert man in ein 800 ml-Becherglas ab, wäscht das Filter zunächst mit heißer Ammoniumacetatlösung (10 g in 100 ml), später mit heißem Wasser gut aus. In das auf 60° erwärmte Filtrat wird, wie im Kapitel Blei unter 1.1, S. 76, beschrieben, Schwefelwasserstoff eingeleitet, das Bleisulfid abfiltriert, mit Salpetersäure gelöst, das Blei durch Eindampfen mit Schwefelsäure wieder abgeschieden, abfiltriert und als Bleisulfat nach Glühen bei 550° ausgewogen. Der Umrechnungsfaktor von Bleisulfat auf Blei ist 0,6832.

***Bemerkung.*** Es empfiehlt sich, das Bleisulfat gemäß den im Kapitel Blei unter 1.1, S. 77, angegebenen Bedingungen auf seine Reinheit zu prüfen.

## 1.2 Schlacken und Rückstände

### 1.2.1 Bestimmung des Vanadiums

#### 1.2.1.1 Nach alkalischem Aufschluß

***Grundlage.*** Das Vanadium wird nach alkalischem Aufschluß in schwefelsaurer Lösung mit Eisen(II)-sulfatlösung mit potentiometrischer Endpunktanzeige maßanalytisch bestimmt.

***Anwendungsbereich.*** Geeignet für Gehalte bis 20%.

***Zuverlässigkeit.*** Bei Gehalten um 15% etwa 0,5%.

***Reagenzien.***

1. bis 4. wie unter 1.1.1 angegeben,

zusätzlich:

5. Eisen(II)-sulfatlösung (≈0,05n): 14 g $FeSO_4 \cdot 7\,H_2O$ werden mit 500 ml Wasser gelöst, mit 50 ml Schwefelsäure (1,84) versetzt und in einem Meßkolben zum Liter aufgefüllt.

Die Titerstellung erfolgt wie unter 1.1.1, S. 394, beschrieben. 0,1 g Kaliumdichromat ≙ 40,786 ml 0,05 n-Eisen(II)-sulfatlösung.

***Geräte.*** Siehe unter 1.1.1.

***Ausführung.*** 2 g Probe (Feinheitsgrad 0,1 DIN 4188) werden im Eisentiegel mit 15 g Natriumperoxid und 5 g Natriumcarbonat nach gutem Durchmischen aufgeschlossen. Korundschlacken (Feinheitsgrad: 0,071 DIN 4188) müssen länger geschmolzen werden. Die Schmelze wird in einem 600 ml-Becherglas mit 200 ml Wasser ausgelaugt. Nach Entfernen des Eisentiegels wird mit Schwefelsäure (1 + 1) neutralisiert (Lackmuspapier). Man gibt einen Überschuß von 20 ml Schwefelsäure (1 + 1) zu, kocht 10 min und tropft in der Hitze Eisen(II)-sulfatlösung (1) bis zur klaren Lösung zu. Eventuell vorhandene kleine schwarze Teilchen aus dem Eisentiegel werden nicht berücksichtigt. Man engt auf die Hälfte des Volumens ein, kühlt ab und gibt 10 ml Phosphorsäure (1,7) sowie zur Nachreduktion des Vanadiums und Chroms noch 2 ml Eisen(II)-sulfatlösung (1) zu. Durch Zutropfen von Kaliumpermanganatlösung (2) bis zur bleibenden Rotviolettfärbung oxydiert man in der Kälte das Vanadium. Man verfährt weiter, wie unter 1.1.1, S. 394, beschrieben und titriert bei Gehalten über 5% mit Lösung (4) und bei Gehalten unter 5% mit Lösung (5).

***Bemerkung.*** Oft schließen Schlacken met. Bestandteile, vor allem Eisen, ein. Sie werden nach der unter 1.2.1.2 beschriebenen Methode untersucht.

#### 1.2.1.2 Nach saurem Aufschluß

***Grundlage.*** Das Vanadium wird nach Lösen der Probe mit Kaliumpermanganatlösung oxydiert und mit Eisen(II)-sulfatlösung mit potentiometrischer Endpunktsanzeige maßanalytisch bestimmt.

***Anwendungsbereich.*** Geeignet für Gehalte bis 20%.

***Zuverlässigkeit.*** Bei Gehalten um 6% etwa ±1%.

***Reagenzien.*** 1. bis 5. wie unter 1.2.1.1, S. 395, angegeben.

***Geräte.*** Wie unter 1.1.1, S. 394, angegeben.

***Ausführung.*** 2 g Probe (Feinheitsgrad 0,1 bis 0,2 DIN 4188) werden in einem 600 ml-Becherglas mit 50 ml Salzsäure (1,19) und 20 ml Salpetersäure (1,4) unter Erwärmen gelöst. Man fügt 20 ml Schwefelsäure (1 + 1) zu und engt bis zum Nebeln der Schwefelsäure ein. Nach Abkühlen wird die Innenwand des Becherglases vorsichtig abgespritzt und die Lösung nochmals bis zum kräftigen Nebeln der Schwefelsäure erhitzt. Man nimmt mit 200 ml Wasser auf, kocht bis zum völligen Lösen, versetzt mit 10 ml Phosphorsäure (1,7) und oxydiert mit Kaliumpermanganatlösung (2) bis zur bleibenden Rotviolettfärbung. Weitergearbeitet wird gemäß 1.1.1, S. 394. Man titriert bei Gehalten über 5% mit Lösung (4), bei Gehalten unter 5% mit Lösung (5).

# 2 Metallische Erzeugnisse

## Ferro-Vanadium

### 2.1 Bestimmung des Vanadiums

***Grundlage.*** Das Vanadium wird nach Lösen der Probe zum 4-wertigen Vanadium reduziert und mit Kaliumpermanganat mit potentiometrischer Endpunktsanzeige maßanalytisch bestimmt.

***Anwendungsbereich.*** Geeignet für Gehalte von 40 bis 90%.

***Zuverlässigkeit.*** Bei Gehalten um 80% etwa ±0,3%.

***Reagenzien.***

1. und 2. wie unter 1.1.1, S. 393, angegeben.

3. Eisen(II)-sulfatlösung (≈ 0,02n): 5,5 g $FeSO_4 \cdot 7\,H_2O$ werden in einem 1 l-Meßkolben in 500 ml Wasser gelöst und mit 25 ml Schwefelsäure (1,84) versetzt. Nach dem Erkalten der Lösung wird aufgefüllt.

***Geräte.*** Eisen(II)-sulfat/Eisen(III)-sulfat-Elektrode: 75 g $Fe_2(SO_4)_3 \cdot (NH_4)_2SO_4 \cdot 24\,H_2O$, 0,5 g $FeSO_4 \cdot 7\,H_2O$ werden mit 170 ml Schwefelsäure (1 + 5) gelöst. 10 ml dieser Lösung werden mit ausgekochtem Wasser auf 150 ml verdünnt und in das Elektrodengefäß gegeben, in das ein Platinblech eingeschmolzen ist. Ferner Platin-Kalomelelektroden, Stromschlüssel: Gesättigte Kaliumsulfatlösung.

***Ausführung.*** Einwaage: Bei etwa 80% Vanadium enthaltenden Proben 2,5 g. Bei etwa 60% Vanadium enthaltenden Proben 3,5 g.

Man wiegt die Probe (Feinheitsgrad 0,315 DIN 4188) in ein 600 ml-Becherglas ein und versetzt zunächst mit 75 ml Schwefelsäure (1 + 2), dann mit 30 ml Salpetersäure (1 + 1). Nach 15 min Erwärmen auf dem Sandbad fügt man 10 Tropfen Salzsäure (1,19) zu, vertreibt die Stickstoffoxide, verdünnt mit 100 ml Wasser und kühlt auf Zimmertemperatur ab. Die Lösung wird in einen 1 l-Meßkolben übergeführt, aufgefüllt und vom abgeschiedenen Silicium(IV)-oxidhydrat über ein trockenes Faltenfilter Gr. 2 in ein trockenes Becherglas abfiltriert. Vom Filtrat werden 100 ml in ein breites 400 ml-Becherglas pipettiert und auf dem Sandbad zur Trockne eingedampft. Der Rückstand wird mit 10 ml Schwefelsäure (1 + 1) aufgenommen und bis zum völligen Lösen erwärmt. Man verdünnt mit 100 ml Wasser, fügt 10 ml Phosphorsäure (1,7) zu und oxydiert mit einem Überschuß Kaliumpermanganatlösung (2). Die rotviolette Lösung kocht man 5 min, kühlt auf Zimmertemperatur ab und setzt das Becherglas in das Potentiometer (Eisen(II)/Eisen(III)-sulfatelektrode). Unter Rühren reduziert man mit der Eisen(II)-sulfatlösung (1), bis der Zeiger des Instrumentes durch den Nullpunkt geht. Ein Überschuß von 2 bis 3 Tropfen wird zugegeben, der dann mit 0,1n-Kaliumpermanganatlösung zurückgenommen wird. Den unvermeidlichen Überschuß Kaliumpermanganat reduziert man vorsichtig mit der Eisen(II)-sulfatlösung (3), bis der Zeiger des Instrumentes die Nullstellung eingenommen hat. Das Vanadium liegt als Vanadium(IV) vor. Nun wird die Eisen(II)/Eisen(III)-sulfatelektrode gegen eine gesättigte Kalomelelektrode ausgetauscht und nach Verdünnen auf 250 ml die Lösung auf 70° erwärmt und das Vanadium mit 0,1n-Kaliumpermanganatlösung bis zum Potentialsprung titriert. 1 ml 0,1 n-Kaliumpermanganatlösung $\triangleq$ 5,095 Vanadium.

### 2.2 Bestimmung des Kohlenstoffes

Siehe Kapitel Kohlenstoff unter 4.14, S. 201.

# 3 Nichtmetallische Erzeugnisse

## Oxide und Salze

### 3.1 Bestimmung des Vanadiums

***Grundlage.*** Das Vanadium wird in saurer Lösung zu Vanadium(IV) reduziert und mit Kaliumpermanganatlösung mit potentiometrischer Endpunktsanzeige maßanalytisch bestimmt.

***Anwendungsbereich.*** Geeignet für Vanadiumpentoxid, Vanadiumtrioxid, Ammoniummetavanadat und andere Vanadiumsalze mit Gehalten bis 50%.

***Zuverlässigkeit.*** Bei Gehalten um 50% etwa ±0,5%.

***Reagenzien.*** Wie unter 2.1 bzw. 1.1.1 angegeben.

***Geräte.*** Wie unter 2.1 angegeben.

***Ausführung.*** 4 g Probe (Feinheitsgrad 0,16 DIN 4188) werden in ein 600 ml-Becherglas eingewogen, mit 100 ml Schwefelsäure (1 + 1) versetzt und auf dem Sandbad bis zum Nebeln der Schwefelsäure erhitzt. Man nimmt nach Erkalten mit 200 ml Wasser auf, kocht kurz und filtriert einen evtl. vorhandenen Rückstand über ein Filter Gr. 2. Das Filter wird mit Schwefelsäure (1 + 20) ausgewaschen, im Platintiegel getrocknet und unter Zugabe von 0,5 g Kaliumnitrat verascht. Den Rückstand schließt man mit 5 g Kaliumcarbonat-Natriumcarbonat auf, laugt den Schmelzkuchen in Wasser und vereinigt die Lösung mit der Hauptlösung. Nach Überführen in einen 1 l-Meßkolben und Auffüllen filtriert man über ein trockenes Faltenfilter Gr. 2 in ein trockenes Becherglas ab und pipettiert 100 ml Filtrat in ein 400 ml-Becherglas. Weitergearbeitet wird gemäß 2.1, S. 396.

Kapitel 31

# Wismut

## Inhalt

# 1 Rohstoffe

## Erze

### 1.1 Bestimmung des Wismuts

***Grundlage.*** Nach Aufschluß der Probe mit Natriumperoxid wird das Wismut als basisches Carbonat abgetrennt und nach vollständiger Isolierung als Wismut-(III)-oxid gewichtsanalytisch bestimmt.

***Anwendungsbereich.*** Geeignet für Gehalte über 2%.

***Zuverlässigkeit.*** Bei Gehalten von 2 bis 10% etwa ±1%,
von 10 bis 50% etwa ±0,3%,
über 50% etwa ±0,2%.

***Reagenzien.***

1. Natriumsulfidlösung: 100 g $Na_2S \cdot 9\ H_2O$ zum Liter gelöst.
2. Natriumsulfidlösung: 5 ml Lösung (1) zum Liter aufgefüllt.
3. Ammoniumcarbonatlösung: 100 g zum Liter gelöst.
4. Waschlösung: 100 ml Ammoniumcarbonatlösung (3) zum Liter verdünnt.
5. Mischsäure: Salpetersäure (1,4) und Schwefelsäure (1,84) im Volumenverhältnis 2 + 1.

***Ausführung.*** 1 g Probe (Feinheitsgrad 0,08 DIN 4188) wird in einem 30 bis 40 ml fassenden Nickeltiegel mit 20 g Natriumperoxid und wasserfreiem Natriumcarbonat (1 + 1) gemischt und mit 5 g abgedeckt. Der Tiegel wird zunächst über kleiner Flamme erwärmt und dann unter leichtem Schwenken auf Dunkelrotglut bis zum ruhigen Fluß der Schmelze erhitzt. Nach dem Abkühlen wird der Schmelzkuchen mit 200 ml Wasser in einem bedeckten 800 ml-Becherglas ausgelaugt. Der Tiegel wird aus der Lösung entfernt und mit Wasser weitgehend gesäubert. Evtl. anhaftende Wismutcarbonatreste werden mit etwa 10 ml warmer Salzsäure (1 + 2) abgelöst.

Die alkalische Lösung wird mit Wasser auf etwa 500 ml verdünnt, zum Sieden erhitzt, über Nacht stehen gelassen, dann über ein Filter Gr. 2 filtriert und der Niederschlag mit Natriumcarbonatlösung (10 g im Liter) gewaschen. (Arsen, Antimon, Zinn, Wolfram und Molybdän befinden sich größtenteils im Filtrat.) Der Filterinhalt wird mit Wasser in das Becherglas zurückgespült und das Filter mit 50 ml warmer Salzsäure (1 + 3) und dann mit Wasser nachgewaschen. Zum Lösen der Carbonate erwärmt man, verdünnt die Lösung mit Wasser zu etwa 500 ml und leitet bis zur Sättigung Schwefelwasserstoff ein. Nach mehrstündigem Absetzen filtriert man die Sulfide über ein Filter Gr. 2 und wäscht mit schwefelwasserstoffhaltiger Schwefelsäure (1 + 200) nach. Die Sulfide werden mit Wasser in das Becherglas zurückgespült und zur Entfernung von evtl. noch vorhandenen Resten an Arsen, Antimon und Zinn mit 30 ml Natriumsulfidlösung (1) bei 70 bis 80° digeriert. Zur Zerstörung der Polysulfide versetzt man mit 1 g Natriumsulfit, läßt nochmals 30 min lang warm stehen, filtriert dann durch das bereits verwendete Filter und wäscht mit heißer Natriumsulfidlösung (2). Filter und Niederschlag werden mit 20 ml Salpetersäure (1 + 1) unter Kochen zersetzt. Nach Abkühlen und Zugabe von 20 ml Schwefelsäure (1 + 1) wird die Lösung bis zum Entweichen dichter Schwefelsäurenebel erhitzt, wobei unzersetzte Filtersubstanz durch wiederholtes Zutropfen von Mischsäure (5) zerstört wird. Der Kristallbrei wird nach dem Abkühlen mit 50 ml Schwefelsäure (1 + 10) aufgenommen, auf 100 ml verdünnt, aufgekocht und wieder abgekühlt. Man filtriert vom Bleisulfat über ein Filter Gr. 3 in ein 600 ml-Becherglas ab und wäscht mit Schwefelsäure (1 + 50) nach (Hauptfiltrat). Filter und Niederschlag werden in das Fällgefäß zurückgegeben und durch Erhitzen mit 20 ml Salpetersäure (1 + 1) und 20 ml Schwefelsäure (1 + 1), evtl. unter Zugabe einiger Tropfen Mischsäure (5) während des Rauchens, zersetzt. Der Bleisulfatniederschlag wird über einen Porzellanfiltertiegel A2 abfiltriert und mit Schwefelsäure (1 + 50) gewaschen. Das Filtrat wird zum Hauptfiltrat gegeben.

Man versetzt die vereinigten Filtrate bis zu einer eben bleibenden Trübung mit Ammoniak (1 + 1), gibt dann 10 ml Ammoniumcarbonatlösung (3) zu und erhitzt solange zum Sieden, bis die Flüssigkeit nur noch schwach nach Ammoniak riecht. Nach dem Erkalten wird der Wismutcarbonatniederschlag über ein Filter Gr. 2 abfiltriert und mit Waschlösung (4) sulfatfrei gewaschen. Er wird dann mit warmer Salpetersäure (1 + 2) vom Filter gelöst, das Filter mit Salpetersäure (1 + 4) gewaschen und das Wismut nochmals in der oben beschriebenen Weise gefällt.

Nach Verkochen des überschüssigen Ammoniaks und Erkaltenlassen wird der Niederschlag über einen gewogenen Porzellanfiltertiegel A 1 abfiltriert und mit Waschlösung (4) gewaschen. Die Filtrate beider Fällungen werden vereinigt und für die Bestimmung des Kupfers aufbewahrt.

Das basische Wismutcarbonat wird zunächst auf dem Wasserbad, dann auf einer Heizplatte getrocknet und unter Verwendung eines Tiegelschuhs bei etwa 850° zum Wismut(III)-oxid bis zur Gewichtskonstanz geglüht. Der Umrechnungsfaktor von Wismut(III)-oxid auf Wismut ist 0,8970.

## 1.2 Bestimmung des Arsens

***Grundlage.*** Nach Säureaufschluß der Probe wird das Arsen als Arsen(III)-chlorid destilliert und jodometrisch bestimmt.

***Anwendungsbereich, Zuverlässigkeit, Reagenzien, Geräte*** und ***Ausführung*** siehe Kapitel Blei unter 1.4, S. 79.

## 1.3 Bestimmung des Antimons

***Grundlage.*** Nach alkalischem Schmelzaufschluß der Probe und Abtrennen der störenden Elemente wird das Antimon mit Kaliumbromat maßanalytisch bestimmt.

***Anwendungsbereich, Zuverlässigkeit, Reagenzien*** und ***Ausführung*** siehe Kapitel Blei unter 1.5, S. 80.

## 1.4 Bestimmung des Zinns

***Grundlage.*** Nach alkalischem Schmelzaufschluß der Probe und Abtrennen der störenden Elemente wird das Zinn jodometrisch bestimmt.

***Anwendungsbereich, Zuverlässigkeit, Reagenzien*** und ***Ausführung*** siehe Kapitel Blei unter 1.6, S. 81.

## 1.5 Bestimmung des Bleis

***Grundlage.*** Nach alkalischem Schmelzaufschluß der Probe wird das Blei als Sulfid gefällt und als Bleisulfat gewichtsanalytisch bestimmt.

***Anwendungsbereich.*** Geeignet für Gehalte über 0,5%.

***Zuverlässigkeit.*** Bei Gehalten von 0,5 bis 2% etwa ±2%,
von 2 bis 10% etwa ±0,5%.

***Reagenzien.*** Siehe Kapitel Blei unter 1.1, S. 76.

***Ausführung.*** Das nach 1.1, S. 399, erhaltene Bleisulfat wird getrocknet, dann bei 550° bis zur Gewichtskonstanz geglüht, im Exsiccator abgekühlt und gewogen. Die Prüfung auf Reinheit erfolgt wie im Kapitel Blei unter 1.1., S. 77.

Der Umrechnungsfaktor von Bleisulfat auf Blei ist 0,6832.

## 1.6 Bestimmung des Kupfers

***Grundlage.*** Nach dem Lösen der Probe mit Säuren und Entfernen der störenden Elemente wird das Kupfer elektrolytisch bestimmt.

***Anwendungsbereich, Zuverlässigkeit, Reagenzien, Geräte*** und ***Ausführung*** siehe Kapitel Kupfer unter 1.1.1, S. 206.

## 1.7 Bestimmung des Molybdäns

***Grundlage.*** Nach alkalischem Aufschluß der Probe wird das Molybdän in saurer Lösung als Thiocyanatkomplex photometrisch bestimmt.

***Anwendungsbereich.*** Geeignet für Gehalte bis 5%.

***Zuverlässigkeit.*** Bei Gehalten von 0,1 bis 1% etwa ±5%,
von 1 bis 5% etwa ±3%.

***Reagenzien.***

1. Kaliumthiocyanatlösung: 10 g zu 100 ml gelöst.

2. Zinn(II)-chloridlösung: 10 g $SnCl_2 \cdot 2\,H_2O$ werden mit 100 ml Salzsäure (1 + 1) gelöst.

3. Molybdänstammlösung: 0,2522 g $Na_2MoO_4 \cdot 2\,H_2O$ werden in einem 1 l-Meßkolben gelöst.

4. Molybdänstandardlösung: 100 ml Stammlösung (3) werden im Meßkolben auf 500 ml verdünnt. 1 ml $\triangleq$ 0,02 mg Molybdän.

***Ausführung.*** Je nach Molybdängehalt werden 1 bis 2 g Probe (Feinheitsgrad 0,08 DIN 4188) mit 8 g Natriumperoxid und 4 g Natriumcarbonat im Eisentiegel aufgeschlossen. Der kalte Schmelzkuchen wird mit 100 bis 200 ml Wasser gelaugt und die Suspension nach Abspülen des Eisentiegels mit 2 g Natriumperoxid versetzt und aufgekocht. Nach Abkühlen füllt man in einem 500 ml-Meßkolben auf, filtriert durch ein trockenes Faltenfilter in ein trockenes Becherglas ab und pipettiert eine Abmessung, die bis zu 0,6 mg Molybdän enthalten darf, in einen 100 ml-Meßkolben. Man versetzt mit 1,5 g Natriumcitrat, 4 ml Salzsäure (1,19) und gibt zur kalten Lösung 10 ml Kaliumthiocyanatlösung (1), 30 ml Aceton und 7 ml Zinn(II)-chloridlösung (2). Nach Auffüllen mit Wasser photometriert man in 2 cm-Küvetten bei 436 nm gegen eine Reagenzienblindprobe.

***Eichkurve.*** Verschiedene Abmessungen der Molybdänstandardlösung (4) im Bereich von 0,1 bis 0,6 mg Molybdän werden in 100 ml-Meßkolben gegeben. Wie unter Ausführung beschrieben, wird in der Lösung das Molybdän photometrisch bestimmt.

## 1.8 Bestimmung des Wolframs

***Grundlage.*** Nach alkalischem Aufschluß der Probe wird das Wolfram mit Chinchonin gefällt; nach Filtration und Veraschen wird der Rückstand alkalisch aufgeschlossen und in der Lösung der Schmelze das Wolfram als Thiocyanatkomplex photometrisch bestimmt.

***Anwendungsbereich.*** Geeignet für Gehalte bis zu 10%.

***Zuverlässigkeit.*** Bei Gehalten um 5% etwa ±3%.

***Reagenzien.*** Siehe Kapitel Wolfram unter 1.2.1, S. 416.

***Ausführung.*** 1 bis 5 g Probe (Feinheitsgrad 0,08 DIN 4188) werden in einem Eisentiegel mit 10 bis 20 g Natriumperoxid und Natriumcarbonat (1 + 1) vermischt und mit 5 g der gleichen Mischung abgedeckt. Man erhitzt unter leichtem Umschwenken bis zum ruhigen Fluß der Schmelze, kühlt ab und laugt mit 200 ml Wasser in einem bedeckten 800 ml-Becherglas aus. Nach kurzem Aufkochen überführt man die Suspension in einen 500 ml-Meßkolben, füllt auf und filtriert durch ein trockenes Faltenfilter in ein trockenes Becherglas ab. Je nach zu erwartendem Wolframgehalt wird von der Lösung in ein 600 ml-Becherglas abgenommen, die Abmessung mit Salzsäure (1,19) neutralisiert und nach Zugabe von 100 ml Salzsäure (1,19) im Überschuß bis zur Sirupdicke eingedampft. Man verfährt weiter, wie im Kapitel Wolfram unter 1.2.1, S. 417, beschrieben.

### 1.9 Bestimmung der Edelmetalle

Gold und Silber werden nach dem im Kapitel Edelmetalle unter 1.5.1, S. 142, beschriebenen Verfahren dokimastisch bestimmt.

# 2 Zwischenprodukte und Rückstände

## Elektrolysenschlämme, Oxide, Schlacken u. a.

### 2.1 Bestimmung des Wismuts

#### 2.1.1 Gehalte über 1% Wismut

***Grundlage.*** Das Wismut wird nach der unter 1.1, S. 399, gegebenen Vorschrift als Wismut(III)-oxid gewichtsanalytisch bestimmt.

#### 2.1.2 Gehalte unter 1% Wismut

***Grundlage.*** Nach alkalischem Aufschluß der Probe und Abtrennen der störenden Elemente wird das Wismut mit Thioharnstoff photometrisch bestimmt.

***Anwendungsbereich, Zuverlässigkeit, Reagenzien*** und ***Ausführung*** siehe Kapitel Blei unter 1.3, S. 78.

### 2.2 Bestimmung des Arsens

### 2.3 Bestimmung des Antimons

### 2.4 Bestimmung des Zinns

### 2.5 Bestimmung des Bleis

Die Bestimmungen werden, wie die entsprechenden im Erz, nach den im Kapitel Blei unter 3.1.3, S. 85, unter 1.4 bis 1.6, S. 79 bis 81, und unter 1.1, S. 76, angegebenen Vorschriften durchgeführt.

### 2.6 Bestimmung des Kupfers

Die Bestimmung wird, wie die Kupferbestimmung im Erz, nach der im Kapitel Kupfer unter 1.1.1, S. 206, angegebenen Vorschrift elektrolytisch durchgeführt.

### 2.7 Bestimmung des Molybdäns

Die Bestimmung wird gemäß der Vorschrift unter 1.7, S. 401, photometrisch durchgeführt.

### 2.8 Bestimmung des Wolframs

Die Bestimmung wird gemäß der Vorschrift unter 1.8, S. 401, photometrisch durchgeführt.

### 2.9 Bestimmung der Edelmetalle

Die Bestimmung wird nach dem im Kapitel Edelmetalle unter 1.5.1, S. 142, beschriebenen Verfahren dokimastisch durchgeführt.

# 3 Metallische Erzeugnisse

## 3.1 Metallisches Wismut

### 3.1.1 Bestimmung des Arsens

***Grundlage.*** Nach Aufschluß der Probe mit Säuren wird das Arsen durch Destillation abgetrennt und nach der Molybdänblau-Methode photometrisch bestimmt.

***Anwendungsbereich.*** Geeignet für Gehalte von 0,0001 bis 0,05%.

***Zuverlässigkeit.*** Bei Gehalten von 0,0001 bis 0,001% etwa ±20%,
von 0,001 bis 0,05 % etwa ±10%.

***Reagenzien.***

1. Reduktionslösung: 30 g Hydraziniumsulfat und 60 g Kaliumbromid zum Liter gelöst.

2. Reaktionsgemisch: Zu 10 ml einer Lösung von 5 g Ammoniummolybdat in 500 ml 5 n-Schwefelsäure wird 1 ml Hydraziniumsulfatlösung (0,3 g in 100 ml Wasser) zugegeben und die Mischung mit Wasser auf 100 ml aufgefüllt. Das Gemisch muß frisch bereitet werden.

3. Arsenstammlösung: 132 mg Arsen(III)-oxid werden mit 0,5 g Natriumhydroxid und 20 ml Wasser durch gelindes Erwärmen gelöst. Die Lösung wird kalt mit 20 ml Salzsäure (1 + 1) angesäuert und in einem Meßkolben zum Liter aufgefüllt.

4. Arsenstandardlösung: 100 ml Lösung (3) werden in einem Meßkolben zum Liter aufgefüllt. 1 ml ≙ 10 μg Arsen.

***Geräte.*** Destillierapparat: Siehe Abb. 5 im Kapitel Arsen, S. 70.

***Ausführung.*** 2,5 g Probe werden mit 20 ml Salpetersäure (1,4) unter Erwärmen gelöst. Nach Zugabe von 15 ml Schwefelsäure (1 + 1) wird die Lösung bis zum starken Entweichen von Schwefelsäurenebeln eingeengt. Der erkaltete Wismutsulfatrückstand wird mit 50 ml Wasser aufgenommen und mit weiteren 50 ml Wasser in den Destillierkolben gespült. Zur Lösung im Kolben fügt man 30 ml Reduktionslösung (1) und unter vorhergehendem Nachspülen des Lösegefäßes 150 ml Salzsäure (1,19) und destilliert das Arsen nach der im Kapitel Arsen unter 1.2, S. 70, beschriebenen Weise. Das gesamte Destillat oder ein Teil davon, es dürfen nicht mehr als 100 μg Arsen vorhanden sein, wird mit 10 ml Salpetersäure (1,4) versetzt, eingedampft und bei 130° nachgetrocknet.

Der Rückstand wird mit 25 ml Reaktionsgemisch (2) aufgenommen und 15 min auf 80° erwärmt. Nach dem Abkühlen wird in einen Meßkolben übergeführt, mit Wasser auf 25 ml aufgefüllt und nach dem Mischen bei 578 nm gegen eine Blindprobe der benötigten Säuren und Reagenzien photometriert.

***Eichkurve.*** Man nimmt 0,5 bis 10 ml der Arsenstandardlösung (4), entsprechend 5 bis 100 μg Arsen, in 250 ml-Bechergläser, fügt je 10 ml Salpetersäure (1,4) zu, dampft ein und trocknet bei 130° nach. Der Rückstand wird mit 25 ml Reaktionsgemisch aufgenommen. Es wird dann wie bei der Probe weiterverfahren.

### 3.1.2 Bestimmung des Bleis

***Grundlage.*** Nach Verflüchtigen des Wismuts im Chlor-Chlorwasserstoffstrom wird das Blei im Rückstand polarographisch bestimmt.

***Anwendungsbereich.*** Geeignet für Gehalte von 0,001 bis 0,05%.

***Zuverlässigkeit.*** Bei Gehalten um 0,001 etwa ±10%,
um 0,01% etwa ± 5%.

***Reagenzien.***

1. Chlorgas.
2. Chlorwasserstoffgas.
3. Hydroxylammoniumchloridlösung: 5 g gelöst zu 100 ml.
4. Grundlösung: 125 ml Essigsäure (1,06), 160 ml Ammoniak (0,91), 0,1 g Gelatine und 500 ml Ammoniumchloridlösung (200 g im Liter) werden mit Wasser zum Liter verdünnt.
5. Bleistammlösung: 1 g Blei wird mit 10 ml Salpetersäure (1 + 1) gelöst und in einem Meßkolben zum Liter aufgefüllt.
6. Bleistandardlösung: 100 ml Bleistammlösung (5) werden in einem Meßkolben zum Liter aufgefüllt. 1 ml ≙ 100 μg Blei.
7. Bleistandardlösung: 20 ml Bleistammlösung (5) werden in einem Meßkolben zum Liter aufgefüllt. 1 ml ≙ 20 μg Blei.

***Geräte.*** Verbrennungsapparat: Ein Supremax- oder Quarzrohr von etwa 500 mm Länge und 20 mm Durchmesser wird in einen regelbaren, elektrisch beheizten, horizontal angeordneten Rohrofen von etwa 25 cm Länge eingesetzt, der eine Vorrichtung zur Einführung eines Thermometers besitzt. An den Austritt des Rohres sind Absorptionsgefäße zur Beseitigung des Überschusses an Chlor- und Chlorwasserstoffgas angeschlossen. Die Regulierung des zugeführten Chlor- und Chlorwasserstoffgases erfolgt über Bläschenzähler mit konzentrierter Salzsäure.

Porzellanschiffchen: Länge mit Öse etwa 80 mm, glasiert. Sie werden vor dem Gebrauch mit heißer Salpetersäure (1 + 1) gereinigt, mit heißem Wasser nachgespült und getrocknet.

***Ausführung.*** 1 g Probe wird in einem glasierten Porzellanschiffchen gleichmäßig verteilt. Das Schiffchen wird in das Destillierrohr geschoben, die Apparatur geschlossen und auf 300° erhitzt. Nun leitet man etwa 10 min lang Chlorgas über die Probe, wobei der Gasstrom so zu regeln ist, daß das Wismutchlorid in die mit Wasser beschickten Waschflaschen destilliert und sich nicht im hinteren Teil des Rohres absetzt. Um das Wismutchlorid daraus vollständig zu entfernen, wird dann Chlorwasserstoffgas in das Destillierrohr eingeleitet. Nach etwa 50 min ist das Wismutchlorid destilliert. Man kontrolliert die Verflüchtigung, indem man den Ofen nach dem Gasaustritt hin verschiebt. Nach Beendigung der Destillation wird der Rückstand im Schiffchen mit 10 ml heißer Salpetersäure (1 + 1) gelöst und mit heißem Wasser in ein Becherglas gespült. Die Lösung wird zur Trockne eingedampft und nach dem Erkalten mit 4 ml Salzsäure (1 + 40) aufgenommen. Es wird erhitzt und mit 1 ml Hydroxylammoniumchloridlösung (3) reduziert. Nach dem Abkühlen wird mit 5 ml Grundlösung (4) versetzt und mit Wasser zu 10 ml aufgefüllt. Der Luftsauerstoff wird mit Kohlendioxid vertrieben und die Lösung von −0,3 bis −0,7 V polarographiert. Der Bleigehalt der verwendeten Säuren und Reagenzien wird durch eine Blindprobe ermittelt.

***Eichkurve.*** Steigende Mengen der Bleistandardlösung (6) bzw. Bleistandardlösung (7) werden in glasierten Porzellanschiffchen vorsichtig zur Trockne eingedampft. Da die Schiffchen nur etwa 2 ml Lösung aufnehmen können, muß man die Lösung in Anteilen zur Trockne eindampfen. Zum Trockenrückstand setzt man je 1 g bleiarmes Wismut (Bleigehalt unter 0,0005%) verflüchtigt das Wismut und bestimmt das Blei, wie unter Ausführung beschrieben. Eine Blindprobe ist durchzuführen.

### 3.1.3 Bestimmung des Kupfers

***Grundlage.*** Nach Aufschließen der Probe mit Säure und Abtrennen des Wismuts durch eine Phosphatfällung wird das Kupfer im Filtrat mit Natriumdiäthyldithiocarbaminat photometrisch bestimmt.

***Anwendungsbereich.*** Geeignet für Gehalte von 0,0005 bis 0,1%.

***Zuverlässigkeit.*** Bei Gehalten um 0,001% etwa $\pm 15\%$,
um 0,01% etwa $\pm 10\%$.

***Reagenzien.***

1. Bidestilliertes Wasser.
2. Phosphatlösung: 100 g $(NH_4)_2HPO_4$ mit Wasser (1) zum Liter gelöst.
3. Citronensäurelösung: 200 g mit Wasser (1) zum Liter gelöst.
4. Carbaminatlösung: 1 g Natriumdiäthyldithiocarbaminat mit Wasser (1) zum Liter gelöst.
5. Kupferstammlösung: 0,1 g Elektrolytkupfer wird mit 10 ml Salpetersäure (1 + 1) gelöst. Die Lösung wird in einem 1 l-Meßkolben mit Wasser (1) aufgefüllt.
6. Kupferstandardlösung: 10 ml Kupferstammlösung (5) werden in einem Meßkolben mit Wasser (1) auf 200 ml aufgefüllt. 1 ml $\triangleq$ 5 $\mu$g Kupfer.

***Ausführung.*** 2 g Probe werden mit 10 ml Salpetersäure (1,4) gelöst. Die Lösung wird mit Wasser (1) zu etwa 100 ml verdünnt, zum Vertreiben der Stickstoffoxide kurz gekocht und in einen 200 ml-Meßkolben gebracht. Zum Ausfällen des Wismuts versetzt man die Lösung mit 40 ml Phosphatlösung (2). Nach dem Erkalten wird mit Wasser (1) aufgefüllt, gemischt und durch ein trockenes Filter Gr. 2 filtriert. Ein Anteil des Filtrats von 10 bis 100 ml (die zu photometrierende Kupfermenge soll zwischen 5 und 100 $\mu$g betragen) wird in einen Scheidetrichter gegeben, mit Wasser (1) verdünnt und mit 10 ml Citronensäurelösung (3) versetzt. Die Mischung wird mit Ammoniak (1 + 1) auf pH 9 bis 10 eingestellt, und nach dem Zugeben von 10 ml Carbaminatlösung (4) der Kupfercarbaminatkomplex mit Kohlenstofftetrachlorid, wie im Kapitel Blei unter 3.2.1, S. 87, beschrieben, extrahiert und photometrisch bestimmt.

***Eichkurve.*** Steigende Mengen der Kupferstandardlösung (6), 1 bis 20 ml, entsprechend 5 bis 100 $\mu$g Kupfer, werden, wie unter Ausführung beschrieben, behandelt und photometriert. (Siehe auch Kapitel Blei unter 3.2.1, S. 87.)

### 3.1.4 Bestimmung des Tellurs

***Grundlage.*** Nach Aufschluß der Probe mit Säuren wird das Tellur durch unterphosphorige Säure als Metall abgeschieden, durch Filtrieren abgetrennt und als Tellurbromid photometrisch bestimmt.

***Anwendungsbereich.*** Geeignet für Gehalte von 0,001 bis 0,1%.

***Zuverlässigkeit.*** Bei Gehalten von 0,001 bis 0,1% etwa $\pm 10\%$.

***Reagenzien.***

1. Arsenlösung: 0,66 g Arsen(III)-oxid werden mit 2 g Natriumhydroxid und 25 ml Wasser durch gelindes Erwärmen gelöst. Die Lösung wird kalt mit 30 ml Salzsäure (1 + 1) angesäuert und zum Liter aufgefüllt. 1 ml $\triangleq$ 0,5 mg Arsen.
2. Brom-Bromwasserstoffsäure: 5 ml Brom werden mit 100 ml Bromwasserstoffsäure (1,38) gelöst.
3. Ascorbinsäurelösung: 10 g zu 100 ml gelöst.
4. Tellurstammlösung: 100 mg Tellur werden mit 10 ml Brom-Bromwasserstoffsäure (2) gelöst. Die Lösung wird mit Bromwasserstoffsäure (1,38) in einem Meßkolben zu 100 ml aufgefüllt.
5. Tellurstandardlösung: 10 ml Tellurstammlösung (4) werden mit Bromwasserstoffsäure (1,38) in einem Meßkolben zu 500 ml aufgefüllt. 1 ml $\triangleq$ 20 $\mu$g Tellur.

***Ausführung.*** 2,5 g Probe werden mit 15 ml Salpetersäure (1,4) gelöst und nach dem Versetzen mit 10 ml Perchlorsäure (1,67) zum Vertreiben der Salpetersäure bis zum kräftigen Rauchen eingedampft. Nach dem Erkalten nimmt man mit 200 ml Salzsäure (1 + 2) auf, fügt 5 ml Arsenlösung (1) und 20 ml unterphosphorige Säure (1,25) zu und kocht die Lösung etwa 10 min. Die auf etwa 50° abgekühlte Lösung filtriert man über einen Porzellanfiltertiegel A 2 und wäscht den Niederschlag mit kalter Salzsäure (1 + 2) wismutfrei. Der Tiegelinhalt wird mit 10 ml-Brom-Bromwasserstoffsäure (2) gelöst und unter Nachwaschen mit Bromwasserstoffsäure (1 + 10) in ein 250 ml-Becherglas übergeführt. Zur Entfernung des freien Broms dampft man die Lösung auf etwa 5 bis 10 ml, aber nicht zur Trockne ein und spült mit Bromwasserstoffsäure (1,38) in einen 50 ml-Meßkolben. Bei Tellurgehalten unter 0,02% setzt man der Lösung 5 ml Ascorbinsäurelösung (3) zu und füllt mit Bromwasserstoffsäure (1,38) zu 50 ml auf. Bei Tellurgehalten über 0,02% füllt man zunächst ohne Ascorbinsäurezusatz auf, entnimmt einen 40 bis 200 µg entsprechenden Anteil und füllt diesen dann nach Zugabe von 5 ml Ascorbinsäurelösung (3) in einem zweiten 50 ml-Meßkolben mit Bromwasserstoffsäure (1,38) auf. Dann wird die Lösung gemischt und die gelbe Farbe des Tellurbromids gegen eine Reagenzienblindprobe bei 436 nm photometriert.

***Eichkurve.*** Steigende Mengen der Tellurstandardlösung (5), 1 bis 25 ml, entsprechend 20 bis 500 µg Tellur, werden mit je 200 ml Salzsäure (1 + 2), 5 ml Arsenlösung (1) sowie 20 ml unterphosphoriger Säure (1,25) versetzt. Man verfährt weiter, wie unter Ausführung beschrieben.

### 3.1.5 Bestimmung des Silbers

***Grundlage.*** Nach dem Lösen der Probe mit Salpetersäure wird in der Lösung das Silber als Dithizonat vom Wismut getrennt und nach weiterer Isolierung in wäßriger Lösung mit Dithizonlösung extraktiv maßanalytisch bestimmt.

***Anwendungsbereich.*** Geeignet für Gehalte von 0,0001 bis 0,05%.

***Zuverlässigkeit.*** Bei Gehalten von 0,0001 bis 0,0003% etwa ±20%,<br>
von 0,0003 bis 0,001 % etwa ±10%,<br>
über 0,001 % etwa ± 5%.

***Reagenzien.***

1. Dithizonlösung: 7,5 g werden mit Kohlenstofftetrachlorid zu 500 ml gelöst. Die Lösung wird in eine braune Flasche filtriert.
2. Schwefelsäure: 5,5 ml Schwefelsäure (1,84) zum Liter verdünnt.
3. Kaliumthiocyanatlösung: 20 g zum Liter gelöst.
4. Salpetersäure: 176 ml Salpetersäure (1,4) zum Liter verdünnt.
5. Hydraziniumsulfatlösung: 50 g zum Liter gelöst.
6. Silberstammlösung: 0,6 g Feinsilber werden mit 10 ml Salpetersäure (1 + 1) gelöst. Die Lösung wird in einem 1 l-Meßkolben aufgefüllt.
7. Silberstandardlösung: 10 ml Stammlösung (6) werden in einem 1 l-Meßkolben aufgefüllt. 1 ml ≙ 6 µg Silber.

***Ausführung.*** 10 g Probe werden mit 40 ml Salpetersäure (1 + 1) gelöst. Die Lösung wird mit 100 ml Wasser verdünnt, zur Vertreibung der Stickstoffoxide einige Minuten gekocht, nach Zusatz von 0,5 g Harnstoff abgekühlt und mit wenig Wasser in einen 250 ml-Scheidetrichter übergeführt. Bei Silbergehalten über 0,003% wird die Lösung in einen 200 ml-Meßkolben gebracht und nach dem Auffüllen und Mischen ein etwa 100 bis 500 µg entsprechender Anteil in einen 250 ml-Scheidetrichter abgemessen und mit Wasser und etwas Salpetersäure (1 + 1) verdünnt. Je nach Silbergehalt läßt man 2 oder mehr ml der Dithizonlösung (1) in die Probelösung fließen und schüttelt etwa 1 min. Die organische Phase, die je nach Silbergehalt entweder goldgelb ist oder eine rötliche Färbung zeigt (Silber reagiert zuerst mit der zugesetzten Dithizonlösung, dann je nach Säure- und Wismutkonzentration auch teilweise mit Wismut), wird in einen anderen Scheidetrichter abgelassen. Man wiederholt die Zugabe der Dithizonlösung (1) in sich aus dem Silbergehalt ergebenden Anteilen, schüttelt und trennt ab wie vorstehend. Zeigt die zugesetzte Dithizonlösung nicht mehr die goldgelbe Färbung, sondern bleibt grün oder färbt sich rötlich, so wird die Extraktion nur noch einmal wiederholt. Die in einem Scheidetrichter gesammelten Extrakte werden mit 5 ml Schwefelsäure (2) gewaschen. Das Silber wird dann in wäßrige Lösung übergeführt und mit Dithizonlösung (1) extraktiv titriert, wie im Kapitel Thallium unter 3.7, S. 369, beschrieben.

***Die Titerstellung der Dithizonlösung*** erfolgt ebenfalls, wie dort angegeben. Eine Reagenzienblindprobe ist erforderlich, und sämtliche Reagenzien sowie das destillierte Wasser müssen chloridfrei sein. (Siehe auch Kapitel Edelmetalle unter 3.8.1, S. 161).

### 3.1.6 Bestimmung des Goldes

***Grundlage.*** Das Gold wird durch Lösen der Probe mit Salpetersäure als unlöslicher Rückstand abgetrennt und dokimastisch bestimmt.

***Anwendungsbereich.*** Geeignet für Gehalte von 0,5 bis 30 g/1000 kg.

***Zuverlässigkeit.*** Bei Gehalten von 0,5 bis 2 g/1000 kg etwa ±15%,
von 2 bis 5 g/1000 kg etwa ± 5%,
von 5 bis 30 g/1000 kg etwa ± 3%.

***Reagenzien.*** Siehe Kapitel Edelmetalle unter 2.1.2, S. 145.

***Geräte.*** Siehe Kapitel Edelmetalle unter 2.1.2.

***Ausführung.*** 50 g Probe werden mit 100 ml Salpetersäure (1) und 300 ml Wasser (6) im 800 ml-Becherglas gelöst. Der weitere Arbeitsgang ist im Kapitel Edelmetalle unter 2.1.2 beschrieben.

## 3.2 Wismutlegierungen

### 3.2.1 Bestimmung des Wismuts

***Grundlage.*** Das Wismut wird nach Aufschluß der Probe mit Salpetersäure und Weinsäure und Abtrennen der störenden Elemente als basisches Wismutcarbonat gefällt und als Wismut(III)-oxid bestimmt.

***Anwendungsbereich.*** Geeignet für Gehalte bis 60%.

***Zuverlässigkeit.*** Bei Gehalten unter 30% etwa ±0,5%,
über 30% etwa ±0,2%.

***Reagenzien.***

1. Natriumpolysulfidlösung: 100 g $Na_2S \cdot 9\,H_2O$ und 20 g elementarer Schwefel zum Liter gelöst.
2. Natriumsulfidlösung: 10 g $Na_2S \cdot 9\,H_2O$ zum Liter gelöst.
3. Ammoniumcarbonatlösung: 100 g zum Liter gelöst.
4. Waschlösung: 100 ml Ammoniumcarbonatlösung (3) zum Liter verdünnt.
5. Mischsäure: Salpetersäure (1,4) und Schwefelsäure (1,84) im Volumenverhältnis 2 + 1.

***Ausführung.*** 1 g Probe wird in einem 750 ml-Erlenmeyerkolben mit 5 g Weinsäure und 10 ml Wasser versetzt und mit 10 ml Salpetersäure (1 + 1) unter Erwärmen gelöst. Falls die Lösung trübe ist, muß das Auflösen mit neuer Einwaage und mehr Weinsäure wiederholt werden. Die klare Lösung wird kurz aufgekocht und nach Zugabe von 2 g Harnstoff auf 500 ml aufgefüllt. Nach etwa einstündigem Einleiten von Schwefelwasserstoff, Prüfung auf Vollständigkeit der Fällung und Absetzen des Sulfidniederschlages werden die Sulfide über ein Filter Gr. 2 abfiltriert und mit Schwefelwasserstoffwasser gewaschen.

Die Sulfide werden in den Fällkolben zurückgespült und mit 20 ml Natriumpolysulfidlösung (1) etwa 1 Std. unter gelegentlichem Schwenken in der Wärme ausgezogen. Zuletzt werden einige Körnchen Natriumsulfit zugesetzt. Nach Verdünnen mit warmem Wasser auf 100 ml wird der Rückstand über das vorbenutzte Filter abfiltriert und zunächst mit warmer Natriumsulfidlösung (2), dann mit warmem Wasser sulfidfrei gewaschen. Das Filtrat kann zur Bestimmung des Arsens, Antimons und Zinns verwendet werden.

Filter und Inhalt werden in einem 100 ml-Becherglas mit 20 ml Salpetersäure (1 + 1) unter Kochen zersetzt. Nach Abkühlen und Zugabe von 20 ml Schwefelsäure (1 + 1) wird bis zum Entweichen dichter Schwefelsäurenebel erhitzt, wobei unzersetzte Filtersubstanz durch wiederholtes Zutropfen von Mischsäure (5) beseitigt wird. Der Kristallbrei wird nach dem Abkühlen mit 50 ml Schwefelsäure (1 + 10) aufgenommen. Nach Aufkochen und Abkühlen wird über ein Filter Gr. 3 vom Bleisulfat abfiltriert (Hauptfiltrat). Das mit Schwefelsäure (1 + 50) ausgewaschene Filter sowie der Bleisulfatniederschlag werden zur Erfassung von mitgefälltem Wismut mit Salpetersäure (1 + 1) aufgeschlossen und mit Schwefelsäure (1 + 1) abgeraucht. Das erhaltene Bleisulfat wird, wie angegeben, aufgenommen, über einen Porzellanfiltertiegel A 2 abfiltriert und ausgewaschen. Das Zweitfiltrat wird mit dem Hauptfiltrat vereinigt.

Das Gesamtfiltrat wird bis zu einer eben bleibenden Trübung mit Ammoniak (1 + 1) versetzt, die Wismutfällung durch Zugabe von 10 ml Ammoniumcarbonatlösung (3) vervollständigt und die Lösung solange zum Sieden erhitzt, bis sie nur noch schwach nach Ammoniak riecht. Nach dem Erkalten wird das basische Wismutcarbonat über ein Filter Gr. 2 abfiltriert und mit Waschlösung (4) sulfatfrei gewaschen. Die noch unreine Fällung wird mit warmer Salpetersäure (1 + 2) vom Filter gelöst, das mit Salpetersäure (1 + 50) ausgewaschen wird. In der Lösung wird, wie oben beschrieben, das Wismutcarbonat gefällt. Nach Verkochen des überschüssigen Ammoniaks und Erkalten wird der Niederschlag über einen gewogenen Porzellanfiltertiegel A 2 abfiltriert und mit Waschlösung (4) ausgewaschen. Die Filtrate beider Fällungen werden vereinigt und für die Bestimmung des Kupfers und Cadmiums aufbewahrt.

Das basische Wismutcarbonat wird zunächst auf dem Wasserbad, dann auf einer Heizplatte getrocknet und unter Verwendung eines Tiegelschuhs bei etwa 850° zum Wismut(III)-oxid bis zur Gewichtskonstanz geglüht. Der Umrechnungsfaktor vonWismut(III)-oxid auf Wismut ist 0,8970.

### 3.2.2 Bestimmung des Arsens

Die Bestimmung des Arsens erfolgt photometrisch nach der unter 3.1.1, S. 403, beschriebenen Molybdänblau-Methode.

### 3.2.3 Bestimmung des Antimons

***Grundlage.*** Nach Aufschluß der Probe mit Säure wird das Antimon mit Isopropyläther extrahiert und als Kaliumtetrajodoantimonat(III) photometrisch bestimmt.

***Anwendungsbereich, Zuverlässigkeit*** und ***Reagenzien*** siehe Kapitel Zinn unter 3.1.2, S. 467.

***Ausführung.*** Die Bestimmung erfolgt, wie im Kapitel Zinn unter 3.1.2, angegeben, jedoch ist folgendes zu beachten:

Um das extrahierte Antimon(V) von dem bei der photometrischen Endbestimmung störenden Wismut abzutrennen, werden die vereinigten Ätherextrakte nicht nur zweimal, sondern dreimal mit 20 ml 6 n-Salzsäure gewaschen.

### 3.2.4 Bestimmung des Zinns

***Grundlage.*** Nach Aufschluß der Probe mit Schwefelsäure werden die störenden Elemente in salzsaurer Lösung durch Eisenpulver gefällt. Im Filtrat wird das Zinn jodometrisch bestimmt.

***Anwendungsbereich.*** Geeignet für Gehalte von 5 bis 30%.

***Zuverlässigkeit.*** Bei Gehalten von 5 bis 10% etwa ±1%,
von 10 bis 20% etwa ±0,5%,
über 20% etwa ±0,3%.

***Reagenzien.***

1. Eisenpulver oder Aluminium 99,9%, grob zerspant.
2. Brom-Salzsäure: 100 ml Brom im Liter Salzsäure (1,19) gelöst.
3. Natriumhydrogencarbonatlösung, gesättigte Lösung.
4. Stärkelösung: 1 g zu 100 ml gelöst. Frisch bereiten!

***Ausführung.*** 1 g Probe wird mit 25 ml Schwefelsäure (1,84) durch starkes Erhitzen aufgeschlossen. Nach dem Erkalten nimmt man mit 50 ml Wasser auf, verdünnt mit 200 ml Salzsäure (1 + 1) und zementiert in der Lösung bei 60 bis 70° die störenden Elemente in etwa 30 min durch 3 g Eisenpulver aus, die man nach und nach zugibt. Es wird durch ein Filter Gr. 2 filtriert und mit Salzsäure (1 + 2) gewaschen. Der Filterinhalt wird in das Lösegefäß zurückgespült und mit 25 ml Brom-Salzsäure (2) unter schwachem Erwärmen gelöst. Nach dem Verdünnen mit 100 ml Wasser und dem Verkochen des Broms wird nach Zusatz von 200 ml Salzsäure (1 + 1) erneut, wie beschrieben, mit Eisenpulver zementiert und vom Niederschlag abfiltriert. Die vereinigten Filtrate werden etwa bis zur Hälfte ihres Volumens eingedampft und in einen 750 ml-Erlenmeyerkolben übergespült. Zur Reduktion des Zinns werden 2 g Aluminiumspäne (1) zugesetzt und die Lösung nach dem Verschließen des Erlenmeyerkolbens mit einem mit Natriumhydrogencarbonatlösung (3) gefüllten Contat-Göckel-Aufsatz bis zur Auflösung des Aluminiums erwärmt. Nach dem Abkühlen und Zusetzen von einigen ml Stärkelösung (4) als Indicator wird das Zinn mit 0,1 n-Jodlösung bis zur beginnenden Blaufärbung titriert. 1 ml 0,1 n-Jodlösung ≙ 5,935 mg Zinn.

### 3.2.5 Bestimmung des Bleis

***Grundlage.*** Das Blei wird nach Aufschluß der Probe mit Salpetersäure und Weinsäure und Abtrennen der Thiokomplexbildner als Bleisulfat gewichtsanalytisch bestimmt.

***Anwendungsbereich.*** Geeignet für Gehalte von 10 bis 60%.

***Zuverlässigkeit.*** Bei Gehalten von 10 bis 30% etwa ± 0,5%,
über 30% etwa ± 0,3%.

***Ausführung.*** Das bei der Bestimmung des Wismuts nach 3.2.1, S. 407, anfallende Bleisulfat wird auf dem Porzellanfiltertiegel mehrmals mit Äthanol gewaschen und nach Trocknen bei 550° bis zur Gewichtskonstanz geglüht und nach Erkalten gewogen.

Die Prüfung auf Reinheit erfolgt, wie im Kapitel Blei unter 1.1, S. 77, beschrieben. Der Umrechnungsfaktor von Bleisulfat auf Blei ist 0,6832.

### 3.2.6 Bestimmung des Kupfers

***Grundlage.*** Nach Säureaufschluß der Probe und Abtrennen des Wismuts durch eine Phosphatfällung wird im Filtrat das Kupfer mit Natriumdiäthyldithiocarbaminat photometrisch bestimmt.

***Anwendungsbereich.*** Geeignet für Gehalte von 0,02 bis 1%.

***Zuverlässigkeit.*** Bei Gehalten von 0,02 bis 0,1% etwa ±5%,
von 0,1 bis 1% etwa ±2%.

***Reagenzien.*** 1. bis 6. siehe unter 3.1.3, S. 405.

***Ausführung.*** 1 g Probe wird mit 5 g Weinsäure und 20 ml Wasser (1) versetzt und nach Zugabe von 10 ml Salpetersäure (1,4) unter Erwärmen gelöst. Die Lösung wird mit Wasser (1) zu etwa 200 ml verdünnt und zur Ausfällung des Wismuts unter stetem Kochen mit 20 ml Phosphatlösung (2) versetzt. Nach dem Erkalten filtriert man über ein Filter Gr. 3 und wäscht mit kaltem Wasser (1) nach. Das Filtrat wird in einen 500 ml-Meßkolben gebracht, mit Wasser (1) aufgefüllt. Ein Anteil dieser Lösung wird in einen Scheidetrichter abgemessen, mit Wasser (1) verdünnt und mit 10 ml Citronensäurelösung (3) versetzt. Man stellt mit Ammoniak (1 + 1) auf pH 9 bis 10 ein, fügt 10 ml Carbaminatlösung (4) zu und extrahiert den Kupfercarbaminatkomplex mit Kohlenstofftetrachlorid, wie im Kapitel Blei unter 3.2.1, S. 87, beschrieben.

***Eichkurve.*** Siehe Kapitel Blei unter 3.2.1.

### 3.2.7 Bestimmung des Cadmiums

#### 3.2.7.1 Gehalte unter 2% Cadmium

***Grundlage.*** Nach Aufschluß der Probe mit Säure und Abtrennen der störenden Elemente wird das Cadmium in ammoniakalischer Lösung polarographisch bestimmt.

***Anwendungsbereich.*** Geeignet für Gehalte von 0,1 bis 2%.

***Zuverlässigkeit.*** Bei Gehalten von 0,1 bis 1% etwa ±5%,
von 1 bis 2% etwa ±2%.

***Reagenzien.***

1. bis 5. siehe unter 3.2.1, S. 407, dazu:

6. Zinklösung: 1 g Zink wird in 25 ml Salzsäure (1 + 1) gelöst und die Lösung mit Wasser zum Liter aufgefüllt.

7. Grundlösung: 150 g Ammoniumsulfat werden mit Ammoniak (0,91) gelöst und zum Liter aufgefüllt.

8. Reduktionslösung: 30 g Hydraziniumdichlorid und 1 g Blattgelatine werden in 100 ml heißem Wasser gelöst.

9. Cadmiumstandardlösung: 2 g Cadmium werden mit 20 ml Salpetersäure (1 + 1) gelöst. Die Lösung wird zur Trockne gedampft, der Trockenrückstand mit 10 ml Salzsäure (1,19) aufgenommen und auf dem Wasserbad wieder eingedampft. Nach Aufnehmen mit 10 ml Salzsäure (1 + 1) wird in einem 1 l-Meßkolben aufgefüllt. 1 ml ≙ 2 mg Cadmium.

***Ausführung.*** Das Lösen der Probe und das Abscheiden der Thiokomplexbildner, des Bleis und des Wismuts, erfolgen, wie unter 3.2.1, S. 407, beschrieben. Die vereinigten Filtrate der Wismutcarbonatfällung werden bis auf 200 ml Volumen eingedampft, mit Salpetersäure (1 + 1) angesäuert und mit 20 ml Salpetersäure (1 + 1) im Überschuß versetzt. Aus der auf 300 ml verdünnten Lösung wird das Kupfer elektrolytisch (siehe Kapitel Kupfer unter 1.1.1, S. 206) abgetrennt. Zum Elektrolysat fügt man als Spurenfänger 5 ml Zinklösung (6), macht mit Ammoniak (0,91) schwach ammoniakalisch und leitet Schwefelwasserstoff bis zur Sättigung ein. Nach mehrstündigem Absetzen filtriert man durch ein Filter Gr. 3 und wäscht mit natriumsulfidhaltigem Wasser (5 g im Liter). Filter und Sulfidniederschlag werden im Fällgefäß mit 15 ml Salpetersäure (1,4) und 20 ml Schwefelsäure (1 + 1) bis zum kräftigen Rauchen und völligen Vertreiben der Schwefelsäure eingedampft, wobei eine evtl. auftretende Dunkelfärbung durch Zugabe einiger Tropfen Mischsäure (5) beseitigt wird. Der Rückstand wird mit 5 ml Salzsäure (1,19) und 20 ml Wasser aufgenommen und in einen 100 ml-Meßkolben übergespült. Das Volumen darf 50 ml nicht überschreiten. Nun werden 45 ml Grundlösung (7) und nach Abkühlen 4 ml Reduktionslösung (8) zugegeben. Nach kräftigem Durchschütteln wird die Lösung zwischen −0,2 und −0,8 V polarographiert.

***Eichkurve.*** Zur Auswertung der Stufenhöhe wird eine dem Cadmiumgehalt der Probe annähernd entsprechende Abnahme der Standardlösung (9) in einen 100 ml-Meßkolben mit 5 ml Salzsäure (1,19), 45 ml Grundlösung (7), 4 ml Reduktionslösung (8) und mit Wasser bis zur Marke versetzt. Die Abnahme wird in gleicher Weise wie die Probe polarographiert.

### 3.2.7.2 Gehalte über 2% Cadmium

***Grundlage.*** Nach Lösen der Probe mit Säure und nach Entfernen der störenden Bestandteile wird das Cadmium in kaliumhydrogensulfathaltiger Lösung elektrolytisch bestimmt.

***Anwendungsbereich.*** Geeignet für Gehalte von 2 bis 30%.

***Zuverlässigkeit.*** Bei Gehalten von 2 bis 5% etwa ±2%,
von 5 bis 10% etwa ±1%,
von 10 bis 30% etwa ±0,5%.

***Reagenzien.*** Siehe unter 3.2.1, S. 407.

***Geräte.*** Mattierte Platinelektroden, siehe Kapitel Cadmium unter 1.1.1, S. 115.

***Ausführung.*** Das Lösen der Probe und Abtrennen der Thiokomplexbildner sowie des Bleis, Wismuts und Kupfers erfolgen in gleicher Weise, wie unter 3.2.7.1, S. 410, bzw. unter 3.2.1, S. 407, beschrieben. Das Cadmium wird dann ebenfalls aus schwach ammoniakalischer Lösung als Sulfid gefällt, aber abweichend von der obigen Vorschrift ohne Zusatz von Zinklösung. Der Niederschlag wird abfiltriert, gewaschen, in Sulfat übergeführt und die Lösung zur Trockne gedampft. Der Rückstand wird mit einigen Tropfen Schwefelsäure (1 + 1) und 50 ml Wasser aufgenommen, das Cadmium mit Natriumhydroxidlösung (40 g in 100 ml) als Hydroxid gefällt und der Niederschlag ohne Filtration durch Zugabe von Kaliumhydrogensulfat gelöst. Die Lösung wird mit weiteren 6 g Kaliumhydrogensulfat versetzt und mit Wasser auf 300 ml verdünnt. Man elektrolysiert bei bewegtem Elektrolyten, mit 0,4 A beginnend, und steigert nach je 15 min um 0,2 A auf 1,2 A. Nach Beendigung der Abscheidung wird das Elektrolysat unter Stromdurchgang durch Wasser ersetzt. Die Kathode wird nach Waschen mit Wasser und Äthanol sowie Trocknen bei 100° gewogen. (Siehe auch Kapitel Cadmium unter 1.1.1, S. 115.)

Kapitel 32

# Wolfram

Inhalt



# 1 Rohstoffe

## 1.1 Wolframerze

### 1.1.1 Bestimmung des Wolframs

***Grundlage.*** Das Wolfram wird nach alkalischem Schmelzaufschluß aus neutraler Lösung mit Quecksilber(I)- oder -(II)-nitrat gefällt und als Wolfram(VI)-oxid gewichtsanalytisch bestimmt.

***Anwendungsbereich.*** Geeignet für Gehalte bis 60%.

***Zuverlässigkeit.*** Bei Gehalten von 50 bis 55% etwa $\pm 0{,}2\%$.

***Reagenzien.***

1. Methylorangelösung: 0,1 g Methylorange in 100 ml heißem Wasser. Ein Rückstand ist abzufiltrieren.

2. Quecksilber(I)-nitratlösung: 160 g $Hg_2(NO_3)_2 \cdot 2\,H_2O$ werden mit 300 ml Wasser unter langsamem Erwärmen bis zum Sieden gelöst. Ein Rückstand wird durch Zutropfen von Salpetersäure (1 + 1) gelöst. Ein Säureüberschuß ist zu vermeiden. Die kalte Lösung wird zum Liter aufgefüllt.

3. Quecksilber(II)-nitratlösung: 100 g $Hg(NO_3)_2$ werden mit 300 ml Wasser unter langsamem Erwärmen bis zum Sieden gelöst. Ein Rückstand wird durch Zutropfen von Salpetersäure (1 + 1) gelöst. Ein Säureüberschuß ist zu vermeiden. Die erkaltete Lösung wird zum Liter aufgefüllt.

***Ausführung.*** Fällen mit Quecksilber(I)-nitrat: 2 g Probe (Feinheitsgrad 0,2 DIN 4188) werden in einem Nickeltiegel mit 20 g Kaliumcarbonat-Natriumcarbonat innig vermischt und langsam geschmolzen. Die Schmelze wird in einem 1 l-Becherglas mit 500 ml Wasser unter Erwärmen gelaugt. Bei Scheeliten empfiehlt es sich, die heiße Schmelze auf ein Nickelblech auszugießen und nach Erkalten die flachen Stücke zu laugen. Zur Zerstörung der Manganate versetzt man mit 1 g Natriumperoxid und filtriert nach Aufkochen über ein Filter Gr. 2 in einen 1 l-Meßkolben. Das Filter wird zunächst mit einer heißen Natriumcarbonatlösung (2 g in 100 ml), dann mehrere Male mit heißem Wasser ausgewaschen und in dem vorher benutzten Nickeltiegel verascht. Man verreibt den Rückstand im Tiegel und wiederholt den Aufschluß mit 10 bis 15 g Kaliumcarbonat-Natriumcarbonat. Nach Laugen der Schmelze mit 200 ml Wasser und Zerstören der Manganate, wie beschrieben, vereinigt man beide Lösungen im 1 l-Meßkolben, kühlt ab, füllt mit Wasser auf und filtriert durch ein Filter Gr. 2. 500 ml der Lösung (= 1 g Einwaage) werden in ein 1 l-Becherglas gegeben, mit einigen Tropfen Methylorange (1) versetzt und mit Salpetersäure (1 + 3) bis zum Umschlag des Indicators neutralisiert. Man fügt 2 ml Salpetersäure (1 + 3) im Überschuß zu und verkocht das Kohlendioxid. In die siedende Lösung gibt man dann 40 ml Quecksilber(I)-nitratlösung (2), stumpft mit einer Natriumcarbonatlösung (2 g in 100 ml) vorsichtig bis pH 3,5 ab (Prüfen mit Indicatorpapier) und kocht kurz auf. Nach Absetzen des Niederschlages prüft man durch Zugabe einiger Tropfen Quecksilber(I)-nitratlösung (2) auf Vollständigkeit der Fällung. Die klare überstehende Flüssigkeit gießt man über ein Filter Gr. 2 ab und dekantiert den Niederschlag vier- bis fünfmal mit je 300 ml heißer Quecksilber(I)-nitratlösung (2) (1 + 10). Dann filtriert man über das gleiche Filter und wäscht mit heißem Wasser alkalifrei. Filter und Niederschlag werden in einem gewogenen Platintiegel unter einem Abzug getrocknet, vorsichtig verascht und bei 800° zu Wolfram(VI)-oxid geglüht. Zur Entfernung des Silicium(IV)-oxides gibt man 1 ml Fluorwasserstoffsäure (40%), 2 ml Schwefelsäure (1 + 4) zu und raucht zur Trockne. Man glüht wiederum bei 800° bis zur Gewichtskonstanz und wägt aus. Auswaage I.

Fällen mit Quecksilber(II)-nitrat: Nach alkalischem Aufschluß des Erzes, Auslaugen, Überführung der Suspension in einen 1 l-Meßkolben und Entnahme von 500 ml in ein 1 l-Becherglas, wie oben beschrieben, wird die Lösung mit 35 ml Quecksilber(II)-nitratlösung (3) versetzt. Zu dem durch basisches Quecksilbercarbonat braungefärbten Niederschlag gibt man in kleinen Anteilen so viel Salpetersäure (1 + 1), bis die braune Farbe in die weiße Farbe des Quecksilber(II)-wolframats umgeschlagen ist. Ein größerer Säureüberschuß ist zu vermeiden. Die Lösung wird aufgekocht und in der Hitze mit einer Natriumhydroxidlösung (2 g in 100 ml) so lange versetzt, bis eine bleibende Fällung von gelbem Quecksilberoxid auftritt. Nach nochmaligem Aufkochen muß die Lösung pH 3,5 aufweisen. Man filtriert den Niederschlag nach mehrmaligem Dekantieren mit heißem Wasser über ein doppeltes Filter Gr. 2 und wäscht mit heißem Wasser so lange, bis im Filtrat Quecksilber mit Schwefelwasserstoffwasser nicht mehr nachweisbar ist. Das Filter wird in einem gewogenen Platintiegel unter einem Abzug getrocknet, vorsichtig verascht und der Niederschlag durch Glühen bei 800° in Wolfram(VI)-oxid übergeführt. Die Entfernung des Silicium(IV)-oxides wird, wie unter ,,Fällen mit Quecksilber(I)-nitrat“ beschrieben, durchgeführt. Auswaage I.

Reinigung des Wolfram(VI)-oxides: Zur Bestimmung der im Wolfram (VI)-oxid enthaltenen Verunreinigungen schmilzt man das Oxid im Platintiegel mit 6 g Kaliumcarbonat-Natriumcarbonat. Nach Auslaugen der Schmelze mit 100 ml Wasser in einem 250 ml-Becherglas gibt man 5 g Ammoniumchlorid zu und kocht auf. Die ausgeflockten Verunreinigungen werden über ein Filter Gr. 2 filtriert und mit Ammoniumchloridlösung (2 g in 100 ml) ausgewaschen. Sie werden in dem bereits benutzten Tiegel bis zur Gewichtskonstanz geglüht und nach Erkalten gewogen. Auswaage II.

Die Differenz zwischen den Auswaagen I und II ergibt den Wolfram(VI)-oxidgehalt der Probe. Der Umrechnungsfaktor von Wolfram(VI)-oxid auf Wolfram ist 0,7930.

***Bemerkung.*** Wolfram(VI)-oxid kann durch Molybdän(VI)-oxid verunreinigt sein.

### 1.1.1.1 Bestimmung des Molybdäns in Wolfram(VI)-oxid

***Grundlage.*** Das Molybdän wird nach alkalischem Aufschluß des Wolfram(VI)-oxids als Molybdänthiocyanatkomplex photometrisch bestimmt.

***Anwendungsbereich.*** Geeignet für Gehalte unter 1%.

***Zuverlässigkeit.*** Bei Gehalten unt r 0,2% etwa $\pm$ 10%,
über 0,2% etwa $\pm$ 5%.

***Reagenzien.***

1. Citronensäurelösung: 40 g zu 100 ml gelöst.
2. Ammoniumthiocyanatlösung: 10 g zu 100 ml gelöst.
3. Isoamylacetat.
4. Zinn(II)-chloridlösung: 16 g $SnCl_2 \cdot 2\,H_2O$ mit 10 ml Salzsäure (1,19) gelöst. Man verdünnt mit 50 ml Wasser, fügt 16 g Citronensäure zu und füllt zu 100 ml auf.
5. Weinsäurelösung: 60 g zu 100 ml gelöst.
6. Kaliumthiocyanatlösung: 25 g zu 100 ml gelöst.
7. Zinn(II)-chloridlösung: 10 g $SnCl_2 \cdot 2\,H_2O$ mit 10 ml Salzsäure (1,19) gelöst. Die Lösung wird zu 100 ml aufgefüllt.
8. Molybdänstandardlösung: 0,25 g Natriummolybdat $Na_2MoO_4 \cdot 2\,H_2O$ werden im Meßkolben zum Liter gelöst. 1 ml $\triangleq$ 0,099 mg Molybdän.
9. Molybdänstandardlösung: 0,5 g Natriummolybdat $Na_2MoO_4 \cdot 2\,H_2O$ werden im 1 l-Meßkolben gelöst. 1 ml $\triangleq$ 0,1819 mg Molybdän.
10. Natriumwolframatlösung: 1,42 g $Na_2WO_4 \cdot 2\,H_2O$zu 100 ml gelöst. 1 ml $\triangleq \approx$ 10 mg Wolfram(VI)-oxid.

***Ausführung.*** Zur Bestimmung des Molybdäns wird das Filtrat der mit Ammoniumchlorid ausgefällten Verunreinigungen verwendet (siehe Reinigung des Wolfram(VI)-oxides unter 1.1.1). Das Filtrat wird mit Schwefelsäure (1 + 4) bis pH 7,5 abgestumpft und in einen 250 ml-Meßkolben übergespült. Nach Auffüllen werden 25 ml in einen 250 ml-Scheidetrichter gegeben und mit 5 ml Citronensäurelösung (1), 5 ml Ammoniumthiocyanatlösung (2) und 3 ml Wasser versetzt. Nach Zugabe von 25 ml Isoamylacetat (3) und 12,5 ml Zinn(II)-chloridlösung (4) schüttelt man kräftig und läßt stehen. Sobald sich beide Phasen getrennt haben, läßt man die wäßrige Schicht in einen zweiten 250 ml-Scheidetrichter ab und extrahiert sie nochmals mit 25 ml Isoamylacetat (3). Die wäßrige Schicht wird abgelassen und verworfen. Die organischen Extrakte werden vereinigt, mit 30 ml Wasser durchgeschüttelt und nach Trennen der beiden Phasen die wäßrige Lösung abgelassen und verworfen. Die organische Phase gibt man in einen 100 ml-Meßkolben, füllt mit Äthanol auf und mißt nach Umschütteln bei 470 nm in einer 2 cm-Küvette gegen eine Reagenzienblindprobe.

***Eichkurve.*** In verschiedenen Abnahmen der Molybdänstandardlösung (8) wird das Molybdän, wie oben beschrieben, bestimmt und gegen eine Reagenzienblindprobe gemessen.

***Bemerkung.*** Enthält die zu untersuchende Probe über 0,2% Molybdän, so wird die Bestimmung wie folgt durchgeführt:

Das Filtrat der mit Ammoniumchlorid ausgefällten Verunreinigungen wird in einen 500 ml-Meßkolben übergeführt. Man entnimmt 20 ml, gibt sie in einen 50 ml-Meßkolben und versetzt mit 3 ml Weinsäurelösung (5) und 10 ml Schwefelsäure (1 + 1). Nach Abkühlen fügt man 5 ml Kaliumthiocyanatlösung (6) und 5 ml Zinn(II)-chloridlösung (7) zu und füllt mit Wasser auf. Man schüttelt durch, läßt 10 min stehen und mißt bei 470 nm in einer 2 cm-Küvette gegen eine Reagenzienblindprobe.

***Eichkurve.*** Zur Aufstellung der Eichkurve verwendet man verschiedene Abnahmen der Molybdänstandardlösung (9), zu denen man eine der Probe etwa entsprechende Menge Wolfram in Form der Natriumwolframatlösung (10) zusetzt.

***Ausrechnung.*** (Nach Bestimmung aller Begleitelemente)

% Wolfram(VI)-oxid = [g Auswaage I — (g Auswaage II + g Molybdän(VI)-oxid)] · 100 .

### 1.1.2 Bestimmung des Zinns

***Grundlage.*** Das Zinn wird nach alkalischem Aufschluß der Probe und Abscheiden des Wolframs zu zweiwertigem Zinn reduziert und jodometrisch bestimmt.

***Anwendungsbereich.*** Geeignet für Gehalte bis 5%.

***Zuverlässigkeit.*** Bei Gehalten unter 2% etwa ±3%.

***Reagenzien.***

1. Cinchoninlösung: 12,5 g Cinchonin werden mit 50 ml Salzsäure (1,19) gelöst und mit Wasser zu 100 ml verdünnt.
2. Antimonlösung: 10 g Antimon werden mit 20 ml Schwefelsäure (1,84) im Becherglas gelöst. Nach Eindampfen zur Trockne wird mit 20 ml Salzsäure (1,19) aufgenommen und mit Salzsäure (1 + 1) zum Liter verdünnt.
3. Stärkelösung: 1 g zu 100 ml gelöst. Täglich frisch zu bereiten

***Ausführung,*** 5 g Probe (Feinheitsgrad 0,2 DIN 4188) werden im Eisentiegel zum Entfernen des Arsens bei Rotglut geröstet. Nach Erkalten des Tiegels vermischt man mit 20 g Natriumperoxid und schließt die Probe mit starker Flamme auf. Die erkaltete Schmelze wird in einem 600 ml-Becherglas mit 200 ml Wasser ausgelaugt und mit Salzsäure (1,19) neutralisiert. Nach Zugabe von 50 ml Salzsäure (1,19) erwärmt man auf 80° und fällt die noch gelöste Wolframsäure durch Zutropfen der Cinchoninlösung (1). Hierfür genügen meist 10 ml Lösung. Nach Absetzen des Niederschlages prüft man durch Zugabe einiger Tropfen Cinchoninlösung (1) auf Vollständigkeit der Fällung. Man spült in einen 500 ml-Meßkolben über, füllt mit Wasser und filtriert in ein trockenes Becherglas über ein Faltenfilter Gr. 2 unter Zusatz von etwas Filterschleim. Dem klaren Filtrat entnimmt man 200 ml und bestimmt das Zinn nach Zugabe von Antimonlösung (2), Eisenpulver und 1 ml Stärkelösung (3), wie im Kapitel Zinn unter 1.1.1, S. 455, beschrieben, mit einer 0,05n-Jodlösung. 1 ml 0,05n-Jodlösung ≙ 2,968 mg Zinn.

### 1.1.3 Bestimmung des Arsens

***Grundlage.*** Das Arsen wird nach alkalischem Aufschluß der Probe als Arsen(III)-chlorid destilliert und entweder gewichtsanalytisch als Arsen(III)-sulfid oder maßanalytisch bestimmt.

***Anwendungsbereich.*** Geeignet für Gehalte bis 1%.

***Zuverlässigkeit.*** Bei Gehalten unter 0,2% etwa ±5%.

***Reagenzien.***

1. Reduktionslösung: 30 g Hydraziniumsulfat und 60 g Kaliumbromid werden zum Liter gelöst.

2. Ammoniumcarbonatlösung: 200 g $(NH_4)_2CO_3 \cdot 1\,H_2O$ zum Liter gelöst.

***Geräte.*** Destillierapparat, siehe Abb. 5 im Kapitel Arsen unter 1.2, S. 70.

***Ausführung.*** 5 g Probe (Feinheitsgrad 0,2 DIN 4188) werden in einem Nickeltiegel mit einem Gemisch von 15 g Natriumperoxid und 5 g Kaliumcarbonat-Natrium carbonat aufgeschlossen. Die Schmelze wird in einem 800 ml-Becherglas mit 200 ml Wasser gelaugt. Man säuert mit 80 ml Phosphorsäure (1,7) an und gibt zum Zerstören der gebildeten Manganate tropfenweise Wasserstoffperoxidlösung (3%) bis zur klaren Lösung zu. Nach Eindampfen bis auf etwa 120 ml Volumen spült man die Lösung in den Destillierkolben über. Eine auftretende Trübung durch Calciumphosphat stört nicht. Durch den Tropftrichter läßt man 15 ml Reduktionslösung (1) und 100 ml Salzsäure (1,19) zufließen. Man destilliert 2/3 des Flüssigkeitsvolumens ab, wobei das Destillat in einer mit 100 ml Wasser beschickten Vorlage aufgefangen wird. Die Destillation wird mit 10 ml Salzsäure (1,19) wiederholt. Das Arsen wird entweder maßanalytisch gemäß den Angaben im Kapitel Arsen unter 1.3.1 oder gewichtsanalytisch bestimmt.

***Gewichtsanalytische Bestimmung.*** Nach beendeter Destillation wird in das Destillat so viel Salzsäure (1,19) gegeben, bis das Verhältnis Salzsäure: Wasser ungefähr 2:1 beträgt. (Bei dieser Säurekonzentration fällt beim nachfolgenden Einleiten von Schwefelwasserstoff kein Antimontrisulfid aus.) Man leitet in der Kälte in die Lösung Schwefelwasserstoff bis zur Sättigung ein, filtriert die Arsen(III)-sulfidfällung über einen gewogenen Glasfiltertiegel 1G4 ab und wäscht den Niederschlag zuerst mit Salzsäure (1 + 10), dann mit trockenem Äthanol. Zur Entfernung von etwa ausgeschiedenem Schwefel übergießt man den Niederschlag mit 2 bis 3 ml Kohlenstoffdisulfid, die nach kurzem Einwirken abgesaugt werden. Nach nochmaligem Waschen mit Äthanol wird das Arsentrisulfid bei 100° bis zur Gewichtskonstanz getrocknet und ausgewogen. Der Umrechnungsfaktor von Arsentrisulfid auf Arsen ist 0,6090.

***Bemerkung.*** Das Arsentrisulfid wird wie folgt auf seine Reinheit geprüft: Das im Tiegel befindliche Arsentrisulfid wird zweimal mit je 100 ml Ammoniumcarbonatlösung (2) und 1 ml Ammoniak (1 + 100) ausgewaschen. Nach kurzem Stehen saugt man die Lösung ab, wäscht mit Wasser nach und trocknet den Tiegel bei 100°. Das Gewicht eines evtl. vorhandenen Rückstandes wird von der ersten Auswaage abgezogen.

## 1.2 Wolframhammerschlag

### 1.2.1 Bestimmung des Wolframs

***Grundlage.*** Das Wolfram wird nach Lösen der Probe mit Salzsäure als Wolfram(VI)-oxidhydrat ausgefällt, nach Filtration und Veraschen alkalisch aufgeschlossen und in der Lösung als Thiocyanatkomplex photometrisch bestimmt.

***Anwendungsbereich.*** Geeignet für Gehalte unter 8%.

***Zuverlässigkeit.*** Bei Gehalten um 5% etwa ±3%.

***Reagenzien.***

1. Cinchoninlösung: 12,5 g Cinchonin werden mit 500 ml Salzsäure (1,19) gelöst und mit Wasser zu 100 ml verdünnt.

2. Waschlösung: 20 ml Cinchoninlösung (1) zum Liter verdünnt.

3. Kaliumthiocyanatlösung: 25 g zu 100 ml gelöst.

4. Zinn(II)-chloridlösung: 12 g $SnCl_2 \cdot 2\,H_2O$ werden mit 600 ml Salzsäure (1,19) gelöst und mit Wasser zum Liter aufgefüllt. Die Lösung ist frisch zu bereiten.

5. Titan(III)-chloridlösung: 15%ige handelsübliche Lösung.

6. Wolframstammlösung: 1 g frisch geglühtes Wolfram(VI)-oxid wird im Eisentiegel mit 5 g Natriumperoxid aufgeschlossen, die Schmelze mit Wasser gelöst und im 1 l-Meßkolben aufgefüllt.

7. Wolframstandardlösung: Die Wolframstammlösung wird durch ein trockenes Faltenfilter Gr. 2 in ein trockenes Becherglas abfiltriert. 50 ml Filtrat werden im Meßkolben zum Liter aufgefüllt. 1 ml $\triangleq$ 0,05 mg Wolfram(VI)-oxid.

***Ausführung.*** 1 g Probe (Feinheitsgrad 0,2 DIN 4188) wird in einem 600 ml-Becherglas mit 100 ml Salzsäure (1,19) versetzt und auf dem Sandbad bis auf etwa 20 ml eingeengt. In die heiße Lösung gibt man zur vollständigen Oxydation (Aufschäumen!) tropfenweise Salpetersäure (1,4). Nach Eindampfen bis zur Sirupdicke verdünnt man mit Wasser auf 200 ml, gibt 10 ml Salzsäure (1,19) zu, erhitzt zum Sieden und fügt zur kochenden Lösung 5 ml Cinchoninlösung (1). Nach Zugabe von etwas Filterbrei kocht man nochmals 5 min, läßt 2 Std. absitzen und filtriert über ein doppeltes Filter Gr. 2, auf das noch etwas Filterschleim gegeben wird. Der Niederschlag wird zunächst mit Waschlösung (2), dann mit kalter Salzsäure (1 + 100) gewaschen. Filter und Niederschlag werden in einem Eisentiegel verascht der Rückstand wird mit 10 g Natriumperoxid aufgeschlossen. Die Schmelze wird in dem anfangs benutzten 600 ml-Becherglas mit 200 ml Wasser gelaugt, die Lösung aufgekocht und in einen 500 ml-Meßkolben übergeführt. Nach Auffüllen und Durchschütteln wird durch ein Faltenfilter Gr. 2 mit einem Rundfilter als Unterlage filtriert. Vom klaren Filtrat werden 5 ml (= 0,01 g Einwaage) in einen 50 ml-Meßkolben mit 1 ml Phosphorsäure (1,7) und 5 ml Kaliumthiocyanatlösung (3) versetzt. Man füllt mit der Zinn(II)-chloridlösung (4) fast auf, fügt mit einer Stechpipette 0,1 ml Titan(III)-chloridlösung (5) zu und füllt mit der Zinn(II)-chloridlösung (4) auf. Nach Schütteln wird nach einer Wartezeit von 5 min in 2 cm-Küvetten bei 436 nm gegen Wasser gemessen.

***Eichkurve.*** In verschiedenen Abnahmen der Wolframstandardlösung (7) [0,1 bis 0,7 mg Wolfram(VI)-oxid] wird das Wolfram, wie beschrieben, bestimmt.

# 2 Metallische Erzeugnisse

## 2.1 Metallisches Wolfram

### 2.1.1 Bestimmung des Wolframs

***Grundlage.*** Das Wolfram wird nach Oxydation des Wolframmetalls zu Wolfram(VI)-oxid und anschließendem alkalischem Aufschluß mit Quecksilber(I)- oder -(II)-nitrat gefällt und als Wolfram(VI)-oxid gewichtsanalytisch bestimmt.

***Anwendungsbereich.*** Geeignet für Gehalte von 80 bis 99%.

***Zuverlässigkeit.*** Bei Gehalten um 99% etwa ±0,2%.

***Reagenzien.*** Siehe unter 1.1.1, S. 412.

***Ausführung.*** 1 g Probe (Feinheitsgrad 0,2 DIN 4188) wird in einem Platintiegel vorsichtig unter Umrühren mit einem Platindraht bei 700° geröstet. Das Wolfram(VI)-oxid wird mit 12 g Kaliumcarbonat-Natriumcarbonat unter Zugabe einiger Körnchen Kaliumnitrat vermischt und der mit einem Deckel versehene Tiegel zunächst mit kleiner, dann mit voller Flamme erhitzt. Nach Erkalten der Schmelze laugt man mit 200 ml Wasser unter Erwärmen aus und überführt die Lösung in einen 250 ml-Meßkolben. Man kühlt ab, füllt auf und filtriert über ein Filter Gr. 2 in ein trockenes 400 ml-Becherglas. 200 ml (= 0,8 g Einwaage) werden in ein 800 ml-Becherglas gegeben und die Wolframbestimmung, wie unter 1.1.1, S. 413, beschrieben, entweder durch Fällen mit Quecksilber(I)-nitrat oder -(II)-nitrat durchgeführt. Der Umrechnungsfaktor von Wolfram(VI)-oxid auf Wolfram ist 0,7930.

### 2.1.2 Bestimmung des Kohlenstoffs

Siehe Kapitel Kohlenstoff unter 4.8, S. 201.

## 2.2 Ferro-Wolfram

### 2.2.1 Bestimmung des Wolframs

***Grundlage.*** Das Wolfram wird nach Oxydation des Ferro-Wolframs in einem Platintiegel und alkalischem Aufschluß mit Quecksilbernitrat gefällt und gewichtsanalytisch als Wolfram(VI)-oxid bestimmt.

***Anwendungsbereich.*** Geeignet für Gehalte von 70 bis 90%.

***Zuverlässigkeit.*** Bei Gehalten von 70 bis 90% etwa ±0,2%.

***Reagenzien.*** Siehe unter 1.1.1, S. 412.

***Ausführung.*** 1 g Probe (Feinheitsgrad 0,16 DIN 4188) wird in einem Platintiegel unter öfterem Umrühren mit einem Platindraht geröstet. Das Wolfram(VI)- und Eisen(III)-oxid schließt man mit 10 g Kaliumcarbonat-Natriumcarbonat unter Zugabe einiger Körnchen Kaliumnitrat im abgedeckten Tiegel bei zunächst kleiner, dann voller Flamme auf. Nach dem Erkalten wird die Schmelze mit 200 ml Wasser unter Erwärmen gelaugt, die Manganate nach Zugabe von 2 g Natriumperoxid durch 5 min langes Kochen zerstört, das Ungelöste über ein doppeltes Filter Gr. 2 abfiltriert und das Filtrat in einem 800 ml-Becherglas gesammelt. Filter und Rückstand werden zunächst mit einer heißen Natriumcarbonatlösung (2 g in 100 ml), dann zweimal mit Wasser gewaschen. Man trocknet das Filter in dem vorher benutzten Platintiegel und verascht. Nach Erkalten vermischt man den Rückstand mit 4 g Kaliumcarbonat-Natriumcarbonat, wiederholt den Aufschluß und filtriert die Aufschlußlösung über ein doppeltes Filter Gr. 2 zum ersten Filtrat. Der Rückstand wird verworfen. In den vereinigten Filtraten erfolgt die Fällung und Bestimmung des Wolframs, wie unter 1.1.1, S. 413, beschrieben.

***Fehlermöglichkeit.*** In Gegenwart von Chrom wird bei der Bestimmung der Verunreinigungen des Wolfram(VI)-oxids wie folgt verfahren:

Das Wolfram(VI)-oxid (Auswaage I) wird mit 10 g Kaliumcarbonat-Natriumcarbonat in einem Platintiegel aufgeschlossen. Die erkaltete Schmelze laugt man mit 150 ml Wasser, neutralisiert mit Salpetersäure (1,4), fügt 5 ml im Überschuß zu und reduziert vorhandenes Chrom durch Zugabe von 20 ml schwefliger Säure. Die Lösung wird mit Ammoniak (0,91) neutralisiert und ein Überschuß von 10 ml zugegeben. Der in der Wärme entstehende Niederschlag wird über ein Filter Gr. 2 mit Filterschleim abfiltriert. Nach Auswaschen mit kalter Ammoniumchloridlösung (10 g in 100 ml) verascht man das Filter im Platintiegel und wiederholt den Aufschluß mit Kaliumcarbonat-Natriumcarbonat und die Fällung, wie vorher beschrieben. Der Veraschungsrückstand wird von der Auswaage I abgezogen.

Im Filtrat der Chromfällung wird Molybdän nach der unter 1.1.1.1, S. 414, beschriebenen Methode bestimmt und bei der Ausrechnung berücksichtigt.

### 2.2.2 Bestimmung des Zinns

***Grundlage.*** Das Zinn wird gemeinsam mit Arsen und Antimon als Sulfid vom Wolfram abgetrennt, als Zinn(IV)-chlorid destilliert, erneut als Sulfid gefällt und als Zinn(IV)-oxid gewichtsanalytisch bestimmt.

***Anwendungsbereich.*** Geeignet für Gehalte von 0,01 bis 0,2%.

***Zuverlässigkeit.*** Bei Gehalten um 0,1% etwa ±5%.

***Geräte.*** Destillierapparat, siehe Abb. 23.

***Ausführung.*** Je nach Zinngehalt werden mehrfach 5 g Probe (Feinheitsgrad 0,2 DIN 4188) in je einem Nickeltiegel mit 20 g Natriumperoxid unter Rühren mit einem Eisen- oder Nickelstab bei Rotglut aufgeschlossen. Nach Erkalten werden die Schmelzkuchen mit je 200 ml Wasser gelaugt und die Lösungen in einen 2 l-Erlenmeyerkolben, in welchen zuvor 125 g Weinsäure gegeben wurden, unter Umschütteln vereinigt. Man neutralisiert vorsichtig mit Schwefelsäure (1 + 1), gibt so viel Schwefelsäure (1 + 1) im Überschuß zu, bis die anfänglich braune Farbe der Lösung nach Gelbgrün umschlägt. In die nach kurzem Aufkochen klare heiße Lösung leitet man Schwefelwasserstoff ein, verdünnt nach 15 min mit Wasser auf 1800 ml Volumen und setzt das Einleiten von Schwefelwasserstoff weitere 15 min fort. Nach Stehen über Nacht werden die ausgefallenen Sulfide über ein doppeltes Filter Gr. 2 unter Zugabe von etwas Filterschleim abfiltriert und mit schwefelwasserstoffgesättigter Schwefelsäure (1 + 100) wolframfrei gewaschen. Man bringt das Filter in einen 500 ml-Erlenmeyerkolben, versetzt mit 7 ml Schwefelsäure (1,84) und erwärmt bis zum Nebeln. Nach weiterer Zugabe von 8 ml Schwefelsäure (1,84) erhitzt man unter gelegentlicher Zugabe einiger Tropfen Salpetersäure (1,4), bis eine helle, klare Lösung vorliegt. Zum Vertreiben der letzten Reste Salpetersäure wird die Lösung noch zweimal mit je 10 ml Wasser verdünnt und bis zum Auftreten von Schwefelsäure-Nebel eingeengt. Nun überführt man sie in den Destillierkolben, verdampft das zum Überspülen benötigte Wasser bis zum Auftreten von Schwefelsäure-Nebel. Nach Zugabe von 7 ml Phosphorsäure (1,7) setzt man den Destillierapparat zusammen und destilliert unter stetem Zutropfen von Salzsäure (1,19) aus dem Tropftrichter und Durchleiten eines Kohlendioxidstromes Arsen und Antimon ab. Durch Regulierung des Salzsäurezuflusses und der Gasflamme wird die Temperatur auf 145 bis 165° konstant gehalten. Die Destillation ist beendet, wenn etwa 200 ml Salzsäure destilliert sind. Die Vorlage wird nun ausgewechselt. In den Tropftrichter gibt man 240 ml einer Lösung von 1 Teil Bromwasserstoffsäure (1,38) und 3 Teilen Salzsäure (1,19). Wie bei der Destillation des Arsens und Antimons beschrieben, wird nun das Zinn bei 130 bis 140° destilliert. Das Destillat wird mit Ammoniak (0,91) unter Kühlung vorsichtig neutralisiert, mit 0,5 ml Salzsäure (1,19) versetzt und in der warmen Lösung das Zinn mit Schwefelwasserstoff gefällt. Nach Stehen über Nacht filtriert man den Niederschlag über ein Filter Gr. 2 mit Filterschleim ab, wäscht mit schwefelwasserstoffhaltigem Wasser, das 2 g Ammoniumnitrat im Liter enthält, aus. Das Filter wird nach Trocknen in einem gewogenen Porzellantiegel bis zur Gewichtskonstanz verascht. Nach Erkalten wird das Zinn(IV)-oxid ausgewogen. Eine Bestimmung des Blindwertes ist erforderlich. Der Umrechnungsfaktor von Zinn(IV)-oxid auf Zinn ist 0,7877.

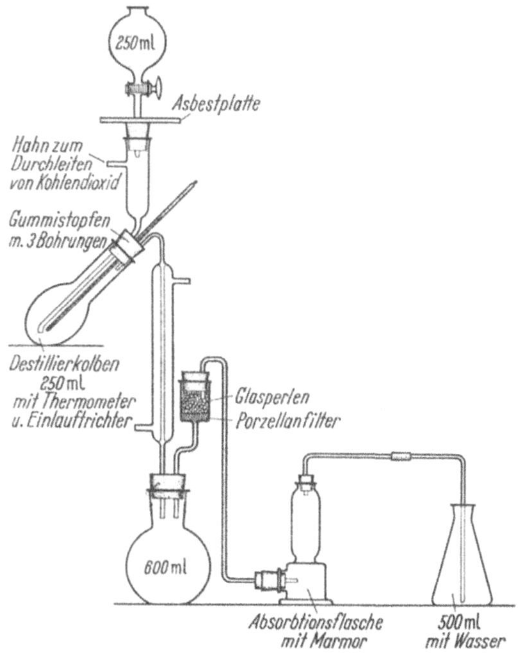

Abb. 23. Apparatur zur Zinn-Bestimmung

## 2.2.3 Bestimmung des Arsens

Siehe unter 1.1.3, S. 415.

#### 2.2.4 Bestimmung des Kohlenstoffs

Siehe Kapitel Kohlenstoff unter 4.15, S. 201.

# 3 Wolframcarbid

## 3.1 Bestimmung des Kohlenstoffs

Siehe Kapitel Kohlenstoff unter 5.3, S. 203.

Kapitel 33

# Zink

## Inhalt

# 1 Rohstoffe

## Zinkerze und -konzentrate

### 1.1 Bestimmung des Zinks

#### 1.1.1 Bei Cadmiumgehalten unter 1%

***Grundlage.*** Nach Abtrennen der störenden Bestandteile wird das Zink mit Kaliumhexacyanoferrat(II) maßanalytisch bestimmt.

***Anwendungsbereich.*** Geeignet für Gehalte von 10 bis 90%.

***Zuverlässigkeit.*** Etwa ±0,4%.

***Reagenzien.***

1. Feinzink: 99,995%.
2. Eisen(III)-chloridlösung: 0,5 g $FeCl_3 \cdot 6\,H_2O$ zu 100 ml gelöst.
3. Eisen(III)-chloridlösung: 5 g zu 100 ml gelöst.
4. Mischsäure: Salpetersäure (1,4) und Schwefelsäure (1,84) im Volumenverhältnis 2 + 1.
5. Kaliumhexacyanoferrat(II)-lösung: 31 g zum Liter gelöst. 1 ml $\triangleq \approx$ 7 mg Zink. Die Lösung muß 8 bis 10 Tage stehen und vor dem Gebrauch durch ein Filter Gr. 4 filtriert werden.
6. Zinkchloridlösung: 7 g Feinzink (1) werden in einem 800 ml-Becherglas mit 60 ml Salzsäure (1 + 1) gelöst. Die Lösung wird mit Wasser auf 100 ml verdünnt, mit Ammoniak (1 + 1) bis zur beginnenden Trübung neutralisiert und das ausgeschiedene basische Zinksalz durch Zutropfen von Salzsäure (1 + 1) eben in Lösung gebracht. Man füllt in einem 1 l-Meßkolben auf. 1 ml $\triangleq$ 7 mg Zink.
7. Methylorangelösung: 0,05 g zu 100 ml gelöst.
8. Ammoniummolybdatlösung: 1 g $(NH_4)_6Mo_7O_{24} \cdot 4\,H_2O$ zu 100 ml gelöst.

***Ausführung.*** 1,25 g Probe werden in einem bedeckten 300 ml-Erlenmeyerkolben mit Wasser angeschlämmt und mit 15 ml Salzsäure (1,19) versetzt. Sowohl bei sulfidischen als auch bei carbonatischen Erzen läßt man die Säure bei gelinder Wärme 15 min einwirken, gibt dann 5 ml Salpetersäure (1,4) zu und läßt langsam zur Trockne eindampfen. Man nimmt mit 10 ml Salzsäure (1 + 1) auf, erwärmt, bis alles gelöst ist, fügt 10 ml Schwefelsäure (1 + 1) zu und raucht bis zum Auftreten weißer Dämpfe ein. Sollte sich die Probe infolge Anwesenheit von organischen Substanzen schwarz färben, so werden diese durch Zutropfen von Mischsäure (4) zerstört. Anschließend raucht man zur Trockne. Der rein weiße Rückstand wird mit 7 ml Salzsäure (1,19) etwa 10 min bei 30 bis 40° behandelt, mit 30 ml Wasser versetzt und bis zur völligen Lösung der Salze erwärmt. Man gibt jetzt 100 ml Wasser hinzu, erwärmt auf etwa 70° und leitet bis zum Erkalten Schwefelwasserstoff ein. Nach dem Absetzen der Sulfide filtriert man diese über ein Filter Gr. 3 ab und wäscht Kolben und Filter mit 150 ml schwefelwasserstoffhaltiger Salzsäure (1 + 20) aus. Im Filtrat verkocht man nach Zugabe von Siedesteinchen den Schwefelwasserstoff, gibt zur Oxydation in der Hitze soviel gesättigtes Bromwasser zu, bis die Lösung rotbraun ist, verkocht das Brom (mindestens 20 min) und spült die erkaltete Lösung in einen 500 ml-Meßkolben über. Jetzt gibt man in einem Guß 70 ml Ammoniak (0,91) und dann noch 5 ml Bromwasser zu, schwenkt um und läßt über Nacht stehen. Am nächsten Morgen füllt man auf und filtriert durch ein Faltenfilter in einen trockenen Kolben.

#### 1.1.1.1 Titration nach der Farbumschlagmethode

Dem ammoniakalischen Filtrat des Erzaufschlusses entnimmt man zweimal 200 ml (= 0,5 g Einwaage), gibt diese in zwei 750 ml-Erlenmeyerkolben und verkocht den Überschuß an Ammoniak bis zum Ausscheiden von Zinkoxidhydrat. Man verdünnt auf etwa 150 ml, säuert durch tropfenweise Zugabe von Salzsäure (1 + 1) gegen Methylorange (7) bis zum deutlichen Umschlag nach Rot an, gibt 1 ml Salzsäure (1 + 1) im Überschuß und 2 bis 3 Tropfen Eisen(III)-chloridlösung (2) zu, verdünnt auf 250 ml und titriert bei etwa 80° mit der Kaliumhexacyanoferrat(II)-lösung (5) die eine Abnahme als Vortitration, die zweite als Haupttitration. Bei letzterer läßt man die in der Vortitration benötigte Menge an Maßlösung bis auf 0,5 ml unter dauerndem Umschwenken zufließen, unterbricht den Zufluß und schwenkt um, wobei die bläuliche Farbe des Kolbeninhalts bestehen bleiben muß. Dann titriert man unter Umschwenken tropfenweise weiter bis zum Umschlag nach Rahmgelb. Da dieser Umschlag nur schwer auf den Tropfen genau ermittelt werden kann, titriert man mit der Zinklösung (6) bis zum ersten Auftreten der bläulichen Farbe zurück. Aus der Differenz der verbrauchten ml ergibt sich der wirkliche Verbrauch an Kaliumhexacyanoferrat(II)-lösung (5).

#### 1.1.1.2 Titration nach der Tüpfelmethode

Dem ammoniakalischen Filtrat des Erzaufschlusses entnimmt man zweimal 200 ml (= 0,5 g Einwaage) in zwei 500 ml-Erlenmeyerkolben und verkocht das Ammoniak, bis Zinkoxidhydrat ausfällt. Dann neutralisiert man gegen im Kolben befindliches Kongopapier mit Salzsäure (1 + 1) und gibt 10 ml Salzsäure (1,19) im Überschuß zu. Man verdünnt auf etwa 250 ml, kocht auf und titriert die heiße Lösung mit der Kaliumhexacyanoferrat(II)-lösung (5) gegen Ammoniummolybdat (8) durch Tüpfeln. Eine Abnahme dient zur Vortitration. Hierbei treten Verluste durch die zahlreichen Tüpfelungen auf. Die zweite Abnahme wird „scharf" titriert, indem man 0,5 ml weniger als bei der Vortitration zulaufen läßt und dann tropfenweise weitertitriert, bis drei Tropfen der Probenlösung mit drei Tropfen Ammoniummolybdatlösung (8) in der Vertiefung einer Tüpfelplatte eine schwache Braunfärbung ergeben.

***Titerstellung der Kaliumhexacyanoferrat(II)-lösung (5).*** Man löst eine dem Zinkgehalt der Probe auf ±2% entsprechende Menge Feinzink (1) in einem 600 ml-Becherglas mit 20 ml Salzsäure (1,19) und gibt soviel Eisen(III)-chloridlösung (3) zu, wie dem Gehalt der Einwaage der Analysenprobe an Eisen, Aluminium und Mangan entspricht. Die Weiterbehandlung ist dann die gleiche wie bei der Analysenprobe nach dem Verkochen des Schwefelwasserstoffs.

Die Zugabe der Eisenlösung bei der Titerstellung der Kaliumhexacyanoferrat (II)-lösung (5) ist notwendig, um den Zinkrückhalt des Oxidhydratniederschlages zu kompensieren. Nur in den Fällen, wo nach dem Kaufvertrag diese Kompensation nicht erforderlich ist (méthode belge standardisée), wird der Titer mit einer reinen Zinklösung ermittelt. Die erhaltenen Zinkwerte der Probe liegen dann, je nach dem Eisen- und Aluminiumgehalt der Probe, tiefer als nach der Kompensationsmethode.

### 1.1.2 Bei Cadmiumgehalten über 1%

Die Bestimmung wird in der gleichen Weise durchgeführt, wie unter 1.1.1 beschrieben, mit der Abänderung, daß der Cadmiumsulfidniederschlag zur Vermeidung von Zinkverlusten noch einmal umgefällt wird. Filter und Niederschlag werden in das Fällgefäß zurückgegeben. Man setzt 10 ml Salpetersäure (1,4) und 10 ml Schwefelsäure (1,84) zu und dampft zur Trockne, wobei die Reste des Filters durch Zutropfen von Mischsäure (4) zerstört werden. Den Rückstand löst man in 10 ml Salzsäure (1 + 1), verdünnt mit 90 ml Wasser und leitet in die erwärmte

Lösung nochmals 30 min lang Schwefelwasserstoff ein. Nach dem Absetzen der Sulfide wird abfiltriert und wie unter 1.1.1 ausgewaschen. Man vereinigt die Filtrate, verkocht den Schwefelwasserstoff und engt auf etwa 250 ml ein. Die Weiterbehandlung ist unter 1.1.1 angegeben, nur müssen wegen der doppelten Menge freier Säure 80 ml Ammoniak (0,91) zugegeben werden.

### 1.1.3 In nickel- und aluminiumhaltigen Proben

Die Bestimmung wird in der gleichen Weise durchgeführt, wie unter 1.1.1 beschrieben, mit der Abänderung, daß das Zink vor der Titration durch eine Schwefelwasserstoffällung von Nickel und Aluminium getrennt wird. Man neutralisiert hierzu die Abnahme der ammoniakalischen Zinklösung in einem 750 ml-Erlenmeyerkolben mit Schwefelsäure (1 + 10) gegen Methylorange (7), gibt 25 ml 0,1n-Schwefelsäure zu, verdünnt auf 400 ml und leitet in die erwärmte Lösung 1 Std. lang Schwefelwasserstoff ein. Der Niederschlag wird über ein Filter Gr. 4 mit etwas Filterschleim abfiltriert, Filter und Niederschlag werden in das Fällgefäß zurückgegeben. Man setzt 30 ml Mischsäure (4) zu und dampft zur Trockne. Der Rückstand wird mit 15 ml Salzsäure (1 + 1) aufgenommen, auf 100 ml mit Wasser verdünnt, mit 25 ml Ammoniak (0,91) versetzt und weiterbehandelt, wie unter 1.1.1.1 bzw. 1.1.1.2 beschrieben.

## 1.2 Bestimmung des Bleis

***Grundlage.*** Das Blei wird nach dem Lösen der Probe mit Säure als Bleisulfid gefällt und als Bleisulfat gewichtsanalytisch bestimmt.

***Anwendungsbereich.*** Geeignet für Gehalte über 0,5%.

***Zuverlässgikeit.*** Etwa ±5%.

***Reagenzien.***

1. Natriumsulfidlösung: 100 g $Na_2S \cdot 9\,H_2O$ zum Liter gelöst.
2. Natriumsulfidlösung: 5 g zum Liter gelöst.
3. Ammoniumacetatlösung: 120 ml Ammoniak (0,91), 140 ml Essigsäure (1,06) und 170 ml Wasser werden vermischt.
4. Mischsäure: Salpetersäure (1,4) und Schwefelsäure (1,84) im Volumenverhältnis 2 + 1.

***Ausführung.*** 2 g Probe werden mit 30 ml Salzsäure (1,19) in der Wärme behandelt, bis die Gasentwicklung beendet ist, danach mit 5 ml Salpetersäure (1,4) versetzt und zur Trockne gedampft. Man wiederholt das Abdampfen nochmals mit 5 ml Salzsäure (1,19), nimmt dann mit 5 ml Salzsäure (1,19) und 30 ml Wasser auf, kocht und verdünnt mit 100 ml kochend heißem Wasser, um das Bleichlorid zu lösen. Man filtriert heiß durch ein Filter Gr. 2, wäscht abwechselnd mit heißem Wasser und heißer Salzsäure (1 + 20) so lange aus, bis alles Bleichlorid aus dem Filter entfernt ist. Beim Benetzen des Filters mit Schwefelwasserstoffwasser darf sich keine Schwarz- oder Braunfärbung zeigen. Tritt sie auf, so wird sie mit Bromdämpfen wieder oxydiert und das Filter nochmals mit Salzsäure (1 + 20) und heißem Wasser gewaschen.

Die Lösung wird mit Ammoniak bis zur beginnenden Fällung der Oxidhydrate abgestumpft. Darauf gibt man 10 ml Salzsäure (1 + 1) zu, verdünnt mit heißem Wasser auf 600 ml und erhitzt zum Sieden, wobei die Lösung klar werden muß. In die heiße Lösung leitet man etwa 1 Std. lang Schwefelwasserstoff ein. Nach mehrstündigem Stehen, am besten über Nacht, werden die Sulfide über ein Filter Gr. 3 abfiltriert, und Fällgefäß und Filter je fünfmal mit gesättigtem Schwefelwasserstoffwasser, das 1 ml Salzsäure (1,19) im Liter enthält, ausgewaschen. Der Niederschlag wird in das Fällgefäß zurückgespritzt und mit 40 ml Natriumsulfidlösung (1) versetzt. Man erwärmt etwa 30 min bei 80°, verdünnt mit Wasser auf 100 ml, filtriert die Lösung durch das bei der ersten Filtration benutzte Filter und wäscht mit heißer Natriumsulfidlösung (2) aus. Darauf gibt man die Sulfide mit dem Filter in den Fällkolben und versetzt mit 20 ml Salpetersäure (1,4). Nach etwa 5 min fügt man 20 ml Schwefelsäure (1 + 1) zu und raucht ein. Färbt sich die Lösung hierbei schwarz, so wird sie durch Zutropfen von Mischsäure (4) aufgehellt. Nach dem Erkalten setzt man 10 ml Wasser zu und dampft nochmals zur Vertreibung der Salpetersäure bis zum deutlichen Rauchen der Schwefelsäure ein. Darauf verdünnt man mit Wasser auf 100 ml, kocht auf, fügt nach dem Abkühlen auf Raumtemperatur 30 ml Äthanol zu und läßt 4 Std. absetzen. Man filtriert das Bleisulfat über einen gewogenen Porzellanfiltertiegel A2 ab und wäscht mit Schwefelsäure (1 + 100) aus. Anschließend wird zweimal mit 5 ml Äthanol nachgewaschen. Der Tiegel mit dem Bleisulfat wird getrocknet und dann bei 500° geglüht. Nach dem Erkalten im Exsiccator wird der Tiegel ausgewogen.

Zur Prüfung auf Reinheit bringt man das ausgewogene Bleisulfat durch vorsichtiges Ausklopfen des Tiegels in ein 200 ml-Becherglas, erwärmt es darin mit 30 bis 50 ml Ammoniumacetatlösung (3), filtriert die Lösung wieder durch den Tiegel, trocknet, glüht und wägt wie vorher. Der Bleigehalt ergibt sich aus der Differenz der Wägungen.

Der Umrechnungsfaktor von Bleisulfat auf Blei ist 0,6832.

## 1.3 Bestimmung des Cadmiums

***Grundlage.*** Das Cadmium wird in ammoniakalischer Lösung polarographisch bestimmt.

***Anwendungsbereich.*** Geeignet für Gehalte von 0,3 bis 2%.

***Zuverlässigkeit.*** Etwa ±5%.

***Reagenzien.***

1. Kaliumcyanidlösung: 20 g zu 100 ml gelöst.

2. Grundlösung: 10 g Ammoniumcarbonat, 10 g Natriumsulfit ($Na_2SO_3 \cdot 7\,H_2O$) und 0,5 g Gelatine werden für sich in je 30 ml Wasser gelöst, die Lösungen vereinigt und mit Ammoniak (0,91) zum Liter aufgefüllt.

3. Cadmiumstandardlösung: 1 g Cadmium wird in 20 ml Salpetersäure (1 + 1) gelöst. Nach dem Verkochen der Stickstoffoxide wird die Lösung in einem Meßkolben zu 500 ml aufgefüllt. 1 ml $\triangleq$ 2 mg Cadmium.

***Ausführung.*** Zweimal 2 g Probe werden in je einem 250 ml-Becherglas mit wenig Wasser angeschlämmt und mit je 20 ml Salzsäure (1 + 1) und 5 ml Salpetersäure (1,4) unter Erwärmen in Lösung gebracht. Man erhitzt bis zum Sieden und dampft dann vorsichtig bis zur Sirupdicke ein. Nach Zugabe von je 20 ml Wasser kocht man auf, überführt die Lösungen nach dem Abkühlen in zwei 100 ml-Meßkolben und gibt in einen von ihnen eine dem zu erwartenden Cadmiumgehalt entsprechende Menge Cadmiumstandardlösung (3). Nach Zugabe von je 40 ml Grundlösung (2) und 1 ml Kaliumcyanidlösung (1) werden die Kolben aufgefüllt. Man polarographiert die klaren Abnahmen der beiden Lösungen zwischen −0,3 und −0,7 V.

## 1.4 Bestimmung des Kupfers

### 1.4.1 Elektrolytische Bestimmung

***Grundlage.*** Nach dem Lösen der Probe in Säure und Abtrennen störender Elemente wird das Kupfer in salpetersaurer-schwefelsaurer Lösung elektrolytisch bestimmt.

***Anwendungsbereich.*** Geeignet für Gehalte über 0,5%.

***Zuverlässigkeit.*** Etwa ±2%.

***Reagenzien.***

1. Natriumsulfidlösung: 100 g $Na_2S \cdot 9\,H_2O$ zum Liter gelöst.
2. Natriumsulfidlösung: 5 g zum Liter gelöst.
3. Mischsäure: Salpetersäure (1,4) und Schwefelsäure (1,84) im Volumenverhältnis 2 + 1.
4. Eisen(III)-nitratlösung: 10 g $Fe(NO_3)_3 \cdot 9\,H_2O$ zum Liter gelöst.

***Geräte.*** Mattierte Platinnetzelektroden.

Kathode: Durchmesser 40 mm, Höhe 50 mm.

Anode: Platindrahtspirale oder -netz entsprechender Größe.

***Ausführung.*** 2,5 g bis 5 g Probe werden in einem bedeckten 300 ml-Erlenmeyerkolben mit 30 ml Salpetersäure (1 + 1) bis zum Verschwinden der Stickstoffoxide gekocht. Dann fügt man 10 ml Salzsäure (1,19) zu, läßt auf die Hälfte eindampfen, setzt 30 ml Schwefelsäure (1 + 1) zu und engt bis zum starken Rauchen ein. Man nimmt mit 100 ml Wasser auf und gibt zur Fällung des Silbers einige Körnchen Natriumchlorid zu. Nach Erkalten filtriert man über ein Filter Gr. 3 mit etwas Filterschleim in einen 500 ml-Erlenmeyerkolben und wäscht Lösekolben und Filter mit Schwefelsäure (1 + 50) aus.

In das auf 60° erwärmte Filtrat wird bis zum Erkalten Schwefelwasserstoff eingeleitet. Der Niederschlag wird nach dem Absetzen über ein Filter Gr. 3 abfiltriert, mit schwefelwasserstoffhaltiger Schwefelsäure (1 + 100) ausgewaschen und in den Fällkolben zurückgespült. Man setzt 20 ml Natriumsulfidlösung (1) zu, kocht auf, gibt zum Zerstören der Polysulfide soviel Natriumsulfit zu, bis die Lösung farblos ist, und filtriert sie dann heiß durch das gleiche Filter. Kolben und Filter werden mit heißer Natriumsulfidlösung (2) gewaschen, das Filter wird in den Fällkolben zurückgegeben und mit 20 ml Salpetersäure (1,4) und 20 ml Schwefelsäure (1 + 1) eingeraucht. Das Aufhellen der Lösung wird dabei durch Zutropfen von Mischsäure (3) beschleunigt.

Die auf ein kleines Volumen eingerauchte Lösung wird mit 100 ml Wasser aufgenommen und nach Zusetzen von 5 ml Eisen(III)-nitratlösung (4) ammoniakalisch gemacht, um das etwa vorhandene Wismut zusammen mit dem zugesetzten Eisen auszufällen. Man läßt den Niederschlag nach kurzem Kochen in der Wärme absetzen, filtriert ihn heiß über ein Filter Gr. 2 ab und fängt das Filtrat in einem 400 ml-Becherglas (hohe Form) auf. Den Niederschlag löst man mit möglichst wenig Schwefelsäure (1 + 1) in der Wärme nochmals auf, fällt ihn in der Siedehitze mit Ammoniak (0,91) wieder aus und filtriert wie vorher ab, wobei Filtrat und Waschwasser mit dem ersten Filtrat vereinigt werden. Nun neutralisiert man mit Schwefelsäure (1 + 1) und verdünnt nach Zufügen von 30 ml Salpetersäure (1 + 1) auf etwa 300 ml.

Die Elektrolyse wird bei bewegtem Elektrolyten mit einer Platinnetzelektrode als Kathode und einer Platinspirale als Anode bei einer Stromstärke von 4 A in 2 Std. durchgeführt. Dann fügt man nach Abspülen der Wandungen des Elektrolysengefäßes noch etwas Wasser zu und überzeugt sich nach 10 min, daß sich kein Kupfer mehr auf dem blanken Platindraht abgeschieden hat. Nach Beendigung der Abscheidung wird das Elektrolysat unter Stromdurchgang durch Wasser ersetzt, die Kathode abgenommen, mit Wasser und Äthanol gewaschen, bei 100° getrocknet und nach dem Erkalten gewogen.

### 1.4.2 Polarographische Bestimmung

***Grundlage.*** Nach Lösen der Probe in Säure und Reduktion des Eisens wird das Kupfer in saurer Acetat-Grundlösung polarographisch bestimmt.

***Anwendungsbereich.*** Geeignet für Gehalte von 0,01 bis 0,5%.

***Zuverlässigkeit.*** Etwa ±5%.

***Reagenzien.***

1. Hydroxylammoniumsulfatlösung: 20 g zu 100 ml gelöst.
2. Tropäolin 00-lösung: 0,1 g zu 100 ml gelöst.
3. Grundlösung: 55 g Natriumacetat ($CH_3COONa \cdot 3\,H_2O$) und 40 g Natriumnitrat werden in Wasser gelöst und zu einem Gemisch von 215 ml Essigsäure (1,06) und 135 ml Ammoniak (0,91) gegeben. Nach Zugabe von 0,6 g Gelatine, in heißem Wasser gelöst, wird die Mischung zum Liter verdünnt.
4. Kupferstandardlösung: 1 g Elektrolytkupfer wird mit 20 ml Salpetersäure (1 + 1) gelöst. Nach dem Verkochen der Stickstoffoxide wird die Lösung in einem 1 l-Meßkolben aufgefüllt. 1 ml ≙ 1 mg Kupfer.

***Ausführung.*** Man wägt zweimal 1 g Probe ein, versetzt sie in 300 ml-Erlenmeyerkolben mit je 20 ml Salzsäure (1,19) und erhitzt solange zum Sieden, bis die Hauptmenge des Schwefelwasserstoffs bzw. des Kohlendioxids ausgetrieben ist. Nach Zugabe von je 5 ml Salpetersäure (1,4) wird bis zur Sirupkonsistenz und nach weiterer Zugabe von je 5 ml Schwefelsäure (1,84) zur Trockne eingedampft. Die Rückstände werden mit je 10 ml Schwefelsäure (1 + 20) aufgenommen und die Lösungen in zwei 50 ml-Meßkolben gespült. In den einen Kolben gibt man eine dem Kupfergehalt der Probe entsprechende Menge der Kupferstandardlösung (4) und in beide je 2 ml Hydroxylammoniumsulfatlösung (1), kocht etwa 10 min und kühlt dann ab. Nach Zugabe von je 10 ml Grundlösung (3) und 2 Tropfen Tropäolinlösung (2) wird mit Ammoniak (1 + 1) bis zum Umschlag nach Gelb versetzt und mit Wasser aufgefüllt.

Man entlüftet mit Wasserstoff und polarographiert zwischen +0,15 und −0,35 V mit einer dem Kupfergehalt entsprechenden Empfindlichkeit.

## 1.5 Bestimmung des Quecksilbers

***Grundlage.*** Das Quecksilber wird nach dem Aufschluß der Probe aus salzsaurer Lösung destilliert und im Destillat durch extraktive Titration mit Dithizonlösung bestimmt.

***Anwendungsbereich.*** Geeignet für Gehalte von 0,001 bis 1%.

***Zuverlässigkeit.*** Bei Gehalten um 0,01% etwa ±10%,
um 0,1 % etwa ± 5%.

***Reagenzien, Geräte*** und ***Ausführung*** siehe Kapitel Quecksilber S. 338 und 339.

## 1.6 Bestimmung des Zinns

***Grundlage.*** Das Zinn wird aus dem angesäuerten alkalischen Schmelzaufschluß der Probe mit Ammoniak gefällt, mit Salzsäure wieder gelöst, als Quercetinkomplex mit Methylisobutylketon extrahiert und im Extrakt photometrisch bestimmt.

***Anwendungsbereich.*** Geeignet für Gehalte von 0,001 bis 0,06%.

***Zuverlässigkeit.*** Bei Gehalten um 0,001% etwa ±15%,
um 0,01 % etwa ±10%.

***Reagenzien.***

1. Ammoniumchloridlösung: 10 g zum Liter gelöst.
2. Ascorbinsäurelösung: 10 g zu 100 ml gelöst.
3. Thioharnstofflösung: 12,5 g werden mit 100 ml warmem Wasser (60°) gelöst. Die Lösung wird auf 200 ml verdünnt, abgekühlt und auf 250 ml aufgefüllt.

4. Quercetinlösung: 500 mg werden mit 300 ml Äthanol unter leichtem Erwärmen gelöst. Die Lösung wird abgekühlt, mit genau 25 ml Salzsäure (1,19) versetzt, mit Äthanol auf 500 ml verdünnt und, wenn erforderlich, filtriert.

5. Methylisobutylketon.

6. Eisen (III)-chloridlösung: 58 g $FeCl_3 \cdot 6\,H_2O$, zinnfrei, werden mit 100 ml Salzsäure (1 + 1) gelöst. Die Lösung wird mit Wasser zum Liter verdünnt.

7. Zinnstammlösung: 0,25 g Zinn werden in einem bedeckten Becherglas mit 50 ml Salzsäure (1 + 1) unter leichtem Erwärmen gelöst. Die Lösung wird in einem 250 ml-Meßkolben mit Wasser aufgefüllt.

8. Zinnstandardlösung: 20 ml Stammlösung (7) werden vor dem Gebrauch unter Zusatz von 50 ml Salzsäure (1,19) mit Wasser in einem Meßkolben zum Liter verdünnt. 1 ml $\triangleq$ 20 $\mu$g Zinn.

Die Lösungen 2. und 3. sind täglich frisch anzusetzen.

***Ausführung.*** 3 g Probe werden mit etwa 10 g Natriumperoxid und 10 g Natriumhydroxid in einem Reinnickeltiegel geschmolzen. Die erkaltete Schmelze wird in einem bedeckten 600 ml-Becherglas mit ungefähr 150 ml Wasser ausgelaugt. Nach Abspülen des Tiegels mit Wasser und Salzsäure (1 + 1) wird die Lösung mit Salzsäure (1,19) angesäuert und einige min zum Entfernen des Chlors gekocht. Dann werden die Hydroxide in der heißen Lösung mit Ammoniak (0,91) gefällt, über ein Filter Gr. 3 abfiltriert und mit heißer Ammoniumchloridlösung (1) ausgewaschen. Der Niederschlag wird in das Fällgefäß zurückgespritzt, auf dem Filter verbliebene Reste werden mit genau 120 ml heißer Salzsäure (1 + 1) gelöst und mit heißem Wasser nachgewaschen. Die klare Lösung wird in einem 200 ml-Meßkolben aufgefüllt.

Man gibt in einen 125 ml-Scheidetrichter nacheinander 20 ml Thioharnstofflösung (3), 5 ml Ascorbinsäurelösung (2), 10 ml Quercetinlösung (4) und 10 ml Äthanol (96%), mischt und pipettiert dann unter Schütteln des Gefäßes 25 ml Probelösung zu. Nach einer Reaktionszeit von 10 min wird mit genau 15 ml Methylisobutylketon (5) 2 min lang kräftig geschüttelt. Die wäßrige Phase wird abgetrennt und die organische 2mal durch je 30 sec langes Schütteln mit 25 ml Schwefelsäure (5 + 100) ausgewaschen. Nach Ablassen der Waschlösung wird die organische Phase über ein kleines trocknes Filter Gr. 1 in eine trockne Glasstöpselflasche filtriert, wobei die ersten ml des Filtrates verworfen werden. Nach 20 min wird gegen eine Reagenzienblindprobe bei 440 nm in einer 1 cm-Küvette gemessen.

Die Reagenzienblindprobe durchläuft den Analysengang wie die Probe einschließlich des alkalischen Schmelzaufschlusses, wird aber nach dem Ansäuern der Schmelze zusätzlich mit 25 ml Eisen (III)-chloridlösung (6) versetzt.

***Eichkurve.*** Zu sechs Abmessungen von je 25 ml Eisen(III)-chloridlösung (6) in 500 ml-Erlenmeyerkolben werden steigende Mengen der Zinnstandardlösung (8), 0 bis 20 ml, gegeben. Nach dem Verdünnen mit Wasser auf etwa 200 ml wird die Lösung ammoniakalisch gemacht und, wie unter Ausführung beschrieben, weiterbehandelt.

Gemessen wird gegen die Nullösung.

***Bemerkungen.*** Die angegebene Einwaage von 3 g gilt für Zinngehalte bis etwa 0,01%. Bei Gehalten zwischen 0,01 und 0,03% wägt man 1 g und über 0,03% 0,5 g Probe ein. Um den Eisengehalt der Lösung möglichst auf gleicher Höhe zu halten, werden bei 1 g Einwaage 15 ml und bei 0,5 g Einwaage 20 ml Eisenchloridlösung (6) nach dem Ansäuern der Lösung zugesetzt.

Wismut und Antimon bilden mit Quercetin ebenfalls Farbkomplexe, die aber durch Waschen der organischen Phase mit Schwefelsäure (5 + 100) abgetrennt werden.

## 1.7 Bestimmung des Arsens

***Grundlage.*** Das Arsen wird nach einem nassen, oxydierenden Aufschluß der Probe aus stark salzsaurer Lösung als Arsen(III)-chlorid destilliert und entweder mit Kaliumbromatlösung mit potentiometrischer Anzeige titriert oder nach der Molybdänblau-Methode photometrisch bestimmt.

***Anwendungsbereich, Zuverlässigkeit, Reagenzien, Geräte*** und ***Ausführung*** siehe Kapitel Arsen unter 1, S. 69 bis 71.

## 1.8 Bestimmung des Fluorids

***Grundlage.*** Das Fluorid wird nach einem Natriumperoxidaufschluß durch Destillation mit Perchlorsäure abgetrennt und im Destillat mit Aluminium-Aurintricarbonsäure photometrisch bestimmt.

***Anwendungsbereich.*** Geeignet für Gehalte von 0,005 bis 3% in Proben, die weniger als 10% Aluminiumoxid enthalten.

***Zuverlässigkeit.*** Bei Gehalten von 0,005 bis 0,1% etwa ±10%,
von 0,1 bis 3 % etwa ± 5%.

***Reagenzien.***

1. Aluminium-Pufferlösung: 25 g Natriumacetat [$Na(C_2H_3O_2) \cdot 3\,H_2O$], 50 ml Essigsäure (1,06) und 0,44 g Kaliumaluminiumsulfat [$KAl(SO_4)_2 \cdot 12\,H_2O$], mit Wasser lösen und zum Liter auffüllen. Die Lösung wird in einer Polyäthylenflasche aufbewahrt.

2. Aluminonlösung: 0,25 g des Ammoniumsalzes der Aurintricarbonsäure werden mit etwa 50 ml Wasser gelöst, aufgekocht und nach dem Erkalten mit ausgekochtem Wasser auf 100 ml aufgefüllt. Die Lösung zeigt nach 2 Tagen einen für mindestens vier Wochen konstanten Farbwert. (Vor Licht geschützt aufbewahren!)

3. Fluorstammlösung: 0,1106 g Natriumfluorid und 1 g Natriumhydroxid werden in einem Polyäthylenbecher mit Wasser gelöst und in einem Meßkolben auf 100 ml aufgefüllt. Die Lösung wird in einer Polyäthylenflasche aufbewahrt.

4. Fluorstandardlösung: 20 ml der Stammlösung (3) werden vor dem Gebrauch im Meßkolben auf 500 ml verdünnt. 1 ml $\triangleq$ 0,02 mg Fluor.

***Geräte.*** Destillierapparat.

***Ausführung.*** Die Größe der Einwaage wird durch den photometrisch auswertbaren Bereich bestimmt. Folgende Übersicht zeigt, welche Probemengen zweckmäßig zur Einwaage gelangen:

| Fluoridgehalt | Einwaage | Abnahme für die Destillation |
|---|---|---|
| 0,002–0,03% | 10 g | 2 g |
| 0,02 –0,12% | 2,5 g | 0,5 g |
| 0,1 –0,6 % | 1 g | 0,1 g |
| 0,25 –1,5 % | 2 g | 0,04 g |
| 0,5 –3 % | 0,5 g | 0,02 g |

Die Einwaage wird in einem Eisentiegel mit 20 bis 30 g Natriumperoxid vorsichtig eingeschmolzen und etwa 5 min in gleichmäßigem Fluß gehalten. Nach dem Erkalten zersetzt man die erstarrte Schmelze in 100 bis 150 ml Wasser und säubert den Tiegel. Die abgekühlte Lösung wird in einem 250 ml-Meßkolben aufgefüllt und dann durch ein trockenes Faltenfilter filtriert. Man verwirft den ersten Durchlauf und entnimmt dem klar nachlaufenden Filtrat einen geeigneten Anteil, der 50 ml nicht überschreiten soll, für die Destillation.

In einem 250 ml-Becherglas wird die Abnahme mit Schwefelsäure (1 + 3) auf pH 7 ± 0,5 gebracht. Ein entstehender Niederschlag stört nicht. Die Lösung mit dem Niederschlag spült man in den Destillierkolben, fügt 2 bis 3 Glasperlen oder einige Quarzkörner hinzu und verschließt den Kolben mit dem Aufsatz. Unter leichtem Durchsaugen von Luft wird nun die Lösung bis auf 15 bis 25 ml abdestilliert. Das Destillat wird verworfen. Nach Zugabe von ungefähr 0,5 g Quarzpulver und 15 bis 20 ml Perchlorsäure (1,67) wird erneut unter leichtem Durchsaugen von Luft destilliert. Erreicht die Temperatur im Destillierkolben 140°, so läßt man aus dem Tropftrichter des Aufsatzes Wasser hinzutropfen und regelt dabei die Tropfenfolge so, daß die Temperatur zwischen 140° und 145° bleibt. Nachdem sich 100 ± 10 ml Destillat in der Vorlage gesammelt haben, senkt man die Temperatur im Destillierkolben durch erhöhte Zugabe von Wasser und destilliert bei 105° bis 120° noch weitere 10 bis 20 ml über.

Das Destillat, dessen pH-Wert zwischen 4 und 7 liegen soll [mit Indicatorpapier prüfen und gegebenenfalls mit Natriumhydroxidlösung (8 g in 100 ml) einstellen!] wird in einen 500 ml-Meßkolben übergespült und mit Wasser auf 300 bis 400 ml verdünnt. Man gibt mit einer Pipette nacheinander unter Umschütteln 20 ml Aluminiumpufferlösung (1) und 5 ml Aluminonlösung (2) zu und füllt mit Wasser auf.

Photometriert wird 30 min nach Fertigstellung der Lösung gegen eine in gleicher Weise zusammengesetzte, aber fluorfreie Lösung. Gemessen wird bei 525 nm in 3 cm-Küvetten. Da die Bestimmung des Fluors auf der Ausbleichwirkung des roten Aluminium-Aurintricarbonsäure-Farbkomplexes beruht, nimmt die Extinktion mit steigendem Fluorgehalt ab.

***Eichkurve.*** Zu jeder Probe oder Probenserie wird die Eichkurve aufgestellt. Hierzu werden von der frisch hergestellten Fluoridlösung (4) Abnahmen mit Gehalten von 0 bis 0,8 mg Fluor in je einen 500 ml-Meßkolben, der 300 bis 400 ml Wasser enthalten soll, gegeben. Man färbt an und photometriert wie unter Ausführung beschrieben.

Stets ist ein Blindansatz der Chemikalien unter den gleichen Bedingungen wie die Probe mit zu untersuchen.

***Bemerkungen.*** Das für die Destillation benötigte Quarz- oder auch Glaspulver muß fluor- und aluminiumfrei sein und soll in seiner Körnung unter 0,08 mm liegen. Unbekannte oder neue Pulver sind stets durch Probedestillationen mit Lösungen, deren Fluorgehalte bekannt sind, auf ihre Verwendbarkeit zu prüfen.

Durch Stoßen beim Destillieren können störende Bestandteile in das Destillat gelangen.

Die Destillationstemperatur von 140 bis 145° darf nicht für längere Zeit überschritten werden, da sonst erhebliche Säuremengen in das Destillat gelangen und die photometrische Bestimmung stören. Der pH-Wert des Destillats darf pH 3 nicht unterschreiten. Die Destillate dürfen nur in Polyäthylengefäßen aufbewahrt werden.

Der pH-Wert der angefärbten Lösung soll 4,00 ± 0,05 betragen. Eine nachträgliche Korrektur ist unzulässig.

Bei chloridhaltigen Proben wird der Lösung vor der Hauptdestillation etwa 0,1 g Silbersulfat zugesetzt.

## 1.9 Bestimmung des Bariums

***Grundlage.*** Das Barium wird nach Aufschluß der Probe mit Schwefelsäure durch einen Alkalicarbonataufschluß in Bariumcarbonat übergeführt, mit Salzsäure gelöst und nach Abtrennen der Metalle der Schwefelwasserstoffgruppe als Bariumsulfat gewichtsanalytisch bestimmt.

***Anwendungsbereich.*** Geeignet für Gehalte über 0,5%.

***Zuverlässigkeit.*** Bei Gehalten um 1% etwa ±5%,
um 5% etwa ±3%,
um 10% etwa ±1%.

***Ausführung.*** 5 g Probe werden in einem bedeckten 300 ml-Weithalskolben mit 20 ml Salzsäure (1,19) und 30 ml Wasser versetzt. Nach dem Verkochen des Schwefelwasserstoffs bzw. des Kohlendioxids werden 20 ml Salpetersäure (1,4) zugegeben; dann läßt man bis fast zur Trockne abdampfen und nach weiterem Zusatz von 20 ml Schwefelsäure (1 + 1) völlig zur Trockne rauchen. Man nimmt jetzt mit 100 ml Schwefelsäure (1 + 20) auf, kocht auf, läßt abkühlen, filtriert durch ein Filter Gr. 3 und wäscht den Rückstand mit Schwefelsäure (1 + 50) aus, worauf man ihn mit dem Filter in einem Porzellantiegel verascht. Der mit einem Glasstab zerdrückte Rückstand wird im Veraschungstiegel mit 20 g Kaliumcarbonat-Natriumcarbonat gemischt, in einen Nickeltiegel übergepinselt, mit einer Carbonatdecke überdeckt und 1 Std. lang bei 600° geschmolzen. Die erkaltete Schmelze laugt man in einem 600 ml-Becherglas mit 150 ml Wasser aus, filtriert anschließend durch ein Filter Gr. 2 und wäscht mit heißer Natriumcarbonatlösung (5 g in 100 ml) bis zur Sulfatfreiheit aus. Man durchsticht das Filter mit einer Glasnadel, spült die Carbonate in einen 500 ml-Erlenmeyerkolben, löst mit heißer Salzsäure (1 + 1) alle Reste, die am Becherglas, Tiegel und Filter haften, in den Kolben und wäscht mit heißem Wasser nach. Nach kurzem Kochen wird die Lösung mit Ammoniak (0,91) neutralisiert und mit 1/20 ihres Volumens Salzsäure (1,19) versetzt. Man erwärmt auf 60° und leitet bis zum Erkalten Schwefelwasserstoff ein. Nach dem Absitzen des Niederschlages filtriert man durch ein Filter Gr. 4 und wäscht Kolben und Filter je fünfmal mit Salzsäure (1 + 50), die mit Schwefelwasserstoff gesättigt ist, aus. Das Filtrat wird nach dem Verkochen des Schwefelwasserstoffs mit Ammoniak (0,91) neutralisiert und mit 1 ml Salzsäure (1,19) angesäuert. Man erhitzt die Lösung bis zum Sieden und fällt das Barium durch Zugabe von 10 ml Schwefelsäure (1 + 2) als Sulfat aus. Man läßt 3 bis 4 Std. in der Wärme absetzen, filtriert über ein Filter Gr. 4 ab, wäscht mit verdünnter Salzsäure (1 + 50) aus, verascht das Filter und glüht das Bariumsulfat in einem ausgeglühten und vorgewogenen Porzellantiegel A2 bei etwa 900° bis zur Gewichtskonstanz. Nach dem Erkalten im Exsiccator wird der Tiegel ausgewogen.

## 1.10 Bestimmung der Edelmetalle

***Grundlage.*** Die Probe wird mit reduzierenden Flußmitteln in Gegenwart von metallischem Eisen und unter Hinzufügen von Bleiglätte im Tontiegel eingeschmolzen und aufgeschlossen, wodurch die Edelmetalle in den entstehenden Bleiregulus übergeführt und daraus durch Treiben als Gesamtedelmetallkorn abgetrennt werden, aus dem durch Scheiden mit Salpetersäure das Gold direkt und das Silber als Differenz ermittelt werden.

***Anwendungsbereich, Zuverlässigkeit, Reagenzien, Geräte*** und ***Ausführung*** siehe Kapitel Edelmetalle unter 1.7, S. 144.

# 2 Zwischenprodukte

## 2.1 Röstblenden

### 2.1.1 Bestimmung des Zinks

### 2.1.2 Bestimmung des Bleis

### 2.1.3 Bestimmung des Cadmiums

### 2.1.4 Bestimmung des Zinns

### 2.1.5 Bestimmung des Bariumsulfats

Diese Bestimmungen werden gemäß den Vorschriften unter 1.1 bis 1.3, S. 423 bis 426, 1.6, S. 428, und 1.9, S. 431, durchgeführt.

### 2.1.6 Bestimmung des Schwefels

#### 2.1.6.1 In barytfreien Proben

***Grundlage.*** Nach oxydierendem Säureaufschluß wird der als Sulfat vorliegende Schwefel als Bariumsulfat gewichtsanalytisch bestimmt.

***Anwendungsbereich.*** Geeignet für Gehalte von 0,5 bis 5%.

***Zuverlässigkeit.*** Etwa ±2%.

***Reagenzien.***

1. Bariumchloridlösung: 10 g $BaCl_2 \cdot 2\,H_2O$ zu 100 ml gelöst.

***Ausführung.*** 1,25 bis 5 g Probe werden in einem bedeckten 500 ml-Erlenmeyerkolben mit 50 bis 100 ml mit Brom gesättigter Salzsäure (1,19) in der Kälte 1 Std. lang digeriert. Dann wird das überschüssige Brom verkocht, die Lösung in einen 250 ml- bzw. 500 ml-Meßkolben übergespült und mit Ammoniak (0,91) übersättigt. Man kühlt ab, füllt mit Wasser auf und filtriert in einen 200 ml-Meßkolben. Die Abmessung wird in ein 600 ml-Becherglas unter Nachspülen des Kolbens gegeben, mit Salzsäure (1 + 1) neutralisiert (Methylrot) und dann mit 3 ml Salzsäure (1 + 1) schwach angesäuert. Nachdem man die Lösung auf etwa 400 ml verdünnt hat, wird sie zum Sieden erhitzt und das Sulfat mit 20 ml siedender Bariumchloridlösung (1), die man in einem Guß zusetzt, gefällt. Man läßt den Niederschlag mehrere Stunden warm stehen, filtriert dann über ein Filter Gr. 4, das ein wenig Filterbrei enthält, und wäscht mit warmer Salzsäure (1 + 500) aus, bis Barium im Waschwasser nicht mehr nachzuweisen ist. Filter und Niederschlag werden in einem Platintiegel getrocknet, verascht und bei etwa 900° geglüht. Um etwa anwesendes Silicium(IV)-oxid zu entfernen, erhitzt man das Bariumsulfat nochmals mit 5 Tropfen Schwefelsäure (1 + 4) und 10 Tropfen Fluorwasserstoffsäure (40%), bis ein trockener Rückstand vorliegt, den man wie oben bei etwa 900° glüht.

Der Umrechnungsfaktor von Bariumsulfat auf Schwefel ist 0,1374. Ein durch die Reagenzien verursachter Blindwert ist nach der gleichen Arbeitsweise zu ermitteln.

#### 2.1.6.2 In barythaltigen Proben

***Grundlage.*** Der Schwefel wird im wäßrigen Auszug einer oxydierenden alkalischen Schmelze als Bariumsulfat gewichtsanalytisch bestimmt.

***Anwendungsbereich, Zuverlässigkeit*** und ***Reagenzien*** siehe unter 2.1.6.1.

*Ausführung.* 1 bis 5 g Probe werden in einem Nickel- oder Eisentiegel mit der achtfachen Menge einer Mischung aus je einem Gewichtsteil Kaliumcarbonat und Natriumcarbonat und zwei Gewichtsteilen Natriumperoxid zunächst mit kleiner Flamme geschmolzen und anschließend auf dunkle Rotglut erhitzt, bis die Schmelze ruhig fließt. Dabei sitzt der Tiegel in der passenden Öffnung einer geneigt gestellten Asbestscheibe, um das Eindringen schwefelhaltiger Verbrennungsgase zu verhindern. Nach dem Erkalten wird der Schmelzkuchen in einem bedeckten Becherglas mit warmem Wasser ausgelaugt und die Aufschlämmung in einen 500 ml-Meßkolben gespült. Darauf kühlt man den Kolbeninhalt, füllt auf und filtriert durch ein Falten filter. 250 ml des Filtrats werden in ein 600 ml-Becherglas gebracht und weiterbehandelt, wie unter 2.1.6.1 beschrieben.

### 2.1.7 Bestimmung des Sulfidschwefels

*Grundlage.* Der als Sulfid vorliegende Schwefel wird mit Salzsäure und Zinn(II)-chlorid als Schwefelwasserstoff ausgetrieben, in einer Zinkacetatlösung aufgefangen und jodometrisch bestimmt.

*Anwendungsbereich.* Geeignet für Gehalte über 0,1%.

*Zuverlässigkeit.* Etwa ±5%.

*Reagenzien.*

1. Absorptionslösung: 100 g Zinkacetat $[Zn(C_2H_3O_2)_2 \cdot 2\,H_2O]$ und 200 g Natriumacetat $[Na(C_2H_3O_2) \cdot 3\,H_2O]$ werden zum Liter gelöst.
2. Indicatorlösung: 0,1 g Thymolsulfophthalein wird mit Methanol zu 100 ml gelöst. (Umschlag von Rot nach Gelb bei pH 1,2 bis 2,8).
3. Zersetzungslösung: 750 ml Salzsäure (1,19) und 40 g Zinn(II)-chlorid ($SnCl_2$ $2\,H_2O$) werden mit 250 ml Wasser gelöst.
4. Stärkelösung: 1 g zu 100 ml gelöst. Täglich frisch zu bereiten.

*Geräte.* Destillierapparat siehe Abb. 4, S. 66.
Der Durchlaß zwischen Einleitungsrohr und den Einschnürungen des Siebenkugelrohres muß so dimensioniert sein, daß die aufsteigenden Gasblasen passieren können, ohne die Flüssigkeit in den oberen Kugeln zu stauen.

*Ausführung.* Zur Inbetriebnahme des Apparates schiebt man das absteigende Rohr des Zersetzungskolbens in die Kugelvorlage, die 50 ml der Absorptionslösung (1) und 1 ml Indicatorlösung (2) enthält. Dann schlämmt man im Zersetzungskolben 0,5 bis 1 g Probe mit 20 ml Wasser an, verbindet ihn mit dem Kühler und leitet zum Verdrängen der Luft Kohlendioxid durch die Apparatur. Hierauf läßt man 80 ml Zersetzungslösung (3) hinzufließen und erhitzt den Kolbeninhalt unter ständigem Durchleiten von Kohlendioxid langsam zum Sieden. Die Zersetzung ist beendet, sobald sich die Lösung der untersten Kugel zu röten beginnt. Die durch Zinksulfid getrübte Absorptionslösung wird unter Nachspülen des Einleitungsrohres in einen Weithalserlenmeyerkolben gebracht, in welchem 20 bis 50 ml 0,1n-Jodlösung vorgelegt sind, und mit 10 ml Salzsäure (1 + 1) versetzt.

Der Überschuß der Jodlösung wird darauf mit 0,1n-Natriumthiosulfatlösung unter Zugabe von 5 ml Stärkelösung (4) als Indicator zurücktitriert.

1 ml 0,1n-Jodlösung $\triangleq$ 1,603 mg Schwefel.

*Bemerkung.* Etwa vorhandener Sulfitschwefel wird teilweise mitbestimmt.

## 2.2 Flugstaub

### 2.2.1 Bestimmung des Zinks

### 2.2.2 Bestimmung des Bleis

Diese Bestimmungen werden gemäß den Vorschriften unter 1.1, S. 423, bzw. 1.2, S. 425, durchgeführt.

### 2.2.3 Bestimmung des Cadmiums

#### 2.2.3.1 Gehalte unter 2% Cadmium

Das Cadmium wird, wie unter 1.3, S. 426, beschrieben, in ammoniakalischer Lösung polarographisch bestimmt.

#### 2.2.3.2 Gehalte über 2% Cadmium

Das Cadmium wird als Sulfid abgetrennt und aus kaliumhydrogensulfathaltiger Lösung elektrolytisch bestimmt, wie im Kapitel Cadmium unter 1.1.1, S. 114, beschrieben.

### 2.2.4 Bestimmung des Quecksilbers

Das Quecksilber wird nach Aufschluß der Probe aus salzsaurer Lösung abdestilliert und im Destillat durch extraktive Titration mit Dithizonlösung bestimmt, wie im Kapitel Quecksilber unter 1.1, S. 338, beschrieben.

### 2.2.5 Bestimmung des Zinns

Die Bestimmung wird gemäß der Vorschrift unter 1.6, S. 428, durchgeführt.

### 2.2.6 Bestimmung des Arsens

Das Arsen wird nach einem nassen oxydierenden Aufschluß der Probe aus stark salzsaurer Lösung abdestilliert und im Destillat entweder mit Kaliumbromatlösung mit potentiometrischer Endpunktanzeige titriert oder nach der Molybdänblau-Methode photometrisch bestimmt, wie im Kapitel Arsen unter 1, S. 69 bis 71, beschrieben.

### 2.2.7 Bestimmung des Fluorids

### 2.2.8 Bestimmung des Schwefels

Diese Bestimmungen werden gemäß den Vorschriften unter 1.8, S. 430, bzw. 2.1.6, S. 433, durchgeführt.

### 2.2.9 Bestimmung des Chlorids

***Grundlage.*** Die Chloride werden im salpetersauren Auszug der Probe mit Silbernitratlösung gefällt und der Überschuß an Silbernitrat mit Ammoniumthiocyanat maßanalytisch bestimmt.

***Anwendungsbereich.*** Geeignet für Gehalte von 0,1 bis 5%.

***Zuverlässigkeit.*** Bei Gehalten um 1% etwa ±2%,
um 5% etwa ±1%.

***Reagenzien.***

1. Ammoniumeisen(III)-sulfatlösung: 5 g $(NH_4)Fe(SO_4)_2 \cdot 12\,H_2O$ zu 100 ml gelöst. Die Lösung wird mit 1 ml Salpetersäure (1,4) angesäuert.

***Ausführung.*** 5 bis 10 g Probe werden unter öfterem Umschwenken und Kühlen in einem 500 ml-Meßkolben 2 Std. lang mit 100 ml chloridfreier Salpetersäure (1 + 2) behandelt. Dann wird aufgefüllt und durch ein trockenes Filter Gr. 3 in einen trockenen Kolben filtriert. Vom Filtrat gibt man 400 ml in einen 500 ml-Meßkolben, setzt einen Überschuß von 0,1n-Silbernitratlösung zu und füllt auf. Man filtriert wieder über ein trockenes Filter Gr. 3 in einen trockenen Kolben, entnimmt 250 ml, entsprechend 2 bzw. 4 g Einwaage, und titriert nach Zugabe von 1 ml Indicatorlösung (1) mit einer 0,1n-Ammoniumthiocyanatlösung den Überschuß an Silbernitratlösung zurück. 1 ml 0,1n-Silbernitratlösung = 3,546 mg Chlor.

# 2.3 Zinkaschen, -oxide und -schlämme

## 2.3.1 Bestimmung des Zinks

Die Bestimmung wird nach der unter 1.1, S. 423, angegebenen Vorschrift durchgeführt mit der Abänderung, daß bei Materialien, deren Bestimmung wegen der Ungleichmäßigkeit des Probegutes mit einer Präparation verbunden ist, eine größere Einwaage erforderlich ist. Man nimmt z. B. 20 g, bei Salmiakschlacken bis zu 200 g, löst mit Salpetersäure (1 + 1) und filtriert über ein Filter Gr. 2 in einen 1 l-Meßkolben. Filter und Rückstand werden nach dem Auswaschen im Lösekolben durch Erwärmen mit Mischsäure (4) bis zum Rauchen der Schwefelsäure zersetzt. Nach dem Erkalten nimmt man mit 100 ml Schwefelsäure (1 + 10) auf, erhitzt zum Sieden und gibt diese Lösung in den 1 l-Meßkolben. Man füllt auf, pipettiert eine 1,25 g Einwaage entsprechende Menge in einen 300 ml-Erlenmeyerkolben, setzt 5 ml Eisen(III)-chloridlösung (3) zu und arbeitet weiter, wie unter 1.1 beschrieben.

## 2.3.2 Bestimmung des Bleis

## 2.3.3 Bestimmung des Cadmiums

## 2.3.4 Bestimmung des Kupfers

Diese Bestimmungen werden gemäß den Vorschriften unter 1.2 bis 1.4, S. 425 bis 427, durchgeführt.

## 2.3.5 Bestimmung des Calciums und des Magnesiums

***Grundlage.*** Nach Abtrennen von Silicium, Eisen und Mangan wird das Calcium als Oxalat abgeschieden, und maßanalytisch bestimmt. Das Magnesium wird im calciumfreien Filtrat als Magnesiumammoniumphosphat gefällt und als Magnesiumpyrophosphat gewichtsanalytisch bestimmt.

***Anwendungsbereich.*** Geeignet für Gehalte über 0,5% Calcium bzw. über 0,1% Magnesium.

***Zuverlässigkeit.*** Bei Gehalten unter 2% Calcium etwa ±5%,
über 2% Calcium etwa ±2%,
unter 1% Magnesium etwa ±5%,
über 1% Magnesium etwa ±2%.

***Reagenzien.***

1. Ammoniak (0,91), kohlendioxidfrei (siehe Kapitel Lithium unter 2.2.1, S. 273).
2. Ammoniumoxalatlösung: 5 g zu 100 ml gelöst.
3. Diammoniumhydrogenphosphatlösung: 20 g zu 100 ml gelöst.
4. 0,2n-Kaliumpermanganatlösung.

### 2.3.5.1 Bestimmung des Calcium

***Ausführung.*** 1 g Probe wird in einem bedeckten 400 ml-Becherglas mit 20 ml Salzsäure (1,19) in der Wärme gelöst. Man oxydiert tropfenweise mit der eben nötigen Menge Salpetersäure (1,4) und scheidet das Silicium(IV)-oxid durch vorsichtiges Eindampfen der Lösung zur Trockne ab. Nach dem Durchfeuchten des Rückstandes mit Salzsäure (1,19) wird das Eindampfen wiederholt. Den Trockenrückstand röstet man 30 min bei 130°, nimmt ihn nach dem Erkalten mit 20 ml Salzsäure (1,19) auf, fügt 40 ml heißes Wasser hinzu und filtriert durch ein Filter Gr. 3 unter Nachwaschen mit heißer Salzsäure (1 + 10): Hauptfiltrat.

Filter und Niederschlag werden in einem Platintiegel getrocknet und verascht. Man raucht nach Zusatz von 1 ml Schwefelsäure (1 + 4) und 10 ml Fluorwasserstoffsäure (40%) ab, schließt den Rückstand mit 3 g Kaliumcarbonat-Natriumcarbonat auf, löst den Schmelzkuchen nach dem Erkalten in einem 250 ml-Becherglas mit etwa 50 ml Wasser, säuert die Lösung mit Salzsäure (1 + 1) gegen Lackmuspapier an und entfernt den Tiegel. Anschließend verkocht man das Kohlendioxid.

Diese Lösung vereinigt man mit dem Hauptfiltrat in einem 400 ml-Becherglas, erwärmt, fügt zum Abtrennen des Eisens soviel Ammoniak (1) zu, daß das Zink in Lösung bleibt, und fügt zum Abscheiden des Mangans 5 ml Wasserstoffperoxid (3%) zu.

Die Lösung wird aufgekocht und nach dem Absetzen des Niederschlages durch ein Filter Gr. 2 filtriert. Es wird zunächst mit Ammoniak (1 + 200), dann mit heißem Wasser ausgewaschen. Man löst den Niederschlag mit Salzsäure (1 + 3) und wiederholt die Fällung mit einem geringen Überschuß an Ammoniak (1). Die beiden Filtrate werden in einem 600 ml-Becherglas vereinigt, zum Sieden erhitzt und das Calcium mit 25 ml heißer Ammoniumoxalatlösung (2) gefällt. Nach vierstündigem Stehen auf dem Wasserbad bringt man den Niederschlag auf ein Filter Gr. 3 und wäscht mit kaltem Ammoniak (1 + 10) aus. Das Filtrat dient zur Magnesiumbestimmung. Das Calciumoxalat wird mit Salzsäure (1 + 3) vom bzw. durch das Filter gelöst, die Lösung auf 400 ml verdünnt, ammoniakalisch gemacht und die Fällung wiederholt. Das Auswaschen des Niederschlages mit heißem Wasser wird so lange fortgesetzt, bis die durchlaufende Flüssigkeit nach dem Ansäuern mit Schwefelsäure einen Tropfen einer 0,2n-Kaliumpermanganatlösung nicht mehr entfärbt.

Den Niederschlag spült man mit heißem Wasser in das Fällgefäß zurück, wobei das Filter im Trichter bleibt, löst den Rest mit heißer Schwefelsäure (1 + 4) durch das Filter, wäscht dieses zunächst mit 150 ml der gleichen Säure und dann mit 100 ml heißem Wasser aus.

Die auf 80° erhitzte Lösung wird mit der 0,2n-Kaliumpermanganatlösung (4) auf Rosa titriert. 1 ml 0,2n-Kaliumpermanganatlösung $\hat{=}$ 5,61 mg Calciumoxid.

#### 2.3.5.2 Bestimmung des Magnesiums

***Ausführung.*** Das kalte Filtrat der ersten Calciumfällung wird in einem 1 l-Becherglas mit 1/5 seines Volumens an Ammoniak (1) und dann unter Umrühren mit 20 ml Diammoniumhydrogenphosphatlösung (3) versetzt. Man rührt bis zur beginnenden Fällung und filtriert nach 20 Std. (über Nacht) durch ein Filter Gr. 3. Der Niederschlag wird mit Ammoniak (1 + 10) ausgewaschen, mit Salzsäure (1 + 3) vom Filter gelöst und die Fällung, wie angegeben, wiederholt. Filter und Niederschlag werden in einem gewogenen Porzellantiegel getrocknet, nach Zugabe von etwas Ammoniumnitrat verascht und bei 1000° bis zur Gewichtskonstanz geglüht. Der Umrechnungsfaktor von Magnesiumpyrophosphat auf Magnesiumoxid ist 0,3623.

### 2.3.6 Bestimmung des Chlorids

### 2.3.7 Bestimmung des Schwefels

Diese Bestimmungen werden gemäß den Vorschriften unter 2.2.9, S. 435, bzw. 2.1.6, S. 433, durchgeführt.

## 2.4 Muffelrückstände

### 2.4.1 Bestimmung des Zinks

Diese Bestimmung wird gemäß der unter 1.1, S. 423, angegebenen Vorschrift unter Berücksichtigung der unter 2.3.1, S. 436, gemachten Bemerkungen durchgeführt.

### 2.4.2 Bestimmung des Bleis

Die Bestimmung wird nach der unter 1.2, S. 425, angegebenen Vorschrift durchgeführt mit der Abänderung, daß die Größe der Einwaage sich nach der Zusammensetzung der Probe richtet, die im allgemeinen in verschiedenen Korngrößen vorliegt. Da die Verteilung des Bleis ungleichmäßig ist, werden von den groben Anteilen, entsprechend der Präparation den Verhältnissen angepaßte Vielfache und von dem Feinen eine einer 5 g Gesamteinwaage entsprechende Menge eingewogen. Die Einwaagen des Groben werden in bedeckten Erlenmeyerkolben mit Salpetersäure (1 + 1) vorsichtig gelöst. Die Ansätze werden gekocht, bis die Gasentwicklung beendet ist, abgekühlt und in einem entsprechenden Meßkolben aufgefüllt. Man entnimmt Anteile, die einer Gesamteinwaage von 5 g entsprechen, und vereinigt sie mit der in gleicher Weise gelösten Einwaage des Feinen. Die Weiterbehandlung erfolgt, wie unter 1.2, S. 425, beschrieben.

### 2.4.3 Bestimmung des Kupfers

Die Bestimmung wird nach der unter 1.4.1, S. 426, angegebenen Vorschrift durchgeführt mit der Abänderung, daß das Feine und Grobe getrennt eingewogen und gelöst werden.

Man wägt vom Feinen eine einer Gesamteinwaage von 2,5 g entsprechende Menge ein und löst sie in einem bedeckten 300 ml-Erlenmeyerkolben mit 30 ml Salpetersäure (1 + 1) und 10 ml Salzsäure (1,19), wie unter 1.4.1 beschrieben. Wegen des hohen Silicium(IV)-oxidgehaltes gibt man zugleich mit der Salzsäure einige ml Fluorwasserstoffsäure (40%) zu.

Vom Groben löst man eine einer 50 g Gesamteinwaage entsprechende Menge in einem 750 ml-Erlenmeyerkolben mit 150 ml Salpetersäure (1 + 1), verkocht die Stickstoffoxide, spült in einen 500 ml-Meßkolben über, füllt auf und gibt 25 ml, entsprechend einer Gesamteinwaage von 2,5 g, in den Erlenmeyerkolben mit der Lösung des Feinen.

Man dampft die Lösung auf etwa 20 ml ein, setzt 30 ml Schwefelsäure (1 + 1) zu und verfährt weiter, wie unter 1.4.1, S. 427, angegeben.

### 2.4.4 Bestimmung der Edelmetalle

Die Bestimmung wird dokimastisch nach dem Tontiegelverfahren durchgeführt, wie es im Kapitel Edelmetalle unter 1.3, S. 140, beschrieben ist. Siehe auch unter 1.10, S. 432.

# 3 Metallische Erzeugnisse

## 3.1 Zinkstaub

### 3.1.1 Bestimmung des Zinks

Diese Bestimmung wird gemäß der Vorschrift unter 1.1, S. 423, durchgeführt.

### 3.1.2 Wertbestimmung des Zinkstaubs

***Grundlage.*** Die Wertbestimmung des Zinkstaubs erfolgt durch Reduktion einer Eisen(III)-sulfatlösung und Titration des gebildeten zweiwertigen Eisens mit einer Kaliumpermanganatlösung.

***Anwendungsbereich.*** Geeignet für Zinkstäube unter 0,06 mm Korngröße.

***Zuverlässigkeit.*** Etwa ±0,2%.

***Reagenzien.***

1. Eisen(III)-sulfatlösung: 320 g wasserfreies, säurefreies Eisen(III)-sulfat oder 770 g krist. Ammoniumeisen(III)-sulfat werden in 1 l Natriumacetatlösung, die 300 g $CH_3CO_2Na \cdot 3\,H_2O$ im Liter enthält, gelöst. Die Lösung soll einen pH-Wert von 2,0 ± 0,1 haben.

Der Blindwert von 70 ml dieser Lösung, die mit 100 ml Säuregemisch (2) verdünnt ist, soll gegen die eingestellte Permanganatlösung (3) nur wenige Tropfen betragen und ist bei der Berechnung zu berücksichtigen.

2. Säuregemisch: Schwefelsäure (1 + 9), die im Liter 50 ml Phosphorsäure (1,75) enthält.

3. Kaliumpermanganatlösung: 10 g Kaliumpermanganat werden zum Liter gelöst. Die Lösung wird aufgekocht, nach einigen Tagen filtriert und durch Verdünnen so eingestellt, daß 0,5 g Natriumoxalat, gelöst mit 200 ml Wasser und mit 100 ml Schwefelsäure (1 + 10) versetzt, 24,4 ml Kaliumpermanganatlösung verbrauchen. 1 ml dieser Kaliumpermanganatlösung $\triangleq$ 0,01 g met. Zink oder bei einer Einwaage von 0,5 g 2% met. Zink.

***Ausführung.*** 0,5 g Probe werden in einem 500 ml-Erlenmeyerkolben mit wenig Wasser unter Vermeidung von Knötchenbildung angeschlämmt, mit 70 ml der Eisen(III)-sulfatlösung übergossen und bis zum völligen Auflösen des Zinkstaubes gelinde geschwenkt. Nach ungefähr 15 min gibt man 100 ml Säuregemisch (2) zu und titriert mit der Kaliumpermanganatlösung (3) bis zur Rosafärbung der Lösung, die 1 min bestehen bleiben muß.

***Bemerkungen.*** Eine geringe Gasentwicklung während des Lösevorganges ist ohne Bedeutung, da sie von etwa vorhandenem Zinkcarbonat herrührt. Eine geringe Trübung der Eisenlösung nach dem Auflösen ist ohne Belang. Nach Zugabe des Säuregemisches darf der Bodensatz kein Gas entwickeln. Bei Gasentwicklung ist die Bestimmung zu verwerfen. Das Eisen(III)-sulfat muß salpetersäure- und kupferfrei sein, da sonst Minderbefunde auftreten.

Bei gröberen Stäuben bzw. Zinkpulver dauert die Lösungszeit bis zu 1 Std. und länger. Infolge des pH-Wertes der Eisen(III)-sulfatlösung von etwa 2,0 verläuft aber auch hier die Auflösung des Zinkstaubes ohne Wasserstoffentwicklung, also ohne Verlust an Reduktionswert.

### 3.1.3 Bestimmung des Chlorids

***Grundlage.*** Das Chlorid wird in einem salpetersauren Auszug der Probe mit Silbernitratlösung maßanalytisch bei potentiometrischer Endpunktanzeige bestimmt.

***Anwendungsbereich.*** Geeignet für Gehalte von 0,01 bis 0,5%.

***Zuverlässigkeit.*** Bei Gehalten um 0,01% etwa ±10%,
um 0,1 % etwa ± 4%,
um 0,5 % etwa ± 2%.

***Reagenzien.***

1. Salpetersäure, chloridfrei (1 + 1).

***Geräte.*** Silberelektrode — Quecksilber(I)-sulfatelektrode.

***Ausführung.*** 10 g Probe werden mit 80 ml Salpetersäure (1) gelöst. Die Lösung wird nach Vertreiben der Stickstoffoxide durch gelindes Erwärmen in einem 500 ml-Meßkolben aufgefüllt. Man filtriert durch ein trockenes Filter in einen trockenen Kolben und pipettiert 100 ml des Filtrates in ein 400 ml-Becherglas. Nach Verdünnen auf 200 ml und Zugabe von 20 ml Aceton wird der Chloridgehalt mit einer 0,01n-Silbernitratlösung bei potentiometrischer Endpunktanzeige bestimmt.

1 ml 0,01n-Silbernitratlösung $\triangleq$ 0,355 mg Chlor.

# 3.2 Metallisches Zink nach DIN 1706

## 3.2.1 Bestimmung des Bleis

***Grundlage.*** Das Blei wird zunächst elektrolytisch abgeschieden und in alkalischer Grundlösung polarographisch bestimmt.

***Anwendungsbereich.*** Geeignet für Gehalte von 0,001 bis 3%.

***Zuverlässigkeit.*** Bei Gehalten von 0,001 bis 0,01% etwa ±10%,
von 0,01 bis 0,1 % etwa ± 5%,
über 0,1 % etwa ± 3%.

***Reagenzien.***

1. Kupfer(II)-nitratlösung: 3 g Kupfer (bleifrei) werden mit 10 ml Salpetersäure (1 + 1) gelöst. Nach dem Verkochen der Stickstoffoxide wird zu 100 ml aufgefüllt. 10 ml ≙ 0,3 g Kupfer.
2. Hydraziniumdichloridlösung: 10 g zu 100 ml gelöst.
3. Gelatinelösung: 0,5 g Gelatine zu 100 ml gelöst.
4. Bleistandardlösung: 1 g reinstes Blei wird mit 10 ml Salpetersäure (1 + 1) gelöst. Nach Verkochen der Stickstoffoxide wird in einem Meßkolben zum Liter aufgefüllt. 1 ml ≙ 1 mg Blei.

***Geräte.*** Schnellelektrolyse:
Kathode: Platinnetzelektrode, ⌀ 40 mm, Höhe 50 mm.
Anode: Mattiertes Platinblech, 20 zu 50 mm oder mattierte Platinlochblechelektrode.

### 3.2.1.1 Gehalte von 0,001 bis 0,1% Blei

***Ausführung.*** 20 g Probe werden in einem bedeckten 400 ml-Becherglas mit 90 ml Salpetersäure (2 + 1) gelöst. Nach dem Verkochen der Stickstoffoxide und Zugabe von 10 ml Kupfernitratlösung (1) sowie von 0,5 g Harnstoff wird bis zur Sirupdicke eingedampft. Der Eindampfrückstand wird mit 10 ml Salpetersäure (1,4) aufgenommen und nach Verdünnen mit 100 ml Wasser bis zum Auflösen der Salze erwärmt. Die auf etwa 200 ml verdünnte Lösung wird wie unter 3.2.1.2 weiterbehandelt.

### 3.2.1.2 Gehalte von 0,1 bis 3% Blei

***Ausführung.*** 25 g Probe werden in einem bedeckten 400 ml-Becherglas mit 120 ml Salpetersäure (2 + 1) gelöst. Nach dem Verkochen der Stickstoffoxide läßt man die Lösung erkalten, spült sie in einen 500 ml-Meßkolben über und füllt auf.

Dieser Lösung entnimmt man:

| Bleigehalt | Abnahme | Einwaage |
|---|---|---|
| 0,1 bis 0,5% | 100 ml | 5 g |
| 0,5 bis 3 % | 25 ml | 1,25 g |

Nach Zugabe von 10 ml Kupfernitratlösung (1) und 0,5 g Harnstoff wird die Lösung zur Sirupdicke eingedampft. Der erkaltete Eindampfrückstand wird mit 10 ml Salpetersäure (1,4) und 100 ml Wasser aufgenommen. Man kocht, bis sich die Salze gelöst haben, verdünnt dann auf etwa 200 ml, erwärmt auf 60 bis 70° und elektrolysiert bei 1A 2 Std. bei bewegtem Elektrolyten. Während der Elektrolyse soll die Temperatur des Elektrolyten auf Zimmertemperatur absinken. Zur Prüfung auf vollständige Abscheidung wird kurz vor Ablauf der 2 Std. die Anode um etwa 0,5 cm weiter in den Elektrolyten eingesenkt und 10 min weiter elektrolysiert. Ist kein dunkler Anflug von Blei(IV)-oxid auf dem eingesenkten Anodenstück zu erkennen, so ist die Abscheidung beendet. Ohne den Strom abzuschalten, wird die Anode mit schwach salpetersaurem Wasser gespült.

Eine Trübung des Elektrolyten vor Beginn der Elektrolyse, hervorgerufen durch Zinn(IV)-oxidhydrat, stört nicht. Das auf der Anode abgeschiedene, bei kleinen Mengen kaum sichtbare Blei(IV)-oxid wird mit einer Lösung, die 10 bis 20 ml Salpetersäure (1 + 1) und 3 ml Wasserstoffperoxid (3%) enthält, gelöst. Die Lösung wird in einem 50 ml-Becherglas mit 1 ml Schwefelsäure (1 + 1) zur Trockne geraucht.

Der Rückstand wird mit 25 ml 2 n-Kalilauge unter gelindem Erwärmen gelöst und in einen 50 ml-Meßkolben übergespült. Ein etwaiger von Mangan herrührender Rückstand bleibt unberücksichtigt. Zu der im Meßkolben befindlichen Lösung gibt man 2 ml Hydraziniumdichloridlösung (2) und 1 ml Gelatinelösung (3). Nach dem Auffüllen wird nach etwa 10 min zwischen —0,6 und —1,0 V bei einer dem Bleigehalt entsprechenden Empfindlichkeit polarographiert.

Bei jeder Probe ist eine Reagenzienblindprobe unter den gleichen Bedingungen durchzuführen und zu polarographieren. Eine dem Bleigehalt der Probe entsprechende Abnahme der Bleistandardlösung (4) wird unter den gleichen Bedingungen polarographiert.

***Bemerkung.*** Um Unterbefunde zu vermeiden, muß, unabhängig vom Kupfergehalt der Probe, die Kupferzugabe von 0,3 g eingehalten werden. Da Dauertemperaturen über 40° Unterbefunde verursachen, muß die Temperatur während der Elektrolyse auf Zimmertemperatur gesenkt werden.

### 3.2.2 Bestimmung des Cadmiums

***Grundlage.*** Das Cadmium wird aus ammoniakalischer Lösung mit Natriumsulfid gefällt und nach dem Lösen in ammoniakalischer Grundlösung polarographisch bestimmt.

***Anwendungsbereich.*** Geeignet für Gehalte von 0,0001 bis 0,05%.

***Zuverlässigkeit.*** Bei Gehalten um 0,001% etwa ±15%,
um 0,01 % etwa ±10%.

***Reagenzien.***

1. Natriumsulfidlösung: 5 g $Na_2S \cdot 9\,H_2O$ zu 100 ml gelöst.
2. Kaliumcyanidlösung: 20 g zu 100 ml gelöst.
3. Grundlösung: 10 g Ammoniumcarbonat, 10 g Natriumsulfit, krist., 0,5 g Gelatine, werden jedes für sich in wenig Wasser gelöst, zusammen etwa 100 ml, und mit Ammoniak (0,91) zum Liter aufgefüllt.
4. Cadmiumstammlösung: 5 g Cadmium werden in einem 500 ml-Erlenmeyerkolben mit 30 ml Salpetersäure (1 + 1) gelöst. Nach Verkochen der Stickstoffoxide wird die Lösung in einem 500 ml-Meßkolben aufgefüllt.
5. Cadmiumstandardlösung: 10 ml Stammlösung (4) werden in einem Meßkolben zum Liter aufgefüllt. 1 ml $\triangleq$ 0,1 mg Cadmium.

#### 3.2.2.1 Gehalte von 0,0001 bis 0,005% Cadmium

***Ausführung.*** Man löst zweimal 50 g Probe in je einem 1 l-Erlenmeyerkolben mit 200 ml Salpetersäure (2 + 1), verkocht die Stickstoffoxide und gibt in eine der Lösungen soviel Cadmiumlösung (5), wie dem zu erwartenden Cadmiumgehalt ungefähr entspricht. Dann fügt man soviel Ammoniak (0,91) hinzu, bis sich das Zinkhydroxid wieder gelöst hat. Die Lösungen verdünnt man auf 600 ml, kocht auf und fügt unter kräftigem Umschütteln 10 ml Natriumsulfidlösung (1) zu. Die warmen Lösungen schüttelt man mehrmals gut durch. Die Niederschläge läßt man über Nacht absetzen, filtriert durch ein Filter Gr. 4 ab und wäscht Kolben und Filter je dreimal mit warmem Ammoniak (1 + 20) aus. Die Niederschläge löst man mit heißer Salpetersäure (2 + 1) durch das Filter in einen 300 ml-Erlenmeyerkolben, wäscht die

Fällkolben und Filter mit Salpetersäure (1 + 2) und anschließend mit heißem Wasser aus. Die Lösungen werden bis zur beginnenden Salzausscheidung eingeengt, mit wenig Wasser verdünnt und in einen 50 ml-Meßkolben übergespült. Man dampft auf weniger als 25 ml ein, gibt 25 ml Grundlösung (3) und 1 ml Kaliumcyanidlösung (2) hinzu, kühlt ab, füllt auf, schüttelt durch und polarographiert mit einer dem Cadmiumgehalt entsprechenden Empfindlichkeit von —0,3 bis —0,7 V.

### 3.2.2.2 Gehalte von 0,005 bis 0,05% Cadmium

***Ausführung.*** 50 g Probe werden in einem 400 ml-Becherglas mit 200 ml Salpetersäure (2 + 1) gelöst und die Stickstoffoxide verkocht. Nach dem Erkalten wird die Lösung in einem 250 ml-Meßkolben aufgefüllt. Man entnimmt zweimal 25 ml (= 5 g Einwaage) in je einen 100 ml-Meßkolben. Nachdem man zu einer Abmessung die entsprechende Menge Cadmiumlösung (4) gegeben hat, fügt man zu beiden Meßkolben 40 ml Grundlösung (3) und 1 ml Kaliumcyanidlösung (2). Nach dem Erkalten wird aufgefüllt und anschließend, wie unter 3.2.1.1 angegeben, polarographiert.

***Bemerkung.*** Es ist möglich, auch höhere Cadmiumgehalte zu bestimmen, wenn man die Einwaage, die Abnahme und die Empfindlichkeit sinngemäß abändert.

## 3.2.3 Bestimmung des Zinns

***Grundlage.*** Das Zinn wird aus der salzsauren Lösung der Probe als Quercetinkomplex mit Methylisobutylketon extrahiert und im Extrakt photometrisch bestimmt.

***Anwendungsbereich.*** Geeignet für Gehalte von 0,0005 bis 0,025%.

***Zuverlässigkeit.*** Bei Gehalten um 0,001% etwa ±15%,
um 0,01 % etwa ±10%.

***Reagenzien.***

1. Thioharnstofflösung: 12,5 g werden mit 100 ml warmem Wasser (60°) gelöst. Die Lösung wird auf 200 ml verdünnt, abgekühlt und auf 250 ml aufgefüllt.
2. Ascorbinsäurelösung: 2 g zu 100 ml gelöst.
3. Quercetinlösung: 500 mg werden mit 300 ml Äthanol unter leichtem Erwärmen gelöst. Die Lösung wird abgekühlt, mit genau 25 ml Salzsäure (1,19) versetzt, mit Äthanol auf 500 ml verdünnt und, wenn erforderlich, filtriert.
4. Methylisobutylketon.
5. Zinnstammlösung: 0,25 g Zinn werden in einem abgedeckten 250 ml-Becherglas mit 50 ml Salzsäure (1 + 1) unter leichtem Erwärmen gelöst. Die Lösung wird in einem 500 ml-Meßkolben aufgefüllt.
6. Zinnstandardlösung: 10 ml Stammlösung (5) werden vor dem Gebrauch in einem Meßkolben nach Zusatz von 50 ml Salzsäure (1,19) zum Liter aufgefüllt. 1 ml $\hat{=}$ 5 $\mu$g Zinn.
7. Feinzink, zinnfrei.

***Ausführung.*** 2 g Probe werden in einem abgedeckten 100 ml-Becherglas mit 20 ml Salzsäure (1,19) gelöst. Nach Abklingen der Lösereaktion fügt man einige Tropfen Wasserstoffperoxid (30%) zu und füllt die Lösung nach dem Abkühlen in einem 50 ml-Meßkolben auf. In einen 125 ml-Scheidetrichter werden nacheinander 20 Thioharnstofflösung (1), 5 ml Ascorbinsäurelösung (2), 10 ml Quercetinlösung (3) und 10 ml Äthanol (96%) abgemessen und gemischt. In diese Mischung werden 25 ml Probelösung einpipettiert und die vereinigten Lösungen kurz geschüttelt. Nach einer Reaktionszeit von 10 min wird mit genau 15 ml Methylisobutylketon (4) zwei min lang kräftig geschüttelt. Die wäßrige Phase wird abgetrennt und die organische zweimal durch je 30 sec langes Schütteln mit 25 ml Schwefelsäure (5 + 100) ausgewaschen. Nach Ablassen der Waschlösung wird die organische Phase über ein kleines trocknes Filter Gr. 1 in eine trockne Glasstöpselflasche filtriert, wobei die ersten ml des Filtrates verworfen werden. Nach 20 min wird bei 440 nm gegen eine Nullösung in einer 1 oder 2 cm-Küvette gemessen. Die Nullösung wird wie die Nullösung der Eichreihe hergestellt.

***Eichkurve.*** In vier 100 ml-Bechergläser werden je 2 g Feinzink (7) mit 20 ml Salzsäure (1,19) gelöst und die Lösungen nach Zugabe von einigen Tropfen Wasserperoxid in 50 ml-Meßkolben übergespült. Man fügt 0, 4, 12 und 20 ml Zinnstandardlösung (6) zu, füllt auf und arbeitet weiter, wie unter Ausführung beschrieben. Man mißt gegen die Nullösung.

***Bemerkungen.*** Die angegebene Abnahme von 25 ml Probelösung gilt für den Konzentrationsbereich von 0,0005 bis 0,005% Zinn. Bei Zinngehalten zwischen 0,005 und 0,0125% werden 10 ml und bei Gehalten zwischen 0,0125 und 0,025 % 5 ml der Probelösung abpipettiert und jeweils 15 bzw. 20 ml Nullösung zugegeben, um den Säure- und Zinkgehalt der Proben gleichzuhalten, da sie die Färbung des Zinn–Quercetin-Komplexes wesentlich beeinflussen.

### 3.2.4 Bestimmung des Eisens

***Grundlage.*** Das Eisen wird in ammoniakalischer Lösung mit Sulfosalicylsäure photometrisch bestimmt.

***Anwendungsbereich.*** Geeignet für Gehalte von 0,0005 bis 0,3%.

***Zuverlässigkeit.*** Bei Gehalten um 0,001% etwa ±10%,
um 0,01 % etwa ± 5%,
um 0,1 % etwa ±3 %.

***Reagenzien.***

1. Sulfosalicylsäurelösung: 40 g mit Wasser (6) zu 100 ml gelöst.
2. Hydroxylammoniumchloridlösung: 20 g mit Wasser (6) zu 100 ml gelöst.
3. Cadmium, reinst (Fe < 0,001%).
4. Kaliumaluminiumsulfatlösung: 9 g $[KAl(SO_4)_2 \cdot 12\,H_2O]$ mit Wasser (6) zu 100 ml gelöst.
5. Eisenstandardlösung: 50 mg Eisenpulver werden in einem 300 ml-Erlenmeyerkolben mit etwas Wasser angefeuchtet und mit 5 ml Salzsäure (1 + 1) sowie 3 Tropfen Wasserstoffperoxid (30%) gelöst. Man verdünnt auf etwa 100 ml, verkocht das Chlor und füllt nach dem Abkühlen mit Wasser (6) in einem 500 ml-Meßkolben auf. 1 ml $\triangleq$ 0,1 mg Eisen.
6. Bidestilliertes Wasser.

***Ausführung.*** Je nach dem Eisengehalt werden 2 bis 10 g Probe mit 20 bis 100 ml Salzsäure (1 + 1) unter Zugabe von 3 bis 20 Tropfen Wasserstoffperoxid (30%) gelöst. Die Lösung wird auf das doppelte Volumen mit Wasser (6) verdünnt und nach Verkochen des Chlors mit 0,5 g Cadmiumspänen (3) versetzt. Nach 2 bis 3 min, während derer man mehrmals umschwenkt, dekantiert man durch ein kleines Filter Gr. 2, wäscht mit Wasser (6) kurz aus und füllt nach dem Abkühlen in einem 250 ml-Meßkolben auf. Eine Abnahme von max. 350 $\mu$g Eisen wird in einen 100 ml-Meßkolben pipettiert. Man setzt 5 ml Sulfosalicylsäurelösung (1), 2 ml Hydroxylammoniumchloridlösung (2) und Ammoniak (0,91) bis zum Umschlag von Rot nach Gelb zu. Nach Zugabe von weiteren 20 ml Ammoniak (0,91) wird mit Wasser aufgefüllt. Der pH-Wert soll bei 10 bis 10,5 liegen. Man photometriert gegen einen Chemikalienblindansatz, der den gleichen Arbeitsgang durchlaufen hat, bei 420 nm in 2 cm-Küvetten. Bei Anwesenheit von Blei wird das ausgeschiedene Oxidhydrat über ein Filter Gr. 4 abfiltriert und die klare Lösung photometriert.

Bei Eisengehalten unter 0,001% werden 10 g Probe, wie angegeben, gelöst. Die Cadmiumzementation entfällt. Man fügt bei Abwesenheit von Aluminium 5 ml der Kaliumaluminiumsulfatlösung (4) hinzu, macht ammoniakalisch, filtriert den Niederschlag über ein Filter Gr. 1 und wäscht mit Wasser (6) aus. Der Niederschlag wird vom Filter in das Fällgefäß gespritzt, anhaftende Reste mit wenig heißer Salzsäure (1 + 4) durch das Filter gelöst und, wie oben beschrieben, weitergearbeitet.

***Eichkurve.*** Von der Eisenstandardlösung (5) werden Anteile entnommen, die 50 bis 300 μg Eisen entsprechen, in 100 ml-Meßkolben gegeben und, wie oben beschrieben, weiterbehandelt.

### 3.2.5 Bestimmung des Kupfers

***Grundlage.*** Das Kupfer wird als Carbaminatkomplex aus citratsäurehaltiger, ammoniakalischer Lösung mit Chloroform extrahiert und anschließend photometrisch bestimmt.

***Anwendungsbereich.*** Geeignet für Gehalte von 0,0001 bis 0,01%.

***Zuverlässigkeit.*** Bei Gehalten um 0,001% etwa ±10%,
um 0,01% etwa ± 5%.

***Reagenzien.***

1. Bidestilliertes Wasser.
2. Citronensäurelösung: 20 g mit Wasser (1) zu 100 ml gelöst.
3. Carbaminat-Lösung: 0,1 g Natriumdiäthyldithiocarbaminat mit Wasser (1) zu 100 ml gelöst.
4. Kupferstammlösung: 1 g Elektrolytkupfer wird mit 20 ml Salpetersäure (1 + 1) gelöst und die Lösung nach Verkochen der Stickstoffoxide in einem 1 l-Meßkolben aufgefüllt.
5. Kupferstandardlösung: 10 ml Stammlösung (4) werden mit Wasser (1) in einem Meßkolben zum Liter verdünnt. 1 ml ≙ 10 γ Kupfer.

***Ausführung.*** 10 g Probe werden mit 60 ml Salpetersäure (1 + 1) gelöst. Nach Verkochen der Stickstoffoxide wird die Lösung in einem 200 ml-Meßkolben aufgefüllt. Je nach dem zu erwartenden Kupfergehalt werden abpipettiert:

| % Kupfer | Abnahme | Einwaage |
|---|---|---|
| 0,0001 bis 0,001 | 100 ml | 5 g |
| 0,001 bis 0,002 | 50 ml | 2,5 g |
| 0,002 bis 0,005 | 20 ml | 1 g |
| 0,005 bis 0,010 | 10 ml | 0,5 g |

Die Lösung wird auf etwa 50 ml eingedampft bzw. mit Wasser (1) verdünnt und nach dem Erkalten mit 10 ml Citronensäure (2) versetzt. Sie wird schwach ammoniakalisch gemacht, auf 70 ml verdünnt und in einen entsprechenden Scheidetrichter gegeben. Nach Zugabe von 10 ml Carbaminatlösung (3) und 5 ml Chloroform wird 3 min kräftig geschüttelt. Die Chloroformschicht wird in ein 50 ml-Becherglas abgelassen und dann die Extraktion so oft mit je 3 ml Portionen Chloroform wiederholt, bis das Chloroform farblos bleibt. Die vereinigten Auszüge werden durch ein trockenes Filter Gr. 2 (5 cm ∅) in einen trockenen 25 ml-Meßkolben filtriert und das Filter mit Chloroform bis zur Marke des Meßkolbens ausgewaschen. Nach dem Durchschütteln wird sofort in einer bedeckten 2 cm-Küvette bei 435 nm gegen einen Blindansatz, der mit den gleichen Mengen der Chemikalien wie bei der Probe alle Stufen des Verfahrens durchlaufen hat, photometriert.

***Eichkurve.*** 1, 2, 3, 4, 5, 6 ml Kupferlösung (5) werden jeweils mit Wasser (1) auf 50 ml verdünnt und genau wie die Proben weiterbehandelt.

***Bemerkungen.*** Die verwendeten Glasgeräte sind mit Salpetersäure und Wasser (1) gut zu reinigen. Das Chloroform ist vor dem Gebrauch mit Wasser (1) auszuschütteln, da Spuren von Cyan den Kupferkomplex entfärben.

Da die kupferhaltigen Chloroformauszüge lichtempfindlich sind (ausbleichen), ist das Arbeiten im direkten Tageslicht möglichst zu vermeiden. Eisen, Nickel, Kobalt, Wismut in größeren Mengen stören die Bestimmung, was jedoch bei den hier zu untersuchenden Materialien kaum der Fall sein dürfte. Als Maskierungsmittel hat sich in diesen Fällen das Dinatriumsalz der Äthylendiamintetraessigsäure bewährt.

# 3.3 Zinklegierungen

## 3.3.1 Bestimmung des Bleis

## 3.3.2 Bestimmung des Cadmiums

## 3.3.3 Bestimmung des Zinns

## 3.3.4 Bestimmung des Eisens

Diese Bestimmungen werden gemäß den Vorschriften unter 3.2.1 bis 3.2.4, S. 440 bis 443, durchgeführt.

## 3.3.5 Bestimmung des Aluminiums

### 3.3.5.1 Gehalte unter 1% Aluminium

***Grundlage.*** Das Aluminium wird mit Eriochromcyanin-R photometrisch bestimmt.

***Anwendungsbereich.*** Geeignet für Gehalte von 0,0005 bis 1%.

***Zuverlässigkeit.*** Bei Gehalten um 0,001% etwa ±15%,
um 0,01 % etwa ±10%,
um 0,1 % etwa ± 5%.

***Reagenzien.***

1. Thioglykolsäure: 5 ml Thioglykolsäure (80%) zu 100 ml verdünnt.
2. Eriochromcyanin-R-lösung: 0,1 g zu 100 ml gelöst (frisch angesetzt).
3. Natriumnitratlösung: 40 g zu 100 ml gelöst.
4. Pufferlösung (pH 6): 46 g Ammoniumacetat und 18 g Natriumacetat zum Liter gelöst.
5. Natriumthiosulfatlösung: 5 g zu 100 ml gelöst.
6. Zinklösung: 10 g Zink (99,99%) werden mit 30 ml Salzsäure (1,19) gelöst und in einem 500 ml-Meßkolben aufgefüllt. 1 ml $\triangleq$ 0,02 g Zink.
7. Aluminiumstammlösung: 0,5 g Aluminium werden mit Salzsäure (1,19) gelöst und in einem 1 l-Meßkolben aufgefüllt.
8. Aluminiumstandardlösung: 5 ml der Lösung (7) werden in einem 1 l-Meßkolben aufgefüllt. Die Lösung ist vor dem Gebrauch frisch anzusetzen. 1 ml $\triangleq$ 2,5 $\mu$g Aluminium.

#### *3.3.5.1.1 Gehalte unter 0,005% Aluminium*

***Ausführung.*** 10 g Probe werden in einem 500 ml-Meßkolben mit 35 ml Salzsäure (1,19) bis auf den verbleibenden Metallschwamm gelöst. Nach dem Erkalten wird der Meßkolben aufgefüllt und geschüttelt. Sobald der Metallschwamm sich abgesetzt hat, werden 20 ml (= 0,4 g Einwaage), in einen 100 ml-Meßkolben pipettiert. Nach Zusatz von 0,5 ml Thioglykolsäure (1) neutralisiert man vorsichtig mit 0,5 n-Natriumhydroxidlösung bis zur ersten bleibenden Trübung. Sodann werden nacheinander 1 ml 0,2 n-Salzsäure, 2 ml Natriumnitratlösung (3) und 5 ml Eriochromcyaninlösung (2) zugegeben. Man wartet 20 min, fügt 25 ml Acetatpufferlösung (4) sowie 0,5 ml Natriumthiosulfatlösung (5) zu, füllt mit Wasser auf und photometriert in einer 2 cm-Küvette bei 530 nm. Als Vergleichslösung dient ein Blindansatz mit 20 ml Zinklösung (6), der genau wie die Analysenprobe behandelt wurde.

#### *3.3.5.1.2 Gehalte von 0,005 bis 0,025% Aluminium*

***Ausführung.*** 10 g Probe werden wie unter 3.3.5.1.1. in einem 500 ml-Meßkolben gelöst und aufgefüllt. 5 ml dieser Lösung, (= 0,1 g Einwaage), werden dann in einem 100 ml-Meßkolben nach Zusatz von 15 ml Zinklösung (6), wie unter 3.3.5.1.1 angegeben, weiterbehandelt.

*3.3.5.1.3 Gehalte von 0,025 bis 0,25% Aluminium*

***Ausführung.*** 10 g Probe werden wie unter 3.3.5.1.1 in einem 500 ml-Meßkolben gelöst und aufgefüllt. Man verdünnt von dieser Lösung 25 ml in einem Meßkolben auf 500 ml. Aus diesem Meßkolben pipettiert man nun 10 ml, (= 0,01 g Einwaage), in einen 100 ml-Meßkolben ab, setzt 20 ml Zinklösung (6) zu und verfährt weiter, wie unter 3.3.5.1.1 angegeben.

*3.3.5.1.4 Gehalte von 0,1 bis 1% Aluminium*

***Ausführung.*** 10 g Probe werden wie unter 3.3.5.1.1 in einem 500 ml-Meßkolben gelöst und aufgefüllt. Von dieser Lösung verdünnt man 10 ml in einem Meßkolben auf 500 ml, pipettiert aus diesem Meßkolben 5 ml, entsprechend 0,002 g Zinklegierung, ab, setzt 20 ml Zinklösung (6) hinzu und verfährt weiter, wie unter 3.3.5.1.1 angegeben.

***Eichkurve.*** Man fügt zu 4 Ansätzen von je 20 ml Zinklösung (6) in 100 ml-Meßkölbchen im einzelnen:

| ml Aluminiumlösung (8) | entsprechend $\mu$g Al |
|---|---|
| 2 | 5 |
| 5 | 12,5 |
| 10 | 25 |

aus einer Bürette zu und behandelt sie genau, wie unter 3.3.5.1.1 für die Probelösungen angegeben ist. Man mißt die Extinktionen in einer 2 cm-Küvette.

### 3.3.5.2 Gehalte über 1% Aluminium

***Grundlage.*** Aluminium wird nach elektrolytischer Abscheidung des Zinks in schwach salzsaurer Lösung als Oxychinolat gefällt und gewichtsanalytisch bestimmt.

***Anwendungsbereich.*** Geeignet für Gehalte über 1% bei Abwesenheit von Arsen, Antimon und Zinn.

***Zuverlässigkeit.*** Etwa ±3%.

***Reagenzien.***

1. Oxinlösung: 10 g Hydroxychinolin werden mit 20 ml Essigsäure (1,06) angeteigt und mit 100 ml Wasser kalt aufgenommen. Die Lösung wird bis nahe zum Sieden erhitzt, abgekühlt und über ein Filter Gr. 2 filtriert.

***Geräte.*** Schnellelektrolyse. Mattierte Platinnetzelektroden. Kathode: Durchmesser 40 mm, Höhe 50 mm. Anode: In entsprechender Größe.

***Ausführung.*** 1 g Probe wird im 250 ml-Becherglas unter anfänglicher Kühlung mit 5 ml Wasser und 7 ml Salzsäure (1 + 1) versetzt. Die Reaktion wird durch mäßige Erwärmung beendet und der Metallschwamm durch Zusatz von wenigen Tropfen Wasserstoffperoxid (3%) gelöst. Nach Zugabe von 4 ml Wasser kühlt man auf 15 bis 20° ab, setzt 6 g Natriumhydroxid zu und löst durch leichtes Schwenken des Becherglases.

Wenn die angegebenen Reagenzienmengen und Verdünnungen genau eingehalten werden (Gesamtvolumen 13 bis 15 ml), entsteht unter Selbsterwärmung sofort eine klare Lösung. War das Volumen zu groß, so bildet sich ein milchig weißer Niederschlag, der nicht mehr in Lösung gebracht werden kann. Die Probe ist dann zu verwerfen. Eine kristalline Abscheidung von Natriumchlorid bei zu kleinem Volumen ist ohne Bedeutung.

Nach Zugabe von 80 bis 90 ml Wasser wird bei 3 A unter starkem Rühren und Verwendung einer vorher verkupferten Platinnetzkathode elektrolysiert. Die Elektrolyse dauert etwa 60 min. Sie darf erst unterbrochen werden, wenn sich nach dem Tiefertauchen der Elektroden innerhalb 5 min kein Metallbeschlag mehr auf dem verkupferten Restteil der Kathode bildet.

Die Elektrode wird mit kaltem Wasser abgespült. Das Elektrolysat wird in ein 600 ml-Becherglas filtriert und der Rückstand mit Natriumhydroxidlösung (2 g in 100 ml) ausgewaschen.

Nach Zugabe von einigen Tropfen Phenolphthaleinlösung neutralisiert man das Filtrat mit Salzsäure (1 + 1) und gibt einen Überschuß von 2 bis 3 ml hinzu.

Für je 2,5% Al werden 5 bis 6 ml Oxinlösung (1) und 5 g Harnstoff zugegeben. Man erhitzt bis fast zum Sieden, bedeckt das Becherglas mit einem Uhrglas und hält etwa 2 bis 3 Std. auf 95°, am besten durch Einsetzen in einen auf etwa 120° geheizten Trockenschrank. Ist die über dem Niederschlag stehende klare Lösung nicht mehr grünlichgelb, sondern orangegelb gefärbt, so ist die Fällung beendet, andernfalls setzt man das Erhitzen noch länger fort.

Nach beendeter Fällung läßt man etwas abkühlen und filtriert durch einen gewogenen Glasfiltertiegel 1G3. Man wäscht zweimal mit 10 bis 25 ml heißem und dreimal mit je 10 ml kaltem Wasser nach, trocknet 2 Std. bei 130°, läßt im Exsiccator erkalten und wägt aus.

Der Umrechnungsfaktor von Aluminiumoxychinolinat auf Aluminium ist 0,05872.

## 3.3.6 Bestimmung des Kupfers

### 3.3.6.1 Photometrische Bestimmung

***Grundlage.*** Das Kupfer wird als Diäthyldithiocarbaminatkomplex extrahiert und photometrisch bestimmt.

***Anwendungsbereich.*** Geeignet für Gehalte von 0,0005 bis 0,01%.

***Zuverlässigkeit.*** Bei Gehalten um 0,001% etwa ±10%,
um 0,01% etwa ± 5%.

***Reagenzien.***

1. Citronensäurelösung: 20 g mit Wasser (5) zu 100 ml gelöst.
2. Carbaminatlösung: 0,1 g Natriumdiäthyldithiocarbaminatlösung mit Wasser (5) zu 100 ml gelöst.
3. Kupferstammlösung: 1 g Elektrolytkupfer wird mit 20 ml Salpetersäure (1 + 1) gelöst. Nach dem Verkochen der Stickstoffoxide wird die Lösung in einem 1 l-Meßkolben aufgefüllt.
4. Kupferstandardlösung: 10 ml Stammlösung (3) werden mit Wasser (5) in einem Meßkolben zum Liter verdünnt. 1 ml ≙ 10 $\mu$g Kupfer.
5. Bidestilliertes Wasser.

***Ausführung.*** 10 g Probe werden mit 60 ml Salpetersäure (1 + 1), bei aluminiumhaltigen Feinzinklegierungen mit 70 ml Salzsäure (1 + 1) unter Zusatz von Wasserstoffperoxid (30%), in einem 200 ml-Becherglas gelöst. Die Stickstoffoxide und der Sauerstoff werden verkocht. Die Lösung wird in einem 200 ml-Meßkolben mit Wasser (5) aufgefüllt. Je nach dem zu erwartenden Kupfergehalt pipettiert man ab:

| Kupfergehalt | Abnahme | Einwaage |
|---|---|---|
| 0,0005–0,002% | 50 ml | 2,5 g |
| 0,002 – 0,010% | 10 ml | 0,5 g |

Der abgenommene Anteil wird auf etwa 15 ml eingedampft, nach dem Erkalten mit 20 ml Wasser (5) und 10 ml Citronensäure (1) versetzt, schwach ammoniakalisch gemacht und mit Wasser (5) auf etwa 70 ml verdünnt. Man gibt die Lösung dann in einen entsprechenden Scheidetrichter, fügt 10 ml Natriumdiäthyldithiocarbaminatlösung (2) sowie 5 ml Chloroform zu und schüttelt etwa 3 min kräftig durch. Die Chloroformschicht wird in ein 50 ml-Becherglas abgelassen und die Extraktion so oft mit 3 ml-Portionen Chloroform wiederholt, bis dieses farblos bleibt. Die vereinigten Auszüge werden durch ein trockenes kleines Filter Gr. 1 in einen trockenen 25 ml-Meßkolben filtriert und das Filter mit reinem Chloroform bis zur Marke des Meßkolbens ausgewaschen. Man photometriert in einer 3 cm-Küvette bei 436 nm gegen einen Chemikalienansatz, der wie die Probe alle Stufen des Verfahrens durchlaufen hat.

***Eichkurve.*** 1, 2, 3, 4, 5, 6 ml Kupferlösung (4) werden jeweils mit Wasser (5) auf 50 ml verdünnt und genau wie die Proben weiterbehandelt.

***Bemerkungen.*** Die verwendeten Glasgeräte sind mit Salpetersäure und Wasser (5) gut zu reinigen. Das Chloroform ist vor dem Gebrauch mit Wasser (5) auszuschütteln, da Spuren von Cyan den Kupferkomplex entfärben. Da die kupferhaltigen Chloroformauszüge lichtempfindlich sind (ausbleichen), ist das Arbeiten im direkten Tageslicht zu vermeiden.

#### 3.3.6.2 Polarographische Bestimmung

***Grundlage.*** Nach Lösen der Probe mit Säure und Reduktion des Eisens wird das Kupfer in saurer Lösung polarographisch bestimmt.

***Anwendungsbereich.*** Geeignet für Gehalte von 0,01 bis 0,5%.

***Zuverlässigkeit.*** Etwa $\pm 5\%$.

***Reagenzien.*** Siehe unter 1.4.2, S. 428.

***Ausführung.*** 10 g Probe werden, wie unter 3.3.6.1 angegeben, gelöst und in einem 200 ml-Meßkolben aufgefüllt. Man entnimmt zweimal 20 ml, entsprechend 1 g Einwaage, setzt je 5 ml Schwefelsäure (1,84) zu und dampft zur Trockne. Den Rückstand nimmt man mit je 10 ml Schwefelsäure (1 + 20) auf und verfährt weiter, wie unter 1.4.2, S. 428, angegeben.

#### 3.3.6.3 Elektrolytische Bestimmung

***Grundlage.*** Das Kupfer wird aus salpetersaurer Lösung elektrolytisch abgeschieden.

***Anwendungsbereich.*** Geeignet für Gehalte von 0,5 bis 1,5%.

***Zuverlässigkeit.*** Etwa $\pm 2\%$.

***Geräte.*** Schnellelektrolyse. Mattierte Platinnetzelektroden.

Kathode: Durchmesser 40 mm, Höhe 50 mm.

Anode: In entsprechender Größe.

***Ausführung.*** 50 g Probe werden in einem 750 ml-Erlenmeyerkolben mit 300 ml Salpetersäure (1 + 1) gelöst. Nach dem Verkochen der Stickstoffoxide spült man in einen 500 ml-Meßkolben über und füllt nach dem Erkalten auf. Dann filtriert man die Lösung durch ein trockenes Filter Gr. 4 in ein trockenes Gefäß und pipettiert 50 ml (= 5 g Einwaage) in ein 250 ml-Becherglas. Nach Zugabe von 2 g Ammoniumnitrat verdünnt man mit 50 ml Wasser, gibt 10 ml Salpetersäure (1,4) zu und elektrolysiert 2 Std. lang bei bewegtem Elektrolyten bei 40 bis 60° und 4A. Dann spült man die Kathode ohne Stromunterbrechung mit Wasser ab, wäscht mit Äthanol nach, trocknet bei 100° und wägt nach dem Erkalten.

### 3.3.7 Bestimmung des Magnesiums

***Grundlage.*** Das Magnesium wird in ammoniakalischer Lösung als Magnesiumammoniumphosphat gefällt und nach dem Glühen als Magnesiumpyrophosphat ausgewogen.

***Anwendungsbereich.*** Geeignet für Gehalte über 0,01%.

***Zuverlässigkeit.*** Etwa $\pm 5$ bis 10%.

***Reagenzien.***

1. Diammoniumhydrogenphosphatlösung: 20 g zu 100 ml gelöst.
2. Diammoniumhydrogenphosphatlösung: 10 g zu 100 ml gelöst.
3. Methylorangelösung: 0,1 g zu 100 ml gelöst.
4. Citronensäurelösung: 15 g zu 100 ml gelöst.

***Ausführung.*** 20 g Probe werden in einem 750 ml-Erlenmeyerkolben mit 120 ml Salzsäure (2 + 1) unter Zugabe einiger Tropfen Wasserstoffperoxid (30%) gelöst. Zu dieser Lösung gibt man 100 ml Citronensäurelösung (4) und 40 ml Diammoniumhydrogenphosphatlösung (1). Man läßt aufkochen, unterbricht das Erhitzen und fügt vorsichtig nach und nach soviel Ammoniak (0,91) zu, bis der Zinkniederschlag gelöst ist, und dann noch einen Überschuß, der ungefähr einem Achtel des Gesamtvolumens entspricht. Man rührt 30 min lang und läßt 12 Std. absetzen.

Darauf filtriert man durch ein Filter Gr. 4 ab und wäscht Kolben und Filter viermal mit 5 ml Ammoniak (1 + 6) aus. Der Niederschlag wird mit 60 ml heißer Salzsäure (1 + 4) durch das Filter in den Fällkolben gelöst und das Filter mit heißem Wasser ausgewaschen. Man dampft das Filtrat auf ungefähr 100 ml ein, gibt 7 ml Citronensäurelösung (4), 5 ml Diammoniumhydrogenphosphatlösung (2) sowie einige Tropfen Methylorangelösung (3) zu und versetzt bis zum Farbumschlag nach Gelb mit Ammoniak (0,91); von letzterem gibt man noch 15 ml im Überschuß zu. Um einen grobkörnigen Niederschlag zu erhalten, schüttelt man einige Minuten gut durch und läßt 4 bis 6 Std. stehen.

Der Niederschlag wird über ein Filter Gr. 4 abfiltriert und mit Ammoniak (1 + 6) ausgewaschen. Man gibt das Filter mit dem Niederschlag in einen vorgewogenen Platintiegel, trocknet es im Trockenschrank, läßt anschließend bei niedriger Temperatur in der Muffel verbrennen, steigert dann die Temperatur nach und nach auf etwa 1000° und glüht 1 Std. lang bei dieser Temperatur. Nach dem Erkalten im Exsiccator wägt man das gebildete Magnesiumpyrophosphat aus. Der Umrechnungsfaktor von Magnesiumpyrophosphat auf Magnesium ist 0,2185.

Es ist notwendig, mit allen verwendeten Reagenzien einen Blindversuch durchzuführen und diesen bei der Errechnung des Magnesiumgehaltes zu berücksichtigen. Bei diesem Versuch wird der große Ammoniaküberschuß vor dem 12stündigen Absetzenlassen durch Auskochen vertrieben, wobei das Volumen, um ein Auskristallisieren von Salzen zu verhüten, durch Zugabe von Wasser konstant gehalten wird.

Bei manganhaltigen Legierungen wird ein Teil des Mangans ausgefällt und als Pyrophosphat zusammen mit dem Magnesiumpyrophosphat ausgewogen. Es muß deshalb bestimmt und von der Auswaage abgesetzt werden. Die Auswaage wird zu diesem Zweck mit Salpetersäure gelöst, das Mangan zu Permanganat oxydiert und photometrisch bestimmt (siehe Kapitel Kupfer unter 4.2.10.1, S. 255). 1 mg Mangan $\triangleq$ 0,564 mg Magnesium.

# 4 Nichtmetallische Erzeugnisse

## 4.1 Zinkoxid (Zinkweiß)

### 4.1.1 Bestimmung des Wassers

***Grundlage.*** Der Wassergehalt wird durch Trocknen der Probe bei 105° bestimmt.

***Zuverlässigkeit.*** Etwa ±5%.

***Ausführung.*** 5 g Probe werden in einem Porzellantiegel eingewogen, der in einen zweiten eingesetzt wird. Beide werden mit je einem Deckel abgedeckt und bei 105° bis zur Gewichtskonstanz getrocknet. Nach dem Erkalten im Exsiccator werden beide Tiegel zusammen mit den Deckeln ausgewogen. Das Leergewicht der Tiegel und Deckel ist vor der Einwaage nach Trocknen bei 105° und Erkalten im Exsiccator zu bestimmen.

***Fehlermöglichkeit.*** Während des Trocknens dürfen keine feuchten Substanzen in den Trockenschrank gebracht werden, da das Zinkoxid mit dem gegebenenfalls entwickelten Wasserdampf ein Hydrat bildet, das bei 105° nicht zersetzt wird.

### 4.1.2 Bestimmung des Glührückstandes

***Grundlage.*** Der Glührückstand wird durch Erhitzen der Probe auf 600° bestimmt.

***Zuverlässigkeit.*** Etwa $\pm 5\%$.

***Ausführung.*** 5 g der nach 4.1.1 getrockneten Probe werden in einem geglühten und gewogenen Porzellantiegel eingewogen. Man glüht die Probe im elektrischen Ofen unter langsamem Anheizen bei 600° bis zur Gewichtskonstanz, läßt im Exsiccator erkalten und wägt.

### 4.1.3 Bestimmung des in Salzsäure unlöslichen Rückstandes

***Grundlage.*** Die Probe wird mit Salzsäure gelöst und der unlösliche Rückstand abfiltriert, geglüht und gewogen.

***Zuverlässigkeit.*** Etwa $\pm 5\%$.

***Ausführung.*** 20 g Probe werden mit 100 ml Salzsäure (1 + 1) unter Erwärmen gelöst. Die Lösung wird mit Wasser auf 200 ml verdünnt, kurz aufgekocht und über einen bei 500° geglühten und gewogenen Porzellanfiltertiegel A2 filtriert. Man wäscht mit heißer Salzsäure (1 + 100), trocknet den Tiegel und glüht ihn bei 500° bis zur Gewichtskonstanz. Nach dem Erkalten im Exsiccator wird gewogen.

### 4.1.4 Bestimmung des Schwefels

***Grundlage.*** Nach Lösen der Probe mit Salzsäure und Brom wird der Schwefel als Bariumsulfat gefällt und gewichtsanalytisch bestimmt.

***Anwendungsbereich.*** Geeignet für Gehalte über 0,05%.

***Zuverlässigkeit.*** Etwa $\pm 5\%$.

***Reagenzien.***

1. Bariumchloridlösung: 10 g $BaCl_2 \cdot 2\,H_2O$ zu 100 ml gelöst.

***Ausführung.*** 20 g Probe werden mit 100 ml Salzsäure (1 + 1) unter Zusatz von gesättigtem Bromwasser gelöst. Nach Verkochen des überschüssigen Broms und Verdünnen der Lösung auf 300 ml wird über ein Filter Gr. 3 filtriert und mit heißem Wasser gewaschen. Das Filtrat wird mit Ammoniak (0,91) neutralisiert, mit Salzsäure (1 + 1) wieder schwach angesäuert und dann der Schwefel, wie unter 2.1.6, S. 433 beschrieben, als Bariumsulfat gefällt und gewichtsanalytisch bestimmt.

## 4.2 Zinksulfat

### 4.2.1 Bestimmung des Wassers

***Grundlage.*** Der Wassergehalt wird durch Trocknen der Probe bei 220° bestimmt.

***Zuverlässigkeit.*** Etwa $\pm 0{,}5\%$.

***Ausführung.*** Zwischen 2 und 3 g Probe werden in einem bei 220° getrockneten und gewogenen Wägegläschen zunächst 2 Std. bei 105° und dann bis zur Gewichtskonstanz bei 220° getrocknet. Nach dem Erkalten im Exsiccator wird gewogen.

### 4.2.2 Bestimmung der freien Schwefelsäure

***Grundlage.*** Die freie Schwefelsäure wird im Äthanolauszug der Probe maßanalytisch bestimmt.

***Zuverlässigkeit.*** Etwa ±5%.

***Reagenzien.***

1. Methylrot: 0,2 g mit Äthanol (1 + 1) zu 100 ml gelöst. Die Lösung wird filtriert.

***Ausführung.*** 10 g Probe werden zweimal mit je 50 ml Äthanol (96%) digeriert und mit weiteren 50 ml Äthanol (96%) auf ein Filter Gr. 3 gebracht. Man wäscht mit Äthanol (96%) nach und titriert in den vereinigten Äthanolauszügen die freie Schwefelsäure nach Zugabe von 3 Tropfen Methylrot (1) mit einer 0,1n-Natriumhydroxidlösung. 1 ml 0,1n-Natriumhydroxidlösung ≙ 4,904 mg Schwefelsäure.

## 4.3 Zinkoxid (Zinkweiß) und Zinksulfat

### 4.3.1 Bestimmung des Zinks

***Grundlage.*** In der salzsauren Lösung der Probe wird das Zink nach Abtrennen der störenden Begleitelemente mit Kaliumhexacyanoferrat(II) maßanalytisch bestimmt.

***Zuverlässigkeit.*** Bei Gehalten um 20% etwa ±0,5%,
um 40% etwa ±0,3%,
um 80% etwa ±0,2%.

***Reagenzien.*** Wie unter 1.1.1, S. 423.

***Ausführung.*** 2 g Zinkoxid bzw. 10 g Zinksulfat werden mit 20 ml Salzsäure (1,19) unter Zugabe von 5 ml Wasserstoffperoxid (3%) in der Wärme gelöst. Die Lösung wird nach dem Verdünnen mit 100 ml Wasser in einem 200 ml-Meßkolben aufgefüllt. In einer Abmessung von 25 ml wird das Zink, wie unter 1.1.1, S. 423, beschrieben, titriert. Der Titer der Kaliumhexacyanoferrat(II)-lösung (5) wird mit der Zinkchloridlösung (6) eingestellt.

### 4.3.2 Bestimmung des Bleis

***Grundlage.*** Das Blei wird nach Anreicherung polarographisch bestimmt.

***Anwendungsbereich.*** Geeignet für Gehalte über 0,0005%.

***Zuverlässigkeit.*** Bei Gehalten von 0,0005 bis 0,01% etwa ±15%,
von 0,01 bis 0,1 % etwa ±10%.

***Reagenzien.***

1. Eisen(III)-chloridlösung: 14 g $FeCl_3 \cdot 6\,H_2O$ werden mit 30 ml Salzsäure (1 + 1) gelöst und mit Wasser zum Liter aufgefüllt. 10 ml ≙ 30 mg Eisen.
2. Ascorbinsäurelösung: 20 g zu 100 ml gelöst.
3. Grundlösung: 55 g Natriumacetat, 133 ml Ammoniak (0,91), 213 ml Essigsäure (1,06) und 0,6 g Gelatine werden mit Wasser gelöst und zum Liter aufgefüllt.
4. Bleistammlösung: 250 mg Blei werden mit 10 ml Salpetersäure (1 + 1) gelöst. Die Lösung wird in einem Meßkolben zum Liter aufgefüllt.
5. Bleistandardlösung: 5 ml Stammlösung (4) werden in einem 100 ml-Meßkolben aufgefüllt. 1 ml ≙ 12,5 μg Blei.

***Ausführung.*** Je nach dem zu erwartenden Bleigehalt werden 10 bis 50 g Probe mit 20 bis 100 ml Salzsäure (1,19) in der Wärme gelöst. Nach Zugabe von 10 ml Eisen(III)-chloridlösung (1) versetzt man die Lösung bis zum Auflösen des zunächst ausfallenden Zinkhydroxids mit Ammoniak (0,91) und kocht kurz auf. Nach 30 min wird der Oxidhydratniederschlag auf ein Filter Gr. 2 filtriert und mit Ammoniak (1 + 20) ausgewaschen. Der Niederschlag wird vom Filter in das Fällgefäß zurückgespült und das Filter mit 20 ml Salzsäure (1 + 1) nachgewaschen. Nach dem Abkühlen wird die Lösung in einem 100 ml-Meßkolben mit 5 ml Ascorbinsäurelösung (2) sowie 20 ml Grundlösung (3) versetzt und aufgefüllt. Eine Abmessung wird zwischen −0,3 und −0,7 V polarographiert. Eine Blindprobe, die den ganzen Arbeitsgang durchläuft, ist zu berücksichtigen.

Zur Auswertung wird eine dem Bleigehalt der Probe entsprechende Abmessung der Bleistandardlösung (5) unter den gleichen Bedingungen wie die Probe polarographiert.

### 4.3.3 Bestimmung des Cadmiums

### 4.3.4 Bestimmung des Zinns

### 4.3.5 Bestimmung des Eisens

### 4.3.6 Bestimmung des Kupfers

Diese Bestimmungen werden gemäß den Vorschriften unter 3.2.2 bis 3.2.5, S. 441 bis S. 444, durchgeführt.

### 4.3.7 Bestimmung des Mangans

***Grundlage.*** Das Mangan wird aus der salzsauren Lösung der Probe mit Brom und Ammoniak abgetrennt und nach dem Peroxodisulfat-Silbernitratverfahren photometrisch bestimmt.

***Anwendungsbereich.*** Geeignet für Gehalte über 0,0005%.

***Zuverlässigkeit.*** Bei Gehalten von 0,0005 bis 0,05% etwa ±10%,
von 0,05 bis 0,5 % etwa ± 5%.

***Reagenzien.***

1. Mischsäure: Salpetersäure (1,4) und Schwefelsäure (1,84) im Volumenverhältnis 2 + 1.
2. Silbernitratlösung: 1 g zu 100 ml gelöst.
3. Manganstammlösung: 0,2877 g Kaliumpermanganat werden mit 180 ml Wasser und 5 ml Schwefelsäure (1 + 1) gelöst. Man gibt soviel festes Natriumhydrogensulfit in kleinen Anteilen zu, bis das Permanganat vollständig reduziert ist, verkocht das Schwefeldioxid und füllt nach dem Erkalten in einem Meßkolben zum Liter auf.
4. Manganstandardlösung: 100 ml Stammlösung (3) werden in einem Meßkolben zum Liter aufgefüllt. 1 ml $\triangleq$ 10 $\mu$g Mangan.

***Ausrechnung.*** 20 g Zinkoxid werden mit 100 ml Salzsäure (1 + 1) gelöst und mit Wasser auf 150 ml verdünnt. 20 g Zinksulfat werden mit 150 ml Wasser unter Zugabe von 5 ml Salzsäure (1 + 1) gelöst. Die jeweilige Lösung wird nach Zugabe von Brom mit soviel Ammoniak (0,91) versetzt, bis das zunächst ausfallende Zinkhydroxid wieder gelöst ist. Nach kurzem Aufkochen und Absetzen des Niederschlags wird über ein Filter Gr. 2 filtriert und mit Ammoniak (1 + 20) nachgewaschen. Filter und Niederschlag werden in einem Erlenmeyerkolben mit 10 ml Salzsäure (1 + 1) und 20 ml Schwefelsäure (1 + 1) unter Zugabe von einigen Tropfen Mischsäure (1) durch langsames Erwärmen zersetzt und die Lösung bis zum Rauchen der Schwefelsäure eingedampft. Nach dem Erkalten wird mit 60 ml Wasser aufgenommen. Man fügt 5 ml Phosphorsäure (1 + 2), 10 ml Silbernitratlösung (2) und 2 g Ammoniumperoxodisulfat zu, erwärmt 30 min auf 80° und füllt nach dem Erkalten je nach Stärke der Färbung in einem Meßkolben zu einem bestimmten Volumen auf. Photometriert wird bei 546 nm gegen eine Reagenzienblindprobe.

***Eichkurve.*** Dem Mangangehalt der Probe entsprechend abgestufte Mengen der Manganstandardlösung (4) werden, wie unter Ausführung beschrieben, angefärbt, aufgefüllt und photometriert.

### 4.3.8 Bestimmung des Calciums

***Grundlage.*** Das Calcium wird nach Abtrennen der Hauptmenge des Zinks durch eine Amalgamelektrolyse und Fällen noch vorhandener Schwermetalle mit

Zinkoxid und Brom in Gegenwart von Kaliumcyanid gegen Calconcarbonsäure als Indicator komplexometrisch titriert.

***Anwendungsbereich, Zuverlässigkeit*** und ***Reagenzien*** siehe Kapitel Kobalt unter 3.7, S. 188.

***Geräte.*** Apparatur für Amalgamelektrolyse mit Rühreinrichtung und Platinscheibenelektrode. Siehe Kapitel Nickel unter 3.1.7, S. 324.

***Ausführung.*** In einem 250 ml-Quarzbecher werden 40 g Zinkoxid mit 50 ml Schwefelsäure (1 + 1) und 125 ml Wasser bzw. 50 g Zinksulfat mit 175 ml Wasser versetzt. Man fügt 50 ml Quecksilber zu und elektrolysiert unter Rühren, auch der Quecksilberoberfläche, über Nacht mit 5 bis 6 A. Ein anfangs noch ungelöster Zinkoxidanteil geht im Verlauf der Elektrolyse in Lösung. Das Elektrolysat, das nur noch wenige mg Zink enthält, wird zur Trockne gedampft, der Rückstand mit 40 ml Wasser aufgenommen und zum Sieden erhitzt. Die Lösung wird mit 0,5 g Zinkoxid (2), in wenig Wasser angeschlämmt, und mit 10 ml Bromwasser (gesättigt) versetzt und 10 min gekocht. Der Niederschlag wird über eine mit einem doppelten Filter Gr. 2 beschickte Nutsche filtriert, zweimal mit je 10 ml Wasser gewaschen und das Filtrat in einem 100 ml-Meßkolben aufgefüllt. Man pipettiert 50 ml in einen 200 ml-Erlenmeyerkolben und titriert das Calcium nach Zugabe von Magnesiumlösung (5) für den Fall, daß die Probe kein Magnesium enthält, und 1 ml Kaliumcyanidlösung (4), wie im Kapitel Kobalt unter 3.7, S. 188, beschrieben, mit ÄDTA-Lösung (7) gegen Calconcarbonsäure (6) als Indicator. 1 ml 0,01 m-ÄDTA-Lösung $\triangleq$ 0,4008 mg Calcium.

### 4.3.9 Bestimmung des Magnesiums

***Grundlage.*** Das Magnesium wird nach Abtrennen der störenden Elemente in Gegenwart von Kaliumcyanid gegen Eriochromschwarz T als Indicator komplexometrisch titriert.

***Anwendungsbereich, Zuverlässigkeit, Reagenzien*** und ***Geräte*** siehe Kapitel Nickel unter 3.1.8, S. 324.

***Ausführung.*** 40 g Zinkoxid bzw. 50 g Zinksulfat werden, wie unter 4.3.8 beschrieben, gelöst, Zink und Schwermetalle abgetrennt, und das Filtrat wird in einem 100 ml-Meßkolben aufgefüllt. Man pipettiert 50 ml in einen Erlenmeyerkolben, setzt 10 ml Pufferlösung (4) zu und 1 ml Kaliumcyanidlösung (5) und titriert, wie im Kapitel Nickel unter 3.1.8, S. 324, beschrieben, die Summe Calcium und Magnesium mit ÄDTA-Lösung (7) gegen Eriochromschwarz T als Indicator. Vom Titrationsverbrauch wird die für Calcium nach 4.3.8 erhaltene Menge abgezogen. 1 ml 0,01 m-ÄDTA-Lösung $\triangleq$ 0,2432 mg Magnesium.

### 4.3.10 Bestimmung des Chlorids

***Grundlage.*** Das Chlorid wird in salpetersaurer Lösung der Probe mit Silbernitrat maßanalytisch bei potentiometrischer Endpunktanzeige bestimmt.

***Anwendungsbereich.*** Geeignet für Gehalte über 0,005%.

***Zuverlässigkeit.*** Bei Gehalten um 0,01% etwa $\pm$10%.

***Geräte*** wie unter 3.1.3, S. 439.

***Ausführung.*** 20 g Probe werden mit etwa 200 ml Wasser und 50 ml chloridfreier Salpetersäure (1,4) gelöst und die Lösung weiter behandelt, wie unter 3.1.3, S. 439, beschrieben.

Kapitel 11

# Zinn

## Inhalt

# 1 Rohstoffe

# Erze und Erzkonzentrate

## 1.1 Bestimmung des Zinns

### 1.1.1 In wolframfreien Erzen

***Grundlage.*** Das Zinn wird nach Aufschluß der Probe mit Natriumperoxid und Abtrennen des Antimons jodometrisch bestimmt.

***Anwendungsbereich.*** Geeignet für Gehalte über 5% in wolframfreien und siliciumarmen Zinnerzen und -konzentraten.

***Zuverlässigkeit.*** Bei Gehalten von 10 bis 20% etwa ±1%,
von 20 bis 40% etwa ±0,5%,
über 40% etwa ±0,2%.

***Reagenzien.***
1. Eisenpulver und Aluminium 99,9%, grob zerspant.
2. Natriumhydrogencarbonatlösung, gesättigt.
3. Stärkelösung: 1 g zu 100 ml gelöst. Täglich frisch zu bereiten.

***Ausführung.*** 2 g Probe (Feinheitsgrad 0,16 DIN 4188) werden in einem etwa 50 ml fassenden zinnfreien Eisentiegel mit einem Gemisch aus 10 bis 20 g Natriumperoxid und 5 bis 10 g Natriumhydroxid vermischt. Die Mischung wird mit 5 g

Natriumperoxid abgedeckt und geschmolzen. Die Schmelze wird unter leichtem Schwenken bis zum gleichmäßigen Fluß auf Dunkelrotglut erhitzt und mit einem Eisen- oder Sinterkorundstäbchen durchgerührt. Nach dem Erkalten wird der Schmelzkuchen in einem bedeckten 600 ml-Becherglas mit 200 ml Wasser ausgelaugt und Tiegel und Stäbchen mit Salzsäure (1 + 4) in das Becherglas abgespült. Die Lösung wird unter vorsichtiger Zugabe von Salzsäure (1 + 1) angesäuert. Ein Rückstand wird über ein Filter Gr. 2 abfiltriert und nochmals aufgeschlossen. Das salzsaure Filtrat des Zweitaufschlusses wird mit dem Hauptfiltrat vereinigt. Die vereinigten Filtrate werden auf etwa 300 ml eingedampft, abgekühlt und nach Zugabe von 150 ml Salzsäure (1,19) in einem 500 ml-Meßkolben aufgefüllt.

Nach einer orientierenden Titration wird eine Abmessung, etwa 100 bis 250 mg Zinn enthaltend, nach Zugabe von 5 g Eisenpulver (1) etwa 20 min lang auf 60 bis 70° erwärmt. Das ausgeschiedene Antimon wird über ein Filter Gr. 2 abfiltriert, mit wenig Bromwasserstoffsäure (1 + 1) unter Zusatz von etwas Brom gelöst und mit Eisenpulver nochmals ausgefällt. Das Filtrat der Zweitfällung wird mit dem Hauptfiltrat in einem 750 ml-Erlenmeyerkolben vereinigt.

Nach Zugabe von 5 g Aluminiumspänen (1) und 50 ml Salzsäure (1,19) wird der Kolben mit einem Contat-Göckel-Aufsatz verschlossen, der mit Natriumhydrogencarbonatlösung (2) beschickt ist. Die Flüssigkeit wird bis zur vollständigen Lösung des Metalls erwärmt. Nach Abkühlen der Lösung und Zugabe von 5 ml Stärkelösung (3) bestimmt man das Zinn maßanalytisch mit einer 0,1 n-Jodlösung.

1 ml 0,1 n-Jodlösung $\triangleq$ 5,935 mg Zinn.

### 1.1.2 In wolframhaltigen Erzen

***Grundlage.*** Das Zinn wird nach Aufschluß der Probe mit Natriumperoxid und Ausfällen des Wolframs mit Cinchonin aus salzsaurer Lösung reduziert und jodometrisch bestimmt.

***Anwendungsbereich.*** Geeignet für Gehalte über 5% .

***Zuverlässigkeit.*** Bei Gehalten von 10 bis 20% etwa ±1%,
von 20 bis 40% etwa ±0,5%,
über 40% etwa ±0,2%.

***Reagenzien.***

1. Cinchoninlösung: 12,5 g werden mit 50 ml Salzsäure (1,19) gelöst. Die Lösung wird zu 100 ml aufgefüllt.
2. Waschlösung: 20 ml Lösung (1) zum Liter aufgefüllt.
3. Reduktionslösung: 30 g Hydraziniumsulfat und 60 g Kaliumbromid zum Liter gelöst.
4. Eisenpulver und Aluminium 99,9%, grob zerspant.
5. Natriumhydrogencarbonatlösung, gesättigt.
6. Stärkelösung: 1 g zu 100 ml gelöst. Täglich frisch zu bereiten.

***Ausführung.*** 2 g Probe (Feinheitsgrad 0,16 DIN 4188) werden, wie unter 1.1.1 beschrieben, mit einem Gemisch aus Natriumperoxid und Natriumhydroxid geschmolzen. Die Lösung des Schmelzkuchens wird mit Salzsäure (1,19) angesäuert und nach Zugabe von 20 ml Salzsäure (1,19) etwa 1 Std. lang auf 80° erhitzt. Der noch gelöste Anteil an Wolframsäure wird nach Zugabe von etwas Filterschleim durch Zutropfen von 1,5 bis 2 ml Cinchoninlösung (1) ausgefällt. Nach dem Umschütteln und Absetzen wird durch Zugabe eines weiteren Tropfens Cinchoninlösung (1) auf Vollständigkeit der Fällung geprüft. Nach dem Abkühlen wird nach Zugabe von 200 ml Wasser vom Wolframniederschlag über ein mit Filterschleim beschicktes Filter Gr. 3 in ein 600 ml-Becherglas abfiltriert. Filter und Niederschlag werden zunächst mit Waschlösung (2), dann mit Salzsäure (1 + 10) gewaschen. Becherglas und Filter werden zur Wolframbestimmung verwahrt.

Dem in einem 500 ml-Meßkolben aufgefüllten Filtrat entnimmt man einen 100 bis 250 mg Zinn entsprechenden Anteil und engt nach Zugabe von 10 ml Schwefelsäure (1 + 1) bis zum starken Rauchen ein. Der Rückstand wird mit 100 ml Salzsäure (1 + 1) und 20 ml Reduktionslösung (3) aufgenommen und zum Vertreiben des Arsens auf etwa 50 ml eingedampft.

Dann wird, wie unter 1.1.1 beschrieben, die Lösung mit Eisenpulver (4) vom Antimon befreit und das Zinn nach Reduktion mit Aluminiumspänen (4) mit 0,1 n-Jodlösung maßanalytisch bestimmt.

### 1.1.3 In siliciumhaltigen Erzen

***Grundlage.*** Nach Abrauchen des Silicium(IV)-oxids mit Fluorwasserstoffsäure wird das Zinn nach Aufschluß des Rückstandes mit Natriumperoxid in salzsaurer Lösung jodometrisch bestimmt.

***Anwendungsbereich.*** Geeignet für Gehalte über 5%.

***Zuverlässigkeit.*** Bei Gehalten von 10 bis 20% etwa ±2%,
von 20 bis 40% etwa ±0,7%,
über 40% etwa ±0,3%.

***Reagenzien.***

1. Weinsäurelösung: 200 g zum Liter gelöst.
2. Brom-Salzsäure: Salzsäure (1,19) mit Brom gesättigt.
3. Eisenpulver und Aluminium 99,9%, grob zerspant.
4. Natriumhydrogencarbonatlösung, gesättigt.
5. Stärkelösung: 1 g zu 100 ml gelöst. Täglich frisch zu bereiten.

***Ausführung.*** 2 g Probe (Feinheitsgrad 0,16 DIN 4188) werden, um bei Anwesenheit von Arsen die Platinschale nicht zu gefährden, in einem Becherglas mit 20 ml Salpetersäure (1 + 1) aufgekocht. Nach Verdünnen mit 50 ml Wasser wird über ein Filter Gr. 2 filtriert und mit heißem Wasser salpetersäurefrei gewaschen. Filter und Niederschlag werden in einer Platinschale verascht und geglüht. Den Rückstand raucht man dreimal mit je 10 ml Fluorwasserstoffsäure (40%) und 5 ml Schwefelsäure (1 + 1) ab. Nach dem Vertreiben der Schwefelsäure durch schwaches Glühen wird der Rückstand mit 10 ml Salzsäure (1 + 1) aufgenommen, mit heißem Wasser in ein 100 ml-Becherglas gespült, über ein Filter Gr. 2 abfiltriert und chloridfrei gewaschen. Das Filtrat wird verwahrt.

Das Filter mit dem Rückstand wird in einem zinnfreien Eisentiegel vorsichtig verascht. Der Rückstand wird mit einem Gemisch aus 7 g Natriumperoxid und 3 g Natriumhydroxid vermischt. Die Mischung wird mit 5 g Natriumperoxid abgedeckt und geschmolzen.

Die Schmelze wird unter leichtem Schwenken bis zum gleichmäßigen Fluß auf Dunkelrotglut erhitzt und mit einem Eisen- oder Sinterkorundstäbchen durchgerührt. Nach dem Erkalten wird der Schmelzkuchen in einem bedeckten 600 ml-Becherglas mit 200 ml Wasser ausgelaugt. Tiegel und Stäbchen werden mit Salzsäure (1 + 4) in das Becherglas abgespült. Im Hinblick auf etwa vorhandenes Wolfram werden der Lösung 20 ml Weinsäurelösung (1) zugesetzt. Nach Zugabe des salzsauren Filtrates des Fluorwasserstoffsäureaufschlusses wird die Lösung mit Salzsäure (1 + 1) schwach angesäuert, aufgekocht und die Säure mit Ammoniak (1 + 1) abgestumpft. Die Lösung wird durch ein Filter Gr. 2 in einen 500 ml-Erlenmeyerkolben filtriert und das Filter mit heißem Wasser ausgewaschen. In das Filtrat wird bis zum Erkalten Schwefelwasserstoff eingeleitet. Die Sulfide werden über ein Filter Gr. 2 abfiltriert, mit Salzsäure (1 + 10) ausgewaschen und dann mit Brom-Salzsäure (2) in den Fällkolben gelöst. Das Filter wird mit Salzsäure (1 + 10) ausgewaschen. Nach Verkochen des überschüssigen Broms und Zugabe von 50 ml Salzsäure (1,19) werden das Antimon und andere mit Eisen auszementierbare Elemente mit etwa 5 g Eisenpulver (3) gefällt. Der Metallschwamm wird über ein Filter Gr. 2 abfiltriert und mit heißer Salzsäure (1 + 10) ausgewaschen. Das Filtrat wird in einem 500 ml-Meßkolben aufgefangen und nach dem Abkühlen aufgefüllt.

Nach einer orientierenden Titration wird, wie unter 1.1.1, S. 456, beschrieben, eine dem Zinngehalt entsprechende Abmessung der Lösung mit Aluminiumspänen reduziert und mit 0,1 n-Jodlösung titriert.

## 1.2 Bestimmung des Wolframs

***Grundlage.*** Das Wolfram wird nach Aufschluß der Probe mit Natriumperoxid mit Cinchonin aus salzsaurer Lösung gefällt und als Wolfram(VI)-oxid bestimmt.

***Anwendungsbereich.*** Geeignet für Gehalte über 1%.

***Zuverlässigkeit.*** Bei Gehalten von 1 bis 15% etwa ±2%.

***Reagenzien.***

1. Cinchoninlösung: 12,5 g werden mit 50 ml Salzsäure (1,19) gelöst. Die Lösung wird zu 100 ml aufgefüllt.
2. Waschlösung: 20 ml Lösung (1) zum Liter aufgefüllt.

***Ausführung.*** 5 g Probe werden, wie unter 1.1.1, S. 455, beschrieben, mit Natriumperoxid und Natriumhydroxid aufgeschlossen. Aus der salzsauren Lösung des Schmelzkuchens wird das Wolfram, wie unter 1.1.2, S. 456, beschrieben mit Cinchonin gefällt und filtriert. Der Niederschlag wird in das Fällgefäß zurückgespritzt und mit wenig Ammoniak (0,91) gelöst. Nach etwa 30 min Stehen und Zugabe von 20 ml Ammoniak (1 + 1) wird die Lösung kurz aufgekocht und durch das vorbenutzte Filter in ein 250 ml-Becherglas filtriert. Das Filter wird mit heißem Ammoniak (1 + 10) ausgewaschen und im Filtrat das Ammoniak verkocht. Die trübgewordene Lösung wird durch Zugabe von 1 ml Ammoniak (0,91) geklärt, mit 20 ml Salzsäure (1,19) angesäuert, auf 100 ml gebracht und in Gegenwart von etwas Filterschleim zum Sieden erhitzt. Das Wolfram wird nunmehr durch Zutropfen von 5 ml Cinchoninlösung (1) wieder gefällt. Nach einigen Minuten schwachen Siedens läßt man die Fällung absetzen und filtriert sie über ein mit Filterschleim beschicktes Filter Gr. 2 ab. An der Wand des Becherglases anhaftende Fällungsreste werden mit ammoniakgetränktem Filterpapier gesammelt und dem Filterinhalt zugegeben.

Filter und Inhalt werden getrocknet, bei 750 bis höchstens 800° verascht und der Rückstand bis zur Gewichtskonstanz geglüht. Nach dem Erkalten im Exsiccator wird das Wolfram als Wolfram(VI)-oxid ausgewogen. Der Umrechnungsfaktor von Wolfram(VI)-oxid auf Wolfram ist 0,7930.

***Bemerkung.*** Über die Behandlung molybdänhaltigen Wolfram(VI)-oxids siehe Kapitel Wolfram unter 1.1.1.1, S. 414.

## 1.3. Bestimmung des Arsens

***Grundlage.*** Das Arsen wird nach Aufschluß der Probe mit Salpetersäure und Schwefelsäure und Reduktion mit Hydraziniumsulfat als Trichlorid destilliert und maßanalytisch mit Kaliumbromat bestimmt.

***Anwendungsbereich.*** Geeignet für Gehalte über 0,05%.

***Zuverlässigkeit.*** Bei Gehalten von 0,05 bis 0,1% etwa ±10%,
von 0,1 bis 1 % etwa ± 5%.

***Reagenzien.***

1. Eisen(II)-sulfatlösung: 200 g $FeSO_4 \cdot 7\ H_2O$ zum Liter gelöst.
2. Reduktionslösung: 30 g Hydraziniumsulfat und 60 g Kaliumbromid zum Liter gelöst.
3. Methylorangelösung: 0,1 g zu 100 ml gelöst. Die Lösung wird nach Abstehen filtriert.

***Geräte.*** Destillierapparat, siehe Abb. 5 im Kapitel Arsen, S. 70.

***Ausführung.*** 5 g Probe (Feinheitsgrad 0,16 DIN 4188) werden mit 20 ml Salpetersäure (1 + 1) kurz aufgekocht. Nach Abkühlen und Zugabe von 20 ml Schwefelsäure (1 + 1) wird die Lösung bis zum starken Rauchen der Schwefelsäure erhitzt. Nach Erkalten und Zugabe von 20 ml Eisen(II)-sulfatlösung (1) zum Zersetzen von Nitratresten wird nochmals abgeraucht. Der Rückstand wird mit wenig Wasser in den 500 ml-Kolben des Destillierapparates übergespült, mit 100 ml Salzsäure (1,19) und 15 ml Reduktionslösung versetzt, worauf das Arsen(III)-chlorid, wie im Kapitel Arsen unter 1.2, S. 70, beschrieben, destilliert wird. Im Destillat wird das Arsen bei 60 bis 70° mit 0,1 n-Kaliumbromatlösung unter Zusatz von Methylorangelösung (3) als Indicator titriert. 1 ml 0,1 n-Kaliumbromatlösung $\triangleq$ 3,7455 mg Arsen.

## 1.4 Bestimmung des Antimons

***Grundlage.*** Das Antimon wird nach Aufschluß der Probe mit Natriumperoxid in salzsaurer Lösung mit Kaliumbromat maßanalytisch bestimmt.

***Anwendungsbereich.*** Geeignet für Gehalte über 0,05%.

***Zuverlässigkeit.*** Bei Gehalten von 0,05 bis 0,1% etwa ±10%,
von 0,1 bis 1 % etwa ± 5.

***Reagenzien.***

1. Eisenpulver.
2. Brom-Salzsäure: Salzsäure (1,19) mit Brom gesättigt.
3. Natriumsulfidlösung: 100 g $Na_2S \cdot 9\ H_2O$ zum Liter gelöst.
4. Natriumsulfidlösung: 5 ml Lösung (3) zum Liter aufgefüllt.
5. Schwefelwasserstoffwasser: Gesättigt, 1 ml Schwefelsäure (1,84) und 10 g Ammoniumsulfat im Liter enthaltend.
6. Methylorangelösung: 0,1 g zu 100 ml gelöst. Die Lösung wird nach Abstehen filtriert.

***Ausführung.*** 5 g Probe werden, wie unter 1.1.1, S. 455, beschrieben, mit einem Gemisch aus Natriumperoxid und Natriumhydroxid aufgeschlossen. Nach Auslaugen des Schmelzkuchens und Neutralisieren mit Salzsäure (1 + 1) wird die Lösung zusätzlich mit 120 ml Salzsäure (1,19) versetzt und zu etwa 400 ml aufgefüllt.

Diese Lösung wird in einem 750 ml-Erlenmeyerkolben mit etwa 5 g Eisenpulver (1) 20 min lang bei etwa 70° unter Verwendung eines Tropfenfängers behandelt. Der ausgefallene Metallschwamm wird über ein Filter Gr. 2 abfiltriert und mit heißer Salzsäure (1 + 10) ausgewaschen. Der Filterinhalt wird in den Kolben zurückgespült und mit etwa 20 ml Brom-Salzsäure (2) gelöst. Nach Verdünnen auf etwa 100 ml wird die Lösung zum Austreiben des überschüssigen Broms auf höchstens 50 ml eingeengt. Nach Zugabe von 2 g Natriumsulfit, 0,5 g Kaliumbromid und 75 ml Salzsäure (1 + 1) wird das Arsen durch Eindampfen auf abermals höchstens 50 ml als Arsen(III)-chlorid ausgetrieben.

Die Lösung wird in einen 500 ml-Erlenmeyerkolben übergespült, auf etwa 70° erwärmt und mit Schwefelwasserstoff gesättigt. Der Sulfidniederschlag wird über ein Filter Gr. 2 abfiltriert, mit schwefelwasserstoffhaltiger Salzsäure (1 + 20) ausgewaschen, in das Fällgefäß zurückgespritzt, mit 20 ml Natriumsulfidlösung (3) digeriert und 30 min lang auf etwa 80° erwärmt. Nach Verdünnen mit heißem Wasser auf 100 ml wird vom Rückstand über das vorbenutzte Filter in einen 500 ml-Erlenmeyerkolben abfiltriert. Fällgefäß und Filter werden mit Natriumsulfidlösung (4) ausgewaschen. Das Filtrat wird mit Schwefelsäure (1 + 1) angesäuert und bis zum klaren Absetzen des Antimonsulfids erwärmt. Dieses wird über ein Filter Gr. 2 abfiltriert, mit Schwefelwasserstoffwasser (5) ausgewaschen und in den Erlenmeyerkolben zurückgespritzt. Am Filter noch anhaftende Teile werden mit wenig Natriumsulfidlösung (3) zum Hauptniederschlag hinzugelöst, dem 10 ml Schwefelsäure (1,84) zugefügt werden. Der Kolbeninhalt wird bis zum Klarwerden abgeraucht.

Nach Verdünnen der Lösung mit Wasser auf 100 ml und Zugabe von 20 ml Salzsäure (1,19) wird das Antimon bei 60 bis 80° mit 0,1 n-Kaliumbromatlösung und Methylorangelösung als Indicator titriert.

Die Titration kann auch unter Verwendung einer Platin- und einer Kalomelelektrode mit potentiometrischer Endpunktanzeige durchgeführt werden. 1 ml 0,1 n-Kaliumbromatlösung $\triangleq$ 6,088 mg Antimon.

# 2 Zwischenprodukte

## 2.1 Aschen, Schlacken, Krätzen, Rückstände

### 2.1.1 Bestimmung des Zinns

***Grundlage.*** Nach getrenntem Lösen des Metallanteils der Probe und des Schmelzaufschlusses ihres Feinanteils mit Salzsäure werden die Lösungen im anteiligen Verhältnis vereinigt. Das Zinn wird dann nach Reduktion mit Eisenpulver und Aluminiumspänen jodometrisch bestimmt.

***Anwendungsbereich.*** Geeignet für Gehalte über 1%.

***Zuverlässigkeit.*** Bei Gehalten von 1 bis 10% etwa ±1%,
von 10 bis 20% etwa ±0,5%,
über 20% etwa ±0,3%.

***Reagenzien.***

1. Brom-Salzsäure: Salzsäure (1,19) mit Brom gesättigt.
2. Eisenpulver oder Aluminium 99,9%, grob zerspant.
3. Natriumhydrogencarbonatlösung, gesättigt.
4. Stärkelösung: 1 g zu 100 ml gelöst. Täglich frisch zu bereiten.

***Ausführung.*** Der metallische und der nichtmetallische Anteil werden gesondert eingewogen.

*a) Metall.* 2 g werden mit 100 ml Salzsäure (1,19) in einem bedeckten 600 ml-Becherglas unter Erwärmen gelöst. Ein etwaiger Rückstand wird mit einigen Tropfen Wasserstoffperoxid (3%) gelöst und der Überschuß durch Kochen zerstört. Nach dem Abkühlen wird die Lösung in einen 250 ml-Meßkolben gespült und zur Marke aufgefüllt.

*b) Feines.* 5 g werden, wie unter 1.1.1, S. 455, beschrieben, mit Natriumperoxid und Natriumhydroxid aufgeschlossen, in salzsaure Lösung gebracht und in einem 500 ml-Meßkolben aufgefüllt.

Die salzsauren Lösungen nach a) und b) werden im anteiligen Verhältnis der Fraktionen der Gesamtprobe vereinigt.

Die Lösung wird nach Zugabe von 50 ml Salzsäure (1 + 1) auf etwa 750 ml verdünnt und bei 80° mit Schwefelwasserstoff gesättigt. Nach dem Erkalten und Absetzen werden die Sulfide über ein Filter Gr. 2 abfiltriert, ausgewaschen und mit 20 ml Brom-Salzsäure (1) in das Fällgefäß gelöst. Das Filter wird mit Salzsäure

(1 + 10) ausgewaschen. Nach dem Verkochen des überschüssigen Broms und Zugabe von 50 ml Salzsäure (1,19) werden Antimon und andere mit Eisen auszementierbare Elemente mit 5 g Eisenpulver (2) durch etwa 30 min langes Erwärmen auf etwa 70° gefällt. Der Metallschwamm wird über ein Filter Gr. 3 abfiltriert und mit heißer Salzsäure (1 + 10) ausgewaschen. Dann wird er mit wenig Bromwasserstoffsäure (1 + 1) unter Zusatz von etwas Brom gelöst und nochmals mit Eisenpulver (2) gefällt. Das Filtrat der Zweitfällung wird in einem 750 ml-Erlenmeyerkolben mit dem Hauptfiltrat vereinigt. Die Lösung wird auf 100 ml eingedampft und mit 5 g Aluminiumspänen (2) versetzt. Nach dem Verschließen des Kolbens mit einem mit Natriumhydrogencarbonatlösung (3) gefüllten Contat-Göckel-Aufsatz wird bis zum vollständigen Lösen des Metalls erwärmt und dann gekühlt. Das Zinn wird nach Zugabe von 5 ml Stärkelösung (4) mit 0,1 n-Jodlösung titriert. 1 ml 0,1 n-Jodlösung $\triangleq$ 5,935 mg Zinn.

### 2.1.2 Bestimmung des Arsens

***Grundlage.*** Das Arsen wird nach Lösen bzw. Aufschluß der Probe durch Destillation als Arsen(III)-chlorid abgetrennt und mit Kaliumbromatlösung maßanalytisch bestimmt.

***Anwendungsbereich.*** Geeignet für Gehalte über 0,05%.

***Zuverlässigkeit.*** Bei Gehalten von 0,05 bis 0,1% etwa ±10%,
von 0,1 bis 1% etwa ±5%,
über 1% etwa ±3%.

***Reagenzien.***

1. Eisen(III)-chloridlösung: 350g $FeCl_3 \cdot 6\,H_2O$ mit Salzsäure (1,19) zum Liter gelöst.
2. Methylorangelösung: 0,1 g zu 100 ml gelöst. Die Lösung wird nach Absetzen filtriert.
3. Eisen(II)-sulfatlösung: 200 g $FeSO_4 \cdot 7\,H_2O$ zum Liter gelöst.
4. Reduktionslösung: 30 g Hydraziniumsulfat und 60 g Kaliumbromid zum Liter gelöst.

***Geräte.*** Destillierapparat, siehe Kapitel Arsen, S. 70.

***Ausführung.*** Das Material wird nach Metall und Feinem getrennt eingewogen.

*a) Metall.* 5 g werden im 500 ml-Destillierkolben eines Arsenbestimmungsapparates mit 200 ml Eisen(III)-chloridlösung (1) versetzt. Dann wird gelöst und destilliert, wie im Kapitel Arsen, S. 70, beschrieben.

In dem auf 60 bis 70° erwärmten Destillat wird das Arsen mit 0,05 n-Kaliumbromatlösung unter Zusatz von Methylorangelösung (2) als Indicator titriert.

1 ml 0,05 n-Kaliumbromatlösung $\triangleq$ 1,8727 mg Arsen.

*b) Feines.* Die Bestimmung wird, wie unter 1.3, S. 458, beschrieben, durchgeführt.

***Ausrechnung.*** Die nach a) und b) erhaltenen Arsengehalte werden entsprechend den Anteilen an Metall und Feinem verrechnet.

### 2.1.3 Bestimmung des Antimons

***Grundlage.*** Das Antimon wird in dem bei der Bestimmung des Zinns nach 2.1.1, S. 460, angefallenen Zementationsschlamm nach Umfällen über das Sulfid mit Kaliumbromat maßanalytisch bestimmt.

***Anwendungsbereich.*** Geeignet für alle Gehalte in Zwischenprodukten.

***Zuverlässigkeit.*** Bei Gehalten von 0,05 bis 0,1% etwa ±10%,
von 0,1 bis 1% etwa ± 5%,
über 1% etwa ± 3%.

***Reagenzien.***

1. Eisenpulver.
2. Brom-Salzsäure: Salzsäure (1,19) mit Brom gesättigt.

3. Natriumsulfidlösung: 100 g $Na_2S \cdot 9\ H_2O$ zum Liter gelöst.
4. Natriumsulfidlösung: 5 ml Lösung (3) zum Liter aufgefüllt.
5. Reduktionslösung: 30 g Hydraziniumsulfat und 60 g Kaliumbromid zum Liter gelöst.
6. Methylorangelösung: 0,1 g zu 100 ml gelöst. Die Lösung wird nach Abstehen filtriert.

***Ausführung.*** Der metallische und der nichtmetallische Anteil der Probe werden gesondert eingewogen und nach 2.1.1, S. 460, aufgeschlossen.

Die Aufschlußlösungen werden anteilmäßig vereinigt, mit 50 ml Salzsäure (1 + 1) versetzt und auf 750 ml verdünnt. Nach Sättigen der Lösung mit Schwefelwasserstoff werden die Sulfide über ein Filter Gr. 2 abfiltriert. Der mit Schwefelwasserstoffwasser ausgewaschene Niederschlag wird vom Filter in das Fällgefäß zurückgespült und mit 50 ml Natriumsulfidlösung (3) versetzt. Nach dem Verdünnen auf etwa 100 ml läßt man eine halbe Stunde bei etwa 80° stehen, filtriert durch das vorher benutzte Filter und wäscht Gefäß und Filter mit heißer Natriumsulfidlösung (4) nach. Das Filtrat wird vorsichtig mit 40 ml Schwefelsäure (1 + 1) angesäuert und dann bis zum deutlichen Rauchen und Klarwerden der Lösung eingeengt. Man nimmt mit 70 ml Wasser auf, versetzt mit 100 ml Salzsäure (1,19) und 30 ml Reduktionslösung (5) und engt zum Vertreiben des Arsens auf 100 ml ein. Die Lösung wird mit 150 ml Salzsäure (1 + 2) versetzt und das Antimon nach Zusatz von 5 g Eisenpulver durch etwa 30 min langes Erwärmen auf 70° gefällt. Der Metallschwamm wird über ein Filter Gr. 2 abfiltriert, mit heißer Salzsäure (1 + 10) gewaschen, in das Fällgefäß zurückgespritzt und mit etwa 20 ml Brom-Salzsäure (2) gelöst. Nach dem Verdünnen auf etwa 100 ml wird die Lösung zum Vertreiben des überschüssigen Broms auf höchstens 50 ml eingedampft, mit 100 ml Wasser verdünnt und mit Schwefelwasserstoff gesättigt. Nach mehrstündigem Absetzen filtriert man über ein Filter Gr. 2 ab und wäscht mit gesättigtem Schwefelwasserstoffwasser, das 1 ml Schwefelsäure (1,84) im Liter enthält. Der Niederschlag wird mit Wasser in das Fällgefäß zurückgespritzt, am Filter anhaftende Teile werden mit wenig Natriumsulfidlösung (3) oder (4) zum Hauptniederschlag hinzugelöst. Nach Zufügen von 40 ml Schwefelsäure (1 + 1) wird die Lösung bis zum deutlichen Rauchen und Klarwerden eingeengt. Nach Verdünnen mit Wasser auf 100 ml und Zugabe von 20 ml Salzsäure (1,19) wird das Antimon bei etwa 60 bis 80° mit 0,1 n-Kaliumbromatlösung und Methylorangelösung (6) als Indicator oder unter potentiometrischer Indication titriert. 1 ml 0,1 n-Kaliumbromatlösung $\triangleq$ 6,088 mg Antimon.

## 2.1.4 Bestimmung des Bleis

***Grundlage.*** Nach getrenntem Lösen des Metallanteils und des Feinanteils der Probe mit einem Gemisch von Perchlorsäure und Bromwasserstoffsäure wird das Blei aus den vereinigten Lösungen als Bleisulfat abgetrennt und nach vollständiger Isolierung als Bleisulfat gewichtsanalytisch bestimmt.

***Anwendungsbereich.*** Geeignet für Gehalte über 0,1%.

***Zuverlässigkeit.*** Bei Gehalten von 0,1 bis 1% etwa ±5%,
von 1 bis 10% etwa ±1%.

***Reagenzien.***

1. Lösesäure: 50 ml Brom und 50 ml Perchlorsäure (1,53) werden mit Bromwasserstoffsäure (1,38) zum Liter aufgefüllt.
2. Natriumsulfidlösung: 100 g $Na_2S \cdot 9\ H_2O$ zum Liter gelöst.
3. Natriumsulfidlösung: 5 ml der Lösung (2) zum Liter aufgefüllt.
4. Ammoniumacetatlösung: 170 ml Wasser, 120 ml Ammoniak (0,91) und 170 ml Essigsäure (1,06) werden miteinander vermischt.

5. Mischsäure: Salpetersäure (1,4) und Schwefelsäure (1,84) im Volumenverhältnis 2 + 1.

***Ausführung.*** Metall und Feines werden gesondert eingewogen.

*a) Metall.* 10 g werden in einem 600 ml-Becherglas mit 100 ml Lösesäure (1) unter Erwärmen gelöst. Die Lösung wird bis zum Rauchen der Perchlorsäure eingedampft, mit Wasser aufgenommen und in einem 250 ml-Meßkolben aufgefüllt.

*b) Feines.* 10 g werden in einem 600 ml-Becherglas durch allmähliche Zugabe von 60 ml Lösesäure (1) zersetzt. Es wird vorsichtig bis zum Rauchen der Perchlorsäure eingedampft, abgekühlt, nach Zugabe von weiteren 20 ml Lösesäure (1) erneut eingeraucht und die Zugabe der Säuremischung und das Einrauchen noch ein weiteres Mal wiederholt. Der Rückstand wird nach dem Aufnehmen mit 20 ml Salzsäure (1 + 1) kurz erwärmt, mit 250 ml heißem Wasser versetzt und aufgekocht. Dann wird sofort durch ein Filter Gr. 2 filtriert und mit heißem Wasser nachgewaschen. Filter und Rückstand werden in einer Platinschale getrocknet, verglüht und zweimal mit je 10 ml Fluorwasserstoffsäure (40%) und 5 ml Schwefelsäure (1 + 1) abgeraucht, bis die Schwefelsäure weitgehend entfernt ist. Der Rückstand wird mit 10 ml Salzsäure (1 + 1) aufgenommen, erwärmt, die Lösung mit 100 ml heißem Wasser verdünnt, filtriert und mit dem Hauptfiltrat vereinigt.

Man fügt einen dem Verhältnis Metall zu Feinem entsprechenden Anteil der Aufschlußlösung nach a) zu, neutralisiert mit Ammoniak (0,91) und säuert mit Salzsäure (1 + 1) wieder an. Nach Zugabe von 10 ml Salzsäure (1 + 1) leitet man in die heiße Lösung Schwefelwasserstoff bis zur Sättigung ein, verdünnt mit schwefelwasserstoffgesättigtem Wasser auf 800 ml und setzt das Einleiten weitere 30 min fort. Man läßt über Nacht stehen. Die Sulfide werden über ein Filter Gr. 2 abfiltriert und mit gesättigtem Schwefelwasserstoffwasser, das 1 ml Schwefelsäure (1,84) im Liter enthält, nachgewaschen. Der Niederschlag wird mit Wasser in das Fällgefäß zurückgespült, je nach Sulfidmenge mit 40 bis 80 ml Natriumsulfidlösung (2) versetzt, 30 min bei 80° stehen gelassen, wieder über das vorbenutzte Filter filtriert und mit heißer Natriumsulfidlösung (3) nachgewaschen. Niederschlag und Filter werden in das Fällgefäß zurückgegeben, mit 20 ml Salpetersäure (1,4) durch kurzes Kochen zersetzt und nach Zugabe von 20 ml Schwefelsäure (1 + 1) bis zum starken Rauchen eingeengt, wobei Filterreste durch Zutropfen von Mischsäure (5) zerstört werden. Die erkaltete Lösung wird nach Zugabe von 10 ml Wasser erneut bis zum kräftigen Rauchen der Schwefelsäure eingedampft. Nach dem Abkühlen wird der Eindampfrückstand mit 100 ml Wasser versetzt und aufgekocht. Es wird gekühlt, mit 30 ml Äthanol versetzt und nach mehrstündigem Stehen das Bleisulfat über ein Filter Gr. 3 abfiltriert. Fällgefäß, Niederschlag und Filter werden mehrmals mit Schwefelsäure (1 + 100) ausgewaschen. Im Filtrat kann Kupfer nach 2.1.6, S. 464, bestimmt werden.

Das Bleisulfat wird vom Filter in das Fällgefäß zurückgespült und in 40 ml Ammoniumacetatlösung (4) gelöst. Die Lösung wird 30 min auf 80 bis 90° erwärmt und durch das vorher benutzte Filter filtriert. Fällgefäß und Filter werden mit heißem Wasser bleifrei gewaschen. Ein etwaiger Rückstand wird nochmals zurückgespült und wie vorstehend mit Ammoniumacetatlösung (4) behandelt. In die vereinigten und auf etwa 60° erwärmten Filtrate leitet man bis zur Sättigung Schwefelwasserstoff ein. Nach Stehen über Nacht wird der Niederschlag über ein Filter Gr. 2 filtriert und mit gesättigtem Schwefelwasserstoffwasser (s. o.) gewaschen. Niederschlag und Filter werden in das Fällgefäß zurückgegeben. Das Bleisulfid wird, wie vorstehend beschrieben, in Bleisulfat übergeführt. Nach mehrstündigem Stehen wird es auf einen Porzellanfiltertiegel A2 gebracht, mit Schwefelsäure (1 + 100) und zum Schluß zweimal mit je 5 ml Äthanol gewaschen.

Nach dem Trocknen wird der Tiegel bei 550° bis zur Gewichtskonstanz geglüht und nach dem Erkalten im Exsiccator gewogen. Der Umrechnungsfaktor von Bleisulfat auf Blei ist 0,6832.

### 2.1.5 Bestimmung des Wismuts

***Grundlage.*** Nach Aufschluß der Probe wird das Wismut mit Eisenpulver zementiert, wieder in Lösung gebracht, als Sulfid abgetrennt und nach Fällen als basisches Carbonat als Wismut(III)-oxid gewichtsanalytisch bestimmt.

***Anwendungsbereich.*** Geeignet für Gehalte über 0,1%.

***Zuverlässigkeit.*** Bei Gehalten von 0,1 bis 1% etwa ±5%,
von 1 bis 3% etwa ±3%,
von 3 bis 10% etwa ±1%.

***Reagenzien.***

1. Lösesäure: 50 ml Brom und 50 ml Perchlorsäure (1,53) werden mit Bromwasserstoffsäure (1,38) zum Liter aufgefüllt.
2. Eisenpulver.
3. Natriumsulfidlösung: 100 g $Na_2S \cdot 9\,H_2O$ zum Liter gelöst.
4. Natriumsulfidlösung: 5 ml Lösung (3) zum Liter aufgefüllt.
5. Ammoniumcarbonatlösung: 100 g zum Liter gelöst.
6. Ammoniumcarbonatlösung: 10 ml Lösung (5) zum Liter aufgefüllt.

***Ausführung.*** Metall und Feines werden, wie unter 2.1.4, S. 462, beschrieben, getrennt gelöst. Die vereinigten Lösungen werden mit 100 ml Salzsäure (1,19) und 5 g Eisenpulver (2) versetzt und zur Zementation des Wismuts etwa 30 min bei etwa 60° stehen gelassen. Das Blei wird hierbei nicht auszementiert. Nach dem Abfiltrieren des Metallschwammes wird dieser mit 50 ml einer Mischung aus gleichen Volumenteilen Salpetersäure (1,4) und Schwefelsäure (1,84) gelöst, die Lösung bis zum Rauchen der Schwefelsäure eingedampft und nach dem Aufnehmen mit Wasser mit Schwefelwasserstoff gesättigt. Die Sulfide werden filtriert und, wie im Kapitel Wismut unter 1.1, S. 399, beschrieben, weiterbehandelt. Die Endbestimmung erfolgt als Wismut(III)-oxid.

Der Umrechnungsfaktor von Wismut(III)-oxid auf Wismut ist 0,8970.

### 2.1.6 Bestimmung des Kupfers

***Grundlage.*** Das Kupfer wird nach Abtrennen der Thiokomplexbildner, des Bleis und des Wismuts elektrolytisch bestimmt.

***Anwendungsbereich.*** Geeignet für Gehalte über 0,1%.

***Zuverlässigkeit.*** Bei Gehalten von 0,1 bis 2% etwa ±3%.

***Reagenzien.***

1. bis 3. siehe unter 2.1.4, S. 462, dazu:
4. Ammoniumcarbonatlösung: 10 g zu 100 ml gelöst.
5. Ammoniumcarbonatlösung: 10 ml Lösung (1) zum Liter aufgefüllt.
6. Kaliumbromidlösung: 10 g zu 100 ml gelöst.

***Geräte.*** Elektroden aus Platin-Iridium, siehe Kapitel Kupfer unter 1.1.1, S. 207.

***Ausführung.*** Das schwefelsaure Filtrat der Bleisulfatfällung nach 2.1.4, S. 462, wird mit Ammoniak (0,91) neutralisiert und mit 10 ml Ammoniumcarbonatlösung (4) versetzt. Die Lösung wird solange gekocht, bis sie nur noch schwach nach Ammoniak riecht. Nach dem Erkalten wird über ein Filter Gr. 2 filtriert und mit Waschlösung (5) nachgewaschen. Den Niederschlag löst man mit etwa 25 ml warmer Salpetersäure (1 + 2) durch das Filter in das Fällgefäß zurück, wiederholt Fällung und Filtration und vereinigt die beiden Filtrate.

Das schwach ammoniakalische Filtrat wird mit Schwefelsäure (1 + 1) angesäuert, zur Fällung des Silbers mit 3 bis 5 ml Kaliumbromidlösung (6) versetzt und mit Filterschleim 20 min zum Sieden erhitzt. Nach zweistündigem Stehen bei etwa 40° wird über ein Filter Gr. 2 filtriert und mit kaltem Wasser ausgewaschen. Das Filtrat wird zur Trockne eingeraucht. Der erkaltete Rückstand wird mit 20 ml Salpetersäure (1 + 1) aufgenommen, die Lösung mit etwa 250 ml Wasser verdünnt und das Kupfer elektrolytisch bestimmt. (Siehe Kapitel Kupfer unter 1.1.1, S. 206.)

### 2.1.7 Bestimmung des Cadmiums

#### 2.1.7.1 Gehalte unter 2% Cadmium

***Grundlage.*** Das Cadmium wird nach der elektrolytischen Abtrennung des Kupfers in ammoniakalischer Lösung polarographisch bestimmt.

***Anwendungsbereich.*** Geeignet für Gehalte von 0,02 bis 2%.

***Zuverlässigkeit.*** Bei Gehalten von 0,02 bis 0,1% etwa ±10%,
von 0,1 bis 1% etwa ± 5%,
von 1 bis 2% etwa ± 2%.

***Reagenzien.*** Siehe unter 2.1.6, S. 464 und 3.2.5.1, S. 473.

***Geräte.*** Platinelektroden, siehe Kapitel Kupfer unter 1.1.1, S. 207.

***Ausführung.*** Das Cadmium wird im kupferfreien Elektrolysat der Kupferbestimmung nach 2.1.6, wie unter 3.2.5.1, beschrieben, polarographisch bestimmt.

#### 2.1.7.2 Gehalte über 2% Cadmium

***Grundlage.*** Das Cadmium wird nach der elektrolytischen Abtrennung des Kupfers in kaliumhydrogensulfathaltiger Lösung elektrolytisch bestimmt.

***Anwendungsbereich.*** Geeignet für Gehalte über 1%.

***Zuverlässigkeit.*** Bei Gehalten von 2 bis 10% etwa ±1%,
über 10% etwa ±0,5%.

***Reagenzien.*** Siehe unter 2.1.6, S. 464.

***Geräte.*** Platinelektroden, siehe Kapitel Kupfer unter 1.1.1, S. 207 und mattierte Platinelektroden, siehe Kapitel Cadmium unter 1.1.1, S. 114.

***Ausführung.*** Das Cadmium wird im kupferfreien Elektrolysat der Kupferbestimmung nach 2.1.6, wie unter 3.2.5.2, S. 474, beschrieben, elektrolytisch bestimmt.

## 2.2 Zinnhaltige Laugen

### 2.2.1 Bestimmung des Zinns

***Grundlage.*** Das Zinn wird in der mit Salzsäure angesäuerten Lösung nach Zementation der Begleitmetalle jodometrisch bestimmt.

***Anwendungsbereich.*** Geeignet für die als Zwischenprodukte anfallenden Laugen und Salzlösungen bei Einwaagen von 100 g von 0,01% Zinn an aufwärts.

***Zuverlässigkeit.*** Bei Gehalten von 0,01 bis 0,1% etwa ±5%,
von 0,1 bis 1 % etwa ±2%,
von 1 bis 10% etwa ±0,5%.

***Reagenzien.***

1. Eisenpulver und Aluminium 99,9%, grob zerspant.
2. Natriumhydrogencarbonatlösung, gesättigt.
3. Stärkelösung: 1 g zu 100 ml gelöst. Täglich frisch zu bereiten.

***Ausführung.*** Zu 100 g Lauge werden in einem 500 ml-Meßkolben 100 ml Salzsäure (1,19) gegeben. Nach Auffüllen und kräftigem Durchschütteln wird nach vorheriger, orientierender Untersuchung eine Abmessung mit etwa 0,25 g Zinninhalt entnommen.

Die Abmessung wird in einem 500 ml-Erlenmeyerkolben zunächst mit 30 ml Salzsäure (1,19), dann mit 50 ml Wasser versetzt. Die bei der Titration störenden Begleitelemente werden durch Zugabe von etwa 5 g Eisenpulver (1) unter Erwärmen auf 70° ausgefällt. Der Metallschlamm wird über ein Filter Gr. 2 abfiltriert, mit Salzsäure (1 + 10) ausgewaschen, in das Fällgefäß zurückgespritzt und mit Salzsäure (1,19) unter Zugabe von etwas Wasserstoffperoxid (3%) gelöst. Nach Verkochen des überschüssigen Wasserstoffperoxids wird nochmals mit 3 g Eisenpulver (1) zementiert. Der Metallschwamm wird über das vorbenutzte Filter abfiltriert und mit Salzsäure (1 + 10) ausgewaschen. Die Filtrate beider Zementationen werden in einem 750 ml-Erlenmeyerkolben vereinigt.

Dem Gesamtfiltrat, das nicht mehr als 300 bis 400 ml betragen soll, werden 5 g Aluminiumspäne (1) und 50 ml Salzsäure (1,19) zur Nachreduktion zugesetzt. Der Kolben wird mit einem Contat-Göckel-Aufsatz, der mit Natriumhydrogencarbonatlösung (2) beschickt ist, verschlossen und bis zur vollständigen Lösung des Metalls erwärmt. Nach vorsichtigem Abkühlen und Zugabe von 5 ml Stärkelösung (3) als Indicator wird das Zinn mit 0,1 n-Jodlösung titriert. 1 ml 0,1 n-Jodlösung $\triangleq$ 5,935 mg Zinn.

#### 2.2.2 Bestimmung des Arsens

#### 2.2.3 Bestimmung des Antimons

#### 2.2.4 Bestimmung des Bleis

#### 2.2.5 Bestimmung des Wismuts

#### 2.2.6 Bestimmung des Kupfers

#### 2.2.7 Bestimmung des Cadmiums

Diese Bestimmungen werden gemäß den Vorschriften unter 2.1.2 bis 2.1.7.2, S. 461 bis S. 465, durchgeführt.

# 3 Metallische Erzeugnisse

## 3.1 Rein- und Handelszinn nach DIN 1704

### 3.1.1 Bestimmung des Arsens

***Grundlage.*** Das Arsen wird nach Lösen der Probe mit salzsaurer Eisen(III)-chloridlösung destilliert und nach der Molybdänblaumethode photometrisch bestimmt.

***Anwendungsbereich.*** Geeignet für Gehalte unter 0,2%.

***Zuverlässigkeit.*** Bei Gehalten von 0,001 bis 0,005% etwa ±20%,
von 0,005 bis 0,2 % etwa ±10%.

***Reagenzien.***

1. Eisen(III)-chlorid: $FeCl_3 \cdot 6\,H_2O$.

2. Reduktionsgemisch: Zu 10 ml einer Lösung von 5 g Ammoniummolybdat in 500 ml 5 n-Schwefelsäure wird 1 ml Hydraziniumsulfatlösung (0,3 g in 100 ml) gegeben und die Mischung mit Wasser auf 100 ml aufgefüllt. Die Lösung muß täglich frisch bereitet werden.

3. Arsenstammlösung: 132 mg Arsen(III)-oxid werden mit etwa 10 ml Wasser und 1 g Natriumhydroxid gelöst. Die Lösung wird in einem Meßkolben mit Wasser zum Liter aufgefüllt.

4. Arsenstandardlösung: 100 ml Lösung (3) werden in einem Meßkolben zum Liter aufgefüllt. 1 ml $\triangleq$ 10 $\mu$g Arsen.

***Geräte.*** Destillierapparat, siehe Abb. 5 Kapitel Arsen, S. 70.

***Ausführung.*** 2 g Probe werden im 500 ml-Destillierkolben des Arsendestillierapparates mit 10 g Eisen(III)-chlorid (1) versetzt. Nach dem Zusammensetzen des Apparates werden durch den Tropftrichter etwa 150 ml Salzsäure (1,19) zugesetzt, dann wird die Lösung bis zum vollständigen Lösen der Metallspäne erwärmt. Nun läßt man etwa 100 ml Wasser durch den Tropftrichter zur Probenlösung fließen und bringt die Lösung zum Kochen. Sind etwa 100 ml überdestilliert, befindet sich das gesamte Arsen im Destillat. Das Destillat wird mit 10 ml Salpetersäure (1,4) versetzt und entweder gesamt oder, nach dem Verdünnen auf 500 ml, ein Anteil davon mit etwa 20 bis 200 $\mu$g Arsen im 250 ml-Becherglas vorsichtig zur Trockne eingedampft. Zur Entfernung von Säureresten erwärmt man 30 min auf 130°. Nach dem Abkühlen gibt man 75 ml Reduktionsgemisch (2) zu, läßt zur Entwicklung der Molybdänblaufarbe 35 min bei 90° im Trockenschrank stehen und kühlt dann ab. Die Lösung wird in einen 100 ml-Meßkolben übergespült und mit Wasser aufgefüllt. Nach dem Durchmischen wird gegen eine Reagenzienblindprobe bei 578 nm photometriert.

***Eichkurve.*** Es werden 0 bis 20 ml der Standardlösung (4) in 250 ml-Bechergläsern nach Zusatz von je 5 ml Königswasser zur Trockne eingedampft, 30 min bei 130° nachgetrocknet und, wie unter Ausführung beschrieben, weiterbehandelt.

### 3.1.2 Bestimmung des Antimons

***Grundlage.*** Das Antimon wird nach Säureaufschluß der Probe und Extraktion mit Isopropyläther als Kaliumtetrajodoantimonat (III) photometrisch bestimmt.

***Anwendungsbereich.*** Geeignet für Gehalte bis 1%.

***Zuverlässigkeit.*** Bei Gehalten um 0,01% etwa $\pm$10%,
um 0,1 % etwa $\pm$ 5%.

***Reagenzien.***

1. Natriumdisulfitlösung: 1 g zu 100 ml gelöst. Täglich frisch zu bereiten.
2. Cer(IV)-sulfatlösung: 3,3 g $Ce(SO_4)_2 \cdot 4\,H_2O$ werden mit 100 ml n-Schwefelsäure gelöst. Die Lösung wird nötigenfalls filtriert.
3. Isopropyläther.
4. 6 n-Salzsäure.
5. Kaliumjodid-Ascorbinsäurelösung: 30 g Kaliumjodid und 5 g Ascorbinsäure werden mit Wasser zu 100 ml gelöst. Täglich frisch zu bereiten.
6. Antimonstammlösung: 100 mg Antimon werden durch kurzes Erhitzen mit 27 ml Schwefelsäure (1,84) gelöst. Nach dem Erkalten wird die Lösung mit Wasser verdünnt und in einem Meßkolben zu 100 ml aufgefüllt.
7. Antimonstandardlösung: 10 ml Lösung (6) werden mit 10 n-Schwefelsäure (8) in einem Meßkolben zu 200 ml aufgefüllt. 1 ml $\triangleq$ 50 $\mu$g Antimon.
8. 10 n-Schwefelsäure.

***Ausführung.*** 1 g Probe wird mit 15 ml Schwefelsäure (1,84) durch etwa 15 min währendes kräftiges Rauchen aufgeschlossen. Nach dem Erkalten wird mit 25 ml Wasser aufgenommen, wieder gekühlt und mit 25 ml Salzsäure (1,19) versetzt. Die Lösung wird mit etwa 50 ml Salzsäure (4) in einen 250 ml Scheidetrichter übergespült und mit 1 ml Natriumdisulfitlösung (1) versetzt. Zur Lösung, deren Temperatur jetzt und auch beim späteren Extrahieren unter 25° liegen muß, fügt man soviel Cersulfatlösung (2) zu, bis sich durch Gelbfärbung ein Überschuß an Lösung (2) anzeigt. Das Antimon(V) wird dreimal mit Isopropyläther (3) (einmal 50 ml und zweimal 30 ml) durch je 2 min langes Schütteln extrahiert. Die Ätherextrakte werden in einem 250 ml-Scheidetrichter vereinigt und zweimal mit je 20 ml Salzsäure (4) etwa 30 sec geschüttelt. Die Ätherphase wird in ein 250 ml Becherglas gebracht, mit 16 ml Schwefelsäure (8) versetzt und zuerst auf dem Wasserbad, dann auf der Heizplatte bis zum beginnenden Rauchen der Schwefelsäure eingedampft. Eine evtl. auftretende Dunkelfärbung wird durch Zugabe einiger Tropfen Perchlorsäure (1,53) beseitigt. Nach dem Abkühlen wird die Lösung mit etwa 10 ml Wasser verdünnt und entweder gesamt oder, nach dem Verdünnen auf ein bestimmtes Volumen, ein Anteil davon in einen 50 ml-Meßkolben gebracht. Die zu photometrierende Antimonmenge soll 10 bis 400 $\mu$g betragen. Die kalte Lösung wird dann unter Schütteln mit 10 ml Kaliumjodidlösung (5) versetzt und entweder direkt mit Wasser aufgefüllt oder aber erst nach Zugabe einer bestimmten Menge Schwefelsäure (8), so daß die Säurekonzentration in der Lösung ungefähr 3 n ist. Nach dem Durchmischen wartet man 5 min und photometriert dann gegen eine Reagenzienblindprobe bei 436 nm.

***Eichkurve.*** Es werden 0 bis 8 ml Standardlösung (7) in 50 ml-Meßkolben gebracht, mit Schwefelsäure (8) auf insgesamt 16 ml ergänzt, mit 10 ml Wasser verdünnt und dann unter Schütteln mit 10 ml Kaliumjodidlösung (5) versetzt. Nach dem Auffüllen mit Wasser zu 50 ml wird gemischt und nach 5 min Wartezeit bei 436 nm gegen die antimonfreie Lösung photometriert.

### 3.1.3 Bestimmung des Bleis

***Grundlage.*** Nach Verflüchtigen des Zinns mit Bromwasserstoffsäure und dem Entfernen evtl. vorhandenen Thalliums durch eine Ätherextraktion wird das Blei polarographisch bestimmt.

***Anwendungsbereich.*** Geeignet für Gehalte von 0,001 bis 2%.

***Zuverlässigkeit.*** Bei Gehalten von 0,001 bis 0,05% etwa ±10%,
von 0,05 bis 0,5 % etwa ± 5%,
von 0,5 bis 2 % etwa ± 3%.

***Reagenzien.***

1. Lösesäure: 150 ml Brom und 20 ml Perchlorsäure (1,53) werden mit Bromwasserstoffsäure (1,38) zum Liter aufgefüllt.
2. Hydroxylammoniumchloridlösung: 5 g gelöst zu 100 ml.
3. Grundlösung: 125 ml Essigsäure (1,06), 160 ml Ammoniak (0,91), 0,1 g Gelatine und 500 ml Ammoniumchloridlösung (200 g im Liter) werden mit Wasser zum Liter aufgefüllt.
4. Bleistammlösung: 250 mg Blei werden mit 10 ml Salpetersäure (1 + 1) gelöst und die Stickstoffoxide verkocht. Die Lösung wird in einem Meßkolben zum Liter aufgefüllt.
5. Bleistandardlösung: 5 ml Stammlösung (4) werden in einem 100 ml-Meßkolben aufgefüllt. 1 ml $\triangleq$ 12,5 $\mu$g Blei.

***Ausführung.*** 1 g Probe wird mit 20 ml Lösesäure (1) gelöst und fast zur Trockne eingedampft. Zum restlosen Verflüchtigen des Zinns wird dieser Arbeitsgang mit je 10 ml Lösesäure (1) noch zweimal wiederholt. Den Rückstand nimmt man mit 50 ml n-Bromwasserstoffsäure auf, bringt die Lösung in einen 250 ml-Scheidetrichter und extrahiert das Thallium durch zweimaliges, je 1 min langes Schütteln mit 30 ml Isopropyläther. Die bromwasserstoffsaure Lösung wird zur Trockne gedampft. Nach dem Erkalten wird der Rückstand mit Salzsäure (1 + 40) aufgenommen, die Lösung erhitzt und das Eisen durch Zugabe von 1 ml Hydroxylammoniumchloridlösung (2) reduziert. Man kühlt, versetzt mit Grundlösung (3) und füllt in einem Meßkolben mit Wasser auf. Die Größe der Zugaben und des Meßkolbens richtet sich nach dem Bleigehalt der Probe.

| Bleigehalt | Salzsäure (1+40) | Lösung (2) | Grundlösung | M-Kolben |
|---|---|---|---|---|
| bis 0,05% | 4 ml | 1 ml | 5 ml | 10 ml |
| von 0,05 bis 0,5% | 20 ml | 5 ml | 25 ml | 50 ml |
| von 0,5 bis 2% | 80 ml | 20 ml | 100 ml | 200 ml |

Man entlüftet mit Kohlendioxid und polarographiert von —0,3 bis —0,7 V. Eine Reagenzienblindprobe ist erforderlich.

***Eichkurve.*** Verschiedene Abmessungen der Bleistandardlösung (5) werden mit 2 ml Salzsäure (1 + 1) zum Entfernen der Salpetersäure zur Trockne gedampft, mit der in der obigen Tabelle angegebenen Menge Salzsäure (1 + 40) aufgenommen mit Hydroxylammoniumchloridlösung (2) und Grundlösung (3) versetzt und polarographiert.

### 3.1.4 Bestimmung des Kupfers

***Grundlage.*** Nach Verflüchtigen des Zinns mit Bromwasserstoffsäure wird das Kupfer photometrisch als Carbaminatkomplex bestimmt.

***Anwendungsbereich.*** Geeignet für Gehalte von 0,001 bis 0,2%.

***Zuverlässigkeit.*** Bei Gehalten von 0,001 bis 0,005% etwa ±10%,<br>
von 0,005 bis 0,2 % etwa ±5%.

***Reagenzien.***

1. Lösesäure: 150 ml Brom und 20 ml Perchlorsäure (1,53) werden mit Bromwasserstoffsäure (1,38) zum Liter aufgefüllt.
2. Citronensäurelösung: 200 g zum Liter gelöst.
3. Carbaminatlösung: 1 g Natriumdiäthyldithiocarbaminat zum Liter gelöst.
4. Kupferstammlösung: 1 g Elektrolytkupfer wird mit 20 ml Salpetersäure (1 + 1) gelöst und in einem Meßkolben zum Liter aufgefüllt.
5. Kupferstandardlösung: 20 ml Lösung (4) werden in einem Meßkolben zum Liter aufgefüllt. 1 ml ≙ 20 µg Kupfer.

***Ausführung.*** 1 g Probe wird, wie unter 3.1.3, S. 468, beschrieben, mit Lösesäure (1) aufgeschlossen und die Hauptmenge des Zinns durch Eindampfen verflüchtigt. Der Rückstand wird mit 2 ml Salpetersäure (1 + 1) aufgenommen und gesamt oder anteilig mit 10 bis 250 µg Kupfer in einen 250 ml-Scheidetrichter gebracht. Nach dem Verdünnen mit Wasser auf etwa 50 ml, setzt man 10 ml Citronensäurelösung (2) zu und stellt mit Ammoniak (0,91) pH 9 bis 10 ein. Es werden 15 ml Carbaminatlösung (3) zugefügt und das Kupfercarbaminat mit Kohlenstofftetrachlorid extrahiert. Man setzt das erste Mal 5 ml Kohlenstofftetrachlorid zu und wiederholt die Extraktion mit 3 bis 4 ml-Zusätzen so oft, bis das Kohlenstofftetrachlorid farblos bleibt. Die Extrakte werden in einem 25 ml-Meßkolben gesammelt und mit Kohlenstofftetrachlorid aufgefüllt. Nach dem Durchmischen filtriert man durch ein trockenes Filter und photometriert gegen eine Reagenzienblindprobe bei 546 nm.

***Eichkurve.*** Man mißt verschiedene Mengen Standardlösung (5) von 0 bis 13 ml, entsprechend 0 bis 260 µg Kupfer, in einen Scheidetrichter, verdünnt mit etwa 50 ml Wasser, setzt 10 ml Citronensäurelösung (2) zu, bringt mit Ammoniak (0,91) auf pH 9 bis 10 und verfährt weiter, wie unter Ausführung beschrieben.

### 3.1.5 Bestimmung des Zinks

***Grundlage.*** Nach Verflüchtigen des Zinns mit Bromwasserstoffsäure und Abscheiden der Schwermetalle mit Schwefelwasserstoff aus salzsaurer Lösung wird im Filtrat das Zink polarographisch bestimmt.

***Anwendungsbereich.*** Geeignet für Gehalte von 0,001 bis 0,1%.

***Zuverlässigkeit.*** Bei Gehalten von 0,001 bis 0,05% etwa ±10%,<br>
von 0,05 bis 0,1 % etwa ± 5%.

***Reagenzien.***

1. Lösesäure: 150 ml Brom und 20 ml Perchlorsäure (1,53) werden mit Bromwasserstoffsäure (1,38) zum Liter aufgefüllt.
2. Grundlösung: 600 ml Ammoniak (0,91), 20 ml gesättigte Ammoniumchloridlösung und 50 ml Leimlösung (1 g in 100 ml) werden zum Liter aufgefüllt.

3. Zinkstandardlösung: 1 g Zink wird mit 20 ml Salzsäure (1 + 1) gelöst und die Lösung in einem Meßkolben zum Liter aufgefüllt. 1 ml ≙ 1 mg Zink.

***Ausführung.*** 1 g Probe wird wie unter 3.1.3, S. 468, mit Lösesäure (1) aufgeschlossen und das Zinn durch Eindampfen verflüchtigt. Der Rückstand wird mit 10 ml Salzsäure (1 + 1) unter Erwärmen gelöst und mit 250 ml Wasser verdünnt. Dann wird Schwefelwasserstoff bis zur Sättigung eingeleitet und nach mehrstündigem Absetzen über ein Filter Gr. 2 filtriert. Nach Auswaschen des Fällgefäßes und des Filters und Niederschlags mit angesäuertem Schwefelwasserstoffwasser [10 ml Schwefelsäure (1 + 1) zum Liter] wird das Filtrat zum Vertreiben des Schwefelwasserstoffs verkocht. Man versetzt mit 3 bis 5 ml Bromwasser und raucht anschließend zur Trockne ein. Der Rückstand wird mit 5 ml Salzsäure (1 + 4) in der Wärme gelöst, nach dem Abkühlen mit 5 ml Grundlösung (2) versetzt und mit Wasser auf 10 ml aufgefüllt. Durch Einleiten von Wasserstoff vertreibt man gelösten Sauerstoff, temperiert anschließend die Lösung und polarographiert zwischen −0,9 und −1,4 V. Eine Blindprobe ist notwendig.

***Eichkurve.*** Man mißt verschiedene Mengen Standardlösung (3) von 1 bis 10 ml, entsprechend 1 bis 10 mg Zink, ab, versetzt diese mit der entsprechenden Menge Grundlösung (2) und polarographiert.

***Bemerkung.*** Bei Anwesenheit von Kobalt oder Nickel wird das Zink vor der polarographischen Bestimmung bei pH 3 als Sulfid abgetrennt. (Siehe Kapitel Nickel unter 4.3, S. 330.

### 3.1.6 Bestimmung des Eisens

***Grundlage.*** Nach Entfernen der Störelemente durch Verflüchtigen als Bromide und einer Sulfidfällung aus saurer Lösung wird das Eisen mit Sulfosalicylsäure photometrisch bestimmt.

***Anwendungsbereich.*** Geeignet für Gehalte von 0,001 bis 0,025%.

***Zuverlässigkeit.*** Bei Gehalten von 0,001 bis 0,01% etwa ±10%,
von 0,01 bis 0,025% etwa ± 5%.

***Reagenzien.***

1. Lösesäure: 150 ml Brom und 20 ml Perchlorsäure (1,53) werden mit Bromwasserstoffsäure (1,38) zum Liter aufgefüllt.

2. Sulfosalicylsäurelösung: 20 g zu 100 ml gelöst. Die Lösung wird nötigenfalls filtriert.

3. Eisenstammlösung: 0,715 g Eisen(III)-oxid werden mit 20 ml Salzsäure in der Wärme gelöst und in einem Meßkolben zum Liter aufgefüllt.

4. Eisenstandardlösung: 20 ml Lösung (3) werden in einem Meßkolben zu 500 ml aufgefüllt. 1 ml ≙ 20 $\mu$g Eisen.

***Ausführung.*** 1 g Probe wird wie bei 3.1.3, S. 468, aufgeschlossen und das Zinn verflüchtigt. Der Rückstand wird mit 5 ml Salzsäure (1 + 1) aufgenommen, erwärmt und mit 150 ml Wasser verdünnt. In die warme Lösung wird Schwefelwasserstoff bis zur Sättigung eingeleitet. Die Sulfide werden nach mehrstündigem Absetzen über ein Filter Gr. 2 filtriert. Wie im Kapitel Blei unter 3.3.5.7, S. 105, beschrieben, wird das Eisen im Filtrat der Schwefelwasserstoff-Fällung mit Sulfosalicylsäure (2) photometrisch bestimmt.

***Eichkurve.*** Siehe Kapitel Blei unter 3.3.5.7, S. 105.

### 3.1.7 Bestimmung des Aluminiums

***Grundlage.*** Nach Verflüchtigen des Zinns mit Bromwasserstoffsäure und Abscheiden der Schwermetalle mit Schwefelwasserstoff aus salzsaurer Lösung wird das Aluminium mit Eriochromcyanin photometrisch bestimmt.

***Anwendungsbereich.*** Geeignet für Gehalte von 0,001 bis 0,1%.

***Zuverlässigkeit.*** Bei Gehalten von 0,001 bis 0,05% etwa ±10%,
von 0,05 bis 0,1 % etwa ± 5%.

***Reagenzien.***

1. Lösesäure: 150 ml Brom und 20 ml Perchlorsäure (1,53) werden mit Bromwasserstoffsäure (1,38) zum Liter aufgefüllt.
2. Thioglykolsäure (10%).
3. Tropaeolin-00-Lösung: 0,1 g zu 100 ml gelöst.
4. Natriumnitratlösung: 40 g zu 100 ml gelöst.
5. Eriochromcyaninlösung: 0,1 g zu 100 ml gelöst. Täglich frisch zu bereiten.
6. Pufferlösung: 54,8 g Ammoniumacetat und 21,8 g Natriumacetat werden mit Wasser gelöst und zum Liter aufgefüllt (pH 6,0).
7. Natriumthiosulfatlösung: 5 g zu 100 ml gelöst.
8. Aluminiumstammlösung: 1 g Aluminium wird mit Salzsäure (1,19) und etwas Wasserstoffperoxid (3%) gelöst und die Lösung in einem Meßkolben mit Wasser zum Liter verdünnt.
9. Aluminiumstandardlösung: 10 ml Stammlösung (8) werden in einem Meßkolben zum Liter verdünnt. 1 ml $\triangleq$ 10 $\mu$g Aluminium.

***Ausführung.*** 1 g Probe wird, wie unter 3.1.3, S. 468, beschrieben, mit Lösesäure (1) aufgeschlossen und das Zinn durch das wiederholte Eindampfen mit Bromwasserstoffsäure vertrieben. Wie unter 3.1.5, S. 470, beschrieben, werden die Sulfide in salzsaurer Lösung gefällt und abfiltriert. Das Filtrat wird anschließend zur Trockne eingedampft, der Rückstand mit 10 ml Salzsäure (1 + 1) aufgenommen und einige Minuten heiß stehen gelassen. Die Lösung wird in einen 100 ml-Meßkolben übergespült, gekühlt, mit Wasser auf 100 ml verdünnt und gemischt. Ein Anteil von 20 ml wird in einen 100 ml-Meßkolben gebracht und nach Zusatz von 2 ml Thioglykolsäure (2) und 1 Tropfen Indicator (3) mit Natriumhydroxid (20 g in 100 ml) bis zum Farbumschlag nach Gelb versetzt. Zur Lösung fügt man nun 2 ml Natriumnitratlösung (4) und 5 ml Eriochromcyaninlösung (5) und nach einer Wartezeit von 20 min 25 ml Pufferlösung (6) und 5 ml Natriumthiosulfatlösung (7). Die Lösung wird mit Wasser zu 100 ml aufgefüllt und gemischt. Man photometriert gegen eine Reagenzienblindprobe. Bei Aluminiumgehalten von 0,001 bis 0,01% mißt man bei 546 nm und bei Gehalten von 0,01 bis 0,1% bei 578 nm.

***Eichkurve.*** Man mißt verschiedene Mengen der Standardlösung, entsprechend 2 bis 200 $\mu$g Aluminium, ab, bringt sie in 100 ml-Meßkolben und verfährt weiter, wie unter Ausführung beschrieben. Bei Aluminiummengen von 2 bis 20 $\mu$g wird bei 546 nm gegen eine aluminiumfreie Lösung photometriert und bei Mengen von 20 bis 200 $\mu$g Aluminium bei 578 nm.

## 3.2 Legierungen

### Lagermetalle, Weißmetalle (DIN 1703), zahnärztliche Legierungen (DIN 1728), zinnreiche Lote (DIN 1707) sowie Zinnspritzgußlegierungen (DIN 1742)

### 3.2.1 Bestimmung des Zinns

***Grundlage.*** Das Zinn wird nach Säureaufschluß der Probe und Beseitigen der störenden Elemente durch Zementation jodometrisch bestimmt.

***Anwendungsbereich.*** Geeignet für Gehalte über 50%.

***Zuverlässigkeit.*** Bei Gehalten von 50 bis 90% etwa ±0,2%.

***Reagenzien.***

1. Brom-Salzsäure: 150 ml Brom im Liter Salzsäure (1,19) gelöst.
2. Eisenpulver und Aluminium 99,9%, grob zerspant.
3. Natriumhydrogencarbonatlösung, gesättigt.
4. Stärkelösung: 1 g zu 100 ml gelöst. Täglich frisch zu bereiten.

***Ausführung.*** 1 g Probe wird in einem 500 ml-Erlenmeyerkolben mit 25 ml Brom-Salzsäure (1) unter schwachem Erwärmen gelöst. Nach dem Verdünnen mit 150 ml Salzsäure (1 + 2) wird das überschüssige Brom verkocht. Man läßt die Lösung auf etwa 60 bis 70° abkühlen, fügt 2 g Eisenpulver (2) zu und zementiert während 30 min bei obiger Temperatur die störenden Elemente aus. Dann wird durch ein Filter Gr. 2 in einen 500 ml-Meßkolben filtriert und mit Salzsäure (1 + 2) nachgewaschen. Der Filterinhalt wird in den Erlenmeyerkolben zurückgespritzt und mit 25 ml Brom-Salzsäure (1) unter schwachem Erwärmen gelöst. Nach dem Verdünnen der Lösung mit 150 ml Salzsäure (1 + 2) und Verkochen des Broms wird das Auszementieren und Abfiltrieren der störenden Elemente, wie oben beschrieben, wiederholt.

Die im 500 ml-Meßkolben vereinigten Filtrate werden aufgefüllt und durchgemischt. Ein Anteil der Lösung, bei Zinngehalten bis 70% 200 ml und bei Zinngehalten über 70% 100 ml, wird in einen 750 ml-Erlenmeyerkolben gebracht und mit 50 bzw. 100 ml Salzsäure (1 + 2) verdünnt. Zur Nachreduktion werden 2 g Aluminiumspäne (2) zugegeben. Die Lösung wird nach dem Verschließen des Kolbens mit einem Contat-Göckel-Aufsatz, der mit Natriumhydrogencarbonatlösung (3) gefüllt ist, bis zur Auflösung des Aluminiums erwärmt. Nach dem Abkühlen des Kolbens wird nach Zusatz von 5 ml Stärkelösung (4) mit 0,1 n-Jodlösung titriert. 1 ml 0,1 n-Jodlösung $\triangleq$ 5,935 mg Zinn.

### 3.2.2 Bestimmung des Antimons

***Grundlage.*** Das Antimon wird nach Säureaufschluß der Probe und Beseitigen der störenden Elemente mit Kaliumbromat maßanalytisch bestimmt.

***Anwendungsbereich.*** Geeignet für Antimongehalte von 4 bis 30%.

***Zuverlässigkeit.*** Bei Gehalten von 4 bis 10% etwa ±1%,
von 10 bis 30% etwa ±0,5%.

***Reagenzien.***

1. Brom-Salzsäure: 150 ml Brom im Liter Salzsäure (1,19) gelöst.
2. Eisenpulver.
3. Schwefeldioxidlösung, gesättigt.
4. Natriumsulfidlösung: 100 g $Na_2S \cdot 9\,H_2O$ zum Liter gelöst.
5. Waschlösung: 5 ml Lösung (4) zum Liter aufgefüllt.
6. Methylorangelösung: 0,1 g zu 100 ml gelöst. Nach Absetzen zu filtrieren.

***Ausführung.*** Der nach 3.2.1 erhaltene Metallschwamm wird mit wenig Wasser in den Erlenmeyerkolben zurückgespült und mit 25 ml Brom-Salzsäure (1) unter Erwärmen in Lösung gebracht. Man verdünnt mit etwa 50 ml Wasser und verkocht das überschüssige Brom. Nach Zugabe von 75 ml Salzsäure (1 + 1) und 10 ml Schwefeldioxidlösung (3) wird zur Vertreibung des Arsens auf höchstens 50 ml eingedampft. Die salzsaure Lösung wird mit Wasser zu 400 ml verdünnt und mit Schwefelwasserstoff gesättigt. Nach mehrstündigem Absetzen filtriert man über ein Filter Gr. 2 und wäscht mit schwefelsäurehaltigem Schwefelwasserstoffwasser [5 ml Schwefelsäure (1,84) im Liter] nach. Die Sulfidfällung wird mit Wasser in das Fällgefäß zurückgespült, mit 30 ml Natriumsulfidlösung (4) versetzt und etwa 30 min bei 70 bis 80° stehengelassen. Man filtriert über das vorher benutzte Filter in einen 500 ml-Erlenmeyerkolben und wäscht mit heißer Waschlösung (5) nach. Zum Filtrat fügt man 30 ml Schwefelsäure (1 + 1) und dampft bis zum Rauchen und Klarwerden der Lösung ein. Nach dem Erkalten wird mit 100 ml Wasser und 20 ml Salzsäure (1,19) aufgenommen, und die Lösung auf 60 bis 80° erwärmt. Man titriert mit 0,1 n-Kaliumbromatlösung, bis zugesetzte Methylorangelösung (6) eben entfärbt wird, oder indiziert potentiometrisch. 1 ml 0,1 n-Kaliumbromatlösung $\triangleq$ 6,088 mg Antimon.

## 3.2.3 Bestimmung des Bleis

### 3.2.3.1 Gehalte über 4% Blei

***Grundlage.*** Nach Lösen der Probe mit Brom-Bromwasserstoffsäure und Vertreiben der flüchtigen Bromide wird das Blei gewichtsanalytisch als Sulfat bestimmt.

***Anwendungsbereich.*** Geeignet für Gehalte über 4%.

***Zuverlässigkeit.*** Bei Gehalten unter 20% etwa ±1 %,
über 20% etwa ±0,5%.

***Reagenzien.***

1. Brom-Bromwasserstoffsäure: 150 ml Brom mit Bromwasserstoffsäure (1,38) zum Liter aufgefüllt.
2. Ammoniumacetatlösung: 170 ml Wasser, 120 ml Ammoniak (0,91) und 170 ml Essigsäure (1,06) werden miteinander vermischt.

***Ausführung.*** Siehe Kapitel Blei unter 3.3.5.1, S. 102.

### 3.2.3.2 Gehalte unter 4% Blei

***Grundlage.*** Nach Lösen der Probe mit Brom-Bromwasserstoffsäure und Vertreiben der flüchtigen Bromide wird das Blei polarographisch bestimmt.

***Anwendungsbereich.*** Geeignet für Gehalte bis 5%.

***Zuverlässigkeit.*** Bei Gehalten von 0,5 bis 2% etwa ±3%,
von 2 bis 5% etwa ±2%.

***Reagenzien, Ausführung*** und ***Eichkurve*** siehe unter 3.1.3, S. 468.

## 3.2.4 Bestimmung des Kupfers

***Grundlage.*** Das Kupfer wird nach Lösen der Probe mit Brom-Bromwasserstoffsäure und Vertreiben der flüchtigen Bromide im Filtrat der Bleisulfatfällung elektrolytisch bestimmt.

***Anwendungsbereich.*** Geeignet für Gehalte von 0,5 bis 10%.

***Zuverlässigkeit.*** Bei Gehalten von 0,5 bis 2% etwa ±3%,
von 2 bis 5% etwa ±2%,
von 5 bis 10% etwa ±1%.

***Reagenzien.*** Siehe unter 3.2.3.1 bzw. 2.1.6, S. 464.

***Ausführung.*** Das schwefelsaure Filtrat der Bleisulfatfällung nach 3.2.3.1, S. 473, wird mit Ammoniak (0,91) neutralisiert und weiter verfahren, wie unter 2.1.6, S. 464, beschrieben.

## 3.2.5 Bestimmung des Cadmiums

### 3.2.5.1 Gehalte unter 2% Cadmium

***Grundlage.*** Nach Lösen der Probe mit Brom-Bromwasserstoffsäure und Vertreiben der flüchtigen Bromide wird Blei als Sulfat und Kupfer durch Elektrolyse abgetrennt. Das Cadmium wird als Sulfid gefällt und nach Lösen mit Säure in ammoniakalischer Lösung polarographisch bestimmt.

***Anwendungsbereich.*** Geeignet für Gehalte von 0,3 bis 2%.

***Zuverlässigkeit.*** Bei Gehalten von 0,3 bis 1% etwa ±5%,
über 1% etwa ±2%.

***Reagenzien.***

1. Brom-Bromwasserstoffsäure: 150 ml Brom mit Bromwasserstoffsäure (1,38) zum Liter aufgefüllt.
2. Grundlösung: 150 g Ammoniumsulfat mit Ammoniak (0,91) zum Liter gelöst.
3. Reduktionslösung: 30 g Hydroxylammoniumchlorid und 1 g Blattgelatine werden mit 100 ml heißem Wasser gelöst. Täglich frisch bereiten.

4. Cadmiumstandardlösung: 1 g Cadmium wird mit 20 ml Salpetersäure (1,4) unter Erwärmen gelöst und die Lösung in einem Meßkolben zum Liter aufgefüllt. 1 ml ≙ 1 mg Cadmium.

5. Mischsäure: Salpetersäure (1,4) und Schwefelsäure (1,84) im Volumenverhältnis 2 + 1.

***Ausführung.*** 1 g Probe wird mit 20 ml Brom-Bromwasserstoffsäure (1) unter Erwärmen gelöst. Nach dem Zufügen von 20 ml Schwefelsäure (1 + 1) wird bis zum Rauchen derselben eingedampft. Nach dem Erkalten versetzt man mit 10 ml Brom-Bromwasserstoffsäure (1) und dampft wieder bis zum Rauchen der Schwefelsäure ein. Der abgekühlte Kristallbrei wird mit 100 ml Wasser aufgenommen, aufgekocht und die Lösung nach dem Abkühlen durch ein Filter Gr. 2 filtriert. Das Auswaschen erfolgt mit kaltem Wasser. Das Filtrat wird mit Ammoniak (0,91) neutralisiert, mit Salpetersäure (1 + 1) eben angesäuert und mit 25 ml Salpetersäure (1 + 1) versetzt. Die Lösung wird mit Wasser zu 300 ml verdünnt und das Kupfer, wie im Kapitel Kupfer S. 207, beschrieben, elektrolytisch abgeschieden. Das kupferfreie Elektrolysat wird mit Ammoniak (0,91) schwach ammoniakalisch gemacht und mit Schwefelwasserstoff gesättigt. Nach mehrstündigem Absetzen filtriert man durch ein Filter Gr. 3 und wäscht mit natriumsulfidhaltigem Wasser (5 g $Na_2S \cdot 9\,H_2O$ zum Liter gelöst) nach. Sulfidniederschlag und Filter werden mit 15 ml Salpetersäure (1,4) und 10 ml Schwefelsäure (1 + 1) bis zum kräftigen Rauchen der Schwefelsäure eingedampft, wobei eine Dunkelfärbung durch Zugabe einiger Tropfen Mischsäure (5) zerstört wird. Der Rückstand wird mit etwa 50 ml Wasser aufgenommen, erwärmt, in einen 200 ml-Meßkolben übergespült und mit 90 ml Grundlösung (2) versetzt. Nach dem Abkühlen fügt man 8 ml Reduktionslösung (3) hinzu und füllt mit Wasser auf. Es wird durchgemischt und die Lösung zwischen −0,2 und −0,8 V polarographiert.

***Eichkurve.*** Verschiedene Abmessungen der Cadmiumstandardlösung (4) werden nach Zusatz von 5 ml Schwefelsäure (1 + 1) bis zum kräftigen Rauchen der Schwefelsäure eingedampft. Man nimmt mit 50 ml Wasser auf, erwärmt, spült in 200 ml-Meßkolben und verfährt weiter, wie unter Ausführung beschrieben.

### 3.2.5.2 Gehalte über 2% Cadmium

***Grundlage.*** Nach Lösen der Probe und Abscheiden des Bleis, Wismuts, Silbers und Kupfers wird das Cadmium aus kaliumhydrogensulfathaltiger Lösung elektrolytisch bestimmt.

***Anwendungsbereich.*** Geeignet für Gehalte über 2%.

***Zuverlässigkeit.*** Bei Gehalten von 2 bis 5% etwa ±2%,<br>von 5 bis 10% etwa ±1%.

***Reagenzien.*** Siehe unter 3.2.3.1, S. 473, bzw. 2.1.6, S. 464.

***Geräte.*** Mattierte Platinelektroden, siehe Kapitel Cadmium unter 1.1.1, S. 115.

***Ausführung.*** Das nach 3.2.4, S. 473, erhaltene kupferfreie Elektrolysat wird mit 5 ml Schwefelsäure (1 + 1) zur Trockne geraucht. Der Rückstand wird mit einigen Tropfen Schwefelsäure (1 + 1) und 50 ml Wasser aufgenommen, das Cadmium mit Natriumhydroxidlösung (40 g in 100 ml) gefällt und der Niederschlag durch Zugabe von Kaliumhydrogensulfat gelöst. Die Lösung wird mit 6 g Kaliumhydrogensulfat im Überschuß versetzt und mit Wasser auf 300 ml verdünnt. Man elektrolysiert bei bewegtem Elektrolyten mit 0,4 A beginnend und steigert nach je 10 min um 0,2 A bis auf 1,2 A. Nach Beendigung des Abscheidens wird das Elektrolysat unter Stromdurchgang durch Wasser ersetzt. Die Kathode wird abgenommen, mit Wasser gewaschen, mit Äthanol gespült und am Föhn vorgetrocknet. Dann wird 10 min lang bei 100° im Trockenschrank getrocknet. Nach dem Erkalten im Exsiccator wird die Elektrode gewogen.

### 3.2.6 Bestimmung des Wismuts

***Grundlage.*** Nach Lösen der Probe in Brom-Bromwasserstoffsäure und Vertreiben der flüchtigen Bromide wird das Wismut mit Quecksilber(II)-oxid ausgefällt und mit Thioharnstoff photometrisch bestimmt.

***Anwendungsbereich.*** Geeignet für Gehalte von 0,5 bis 2%.

***Zuverlässigkeit.*** Bei Gehalten von 0,5 bis 2% etwa ±1%.

***Reagenzien.***

1. Lösesäure: 150 ml Brom und 50 ml Perchlorsäure (1,53) werden mit Bromwasserstoffsäure (1,38) zum Liter aufgefüllt.
2. Natriumcarbonatlösung: 150 g $Na_2CO_3 \cdot 10\ H_2O$ zum Liter gelöst.
3. Methylorangelösung: 0,1 g zu 100 ml gelöst. Nach Absetzen filtrieren.
4. Quecksilber(II)-oxid-Aufschlämmung: Hergestellt durch Fällen von Quecksilber(II)-chlorid mit Natriumhydroxid und Dekantieren des Niederschlages mit Wasser bis zur Chloridfreiheit und neutraler Reaktion. Das mit Wasser aufgeschlämmte Quecksilber(II)-oxid wird in einer Glasstopfenflasche aufbewahrt.

***Ausführung.*** 1 g Probe wird mit 25 ml Lösesäure (1) unter Erwärmen gelöst und bis zum kräftigen Rauchen der Perchlorsäure eingedampft. Man versetzt erneut mit 10 ml Lösesäure (1), dampft wie oben ein und wiederholt dieses noch einmal. Der fast trocken gerauchte Rückstand wird mit 10 ml Salpetersäure (1 + 1) und 50 ml Wasser aufgenommen und erhitzt. Zur heißen Lösung wird solange Natriumcarbonatlösung (2) gegeben, bis sie nach dem Verkochen des Kohlendioxids gegen Methylorange (3) noch eben sauer reagiert. Der durch Wismutoxidnitrat leicht getrübten heißen Lösung wird allmählich soviel in Wasser aufgeschlämmtes Quecksilber(II)-oxid (4) zugesetzt, bis nach dem Aufkochen ein deutlicher Überschuß verbleibt. Nach dem Verdünnen zu etwa 250 ml, Abkühlen und Absetzen wird über ein Filter Gr. 2 filtriert und mit kalter Kaliumnitratlösung (10 g im Liter) gewaschen. Der Niederschlag wird in das Fällgefäß zurückgespült und mit 30 ml heißer Salpetersäure (1 + 2), die man durch das benutzte Filter laufen läßt, in Lösung gebracht.

In dieser Lösung wird das Wismut, wie im Kapitel Blei unter 1.3, S. 78, beschrieben, mit Thioharnstoff photometrisch bestimmt.

### 3.2.7 Bestimmung des Arsens

***Grundlage.*** Das Arsen wird nach Lösen der Probe mit salzsaurer Eisen(III)-chloridlösung destilliert und nach der Molybdänblaumethode photometrisch bestimmt.

***Anwendungsbereich.*** Geeignet für Gehalte von 0,01 bis 0,02%.

***Zuverlässigkeit.*** Bei Gehalten von 0,01 bis 0,02% etwa ±10%.

***Reagenzien*** und ***Geräte.*** Siehe unter 3.1.1, S. 466.

***Ausführung.*** Die Bestimmung wird, wie unter 3.1.1 beschrieben, durchgeführt.

### 3.2.8 Bestimmung des Zinks

***Grundlage.*** Nach Verflüchtigen des Zinns mit Bromwasserstoffsäure und Abtrennen der Schwermetalle mit Schwefelwasserstoff aus mineralsaurer Lösung wird das Zink polarographisch bestimmt.

***Anwendungsbereich, Zuverlässigkeit, Reagenzien*** und ***Ausführung*** siehe unter 3.1.5, S. 469.

### 3.2.9 Bestimmung des Eisens

***Grundlage.*** Nach Entfernen der störenden Elemente durch Verflüchtigen als Bromide und einer Sulfidfällung aus saurer Lösung wird das Eisen photometrisch mit Sulfosalicylsäure bestimmt.

***Anwendungsbereich.*** Geeignet für Gehalte unter 0,2%.
***Zuverlässigkeit.*** Bei Gehalten von 0,02 bis 0,2% etwa ±5%.
***Reagenzien*** und ***Ausführung.*** Wie unter 3.1.6, S. 470, beschrieben.

### 3.2.10 Bestimmung des Aluminiums

***Grundlage.*** Nach Verflüchtigen des Zinns mit Bromwasserstoffsäure und Abscheiden der Schwermetalle mit Schwefelwasserstoff aus mineralsaurer Lösung wird das Aluminium mit Eriochromcyanin photometrisch bestimmt.

***Anwendungsbereich, Zuverlässigkeit, Reagenzien*** und ***Ausführung*** siehe unter 3.1.7, S. 470.

### 3.2.11 Bestimmung des Silbers

Die Bestimmung erfolgt dokimastisch, wie im Kapitel Blei unter 3.3.5.11, S. 108, beschrieben, jedoch mit der Abänderung, daß man bei der Ausführung nicht zweimal je 0,5 g, sondern fünfmal je 0,2 g Probe mit Kornblei und Borax verschlackt.

# 4 Nichtmetallische Erzeugnisse

## 4.1 Zinn(IV)-chlorid

### 4.1.1 Bestimmung des Zinns

***Grundlage.*** Das Zinn wird nach Lösen der Probe mit verdünnter Salzsäure und anschließender Reduktion jodometrisch bestimmt.

***Zuverlässigkeit.*** Bei Gehalten von 45% etwa ±0,3%.

***Reagenzien.***

1. Eisenpulver und Aluminium 99,9%, grob zerspant.
2. Stärkelösung: 1 g zu 100 ml gelöst. Täglich frisch zu bereiten.

***Ausführung.*** Etwa 0,5 g Probe werden in eine gewogene Glasampulle eingesaugt. Die Ampulle wird abgeschmolzen und aus den Gewichten des gefüllten und abgetrennten Teiles die genaue Einwaage an Probe ermittelt. Die Ampulle wird in einem starkwandigen 250 ml-Erlenmeyerkolben, der mit 100 ml Salzsäure (1 + 3) beschickt ist, mittels eines Glasstabes, der beweglich durch den Gummistopfen führt, mit dem der Kolben verschlossen ist, zerstoßen. Durch Schütteln werden die entstandenen Nebel absorbiert.

Nach Zugabe von 3 g Eisenpulver (1) werden die Begleitmetalle unter leichtem Erwärmen auszementiert. Dann wird vom Metallschlamm über ein Filter Gr. 2 in einen 500 ml-Erlenmeyerkolben filtriert, mit Salzsäure (1 + 20) nachgewaschen und das Zinn nach Zugabe von 2 bis 3 g Aluminium (1) und 50 ml Salzsäure (1,19), wie unter 1.1.1, S. 455, beschrieben, maßanalytisch mit 0,1n-Jodlösung in Gegenwart von Stärkelösung (2) als Indicator bestimmt. 1 ml 0,1 n-Jodlösung $\triangleq$ 5,935 mg Zinn.

### 4.1.2 Bestimmung des freien Chlors

***Grundlage.*** Das freie Chlor wird nach Lösen der Probe in verdünnter Salzsäure durch Umsetzen mit Kaliumjodid und Titration des freigewordenen Jods mit Thiosulfatlösung bestimmt.

***Zuverlässigkeit.*** Bei Gehalten von 0,05 bis 0,2% etwa ±10%.

***Reagenzien.***

1. Kaliumjodidlösung: 10 g zu 100 ml gelöst.
2. Stärkelösung: 1 g zu 100 ml gelöst. Täglich frisch zu bereiten.

*Ausführung.* Etwa 5 g Probe werden, wie unter 4.1.1 beschrieben, mit einer Ampulle in einen starkwandigen 250 ml-Erlenmeyerkolben gebracht, der mit 100 ml Salzsäure (1 + 3) und 10 ml Kaliumjodidlösung (1) beschickt ist. Nach dem Zertrümmern der Ampulle (siehe 4.1.1) sowie nach Absorption der Nebel und Umsetzen des Chlors wird das freigewordene Jod nach Zugabe von Stärkelösung (2) als Indicator mit 0,1 n-Natriumthiosulfatlösung titriert. 1 ml 0,1 n-Natriumthiosulfatlösung $\triangleq$ 3,5457 mg Chlor. Eine Blindprobe ist erforderlich.

## 4.2. Zinn(II)-chlorid

### 4.2.1 Bestimmung des Gesamtzinns

*Grundlage.* Der Gesamtzinngehalt wird nach Lösen der Probe mit Salzsäure und nach Reduktion jodometrisch bestimmt.

*Zuverlässigkeit.* Bei einem Gehalt um 50% etwa ±0,2%.

*Reagenzien.*

1. Aluminium 99,9%, grob zerspant.
2. Stärkelösung: 1 g zu 100 ml gelöst. Täglich frisch zu bereiten.

*Ausführung.* 2 g Probe werden in einem 500 ml-Meßkolben mit 100 ml Salzsäure (1 + 1) gelöst. Die Lösung wird nach Zugabe von 50 ml Salzsäure (1,19) aufgefüllt. In einer Abmessung von 50 ml wird das Zinn nach Reduktion mit Aluminium (1), wie unter 1.1.1, S. 455, beschrieben, mit 0,1 n-Jodlösung und mit Stärkelösung (2) als Indicator titriert. 1 ml 0,1 n-Jodlösung $\triangleq$ 5,935 mg Zinn.

### 4.2.2 Bestimmung des Zinn(II)

*Grundlage.* Das Zinn(II) wird in salzsaurer Lösung jodometrisch bestimmt.

*Zuverlässigkeit.* Bei einem Zinn(II)-gehalt von 90% des Gesamtzinngehalts etwa ±0,3%.

*Reagenzien.*

1. Stärkelösung: 1 g zu 100 ml gelöst. Täglich frisch zu bereiten.

*Ausführung.* 0,2 g Probe werden mit 100 ml durch Durchleiten von Kohlendioxid luftfrei gemachter Salzsäure (1 + 1) unter Durchleiten von Kohlendioxid gelöst. Der Zinn(II)-gehalt wird durch unmittelbare Titration mit 0,1 n-Jodlösung unter Zusatz von Stärkelösung (1) als Indicator bestimmt.

*Bemerkung.* Der Gehalt an Zinn(IV) entspricht der Differenz zwischen dem Gesamtzinngehalt und dem Gehalt an Zinn(II).

## 4.3 Zinn(IV)-oxid

### 4.3.1 Bestimmung des Zinns

### 4.3.2 Bestimmung des Arsens

### 4.3.3 Bestimmung des Antimons

### 4.3.4 Bestimmung des Bleis

### 4.3.5 Bestimmung des Wismuts

### 4.3.6 Bestimmung des Kupfers

### 4.3.7 Bestimmung des Cadmiums

Diese Bestimmungen werden gemäß den Vorschriften unter 2.1.1 bis 2.1.7.2, S. 460 bis S. 465, durchgeführt.

Kapitel 35

# Zirkonium

## Inhalt



## 1 Metallische Erzeugnisse

### 1.1 Zirkoniumschwamm

#### 1.1.1 Bestimmung des Chlorids

***Grundlage.*** Das Chlorid wird nach Lösen der Probe mit Fluorwasserstoffsäure mit Silbernitratlösung unter potentiometrischer Endpunktsanzeige bestimmt.

***Anwendungsbereich.*** Geeignet für Gehalte über 0,01%.

***Zuverlässigkeit.*** Bei Gehalten um 0,1% etwa ± 5%,
um 0,01% etwa ±10%.

***Reagenzien.*** Siehe Kapitel Titan unter 2.2.1, S. 378.

***Ausführung.*** Die Bestimmung wird nach der im Kapitel Titan unter 2.2.1, S. 378, angegebenen Vorschrift durchgeführt mit der Abänderung, daß die dort vorgeschriebene Oxydation mit Wasserstoffperoxid unterbleibt.

#### 1.1.2 Bestimmung des Eisens

***Grundlage.*** Das Eisen wird nach Lösen der Probe mit Salzsäure und Fluorwasserstoffsäure als o-Phenanthrolinkomplex photometrisch bestimmt.

***Anwendungsbereich.*** Geeignet für Gehalte von 0,001 bis 0,5%.

***Zuverlässigkeit.*** Bei Gehalten um 0,01 etwa $\pm 10\%$.
***Reagenzien*** und ***Ausführung*** siehe Kapitel Titan unter 2.2.3, S. 379.

### 1.1.3 Bestimmung des Mangans

***Grundlage.*** Das Mangan wird nach Lösen der Probe mit Schwefel-Fluorwasserstoffsäure mit Ammoniumperoxodisulfat zu Permanganat oxydiert und photometrisch bestimmt.
***Anwendungsbereich.*** Geeignet für Gehalte von 0,001 bis 0,1%.
***Zuverlässigkeit.*** Bei Gehalten um 0,01% etwa $\pm 10\%$.
***Reagenzien*** und ***Ausführung*** siehe Kapitel Titan unter 2.2.4, S. 380.

## 1.2 Reinzirkonium

### 1.2.1 Bestimmung des Eisens

***Grundlage.*** Siehe unter 1.1.2, S. 478.
***Anwendungsbereich.*** Geeignet für Gehalte von 0,001 bis 0,5%.
***Zuverlässigkeit.*** Bei Gehalten um 0,01% etwa $\pm 10\%$.
***Reagenzien*** und ***Ausführung*** siehe Kapitel Titan unter 2.2.3, S. 379.

### 1.2.2 Bestimmung des Mangans

***Grundlage.*** Siehe unter 1.1.3.
***Anwendungsbereich.*** Geeignet für Gehalte von 0,001 bis 0,1%.
***Zuverlässigkeit.*** Bei Gehalten von 0,01% etwa $\pm 10\%$.
***Reagenzien*** und ***Ausführung*** siehe Kapitel Titan unter 2.2.4, S. 380.

### 1.2.3 Bestimmung des Stickstoffs

***Grundlage.*** Nach Lösen der Probe mit Fluorwasserstoffsäure wird der als Ammoniumion vorliegende Stickstoff aus alkalischer Lösung als Ammoniak destilliert und maßanalytisch bestimmt.
***Anwendungsbereich.*** Geeignet für Gehalte von 0,001 bis 0,05%.
***Zuverlässigkeit.*** Bei Gehalten um 0,05% etwa $\pm 5\%$.
***Reagenzien*** und ***Ausführung*** siehe Kapitel Titan unter 2.3.3, S. 381.

## 1.3 Zirkoniumlegierungen

### 1.3.1 Zircaloy-2

#### 1.3.1.1 Bestimmung des Eisens

***Grundlage.*** Das Eisen wird nach Lösen der Probe mit Schwefelsäure als o-Phenanthrolinkomplex photometrisch bestimmt.
***Anwendungsbereich.*** Geeignet für Gehalte von 0,01 bis 0,1%.
***Zuverlässikeit.*** Bei Gehalten um 0,1% etwa $\pm 5\%$.
***Reagenzien.***
1. Hydroxylammoniumchlorid.
2. Kaliumnatriumtartratlösung: 20 g zu 100 ml gelöst.
3. Phenanthrolinlösung: 0,5 g o-Phenanthrolinhydrochlorid zu 100 ml gelöst.
4. Natriumacetatlösung: 40 g zu 100 ml gelöst.
5. Eisenstammlösung: 50 mg Eisenpulver werden mit 10 ml Salzsäure (1 + 1) gelöst. Die Lösung wird in einen 500 ml-Meßkolben aufgefüllt.
6. Eisenstandardlösung: 10 ml Eisenstammlösung (5) werden in einen 100 ml-Meßkolben pipettiert und mit Wasser aufgefüllt. 1 ml $\triangleq$ 10 $\mu$g Eisen.

***Ausführung.*** 1 g Probe wird in einem 150 ml-Becherglas (breite Form) mit 15 ml Schwefelsäure (1,84) übergossen und so lange tropfenweise mit Wasser versetzt, bis der Löseprozeß beginnt (Vorsicht!). Sobald die Probe gelöst ist, entfernt man den größten Teil der Schwefelsäure durch Eindampfen der Lösung bis fast zur Trockne. Der Rückstand wird mit etwa 50 ml Wasser aufgenommen und durch schwaches Erwärmen gelöst. Ein etwa vorhandener Rückstand — vorwiegend Zirkoniumoxid — wird über ein Filter Gr. 2 abfiltriert und das Filter mit wenig heißem Wasser gewaschen. Die Lösung wird auf Zimmertemperatur abgekühlt, in einen 100 ml-Meßkolben übergeführt und aufgefüllt.

5 ml dieser Lösung werden in einen 50 ml-Meßkolben gegeben und mit 20 ml Wasser verdünnt. Man reduziert das Eisen unter Schütteln mit 0,5 bis 1 g Hydroxylammoniumchlorid, fügt 5 ml Kaliumnatriumtartratlösung (2), 2 ml o-Phenanthrolinlösung (3) und 10 ml Natriumacetatlösung (4) zu und füllt mit Wasser bis fast zur Marke auf. Der pH-Wert der Lösung soll 5 bis 6 betragen. Er wird — erforderlichenfalls — durch Zugabe von Natriumacetatlösung (4) bzw. Schwefelsäure (1 + 1) eingestellt. Nach Auffüllen mit Wasser zur Marke und einer Wartezeit von 10 min wird in 2 cm-Küvetten bei 490 nm gegen Wasser als Vergleichslösung photometriert.

Der Blindwert der Chemikalien ist zu berücksichtigen.

***Eichkurve.*** Entsprechende Abnahmen der Eisenstandardlösung (6) im Bereich von 5 bis 100 $\mu$g Eisen werden in 50 ml-Meßkolben pipettiert und weiterbehandelt, wie unter Ausführung beschrieben.

### 1.3.1.2 Bestimmung des Nickels

***Grundlage.*** Das Nickel wird nach Lösen der Probe mit Schwefelsäure mit Diacetyldioxim photometrisch bestimmt.

***Anwendungsbereich.*** Geeignet für Gehalte von 0,01 bis 0,1%.

***Zuverlässigkeit.*** Bei Gehalten um 0,1% etwa ±3%.

***Reagenzien.***

1. Citronensäurelösung: 50 g zu 100 ml gelöst.
2. Kaliumbromid-Kaliumbromatlösung: 39 g KBr und 11 g $KBrO_3$ zum Liter gelöst.
3. Diacetyldioximlösung: 1 g mit Äthanol zu 100 ml gelöst.
4. Nickelstammlösung: 50 mg Nickel werden mit 10 ml Salpetersäure (1 + 1) gelöst. Nach Abrauchen der Salpetersäure mit Salzsäure (1,19) wird die Lösung in einen 250 ml-Meßkolben aufgefüllt.
5. Nickelstandardlösung: 10 ml Nickelstammlösung (4) werden in einen 100 ml-Meßkolben pipettiert und mit Wasser aufgefüllt. 1 ml $\triangleq$ 20 $\mu$g Nickel.

***Ausführung.*** 1 g Probe wird, wie unter 1.3.1.1, S. 479 beschrieben, gelöst, die Lösung in einen 100 ml-Meßkolben übergeführt und aufgefüllt. 25 ml Lösung werden in einen 100 ml-Meßkolben pipettiert, mit etwa 5 Tropfen Salzsäure (1 + 1) 5 ml Citronensäurelösung (1) und 10 ml Kaliumbromid-Kaliumbromatlösung (2) versetzt, wobei nach jedem Reagenzzusatz die Lösung durchgeschüttelt wird. Nach einer Wartezeit von 10 min wird die Lösung mit 25 ml Ammoniak (1 + 1) ammoniakalisch gemacht, auf Zimmertemperatur abgekühlt, mit 3 ml Diacetyldioximlösung (3) versetzt und mit Wasser aufgefüllt. Nach 5 min wird in einer 1 cm-Küvette bei 530 nm gegen Wasser als Vergleichslösung photometriert.

***Eichkurve.*** Mit verschiedenen Abnahmen (5 bis 50 ml) der Nickelstandardlösung (5) wird, wie unter Ausführung beschrieben, die Eichkurve aufgestellt.

### 1.3.1.3 Bestimmung des Chroms

***Grundlage.*** Das Chrom wird nach Lösen der Probe mit Schwefelsäure photometrisch mit Diphenylcarbazid bestimmt.

***Anwendungsbereich.*** Geeignet für Gehalte von 0,01 bis 0,1%.

***Zuverlässigkeit.*** Bei Gehalten um 0,1% etwa ±2%.

***Reagenzien.***

1. Cer(IV)-sulfatlösung ($\approx$ 0,1n): 4,1 g $Ce(SO_4)_2 \cdot 4\,H_2O$ zu 100 ml gelöst.
2. Natriumazid.
3. Diphenylcarbazid: 1 g mit Aceton zu 100 ml gelöst.
4. Chromstammlösung: 282,7 mg Kaliumdichromat werden in einem 1 l-Meßkolben gelöst.
5. Chromstandardlösung: 10 ml Chromstammlösung (4) werden in einen 500 ml-Meßkolben pipettiert und mit Wasser aufgefüllt. 1 ml $\triangleq$ 2 $\mu$g Chrom.

***Ausführung.*** 1 g Probe wird, wie unter 1.3.1.1, S. 479, beschrieben, gelöst, die Lösung in einen 100 ml-Meßkolben gegeben und aufgefüllt. Von dieser Lösung werden 25 ml in einem 100 ml-Meßkolben aufgefüllt. 10 ml davon werden in einen 50 ml-Meßkolben pipettiert, mit 2,5 ml Schwefelsäure (1 + 4) und 1,5 ml Cersulfatlösung (1) versetzt und bis zum beginnenden Sieden erhitzt. Nach Abkühlen auf etwa 60° wird der Cerüberschuß durch Zugabe von 0,5 g Natriumazid (2) beseitigt. Die Lösung wird auf Zimmertemperatur abgekühlt, mit 0,8 ml Diphenylcarbazidlösung (3) versetzt und mit Wasser aufgefüllt. Nach 5 min Wartezeit wird in einer 1 cm-Küvette bei 546 nm gegen Wasser photometriert.

***Eichkurve.*** Mit verschiedenen Abnahmen (2 bis 20 ml, entsprechend 4 bis 40 $\mu$g Chrom) der Chromstandardlösung (5) wird, wie unter Ausführung beschrieben, die Eichkurve aufgestellt.

#### 1.3.1.4 Bestimmung des Zinns

***Grundlage.*** Das Zinn wird in der schwefelsauren Lösung nach Reduktion mit Eisen und Aluminium maßanalytisch bestimmt.

***Anwendungsbereich.*** Geeignet für Gehalte von 1 bis 2%.

***Zuverlässigkeit.*** Bei Gehalten von 1 bis 2% etwa ±3%.

***Reagenzien.***

1. Stärkelösung: 1 g zu 100 ml gelöst. Täglich frisch zu bereiten.

***Geräte.*** Contat-Göckel-Aufsatz, gefüllt mit kaltgesättigter Natriumhydrogencarbonatlösung.

***Ausführung.*** 3 g möglichst feine Probenspäne werden in einem 750 ml-Erlenmeyerkolben mit 50 ml Schwefelsäure (1 + 1) zunächst langsam, dann bis zum Rauchen der Säure erhitzt. Nach Abkühlen auf Zimmertemperatur wird mit 20 ml Wasser verdünnt und erneut bis zum Rauchen eingedampft. Ein etwa verbleibender dunkler Rückstand wird bei längerem Rauchen der Schwefelsäure gelöst. Zu der auf Zimmertemperatur abgekühlten, klaren Lösung werden 50 ml Salzsäure (1,19) und 200 ml Wasser gegeben. Nach Aufsetzen des Contat-Göckel-Aufsatzes wird das Zinn mit etwa 2 g Eisenpulver und anschließend mit etwa 3 g Aluminiumblech reduziert. Die Lösung wird dabei so lange im schwachen Sieden gehalten, bis der Zementationsschlamm wieder klar gelöst ist. Nach Erkalten der Lösung wird das Zinn nach Zugabe von 1 bis 2 ml Stärkelösung (1) mit 0,05n-Jodlösung titriert. 1 ml 0,05n-Jodlösung $\triangleq$ 2,968 mg Zinn.

### 1.3.2 Ferro-Zirkonium und Ferro-Zirkonium-Silicium

#### 1.3.2.1 Bestimmung des Zirkoniums

***Grundlage.*** Das Zirkonium wird nach Abtrennen des Siliciums mit Fluorwasserstoffsäure aus schwefelsaurer Lösung mit Ammoniak als Oxidhydrat abgetrennt. Nach Lösen mit Salzsäure wird es mit Mandelsäure gefällt und als Zirkonium(IV)-oxid gewichtsanalytisch bestimmt.

***Anwendungsbereich.*** Geeignet für Gehalte von 5 bis 40%.

***Zuverlässigkeit.*** Bei Gehalten um 38% etwa ±0,5%.

***Reagenzien.***

1. Waschlösung: 5 g Mandelsäure mit 100 ml Salzsäure (2 + 100) gelöst.

***Ausführung.*** 1 g Probe (Feinheitsgrad 0,2 DIN 4188) wird in einer Platinschale mit 20 ml Salpetersäure (1,4) unter Zutropfen von Fluorwasserstoffsäure (40%) gelöst. Da das Auflösen heftig verläuft, wird die Schale mit einem Platin- oder Plexiglasdeckel abgedeckt. Nach beendeter Reaktion spült man den Deckel mit Fluorwasserstoffsäure (40%) ab, versetzt die Lösung mit 30 ml Schwefelsäure (1 + 1) und erhitzt bis zum starken Nebeln. Man nimmt nach dem Erkalten mit 50 ml Wasser auf, erwärmt zum völligen Lösen der Salze und spült den Schaleninhalt in ein 800 ml-Becherglas über. Ein etwa verbleibender Rückstand wird über ein Filter Gr. 2 unter Zusatz von Filterschleim abfiltriert, mit Wasser kurz gewaschen und nach Veraschen des Filters in einem Platintiegel mit 10 g Kaliumcarbonat-Natriumcarbonat aufgeschlossen. Die erkaltete Schmelze laugt man mit 50 ml Wasser, filtriert den Rückstand über ein Doppelfilter Gr. 1, wäscht mit heißem Wasser aus und schließt ihn nach Veraschen im Platintiegel mit 10 g Kaliumpyrosulfat auf. Das Filtrat wird verworfen. Die Schmelze wird in der schwefelsäurehaltigen Zirkoniumlösung aufgelöst, die Lösung mit Ammoniak (0,91) neutralisiert und mit 10 ml im Überschuß versetzt. Nach Aufkochen wird der Niederschlag über ein Doppelfilter Gr. 1 filtriert, mit Ammoniak (1 + 20) gewaschen und vom Filter in das vorher benutzte Becherglas gespült. Dem Filter anhaftende Teile werden mit heißer Salzsäure (1 + 4) heruntergelöst. Man fügt 120 ml Salzsäure (1,19) zu, verdünnt mit Wasser auf 650 ml, versetzt mit 20 g fester Mandelsäure und kocht kurz auf. Der Niederschlag wird nach 6 Std. über ein Doppelfilter Gr. 1 filtriert und etwa achtmal mit heißer Waschlösung gewaschen. Filter und Niederschlag werden in einem Porzellantiegel verascht. Der Rückstand wird bis zur Gewichtskonstanz bei 1000° geglüht und nach dem Erkalten gewogen. Der Umrechnungsfaktor von Zirkonium(IV)-oxid auf Zirkonium ist 0,7403.

# Sachverzeichnis

721/38/65 V/12/6

GPSR Compliance

*The European Union's (EU) General Product Safety Regulation (GPSR) is a set of rules that requires consumer products to be safe and our obligations to ensure this.*

*If you have any concerns about our products, you can contact us on ProductSafety@springernature.com*

In case Publisher is established outside the EU, the EU authorized representative is:

Springer Nature Customer Service Center GmbH
Europaplatz 3
69115 Heidelberg, Germany

**Batch number: 10683525**

Printed by Printforce, the Netherlands